新手学

Word/Excel/PowerPoint办公应用

—— 博智书苑 编著 ——

北京日报出版社

图书在版编目（CIP）数据

新手学Word/ Excel/PowerPoint办公应用 / 博智书苑编著. -- 北京 : 北京日报出版社, 2015.10
ISBN 978-7-5477-1798-1

Ⅰ. ①新… Ⅱ. ①博… Ⅲ. ①文字处理系统②表处理软件③图形软件 Ⅳ. ①TP391

中国版本图书馆CIP数据核字(2015)第215483号

新手学Word/ Excel/PowerPoint办公应用

出版发行：北京日报出版社
地　　址：北京市东城区东单三条8-16号 东方广场东配楼四层
邮　　编：100005
电　　话：发行部：（010）65255876
　　　　　总编室：（010）65252135-8043
印　　刷：北京市燕山印刷厂
经　　销：各地新华书店
版　　次：2015年12月第1版
　　　　　2015年12月第1次印刷
开　　本：787毫米×1092毫米　1/16
印　　张：25.5
字　　数：625千字
定　　价：65.00元

Foreword 前言

丛书简介

读书之法，在循序渐进，熟读而精思。——朱熹

学习须循序渐进，重在方法与思考。学习电脑知识也一样，选择一本真正适合自己阅读的好书至关重要。《电脑新课堂》丛书由多年从事电脑教育的一线专家组精心策划编写而成，是一套专为初学者量身打造的系列丛书。翻开它，您就结识了一位良师益友；阅读它，您就能真正迈入电脑学习的殿堂！通过学习本套丛书，读者能够真正掌握各种电脑实际操作技能，从而得心应手地运用电脑进行工作和学习。

本书导读

在日常工作过程中，如何编排精美的 Word 文档，如何制作具有专业水准的电子表格，如何分析各种销售和生产数据，如何设计产品推广方案演示文稿，如何实现高效办公……如果能够熟练使用 Word、Excel 和 PowerPoint 三款软件，那么这些问题都会迎刃而解。鉴于此，我们组织了多位在 Word、Excel 和 PowerPoint 方面具有丰富实际工作经验的软件专家精心编写了本书。学完本书，相信读者都可以使用 Word、Excel 和 PowerPoint 轻松地处理各种日常工作。《电脑新课堂——新手学 Word/Excel/PowerPoint 办公应用》对 Office 2010 版本进行讲解，不仅详细地介绍了 Word、Excel 和 PowerPoint 的基础知识，而且系统全面地介绍了 Word 文档编排、Excel 数据处理与分析、PowerPoint 幻灯片制作与放映等方面的典型应用。

本书内容丰富全面，讲解详细透彻，共分为 16 章，其中包括：走进 Office 2010，Word 2010 办公基础，Word 文档精美排版，制作图文并茂 Word 文档，Word 2010 页面布局，Word 2010 高效办公，Excel 2010 应用基础，调整 Excel 工作表外观，图表的应用，Excel 数据处理，数据透视表与透视图，使用公式与函数，幻灯片的基本操作，编辑幻灯片，美化幻灯片，演示文稿放映、发送与打印等知识。

本书特色

《电脑新课堂——新手学 Word/Excel/PowerPoint 办公应用》具有以下几大特色：

1. 内容精炼实用、轻松掌握

本书在内容和知识点的选择上非常精炼、实用与浅显易懂；在内容和知识点的结构安排上逻辑清晰、由浅入深，符合读者循序渐进、逐步提高的学习习惯。

首先精选适合电脑办公应用初学者快速入门、轻松掌握的必备知识与技能，再配合相应的操作技巧，轻松阅读、易学易用，起到事半功倍、一学必会的效果。

2. 全程图解教学、一看即会

本书使用“全程图解”的讲解方式，以图解方式将各种操作直观地表现出来，配以简洁的文字对内容进行说明，并在插图上进行步骤操作标注，更准确地对各知识点进行演示讲解。形象地说，初学者只需“按图索骥”地对照图书进行操作练习和逐步推进，即可快速掌握电脑办公应用的丰富技能。

前 言　Foreword

3. 全新教学体例、赏心悦目

我们在编写本书时，非常注重初学者的认知规律和学习心态，每章都安排了“章前知识导读”、“本章学习重点”、“重点实例展示”、“本章视频链接”和“技巧点拨”等特色栏目，让读者可以在赏心悦目的教学体例下方便、高效地进行学习。

4. 精美排版、双色印刷

本书在版式设计与排版上，更加注重适合阅读与精美实用，并采用全程图解的方式排版，重点突出图形与操作步骤，便于读者进行查找与阅读。

本书使用双色印刷，完全脱离传统黑白图书的单调模式，既便于读者区分、查找与学习，又图文并茂、美观实用，让读者可以在一个愉快舒心的氛围中逐步完成整个学习过程。

5. 互动光盘、超长播放

本书配套交互式、多功能、超长播放的DVD多媒体教学光盘，精心录制了所有重点操作视频，并配有音频讲解，与图书相得益彰，成为绝对超值的学习套餐。

适用读者

本书主要讲解 Word/Excel/PowerPoint 办公应用的实用知识与技巧，着重提高初学者实际操作与运用的能力，非常适合以下读者群体阅读：

（1）没有任何Word/Excel/PowerPoint操作经验的零基础初学者。

（2）对Word/Excel/PowerPoint操作有些了解但不熟练的学习者。

（3）从事各种办公工作的公司在职人员。

（4）大中专院校的在校学生和社会电脑培训机构的学员。

（5）想在短时间内掌握Word/Excel/PowerPoint操作技能的各类读者。

（6）其他电脑爱好者。

售后服务

如果读者在使用本书的过程中遇到问题或者有好的意见或建议，可以通过发送电子邮件（E-mail：bzsybook@163.com）或者通过 QQ：843688388 联系我们，我们将及时予以回复，并尽最大努力提供学习上的指导与帮助。

希望本书能对广大读者朋友提高学习和工作效率有所帮助，由于编者水平有限，书中可能存在不足之处，欢迎读者朋友提出宝贵意见，我们将加以改进，在此深表谢意！

编 者

Contents 目录

第 1 章 走进 Office 2010

本章将学习 Office 2010 的基础知识，包括 Office 2010 版本概述、新特性预览、程序的安装、工作界面的概述以及自定义工作环境等内容。

第 2 章 Word 2010 办公基础

本章将学习 Word 2010 办公基础知识，包括文档基本操作、输入与编辑文本等内容，帮助读者轻松掌握新建文档、保存文档、恢复文档、输入文本、复制与粘贴文本等基础知识。

第 3 章 Word 文档精美排版

本章将学习 Word 文档排版的知识内容，包括设置文本格式、设置段落格式等内容，帮助读者轻松掌握如何对 Word 文档进行排版操作。

第 4 章　制作图文并茂的 Word 文档

本章将学习如何制作图文并茂的 Word 文档，包括图片插入与编辑、自选图形的应用、添加文本框与封面等内容，帮助读者轻松掌握如何应用图片、自选图形和表格等元素。

第 5 章　Word 2010 页面布局

本章将对 Word 2010 的页面布局相关操作进行讲解，其中包括页面设置、页面和页脚的添加与编辑、添加页面背景等。本章知识在实际工作中经常使用，所以读者应该熟练掌握。

第 6 章　Word 2010 高效办公

本章将学习 Word 2010 高效办公的知识内容，包括添加项目符号与编号、查找与替换、应用样式、添加目录、审阅文档等内容，帮助读者轻松掌握高效办公的方法。

Contents 目录

第 7 章 Excel 2010 应用基础

本章将学习 Excel 2010 的基础知识，包括工作簿基本操作、工作表基本操作、单元格基本操作等，帮助读者对 Excel 2010 有一个初步的了解，并掌握其基础操作。

第 8 章 调整 Excel 工作表外观

本章将学习调整 Excel 工作表外观的知识内容，包括设置单元格格式、调整单元格大小、设置单元格样式等，帮助读者轻松掌握工作表外观的调整方法。

第 9 章　图表的应用

本章将学习图表应用的相关知识，其中包括图表的创建与编辑、图表的美化、应用迷你图等，帮助读者轻松掌握图表操作的各种方法和技巧。

第 10 章　Excel 数据处理

本章将学习 Excel 数据处理的相关知识，其中包括数据的排序、数据的筛选与分析等。本章所学知识在实际办公操作中经常用到，读者应该熟练掌握。

第 11 章　数据透视表与透视图

本章将学习数据透视表与透视图的相关知识，其中包括数据透视表的创建与编辑、数据透视图的创建与美化等，帮助读者轻松掌握数据透视表与透视图的操作方法与技巧。

第 12 章 使用公式与函数

本章将学习公式与函数的相关知识，其中包括插入公式、公式审核、嵌套函数，以及常用办公函数的应用等，帮助读者轻松掌握公式与函数的相关操作方法与技巧。

第 13 章 幻灯片的基本操作

本章将对 PowerPoint 2010 的基本操作进行详细介绍，其中包括 PowerPoint 2010 启动和退出、操作界面介绍、基本操作方法、视图模式等知识，读者应该熟练掌握。

第 14 章 编辑幻灯片

本章将介绍如何编辑幻灯片，主要包括幻灯片的基本操作、在节中组织幻灯片、设计幻灯片、插入图片和剪贴画以及使用幻灯片母版。

第 15 章 美化幻灯片

本章将介绍如何美化幻灯片，主要内容包括插入表格、插入形状、插入文本框、插入SmartArt 图形、插入音频和视频、创建超链接、添加幻灯片切换效果和添加动画等。

第 16 章　演示文稿放映、发送与打印

本章将讲解如何放映和发布幻灯片，如放映指定幻灯片、设置放映时间、将幻灯片保存到 Web、创建 PDF 文档、创建视频、打包成 CD、创建讲义及打印幻灯片等。

第1章 走进Office 2010

本章将学习 Office 2010 的基础知识，其中包括 Office 2010 版本概述、新特性预览、程序的安装、工作界面的概述以及自定义工作环境等内容。

本章学习重点

1. Office 2010简介
2. Office 2010的安装
3. 认识Office 2010的工作界面
4. 自定义工作环境
5. 实战演练——升级安装

重点实例展示

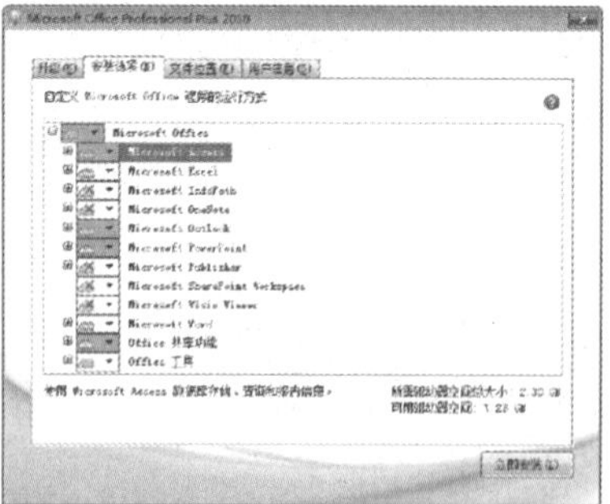

自定义安装Office 2010

本章视频链接

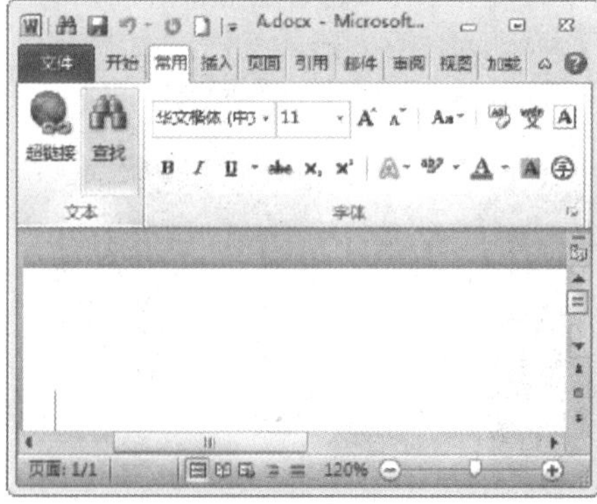

自定义功能区

升级安装

1.1 Office 2010简介

Office 2010是微软公司推出的办公软件，开发代号为Office 14，包括32位产品和首次引入的64位产品。64位产品能够支持4GB以上的实体内存。

1.1.1 Office 2010版本概述

Office 2010针对不同的用户发布了多种版本的产品，以供选择。其中包括：

◎ **Office 2010初始版**

Office 2010初始版面向低端电脑进行捆绑销售，仅包含精简版的Word和Excel应用程序。

◎ **Office 2010家庭和学生版**

Office 2010家庭和学生版包括Excel、OneNote、PowerPoint和Word等四种应用组件。Office 2010家庭和学生版的一个许可证允许最多同时在三台不同的家庭电脑中使用。

◎ **Office 2010小型企业版**

Office 2010小型企业版与Office 2010家庭和学生版相比，增加了一个Outlook应用组件。使用一个许可证，用户可以在两台电脑中安装Office 2010小型企业版。

◎ **Office 2010专业版**

Office 2010专业版包含Excel、OneNote、PowerPoint、Word、Outlook、Access和Publisher七项组件。Office 2010专业版可以面向个人用户，也可以面向商业用户，使用人群比较广泛。

◎ **Office 2010标准版**

Office 2010标准版面向于中大型企业，可以按需求定制应用的组件，通过组件数目定价，是较为灵活的版本。

◎ **Office 2010专业增值版**

Office 2010专业增值版包括Excel、OneNote、PowerPoint、Word、Outlook、Access、Publisher、Communicator、InfoPath和SharePoint Workspace等众多应用组件，是Office 2010套件中的高端版本，同样支持组件定制。

如下图所示分别为Office 2010家庭和学生版、专业版和小型企业版的包装。

1.1.2 Office 2010新特性预览

Office 2010 的新特性主要体现在以下几个方面：

◎ 实用的截图工具

在进行文档处理的过程中，经常需要用到截图工具从屏幕截取图片并插入到文档中，但在过去版本的 Office 中从未提供过截图功能。Office 2010 集成了实用的截图工具，它支持多种截图模式，还能够自动缓存当前打开窗口的截图，使用户可以轻松截图并将其直接插入文档中，如右图所示。

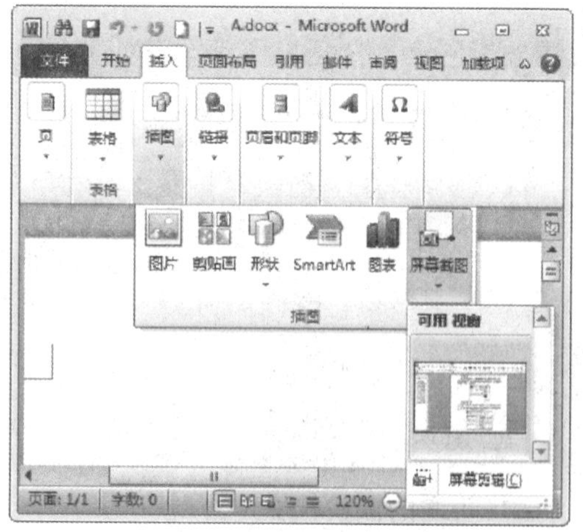

◎ 人性化的“导航”窗格

“查找”命令同样是进行文档处理时最常用的命令之一。与旧版 Office 不同的是，当单击“查找”按钮后，将不再是出现“查找和替换”对话框，而是在窗口左侧出现一个“导航”窗格。通过该窗格的列表框可以非常方便地定位到下一处关键词所在位置，从而避免了单击“查找下一处”按钮的麻烦，如下图（左）所示。

◎ 完善的图片编辑工具

Office 2010 的图片编辑工具有了很大的进步，例如，可以对图片进行添加各种艺术效果和外观样式，以及去除图片的水印和背景等操作，使用户可以通过 Office 2010 快速对图片进行一些简单处理，减少了使用其他图片处理软件的麻烦，如下图（右）所示。

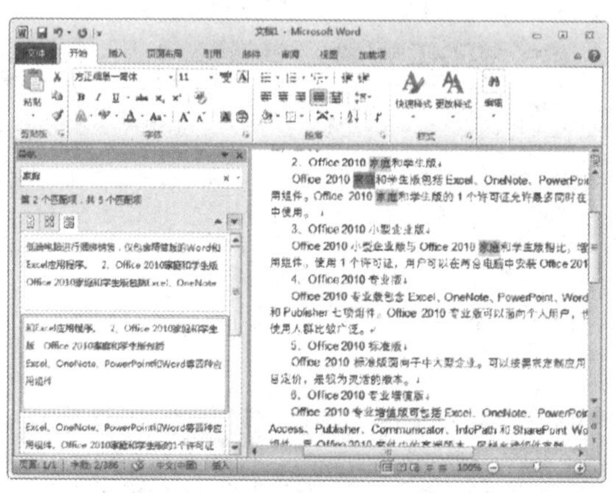

◎ 强化的粘贴功能

Office 2010 在新的“粘贴”功能中加入了实时预览功能，使用户在粘贴文本或图片之前，可以事先预览将要粘贴的项目，如下图（左）所示。

◎ 新的可视化工具

在 Office 2010 中，用户可以更加轻松地管理和分析数据，并通过可视化工具呈现该数据。例如，可使用“迷你图”面板创建微型图表对数据进行分析。使用切片器可在数据透视表或数据透视图中动态筛选数据，并仅显示相关详细信息，如下图（右）所示。

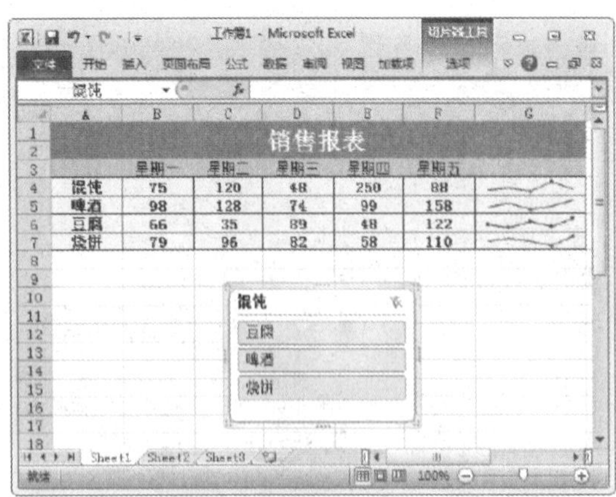

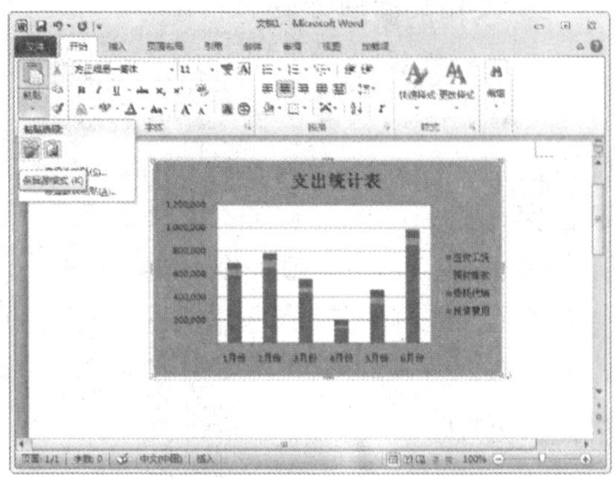

◎ 新增的保护模式

Word 2010 新增了“标记为最终状态”保护模式。启用该模式后，文档将默认禁止编辑，必须单击“启用编辑”按钮方可进行文档编辑，如下图（左）所示。

◎ 丰富的“打印”窗格

Office 2010 对“文件”选项卡下“打印”窗格中的功能进行了丰富，使用户能够通过该窗格轻松地完成打印工作，如下图（右）所示。

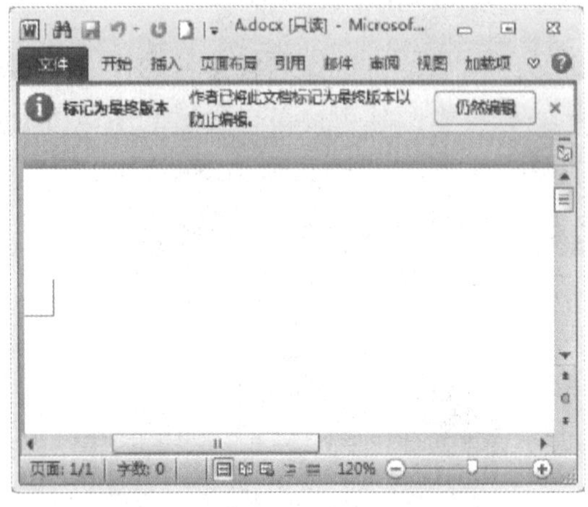

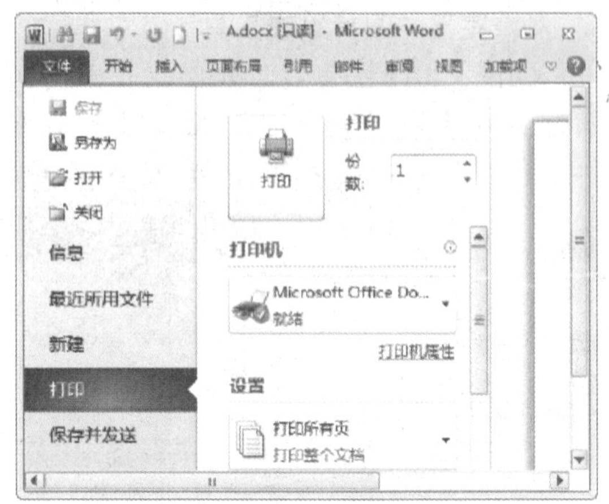

1.2 Office 2010的安装

在安装Office 2010前，应检查自己的电脑是否符合系统要求。在安装Office 2010时，如果希望保留以前版本的Office程序，则应选择自定义安装。选择升级安装，会覆盖掉低版本的Office程序。

1.2.1 Office 2010对系统的要求

在安装 Office 2010 之前，应对电脑进行评估，验证其是否达到或超过 Office 2010 对系统的最低需求。不同版本的 Office 2010 对系统的要求也会不同，以下是 Office 家庭和学生版 2010 的系统要求，见下表。

组 件	要 求
计算机和处理器	500 MHz或更快的处理器
内存	256 MB RAM；建议使用512 MB的RAM，以便使用图形功能和某些高级功能
硬盘	3.0 GB的可用磁盘空间
显示器	1024×576或更高分辨率的显示器
操作系统	Windows XP Service Pack (SP) 3（仅限32位操作系统）或Windows Vista SP1、Windows 7、带MSXML 6.0的Windows Server 2003 R2、Windows Server 2008或更高版本（32位或64位操作系统）
图形	图形硬件加速功能需要视频内存为64 MB或更大的DirectX 9.0c图形卡
Internet	Internet Explorer (IE) 6或更高版本（仅限32位浏览器）。需要安装IE7或更高版本的浏览器才能够接收广播演示文稿。Internet功能需要有一个Internet连接
多点触控	多点触功能需要安装Windows 7并使用已启用触控功能的设备
墨迹书写	某些墨迹书写功能需要安装Windows XP Tablet PC Edition或更高版本
语音	语音识别功能需要近距离麦克风和音频输出设备
Internet 传真	Windows Vista Starter、Windows Vista Home Basic或Windows Vista Home Premium 中未提供Internet传真功能
IRM	信息权限管理功能需要访问运行Windows Rights Management Services的Windows 2003 Server SP1或更高版本
LiveID	某些联机功能需要使用Windows LiveTM ID
其他	产品的功能和图形可能会因用户系统配置的不同而略有不同

知识点拨

从 Microsoft Office 2003 或 2007 Microsoft Office system 升级到 Office 2010 时，一般不需要执行硬件升级，只需要检查目前所使用的操作系统是否需要升级。

1.2.2 自定义安装Office 2010

如果希望保留旧版 Office，则应选择自定义安装 Office 2010。下面将介绍如何自定义安装 Office 2010，具体操作方法如下：

Step 01 启动安装程序

通过光驱或硬盘启动安装程序，打开安装程序向导对话框，如下图所示。

Step 02 输入产品密钥

通过产品包装找到产品密钥，将其输入到文本框中，然后单击“继续”按钮，如下图所示。

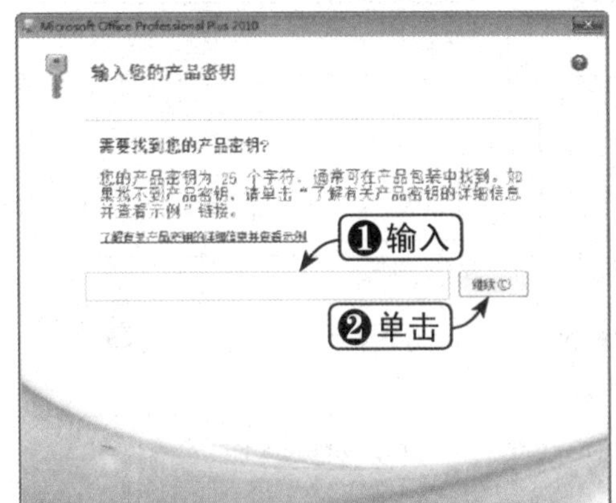

Step 03 单击“自定义”按钮

这时将出现两种安装类型供用户选择，单击“自定义”按钮，如下图所示。

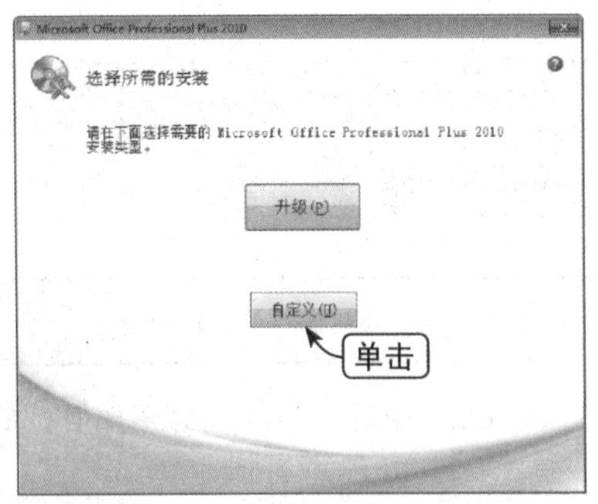

Step 04 保留所有早期版本

在“升级”选项卡下选中“保留所有早期版本”单选按钮，如下图所示。

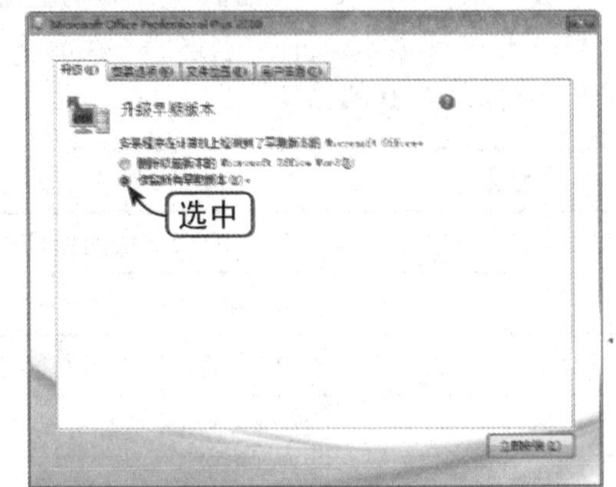

Step 05 选择安装组件

选择“安装选项”选项卡，设置需要安装的组件，如下图所示。

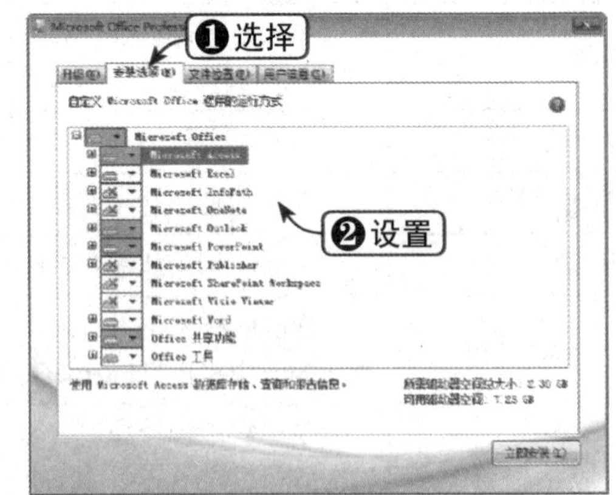

Step 06 指定文件位置

选择“文件位置”选项卡，单击“浏览”按钮，设置文件安装位置，如下图所示。

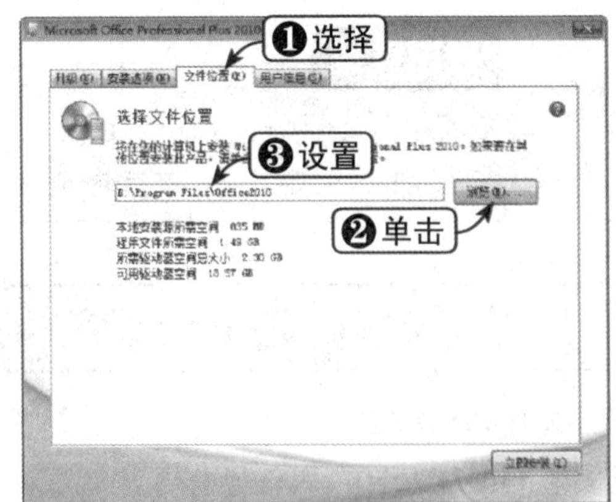

Step 07 输入用户信息

选择"用户信息"选项卡，在其中的文本框中输入用户信息。设置完毕后，单击"立即安装"按钮，如下图所示。

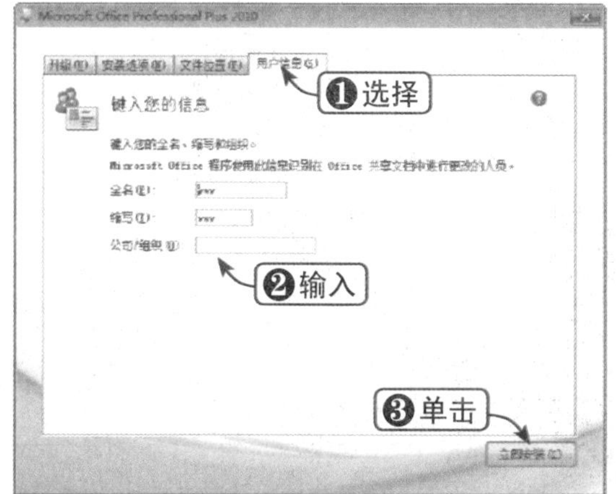

Step 08 开始安装程序

出现"安装进度"进度条，等待程序安装完成即可，如下图所示。

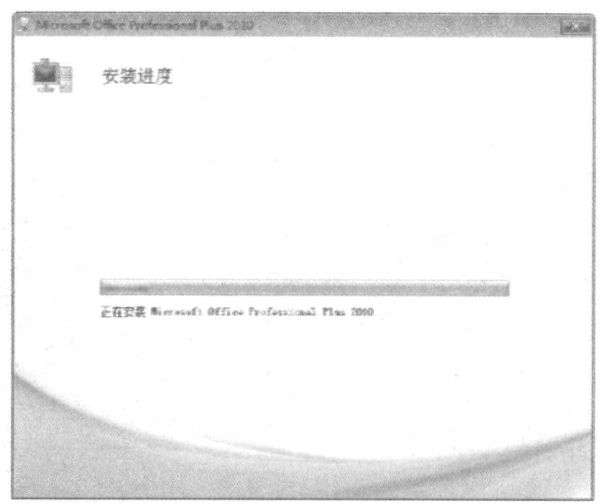

知识点拨

关于升级安装的具体讲解请参见 1.5 实战演练一节，在此不再赘述。

1.2.3 添加或删除组件

如果电脑上已经安装了 Office 2010，只是希望添加或删除其中的某个组件，如 Word 组件，可以通过如下方法来实现：

Step 01 选中"添加或删除功能"单选按钮

通过光驱或硬盘启动安装程序，在弹出的对话框中选中"添加或删除功能"单选按钮，单击"继续"按钮，如下图所示。

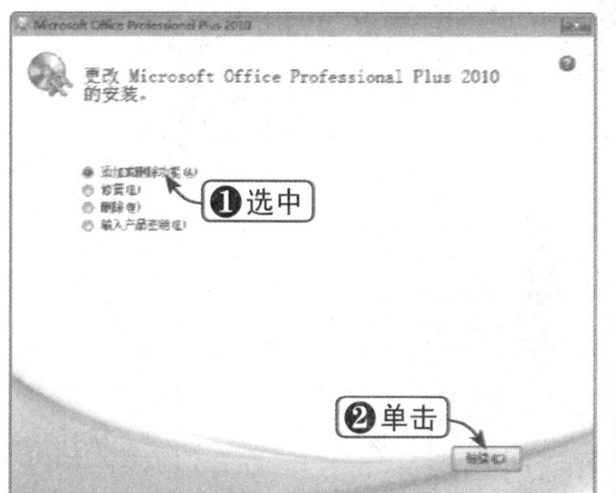

Step 02 添加或删除组件

在"安装选项"选项卡下添加或删除组件，单击"继续"按钮，如下图所示。

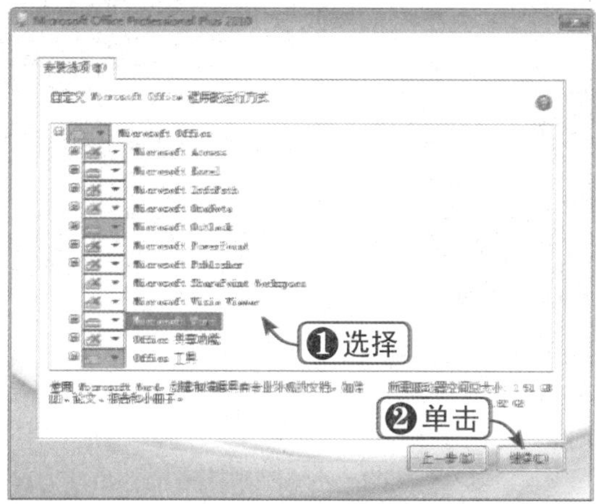

Step 03 等待程序配置

出现“配置进度”进度条，等待程序配置，如下图所示。

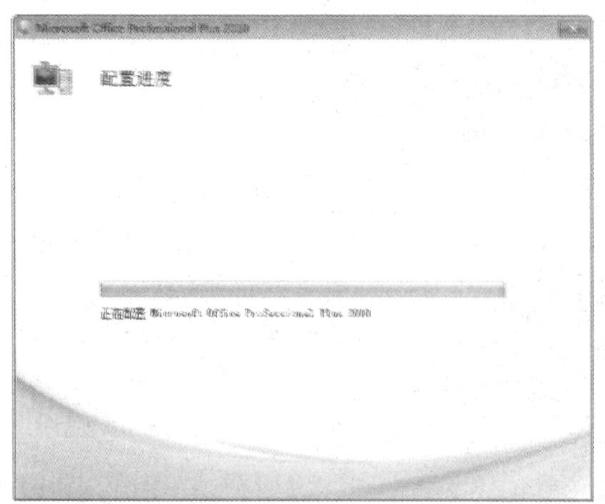

Step 04 单击“关闭”按钮

配置完毕后会出现提示信息，单击“关闭”按钮，并重启相关程序即可，如下图所示。

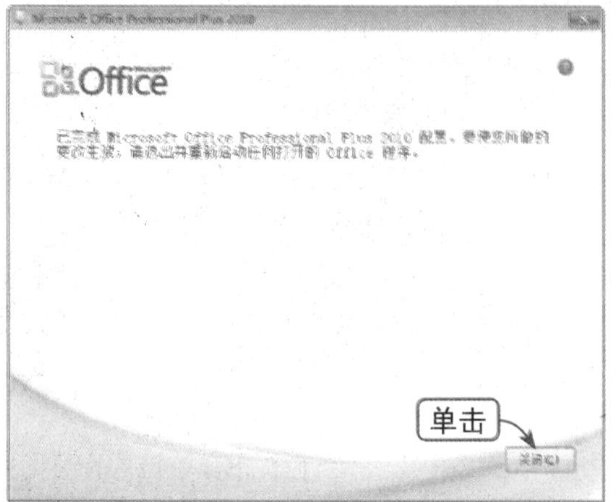

1.3 认识Office 2010的工作界面

在使用 Office 2010 的各个组件之前，首先应对其工作界面有一定的了解，这样在进行软件操作时会更加有效率。

1.3.1 认识Word 2010的工作界面

Word 2010的工作界面由快速访问工具栏、标题栏、“窗口操作”按钮、“文件”按钮、功能区、文档编辑区、状态栏以及视图工具栏等部分组成，如下图所示。

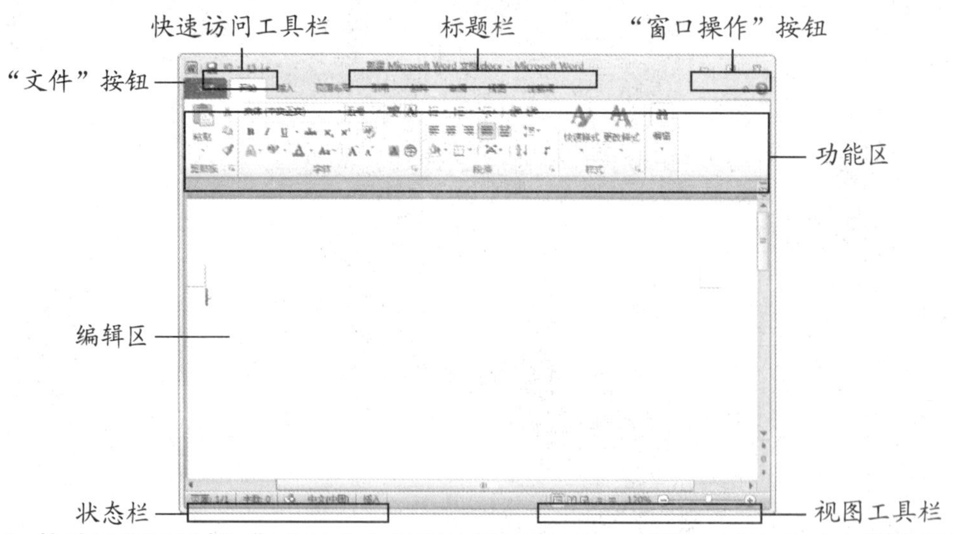

◎ **快速访问工具栏**：集成了多个常用按钮，通过该工具栏可以快速对文档进行保存、

恢复、撤销等操作。

◎ **标题栏**：显示文档类型与标题。

◎“**窗口操作**”**按钮**：对窗口进行最大化、最小化和关闭操作。

◎“**文件**”**按钮**：用于打开“文件”窗格，进而对文档执行保存、新建、打印和发送等操作。

◎ **功能区**：几乎包含了编辑文档所需的全部命令。各项命令按照类型的不同，分别收集在对应选项卡下的对应组中。

◎ **编辑区**：显示文档内容，是进行文档编辑的主要区域。

◎ **状态栏**：显示文档页数、字数和语言等信息。

◎ **视图工具栏**：用于切换视图方式，设置文档显示比例。

1.3.2 认识Excel 2010的工作界面

Excel 2010 的工作界面由快速访问工具栏、标题栏、“窗口操作”按钮、“工作簿窗口操作”按钮、“文件”按钮、功能区、名称框、行号、编辑栏、列标、工作表标签、状态栏以及视图工具栏等部分组成，如下图所示。

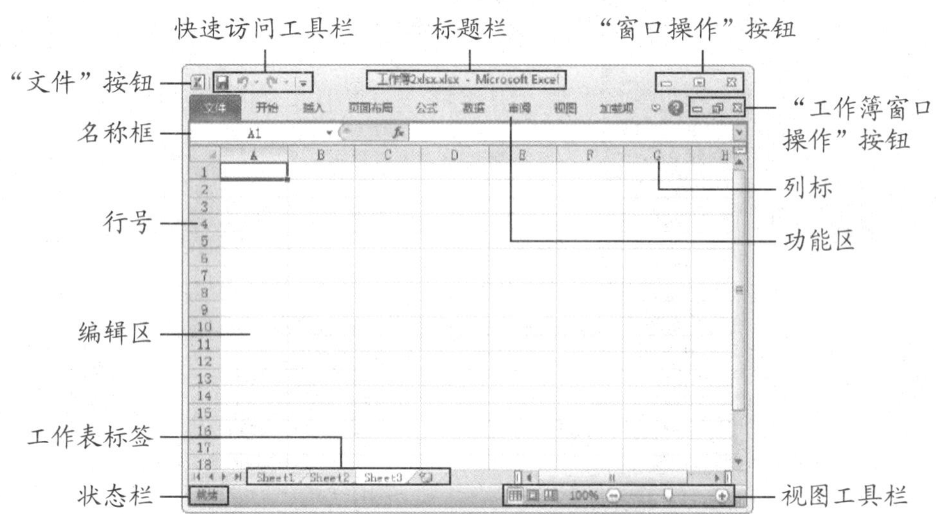

◎ **快速访问工具栏**：集成了多个常用按钮，通过该工具栏可以快速对工作表进行保存、恢复、撤销等操作。

◎ **标题栏**：显示工作簿的类型与标题。

◎“**窗口操作**”**按钮**：对窗口进行最大化、最小化和关闭等操作。

◎“**工作簿窗口操作**”**按钮**：对工作簿窗口进行最小化、恢复和关闭等操作。

◎“**文件**”**按钮**：用于打开“文件”窗格，进而对工作簿执行保存、新建、打印和发送等操作。

◎ **功能区**：包含了 Excel 的各项命令，按照类型的不同，分别收集在对应选项卡下的对应组中。

◎ **名称框**：显示当前单元格或单元格区域的名称或引用。

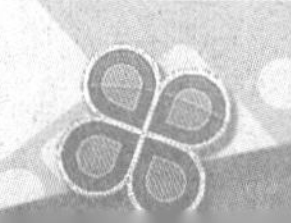

◎ **列标**：显示单元格所在列的序号。

◎ **编辑栏**：用于向所选单元格输入数据或显示所选单元格中的数据。

◎ **行号**：显示单元格所在行的序号。

◎ **工作表标签**：用于选择对应的工作表。

◎ **状态栏**：显示输入状态等信息。

◎ **视图工具栏**：设置编辑区域的视图方式与显示比例。

1.3.3 认识PowerPoint 2010的工作界面

PowerPoint 2010 的工作界面由快速访问工具栏、标题栏、“窗口操作”按钮、“文件”按钮、功能区、幻灯片 / 大纲浏览窗格、备注窗格、幻灯片窗格、状态栏以及视图工具栏等部分组成，如下图所示。

◎ **快速访问工具栏**：集成了多个常用按钮，通过该工具栏可以快速对演示文稿进行保存、恢复和撤销等操作。

◎ **标题栏**：显示演示文稿的类型与标题。

◎ **“窗口操作”按钮**：对窗口进行最大化、最小化和关闭操作。

◎ **“文件”按钮**：用于打开“文件”窗格，进而对演示文稿执行保存、新建、打印和发送等操作。

◎ **功能区**：包含了 PowerPoint 的各项命令。按照类型的不同，分别收集在对应选项卡下的对应组中。

◎ **幻灯片 / 大纲浏览窗格**：显示幻灯片或大纲的缩略图，用于新建和切换幻灯片。

◎ **备注窗格**：用于添加幻灯片相关注释信息。

◎ **幻灯片窗格**：显示当前幻灯片，是幻灯片的主要编辑区域。

◎ **状态栏**：显示幻灯片的张数、主题和语言等信息。

◎ **视图工具栏**：用于切换幻灯片视图方式、显示比例与幻灯片大小。

1.4 自定义工作环境

用户可以根据工作习惯对功能区和快速访问工具栏进行自定义，如新建选项卡和组，将常用命令添加到快速访问工具栏等。

1.4.1 自定义功能区

下面将介绍如何新建选项卡和组，并将指定命令移动到该选项卡下，具体操作方法如下：

Step 01 选择“选项”选项

启动 Word 2010，选择“文件”选项卡，在左窗格中选择“选项”选项，如下图所示。

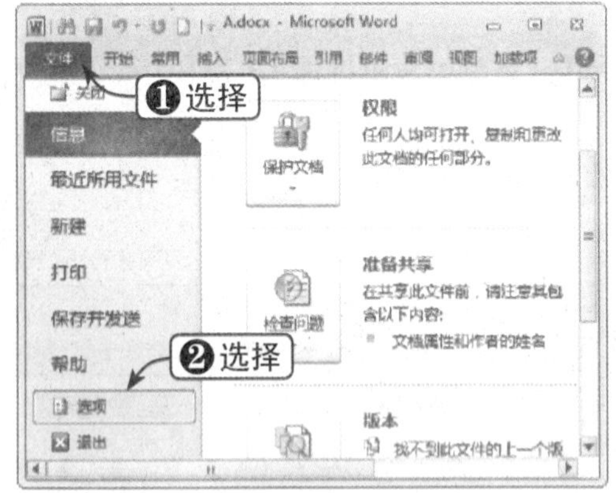

Step 02 单击“新建选项卡”按钮

弹出“Word 选项”对话框，在左窗格中选择“自定义功能区”选项，在右窗格中单击“新建选项卡”按钮，如下图所示。

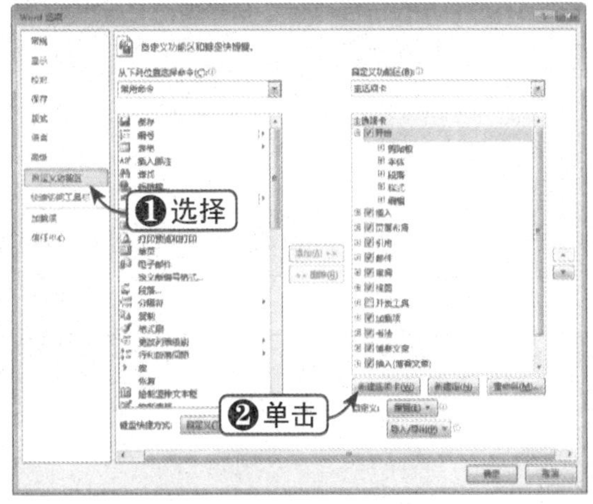

Step 03 单击“重命名”按钮

这时，将出现一个新建的选项卡和新建的组。选择该选项卡，单击“重命名”按钮，如下图所示。

Step 04 重命名选项卡和组

弹出对话框，输入要替换的名称。采用同样的方法重命名选项卡下的组，如下图所示。

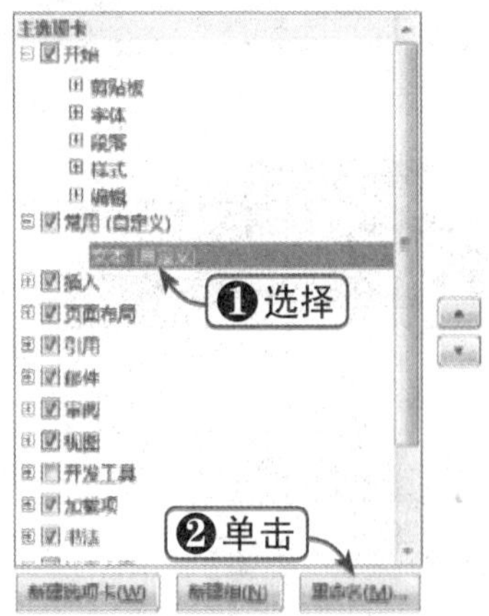

Step05 单击“下移”按钮

选择需要移动的组，依次单击“下移”按钮，如下图所示。

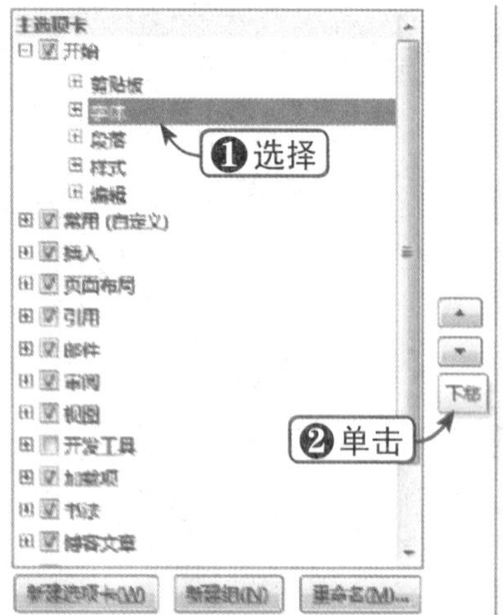

Step06 移动组

这时，即可将其移动到新建选项卡下。采用同样的方法移动其他组，如下图所示。

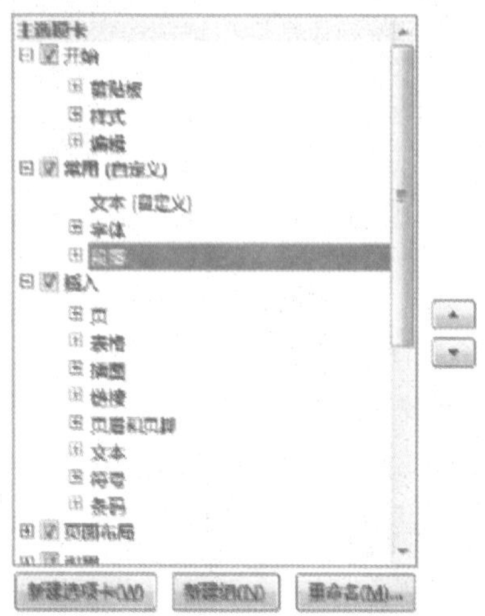

Step07 添加命令

选择新建选项卡下的组，在左侧列表框中选择所需的命令，单击“添加”按钮，即可将该命令添加到组中，如下图所示。

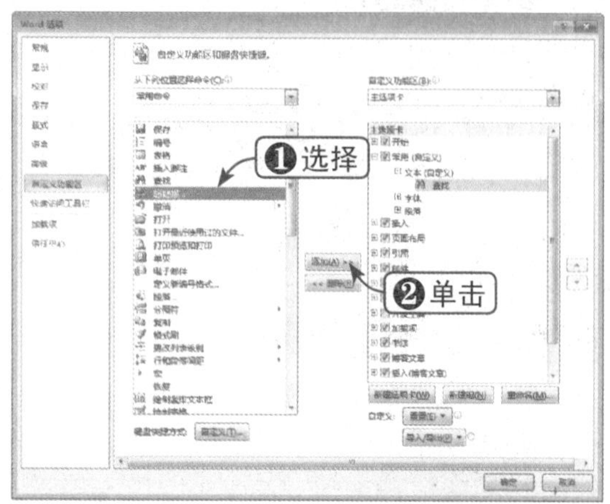

Step08 查看自定义选项卡

选择新建选项卡，查看新添加的组和命令，效果如下图所示。

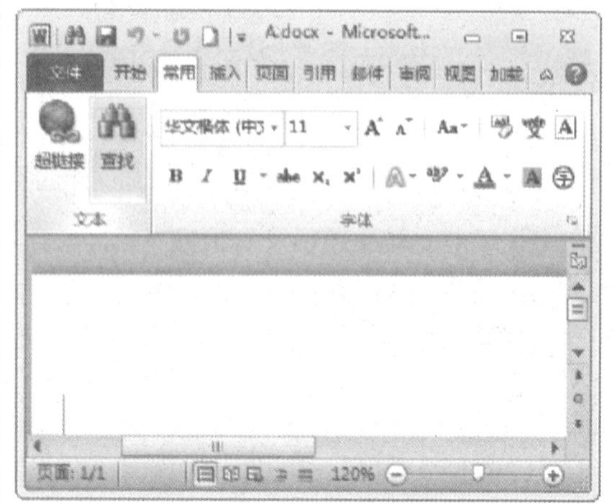

知识点拨

用户可以通过单击文档窗口底部视图工具栏中的相应按钮来快速切换文档视图方式。

1.4.2 自定义快速访问工具栏

下面将介绍如何添加常用命令到快速访问工具栏，具体操作方法如下：

Step 01 选择“选项”选项

启动 Word 2010，选择“文件”选项卡，在左窗格中选择“选项”选项，如下图所示。

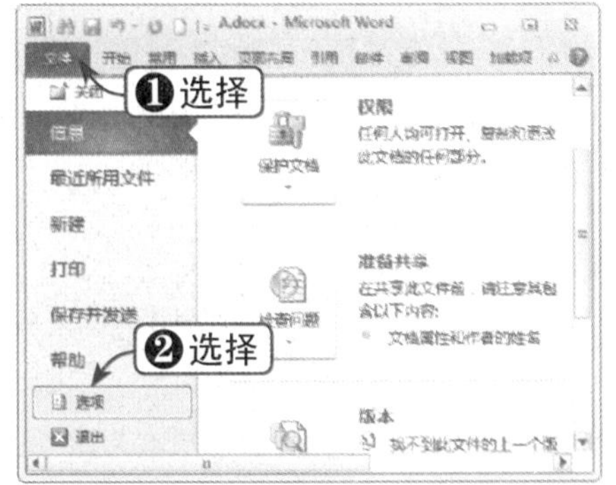

Step 02 指定命令位置

在选择命令下拉列表中选择所需的选项，指定命令所在的位置，如下图所示。

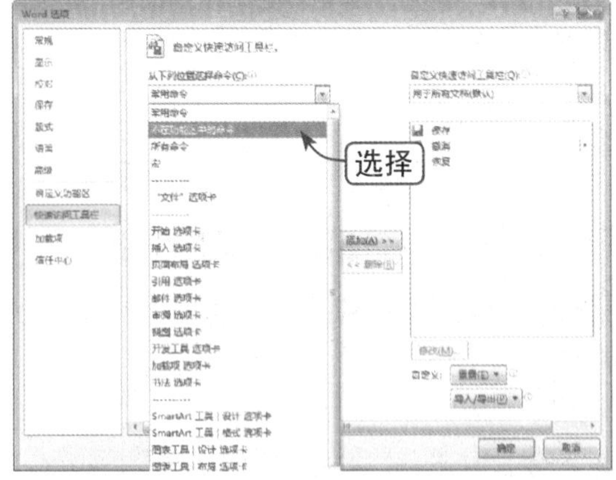

Step 03 单击“添加”按钮

在命令列表框中选择需要添加的命令，单击“添加”按钮，如下图所示。

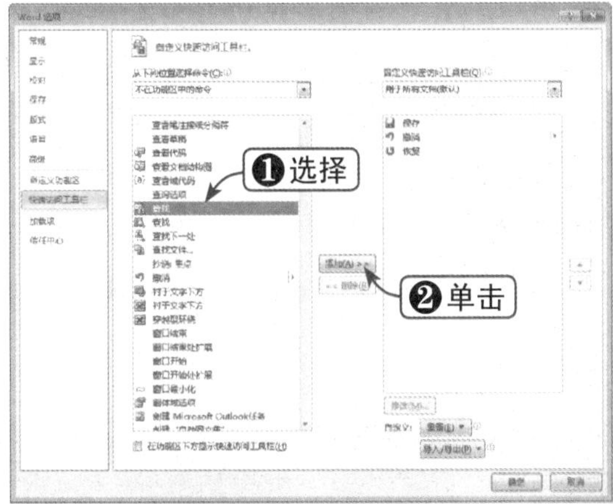

Step 04 添加命令

这时，所选命令将添加到右侧列表框中。通过单击“上移”或“下移”按钮调整命令的位置，如下图所示。

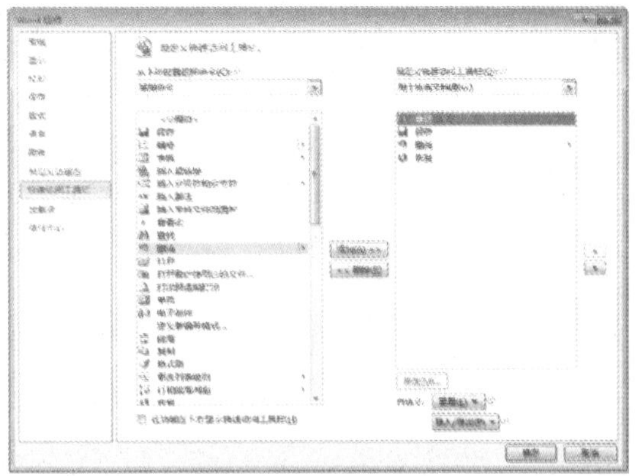

Step 05 查看命令

查看快速访问工具栏中新添加的命令，效果如下图所示。

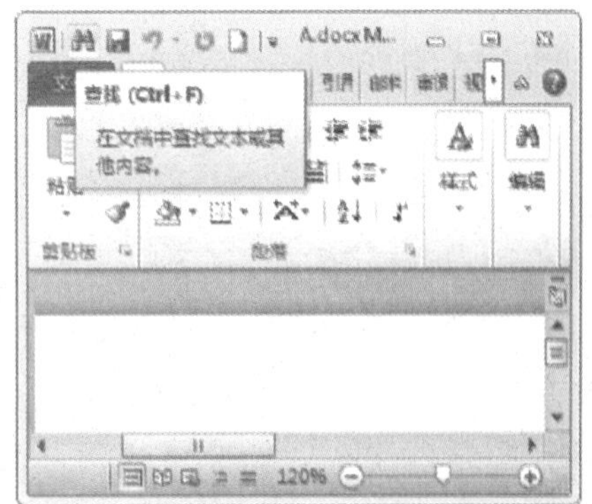

Step 06 添加其他命令

单击快速访问工具栏右侧的下拉按钮，在弹出的下拉菜单中同样可以添加一些命令到快速访问工具栏，如下图所示。

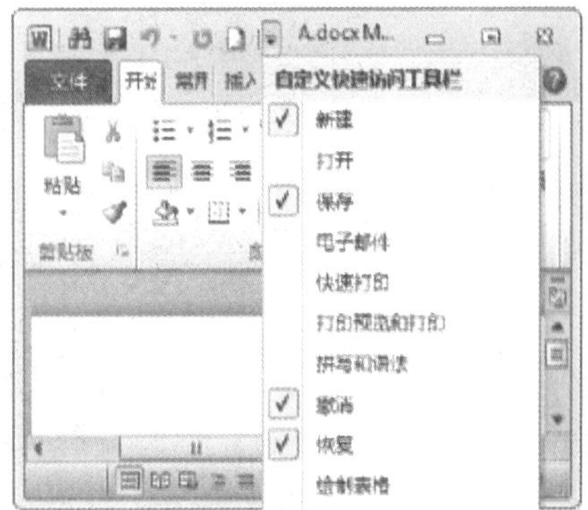

1.5 实战演练——升级安装

如果系统中已经安装了旧版 Office，用户希望安装新版 Office 2010 的同时删除旧版程序，可以通过升级安装来实现。下面将介绍如何升级安装 Office 2010，具体操作方法如下：

Step 01 启动安装程序

通过光驱或硬盘启动安装程序，弹出安装向导对话框，如下图所示。

Step 02 输入产品密钥

在文本框中输入产品所需密钥，单击“继续”按钮，如下图所示。

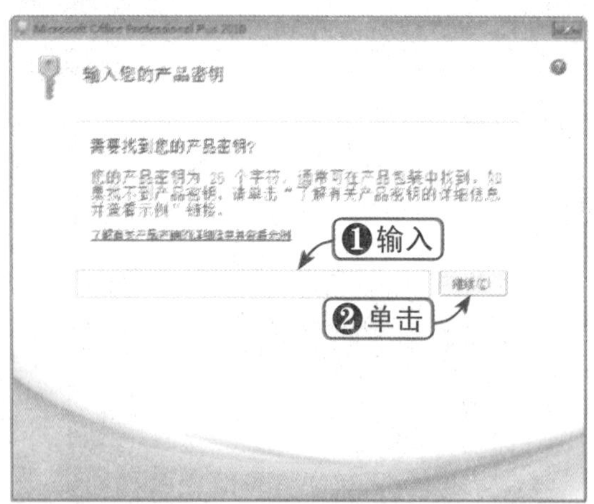

Step 03 单击“升级”按钮

弹出“选择所需的安装”对话框，单击“升级”按钮，如下图所示。

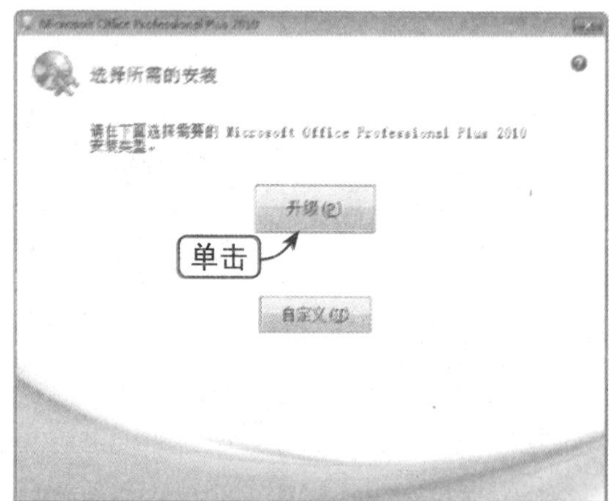

Step 04 开始升级安装程序

出现进度条，等待程序安装即可，如下图所示。

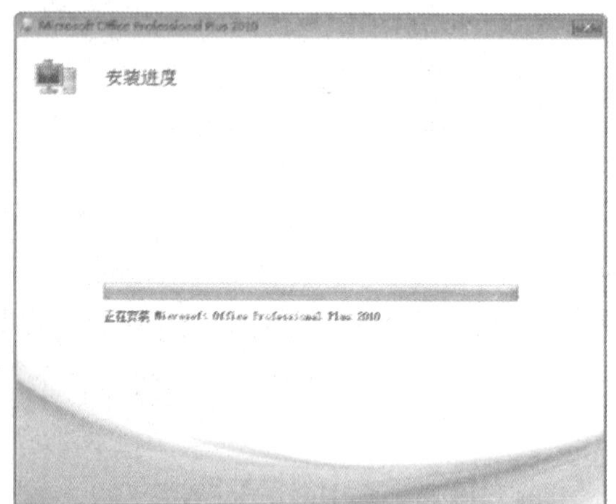

第2章 Word 2010办公基础

本章将学习 Word 2010 办公基础知识，其中包括文档基础操作、输入与编辑文本等内容，帮助读者轻松掌握新建文档、保存文档、恢复文档、输入文本、复制与粘贴文本等基础知识。

本章学习重点

1. 文档基本操作
2. 输入与编辑文本
3. 实战演练——制作公司名片

重点实例展示

九天文化有限公司

公司地址：石家庄中华南大街XX号
邮政编码：050091
电话：0311-8380-XXXX
传真：0311-8380-XXXX
手机：138321XXXXX
电子邮件：67571115@qq.com
公司网址：www.jiutianwenhua.cn

张宝强
设计师

YOUR LOGO HERE

制作公司名片

本章视频链接

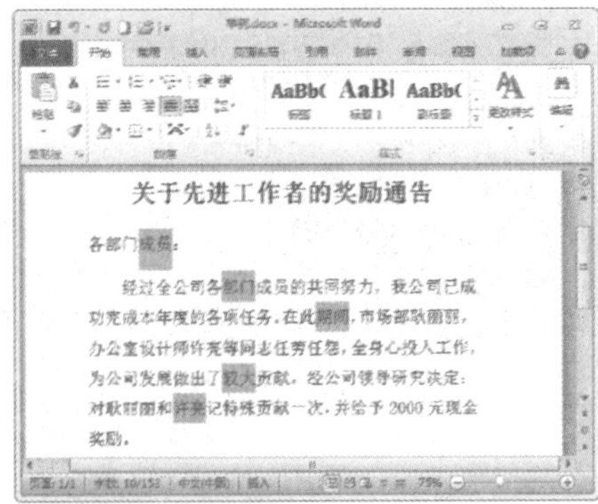

选择文本

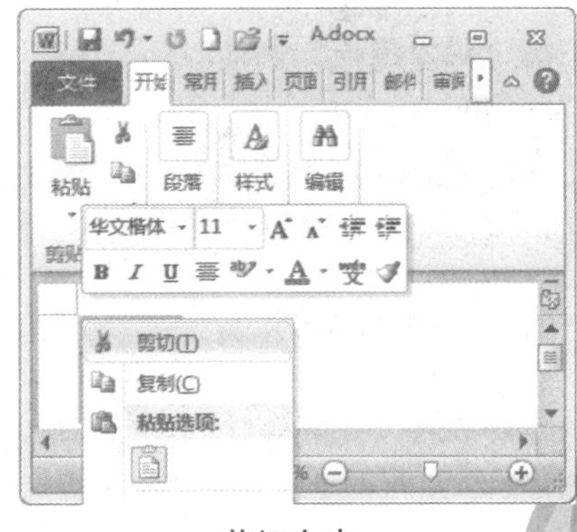

剪切文本

2.1 文档基本操作

下面将以 Word 2010 为例，讲解 Office 2010 的基本操作，如打开、新建、保存、另存与关闭文档等操作。

2.1.1 新建空白文档

当启动 Word 2010 时，系统将自动新建一个空白文档。如果希望手动新建空白文档，则可以通过如下方法来实现：

Step 01 单击“创建”按钮

选择“文件”选项卡，在左窗格中选择“新建”选项，在“可用模板”列表中选择“空白文档”选项，然后单击“创建”按钮，如下图所示。

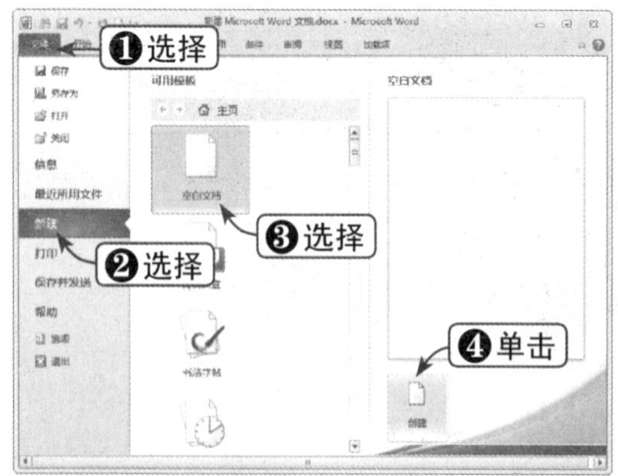

Step 02 查看文档

这时，即可创建出一个如下图所示的空白文档。

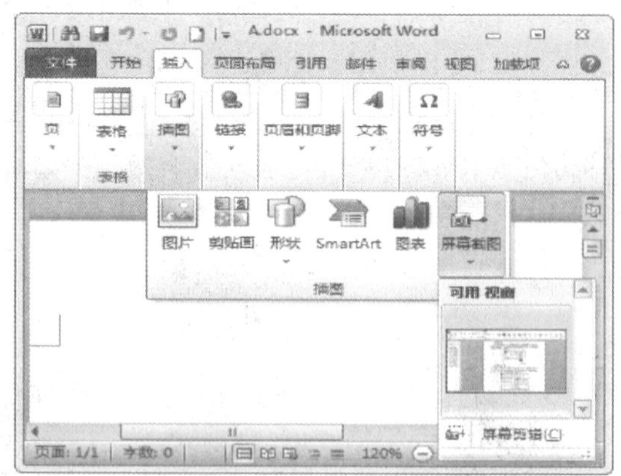

2.1.2 新建基于样本模板的文档

用户可以基于现有样本模板创建新的文档，具体操作方法如下：

Step 01 选择“样本模板”选项

选择“文件”选项卡，在左窗格中选择“新建”选项，在“可用模板”列表中选择“样本模板”选项，如右图所示。

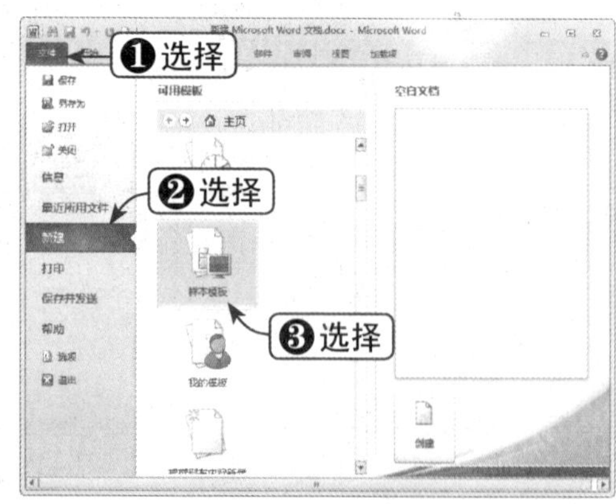

Step 02 单击“创建”按钮

在“样本模板”列表框中选择合适的模板，单击“创建”按钮，如下图所示。

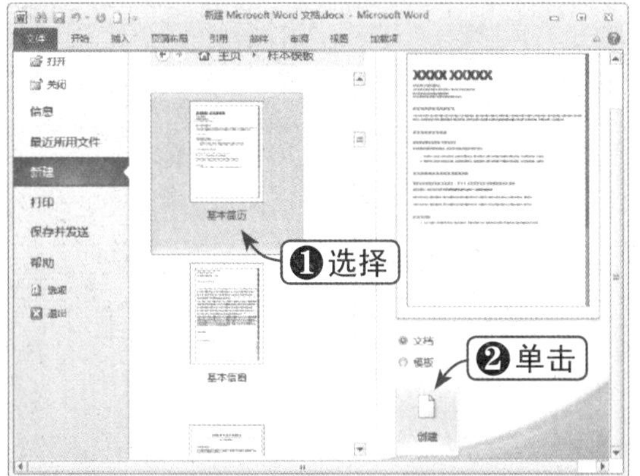

Step 03 查看文档

此时，即可查看通过样本模板创建的文档，如下图所示。

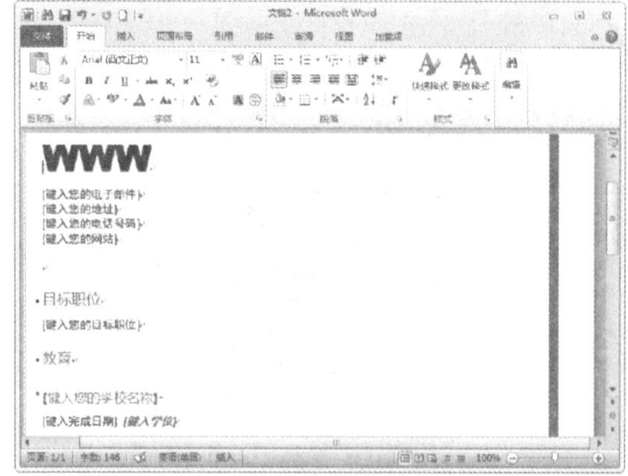

知识点拨

模板即具有一定格式的文档。利用模板可以创建信函、报告及简历等文档，用户只需从中进行适当的修改即可。

2.1.3 下载模板并新建文档

用户可以通过互联网连接 Office.com，然后下载所需模板并新建文档，具体操作方法如下：

Step 01 选择下载模板类型

选择“文件”选项卡，在左窗格中选择“新建”选项，在“可用模板”列表中的“Office.com 模板”栏中选择需要下载的模板类型，如下图所示。

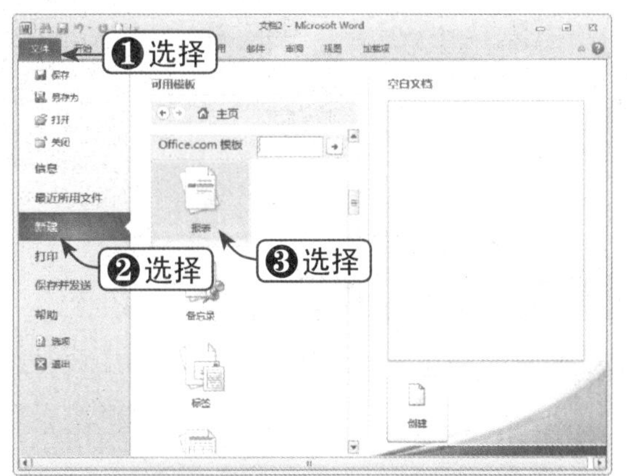

Step 02 单击“下载”按钮

在“Office.com 模板”列表框中选择需要下载的模板，然后单击“下载”按钮，如下图所示。

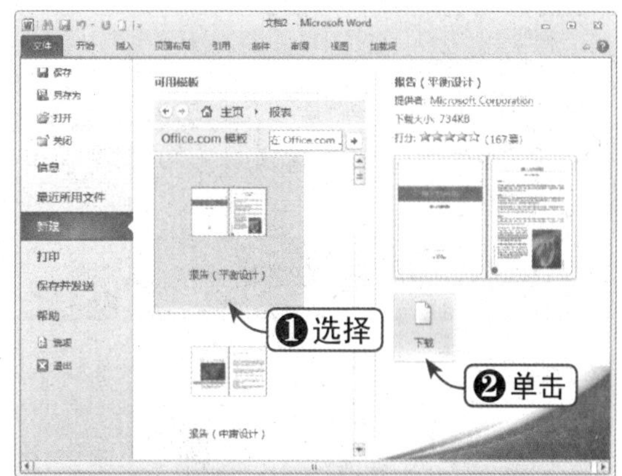

Step 03 开始下载模板

弹出提示信息框，显示模板下载相关信息，如下图所示。

Step 04 查看文档

下载完毕后，将自动打开该模板并新建文档。查看该文档，如下图所示。

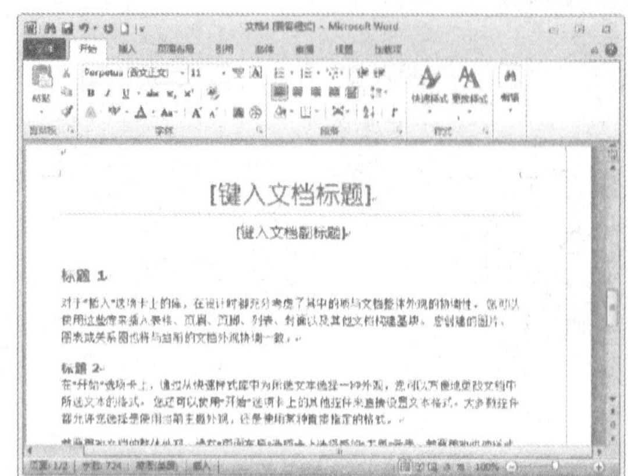

2.1.4 打开文档

用户可以通过双击 Word 文档直接打开文档，也可以通过“打开”命令打开指定文档，具体操作方法如下：

Step 01 选择“打开”选项

选择“文件”选项卡，在左窗格中选择“打开”选项，如下图所示。

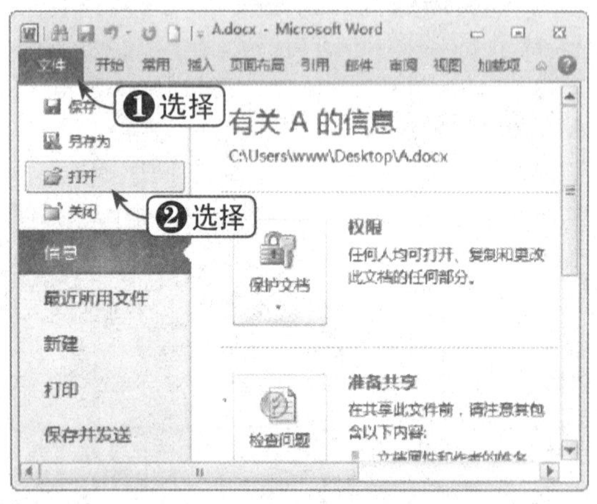

Step 02 选择需要打开的文件

弹出“打开”对话框，选择需要打开的文件，单击“打开”按钮即可，如下图所示。

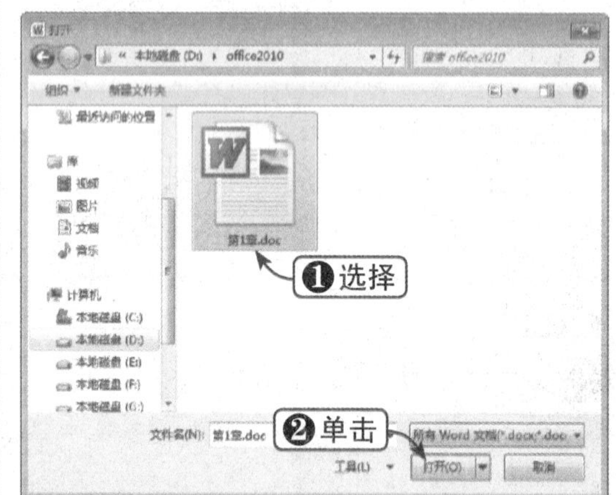

2.1.5 保存文档

及时保存文档可以防止因突然断电或误操作造成文档丢失或损坏，具体操作方法如下：

Step 01 选择“保存”选项

选择“文件”选项卡，在左窗格中选择“保存”选项，如下图所示。

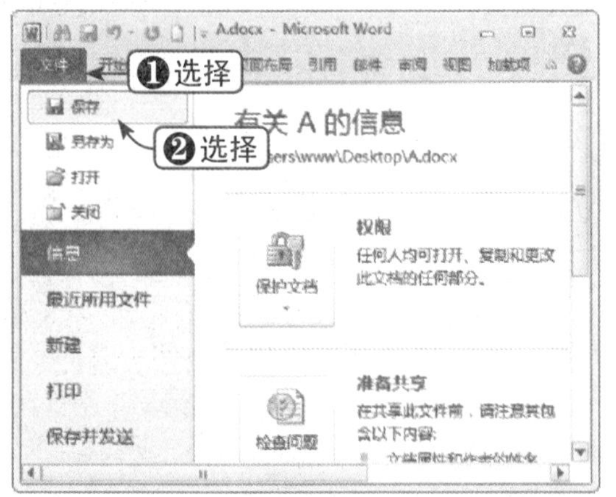

Step 02 保存文档

弹出“另存为”对话框，指定文件保存位置，单击“保存”按钮即可，如下图所示。

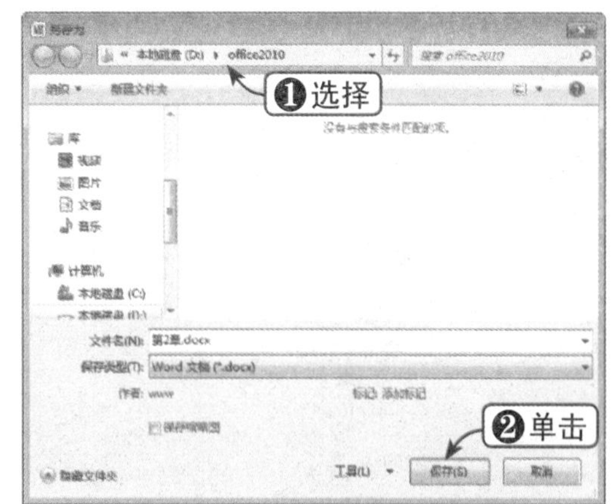

2.1.6 开启自动恢复

用户可以开启保存自动恢复信息的功能，使程序能够每隔一段时间自动保存文档的副本，从而在文件丢失或损坏时能够及时恢复，还可以自定义保存自动恢复信息的时间间隔，具体操作方法如下：

Step 01 选择“选项”选项

选择“文件”选项卡，在左窗格中选择“选项”选项，如下图所示。

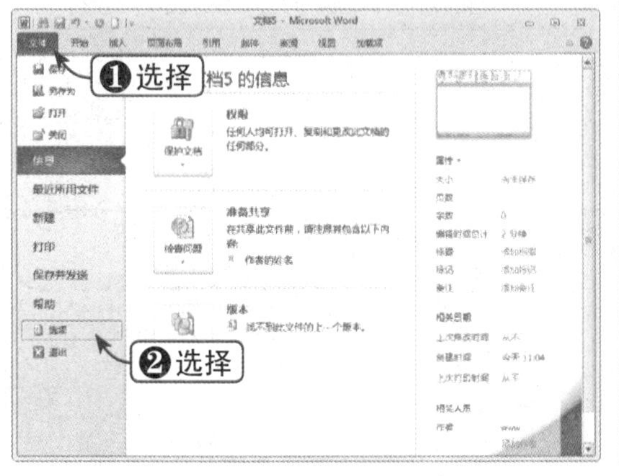

Step 02 设置保存选项

弹出“Word 选项”对话框，在左窗格中单击“保存”按钮，在右窗格中选中“保存自动恢复信息时间间隔”复选框，并设置时间间隔，单击“确定”按钮即可，如下图所示。

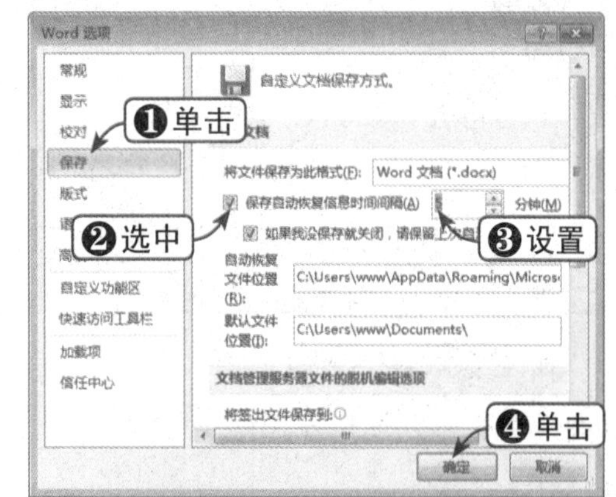

2.1.7 关闭与退出文档

用户可以通过多种方法关闭并退出文档，具体操作方法如下：

方法一：通过“关闭”按钮关闭

单击文档窗口右上角的“关闭”按钮，即可快速关闭文档，如下图所示。

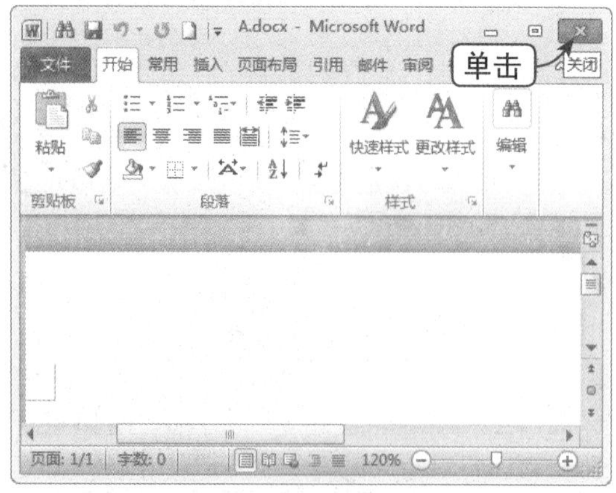

方法二：通过“退出”按钮关闭

选择“文件”选项卡，在展开的窗格左侧选择“退出”选项，即可退出当前文档，如下图所示。

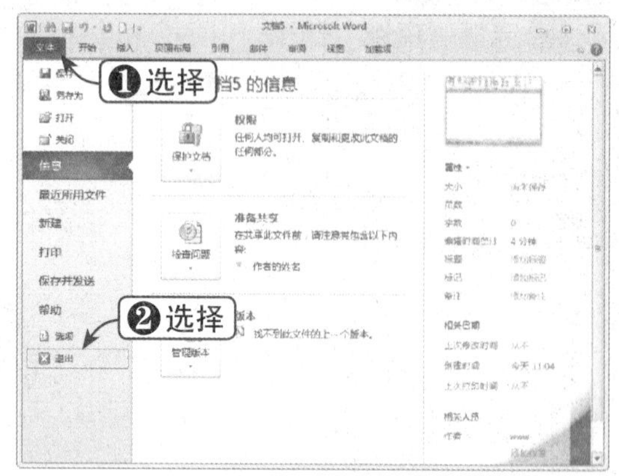

方法三：通过右键快捷菜单关闭

右击任务栏中的 Word 文档选项，在弹出的快捷菜单中选择“关闭窗口”选项即可，如下图所示。

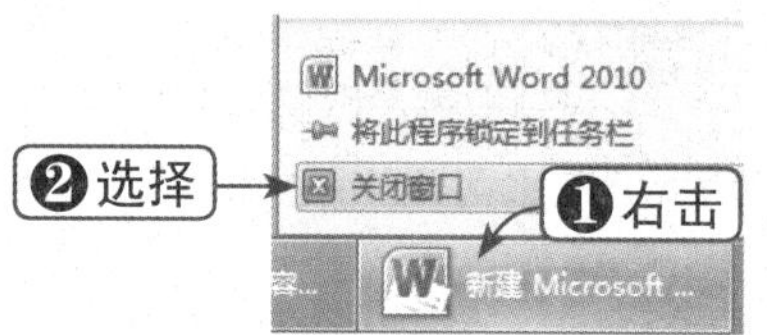

知识点拨

用户可以将文档保存为网页格式，还可以将其保存为纯文本格式或 RTF 格式等。

2.2 输入与编辑文本

下面将介绍如何在文档中输入文本，并对文本进行选择、复制、移动、剪切与删除等基本操作。

2.2.1 输入文本

输入文本就需要用到输入法，选择适合自己的输入法，确定文本输入位置，即可输入文本，具体操作方法如下：

Step 01 选择输入法

新建一个 Word 文档，在任务栏右侧通知区域单击输入法图标，在弹出的菜单中选择所需的输入法，如右图所示。

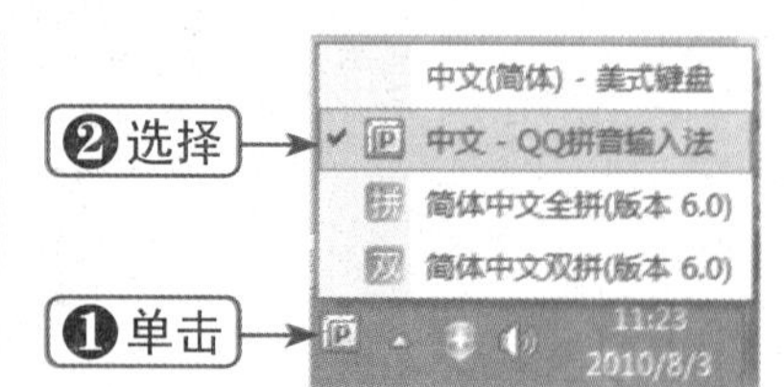

Step 02 输入文本内容

新建文档后光标将自动定位于文档起始位置，输入所需文本内容，如下图所示。

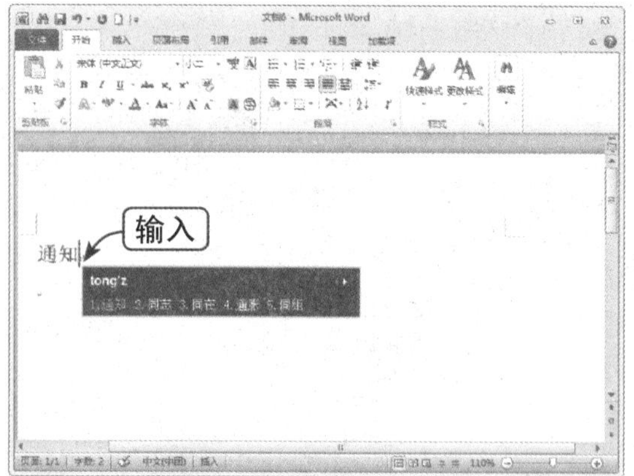

Step 03 输入其他文本

按【Enter】键选择下一行，输入其他文本即可，如下图所示。

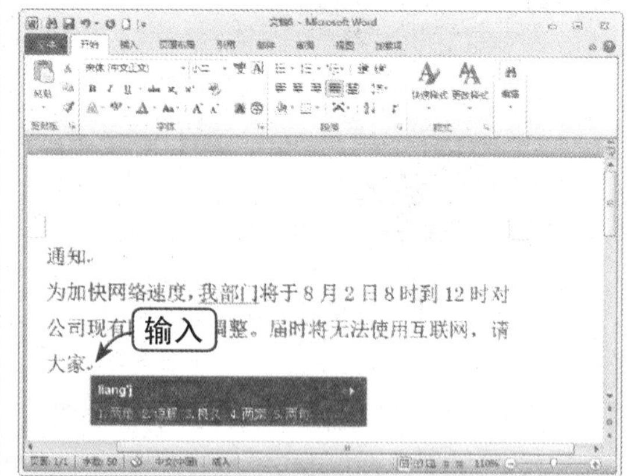

知识点拨

在文档中输入文本时，当文本占满一行后，将会自动切换到下一行；还可以通过各种输入法提供的软键盘功能输入特殊符号。

2.2.2 选择文本

用户可以通过不同的方法选择不同内容的文本，具体操作方法如下：

Step 01 选择单个文本

按住鼠标左键并拖动，当选中所需文本后释放鼠标，即可完成选择操作，如下图所示。

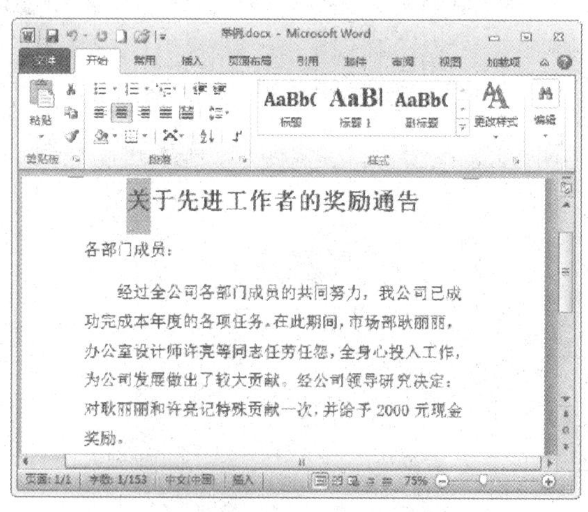

Step 02 选择单个词组

鼠标指针移动到要选择词组的前方或中间位置，双击该词组，即可快速将其选中，如下图所示。

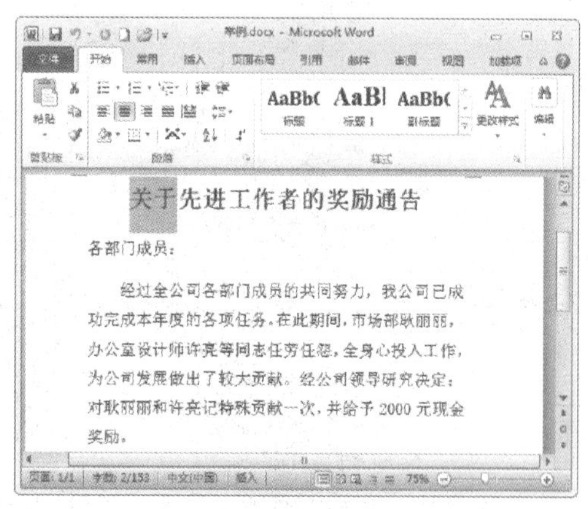

Step 03 选择单行文本

移动鼠标指针到需要选择的单行文本左侧空白区域，当指针变成白色箭头时，单击即可选中该行文本，如下图所示。

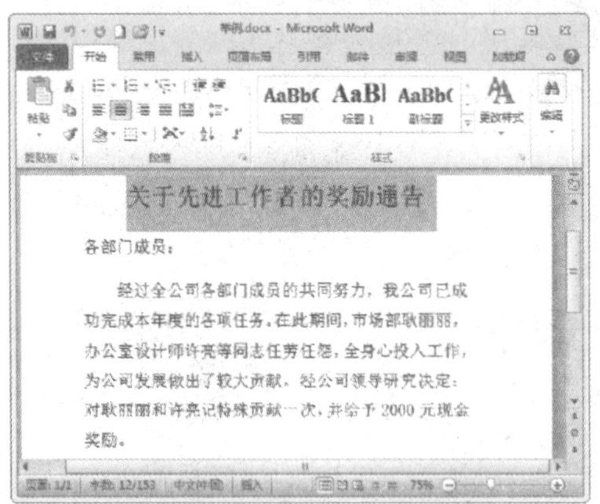

Step 04 选择一段文本

移动鼠标指针到需要选择的段落左侧空白区域，当指针变成白色箭头时，双击即可选中该段文本，如下图所示。

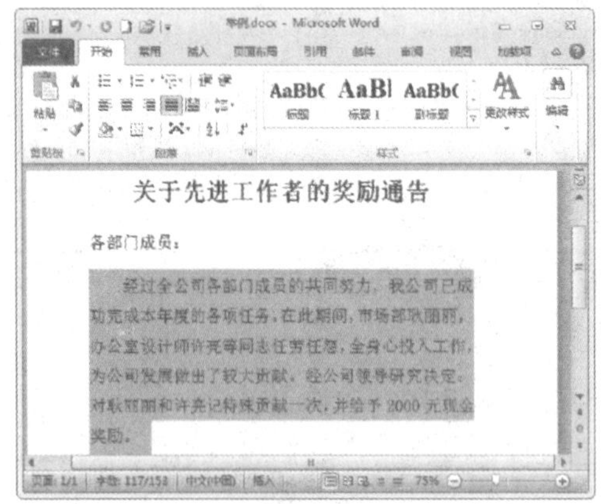

Step 05 选择全篇文本

移动鼠标指针到文档左侧空白区域，当指针变成白色箭头时，连续三次快速单击鼠标左键即可选中全篇文本，如下图所示。

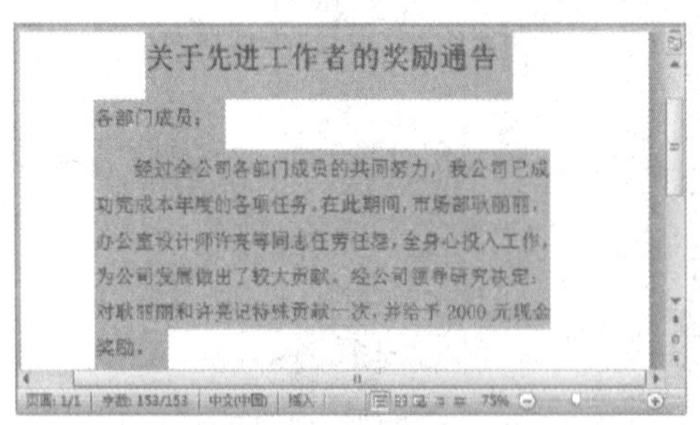

Step 06 选择多个不连续文本

按住【Ctrl】键，拖动鼠标依次选择所需文本并释放鼠标，即可选择多个不连续文本，如下图所示。

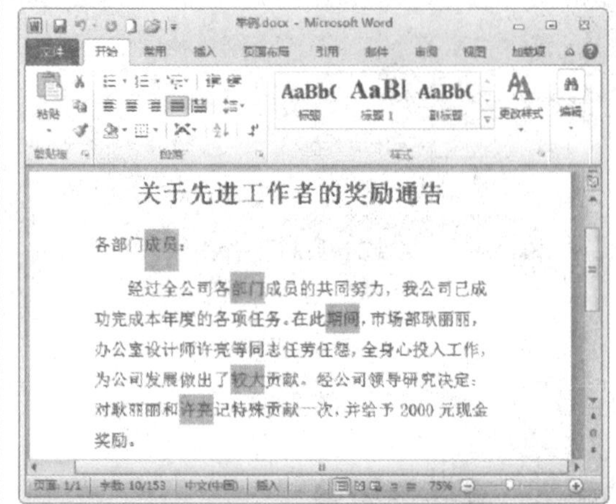

Step 07 选择单列文本

按住【Alt】键，向右下方拖动鼠标，绘制一个矩形并释放鼠标，即可选择该列文本，如下图所示。

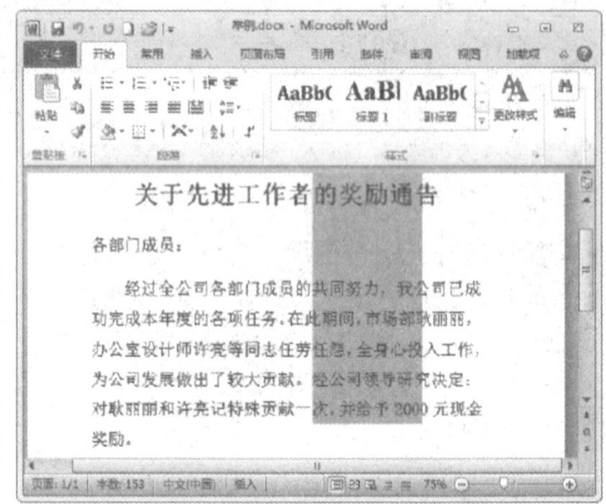

2.2.3 复制与粘贴文本

用户可以通过多种方法完成文本的复制与粘贴操作，具体操作方法如下：

1、复制文本

方法一：通过快捷菜单复制

选中文本，右击所选区域，在弹出的快捷菜单中选择“复制”选项，即可复制文本，如下图所示。

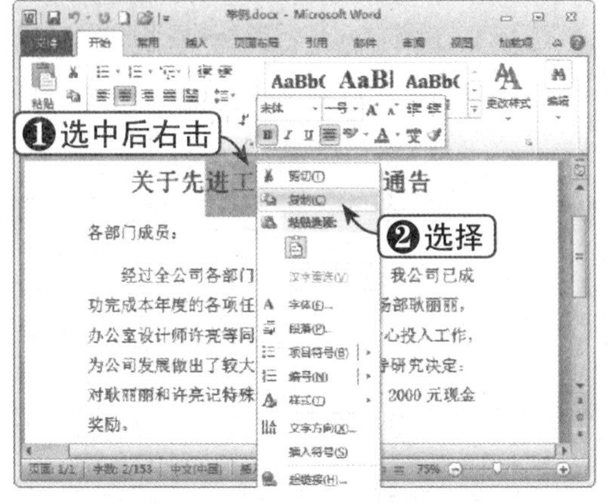

方法二：单击“复制”按钮

选中文本，单击“开始”选项卡下“剪贴板”组中的“复制”按钮，即可复制文本，如下图所示。

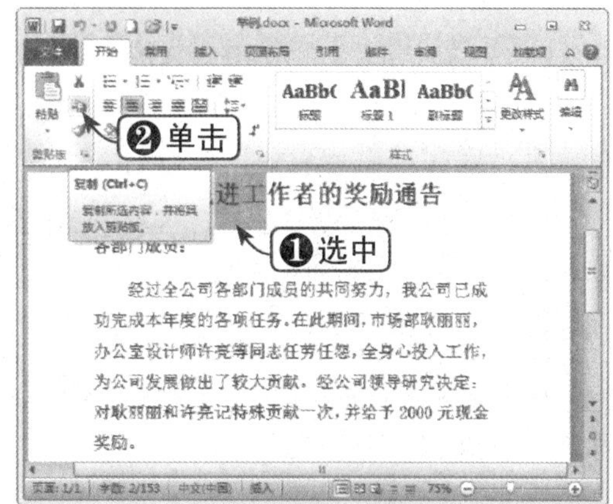

2、粘贴文本

方法一：全部粘贴

在对文本执行“复制”命令后，单击“开始”选项卡下“剪贴板”组中的“粘贴”按钮，即可粘贴文本，如右图所示。

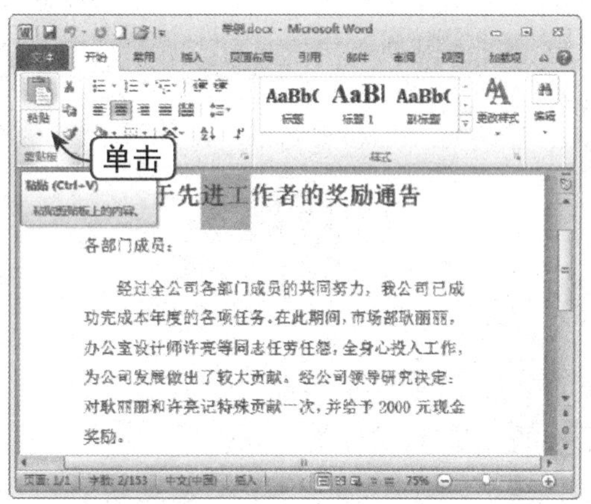

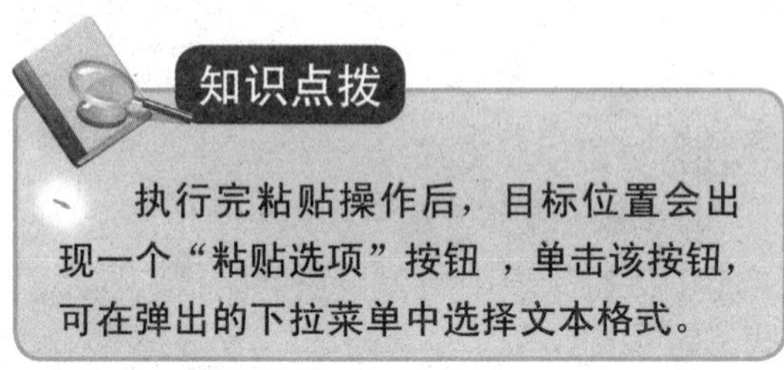

知识点拨

执行完粘贴操作后，目标位置会出现一个“粘贴选项”按钮，单击该按钮，可在弹出的下拉菜单中选择文本格式。

方法二：选择性粘贴

在对文本执行“复制”命令后，可以选择性粘贴文本，如将文本粘贴为HTML网页格式，或只粘贴文本而不保留格式，具体操作方法如下：

Step 01 选择“选择性粘贴”选项

在对文本执行“复制”命令后，单击“开始”选项卡下“剪贴板”组中的“粘贴”下拉按钮，在弹出的下拉菜单中选择“选择性粘贴”选项，如右图所示。

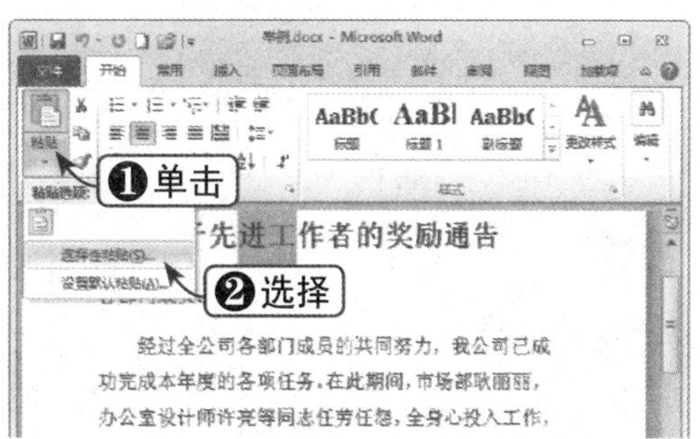

Step 02 选择粘贴样式

弹出“选择性粘贴”对话框，在“形式”列表框中选择粘贴形式，然后单击“确定”按钮即可，如右图所示。

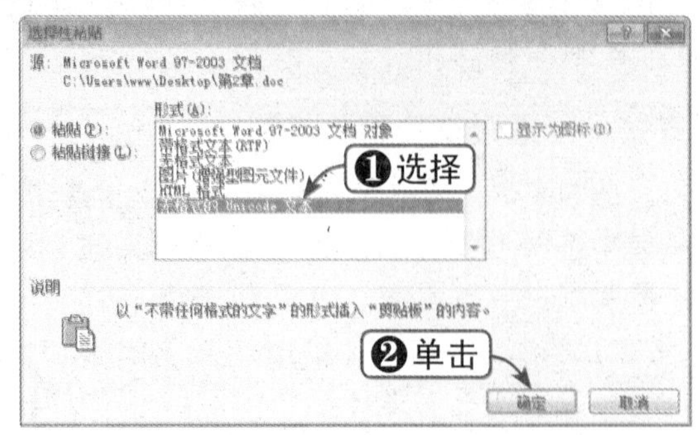

方法三：通过剪贴板粘贴

当执行“复制”命令后，之前复制的内容会存储于程序剪贴板中。通过剪贴板可以非常方便地粘贴文本，具体操作方法如下：

Step 01 单击“剪贴板”按钮

单击“开始”选项卡下“剪贴板”组右下角的“剪贴板”按钮，如下图所示。

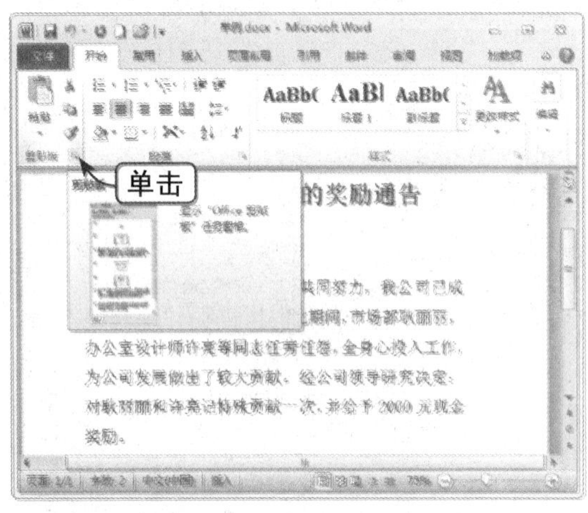

Step 02 选择粘贴选项

弹出剪贴板，将显示之前复制的内容。在列表框中选择所需的选项，如下图所示。

Step 03 粘贴文本

这时，即可将文本粘贴到文档指定位置，如下图所示。

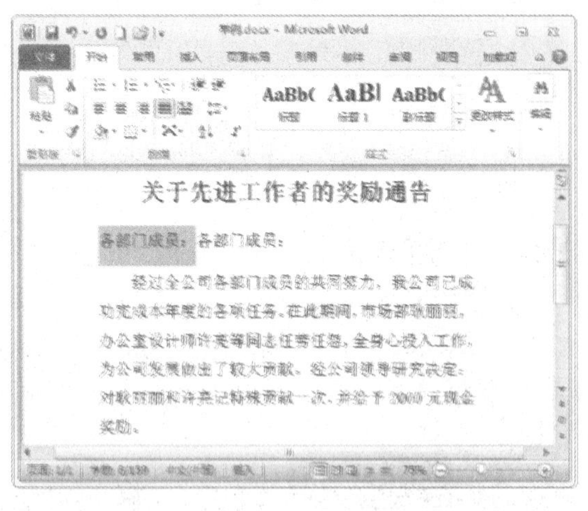

Step 04 设置显示方式

单击剪贴板下方的“选项”下拉按钮，在弹出的下拉列表中可以设置剪贴板的显示方式，如下图所示。

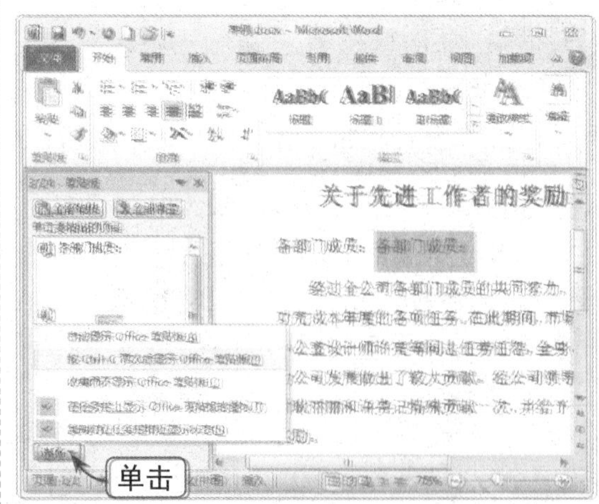

2.2.4 剪切文本

用户可以通过多种方法剪切文本，具体操作方法如下：

方法一：单击“剪切“按钮

选中需要剪切的文本，单击“开始”选项卡下“剪贴板”组中的“剪切”按钮，即可剪切文本，如下图所示。

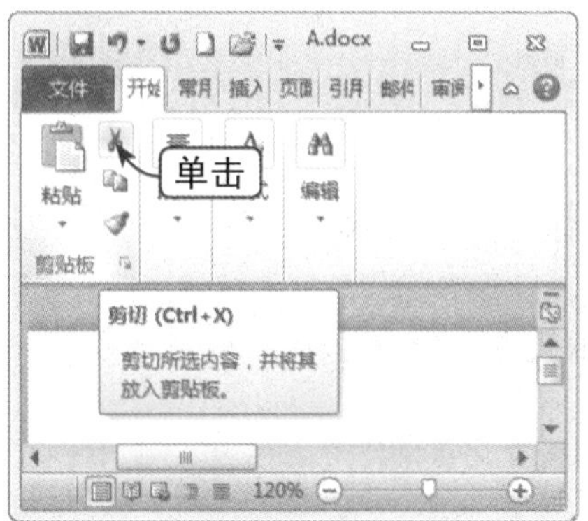

方法二：选择“剪切”选项

选中需要剪切的文本，右击所选区域，在弹出的快捷菜单中选择“剪切”选项，即可剪切文本，如下图所示。

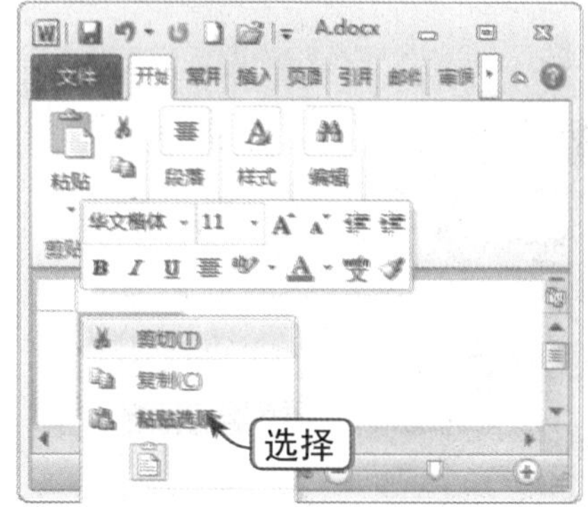

知识点拨

选中文本，移动鼠标指针到文本上，然后拖动文本到目标位置，同样可完成剪切与粘贴操作。

2.3 实战演练——制作公司名片

下面将以公司名片的制作流程为例，巩固之前所学的下载模板、新建文档、输入文本、保存文档和退出文档等操作知识，最终结果如下图所示。

九天文化有限公司

公司地址：
邮政编码：
电话：
传真：
手机：
电子邮件：
公司网址：

张宝强
设计师

YOUR LOGO HERE

制作公司名片的具体操作方法如下：

Step 01 选择模板类型

选择"文件"文件夹，在左窗格中选择"新建"选项，在"可用模板"列表中的"Office.com 模板"栏选择"名片"模板，如下图所示。

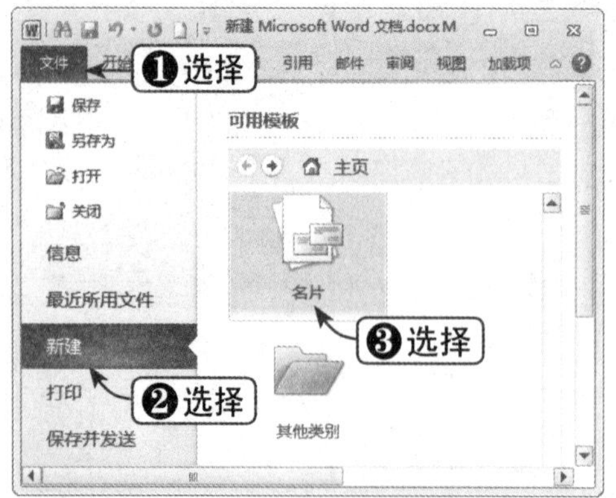

Step 02 选择"用于打印"选项

在列表框中选择"用于打印"选项，如下图所示。

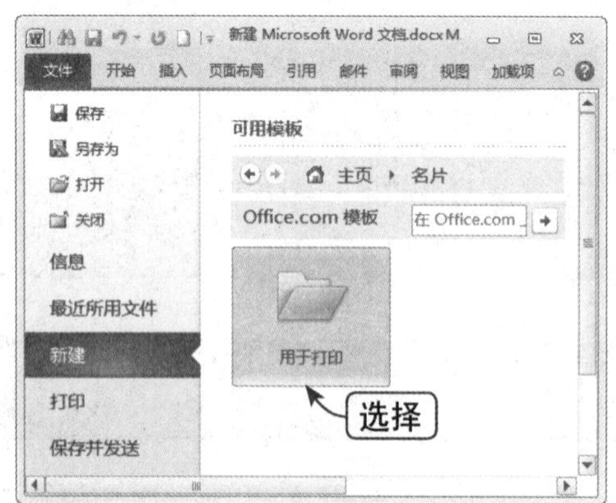

Step 03 下载名片模板

在列表框中双击"名片（横排）"选项，下载该名片模板，如下图所示。

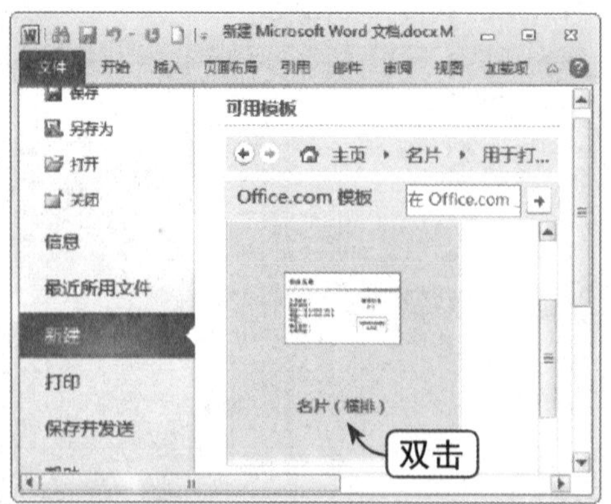

Step 04 查看模板

下载完毕后，将自动打开该模板并新建文档。查看该模板，如下图所示。

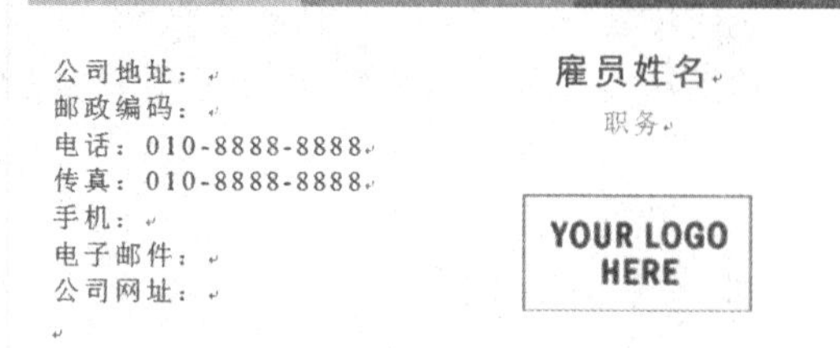

Step 05 输入名片内容

将模板中的原有文字删除，输入所需的名片内容，如下图所示。

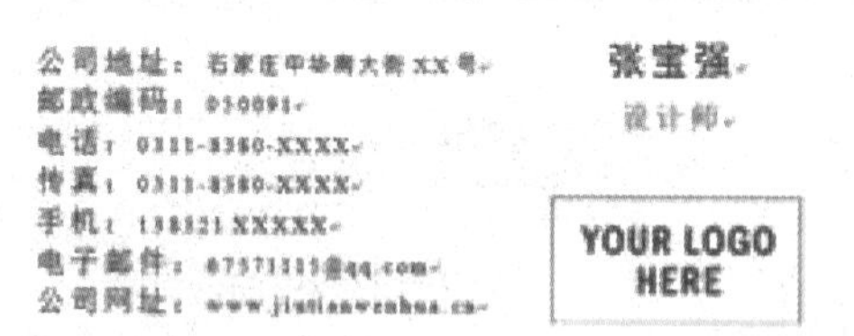

Step 06 选择"另存为"选项

输入完毕后，选择"文件"选项卡，在左窗格中选择"另存为"选项，如下图所示。

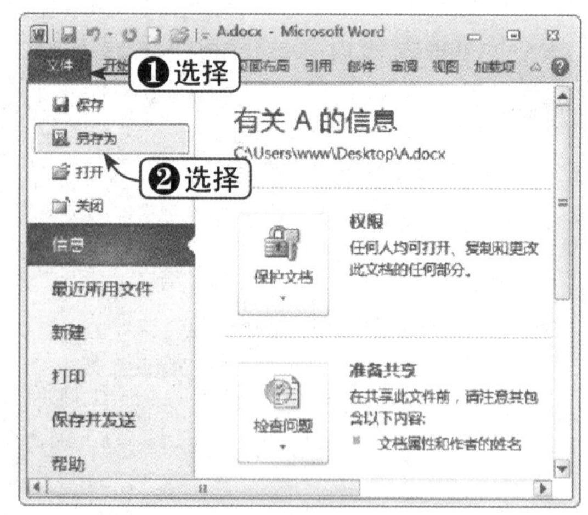

Step 07 保存文档

弹出“另存为”对话框，指定文件名和保存路径，单击“保存”按钮，如下图所示。

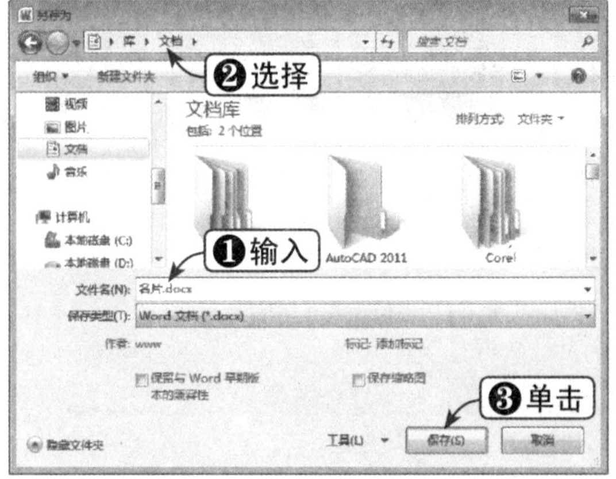

Step 08 退出文档

保存完毕后，选择“文件”选项卡，在左窗格中选择“退出”选项退出文档即可，如下图所示。

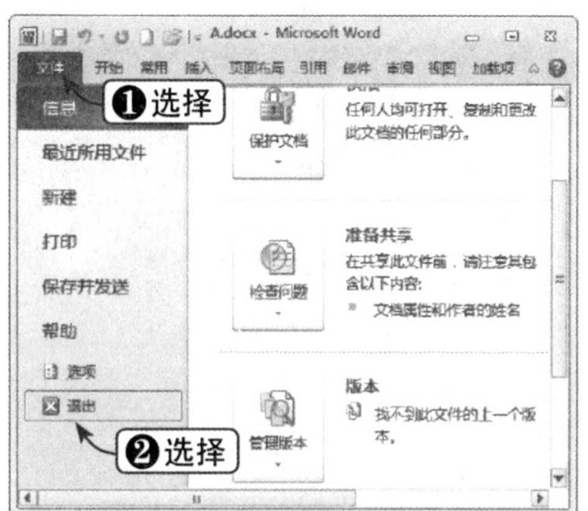

读书笔记

第3章 Word文档精美排版

本章将学习 Word 文档排版的知识，其中包括设置文本格式、设置段落格式等内容，帮助读者轻松掌握如何对 Word 文档进行排版操作。

本章学习重点

1. 设置文本格式
2. 设置段落格式
3. 实战演练——公司放假通知

重点实例展示

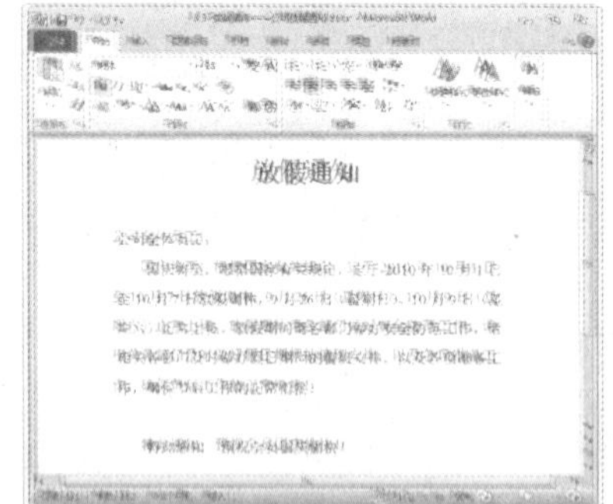

公司放假通知

本章视频链接

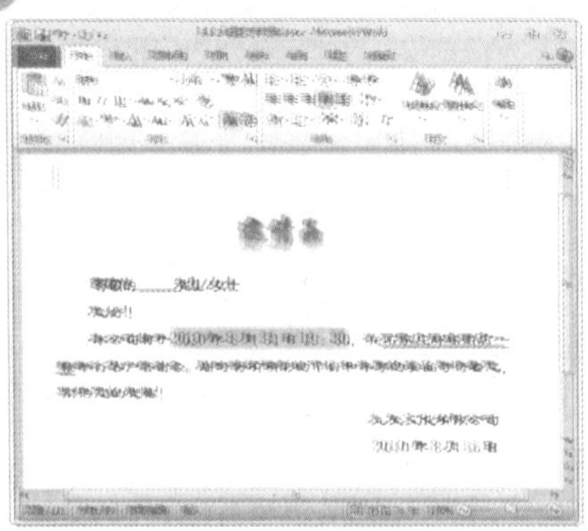

设置文本效果

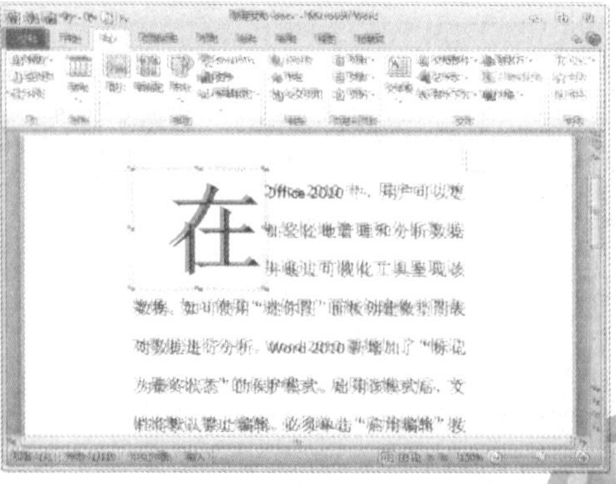

首字下沉

3.1 设置文本格式

文本格式包含字体、字号、颜色和字符间距等，为不同类型的文本设置不同的格式，可以使文档变得美观而规范。下面将介绍如何设置文本格式。

3.1.1 设置字体、字号与颜色

用户可以通过多种方法对文本的字体、字形、字号和颜色等参数进行设置，具体操作方法如下：

	素材文件	光盘：素材文件\第3章\3.1.1 设置字体、字形、字号与颜色.docx

Step 01 选中文本

打开“素材文件\第3章\3.1.1 设置字体、字形、字号与颜色.docx”，选中文档标题，如下图所示。

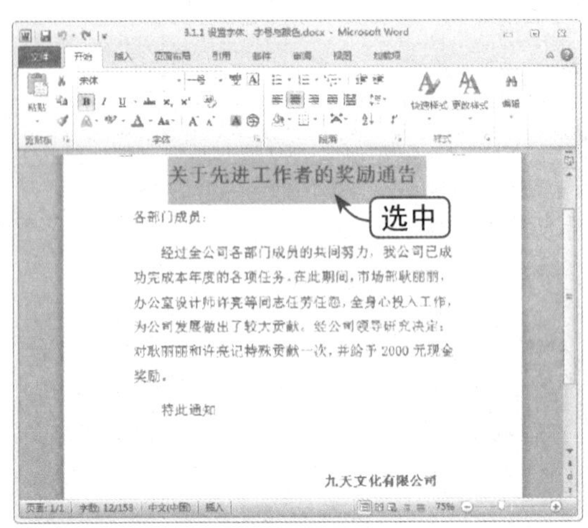

Step 02 设置字体

在“开始”选项卡下的“字体”组中单击“字体”下拉按钮，在弹出的下拉列表中选择所需的字体，如选择“华文行楷”，如下图所示。

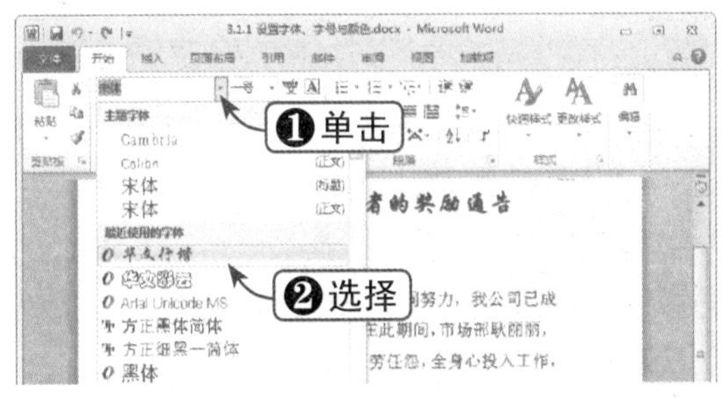

Step 03 设置字号

单击“字号”下拉按钮，在弹出的下拉列表中设置字号大小，如下图所示。

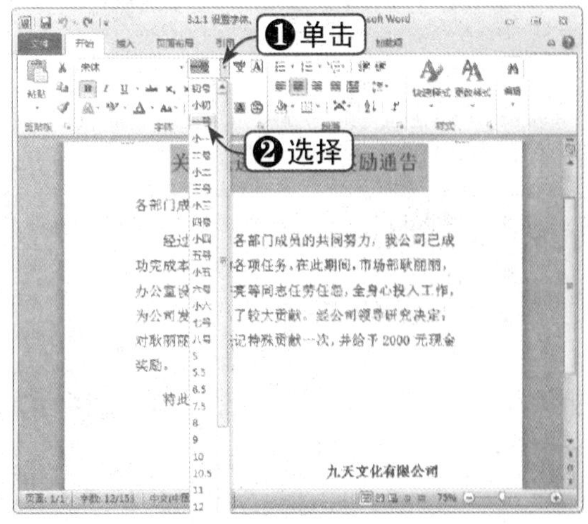

Step 04 通过按钮增大或减小字号

也可以通过单击“增大字体”按钮或“缩小字体”按钮增大或减小字号，如下图所示。

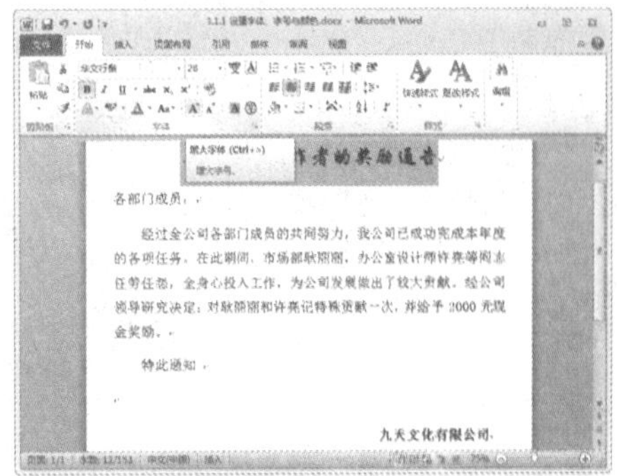

Step 05 设置颜色

单击“字体颜色”下拉按钮，在弹出的下拉列表中选择要使用的颜色，如下图所示。

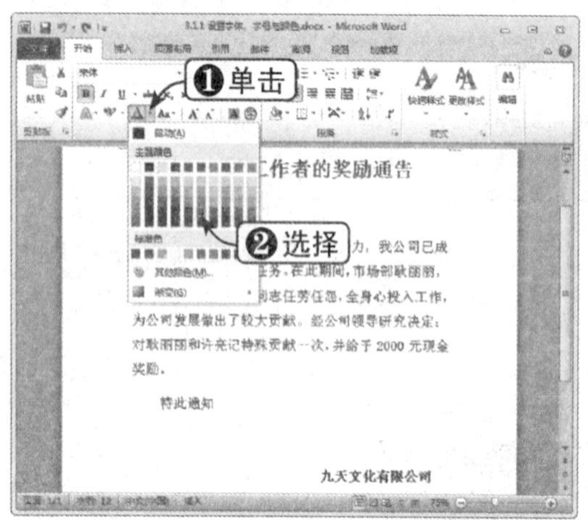

Step 06 查看文本效果

采用同样的方法对其他文本的字体与字号进行自定义，然后查看更改字体、字号和颜色后的文本效果，如下图所示。

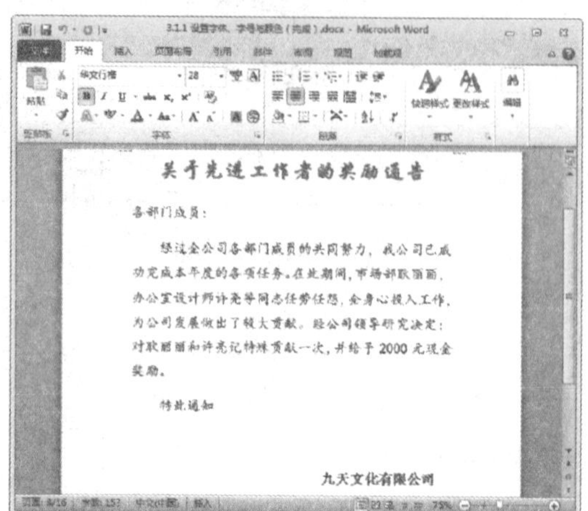

3.1.2 设置文本效果

用户可以为文本添加边框、下划线、阴影、映像和底纹等效果。下面将通过实例对其进行讲解，具体操作方法如下：

	素材文件	光盘：素材文件\第3章\3.1.2 设置文本效果.docx

Step 01 选中标题文本

打开“素材文件\第3章\3.1.2 设置文本效果.docx”，选中文档标题部分，如下图所示。

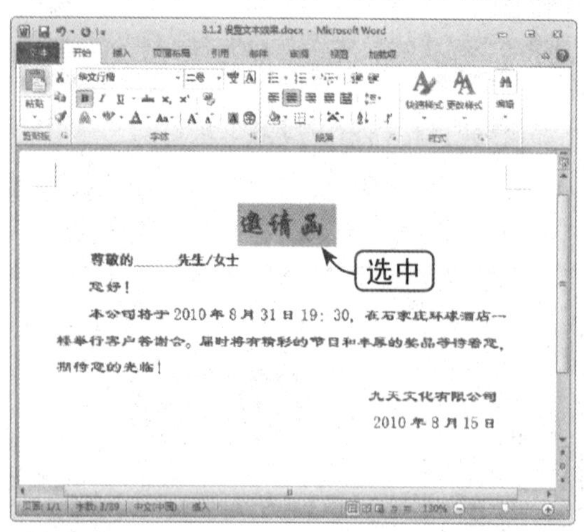

Step 02 选择预设文本效果

单击“文本效果”下拉按钮，在弹出的下拉列表中可以选择预设的文本效果，如下图所示。

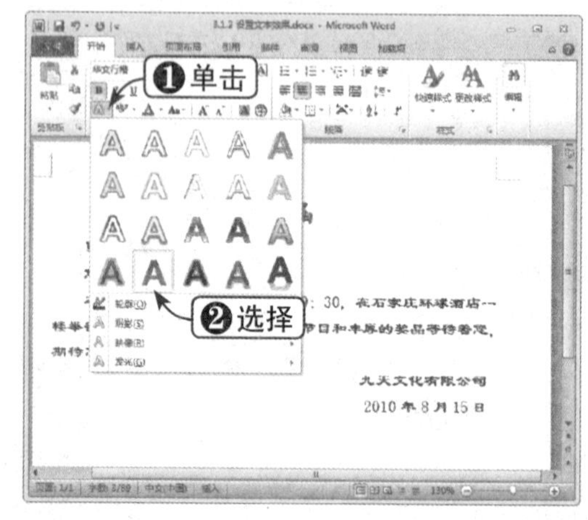

Step 03 自定义文本效果

单击“文本效果”下拉按钮，在弹出的下拉列表下方可以展开“轮廓”、“阴影”、“映像”等级联菜单，然后对其效果进行自定义，如下图所示。

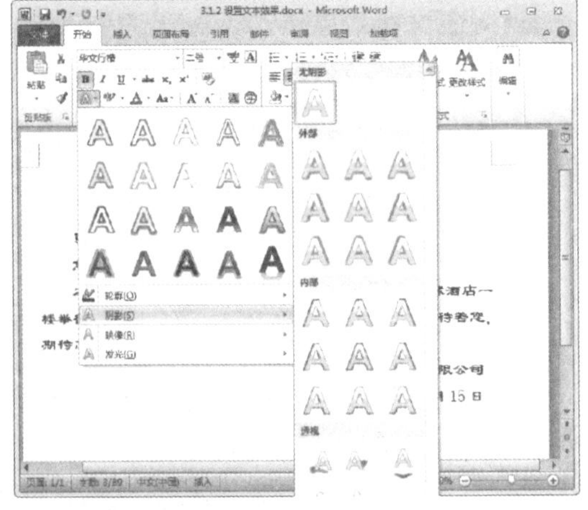

Step 04 查看文本效果

查看自定义效果后的文本，如下图所示。

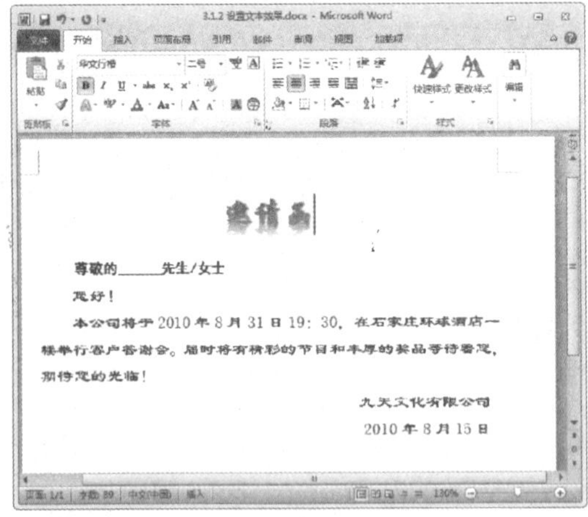

Step 05 添加下划线

单击“下划线”下拉按钮，在弹出的下拉列表中可以选择要添加的下划线样式和颜色，如下图所示。

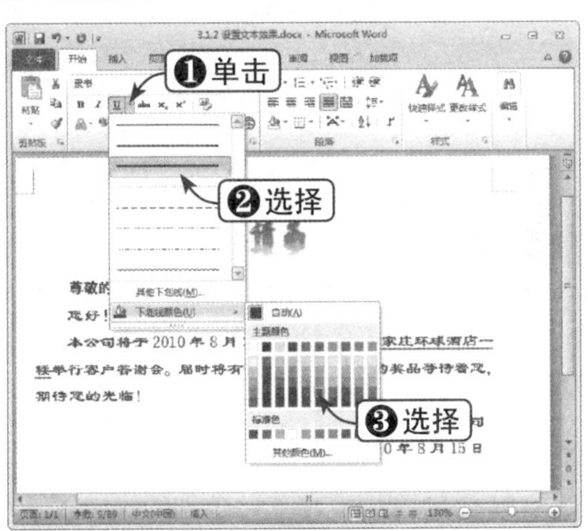

Step 06 添加字符底纹

选中需要添加底纹的文本，单击“字符底纹”按钮，如下图所示。

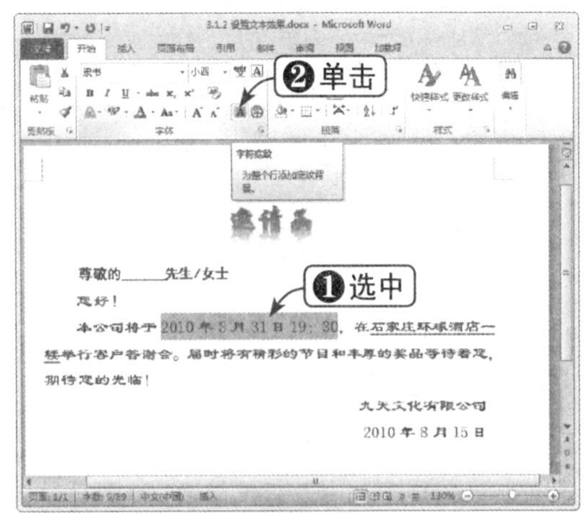

Step 07 查看底纹效果

查看添加字符底纹后的文本效果，如下图所示。

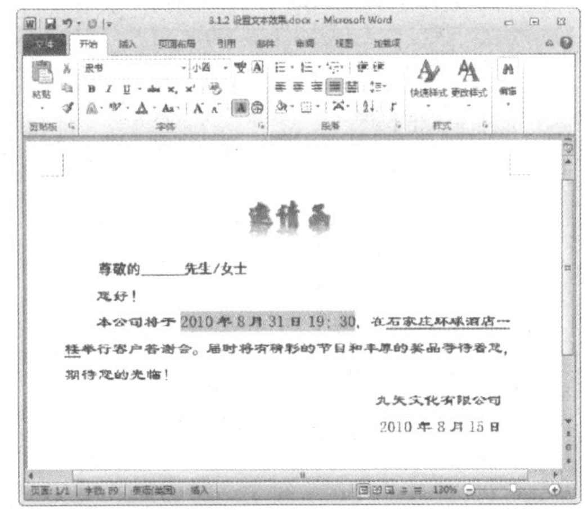

Step 08 单击“字体”按钮

也可通过“设置文本效果格式”对话框详细设置文本效果。单击“字体”组右下角的“字体”按钮，如下图所示。

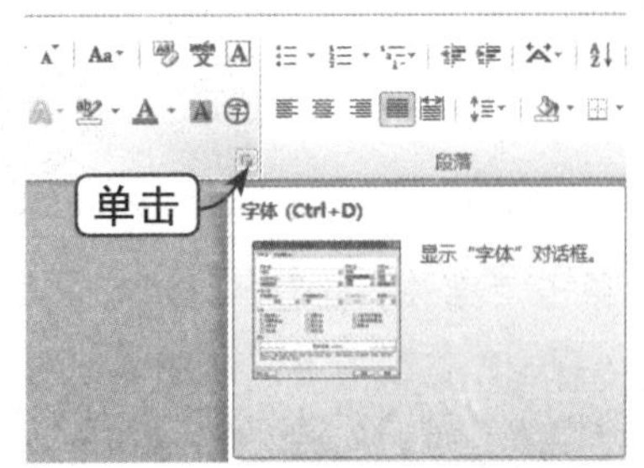

Step 09 单击“文字效果”按钮

弹出“字体”对话框，单击“字体”选项卡最下方的“文字效果”按钮，如下图所示。

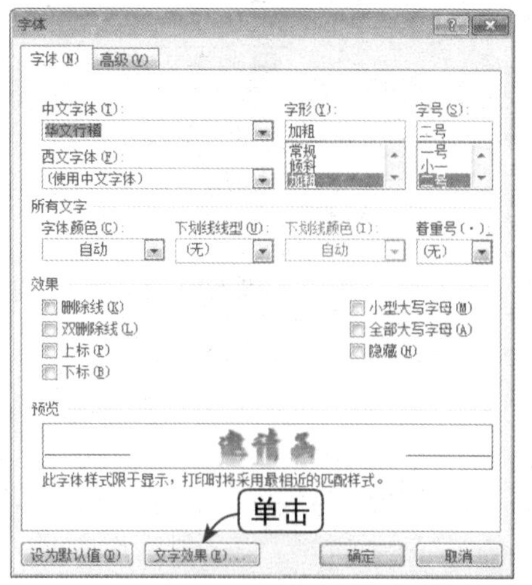

Step 10 设置文本效果格式

弹出“设置文本效果格式”对话框，即可对文本填充、文本边框、轮廓样式、阴影等效果进行详细设置，如下图所示。

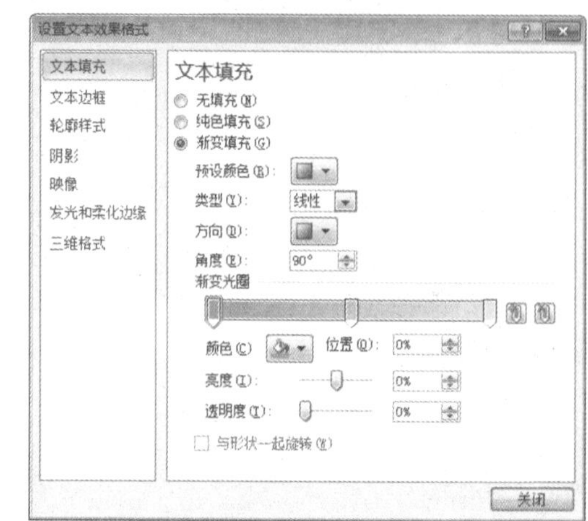

3.1.3 设置字符间距

用户可以通过 Word 中的间距预设改变字符间距，然后通过输入磅值自定义字符间距。下面将通过实例对其进行讲解，具体操作方法如下：

	素材文件	光盘：素材文件\第3章\3.1.3 设置字符间距.docx

Step 01 选中文本

打开“素材文件\第 3 章\3.1.3 设置字符间距 .docx”，选中文档标题，如下图所示。

Step 02 单击“字体”按钮

在“开始”选项卡下，单击“字体”组右下角的“字体”按钮，如下图所示。

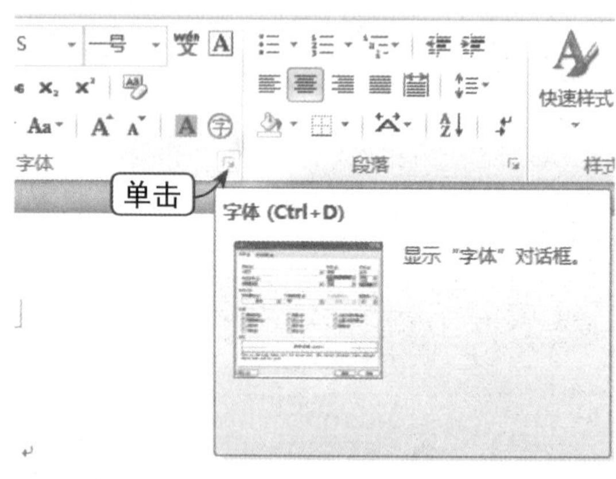

Step 03 选择“加宽”选项

弹出“字体”对话框，选择“高级”选项卡，在“间距”下拉列表中有三个选项供用户选择。在此选择“加宽”选项，如下图所示。

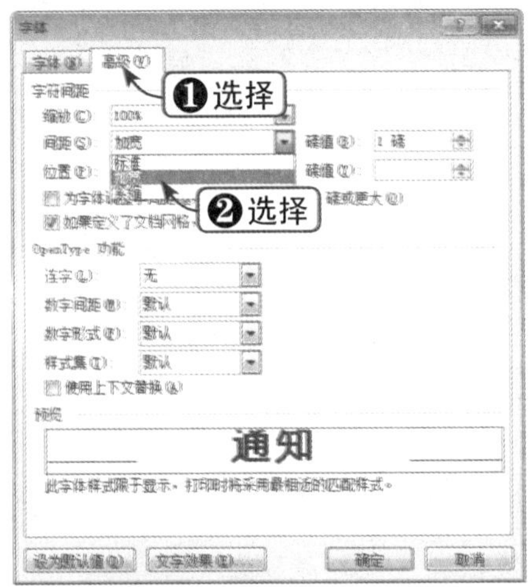

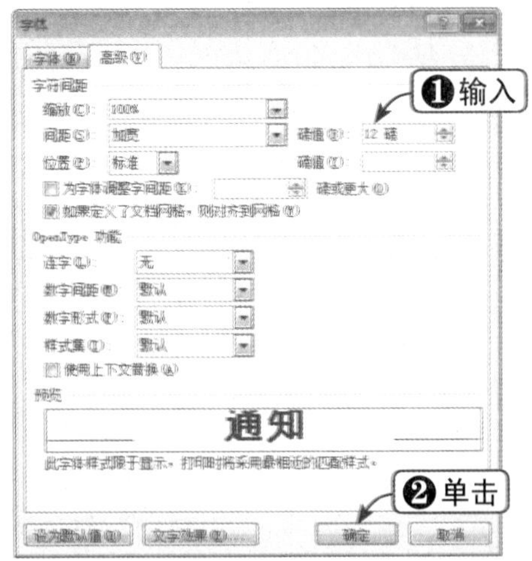

知识点拨

字符间的距离默认为“标准”模式，用户可以设置为“加宽”或“紧缩”模式。

Step 04 设置磅值

在其右侧的“磅值”数值框内可以通过输入数值调整间距，如输入 12，并单击“确定”按钮，如下图所示。

Step 05 查看文本效果

查看更改间距后的文本效果，如下图所示。

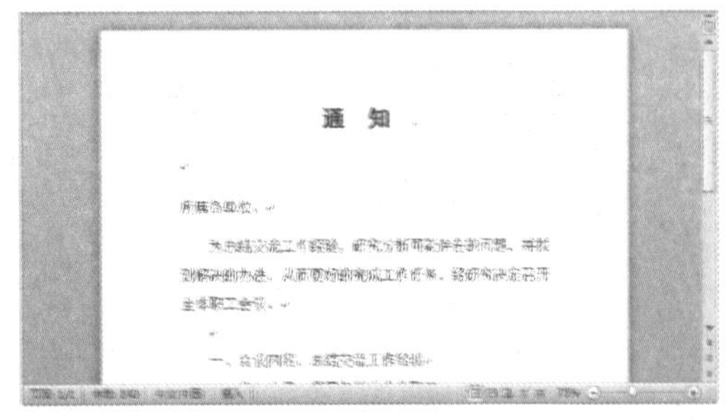

3.1.4 插入艺术字

用户可以通过插入艺术字添加阴影、映像、发光、棱台、三维旋转和转换等效果，从而创建出美观的版面。下面将通过实例对其进行讲解，具体操作方法如下：

	素材文件	光盘：素材文件\第3章\3.1.4 插入艺术字.docx

Step 01 选中文本

打开“素材文件 \ 第 3 章 \3.1.4 插入艺术字 .docx”，选中文档标题，如右图所示。

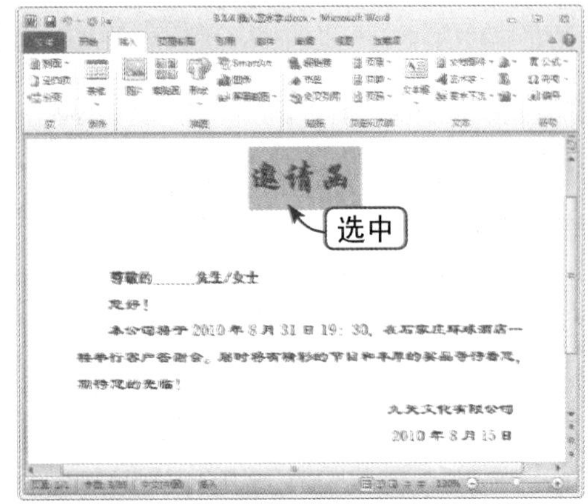

Step 02 选择预设艺术字

选择“插入”选项卡，在“文本”组中单击“艺术字”下拉按钮，在弹出的下拉列表中选择预设艺术字，如下图所示。

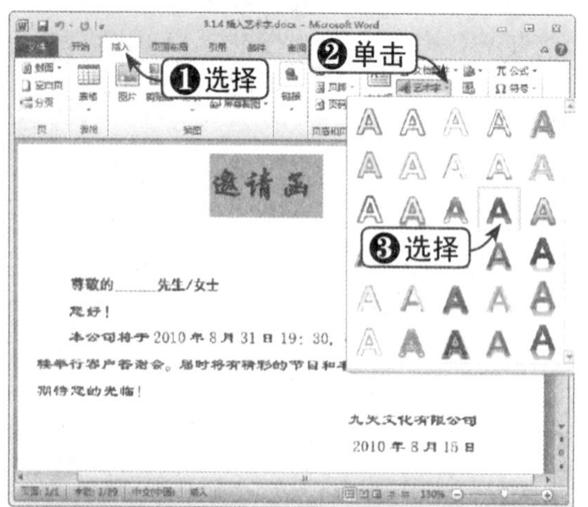

Step 03 设置文本填充颜色

这时，将打开“绘图工具 格式”选项卡，在“艺术字样式”组中单击“文本填充”下拉按钮，在弹出的下拉列表中选择“深红”填充颜色，如下图所示。

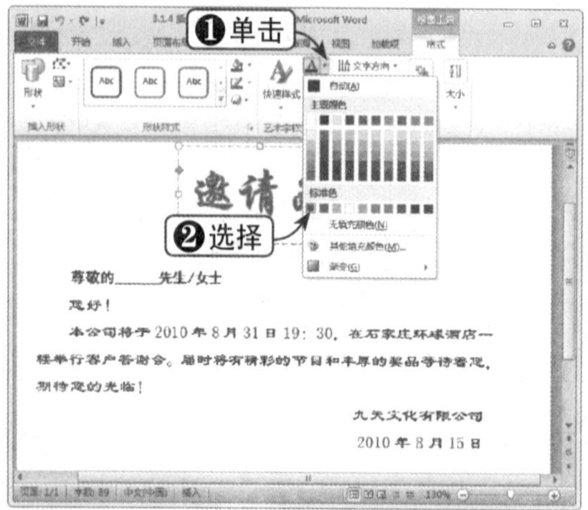

Step 04 设置文本效果

单击“文本效果”下拉按钮，在弹出的下拉列表中可以设置多种效果。例如，可以展开“转换”级联菜单，添加文本弯曲效果，如下图所示。

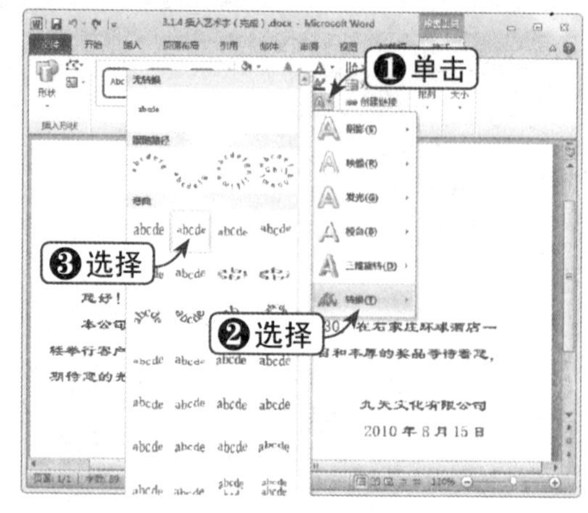

Step 05 设置文本轮廓颜色

在“艺术字样式”组中单击“文本轮廓”下拉按钮，在弹出的下拉列表中选择“橙色”轮廓颜色，如下图所示。

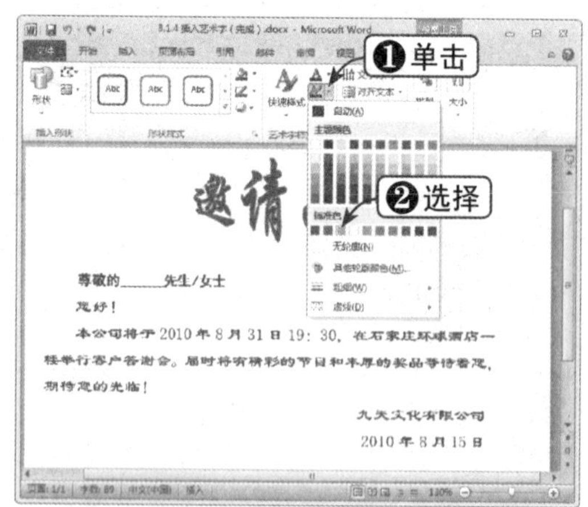

Step 06 查看艺术字效果

查看添加艺术字效果后的文本效果，如下图所示。

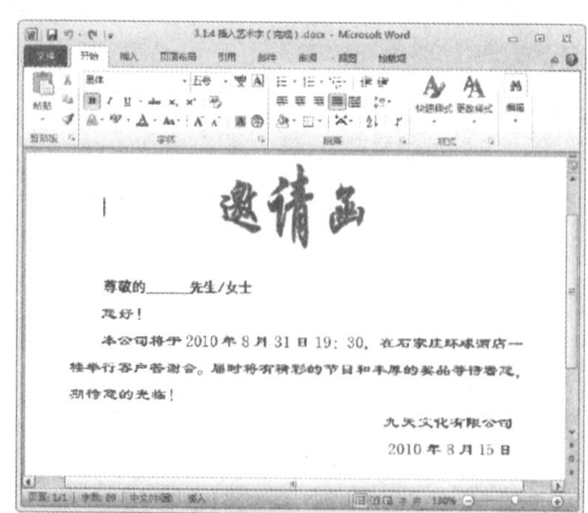

3.2 设置段落格式

下面将介绍如何设置段落格式，如设置段落对齐方式、设置段落缩进方式、调整段落间距，以及首字下沉等。

3.2.1 设置段落对齐方式

段落对齐方式包括左对齐、右对齐、居中、两端对齐以及分散对齐五种方式。下面将通过实例对其进行讲解，具体操作方法如下：

	素材文件	光盘：素材文件\第3章\3.2.1 设置段落对齐方式.docx

Step 01 定位光标

打开“素材文件\第3章\3.2.1 设置段落对齐方式.docx”，定位光标到文档标题右侧，如下图所示。

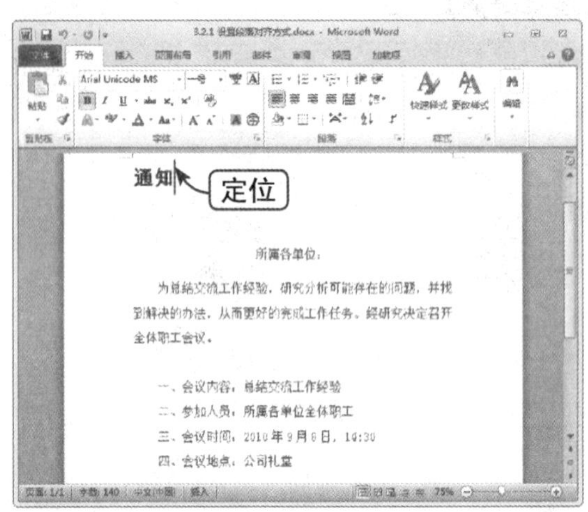

Step 02 单击“居中”按钮

单击“开始”选项卡下“段落”组中的“居中”按钮，如下图所示。

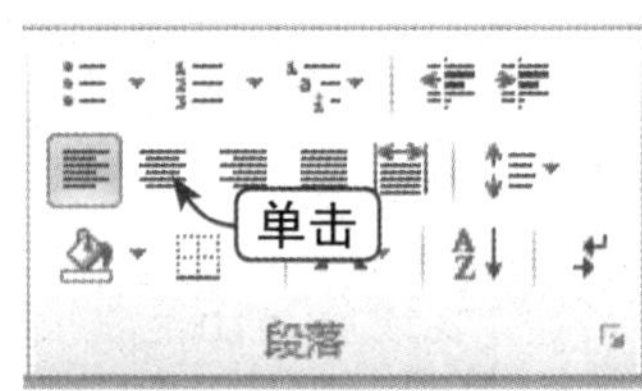

Step 03 居中对齐文本

这时，即可将文本居中对齐，效果如下图所示。

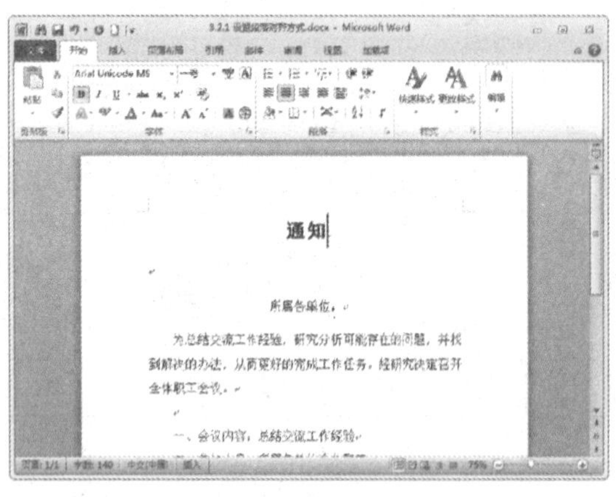

Step 04 单击“段落”按钮

也可以通过对话框对齐文本。将光标定位到下一行文本，然后单击“段落”组右下角的“段落”按钮，如下图所示。

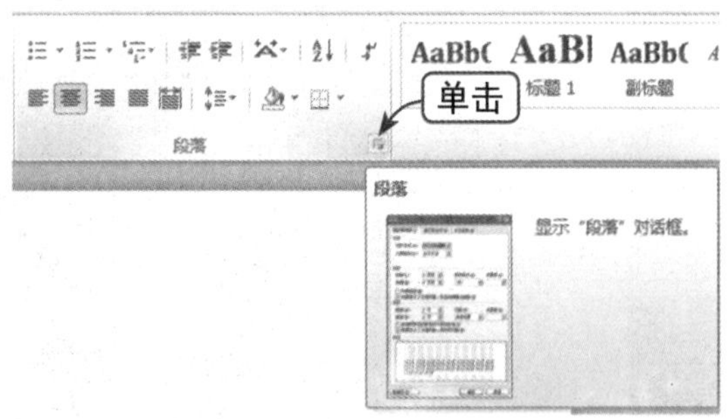

Step 05 选择“左对齐”选项

弹出“段落”对话框，在“缩进和间距”选项卡下的“对齐方式”下拉列表框中选择“左对齐”选项，单击“确定”按钮，如下图所示。

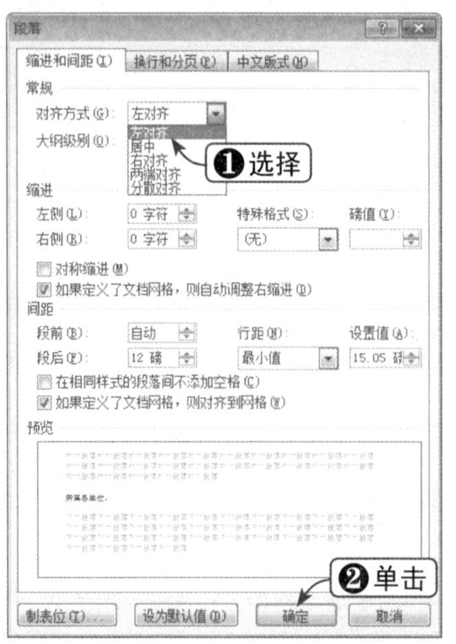

Step 06 查看对齐效果

查看通过“段落”对话框设置的文字对齐效果，如下图所示。

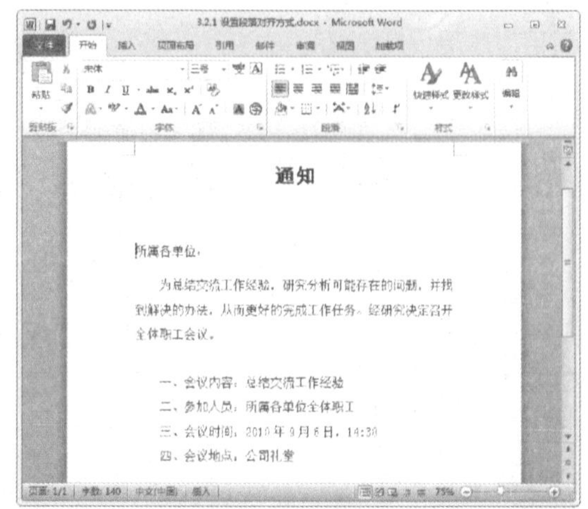

3.2.2 设置段落缩进方式

一般文档每个段落的开头都会用到缩进两个字符的方式，下面将通过实例讲解如何设置段落缩进方式，具体操作方法如下：

	素材文件	光盘：素材文件\第3章\3.2.2 设置段落缩进方式.docx

Step 01 选中文本

打开“素材文件\第 3 章\3.2.2 设置段落缩进方式.docx”，选中需要设置缩进的文本，如下图所示。

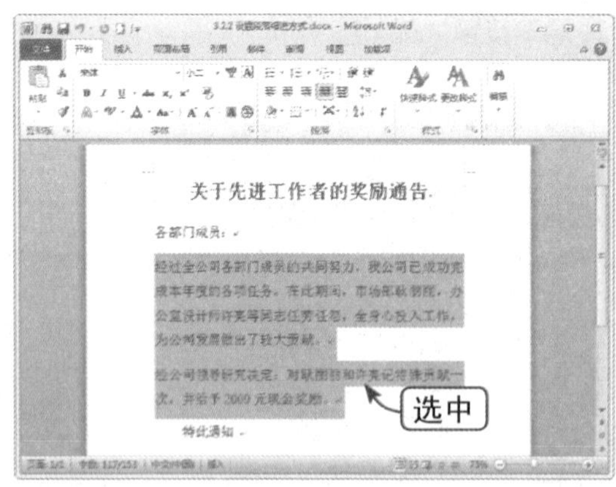

Step 02 选择“段落”选项

右击选中区域，在弹出的快捷菜单中选择“段落”选项，如下图所示。

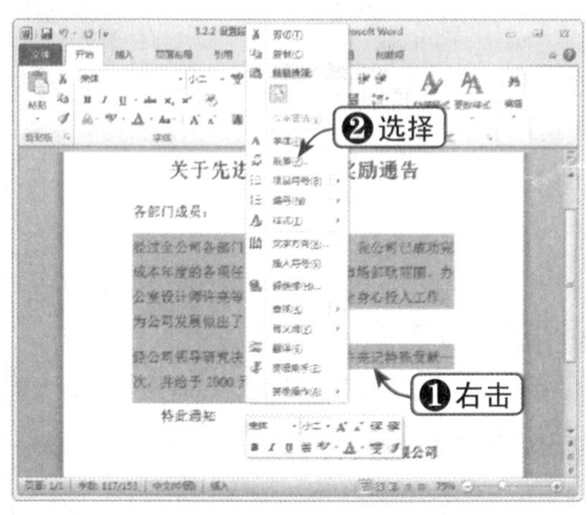

Step 03 设置首行缩进

弹出“段落”对话框，在“缩进”选项区的“特殊格式”下拉列表框中选择“首行缩进”选项，将“磅值”设置为“2 字符”，单击“确定”按钮，如下图所示。

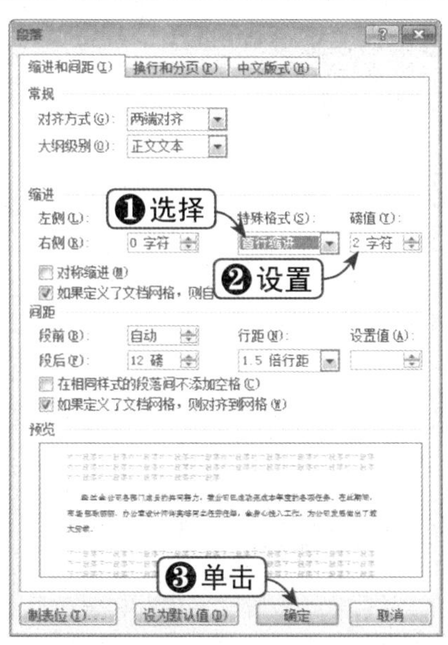

Step 04 查看缩进效果

这时，所选段落的开头将会缩进两个字符，效果如右图所示。

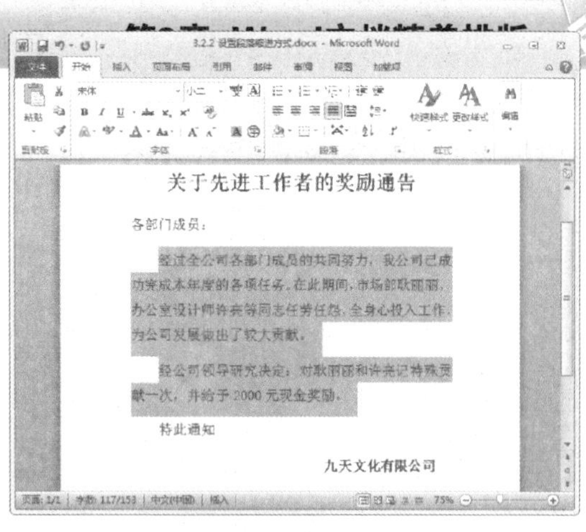

知识点拨

有时，需要对文档设置悬挂缩进，其方法与设置段落缩进的方法类似，在此不再赘述，读者可以自行尝试。

3.2.3 设置段落间距

下面将通过实例讲解如何设置段落之间的距离，具体操作方法如下：

	素材文件	光盘：素材文件\第3章\3.2.3 设置段落间距.docx

Step 01 选中段落文本

打开“素材文件 \ 第 3 章 \3.2.3 设置段落间距 .docx”，选中需要设置间距的段落，如下图所示。

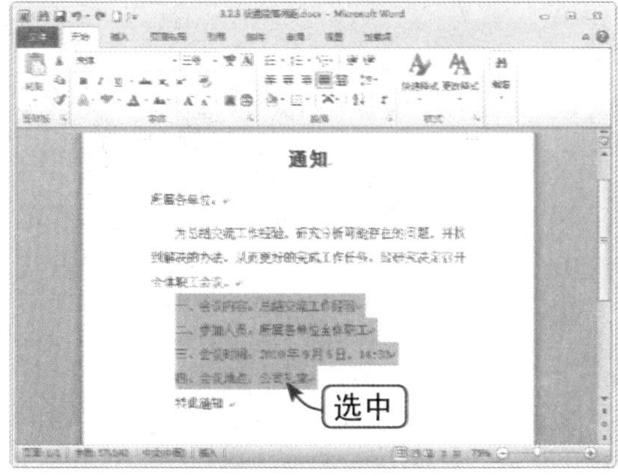

Step 02 单击“段落”按钮

单击“开始”选项卡下“段落”组右下角的“段落”按钮，如下图所示。

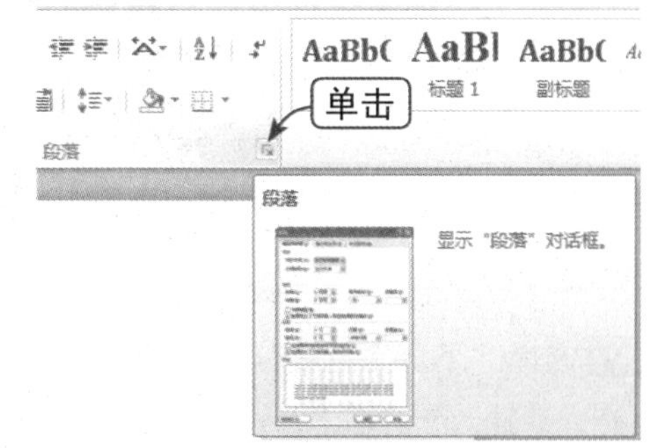

Step 03 设置间距

弹出“段落”对话框，分别在“间距”选项区中的“段前”和“段后”数值框中设置间距，然后单击“确定”按钮，如下图所示。

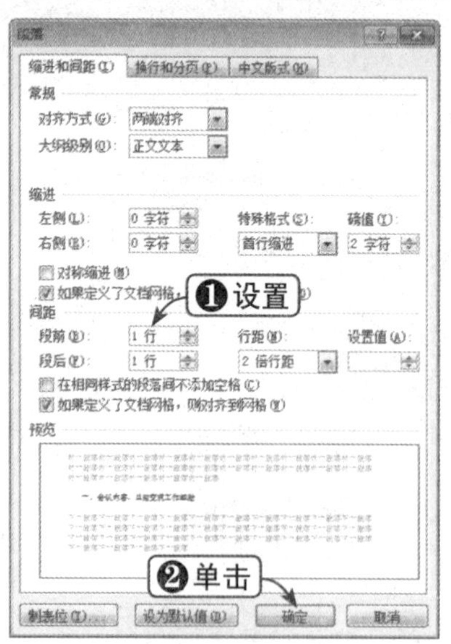

Step 04 查看设置效果

查看更改段落间距后的文本效果，如下图所示。

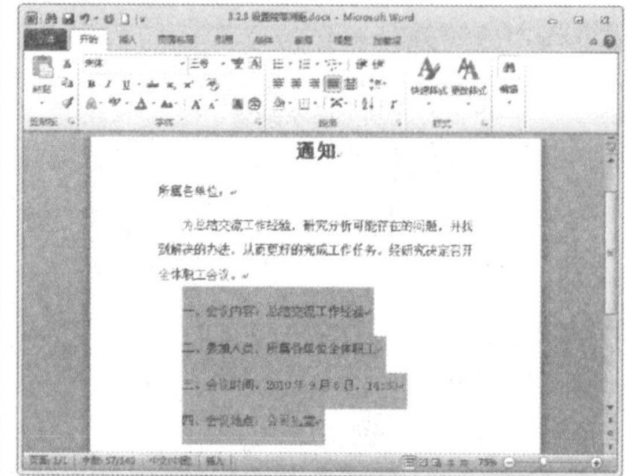

3.2.4 首字下沉

首字下沉是将文档的第一个字进行放大和下沉的一种效果，下面将通过实例对其进行讲解，具体操作方法如下：

Step 01 选中第一个字符

新建文档并输入一段文字，选中文档中的第一个字符，如下图所示。

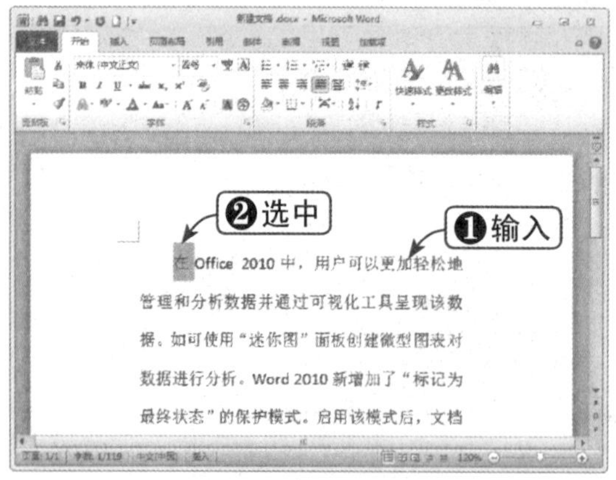

Step 02 选择“下沉”选项

选择“插入”选项卡，在“文本”组中单击“首字下沉”下拉按钮，在弹出的下拉列表中选择“下沉”选项，如下图所示。

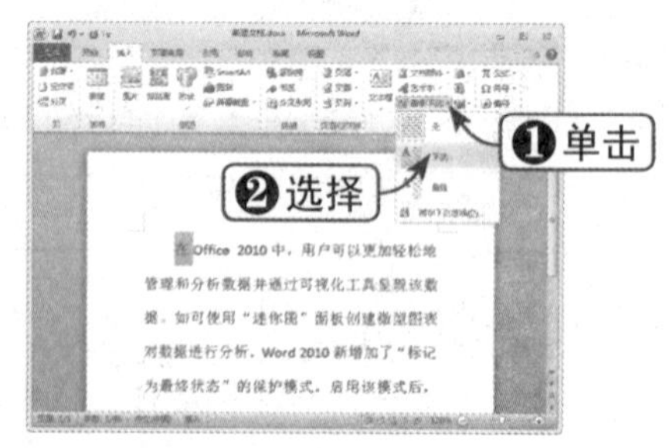

Step 03 查看显示效果

这时，所选字符将会在页边距之内放大显示，如下图所示。

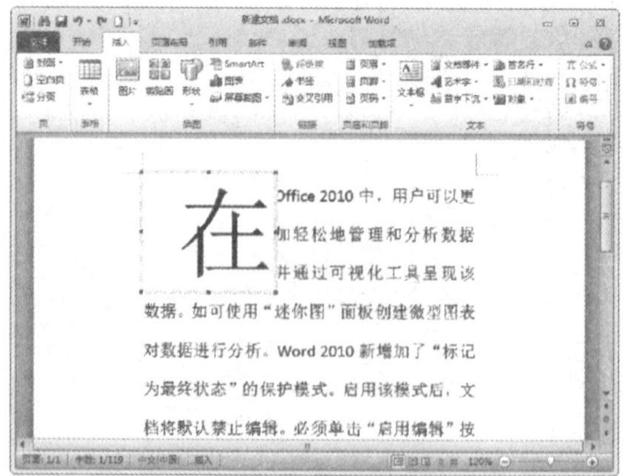

Step 04 设置首字下沉参数

可在“首字下沉”下拉列表框中选择“首字下沉选项”选项，在弹出的对话框中对首字下沉参数进行详细设置，单击“确定”按钮，如右图所示。

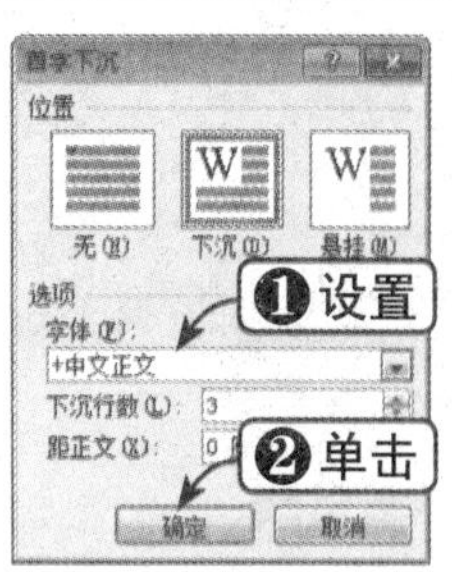

3.2.5 设置大纲级别

用户可以为文档中的各个段落设置不同的级别，以便区分不同的段落。下面将通过实例对其进行讲解，具体操作方法如下：

	素材文件	光盘：素材文件\第3章\3.2.5 设置大纲级别.docx

Step 01 选中标题文本

打开“素材文件\第3章\3.2.5 设置大纲级别.docx”，选中文档标题，如下图所示。

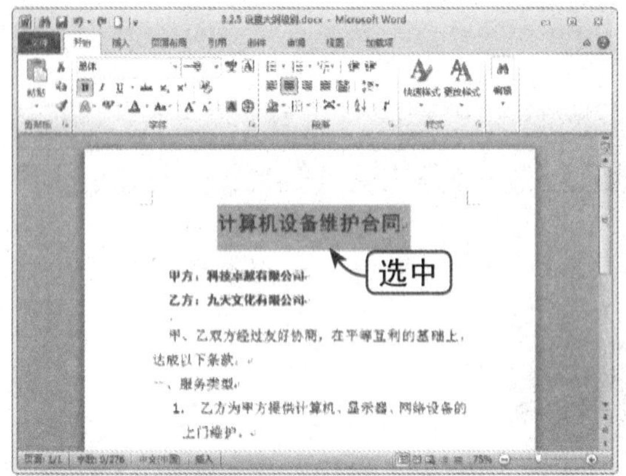

Step 02 单击“段落”按钮

单击“开始”选项卡下“段落”组右下角的“段落”按钮，如下图所示。

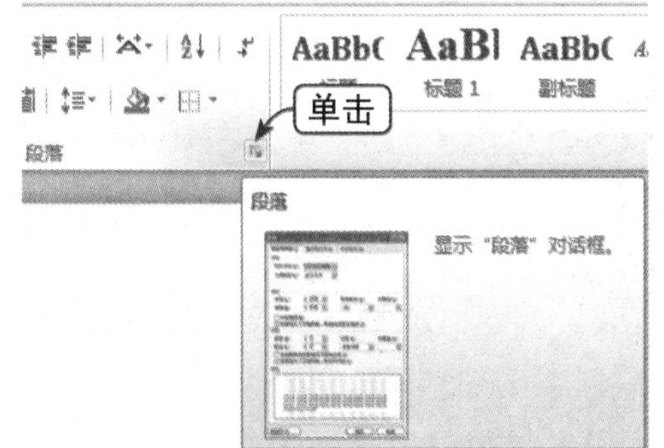

Step 03 设置大纲级别

弹出“段落”对话框，在“缩进和间距”选项卡下的“大纲级别”下拉列表框中选择“1级”选项，单击“确定”按钮，如下图所示。

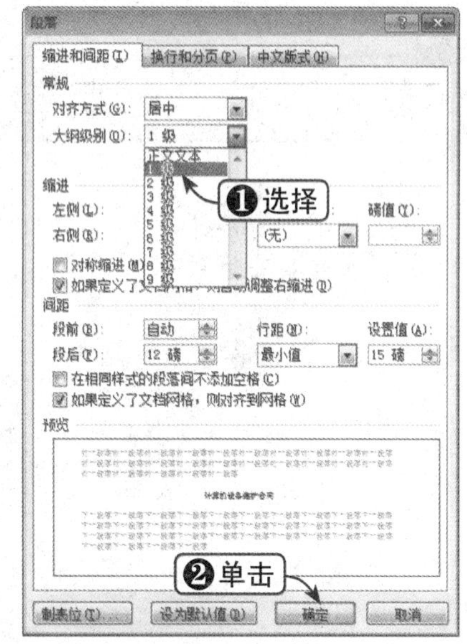

Step 04 启用导航窗格

选择“视图”选项卡，在“显示”组中选中“导航窗格”复选框，如下图所示。

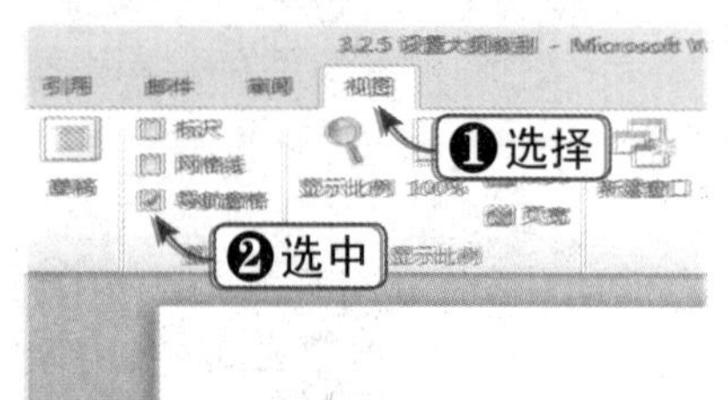

Step 05 查看导航窗格

这时，在文档窗口左侧将出现导航窗格，窗格内显示设置了级别的段落，如下图所示。

Step 06 设置其他段落

分别为指定段落设置大纲级别，查看导航窗格内的级别效果，如下图所示。

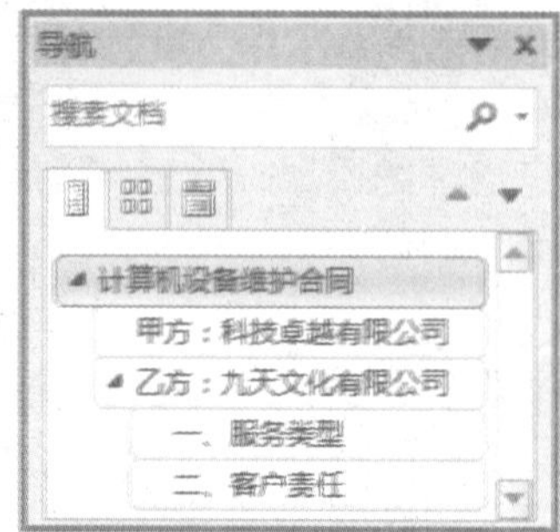

知识点拨

单击“两端对齐”按钮，可以同时将文字两端对齐，并根据需要来增加字符间距。

3.3 实战演练——公司放假通知

下面将以公司放假通知的制作流程为例，巩固之前所学的设置文本格式及段落格式的相关知识，最终结果如下图所示。

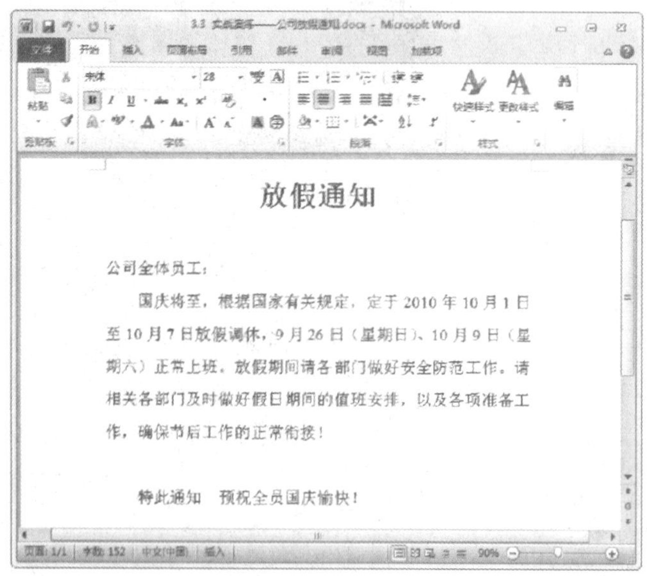

制作公司放假通知的具体操作方法如下：

Step01 输入通知文本

新建空白文档，设置字号为“三号”，在文档中输入通知文本，如下图所示。

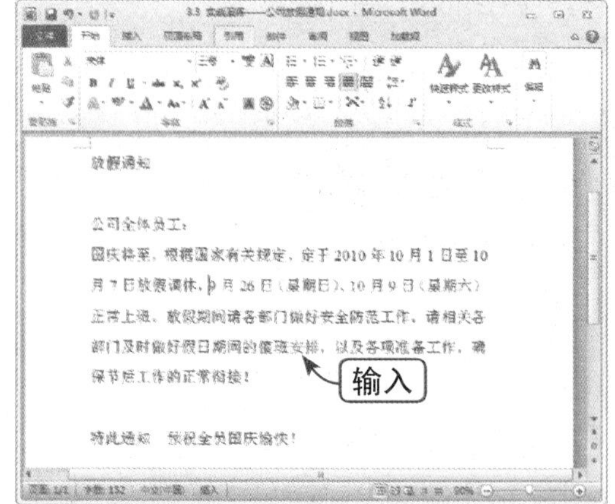

Step02 居中对齐文本

选中文档标题，单击“段落”组中的“居中”按钮，居中对齐文本，如下图所示。

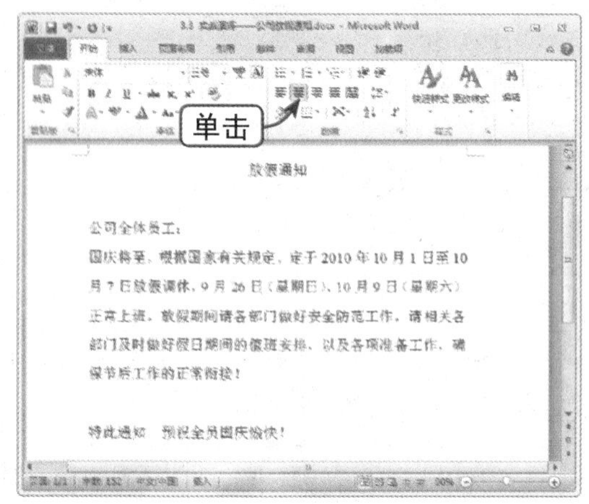

Step03 选择“段落”选项

选中中间的两个段落，右击选择区域，在弹出的快捷菜单中选择“段落”选项，如下图所示。

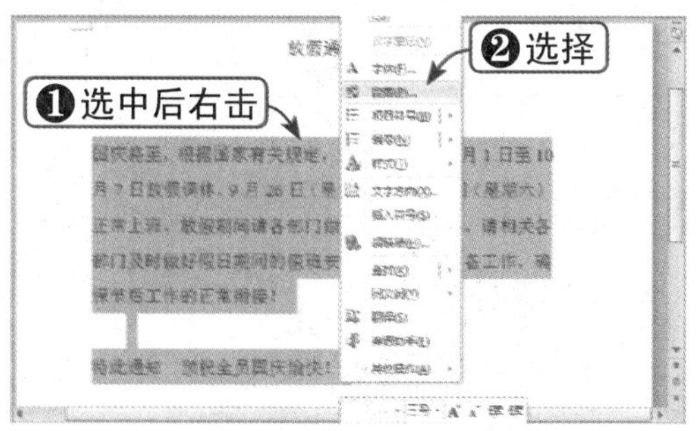

Step04 设置首行缩进

弹出“段落”对话框，在“缩进”选项区的“特殊格式”下拉列表框中选择“首行缩进”选项，设置“磅值”为“2 字符”，单击“确定”按钮，如下图所示。

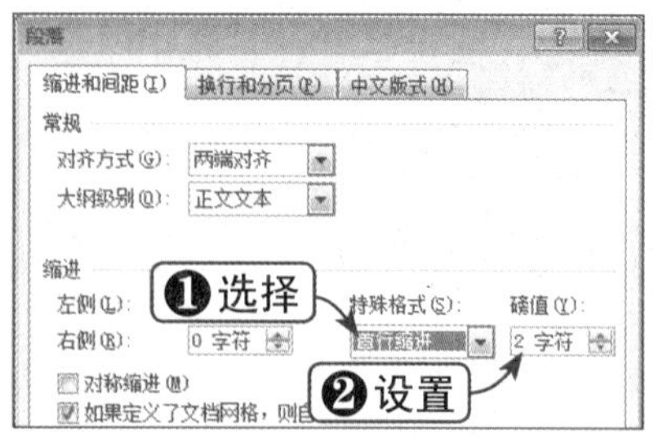

Step05 右对齐文本

选中最后两行文本，单击“段落”组中的“文本右对齐”按钮，右对齐文本，如下图所示。

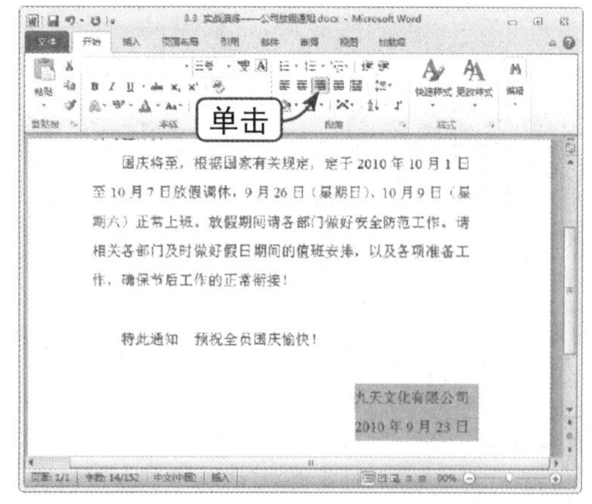

Step06 调整文本格式

选中文档标题，通过“字体”组更改字号大小，然后单击“加粗”按钮，如下图所示。

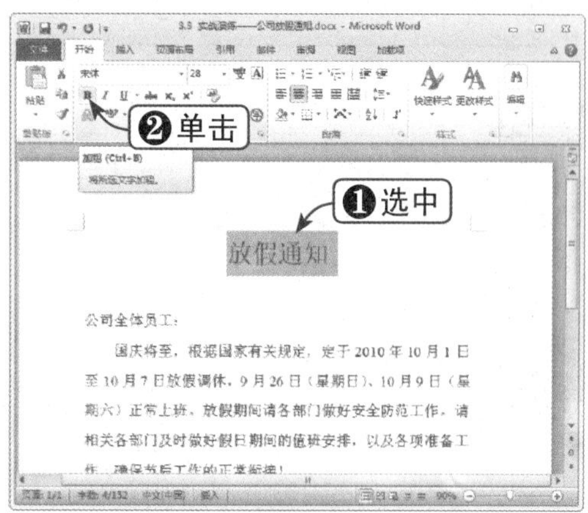

Step 07 调整其他文本格式

选中最后两行文本，将其字体改为“方正黑体简体”，如下图所示。

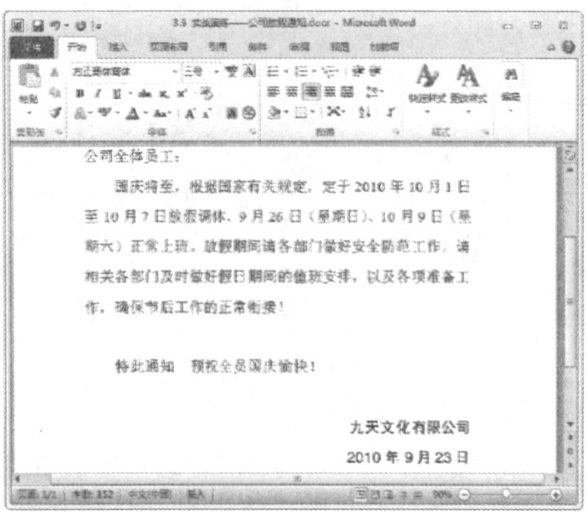

Step 08 保存文档

选择“文件”选项卡，在左窗格中选择“另存为”选项，弹出“另存为”对话框，设置文件保存路径和文件名，单击“保存”按钮即可，如下图所示。

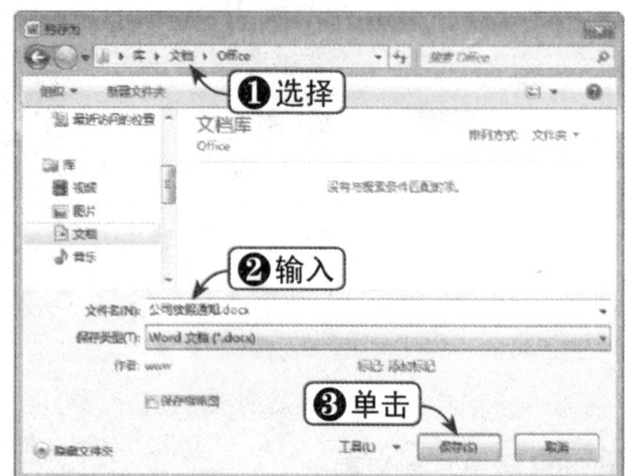

● 读书笔记

第4章 制作图文并茂的Word文档

本章将学习如何制作图文并茂的Word文档，其中包括图片插入与编辑、自选图形的应用、添加文本框与封面等内容，帮助读者轻松掌握如何应用图片、自选图形和表格等元素。

本章学习重点

1. 图片插入与编辑
2. 自选图形的应用
3. 表格的应用
4. 添加文本框与封面
5. 实战演练——绘制公司组织结构图

重点实例展示

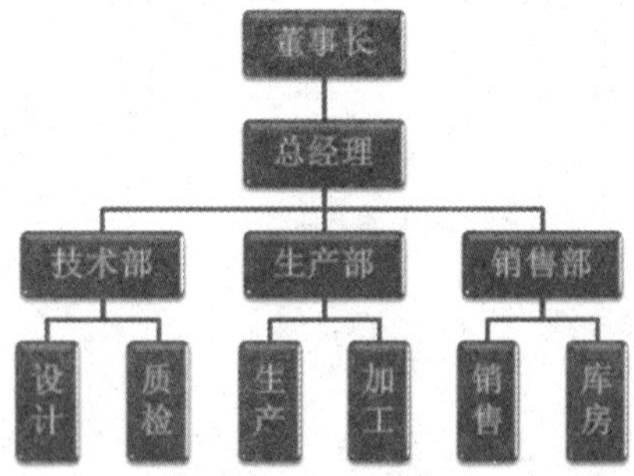

绘制公司组织结构图

本章视频链接

添加艺术效果

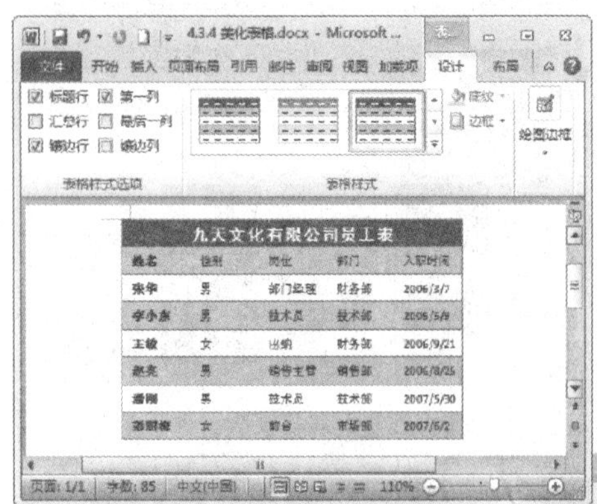

美化表格

4.1 图片插入与编辑

下面将介绍不同类型图片的插入方法以及图片的常用编辑方法，如剪裁图片，设置图片格式，调整图片效果等。

4.1.1 插入自定义图片

用户可以将电脑中的图片插入到 Word 文档中，具体操作方法如下：

Step 01 单击“图片”按钮

选择“插入”选项卡，单击“插图”组中的“图片”按钮，如下图所示。

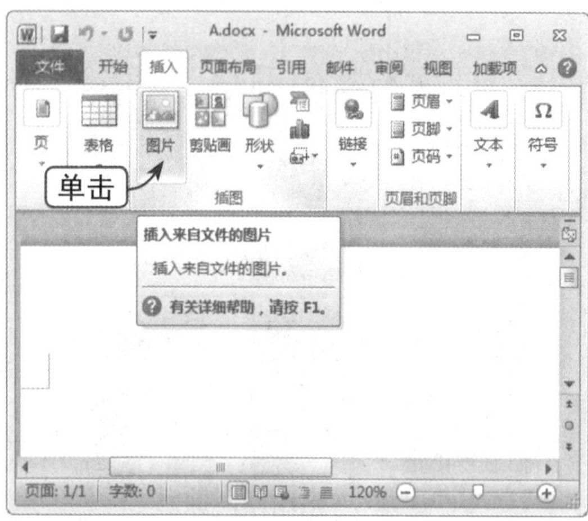

Step 02 单击“插入”按钮

弹出“插入图片”对话框，找到并选中需要插入到文档的图片，然后单击“插入”按钮，如下图所示。

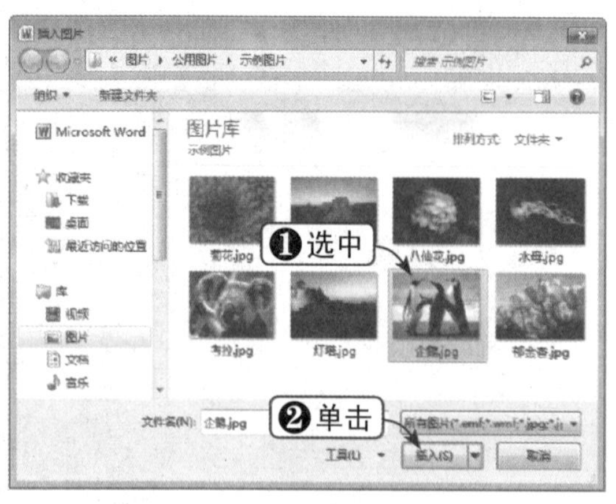

Step 03 显示插入图片

这时，文档中将会显示新插入的图片，如下图所示。

Step 04 调整图片大小和旋转角度

通过图片周围的控制点可以调整图片大小和旋转角度，如下图所示。

4.1.2 插入剪贴画

剪贴画即 Office 自带的矢量图片，下面将通过实例讲解如何插入剪贴画，具体操作方法如下：

Step 01 单击“剪贴画”按钮

选择“插入”选项卡，单击“插图”组中的“剪贴画”按钮，如下图所示。

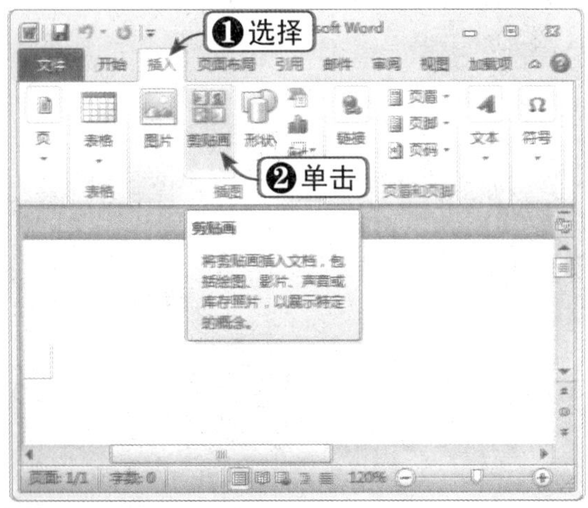

Step 02 选中“插图”复选框

弹出“剪贴画”窗格，单击“结果类型”下拉按钮，在弹出的下拉列表中只选中“插图”复选框，如下图所示。

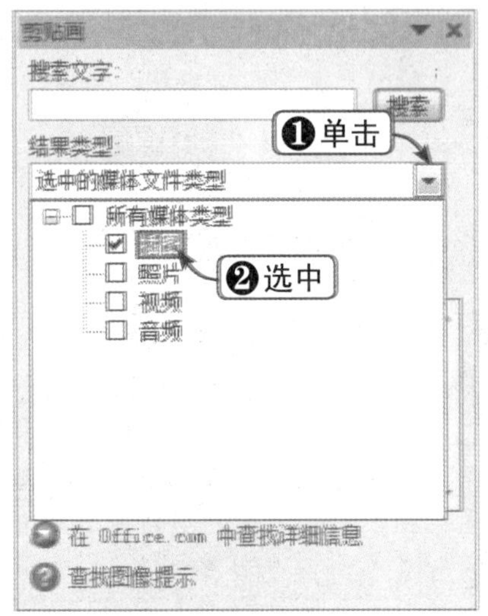

Step 03 单击“搜索”按钮

在“搜索文字”文本框中输入关键词“办公”，单击“搜索”按钮，如下图所示。

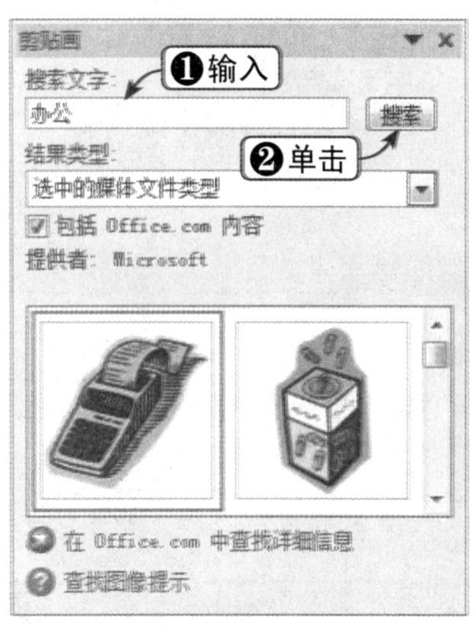

Step 04 选择“插入”选项

单击搜索到图片右侧的下拉按钮，在弹出的下拉列表中选择“插入”选项，如下图所示。

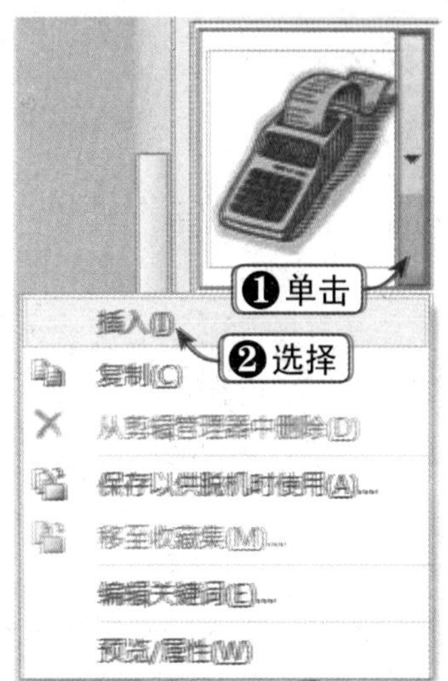

Step 05 显示插入效果

这时，所选图片即可插入文档指定位置。可以通过图片周围的控制点调整图片大小，如下图所示。

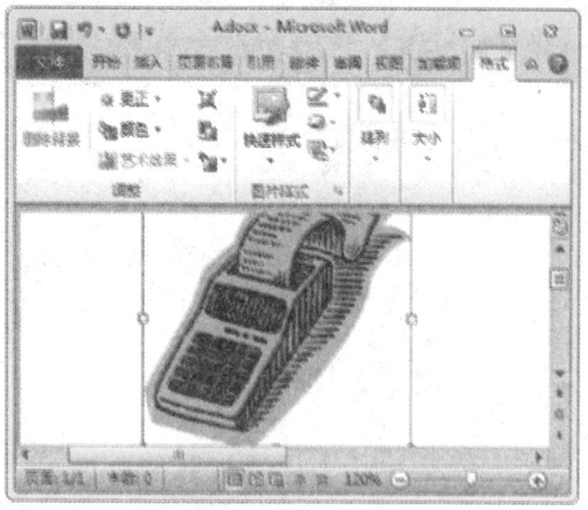

Step 06 查看图片属性

在“剪贴画”窗格单击图片右侧的下拉按钮，在弹出的下拉列表中选择“预览 / 属性”选项，将弹出“预览 / 属性”对话框。可以查看图片的其他关键词、图片类型、分辨率以及存储路径等信息，如下图所示。

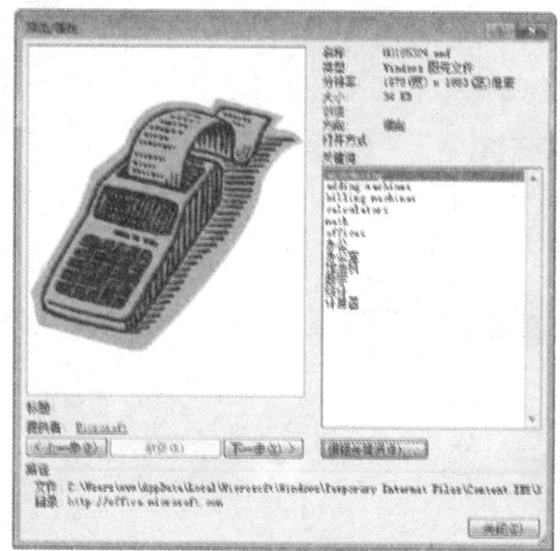

4.1.3 屏幕截图

屏幕截图是 Word 2010 的一项非常实用的新功能。屏幕截图包含两种不同的方式，即截取窗口图片和自定义屏幕剪辑。下面将通过实例对其进行讲解，具体操作方法如下：

Step 01 打开文档窗口

打开需要截图的窗口，如 Word 文档窗口（如下图所示），然后新建一个空白文档。

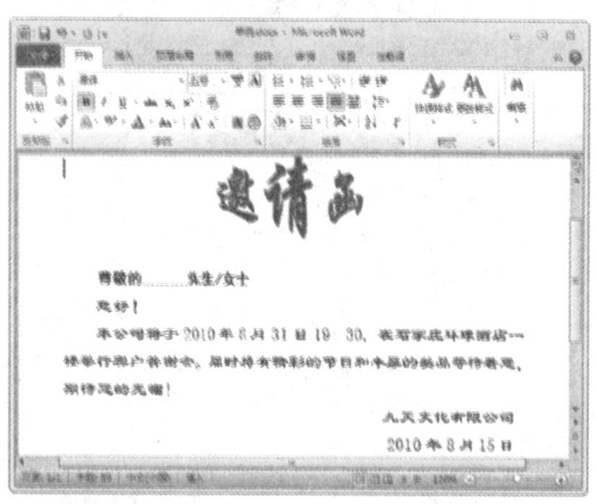

Step 02 选择缩略图

选择“插入”选项卡，单击“插图”组中的“屏幕截图”下拉按钮，在弹出的下拉列表中选择屏幕截图的对应缩略图，如下图所示。

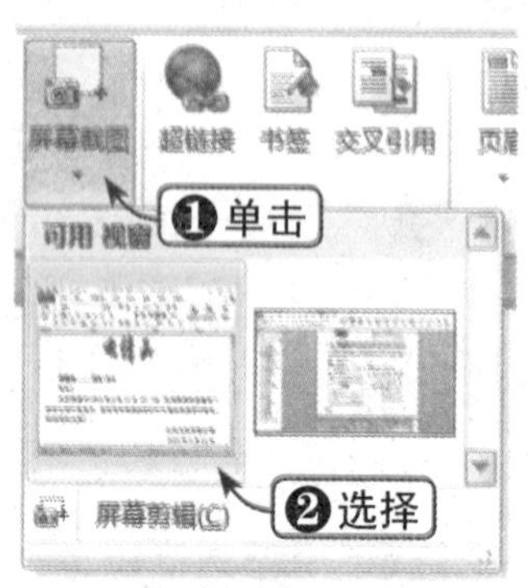

知识点拨

使用屏幕截图工具可以自动监视所有活动窗口，也就是打开但并没有最小化的窗口。

Step 03 显示截取的图片

这时，将在文档中显示截取的图片，效果如下图所示。

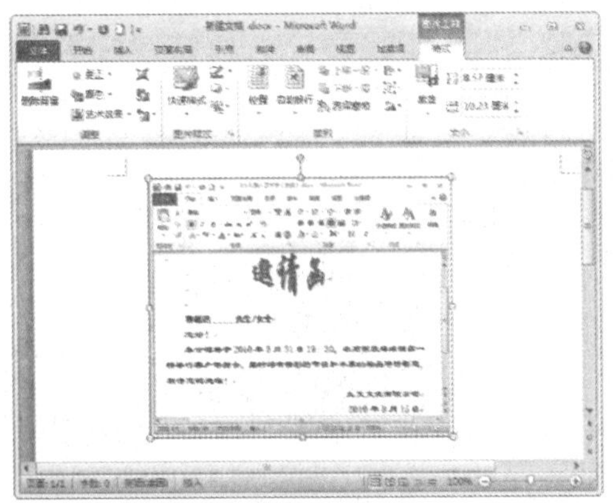

Step 04 选择“屏幕剪辑”选项

单击“屏幕截图”下拉按钮，在弹出的下拉列表中选择“屏幕剪辑”选项，如下图所示。

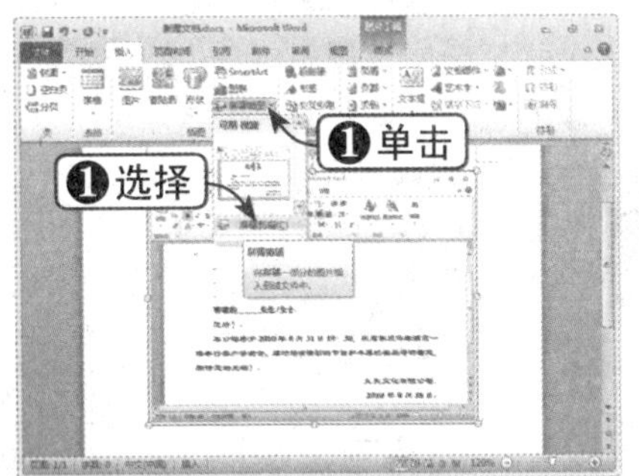

Step 05 绘制矩形框

这时，当前文档窗口将会最小化，并将减淡显示之前打开的窗口。在希望截图的区域绘制一个矩形框，如下图所示。

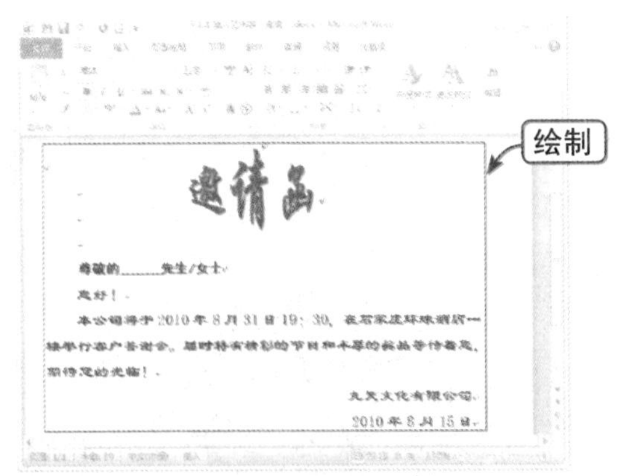

Step 06 查看截取效果

之前最小化的文档窗口将会打开并显示截取的图片，如下图所示。

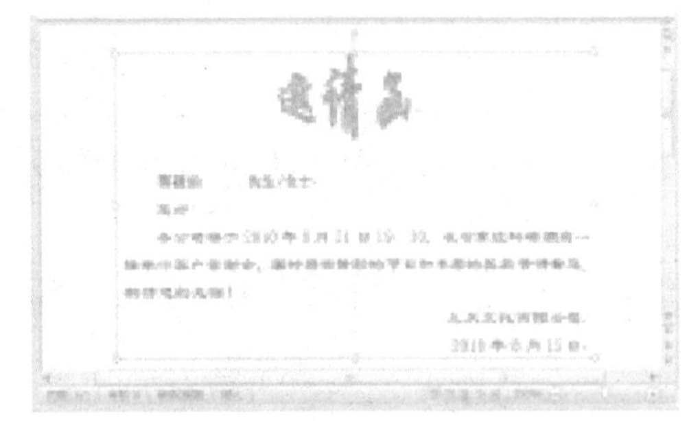

4.1.4 裁剪图片

用户可以通过多种方式对图片进行裁剪操作，如拖动图片四周的控制点裁剪图片，将图片裁剪为指定形状，按比例裁剪图片等。下面将通过实例对其进行讲解，具体操作方法如下：

Step 01 单击“裁剪”按钮

选中需要裁剪的图片，这时将出现“格式”选项卡。选择该选项卡，单击“大小”组中的“裁剪”按钮，如右图所示。

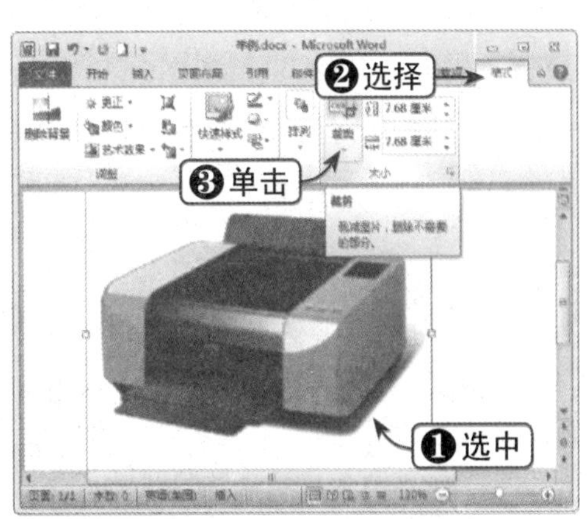

知识点拨

裁剪操作通常用于减少垂直或水平边缘，以删除或屏蔽不希望显示的图形区域。

Step 02 裁剪图片

这时，在图片四周将出现黑色的裁剪控制点。移动鼠标指针到控制点上，当指针变为 T 形状时，拖动鼠标即可裁剪图片，如下图所示。

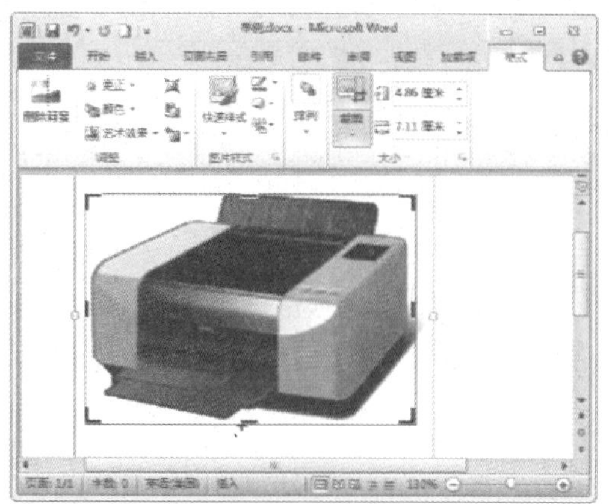

Step 03 选择椭圆形状

撤销之前的操作。单击“裁剪”下拉按钮，在弹出的下拉列表中选择“裁剪为形状”选项，在弹出的级联菜单中选择形状，如选择椭圆形状，如下图所示。

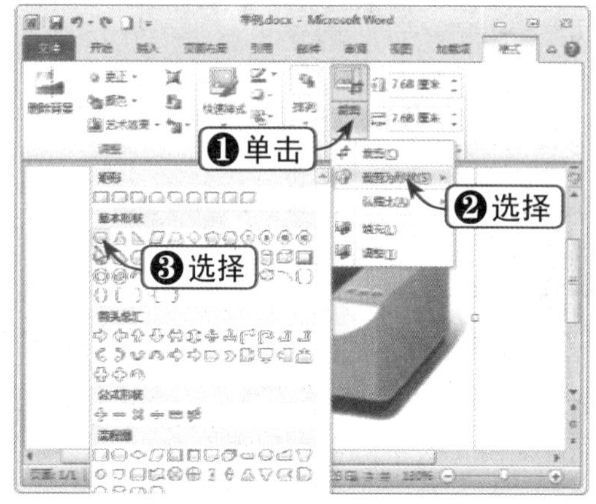

Step 04 查看裁剪效果

这时，该图片将被裁剪为椭圆形状，效果如下图所示。

知识点拨

如希望同一图片出现在不同形状中，则应创建该图片的一个或多个副本。之后将每个图片裁剪为所需形状即可。

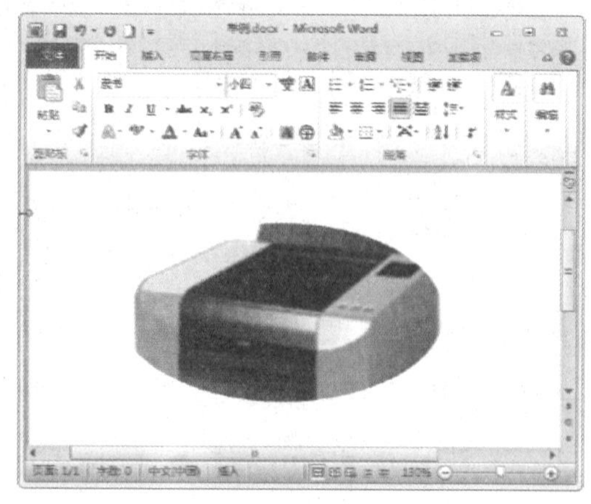

Step 05 选择纵横比

撤销之前的操作。单击“裁剪”下拉按钮，在弹出的下拉列表中选择“纵横比”选项，在弹出的级联菜单中选择纵横比，如选择“纵向”选项区中的 2:3 选项，如下图所示。

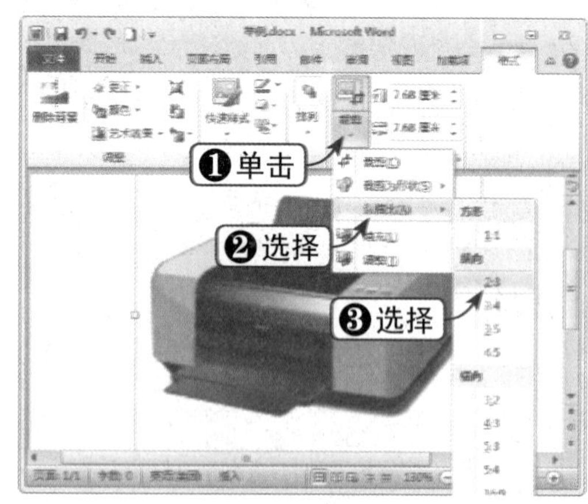

Step 06 查看裁剪效果

这时，所选图片将按照指定比例进行裁剪，效果如下图所示。

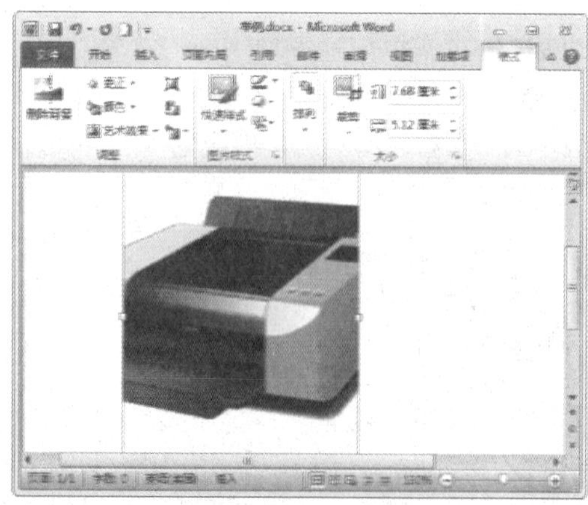

4.1.5 添加艺术效果

在 Word 2010 中预设了多种图片效果，如标记、铅笔灰度、铅笔素描、线条图、画图刷、发光散射、塑封和发光边缘等。通过使用这些预设，可以非常方便地为图形添加艺术效果。下面将通过实例对其进行讲解，具体操作方法如下：

	素材文件	光盘：素材文件\第4章\4.1.5 添加艺术效果.docx

Step 01 选中图片

打开“素材文件\第 4 章\4.1.5 添加艺术效果.docx”，选中文档中的图片，如下图所示。

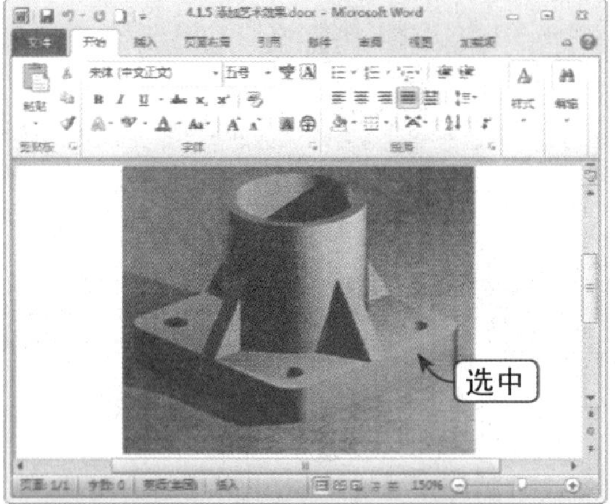

Step 02 选择艺术效果

选择“格式”选项卡，在“调整”组中单击“艺术效果”下拉按钮，在弹出的下拉列表中选择预设的艺术效果，如选择“铅笔灰度”选项，如下图所示。

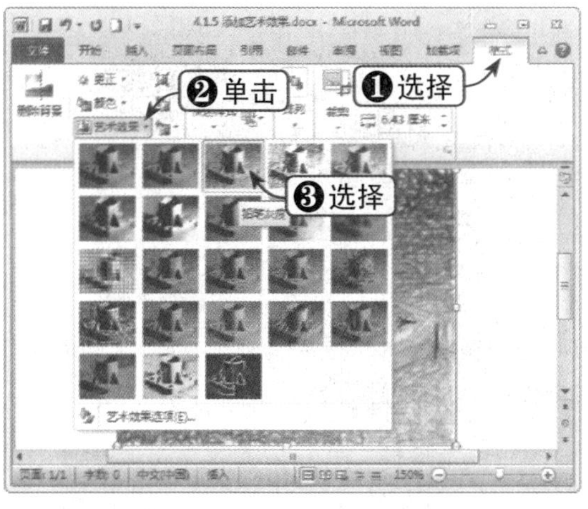

Step 03 应用艺术效果

这时，即可将艺术效果添加到所选图片中，效果如下图所示。

Step 04 设置图片格式

单击“艺术效果”下拉按钮，在弹出的下拉列表中选择“艺术效果选项”选项，弹出“设置图片格式”对话框，可以调整艺术效果的透明度等，单击“关闭”按钮，如下图所示。

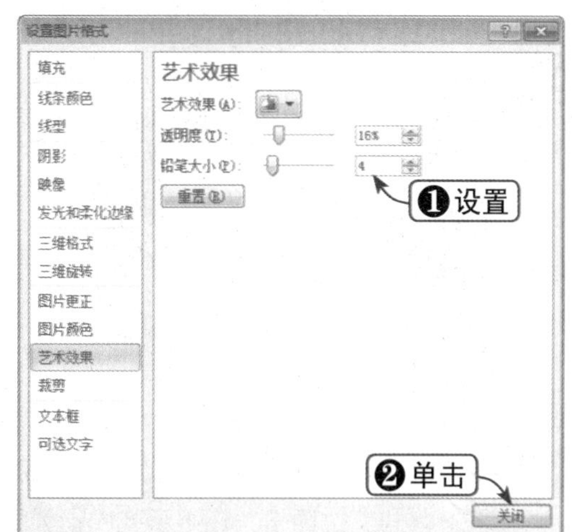

Step 05 查看设置图片格式的效果

查看设置图片格式的图形艺术效果，如下图所示。

Step 06 重设图片

如果希望将图片恢复为原始状态，只需单击“调整”组中的“重设图片”下拉按钮，在弹出的下拉列表中选择“重设图片”选项即可，如下图所示。

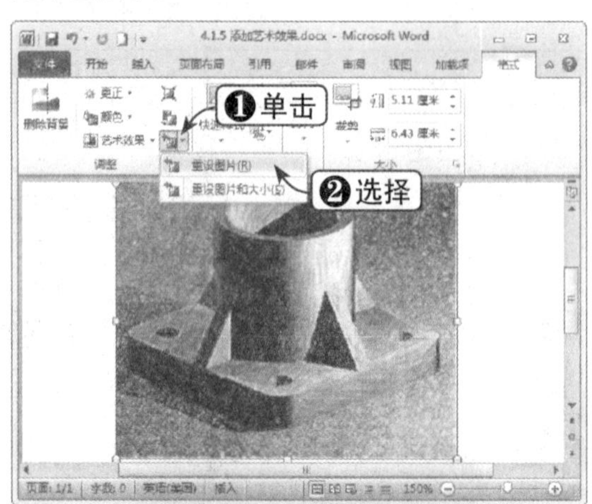

4.1.6 删除图片背景

删除图片背景是 Word 2010 的一项新功能，下面将通过实例对其进行讲解，具体操作方法如下：

	素材文件	光盘：素材文件\第4章\4.1.6 删除图片背景.docx

Step 01 选中图片

打开“素材文件\第 4 章\4.1.6 删除图片背景.docx”，选中文档中的图片，如下图所示。

Step 02 单击“删除背景”按钮

选择“格式”选项卡，在“调整”组中单击“删除背景”按钮，如下图所示。

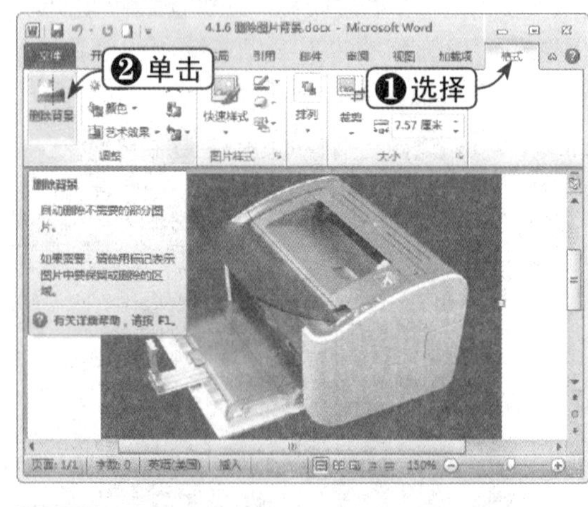

Step 03 单击“标记要删除的区域”按钮

可以选择标记要保留的区域或是要删除的区域，如单击“标记要删除的区域”按钮，如下图所示。

Step 04 指定删除区域

这时鼠标指针变为笔状，在需要删除的区域单击鼠标左键，即可添加一个圆形标记，如下图所示。

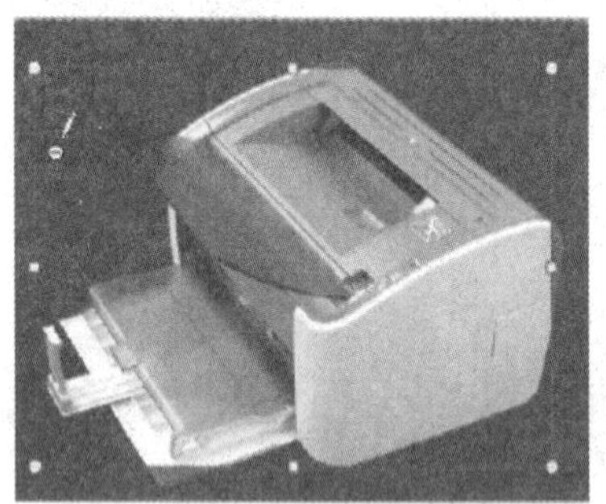

Step 05 单击“保留更改”按钮

单击“关闭”组中的“保留更改”按钮，如下图所示。

Step 06 删除背景效果

这时，即可将图片的背景部分删除，效果如下图所示。

4.1.7 调整图片属性

在 Word 2010 中，可以调整图片的色调、饱和度、亮度和对比度等属性。下面将通过实例对其进行讲解，具体操作方法如下：

	素材文件	光盘：素材文件\第4章\4.1.7 调整图片属性.docx

Step 01 选中图片

打开“素材文件\第 4 章\4.1.7 调整图片属性 .docx”，选中文档中的图片，如右图所示。

知识点拨

只能将一种艺术效果应用于图片。应用多个艺术效果会删除之前应用的效果。

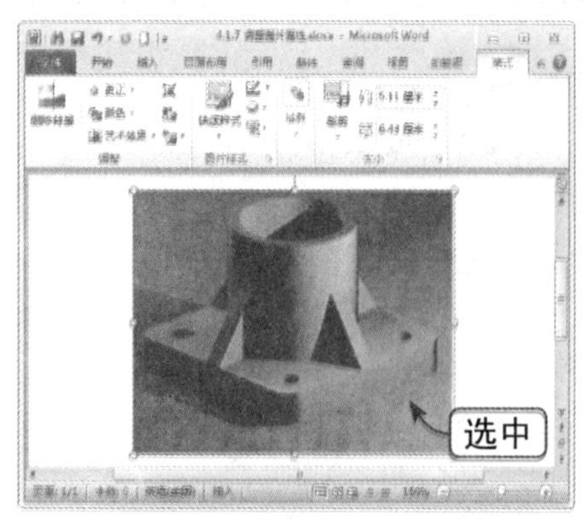

Step 02 设置图片色温

选择“格式”选项卡，在“调整”组中单击“颜色”下拉按钮，在弹出的下拉列表中可以设置颜色饱和度、色调、重新着色等参数。例如，在“色调”选项区中选择“色温：4700 K”选项，如下图所示。

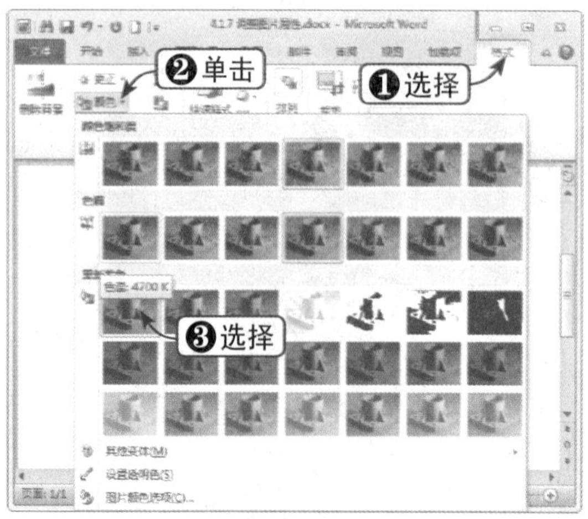

Step 03 查看更改效果

查看更改色温属性后的图片效果，如下图所示。

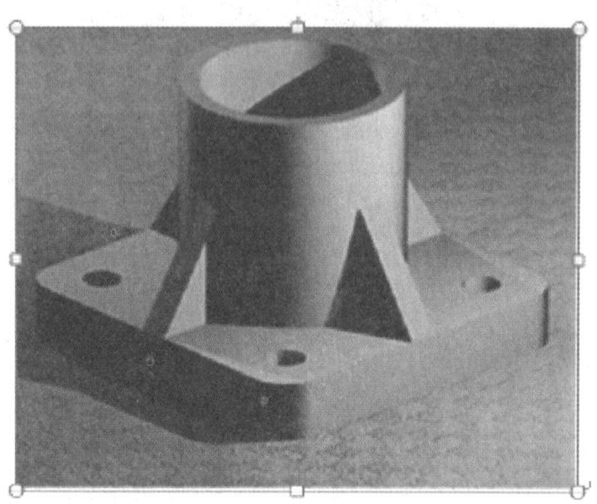

Step 04 设置亮度和对比度

单击“更正”下拉按钮，在弹出的下拉列表中可以设置锐化和柔和、亮度和对比度等各项参数。例如，在“亮度和对比度”选项区内选择“亮度：+20% 对比度：+20%”选项，如下图所示。

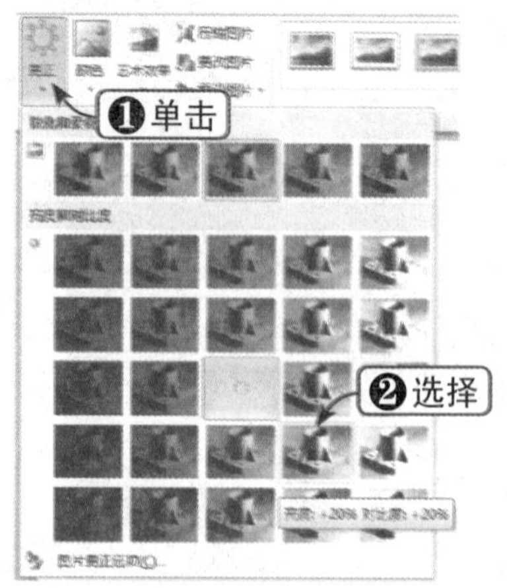

Step 05 查看更改效果

查看更改亮度和对比度后的图片效果，如下图所示。

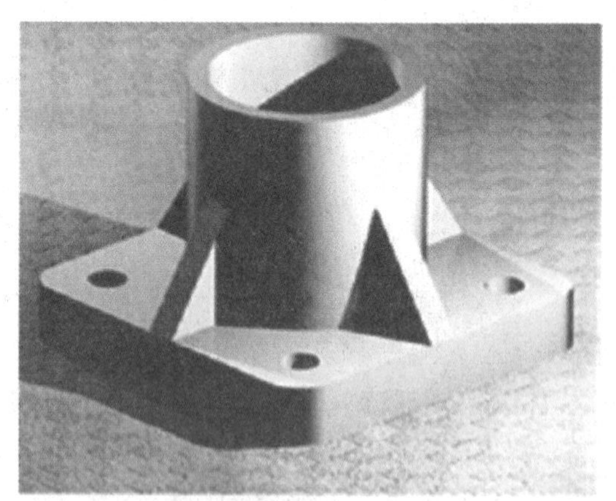

Step 06 进一步设置图片

单击“更正”下拉按钮，在弹出的下拉列表中选择“图片更正选项”选项，弹出“设置图片格式”对话框，可详细设置图片亮度与对比度等参数，单击“关闭”按钮，如下图所示。

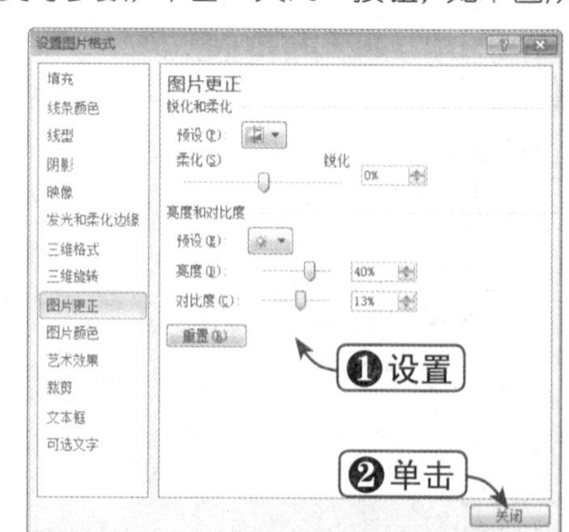

4.1.8 添加图片样式

在 Word 2010 中，可以为图片添加预设样式，也可以自定义图片的阴影、映射、发光、棱台以及三维旋转等效果。下面将通过实例对其进行讲解，具体操作方法如下：

	素材文件	光盘：素材文件\第4章\4.1.8 添加图片样式.docx

Step 01 选中图片

打开“素材文件\第 4 章\4.1.8 添加图片样式.docx”，选中文档中的图片，如下图所示。

Step 02 选择预设样式

选择“格式”选项卡，在“图片样式”组中单击“快速样式”下拉按钮，在弹出的下拉列表中选择所需的预设样式，如选择“中等复杂框架，白色”选项，如下图所示。

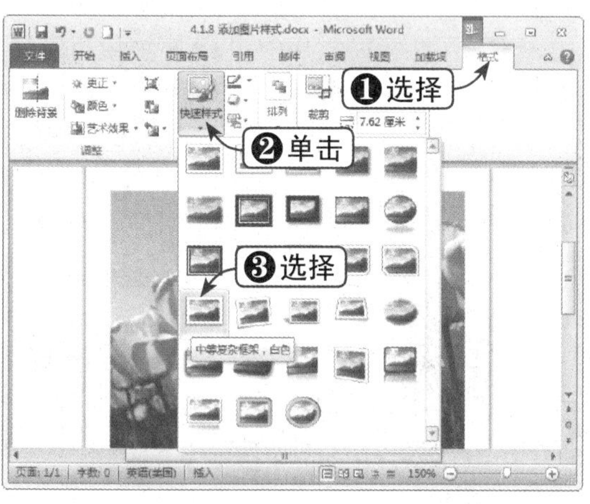

Step 03 查看图片效果

查看应用预设样式后的图片效果，如下图所示。

Step 04 单击“设置形状格式”按钮

单击“图片样式”组右下角的“设置形状格式”按钮，如下图所示。

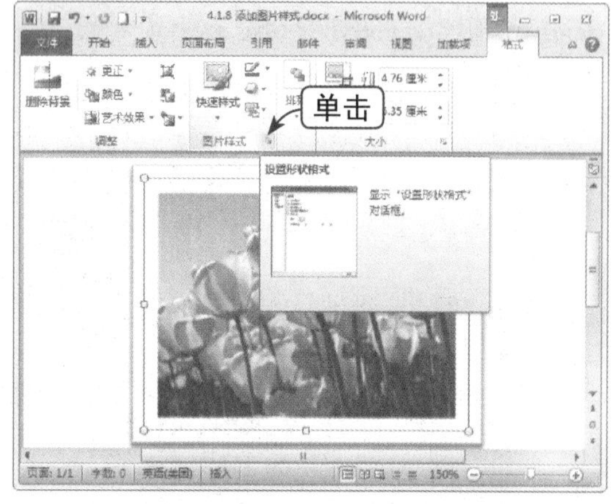

Step 05 设置三维旋转

弹出“设置图片格式”对话框，可以对图片样式进行详细设置。例如，在左窗格中选择“三维旋转”选项，在右窗格中单击“预设”

下拉按钮，在弹出的下拉列表中选择“等长顶部朝上”选项，单击“确定”按钮，如下图所示。

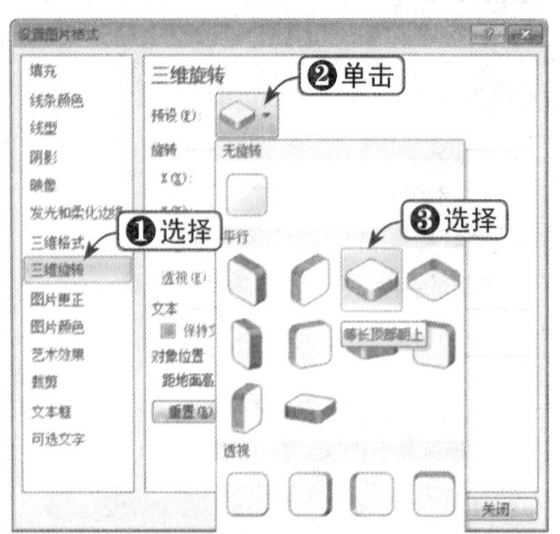

Step 06 查看三维旋转图片效果

查看添加三维旋转后的图片效果，如下图所示。

4.1.9 转换为SmartArt图片

在 Word 2010 中，可以将图片转换为 SmartArt 类型的图片，并可以调整其样式与布局等。下面将通过实例对其进行讲解，具体操作方法如下：

	素材文件	光盘：素材文件\第4章\4.1.9 转换为SmartArt图片.docx

Step 01 选中图片

打开“素材文件\第 4 章\4.1.9 转换为 SmartArt 图片 .docx”，选中文档中的图片，如下图所示。

Step 02 选择 SmartArt 版式

选择“格式”选项卡，在“图片样式”组中单击“图片版式”下拉按钮，在弹出的下拉列表中选择 SmartArt 版式，如选择“六边形群集”选项，如下图所示。

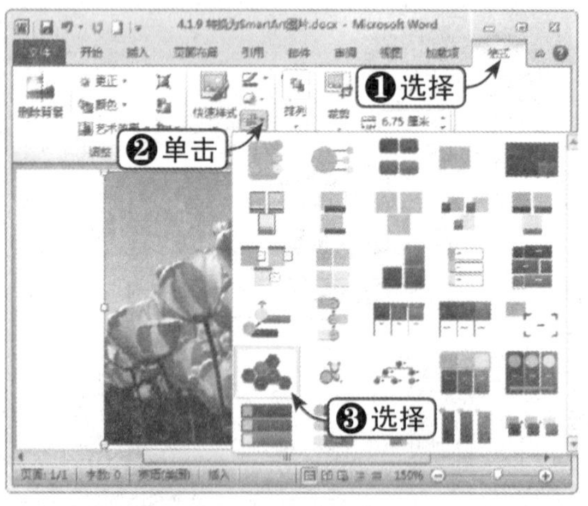

Step 03 输入文本

弹出窗格，在其中的文本框中输入所需的文本，如下图所示。

Step 04 查看 SmartArt 图片

查看已输入文本的 SmartArt 图片，效果如下图所示。

Step 05 选择图形样式

选择“设计”选项卡，在“SmartArt 样式”组中单击“快速样式”按钮，在弹出的列表框中选择样式，如选择“优雅”选项，如下图所示。

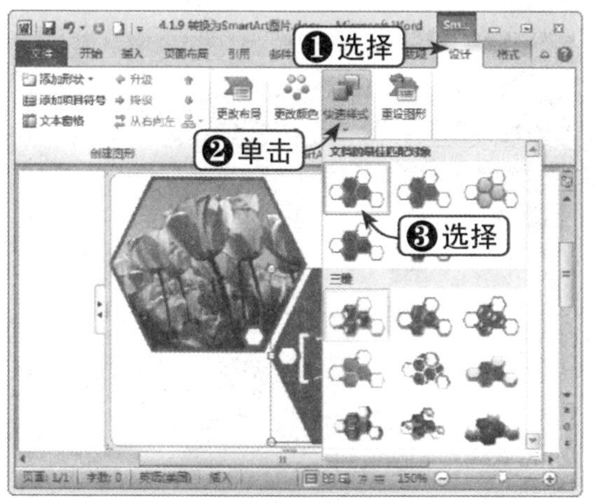

Step 06 查看图片效果

查看更改 SmartArt 样式后的图片效果，如下图所示。

Step 07 更改主题颜色

在“SmartArt 样式”组中单击“更改颜色”下拉按钮，在弹出的下拉列表中选择颜色，如选择“彩色 - 强调文字颜色”选项，如下图所示。

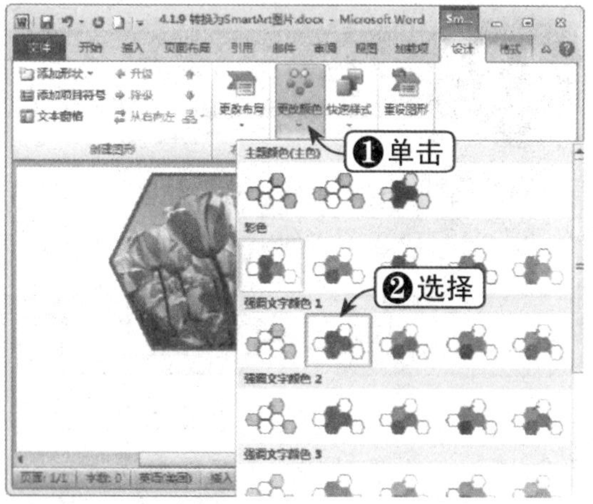

Step 08 查看更改效果

查看更改 SmartArt 样式主题颜色后的图片效果，如下图所示。

Step 09 选择“其他布局”选项

在“布局”组中单击“其他”按钮，在弹

出的列表框中选择“其他布局”选项，如下图所示。

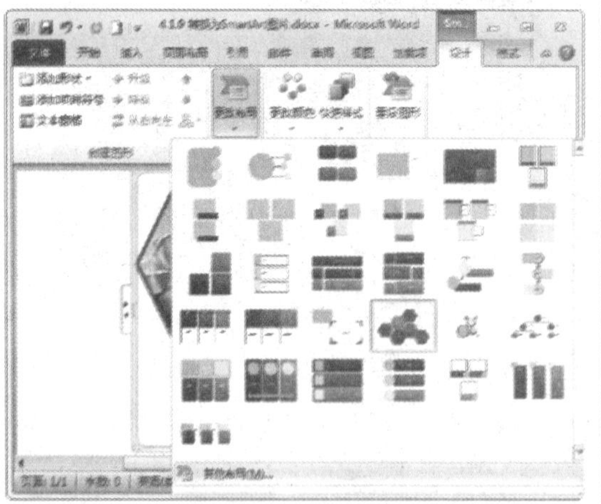

Step 10 查看其他布局

弹出“选择 SmartArt 图形”对话框，通过该对话框可以选择更多未在列表框中显示的布局，如下图所示。

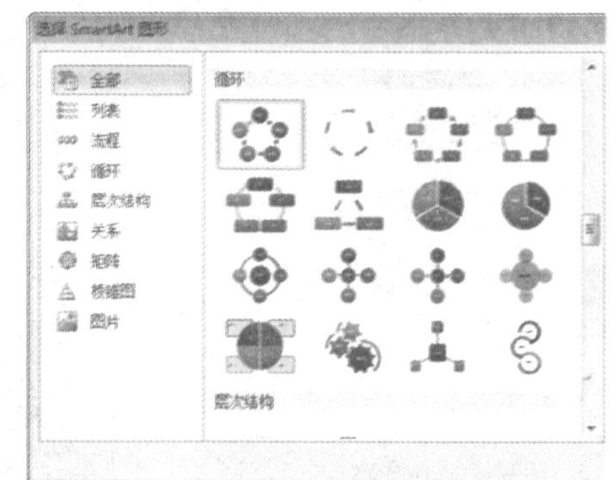

4.2 自选图形的应用

自选图形包括矩形、箭头总汇、公式形状、流程图以及标注等多种类型，可以将不同类型的自选图形组合在一起，下面将介绍自选图形的应用知识。

4.2.1 插入自选图形

在 Word 2010 中，可以插入自选图形，并更改图形的形状。下面将通过实例讲解如何插入自选图形，具体操作方法如下：

Step 01 选择形状

选择“插入”选项卡，在“插图”组中单击“形状”下拉按钮，在弹出的下拉列表中选择形状，如选择“六边形”选项，如下图所示。

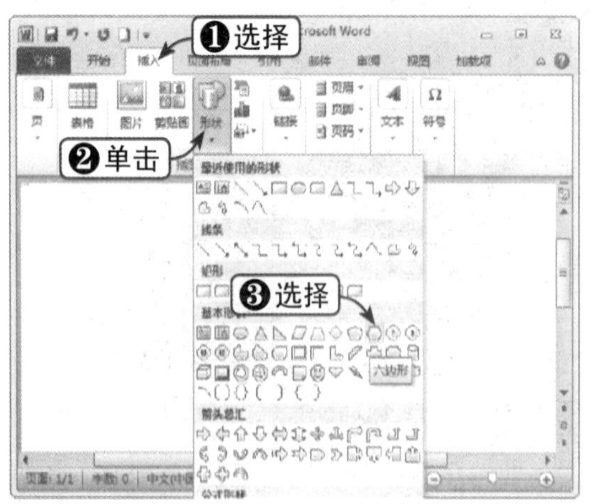

Step 02 插入形状

这时，鼠标指针将变为十字形状。在所需插入形状的位置单击鼠标左键，即可将图形插入到指定位置，效果如下图所示。

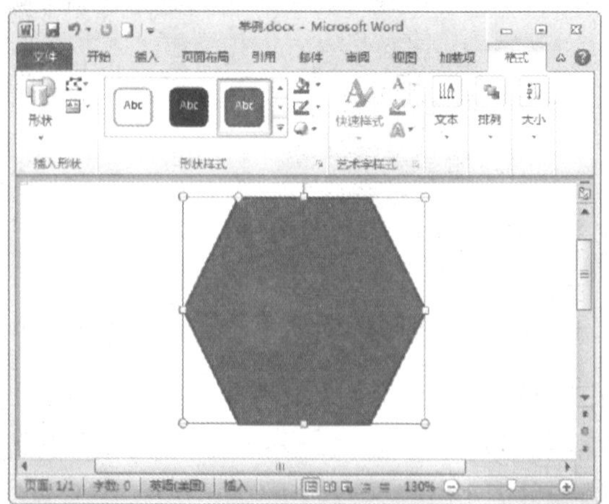

Step 03 更改形状

选择自选图形，在“格式”选项卡下的“插入形状”组中单击“编辑形状”下拉按钮，在弹出的下拉列表中选择“更改形状”选项。在形状列表框中选择所需的形状，如选择“右箭头”选项，如下图所示。

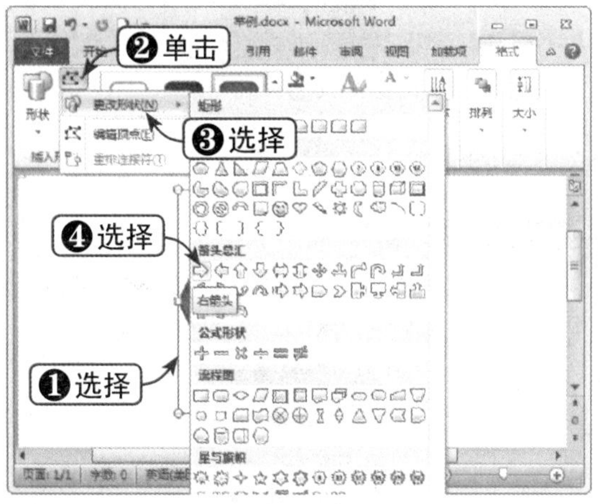

Step 04 调整长宽比例

这时，所选图形将会变为右箭头形状，可以通过拖动图形周围的控制点调整图形的长宽比例，效果如下图所示。

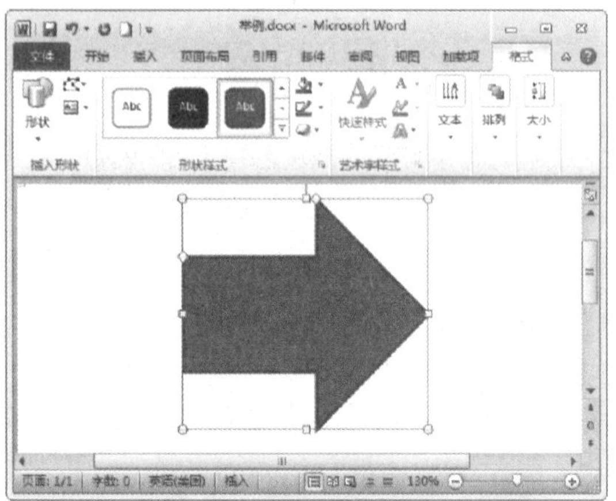

Step 05 选择“编辑顶点”选项

在“插入形状”组中单击“编辑形状”下拉按钮，在弹出的下拉列表中选择“编辑顶点”选项，如下图所示。

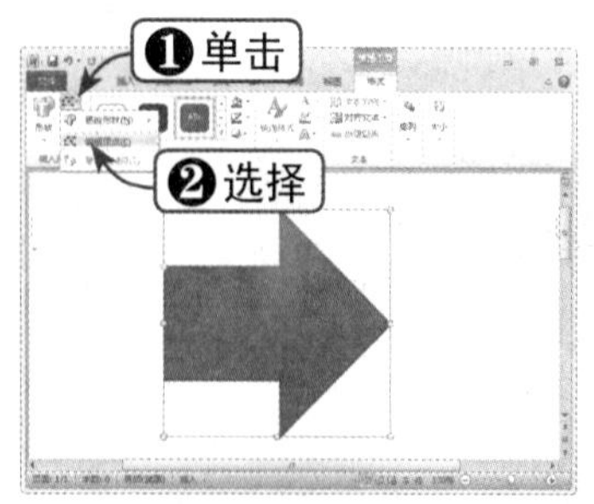

Step 06 调整自选图形形状

这时，在图形上将出现多个顶点，通过改变这些点的位置可以调整自选图形的形状，如下图所示。

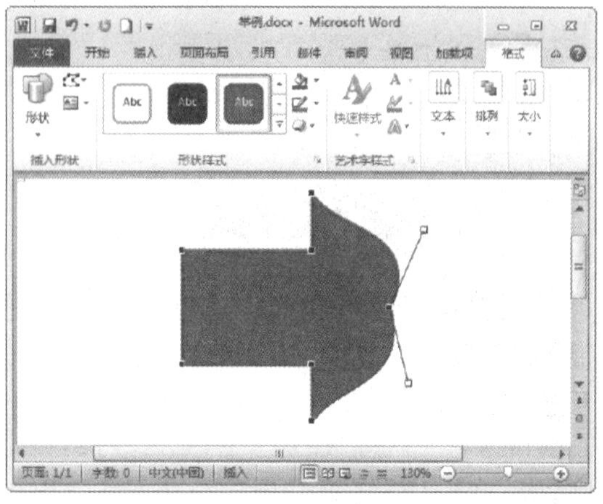

4.2.2 添加文字

用户可以向自选图形中添加文字，从而表达出所需的信息。下面将通过实例对其进行讲解，具体操作方法如下：

	素材文件	光盘：素材文件\第4章\4.2.2 添加文字.docx

Step 01 打开素材文件

打开"素材文件\第4章\4.2.2 添加文字.docx"，如下图所示。

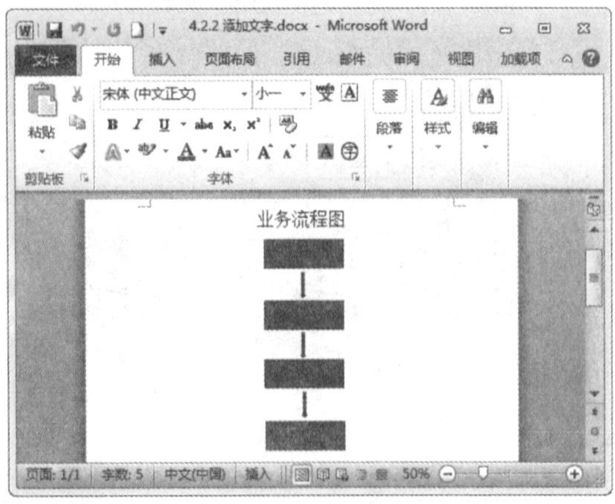

Step 02 输入所需文本

选中第一个自选图形，直接输入所需文本即可，如下图所示。

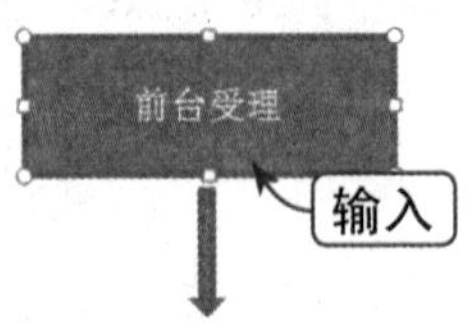

Step 03 输入其他文本

采用同样的方法，在其他自选图形中输入文本，如下图所示。

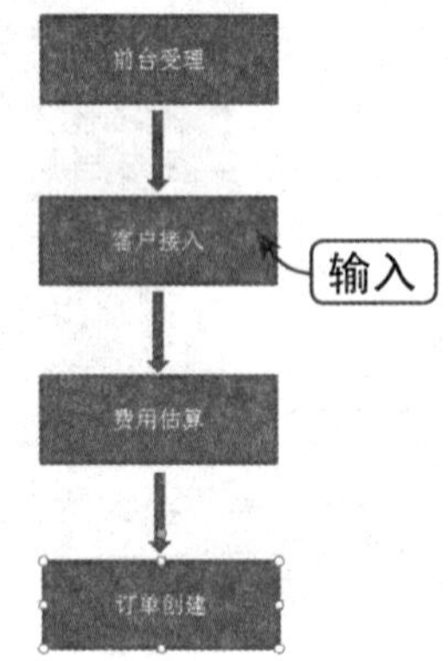

Step 04 调整文本格式

分别对文本字号、样式进行调整，效果如下图所示。

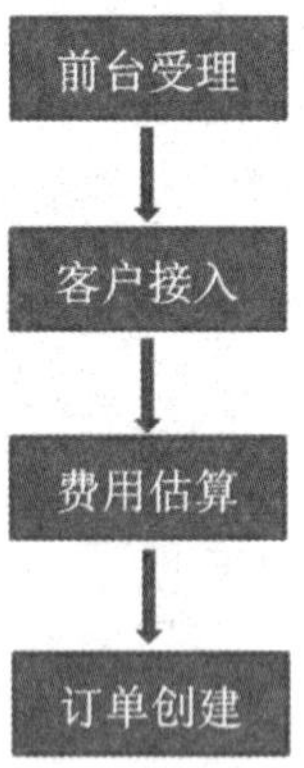

4.2.3 更改样式

用户可以对形状样式进行更改，如更改填充颜色、阴影、轮廓和棱台等效果。下面将通过实例对其进行讲解，具体操作方法如下：

	素材文件	光盘：素材文件\第4章\4.2.3 更改样式.docx

Step 01 打开素材文件

打开"素材文件\第4章\4.2.3 更改样式.docx"，如右图所示。

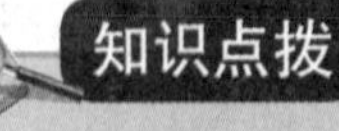

知识点拨

为单个形状应用样式后，可通过"格式刷"工具将该样式快速应用于其他形状。

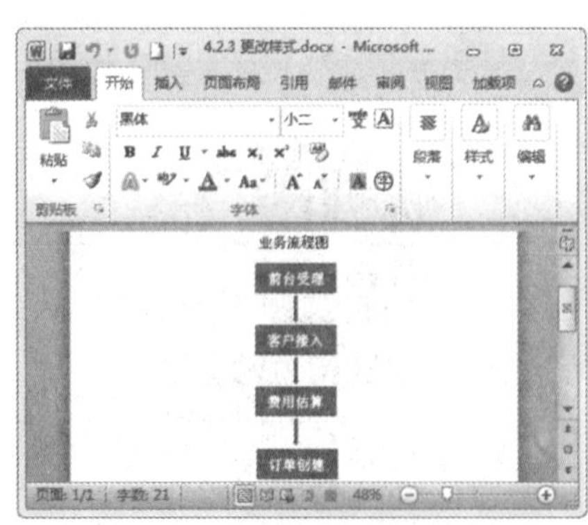

Step02 选择预设样式

双击自选图形，选择“格式”选项卡，在“形状样式”组中单击“其他”按钮，打开预设样式列表框，选择预设样式，如选择“强烈效果 - 红色，强调颜色 2”选项，如下图所示。

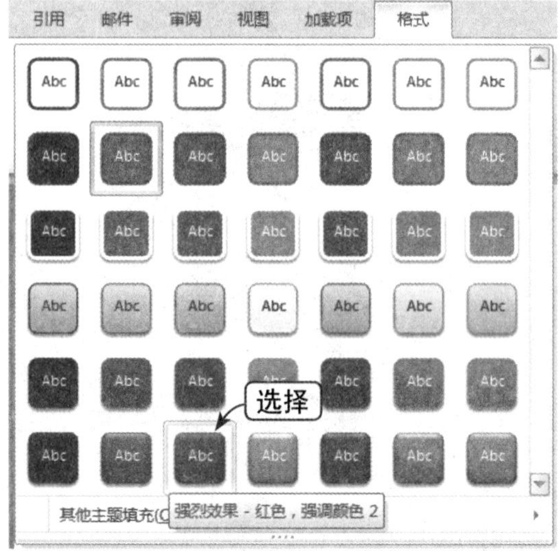

Step03 查看图形效果

查看更改预设样式后的图形效果，如下图所示。

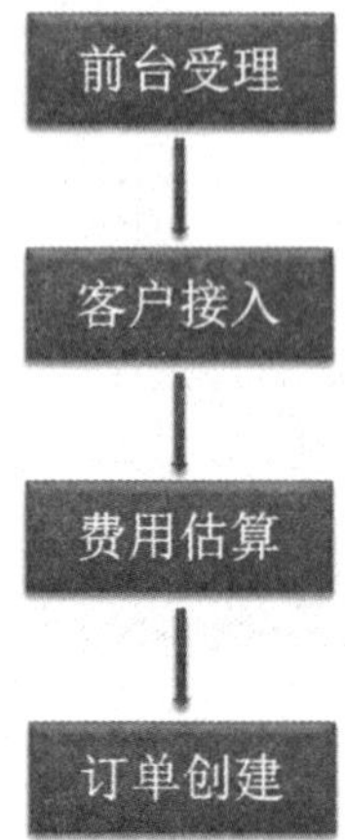

Step04 更改填充颜色

在“形状样式”组中单击“形状填充”下拉按钮，在弹出的下拉列表中可以选择不同的填充颜色，如下图所示。

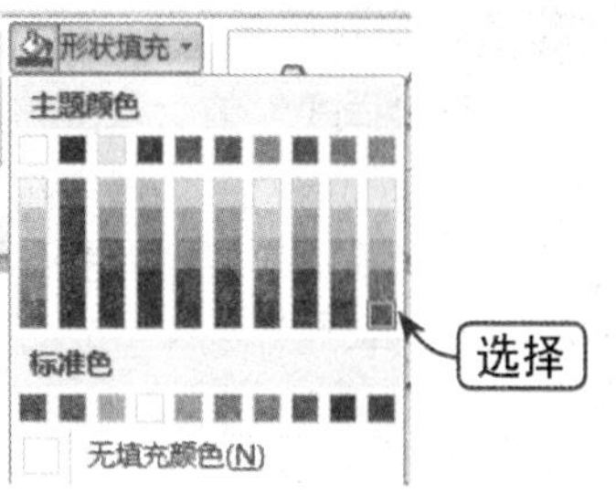

Step05 选择纹理

在“形状样式”组中单击“形状填充”下拉按钮，在弹出的下拉列表中选择“纹理”选项，在纹理列表框中可以为图形添加纹理填充，如下图所示。

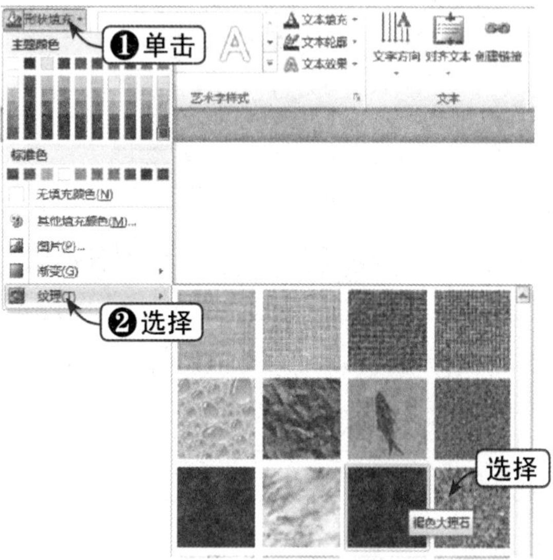

Step06 查看填充效果

查看填充褐色大理石纹理后的图形效果，如下图所示。

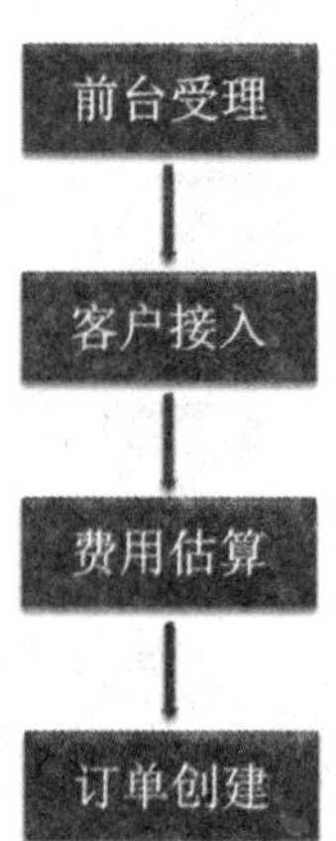

Step 07 选择形状效果

在“形状样式”组中单击“形状效果”下拉按钮，在弹出的下拉列表中选择“预设”选项，在其级联菜单中可以为图形添加预设的形状效果，如选择“预设 11”选项，如下图所示。

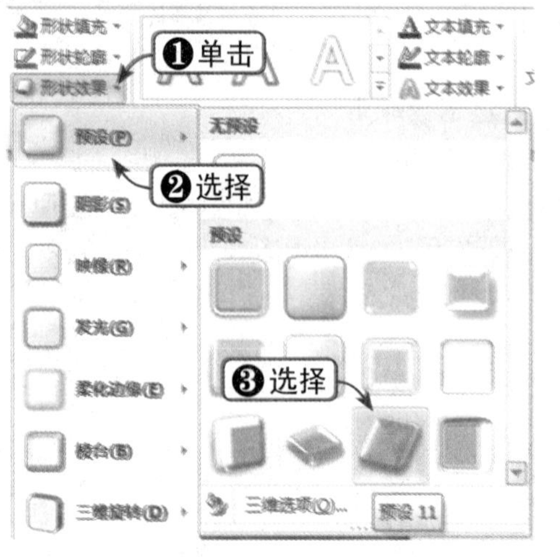

Step 08 查看图形效果

查看添加形状效果后的形状图形，如下图所示。

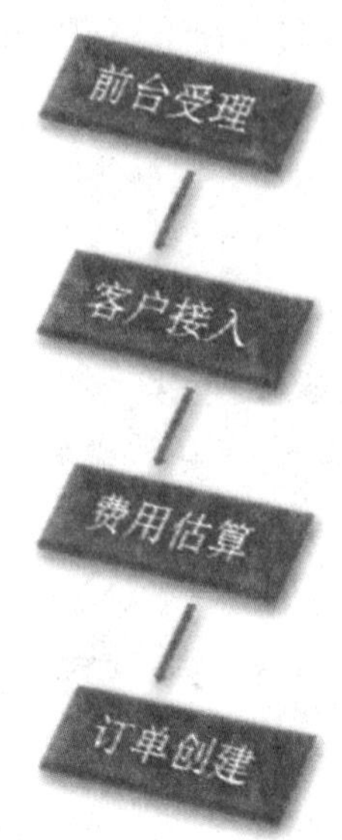

4.2.4 组合图形

用户可以将多个自选图形组合为一个整体，从而方便统一操作。下面将通过实例对其进行讲解，具体操作方法如下：

	素材文件	光盘：素材文件\第4章\4.2.4 组合图形.docx

Step 01 打开素材文件

打开“素材文件\第4章\4.2.4 组合图形.docx”，如下图所示。

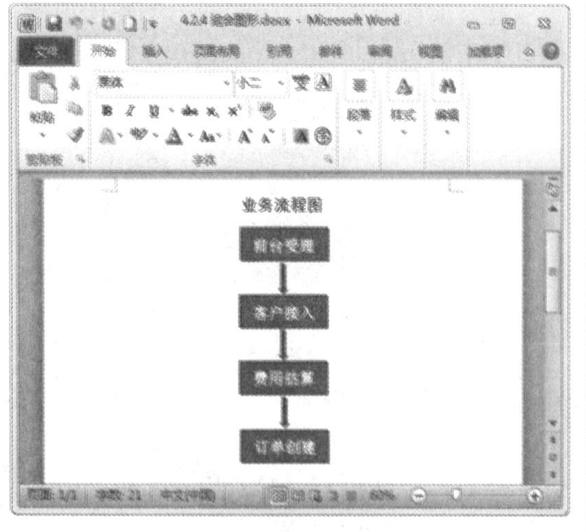

Step 02 选中自选图形

按住【Ctrl】键，选中多个需要组合的自选图形，如下图所示。

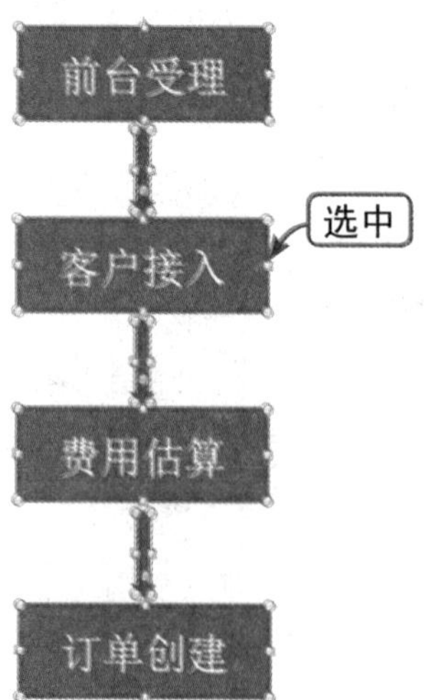

Step 03 选择“组合”选项

选择“格式”选项卡，在“排列”组中单击“组合”下拉按钮，在弹出的下拉列表中选择“组合”选项，如下图所示。

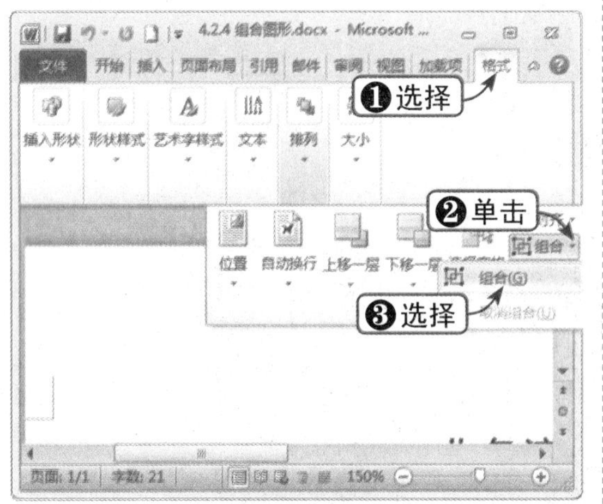

Step 04 组合图形

这时，所选图形将会组合为一个整体，效果如下图所示。

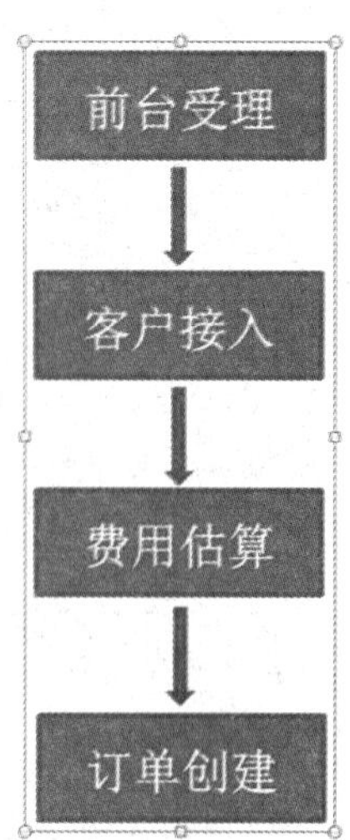

4.2.5 对齐图形

通过使用对齐工具可以对齐多个自选图形，避免了手动对齐的麻烦。下面将通过实例对其进行讲解，具体操作方法如下：

	素材文件	光盘：素材文件\第4章\4.2.5 对齐图形.docx

Step 01 打开素材文件

打开“素材文件\第 4 章\4.2.5 对齐图形.docx”，如下图所示。

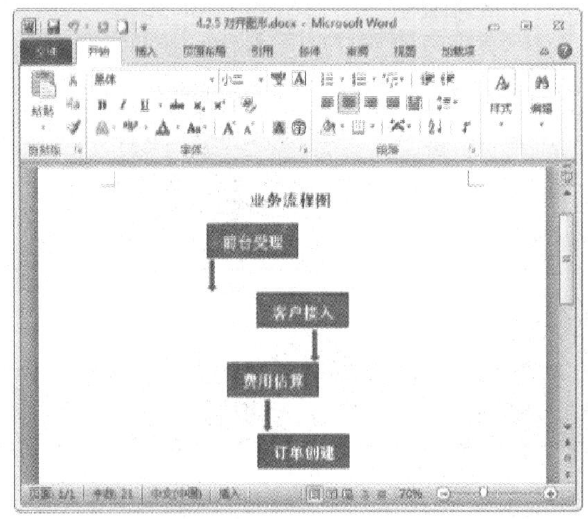

Step 02 选中自选图形

按住【Ctrl】键，选中多个需要对齐的自选图形，如下图所示。

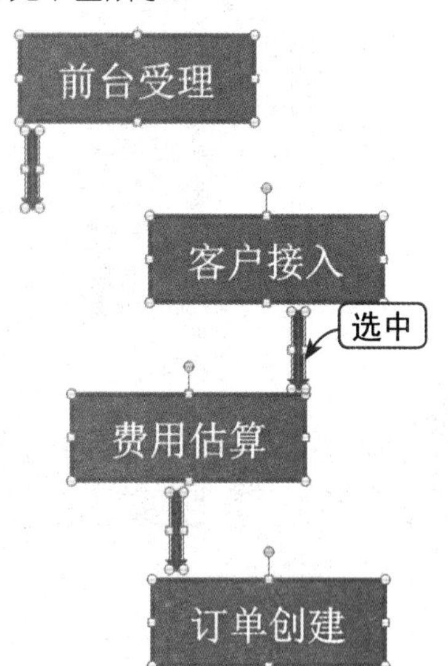

Step 03 选择“左右居中”选项

选择“格式”选项卡，在“排列”组中单击“对齐”下拉按钮，在弹出的下拉列表中选择“左右居中”选项，如下图所示。

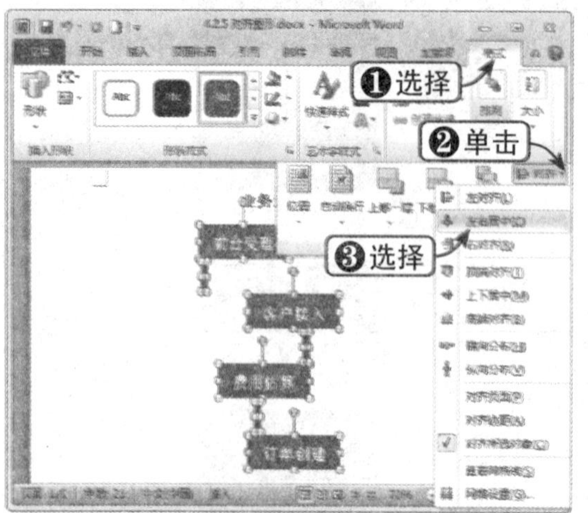

Step 04 左右居中对齐图形

这时，所选图形将会按照所选的方式对齐，效果如下图所示。

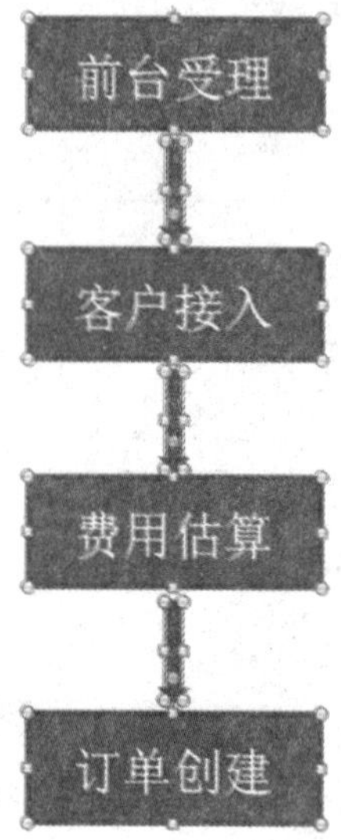

Step 05 显示网格线

在“排列”组中单击“对齐”下拉按钮，在弹出的下拉列表中选择“查看网格线”选项，在文档中将显示网格线，从而方便对齐图形，如下图所示。

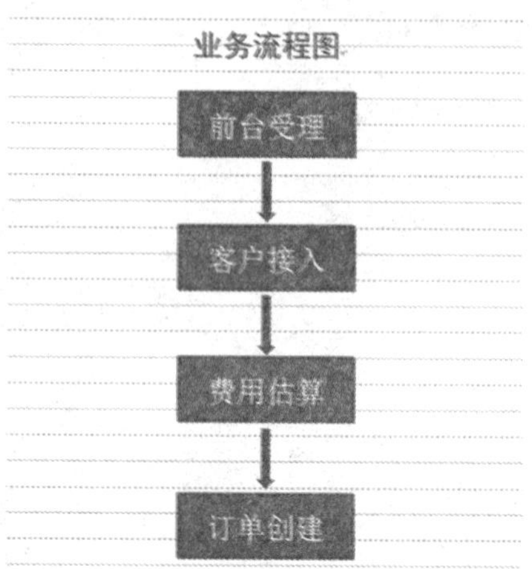

Step 06 设置网格参数

在“排列”组中单击“对齐”下拉按钮，在弹出的下拉列表中选择“网格设置”选项，将弹出“绘制网格”对话框，可以对网格间距、起点等参数进行设置，单击“确定”按钮，如下图所示。

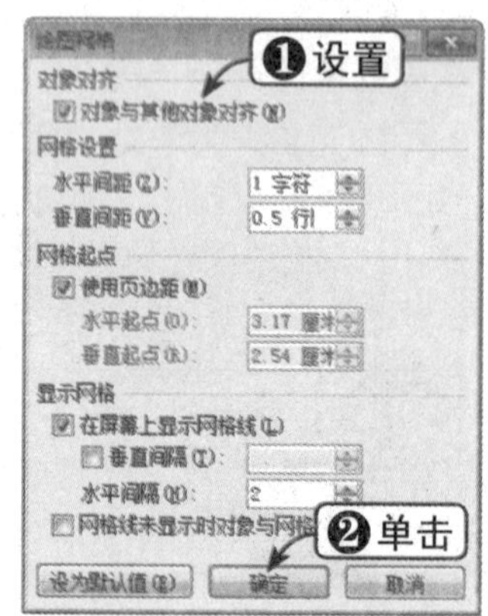

4.3 表格的应用

下面将介绍如何插入、编辑与美化表格，以及如何添加单元格，合并单元格，设置表格底纹，设置表格样式，进行数据排序等知识。

4.3.1 插入表格

用户可以通过多种方法插入表格，具体操作方法如下：

方法一：快速插入表格

Step 01 选择行与列

选择“插入”选项卡，在“表格”组中单击“表格”下拉按钮，在弹出的下拉列表中选择行与列，如下图所示。

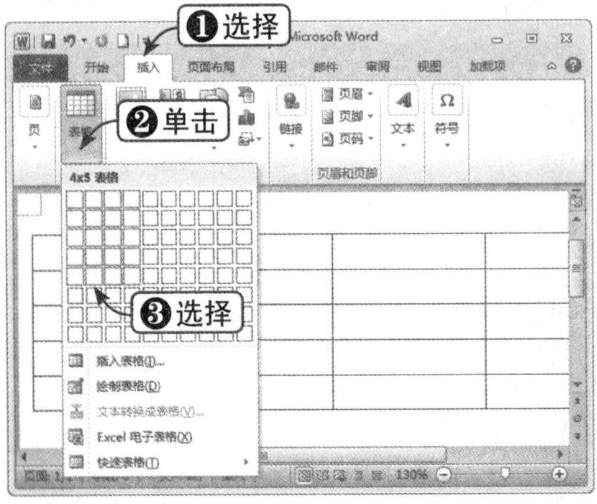

Step 02 插入表格

这时，即可在文档中插入指定行与列的表格，效果如下图所示。

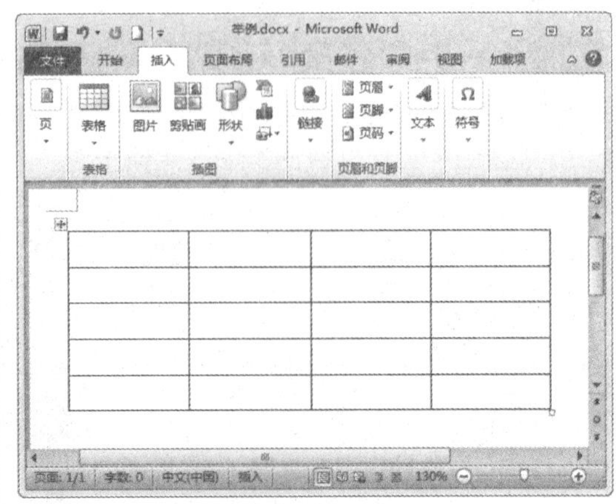

方法二：通过对话框插入表格

Step 01 单击“插入表格”命令

选择“插入”选项卡，在“表格”组中单击“表格”下拉按钮，在弹出的下拉列表中选择“插入表格”选项，如下图所示。

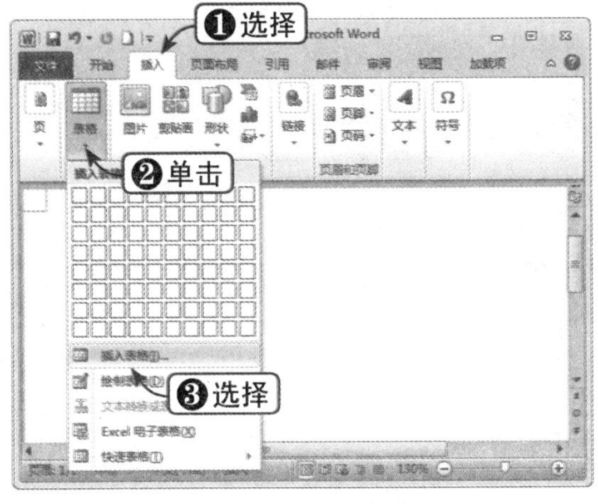

Step 02 设置表格参数

弹出“插入表格”对话框，设置列数和行数等参数，单击“确定”按钮，如下图所示。

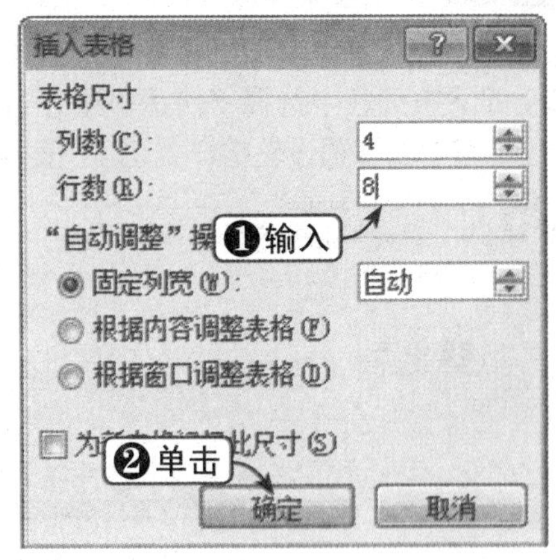

Step 03 插入表格

这时，即可在文档中插入指定行与列的表格，效果如右图所示。

选择文本，在“插入”选项卡下的“表格”组中，单击“表格”下拉按钮，选择“文本转换成表格”命令，同样可创建表格。

方法三：插入 Excel 电子表格

Step 01 选择“Excel 电子表格”选项

选择“插入”选项卡，在“表格”组中单击“表格”下拉按钮，在弹出的下拉列表中选择“Excel 电子表格”选项，如下图所示。

Step 02 插入 Excel 电子表格

这时，即可在文档中插入 Excel 电子表格，效果如下图所示。

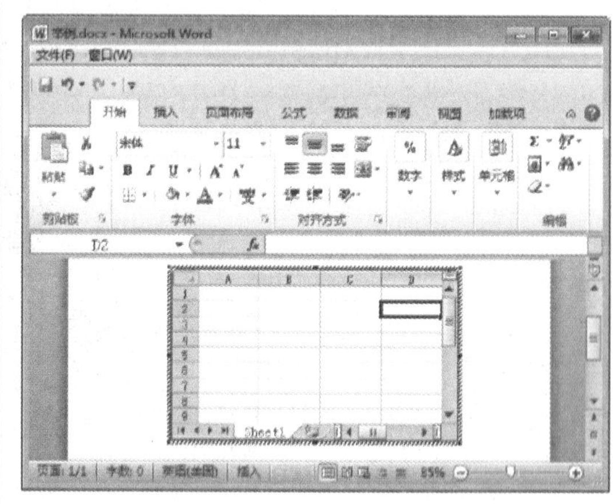

方法四：插入预设表格

Step 01 选择预设表格样式

在“表格”组中单击“表格”下拉按钮，在弹出的下拉列表中选择“快速表格”选项，在预设列表中选择预设表格样式，如下图所示。

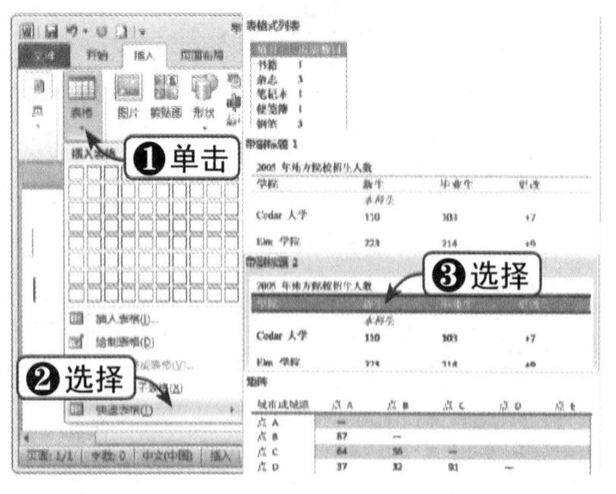

Step 02 插入预设电子表格

这时，即可在文档中插入预设电子表格，效果如下图所示。

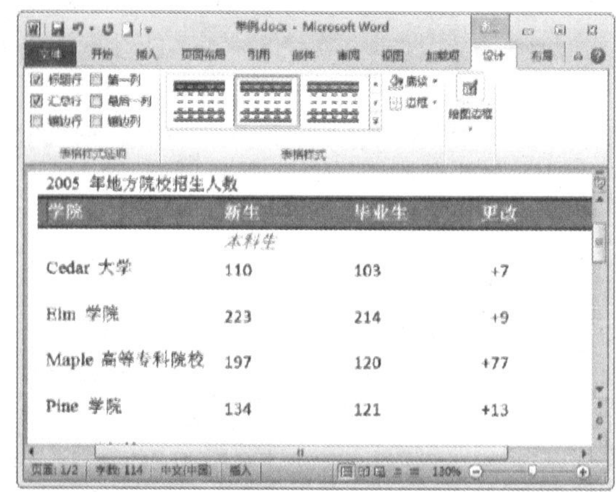

知识点拨

通过方法一绘制的表格，每个单元格都是平均分布的；通过方法二绘制的表格，其行列数均没有限制。

4.3.2 手动绘制表格

如果需要绘制同行不同列或同列不同行的表格，可以通过手动绘制表格来实现。下面将通过实例讲解如何手动绘制表格，具体操作方法如下：

Step 01 选择“绘制表格”选项

选择“插入”选项卡，在“表格”组中单击“表格”下拉按钮，在弹出的下拉列表中选择“绘制表格”选项，如下图所示。

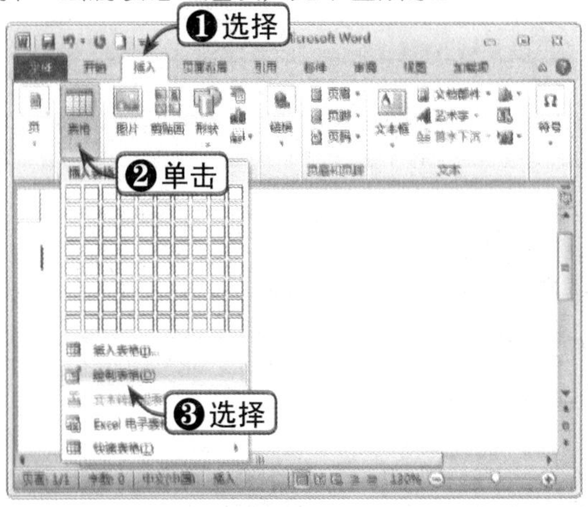

Step 02 绘制表格外轮廓

拖动鼠标，绘制矩形的虚线框，即表格的外轮廓，如下图所示。

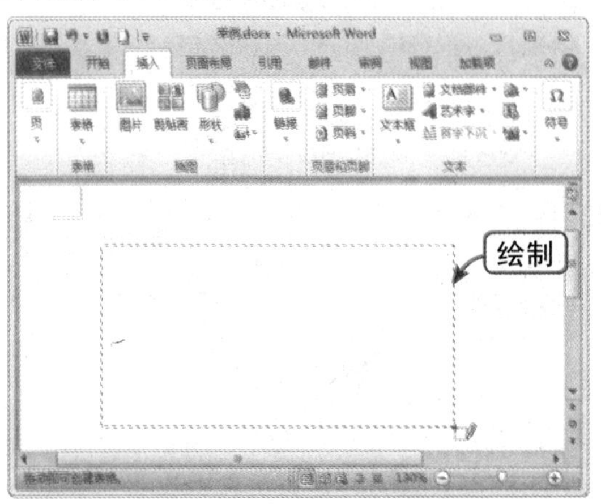

Step 03 绘制行

在框内横向拖动鼠标，绘制表格的行，如下图所示。

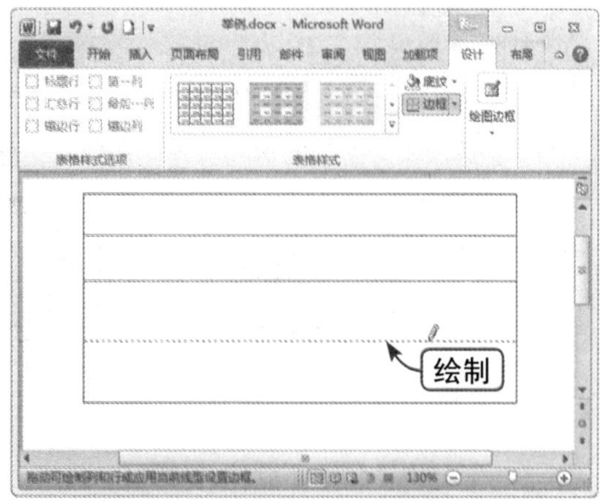

Step 04 绘制列

在框内纵向拖动鼠标，绘制表格的列，如下图所示。

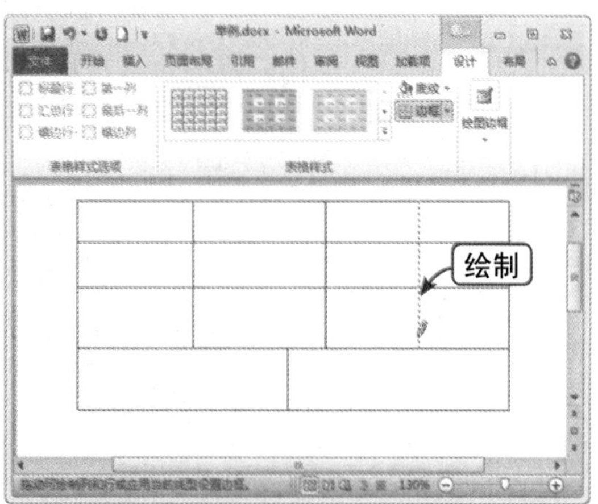

Step 05 单击“擦除”按钮

选择“设计”选项卡，在“绘图边框”组中单击“擦除”按钮，如下图所示。

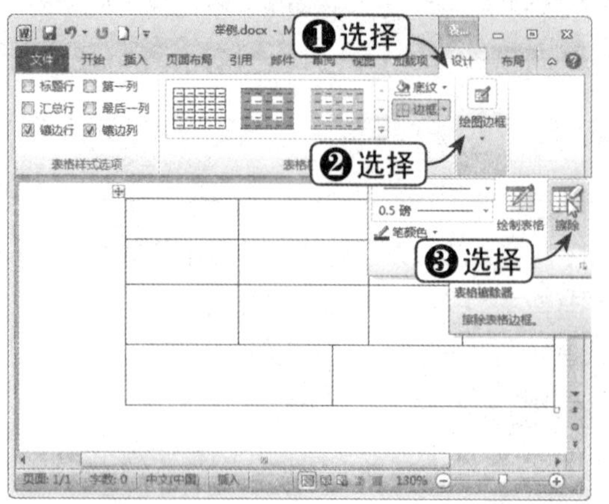

Step 06 擦除表格线

这时，鼠标指针将变为橡皮擦形状，在需要擦除的表格线上单击鼠标左键，即可擦除表格线，如下图所示。

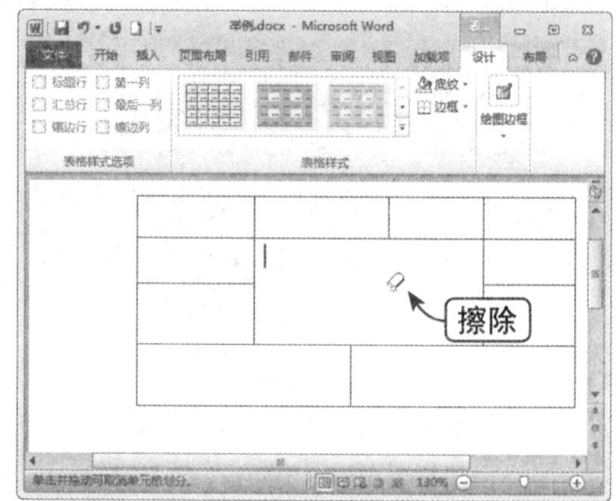

知识点拨

采用手绘方法创建表格存在一个局限，即不能按准确数值绘制表格中的行和列。

4.3.3 表格编辑

创建表格后，可以对表格进行编辑，如添加单元格，合并单元格，拆分表格，调整单元格大小，调整文字对齐方向等，下面将分别进行介绍。

1. 添加单元格

Step 01 单击“绘制表格”按钮

单击表格区域，选择“设计”选项卡，单击“绘图边框”组中的“绘制表格”按钮，如下图所示。

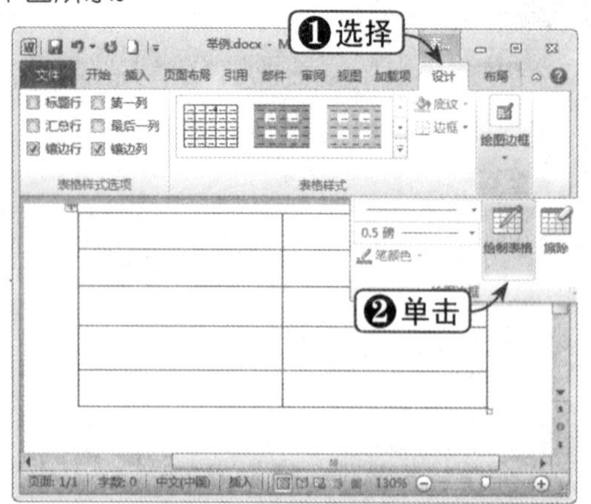

Step 02 添加单个单元格

在需要添加单元格的位置纵向拖动鼠标，绘制表格线，即可添加单个单元格，如下图所示。

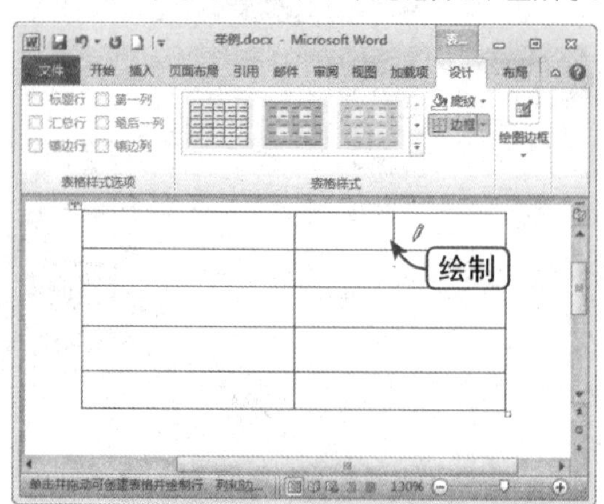

Step 03 定位光标

在希望插入一行单元格的邻近位置定位光标，如下图所示。

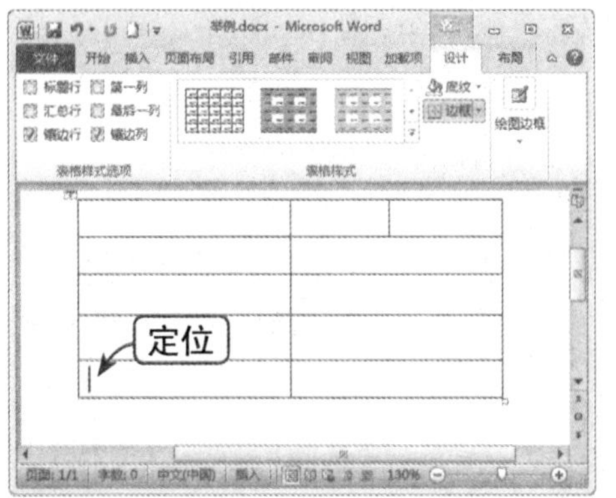

Step 04 选择插入方式

选择“布局”选项卡，在“行和列”组中选择插入方式，如选择“在上方插入”选项，如下图所示。

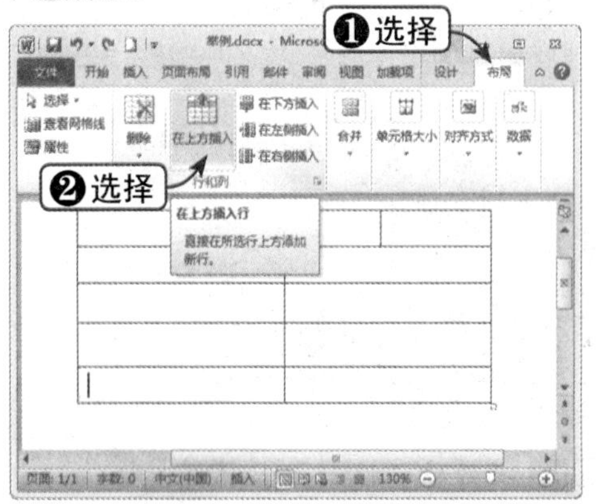

Step 05 添加一行单元格

这时，即可在其上方添加一行单元格，效果如下图所示。

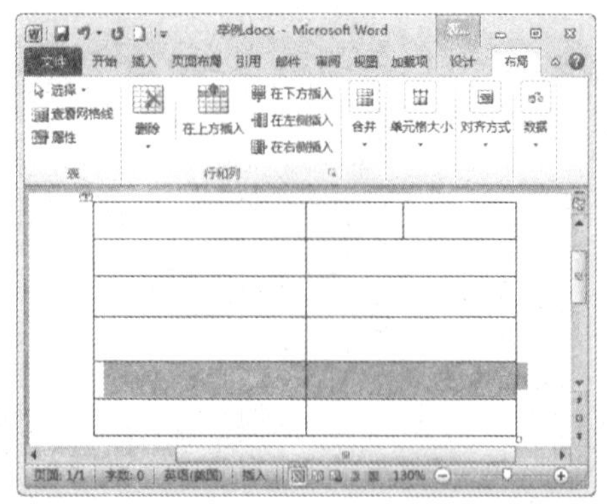

Step 06 添加一列单元格

如果在“行和列”组中选择“在左侧插入”选项，将会在定位光标左侧添加一列单元格，效果如下图所示。

2. 合并单元格

Step 01 选中单元格

在表格中拖动鼠标，选中需要合并的多个单元格，如下图所示。

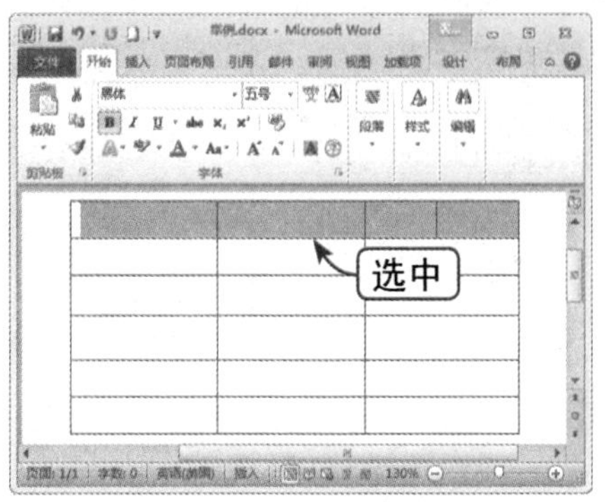

Step 02 单击“合并单元格”按钮

选择“布局”选项卡，在“合并”组中单击“合并单元格”按钮，如下图所示。

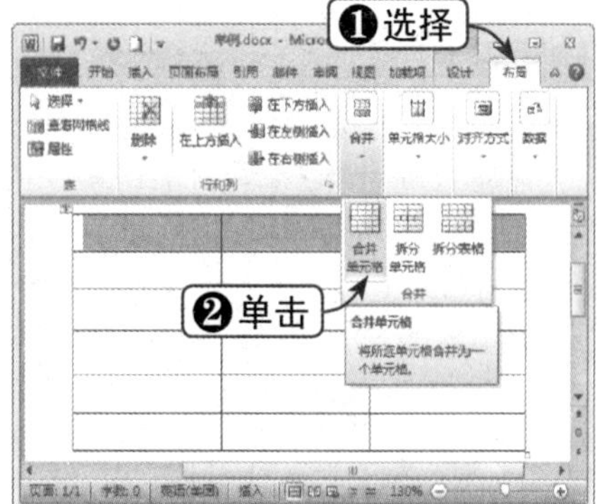

Step 03 合并单元格

这时，所选的多个单元格将被合并为一个单元格，效果如下图所示。

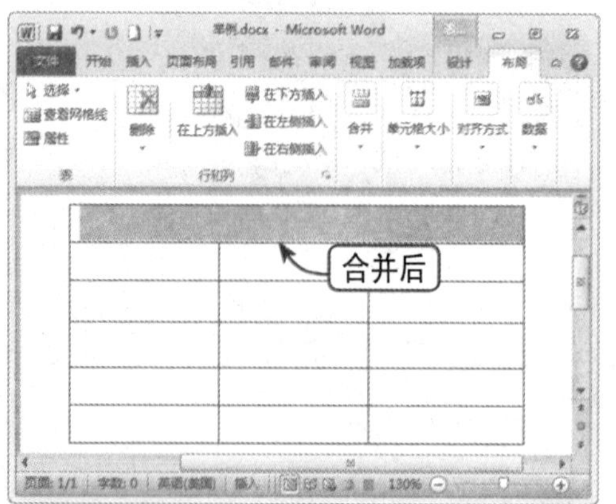

Step 04 选择“合并单元格”选项

选中多个单元格，右击所选区域，在弹出的快捷菜单中选择“合并单元格”选项，同样可以合并单元格，如下图所示。

3．拆分表格与单元格

Step 01 定位光标

定位光标到需要拆分的单元格上，如下图所示。

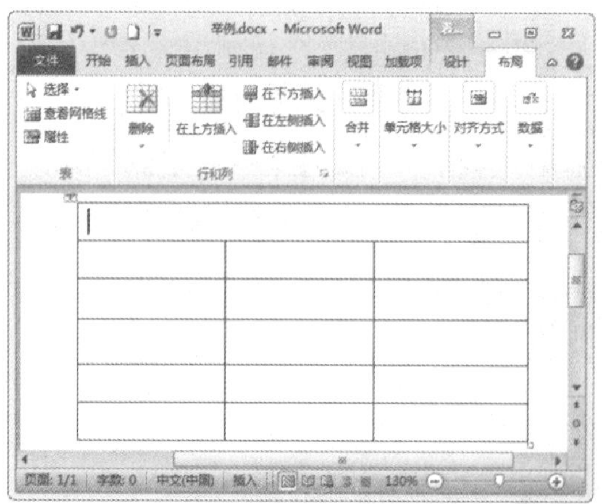

Step 02 单击“拆分单元格”按钮

在“布局”选项卡下单击“合并”组中的“拆分单元格”按钮，如下图所示。

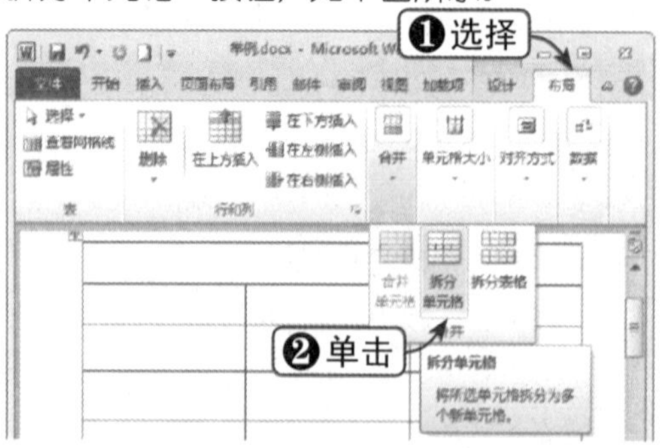

Step 03 设置列数和行数

弹出“拆分单元格”对话框，在数值框中分别设置列数与行数，单击“确定”按钮，如下图所示。

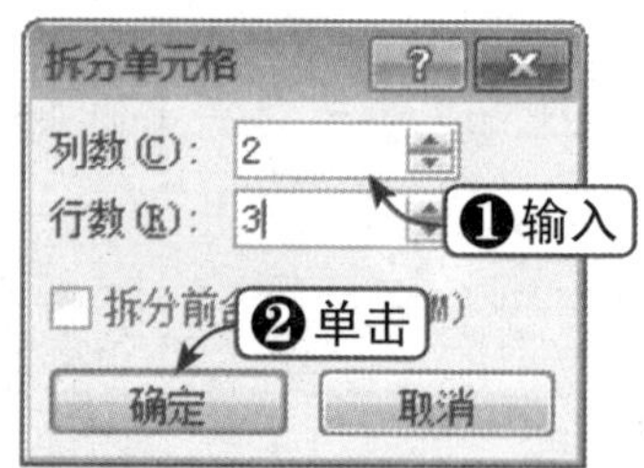

Step 04 拆分单元格

这时，即可将所选单元格拆分为指定列数和行数，效果如下图所示。

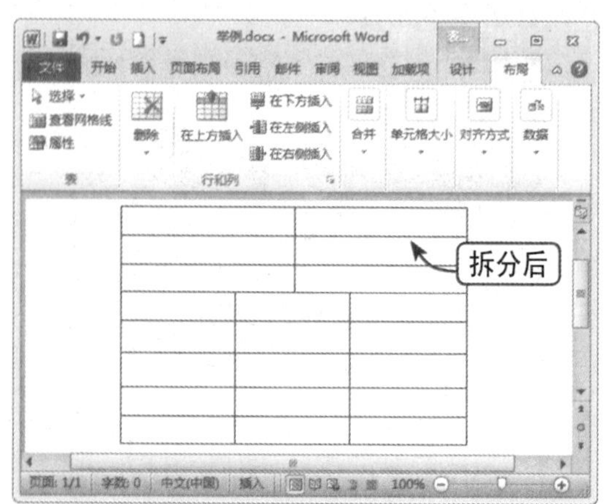

Step 05 定位光标

定位光标到表格拆分后下表格的起始位置，如下图所示。

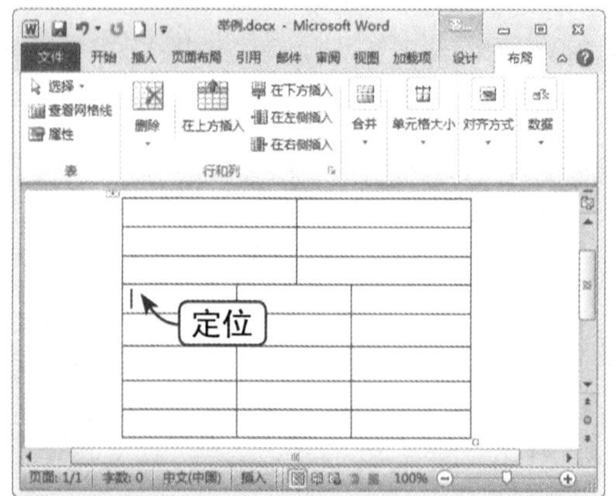

Step 06 拆分表格

在“布局”选项卡下单击“合并”组中的“拆分表格”按钮，即可将表格拆分为上、下两个部分，效果如下图所示。

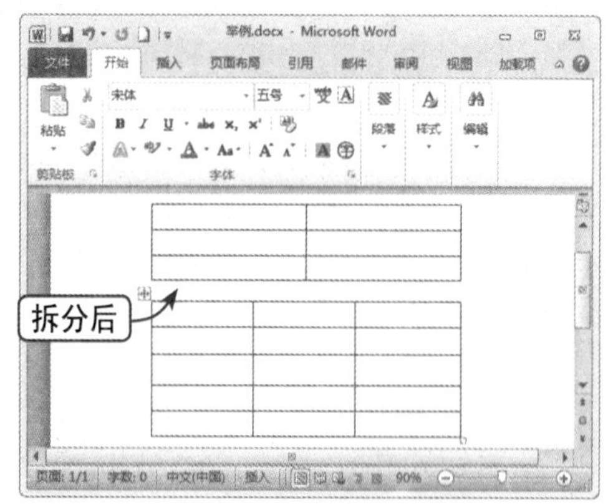

4．调整单元格大小

Step 01 手动调整行高

将光标移动到表格的水平线上，纵向拖动鼠标，即可手动调整单元格的行高，如下图所示。

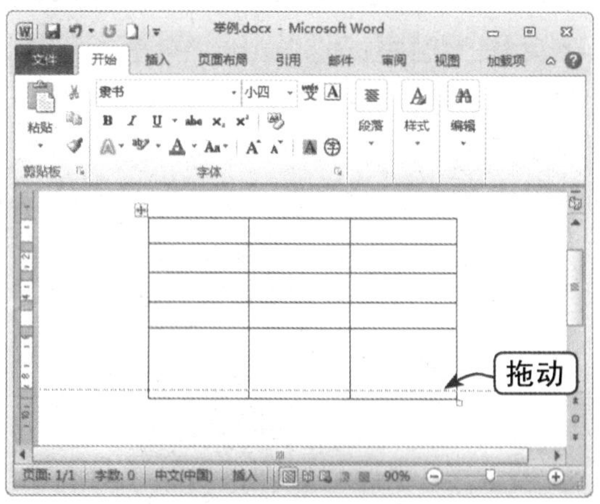

Step 02 手动调整列宽

将光标移动到表格的垂直线上，横向拖动鼠标，即可手动调整单元格的列宽，如下图所示。

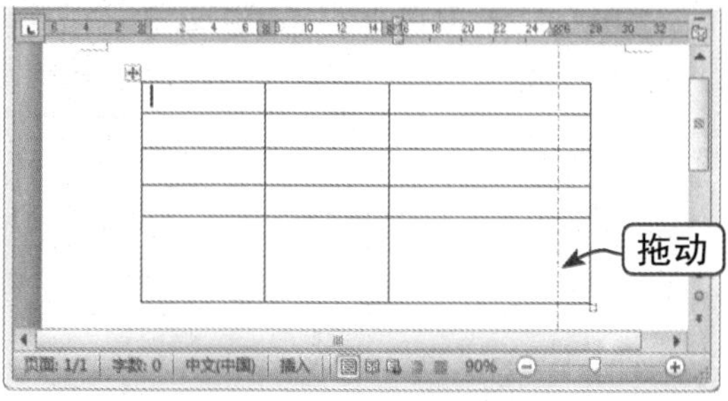

Step 03 定位光标

定位光标到需要调整大小的单元格，如下图所示。

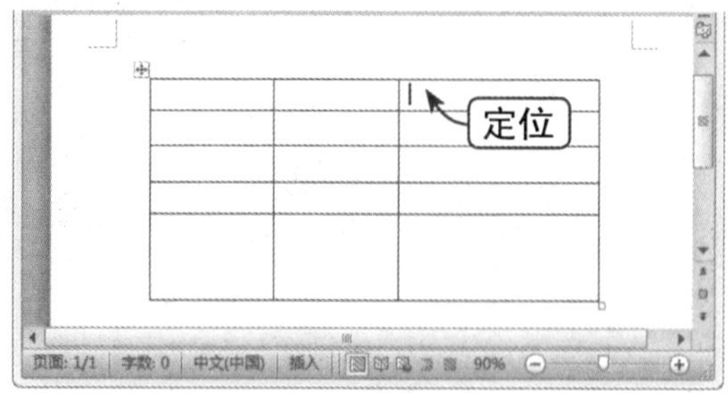

Step 04 精确调整单元格大小

选择“布局”选项卡，在“单元格大小”组中的数值框中分别输入高度和宽度值，如下图所示。

Step 05 查看表格效果

查看精确调整单元格大小后的表格效果，如下图所示。

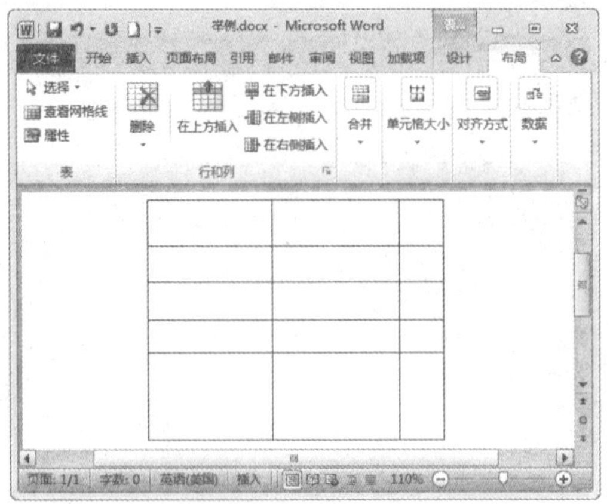

Step 06 通过其他命令调整

也可通过“单元格大小”组中的其他命令调整单元格大小，如下图所示。

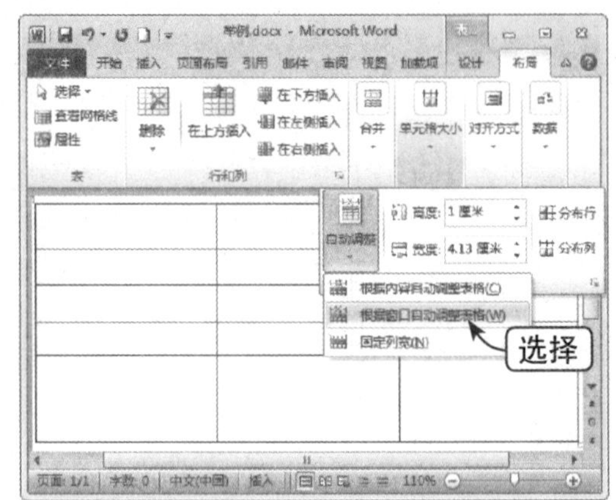

5. 调整文字对齐方式和方向

	素材文件	光盘：素材文件\第4章\4.3.3 表格编辑.docx

Step 01 打开素材文件

打开“素材文件\第4章\4.3.3 表格编辑.docx”，如下图所示。

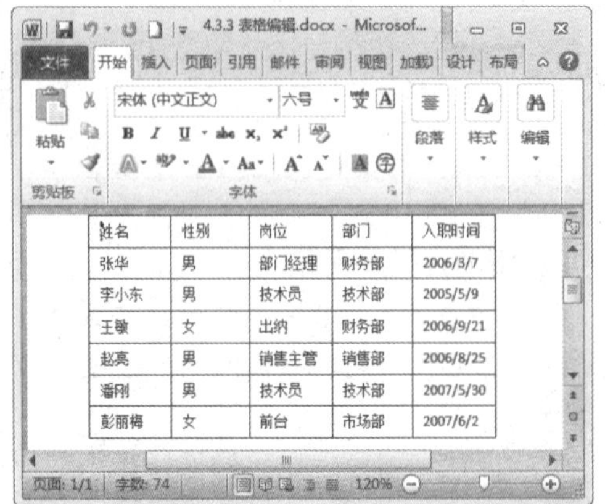

Step 02 选中单元格

拖动鼠标，选中要对齐文字所在的单元格，如下图所示。

姓名	性别	岗位	部门	入职时间
张华	男	部门经理	财务部	2006/3/7
李小东	男	技术员	技术部	2005/5/9
王敏	女	出纳	财务部	2006/9/21
赵亮	男	销售主管	销售部	2006/8/25
潘刚	男	技术员	技术部	2007/5/30
彭丽梅	女	前台	市场部	2007/6/2

选中

Step 03 选择对齐方式

选择“布局”选项卡，在“对齐方式”组中选择对齐方式，如单击“水平居中”按钮，如下图所示。

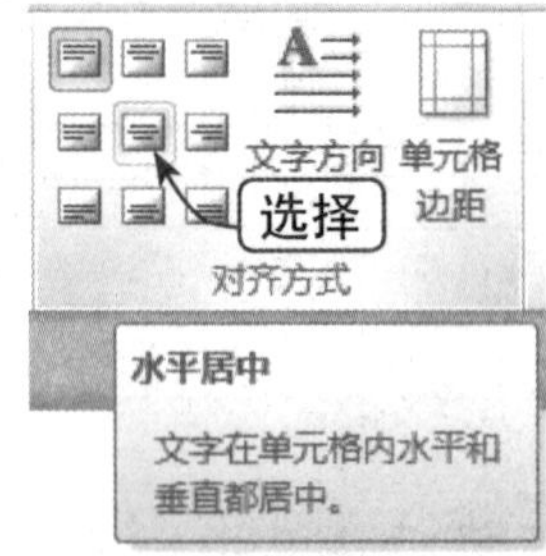

Step 04 水平居中对齐文字

这时，所选单元格中的文字将会各自水平居中对齐，如下图所示。

姓名	性别	岗位	部门	入职时间
张华	男	部门经理	财务部	2006/3/7
李小东	男	技术员	技术部	2005/5/9
王敏	女	出纳	财务部	2006/9/21
赵亮	男	销售主管	销售部	2006/8/25
潘刚	男	技术员	技术部	2007/5/30
彭丽梅	女	前台	市场部	2007/6/2

Step05 选中单元格

选中要改变文字方向的单元格，如下图所示。

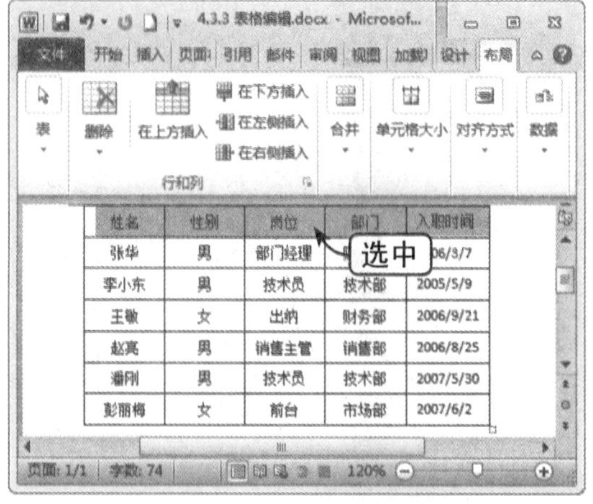

Step06 改变文字方向

在“对齐方式”组中单击“文字方向”按钮，即可将所选文字改为竖排显示，如下图所示。

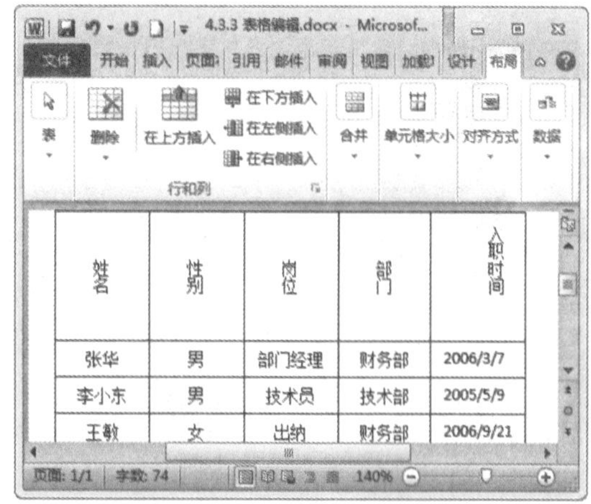

4.3.4 美化表格

通过设置表格的边框与底纹可以美化表格，还可以应用预设的表格样式快速美化表格。下面将通过实例对其进行讲解，具体操作方法如下：

	素材文件	光盘：素材文件\第4章\4.3.4 美化表格.docx

Step01 定位光标

打开“素材文件\第4章\4.3.4 美化表格.docx”，定位光标到需要设置底纹的单元格，如下图所示。

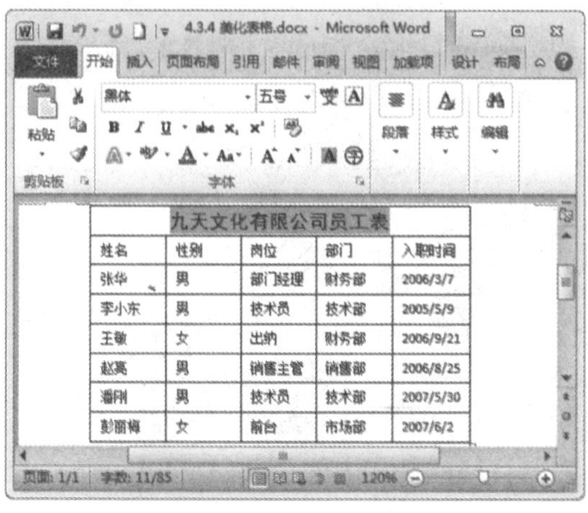

Step02 选择主题颜色

选择“设计”选项卡，在“表格样式”组中单击“底纹”下拉按钮，在弹出的下拉列表中选择主题颜色，如下图所示。

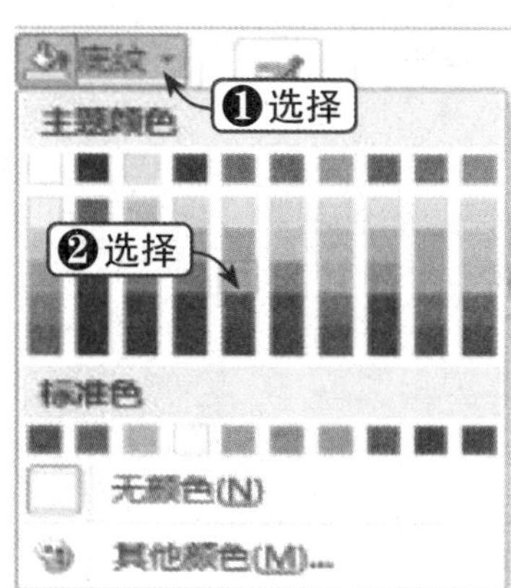

Step 03 查看设置效果

这时，所选单元格的底纹颜色将发生变化，效果如下图所示。

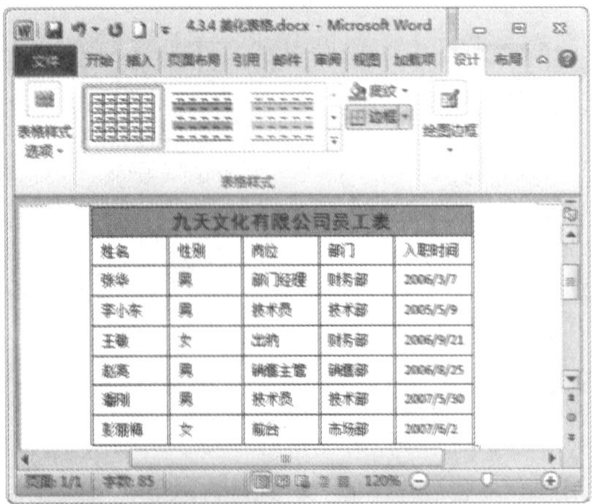

Step 04 选择“边框和底纹”选项

在“表格样式”组中单击“边框”下拉按钮，在弹出的下拉列表中选择“边框和底纹”选项，如下图所示。

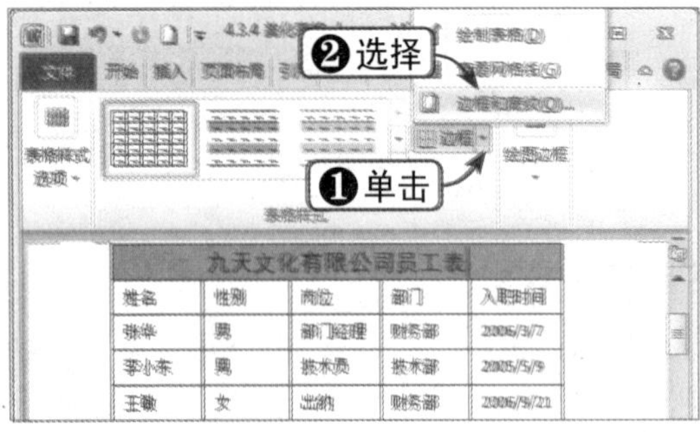

Step 05 设置边框类型

弹出“边框和底纹”对话框，在左侧“设置”选项区中设置边框类型，如选择“全部”选项，如下图所示。

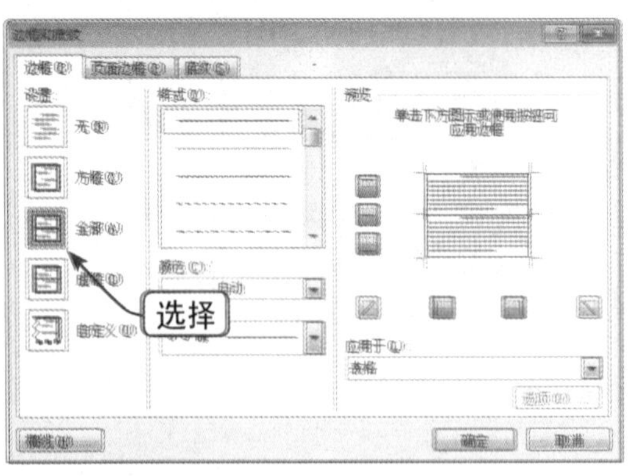

Step 06 设置其他参数

在中间区域分别对边框样式、颜色、宽度等参数进行设置。设置完毕后，单击“确定”按钮，如下图所示。

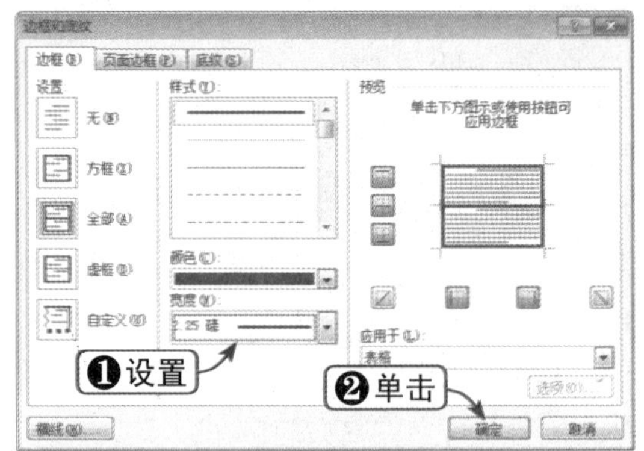

Step 07 查看边框效果

查看调整边框属性后的表格效果，如下图所示。

九天文化有限公司员工表				
姓名	性别	岗位	部门	入职时间
张华	男	部门经理	财务部	2006/3/7
李小东	男	技术员	技术部	2005/5/9
王敏	女	出纳	财务部	2006/9/21
赵亮	男	销售主管	销售部	2006/8/25
潘刚	男	技术员	技术部	2007/5/30
彭丽梅	女	前台	市场部	2007/6/2

Step 08 选中单元格

用户不但可以为底纹添加填充颜色，还可以为底纹添加图案。首先选中需要添加图案的单元格，如下图所示。

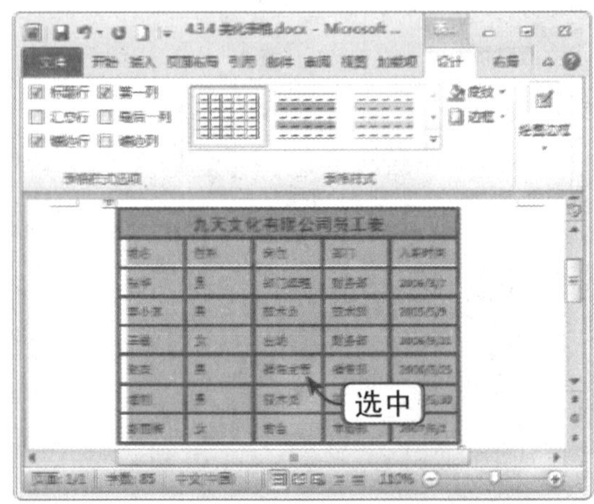

Step 09 设置底纹图案

在“表格样式”组中单击“边框”按钮，弹出“边框和底纹”对话框。选择“底纹”选项卡，在“图案”选项区中设置图案样式和颜色，单击“确定”按钮，如下图所示。

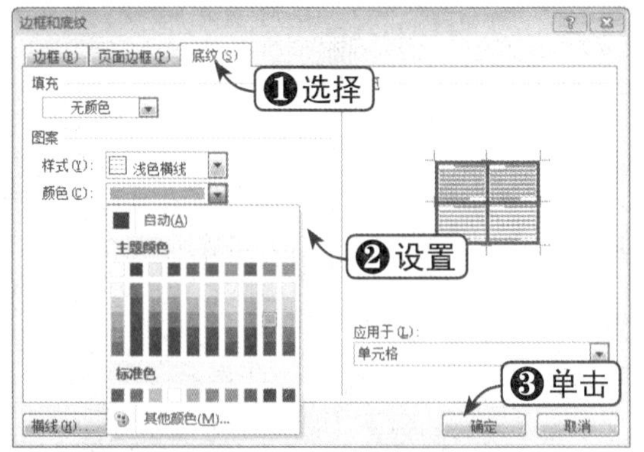

Step 10 查看添加底纹图案效果

查看添加底纹图案后的表格效果，如下图所示。

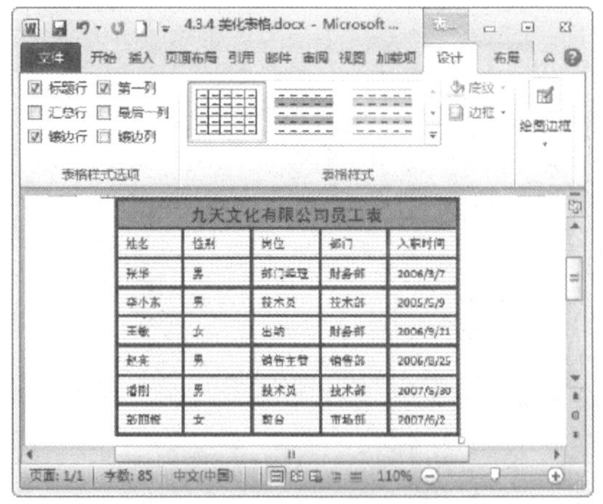

Step 11 选择预设表格样式

在“表格样式”组中单击“其他”按钮，打开预设样式列表框，可以选择预设的表格样式，如选择“中等深浅底纹 1 – 强调文字颜色 4”选项，如下图所示。

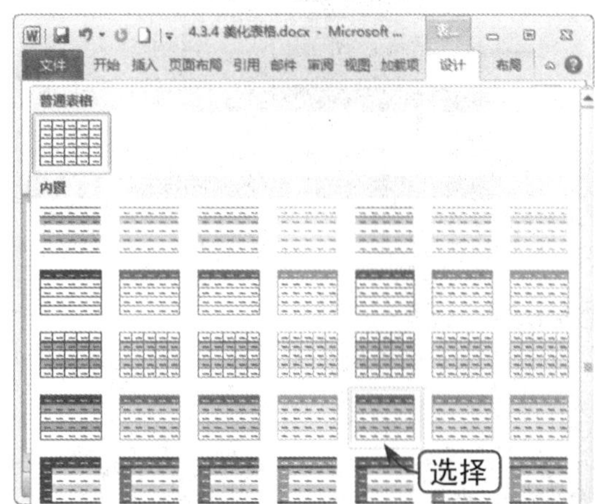

Step 12 查看表格效果

查看应用预设表格样式后的表格效果，如下图所示。

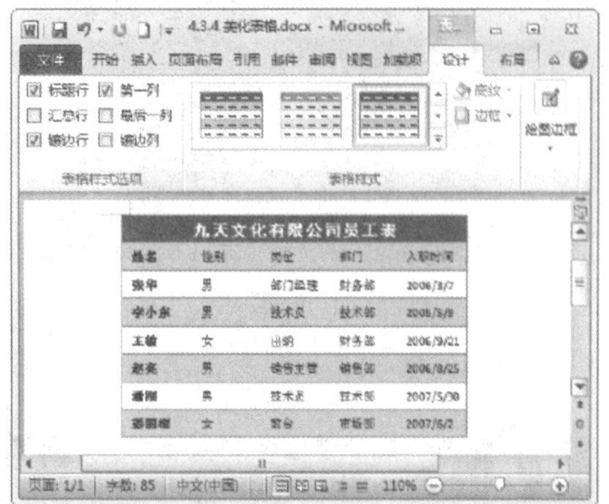

4.3.5 数据排序

通过指定关键词可以对表格中的数据进行排序，以免表格中的数据杂乱无章。下面将通过实例对其进行讲解，具体操作方法如下：

	素材文件	光盘：素材文件\第4章\4.3.5 数据排序.docx

Step 01 选中单元格

打开“素材文件\第 4 章\4.3.5 数据排序.docx”，选中需要进行数据排序的单元格，如下图所示。

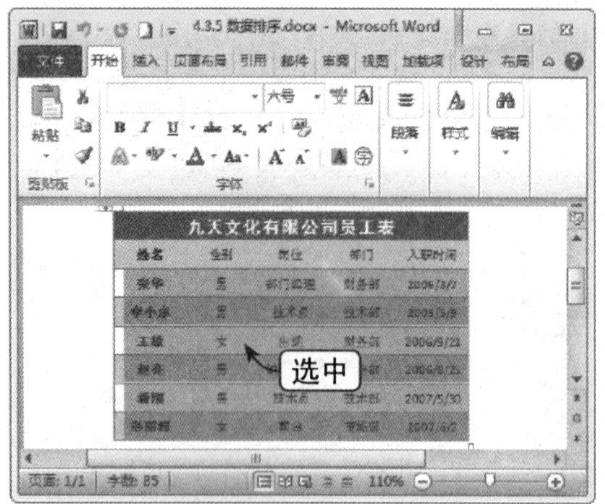

Step 02 单击“排序”按钮

选择“布局”选项卡，在“数据”组中单击“排序”按钮，如下图所示。

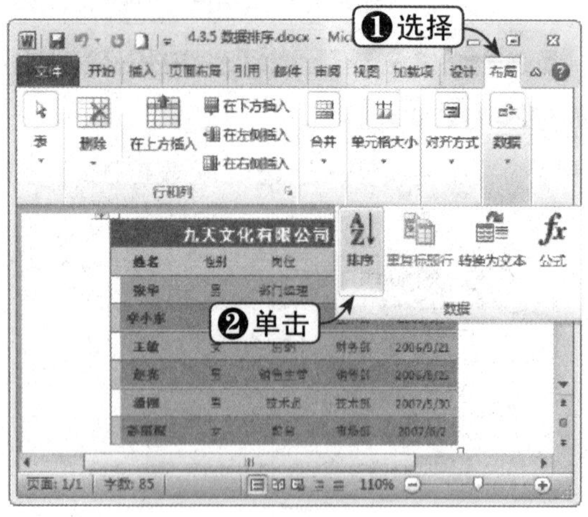

Step 03 设置排序参数

弹出“排序”对话框，分别指定主要关键字和次要关键字所在列，然后设置其他参数。设置完毕后，单击“确定”按钮，如下图所示。

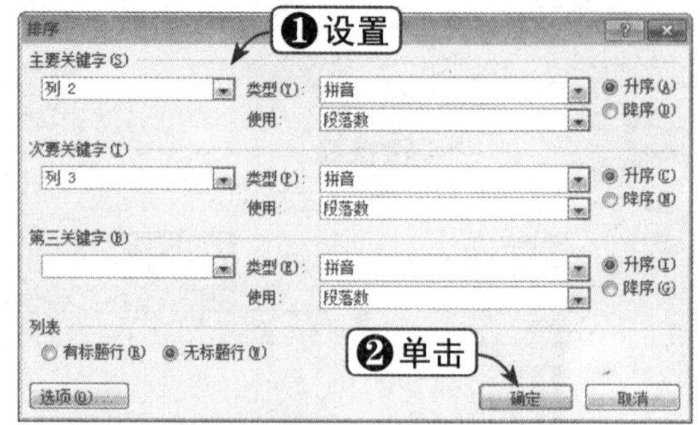

Step 04 数据排序效果

查看进行数据排序后的表格效果，如下图所示。

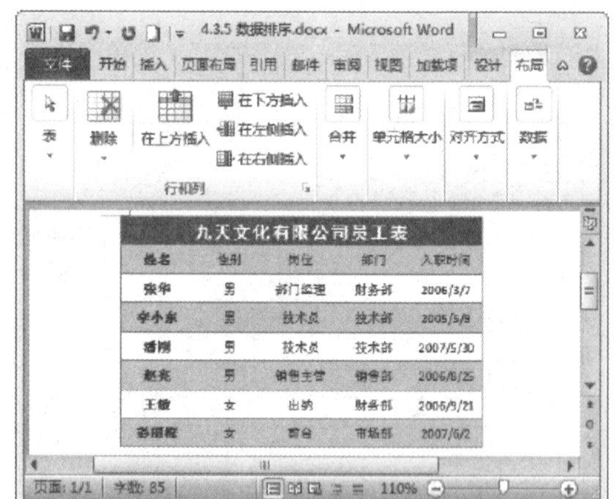

4.4 添加文本框与封面

下面将介绍如何在文档中添加文本框与封面，并在文本框与封面的适当位置输入所需的文字。

4.4.1 添加文本框

用户可以添加程序预设的文本框，也可以手动绘制指定大小的文本框。下面将通过实例讲解如何添加文本框，具体操作方法如下：

Step 01 选择文本框样式

选择“插入”选项卡，在“文本”组中单击“文本框”下拉按钮，在弹出的下拉列表中选择文本框样式，如选择“简单文本框”选项，如下图所示。

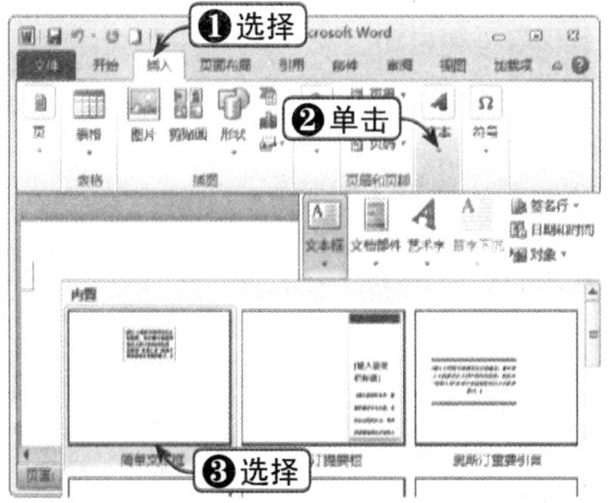

Step 02 插入文本框

这时，即可将文本框插入到文档指定位置，并可通过拖动文本框周围的控制点调整它的大小，如下图所示。

Step 03 选择主题样式

选择“格式”选项卡，在“形状样式”组中打开主题样式列表框，在其中选择所需的主题样式，如下图所示。

Step 04 应用主题样式

这时，文本框将会应用所选的主题样式，如下图所示。

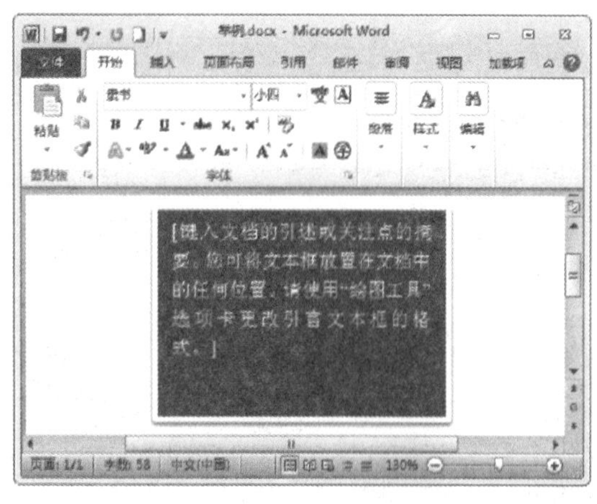

Step 05 选择“绘制文本框”选项

选择“插入”选项卡，在“文本”组中单击“文本框”下拉按钮，在弹出的下拉列表中选择“绘制文本框”选项，如下图所示。

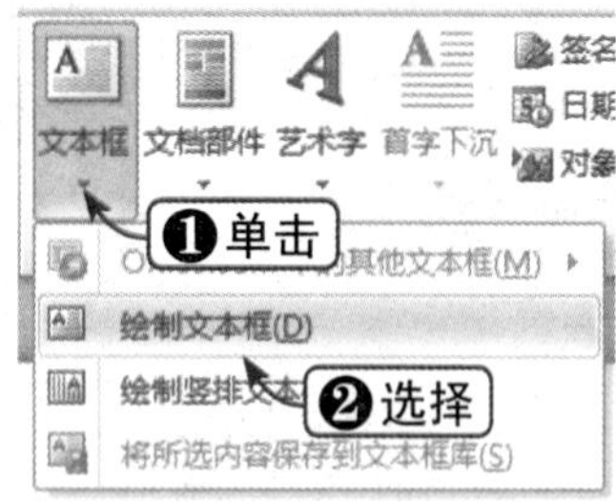

Step 06 绘制文本框

这时，鼠标指针将变为十字形状。按住鼠标左键并进行拖动，可以手动绘制指定大小的文本框，如下图所示。

4.4.2 添加封面

用户可以添加程序预设的各种类型封面，并输入所需的文字。下面将通过实例对其进行讲解，具体操作方法如下：

Step 01 选择封面样式

选择"插入"选项卡，在"页"组中单击"封面"下拉按钮，在弹出的下拉列表中选择所需的封面样式，如下图所示。

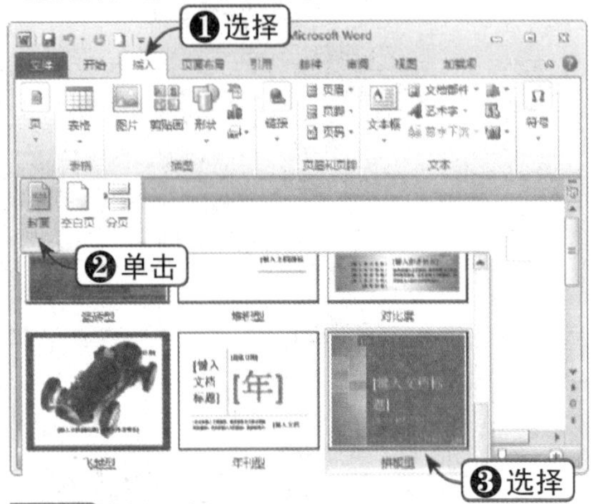

Step 02 插入封面

这时，即可将封面插入到文档的指定位置，如下图所示。

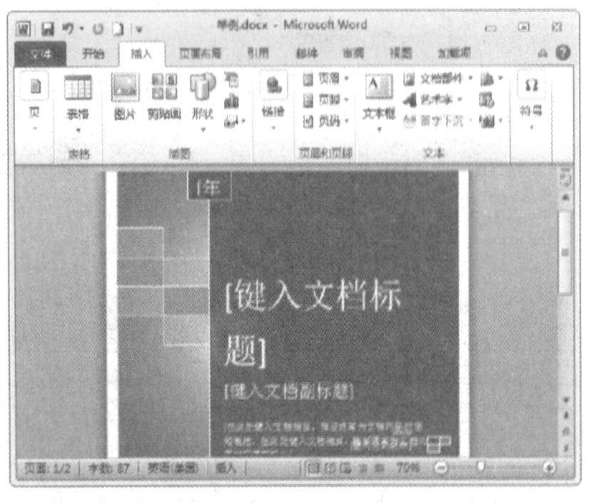

Step 03 设置日期

移动鼠标指针到年份所在的文本框，当出现下拉按钮时单击该按钮，在弹出的下拉列表中设置日期，如下图所示。

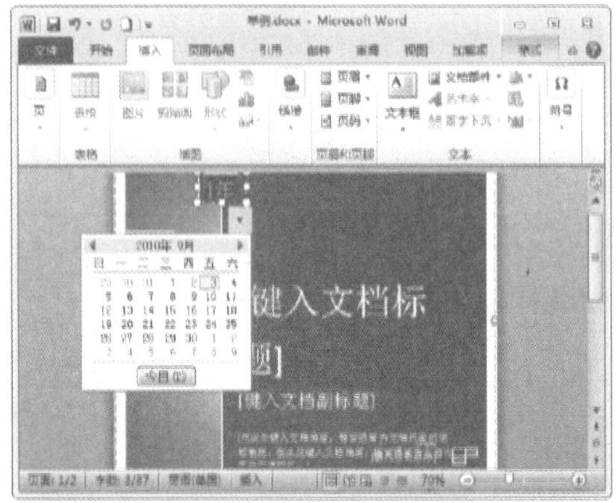

Step 04 输入文本

在封面的文本框中输入所需的文本，并调整字号大小即可，如下图所示。

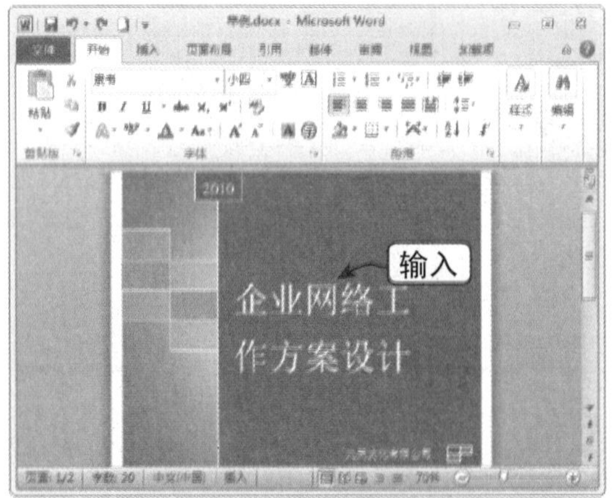

4.5 实战演练——绘制公司组织结构图

下面将以公司组织结构图的制作流程为例，巩固之前所学的 SmartArt 图片添加与

编辑的相关知识，最终效果如下图所示。

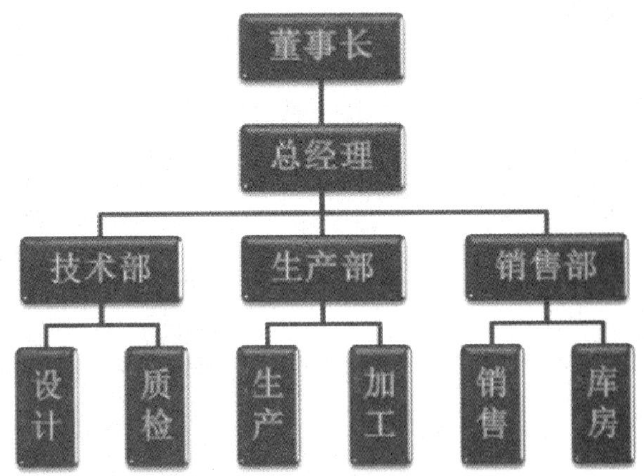

绘制公司组织结构图的具体操作方法如下：

Step 01 单击 SmartArt 按钮

新建空白文档，选择“插入”选项卡，在“插图”组中单击 SmartArt 按钮，如下图所示。

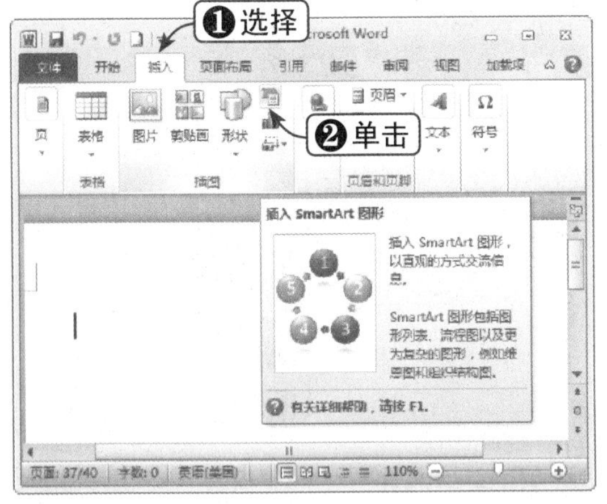

Step 02 选择 SmartArt 图形

弹出“选择 SmartArt 图形”对话框，在左窗格中选择“层级结构”选项，然后选择所需的 SmartArt 样式，最后单击“确定”按钮，如下图所示。

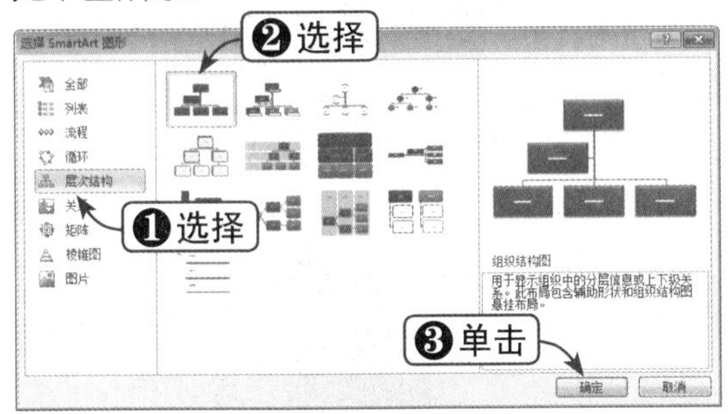

Step 03 插入 SmartArt 图形

这时，即可在文档中插入 SmartArt 图形，如下图所示。

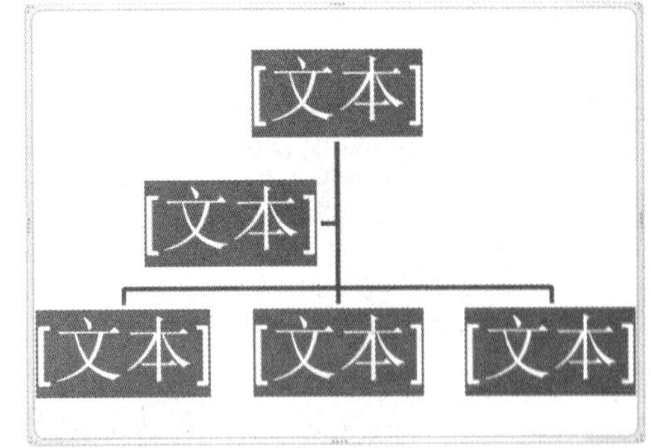

Step 04 选择样式

打开“SmartArt 样式”组中的列表框，选择所需的样式，如下图所示。

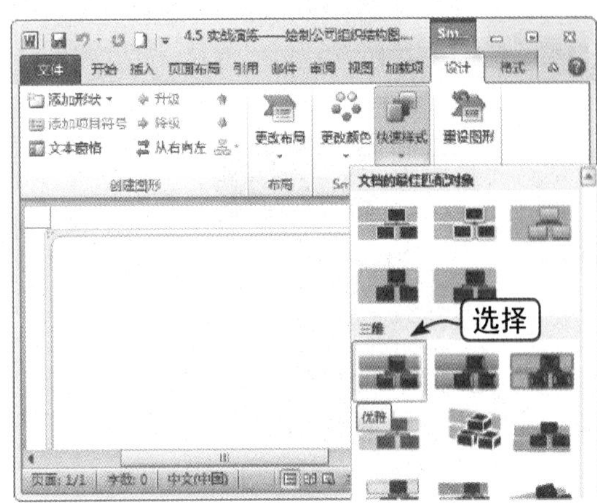

Step 05 选择颜色

在“SmartArt 样式”组中单击“更改颜色”下拉按钮，在弹出的下拉列表中选择所需的颜色，如下图所示。

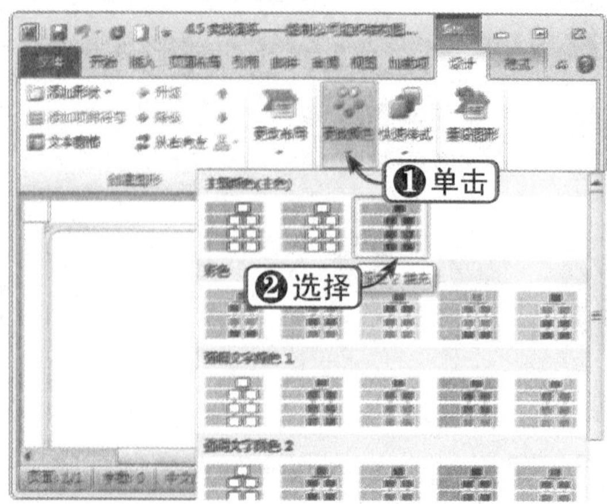

Step 06 查看 SmartArt 图形效果

查看更改颜色与样式后的 SmartArt 图形效果，如下图所示。

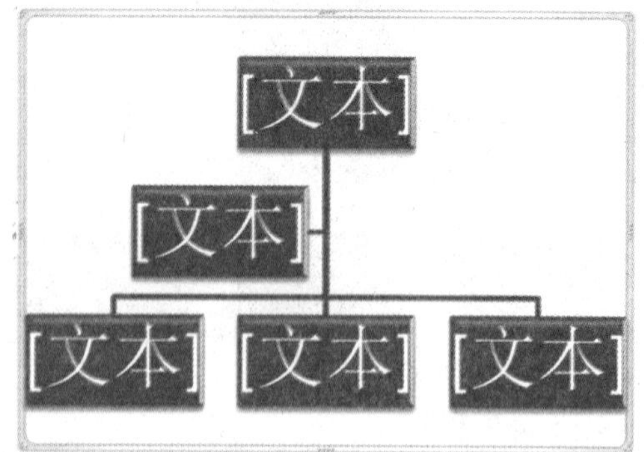

Step 07 定位光标

定位光标到 SmartArt 图形的第一个矩形框中，如下图所示。

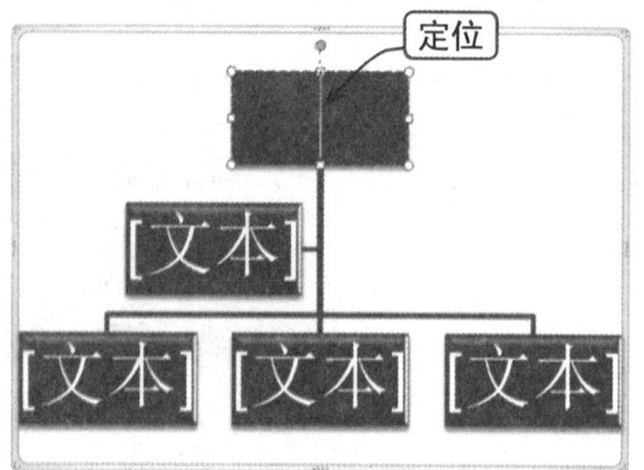

Step 08 选择“在上方添加形状”选项

在“创建图形”组中单击“添加形状”下拉按钮，在弹出的下拉列表中选择“在上方添加形状”选项，如下图所示。

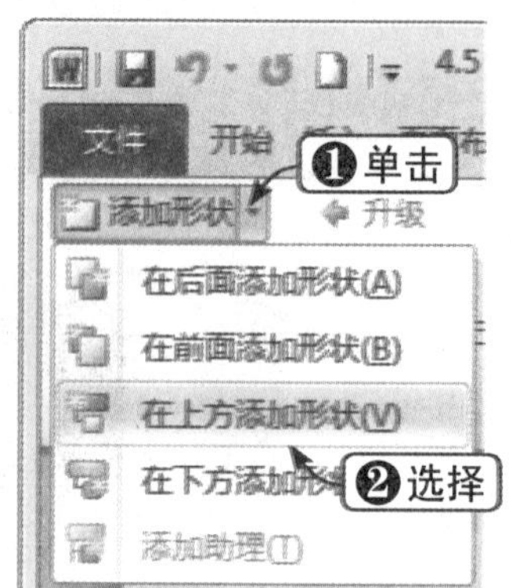

Step 09 添加形状

这时，将会在顶部添加一个形状，之后图形布局有可能发生变化，如下图所示。

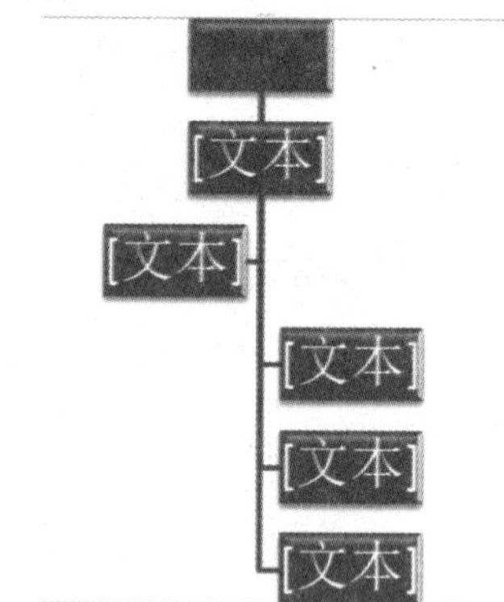

Step 10 删除形状

选择第三个形状图形，按【Backspace】键将其删除，如下图所示。

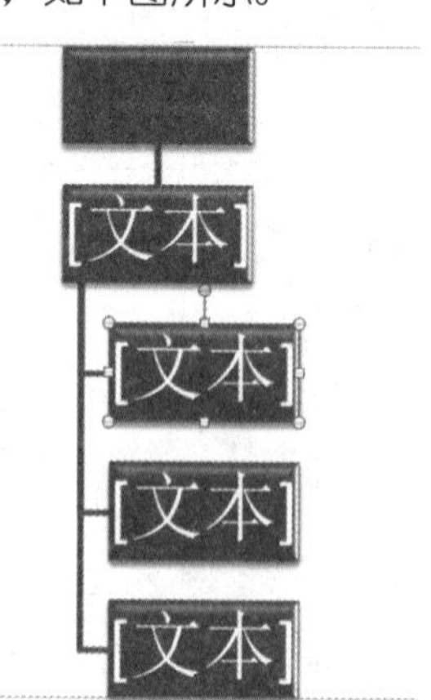

Step 11 选择布局

在“设计”选项卡下的“布局”组中打开列表框，选择需要的布局，如下图所示。

Step 12 查看 SmartArt 图形效果

查看调整布局后的 SmartArt 图形效果，如下图所示。

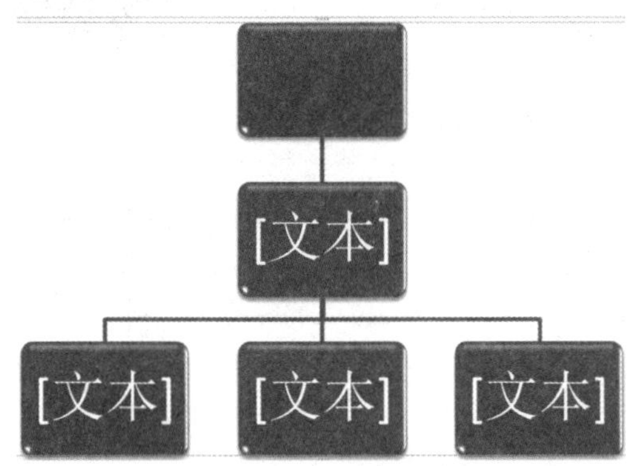

Step 13 选择“其他布局选项”选项

选择所有形状，右击所选区域，在弹出的快捷菜单中选择“其他布局选项”选项，如下图所示。

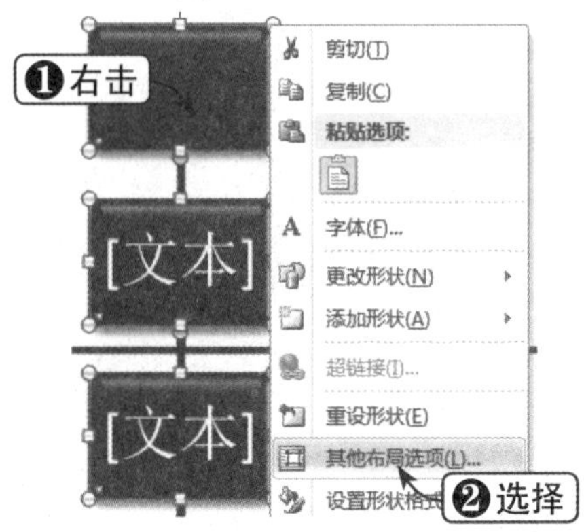

Step 14 修改高度

弹出“布局”对话框，选择“大小”选项卡，在“缩放”选项区中将“高度”设置为60%，单击“确定”按钮，如下图所示。

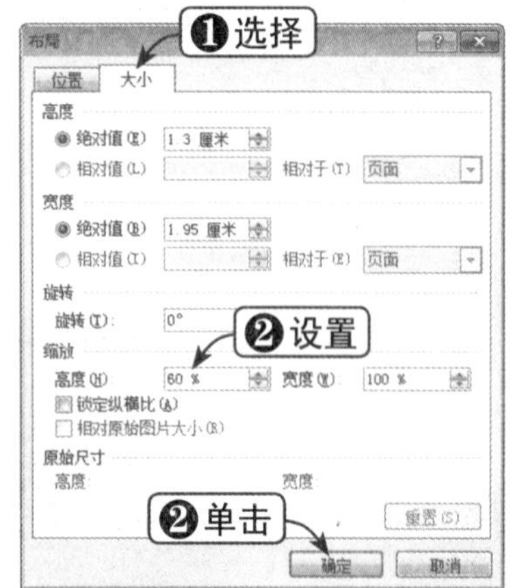

Step 15 添加其他形状

采用同样的方法添加其他形状，并对其长宽进行修改，如下图所示。

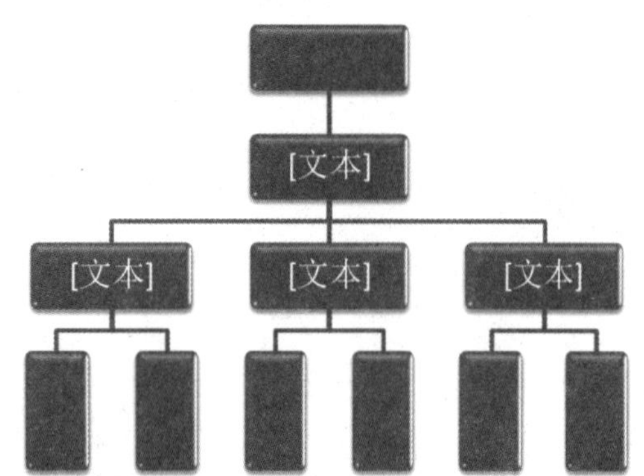

Step 16 输入文本并调整字号

分别在形状中输入所需的文本，并调整字号大小，如下图所示。

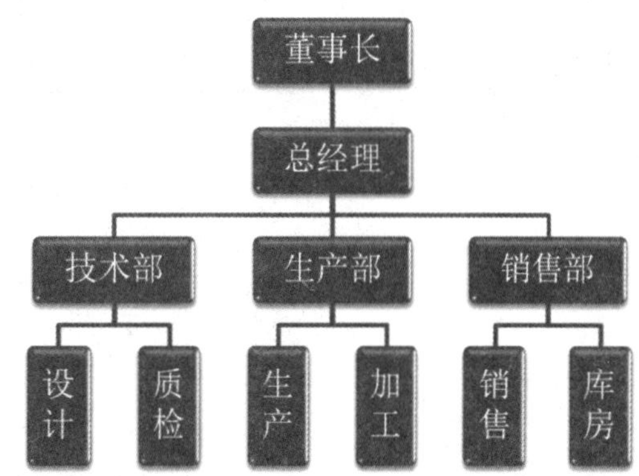

Step 17 选择艺术字样式

在“格式”选项卡下的“艺术字样式”组中打开其列表框，选择艺术字样式，如下图所示。

Step 18 查看 SmartArt 图形效果

查看应用艺术字样式后的 SmartArt 图形效果，如下图所示。

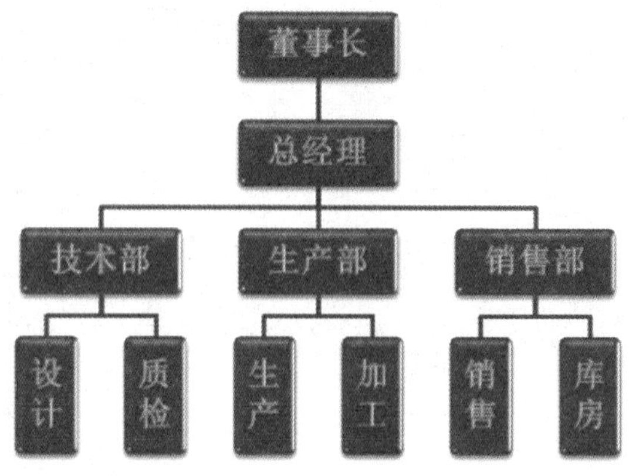

● 读书笔记

第5章 Word 2010页面布局

本章将对Word 2010的页面布局相关操作进行讲解，其中包括页面设置、页面和页脚的添加与编辑、添加页面背景等知识。本章知识在实际工作中经常使用，所以读者应该熟练掌握。

本章学习重点

1. 页面设置
2. 添加页眉与页脚
3. 添加页面背景
4. 实战演练——调整文档页面布局

重点实例展示

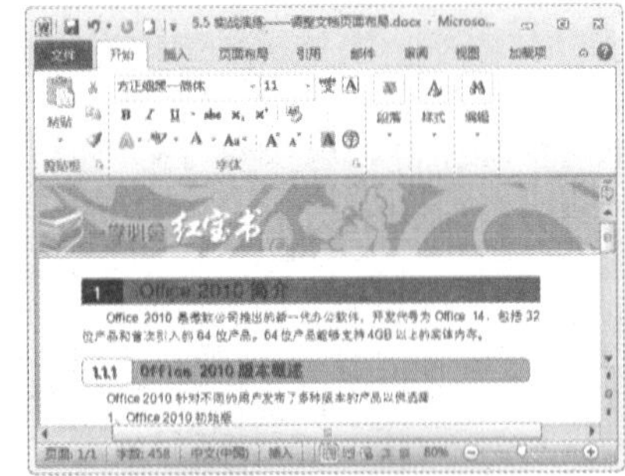

调整页面文档布局

本章视频链接

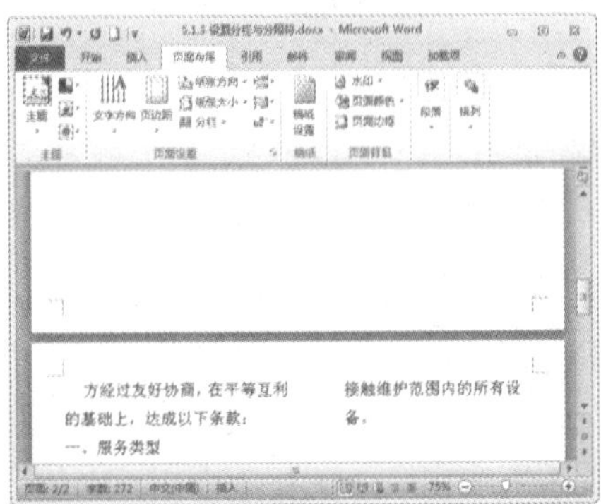

页面设置

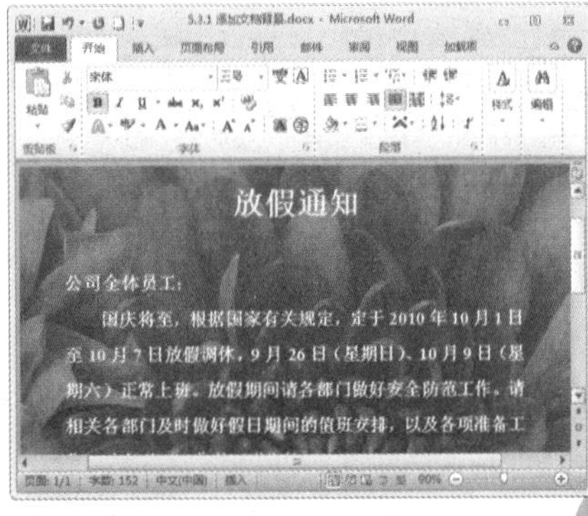

填充背景

5.1 页面设置

页面设置包括对页边距、分栏、纸张信息等内容的设置。设置页面可以使文档变得整齐规范，使文字变得紧凑并符合打印要求。

5.1.1 设置页边距

用户可以使用预设页边距，也可以自定义页边距。下面将通过实例对其进行讲解，具体操作方法如下：

	素材文件	光盘：素材文件\第5章\5.1.1 设置页边距.docx

Step 01 打开素材文件

打开“素材文件\第5章\5.1.1 设置页边距.docx”，选择“页面布局”选项卡，如下图所示。

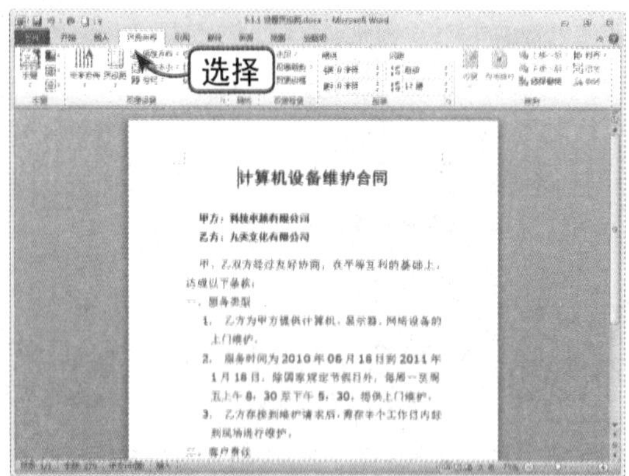

Step 02 选择预设页边距

在“页面设置”组中单击“页边距”下拉按钮，在弹出的下拉列表中选择预设页边距，如下图所示。

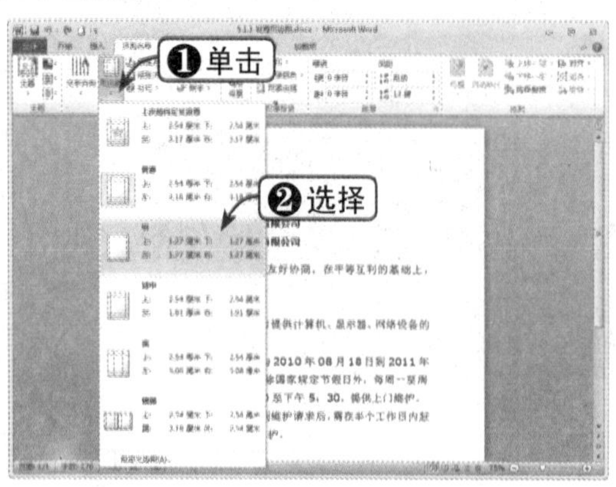

Step 03 查看页面效果

此时，即可查看修改页边距后的页面效果，如下图所示。

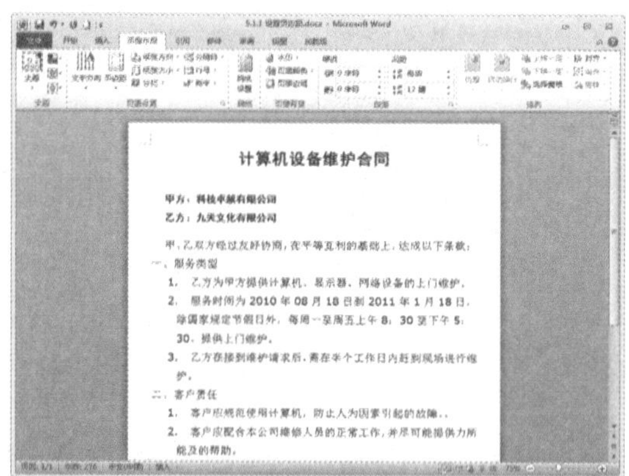

Step 04 选择“自定义边距”选项

在“页面设置”组中单击“页边距”下拉按钮，在弹出的下拉列表中选择“自定义边距”选项，如下图所示。

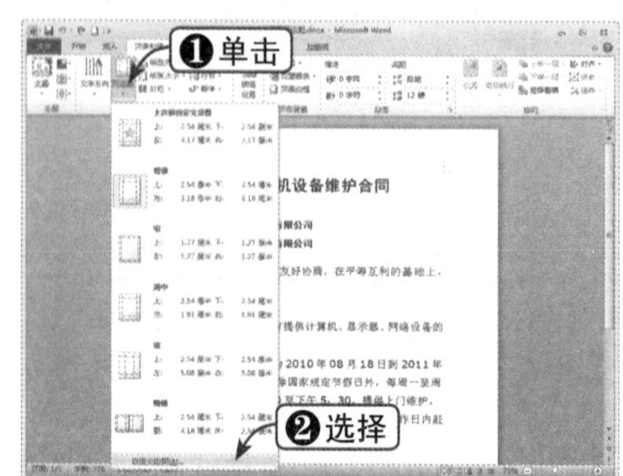

Step 05 自定义页边距

弹出“页面设置”对话框，即可自定义页边距大小，如右图所示。

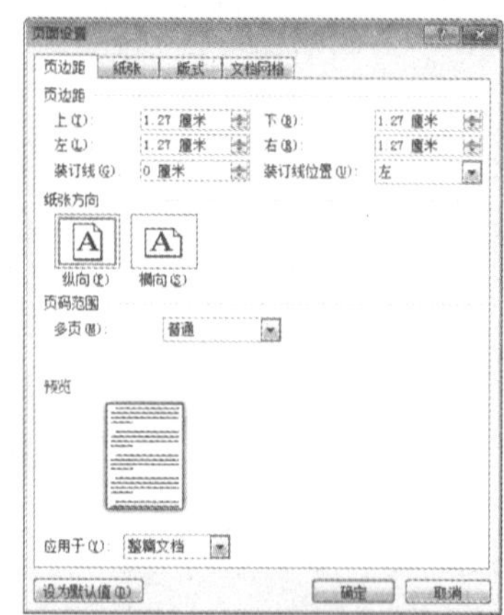

用户还可以通过标尺改变页边距，但使用标尺设置页边距无法做到精确。

5.1.2 设置纸张

用户可以设置纸张的方向与大小，下面将通过实例对其进行讲解，具体操作方法如下：

	素材文件	光盘：素材文件\第5章\5.1.2 设置纸张.docx

Step 01 打开素材文件

打开“素材文件\第 5 章\5.1.2 设置纸张.docx”，选择“页面布局”选项卡，如下图所示。

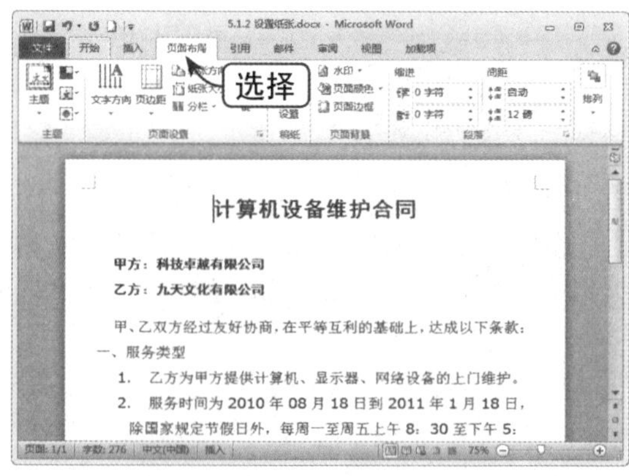

Step 02 选择“横向”选项

在“页面设置”组中单击“纸张方向”下拉按钮，在弹出的下拉列表中选择“横向”选项，如下图所示。

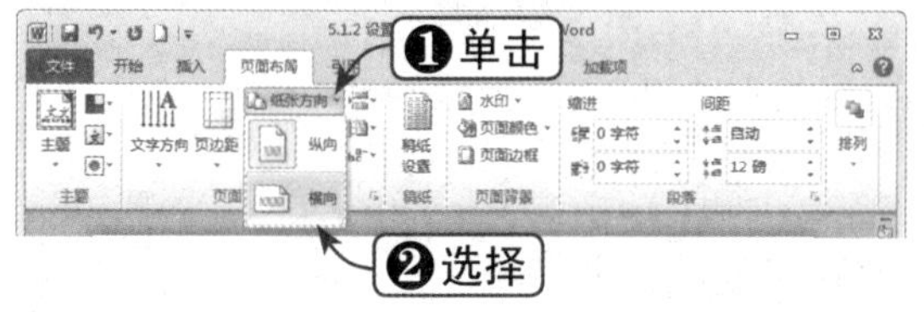

Step 03 查看页面效果

这时，页面将变为横向显示，如下图所示。

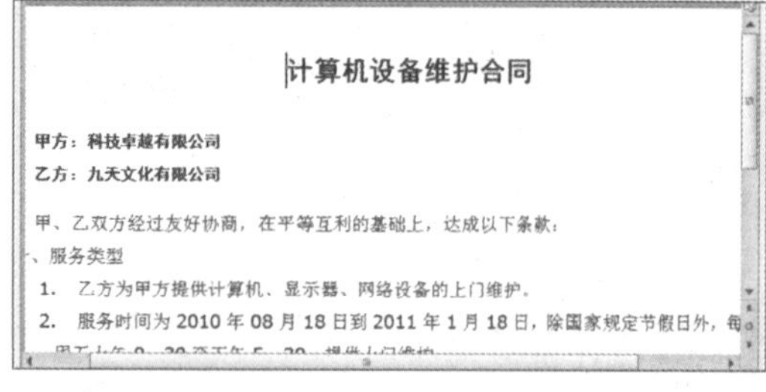

Step 04 设置纸张大小

在“页面设置”组中单击“纸张大小”下拉按钮，在弹出的下拉列表中可以设置纸张大小，如下图所示。

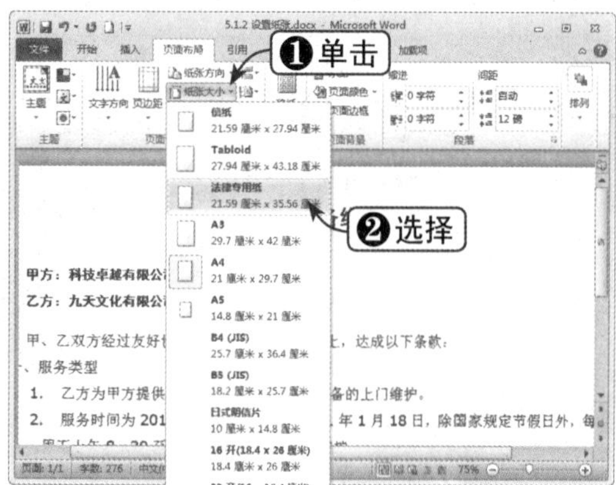

Step 05 单击“页面设置”按钮

单击“页面设置”组右下角的“页面设置”按钮，如下图所示。

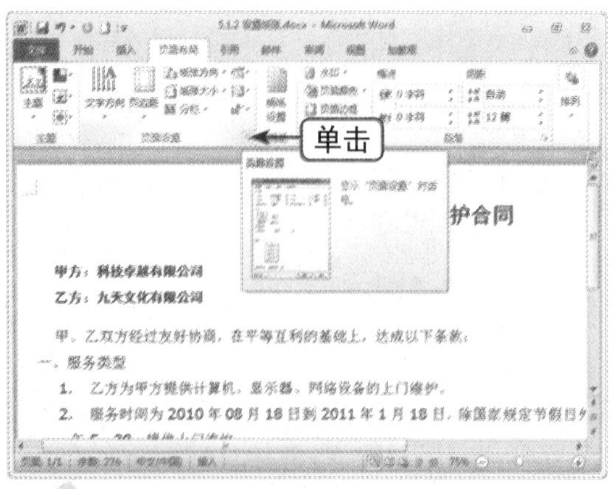

Step 06 自定义纸张

弹出“页面设置”对话框，在“纸张”选项卡中可以自定义纸张各项参数，单击“确定”按钮，如下图所示。

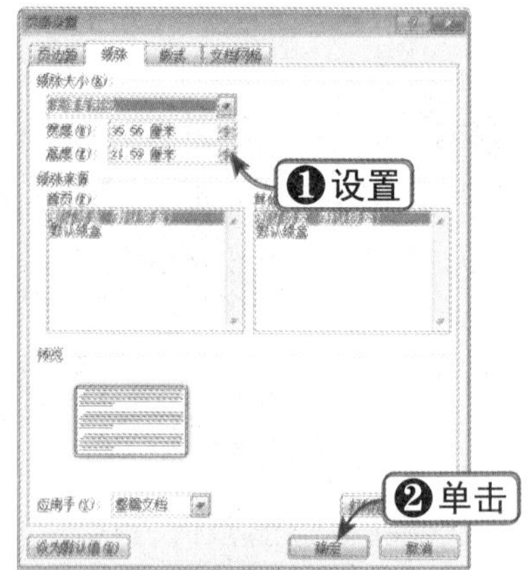

知识点拨

通过“页面设置”对话框的“文档网格”选项卡同样可以设置文字排列方向。

5.1.3 设置分栏与分隔符

用户可以通过设置分栏将一个页面设置为多个竖栏，也可以通过添加分隔符设置分栏、分页、换行以及分节。下面将通过实例对其进行讲解，具体操作方法如下：

	素材文件	光盘：素材文件\第5章\5.1.3 设置分栏与隔符.docx

Step 01 打开素材文件

打开“素材文件\第 5 章\5.1.3 设置分栏与分隔符.docx”，选择“页面布局”选项卡，如下图所示。

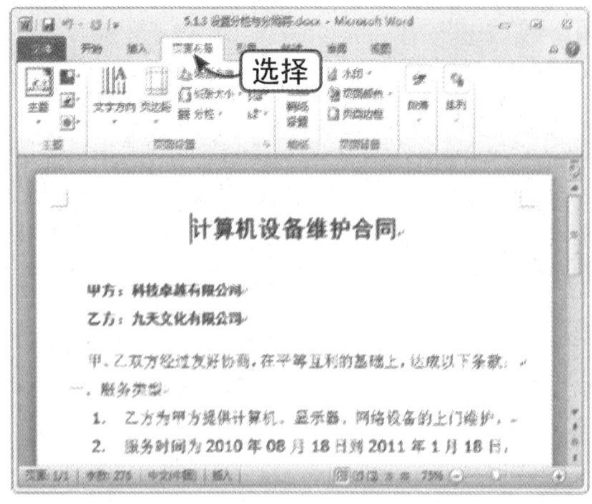

Step 02 选择“两栏”选项

单击“页面设置”组中的“分栏”下拉按钮，在弹出的下拉列表中选择分栏数，如选择“两栏”选项，如下图所示。

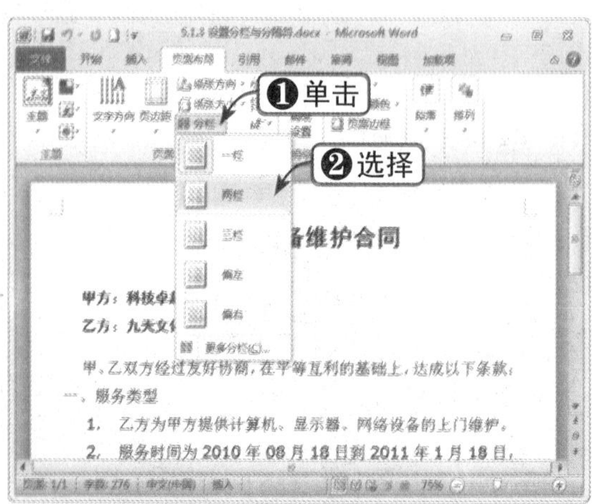

Step 03 查看分栏效果

这时，即可将文档中的页面分成两个竖栏，效果如下图所示。

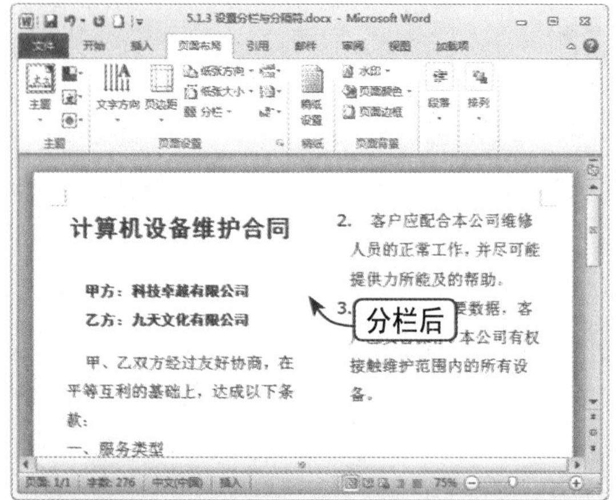

Step 04 定位光标

定位光标到需要分页的文本前，如下图所示。

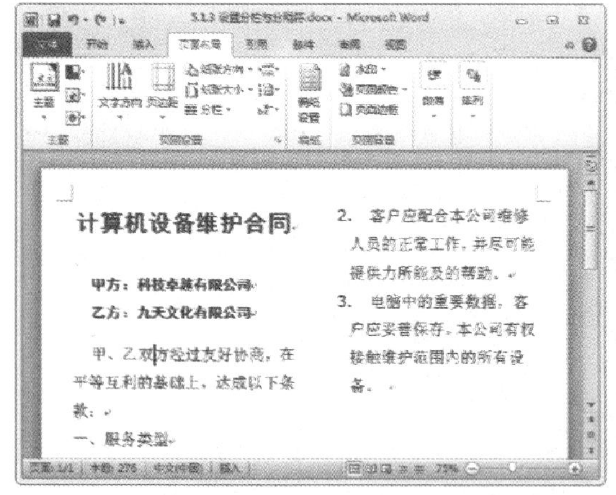

Step 05 选择“分页符”选项

单击“页面设置”组中的“分隔符”下拉按钮，在弹出的下拉列表中选择“分页符”选项，如下图所示。

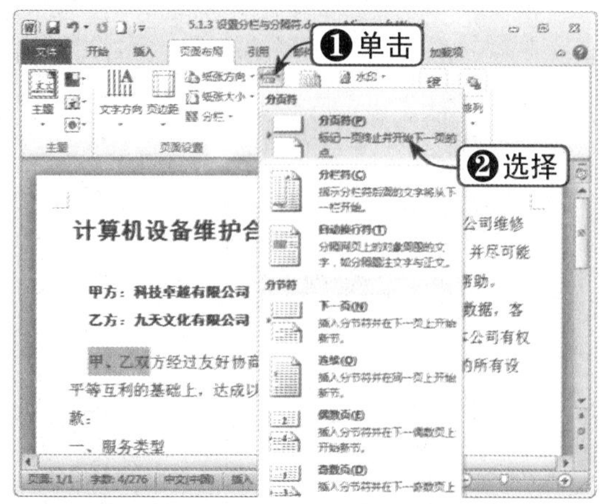

Step 06 查看设置效果

这时，定位光标下方的文本将被分到下一页，如下图所示。

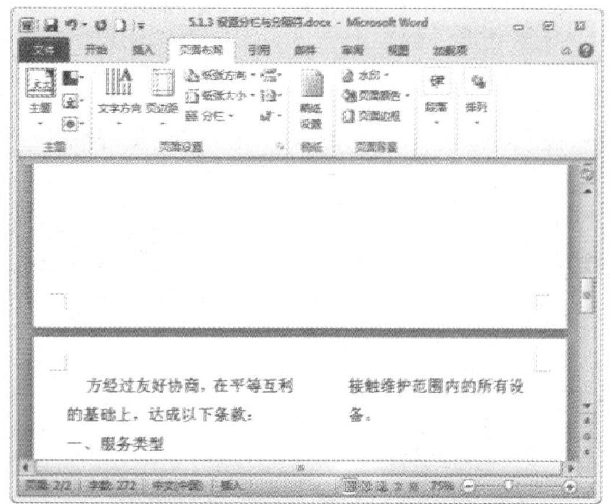

5.2 添加页眉与页脚

页眉位于页面顶端，用于显示页面中的主要内容。页脚位于页面底端，用于显示页码等。下面将讲解如何添加页眉与页脚，并对其进行编辑。

5.2.1 插入页眉与页脚

用户可以插入多种预设样式的页眉和页脚。下面将通过实例对其进行讲解，具体操作方法如下：

	素材文件	光盘：素材文件\第5章\5.2.1 插入页眉与页脚.docx

Step 01 选择页眉样式

打开“素材文件\第5章\5.2.1 插入页眉与页脚.docx”。选择“插入”选项卡，在“页眉和页脚”组中单击“页眉”下拉按钮，在弹出的列表框中可以选择多种预设样式，如选择“朴素型（偶数页）”选项，如下图所示。

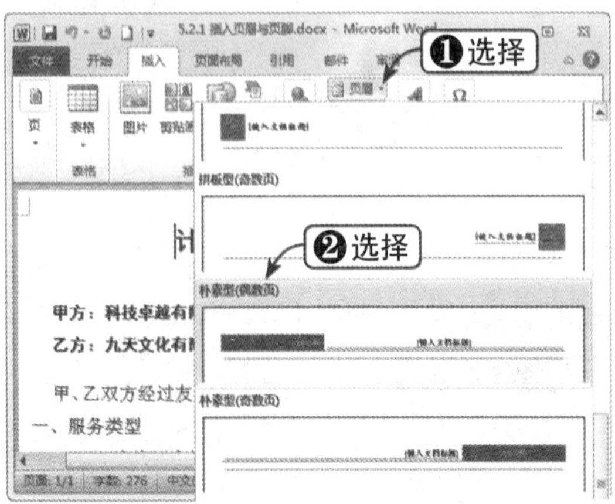

Step 02 设置日期

这时，即可在文档顶端插入所选样式的页眉。在页眉上单击“日期”下拉按钮，在弹出的下拉列表中设置日期，如下图所示。

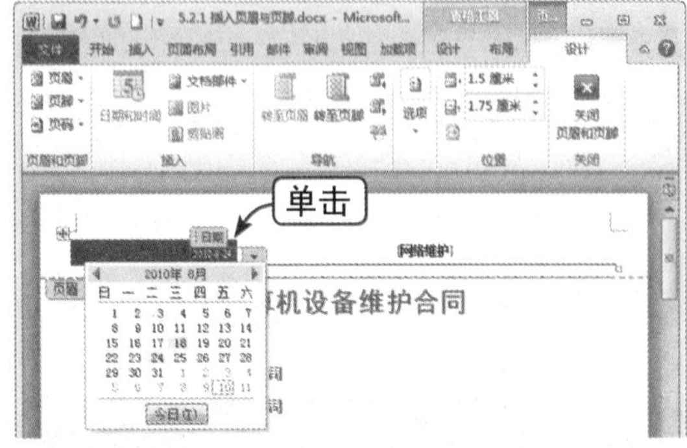

Step 03 输入页眉文本

在页面上的文本框中输入所需页眉文本，如下图所示。

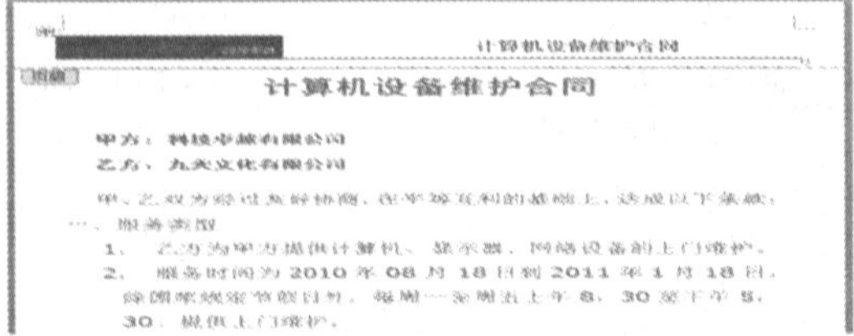

Step 04 选择页脚样式

在“页眉和页脚”组中单击“页脚”下拉按钮，在弹出的列表框中选择“反差型（偶数页）”选项，如下图所示。

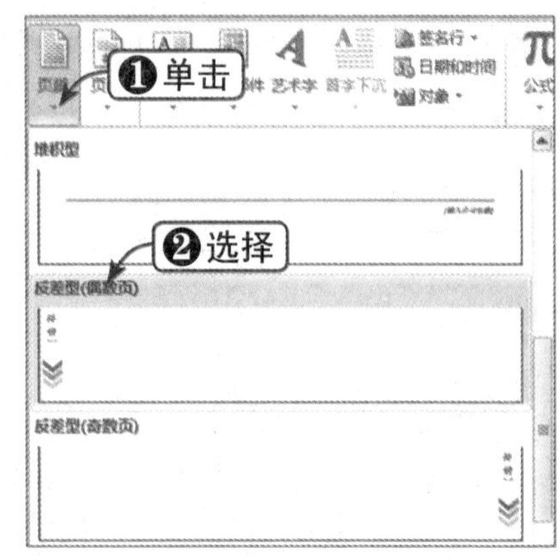

Step 05 插入页脚

这时，即可在页面底部插入页脚，效果如下图所示。

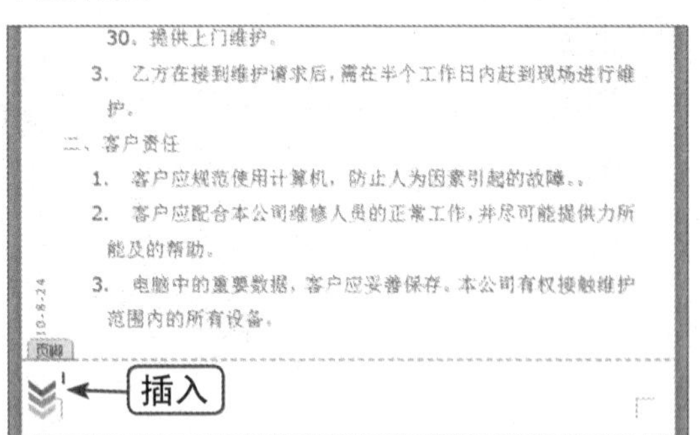

Step 06 删除页脚

如果希望删除页脚，则单击“页脚”下拉按钮，在弹出的下拉列表中选择“删除页脚”选项即可，如下图所示。

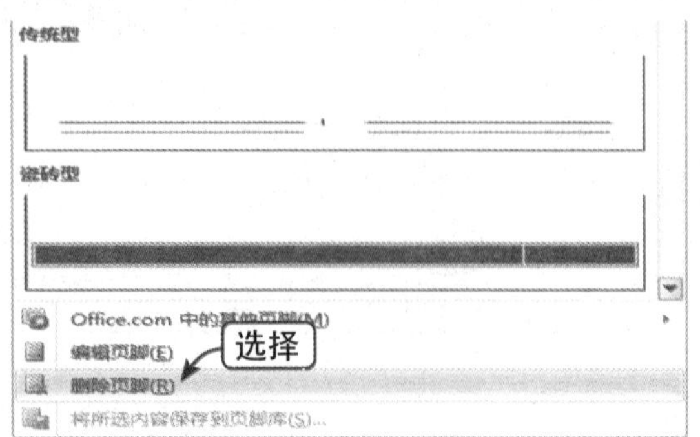

5.2.2 编辑页眉与页脚

创建页眉和页脚后，可以替换页眉的图片，还可以为页脚添加页码。下面将通过实例对其进行讲解，具体操作方法如下：

	素材文件	光盘：素材文件\第5章\5.2.22 编辑页眉与页脚.docx

Step 01 单击“图片”按钮

打开“素材文件\第5章\5.2.2 编辑页眉与页脚.docx”，双击开启页眉编辑状态。选择“设计”选项卡，单击“插入”组中的“图片”按钮，如下图所示。

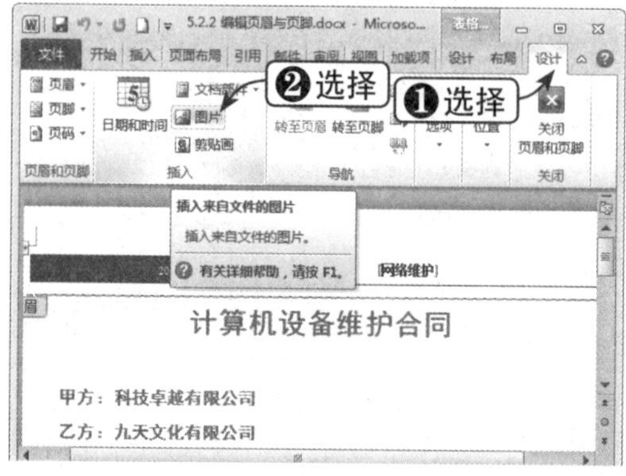

Step 02 插入图片

弹出“插入图片”对话框，从磁盘中选择要插入的图片，单击“插入”按钮，如下图所示。

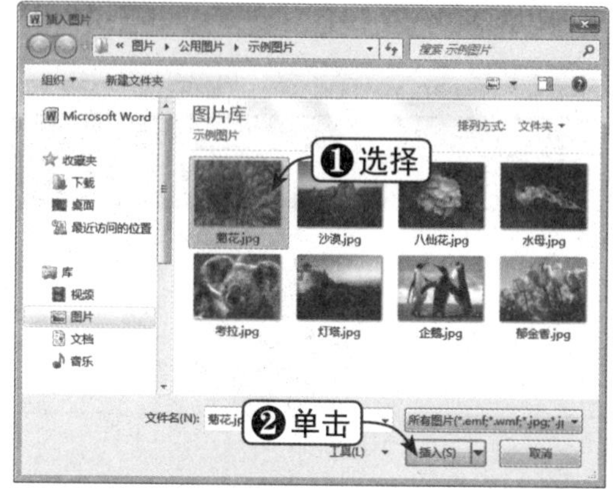

Step 03 选择换行方式

选择“格式”选项卡，在“排列”组中单击“自动换行”下拉按钮，在弹出的下拉列表中选择换行方式，如选择“衬于文字下方”选项，如下图所示。

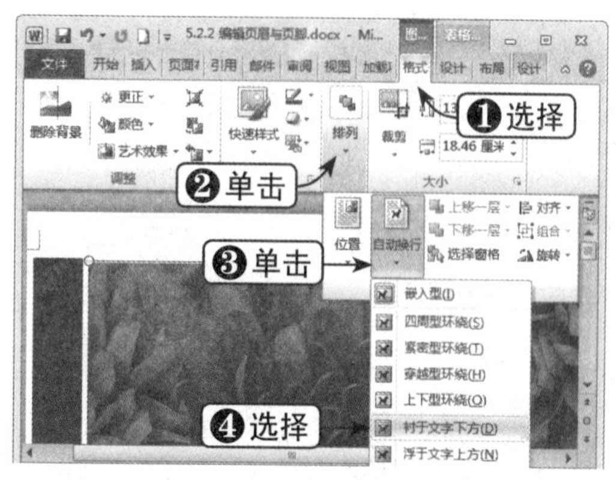

Step 04 调整图片大小

调整图片的长宽，并将其移动到合适的位置，如下图所示。

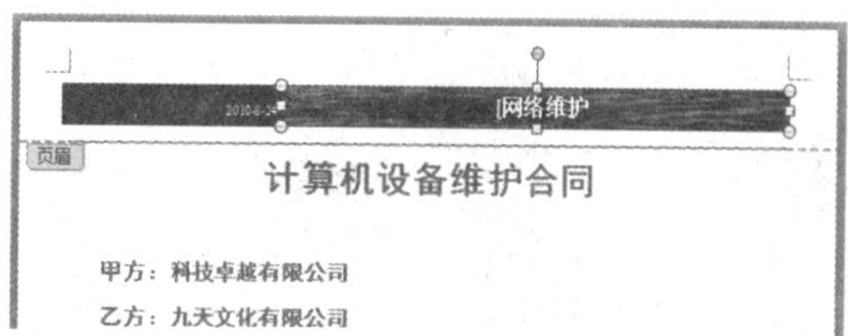

Step 05 选择页码样式

选择“插入”选项卡，在“页眉和页脚”组中单击“页码”下拉按钮，在弹出的下拉列表中选择“页面底端”选项。选择页码样式，如选择“圆角矩形 1”选项，如下图所示。

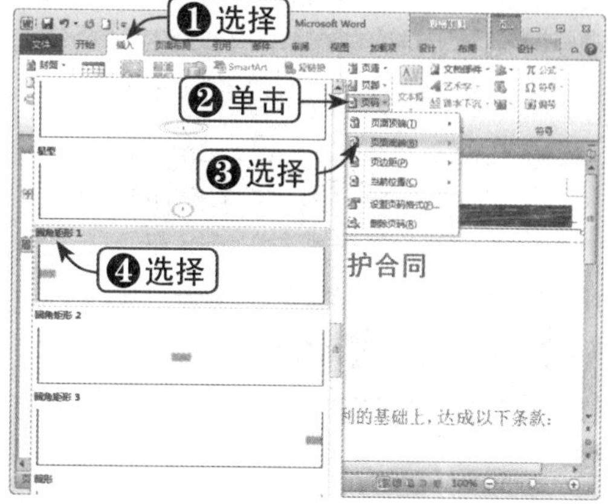

Step 06 调整页码大小和位置

这时，在页面底端将插入页码。更改页码文本，然后通过页码周围的控制点调整页码大小和位置，如下图所示。

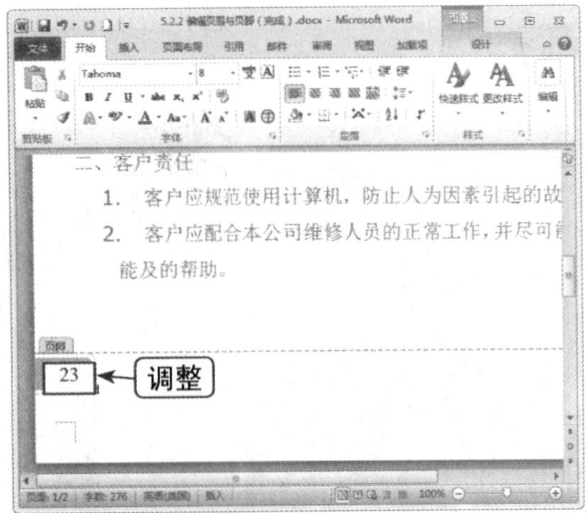

Step 07 选择主题样式

选择“格式”选项卡，在“形状样式”组中展开样式列表框，选择所需的主题样式，如下图所示。

知识点拨

当页眉页脚处于可编辑状态时，将无法对文档正文进行编辑。

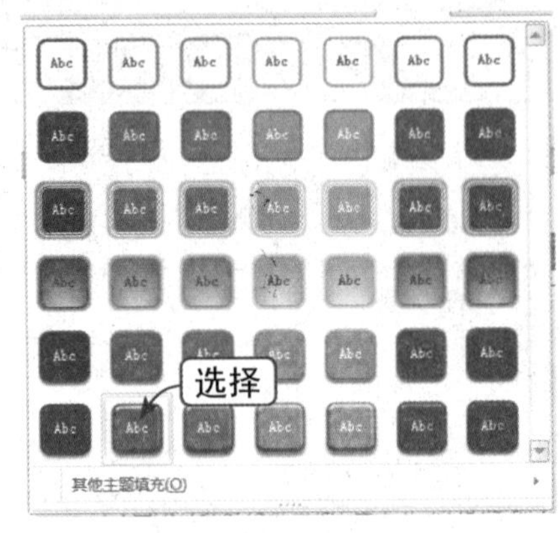

Step 08 查看页码效果

查看更改形状样式后的页码效果，如下图所示。

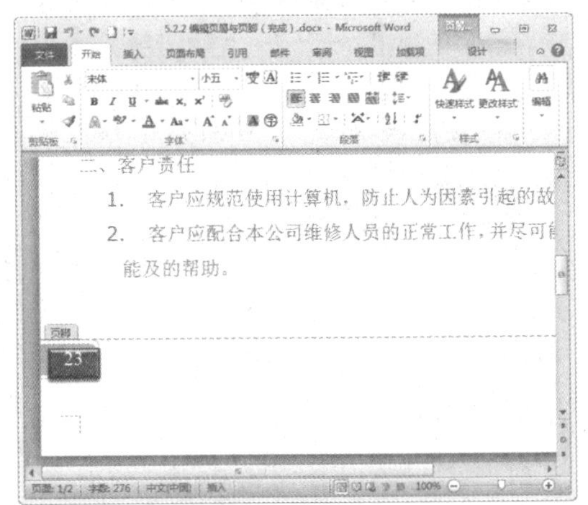

5.3 添加页面背景

用户可以使用颜色和图案填充文档背景或边框。对于一些重要文档，可以为其添加水印，以防止文章被他人以个人名义盗用。

5.3.1 添加文档背景

用户可以通过颜色、图案、纹理和图片等对文档背景进行填充，下面将通过实例对其进行讲解，具体操作方法如下：

	素材文件	光盘：素材文件\第5章\5.3.1 添加文档背景.docx

Step 01 打开素材文件

打开“素材文件\第5章\5.3.1 添加文档背景.docx”，选择“页面布局”选项卡，如下图所示。

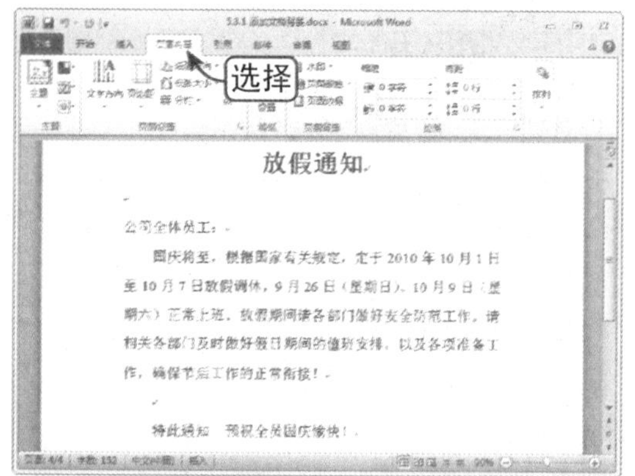

Step 02 选择页面颜色

在“页面背景”组中单击“页面颜色”下拉按钮，选择所需的颜色，如下图所示。

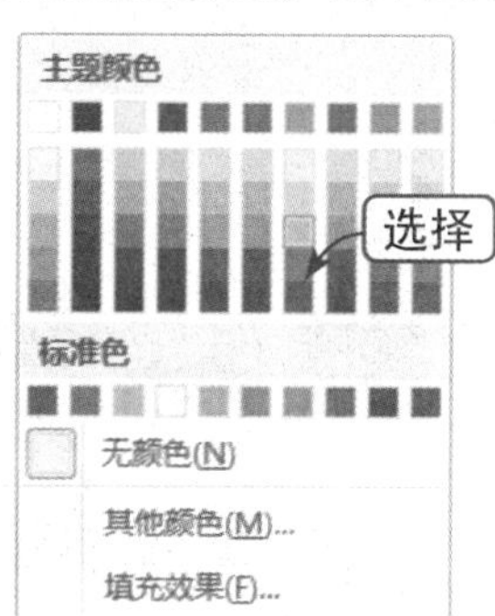

Step 03 查看文档效果

查看设置页面填充颜色后的文档效果，如下图所示。

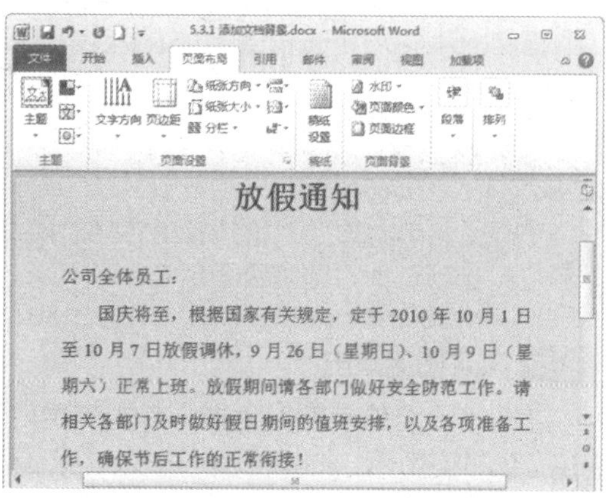

Step 04 自定义颜色

如果需要自定义页面颜色，则在“页面背景”组中单击“页面颜色”下拉按钮，在弹出的下拉列表中选择“其他颜色”选项，弹出“颜色”对话框，自定义颜色，单击“确定”按钮，如下图所示。

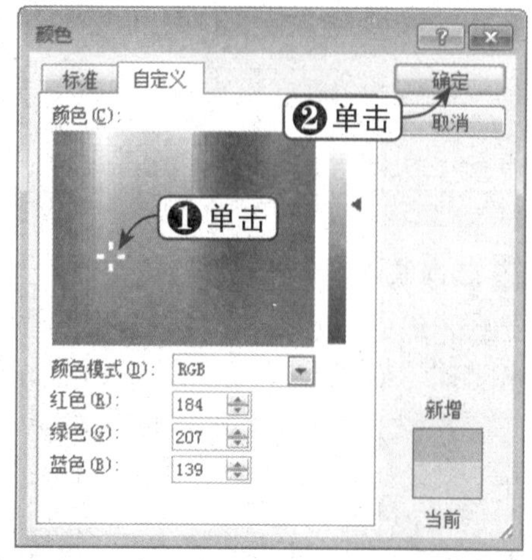

Step 05 选择预设渐变效果

如果在弹出的下拉列表中选择“填充效果”选项，将弹出“填充效果”对话框。在“渐变”选项卡中可以设置渐变颜色，如选择预设的渐变效果，单击“确定”按钮，如下图所示。

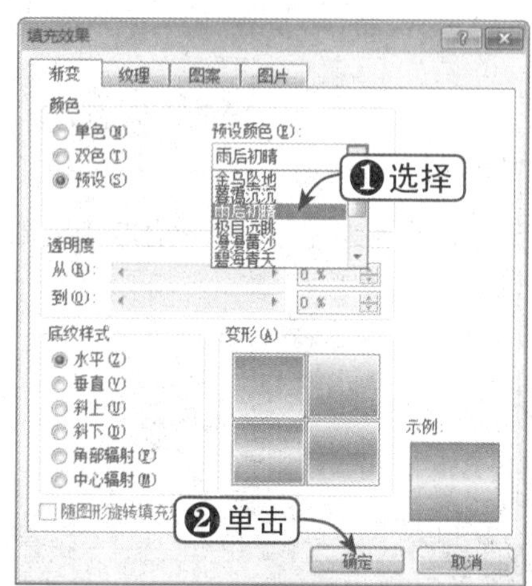

Step 06 查看渐变背景效果

查看文档背景中预设的渐变效果，如下图所示。

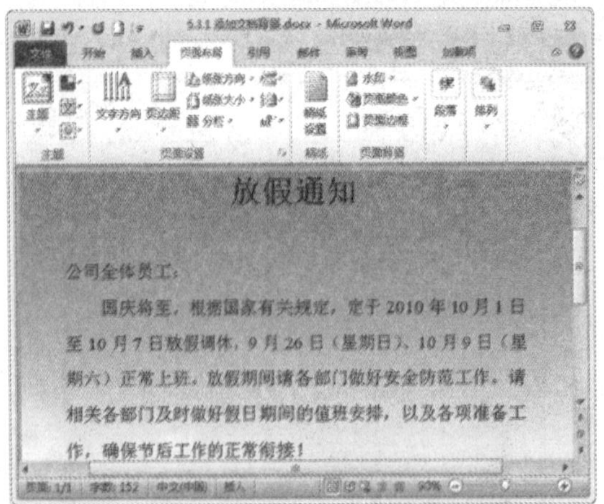

Step 07 选择纹理

选择“纹理”选项卡，可以选择不同的纹理，如选择“纸莎草纸”选项，如下图所示。

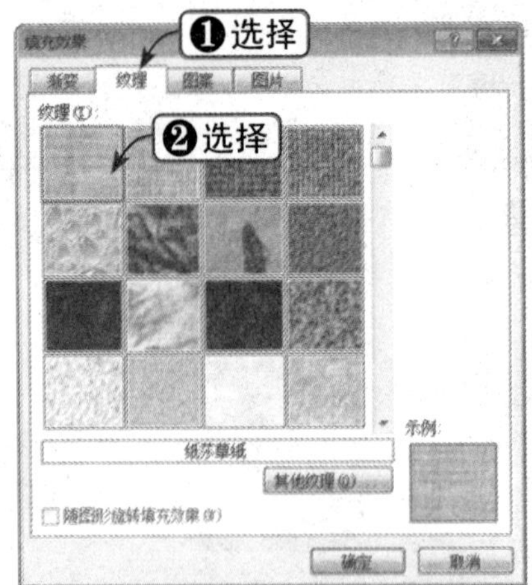

Step 08 查看文档效果

查看设置了纹理填充背景后的文档效果，如下图所示。

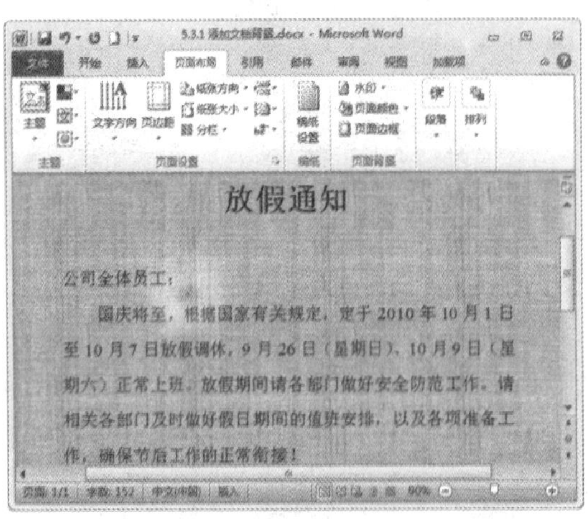

Step 09 单击“选择图片”按钮

选择“图片”选项卡，单击“选择图片”按钮，如下图所示。

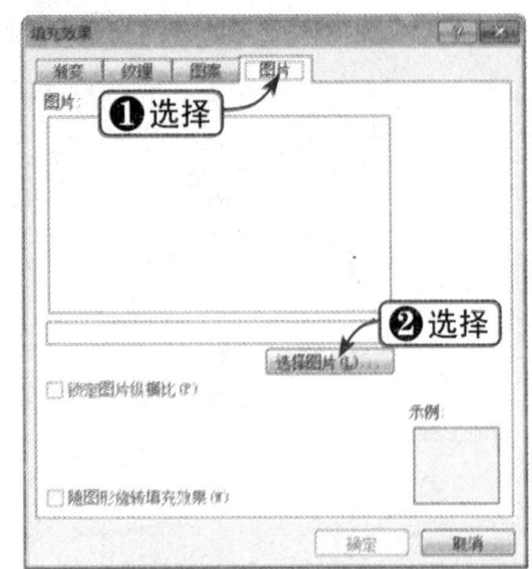

Step 10 选择图片

弹出“选择图片”对话框，从文件夹中选择所需的图片，然后单击“插入”按钮，如下图所示。

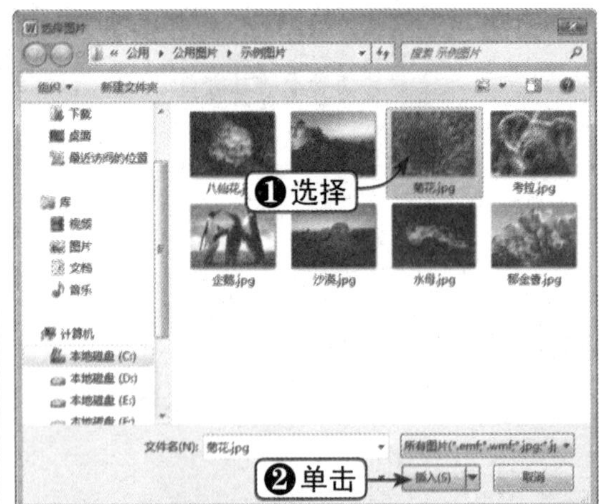

知识点拨

在“页面颜色”下拉列表中选择“无颜色”选项，即可删除页面颜色。

Step 11 确定图案填充

返回“填充效果”对话框，单击“确定”按钮，如下图所示。

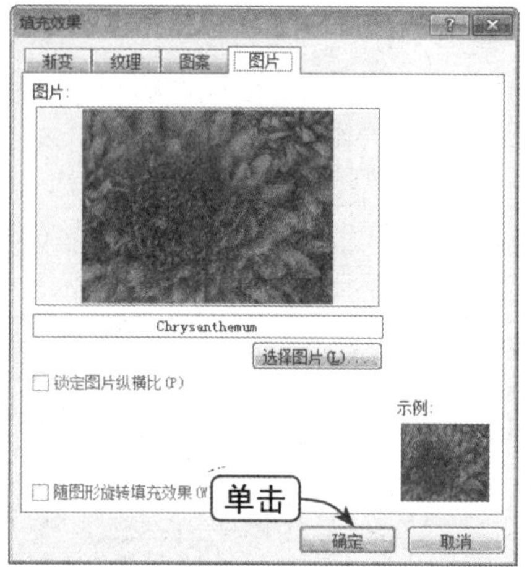

Step 12 查看页面效果

调整文字颜色，并适当调整字号的大小，查看添加图片背景后的页面效果，如下图所示。

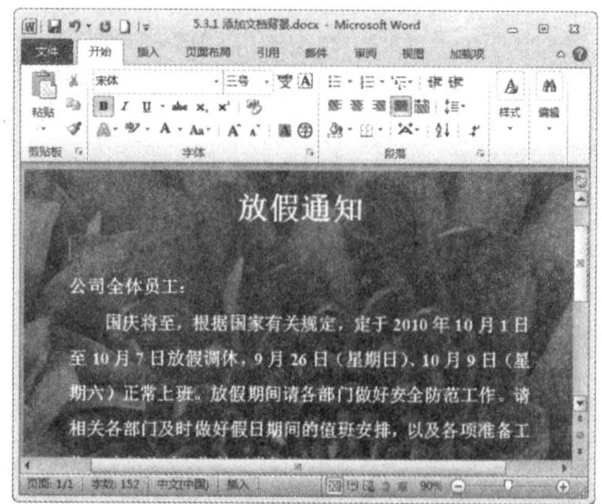

设置页面背景和边框，可以使页面看起来更加美观。

5.3.2 页面边框

用户可以为页面设置细线类边框，也可以设置艺术样式类边框。下面将通过实例讲解如何添加边框，具体操作方法如下：

	素材文件	光盘：素材文件\第5章\5.3.2 页面边框.docx

Step 01 单击“页面边框”按钮

打开“素材文件\第5章\5.3.2 页面边框.docx”。选择“页面布局”选项卡，在“页面背景”组中单击“页面边框”按钮，如下图所示。

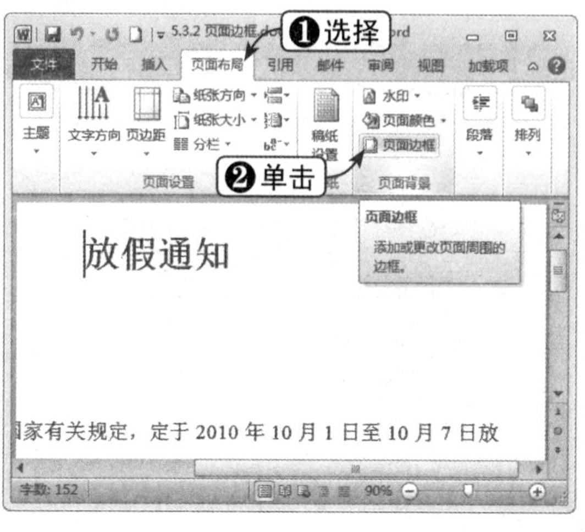

Step 02 设置边框样式

弹出“边框和底纹”对话框，选择“页面边框”选项卡，分别在“设置”选项区和“样式”选项区中设置边框样式，如下图所示。

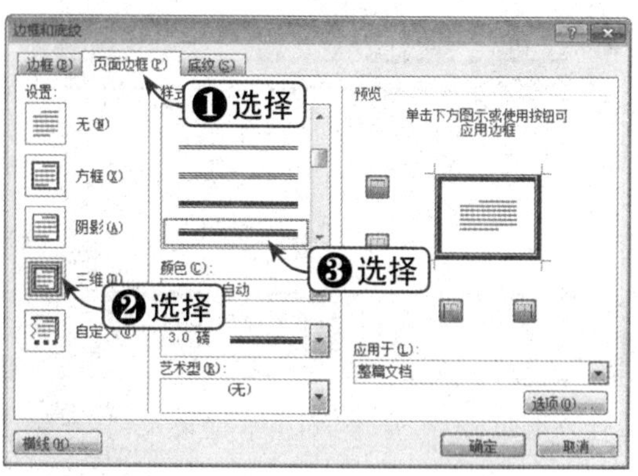

Step 03 设置颜色与宽度

分别通过“颜色”与“宽度”下拉列表框设置边框颜色与宽度。设置完毕后，单击“确定”按钮，如下图所示。

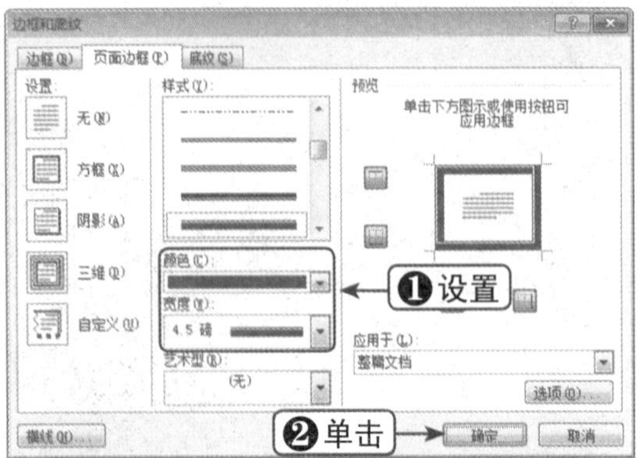

Step 04 查看页面效果

此时，即可查看设置边框后的页面效果，如下图所示。

Step 05 选择艺术样式

在“边框和底纹”对话框中单击“艺术型”下拉按钮，在弹出的下拉列表中可以选择多种艺术样式，如下图所示。

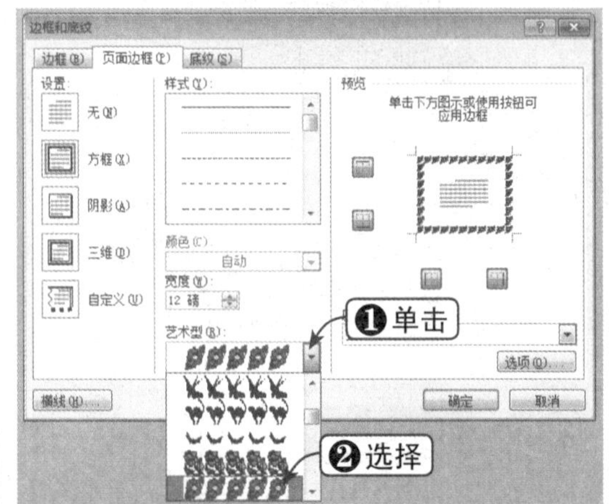

Step 06 查看页面效果

此时，即可查看添加艺术样式后的页面效果，如下图所示。

5.3.3 水印

用户可以为文档添加预设的文字水印，也可以自定义添加图片水印。下面将通过实例进行讲解，具体操作方法如下：

	素材文件	光盘：素材文件\第5章\5.3.3 水印.docx

Step01 打开素材文件

打开"素材文件\第5章\5.3.3 水印.docx"，选择"页面布局"选项卡，如下图所示。

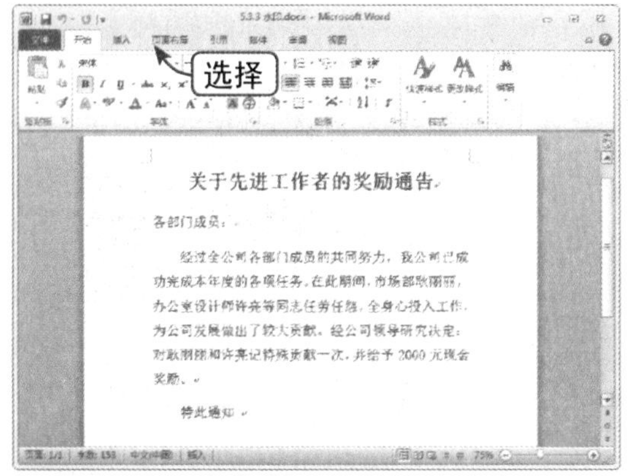

Step02 选择水印样式

在"页面背景"组中单击"水印"下拉按钮，在弹出的下拉列表中选择水印样式，如选择"样本 1"选项，如下图所示。

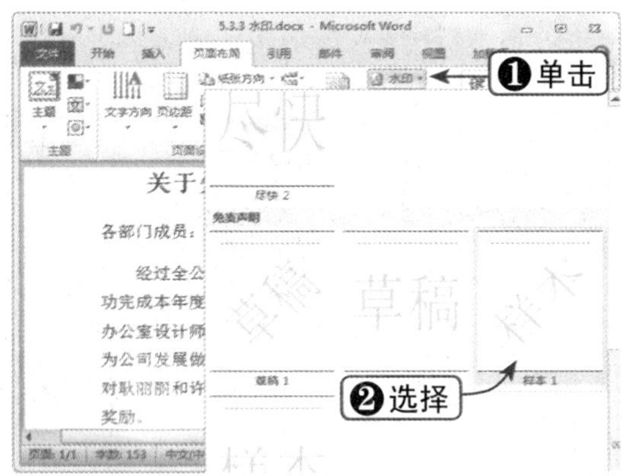

Step03 查看文档效果

查看添加水印后的文档效果，如下图所示。

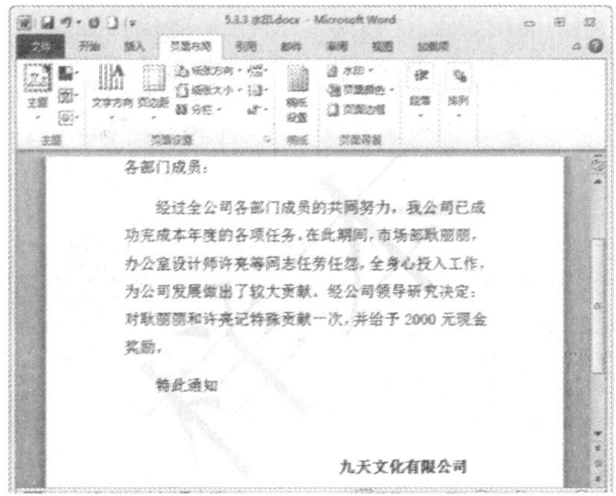

Step04 选择"自定义水印"选项

单击"水印"下拉按钮，在弹出的下拉列表中选择"自定义水印"选项，如下图所示。

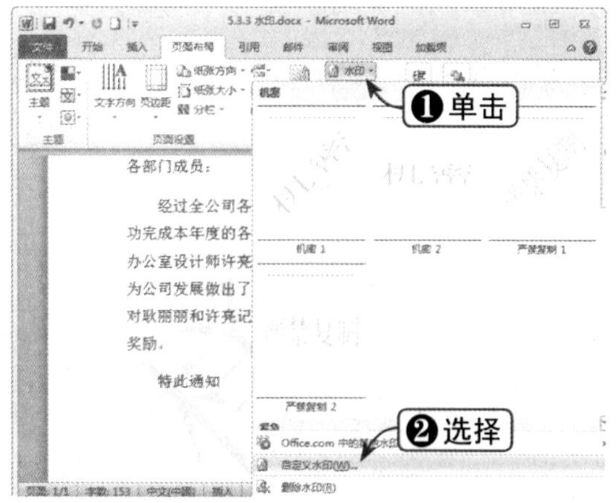

Step05 设置水印参数

弹出"水印"对话框，设置文字颜色、透明度以及版式等参数。设置完毕后，单击"确定"按钮，如下图所示。

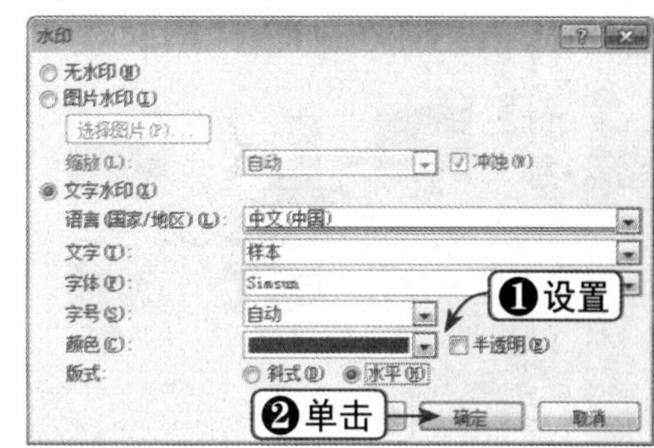

Step06 查看水印效果

查看修改各项参数后的水印效果，如下图所示。

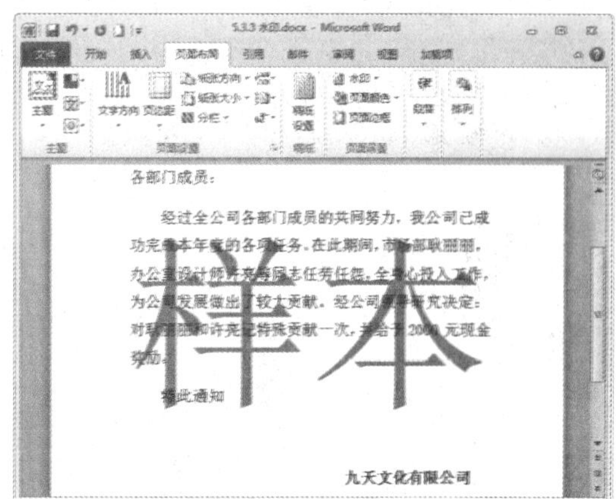

Step 07 单击“选择图片”按钮

如果希望自定义图片水印，则打开“水印”对话框，选中“图片水印”单选按钮，再单击“选择图片”按钮，如下图所示。

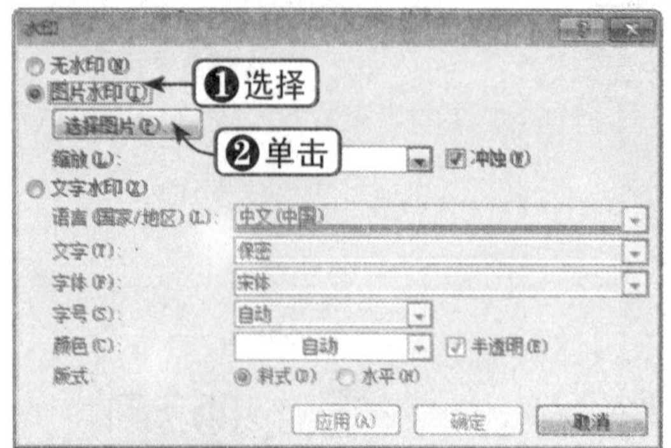

Step 08 选择图片

弹出“插入图片”对话框，选择要插入的图片，单击“插入”按钮，如下图所示。

Step 09 设置水印参数

返回“水印”对话框，设置图片的缩放参数，然后选择是否添加“冲蚀”效果(即改变图片本身的透明度)。设置完毕后，单击“确定”按钮，如下图所示。

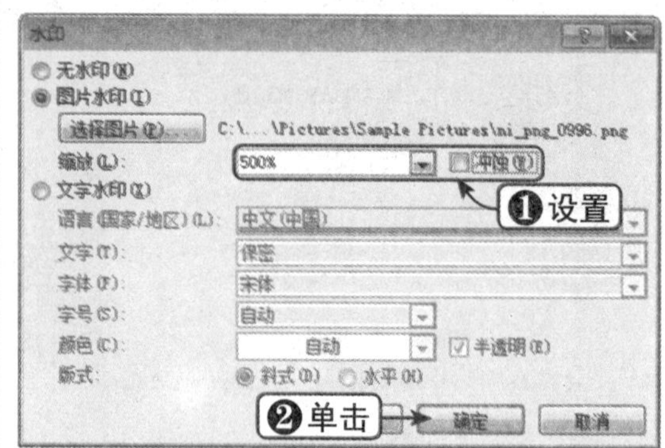

Step 10 查看图片水印效果

查看添加图片水印效果，如下图所示。

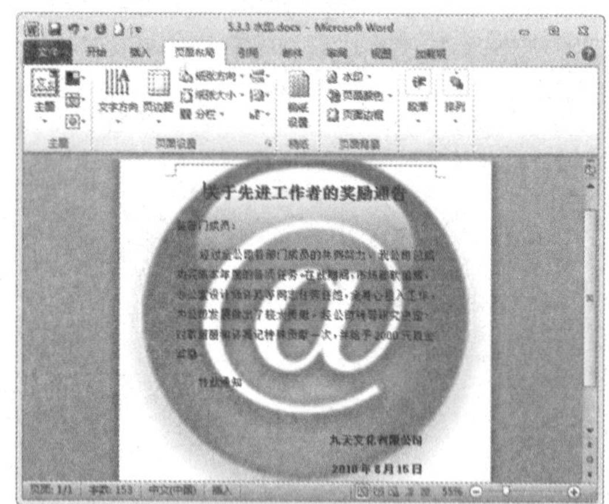

知识点拨

对文档添加水印可以实现真伪鉴别、版权保护等功能，内容可以是作者的序列号、公司标志、有意义的特殊文本等。

5.4 实战演练——调整文档页面布局

下面将以文档页面布局的调整操作为例，巩固之前所学的设置纸张方向、插入页眉等相关知识，最终效果如下图所示。

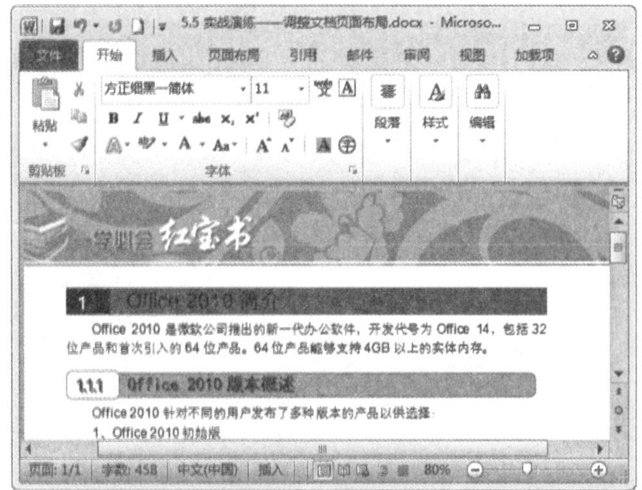

	素材文件	光盘：素材文件\第5章\5.5 实战演练——调整文档页面布局.docx、调整文档页面布局.png

Step01 打开素材文件

打开"素材文件\第5章\5.5 实战演练——调整文档页面布局.docx"，选择"页面布局"选项卡，如下图所示。

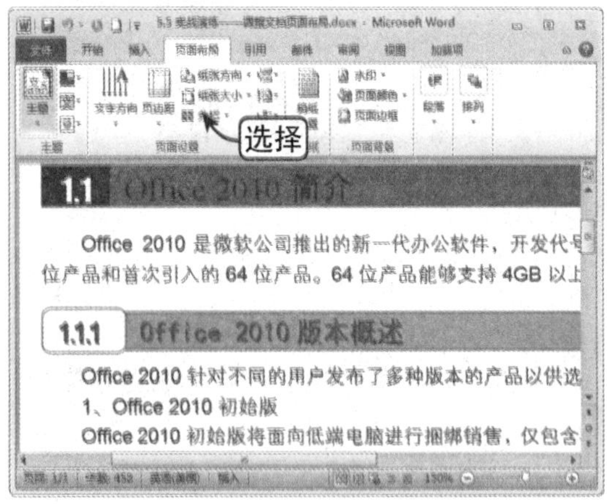

Step02 设置纸张大小

单击"纸张大小"下拉按钮，在弹出的下拉列表中设置纸张大小，如下图所示。

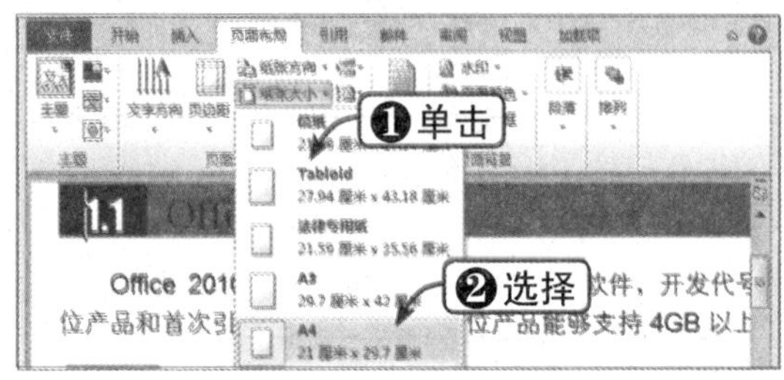

Step03 插入页眉

选择"插入"选项卡，在"页眉和页脚"组中单击"页眉"下拉按钮，在弹出的下拉列表中选择页眉，如下图所示。

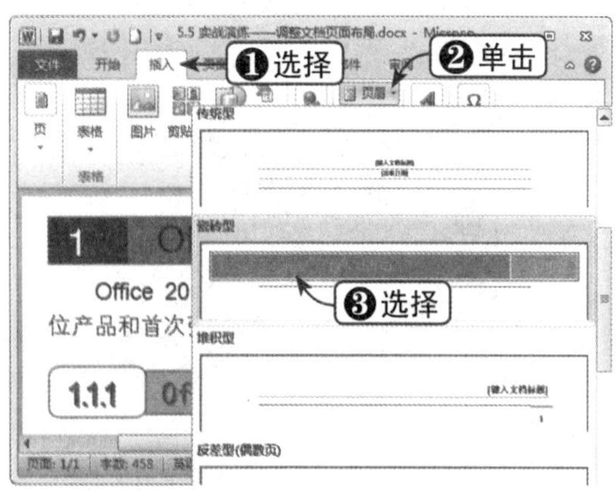

Step04 单击"图片"按钮

选择"设计"选项卡，在"插入"组中单击"图片"按钮，如下图所示。

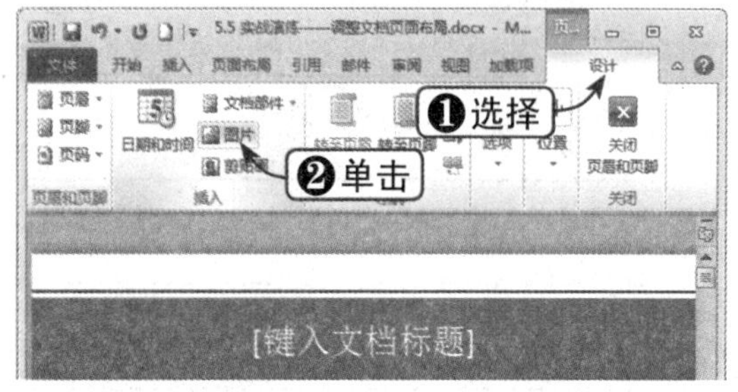

Step 05 选择图片

弹出"插入图片"对话框，选择"素材文件\第 5 章\5.5 实战演练——调整文档页面布局 .png"，单击"插入"按钮，如下图所示。

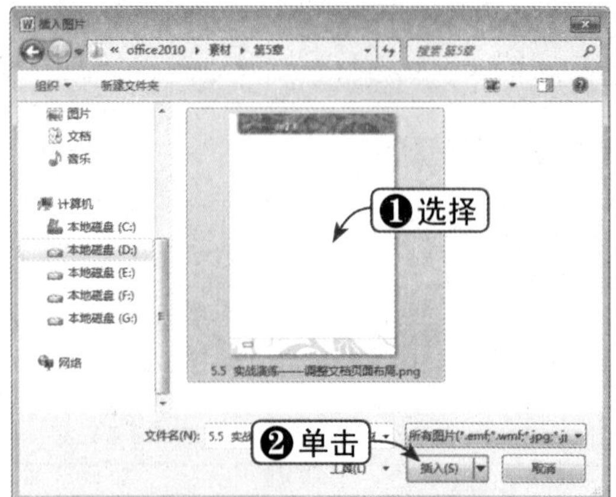

Step 06 选择换行方式

选择"格式"选项卡，在"排列"组中单击"自动换行"下拉按钮，在弹出的下拉列表中选择换行方式，在此选择"浮于文字上方"选项，如下图所示。

Step 07 调整图片大小

通过拖动图片周围的控制点调整图片大小，如下图所示。

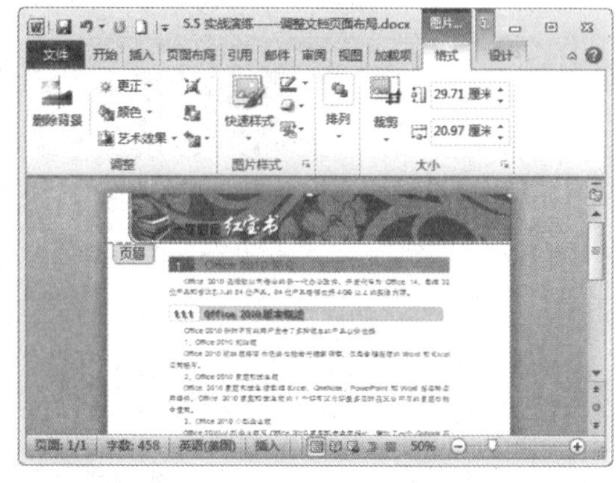

Step 08 单击"关闭页眉和页脚"按钮

在"设计"选项卡下的"关闭"组中单击"关闭页眉和页脚"按钮，如下图所示。

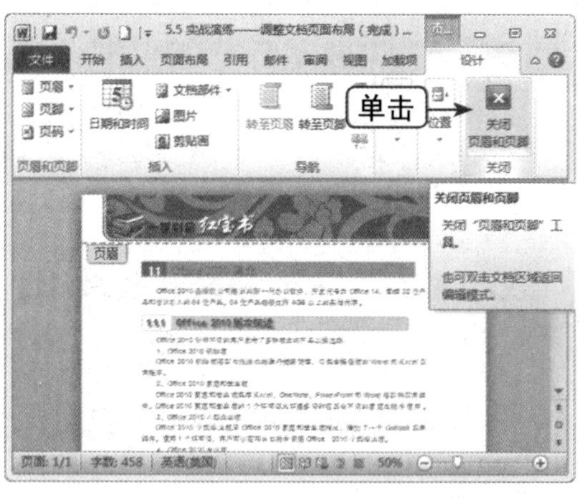

● 读书笔记

第6章 Word 2010高效办公

本章将学习 Word 2010 高效办公的相关知识，其中包括添加项目符号与编号、查找与替换、应用样式、添加目录、审阅文档等内容，帮助读者轻松掌握高效办公的方法。

本章学习重点

1. 项目符号与编号
2. 查找与替换
3. 应用样式
4. 目录与审阅
5. 实战演练——高效办公的应用

重点实例展示

高效办公应用

本章视频链接

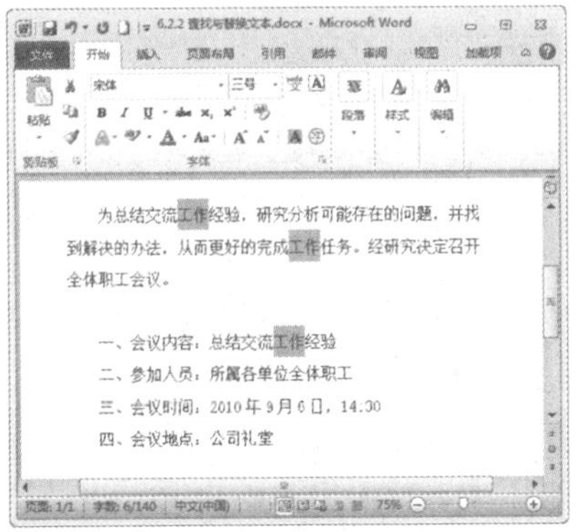

查找与替换文本

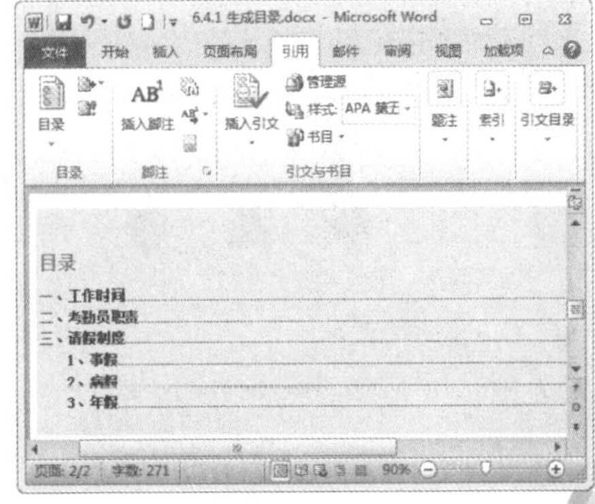

生成目录

6.1 项目符号与编号

项目符号用于区分文本的各项条列内容，使文本变得清晰、美观；编号即通过数据对文本内容进行排序，可以应用预设编号，也可以自定义编号。

6.1.1 应用项目符号

用户可以添加预设的项目符号，也可以自定义其他项目符号。下面将通过实例讲解如何应用项目符号，具体操作方法如下：

	素材文件	光盘：素材文件\第6章\6.1.1 应用预设项目符号.docx

Step 01 选中文本

打开“素材文件\第6章\6.1.1 应用预设项目符号.docx”，选中要添加项目符号的文本，如下图所示。

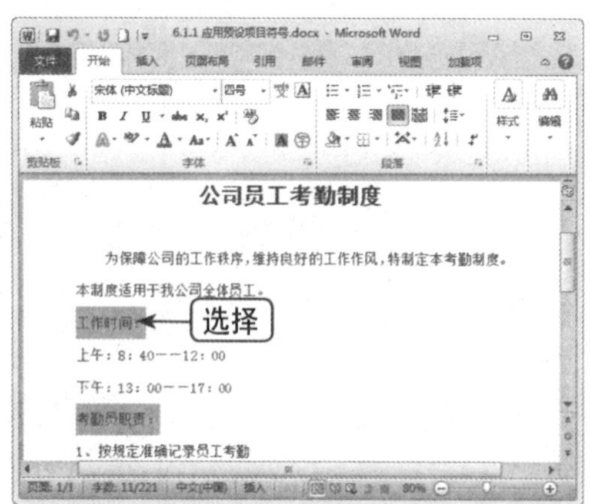

Step 02 选择预设项目符号

在“开始”选项卡下的“段落”组中单击“项目符号”下拉按钮，在弹出的下拉列表中选择预设项目符号，如下图所示。

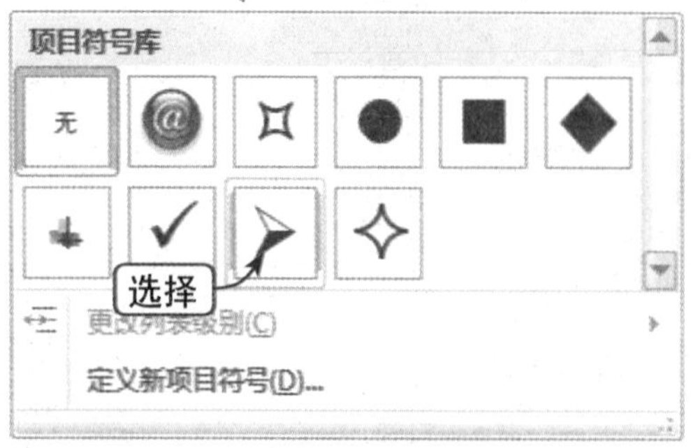

Step 03 查看添加效果

这时，即可在文本左侧添加项目符号，如下图所示。

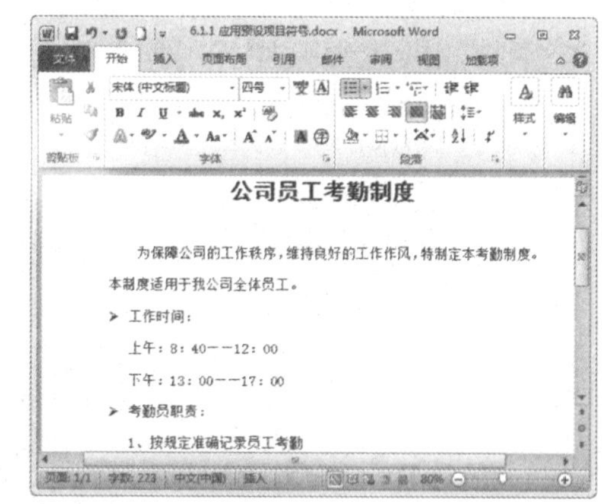

Step 04 选中文本

要定义新项目符号，则选中要添加自定义项目符号的文本，如下图所示。

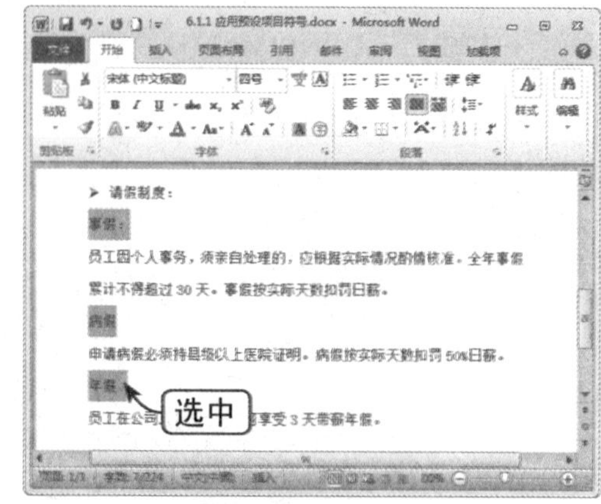

Step 05 选择“定义新项目符号”选项

打开“项目符号”下拉列表，选择“定义新项目符号”选项，如下图所示。

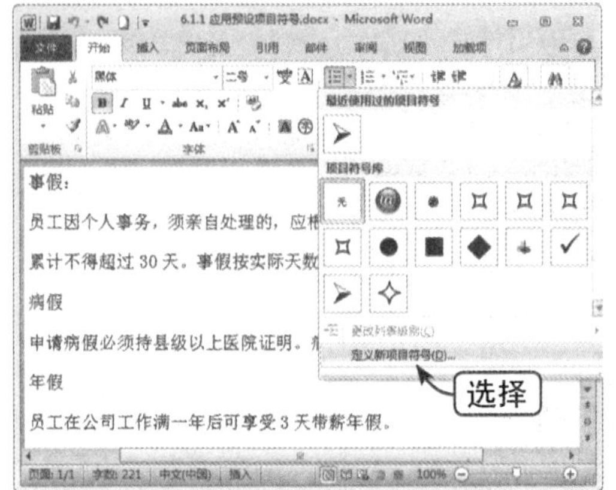

Step 06 单击“符号”按钮

弹出“定义新项目符号”对话框，单击“符号”按钮，如下图所示。

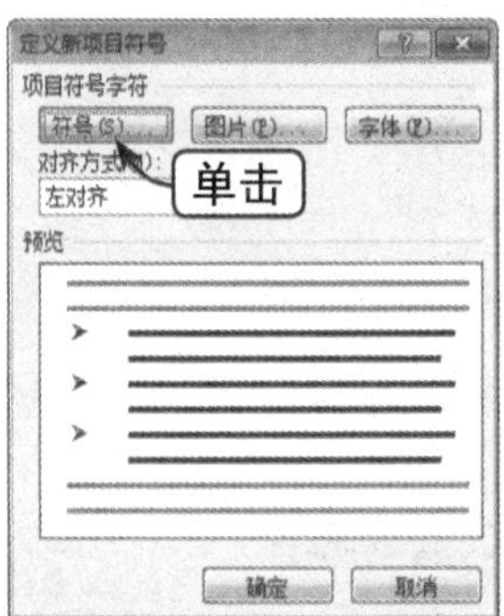

Step 07 选择符号

弹出“符号”对话框，可以选择多种不同样式的符号。选择所需的符号，单击“确定”按钮，如下图所示。

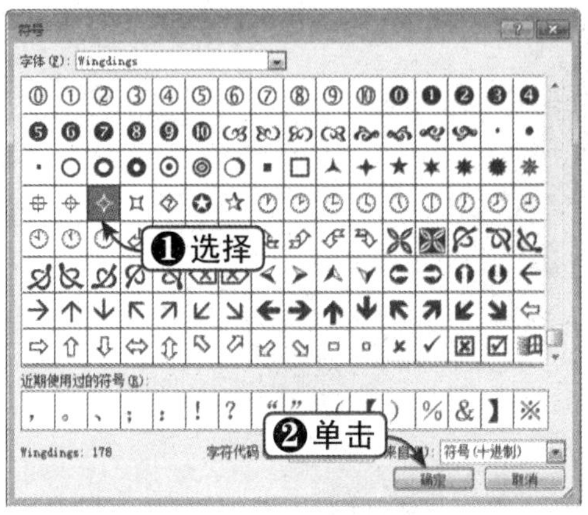

Step 08 选择对齐方式

返回“定义新项目符号”对话框，在“对齐方式”下拉列表框中可以设置不同的对齐方式，如选择“居中”选项，单击“确定”按钮，如下图所示。

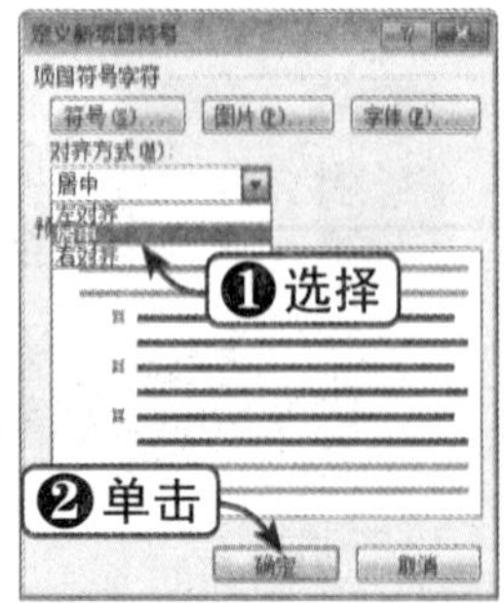

Step 09 查看文档效果

查看添加自定义符号和对齐方式后的文档效果，如下图所示。

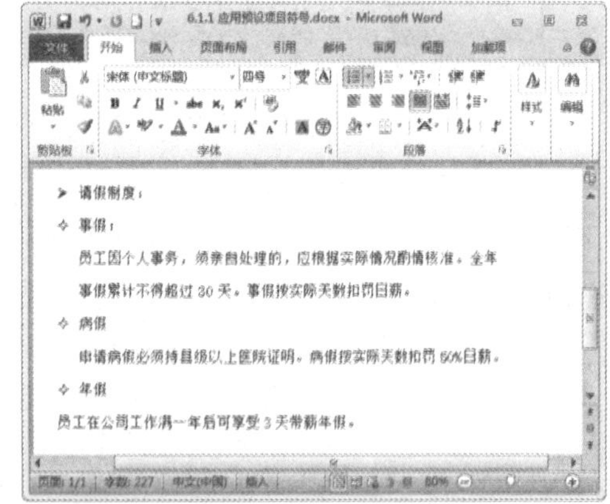

Step 10 单击“导入”按钮

若在“定义新项目符号”对话框中单击“图片”按钮，将弹出“图片项目符号”对话框，可以选择预设的图片项目符号。如果希望添加自定义图片，则单击“导入”按钮，如下图所示。

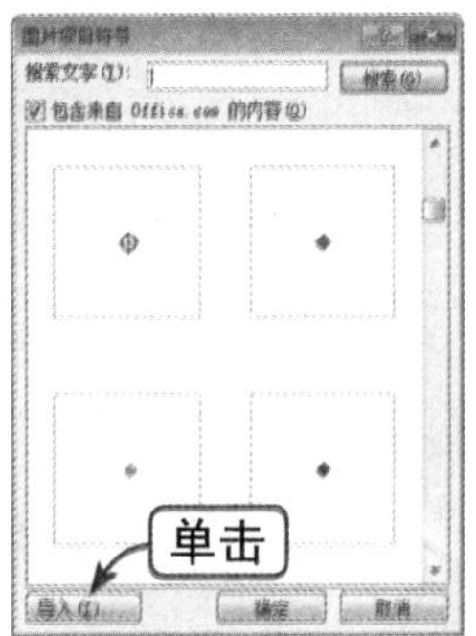

Step 11 插入图片

在弹出的对话框中找到需要插入的图片，单击“添加”按钮，如下图所示。

Step 12 查看文档效果

依次单击“确定”按钮，关闭对话框。查看添加图片项目符号后的文档效果，如下图所示。

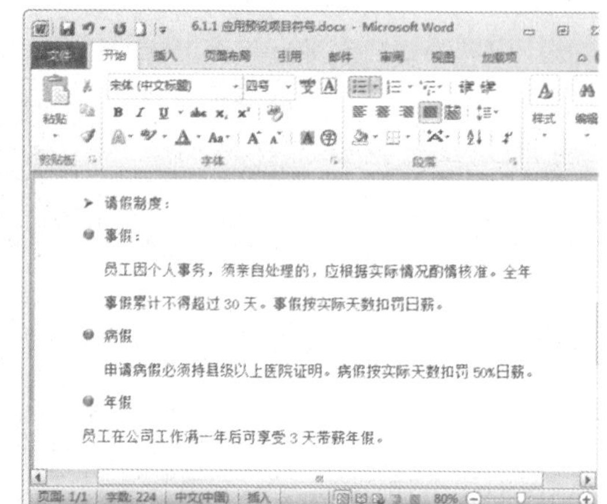

6.1.2 应用编号样式

下面将通过实例讲解如何应用编号样式，具体操作方法如下：

	素材文件	光盘：素材文件\第6章\6.1.2 应用编号样式.docx

Step 01 选中文本

打开“素材文件\第6章\6.1.2 应用编号样式.docx”，选中要添加编号样式的文本，如下图所示。

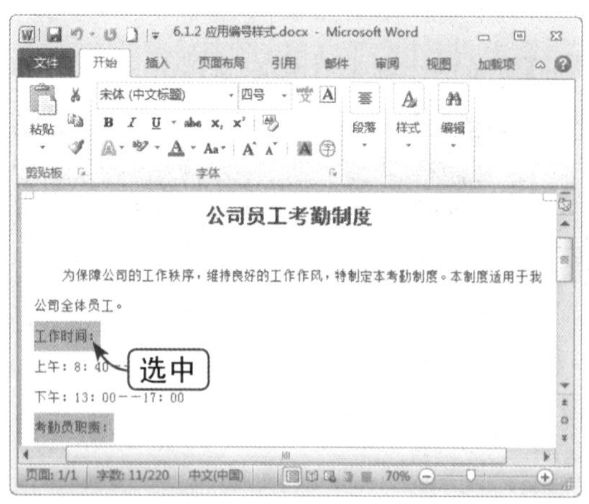

Step 02 选择编号样式

在“开始”选项卡下的“段落”组中单击“编号”下拉按钮，在弹出的下拉列表中选择编号样式，如下图所示。

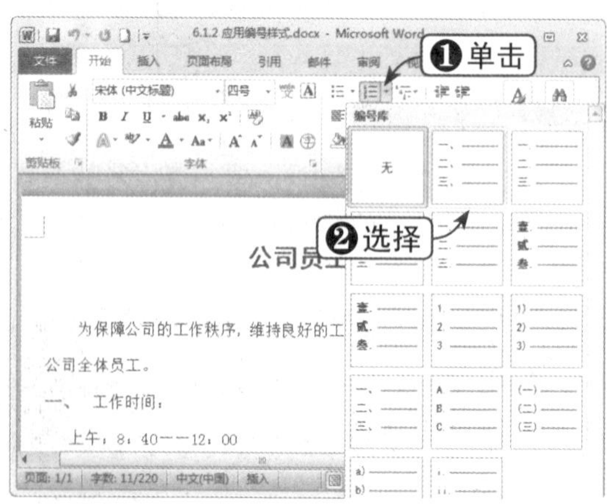

Step 03 查看文档效果

查看添加编号样式后的文档效果，如下图所示。

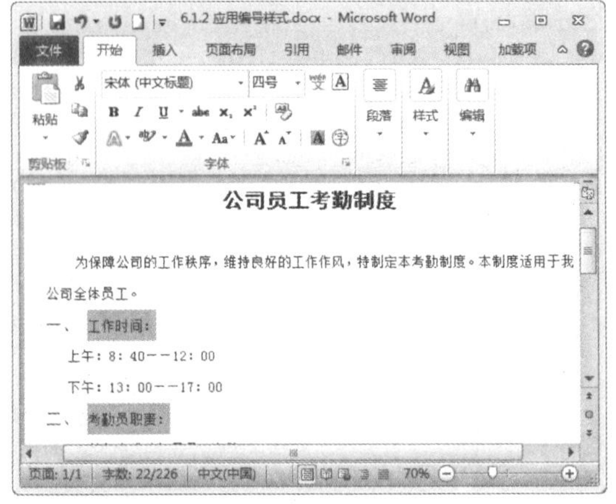

Step 04 选择“设置编号值”选项

如果希望自定义起始编号，则选中文本，单击“编号”下拉按钮，在弹出的下拉列表中选择“设置编号值”选项，如下图所示。

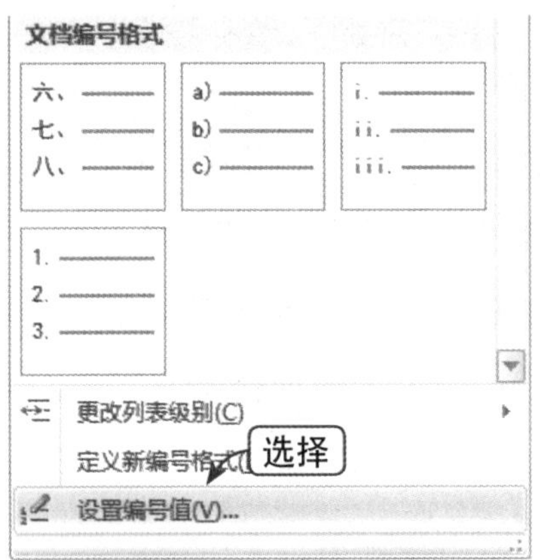

Step 05 设置起始编号

弹出“起始编号”对话框，在数值框中设置编号值，单击“确定”按钮，如下图所示。

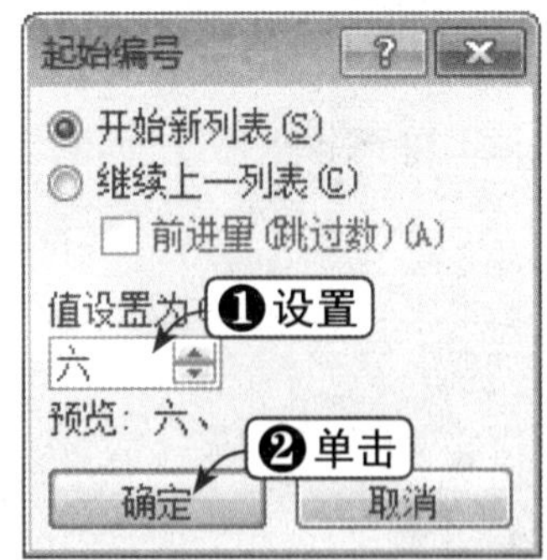

Step 06 查看编号效果

这时，所选文本将会按照指定的编号值进行编号，如下图所示。

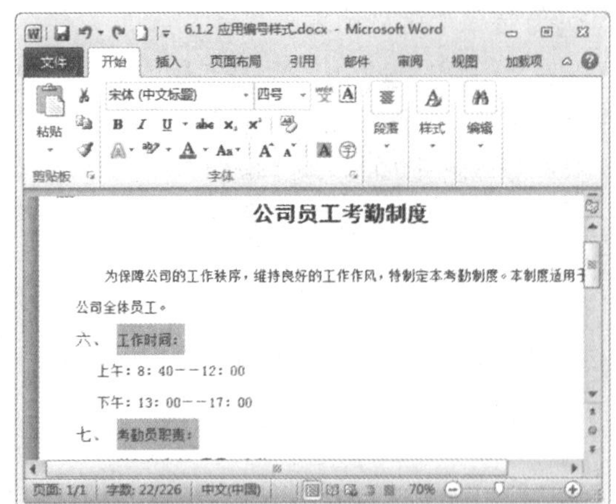

知识点拨

添加编号后的文本，按【Enter】键换行时会在下一行自动添加编号。为文档添加项目符号后，系统会将最近使用的项目符号添加到“最近使用过的项目符号”列表中，以方便日后随时使用。

6.1.3 自定义编号样式

下面将通过实例介绍如何自定义编号样式，具体操作方法如下：

	素材文件	光盘：素材文件\第6章\6.1.3 自定义编号样式.docx

Step 01 选中文本

打开"素材文件\第6章\6.1.3 自定义编号样式.docx"，选中需要应用自定义编号样式的文本，如下图所示。

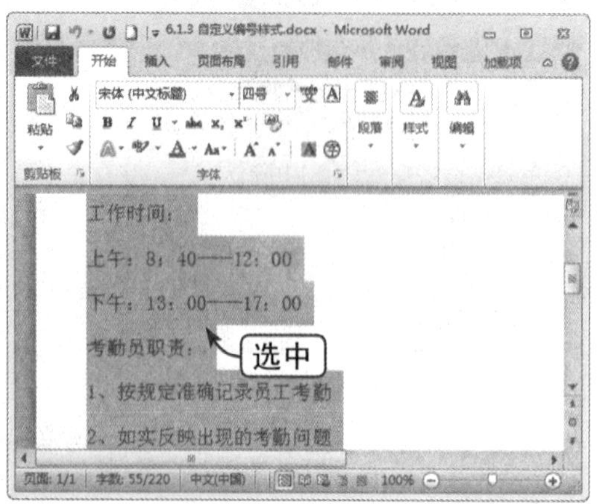

Step 02 选择"定义新编号格式"选项

在"开始"选项卡下"段落"组中单击"编号"下拉按钮，在弹出的下拉列表中选择"定义新编号格式"选项，如下图所示。

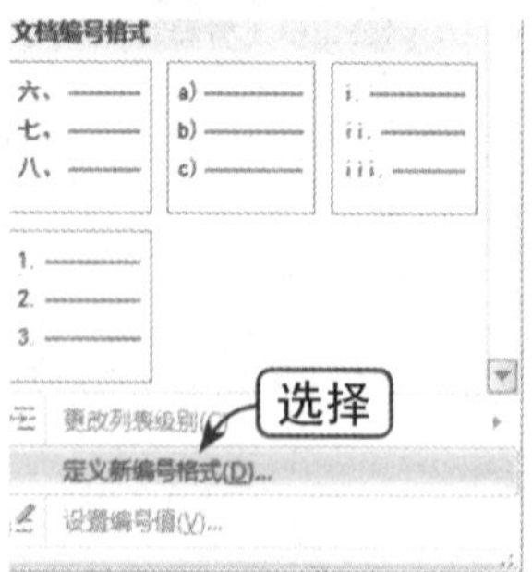

Step 03 选择编号样式

弹出"定义新编号格式"对话框，在"编号样式"下拉列表框中选择所需的编号样式，单击"字体"按钮，如下图所示。

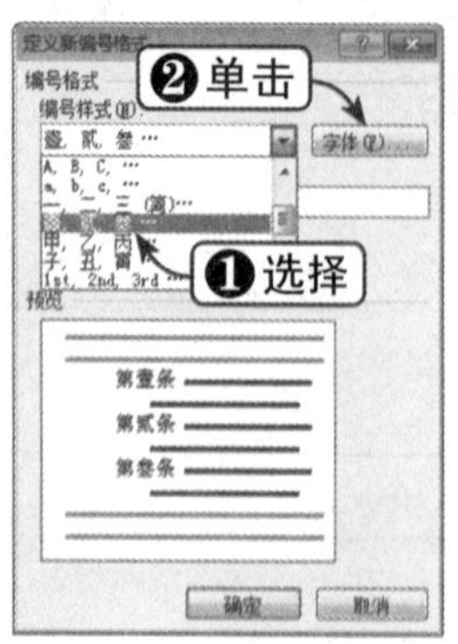

Step 04 设置字体

弹出"字体"对话框，设置各项参数，单击"确定"按钮，如下图所示。

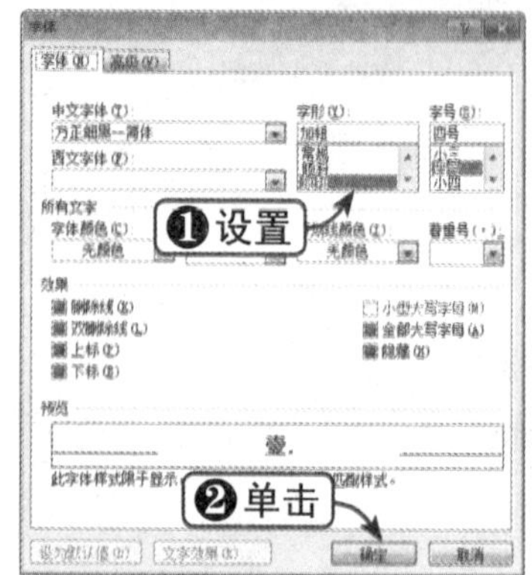

Step 05 设置对齐方式

返回"定义新编号格式"对话框，设置"对齐方式"为"居中"，单击"确定"按钮，如下图所示。

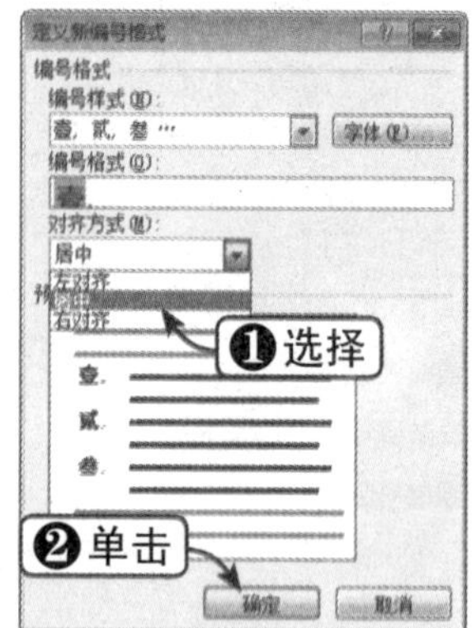

Step 06 查看文稿效果

查看添加自定义编号样式后的文稿效果，如下图所示。

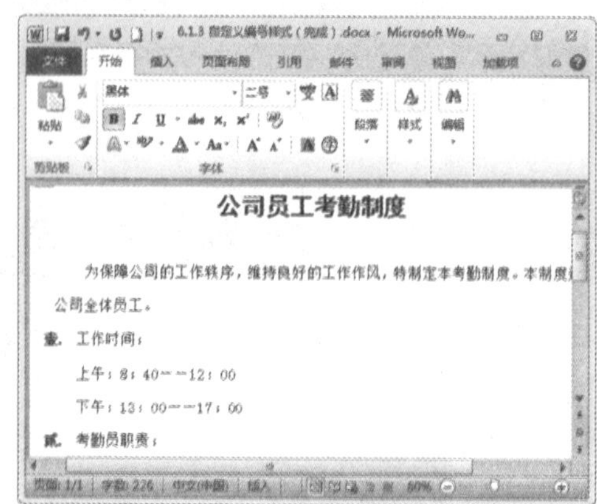

6.1.4 应用多级列表

如果文档中包含多个大纲级别的文本，则可以通过应用多级列表为不同级别的文本添加不同的编号。下面将通过实例对其进行讲解，具体操作方法如下：

	素材文件	光盘：素材文件\第6章\6.1.4 应用多级列表.docx

Step 01 选中文本

打开“素材文件\第6章\6.1.4 应用多级列表.docx”，选中需要应用多级列表的文本，如下图所示。

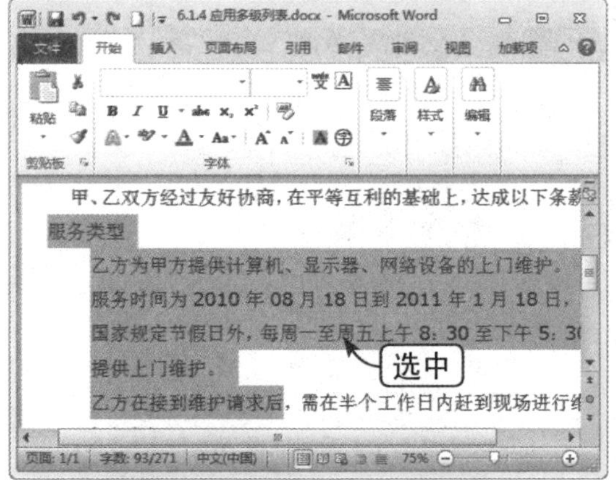

Step 02 选择多级列表

在“开始”选项卡下“段落”组中单击“多级列表”下拉按钮，在弹出的下拉列表中选择所需的样式，如下图所示。

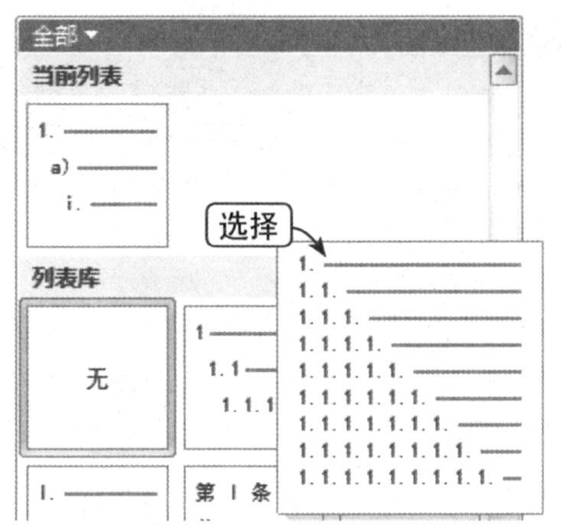

Step 03 查看文档效果

查看添加多级列表后的文档效果，如下图所示。

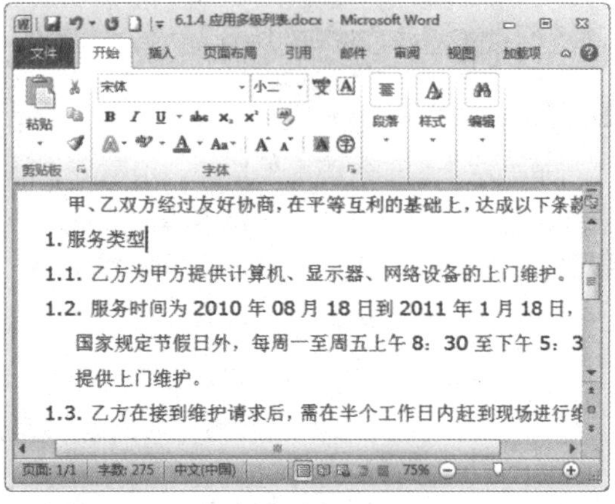

Step 04 选择“定义新的多级列表”选项

选中刚才设置的文本，单击“多级列表”下拉按钮，在弹出的下拉列表中选择“定义新的多级列表”选项，如下图所示。

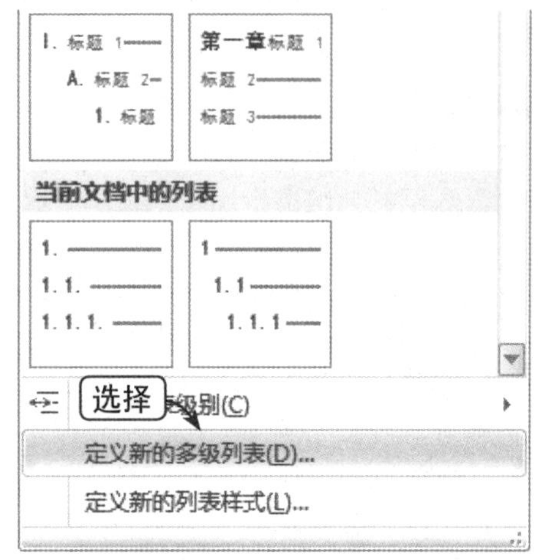

Step 05 设置参数

弹出“定义新多级列表”对话框，选择要修改的级别，然后在“此级别的编号样式”下拉列表框中选择所需的编号样式，如下图所示。

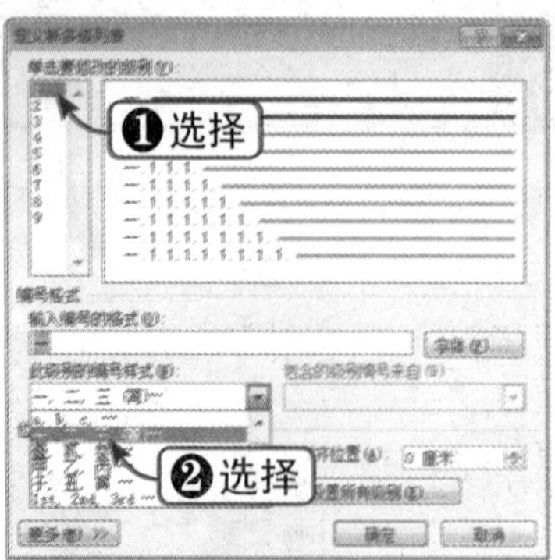

Step 06 设置其他参数

单击左下角的“更多”按钮，将展开隐藏选项，可以对起始编号、级别等其他参数进行设置，单击“字体”按钮，如下图所示。

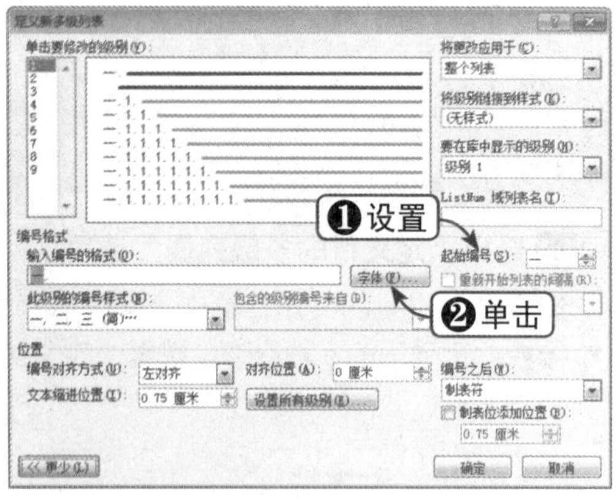

Step 07 设置字体

单击“字体”按钮，弹出“字体”对话框，可以对字体相关参数进行设置，单击“确定”按钮，如下图所示。

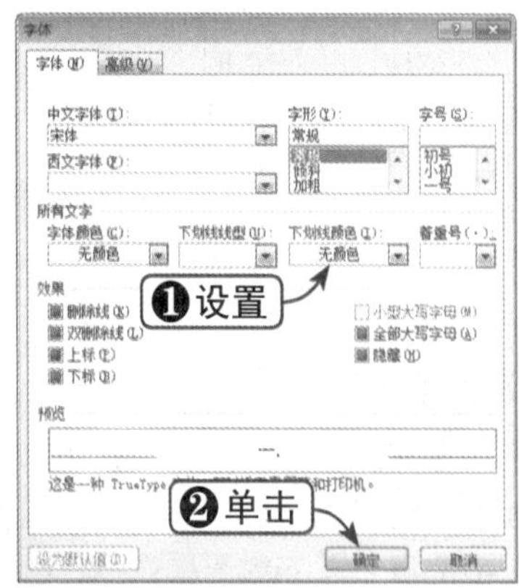

Step 08 查看文档效果

查看自定义多级列表后的文档效果，如下图所示。

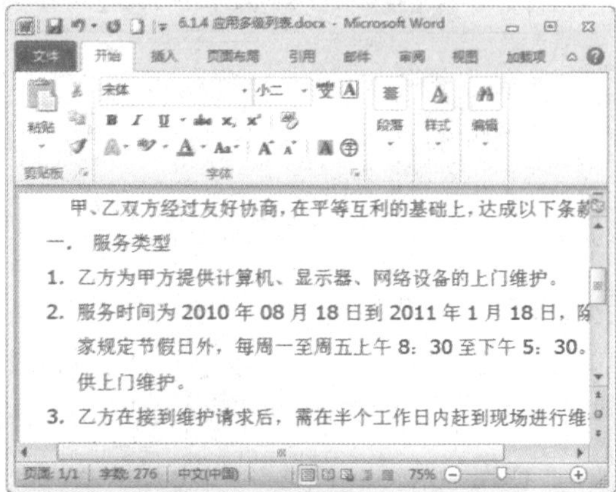

Step 09 自定义列表样式

单击“多级列表”下拉按钮，在弹出的下拉列表中选择“定义新的列表样式”选项，弹出“定义新列表样式”对话框，可以自定义列表样式，如下图所示。

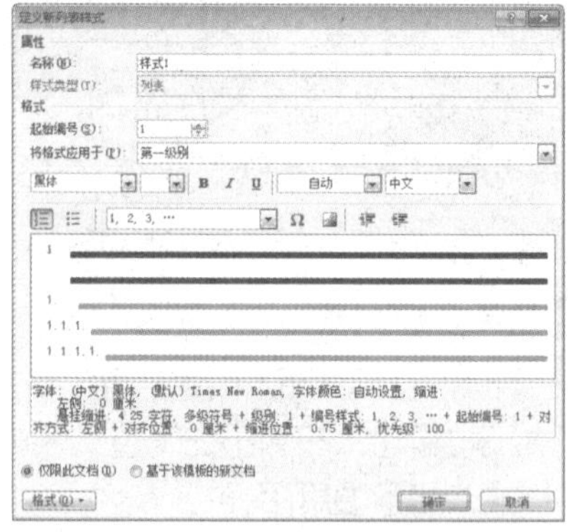

Step 10 选择图片

如果单击“图片”按钮，将弹出“图片项目符号”对话框，可以将编号替换为自定义图片，单击“确定”按钮，如下图所示。

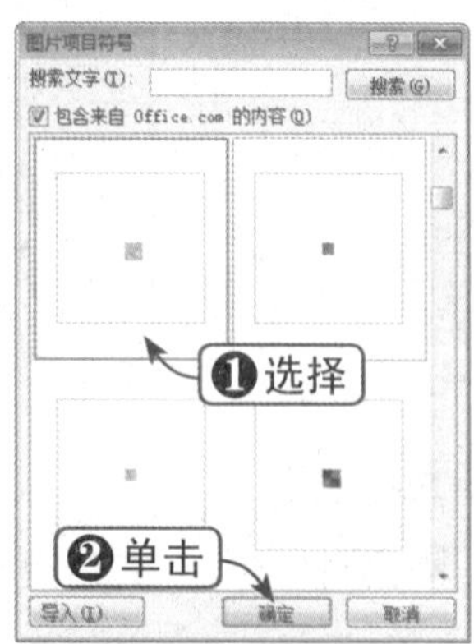

6.2 查找与替换

如果手动从文档中找出所需的文本，或是将某文本逐一替换为其他文本会比较麻烦，通过查找与替换工具可以轻松地完成文本的查找与替换工作。

6.2.1 开启导航窗格

下面将通过实例讲解如何开启导航窗格，具体操作方法如下：

Step 01 选中“导航窗格”复选框

选择“视图”选项卡，选中“显示”组中的“导航窗格”复选框，如下图所示。

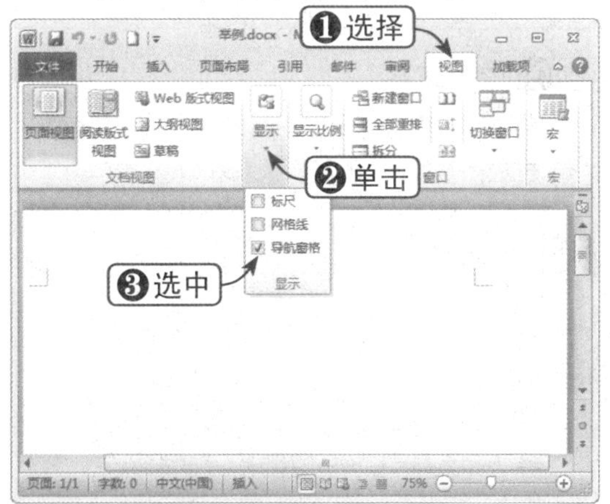

Step 02 查看导航窗格

这时，在文档左侧将会出现导航窗格，如下图所示。

知识点拨

直接按【Ctrl+F】组合键同样可以打开导航窗格。用户可以调整导航窗格的大小、将其最小化或隐藏导航窗格。

6.2.2 查找与替换文本

下面将通过实例讲解如何查找与替换文本，具体操作方法如下：

	素材文件	光盘：素材文件\第6章\6.2.2 查找与替换文本.docx

Step 01 打开素材文件

打开“素材文件\第6章\6.2.2 查找与替换文本.docx”，开启导航窗格。在搜索框中输入关键词“工做”，即可自动查找该文本并将其亮显，如下图所示。

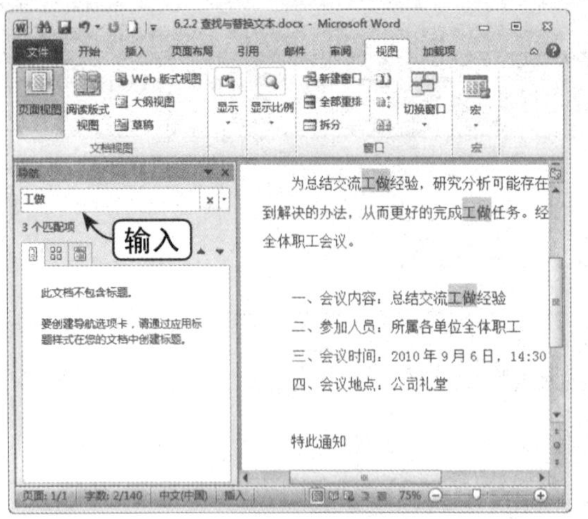

Step 02 选择“替换”选项

单击搜索框右侧的下拉按钮，在弹出的下拉列表中选择“替换”选项，如下图所示。

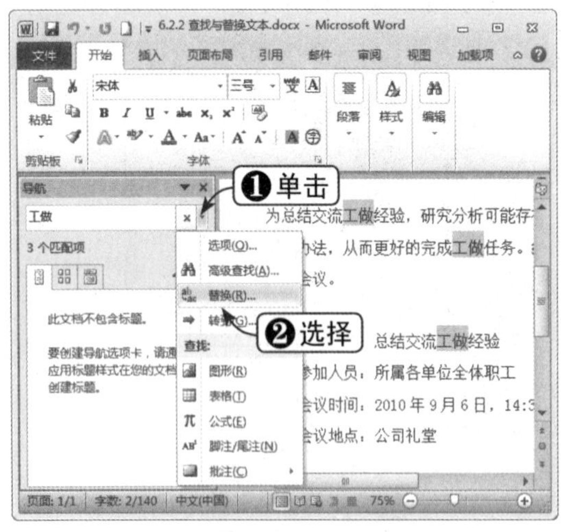

Step 03 单击“全部替换”按钮

弹出“查找和替换”对话框，在“替换为”下拉列表框中输入要替换的文本“工作”，单击“全部替换”按钮，如下图所示。

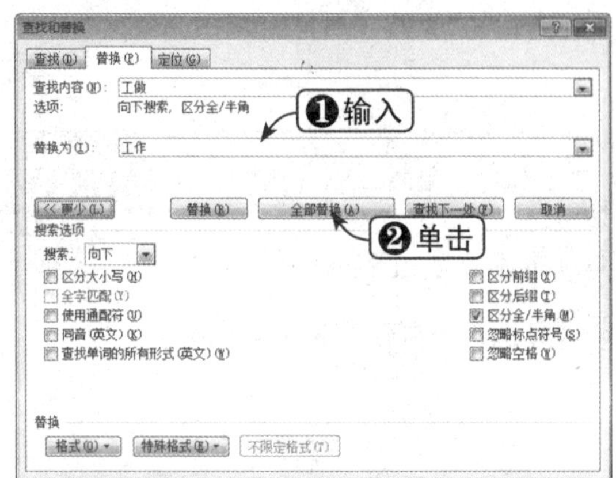

Step 04 替换文本

这时，文档中所查找到的文本都将替换为指定文本，如下图所示。

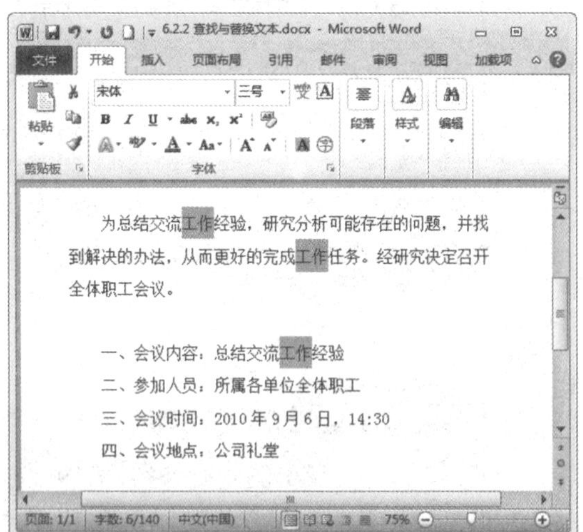

6.2.3 查找与替换格式

如果需要统一修改文档中的某种格式，同样可以通过查找与替换工具来实现，从而节省大量的时间。下面将通过实例对其进行讲解，具体操作方法如下：

	素材文件	光盘：素材文件\第6章\6.2.3 查找与替换格式.docx

Step 01 选择“字体”选项

打开“素材文件\第6章\6.2.3 查找与替换格式.docx”，然后打开“查找和替换”对话框。定位光标到“查找内容”下拉列表框，单击“格

式”下拉按钮，在弹出的下拉列表中选择要查找的格式，如选择“字体”选项，如下图所示。

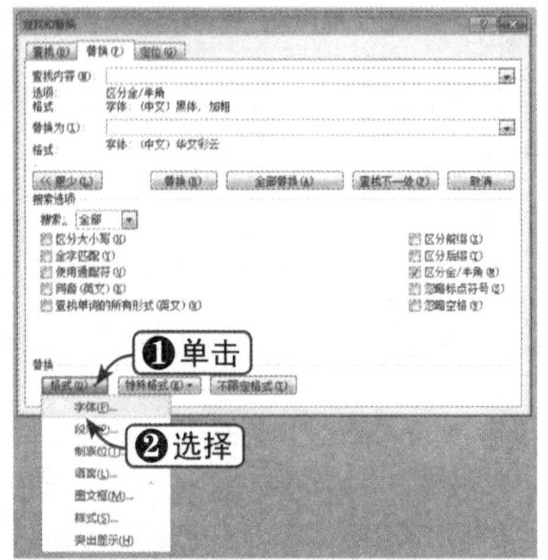

Step 02 设置要查找的字体

弹出“查找字体”对话框，设置要查找的字体，在此选择“黑体”，然后单击“确定”按钮，如下图所示。

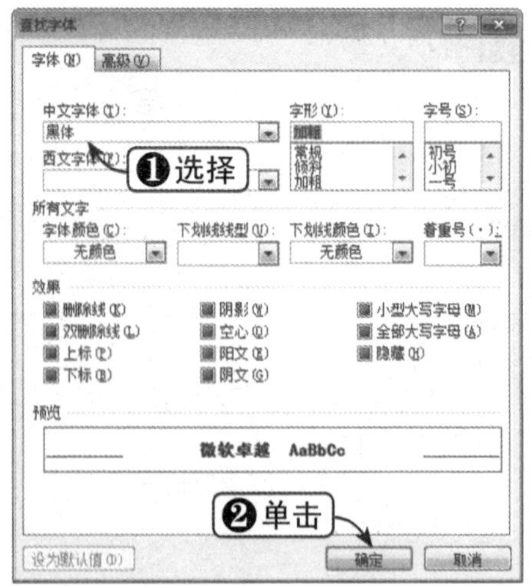

Step 03 设置要替换的字体

定位光标到“替换为”下拉列表框，再次打开“字体”对话框，设置要替换的字体，在此选择“楷体”，然后单击“确定”按钮，如下图所示。

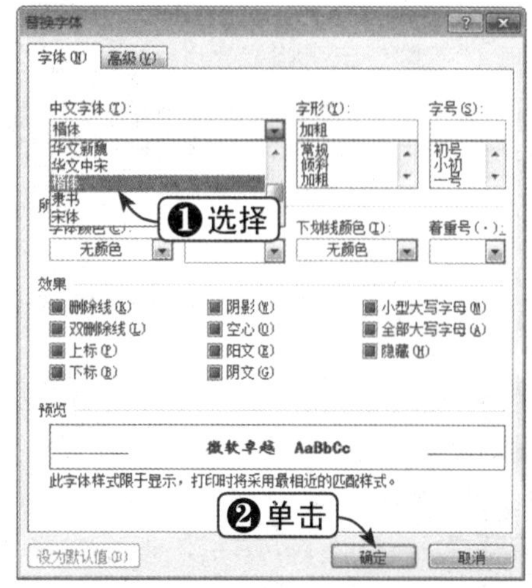

Step 04 调整格式

在“查找和替换”对话框中单击“全部替换”按钮，即可替换文档中指定文本的格式，如下图所示。

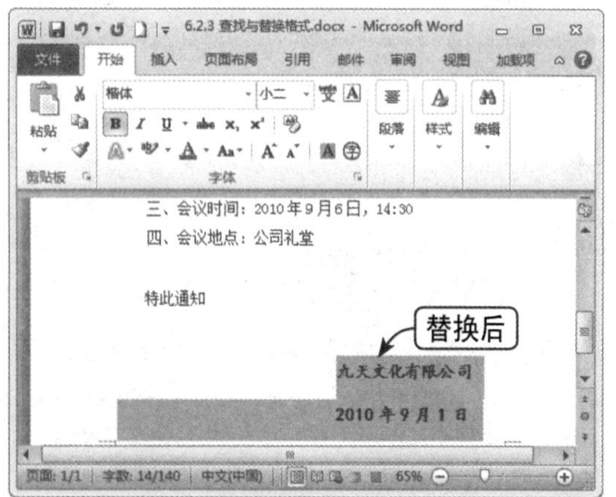

6.2.4 查找与替换特殊格式

特殊格式包括段落标记、制表符、任意字符、任意字母和图形等。下面将通过实例讲解如何查找与替换特殊格式，具体操作方法如下：

	素材文件	光盘：素材文件\第6章\6.2.4 查找与替换特殊格式.docx

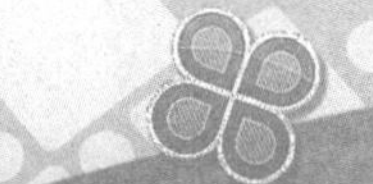

Step 01 选择“任何数字”选项

打开“素材文件\第6章\6.2.4 查找与替换特殊格式.docx”，然后打开“查找和替换”对话框。将定位光标到“查找内容”下拉列表框，单击“特殊格式”下拉按钮，在弹出的下拉列表中选择所需的格式，如选择“任何数字”选项，如下图所示。

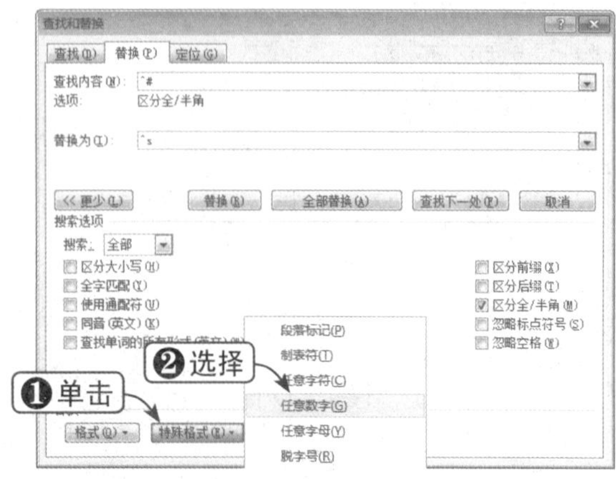

Step 02 选择“不间断空格”选项

将定位光标到“替换为”下拉列表框，单击“特殊格式”下拉按钮，在弹出的下拉列表中选择所需的格式。例如，如果希望清除所查找的全部内容，则选择“不间断空格”选项，如下图所示。

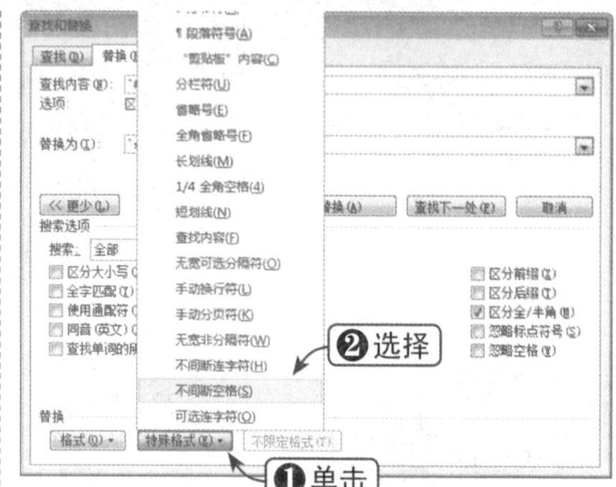

知识点拨

在进行文本替换时，可使用通配符“*”来代替任意字符串，可使用通配符“？”来代替任一字符。

Step 03 单击“确定”按钮

单击“全部替换”按钮，弹出提示信息框，提示“Word已完成对文档的搜索并已完成16处替换”信息，单击“确定”按钮，如下图所示。

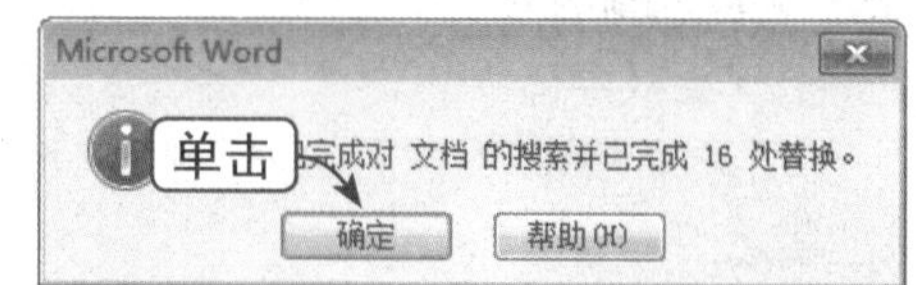

Step 04 替换文本

这时，文档中的数字将全部替换为空格，如下图所示。

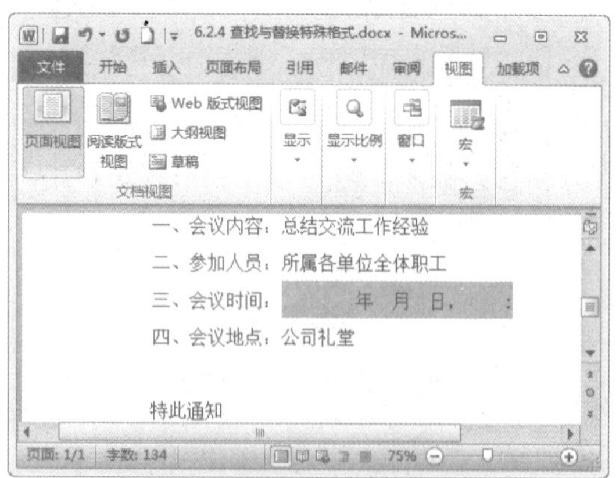

6.3 应用样式

通过应用样式可以同时改变文本的字体、颜色、间距和字号等格式，自定义样式可以方便将其应用到文档中的多个文本中。

6.3.1 应用预设样式

用户可以应用多种不同的预设样式，还可以将样式应用于单个文本，也可以应用于文档中的全部文本。下面将通过实例对其进行讲解，具体操作方法如下：

	素材文件	光盘：素材文件\第6章\6.3.1 应用预设样式.docx

Step 01 选中文本

打开“素材文件\第6章\6.3.1 应用预设样式.docx”，选中需要应用样式的文本，如下图所示。

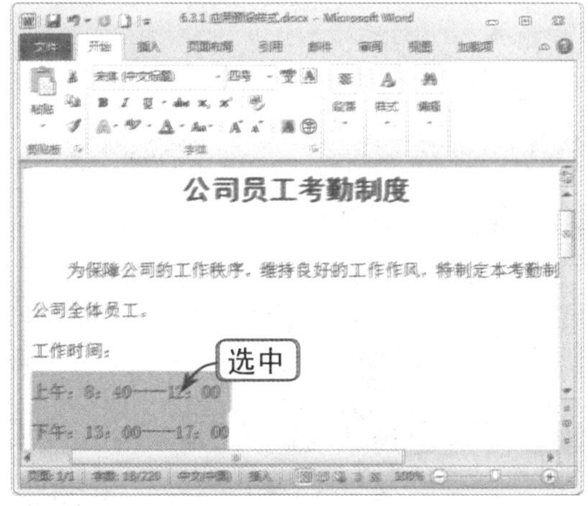

Step 02 选择预设样式

在“开始”选项卡下单击“样式”下拉按钮，在弹出的下拉列表中选择所需的预设样式，如下图所示。

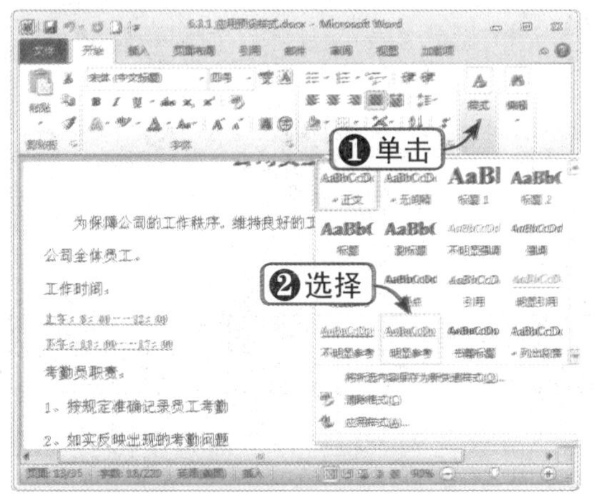

Step 03 查看文本效果

查看应用预设样式后的文本效果，如下图所示。

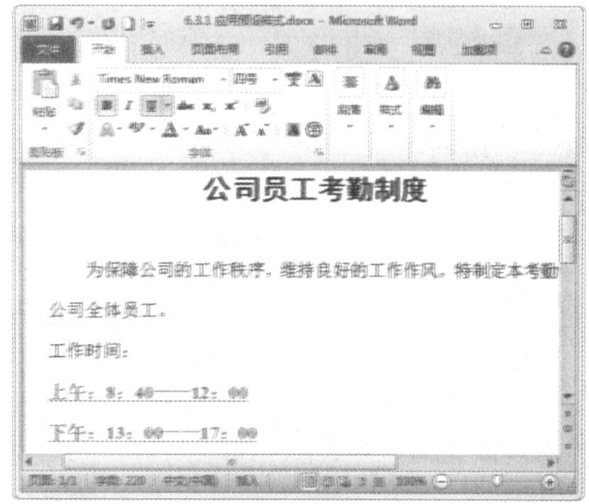

Step 04 选择样式集

在“样式”组中单击“更改样式”下拉按钮，在弹出的下拉列表中选择“样式集”选项，在其级联菜单中选择样式集，如选择“流行”选项，如下图所示。

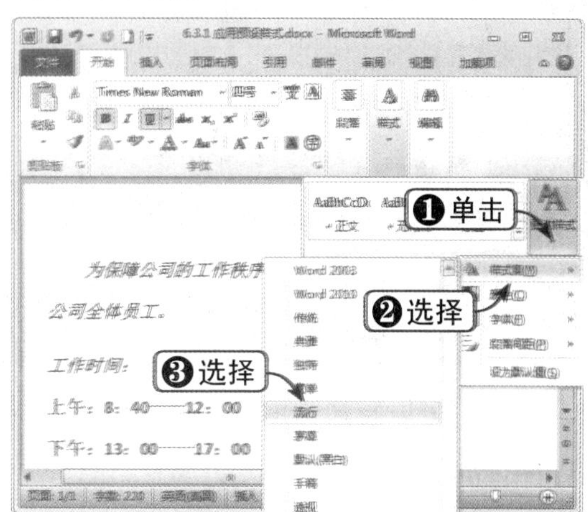

Step 05 选择字体

单击“更改样式”下拉按钮，在弹出的下拉列表中选择“字体”选项，在其级联菜单中选择字体，如选择“暗香扑面”选项，如下图所示。

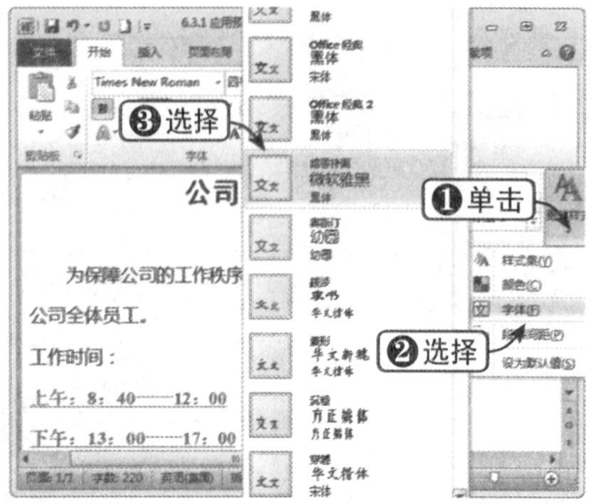

Step 06 选择样式

展开“样式”组中的列表框，可以发现预设样式与刚才不同。选择所需的样式，如选择“标题 2”选项，如下图所示。

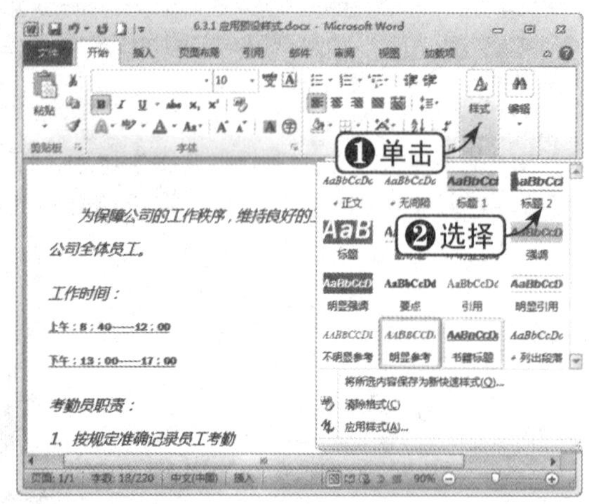

Step 07 查看应用样式效果

这时，所选文本将会应用指定的样式，效果如下图所示。

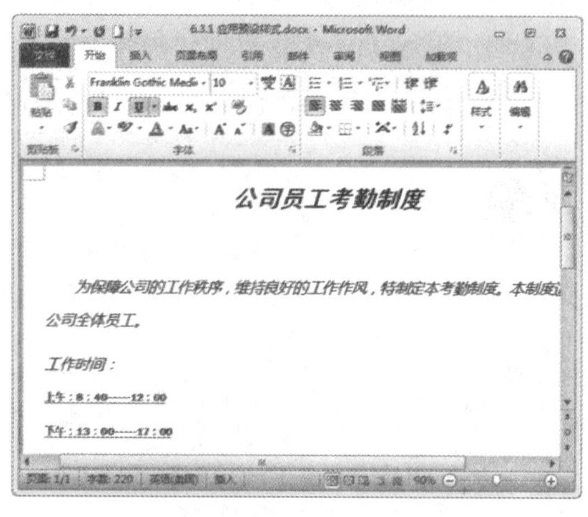

Step 08 设为默认值

单击“更改样式”下拉按钮，在弹出的下拉列表中选择“设为默认值”选项，创建新文档将会默认应用当前样式和主题，如下图所示。

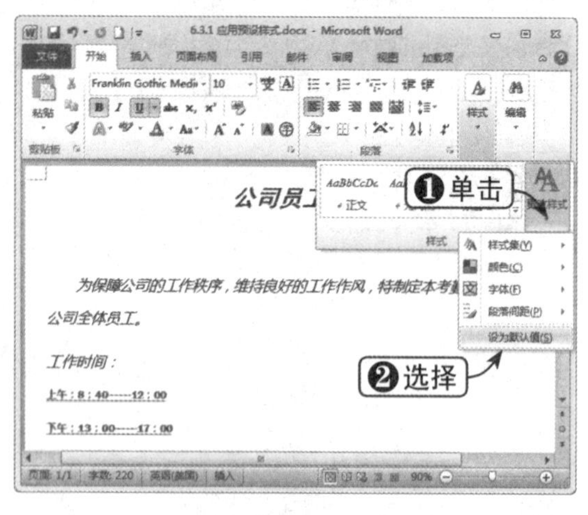

6.3.2 新建样式

用户可以新建常用的样式，并将其保存于“样式”列表框中，从而方便日后应用。下面将通过实例讲解如何新建样式，具体操作方法如下：

Step 01 单击“样式”按钮

在“开始”选项卡下“样式”组右下角单击“样式”按钮，如下图所示。

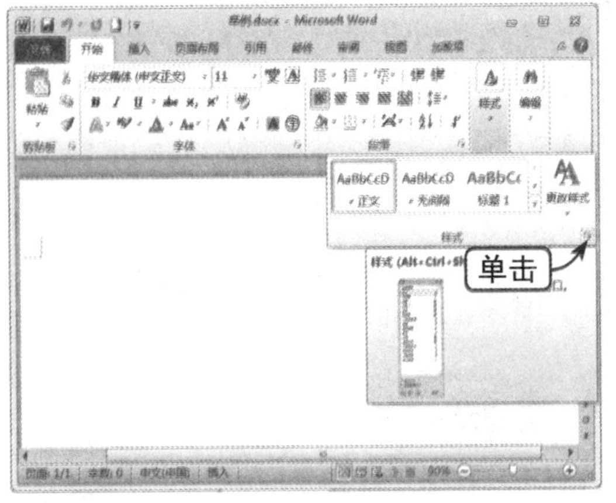

Step02 单击“新建样式”按钮

弹出“样式”对话框，单击“新建样式”按钮，如下图所示。

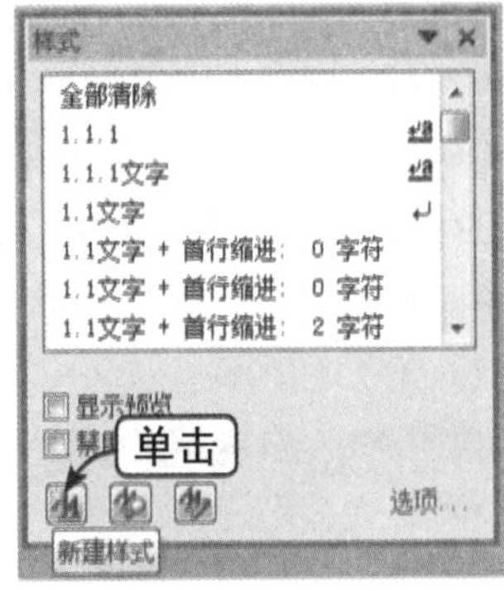

Step03 设置样式名称和类型

弹出“根据格式设置创建新样式”对话框，在“名称”文本框中设置名称，在“样式类型”下拉列表框中选择样式类型，如下图所示。

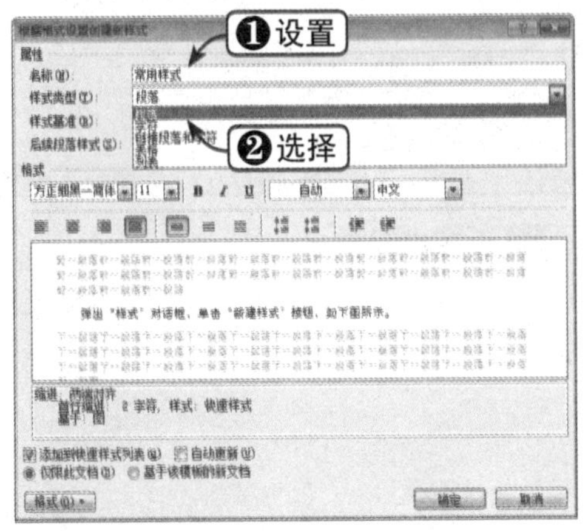

Step04 设置字体

在“格式”选项区中打开“字体”下拉列表，选择所需的字体，并设置相关参数，如下图所示。

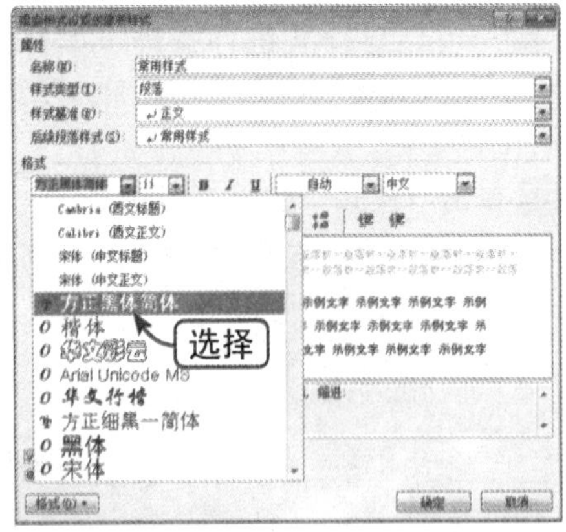

Step05 设置其他参数

单击左下角的“格式”下拉按钮，在弹出的下拉列表中可以设置其他格式，如下图所示。设置完毕后，单击“确定”按钮。

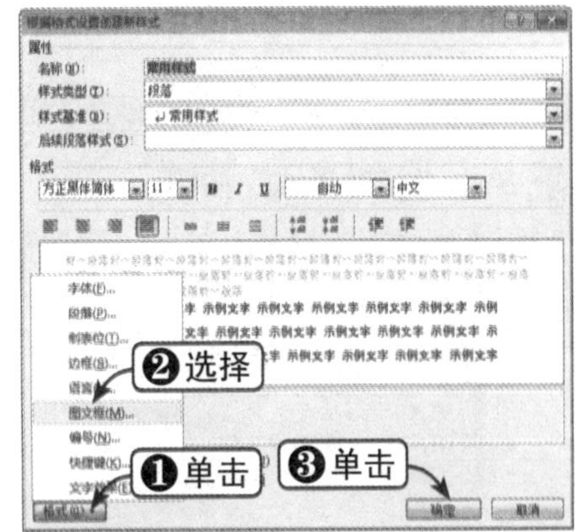

Step06 查看新建样式

此时，在“样式”组中的列表框中即可看到新建的样式，如下图所示。

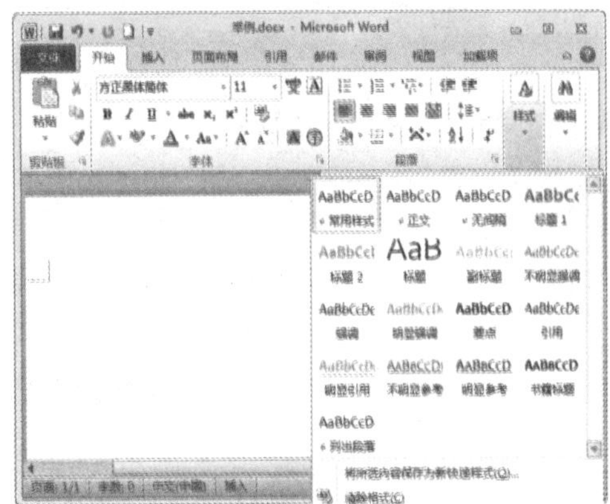

6.3.3 管理样式

用户可以对样式进行管理，如修改样式、删除样式、修改排列顺序等。下面将通过实例讲解如何管理样式，具体操作方法如下：

Step 01 单击“样式”按钮

在“开始”选项卡下“样式”组右下角单击“样式”按钮，如下图所示。

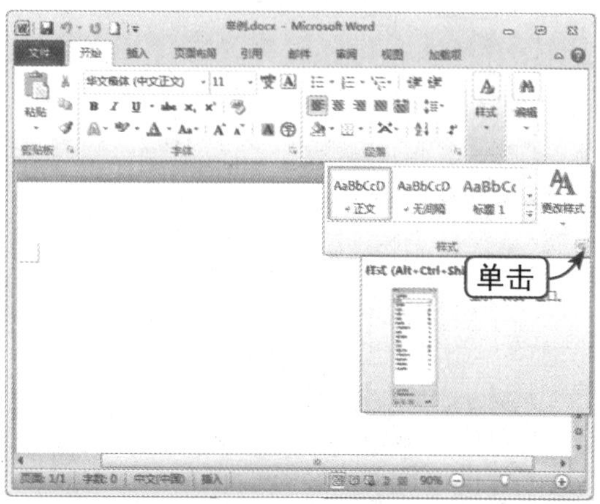

Step 02 单击“管理样式”按钮

弹出“样式”对话框，单击“管理样式”按钮，如下图所示。

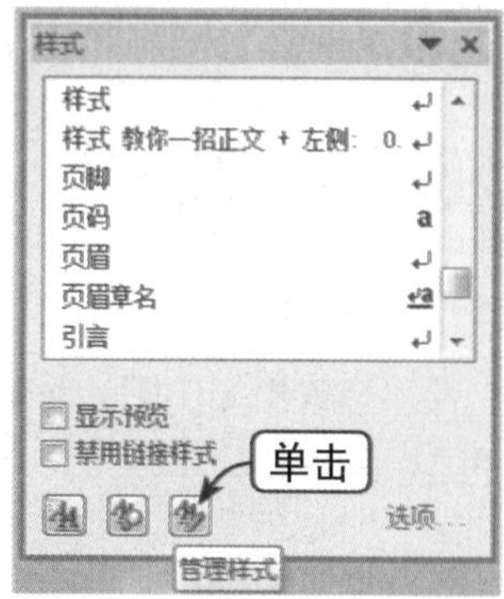

Step 03 单击“修改”按钮

弹出“管理样式”对话框，在“编辑”选项卡下可以修改和删除样式。例如，在列表框中选择要修改的样式，然后单击“修改”按钮，如下图所示。

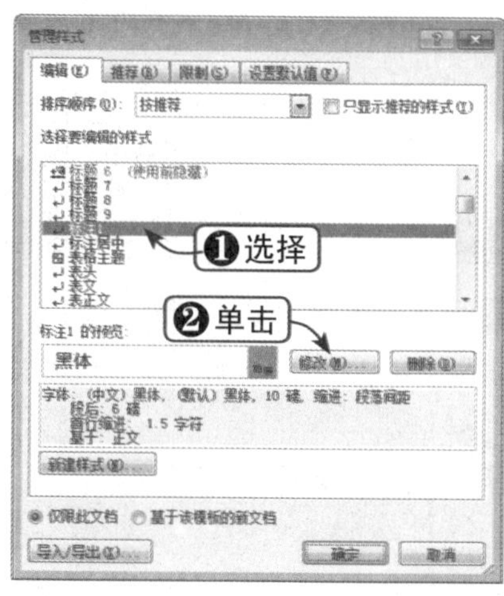

Step 04 修改样式

弹出“修改样式”对话框，即可修改样式的各项参数，如下图所示。

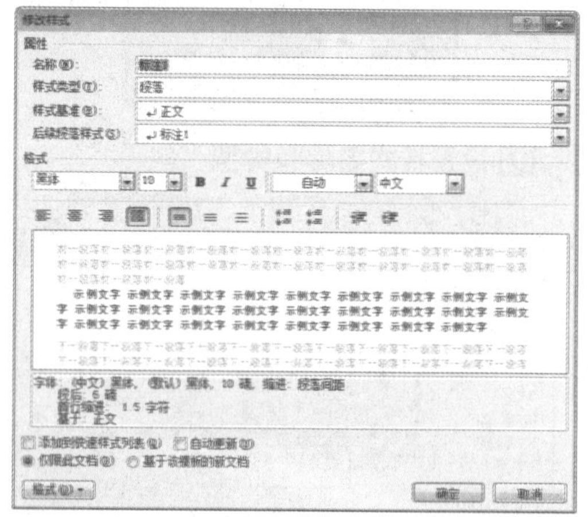

Step 05 设置内置样式

选择“推荐”选项卡，可以设置样式的优先级别以及内置样式，如下图所示。

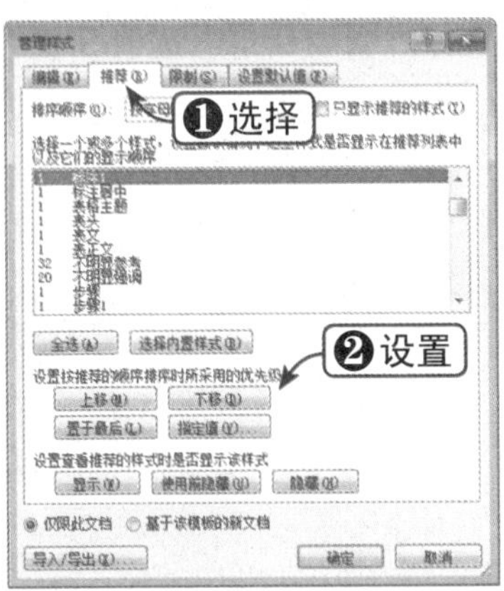

Step 06 设置限制样式

选择“限制”选项卡，可以设置当文档受保护时是否可对这些样式进行更改，如下图所示。

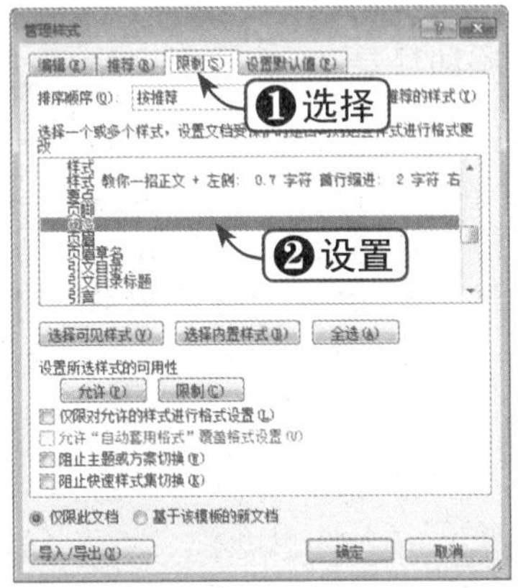

Step 07 设置默认值

选择“设置默认值”选项卡，可以设置默认样式的各项参数，单击“导入/导出”按钮，如下图所示。

Step 08 添加到公用模板

弹出“管理器”对话框，在“样式”选项卡中可以将当前文档中的样式与宏方案添加到公用模板，单击“关闭”按钮，如下图所示。

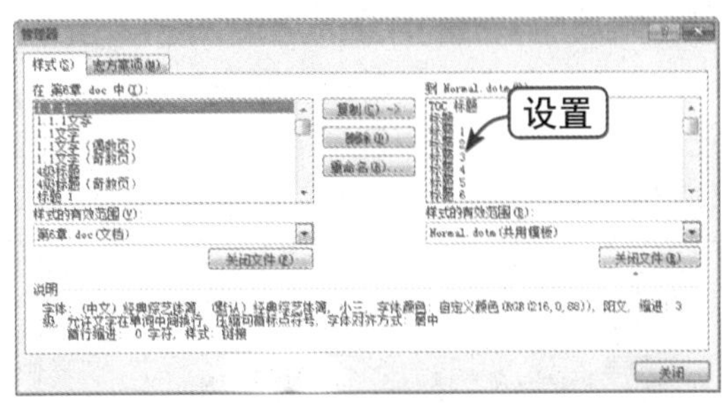

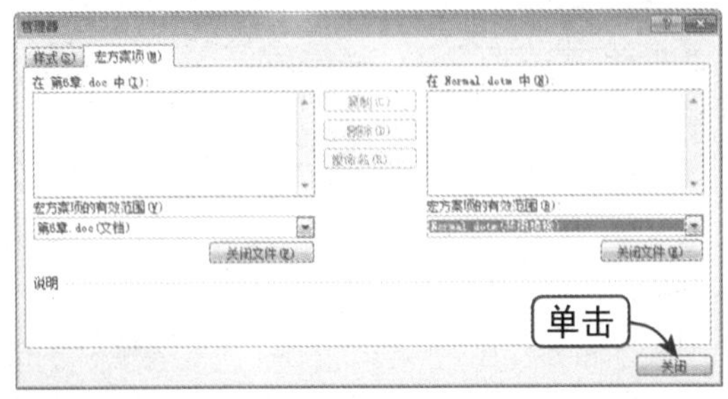

6.4 目录与审阅

下面将讲解目录的快速生成方法以及文档的校对、审阅、转换的方法与技巧，如文本校对、翻译文本、校对文本和简繁转换等。

6.4.1 生成目录

下面将通过实例讲解如何生成目录，具体操作方法如下：

	素材文件	光盘：素材文件\第6章\6.4.1 生成目录.docx

Step 01 打开素材文件

打开“素材文件\第6章\6.4.1 生成目录.docx”，如下图所示。定位光标到需要添加目录的空白处，选择“引用”选项卡。

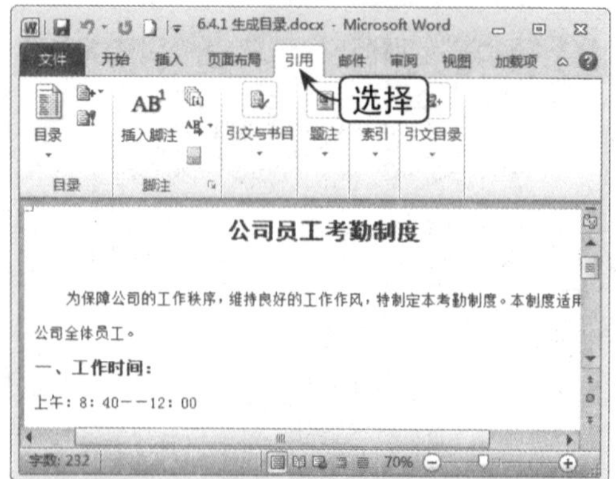

Step 02 选择“手动目录”选项

在“目录”组中单击“目录”下拉按钮，在弹出的下拉列表中选择“手动目录”选项，如下图所示。

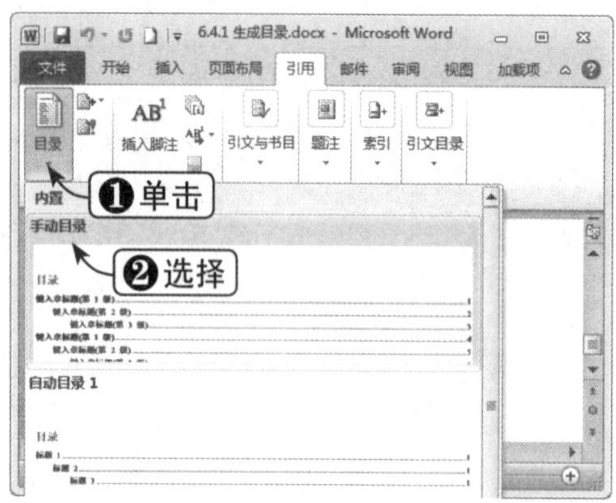

Step 03 添加目录

这时，即可在指定位置添加目录，如下图所示。

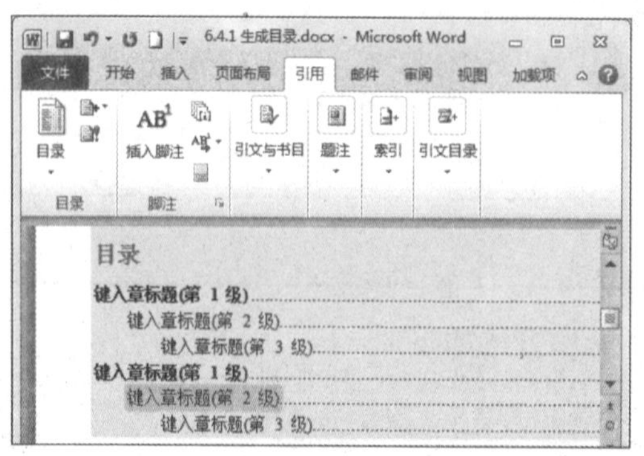

Step 04 选择“自动目录”选项

定位光标到需要添加目录的空白处，在“目录”组中单击“目录”下拉按钮，在弹出的下拉列表中选择“自动目录”选项，如下图所示。

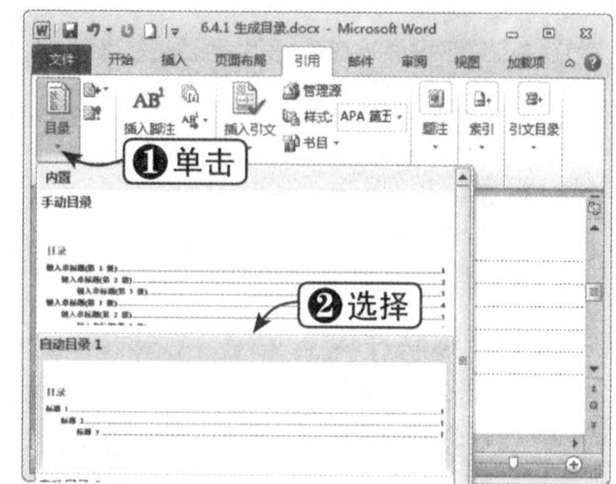

Step 05 添加目录

这时，即可在指定位置添加目录，该目录将按照大纲级别自动添加内容，如下图所示。

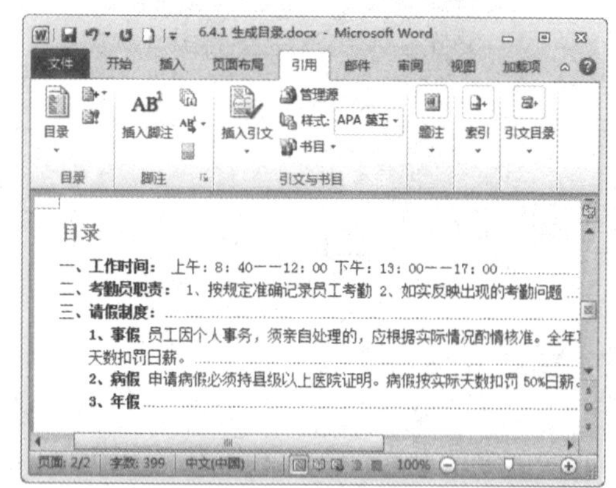

Step 06 编辑目录

选择新添加的目录，当出现编辑框时即可对目录进行编辑，如下图所示。

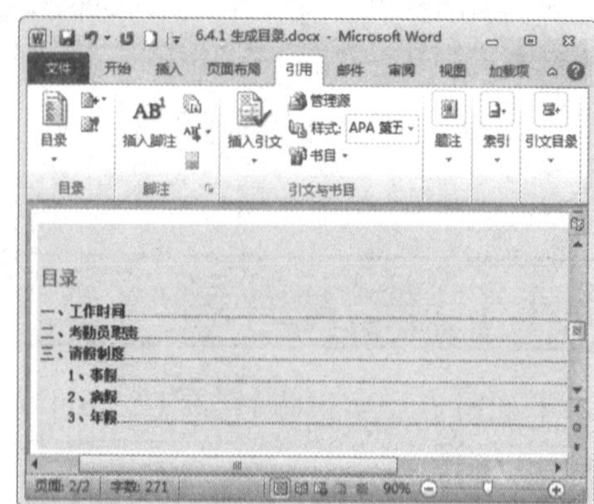

Step 07 选择“插入目录”选项

如果希望设置目录的文本格式，则在下拉列表中选择“插入目录”选项，如下图所示。

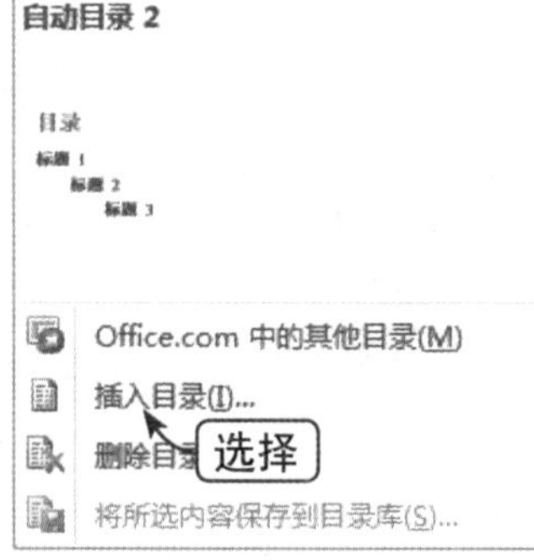

Step 08 设置格式

弹出“目录”对话框，在“目录”选项卡下的“格式”下拉列表框中可以选择所需文本格式，单击“选项”按钮，如下图所示。

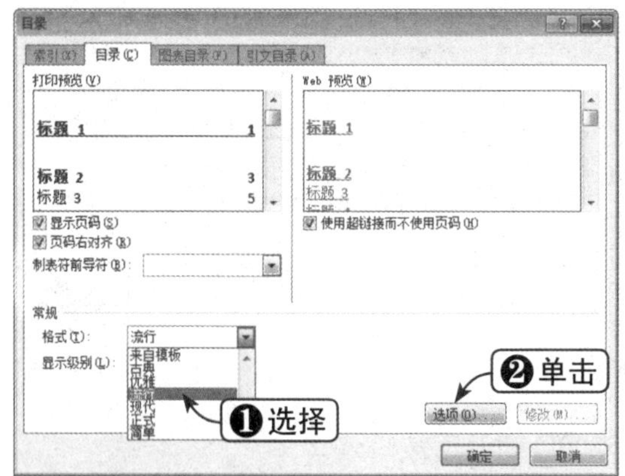

Step 09 设置目录选项

单击“选项”按钮，弹出“目录选项”对话框，可以设置有效样式、目录级别等，单击“确定”按钮，如下图所示。

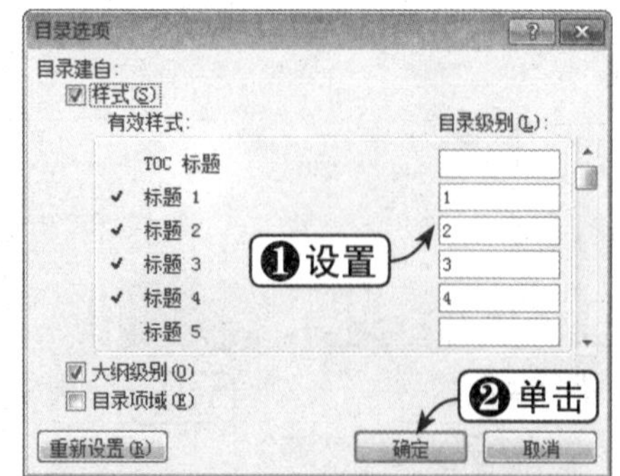

Step 10 查看文本效果

查看更改目录相关参数后的文本效果，如下图所示。

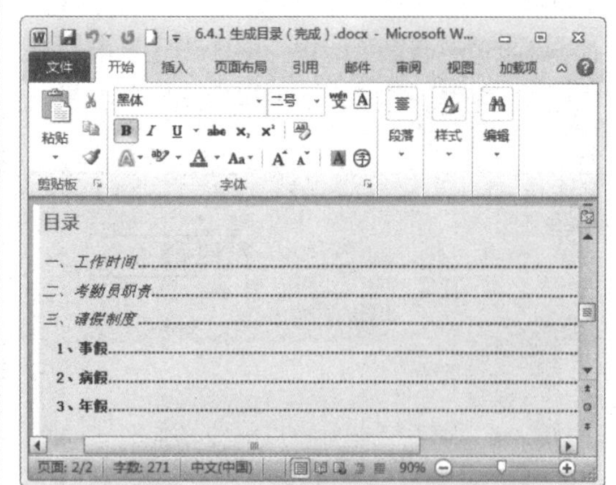

知识点拨

一般情况下，正式印刷出版的书刊都有目录，其中包含章、节名及页码等信息。如果没有特殊要求，一般生成三级目录即可。

6.4.2 转换文本

用户可以对中文字符进行简体与繁体之间的转换，也可以自定义转换内容，从而将某文本转换为指定文本。下面将通过实例对其进行讲解，具体操作方法如下：

	素材文件	光盘：素材文件\第6章\6.4.2 转换文本.docx

Step01 选中文本

打开"素材文件\第6章\6.4.2 转换文本.docx"，选中要进行简繁转换的文本，如下图所示。

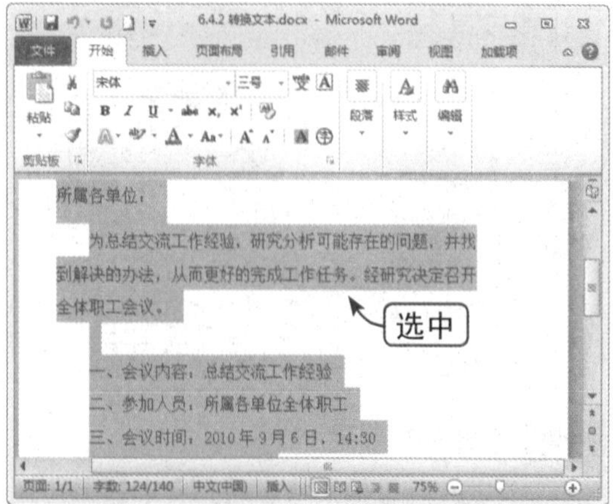

Step02 选择"简转繁"选项

选择"审阅"选项卡，单击"中文简繁转换"下拉按钮，在弹出的下拉列表中选择"简转繁"选项，如下图所示。

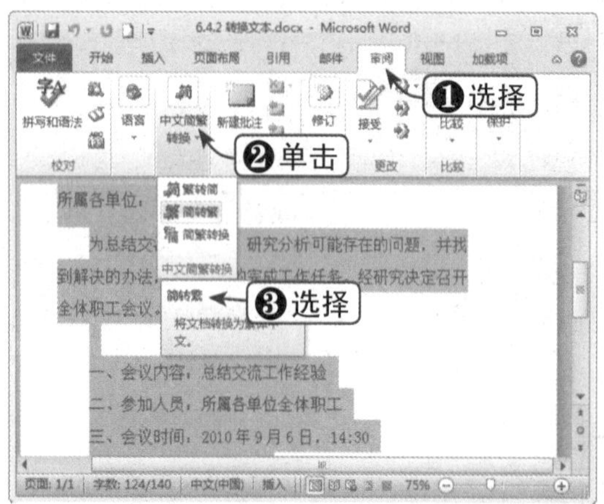

Step03 查看转换效果

这时，所选文本即被转换为繁体文本，如下图所示。

所屬各單位：

為總結交流工作經驗，研究分析可能存在的問題，並找到解決的辦法，從而更好的搞定工作任務。經研究決定召開全體職工會議。

一、會議內容：總結交流工作經驗

二、參加人員：所屬各單位全體職工

三、會議時間：2010年9月6日，14:30

Step04 单击"自定义词典"按钮

在"中文简繁转换"下拉列表中选择"简繁转换"选项，将弹出"中文简繁转换"对话框，单击"自定义词典"按钮，如下图所示。

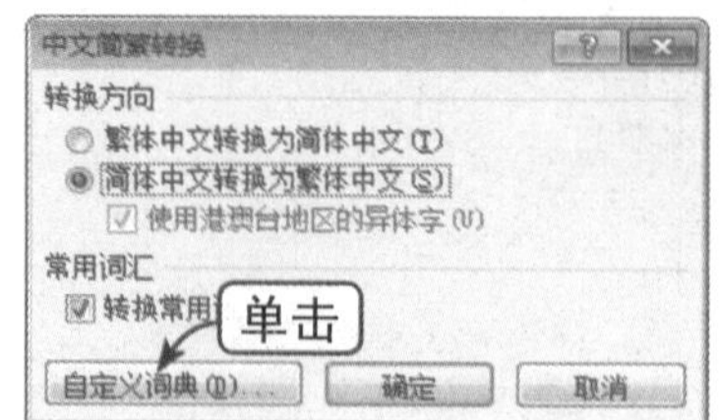

Step05 输入文本

弹出"简体繁体自定义词典"对话框，在文本框中分别输入要修改的文本以及要转换为的文本，如下图所示。设置完毕后，单击"修改"按钮。

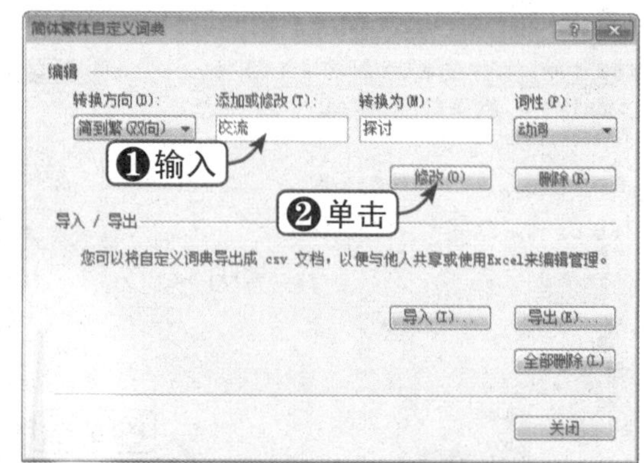

Step06 词汇已被修改

弹出"自定义词典"对话框，显示"此词汇在自定义词典中已被修改"信息。依次单击"确定"按钮，关闭对话框即可，如下图所示。

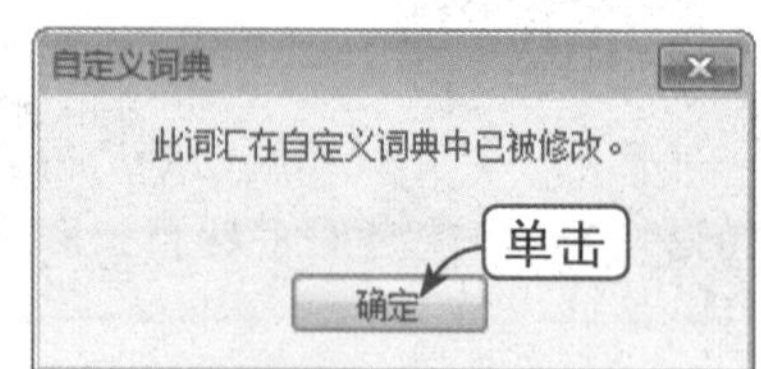

知识点拨

词典中添加的词可设置转换方向，选择的转换方向为双向时，可混合使用"添加或修改"及"转换为"字段。

6.4.3 翻译文本

用户可以将所选文本翻译成英语、法语、德语和阿拉伯语等多个语种，下面将通过实例对其进行讲解，具体操作方法如下：

1. 翻译文档

	素材文件	光盘：素材文件\第6章\6.4.3 翻译文本.docx

Step01 选择"翻译文档"选项

打开"素材文件\第6章\6.4.3 翻译文本.docx"，选择"审阅"选项卡，在"语言"组中单击"翻译"下拉按钮，在弹出的下拉列表中选择"翻译文档"选项，如下图所示。

Step02 翻译文本

弹出IE窗口，将显示源文本与翻译后的文本，如下图所示。

Step03 切换视图方式

通过单击页面左上方的视图按钮，可以切换不同的视图方式，如下图所示。

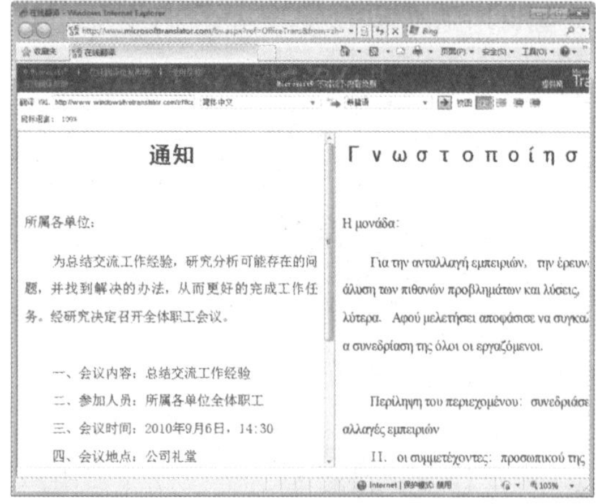

Step04 切换语言

单击语言下拉按钮，打开语言列表，可以选择其他语言，如下图所示。

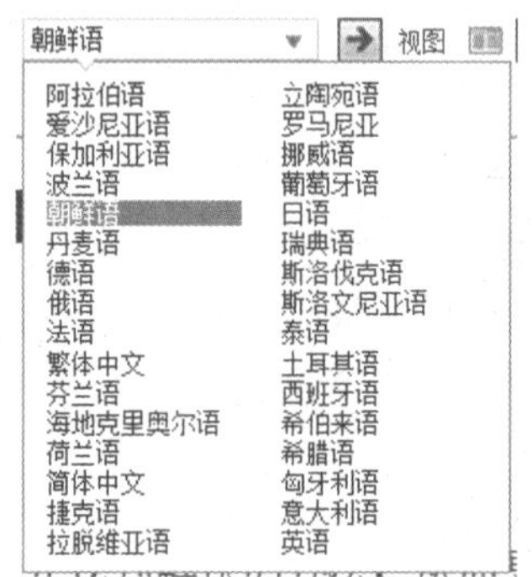

Step05 选择"选择转换语言"选项

如果希望更改翻译文档默认的语言，则在"语言"组中单击"翻译"下拉按钮，在弹出的下拉列表中选择"选择转换语言"选项，如下图所示。

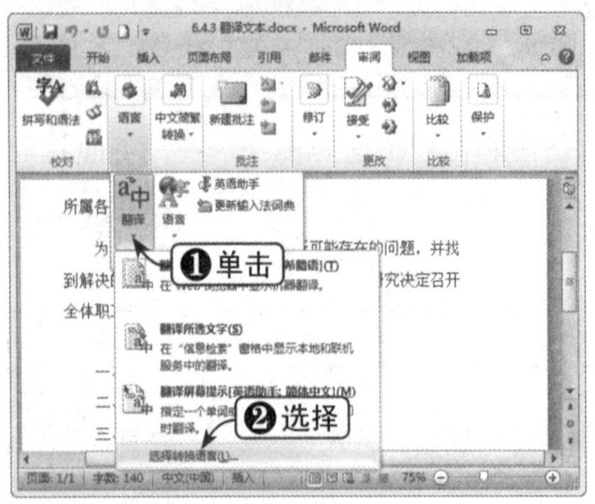

Step 06 设置语言

弹出“翻译语言选项”对话框，即可设置语言，单击“确定”按钮，如下图所示。

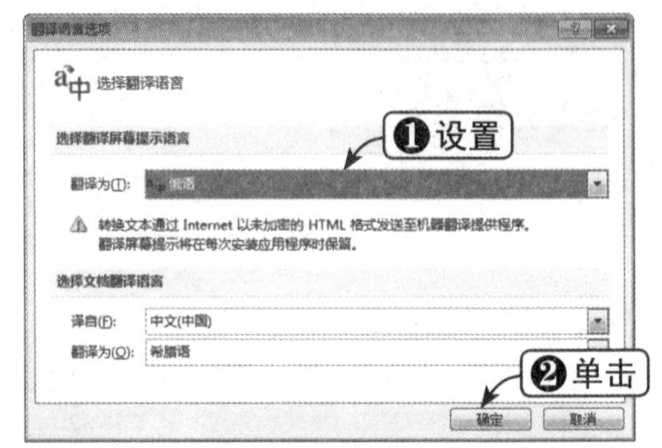

2. 翻译所选文字

Step 01 选择“翻译所选文字”选项

选择需要翻译的内容，然后单击“翻译”下拉按钮，在弹出的下拉列表中选择“翻译所选文字”选项，如下图所示。

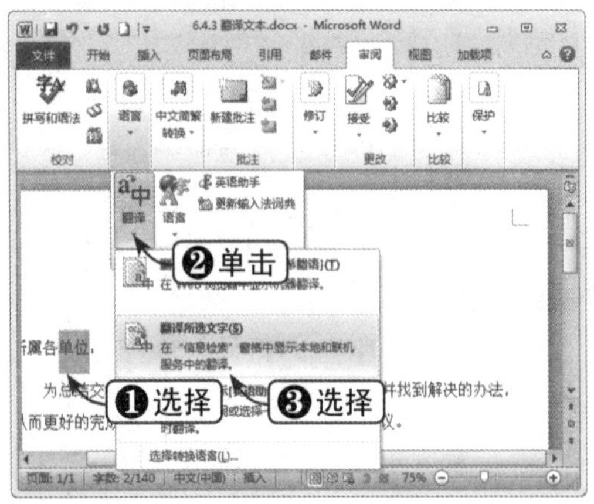

Step 02 翻译文本

弹出“信息检索”窗格，即可在列表框中显示翻译的内容，单击“翻译选项”链接，如下图所示。

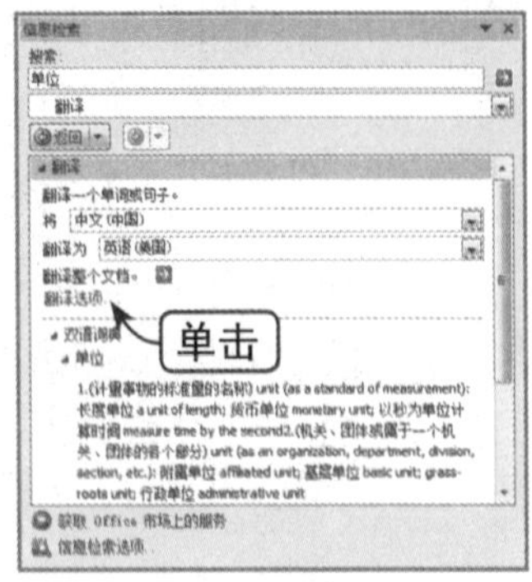

Step 03 设置翻译选项

单击“翻译选项”链接，弹出“翻译选项”对话框，可以对词典与翻译语言进行设置，单击“确定”按钮，如下图所示。

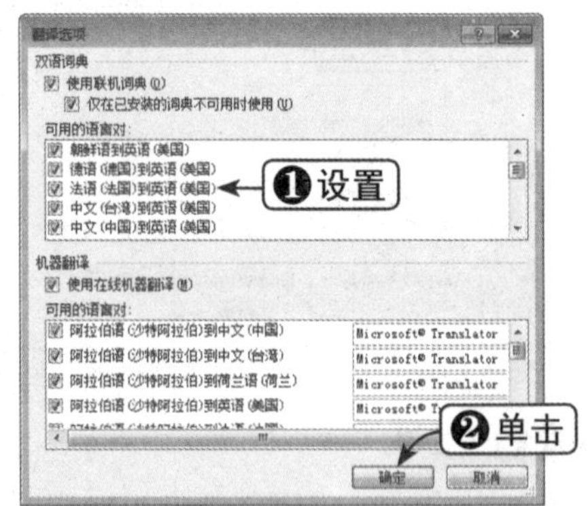

Step 04 设置信息检索选项

单击“信息检索”窗格中的“信息检索选项”链接，将弹出“信息检索选项”对话框，可以对参考资料进行设置，单击“确定”按钮，如下图所示。

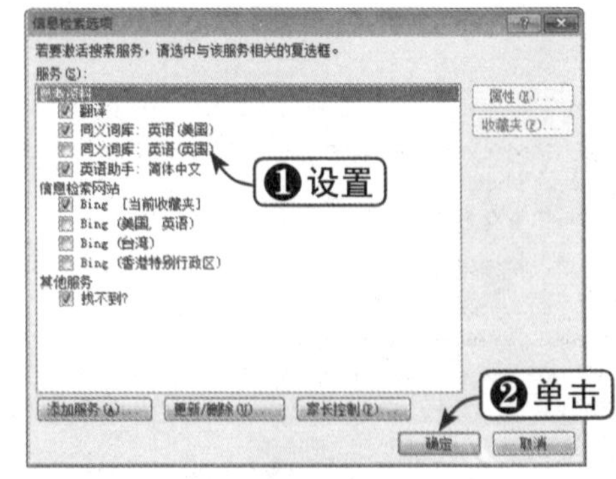

3. 自动翻译文本

Step 01 选择“翻译屏幕提示”选项

单击“翻译”下拉按钮，在弹出的下拉列表中选择“翻译屏幕提示”选项，如下图所示。

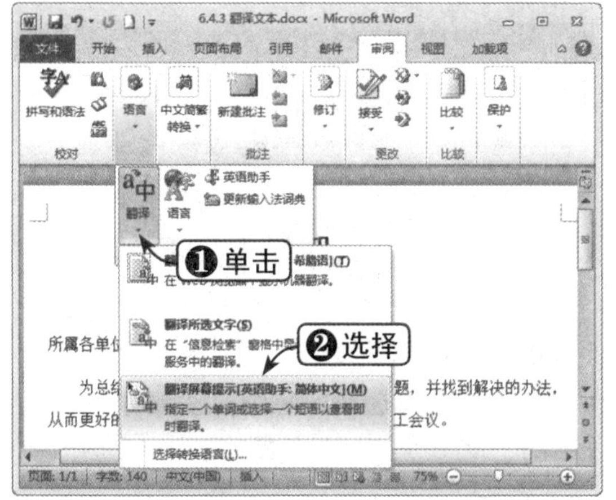

Step 02 显示翻译内容

将光标移向需要翻译的文本，这时将出现一个半透明窗格。将光标移向该窗格，即可显示翻译的内容，如下图所示。

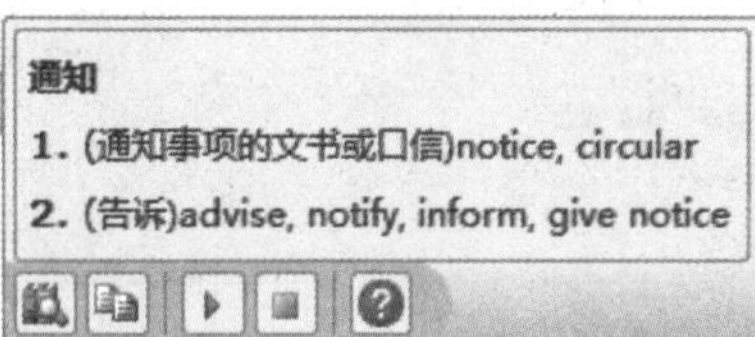

Step 03 展开窗格

单击窗格左侧的“展开”按钮，将弹出“信息检索”窗格，显示具体的翻译内容，如下图所示。

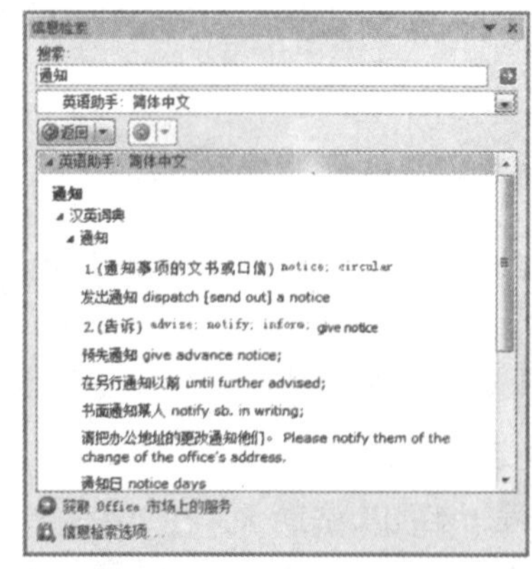

Step 04 取消自动翻译

如果希望取消自动翻译功能，则再次单击“翻译”下拉按钮，在弹出的下拉列表中选择“翻译屏幕提示”选项，取消其亮选状态即可，如下图所示。

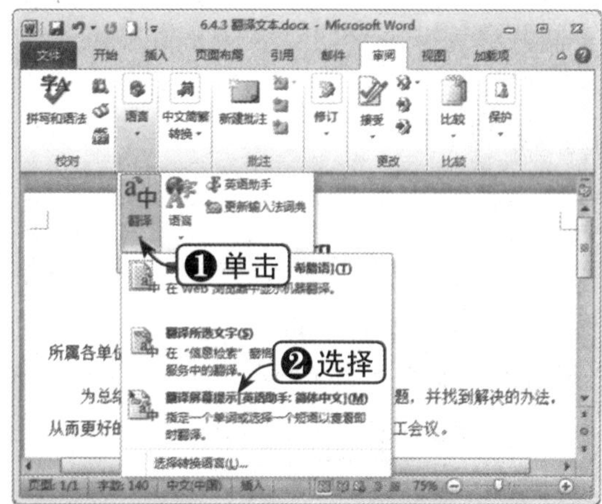

6.4.4 校对文本

用户可以通过校对工具检查文档中的文本是否存在语法与拼写错误，下面将通过实例对其进行讲解，具体操作方法如下：

	素材文件	光盘：素材文件\第6章\6.4.4 校对文本.docx

Step 01 打开素材文件

打开“素材文件\第6章\6.4.4 校对文本.docx”，如下图所示。

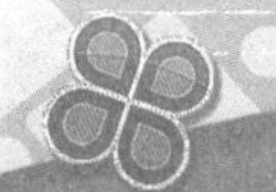

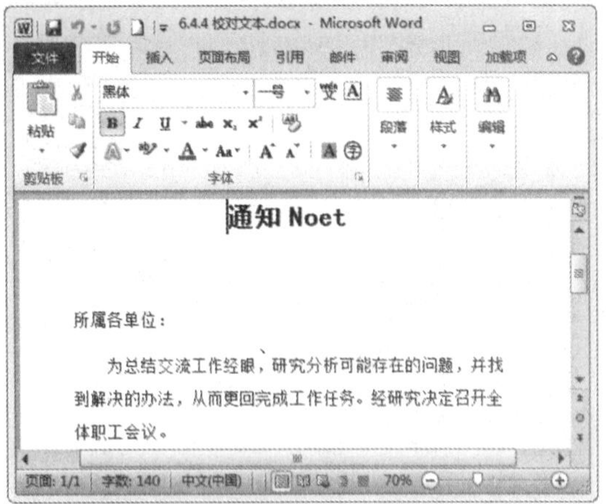

Step 02 单击“拼写和语法”按钮

选择“审阅”选项卡，在“校对”组中单击“拼写和语法”按钮，如下图所示。

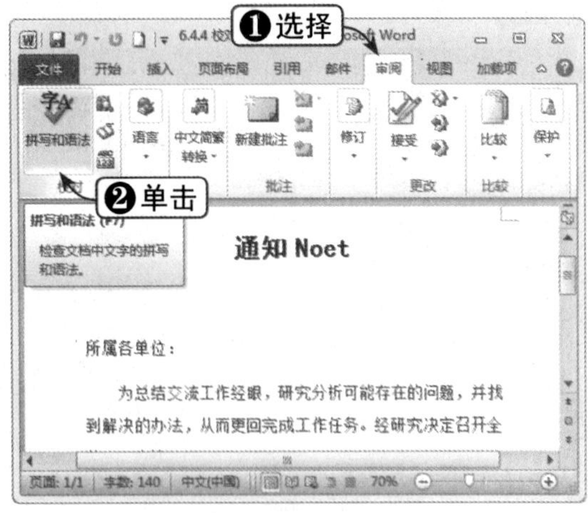

Step 03 显示错误的文本

弹出“拼写和语法”对话框，在“不在词典中”列表框中将显示错误的文本，并用红色进行亮显，如下图所示。

Step 04 单击“更改”按钮

在“建议”列表框中选择需要替换的文本，单击“更改”按钮，如下图所示。

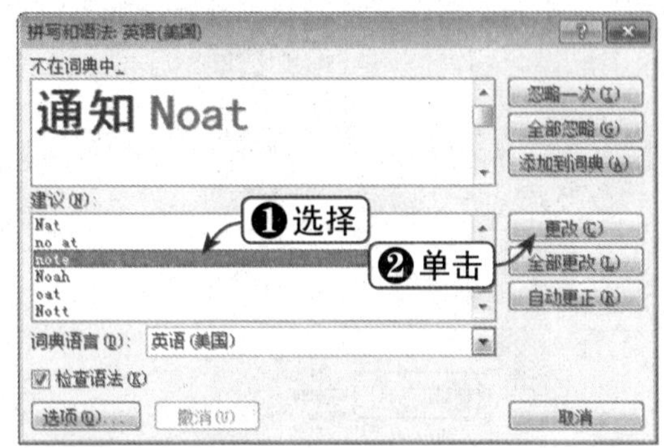

Step 05 确认继续检查

弹出提示信息框，询问是否继续检查文档的其余部分，单击“是”按钮，如下图所示。

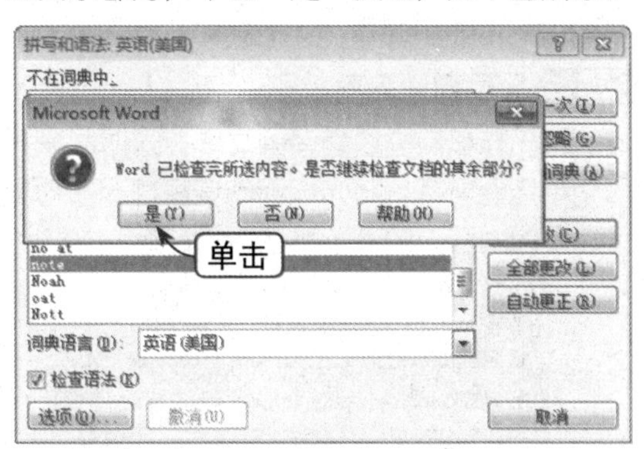

Step 06 显示错误的文本

这时，将显示其他错误文本。对于语法错误的文本，将用绿色进行亮显，如下图所示。

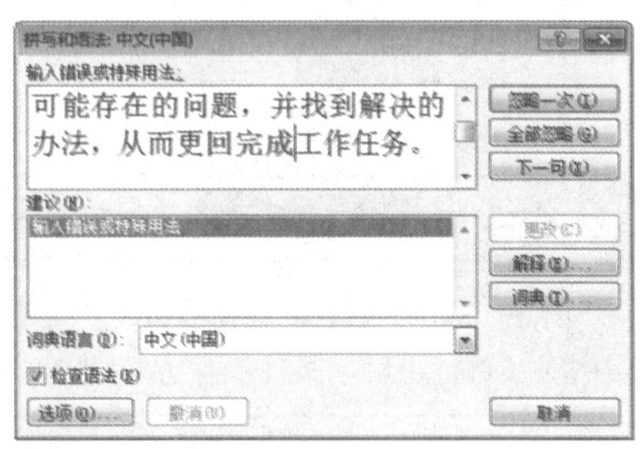

Step 07 手动更改文本

对列表框中的亮显部分手动更改错误的文本，然后单击“更改”按钮即可，如下图所示。

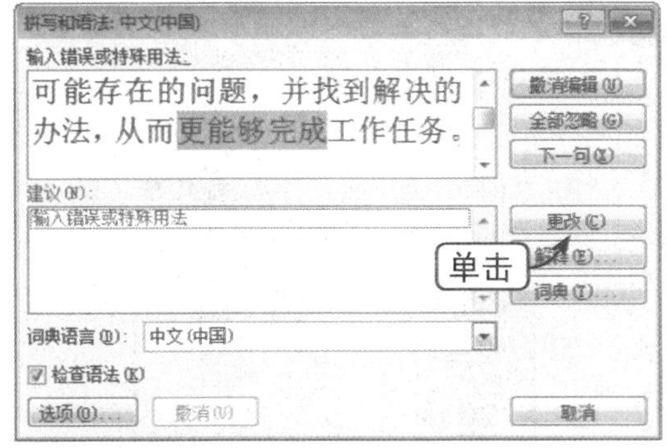

Step 08 设置参数

如果单击"选项"按钮，将弹出"Word 选项"对话框，可以对更改语法与拼写的相关参数进行设置，单击"确定"按钮，如下图所示。

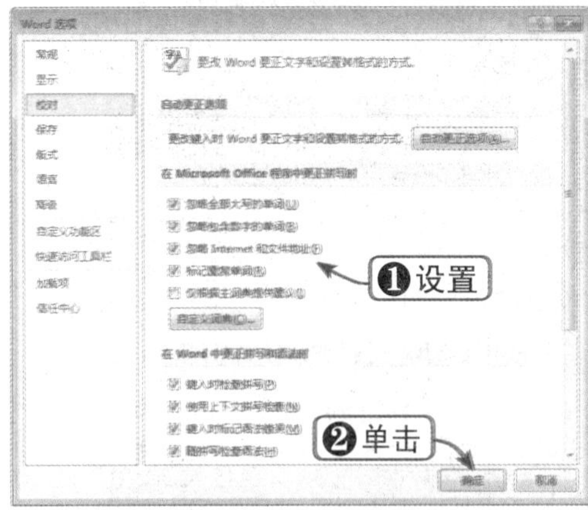

知识点拨

Word 在校对文档时可能会出错，如一些专业术语会被标记错误。如果出现此类情况，可将该错误忽略。

6.4.5 字数统计

用户可以通过字数统计功能快速查看文档中的字数，下面将通过实例对其进行讲解，具体操作方法如下：

	素材文件	光盘：素材文件\第6章\6.4.5 字数统计.docx

Step 01 选中文本

打开"素材文件\第6章\6.4.5 字数统计.docx"，选中要进行统计的文本，如下图所示。

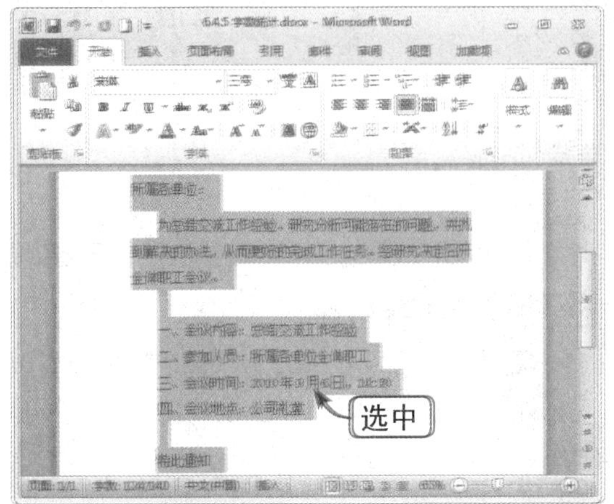

Step 02 单击"字数统计"按钮

选择"审阅"选项卡，在"校对"组中单击"字数统计"按钮，如下图所示。

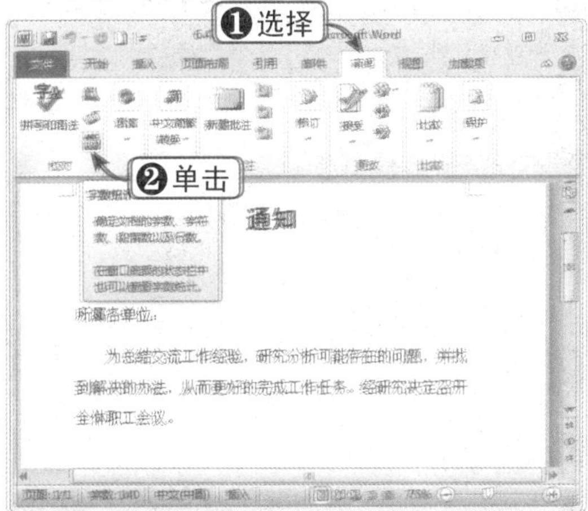

Step 03 查看统计结果

这时，将弹出“字数统计”对话框，显示统计结果，如下图所示。

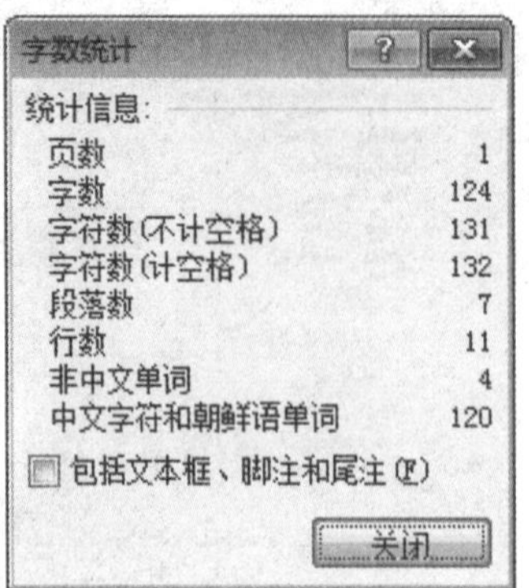

Step 04 统计全部文本

如果希望统计全部文本，则定位光标到文档的任意位置，再次单击“字数统计”按钮进行统计。如果希望统计文本框等元素，则选中相应的复选框即可，如下图所示。

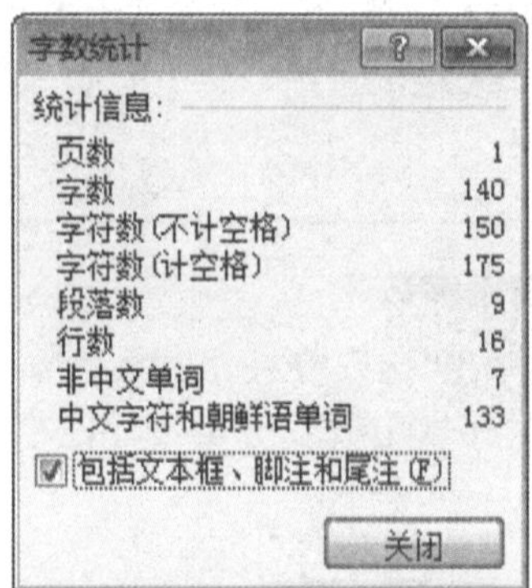

6.4.6 应用批注

批注是一种常见的阅读方式，即在阅读过程中将感想、疑问等批写在书中空白处。在 Word 2010 中，可以通过批注工具方便地应用批注到文档中。下面将通过实例对其进行讲解，具体操作方法如下：

	素材文件	光盘：素材文件\第6章\6.4.6 应用批注.docx

Step 01 选中文本

打开“素材文件\第 6 章\6.4.6 应用批注.docx”，选中要进行批注的文本，如下图所示。

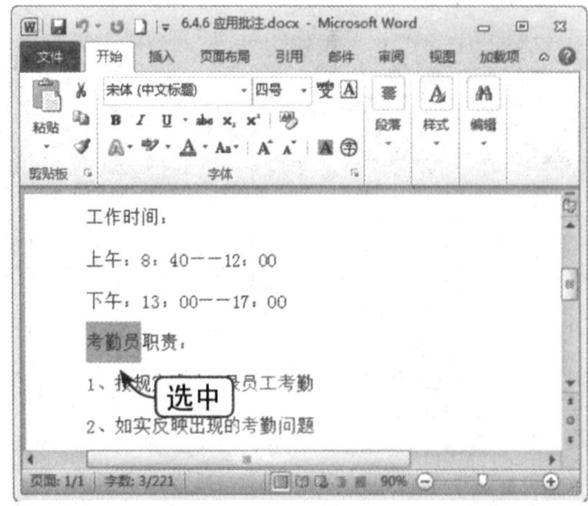

Step 02 单击“新建批注”按钮

选择“审阅”选项卡，在“批注”组中单击“新建批注”按钮，如下图所示。

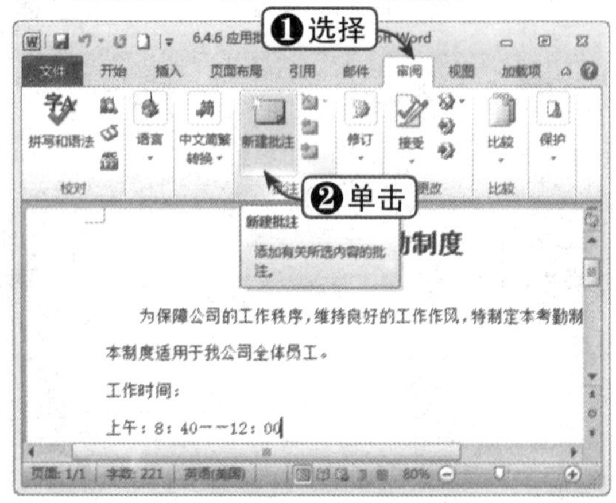

Step 03 输入批注内容

这时，即可将批注添加到指定位置，可以在右侧文本框中输入所需的批注内容，如下图所示。

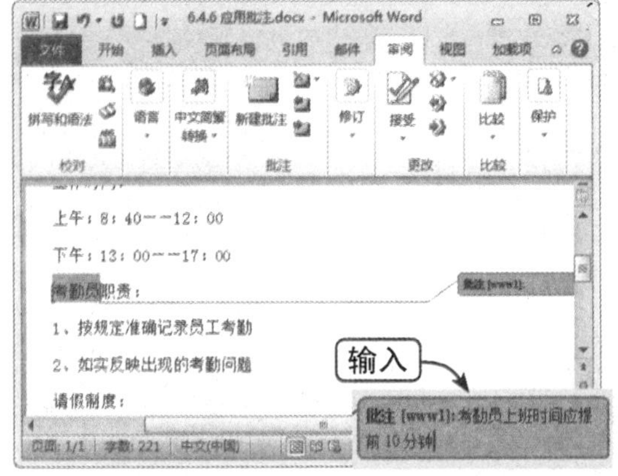

Step 04 切换批注

当在文档中创建多个批注时，可以通过“批注”组中的“上一条”和“下一条”按钮切换批注，如下图所示。

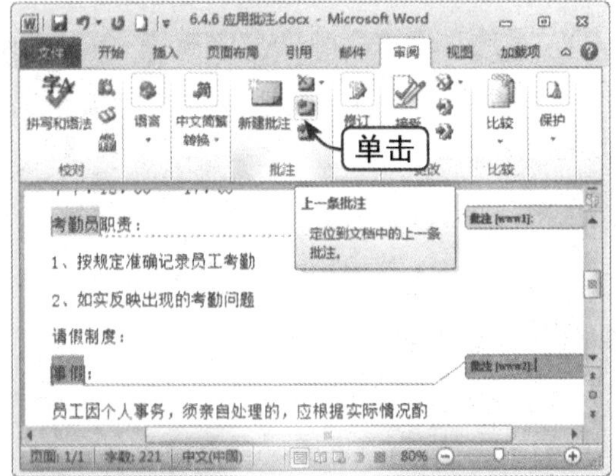

Step 05 删除所有批注

如果希望删除所有批注，则在“批注”组中单击“删除”下拉按钮，在弹出的下拉列表中选择“删除文档中的所有批注”选项，如下图所示。

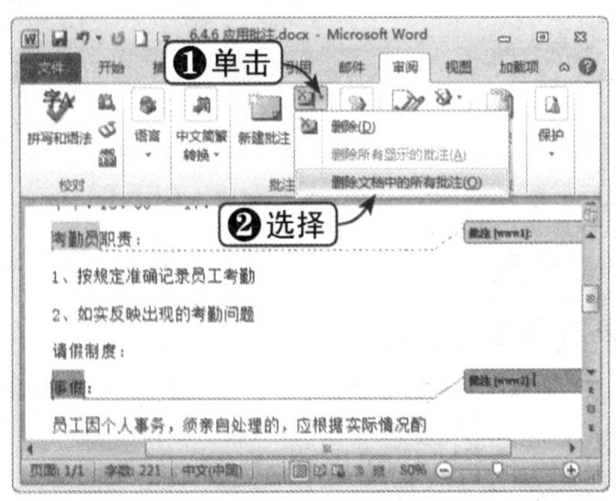

Step 06 开启审阅窗格

通过审阅窗格可以集中管理批注。在“修订”组中单击“审阅窗格”下拉按钮，在弹出的下拉列表中选择窗格类型，如选择“垂直审阅窗格”选项，如下图所示。

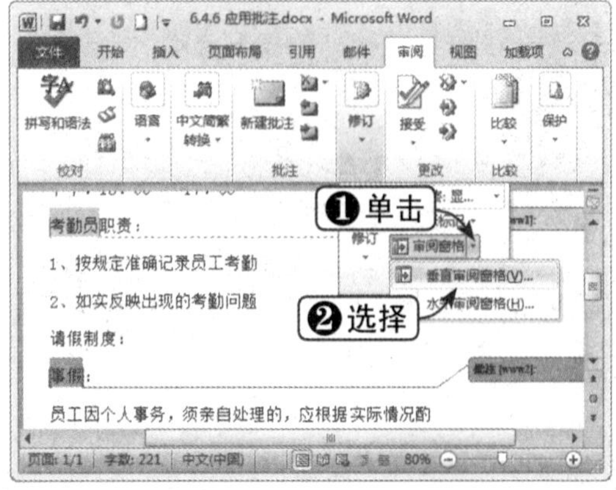

Step 07 查看审阅窗格

弹出审阅窗格，将集中显示文档中的批注，如下图所示。

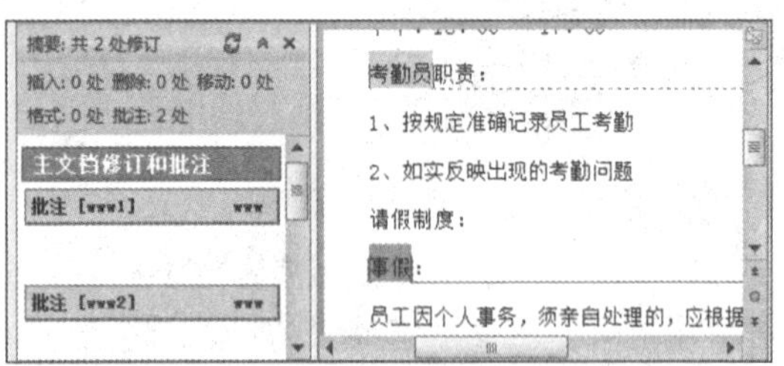

Step 08 选择“删除”选项

右击窗格中的批注，在弹出的快捷菜单中选择“删除批注”选项，可以删除指定的批注，如下图所示。

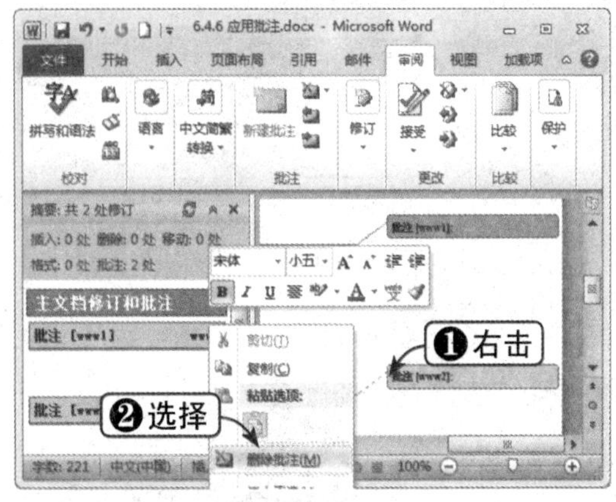

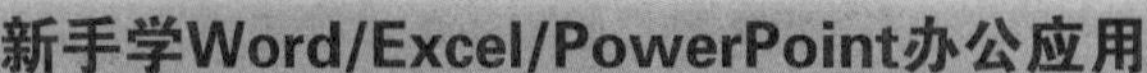

6.4.7 修订文档

修订即在文档中做出删除、编辑或插入等更改标记，在审阅稿件时经常会用到修订工具。下面将通过实例对其进行讲解，具体操作方法如下：

	素材文件	光盘：素材文件\第6章\6.4.7 修订文档.docx

Step 01 打开素材文件

打开“素材文件\第6章\6.4.7 修订文档.docx”，选择“审阅”选项卡，如下图所示。

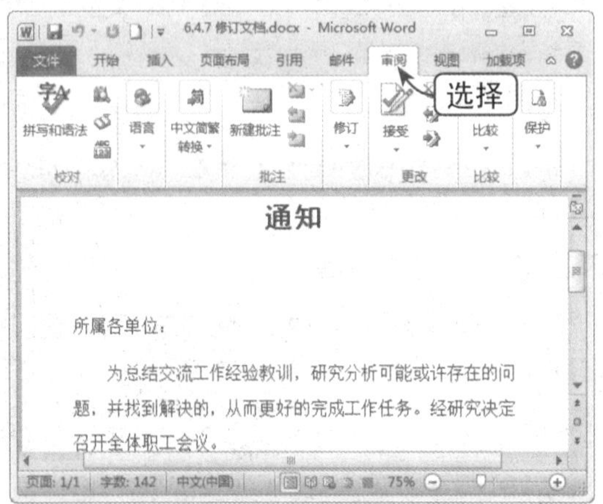

Step 02 选择“修订选项”选项

在“修订”组中单击“修订”下拉按钮，在弹出的下拉列表中选择“修订选项”选项，如下图所示。

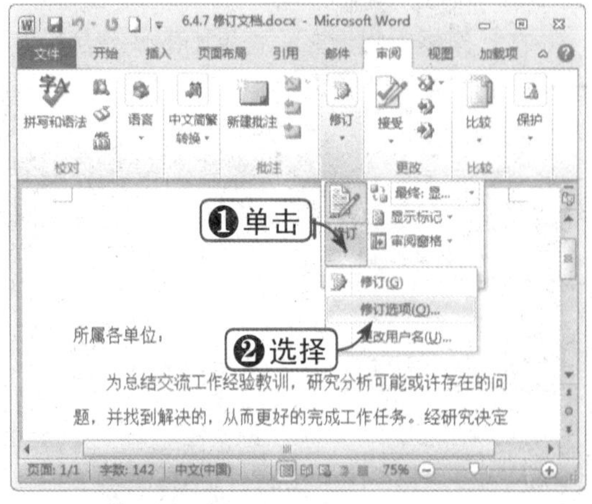

Step 03 设置修订选项

弹出“修订选项”对话框，可以对修订相关参数进行设置。例如，在“标记”选项区的“删除内容”下拉列表框中设置删除内容时的标记为“仅颜色”，单击“确定”按钮，如下图所示。

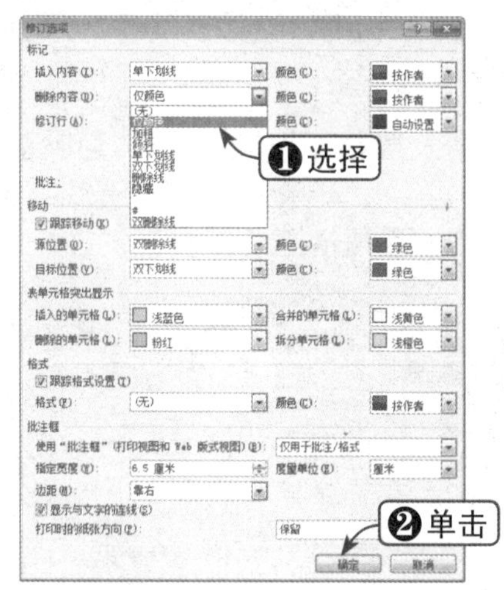

Step 04 开启修订

在“修订”组中单击“修订”按钮，当其处于亮显状态时，即表示修订功能已开启，如下图所示。

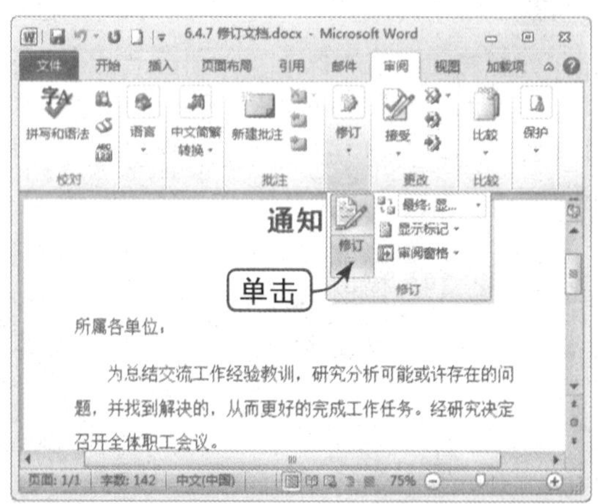

Step 05 查看修订效果

这时，在文档中删除、添加或更改某文本时，将自动在文本中添加颜色、下划线等标记，表示其已被修订，如下图所示。

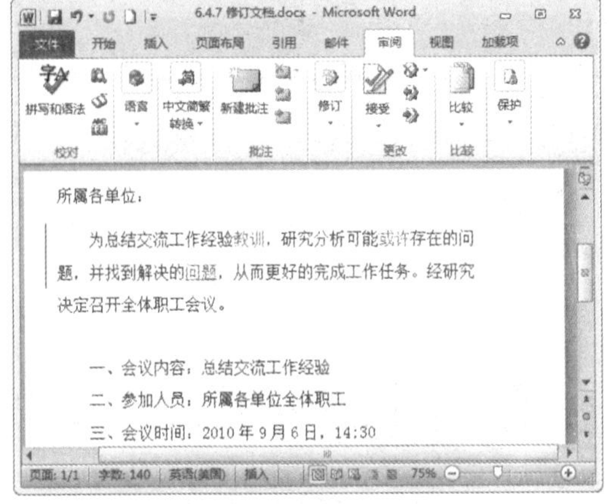

Step 06 选择“最终状态”选项

如果希望消除修订标记，显示修改后的最终状态，则在“修订”组中打开如下图所示的下拉列表，选择“最终状态”选项即可。

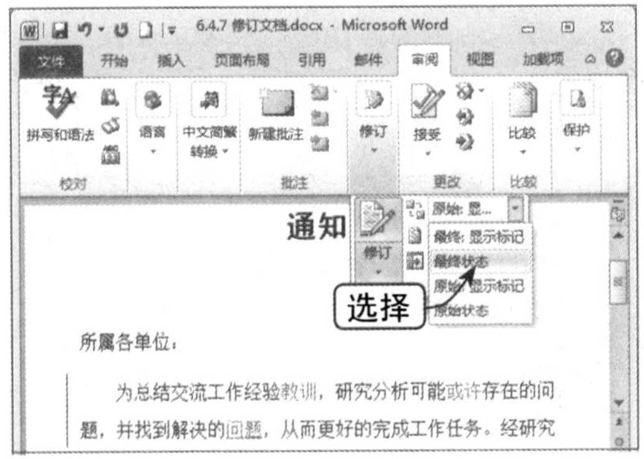

Step 07 显示批注框

还可以添加批注框并显示修订内容。单击“显示标记”下拉按钮，在弹出的下拉列表中选择“批注框”选项，在其级联菜单中选择“在批注框中显示修订”选项，如下图所示。

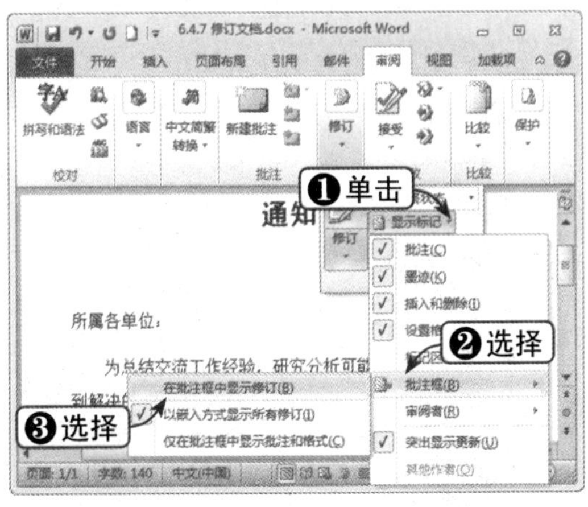

Step 08 查看批注框

这时，即可显示批注框，并标出修订文本，如下图所示。

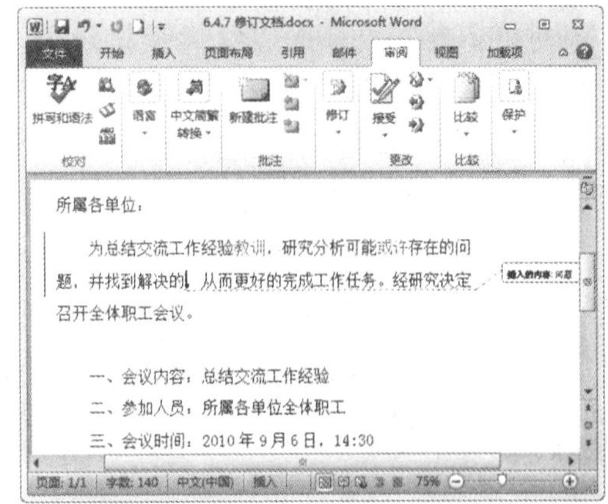

Step 09 接受修订

在“更改”组中单击“接受”下拉按钮，在弹出的下拉列表中可以选择接受修订的方式，如下图所示。

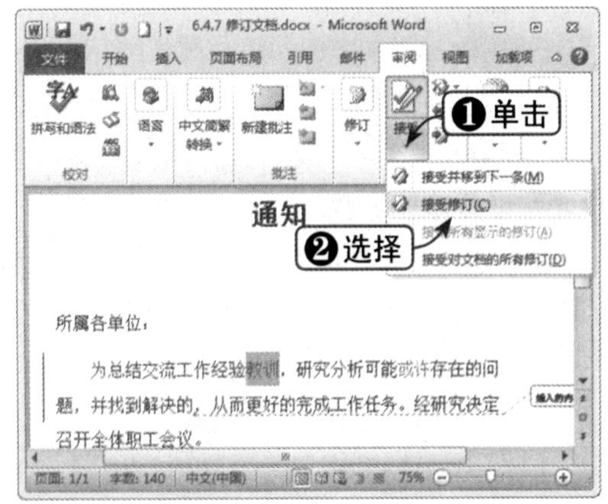

Step 10 拒绝修订

单击“拒绝”下拉按钮，在弹出的下拉列表中可以选择拒绝修订的方式，如下图所示。

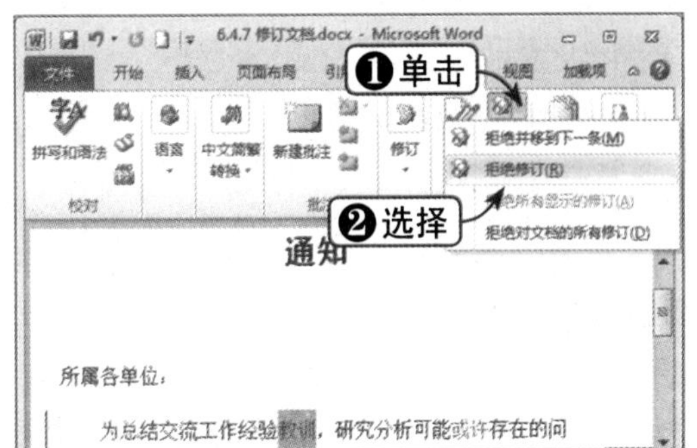

6.4.8 保护文档

对于一些重要文档，可以通过设置保护限制他人进行编辑操作。下面将通过实例对其进行讲解，具体操作方法如下：

	素材文件	光盘：素材文件\第6章\6.4.8 保护文档.docx

Step 01 单击“限制编辑”按钮

打开“素材文件\第6章\6.4.8 保护文档.docx”。在“审阅”选项卡下的“保护”组中单击“限制编辑”按钮，如下图所示。

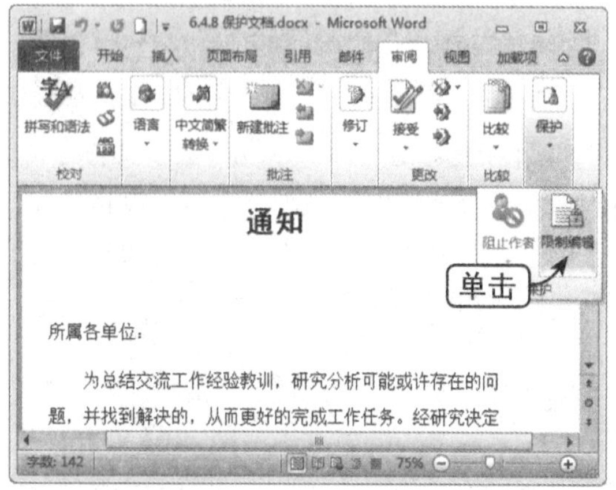

Step 02 设置限制方式

弹出“限制格式和编辑”窗格，可以设置限制对象等参数。设置完毕后，单击“是，启动强制保护”按钮，如下图所示。

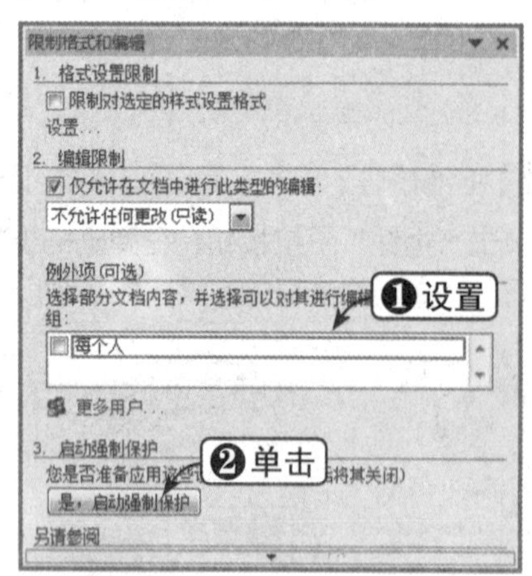

Step 03 设置密码

弹出“启动强制保护”对话框，可以选择保护方式，如选中“密码”单选按钮，在文本框中输入密码，单击“确定”按钮，如下图所示。

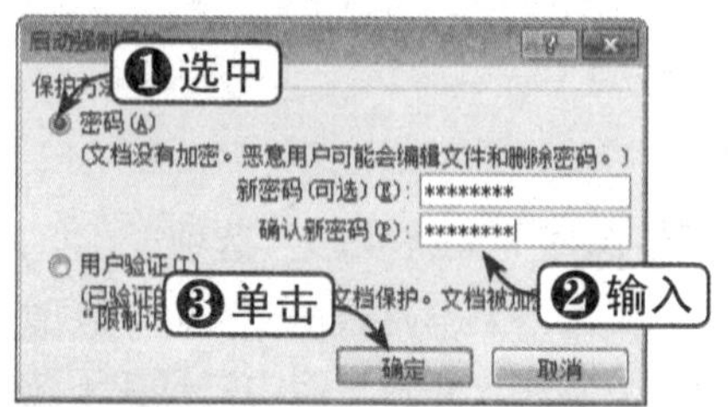

Step 04 限制编辑

这时，如果对文档进行删除、更换文本等编辑操作，将弹出“限制格式和编辑”窗格，提示文档受保护，如下图所示。

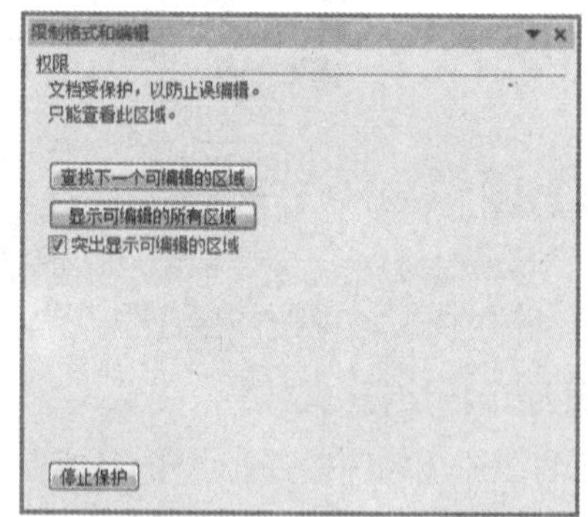

Step 05 取消保护

如果要取消保护，则单击“停止保护”按钮，弹出“取消保护文档”对话框，输入正确的密码，单击“确定”按钮即可，如下图所示。

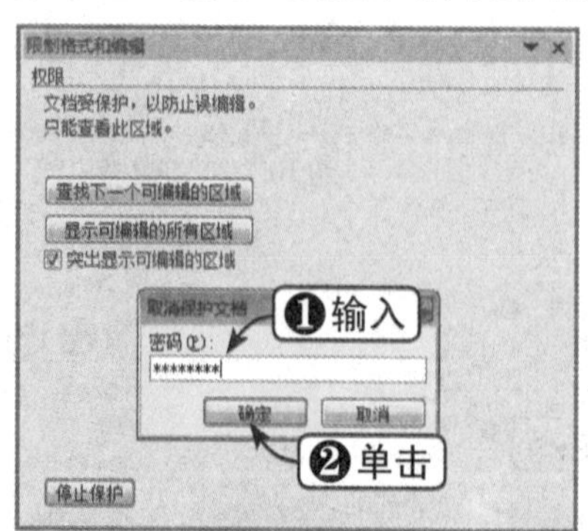

Step 06 注册服务

如果在“启动强制保护”对话框中选中“用户验证”单选按钮，单击“确定”按钮，将弹出“服务注册”对话框，需要注册该服务方可应用用户验证文档保护，如右图所示。

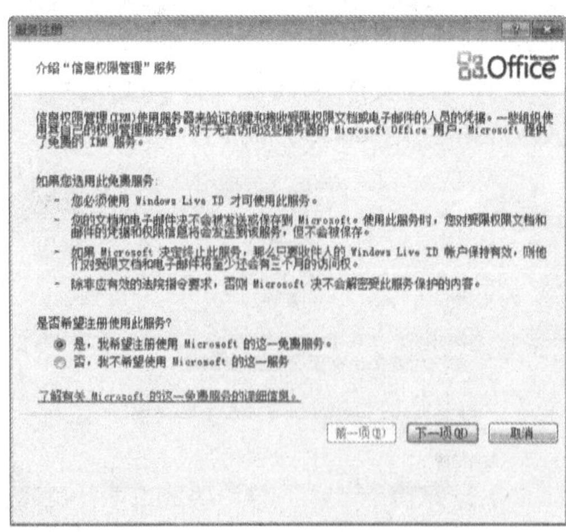

6.5 实战演练——高效办公的应用

下面将通过实战演练巩固之前所学的应用编号样式、查找与替换文本等相关知识，实例的最终结果如下图所示。

学叫会 红宝书

1.1 Office 2010 简介

Office 2010 是微软公司推出的新一代办公软件，开发代号为 Office 14，包括 32 位产品和首次引入的 64 位产品。64 位产品能够支持 4GB 以上的实体内存。

1.1.1 Office 2010 版本概述

Office 2010 针对不同的用户发布了多种版本的产品以供选择

1、Office 2010 初始版

Office 2010 初始版将面向低端电脑进行捆绑销售，仅包含精简版的 Word 和 Excel 应用程序。

2、Office 2010 家庭和学生版

Office 2010 家庭和学生版包括 Excel、OneNote、PowerPoint 和 Word 等四种应用组件。Office 2010 家庭和学生版的 1 个许可证允许最多同时在三台不同的家庭电脑中使用。

3、Office 2010 小型企业版

Office 2010 小型企业版与 Office 2010 家庭和学生版相比，增加了一个 Outlook 应用组件。使用 1 个许可证，用户可以在两台电脑中安装 Office 2010 小型企业版。

4、Office 2010 专业版

Office 2010 专业版包含 Excel、OneNote、PowerPoint、Word、Outlook、Access 和 Publisher 七项组件。Office 2010 专业版可以面向个人用户，也可以面向商业用户，使用人群比较广泛。

5、Office 2010 标准版

Office 2010 标准版面向于中大型企业。可以按需求定制应用的组件，通过组件数目定价，是较为灵活的版本。

6、Office 2010 专业增值版

Office 2010 专业增值版可包括 Excel、OneNote、PowerPoint、Word、Outlook、Access、Publisher、Communicator、InfoPath 和 SharePoint Workspace 等众多应用组件，是 Office 2010 套件中的高端版本，同样支持组件定制。

	素材文件	光盘：素材文件\第6章\6.5 实战演练——高效办公的应用.docx

Step01 打开素材文件

打开“素材文件\第6章\6.5 实战演练——高效办公的应用.docx”，如下图所示。

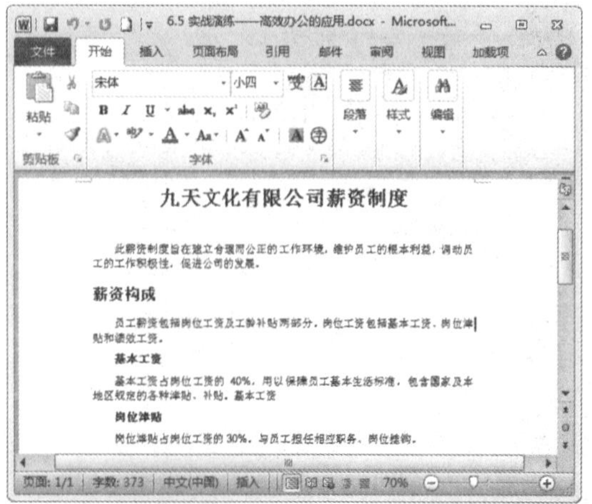

Step02 选中文本

选中需要添加编号样式的文本，如下图所示。

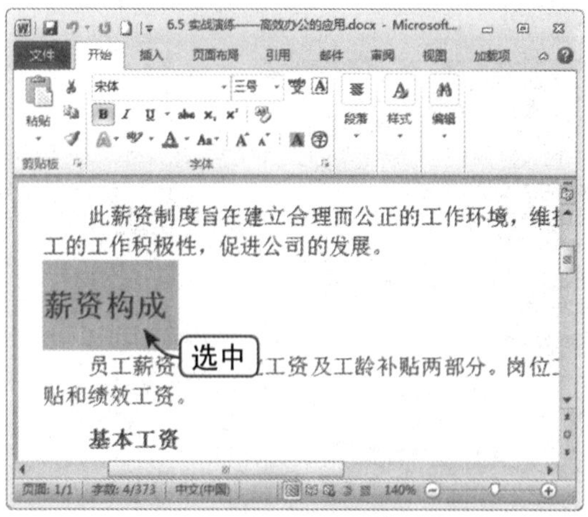

Step03 选择“定义新编号格式”选项

在“开始”选项卡下“段落”组中单击“编号”下拉按钮，在弹出的下拉列表中选择“定义新编号格式”选项，如下图所示。

Step04 单击“字体”按钮

弹出“定义新编号格式”对话框，设置编号样式，然后单击“字体”按钮，如下图所示。

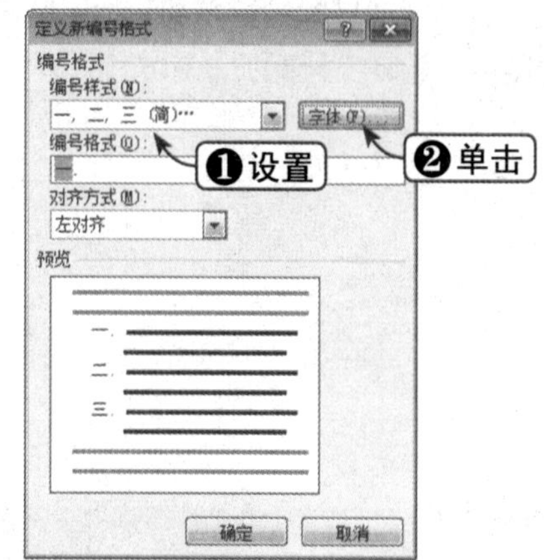

Step05 设置字体

弹出“字体”对话框，设置字体、字形和字号等参数，依次单击“确定”按钮，关闭对话框，如下图所示。

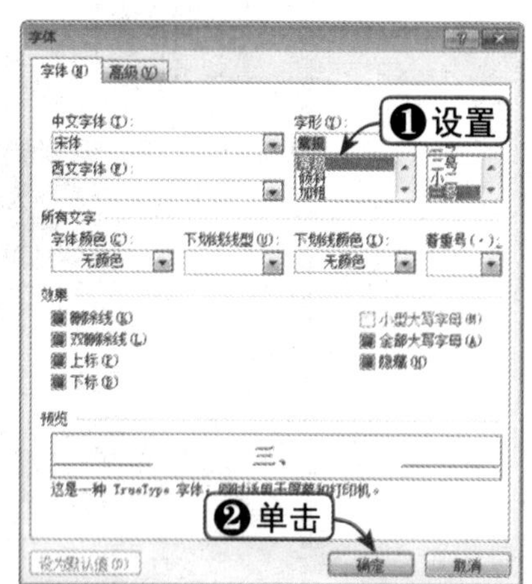

Step06 查看编号

这时，即可将编号添加到指定位置，如下图所示。

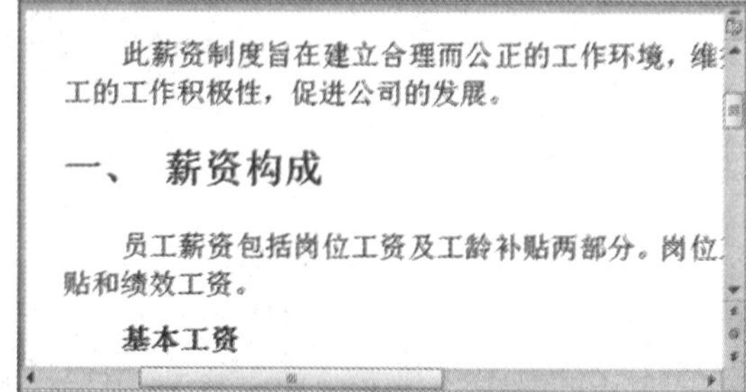

Step 07 查找文本

打开“导航”窗格，在文本框中输入“圆工”，查找该文本，如下图所示。

Step 08 选择“替换”选项

单击搜索框右侧的下拉按钮，在弹出的下拉列表中选择“替换”选项，如下图所示。

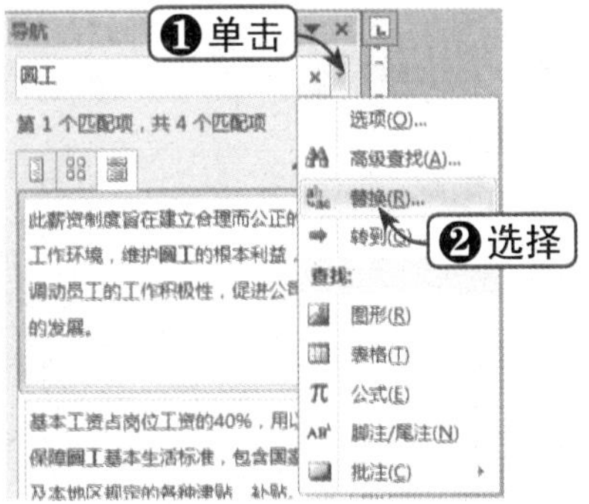

Step 09 单击“全部替换”按钮

弹出“查找和替换”对话框，在“替换为”下拉列表框中输入替换文本“员工”，单击“全部替换”按钮，如下图所示。

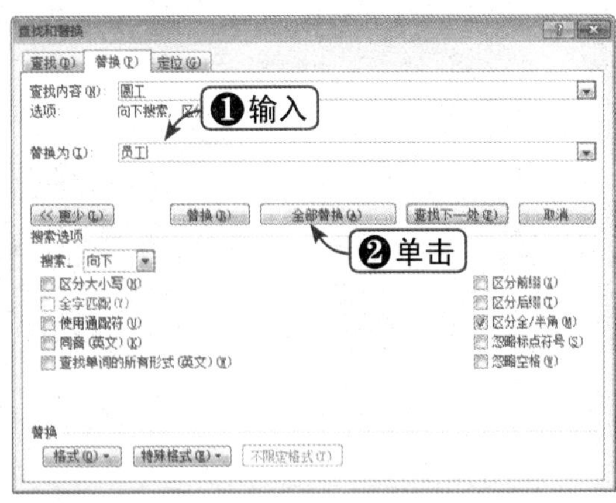

Step 10 显示替换结果

弹出提示信息框，显示替换位置的总数，单击“确定”按钮即可，如下图所示。

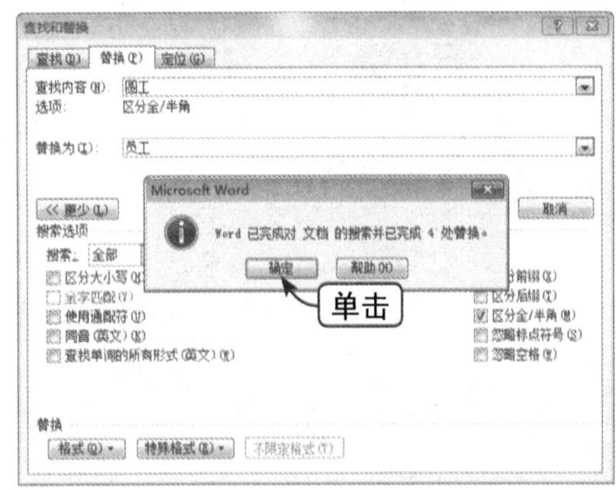

第 7 章 Excel 2010应用基础

本章将学习 Excel 2010 的基础知识，其中包括工作簿基础操作、工作表基础操作、单元格基础操作等，帮助读者对 Excel 2010 有一个初步的了解，并掌握其基本操作。

本章学习重点

1. 工作簿基本操作
2. 工作表基本操作
3. 单元格基本操作
4. 实战演练——制作员工资料表

重点实例展示

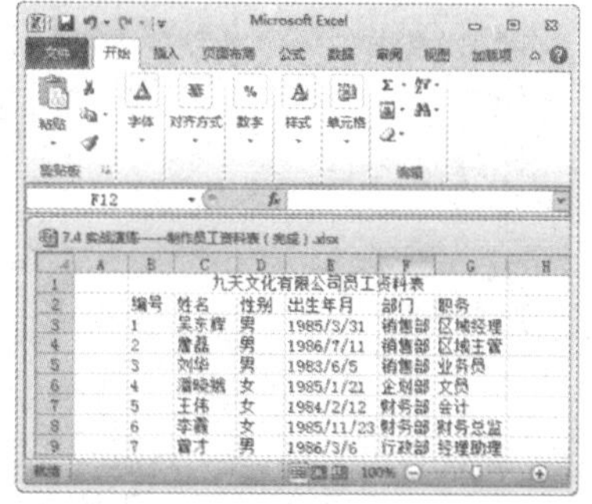

员工资料表

本章视频链接

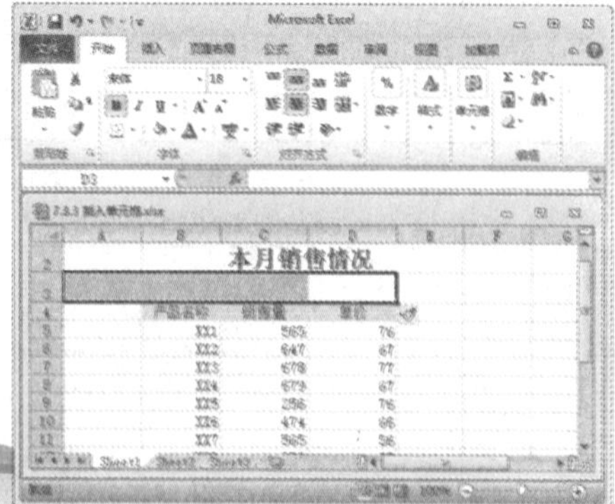

插入单元格

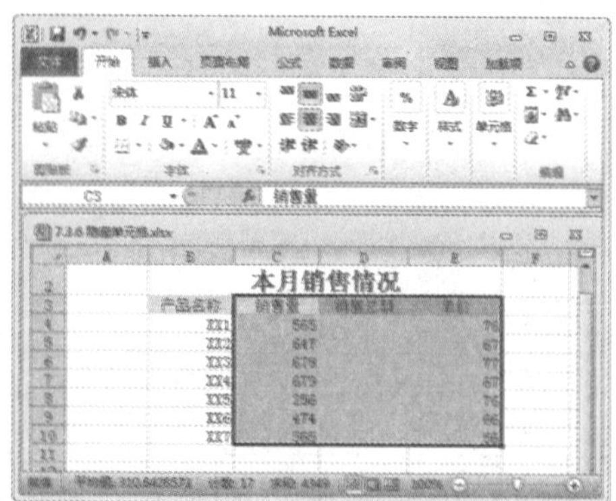

隐藏单元格

7.1 工作簿基本操作

工作簿用于存储与处理工作数据，每个工作簿可以拥有多个工作表。下面将介绍工作簿的基本操作。

7.1.1 新建工作簿

启动 Excel 2010，将自动新建一个空白工作簿，也可以手动新建工作簿，具体操作方法如下：

Step 01 双击“空白工作簿”选项

启动 Excel 2010，选择“文件”选项卡，在左侧窗格中选择“新建”选项。在“可用模板”列表中双击“空白工作簿”选项，如下图所示。

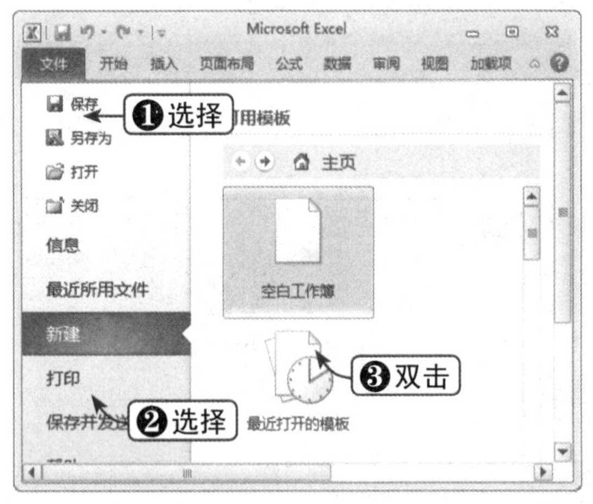

Step 02 新建空白工作簿

这时，即可新建一个空白工作簿，如下图所示。

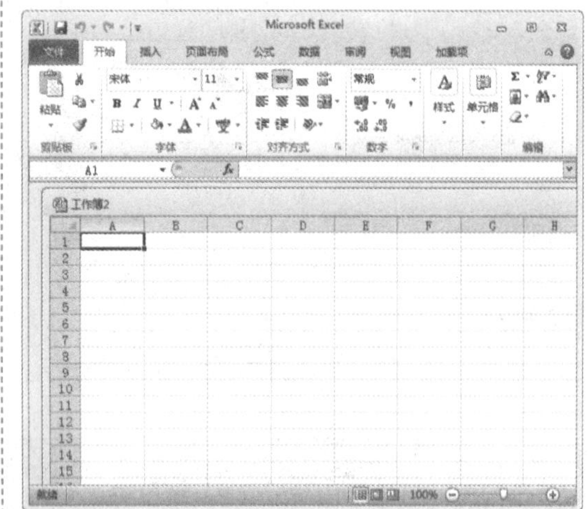

知识点拨

按【Ctrl+N】组合键，同样可以在窗口中新建一个空白工作簿。

7.1.2 新建基于样本模板的工作簿

下面将通过实例讲解如何新建基于样本模板的工作簿，具体操作方法如下：

Step 01 选择“样本模板”选项

启动 Excel 2010，选择“文件”选项卡，在左侧窗格中选择“新建”选项。在“可用模板”列表中选择“样本模板”选项，如下图所示。

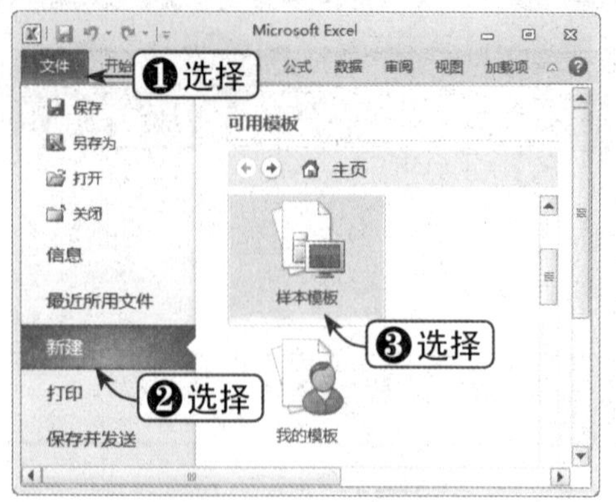

Step 02 选择模板

在展开的“样本模板”列表中选择所需的模板，如下图所示。

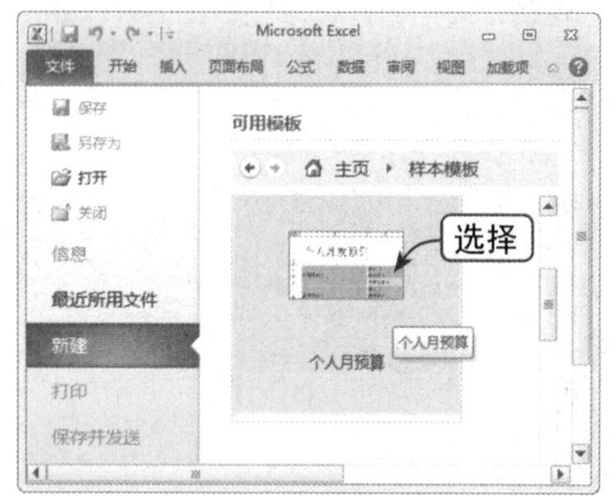

Step 03 单击“创建”按钮

单击右窗格中的“创建”按钮，如下图所示。

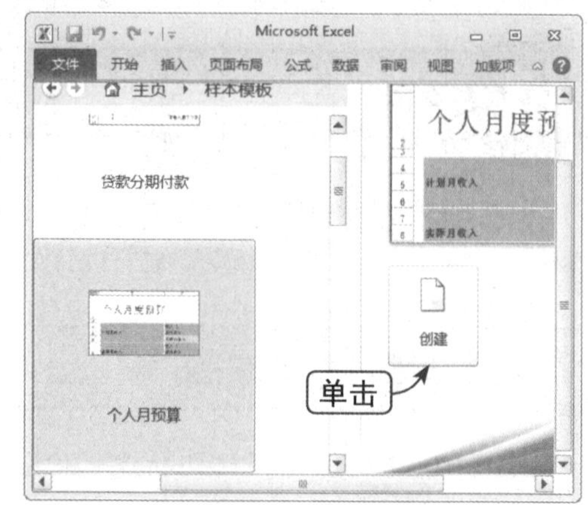

Step 04 创建工作簿

这时，即可通过指定模板创建工作簿，如下图所示。

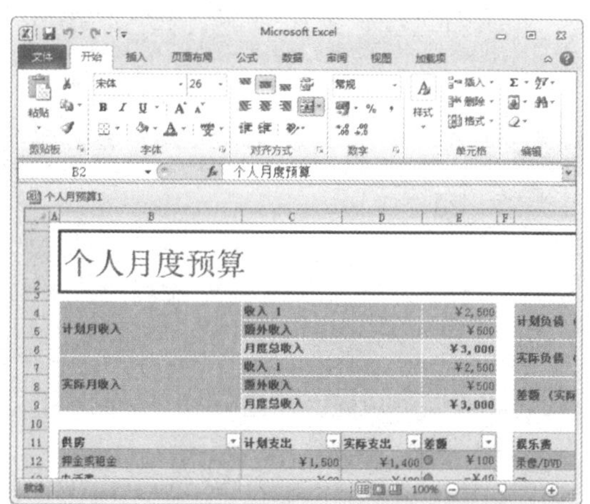

7.1.3 下载模板并新建工作簿

用户可以通过互联网连接 Office.com，然后下载所需模板并新建工作簿。下面将通过实例对其进行讲解，具体操作方法如下：

Step 01 选择下载模板类型

选择“文件”选项卡，在左侧窗格中选择“新建”选项。在“可用模板”列表中的“Office.com 模板”一栏选择需要下载的模板类型，如右图所示。

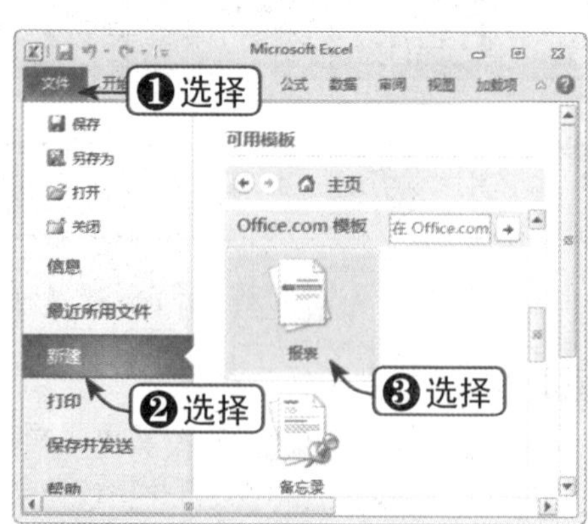

Step 02 选择要下载的模板

在模板列表框中选择需要下载的模板，如下图所示。

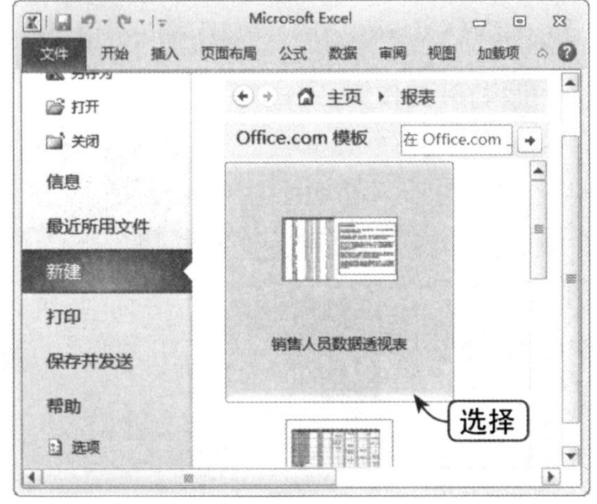

Step 03 单击“下载”按钮

选好模板后，在右窗格中单击“下载”按钮，如下图所示。

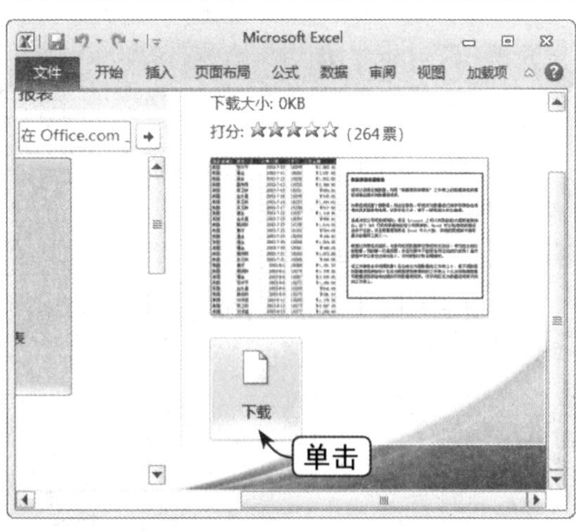

Step 04 下载模板

弹出“正在下载模板”提示信息框，等待模板下载完成即可，如下图所示。

7.1.4 保存工作簿

及时保存工作簿可以防止因断电或误操作造成工作簿丢失或损坏，具体操作方法如下：

Step 01 选择“保存”选项

选择“文件”选项卡，在左侧窗格中选择“保存”选项，如下图所示。

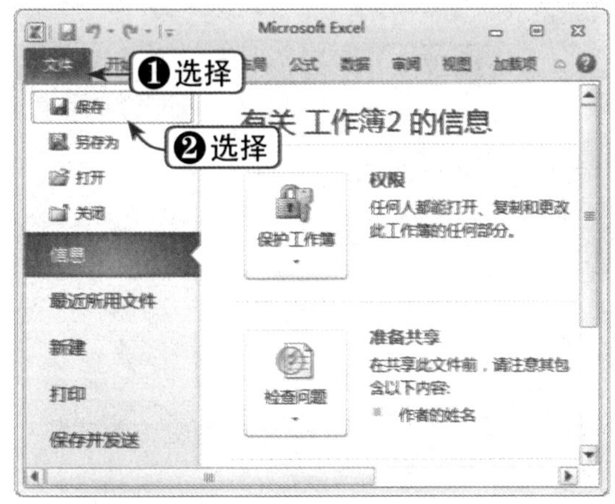

Step 02 保存工作簿

弹出“另存为”对话框，指定文件保存位置，单击“保存”按钮即可，如下图所示。

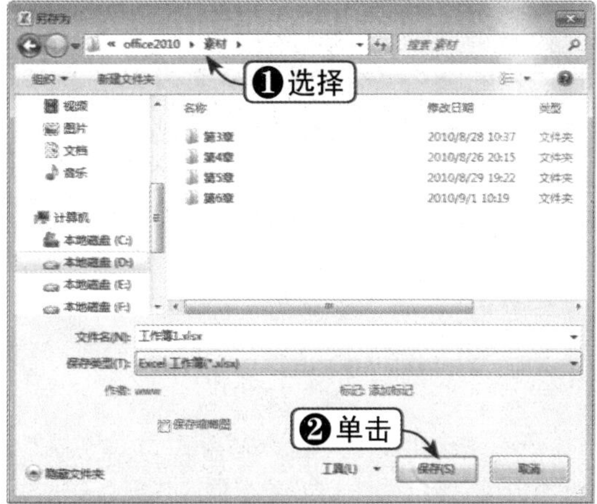

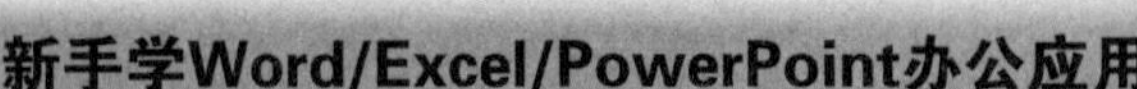

7.1.5 打开工作簿

通过双击 Excel 文件可以直接打开工作簿，也可以通过“打开”命令打开指定的工作簿，具体操作方法如下：

Step 01 选择“打开”选项

选择“文件”选项卡，在左侧窗格中选择“打开”选项，如下图所示。

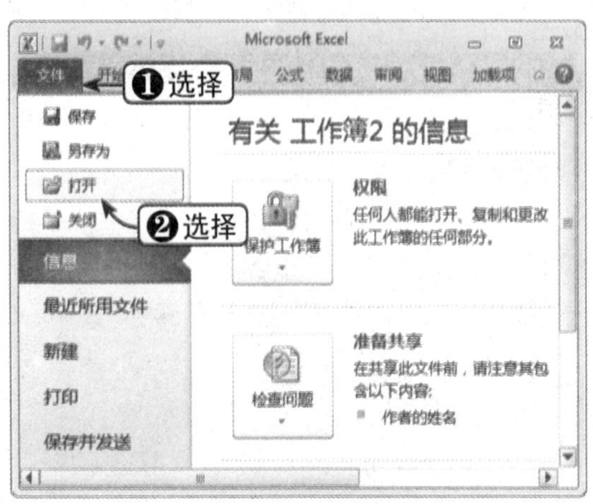

Step 02 打开工作簿

弹出“打开”对话框，选择需要打开的文件，单击“打开”按钮即可，如下图所示。

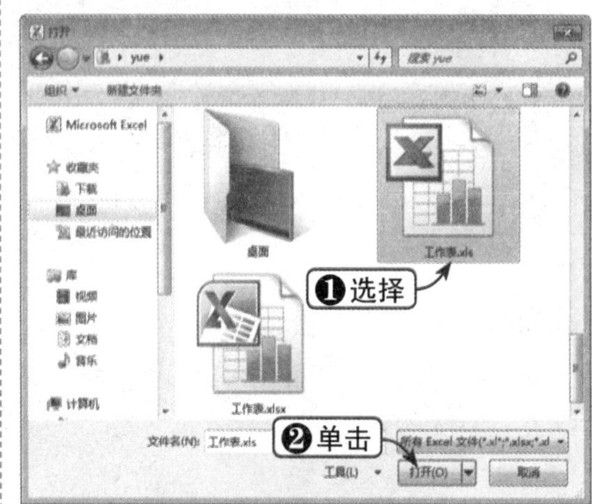

7.1.6 关闭工作簿

用户可以通过多种方法关闭工作簿，具体操作方法如下：

方法一：通过“关闭”按钮关闭

单击工作簿窗口右上角的“关闭”按钮，即可快速关闭工作簿，如下图所示。

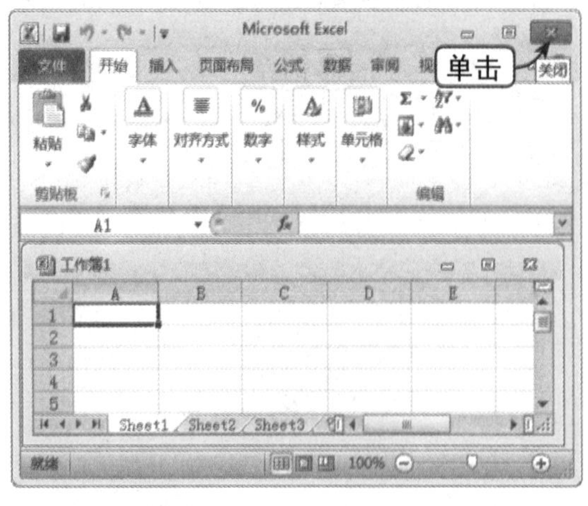

方法二：通过“退出”选项关闭

选择“文件”选项卡，在左侧窗格中选择“退出”选项，即可退出当前工作簿，如下图所示。

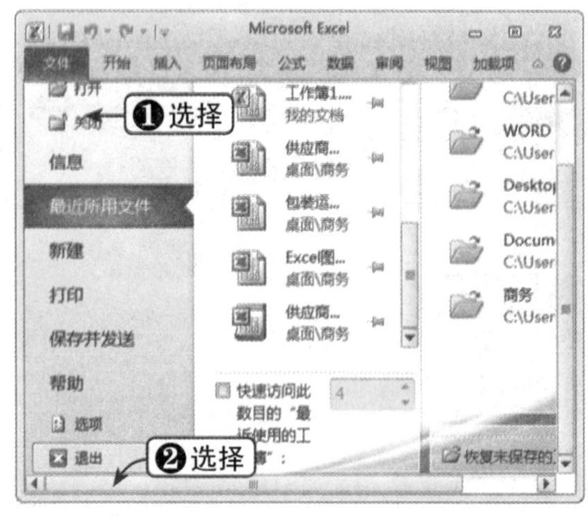

7.2 工作表基本操作

工作表即显示在工作簿中的表格，它是处理数据的主要场所。下面将讲解工作表的基本操作，如新建工作表、重命名工作表，以及插入工作表等。

7.2.1 新建工作表

用户可以通过三种方法新建工作表，具体操作方法如下：

方法一：通过快捷方式新建

Step 01 选择“插入”选项

右击工作表标签，在弹出的快捷菜单中选择“插入”选项，如下图所示。

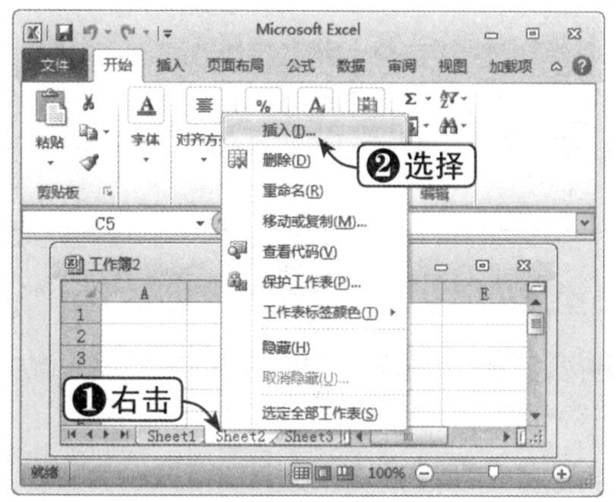

Step 02 插入工作表

弹出“插入”对话框，选择“工作表”图标，然后单击“确定”按钮即可，如下图所示。

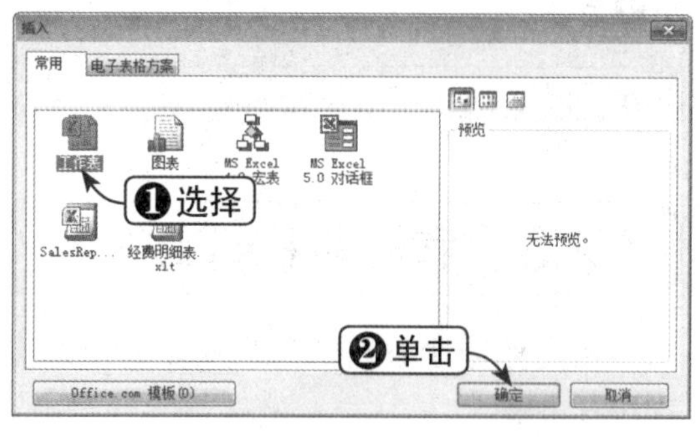

方法二：通过选项卡新建

在“开始”选项卡下的“单元格”组中单击“插入”下拉按钮，在弹出的下拉列表中选择“插入工作表”选项，如下图所示。

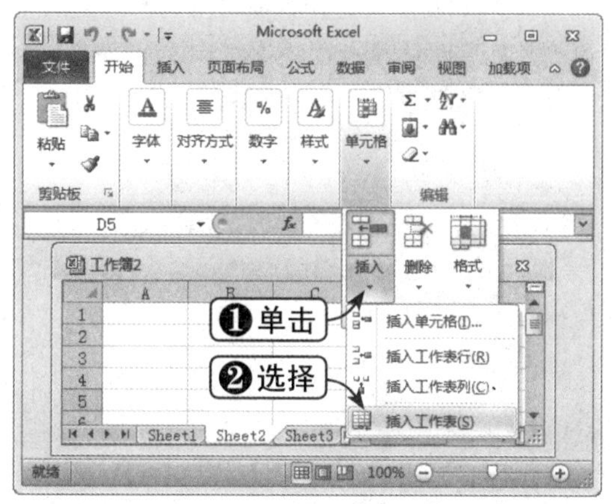

方法三：通过按钮新建

单击工作表标签区域右侧的“插入工作表”按钮，即可插入工作表，如下图所示。

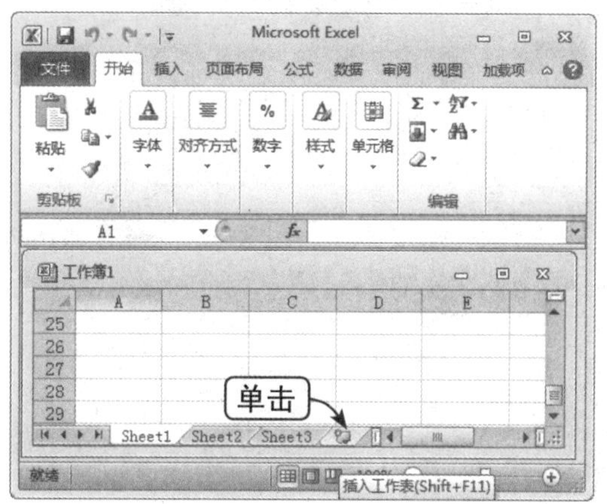

7.2.2 重命名工作表

下面将通过实例讲解如何重命名工作表，具体操作方法如下：

Step 01 选择"重命名"选项

右击需要重命名的工作表标签，在弹出的快捷菜单中选择"重命名"选项，如下图所示。

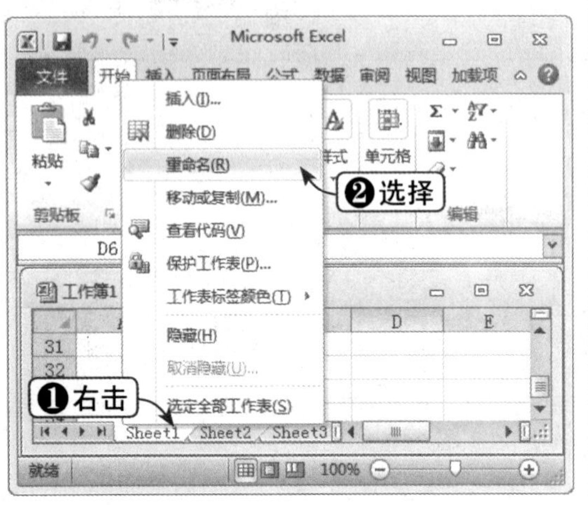

Step 02 输入新名称

这时，即可输入所需的新名称，重命名工作表，如下图所示。

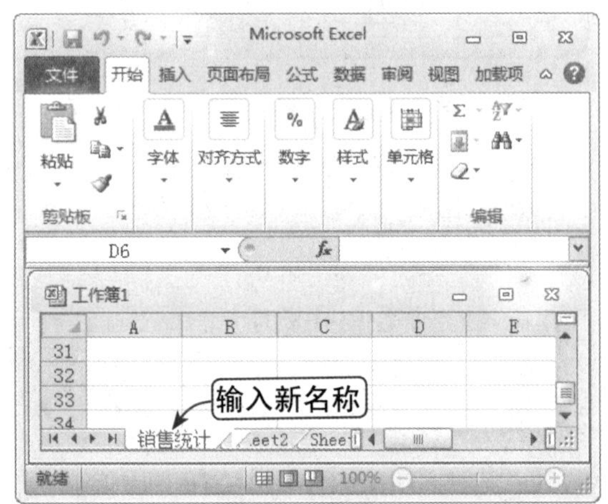

7.2.3 移动和复制工作表

在制作电子表格的过程中，有时需要移动或复制工作表，下面将根据不同情况分别进行讲解。

1. 在同一工作簿中移动工作表

Step 01 拖动标签

移动鼠标指针到需要移动工作表对应的标签上，按住鼠标左键并进行拖动，此时指针将变为如下图所示的形状。

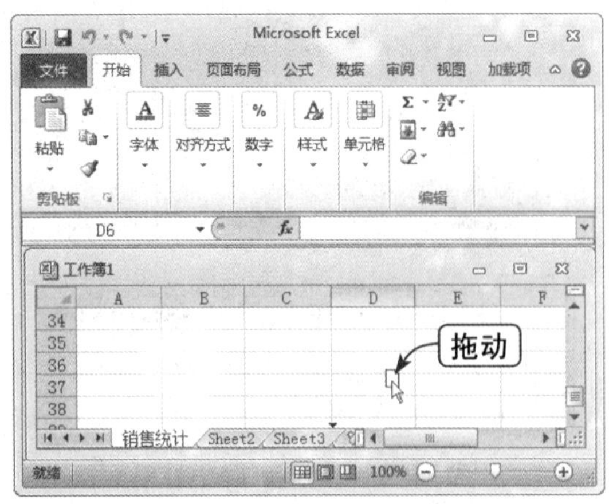

Step 02 移动工作表

这时，即可将工作表移动到指定的位置，如下图所示。

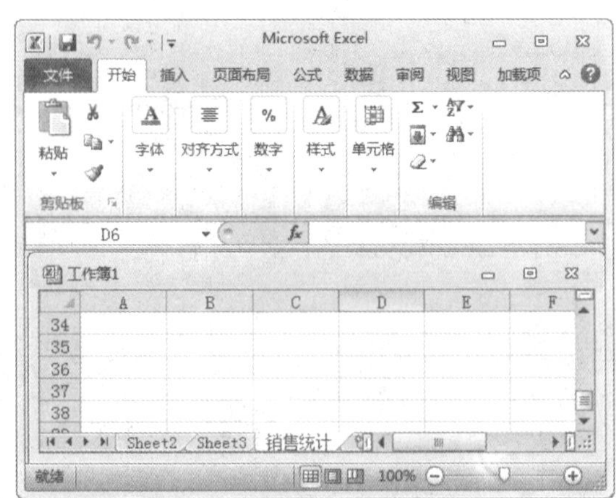

Step03 选择“移动或复制”选项

还可以通过快捷方式移动工作表。右击工作表标签，在弹出的快捷菜单中选择“移动或复制“选项，如下图所示。

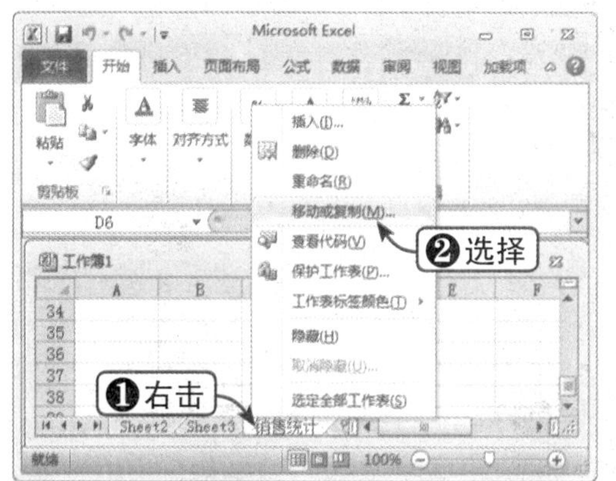

Step04 设置移动位置

弹出“移动或复制工作表”对话框，在列表框中选择要移动到哪个工作表之前，单击“确定”按钮即可，如下图所示。

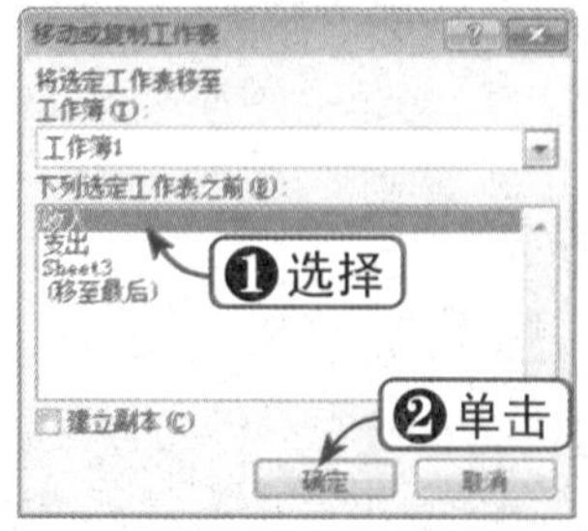

2. 在同一工作簿中复制工作表

Step01 拖动标签

移动鼠标指针到需要移动工作表对应的标签上，按住【Ctrl】键再拖动标签到指定位置，如下图所示。

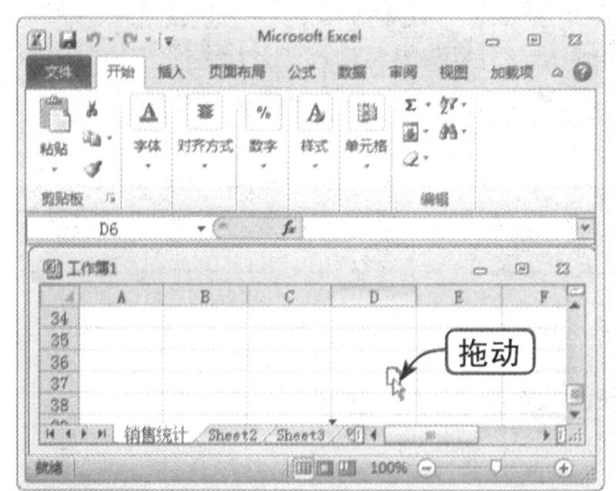

Step02 复制工作表

这时，即可将工作表复制到指定位置，如下图所示。

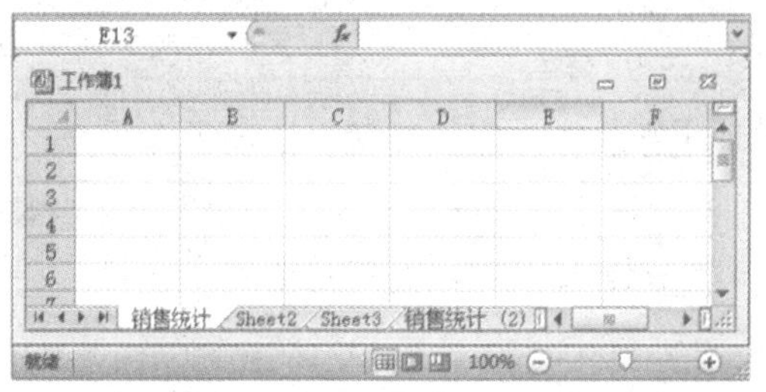

Step03 选择“移动或复制”选项

还可以通过快捷方式复制工作表。右击工作表标签，在弹出的快捷菜单中选择“移动或复制“选项，如下图所示。

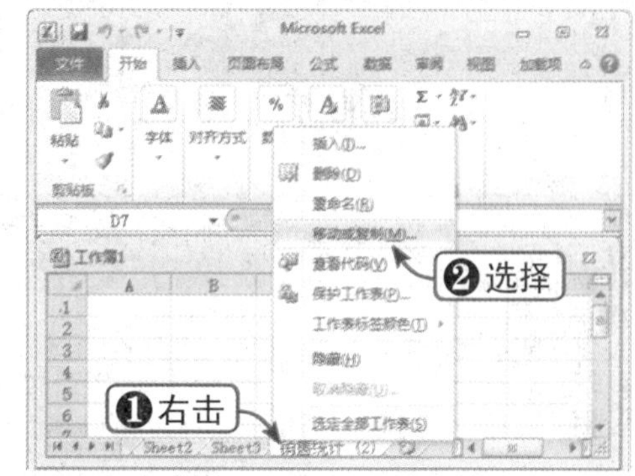

Step04 设置复制工作表

弹出“移动或复制工作表”对话框，在列表框中选择要复制到的位置，选中“建立副本”复选框，单击“确定”按钮即可，如下图所示。

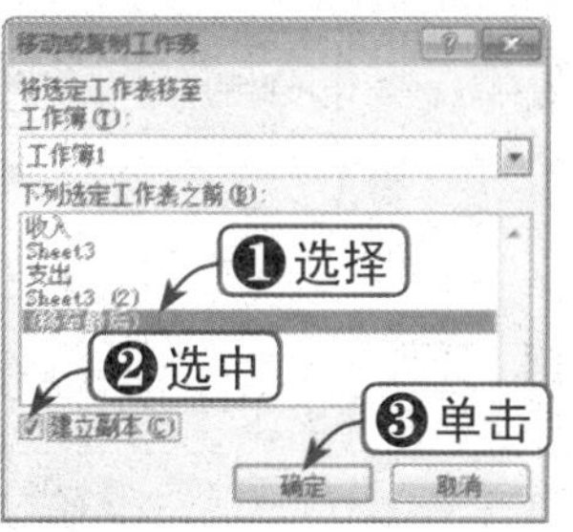

3 在不同工作簿中复制工作表

Step01 选择“移动或复制”选项

右击工作表标签，在弹出的快捷菜单中选择“移动或复制“选项，如下图所示。

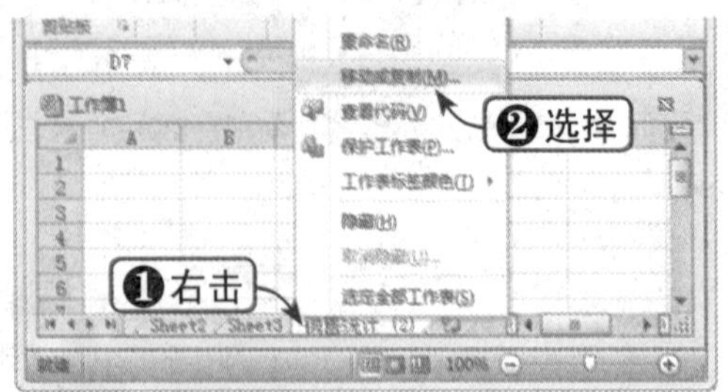

Step02 选择工作簿

弹出“移动或复制工作表”对话框，在“工作簿”下拉列表框中选择要移动到的工作簿，如下图所示。

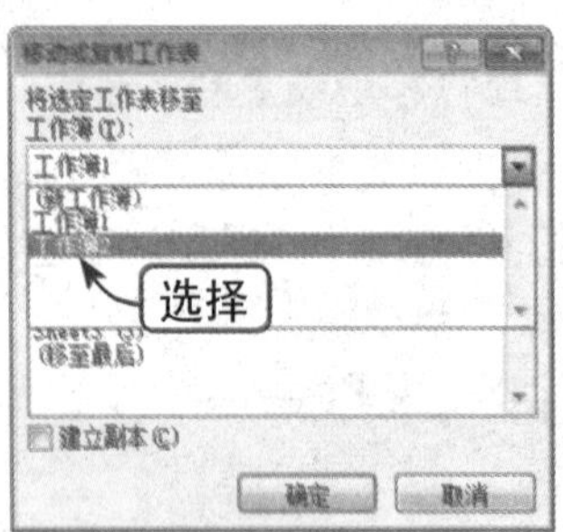

Step03 选择复制位置

在下面的列表框中选择要复制到的位置，如下图所示。

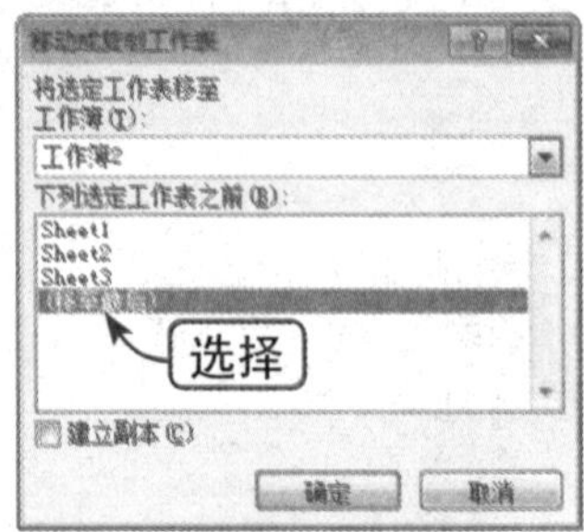

Step04 选中“建立副本”复选框

选中“建立副本”复选框，单击“确定”按钮即可，如下图所示。

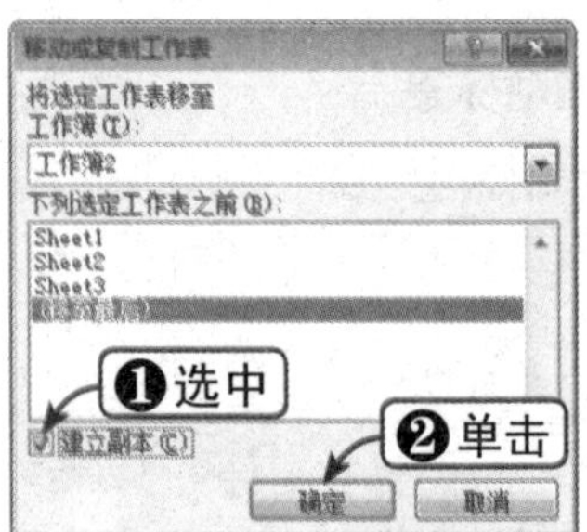

7.2.4 显示和隐藏工作表

有时，需要将工作簿中的某个工作表隐藏，可以通过以下方法来实现：

Step01 选择“隐藏”选项

右击工作表标签，在弹出的快捷菜单中选择“隐藏”选项，如下图所示。

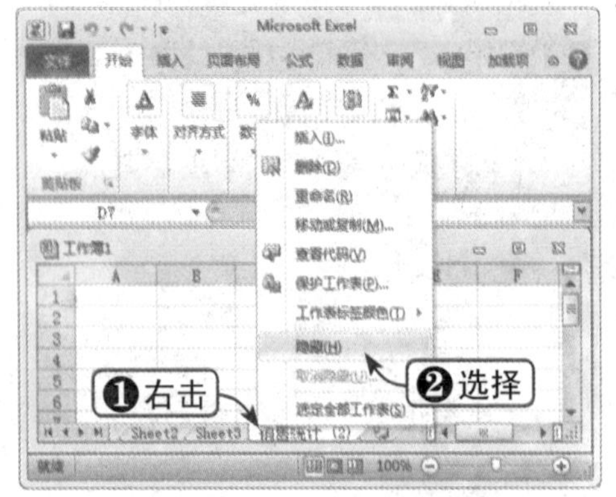

Step02 查看提示信息

工作簿内至少应包含一个可视工作表。如果要隐藏剩余的最后一个工作表，将弹出提示信息框，提示无法隐藏，如下图所示。

Step03 选择“取消隐藏”选项

右击工作表标签，在弹出的快捷菜单中选择“取消隐藏”选项，如下图所示。

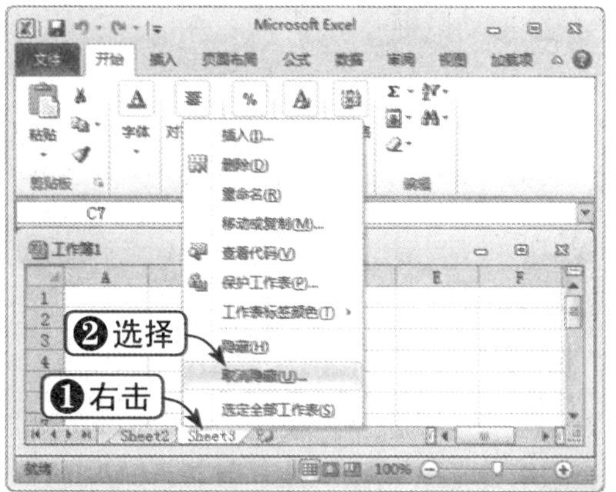

Step 04 取消隐藏工作表

弹出“取消隐藏”对话框，在列表框中选择需要取消隐藏的工作表选项，单击“确定”按钮，如下图所示。

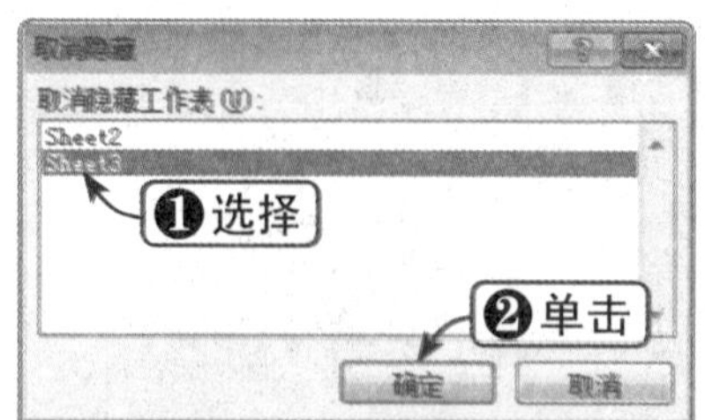

7.2.5 自定义工作表标签

用户可以为不同的工作表标签设置不同的颜色，以方便区分，具体操作方法如下：

Step 01 选择标签颜色

右击工作表标签，在弹出的快捷菜单中选择“工作表标签颜色”选项，在其级联菜单中选择颜色，即可改变标签的颜色，如下图所示。

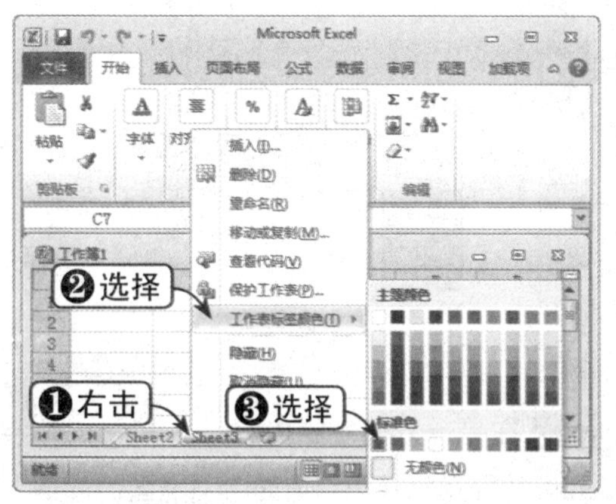

Step 02 自定义颜色

也可以在打开的级联菜单中选择“其他颜色”选项，弹出“颜色”对话框，自定义颜色，单击“确定”按钮，如下图所示。

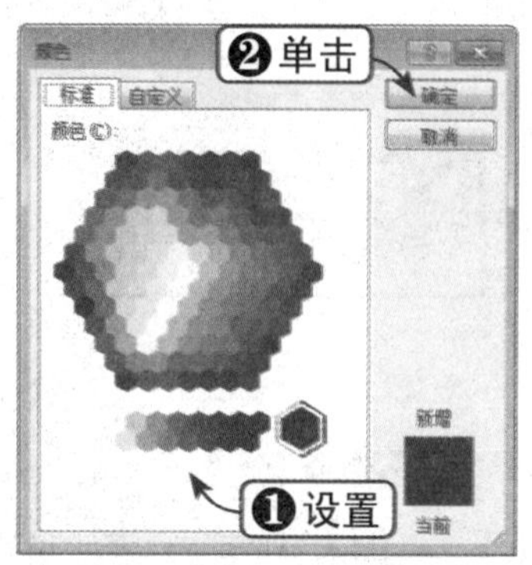

7.3 单元格基本操作

单元格是表格中行与列的交叉部分，它是组成表格的最小单位，也是数据输入和修改的场所。下面将介绍有关单元格操作的基础知识。

7.3.1 快速输入相同文本

在制作电子表格时，有时需要输入多个相同的文本，可以通过以下方法快速实现：

Step 01 选择输入区域

选择要输入文本的单元格区域，如下图所示。

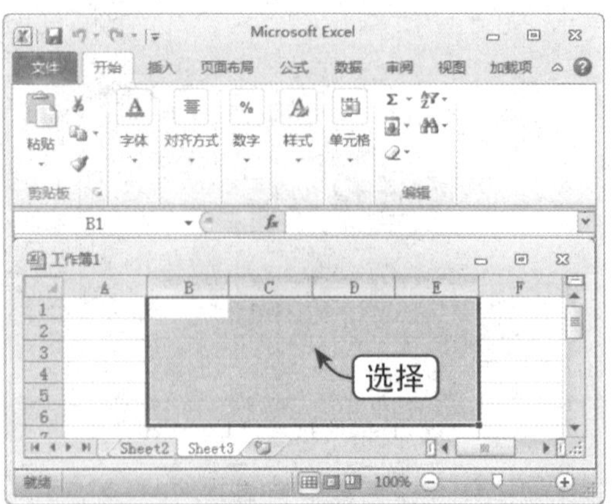

Step 02 输入内容

在单元格中输入所需的内容，如下图所示。

Step 03 统一输入内容

按【Ctrl+Enter】组合键，即可将该内容统一输入到其他单元格中，如下图所示。

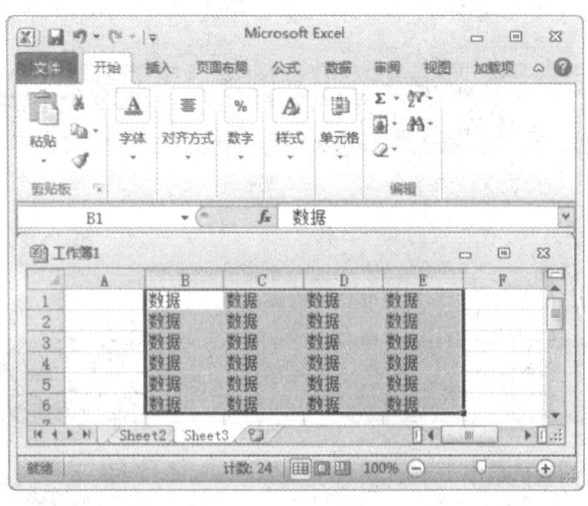

Step 04 拖动鼠标

也可以移动鼠标指针到已经输入文本单元格的右下角，当指针变为十字形状时拖动鼠标，如下图所示。

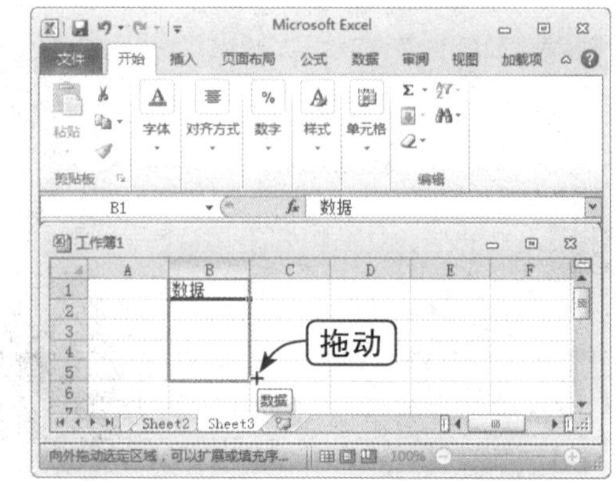

Step 05 复制内容

这时，即可向指定方向填充文本，如下图所示。

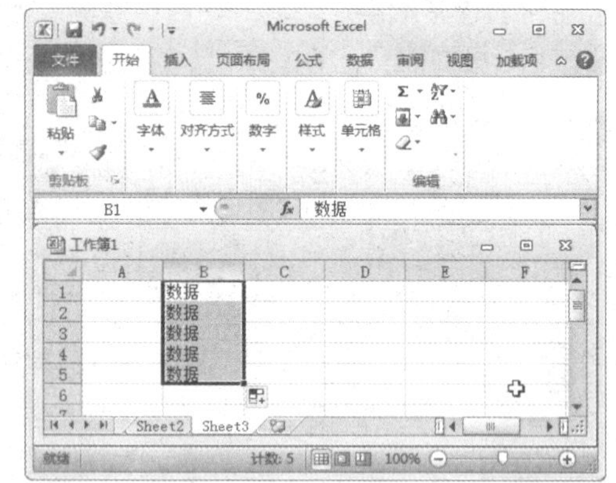

Step 06 在另一方向复制内容

也可以向另一方向填充单元格数据，如下图所示。

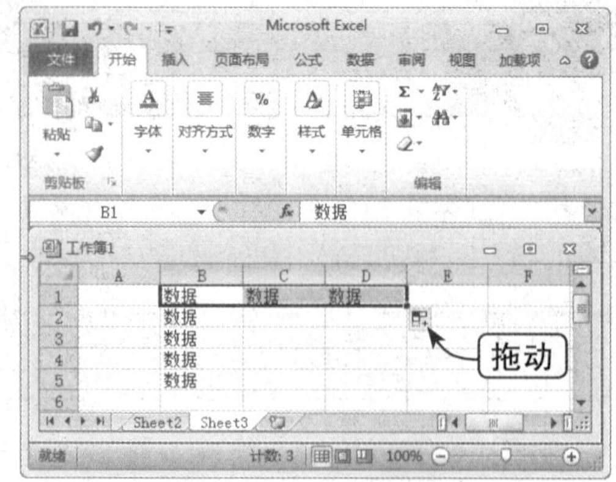

知识点拨

选择单元格后，将光标定位到编辑栏中，同样可以输入数据。

7.3.2 设置不同的填充方式

用户可以设置不同的填充方式，从而填充不同类型的数据，具体操作方法如下：

Step 01 填充数据

首先在某个单元格中输入数据，然后通过拖动填充柄填充数据，如下图所示。

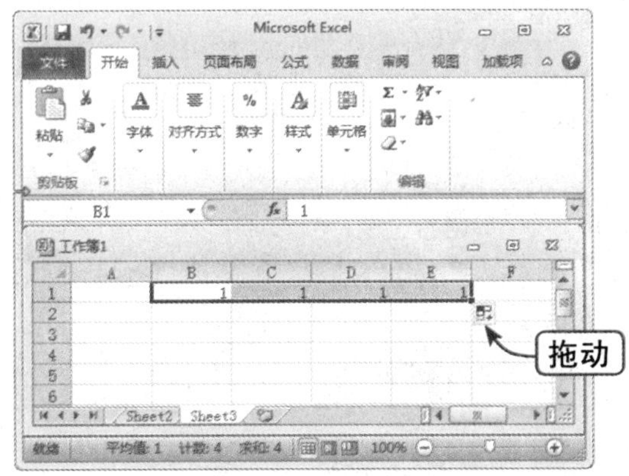

Step 02 选择"系列"选项

在"开始"选项卡下的"编辑"组中单击"填充"下拉按钮，在弹出的下拉列表中选择"系列"选项，如下图所示。

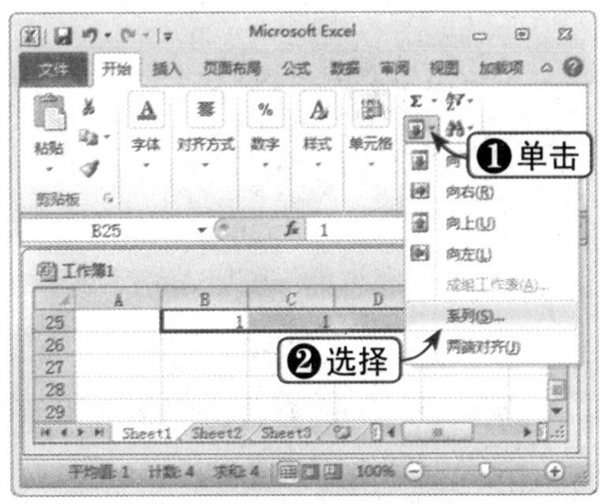

Step 03 设置序列参数

弹出"序列"对话框，即可设置不同的序列参数，如选中"等差序列"单选按钮，单击"确定"按钮，如下图所示。

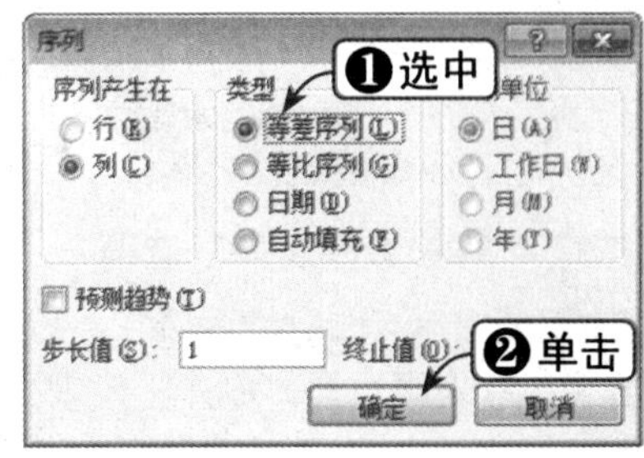

Step 04 查看填充数据

这时，刚才填充的数据将变成所选择的序列方式，如下图所示。

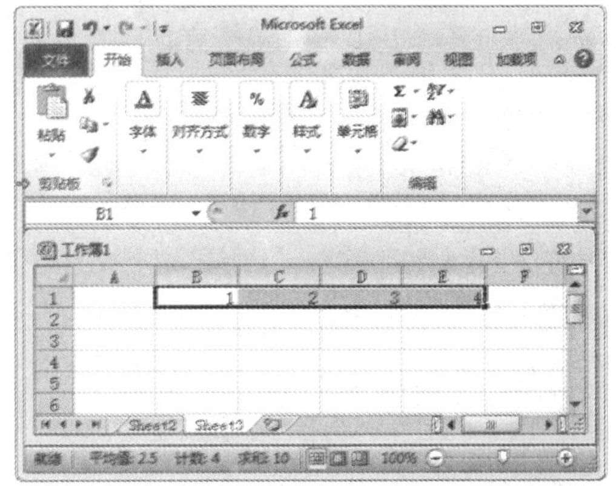

7.3.3 插入单元格

下面将通过实例讲解如何插入单元格，具体操作方法如下：

	素材文件	光盘：素材文件\第7章\7.3.3 插入单元格.xlsx

Step01 指定插入位置

打开“素材文件\第7章\7.3.3 插入单元格.xlsx”，指定要插入单元格的位置，如下图所示。

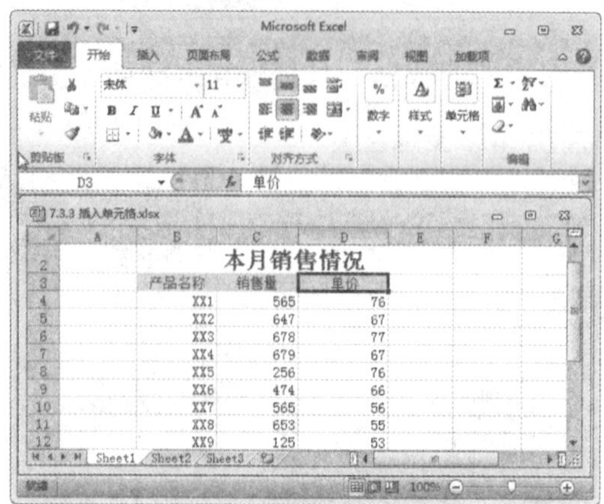

Step02 选择“插入工作表列”选项

在“单元格”组中单击“插入”下拉按钮，在弹出的下拉列表中选择“插入工作表列”选项，如下图所示。

Step03 插入工作表列

这时，即可在指定位置插入整列单元格，之前位置的单元格将向右移，如下图所示。

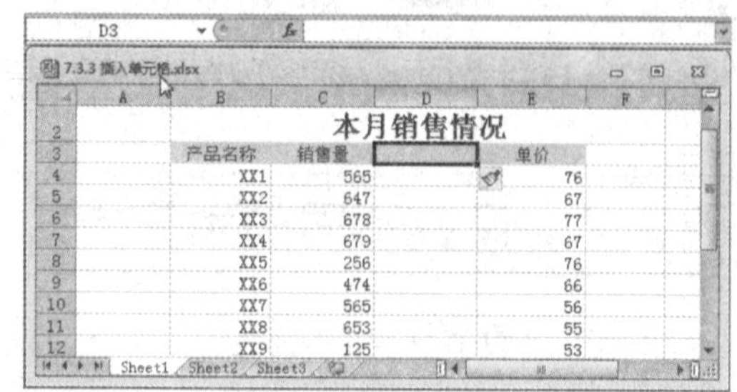

知识点拨

在插入单元格时，受插入影响的所有引用都会相应作出调整。

Step04 选择“插入”选项

也可以通过快捷方式插入单元格。右击单元格所在的位置，在弹出的快捷菜单中选择“插入”选项，如下图所示。

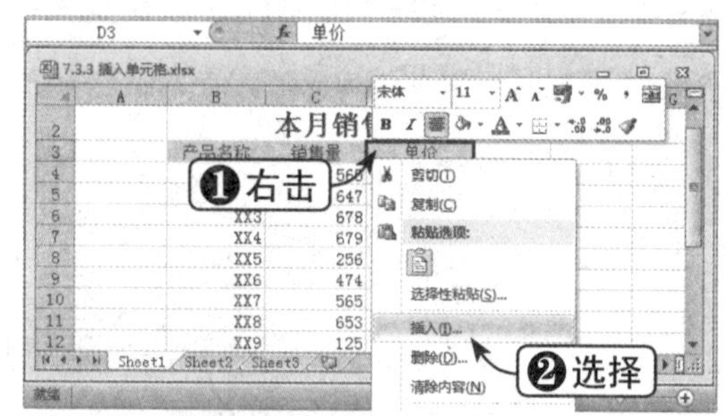

Step05 设置插入整行

弹出“插入”对话框，选择所需的插入方式，如选中“整行”单选按钮，单击“确定”按钮，如下图所示。

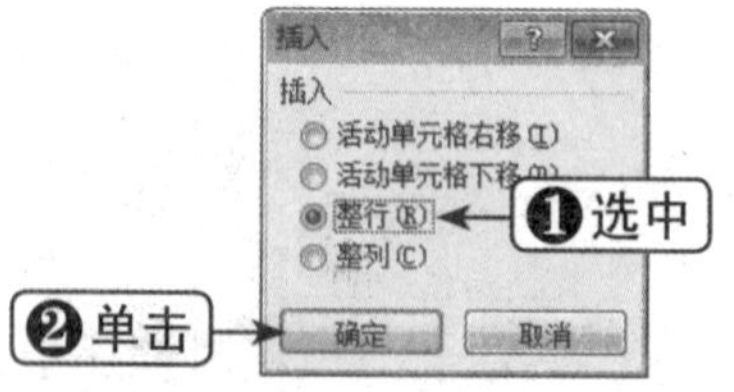

Step06 插入整行

这时，即可在指定位置插入整行单元格，如下图所示。

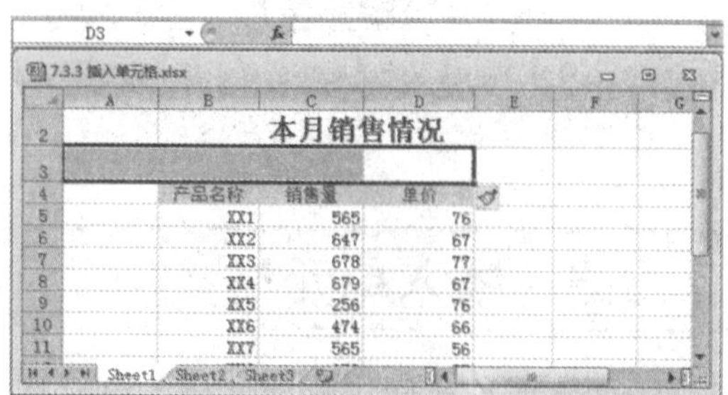

7.3.4 合并单元格

下面将通过实例讲解如何合并单元格，具体操作方法如下：

	素材文件	光盘：素材文件\第7章\7.3.4 合并单元格.xlsx

Step 01 选中单元格

打开"素材文件\第7章\7.3.4 合并单元格.xlsx"，选中需要合并的单元格，如下图所示。

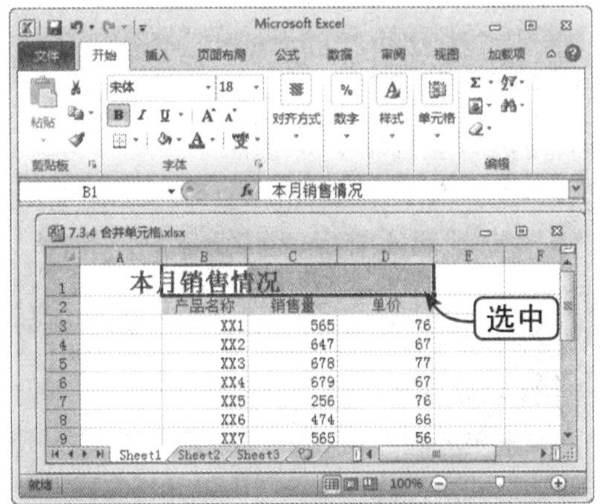

Step 02 选择"合并后居中"选项

在"对齐方式"组中单击"合并后居中"下拉按钮，在弹出的下拉列表中可以选择多种合并方式，如选择"合并后居中"选项，如下图所示。

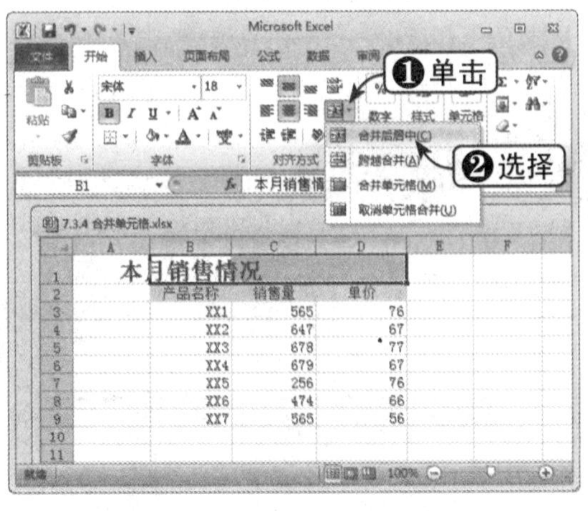

Step 03 合并单元格

这时，即可合并并居中所选的单元格，如下图所示。

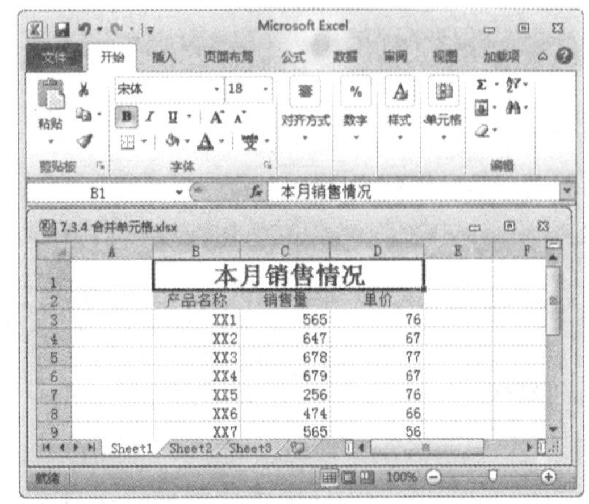

Step 04 取消单元格合并

如果希望取消单元格合并，则在下拉列表中选择"取消单元格合并"选项即可，如下图所示。

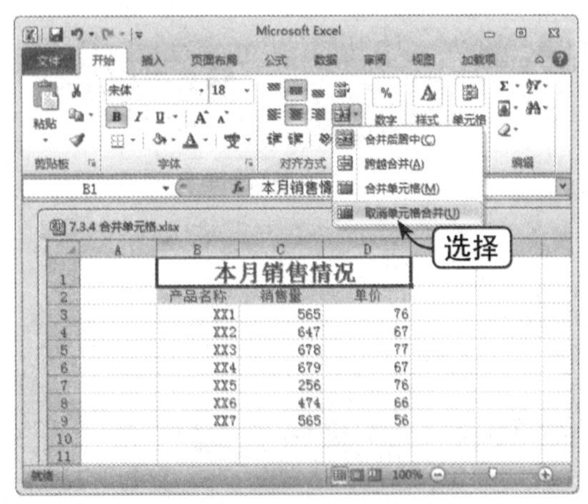

7.3.5 删除单元格

下面将通过实例讲解如何删除单元格，具体操作方法如下：

	素材文件	光盘：素材文件\第7章\7.3.5 删除单元格.xlsx

Step 01 指定删除位置

打开“素材文件\第7章\7.3.5 删除单元格.xlsx”，指定删除位置，如下图所示。

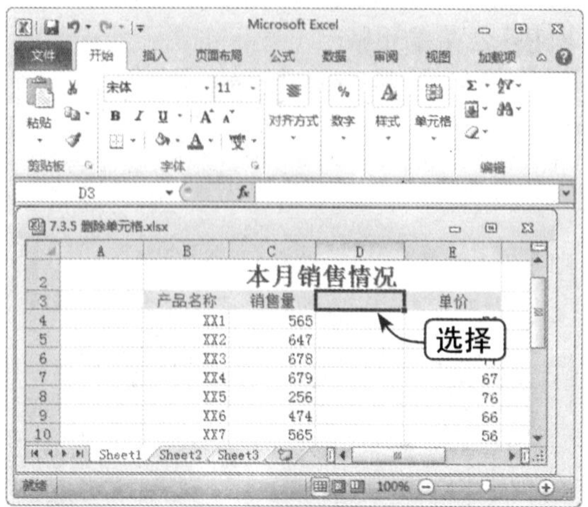

Step 02 选择“删除工作表列”选项

在“单元格”组中单击“删除”下拉按钮，在弹出的下拉列表中可以选择多种删除方式，如选择“删除工作表列”选项，如下图所示。

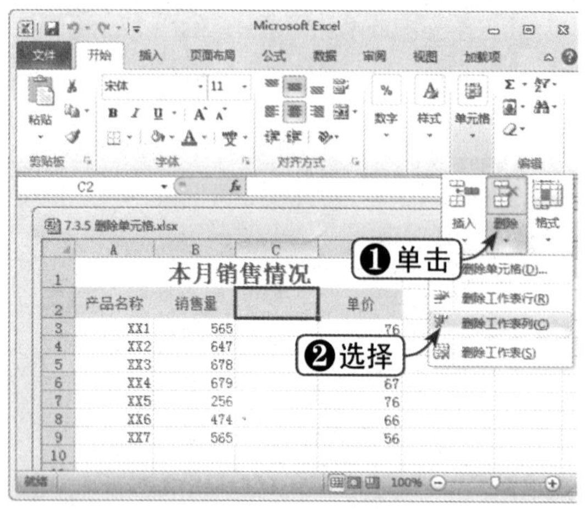

Step 03 选择“删除”选项

也可以右击单元格，在弹出的快捷菜单中选择“删除”选项，如下图所示。

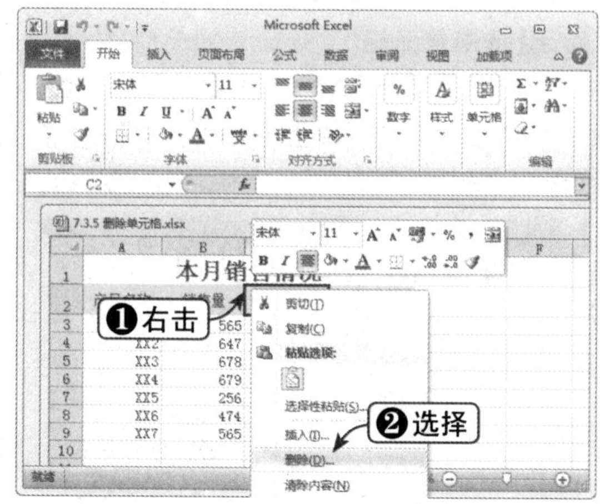

Step 04 选择删除后单元格移动方式

弹出“删除”对话框，选择删除后的单元格移动方式，在此选中“右侧单元格左移”单选按钮，单击“确定”按钮，如下图所示。

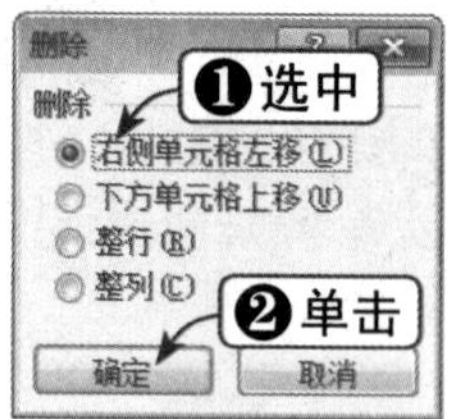

知识点拨

按[Delete]键只会删除所选单元格中的内容，而不会删除单元格本身。

7.3.6 隐藏单元格

有时需要暂时隐藏某单元格，下面将讲解如何隐藏单元格，具体操作方法如下：

	素材文件	光盘：素材文件\第6章\7.3.6 隐藏单元格.xlsx

Step 01 选中单元格

打开“素材文件\第 6 章\7.3.6 隐藏单元格 .xlsx”，选中要隐藏的单元格，如下图所示。

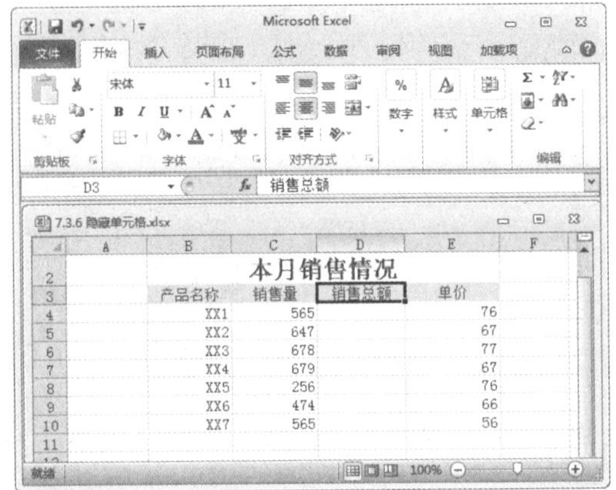

Step 02 选择“隐藏列”选项

在“单元格”组中单击“格式”下拉按钮，在弹出的下拉列表中选择“隐藏和取消隐藏”|“隐藏列”选项，如下图所示。

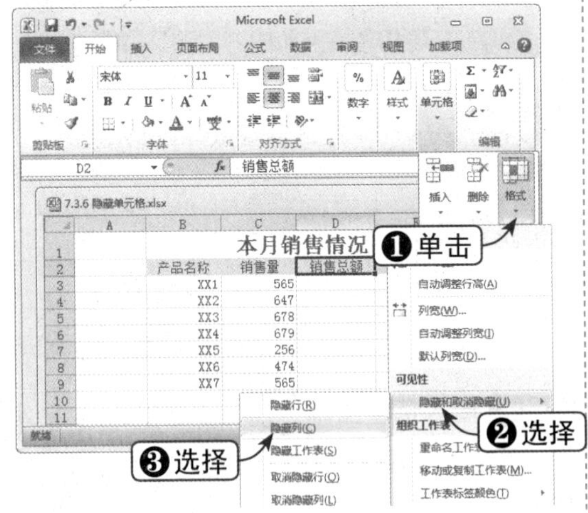

Step 03 隐藏单元格

这时，即可将所选的单元格隐藏，如下图所示。

Step 04 选中单元格

如果希望取消隐藏单元格，首先应选中被隐藏单元格之间的两列单元格，如下图所示。

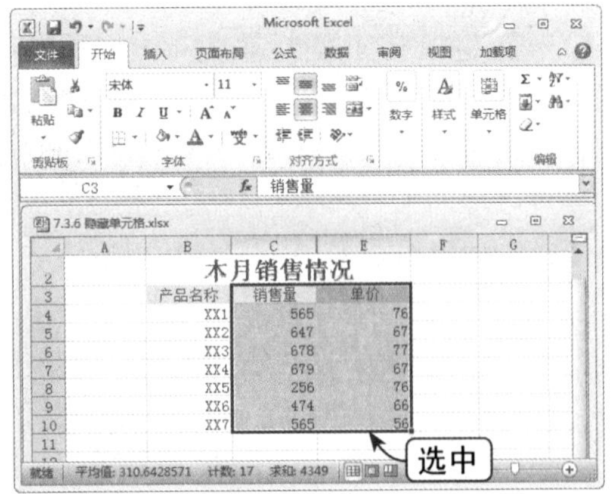

Step 05 选择“取消隐藏列”选项

在“单元格”组中单击“格式”下拉按钮，在弹出的下拉列表中选择“隐藏和取消隐藏”|“取消隐藏列”选项，如下图所示。

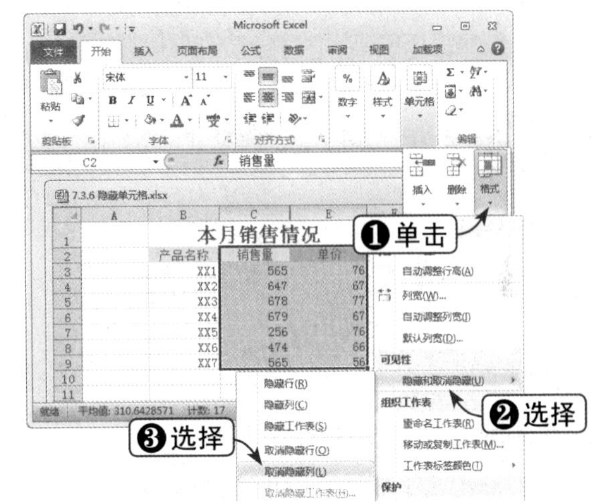

Step 06 显示单元格

这时，即可再次显示被隐藏的单元格，如下图所示。

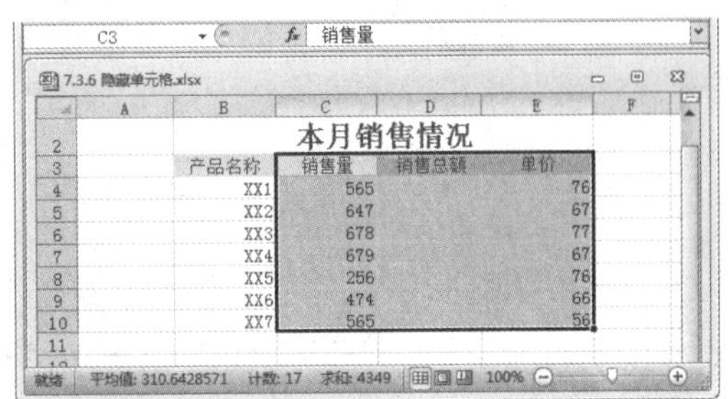

7.4 实战演练——制作员工资料表

下面将以员工资料表的制作流程为例，巩固之前所学的新建工作簿、重命名工作表、输入文本、合并单元格等知识，读者可以参照所列步骤进行实战演练，实例的最终结果如右图所示。

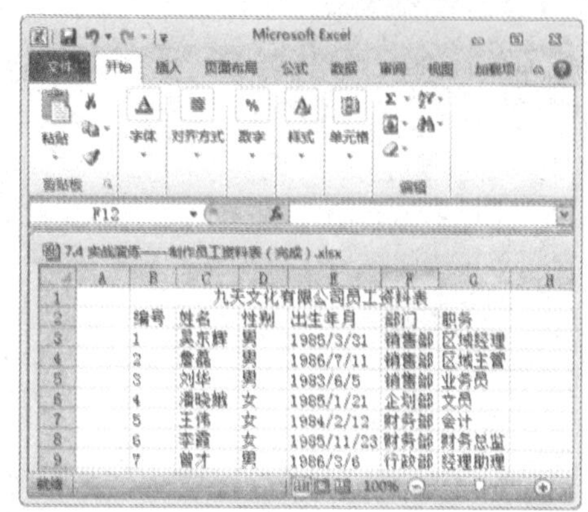

编号	姓名	性别	出生年月	部门	职务
1	吴东辉	男	1985/3/31	销售部	区域经理
2	詹磊	男	1986/7/11	销售部	区域主管
3	刘华	男	1983/6/5	销售部	业务员
4	潘晓娥	女	1985/1/21	企划部	文员
5	王伟	女	1984/2/12	财务部	会计
6	李霞	女	1985/11/23	财务部	财务总监
7	曾才	男	1986/3/6	行政部	经理助理

Step01 双击"空白工作簿"选项

选择"文件"选项卡，在左侧窗格中选择"新建"选项，在"可用模板"列表中双击"空白工作簿"选项，如下图所示。

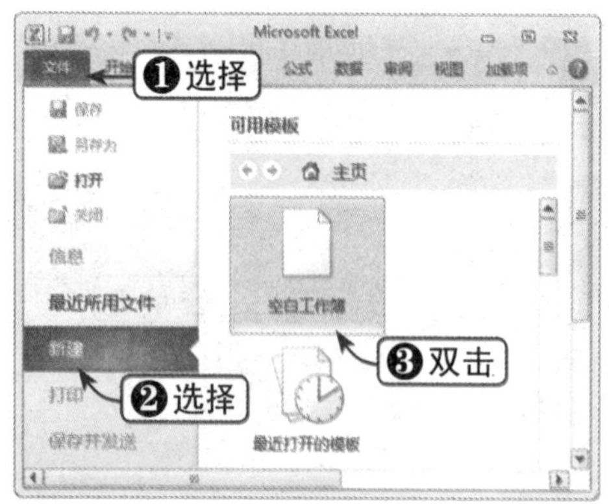

Step02 选择"重命名"选项

右击工作表标签，在弹出的快捷菜单中选择"重命名"选项，如下图所示。

Step03 重命名工作表

在编辑框中输入新名称，重命名工作表，如下图所示。

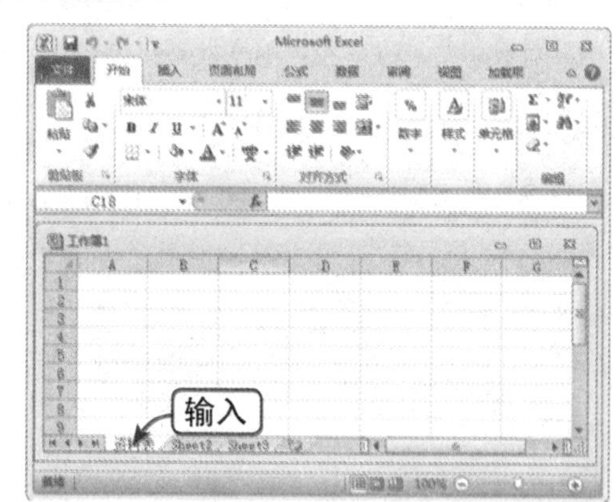

Step04 输入资料文本

在单元格中输入所需的资料文本，如下图所示。

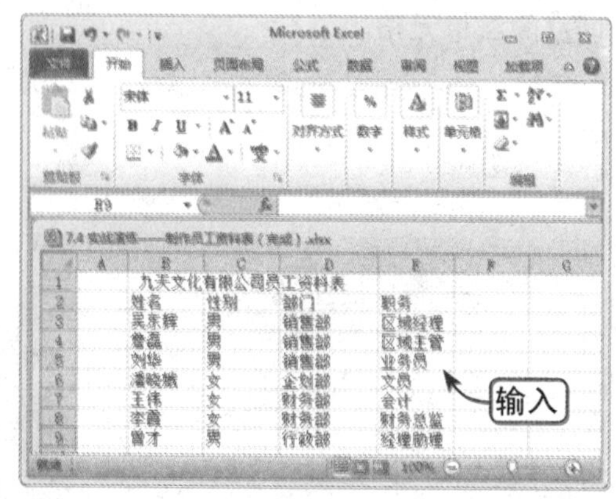

Step05 指定插入位置

选中单元格，指定单元格列的插入位置，如下图所示。

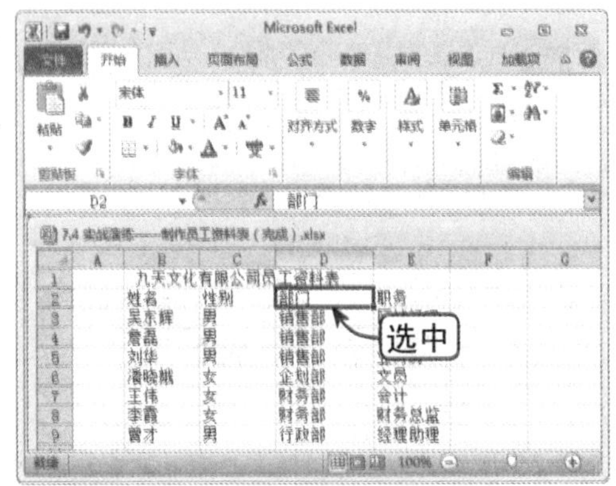

Step06 选择“插入工作表列”选项

在“单元格”组中单击“插入”下拉按钮，在弹出的下拉列表中选择“插入工作表列”选项，如下图所示。

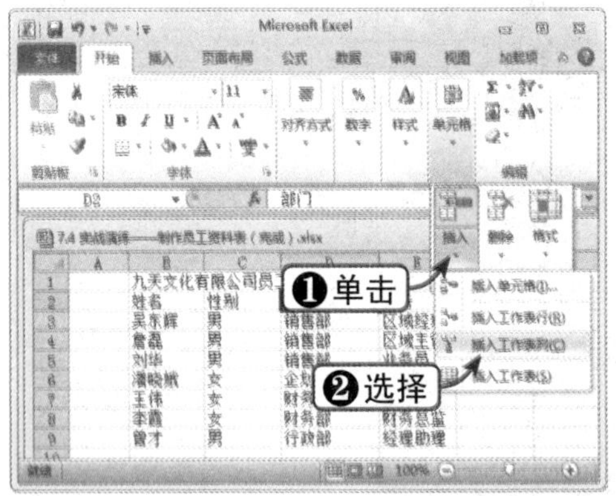

Step07 输入文本

此时，即可插入单列单元格，输入所需的文本，如下图所示。

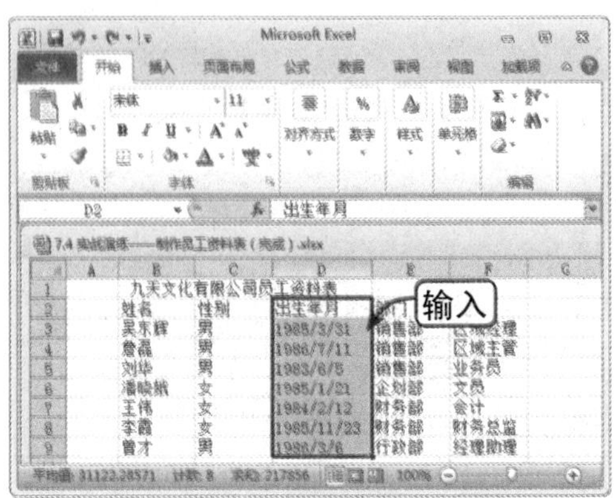

Step08 选中单元格

选中需要合并居中的单元格，如下图所示。

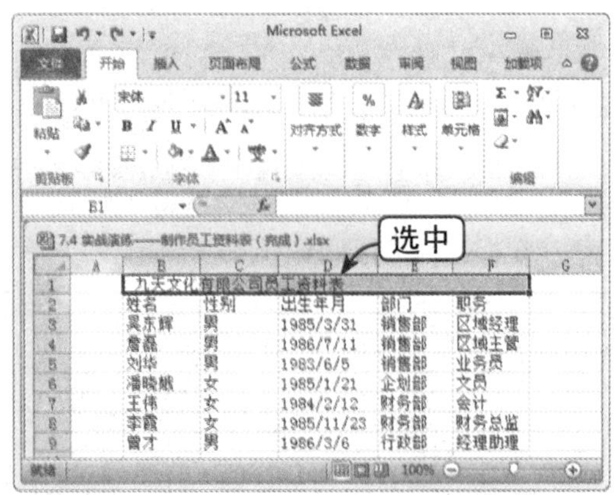

Step09 选择“合并后居中”选项

在“对齐方式”组中单击“合并后居中”下拉按钮，在弹出的下拉列表中选择“合并后居中”选项，如下图所示。

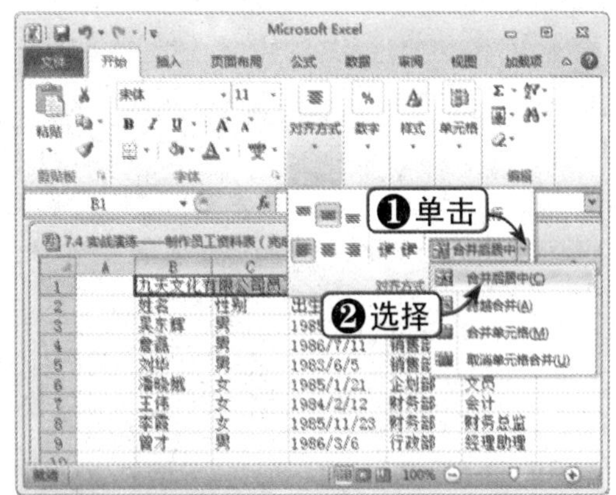

Step10 合并居中单元格

这时，即可合并居中所选单元格，效果如下图所示。

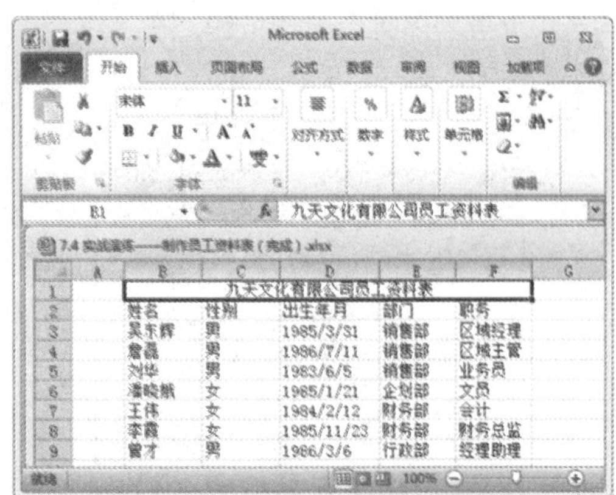

Step 11 插入单元格

参照上面的方法，在左侧插入一列单元格，输入所需的内容，如下图所示。

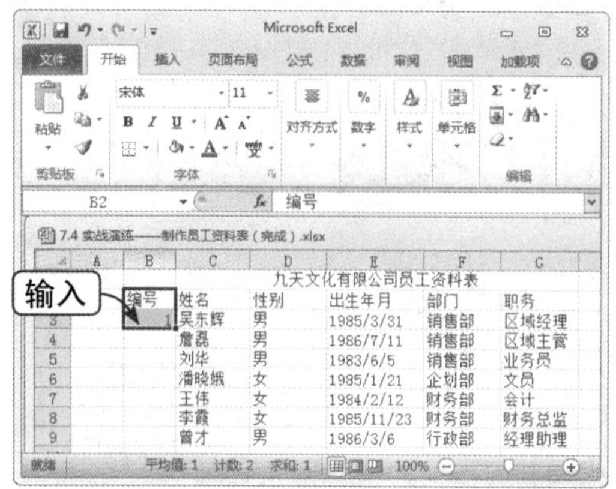

Step 12 选择“系列”选项

在“编辑”组中单击“填充”下拉按钮，在弹出的下拉列表中选择“系列”选项，如下图所示。

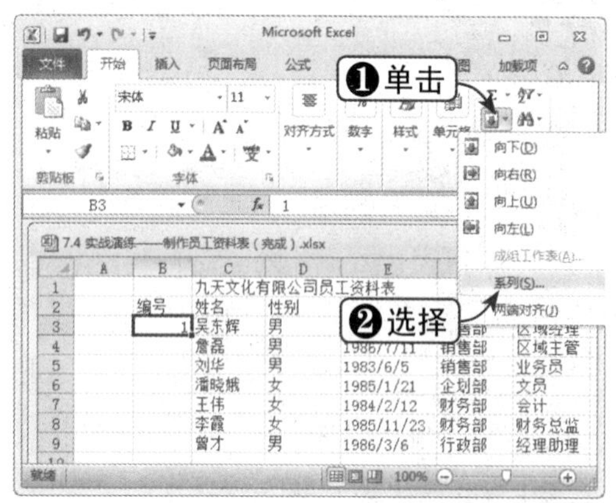

Step 13 设置序列参数

弹出“序列”对话框，在“类型”选项区中选中“等差序列”单选按钮，在“终止值”文本框中输入数据，单击“确定”按钮，如下图所示。

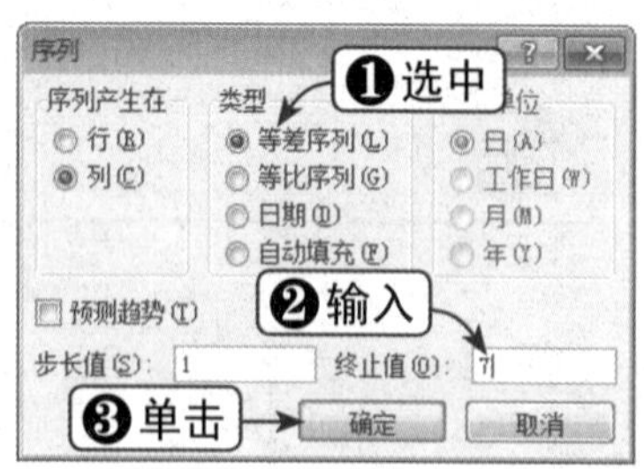

Step 14 填充数据

拖动鼠标向下填充单元格数据，即可按指定值等差排列，如下图所示。

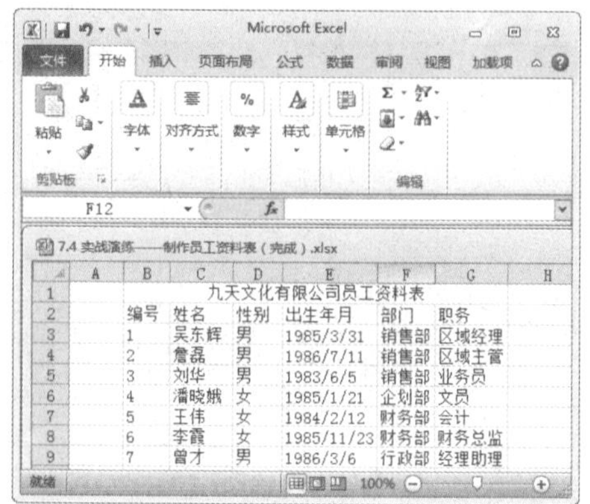

Step 15 选择“保存”选项

选择“文件”选项卡，在左侧窗格中选择“保存”选项，如下图所示。

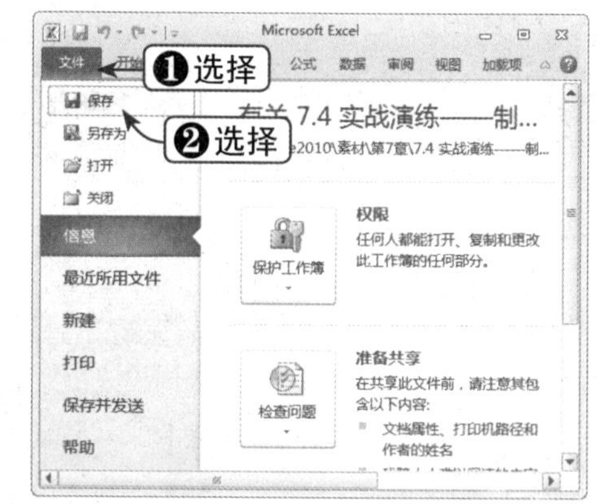

Step 16 保存文件

弹出“另存为”对话框，指定文件保存位置和文件名，单击“保存”按钮即可，如下图所示。

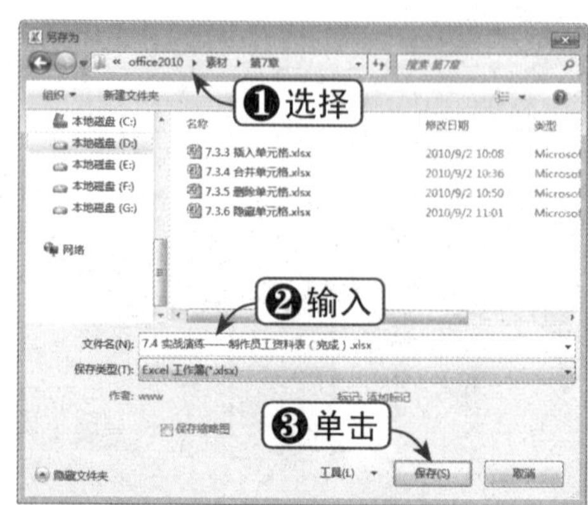

第8章 调整Excel工作表外观

本章将学习调整 Excel 工作表外观的相关知识，其中包括设置单元格格式、调整单元格大小、设置单元格样式等，帮助读者轻松掌握工作表外观的调整方法。

本章学习重点

1. 设置单元格格式
2. 调整单元格大小
3. 设置单元格样式
4. 实战演练——调整员工资料表外观

重点实例展示

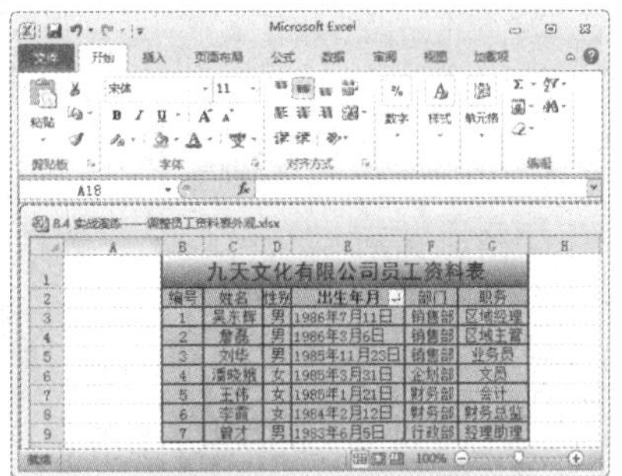

调整员工资料表外观

本章视频链接

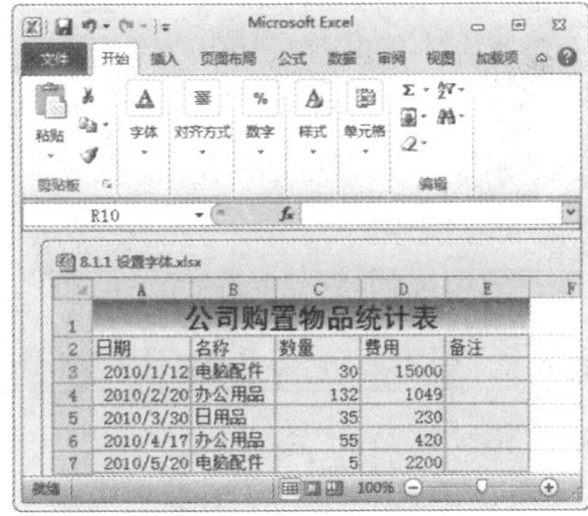

设置字体、边框与背景

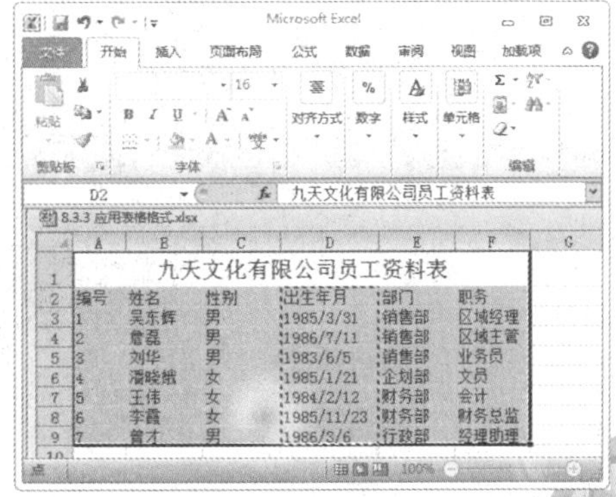

应用表格格式

8.1 设置单元格格式

用户可以设置单元格中文本的字体与格式，设置单元格的大小、对齐方式、边框与底纹等，下面将对相关的操作方法与技巧进行讲解。

8.1.1 设置字体、边框与背景

下面将通过实例讲解如何设置单元格中的字体、边框与背景，具体操作方法如下：

	素材文件	光盘：素材文件\第8章\8.1.1 设置字体、边框与背景.xlsx

Step 01 选中单元格

打开“素材文件\第8章\8.1.1 设置字体、边框与背景.xlsx”，选中需要设置字体的单元格，如下图所示。

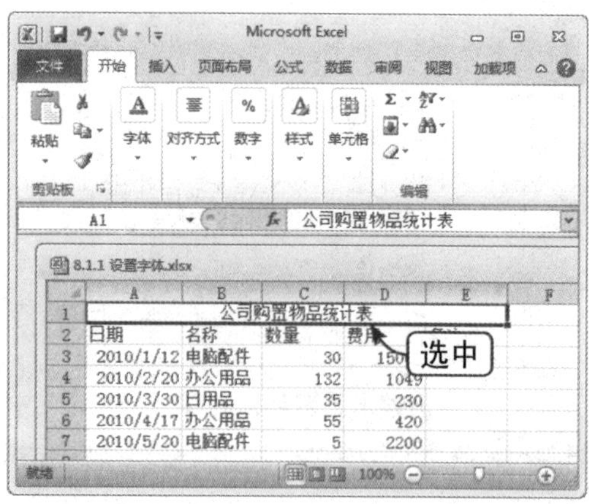

Step 02 设置字体和字号

在“开始”选项卡下的“字体”组中设置字体样式与字号，如下图所示。

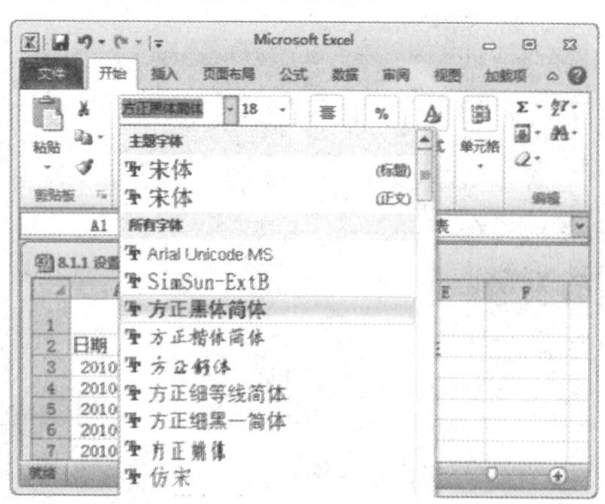

Step 03 选择主题颜色

在“字体”组中单击“填充颜色”下拉按钮，在弹出的下拉列表中选择主题颜色，如下图所示。

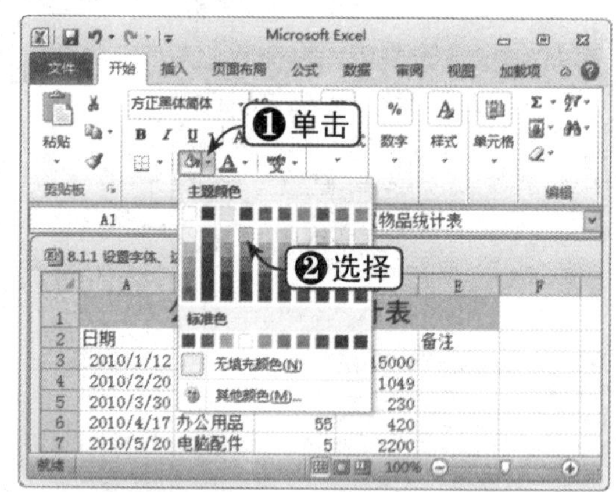

Step 04 查看文本效果

查看更改字体、字号与主题颜色后的文本效果，如下图所示。

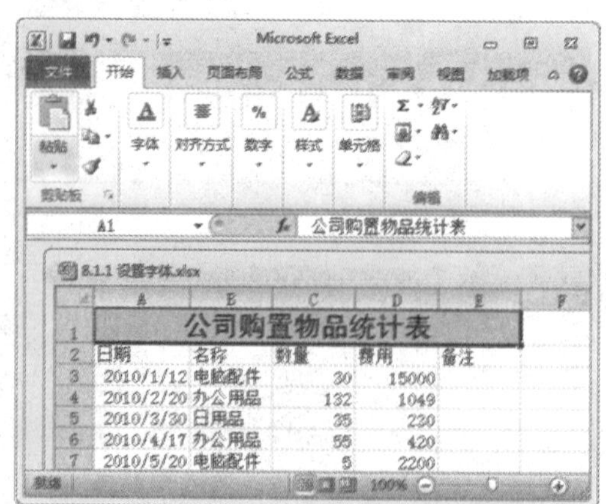

Step 05 单击“下框线”下拉按钮

在“字体”组中单击“下框线”下拉按钮，如下图所示。

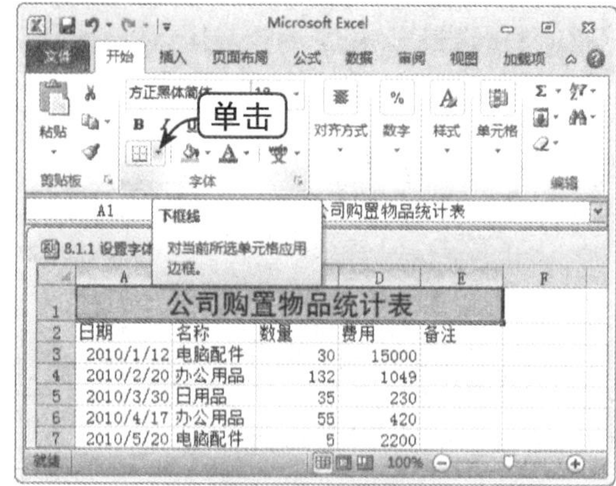

Step 06 设置线条颜色

在弹出的下拉列表中选择“线条颜色”选项，在其级联菜单中设置线条颜色，如下图所示。

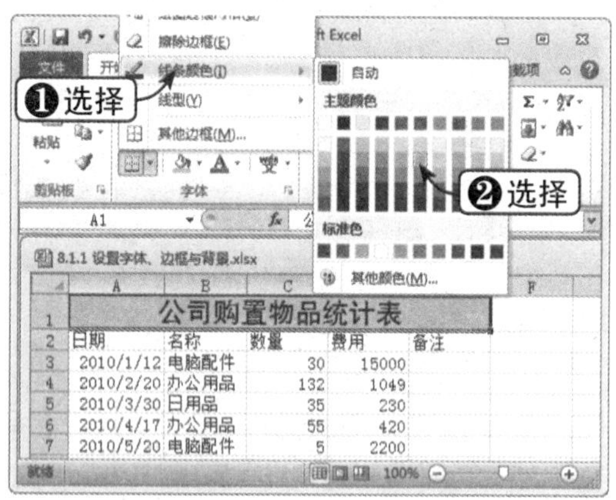

Step 07 设置线型

在弹出的下拉列表中选择“线型”选项，在其级联菜单中选择线型，如下图所示。

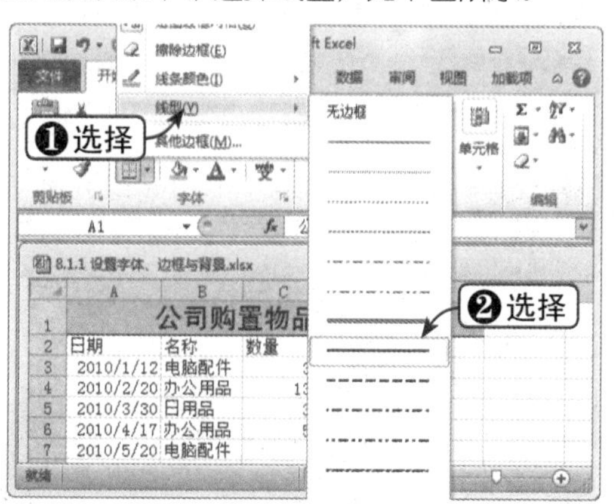

Step 08 选择“绘图边框”选项

在弹出的下拉列表中可以选择不同的边框绘制方式，如选择“绘图边框”选项，如下图所示。

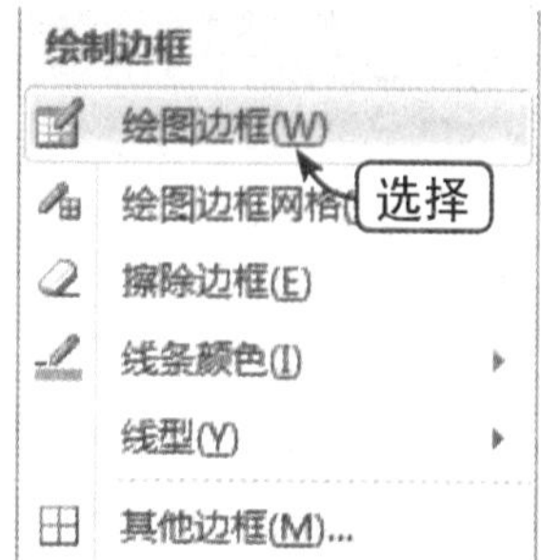

Step 09 绘制边框

这时边框将变为笔状，即可在指定位置拖动鼠标绘制边框，如下图所示。

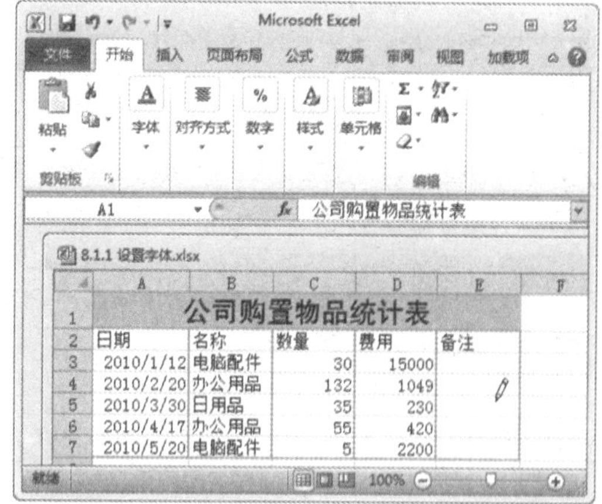

Step 10 绘制多个边框

在弹出的下拉列表中选择“绘图边框网格”选项，将可以快速绘制多个边框，如下图所示。

Step 11 设置字体

单击“字体”组右下角的扩展按钮，在弹出“设置单元格格式”对话框的“字体”选项卡中可以详细设置字体，如下图所示。

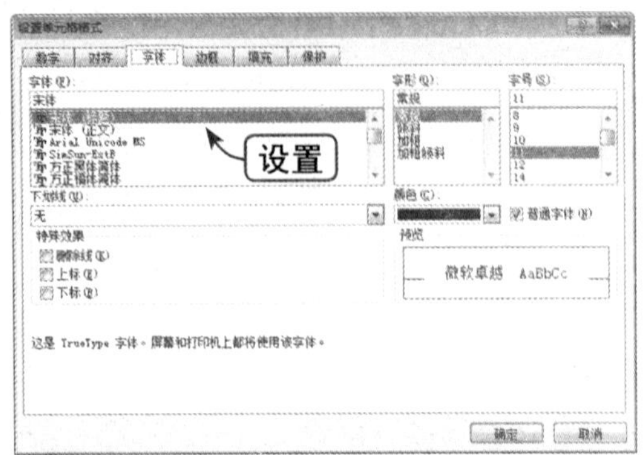

Step 12 设置边框

选择“边框”选项卡，可以详细设置边框，如下图所示。

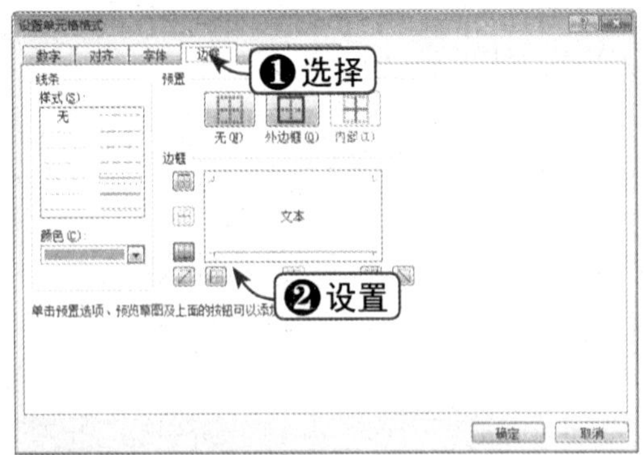

Step 13 自定义填充效果

选择“填充”选项卡，可以自定义填充效果。单击“填充效果”按钮，如下图所示。

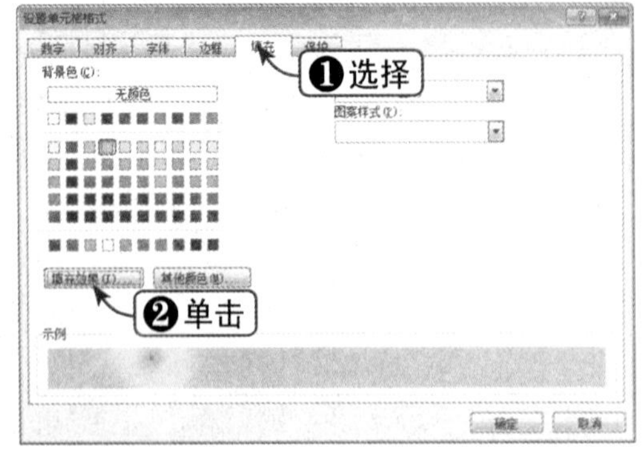

Step 14 设置填充效果

弹出“填充效果”对话框，在“变形”选项区中可以设置渐变色效果，单击“确定”按钮，如下图所示。

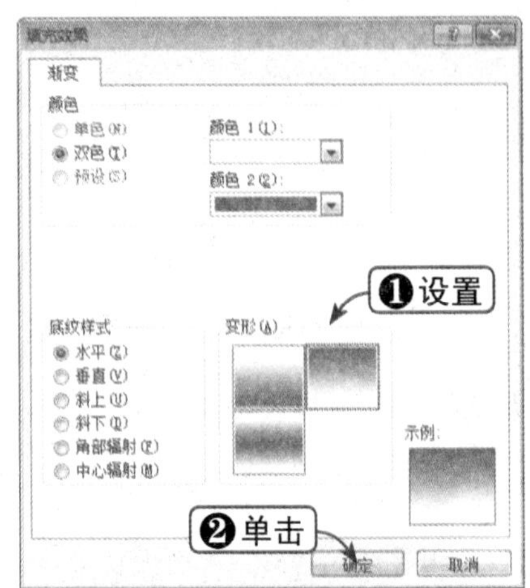

Step 15 自定义颜色

返回“设置单元格格式”对话框，在“填充”选项卡中单击“其他颜色”按钮，将弹出“颜色”对话框，自定义颜色，单击“确定”按钮，如下图所示。

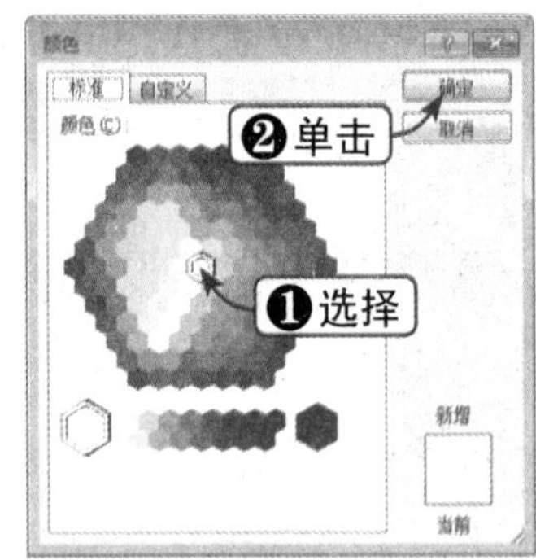

Step 16 查看工作表效果

查看最终工作表效果，如下图所示。

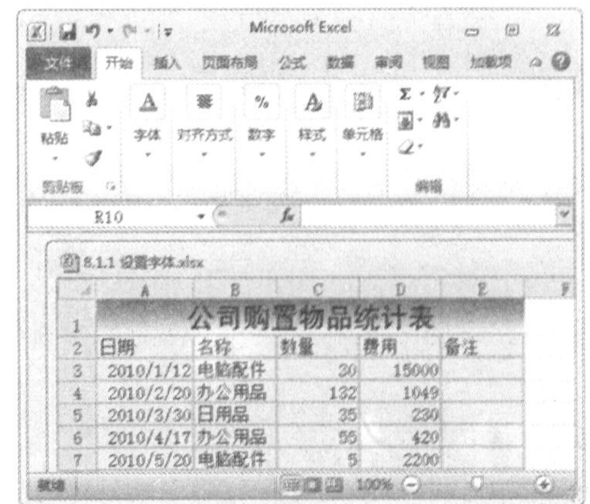

8.1.2 设置数字格式

下面将通过实例讲解如何更改数字格式，具体操作方法如下：

	素材文件	光盘：素材文件\第8章\8.1.2 设置数字格式.xlsx

Step 01 选择"样本模板"选项

打开"素材文件\第8章\8.1.2 设置数字格式.xlsx"，选中需要设置数字格式的单元格，如下图所示。

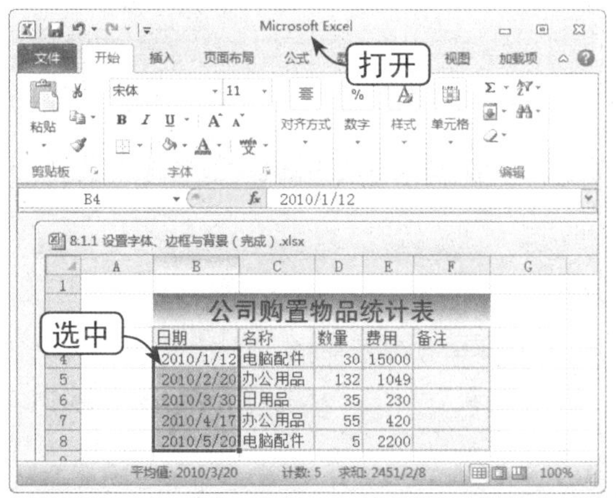

Step 02 单击扩展按钮

单击"数字"组右下角的扩展按钮，如下图所示。

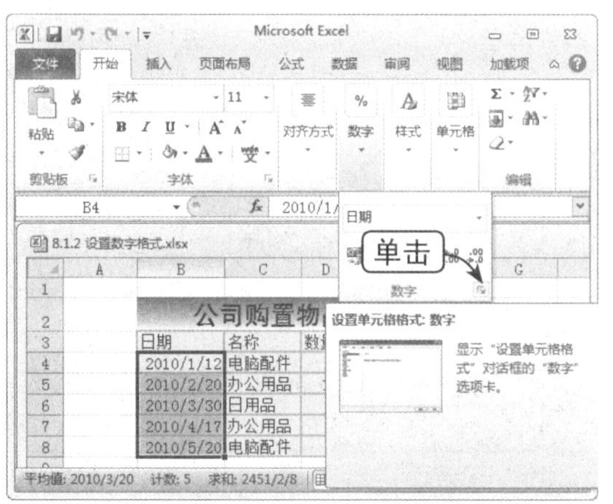

Step 03 设置数字格式

弹出"设置单元格格式"对话框，在"分类"列表框中选择"日期"选项，在"类型"列表框中选择所需的选项。设置完毕后，单击"确定"按钮，如下图所示。

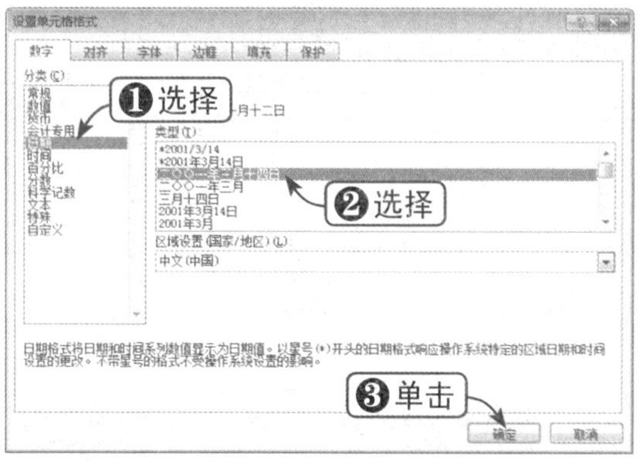

Step 04 查看数字效果

这时，即可将所选数字设置为指定的格式，如下图所示。

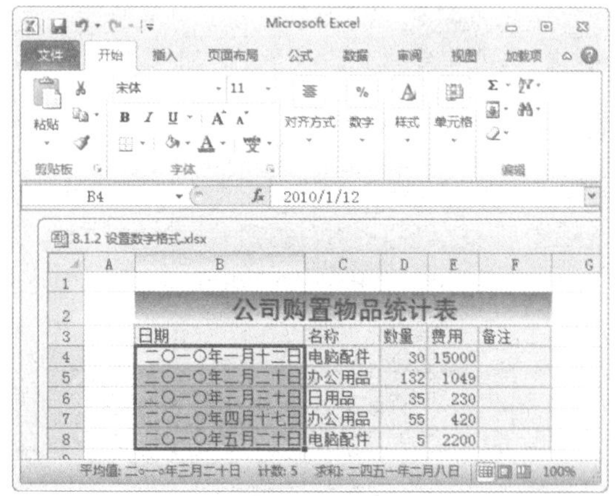

8.1.3 设置文本对齐方式

用户可以根据需要为文本设置不同的对齐方式，下面将通过实例对其进行讲解，具体操作方法如下：

素材文件	光盘：素材文件\第8章\8.1.3 设置文本对齐方式.xlsx

Step 01 选中单元格

打开“素材文件\第8章\8.1.3 设置文本对齐方式.xlsx”，选中需要对齐的单元格，如下图所示。

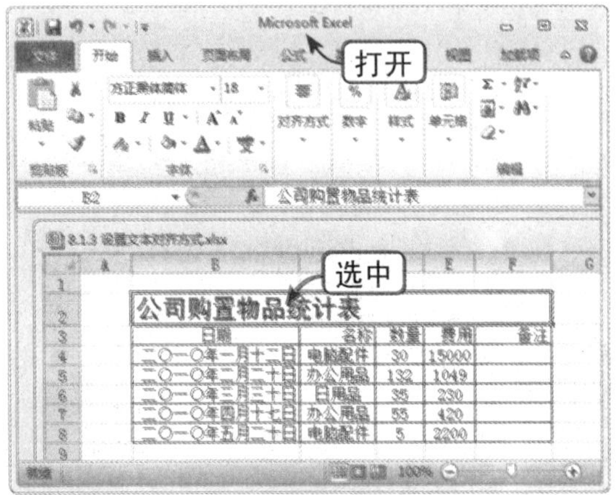

Step 02 单击“居中”按钮

在“开始”选项卡下的“对齐方式”组中单击“居中”按钮，如下图所示。

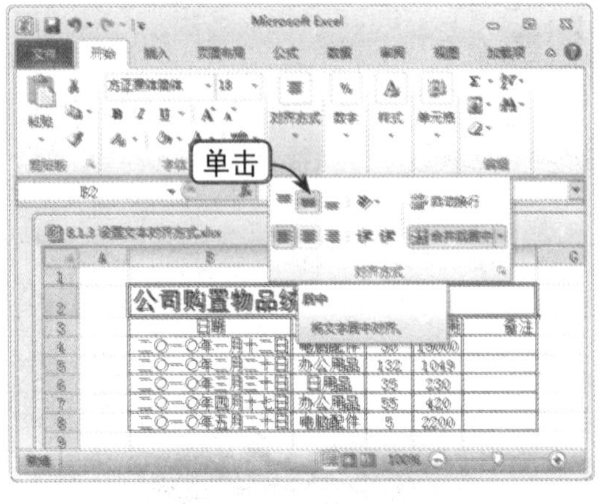

Step 03 居中单元格

这时，即可居中所选的单元格，效果如下图所示。

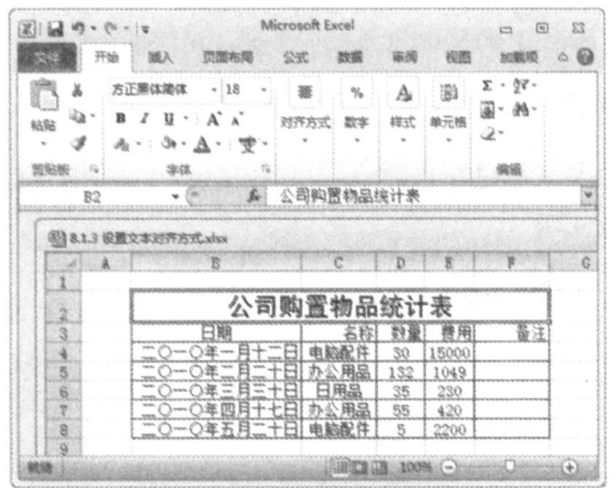

Step 04 居中其他单元格

采用同样的方法居中其下方的单元格，效果如下图所示。

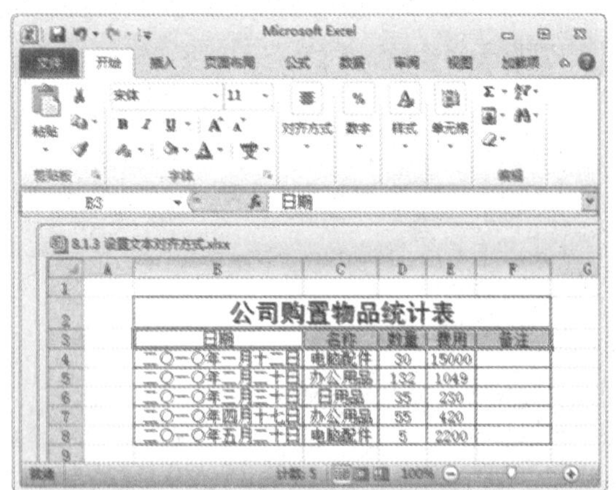

8.1.4 设置文本方向

有时需要将文本设置为对角方向或垂直方向，下面将通过实例讲解如何设置文本方向，具体操作方法如下：

素材文件	光盘：素材文件\第8章\8.1.4 设置文本方向.xlsx

Step 01 选择单元格

打开“素材文件\第 8 章\8.1.4 设置文本方向.xlsx”，选中需要设置方向的单元格，如下图所示。

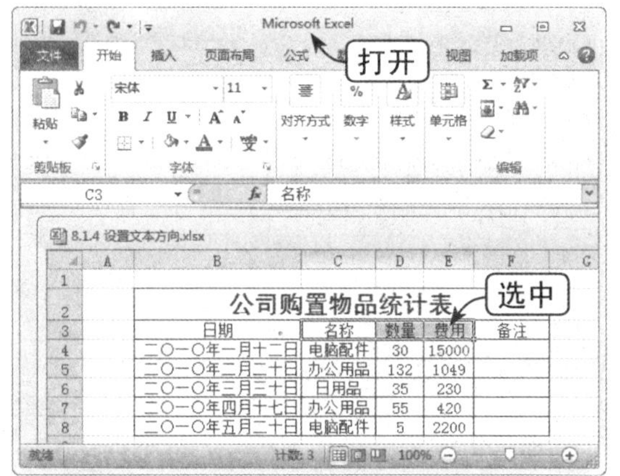

Step 02 选择“逆时针角度”选项

在“对齐方式”组中单击“方向”下拉按钮，在弹出的下拉列表中选择“逆时针角度”选项，如下图所示。

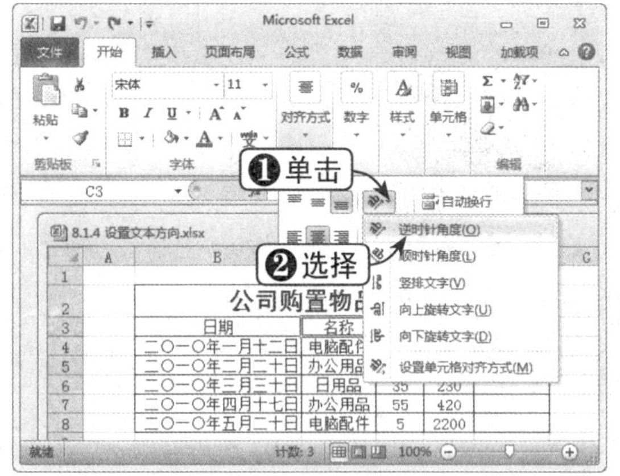

Step 03 查看文本效果

查看设置角度方向后的文本效果，如下图所示。

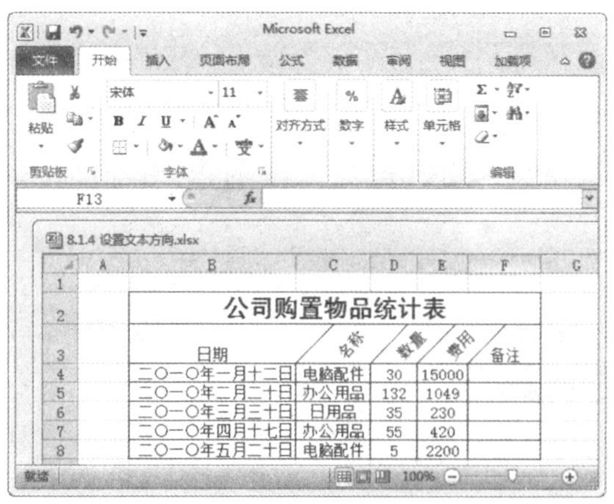

Step 04 自定义对齐角度

在“对齐方式”组中单击“方向”下拉按钮，在弹出的下拉列表中选择“设置单元格对齐方式”选项，弹出“设置单元格格式”对话框。在“对齐”选项卡的右侧即可自定义对齐角度，单击“确定”按钮，如下图所示。

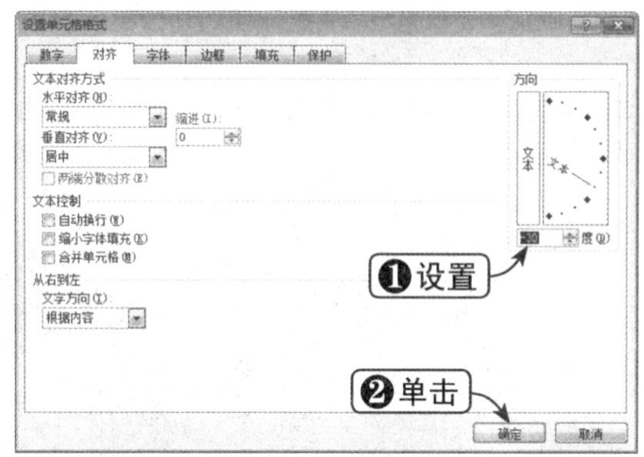

8.1.5 设置自动换行

用户可以设置自动换行，使较长文本在单元格中多行显示。下面将通过实例讲解如何设置自动换行，具体操作方法如下：

	素材文件	光盘：素材文件\第8章\8.1.5 设置自动换行.xlsx

Step 01 选中单元格

打开“素材文件\第 8 章\8.1.5 设置自动换行.xlsx”，选中需要设置的单元格，如下图所示。

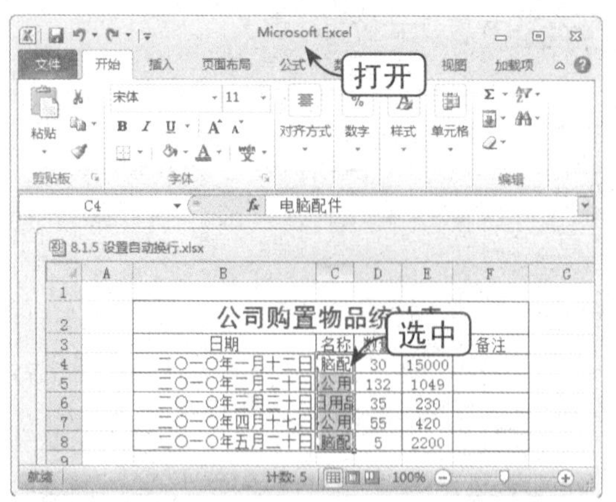

Step 02 单击“自动换行”按钮

在“开始”选项卡下的“对齐方式”组中单击“自动换行”按钮，如下图所示。

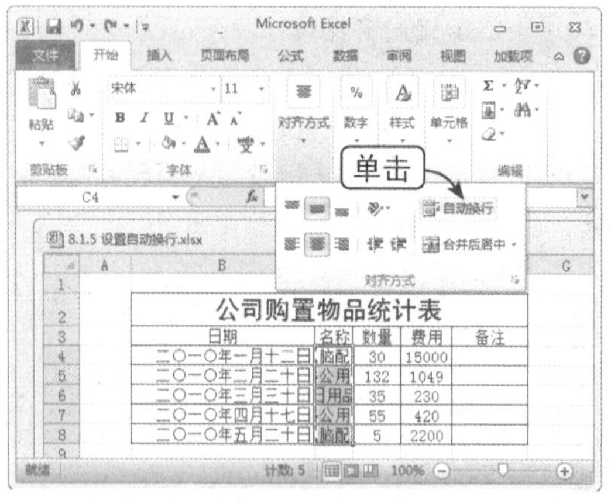

Step 03 查看多行显示效果

这时，所选单元格中的文本将多行显示，如下图所示。

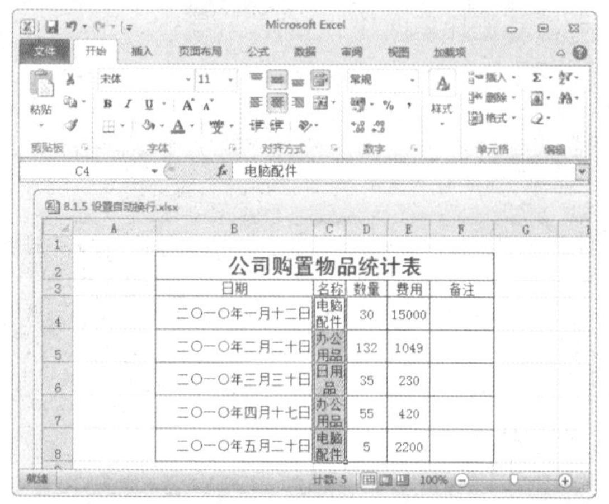

Step 04 应用自动换行

在“对齐方式”组中单击“方向”下拉按钮，在弹出的下拉列表中选择“设置单元格对齐方式”选项，弹出“设置单元格格式”对话框。在“对齐”选项卡中选中“自动换行”复选框，同样可以应用自动换行，单击“确定”按钮，如下图所示。

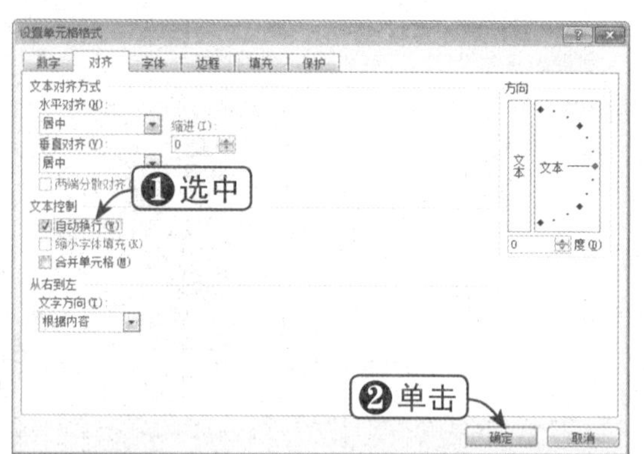

8.2 调整单元格大小

用户可以手动调整单元格大小，如通过拖动鼠标调整行高与列宽，或通过输入值精确设置行高与列宽，也可以自动调整行高与列宽，下面将分别进行介绍。

8.2.1 手动调整单元格

下面将通过实例讲解如何手动调整单元格大小，具体操作方法如下：

	素材文件	光盘：素材文件\第8章\8.2.1 手动调整单元格.xlsx

Step 01 打开素材文件

打开“素材文件\第 8 章\8.2.1 手动调整单元格 .xlsx”，如下图所示。

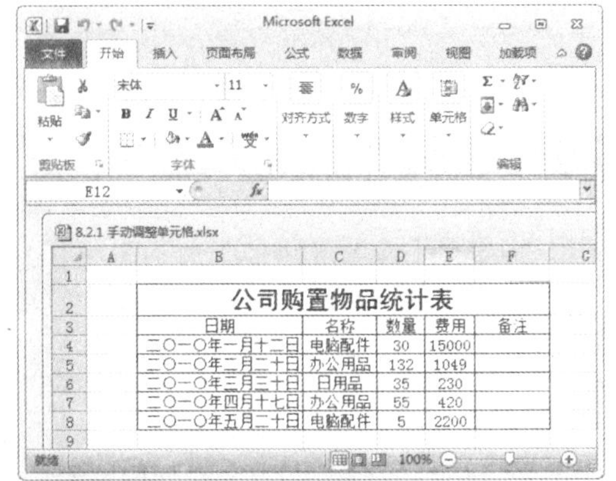

Step 02 调整列宽

移动鼠标指针到两列之间的分隔线处，当其变为双向箭头时按住鼠标左键并拖动，即可手动调整列表，如下图所示。

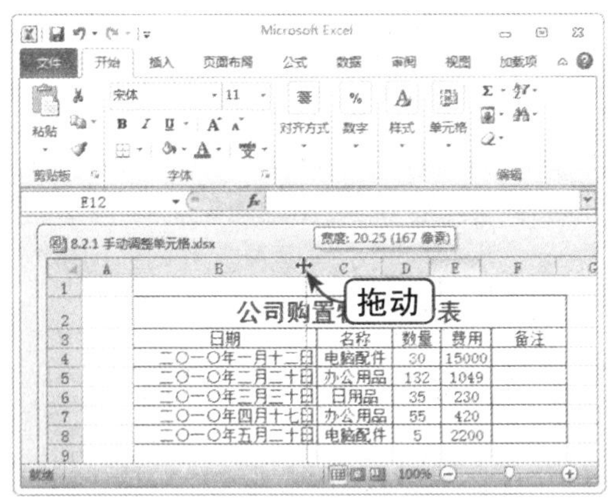

Step 03 选中单元格

选中需要设置大小的单元格，如下图所示。

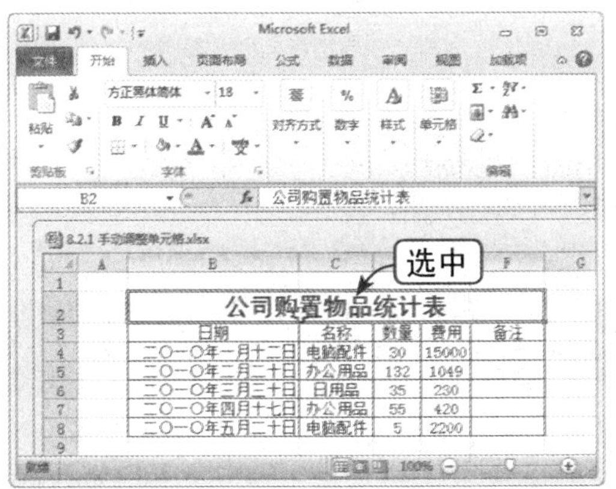

Step 04 选择“行高”选项

在“单元格”组中单击“格式”下拉按钮，在弹出的下拉列表中选择“行高”选项，如下图所示。

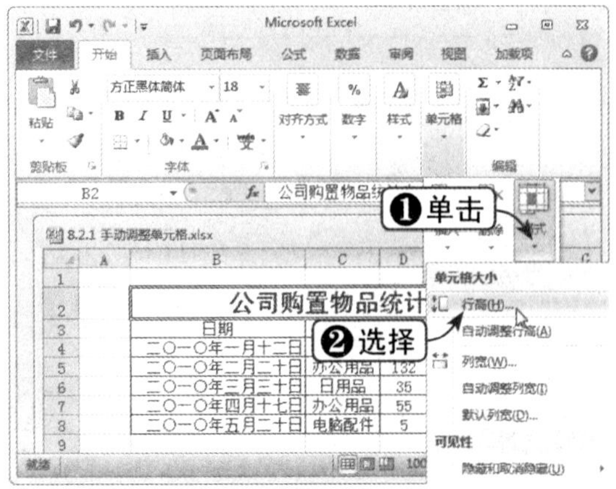

Step 05 设置行高

弹出“行高”对话框，在“行高”文本框中输入行高值，然后单击“确定”按钮，如下图所示。

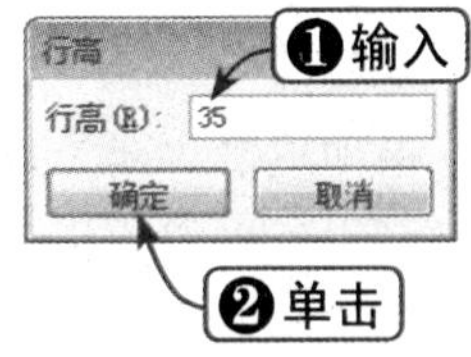

Step 06 查看设置效果

这时，即可将所选单元格设置为指定的行高，如下图所示。

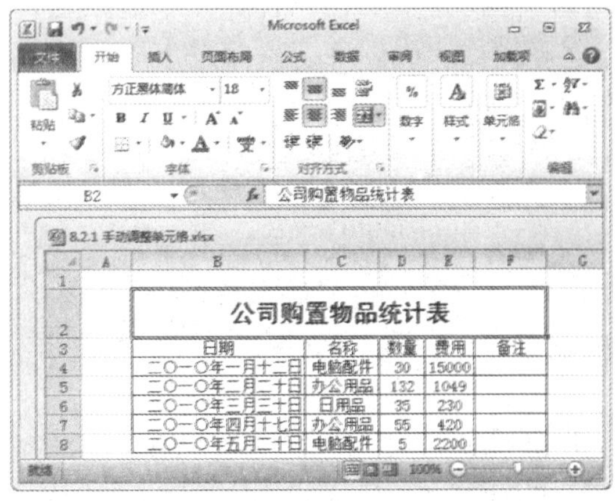

8.2.2 自动调整单元格

下面将通过实例讲解如何自动调整单元格大小，具体操作方法如下：

	素材文件	光盘：素材文件\第8章\8.2.2 自动调整单元格.xlsx

Step 01 选中单元格

打开“素材文件\第8章\8.2.2 自动调整单元格.xlsx”，选中需要设置的单元格，如下图所示。

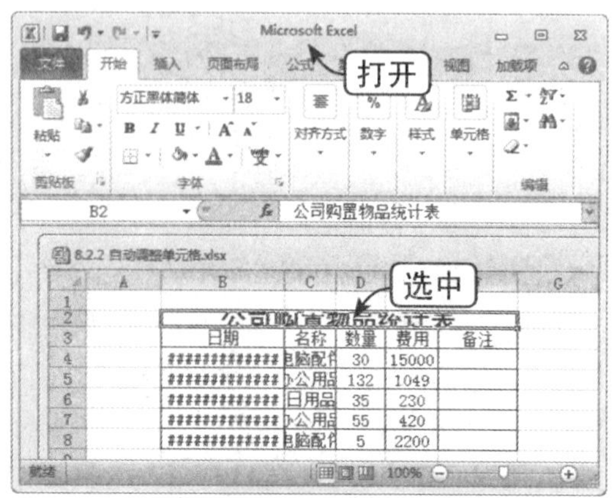

Step 02 选择“自动调整行高”选项

在“单元格”组中单击“格式”下拉按钮，在弹出的下拉列表中选择“自动调整行高”选项，如下图所示。

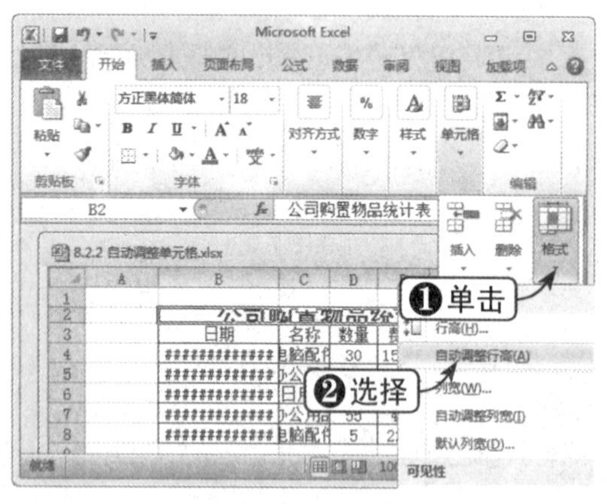

Step 03 查看设置效果

这时，即可将所选单元格的行高进行自动设置，效果如下图所示。

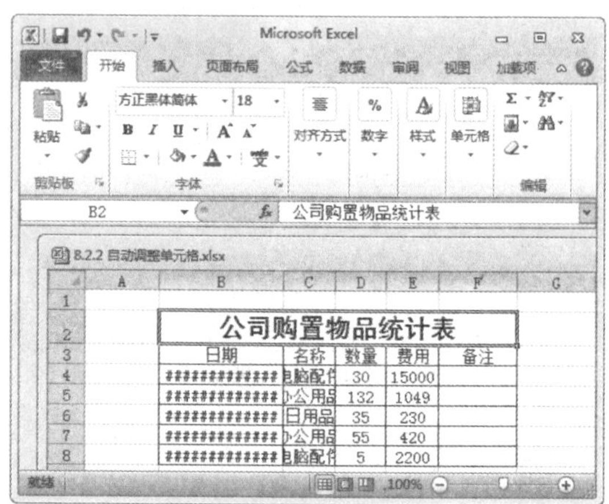

Step 04 自动设置列宽

选择其他单元格，单击“格式”下拉按钮，在弹出的下拉列表中选择“自动调整列宽”选项，自动设置列宽，效果如下图所示。

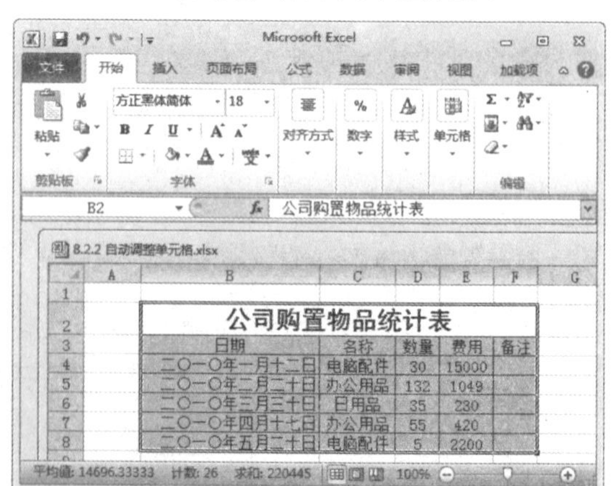

8.3 设置单元格样式

用户可以为工作表添加条件格式、表格格式以及单元格样式，也可以新建条件格式规则、表格样式以及单元格样式，下面将分别进行介绍。

8.3.1 应用条件格式

下面将通过实例讲解如何应用条件格式，具体操作方法如下：

	素材文件	光盘：素材文件\第8章\8.3.1 应用条件格式.xlsx

Step 01 选择单元格

打开“素材文件\第8章\8.3.1 应用条件格式.xlsx”，选中需要设置的单元格，如下图所示。

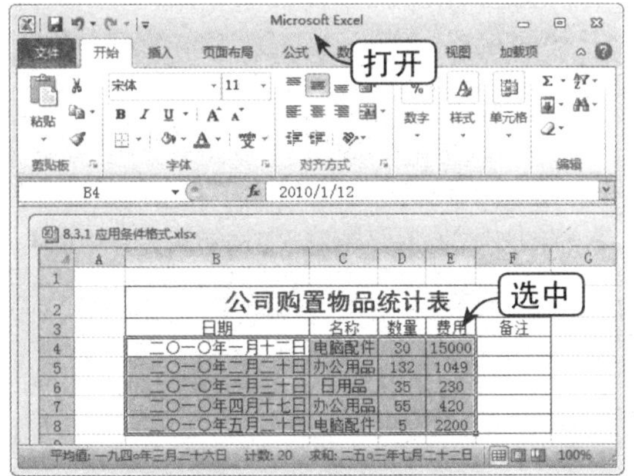

Step 02 设置数据条渐变填充格式

在“样式”组中单击“条件格式”下拉按钮，在弹出的下拉列表中可以设置各种条件样式。例如，选择“数据条”选项，设置渐变填充格式，如下图所示。

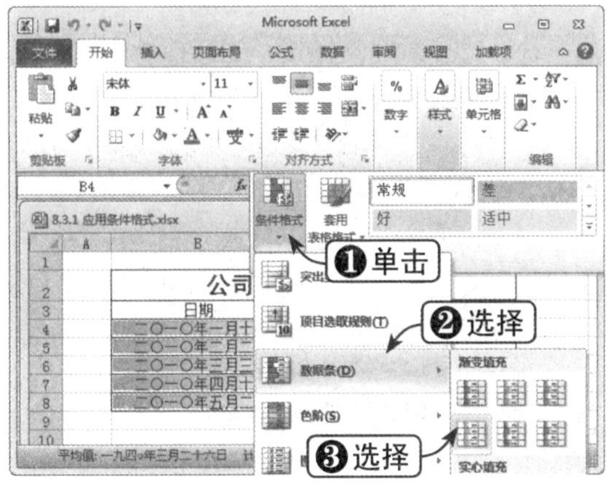

Step 03 查看填充效果

这时，即可以指定的渐变色填充数据条，如下图所示。

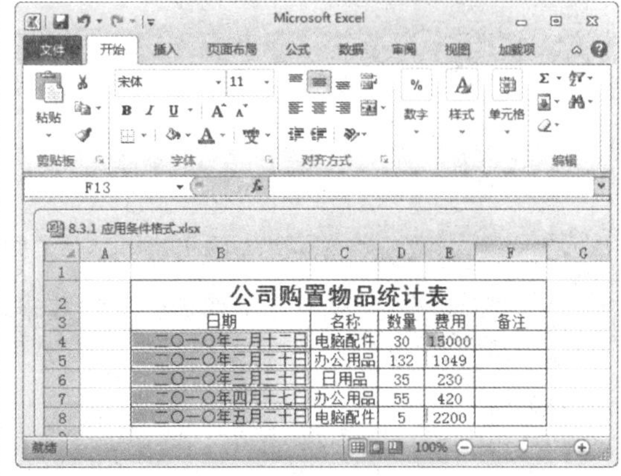

Step 04 设置方向图标

打开“条件格式”下拉列表，选择“图标集”选项，展开“方向”级联菜单，可以为数据设置方向图标，如下图所示。

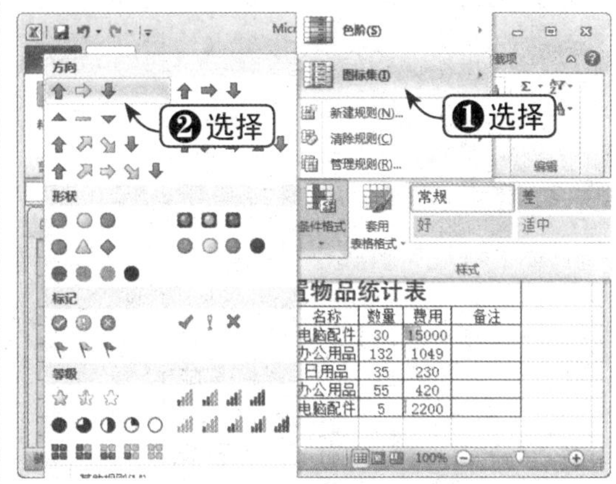

Step 05 查看添加图标效果

这时，即可为数据添加方向图标，如下图所示。

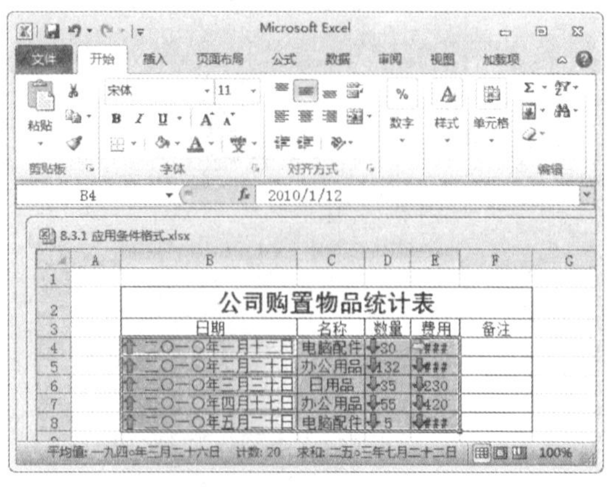

Step 06 新建格式规则

若在打开的“条件格式”下拉列表中选择“新建规则”选项，将弹出“新建格式规则”对话框。设置各项参数，新建格式规则，单击“确定”按钮，如下图所示。

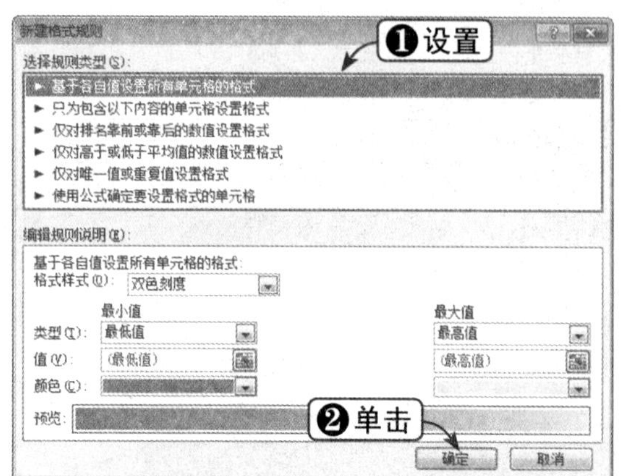

知识点拨

可以使用条件格式中的颜色刻度、数据条和图标集直观显示数据。

8.3.2 应用单元格样式

下面将通过实例来讲解如何应用单元格样式，具体操作步骤如下：

	素材文件	光盘：素材文件\第8章\8.3.2 应用单元格样式.xlsx

Step 01 选择单元格

打开“素材文件\第8章\8.3.2 应用单元格样式.xlsx”，选中需要设置的单元格，如下图所示。

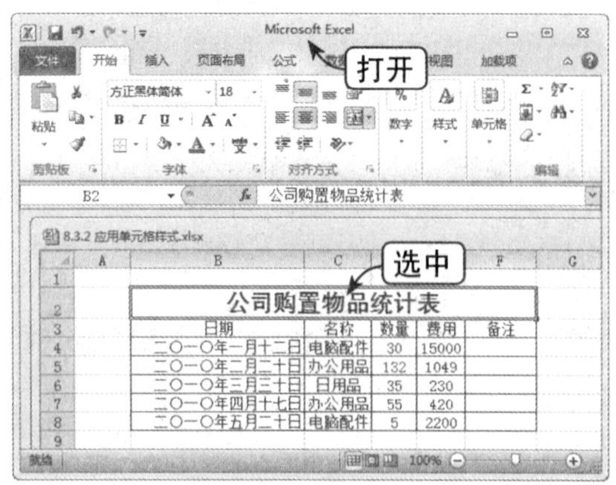

Step 02 选择“标题”选项

在“开始”选项卡下的“样式”组中打开列表框，选择所需的样式，如选择“标题”选项，如下图所示。

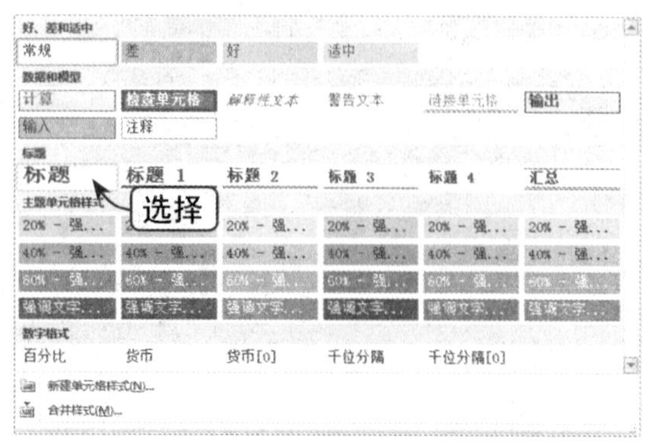

Step 03 查看设置效果

这时，所选单元格中的文本将会变为指定的字体与颜色，如下图所示。

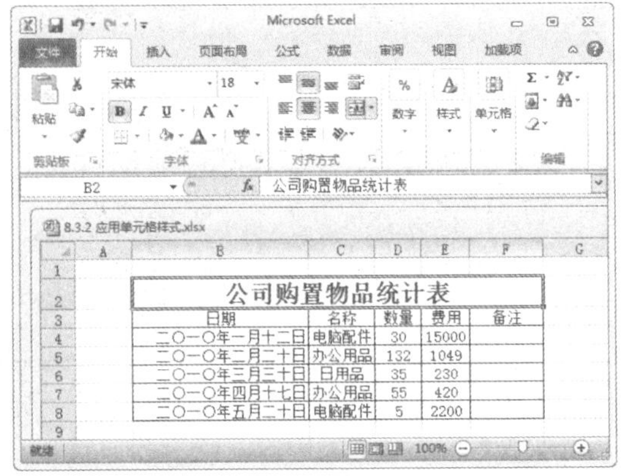

Step 04 设置其他单元格样式

采用同样的方法设置其他单元格的样式，效果如下图所示。

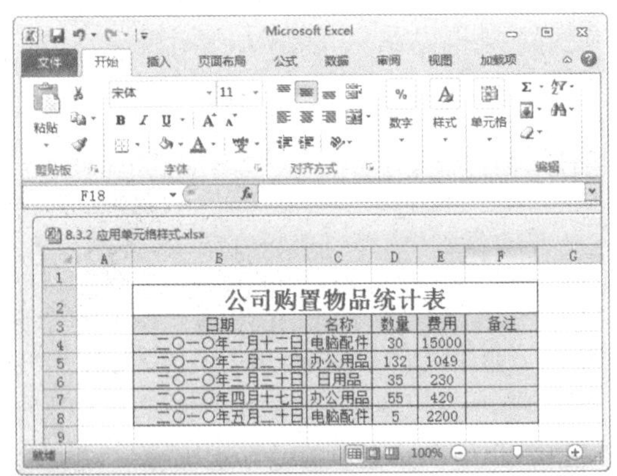

Step 05 打开“样式”对话框

如果希望新建样式，则在打开的列表框中选择“新建单元格样式”选项，弹出“样式”对话框，单击“格式”按钮，如下图所示。

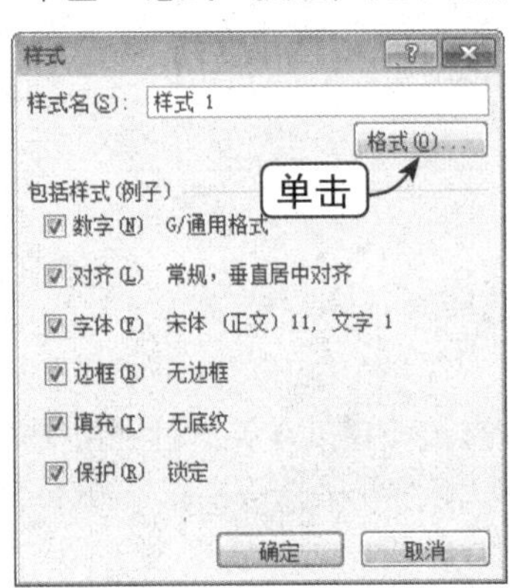

Step 06 设置格式

弹出“设置单元格格式”对话框，可依次切换选项卡，设置单元格样式的格式，如下图所示。单击“确定”按钮，关闭对话框。

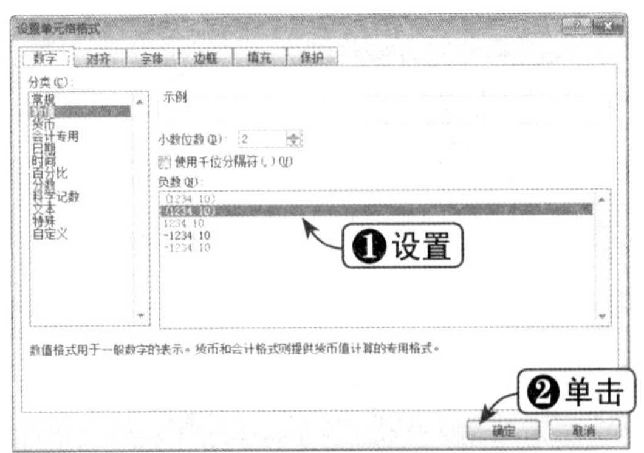

Step 07 查看单元格样式

此时，即可在预定义样式列表框中看到新建的单元格样式，如下图所示。

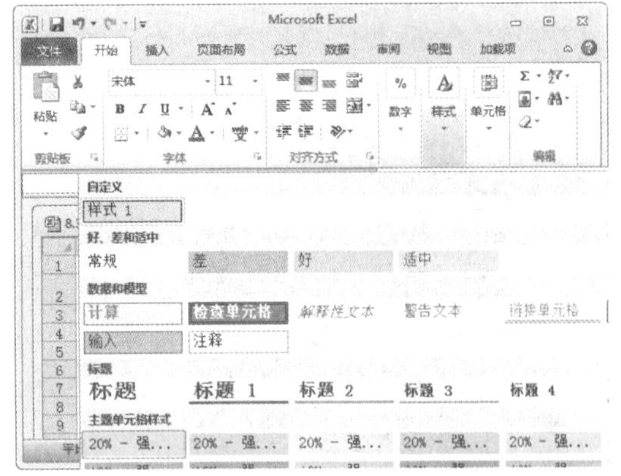

Step 08 管理新建样式

右击该样式选项，在弹出的快捷菜单中可以管理新建样式，如下图所示。

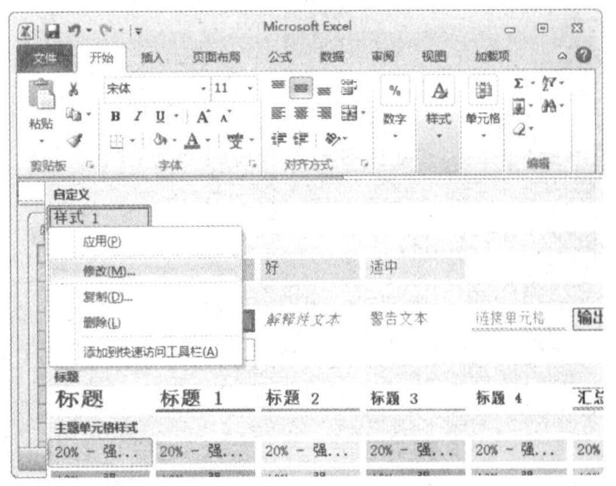

知识点拨

单元格样式是字体格式、数字格式、单元格边框和底纹等单元格属性的集合。

8.3.3 应用表格格式

Excel 2010 程序预设了多种表格格式，可以方便用户对其进行设置。下面将通过实例进行讲解，具体操作方法如下：

	素材文件	光盘：素材文件\第8章\8.3.3 应用表格格式.xlsx

Step 01 打开素材文件

打开“素材文件\第 8 章\8.3.3 应用表格格式.xlsx”，如下图所示。

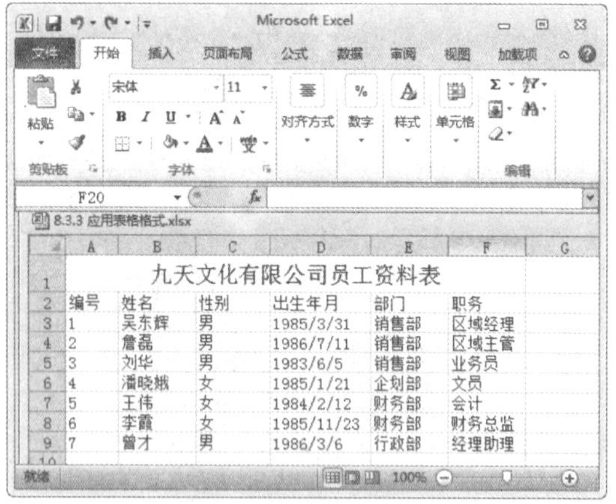

Step 02 选择表格格式

在“开始”选项卡下的“样式”组中单击“套用表格格式”下拉按钮，在弹出的下拉列表中选择表格格式，如下图所示。

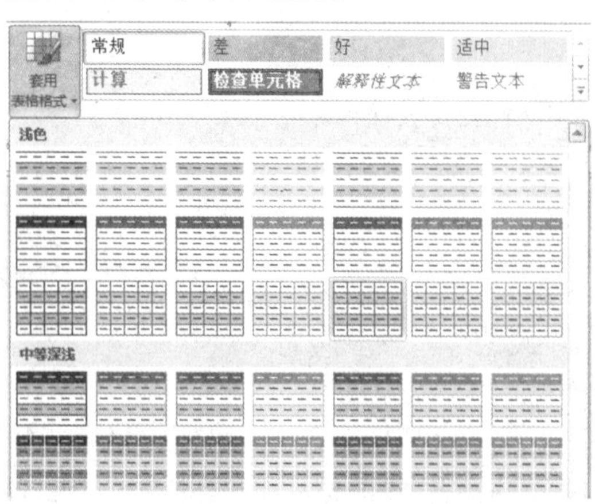

Step 03 选择数据范围

这时在编辑窗口将出现闪动的选择框，拖动选择框选择数据范围，如下图所示。

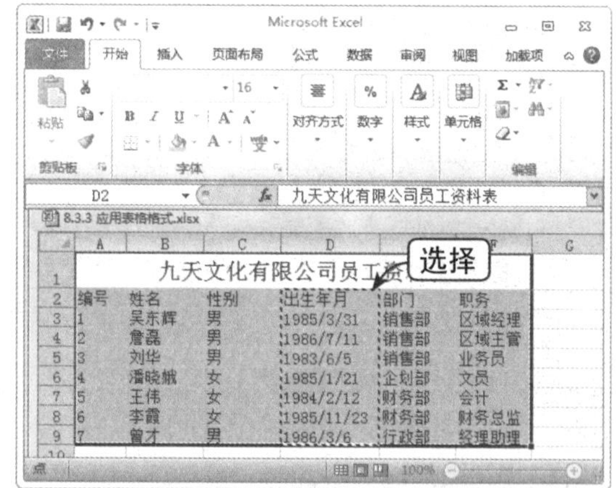

Step 04 选中“表包含标题”复选框

弹出“创建表”对话框，选中“表包含标题”复选框，单击“确定”按钮，如下图所示。

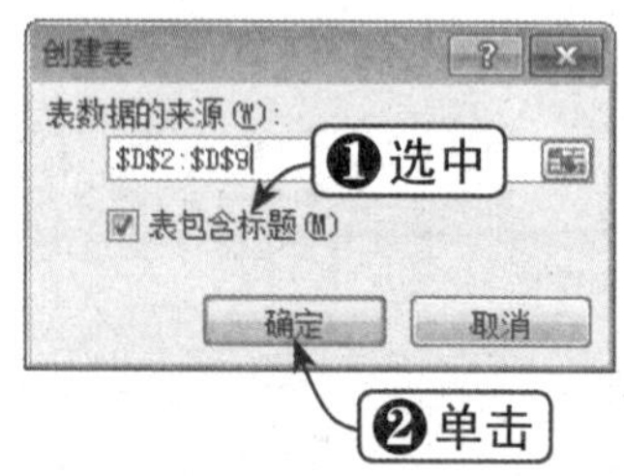

Step 05 选择“升序”选项

这时，在首个单元格右侧将出现一个下拉按钮，单击该按钮，在弹出的下拉列表中可以进行升序、降序和筛选等操作，如选择“升序”选项，如下图所示。

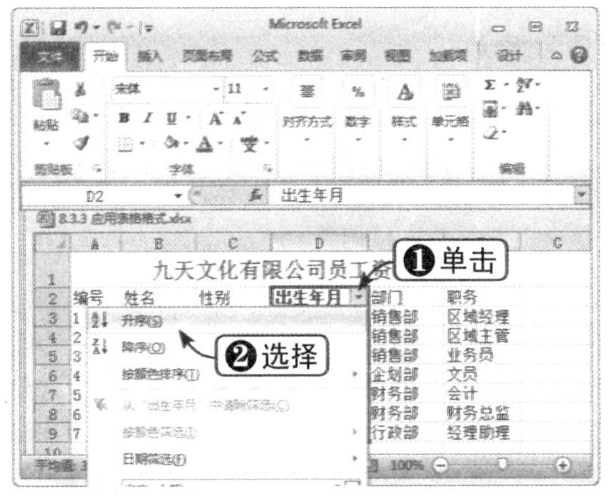

Step 06 查看显示效果

这时，单元格中的数据将会升序显示，效果如下图所示。

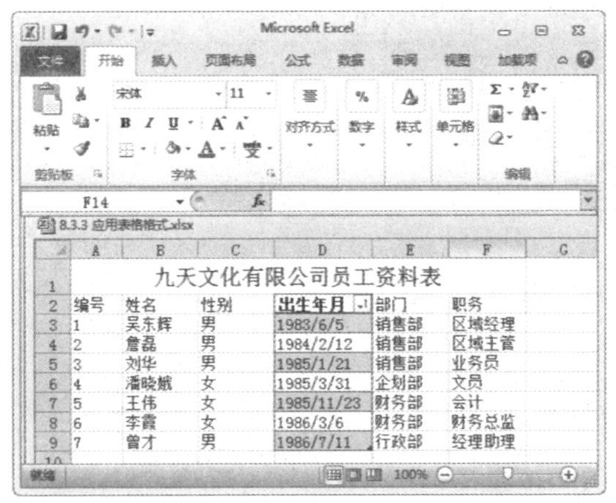

Step 07 打开“新建表快速样式”对话框

如果单击“套用表格格式”下拉按钮，在弹出的下拉列表中选择“新建表样式”选项，将弹出“新建表快速样式”对话框，如下图所示。在列表框中选择需要设置的表元素，单击“格式”按钮。

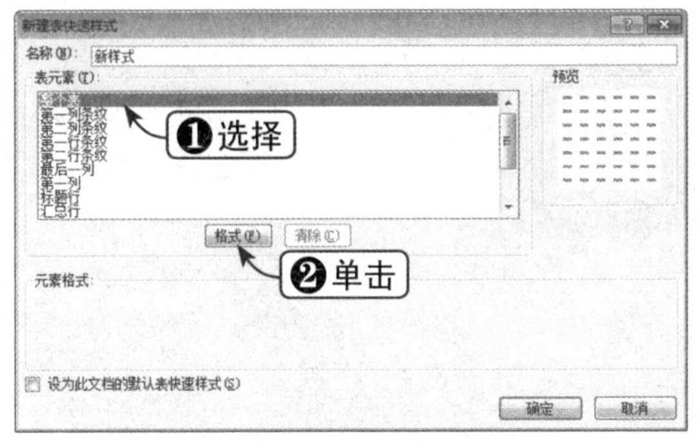

Step 08 设置格式

弹出“设置单元格格式”对话框，设置所选元素的字体、边框、填充等格式参数，单击“确定”按钮，如下图所示。

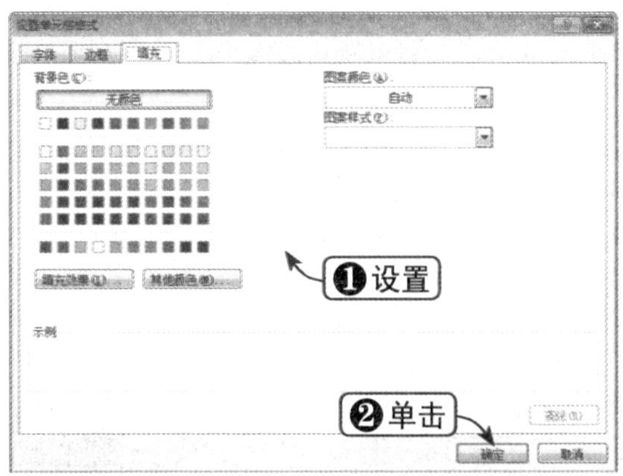

Step 09 预览样式

返回“新建表快速样式”对话框，在“预览”区域预览样式，然后单击“确定”按钮，如下图所示。

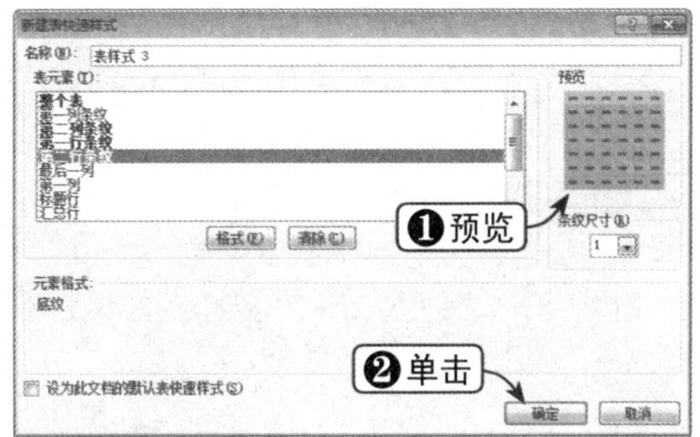

Step 10 查看新样式

打开“套用表格格式”下拉列表，即可在“自定义”区域看到新建的样式。右击该样式，可以进行各种编辑操作，如下图所示。

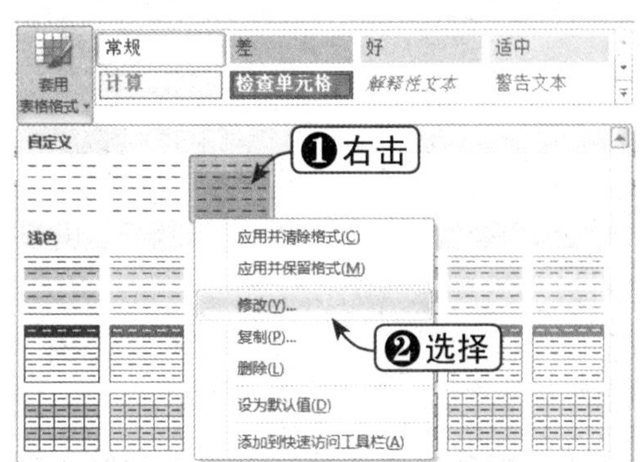

8.4 实战演练——调整员工资料表外观

下面将以员工资料表外观的调整流程为例，巩固之前所学的设置单元格格式、设置单元格样式等相关知识，实例的最终结果如下图所示。

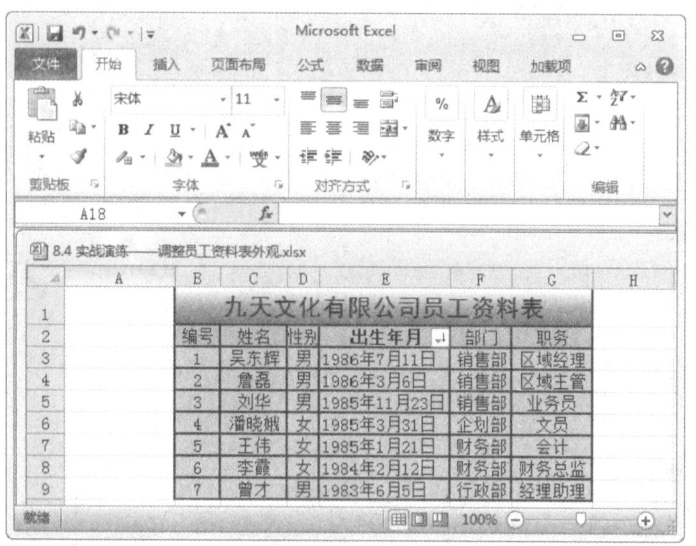

	素材文件	光盘：素材文件\第8章\8.4 实战演练——调整员工资料表外观.xlsx

Step 01 选中单元格

打开"素材文件\第8章\8.4 实战演练——调整员工资料表外观.xlsx"，选中需要调整的单元格，如下图所示。

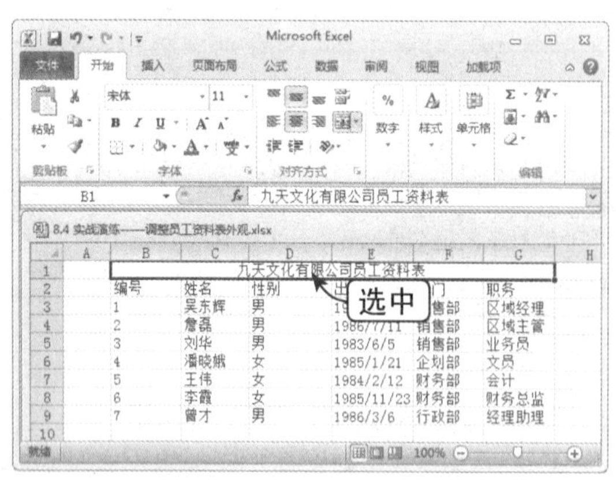

Step 02 调整字体与字号

在"开始"选项卡下的"字体"组中，调整其字体与字号大小，如下图所示。

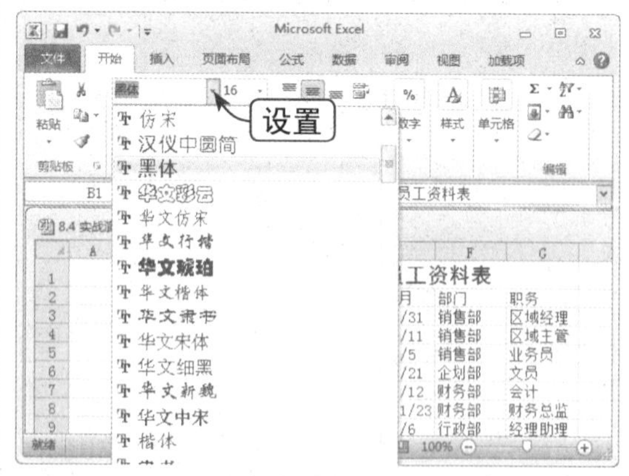

Step 03 选择"行高"选项

在"单元格"组中单击"格式"下拉按钮，在弹出的下拉列表中选择"行高"选项，如下图所示。

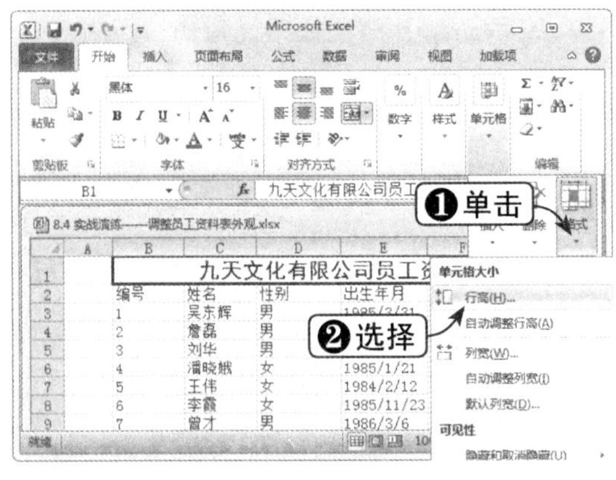

Step 04 设置行高

弹出“行高”对话框，在“行高”文本框中输入数值，单击“确定”按钮，如下图所示。

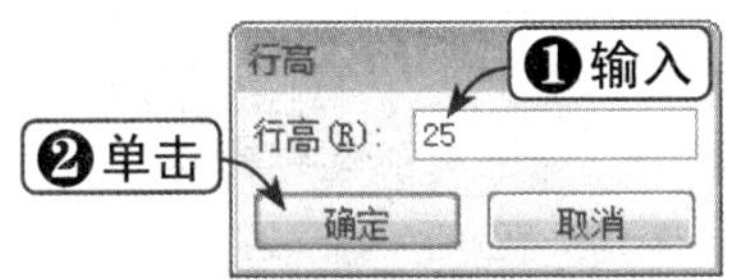

Step 05 调整其他单元格列宽

通过拖动鼠标手动调整其他单元格的列宽，效果如下图所示。

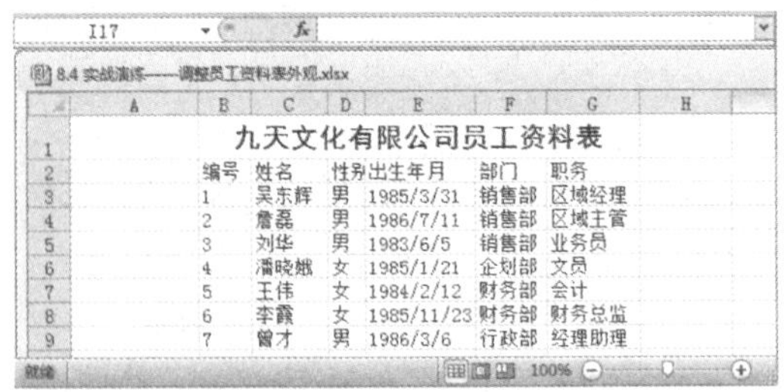

Step 06 选中单元格

选中需要设置对齐方式的单元格，如下图所示。

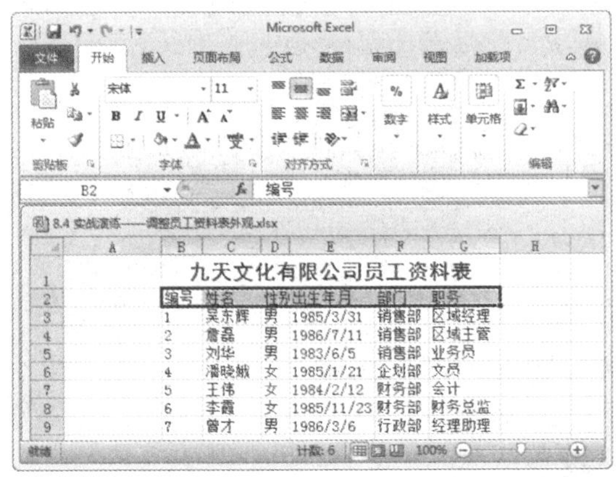

Step 07 单击“居中”按钮

在“对齐方式”组中单击“居中”按钮，如下图所示。

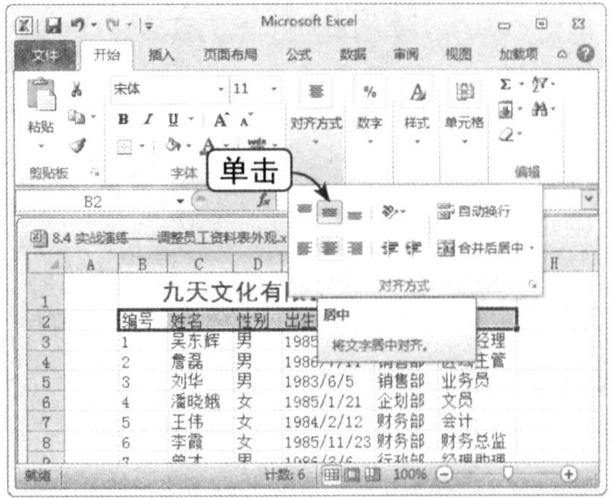

Step 08 查看表格效果

采用同样的方法居中其他单元格，并查看表格效果，如下图所示。

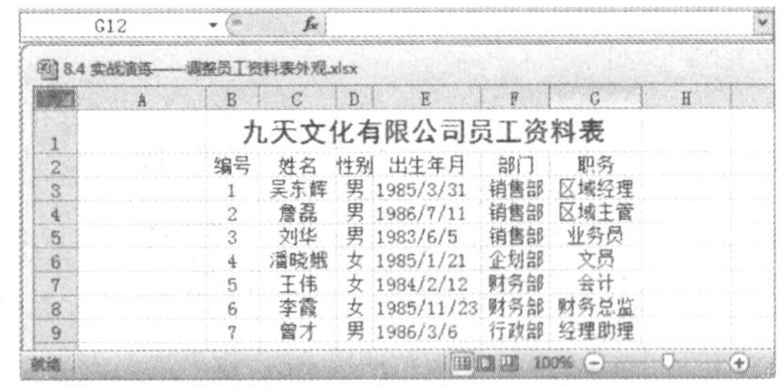

Step 09 设置背景填充

通过“字体”组中的“填充颜色”下拉列表为单元格指定填充颜色，如下图所示。

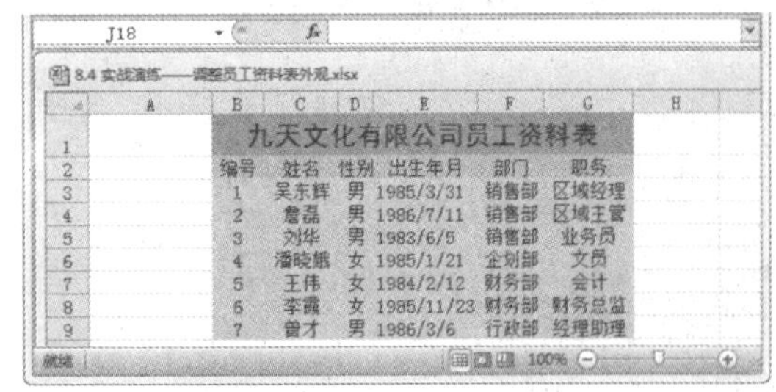

Step 10 设置线条颜色

在“字体”组中打开“边框”下拉列表，展开“线条颜色”级联菜单，设置线条颜色，如下图所示。

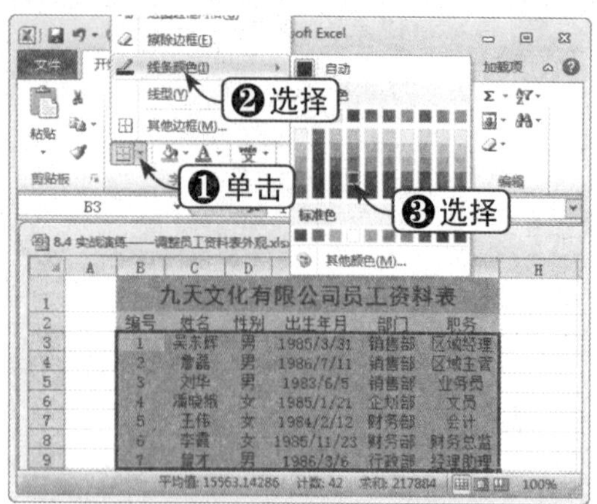

Step 11 设置线型

打开“边框”下拉列表，选择“线型”选项，在其级联菜单中设置线型，如下图所示。

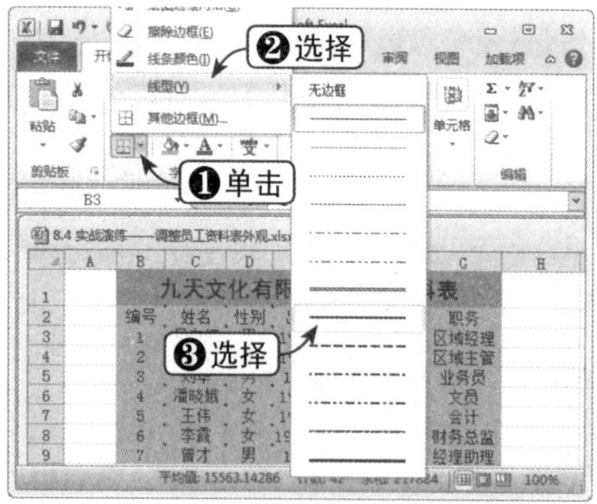

Step 12 绘制边框

打开“边框”下拉列表，选择“绘图边框网格”选项，为单元格绘制边框，如下图所示。

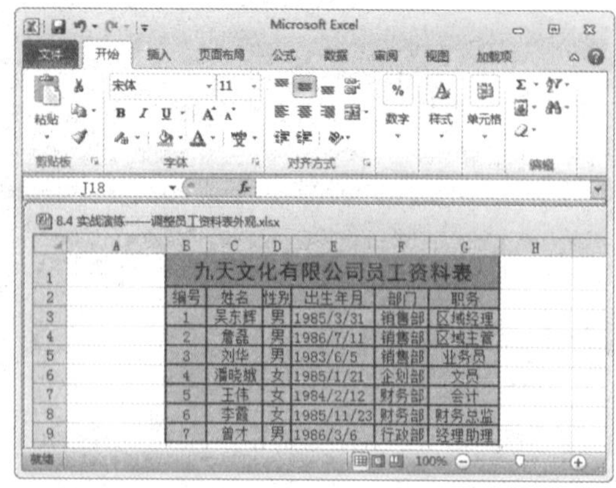

Step 13 单击“填充效果”按钮

选择首行单元格，单击“字体”组右下角的扩展按钮，弹出“设置单元格格式”对话框。在“填充”选项卡中单击“填充效果”按钮，如下图所示。

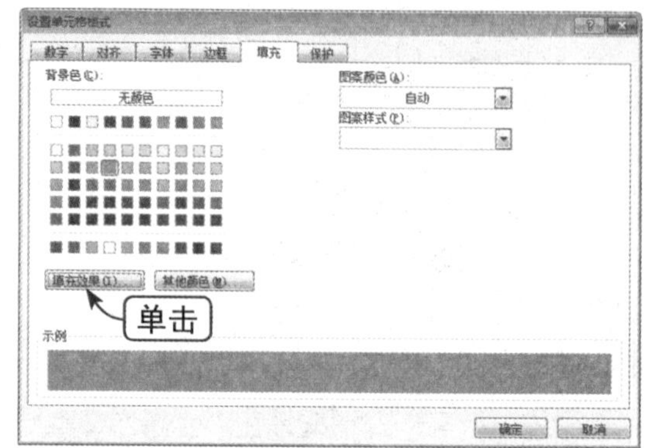

Step 14 设置填充效果

弹出“填充效果”对话框，选中“双色”单选按钮，然后设置渐变色填充效果。设置完毕后，单击“确定”按钮，如下图所示。

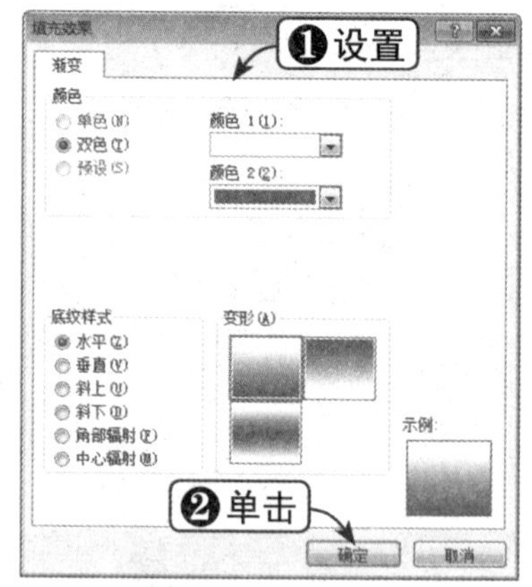

Step 15 查看填充效果

这时，即可为首行单元格应用渐变色填充效果，如下图所示。

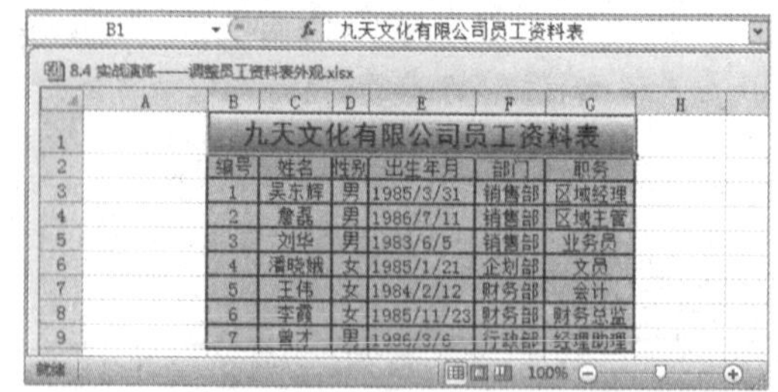

Step 16 选中单元格

选中“出生年月”单元格下方的单元格，如下图所示。

Step 17 设置日期格式

单击"数字"组右下角的扩展按钮，弹出"设置单元格格式"对话框。在"数字"选项卡中设置日期格式，单击"确定"按钮，如下图所示。

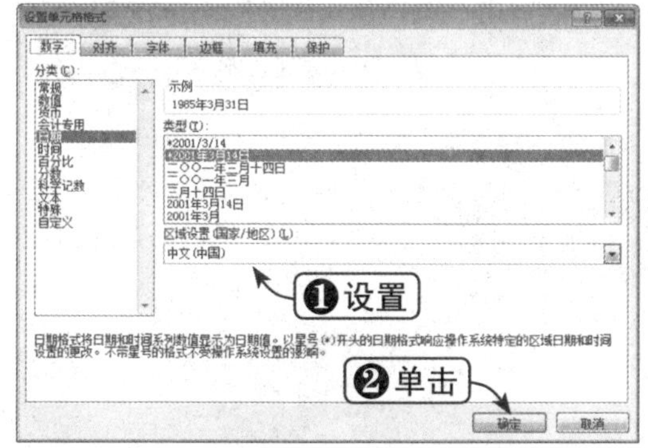

Step 18 查看表格效果

此时，即可查看设置之后的表格效果，如下图所示。

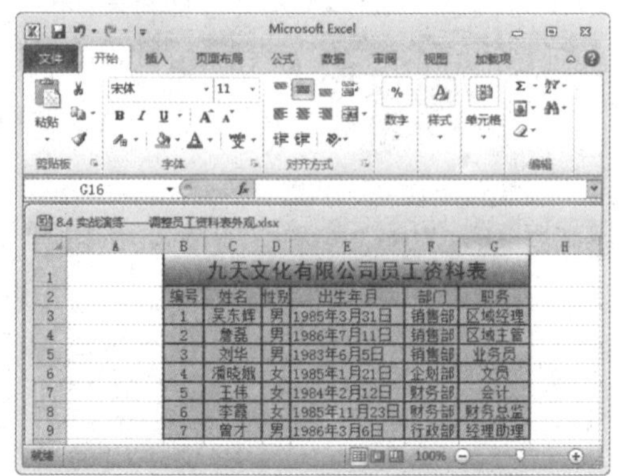

Step 19 选择表格格式

在"样式"组中单击"套用表格格式"下拉按钮，在弹出的下拉列表中选择表格格式，如下图所示。

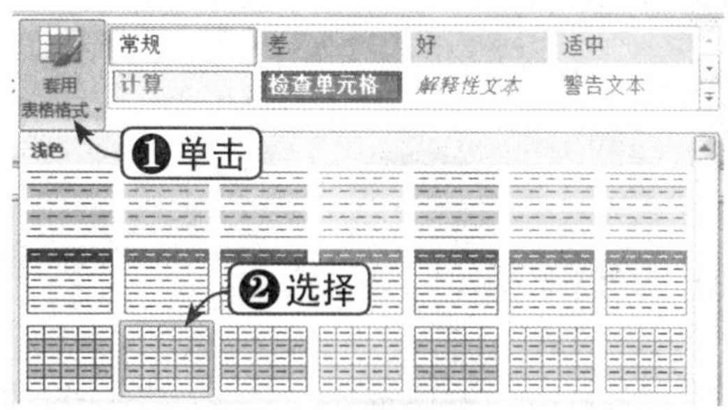

Step 20 设置数据来源

弹出"套用表格式"对话框，设置数据来源，单击"确定"按钮，如下图所示。

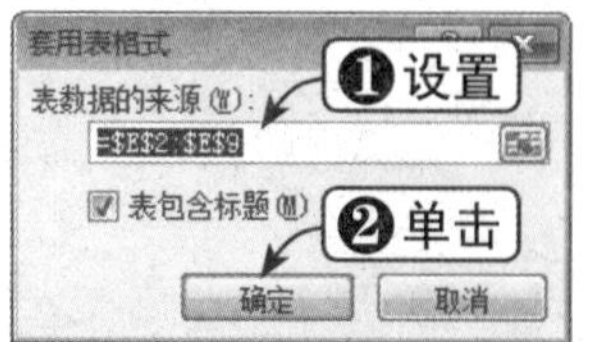

Step 21 选择"降序"选项

单击"出生年月"单元格右侧的下拉按钮，在弹出的下拉列表中选择"降序"选项，如下图所示。

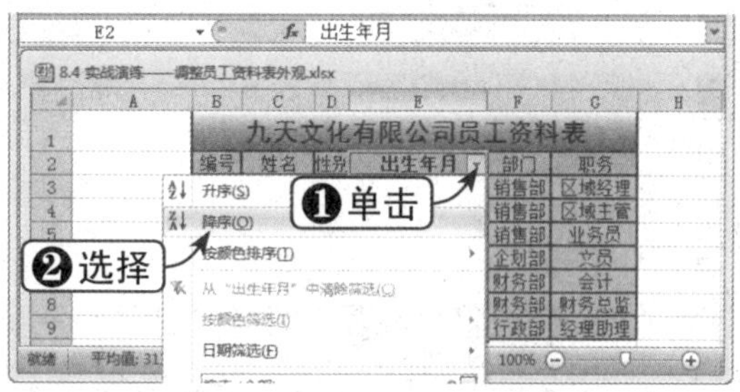

Step 22 查看最终效果

此时，即可查看表格的最终效果，如下图所示。

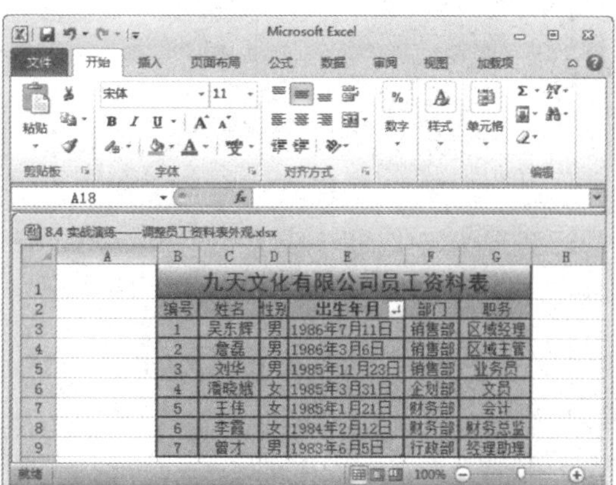

第9章 图表的应用

本章将学习图表应用的相关知识，其中包括图表的创建与编辑、图表的美化、应用迷你图等，帮助读者轻松掌握图表操作的各种方法和技巧。

本章学习重点

1. 图表的创建与编辑
2. 图表的美化
3. 应用迷你图
4. 实战演练——制作服装销售业绩图表

重点实例展示

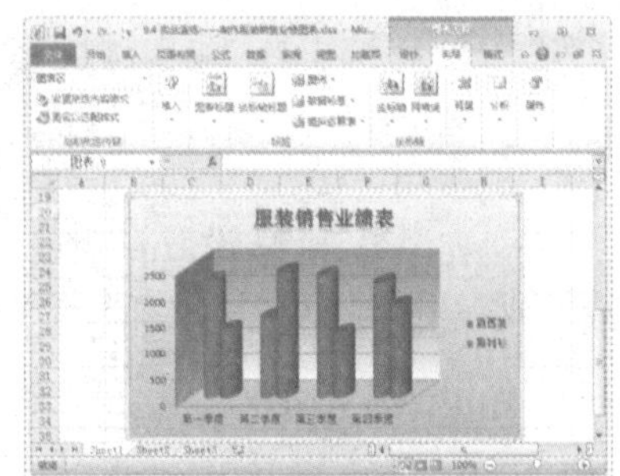

制作服装销售业绩图表

本章视频链接

图表的美化

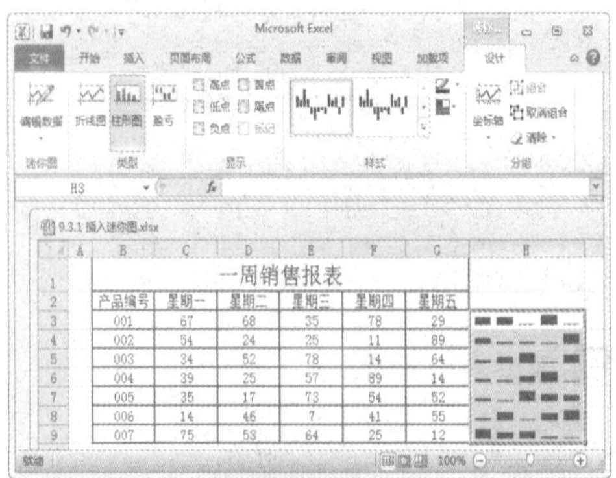

应用迷你图

9.1 图表的创建与编辑

图表用于直观地表现数据。在 Excel 2010 中，包括柱形图、折线图和条形图等多种类型的图表，还可以创建立体图表。

9.1.1 图表概述

下面将分别介绍图表的组成部分和常见的图表类型。

1．图表的组成部分

在 Excel 2010 中，图表主要由图表区、图表标题、坐标轴、图例和数据系列等部分组成，如下图所示。

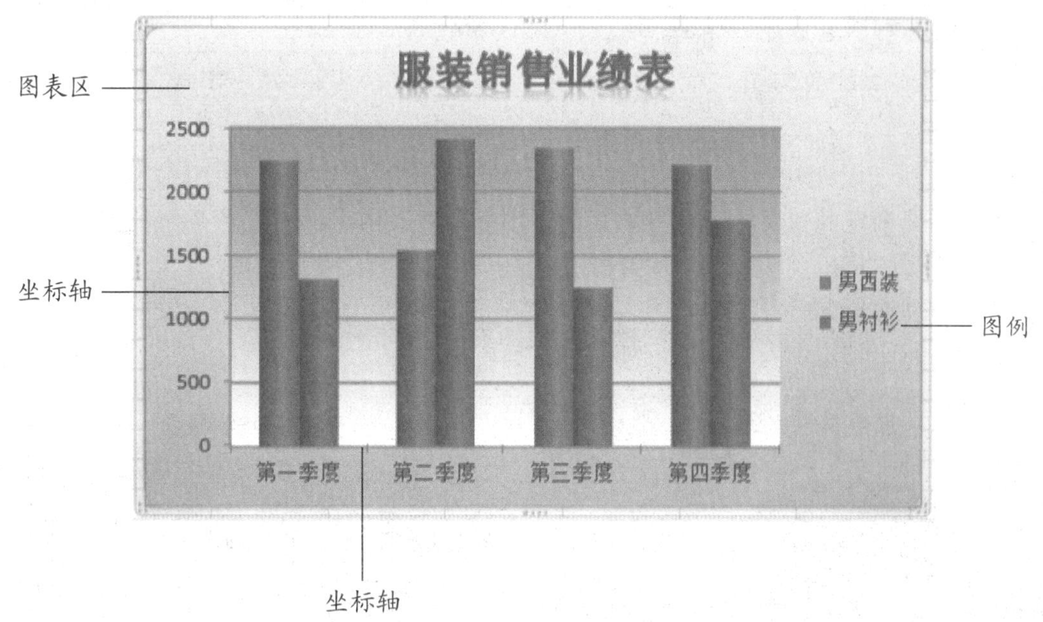

◎ **图表区**：即整个图表区域，包含全部数据信息、图表标题、图例，以及坐标轴等元素。

◎ **坐标轴**：包括水平坐标轴和垂直坐标轴两部分。在一般情况下，水平坐标轴用于表示数据的分类，垂直坐标轴用于表示数据值。因此，水平坐标轴也被称为分类轴，垂直坐标轴也被称为数值轴。

◎ **图例**：用于定义图表中数据系列的名称或分类。不同类别的数据可以用不同的颜色块或图案表示，还可以自定义设置图例的位置、背景等参数。

2．图表的类型

在 Excel 2010 中包含多种类型的图表，用户可以根据使用要求与数据的不同创建所需类型的图表。

◎ 柱形图

柱形图包括二维柱形图、三维柱形图、圆柱图、圆锥图和棱锥图等多种子类型。柱形图一般用于显示某时间段内的数据变化或各项之间的比较情况。在柱形图中，通常沿水平轴组织类别，而沿垂直轴组织数值，如下图（左）所示。

◎ 折线图

折线图常用于显示在相等时间间隔下数据的变化趋势。在折线图中，类别数据沿水平轴均匀分布，所有值数据沿垂直轴均匀分布，如下图（右）所示。

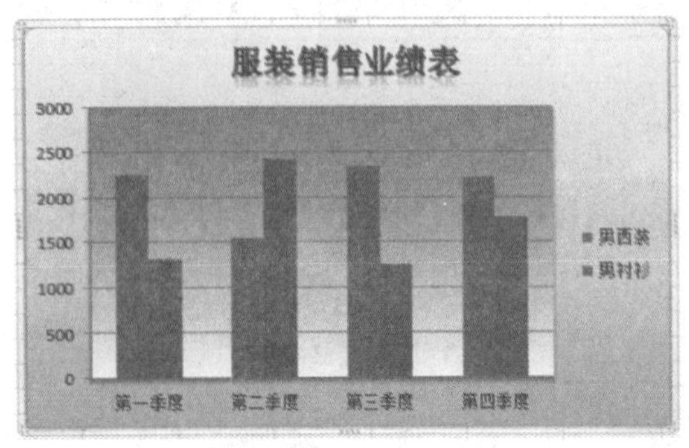

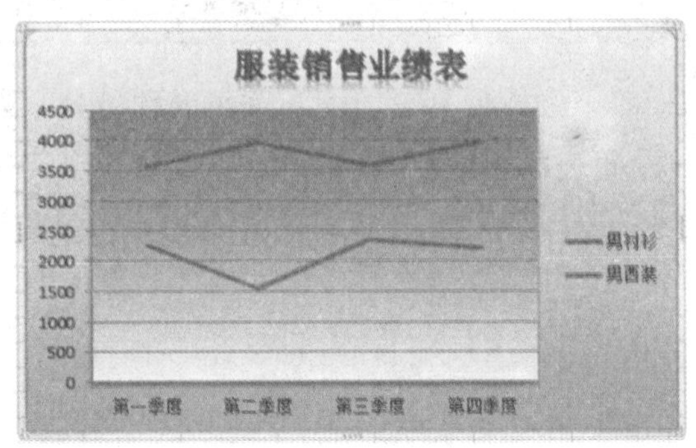

◎ 饼图

饼图常用于对比几个数据在总和中所占的比例关系。饼图将一个圆面划分为若干个扇形面，每个扇面代表一项数据值，如下图（左）所示。

◎ 条形图

条形图类似于柱形图，用于强调各个数据项之间的变化情况。一般垂直轴用于表示分类项，水平轴用于表示数值，如下图（右）所示。

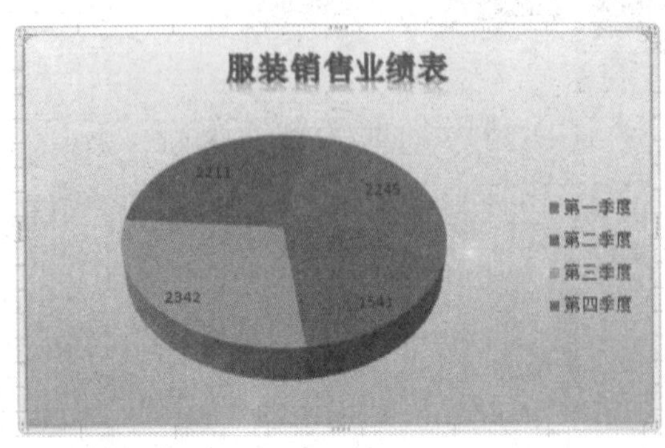

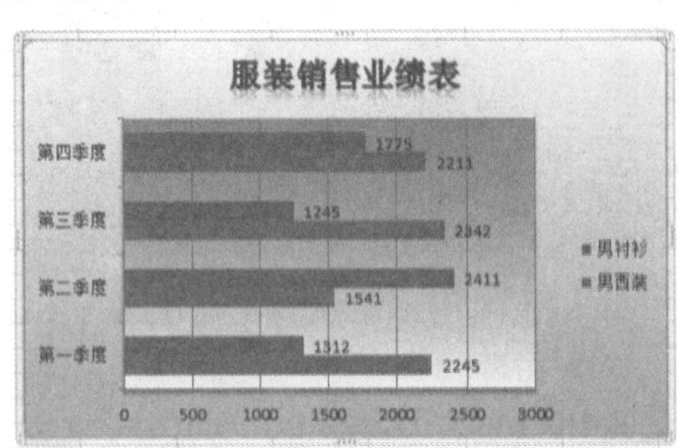

◎ 面积图

面积图用于显示一段时期内数据的变动幅值，它可以直观地显示单个数据项或多个数据项的变化情况，如下图（左）所示。

◎ XY 散点图

XY 散点图用于显示若干数据系列中各数值之间的关系。散点图有两个数值轴，可以用于绘制函数曲线，在科学计算中较为常用，如下图（右）所示。

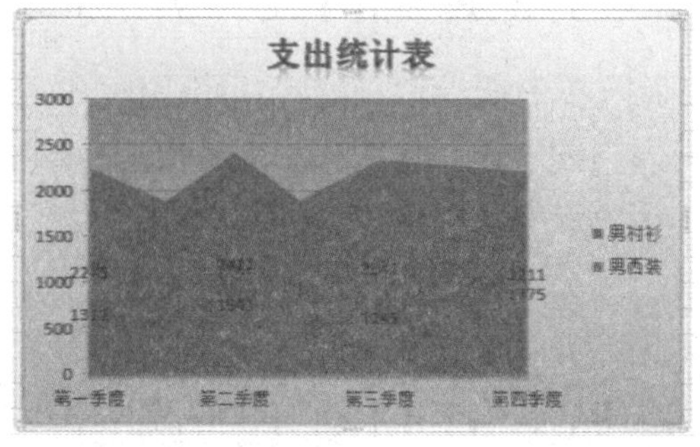

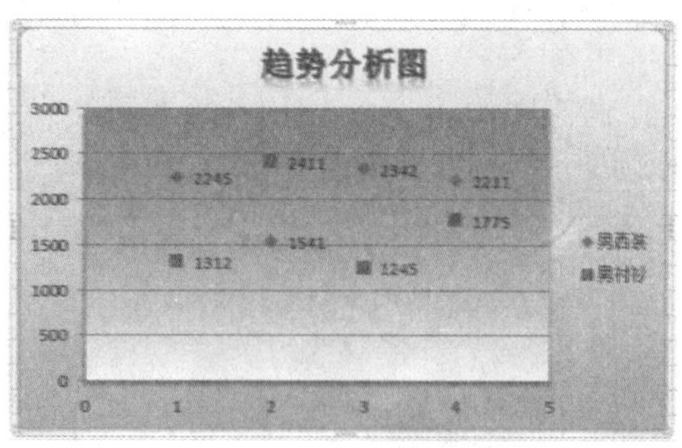

◎ **股价图**

股价图是一种具有三个数据序列的折线图。股价图常用于显示股价的波动，多用于金融领域。必须按严格的顺序组织数据，才能创建股价图，如下图（左）所示。否则，将会弹出“信息”对话框，提示创建股价图的必要条件，如下图（右）所示。

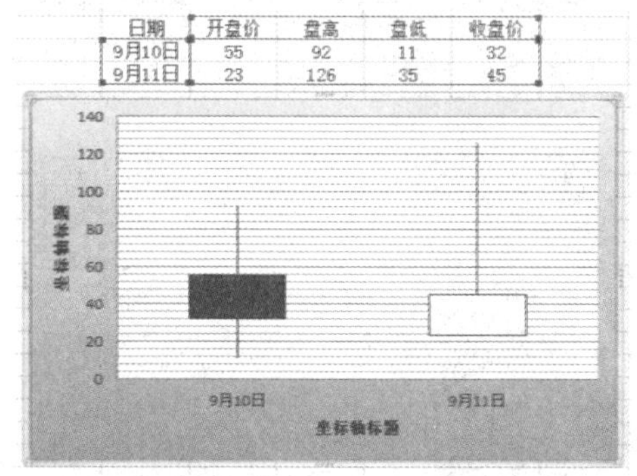

日期	开盘价	盘高	盘低	收盘价
9月10日	55	92	11	32
9月11日	23	126	35	45

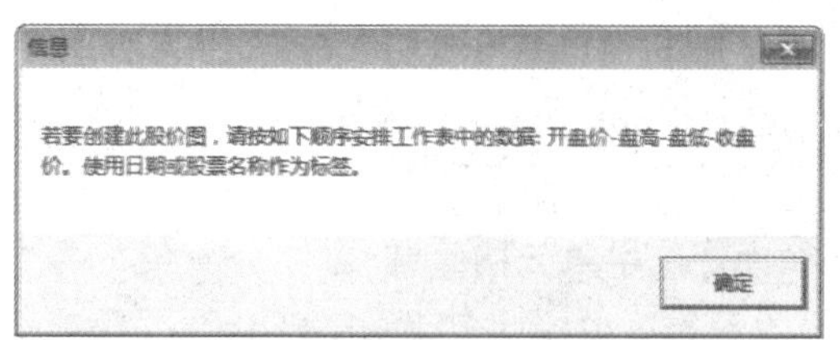

◎ **曲面图**

曲面图在寻找两组数据之间的最佳组合时最为有用。类似于拓扑图形，曲面图中的颜色和图案用来表示在相同取值范围内的区域，如下图（左）所示。

◎ **圆环图**

圆环图有些类似于饼状图，用于显示各个部分与整体之间的关系。圆环图可以包含多个数据系列，每一环代表一个数据系列，如下图（右）所示。

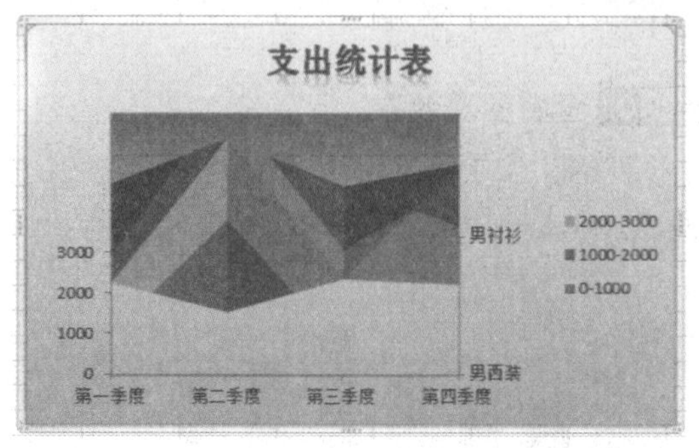

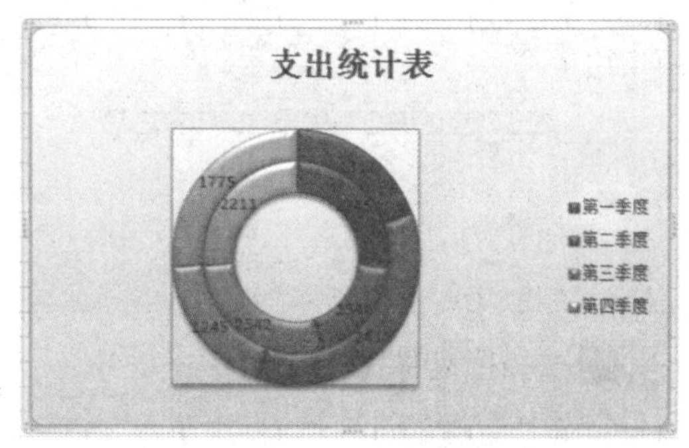

◎ **气泡图**

气泡图类似于XY散点图。气泡图的数据一般为三行或三列。数据的第1列或行中列出x值，相邻列或行中列出相应的y值，第3列数值用于表示气泡大小，如下图（左）所示。

◎ 雷达图

雷达图用于显示各数据相对于中心点或其他数据的变动情况。雷达图中的折线连接着同一序列中的数据，如下图（右）所示。

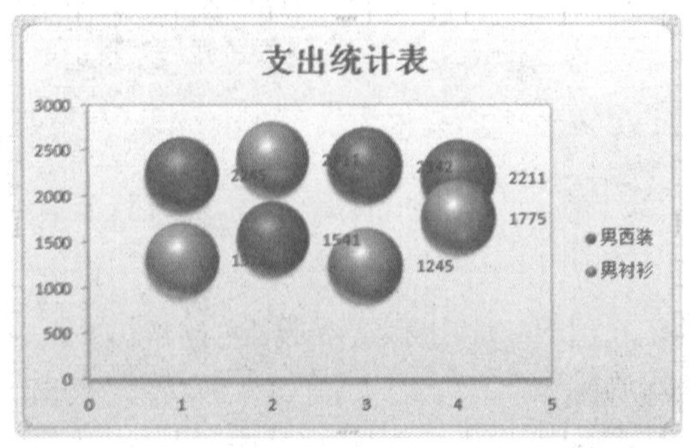

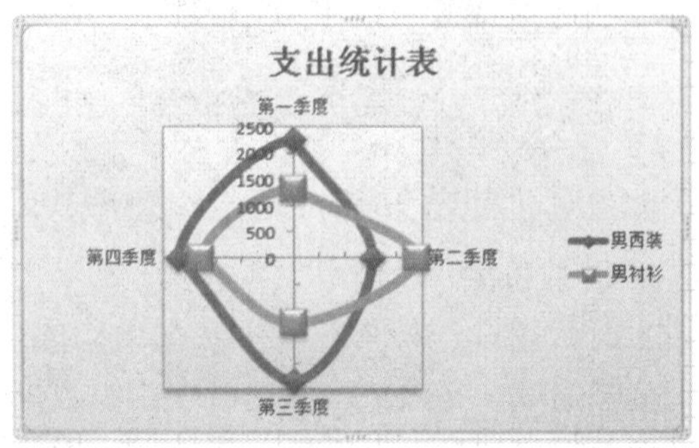

9.1.2 新建图表

用户可以通过两种方法新建图表，下面将通过实例对其进行讲解，具体操作方法如下：

	素材文件	光盘：素材文件\第9章\9.1.2 新建图表.xlsx

Step01 选中单元格区域

打开“素材文件\第9章\9.1.2 新建图表.xlsx”，选中数据所在的单元格区域，如下图所示。

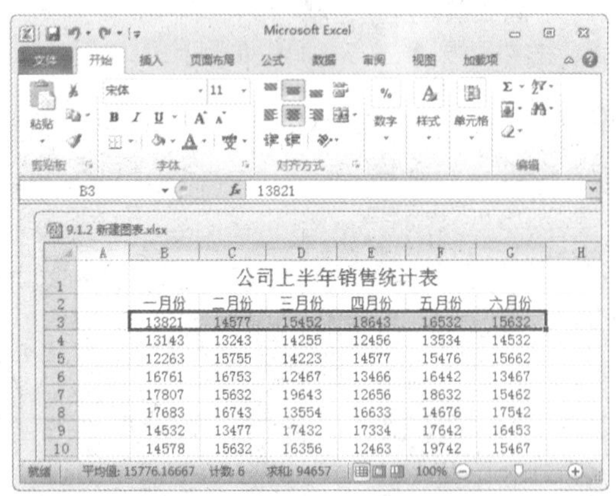

一月份	二月份	三月份	四月份	五月份	六月份
13821	14577	15452	18643	16532	15632
13143	13243	14255	12456	13534	14532
12263	15755	14223	14577	15476	15662
16761	16753	12467	13466	16442	13467
17807	15632	19643	12656	18632	15462
17683	16743	13554	16633	14676	17542
14532	13477	17432	17334	17642	16453
14578	15632	16356	12463	19742	15467

Step02 选择图表样式

选择“插入”选项卡，在“图表”组中单击“柱形图”下拉按钮，在弹出的下拉列表中选择图表样式，如下图所示。

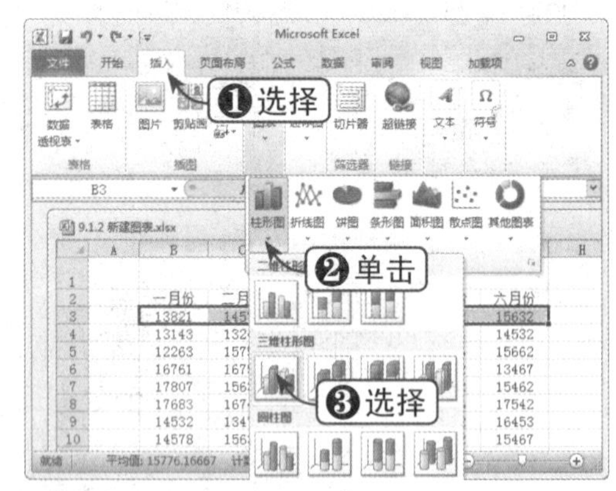

Step03 查看图表效果

这时，即可在工作表中创建指定类型的图表，如下图所示。

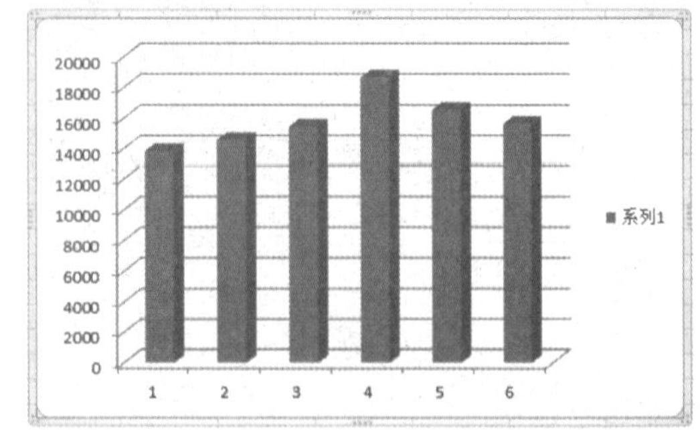

Step 04 选中单元格数据

拖动鼠标，选中另外一组单元格数据，如下图所示。

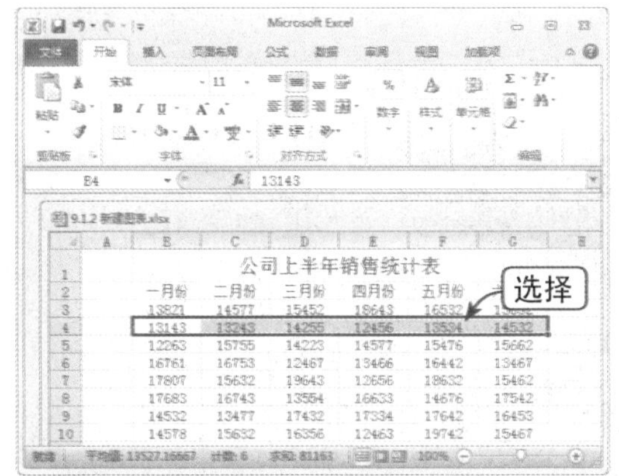

Step 05 单击“创建图表”按钮

在“插入”选项卡下，单击“图表”组中的“创建图表”按钮，如下图所示。

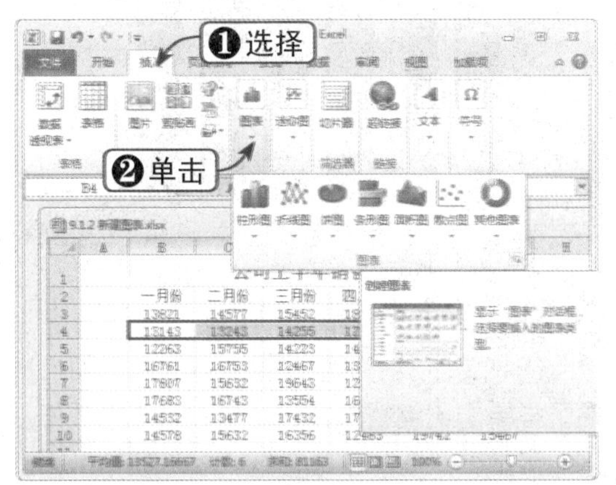

Step 06 选择图表样式

弹出“插入图表”对话框，选择图表样式，单击“确定”按钮，如下图所示。

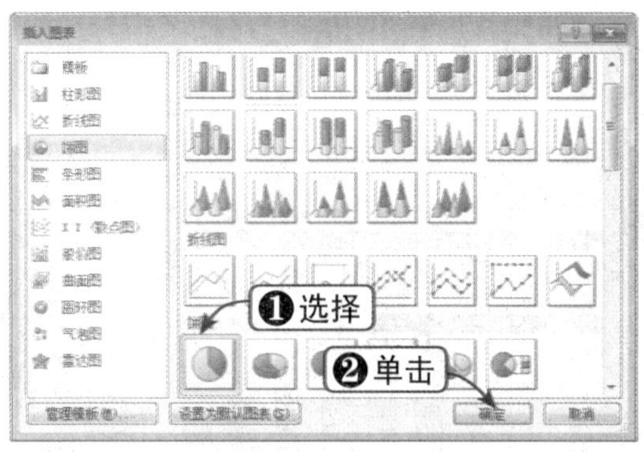

Step 07 查看图表效果

这时，将显示创建图表的效果，如下图所示。

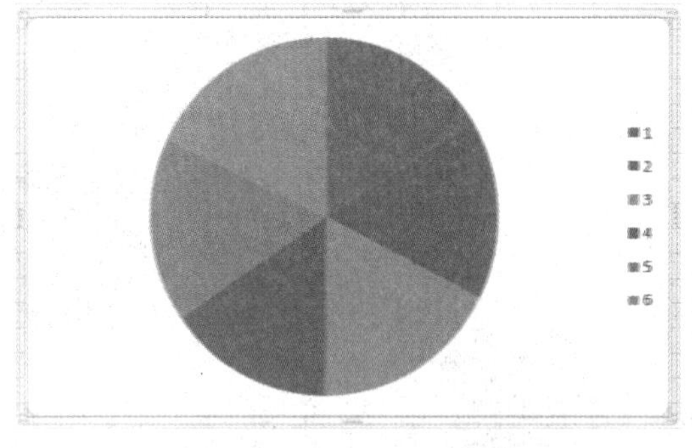

知识点拨

柱形图是在日常办公中使用最多的图表类型之一。使用图表可以很容易地分析数据走向、差异和预测趋势，从而总结出有价值的规律。

9.1.3 编辑数据源

创建图表后，还可以对数据源进行编辑。下面将通过实例对其进行讲解，具体操作方法如下：

	素材文件	光盘：素材文件\第9章\9.1.3 编辑数据源.xlsx

Step 01 打开素材文件

打开"素材文件\第9章\9.1.3 编辑数据源.xlsx"，如下图所示。

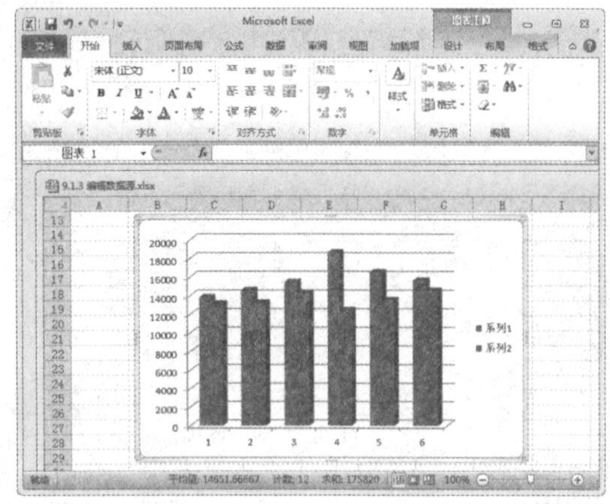

Step 02 单击"选择数据"按钮

选择"设计"选项卡，在"数据"组中单击"选择数据"按钮，如下图所示。

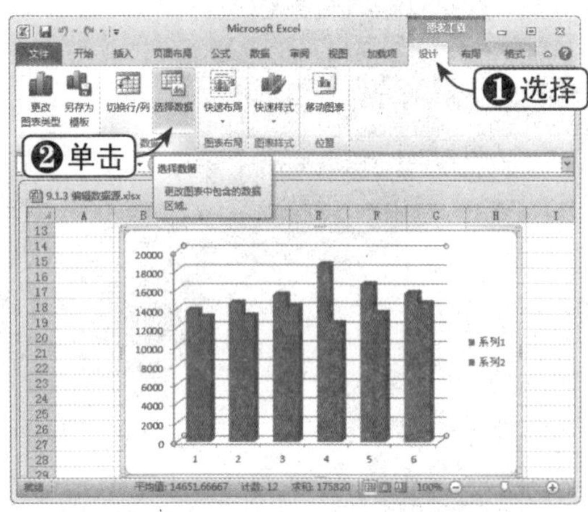

Step 03 选择数据区域

拖动鼠标，重新选择数据区域，如下图所示。

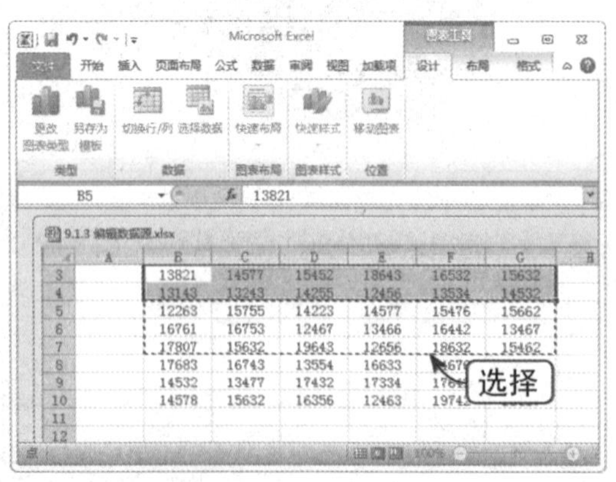

Step 04 查看图表数据区域及参数

在弹出的"选择数据源"对话框中查看图表数据区域以及其他参数，然后单击"确定"按钮，如下图所示。

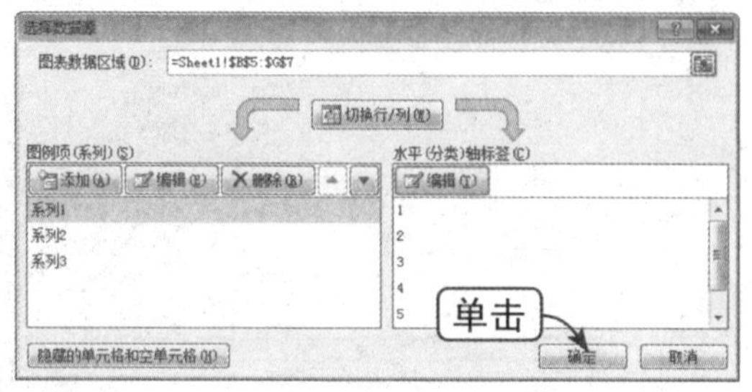

Step 05 图表变化为选定数据源

这时，图表将变化为选定的数据源，效果如下图所示。

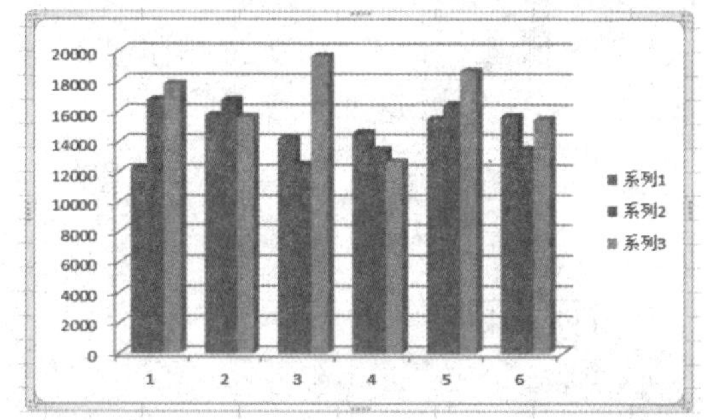

Step 06 设置系列名称

在"选择数据源"对话框的"图例项"选项区中单击"编辑"按钮，弹出"编辑数据系列"对话框，在文本框中输入系列名称，单击"确定"按钮，如下图所示。

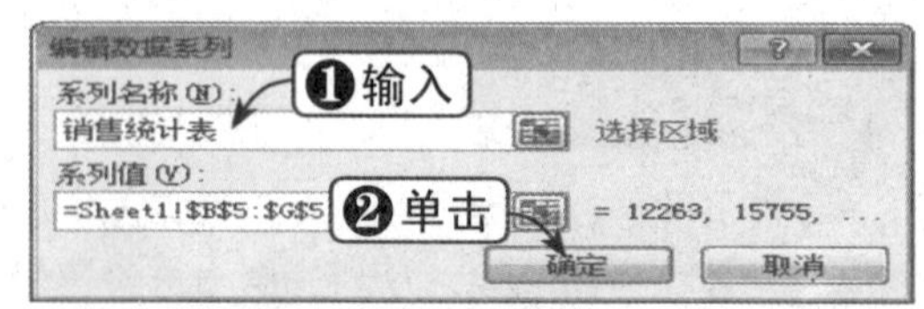

Step 07 设置轴标签

在"选择数据源"对话框的"水平轴标签"选项区中单击"编辑"按钮，弹出"轴标签"对话框，选择轴标签所在的单元格区域，如下图所示。单击"确定"按钮，关闭"轴标签"对话框。

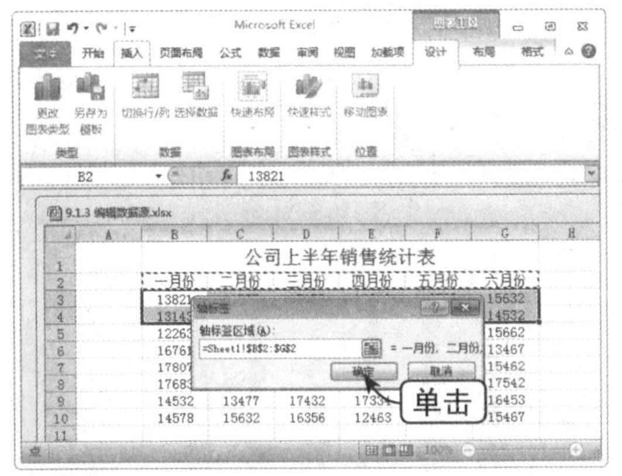

Step 08 设置其他参数

返回“选择数据源”对话框，在“图例项”列表中删除其他图例，在“水平（分类）轴标签”列表框中查看标签，然后单击“确定”按钮，如下图所示。

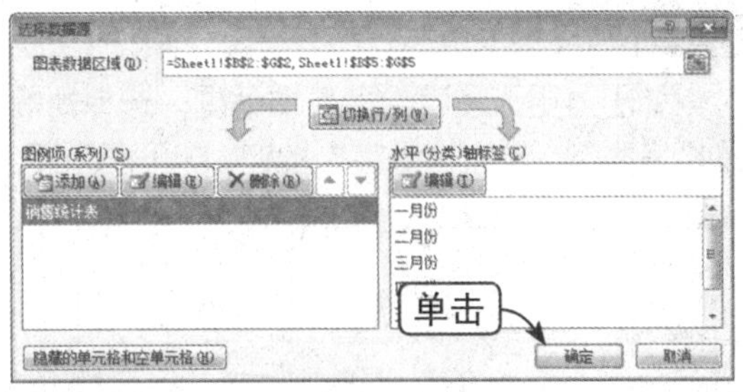

Step 09 查看图表效果

这时，即可为图表添加轴标签与自定义系列名称，效果如下图所示。

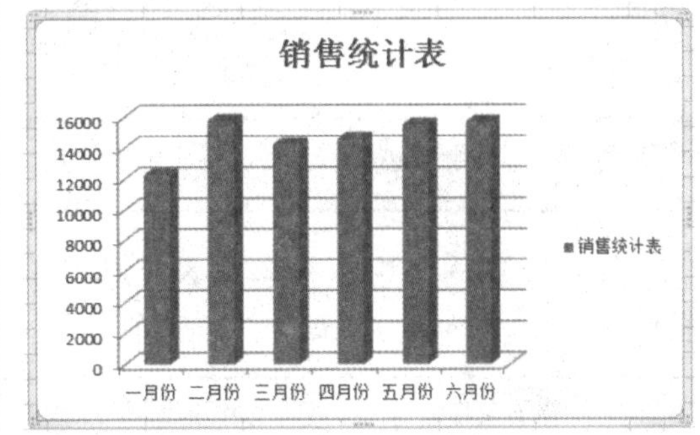

9.1.4 更改图表类型

在创建图表后，用户可以随时将图表更改为其他类型。下面将通过实例对其进行讲解，具体操作方法如下：

	素材文件	光盘：素材文件\第9章\9.1.4 更改图标类型.xlsx

Step 01 打开素材文件

打开“素材文件\第 9 章\9.1.4 更改图表类型.xlsx”，如下图所示。

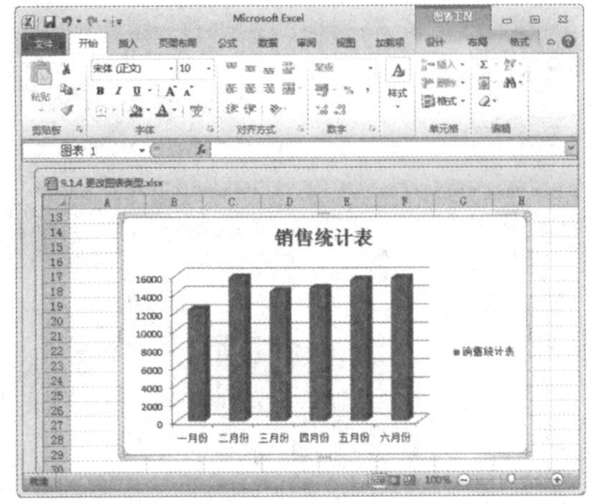

Step 02 单击“更改图表类型”按钮

选择“设计”选项卡，在“类型”组中单击“更改图表类型”按钮，如下图所示。

Step 03 选择图表类型

弹出“更改图表类型”对话框，选择所需的图表类型，单击“确定”按钮，如下图所示。

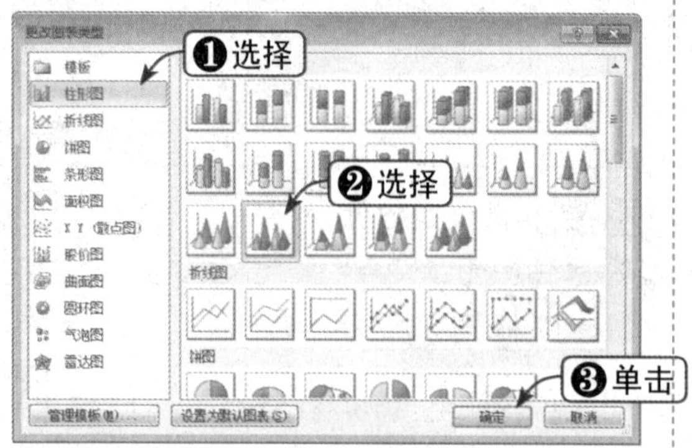

Step 04 查看图表效果

这时，即可将其更改为所选的图表类型，效果如下图所示。

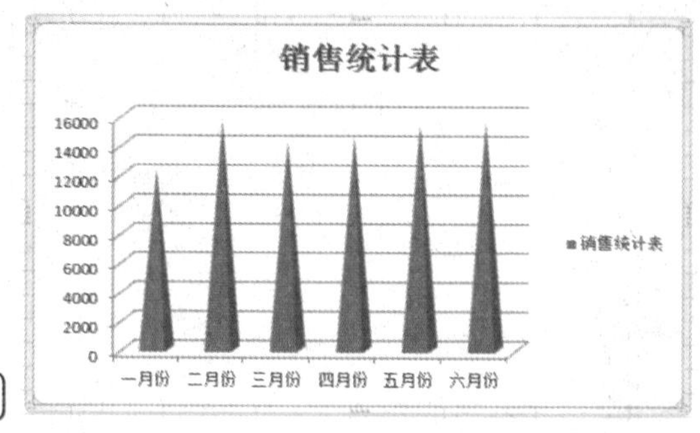

9.1.5 更改图表位置

创建图表后，可以将该图表移动到其他工作表。下面将通过实例讲解如何更改图表位置，具体操作方法如下：

	素材文件	光盘：素材文件\第9章\9.1.5 更改图表位置.xlsx

Step 01 打开素材文件

打开“素材文件\第9章\9.1.5 更改图表位置.xlsx”，如下图所示。

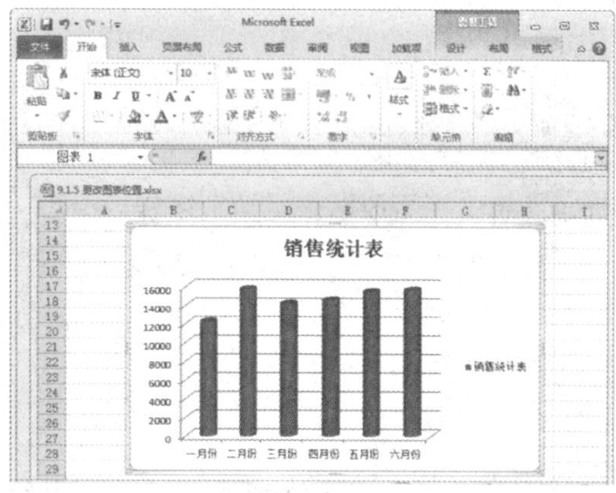

Step 02 单击“移动图表”按钮

选择“设计”选项卡，单击“位置”组中的“移动图表”按钮，如下图所示。

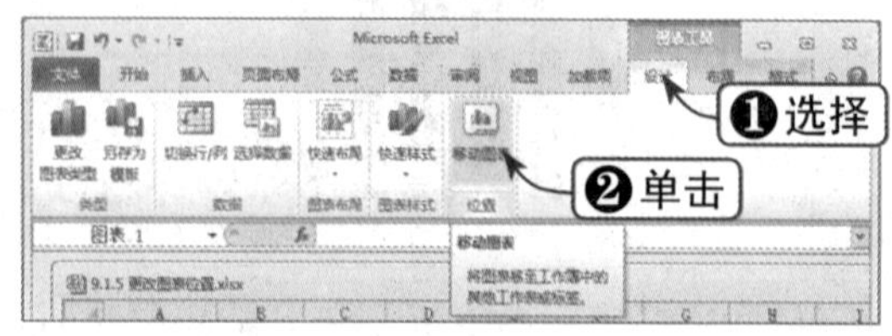

Step 03 设置移动位置

弹出“移动图表”对话框，选择移动位置，即选中“对象位于”单选按钮，选择名称，单击“确定”按钮，如下图所示。

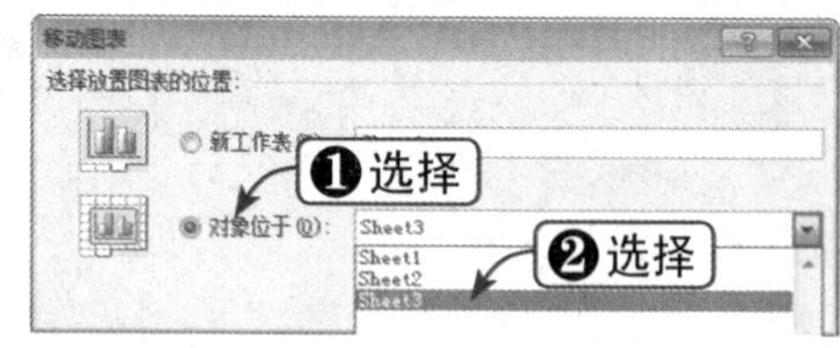

Step 04 查看移动效果

这时，即可将其移动到新的工作表中，如下图所示。

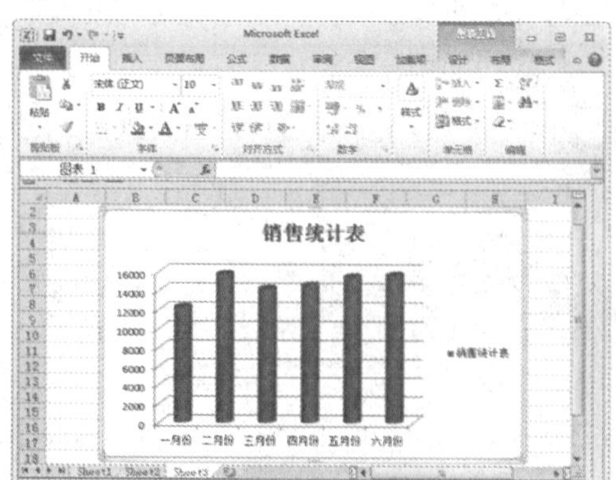

9.1.6 应用预设图表布局

用户可以通过预设图表布局改变图表各元素的位置与样式，下面将通过实例讲解如何应用预设图表布局，具体操作方法如下：

	素材文件	光盘：素材文件\第9章\9.1.6 应用预设图表布局.xlsx

Step 01 打开素材文件

打开“素材文件\第9章\9.1.6 应用预设图表布局.xlsx”，如下图所示。

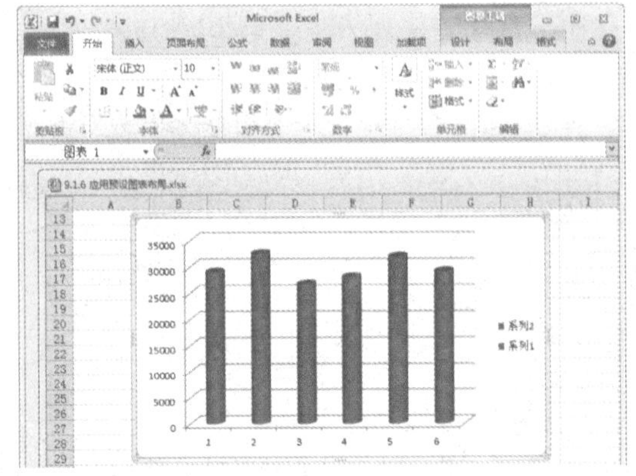

Step 02 选择预设布局

选择“设计”选项卡，在“图表布局”组中打开预设布局列表框，选择所需的预设布局，如下图所示。

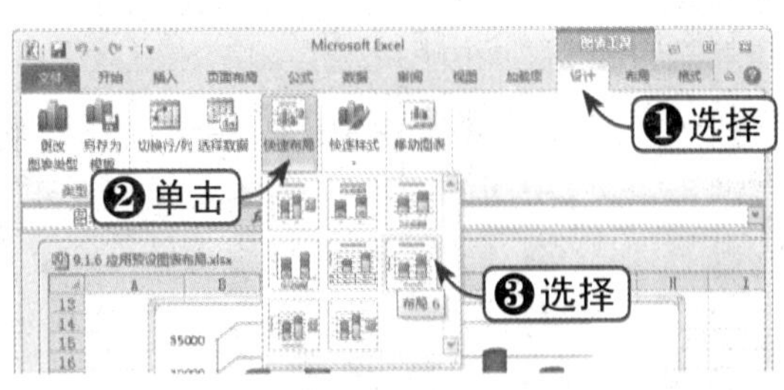

Step 03 查看布局效果

这时，该表格即可应用所选的布局，效果如下图所示。

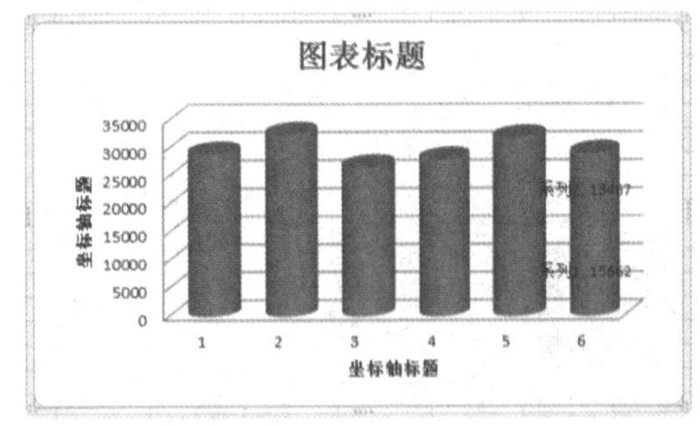

9.1.7 设置表格标签

用户可以编辑表格中各个标签的位置，或者添加新的标签。下面将通过实例讲解如何设置表格标签，具体操作方法如下：

	素材文件	光盘：素材文件\第9章\9.1.7 设置表格标签.xlsx

Step 01 打开素材文件

打开“素材文件\第9章\9.1.7 设置表格标签.xlsx”，如右图所示。

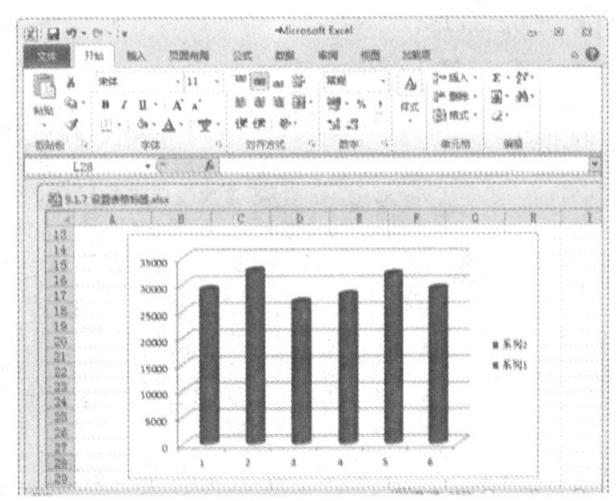

知识点拨

如果图表有次要横坐标轴，还可以添加次要横坐标轴标题。

Step 02 选择“图表上方”选项

选择“布局”选项卡，在“标签”组中单击“图表标题”下拉按钮，在弹出的下拉列表中选择“图表上方”选项，如下图所示。

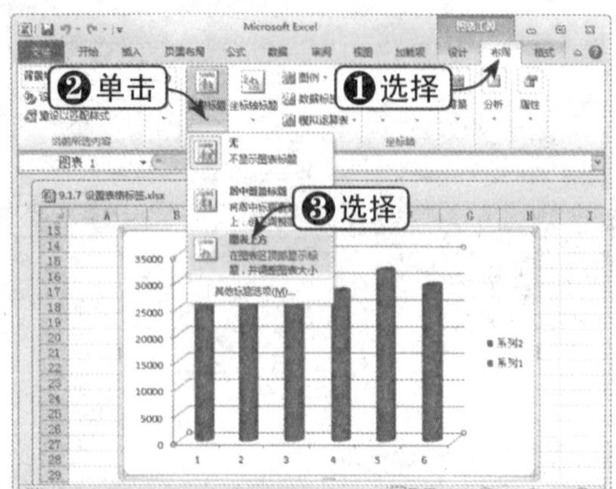

Step 03 输入图表标题

这时，在图表上方将出现文本框，输入图表标题，如下图所示。

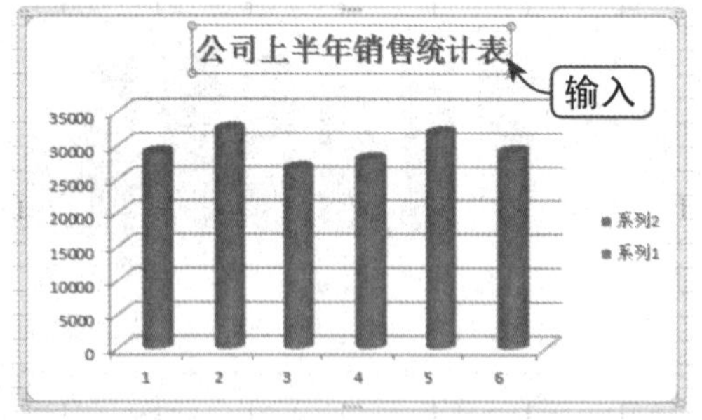

Step 04 选择“坐标轴下方标题”选项

在“标签”组中单击“坐标轴标题”下拉按钮，在弹出的下拉列表中选择“主要横坐标轴标题”|“坐标轴下方标题”选项，如下图所示。

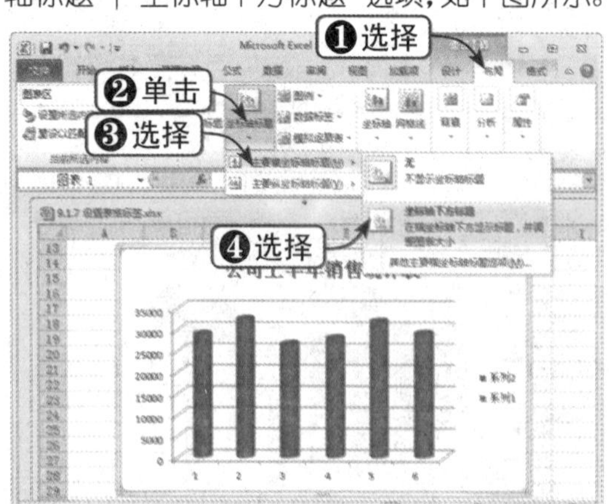

Step 05 输入轴标题

这时，在图表下方将出现文本框，输入轴标题“月份”，如下图所示。

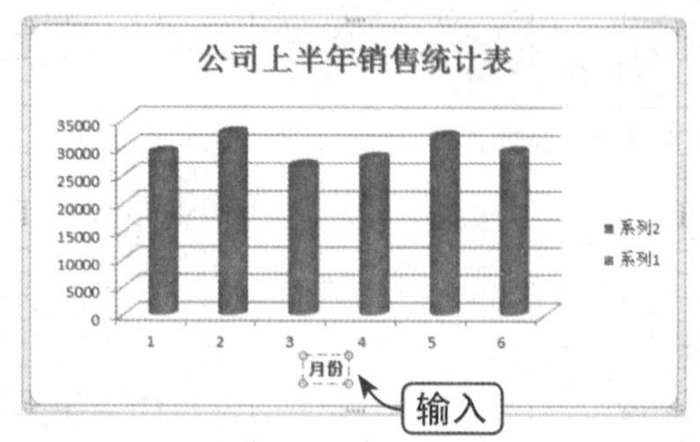

Step 06 添加模拟运算表和图例项标示

在“标签”组中单击“模拟运算表”下拉按钮，在弹出的下拉列表中可以选择“显示模拟运算表和图例项标示”选项，如下图所示。

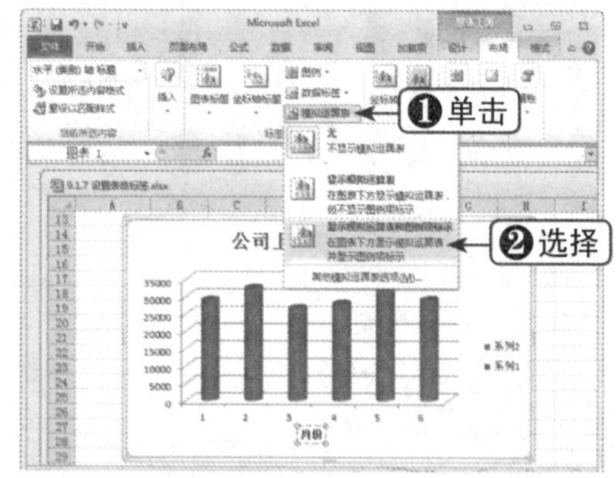

Step 07 查看添加效果

这时，在图表下方将添加模拟运算表与图例项标示，效果如下图所示。

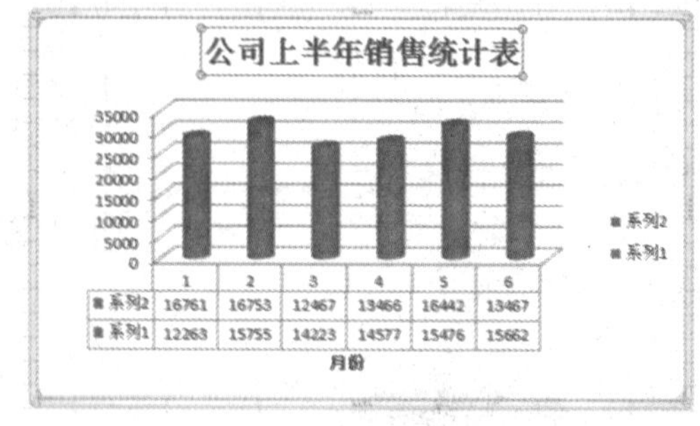

Step 08 设置表边框

在“标签”组中单击“模拟运算表”下拉按钮，在弹出的下拉列表中选择“其他模拟运算表选项”选项，将弹出“设置模拟运算表格

式”对话框，对表边框等进行设置，单击“关闭”按钮，如下图所示。

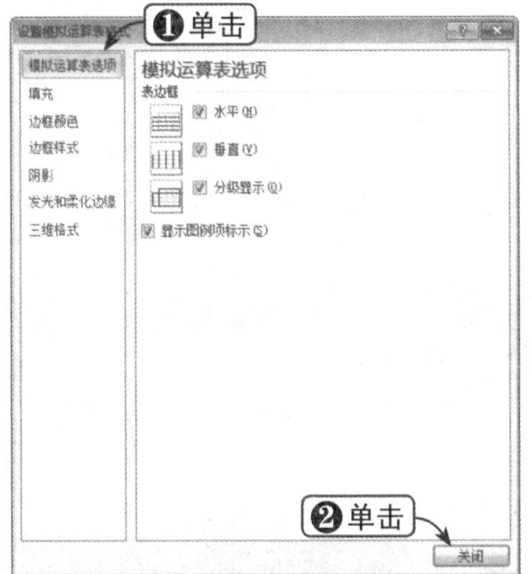

Step 09 更改图表类型

选中图表，将图表的类型更改为饼图，如下图所示。

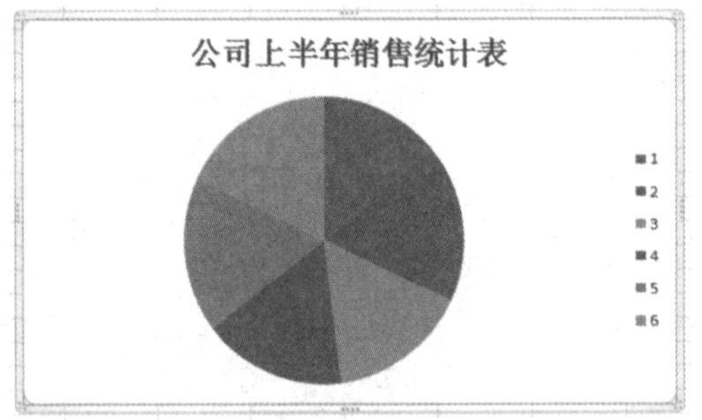

Step 10 选择“最佳匹配”选项

在“标签”组中单击“数据标签”下拉按钮，在弹出的下拉列表中选择“最佳匹配”选项，如下图所示。

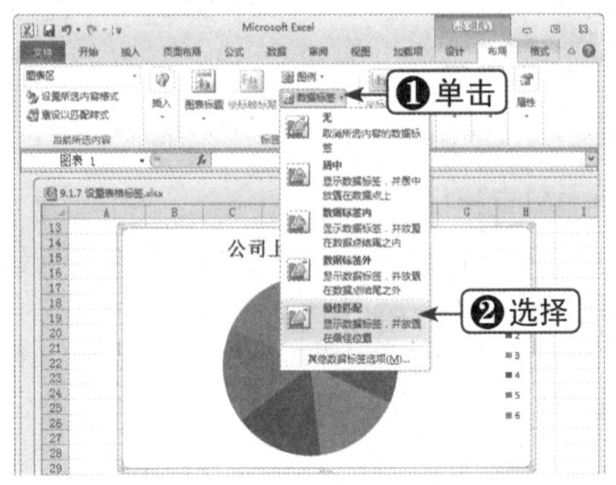

Step 11 查看数据标签效果

这时，该图表将在适当位置加入数据标签，如下图所示。

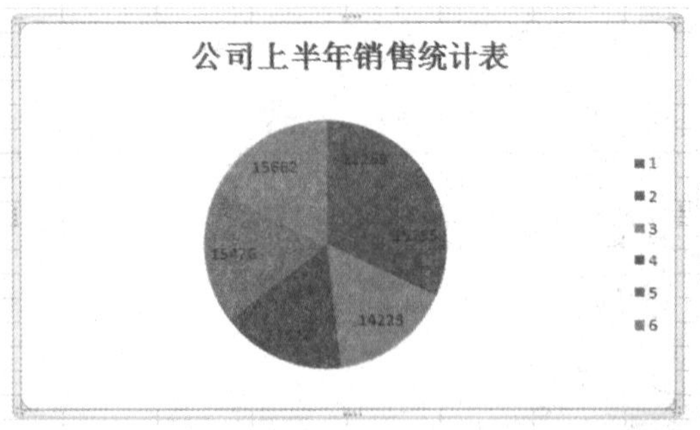

Step 12 设置标签数据格式

单击“数据标签”下拉按钮，在弹出的下拉列表中选择“其他数据标签选项”选项，弹出“设置模拟运算表格式”对话框，可以设置标签数据格式，单击“关闭”按钮，如下图所示。

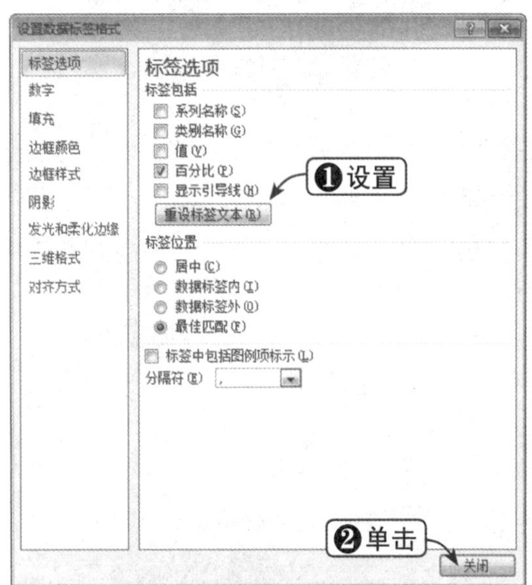

图表其实属于 Word 插图中的一种。因此，其编辑方法与编辑其他图形有着相通的地方。

9.1.8 应用模板

用户可以将图表存储为模板，从而方便随时应用。下面将通过实例讲解如何存储模板并插入模板图表，具体操作方法如下：

	素材文件	光盘：素材文件\第9章\9.1.8 应用模板.xlsx

Step 01 打开素材文件

打开“素材文件\第9章\9.1.8 应用模板.xlsx”，如下图所示。

Step 02 单击“另存为模板”按钮

选择“设计”选项卡，在“类型”组中单击“另存为模板”按钮，如下图所示。

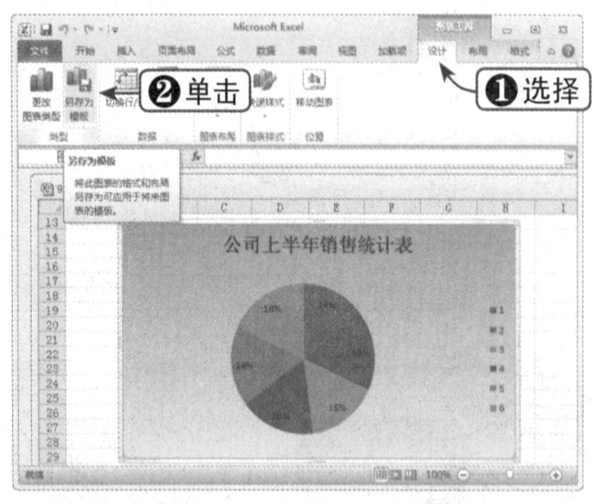

Step 03 保存模板

弹出“保存图表模板”对话框，设置存储路径与文件名，然后单击“保存”按钮，如下图所示。

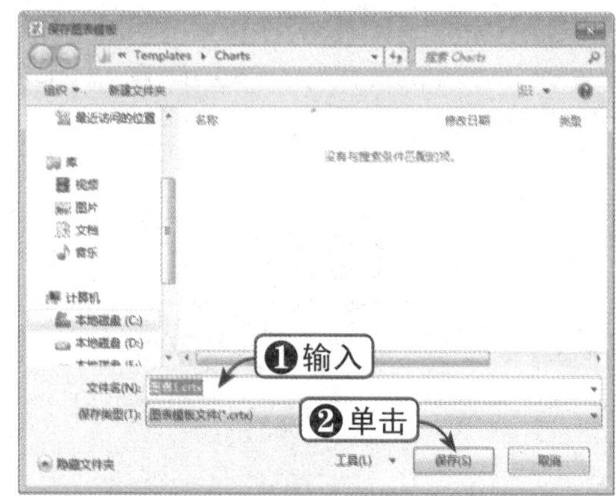

Step 04 单击“创建图表”按钮

当需要插入模板时，在“插入”选项卡下单击“图表”组中的“创建图表”按钮，如下图所示。

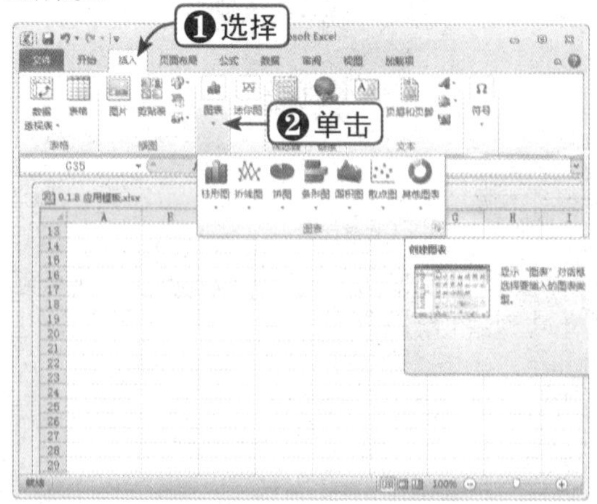

Step 05 选择模板

弹出“更改图表类型”对话框，在左窗格中选择“模板”选项，在右窗格中选择刚存储的模板，然后单击“确定”按钮即可，如下图所示。

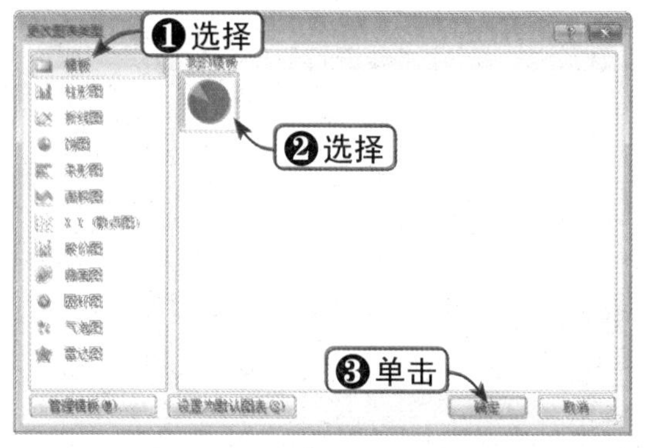

Step 06 管理模板

单击“更改图表类型”对话框中的“管理模板”按钮，在打开的窗口中可以管理已存储的模板，如右图所示。

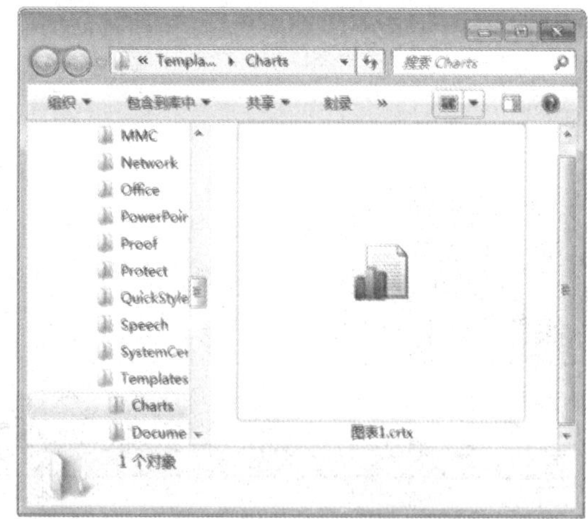

9.2 图表的美化

在创建图表后，可以为图表应用预设样式，也可以调整表格的边框样式，填充图案以及形状效果等，下面将分别进行介绍。

9.2.1 应用预设样式

下面将通过实例讲解如何应用预设表格样式，具体操作方法如下：

	素材文件	光盘：素材文件\第9章\9.2.1 应用预设样式.xlsx

Step 01 打开素材文件

打开“素材文件\第9章\9.2.1 应用预设样式.xlsx”，如下图所示。

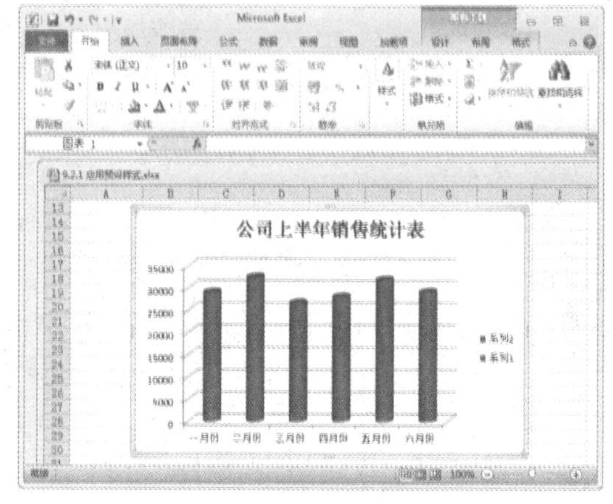

Step 02 选择预设样式

选择“设计”选项卡，单击“快速样式”下拉按钮，在弹出的列表框中快速选择所需的预设样式，如下图所示。

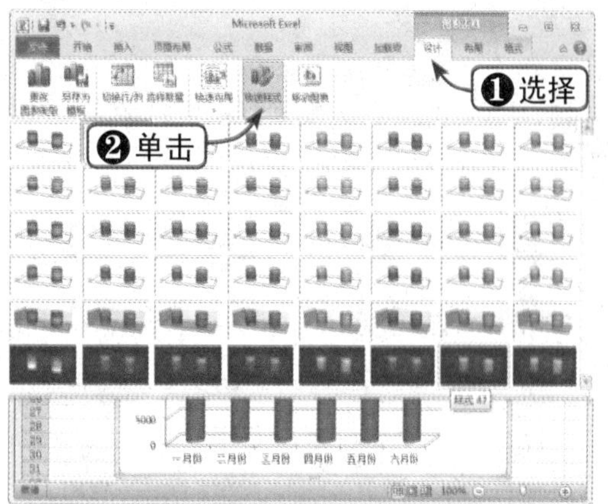

Step 03 查看图表效果

这时，该表格即可应用所选的预设样式，效果如下图所示。

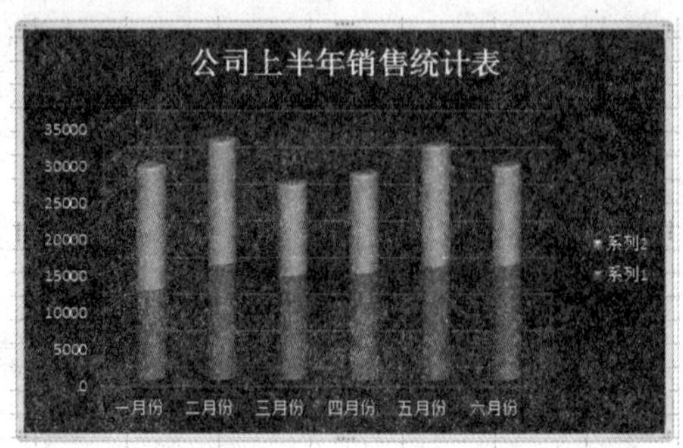

工作簿当前文档主题的颜色决定了图表样式所使用的颜色。

9.2.2 应用形状与艺术字样式

用户可以为图表中的各元素应用形状样式，也可以为标题文字应用艺术字样式。下面将通过实例对其进行讲解，具体操作方法如下：

	素材文件	光盘：素材文件\第9章\9.2.2 应用形状与艺术字样式.xlsx

Step 01 选中图表区域

打开“素材文件\第9章\9.2.2 应用形状与艺术字样式.xlsx”，选中需要添加形状的图表区域，如下图所示。

Step 02 选择形状

选择“格式”选项卡，在“形状样式”组中展开其预设样式列表框，选择所需的形状，如下图所示。

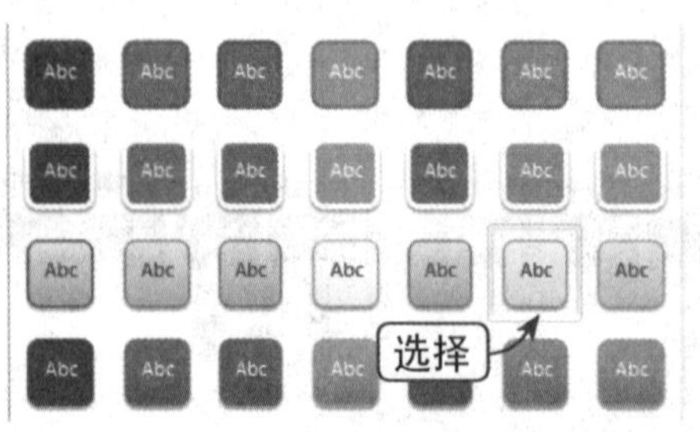

Step 03 查看应用形状效果

这时，所选区域将会应用指定形状，效果如下图所示。

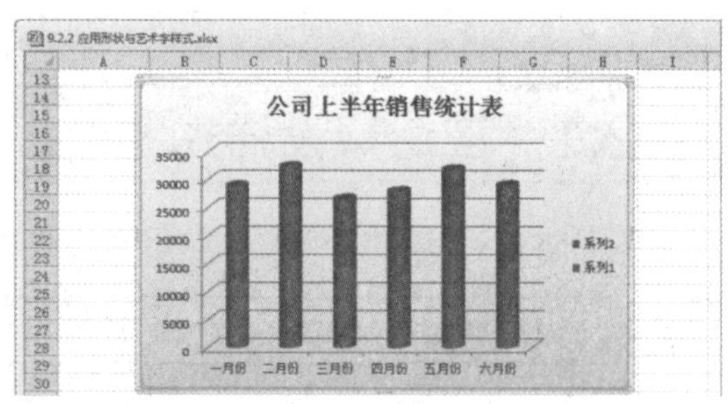

Step 04 应用其他形状

采用同样的方法，为其他元素添加所需的形状，如下图所示。

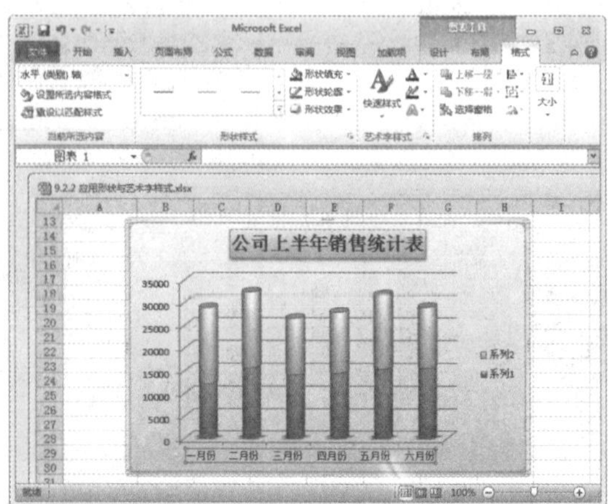

Step 05 选择艺术字预设样式

选中图表标题，然后在“艺术字样式”组中展开其列表框，选择所需的艺术字预设样式，如下图所示。

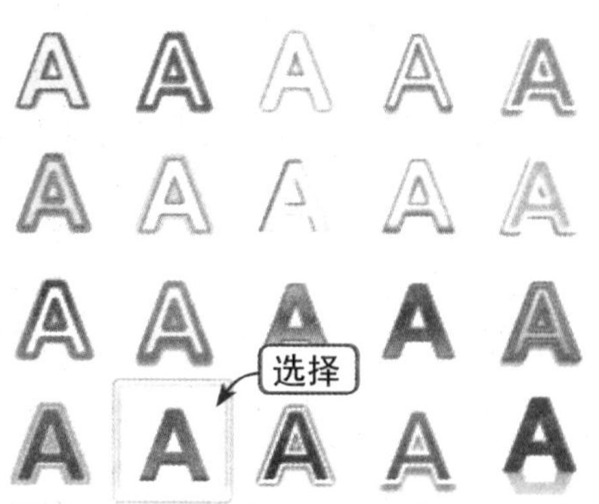

Step 06 查看标题文本效果

查看添加艺术字样式后的标题文本效果，如下图所示。

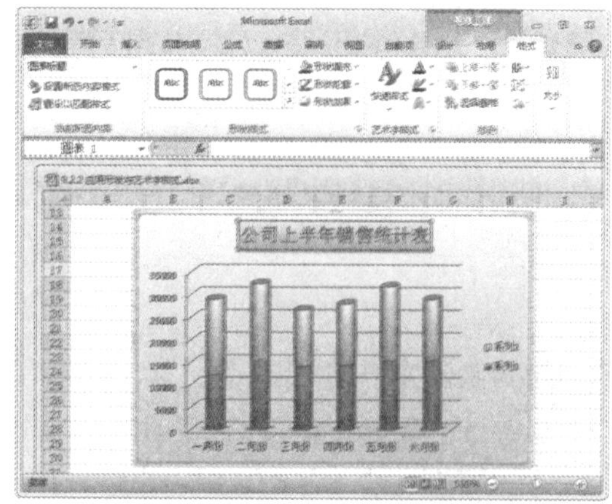

9.2.3 设置图表背景墙

通过调整图表背景墙的各项参数可以改变其外观，如调整其填充、边框样式和三维格式等。下面将通过实例讲解如何调整图表背景墙，具体操作方法如下：

	素材文件	光盘：素材文件\第9章\9.2.3 设置图表背景墙.xlsx

Step 01 开素材文件

打开“素材文件\第9章\9.2.3 设置图表背景墙.xlsx”，选择“布局”选项卡，如下图所示。

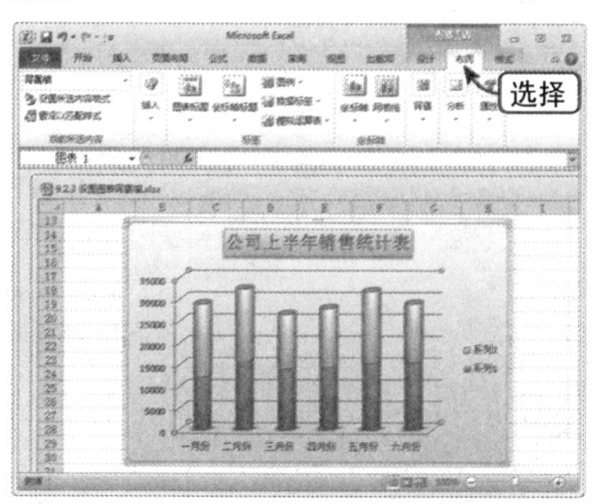

Step 02 选择“其他背景墙选项”选项

在“背景”组中单击“图表背景墙”下拉按钮，在弹出的下拉列表中选择“其他背景墙选项”选项，如下图所示。

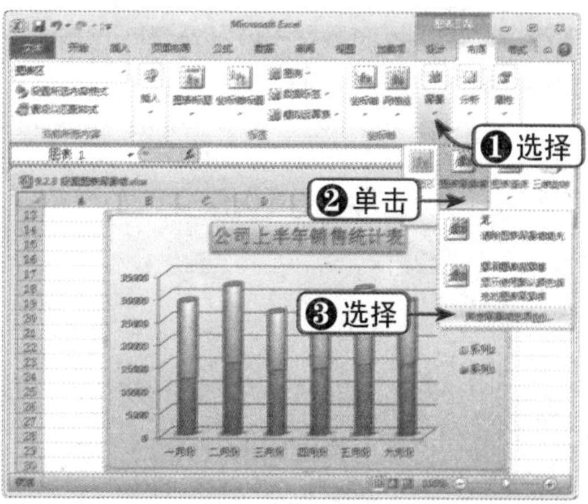

Step 03 设置渐变填充

弹出“设置背景墙格式”对话框，在左窗格中选择“填充”选项，在右窗格中选中“渐变填充”单选按钮，设置填充参数，如下图所示。

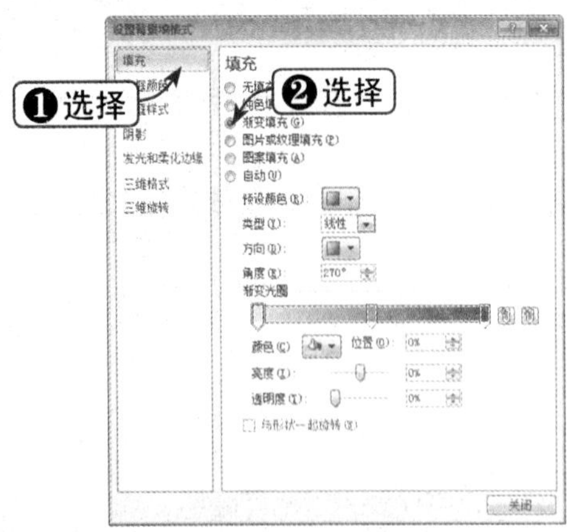

Step 04 查看渐变填充效果

查看添加渐变色填充后的图表背景墙效果，如下图所示。

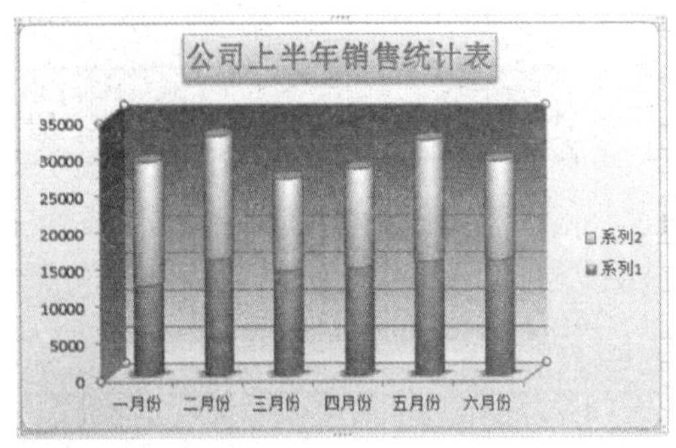

Step 05 设置纹理填充

在“设置背景墙格式”对话框的右窗格中选中“图片或纹理填充”单选按钮，设置纹理填充，如下图所示。

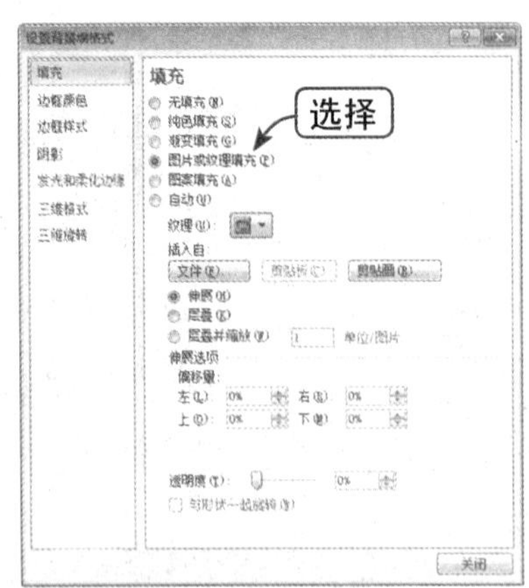

Step 06 查看纹理填充效果

查看添加纹理填充后的图表背景墙效果，如下图所示。

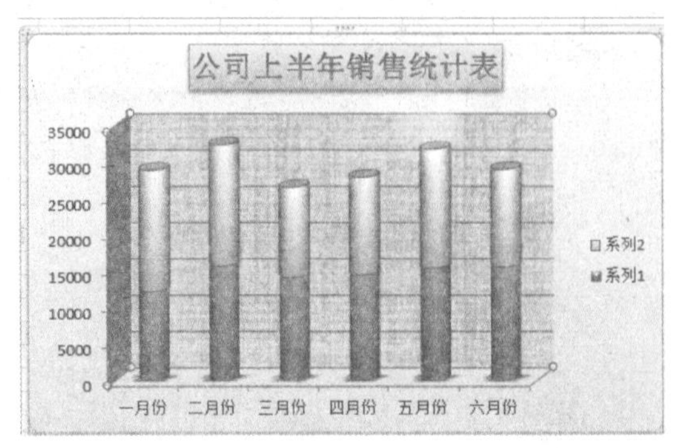

Step 07 设置图案填充

在“设置背景墙格式”对话框的右窗格中选中“图案填充”单选按钮，设置图案填充，如下图所示。

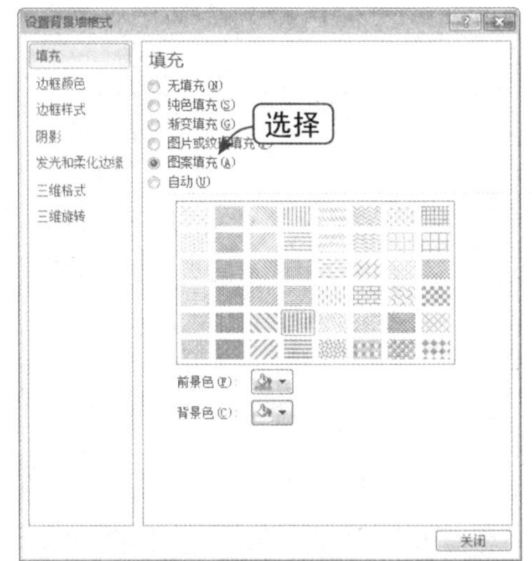

Step 08 查看图案填充效果

查看添加图案填充后的图表背景墙效果，如下图所示。

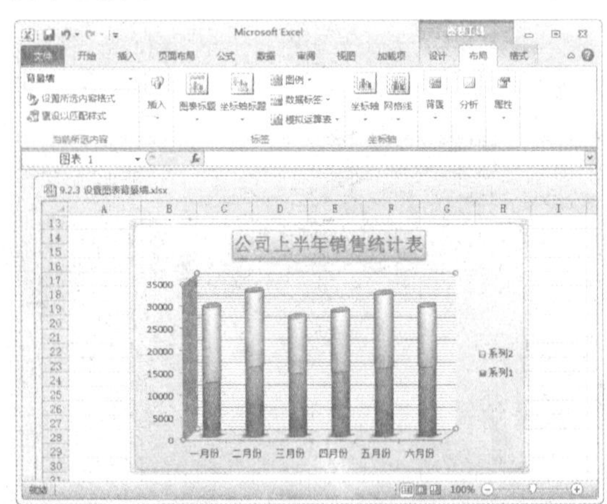

Step 09 设置边框

在“设置背景墙格式”对话框的左窗格中分别选择“边框样式”和“边框颜色”选项，对边框进行设置，如下图所示。

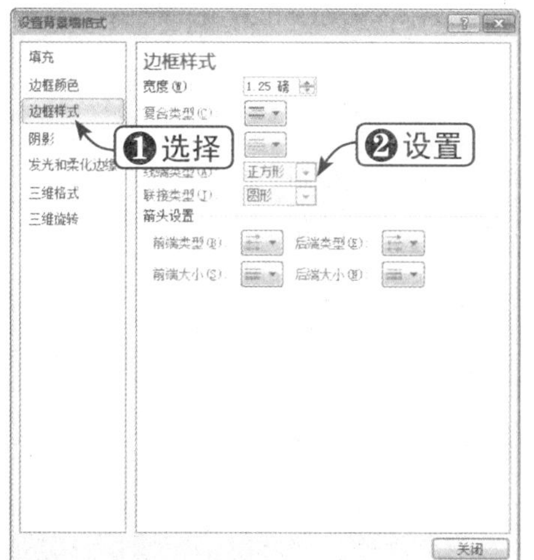

Step 10 查看边框效果

查看改变边框颜色与宽度后的图表背景墙效果，如下图所示。

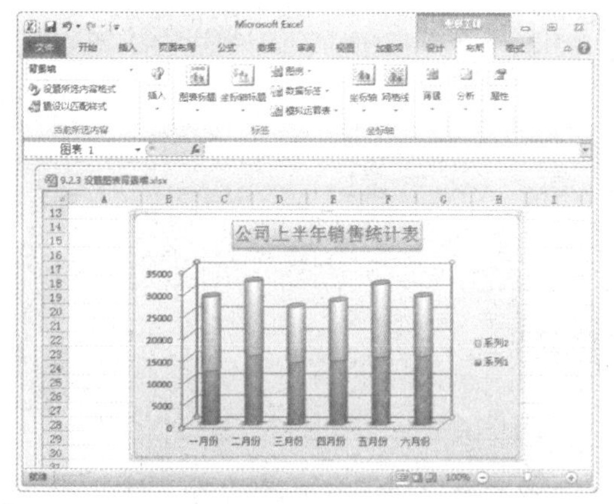

Step 11 设置三维效果

在“设置背景墙格式”对话框的左窗格中选择“三维旋转”选项，然后设置三维旋转参数，单击“关闭”按钮，如下图所示。

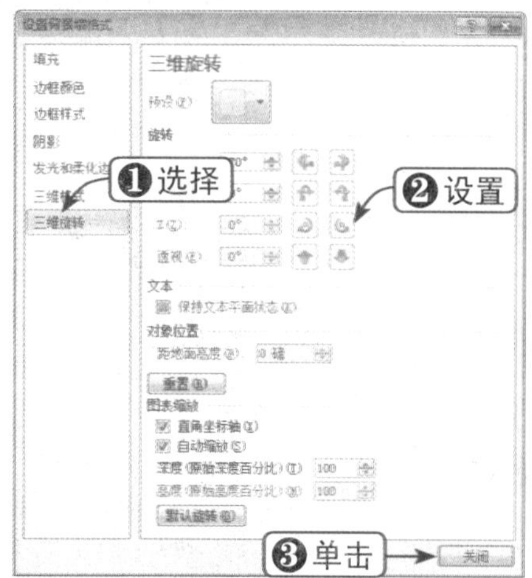

Step 12 查看三维效果

这时，即可为图表背景墙添加三维效果，如下图所示。

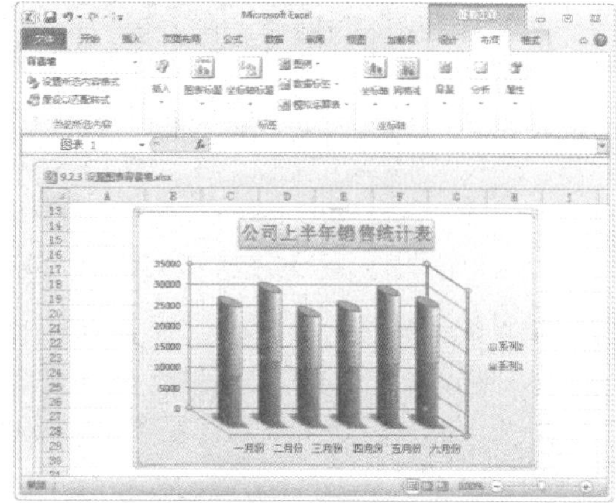

知识点拨

一些图表类型无法对背景墙进行设置，如折线图类型。

9.2.4 设置图表基底

下面将通过实例讲解如何设置图表基底的外观，具体操作方法如下：

	素材文件	光盘：素材文件\第9章\9.2.4 设置图表基底.xlsx

Step 01 打开素材文件

打开“素材文件\第9章\9.2.4 设置图表基底.xlsx”，如下图所示。

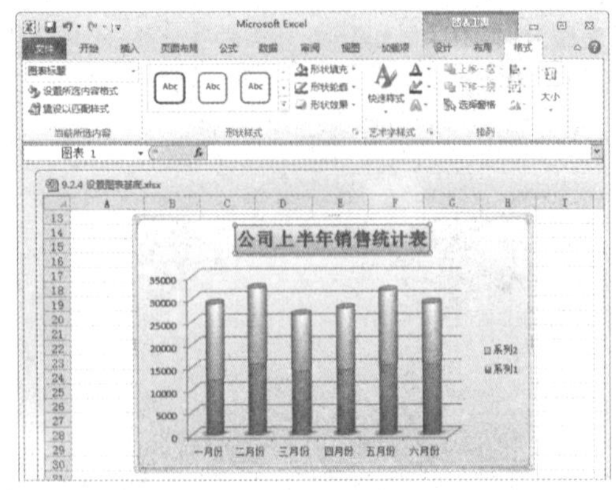

Step 02 选择“其他基底选项”选项

在“布局”选项卡下的“背景”组中单击“图表基底”下拉按钮，在弹出的下拉列表中选择“其他基底选项”选项，如下图所示。

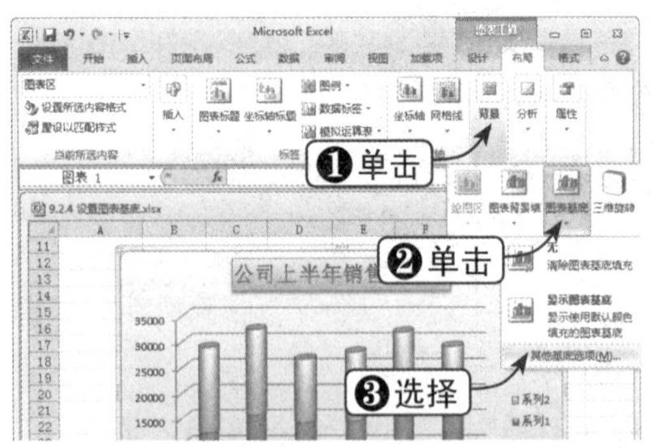

Step 03 设置三维旋转

弹出“设置基底格式”对话框，在左窗格中选择“三维旋转”选项，在右窗格中设置旋转角度，如下图所示。

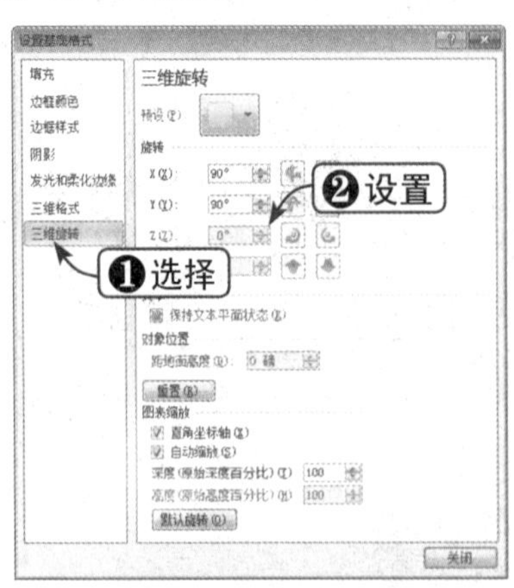

Step 04 查看旋转效果

这时，即可按指定角度旋转图表基底，如下图所示。

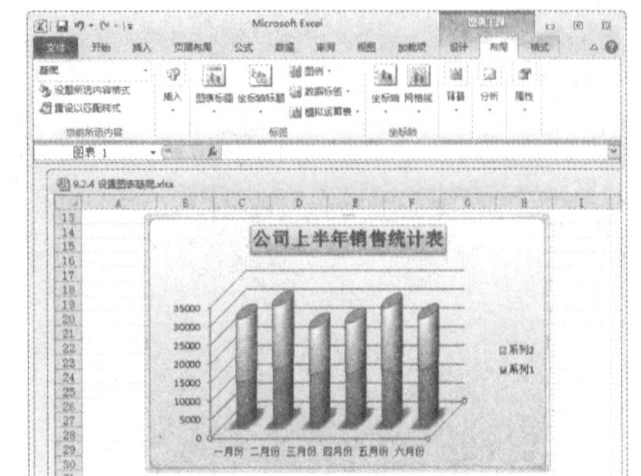

Step 05 设置纹理填充

在“设置基底格式”对话框的左窗格中选择“填充”选项，在右窗格中设置纹理填充，单击“关闭”按钮，如下图所示。

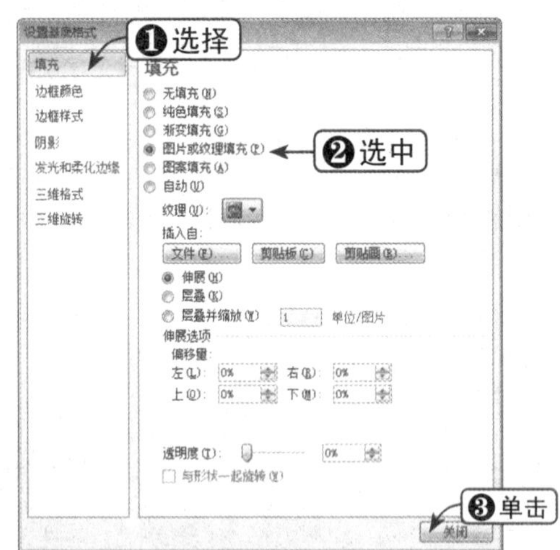

Step 06 查看纹理填充效果

查看添加纹理填充后的表格基底效果，如下图所示。

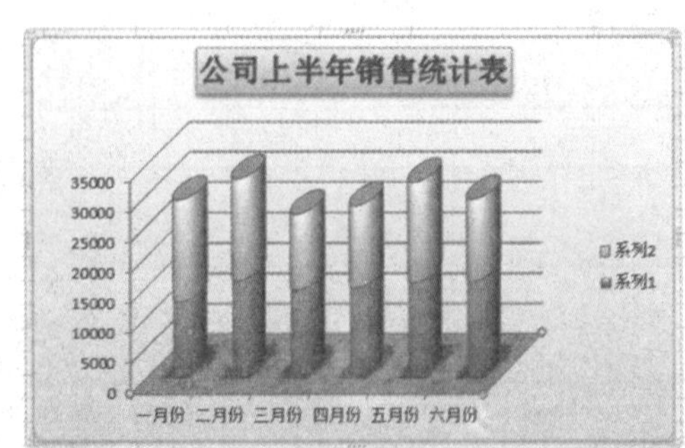

9.2.5 设置图表绘图区

绘图区只能应用于指定类型的图表。下面将通过实例讲解如何设置图表绘图区的外观，具体操作方法如下：

	素材文件	光盘：素材文件\第9章\9.2.5 设置图表绘图区.xlsx

Step 01 打开素材文件

打开“素材文件\第9章\9.2.5 设置图表绘图区.xlsx”，如下图所示。

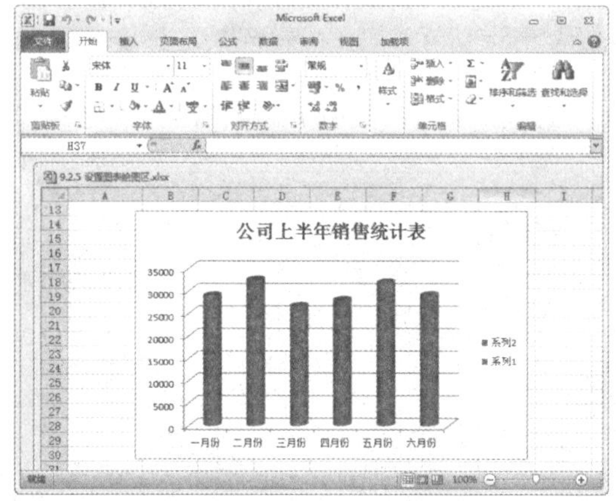

Step 02 更改图表类型

将图表的类型更改为折线图，如下图所示。

Step 03 选择“其他绘图区选项”选项

在“布局”选项卡下的“背景”组中单击“绘图区”下拉按钮，在弹出的下拉列表中选择“其他绘图区选项”选项，如下图所示。

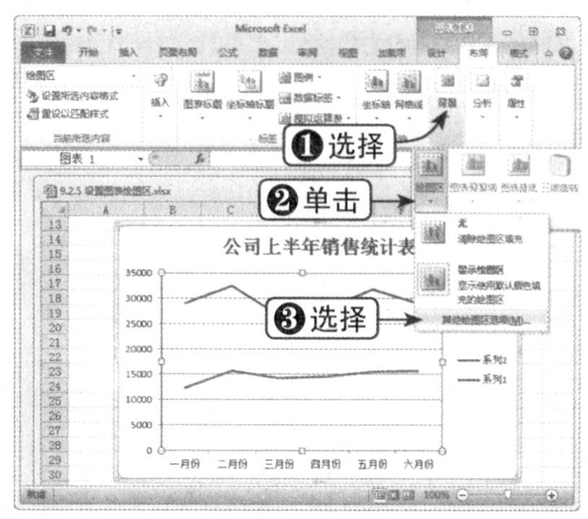

Step 04 设置渐变填充

弹出“设置基底格式”对话框，在左窗格中选择“填充”选项，在右窗格中选中“渐变填充”单选按钮，设置渐变填充，如下图所示。

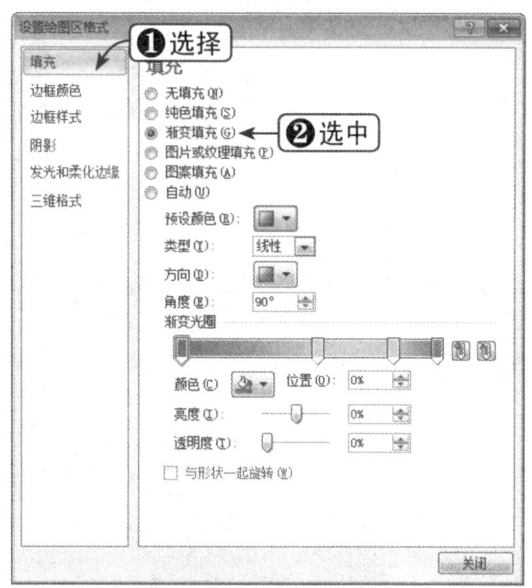

Step 05 查看渐变色填充效果

查看绘图区中的渐变色填充效果，如下图所示。

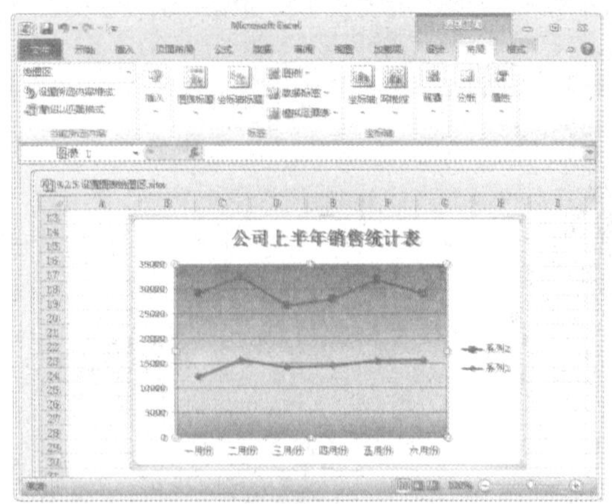

Step 06 单击“文件”按钮

在“设置基底格式”对话框的右窗格中选中“图片和纹理填充”单选按钮，单击“文件”按钮，如下图所示。

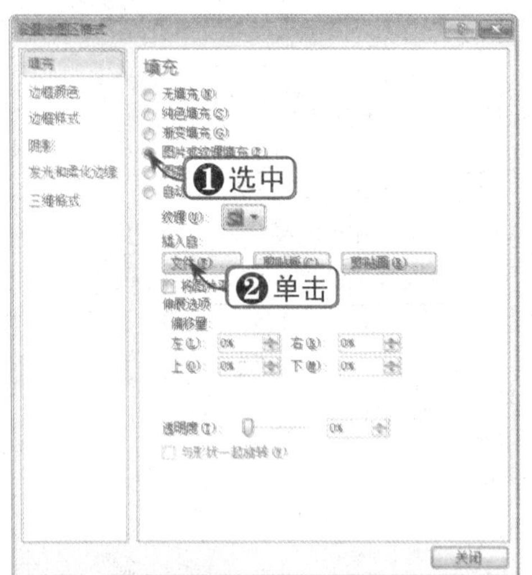

Step 07 插入图片

弹出“插入图片”对话框，选择所需的图片，单击“插入”按钮，如下图所示。

Step 08 查看图片填充效果

更改图片透明度，查看绘图区中的图片填充效果，如下图所示。

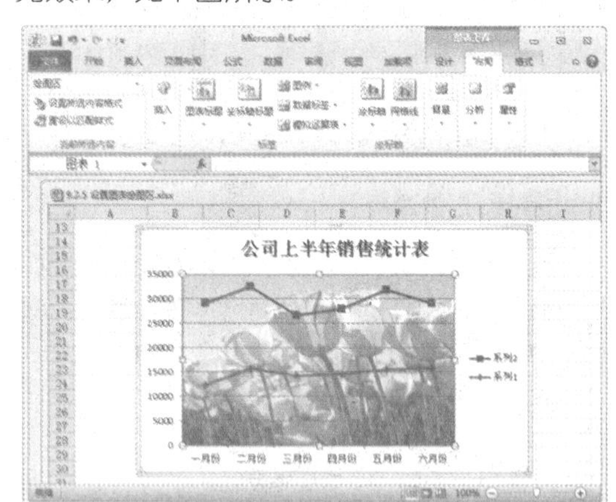

9.3 应用迷你图

迷你图是 Excel 2010 新增的功能之一，通过添加迷你图可以使工作表中的数据变得更直观。与图表相比，迷你图占用空间较小，是一种灵活的数据表达方式。

9.3.1 插入迷你图

下面将通过实例讲解如何插入迷你图，具体操作方法如下：

	素材文件	光盘：素材文件\第9章\9.3.1 插入迷你图.xlsx

Step 01 打开素材文件

打开"素材文件\第9章\9.3.1 插入迷你图.xlsx"，如下图所示。

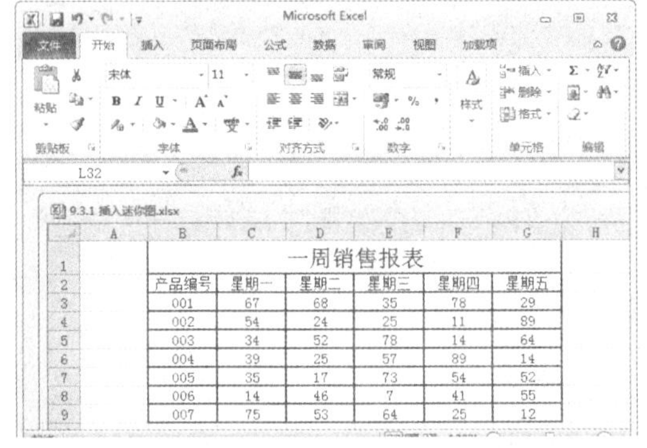

Step 02 单击"柱形图"按钮

选择"插入"选项卡，在"迷你图"组中选择需要添加的迷你图，如单击"柱形图"按钮，如下图所示。

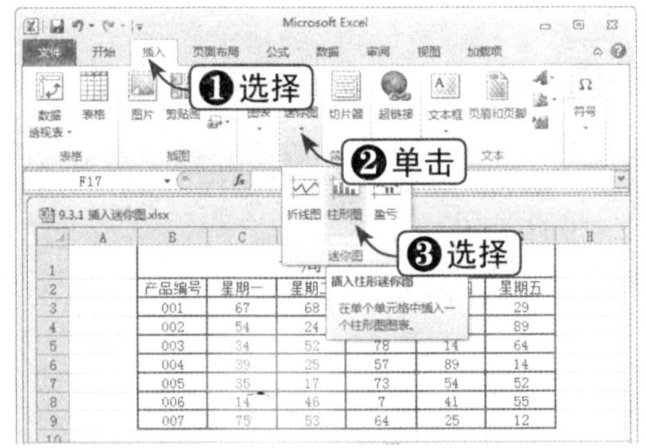

Step 03 打开"创建迷你图"对话框

弹出"创建迷你图"对话框，单击"数据范围"文本框右侧的按钮，如下图所示。

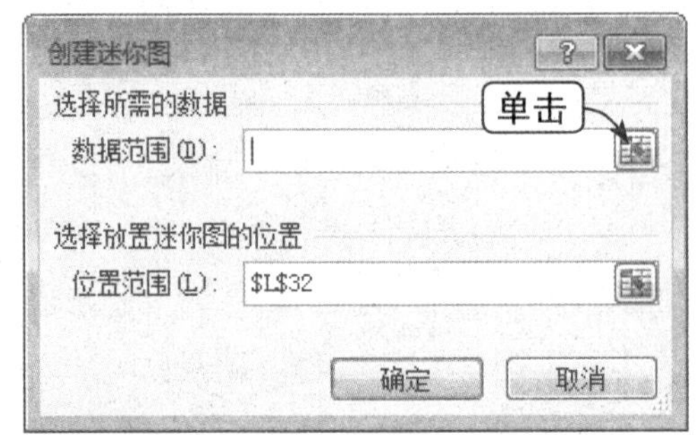

Step 04 设置数据范围

选择001右侧的五个单元格，作为数据范围，如下图所示。

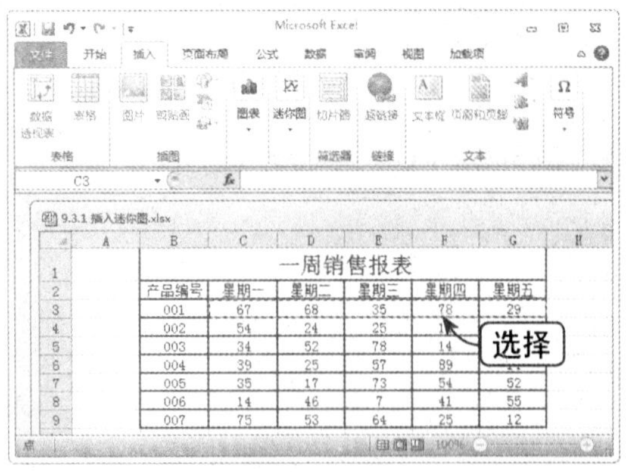

Step 05 设置位置范围

在"创建迷你图"对话框中单击"位置范围"文本框右侧的按钮，设置位置范围，单击"确定"按钮，如下图所示。

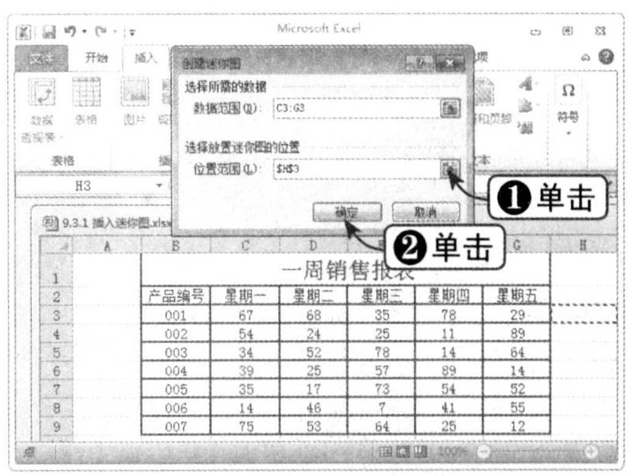

Step 06 创建迷你图

这时，即可在指定位置范围创建迷你图，如下图所示。

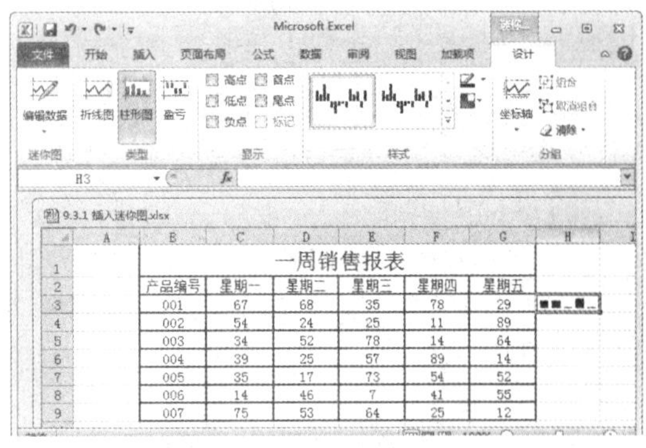

Step 07 填充迷你图

移动鼠标指针到迷你图所在单元格的右下角，当其变为十字形状时向下拖动鼠标，填充其他迷你图，如下图所示。

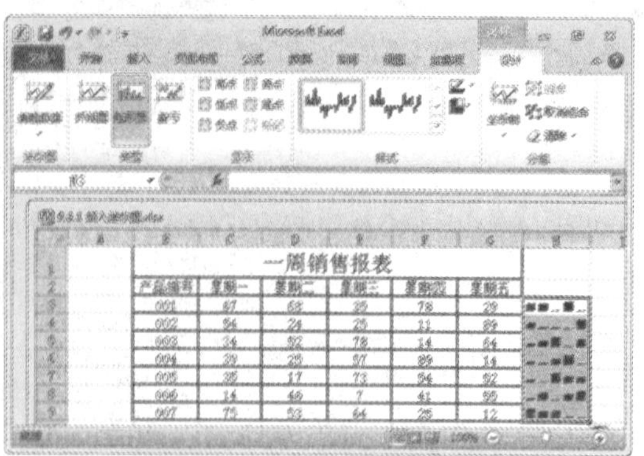

Step 08 调整列宽

调整列宽，查看迷你图效果，如下图所示。

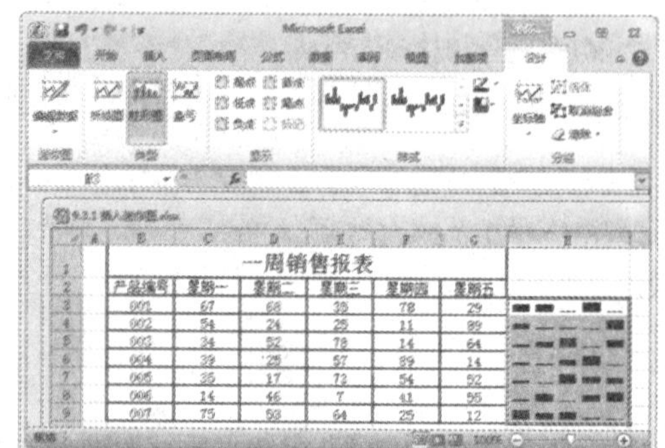

9.3.2 编辑数据

创建迷你图后，可以随时对数据区域进行调整。下面将通过实例对其进行讲解，具体操作方法如下：

	素材文件	光盘：素材文件\第9章\9.3.2 编辑数据.xlsx

Step 01 选中迷你图

打开“素材文件\第9章\9.3.2 编辑数据.xlsx”，选中需要编辑数据的迷你图，如下图所示。

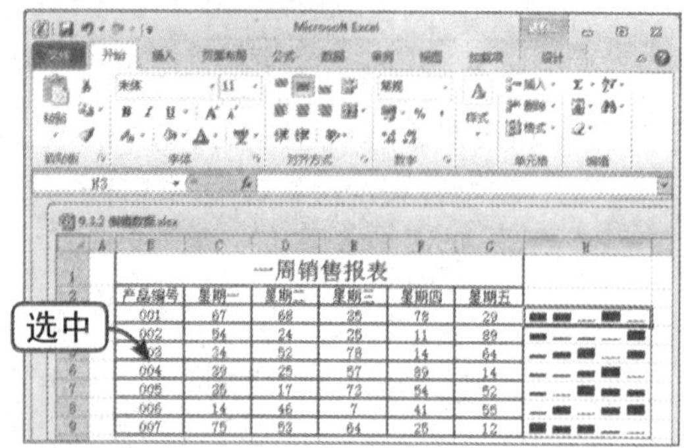

Step 02 选择编辑选项

选择“设计”选项卡，在“迷你图”组中单击“编辑数据”下拉按钮，在弹出的下拉列表中可以选择要编辑的元素，如选择“编辑单个迷你图的数据”选项，如下图所示。

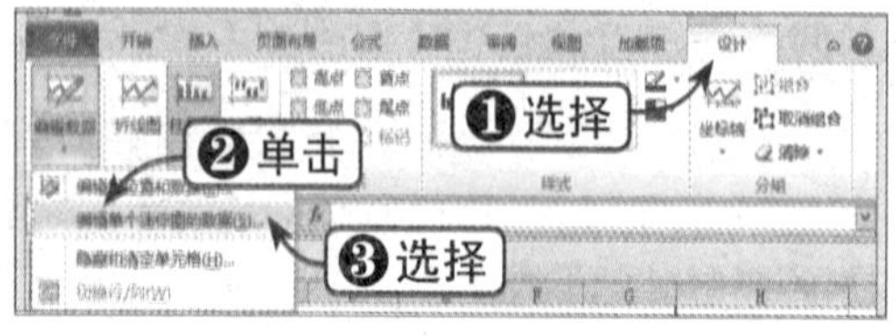

Step 03 指定数据区域

弹出“编辑迷你图数据”对话框，选择E3:G3单元格区域，单击“确定”按钮，效果如下图所示。

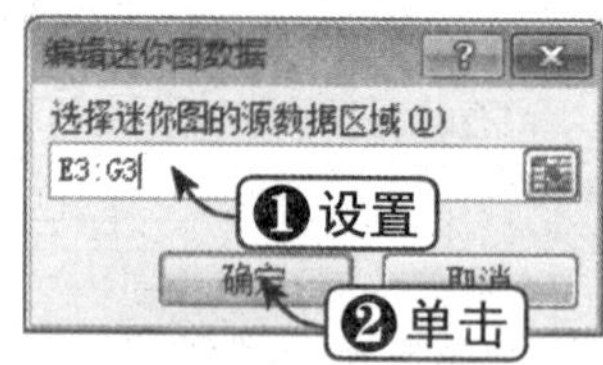

Step 04 查看迷你图效果

这时，所选迷你图将会随之发生变化，效果如下图所示。

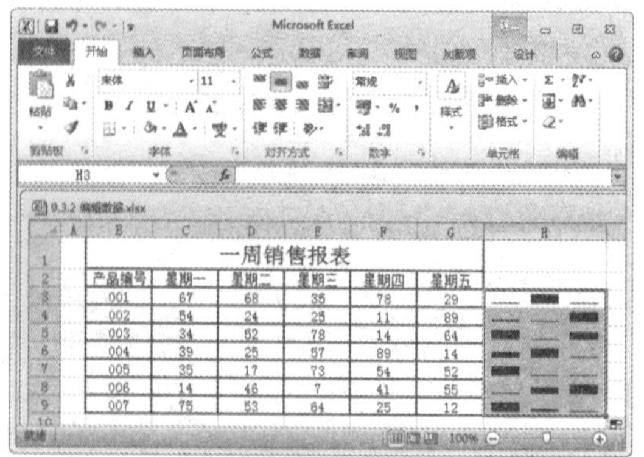

9.3.3 更改类型

在创建迷你图后，可以随时更改迷你图的类型。下面将通过实例对其进行讲解，具体操作方法如下：

	素材文件	光盘：素材文件\第9章\9.3.3 更改类型.xlsx

Step 01 选中单元格

打开“素材文件\第9章\9.3.3 更改类型.xlsx”，选中需要更改类型迷你图所在的单元格，如下图所示。

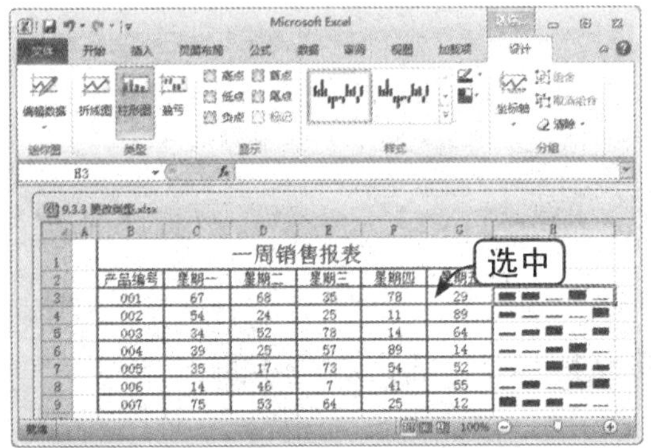

Step 02 单击“折线图”按钮

选择“设计”选项卡，在“类型”组中选择迷你图类型，如单击“折线图”按钮，如下图所示。

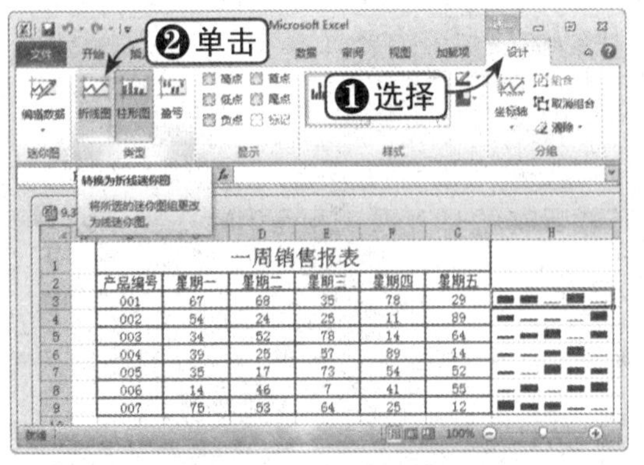

Step 03 查看更改效果

这时，所选单元格中的迷你图将会变为指定类型，如下图所示。

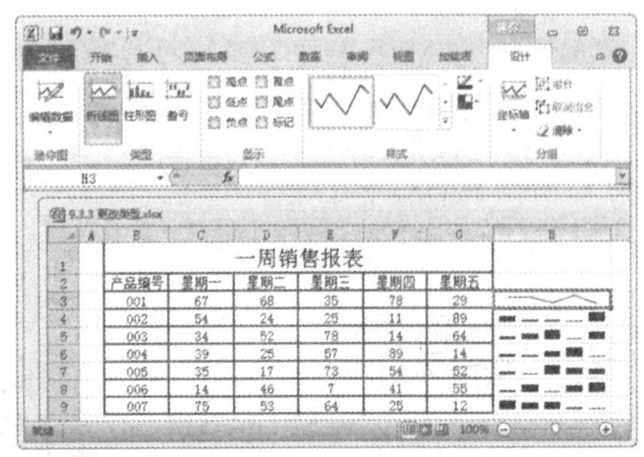

Step 04 更改其他迷你图类型

采用同样的方法，更改其他单元格中的迷你图类型即可，效果如下图所示。

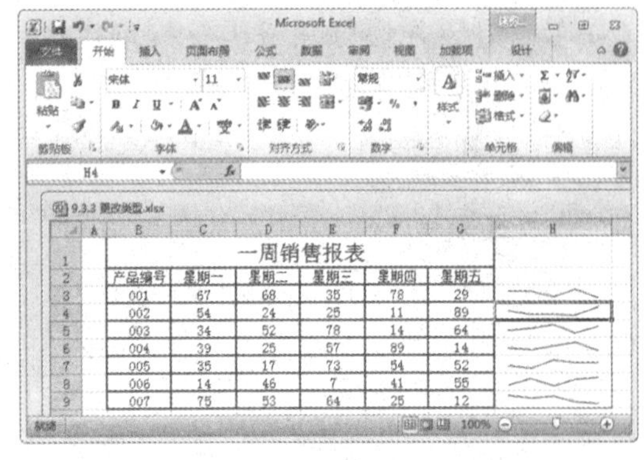

9.3.4 显示点标记

对于折线图类型的迷你图，可以设置显示或隐藏图形上的高点、低点、首点和尾点等点标记，从而方便用户观察图形。下面将通过实例对其进行讲解，具体操作方法如下：

	素材文件	光盘：素材文件\第9章\9.3.4 显示点标记.xlsx

Step 01 打开素材文件

打开“素材文件\第 9 章\9.3.4 显示点标记.xlsx”，如下图所示。

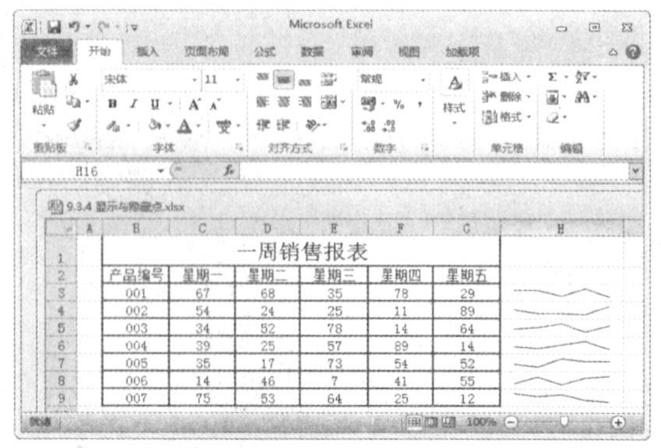

Step 02 选中点标记复选框

选择“设计”选项卡，在“显示”组中选中所需显示点名称前的复选框。这时，在折线图上将出现设置显示的点标记，如下图所示。

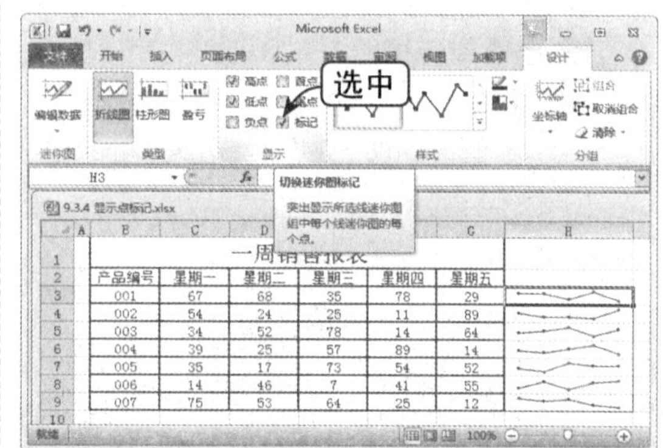

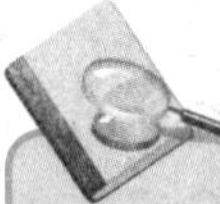

知识点拨

点标记主要应用于折线图，如果迷你图类型为柱形图，将无法显示点标记。

9.3.5 更改样式

用户可以为迷你图应用各种预设样式，也可以自定义迷你图颜色与标记颜色等。下面将通过实例对其进行讲解，具体操作方法如下：

	素材文件	光盘：素材文件\第9章\9.3.5 显示点标记.xlsx

Step 01 打开素材文件

打开“素材文件\第 9 章\9.3.5 更改样式.xlsx”，如下图所示。

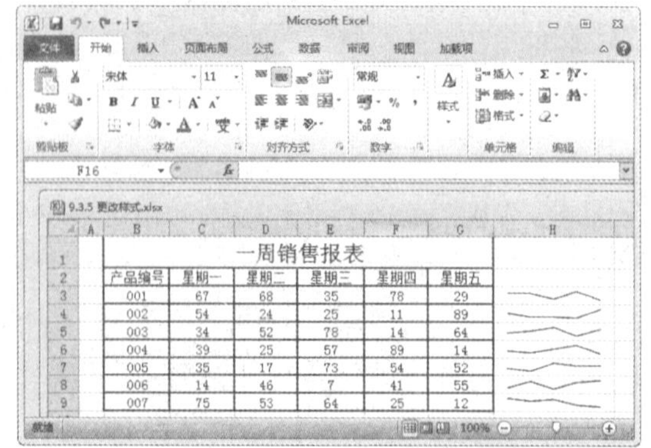

Step 02 选择预设样式

选择“设计”选项卡，在“样式”组中打开预设样式列表框，选择预设样式，如下图所示。

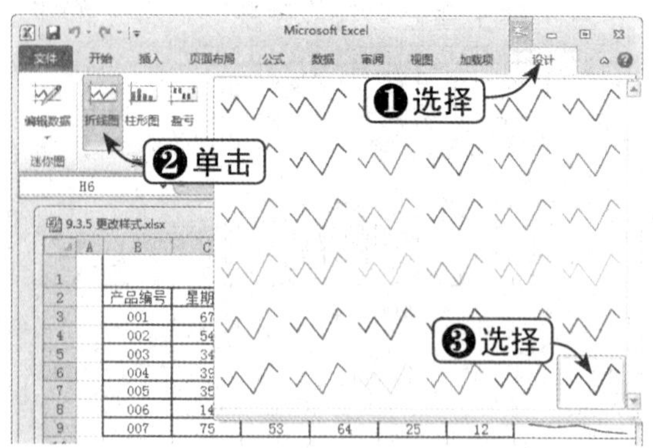

Step 03 更改迷你图颜色与线条粗细

在“样式”组中单击“迷你图颜色”下拉按钮，在弹出的下拉列表中可以设置迷你图颜色与线条粗细，如下图所示。

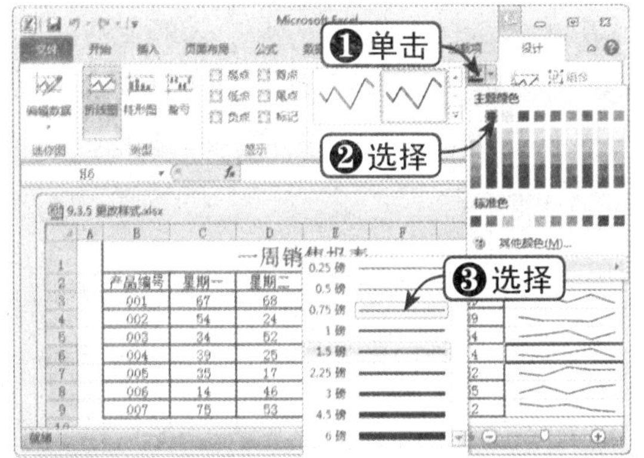

Step 04 设置标记颜色

在“样式”组中单击“标记颜色”下拉按钮，在弹出的下拉列表中可以设置标记颜色，如右图所示。

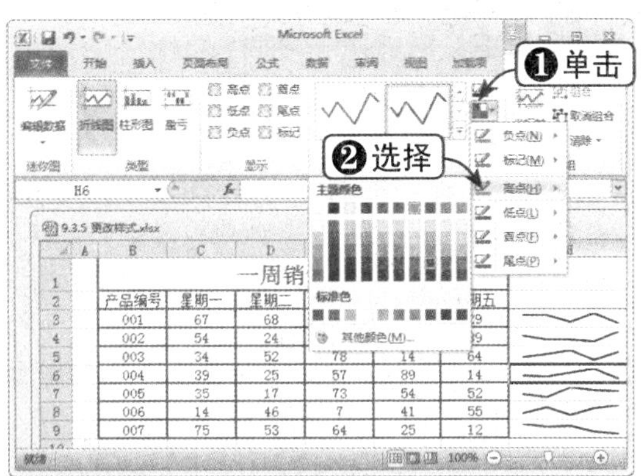

Step 05 查看迷你图效果

查看更改样式与标记颜色后的迷你图效果，如下图所示。

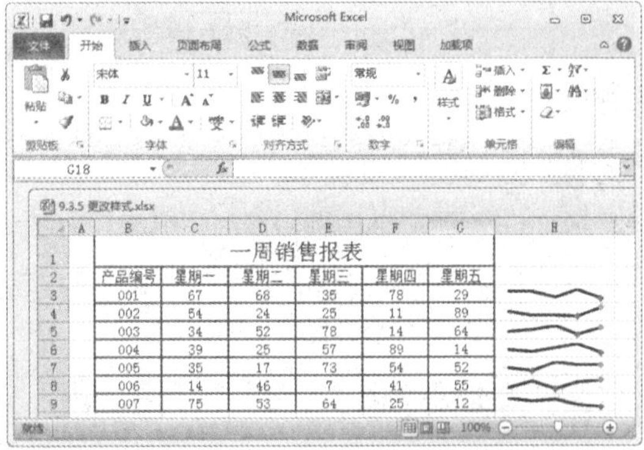

9.3.6 更改其他参数

用户可以更改迷你图坐标轴的值，取消组合迷你图或清除不需要的迷你图。下面将通过实例对其进行讲解，具体操作方法如下：

	素材文件	光盘：素材文件\第9章\9.3.6 更改其他参数.xlsx

Step 01 选择迷你图

打开“素材文件\第 9 章\9.3.6 更改其他参数.xlsx”，选择其中的迷你图，如右图所示。

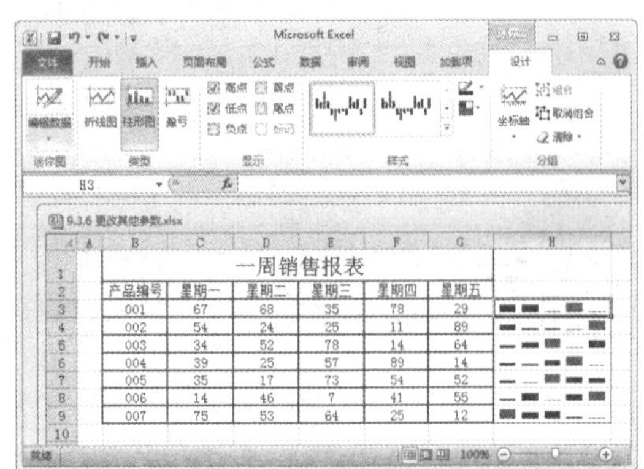

知识点拨

与工作表上的图表不同，迷你图不是对象，而是单元格背景中的微型图表。

Step 02 单击“折线图”按钮

选择“设计”选项卡，在“分组”组中单击“坐标轴”下拉按钮，在弹出的下拉列表中可以设置坐标轴类型、最小值等。例如，选择“纵坐标轴的最小值选项”下的“自定义值”选项，如下图所示。

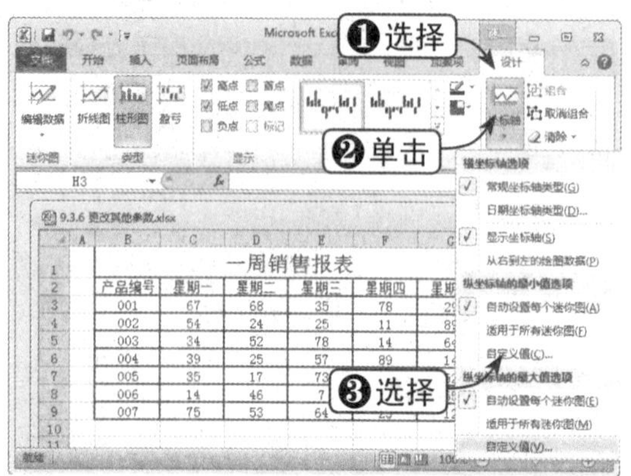

Step 03 输入垂直轴最小值

弹出“迷你图垂直轴设置”对话框，在“输入垂直轴的最小值”文本框中输入最小值，单击“确定”按钮，如下图所示。

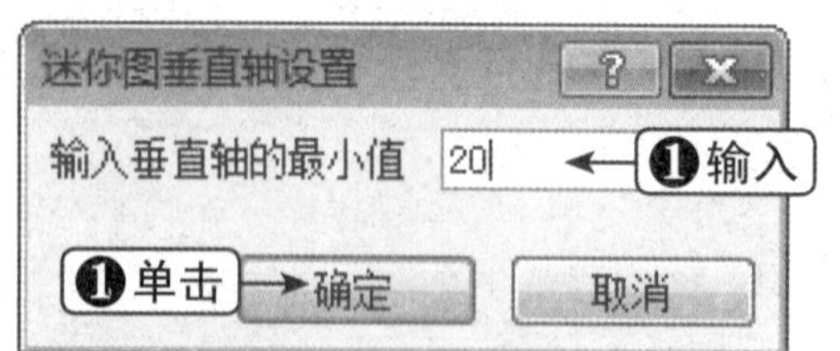

Step 04 查看显示效果

这时，小于最小值的数据将不再显示，效果如下图所示。

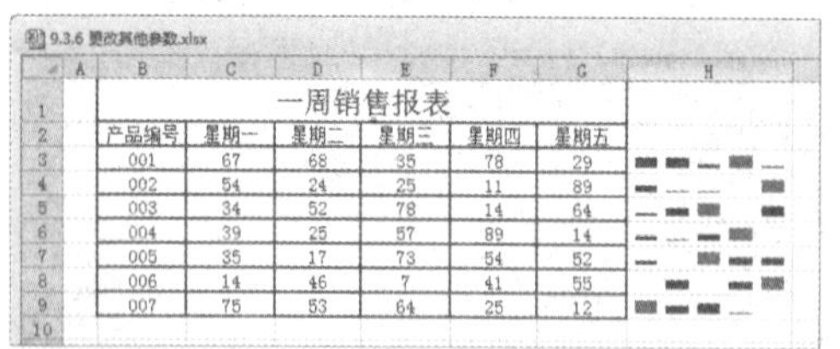

一周销售报表

产品编号	星期一	星期二	星期三	星期四	星期五
001	67	68	35	78	29
002	54	24	25	11	89
003	34	52	78	14	64
004	39	25	57	89	14
005	35	17	73	54	52
006	14	46	7	41	55
007	75	53	64	25	12

Step 05 取消组合迷你图

迷你图默认是组合在一起的整体。通过单击“分组”组中的“取消组合”按钮，可以取消迷你图的组合，如下图所示。

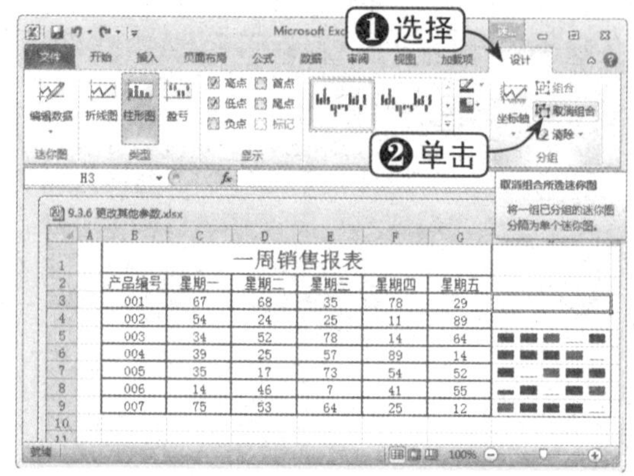

Step 06 清除迷你图

单击“分组”组中的“清除”下拉按钮，在弹出的下拉列表中可以选择清除单个迷你图或所选的迷你图组，如下图所示。

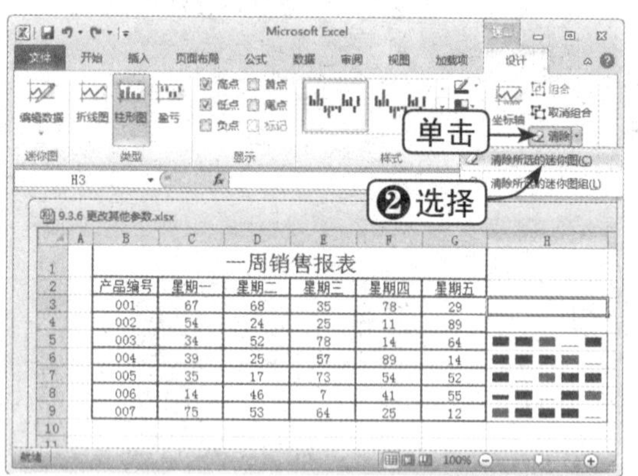

知识点拨

用户可以在单元格中输入文本并使用迷你图作为其背景。

9.4 实战演练——制作服装销售业绩图表

下面将以服装销售业绩图表的制作流程为例，巩固之前所学的新建图表、更改图表样式、应用迷你图等相关知识，实例的最终效果如下图所示。

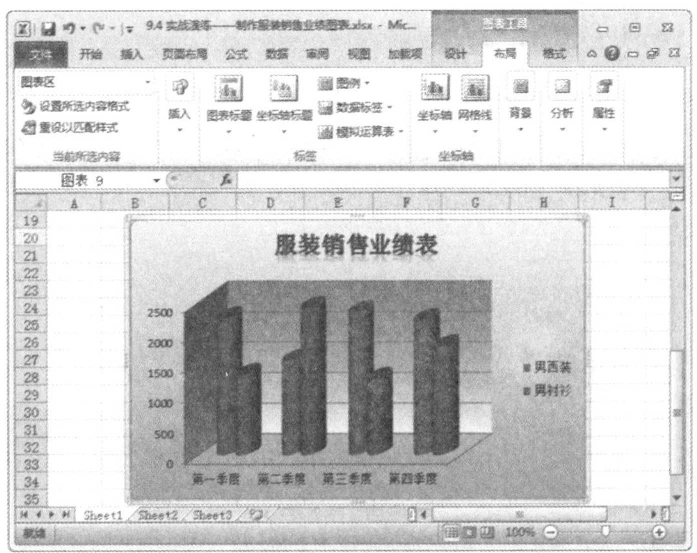

	素材文件	光盘：素材文件\第9章\9.4 实战演练——制作服装销售业绩图表.xlsx

Step 01 选中单元格区域

打开“素材文件\第9章\9.4 实战演练——制作服装销售业绩图表.xlsx”，选中数据所在的单元格区域，如下图所示。

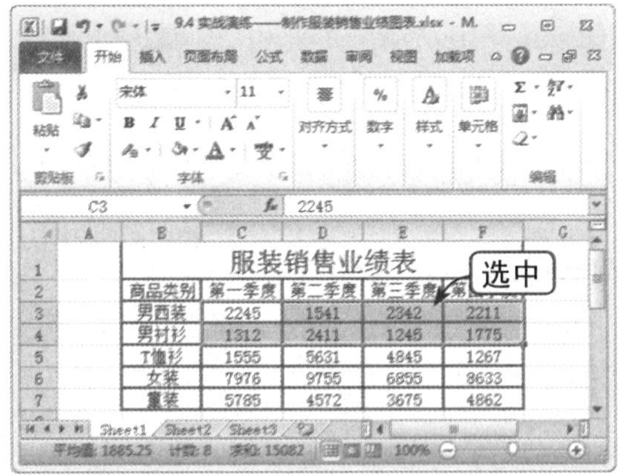

服装销售业绩表

商品类别	第一季度	第二季度	第三季度	第
男西装	2245	1541	2342	2211
男衬衫	1312	2411	1246	1775
T恤衫	1555	5631	4845	1267
女装	7976	9755	6855	8633
童装	5785	4572	3675	4862

Step 02 选择柱形图类型

选择“插入”选项卡，在“图表”组中单击“柱形图”下拉按钮，在弹出的下拉列表中选择所需的类型，如下图所示。

圆柱图与矩形柱形图显示和比较数据的方式相同。

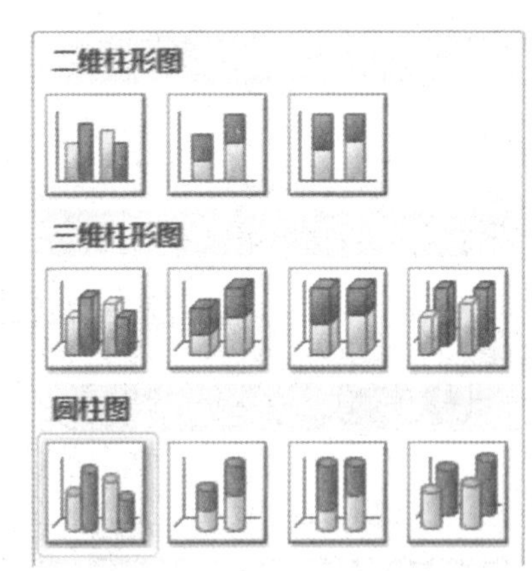

Step 03 查看图表

这时，即可按照选定数据创建柱形图，如下图所示。

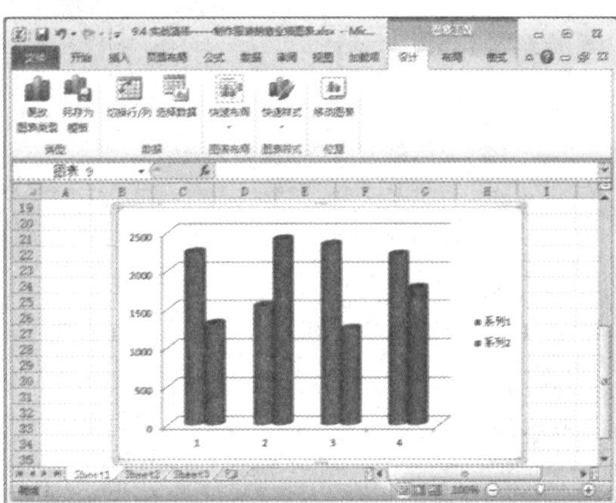

Step 04 单击“选择数据”按钮

在“设计”选项卡下的“数据”组中单击“选择数据”按钮，如下图所示。

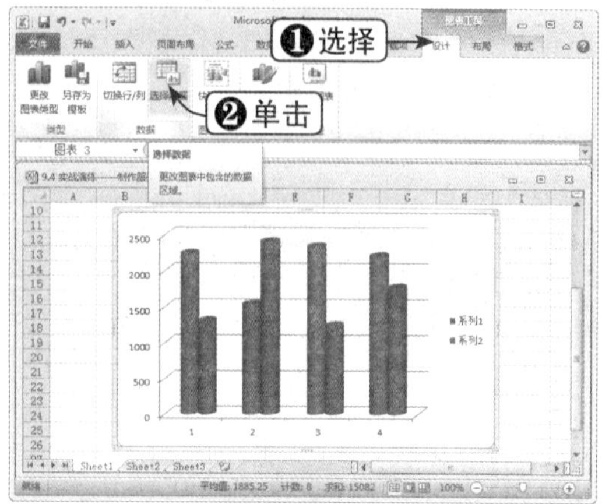

Step 05 单击“编辑”按钮

弹出“选择数据源”对话框，在左侧列表中选择“系列 1”选项，然后单击“编辑”按钮，如下图所示。

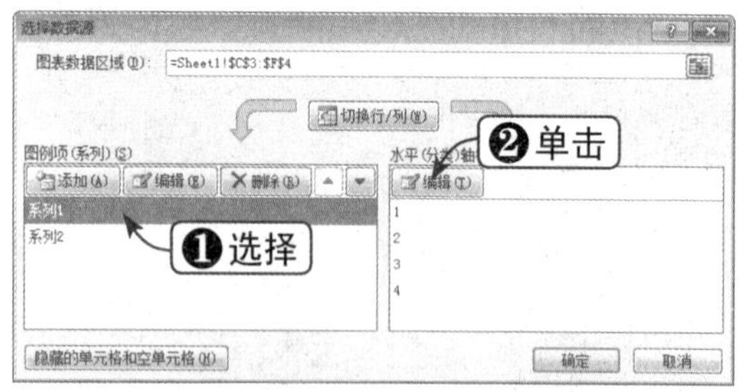

Step 06 输入系列名称

弹出“编辑数据系列”对话框，输入系列名称，单击“确定”按钮，如下图所示。

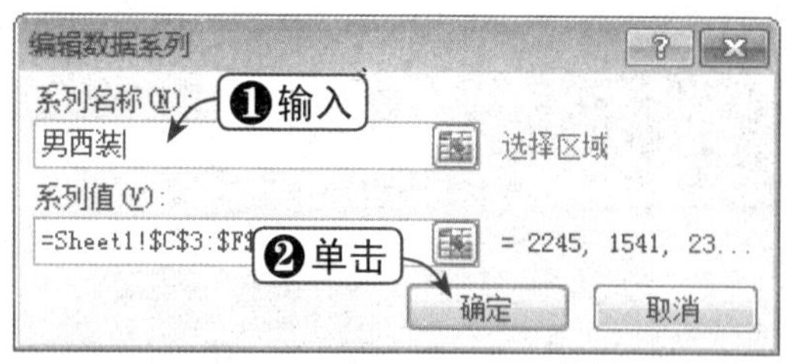

Step 07 编辑其他系列

返回“选择数据源”对话框，在左侧列表中选择“系列 2”选项，然后单击“编辑”按钮，如下图所示。

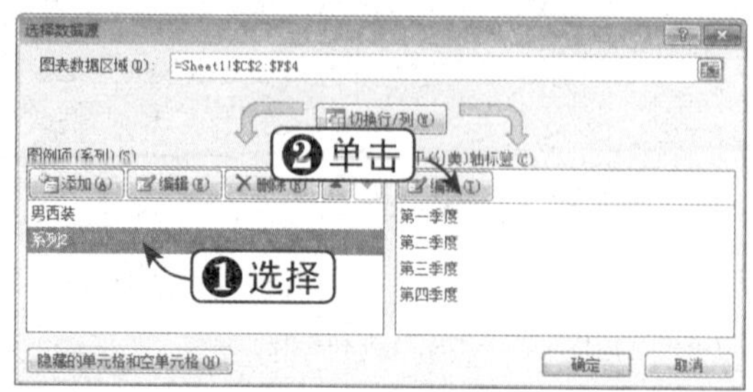

Step 08 设置系列名称

采用同样的方法改变系列 2 的名称，单击“确定”按钮，如下图所示。

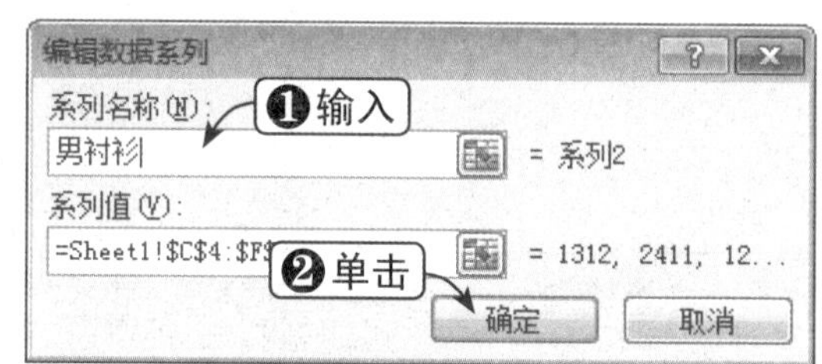

Step 09 编辑轴标签

返回“选择数据源”对话框，单击右侧“水平轴（分类）标签”列表上方的“编辑”按钮，弹出“轴标签”对话框，选择 C2:F2 区域作为轴标签，单击“确定”按钮，如下图所示。

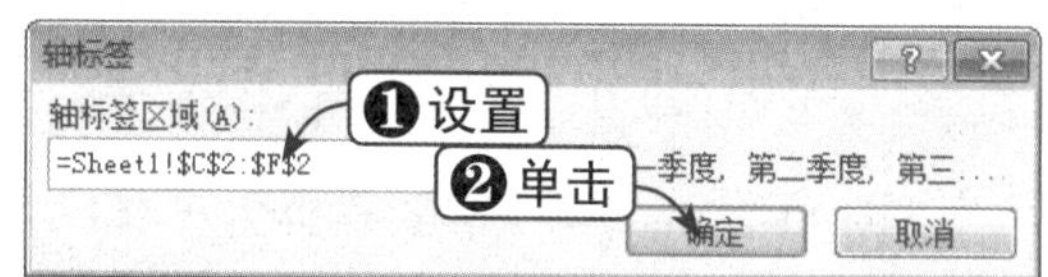

Step 10 确定编辑操作

返回“选择数据源”对话框，单击“确定”按钮，如下图所示。

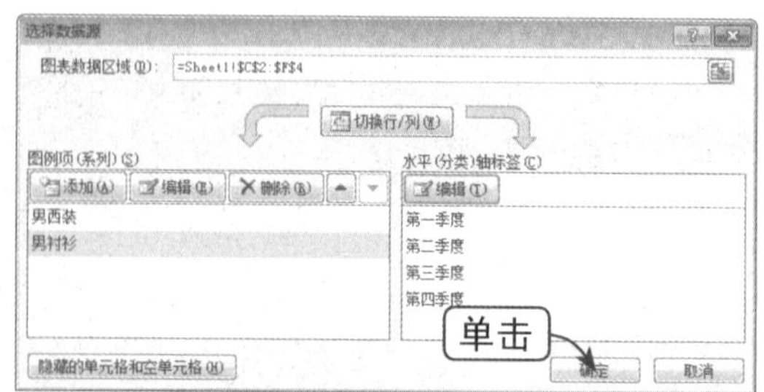

Step 11 查看图表效果

这时，图表中将显示自定义的轴标签与系列名称，如下图所示。

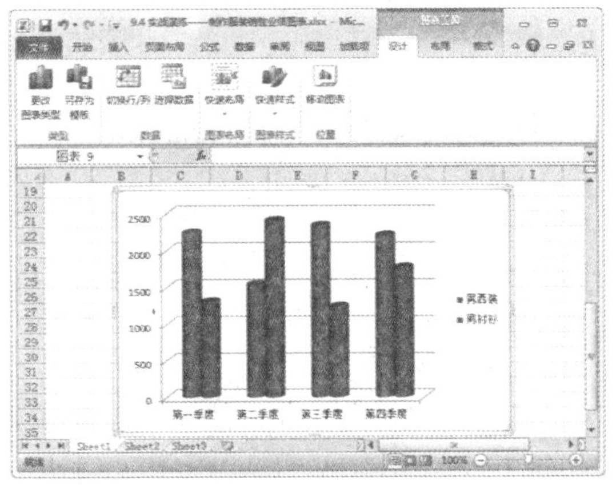

Step 12 选择“图表上方”选项

选择“布局”选项卡，在“标签”组中单击“图表标题”下拉按钮，在弹出的下拉列表中选择“图表上方”选项，如下图所示。

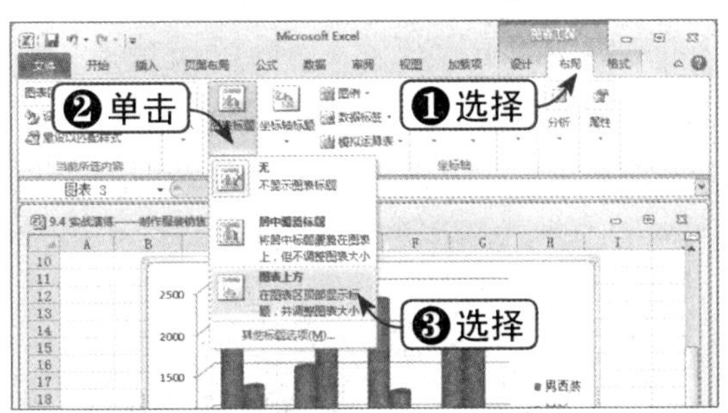

Step 13 设置图表标题

这时，在图表上方将出现文本框，输入图表标题，如下图所示。

Step 14 选择形状样式

选择图表区，选择“格式”选项卡，在“形状样式”组中展开预设样式列表框，选择形状样式，如下图所示。

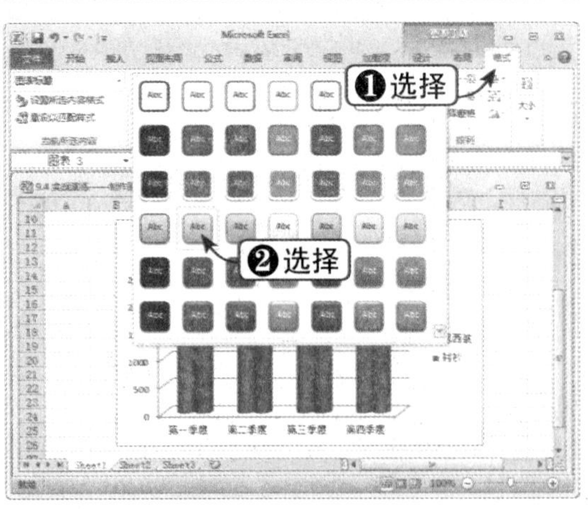

Step 15 选择艺术字样式

选择图表标题，在“艺术字样式”组中展开预设样式列表框，选择艺术字样式，如下图所示。

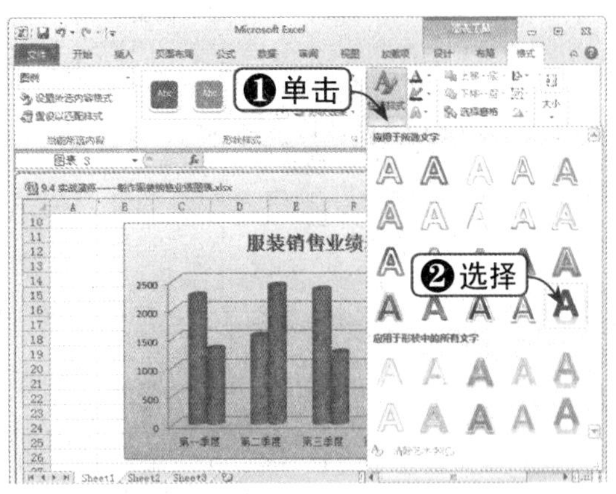

Step 16 查看图表效果

查看设置形状样式与艺术字样式后的图表效果，如下图所示。

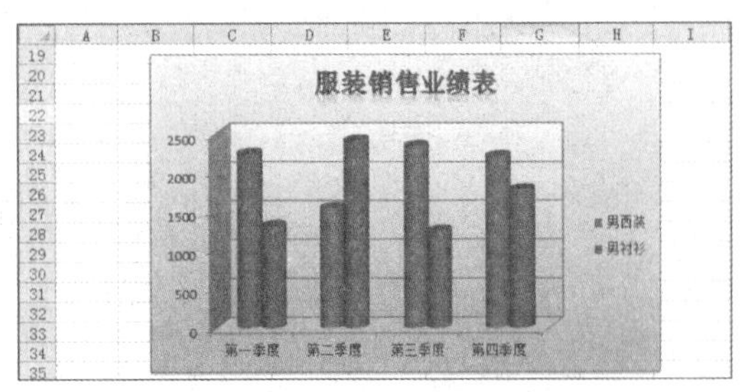

Step 17 选择“其他背景墙选项”选项

选择“布局”选项卡，在“背景”组中单击“图表背景墙”下拉按钮，在弹出的下拉列表中选择“其他背景墙选项”选项，如下图所示。

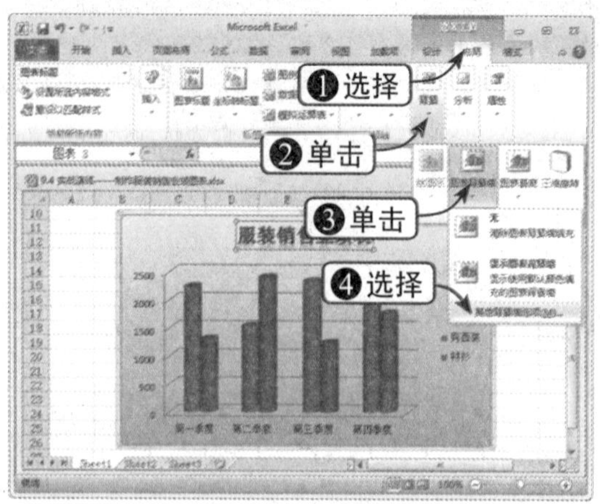

Step 18 设置渐变填充

弹出“设置背景墙格式”对话框，设置渐变填充，单击“关闭”按钮，如下图所示。

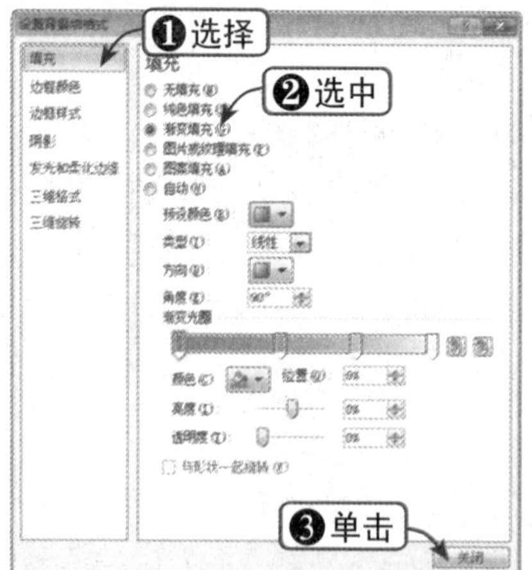

Step 19 查看填充效果

采用类似的方法设置图表基底的填充，查看填充效果，如下图所示。

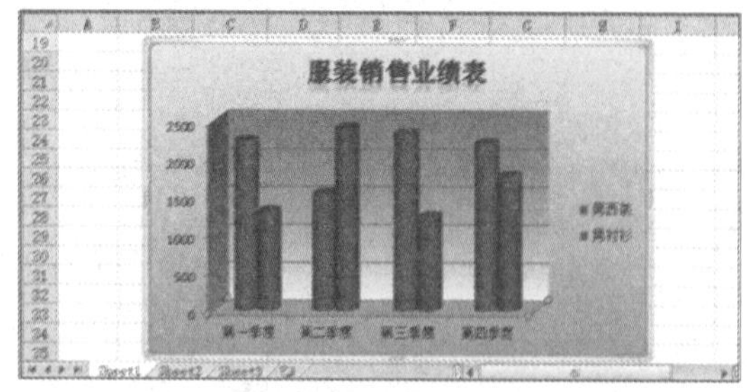

Step 20 设置三维旋转

单击“背景”组中的“三维旋转”按钮，弹出“设置图表区格式”对话框，设置三维旋转角度，单击“关闭”按钮，如下图所示。

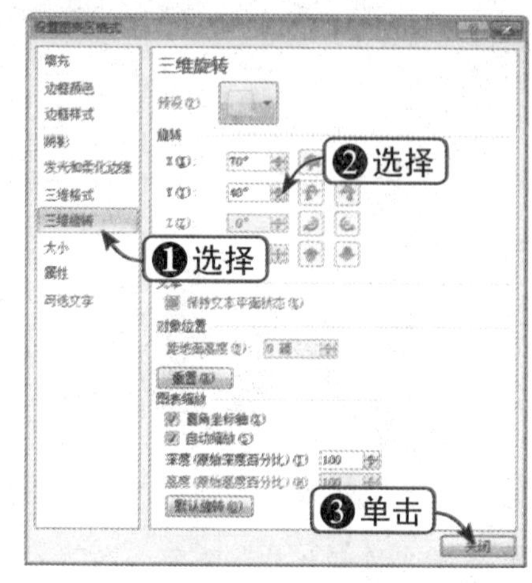

Step 21 查看三维旋转效果

这时，图表中的图形将按照指定角度进行三维旋转，效果如下图所示。

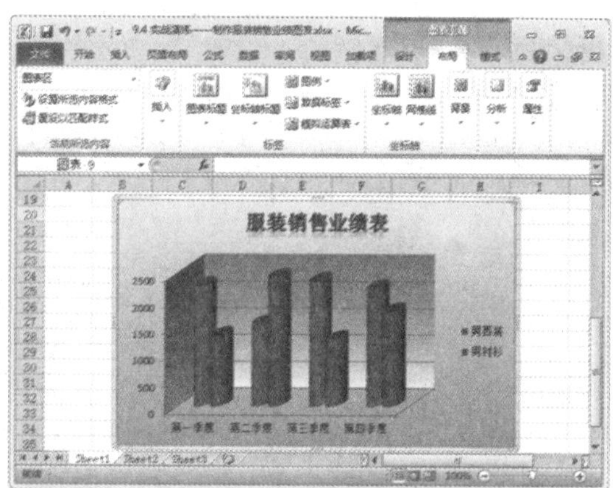

Step 22 单击“柱形图”按钮

选中 C3:F3，选择“插入”选项卡，在“迷你图”组中单击“柱形图”按钮，如下图所示。

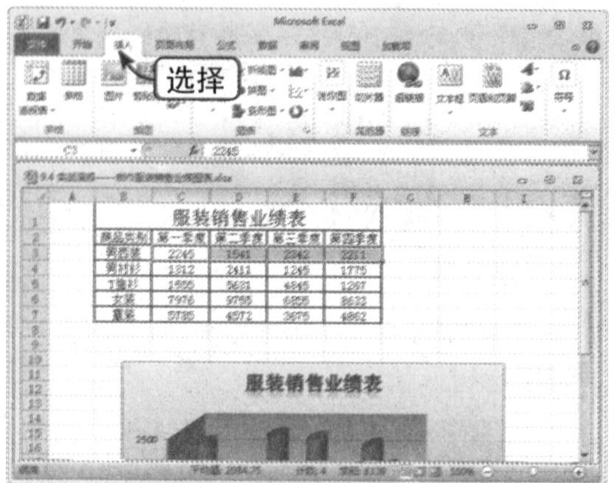

Step 23 设置范围

弹出“创建迷你图”对话框，分别设置数据范围与位置范围，然后单击“确定”按钮，如下图所示。

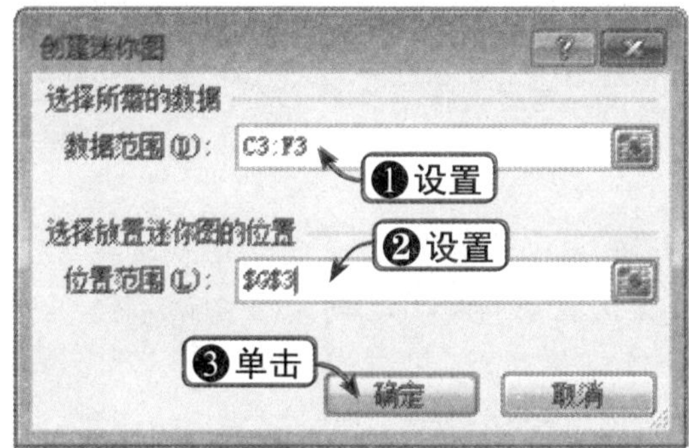

Step 24 查看迷你图效果

这时，即可在指定位置创建一个迷你图，如下图所示。

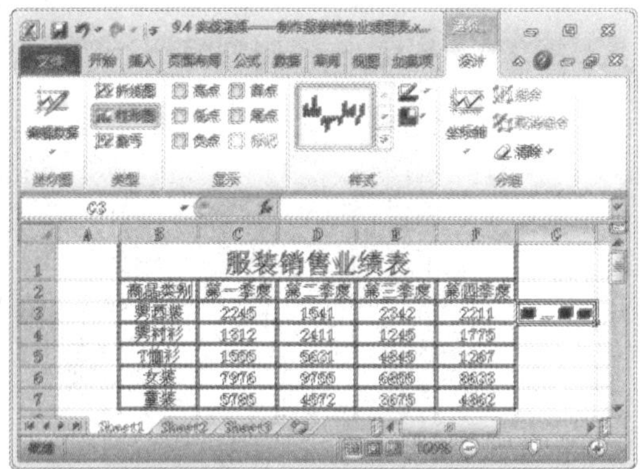

Step 25 填充迷你图

移动鼠标指针到迷你图所在单元格的右下角，当指针变为十字形状时向下进行拖动，填充其他迷你图，如下图所示。

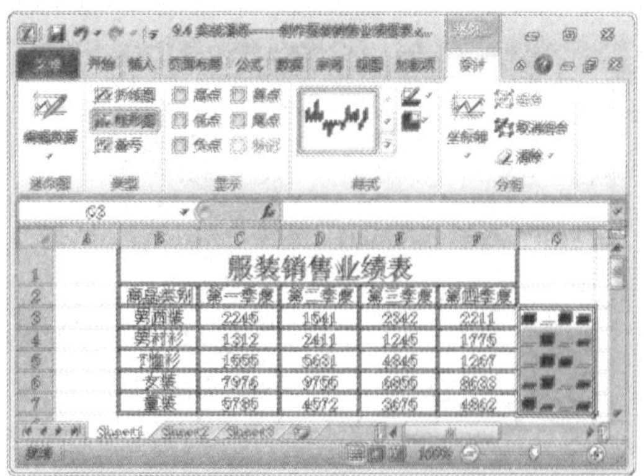

Step 26 改变迷你图类型

此时，即可将柱形图改变为折线图，查看迷你图效果，如下图所示。

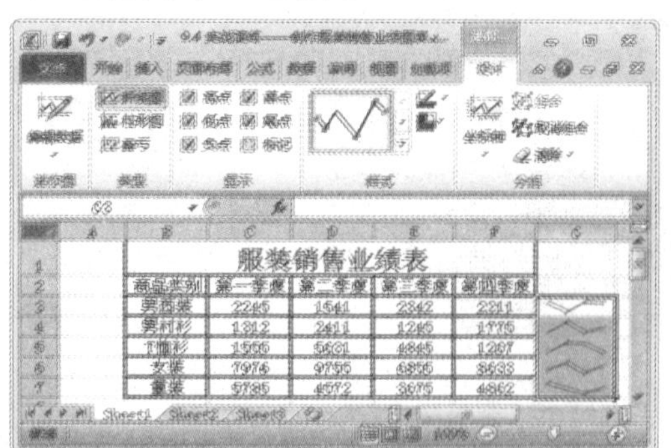

● 读书笔记

第10章 Excel数据处理

本章将学习 Excel 数据处理的相关知识，其中包括数据的排序、数据的筛选与分析等，帮助读者轻松掌握 Excel 数据处理的相关方法与技巧。本章所学知识在实际办公操作中经常用到，读者应该熟练掌握。

本章学习重点

1. 数据排序
2. 数据筛选与分析
3. 实战演练——分析数码产品销售业绩表

重点实例展示

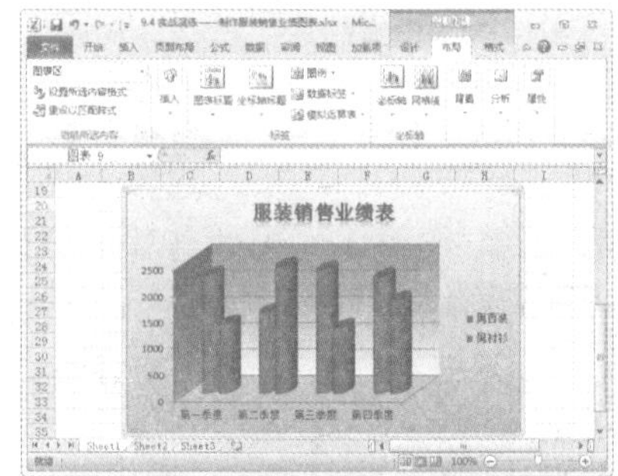

数码产品销售业绩表

本章视频链接

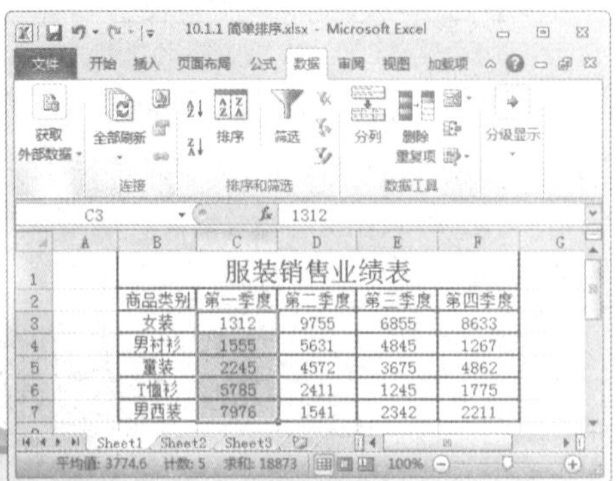

数据排序

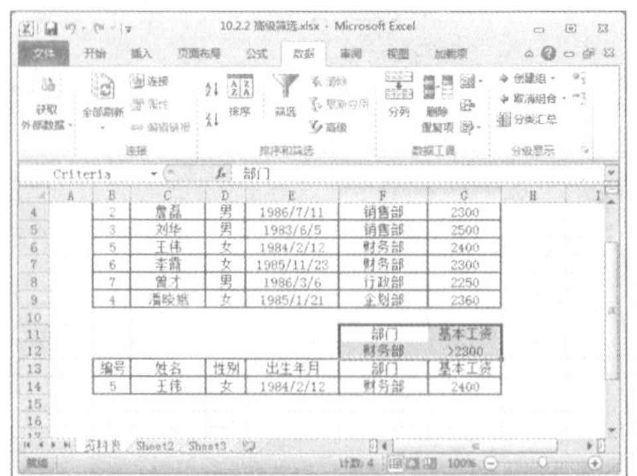

数据筛选与分析

10.1 数据排序

在制作电子表格的过程中，按照一定的规则对数据进行排序，如对数据进行升序或降序处理，可以使繁杂的数据变得直观、清晰。

10.1.1 简单排序

下面将通过实例讲解如何对数据进行简单的排序，具体操作方法如下：

	素材文件	光盘：素材文件\第10章\10.1.1 简单排序.xlsx

Step 01 选中单元格

打开“素材文件\第10章\10.1.1 简单排序.xlsx”，选中需要排序数据所在的单元格，如下图所示。

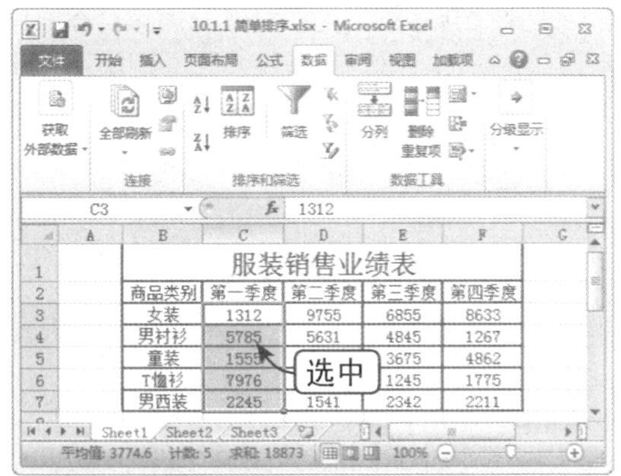

Step 02 单击“升序”按钮

选择“数据”选项卡，在“排序和筛选”组中单击“升序”按钮，如下图所示。

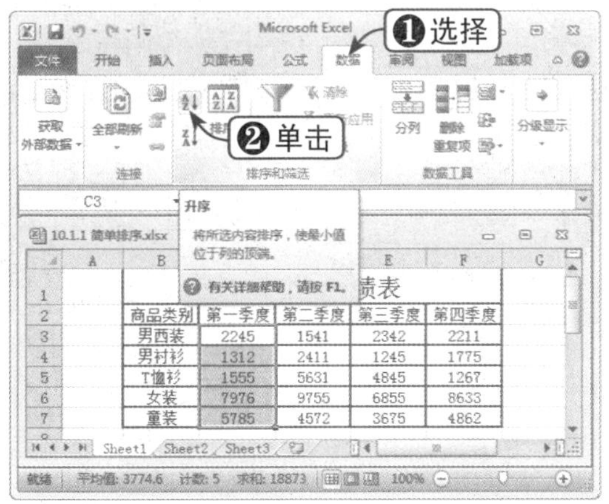

Step 03 单击“排序”按钮

弹出“排序提醒”对话框，选中“以当前选定区域排序”单选按钮，单击“排序”按钮，如下图所示。

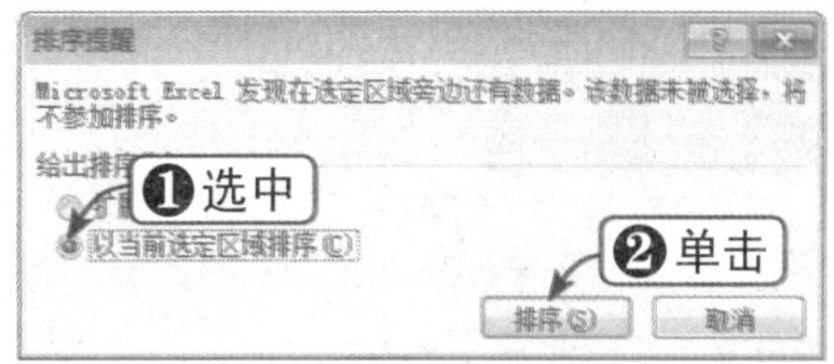

Step 04 查看排序效果

这时，即可对选中的单元格数据进行排序，效果如下图所示。

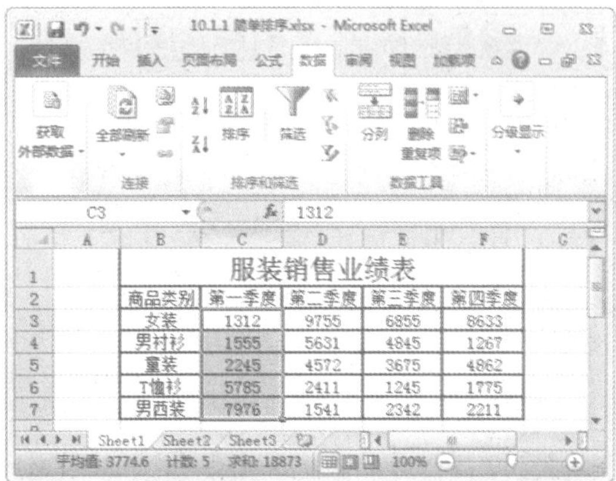

知识点拨

对行或列进行排序时，隐藏的行或列不会移动。

10.1.2 高级排序

高级排序即可以自定义排序依据，添加次要关键字或其他关键字等。下面将通过实例对其进行讲解，具体操作方法如下：

	素材文件	光盘：素材文件\第10章\10.1.2 高级排序.xlsx

Step 01 选中单元格

打开“素材文件\第10章\10.1.2 高级排序.xlsx”，选中表格中的任意单元格，如下图所示。

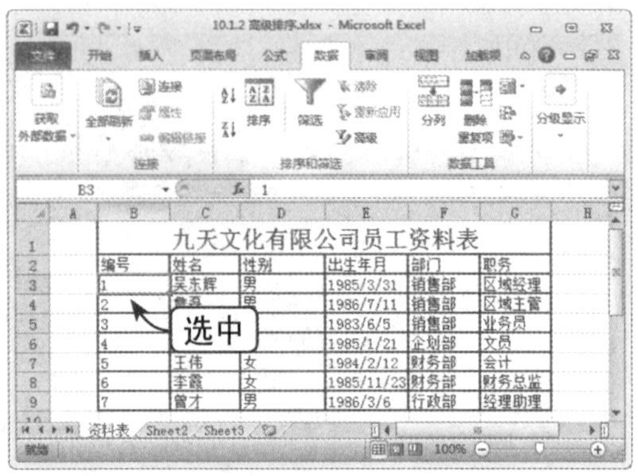

Step 02 单击“排序”按钮

选择“数据”选项卡，在“排序和筛选”组中单击“排序”按钮，如下图所示。

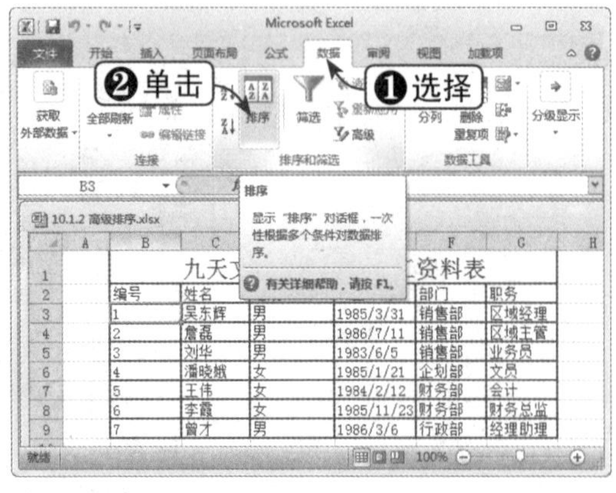

Step 03 设置排序参数

弹出“排序”对话框，首先设置主要关键字、排序依据以及方式，然后单击“选项”按钮，如下图所示。

Step 04 设置排序选项

弹出“排序选项”对话框，设置排序方向与方法，单击“确定”按钮，如下图所示。

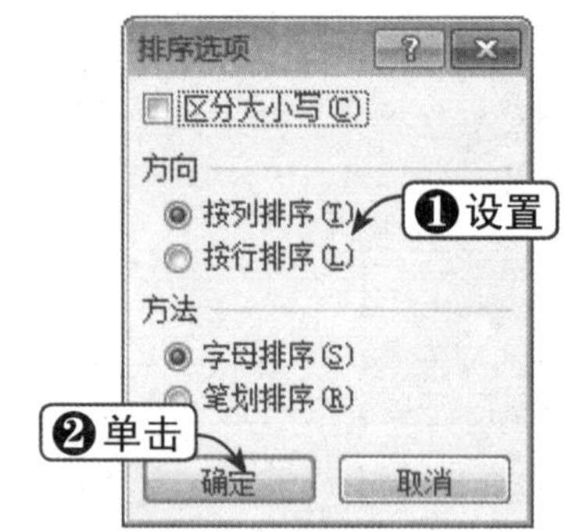

Step 05 添加其他关键字

返回“排序”对话框，单击“添加条件”按钮，添加其他关键字并设置排序条件。设置完毕后，单击“确定”按钮，如下图所示。

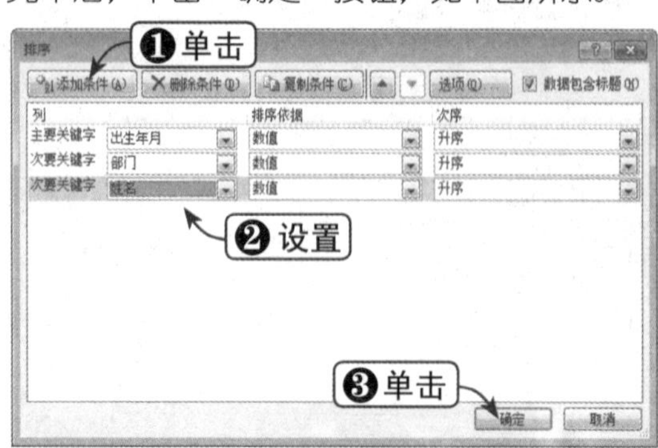

Step 06 查看高级排序效果

这时，即可对表格进行高级排序，效果如右图所示。

九天文化有限公司员工资料表					
编号	姓名	性别	出生年月	部门	职务
3	刘华	男	1983/6/5	销售部	业务员
5	王伟	女	1984/2/12	财务部	会计
4	潘晓旎	女	1985/1/21	企划部	文员
1	吴东辉	男	1985/3/31	销售部	区域经理
6	李霞	女	1985/11/23	财务部	财务总监
7	曾才	男	1986/3/6	行政部	经理助理
2	詹磊	男	1986/7/11	销售部	区域主管

10.1.3 自定义排序

有时，用户需要按照某些关键字的特定顺序对表格进行排序。下面将通过实例讲解如何自定义排序，具体操作方法如下：

	素材文件	光盘：素材文件\第10章\10.1.3 自定义排序.xlsx

Step 01 打开素材文件

打开“素材文件\第 10 章\10.1.3 自定义排序.xlsx”，如下图所示。

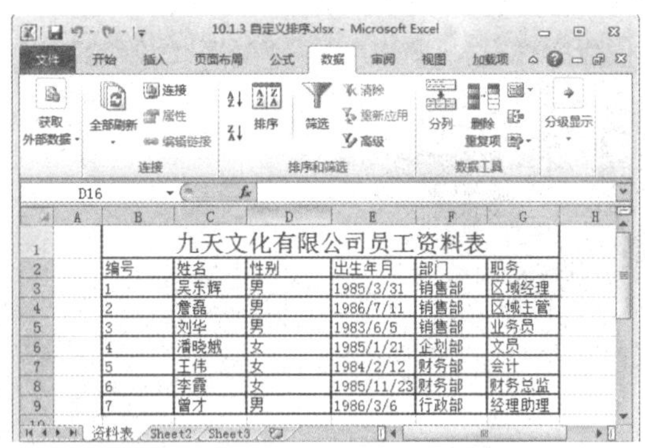

九天文化有限公司员工资料表					
编号	姓名	性别	出生年月	部门	职务
1	吴东辉	男	1985/3/31	销售部	区域经理
2	詹磊	男	1986/7/11	销售部	区域主管
3	刘华	男	1983/6/5	销售部	业务员
4	潘晓旎	女	1985/1/21	企划部	文员
5	王伟	女	1984/2/12	财务部	会计
6	李霞	女	1985/11/23	财务部	财务总监
7	曾才	男	1986/3/6	行政部	经理助理

Step 02 选择“选项”选项

选择“文件”选项卡，在左侧窗格中选择“选项”选项，如下图所示。

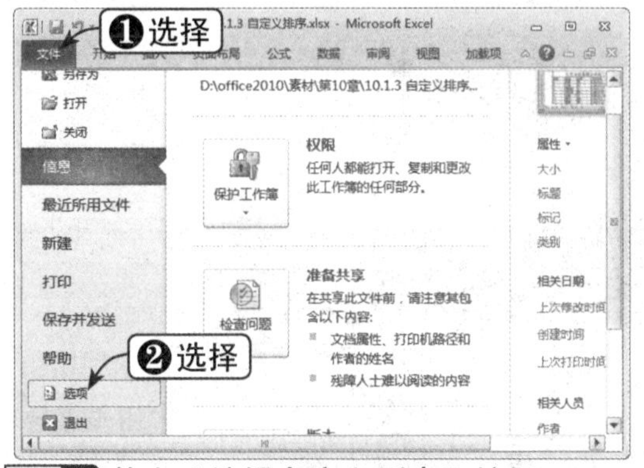

Step 03 单击“编辑自定义列表”按钮

弹出“Excel 选项”对话框，在左窗格中选择“高级”选项，在右窗格的“常规”选项区中单击“编辑自定义列表”按钮，如下图所示。

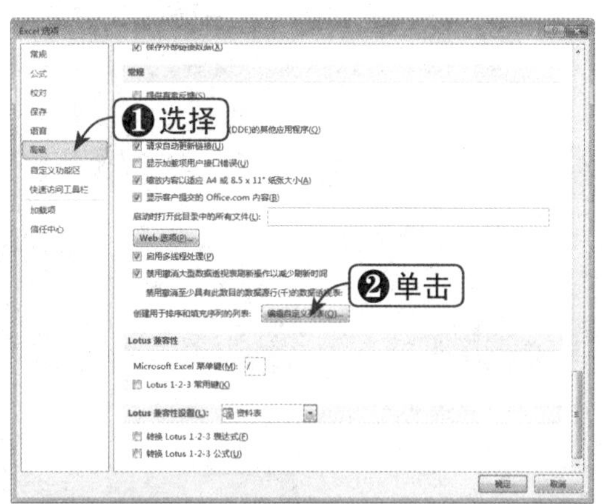

Step 04 输入序列

弹出“选项”对话框，在“输入序列”文本框中按照希望的顺序输入序列，然后单击“添加”按钮，将序列添加到左侧的“自定义序列”列表框中。最后依次单击“确定”按钮关闭对话框，如下图所示。

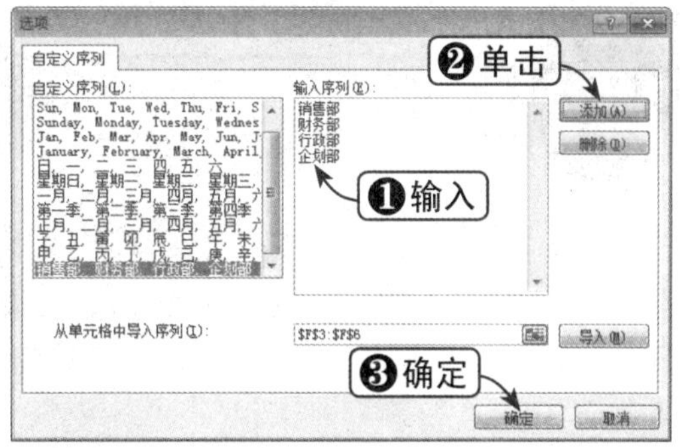

Step 05 设置排序参数

选择“数据”选项卡，单击“排序”按钮，弹出“排序”对话框。在“主要关键字”下拉列表框中选择“部门”选项，在“次序”下拉列表框中选择“自定义序列”选项，如下图所示。

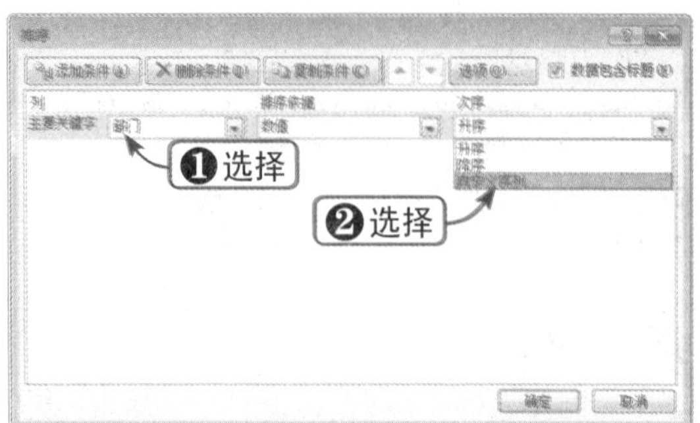

Step 06 选择序列

弹出“自定义序列”对话框，在“自定义序列”列表框中选择新添加的序列，然后单击“确定”按钮，如下图所示。

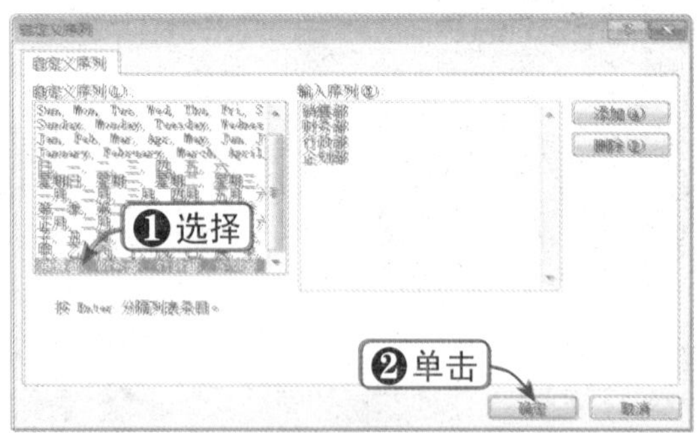

Step 07 确认选择新次序

返回“排序”对话框，确认已选择新添加的次序，然后单击“确定”按钮，如下图所示。

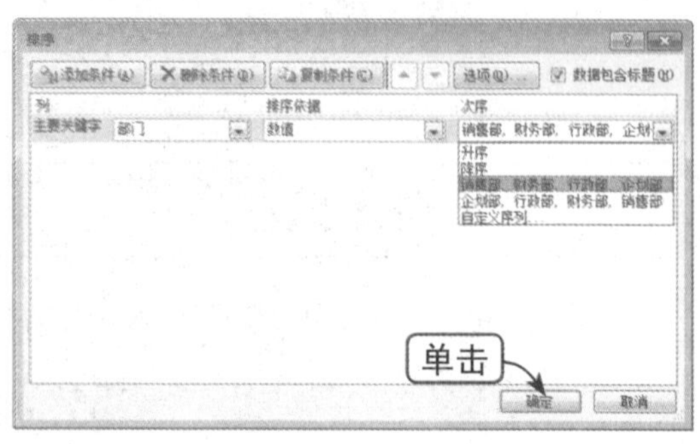

Step 08 查看排序效果

这时，即可按照自定义序列对表格进行排序，效果如下图所示。

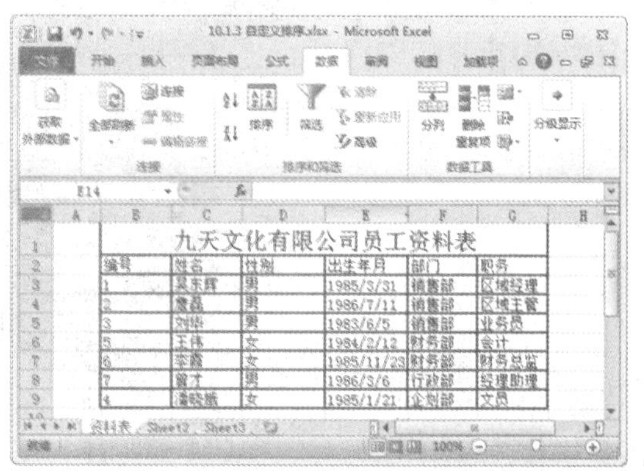

知识点拨

用户可以根据自己的需要按照递增或递减的顺序将表格中的数据按笔画、数字、拼音或日期等进行排序。

10.2 数据筛选与分析

通过数据筛选可以快速地从繁杂的数据中过滤掉不需要的数据，只显示符合筛选条件的某些单元格，隐藏其他单元格；通过数据分析，可以根据条件改变某数据的单元格外观，突出显示异常数据，从而帮助用户分析表格中的数据。

10.2.1 手动筛选

用户可以为表格添加筛选器，然后通过设置条件筛选表格数据。下面将通过实例对其进行讲解，具体操作方法如下：

	素材文件	光盘：素材文件\第10章\10.2.1 手动筛选.xlsx

Step 01 选中单元格

打开“素材文件\第10章\10.2.1 手动筛选.xlsx”，选中如下图所示的单元格。

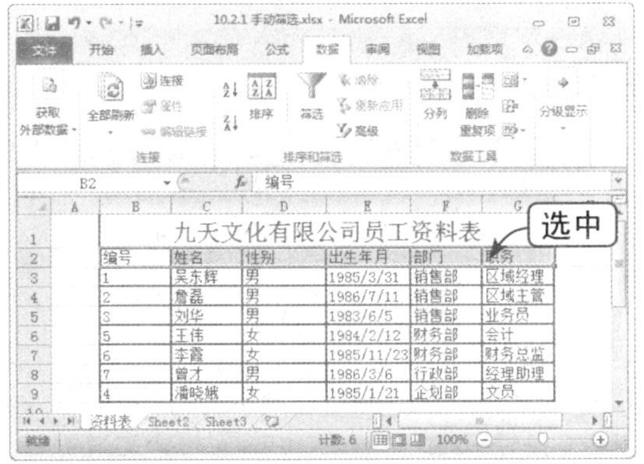

Step 02 单击“筛选”按钮

选择“数据”选项卡，在“排序和筛选”组中单击“筛选”按钮，如下图所示。

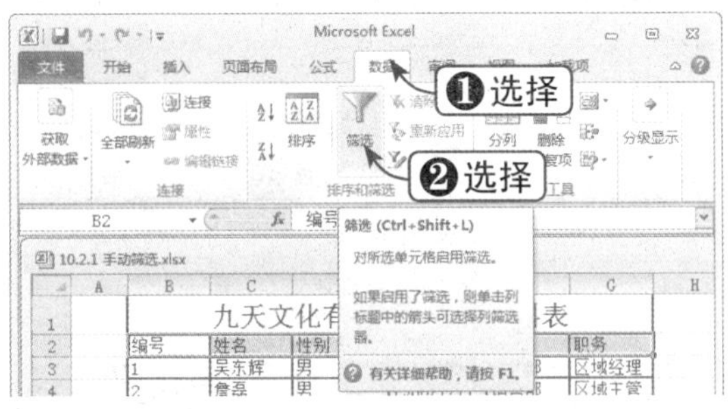

Step 03 单击下拉按钮

这时，将分别在所选单元格的右侧出现下拉按钮。单击“部门”右侧的下拉按钮，如下图所示。

	A	B	C	D	E	F	G
1		九天文化有限公司员工资料表					
2		编号	姓名	性别	出生年月	部门	职务
3		1	吴东辉	男	1985/3/31	销售部	区域经理
4		2	詹磊	男	1986/7/11	销售部	区域主管
5		3	刘华	男	1983/6/5	销售部	业务员
6		5	王伟	女	1984/2/12	财务部	会计
7		6	李霞	女	1985/11/23	财务部	财务总监
8		7	曾才	男	1986/3/6	行政部	经理助理
9		4	潘晓娥	女	1985/1/21	企划部	文员

单击

Step 04 设置筛选范围

在弹出的下拉列表中可以设置筛选范围，取消选择名称前的复选框，单击“确定”按钮，即可过滤该项，如下图所示。

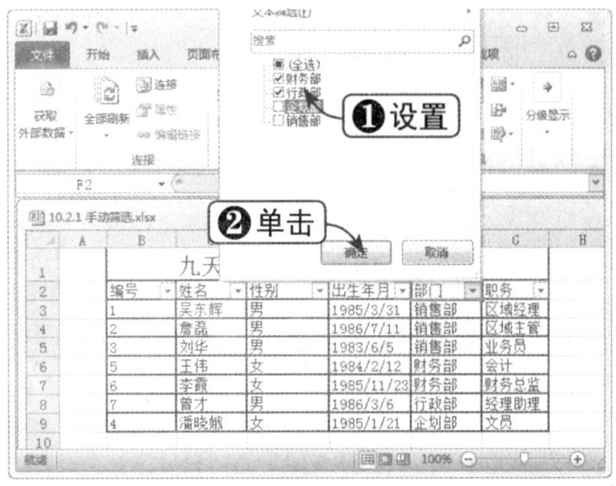

Step 05 输入关键词

也可以通过在搜索框中输入关键词过滤掉与之无关的其他项目，单击“确定”按钮，如下图所示。

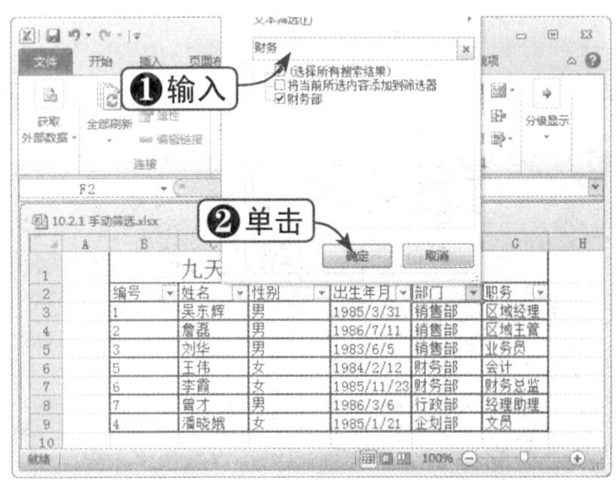

Step 06 筛选数据

此时，即可按指定条件筛选数据，效果如下图所示。

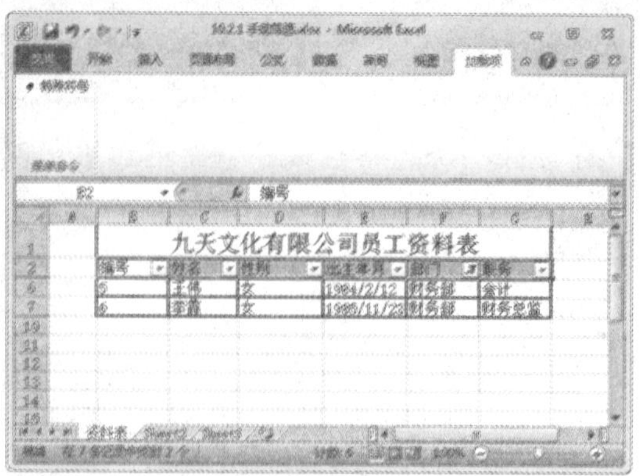

Step 07 选择“介于”选项

在筛选数字时，还可以按照特定条件进行筛选。例如，撤销刚才的操作，单击“编号”右侧的下拉按钮，在弹出的下拉列表中选择“数字筛选”|“介于”选项，如下图所示。

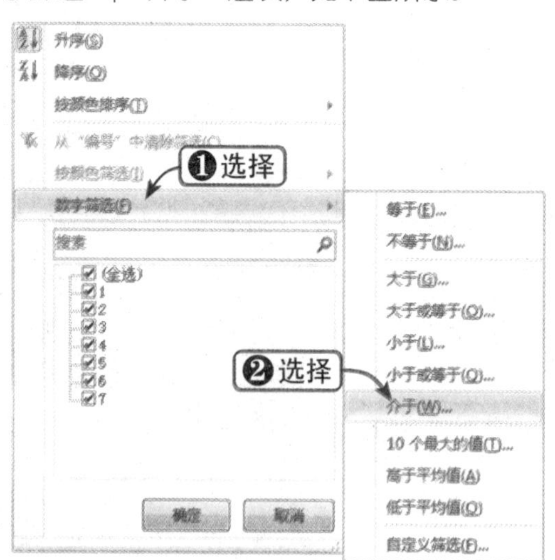

Step 08 设置筛选条件

弹出“自定义自动筛选方式”对话框，分别设置筛选条件，如下图所示。设置完毕后，单击“确定”按钮。

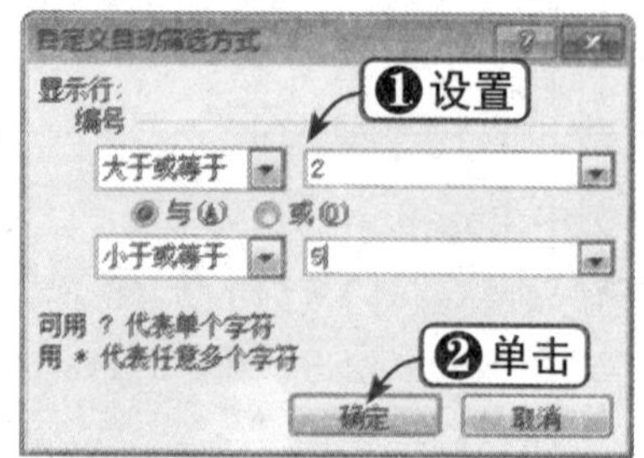

Step 09 查看筛选效果

这时，即可按照特定条件筛选表格数据，如下图所示。

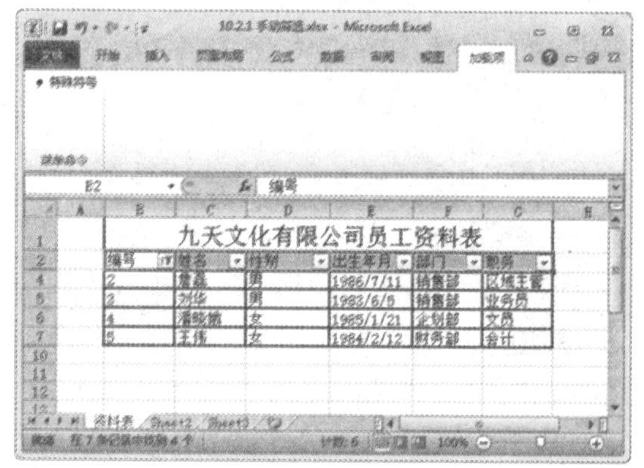

知识点拨

使用数据筛选功能后可以快速查找数据表中符合条件的数据。执行筛选后，表格中将只显示筛选出的数据记录。

10.2.2 高级筛选

如果需要设置多个筛选条件，则可以通过高级筛选工具来实现。下面将通过实例对其进行讲解，具体操作方法如下：

	素材文件	光盘：素材文件\第10章\10.2.2 高级筛选.xlsx

Step 01 输入筛选条件

打开“素材文件\第 10 章\10.2.2 高级筛选.xlsx”，在所需位置输入筛选条件，如下图所示。

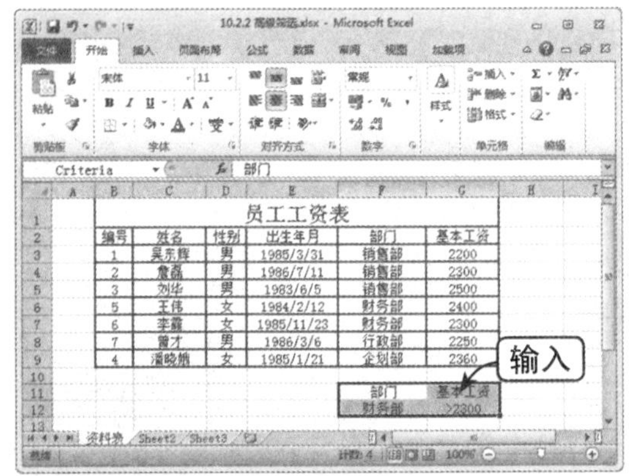

Step 02 单击“高级”按钮

选择“数据”选项卡，在“排序和筛选”组中单击“高级”按钮，如下图所示。

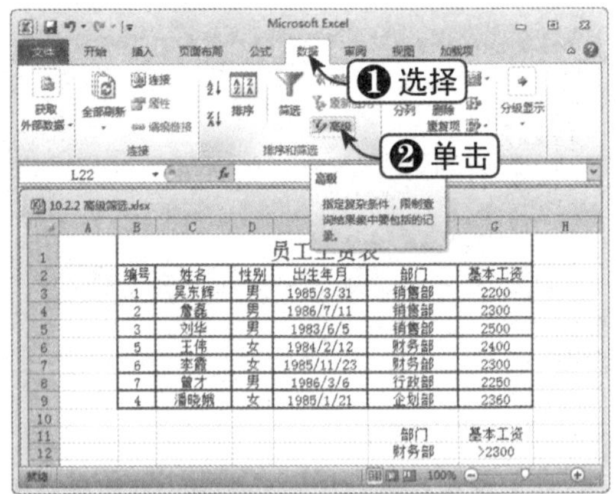

Step 03 设置列表区域

弹出“高级筛选”对话框，设置 E2:G9 作为列表区域，如下图所示。

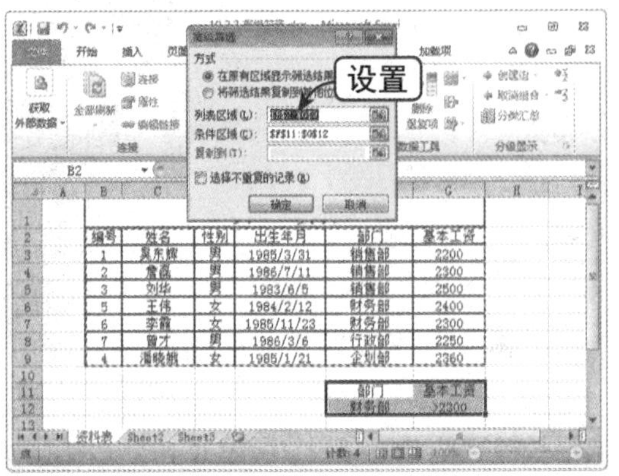

Step 04 设置条件区域

设置新添加的条件所在单元格作为条件区域，如下图所示。

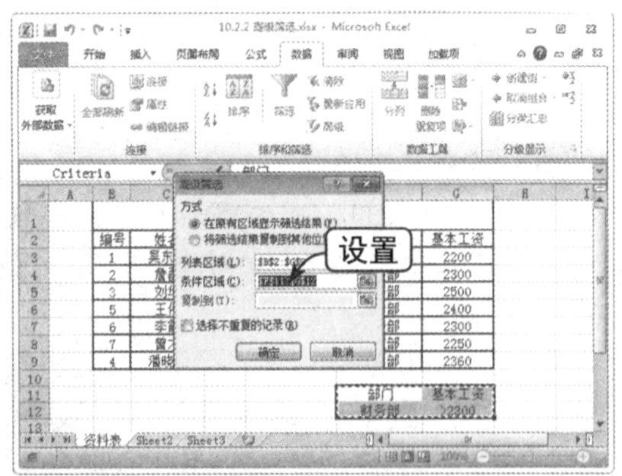

Step 05 指定复制位置

选中“将筛选结果复制到其他位置”单选按钮，指定表格下方的空白单元格，作为复制到的位置，如下图所示。单击“确定”按钮，关闭对话框。

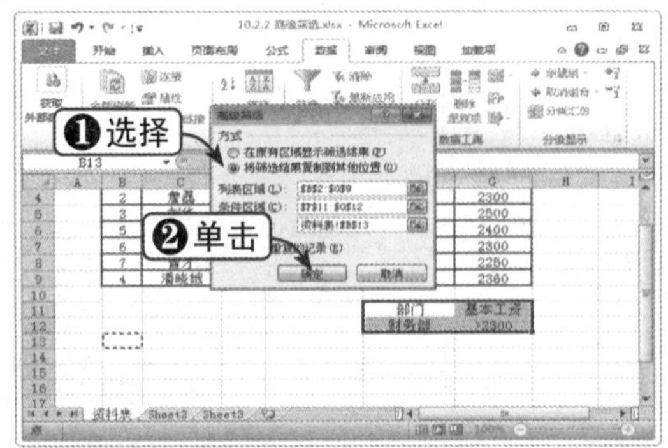

Step 06 筛选数据

此时，即可按指定的条件筛选数据，效果如下图所示。

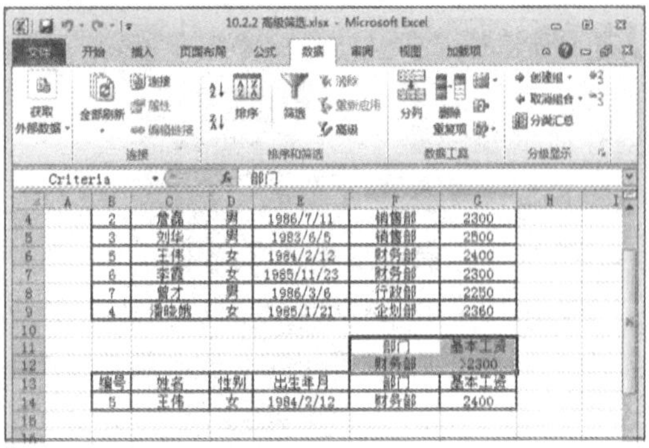

10.2.3 应用预设条件格式

下面将通过实例讲解如何通过预设条件格式分析数据，具体操作方法如下：

	素材文件	光盘：素材文件\第10章\10.2.3 应用预设条件格式.xlsx

Step 01 选中单元格区域

打开"素材文件\第10章\10.2.3 应用预设条件格式.xlsx"，选中单元格区域，如下图所示。

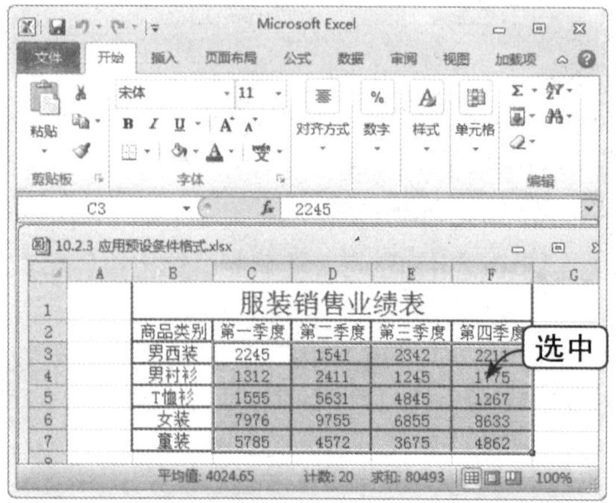

Step 02 设置突出显示规则

在"开始"选项卡下单击"样式"组中的"条件格式"下拉按钮，在弹出的下拉列表中设置突出显示规则，如下图所示。

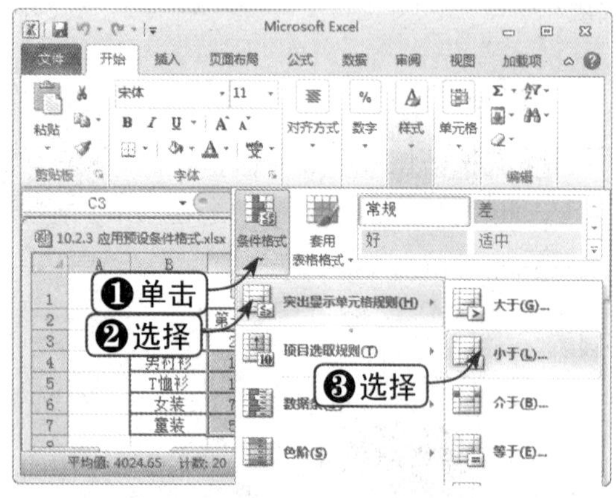

Step 03 选择"自定义格式"选项

弹出"小于"对话框，在其文本框中输入数值，然后在"设置为"下拉列表框中选择"自定义格式"选项，如下图所示。

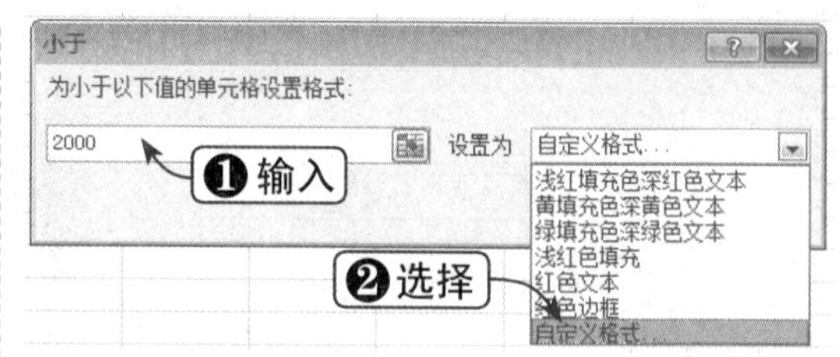

Step 04 设置填充颜色

弹出"设置单元格格式"对话框，在"填充"选项卡中设置填充颜色，如下图所示。

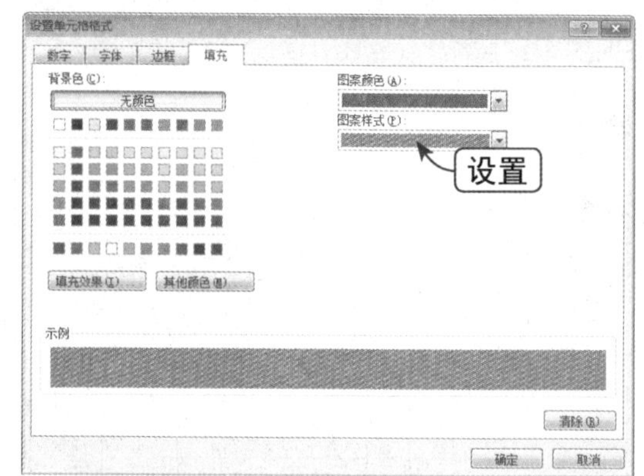

Step 05 设置边框

选择"边框"选项卡，设置边框效果，单击"确定"按钮，如下图所示。

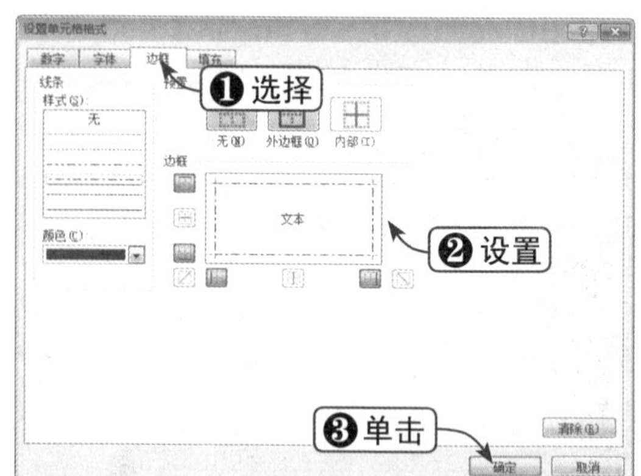

Step 06 查看设置效果

这时，即可突出显示符合条件的数据，效果如右图所示。

10.3 实战演练——分析数码产品销售业绩表

下面将以数码产品销售业绩表的数据分析流程为例，巩固之前所学的筛选与排序数据的相关知识，实例的最终效果如下图所示。

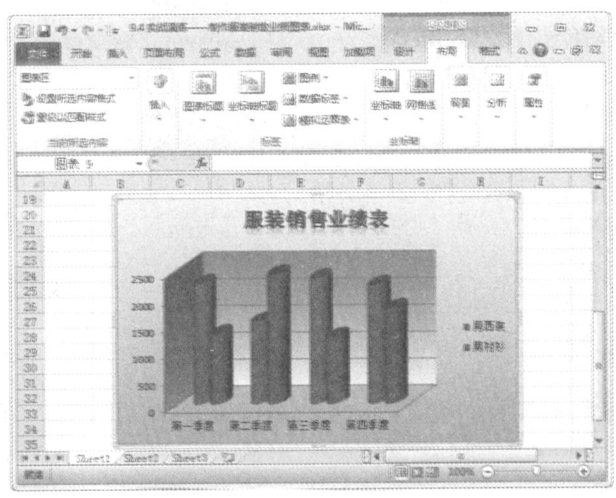

	素材文件	光盘：素材文件\第10章\10.3 实战演练–分析数码产品销售业绩表.xlsx

Step 01 选中单元格区域

打开“素材文件\第10章\10.3 实战演练——分析数码产品销售业绩表.xlsx”，选中B2:F2单元格区域，如下图所示。

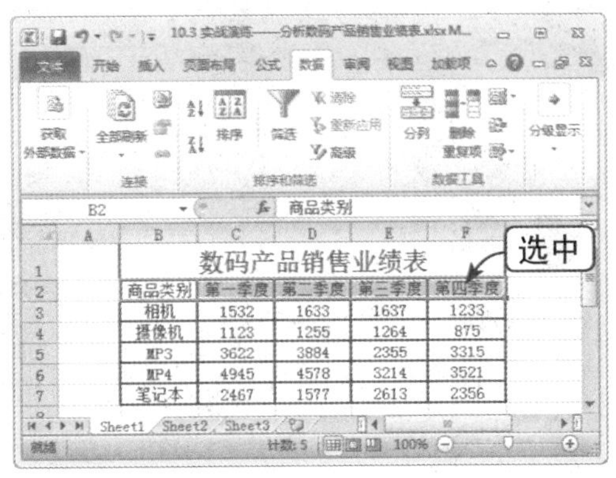

Step 02 单击“筛选”按钮

选择“数据”选项卡，在“排序和筛选”组中单击“筛选”按钮，如下图所示。

Step 03 手动排序数据

单击 F2 单元格右侧新出现的下拉按钮，在弹出的下拉列表中选择“升序”选项，即可手动排序数据，如下图所示。

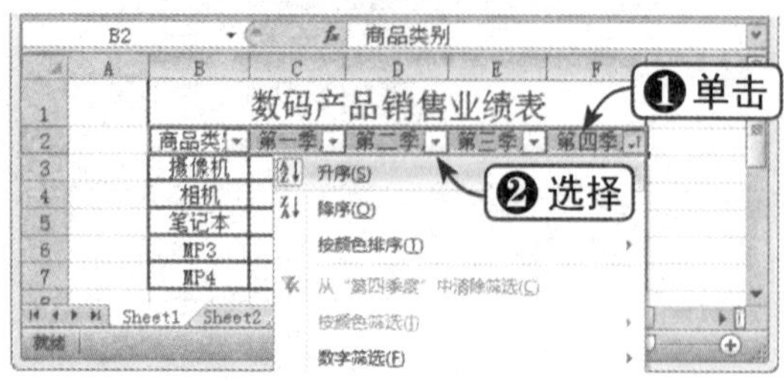

Step 04 选择“小于”选项

在“开始”选项卡下的“样式”组中单击“条件格式”下拉按钮，在弹出的下拉列表中选择“突出显示单元格规则”|“小于”选项，如下图所示。

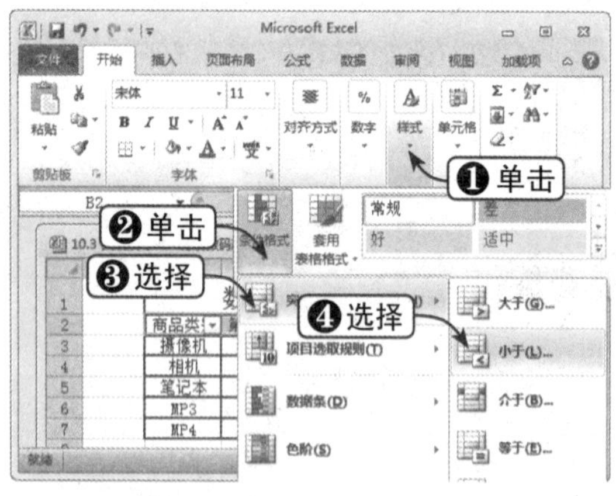

Step 05 设置格式

弹出“小于”对话框，在左侧文本框中输入数值，然后在“设置为”下拉列表框中选择“自定义格式”选项，如下图所示。

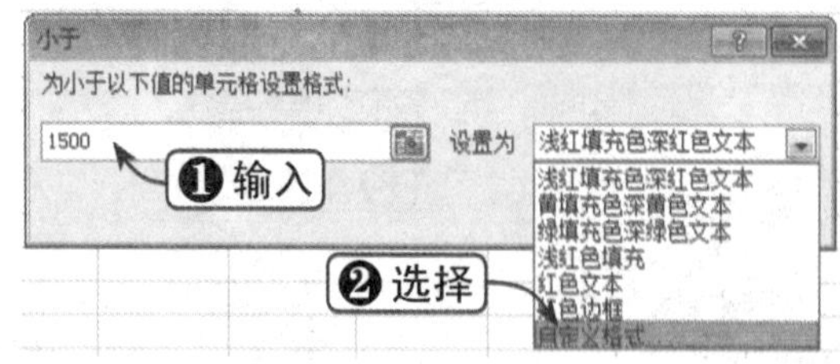

Step 06 单击“填充效果”按钮

弹出“设置单元格格式”对话框，选择“填充”选项卡，单击“填充效果”按钮，如下图所示。

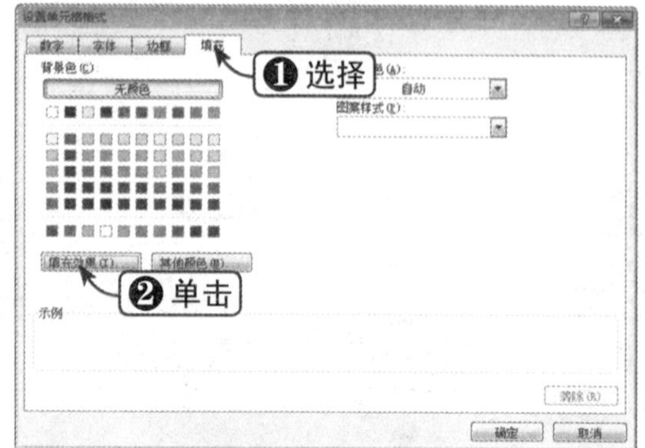

Step 07 设置填充效果

弹出“填充效果”对话框，设置填充效果，如下图所示。依次单击“确定”按钮，关闭对话框。

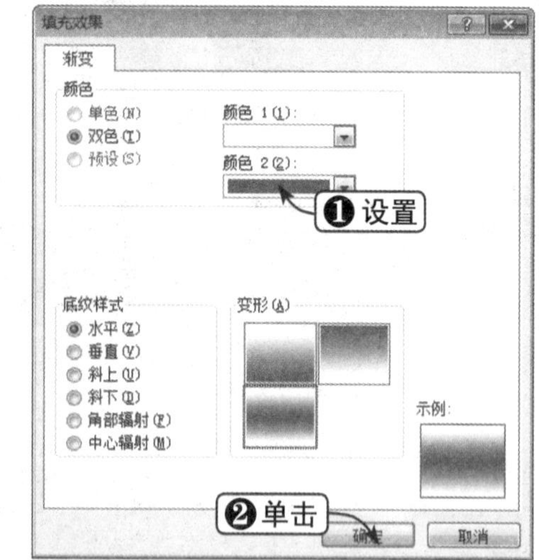

Step 08 查看设置效果

这时，符合条件的数据将添加填充标记，效果如下图所示。

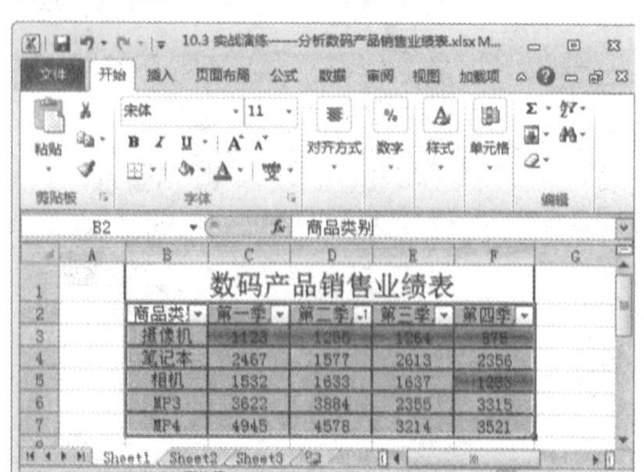

Step 09 取消选择复选框

单击 E2 单元格右侧的下拉按钮，在弹出的下拉列表中取消选择其中的指定复选框，单击“确定”按钮，如下图所示。

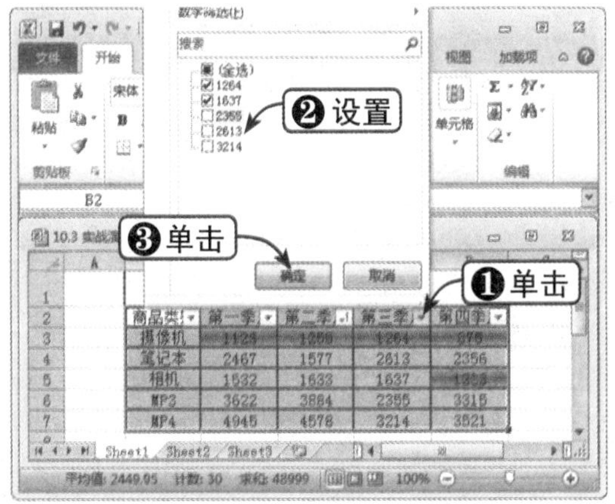

Step 10 筛选数据

此时，即可对数据进行筛选，效果如下图所示。

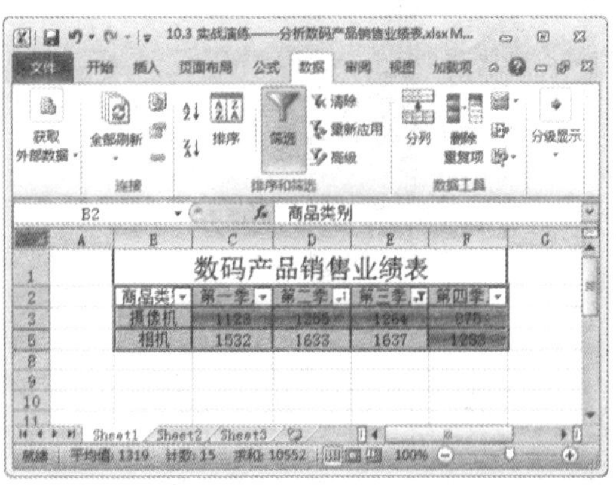

● 读书笔记

第11章 数据透视表与透视图

本章将学习数据透视表与数据透视图的相关知识，其中包括数据透视表的创建与编辑、数据透视图的创建与美化等，帮助读者轻松掌握数据透视表与透视图的操作方法与技巧。

本章学习重点

1. 数据透视表
2. 数据透视图
3. 实战演练——制作销售数据透视表与透视图

重点实例展示

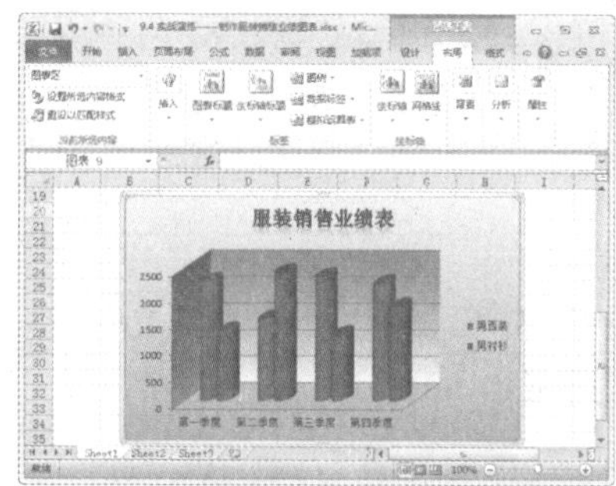

制作销售数据透视表与透视图

本章视频链接

新建数据透视表

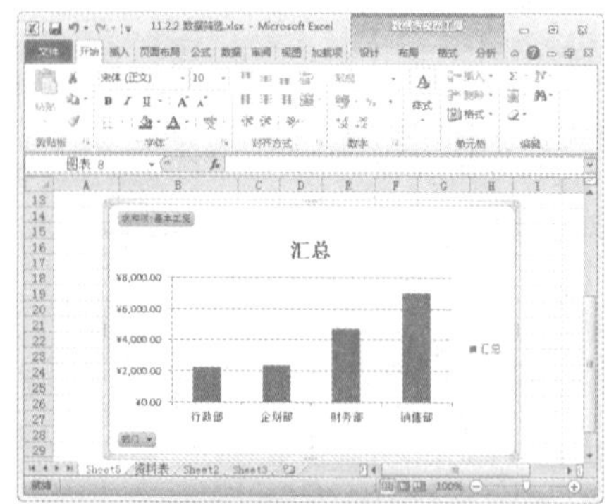

新建数据透视图

11.1 数据透视表

通过数据透视表可以快速汇总数据，并且创建数据分组。生成数据透视表，可以帮助用户从庞杂的数据中提取所需的信息，并进行分析与计算。

11.1.1　新建数据透视表

下面将通过实例讲解如何新建数据透视表，具体操作方法如下：

	素材文件	光盘：素材文件\第11章\11.1.1 新建数据透视表.xlsx

Step 01 选中单元格

打开“素材文件\第11章\11.1.1 新建数据透视表.xlsx”，选中含有数据的任意单元格，如下图所示。

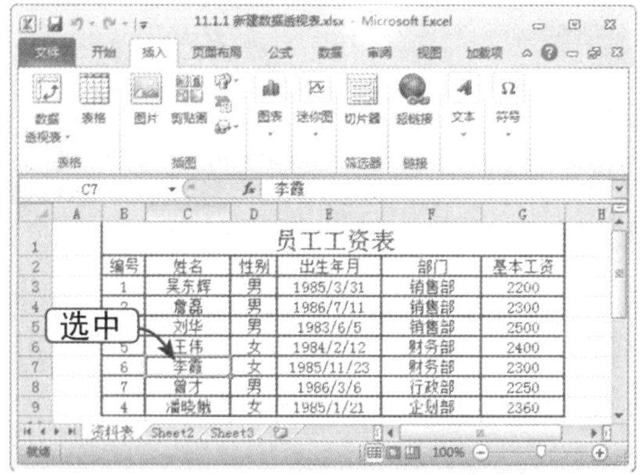

Step 02 选择“数据透视表”选项

选择“插入”选项卡，在“表格”组中单击“数据透视表”下拉按钮，在弹出的下拉列表中选择“数据透视表”选项，如下图所示。

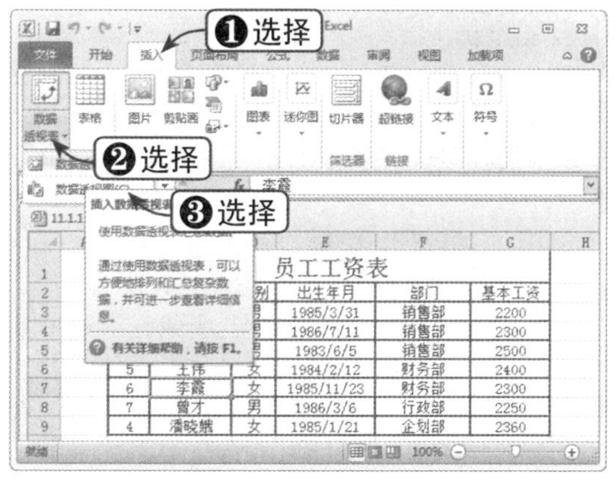

Step 03 设置创建参数

弹出“创建数据透视表”对话框，检查所选数据区域是否正确。选中“新工作表”单选按钮，然后单击“确定”按钮，如下图所示。

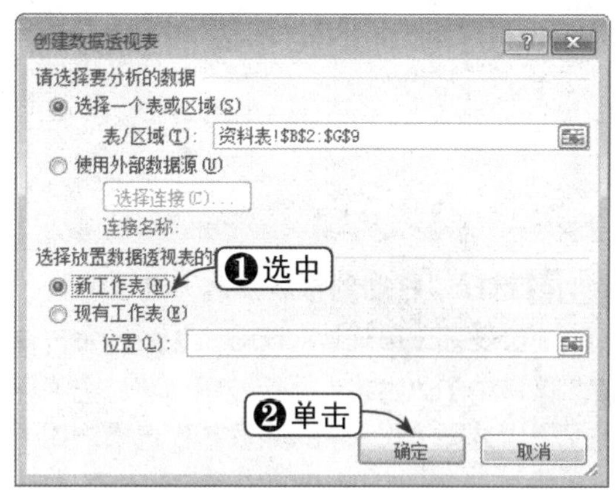

Step 04 创建数据透视表

这时，即可在新工作表中创建一个数据透视表，如下图所示。

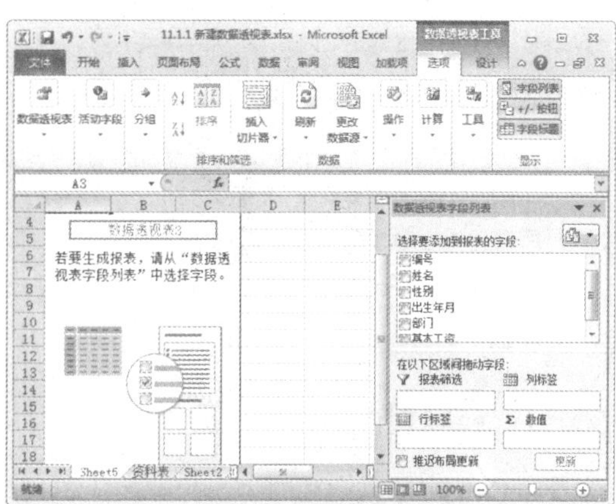

11.1.2 添加与移动字段

新建数据透视表后，需要向透视表的不同区域添加字段。添加字段后，可以随时移动字段到其他区域。下面将通过实例对其进行讲解，具体操作方法如下：

	素材文件	光盘：素材文件\第11章\11.1.2 添加与移动字段.xlsx

Step 01 添加字段

打开“素材文件\第 11 章\11.1.2 添加与移动字段.xlsx”，在“选择要添加到报表的字段”列表框中添加所需的字段，如下图所示。

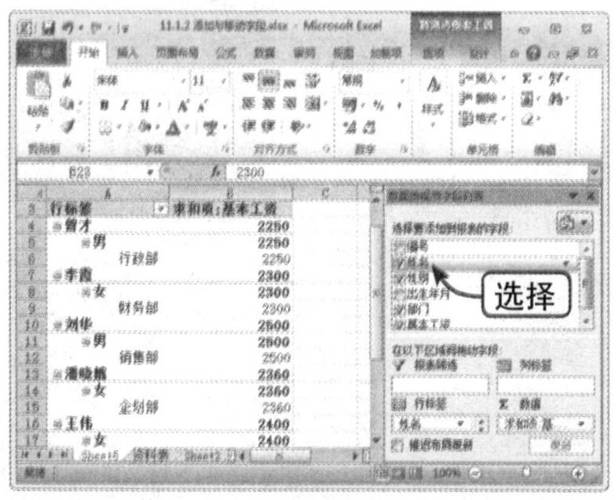

Step 02 选择“移动到报表筛选”选项

可以移动字段到其他区域，如单击“行标签”区域中的“姓名”下拉按钮，在弹出的下拉列表中选择“移动到报表筛选”选项，如下图所示。

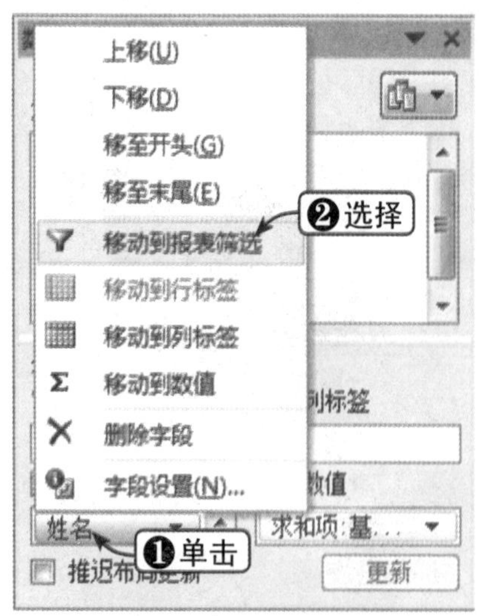

Step 03 查看移动效果

这时，该字段将移动到指定区域，而左侧的数据透视表将随之发生变化，如下图所示。

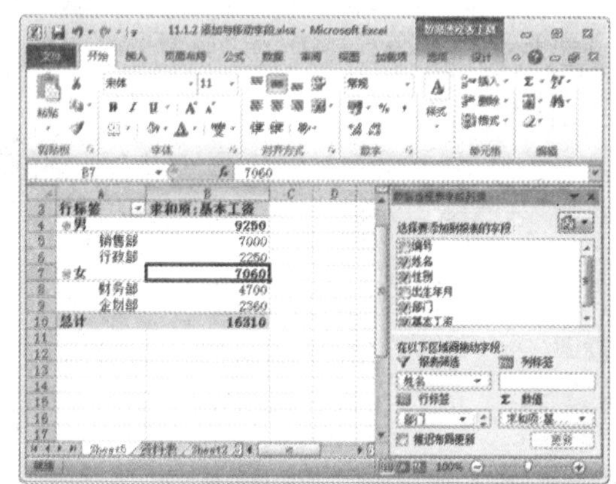

Step 04 拖动字段移动

也可以在字段上按住鼠标左键，通过拖动字段将其移动到指定区域，如下图所示。

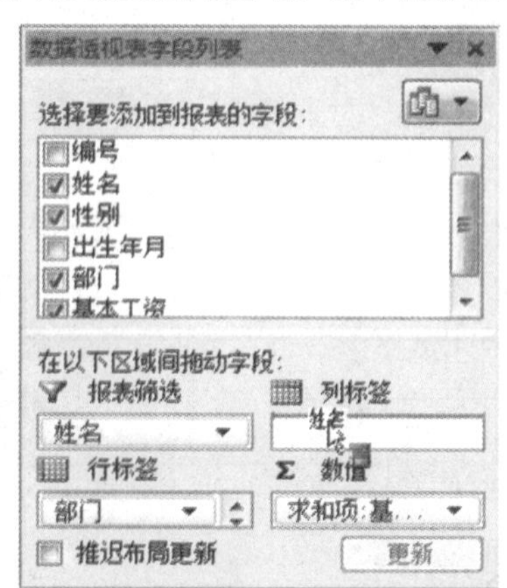

知识点拨

如果在数据透视表字段列表中未看到要使用的字段，刷新数据透视表即可。

11.1.3 数据排序

下面将通过实例讲解如何对数据透视表中的数据进行排序，具体操作方法如下：

	素材文件	光盘：素材文件\第11章\11.1.3 数据排序.xlsx

Step 01 选中单元格

打开“素材文件\第11章\11.1.3 数据排序.xlsx”，选中数据透视表中数据所在的单元格，如下图所示。

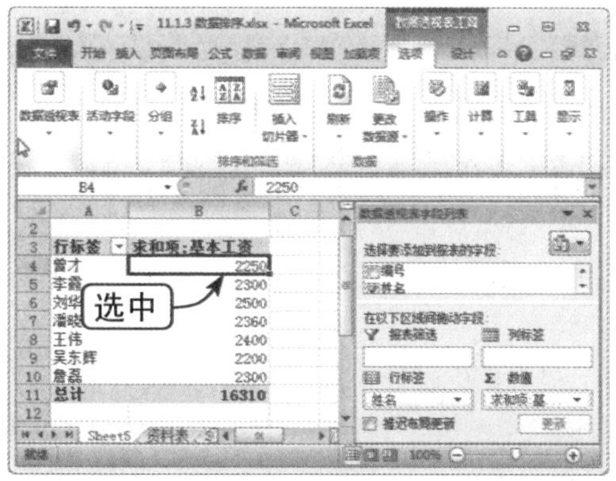

Step 02 单击“排序”按钮

选择“选项”选项卡，单击“排序和筛选”组中的“排序”按钮，如下图所示。

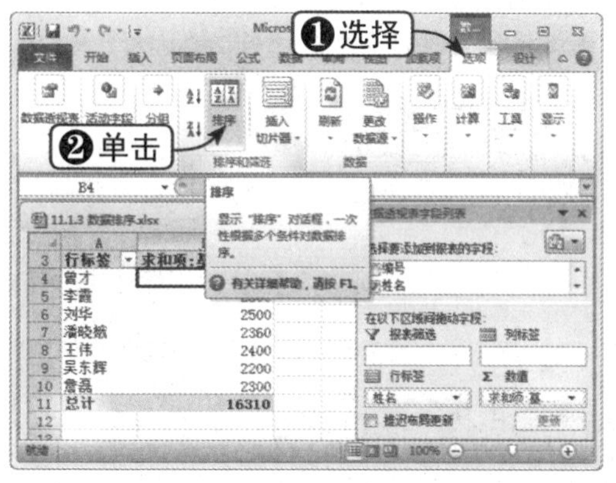

Step 03 设置排序方式

弹出“按值排序”对话框，设置排序方式，单击“确定”按钮，如下图所示。

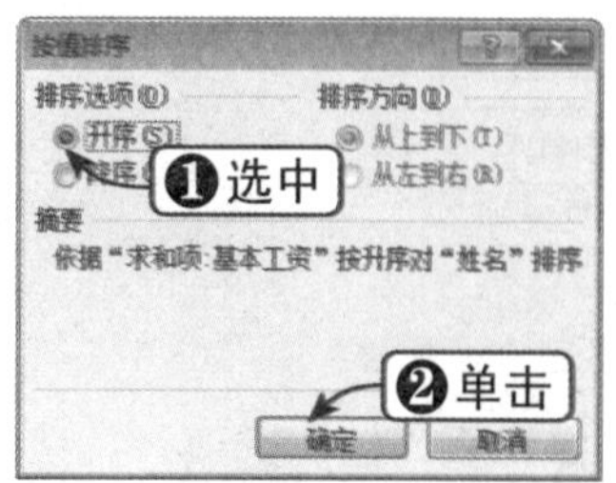

Step 04 查看数据排序效果

这时，即可按指定方式对数据进行排序，效果如下图所示。

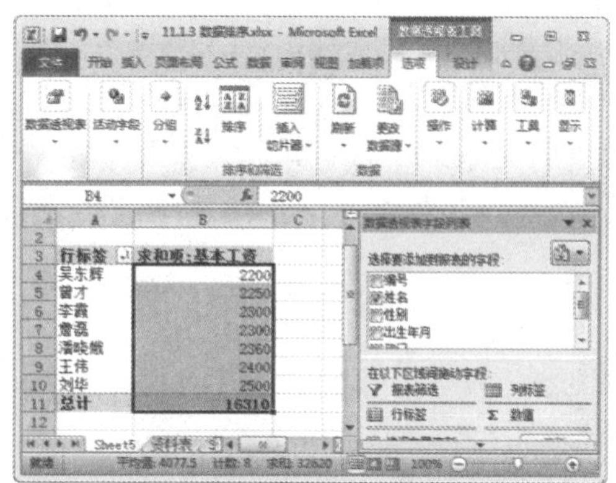

Excel2010 提供了多线程排序功能，提高了数据排序速度。

11.1.4 更改汇总方式

创建数据透视表后，程序将按照默认方式进行汇总，并可以自定义其他的汇总方式。下面将通过实例对其进行讲解，具体操作方法如下：

	素材文件	光盘：素材文件\第11章\11.1.4 更改汇总方式.xlsx

Step 01 选中单元格

打开"素材文件\第 11 章\11.1.4 更改汇总方式.xlsx"，选中数据所在的单元格，如下图所示。

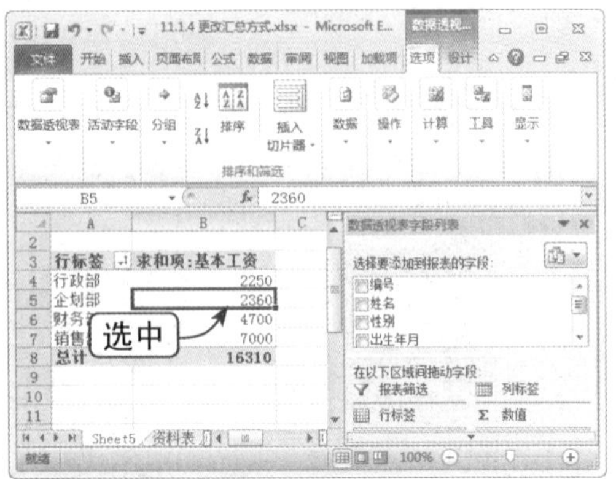

Step 02 选择"平均值"选项

选择"选项"选项卡，在"计算"组中单击"按值汇总"下拉按钮，在弹出的下拉列表中选择汇总方式，如选择"平均值"选项，如下图所示。

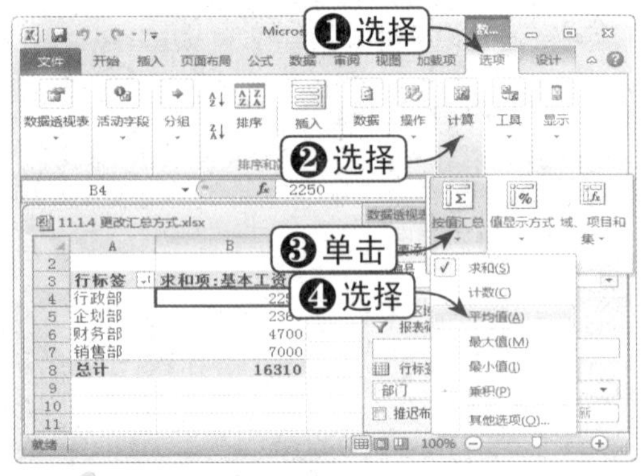

Step 03 查看汇总效果

这时，数据透视表中的数据将按平均值进行汇总，效果如下图所示。

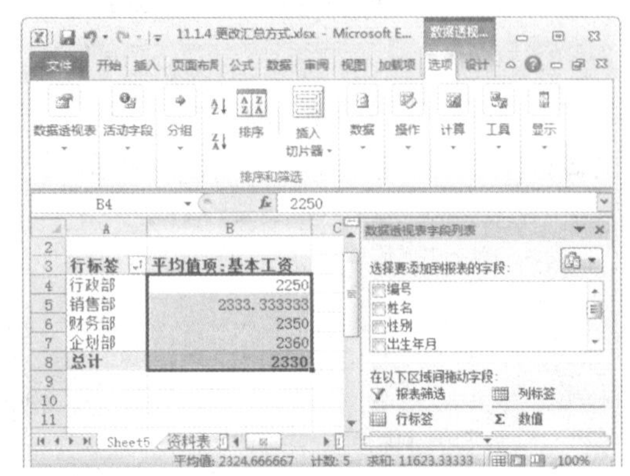

Step 04 选择其他汇总方式

如果在打开的"按值汇总"下拉列表中选择"其他选项"选项，将弹出"值字段设置"对话框，可以在列表框中选择其他汇总方式，单击"确定"按钮，如下图所示。

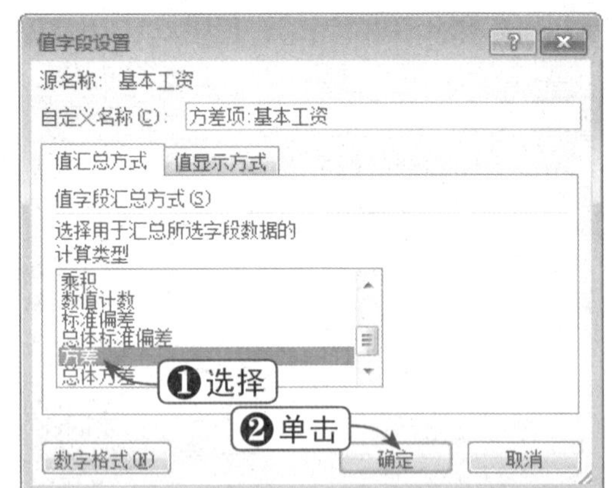

知识点拨

创建数据透视表时，将不同的字段放到不同的列表中将产生不同的汇总方式。

11.1.5 更改显示方式

用户可以更改数据透视表中数据的显示方式，下面将通过实例对其进行讲解，具体操作方法如下：

	素材文件	光盘：素材文件\第11章\11.1.5 更改显示方式.xlsx

Step 01 选中单元格

打开“素材文件\第 11 章\11.1.5 更改显示方式.xlsx”，选中数据所在的单元格，如下图所示。

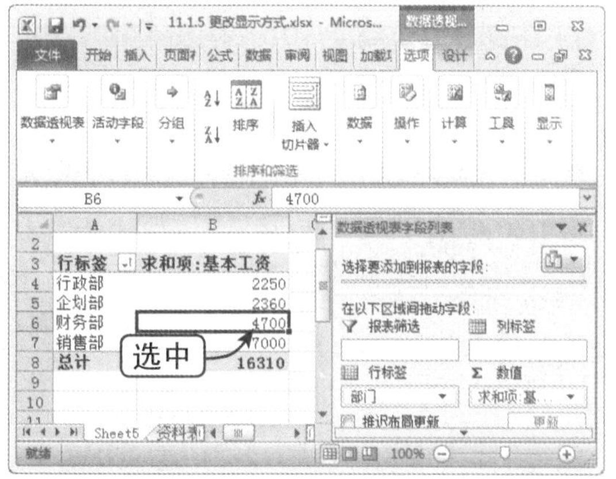

Step 02 选择“总计的百分比”选项

选择“选项”选项卡，在“计算”组中单击“值显示方式”下拉按钮，在弹出的下拉列表中选择显示方式，如选择“总计的百分比”选项，如下图所示。

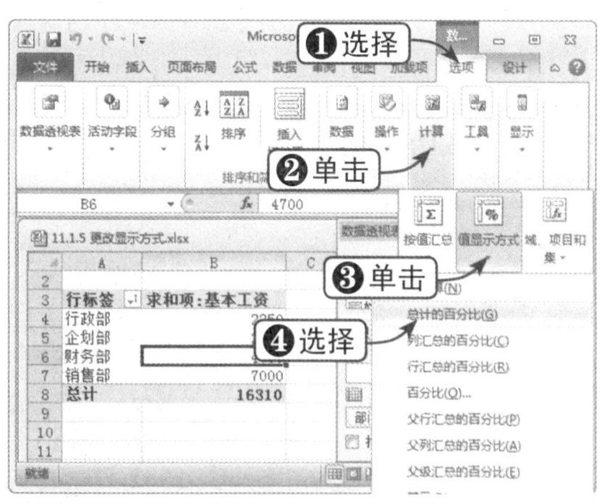

Step 03 查看显示效果

这时，数据透视表中的数据将按照百分比方式进行显示，如下图所示。

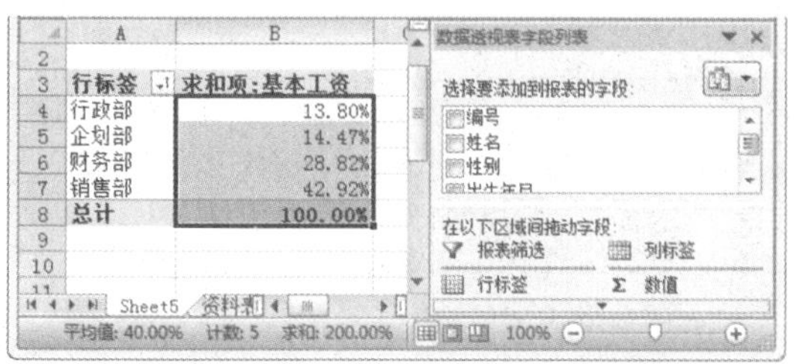

Step 04 选择其他显示方式

如果在“值显示方式”下拉列表框中选择“其他选项”选项，将弹出“值字段设置”对话框。在“值显示方式”选项卡的列表框中可以选择其他显示方式，如下图所示。

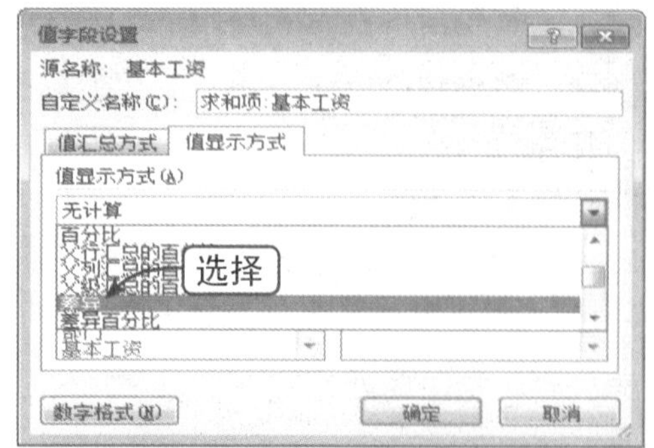

Step 05 设置数字格式

单击“数字格式”按钮，弹出“设置单元格格式”对话框，可以设置数据的数字格式，单击“确定”按钮，如下图所示。

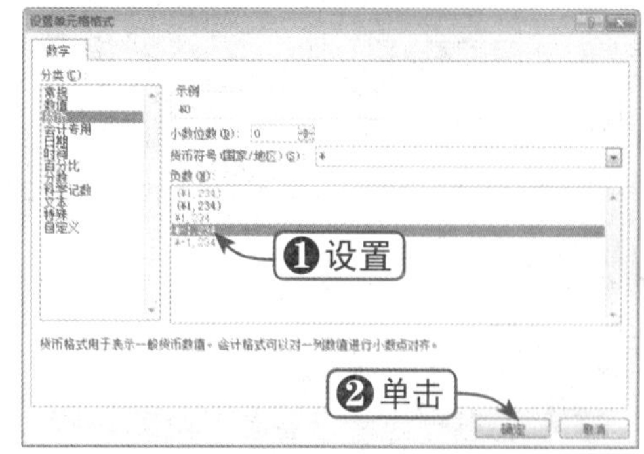

Step 06 查看数据效果

查看更改数字格式后的数据效果，如下图所示。

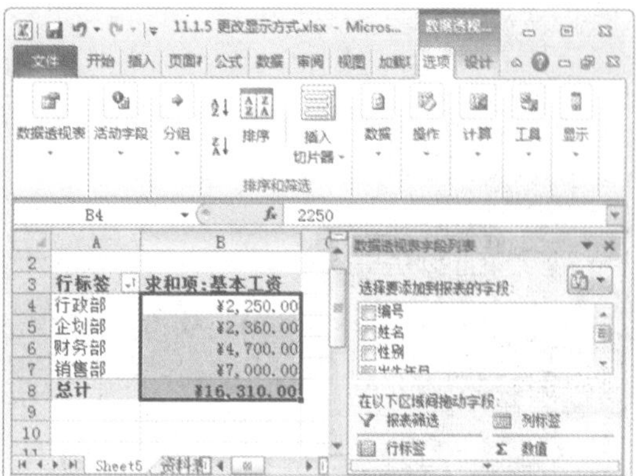

11.1.6 更改样式

用户可以为数据透视表应用预设样式或自定义样式，使其变得更加美观。下面将通过实例讲解如何更改数据透视表样式，具体操作方法如下：

	素材文件	光盘：素材文件\第11章\11.1.6 更改样式.xlsx

方法一：应用预设样式

Step 01 选中单元格

打开“素材文件\第11章\11.1.6 更改样式.xlsx”，选中数据透视表中的任意单元格，如下图所示。

Step 02 选择数据透视表样式

选择“设计”选项卡，在“数据透视表样式”组中的列表框中选择“数据透视表样式浅色10”选项，如下图所示。

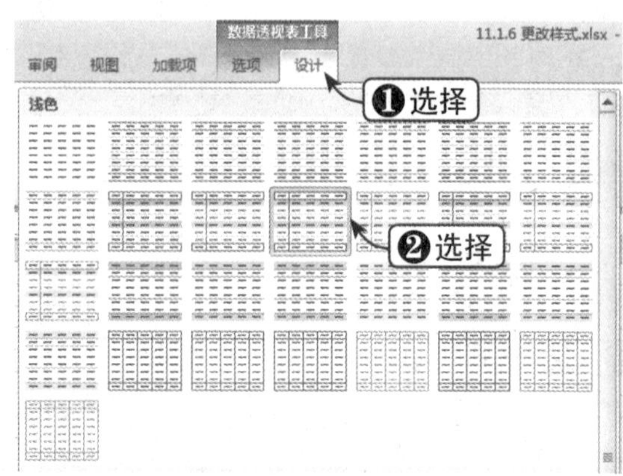

Step 03 查看应用样式效果

这时，数据透视表将应用所选的样式，如下图所示。

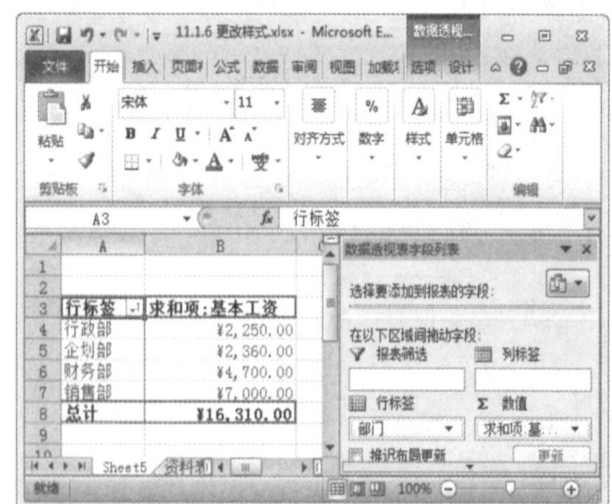

知识点拨

同数据表一样，创建数据透视表后，可以对其进行编辑，也可以更改数据透视表的样式，还可以更改其布局。

方法二：应用新建样式

Step 01 新建数据透视表样式

在“设计”选项卡下，打开“数据透视表样式”组中的列表框，选择“新建数据透视表样式”选项，如下图所示。

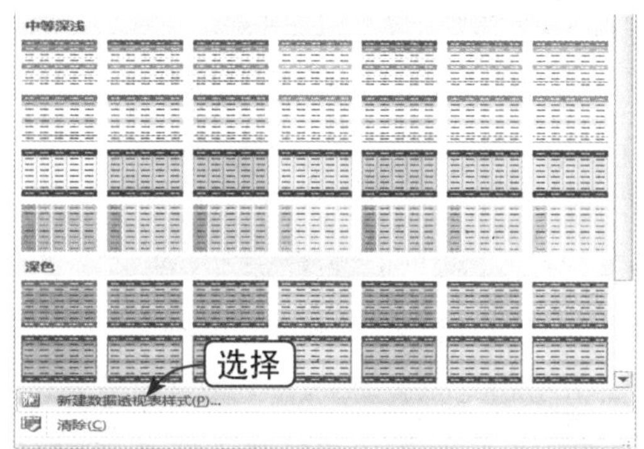

Step 02 单击“格式”按钮

弹出“新建数据透视表快速样式”对话框，在“表元素”列表框中选择要设置的表元素，然后单击“格式”按钮，如下图所示。

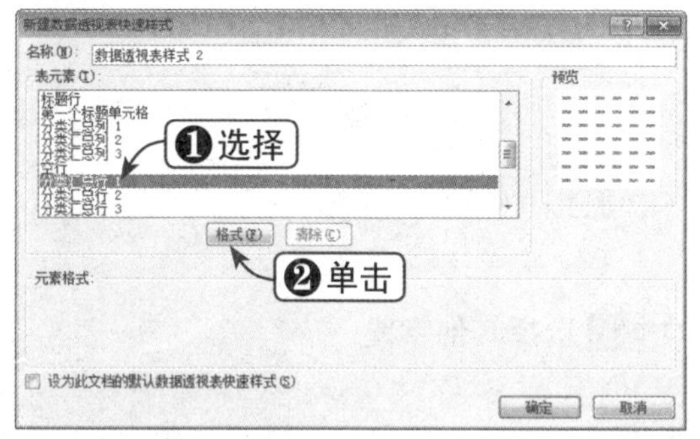

Step 03 设置单元格格式

弹出“设置单元格格式”对话框，即可设置边框与填充格式，如下图所示。依次单击“确定”按钮，关闭对话框。

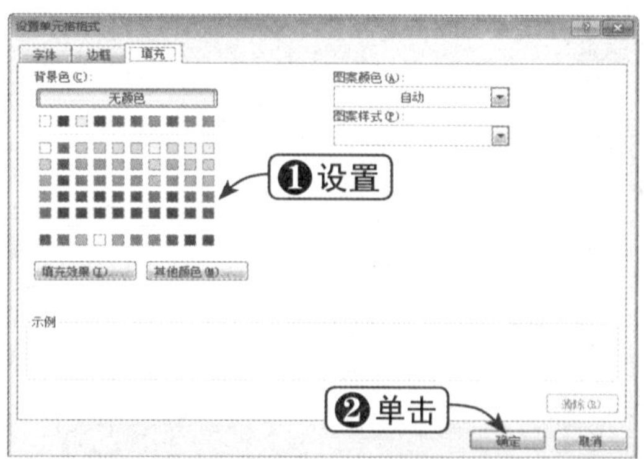

Step 04 查看新建样式

打开“数据透视表样式”组中的列表框，在“自定义”选项区中即可看到新建的样式，如下图所示。

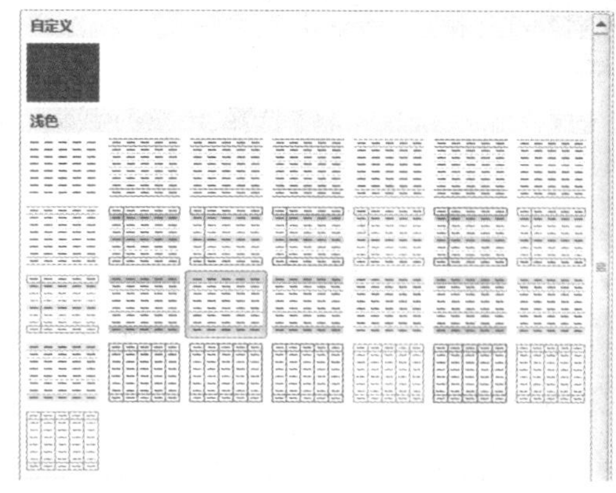

知识点拨

数据透视表是一种交互式表格，通过创建数据透视表可以对大量数据进行快速汇总，在实际工作中应用十分方便。

11.1.7 应用切片器

切片器可以帮助用户快速筛选数据透视表中的数据，下面将通过实例对其进行讲解，具体操作方法如下：

	素材文件	光盘：素材文件\第11章\11.1.7 应用切片器.xlsx

Step 01 选中单元格

打开“素材文件\第 11 章\11.1.7 应用切片器 .xlsx”，选中数据所在的单元格，如下图所示。

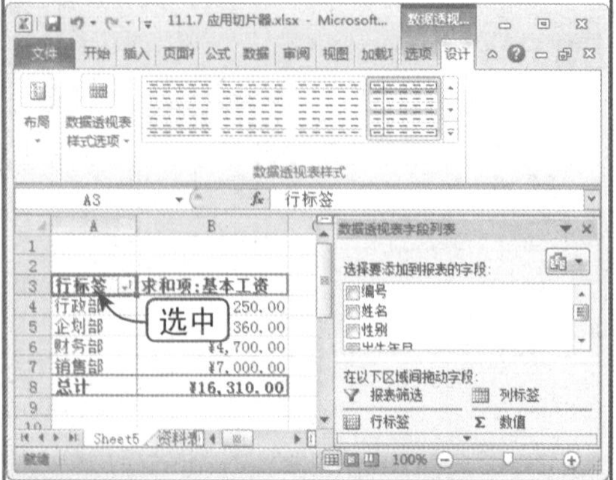

Step 02 选择“插入切片器”选项

选择“选项”选项卡，在“排序和筛选”组中单击“插入切片器”下拉按钮，在弹出的下拉列表中选择“插入切片器”选项，如下图所示。

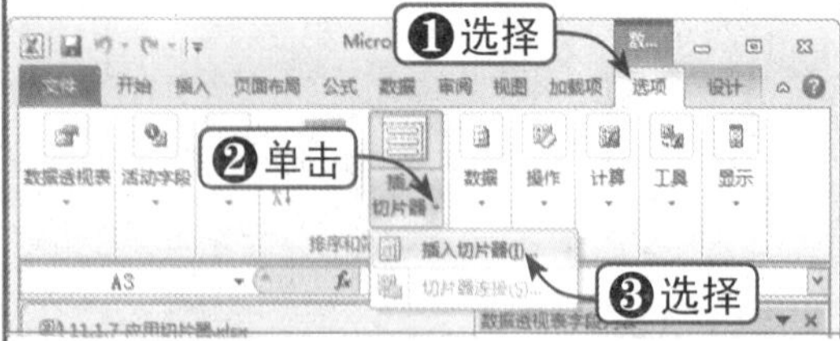

Step 03 添加字段

弹出“插入切片器”对话框，添加需要筛选的字段，然后单击“确定”按钮，如下图所示。

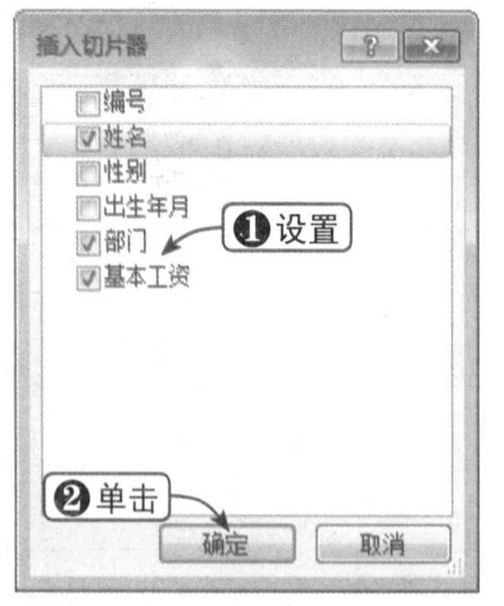

Step 04 插入切片器

这时，即可在工作表中插入指定字段的切片器，如下图所示。

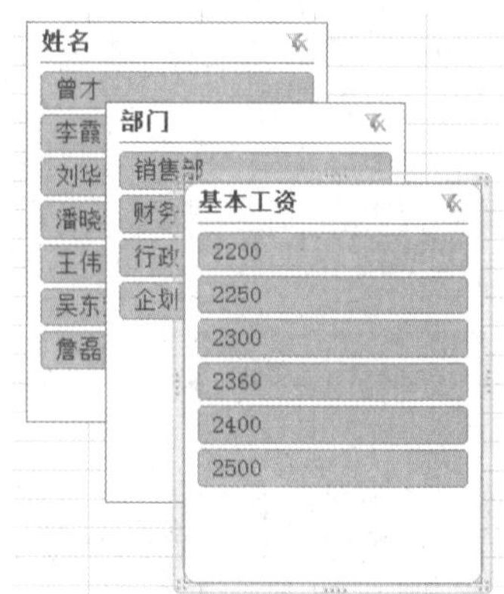

Step 05 选择字段

在“部门”切片器中选择“销售部”选项，这时即可将其他部门的数据过滤，如下图所示。

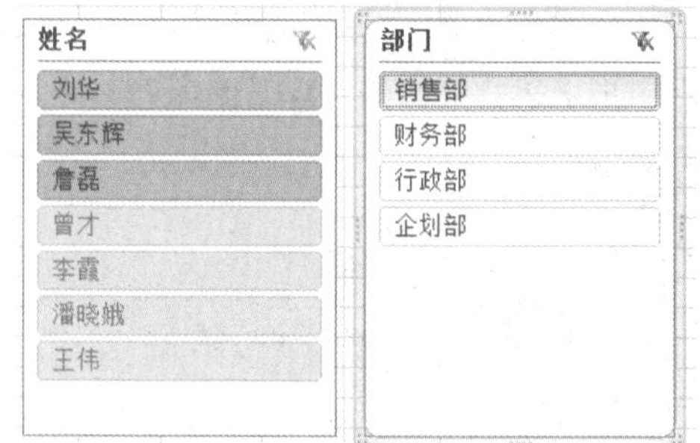

Step 06 选择其他字段

如果在“部门”切片器中选择“行政部”选项，将只会显示该字段的相关数据，如下图所示。

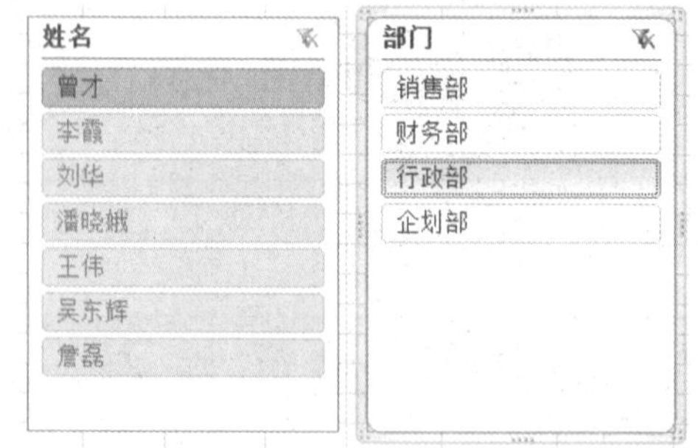

Step 07 应用预设样式

选中切片器，选择“选项”选项卡，在“切片器样式”组中展开其列表框，可以为切片器

应用不同的预设样式，如下图所示。

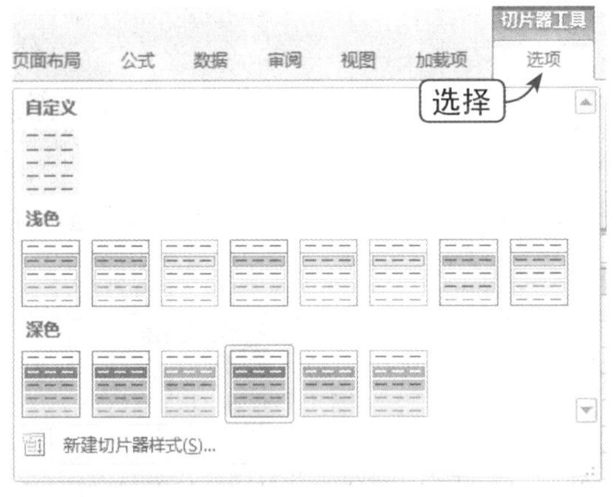

Step 08 新建样式

如果选择“新建切片器样式”选项，将弹出“新建切片器快速样式”对话框，可以为切片器自定义新样式，如下图所示。

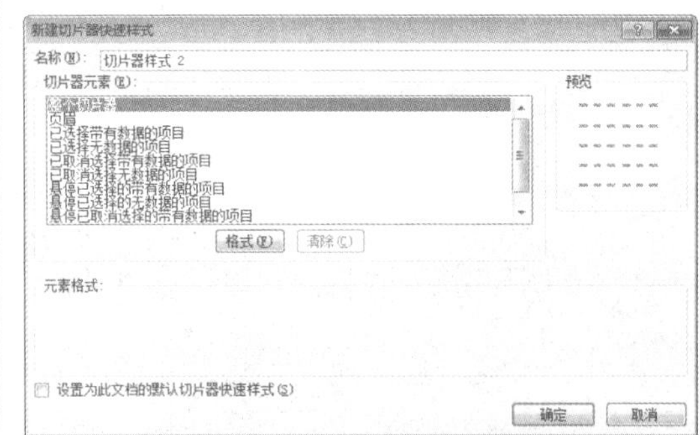

11.2 数据透视图

数据透视图是基于数据透视表中的数据而创建出的图表。只有先创建数据透视表，才可以创建对应的数据透视图。

11.2.1 新建数据透视图

下面将通过实例讲解如何创建数据透视图，具体操作方法如下：

	素材文件	光盘：素材文件\第11章\11.2.1 新建数据透视图.xlsx

Step 01 选中单元格

打开“素材文件\第 11 章\11.2.1 新建数据透视图.xlsx”，选中数据透视表中的单元格，如下图所示。

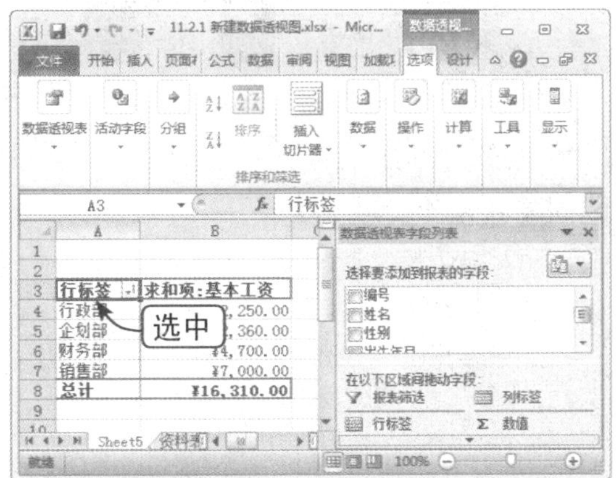

Step 02 单击“数据透视图”按钮

选择“选项”选项卡，在“工具”组中单击“数据透视图”按钮，如下图所示。

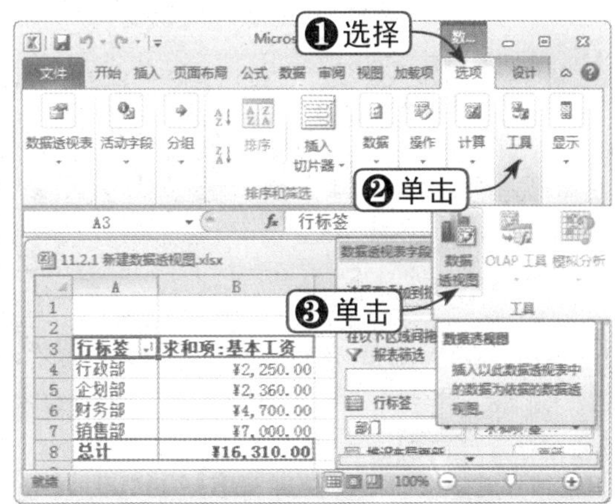

Step 03 选择图表类型

弹出“插入图表”对话框，选择图表类型，单击“确定”按钮，如下图所示。

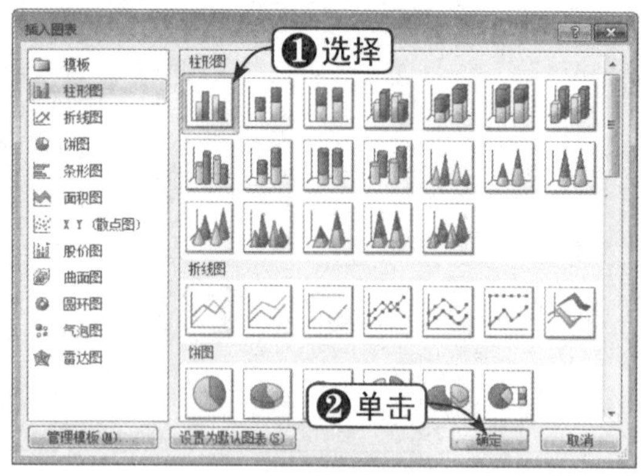

Step 04 创建数据透视图

这时，即可创建基于数据透视表的数据透视图，效果如下图所示。

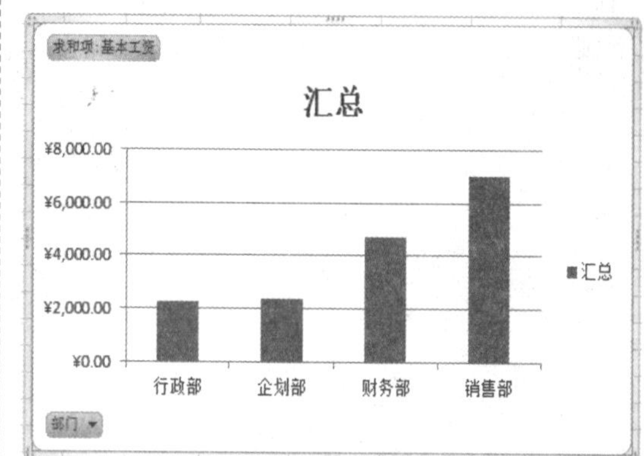

11.2.2 数据筛选

创建数据透视图后，可以通过数据透视图进行筛选操作。下面将通过实例对其进行讲解，具体操作方法如下：

	素材文件	光盘：素材文件\第11章\11.2.2 数据筛选.xlsx

Step 01 打开素材文件

打开“素材文件\第 11 章\11.2.2 数据筛选.xlsx”，单击数据透视图左下角的下拉按钮，如下图所示。

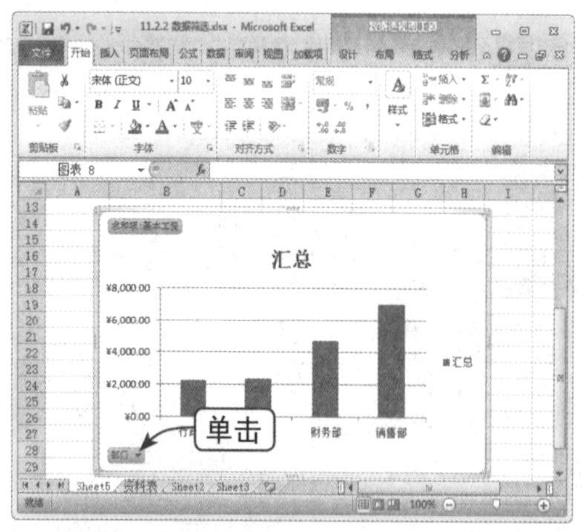

Step 02 取消复选框

在弹出的下拉列表中取消选择其中的复选框，即可筛选对应数据，单击“确定”按钮，如下图所示。

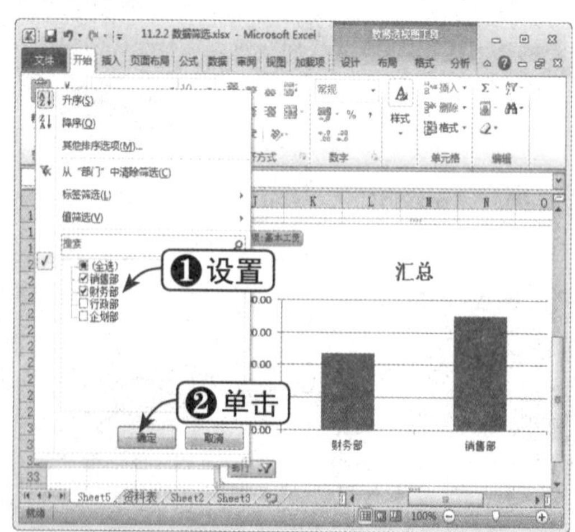

Step 03 选择“大于”选项

如在弹出的下拉列表中选择“值筛选”|“大于”选项，如下图所示。

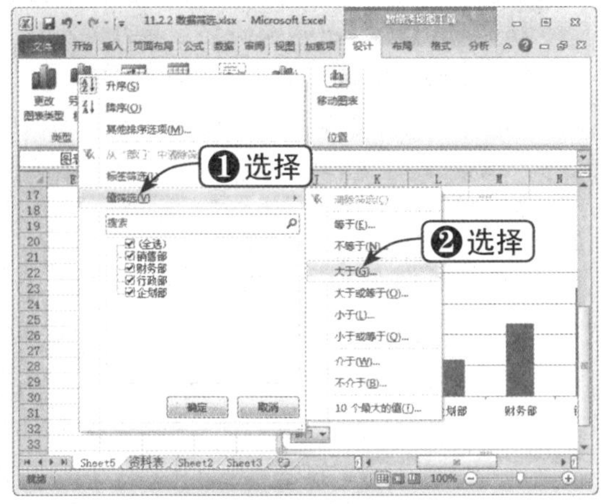

Step 04 通过数值筛选

将弹出“值筛选”对话框，在文本框中输入数值，单击“确定”按钮，即可按指定条件筛选数据，如下图所示。

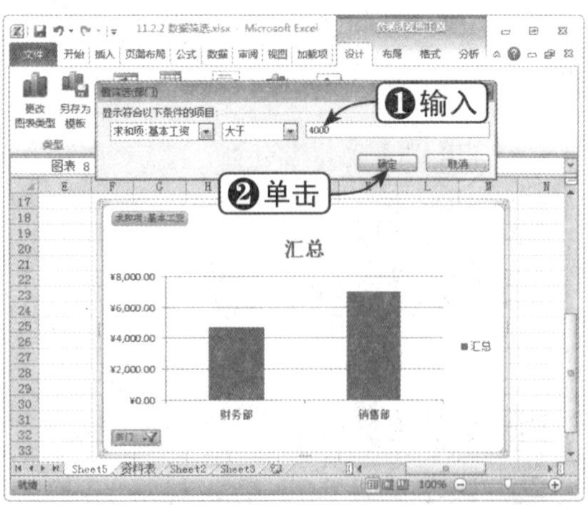

11.2.3 美化数据透视图

在创建数据透视图后，可以通过应用预设样式与形状对数据透视图进行美化。下面将通过实例对其进行讲解，具体操作方法如下：

	素材文件	光盘：素材文件\第11章\11.2.3 美化数据透视图.xlsx

Step 01 选中图表区域

打开“素材文件\第 11 章\11.2.3 美化数据透视图 .xlsx”，选中数据透视图的图表区域，如下图所示。

Step 02 选择预设图表样式

选择“设计”选项卡，在“图表样式”组中打开其列表框，即可选择预设的图表样式，如选择“样式 48”选项，如下图所示。

Step 03 查看应用样式效果

这时，数据透视表将应用所选的预设样式，效果如下图所示。

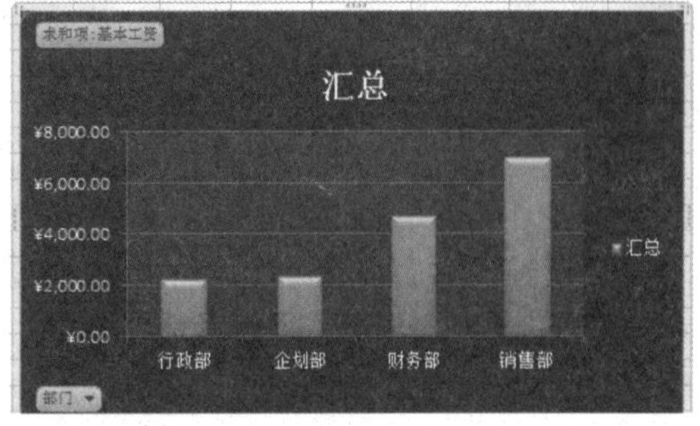

Step 04 选择形状样式

选择“格式”选项卡，展开“形状样式”组中的列表框，可以选择预设的形状样式，如下图所示。

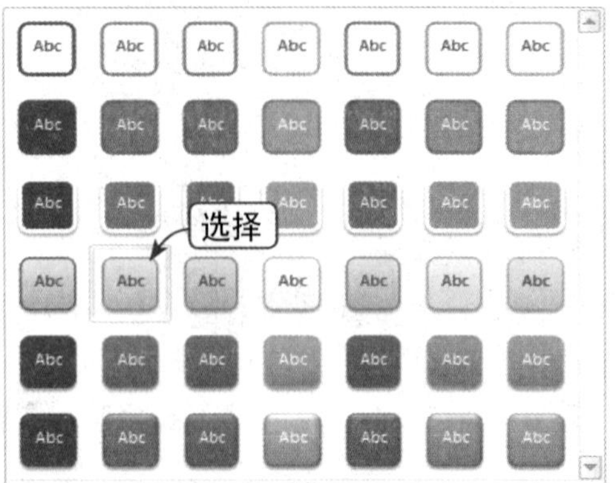

Step 05 查看数据透视表效果

查看添加形状样式后的数据透视表效果，如下图所示。

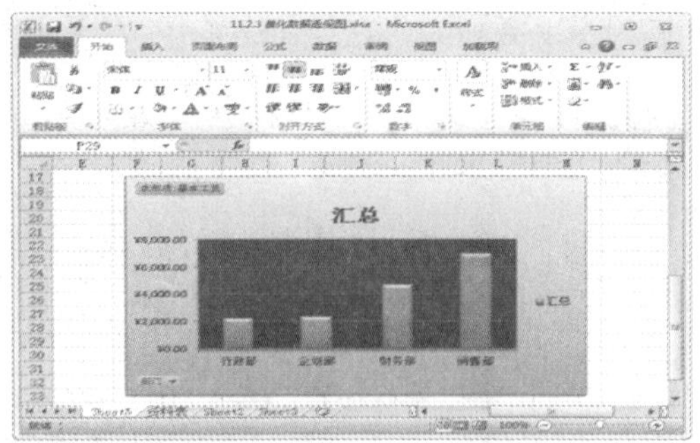

Step 06 应用艺术字样式

选中数据透视表中的文本，打开“艺术字样式”组中的列表框，可以为其应用艺术字样式，如下图所示。

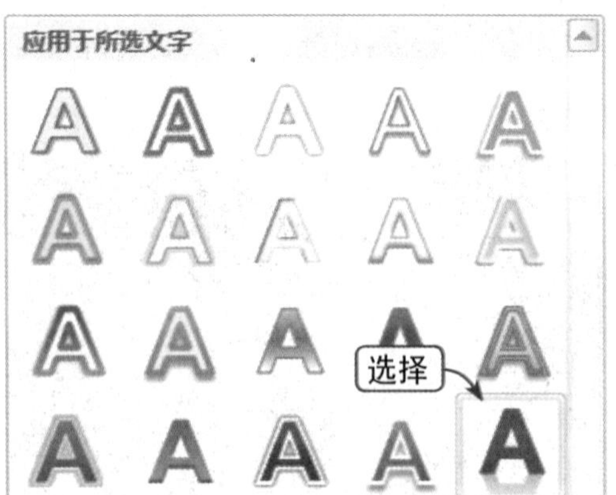

Step 07 选择“其他绘图区选项”选项

选择“布局”选项卡，在“背景”组中单击“绘图区”下拉按钮，在弹出的下拉列表中选择“其他绘图区选项”选项，如下图所示。

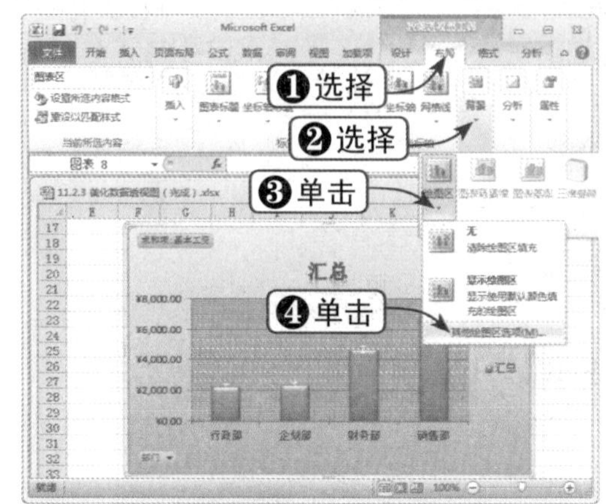

Step 08 设置填充参数

弹出“设置绘图区格式”对话框，在左窗格中选择“填充”选项，然后设置填充参数，如下图所示。

知识点拨

用户可右击图表元素，在弹出的快捷菜单中选择“设置（图表元素名称）格式”选项，对其格式进行单独设置。

Step 09 设置其他参数

根据需要设置边框样式、阴影和三维格式等其他参数，设置完毕后，单击“关闭”按钮，如下图所示。

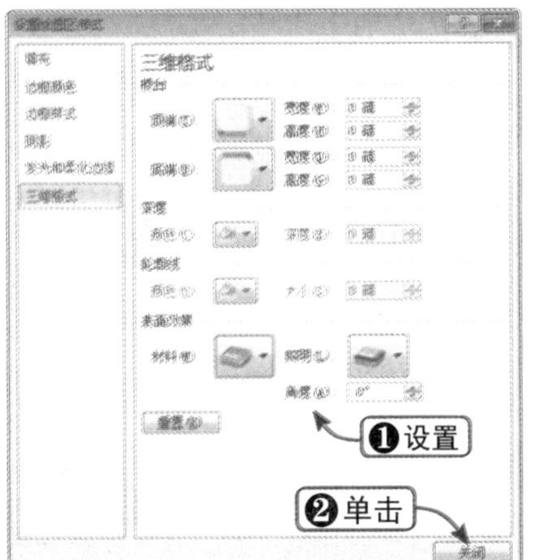

Step 10 查看数据透视图效果

查看自定义样式与形状后的数据透视图效果，如下图所示。

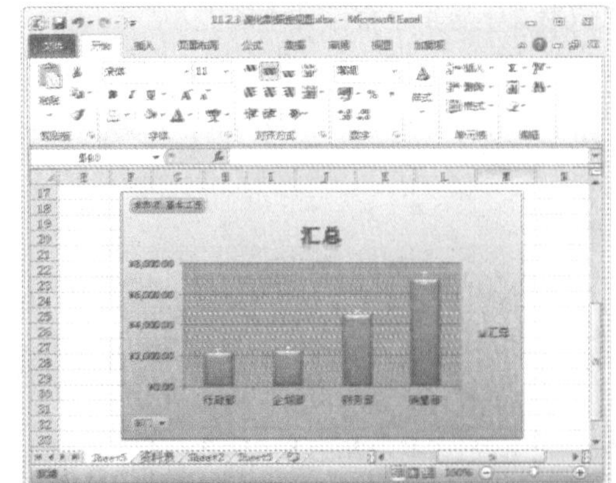

知识点拨

数据透视表和数据透视图是相互对应、密不可分的。改变其中的一项，另一项也会随之发生变化。

11.3 实战演练——制作销售数据透视表与透视图

下面将以数码产品销售业绩数据透视表和数据透视图的制作流程为例，巩固之前所学的新建数据透视表、添加字段、创建切片器、新建数据透视图等相关知识，实例的最终效果如下图所示。

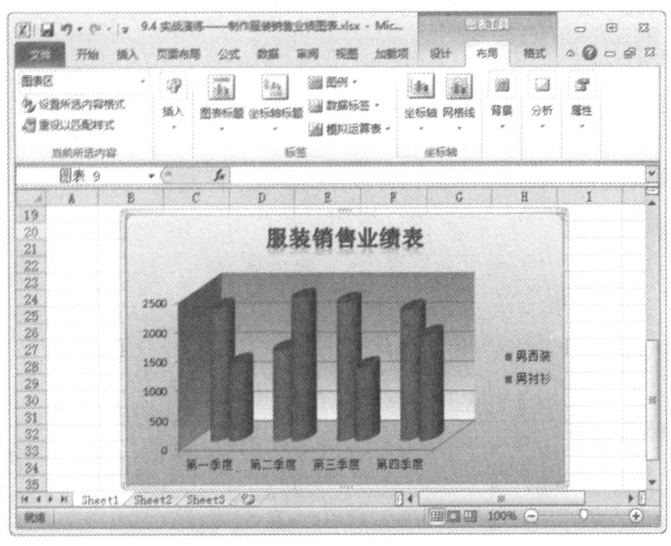

素材文件	光盘：素材文件\第11章\11.3 实战演练–制作销售业绩数据透视表、图.xlsx

Step 01 选中单元格区域

打开"素材文件\第 11 章\11.3 实战演练—制作销售业绩数据透视表、图.xlsx"，选中含有数据的任意单元格，如下图所示。

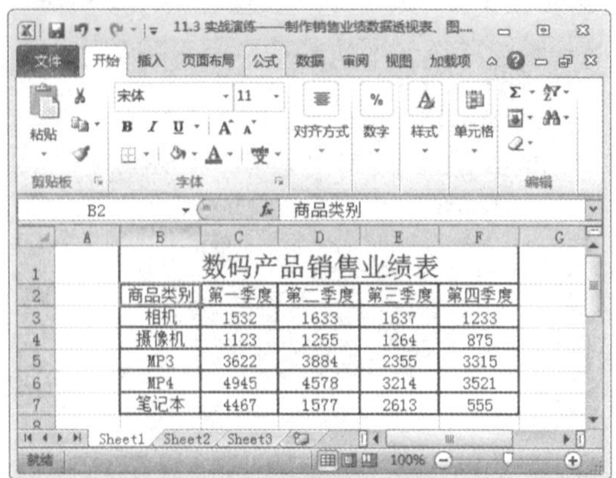

Step 02 选择"数据透视表"选项

选择"插入"选项卡，在"表格"组中单击"数据透视表"下拉按钮，在弹出的下拉列表中选择"数据透视表"选项，如下图所示。

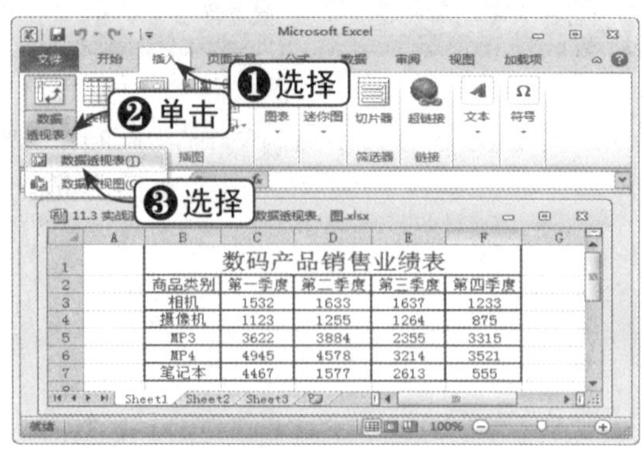

Step 03 创建数据透视表

弹出"创建数据透视表"对话框，确认所选区域是否正确，然后选中"新工作表"单选按钮，单击"确定"按钮，如下图所示。

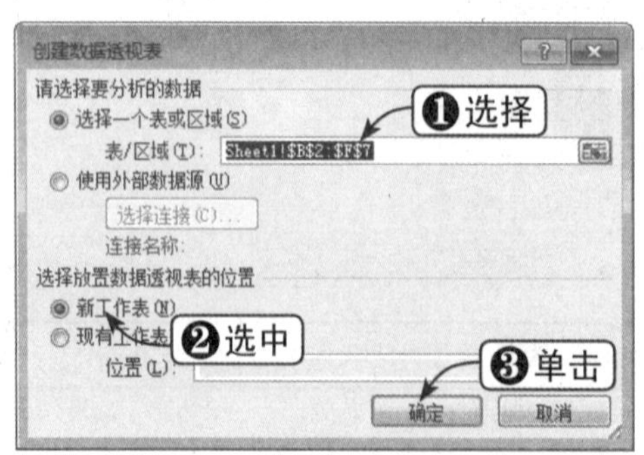

Step 04 添加字段

弹出"数据透视表字段列表"窗格，在"选择要添加到报表的字段"列表中添加字段，如下图所示。

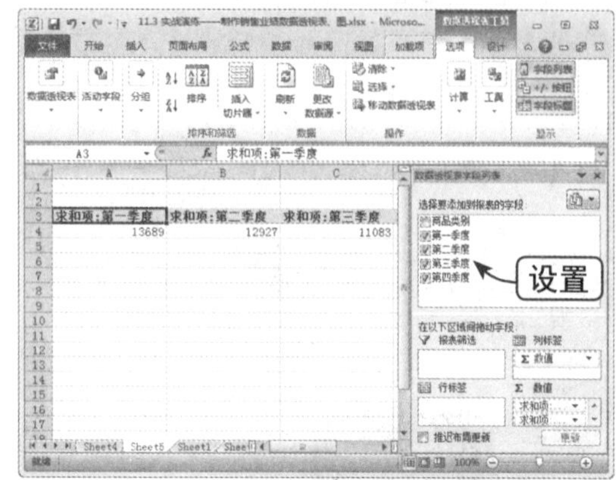

Step 05 选择"移动到行标签"选项

在"列标签"区域单击"数值"下拉按钮，在弹出的下拉列表中选择"移动到行标签"选项，如下图所示。

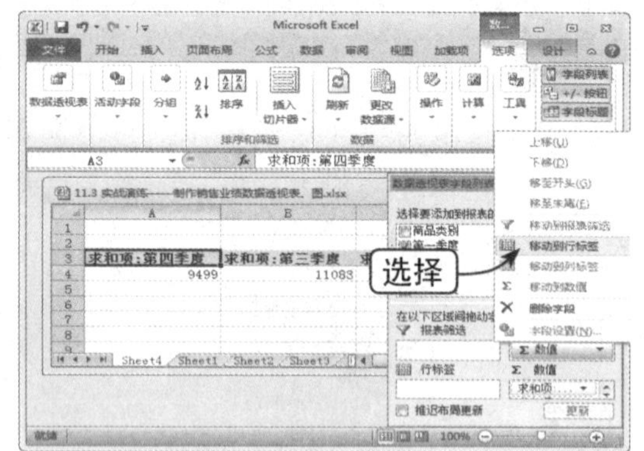

Step 06 查看移动效果

这时，该字段将移动到"行标签"区域，数据透视表也将随之发生变化，如下图所示。

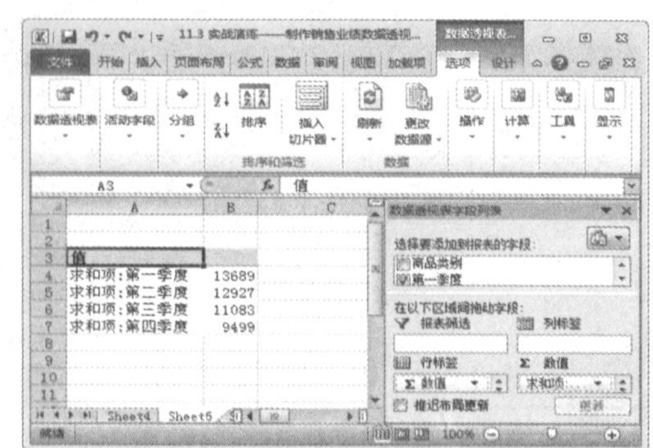

Step 07 单击“切片器”按钮

选择“插入”选项卡，在“筛选器”组中单击“切片器”按钮，如下图所示。

Step 08 设置插入参数

弹出“插入切片器”对话框，选中其中的复选框，单击“确定”按钮，如下图所示。

Step 09 插入切片器

这时，即可插入切片器。选择其中的选项，即可筛选对应的数据，如下图所示。

Step 10 单击“数据透视图”按钮

撤销切片器筛选，选中数据透视表中的任意单元格，选择“选项”选项卡，在“工具”组中单击“数据透视图”按钮，如下图所示。

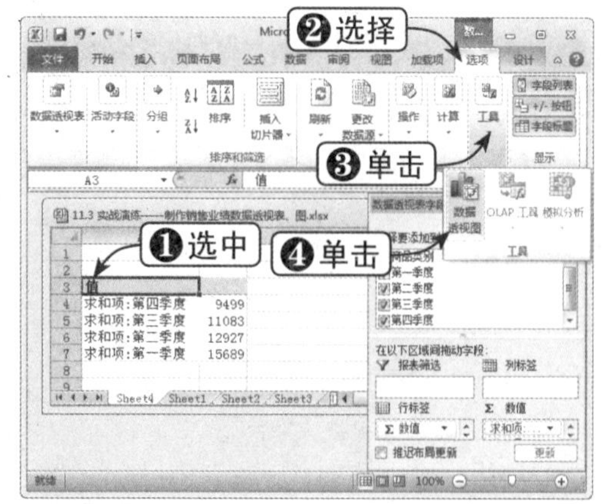

Step 11 选择图表类型

弹出“插入图表”对话框，选择所需的图表类型，单击“确定”按钮，如下图所示。

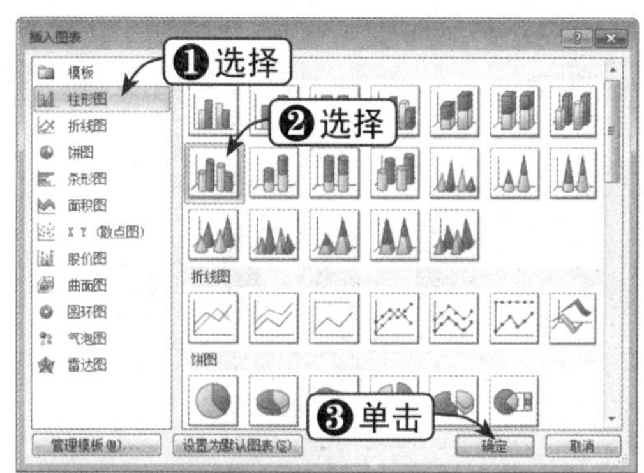

Step 12 插入数据透视图

这时，即可在工作表中插入数据透视图，效果如下图所示。

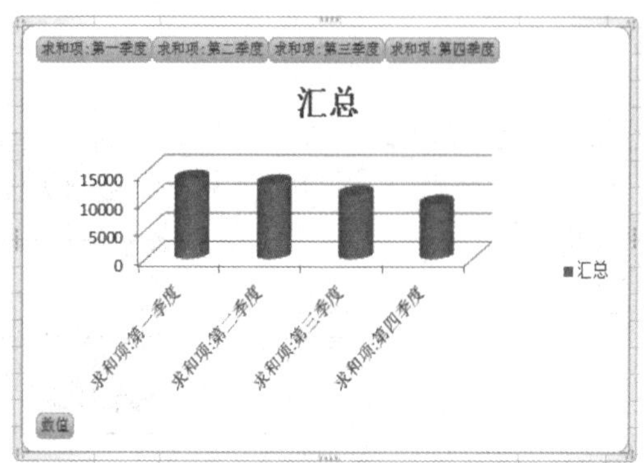

Step 13 选择预设布局

选择“设计”选项卡，打开“图表布局”组中的列表框，选择预设布局，如选择“布局5”选项，如下图所示。

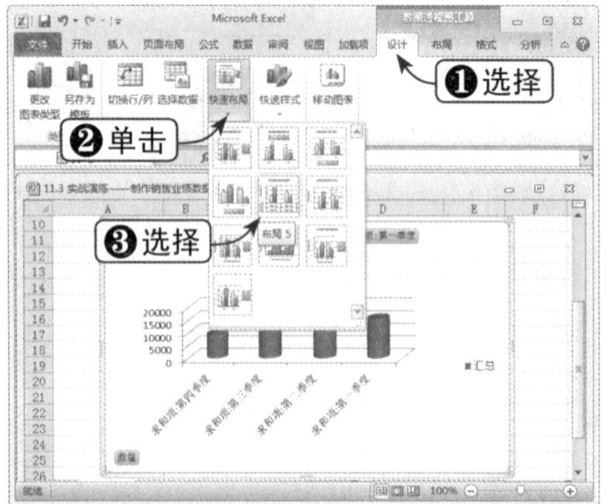

Step 14 查看布局效果

这时，数据透视图中的布局将发生变化，如下图所示。

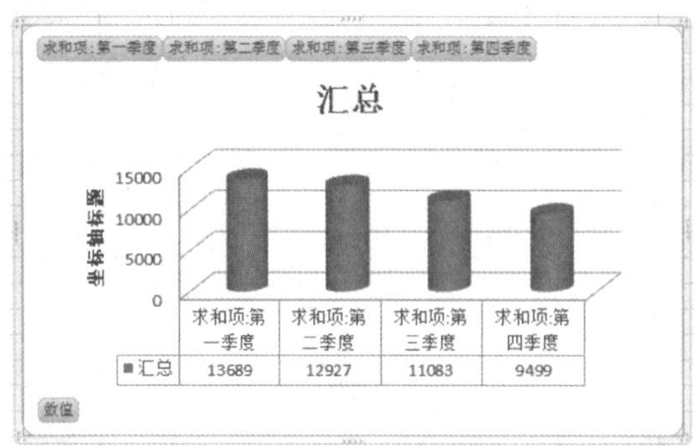

Step 15 选择形状样式

选择“格式”选项卡，打开“形状样式”组中的列表框，选择预设形状样式，如选择“细微效果－水绿色，强调颜色5”选项，如下图所示。

Step 16 查看数据透视图效果

查看应用预设形状样式后的数据透视图效果，如下图所示。

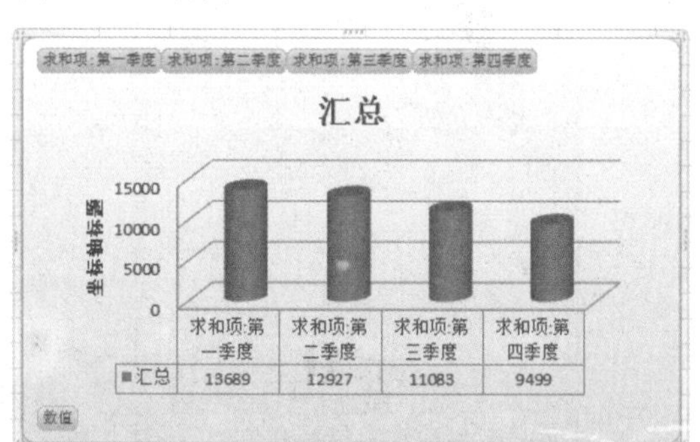

● 读书笔记

第12章 使用公式与函数

本章将学习公式与函数的相关知识，其中包括插入公式、公式审核、嵌套函数以及常用办公函数的应用等，帮助读者轻松掌握公式与函数的相关操作方法与技巧。

本章学习重点

1．公式
2．函数
3．常用办公函数
4．实战演练——计算储蓄存款期限

重点实例展示

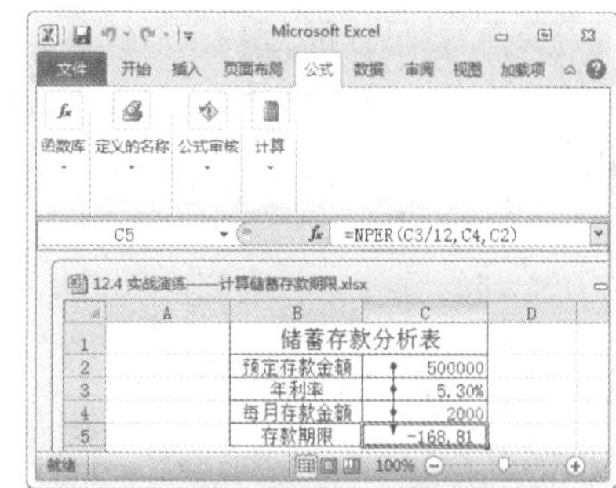

计算储蓄存款期限

本章视频链接

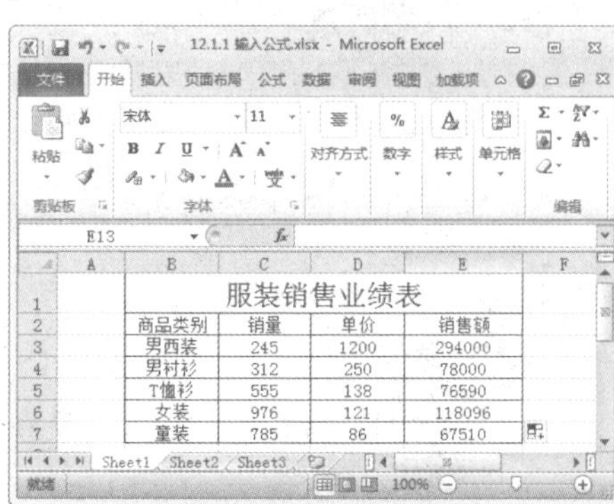

输入公式

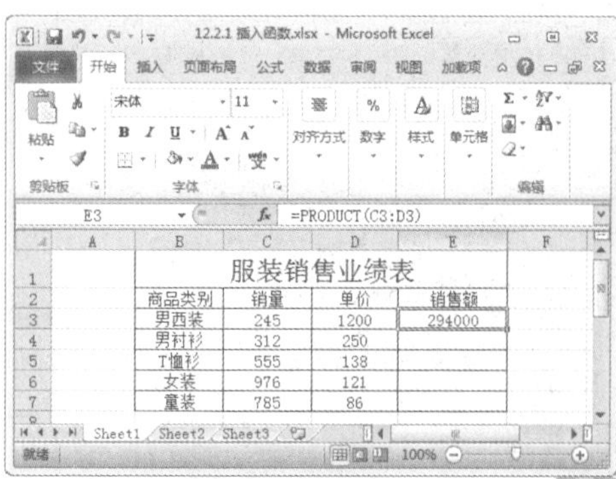

插入函数

12.1 公式

公式是工作表中用于对数据进行统计分析的等式，通过公式可以对工作表中的数据进行加法、减法、乘法及除法等运算。

12.1.1 输入公式

与输入文本一样，可以在编辑栏中输入公式，也可以在单元格中输入公式。下面将通过实例讲解如何输入公式，具体操作方法如下：

	素材文件	光盘：素材文件\第12章\12.1.1 输入公式.xlsx

Step 01 选中单元格

打开"素材文件\第 12 章\12.1.1 输入公式.xlsx"，选中要输入公式的单元格，如下图所示。

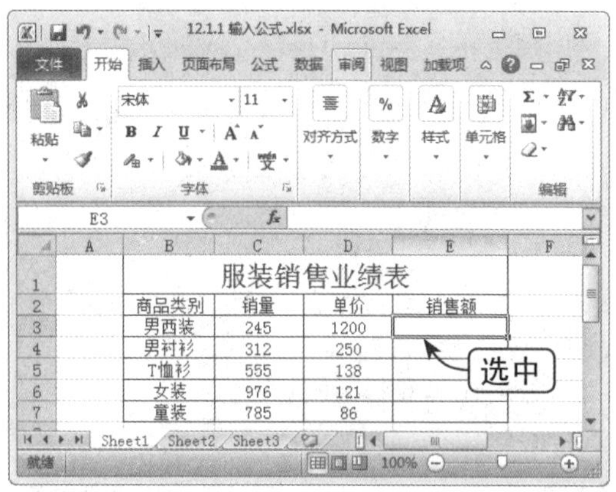

Step 02 选择要引用的单元格

输入"="，然后选择单元格 C3，单元格引用将自动添加到公式中，如下图所示。

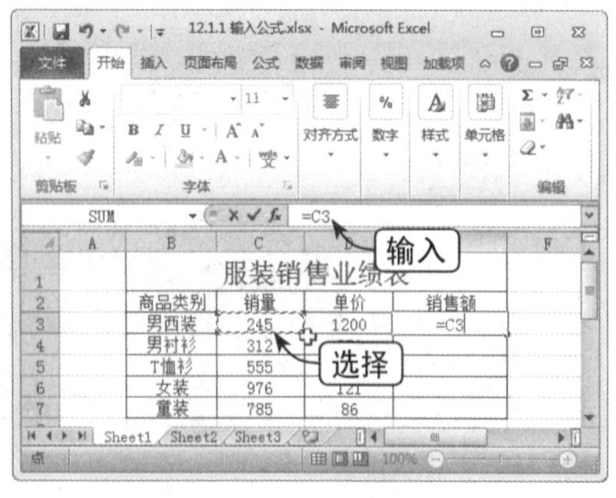

Step 03 继续输入公式

输入"*"，然后选择单元格 D3，继续输入公式，如下图所示。

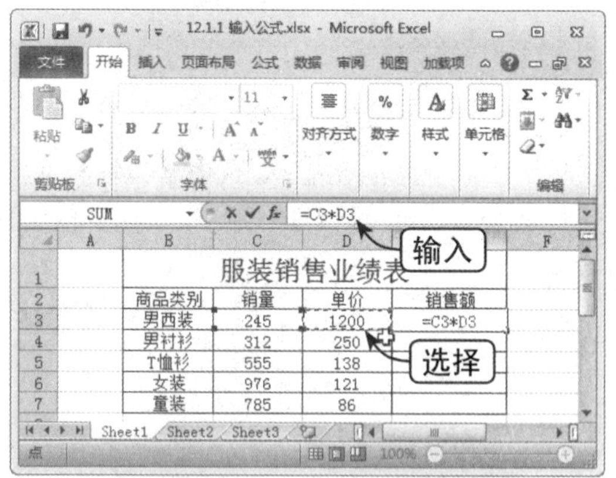

Step 04 执行运算

按【Enter】键执行运算，即可得到所需的结果，如下图所示。

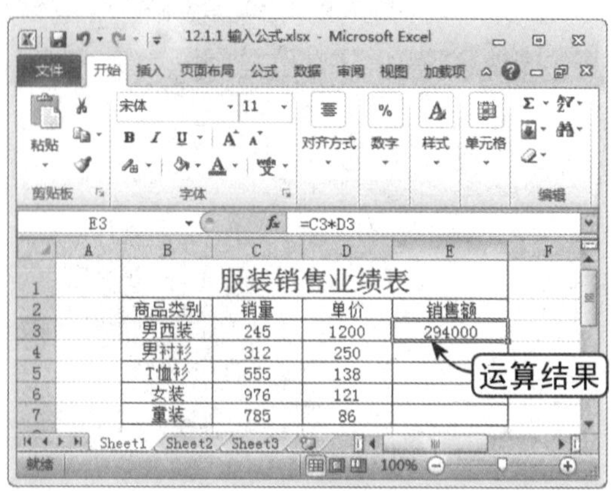

Step 05 拖动鼠标

移动鼠标指针到 E3 单元格右下角，当指针变为十字形状时，向下拖动鼠标，如下图所示。

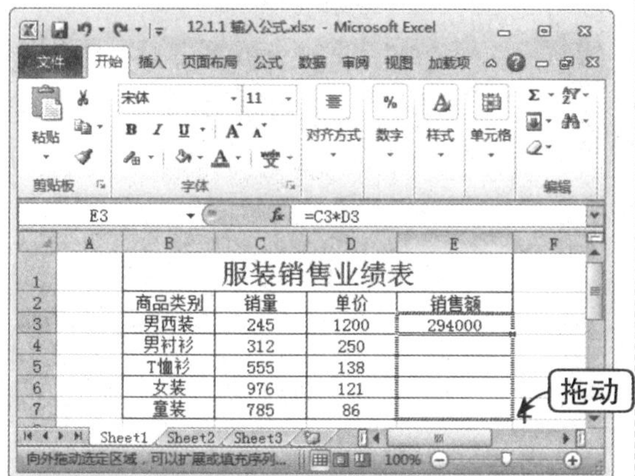

Step 06 填充公式

这时，即可将公式填充到其他单元格，并得出相应的计算结果，如下图所示。

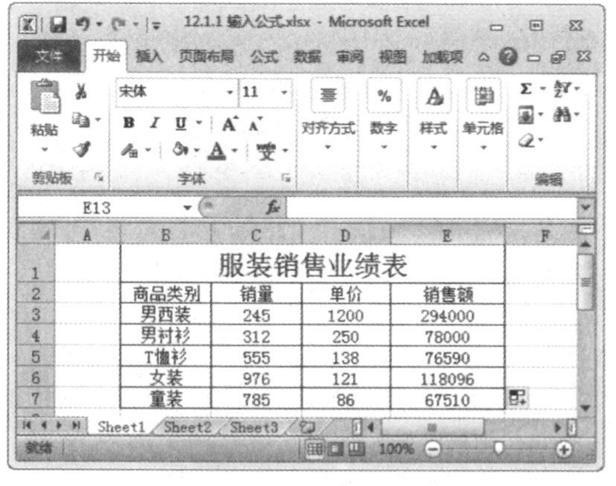

Step 07 单击“复制”按钮

也可以选中 E3 单元格，然后单击“剪贴板”组中的“复制”按钮，如下图所示。

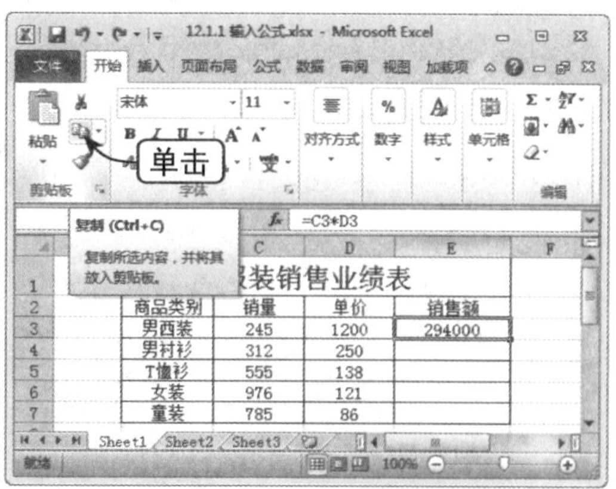

Step 08 粘贴公式

选中需要粘贴公式的单元格，单击“剪贴板”组中的“粘贴”下拉按钮，在弹出的下拉列表中选择“公式”选项即可，如下图所示。

12.1.2 单元格的引用

在 Excel 2010 中，可以分为三种不同的单元格引用类型。通过单元格引用可以在公式中使用不同单元格的数据，下面将通过实例分别对其进行讲解。

◎ 相对引用

一般情况下，使用相对地址来引用单元格，当公式被复制时，公式中的相对地址会随之发生相应的改变。

	素材文件	光盘：素材文件\第12章\12.1.2 单元格的引用.xlsx

Step 01 输入公式

打开“素材文件\第 12 章\12.1.2 单元格的引用.xlsx”，在单元格 G3 中输入公式，如下图所示。

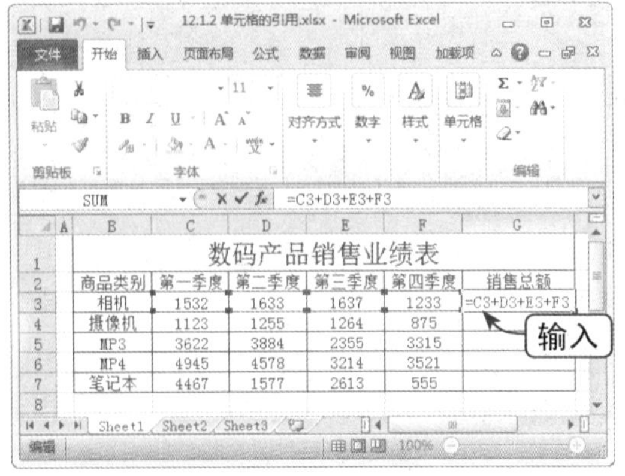

Step 02 查看公式变化

将公式复制到单元格 G4 中，可以看到公式中的相对位置将随之发生变化，如下图所示。

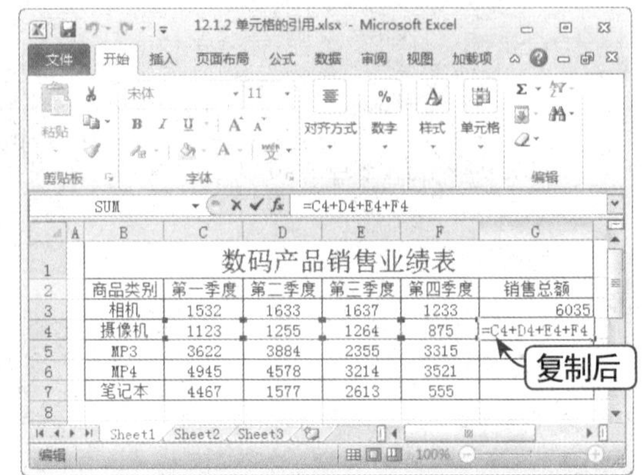

◎ 绝对引用

绝对引用即使用绝对地址进行单元格引用。在复制公式时，公式中的单元格位置将不会发生变化。在单元格行号和列标前面加一个“$”符号，即可应用绝对引用。

Step 01 更改公式

开启单元格 G3 中公式的编辑状态，分别在单元格行号和列标前面加“$”符号，将其更改为绝对引用，如下图所示。

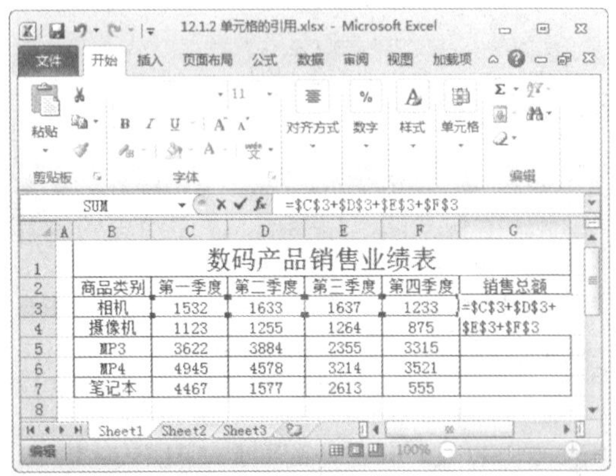

Step 02 查看变化

将公式复制到单元格 G4 中，可以看到该单元格的计算结果将不会发生任何变化，如下图所示。

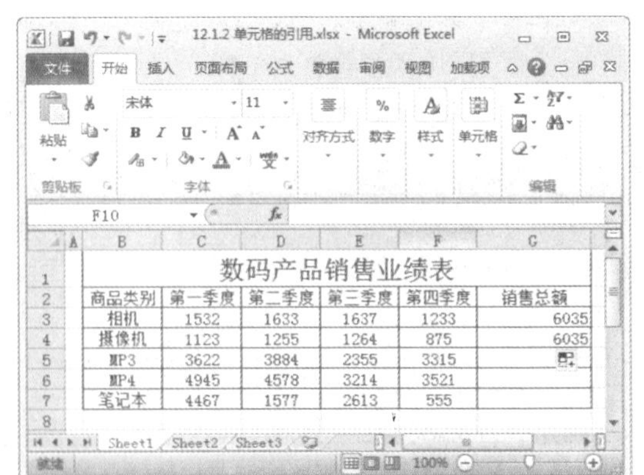

知识点拨

单元格引用是为了实现在公式中指明所使用数据的位置。引用单元格数据后，公式的计算结果自动会随着被引用单元格中数据的变化而变化。

◎ 混合引用

混合引用即在单元格引用中，既包含绝对地址引用，又包含相对地址引用。

Step 01 更改公式

开启单元格 G3 中公式的编辑状态，将单元格地址引用更改为混合引用，如下图所示。

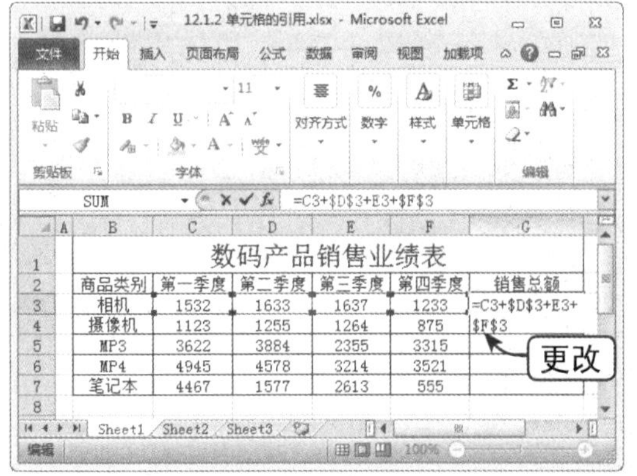

Step 02 查看变化

将该公式复制到单元格 G4 中，即可看到部分单元格引用发生了变化，而部分引用保持不变，如下图所示。

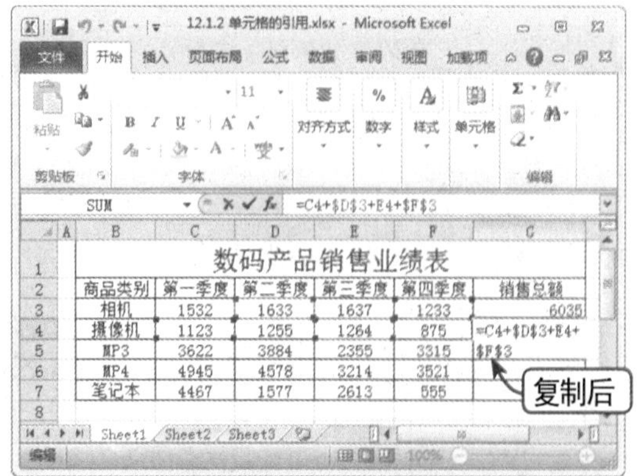

12.1.3 追踪单元格

用户可以追踪公式引用过的单元格以及从属单元格，下面将通过实例对其进行讲解，具体操作方法如下：

	素材文件	光盘：素材文件\第12章\12.1.3 追踪单元格.xlsx

Step 01 选中单元格

打开“素材文件\第 12 章\12.1.3 追踪单元格 .xlsx”，选中公式所在的单元格，如下图所示。

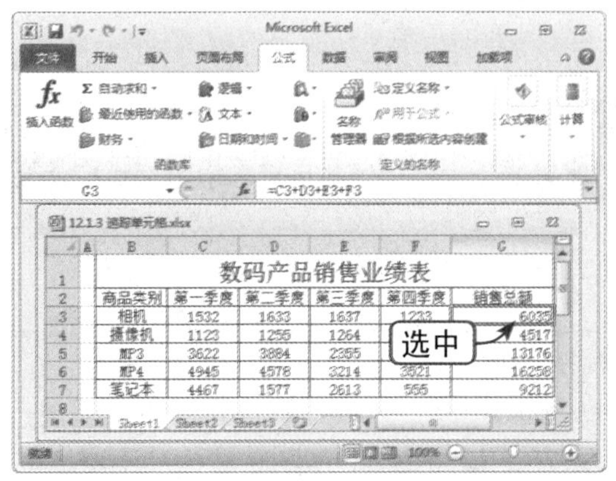

Step 02 单击“追踪引用单元格”按钮

选择“公式”选项卡，单击“公式审核”组中的“追踪引用单元格”按钮，如下图所示。

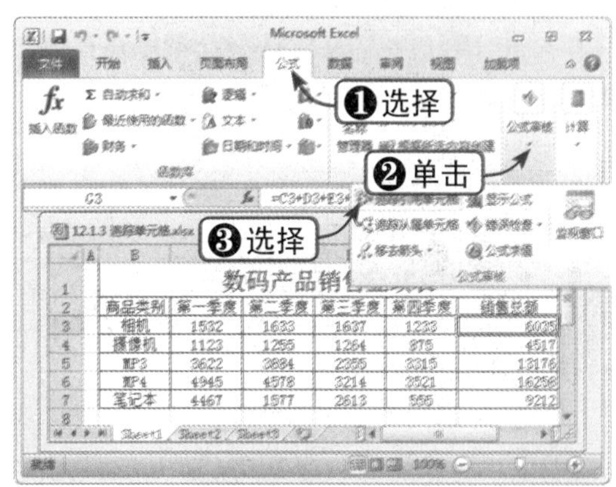

Step 03 追踪引用单元格

这时，在引用单元格上将出现追踪箭头，如下图所示。

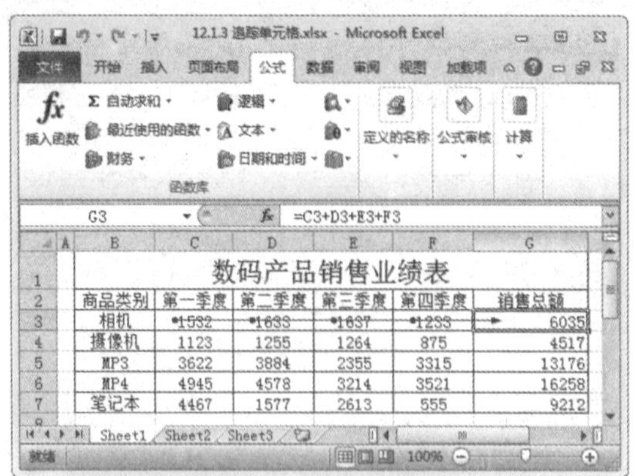

Step 04 更改公式

更改单元格 G7 中的公式为"=C3+D7+E7+F7"，如下图所示。

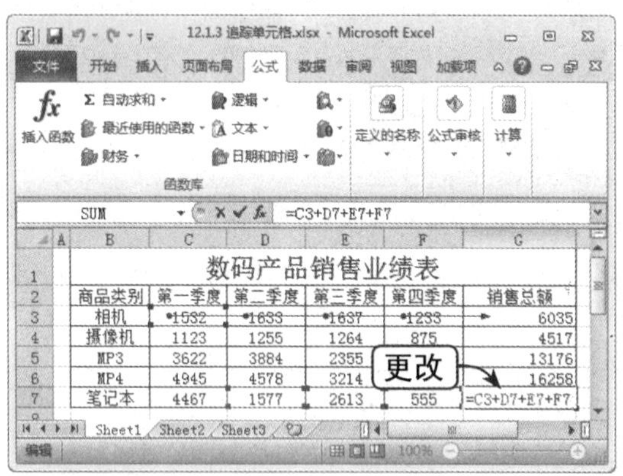

Step 05 清除箭头

在"公式"选项卡下的"公式审核"组中单击"移去箭头"下拉按钮，在弹出的下拉列表中可以选择清除箭头的方式，如下图所示。

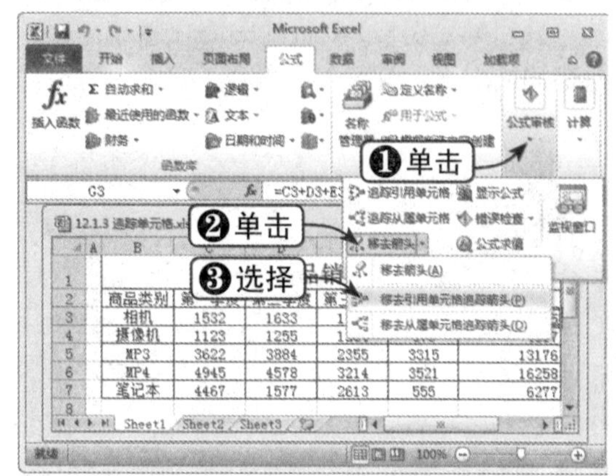

Step 06 追踪从属单元格

选中单元格 C3，然后单击"公式审核"组中的"追踪从属单元格"按钮，查看追踪效果，如下图所示。

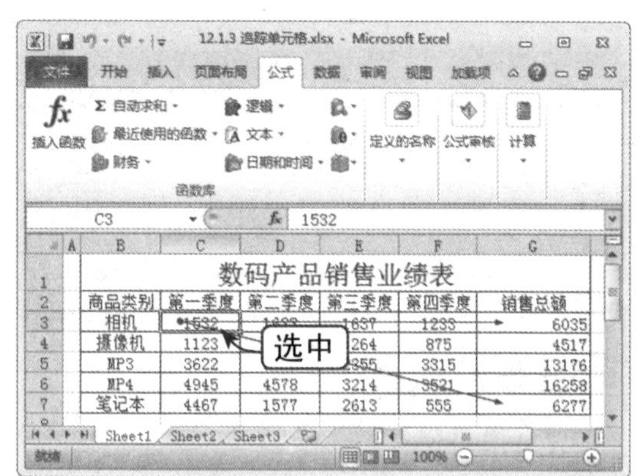

知识点拨

引用单元格是指公式中引用的单元格，而从属单元格是指包含引用单元格的公式所在的单元格。

12.1.4 公式审核

在使用公式的过程中，有时会因为疏忽导致公式输入错误。Excel 提供的公式审核功能可以为用户提供一定的帮助。下面将通过实例对其进行讲解，具体操作方法如下：

	素材文件	光盘：素材文件\第12章\12.1.4 公式审核.xlsx

Step 01 打开素材文件

打开“素材文件\第 12 章\12.1.4 公式审核 .xlsx”，如下图所示。

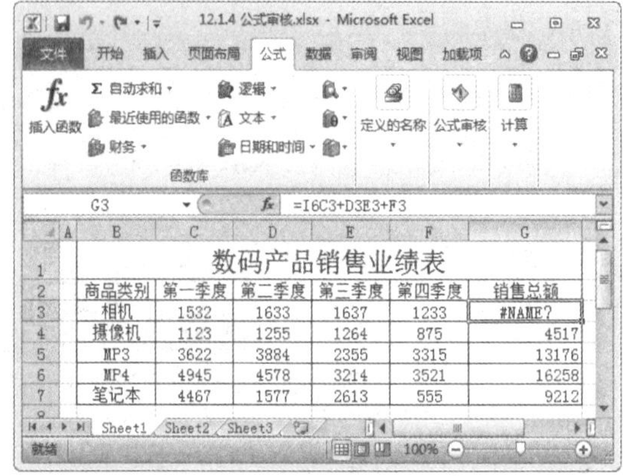

Step 02 单击“错误检查”按钮

选择“公式”选项卡，在“公式审核”组中单击“错误检查”按钮，如下图所示。

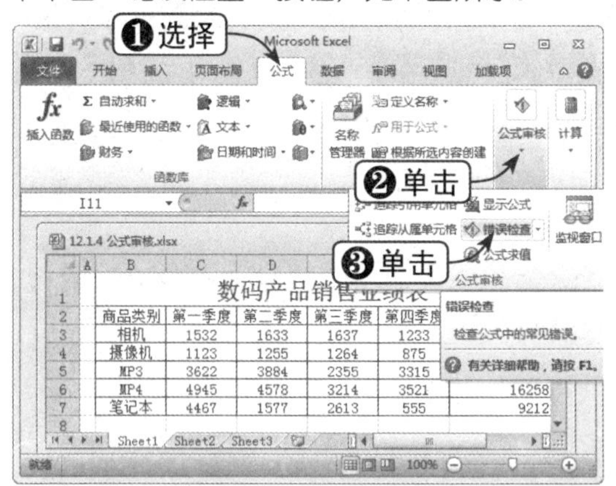

Step 03 错误检查

弹出“错误检查”对话框，在该对话框左侧将显示错误信息，单击“关于此错误的帮助”按钮，如下图所示。

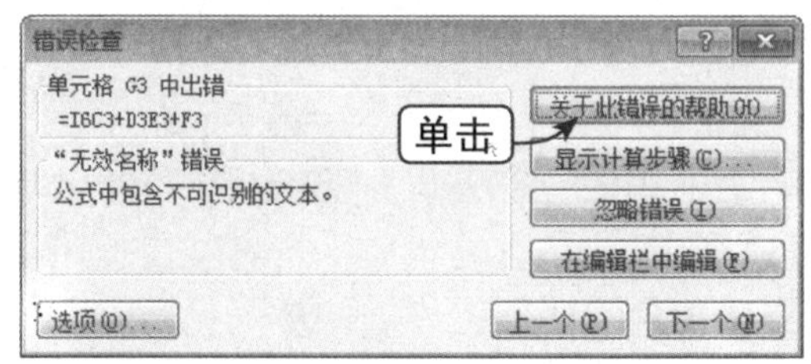

Step 04 查看帮助信息

此时将弹出 IE 窗口，显示帮助信息，如下图所示。

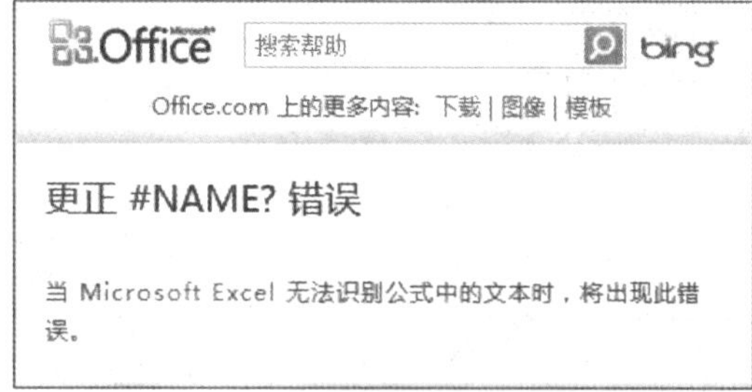

Step 05 设置后台错误检查

单击“错误检查”对话框中的“选项”按钮，弹出“Excel 选项”对话框。在左窗格中选择“公式”选项，在右窗格的“错误检查”选项区中选中“允许后台错误检查”复选框。在工作表中输入公式后，系统将自动进行错误检查，如下图所示。

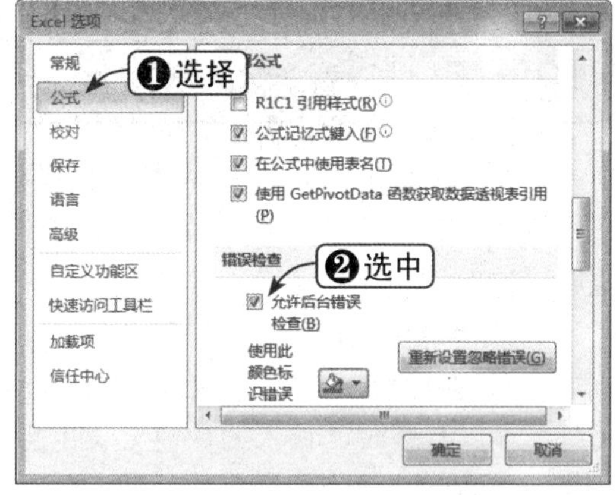

Step 06 设置错误检查规则

在“错误检查规则”选项区中可以设置检查规则。例如，对于不需要检查的规则，可以取消选择其复选框，单击“确定”按钮，如下图所示。

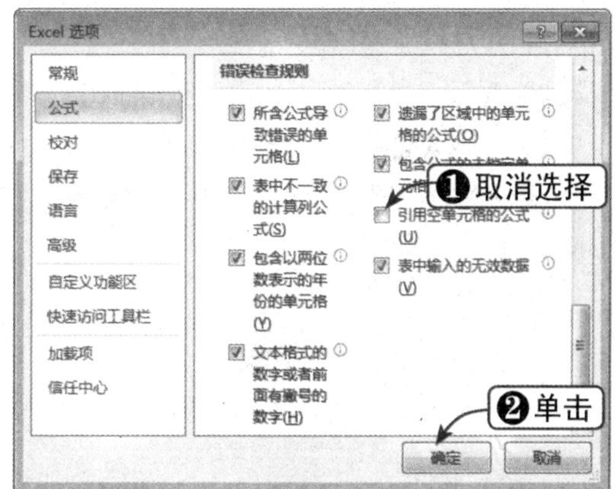

Step 07 查看标识

当启用后台检查后，在错误的公式左侧将出现感叹号标识，如下图所示。

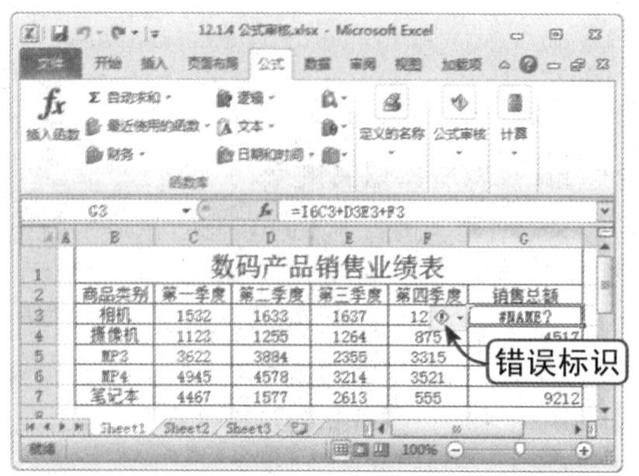

Step 08 查看错误信息

单击感叹号标识右侧的下拉按钮，在弹出的下拉列表中可以查看错误信息并进行相应的操作，如下图所示。

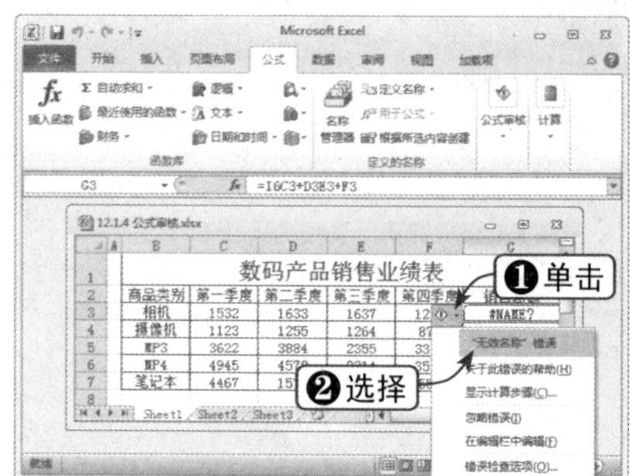

12.1.5 公式常见错误解析

在 Excel 2010 中，如果输入的公式不符合要求，将无法正确地计算出结果，就会在其所在的单元格中显示错误信息。下面列出了常见的错误信息、可能发生的原因以及解决的方法。

◎“#####！”错误

公式的计算结果太长，单元格宽度不够，就会在该单元格中出现“#####!”错误。另外，输入数值时，输入的数值太长也会出现此错误。

解决方法：适当调整列宽。

◎“#DIV/O！”错误

当公式被零除时，将出现“#DIV/O！”错误。

解决方法：修改公式中的单元格引用，或在用作除数的单元格中输入不为零的值。

◎“#N/A”错误

当公式中没有可用的数值或缺少函数参数时，将出现“#N/A”错误。

解决方法：输入数值或函数参数。如果该单元格暂时缺少数据，则在单元格中输入“#N/A”。公式在引用此单元格时，将不进行数值计算。

◎“#NAME？”错误

在公式中删除了公式中使用的名称，或者使用了无法识别的名称，将出现“#NAME？”错误。

解决方法：检查公式中的使用名称，并更正错误。

◎“#NULL！”错误

使用了不正确的区域运算符，如为两个不相交区域指定交叉点，将出现“#NULL！”错误信息。

解决方法：检查是否使用了不正确的区域操作符或单元格引用。

◎“#NUM！”错误

当公式或函数中某些数字参数有问题时，将出现“#NUM！”错误。

解决方法：检查数字参数是否超出限定区域，确认函数中使用的参数类型正确。

◎“#REF！”错误

当移动、复制和删除公式中的引用区域时，破坏了单元格引用，将出现“#REF！”错误。

解决方法：检查公式中是否有无效的单元格引用，撤销之前的操作。

◎“#VALUE！”错误

当使用错误的参数或运算对象类型时，或当自动更改公式功能不能更正公式时，将产生错误值“#VALUE！”。

解决方法：检查运算符或参数是否正确，公式引用的单元格中是否包含有效的数值。

12.2 函数

函数即系统预定义的公式。使用这些预定义的公式可以方便和简化用户的操作，为数据分析与计算节省时间。

12.2.1 插入函数

下面将通过实例讲解如何插入函数，具体操作方法如下：

	素材文件	光盘：素材文件\第12章\12.2.1 插入函数.xlsx

Step 01 单击“插入函数”按钮

打开“素材文件\第12章\12.2.1 插入函数.xlsx”，选中单元格E3，单击编辑栏中的“插入函数”按钮，如下图所示。

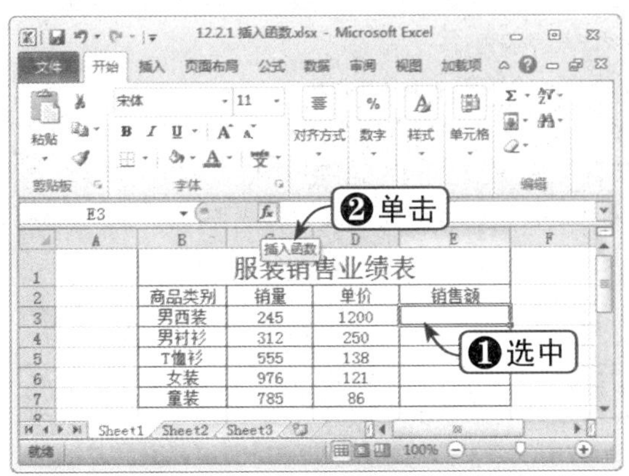

Step 02 选择函数

弹出“选择函数”对话框，在“或选择类别”下拉列表框选择“全部”选项，在“选择函数”列表框中选择计算乘积的函数，单击“确定”按钮，如下图所示。

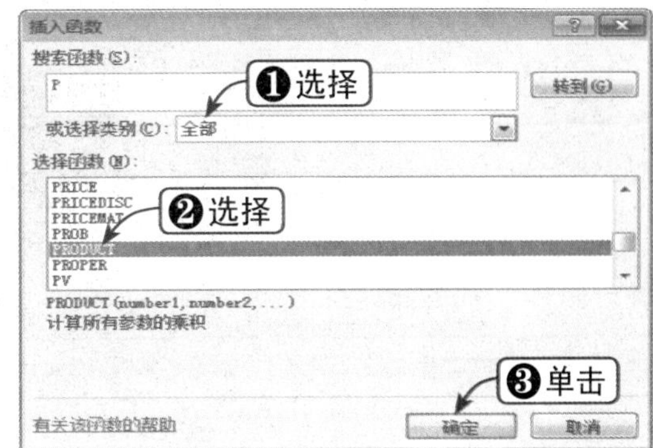

Step 03 确认单元格引用

弹出“函数参数”对话框，确认单元格引用是否正确，如下图所示。单击“确定”按钮，关闭对话框。

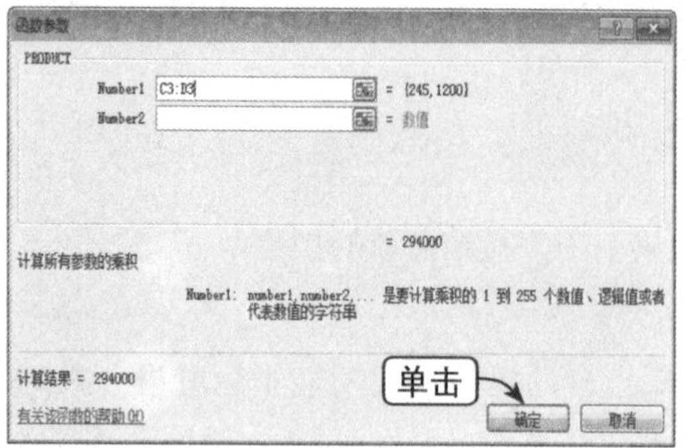

Step 04 查看运算结果

此时，即可得到运用函数的运算结果，如下图所示。

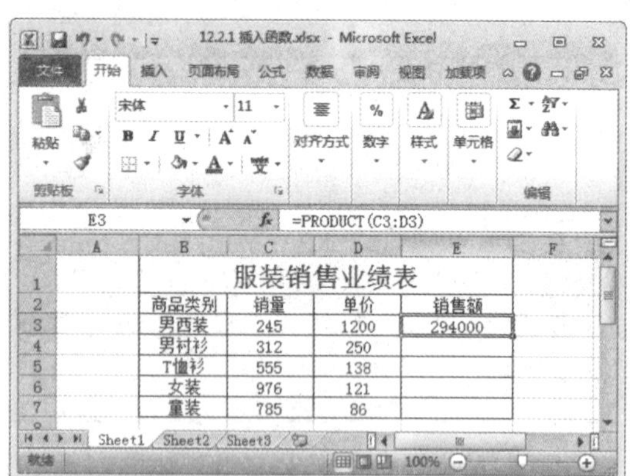

Step 05 填充结果

移动鼠标指针到E3单元格右下角，当指针变为十字形状时，向下拖动鼠标，即可得到其他单元格的运算结果，如下图所示。

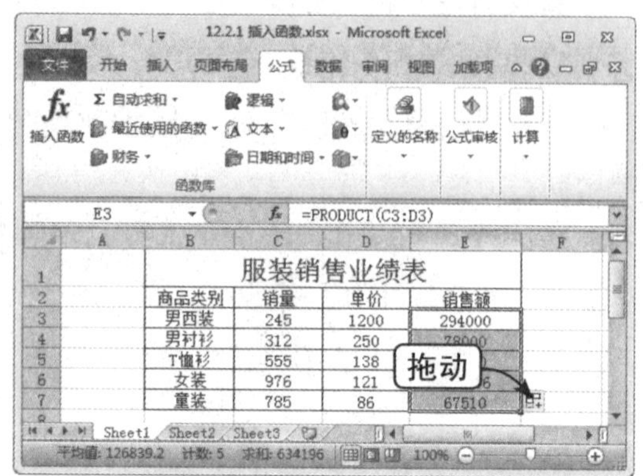

Step 06 查看函数

双击单元格，即可显示函数，如下图所示。

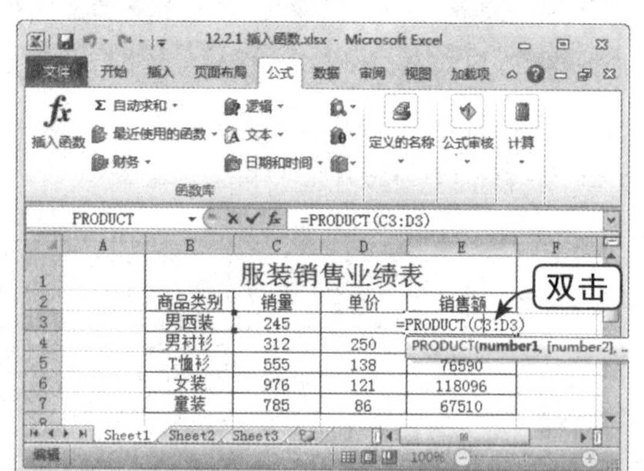

知识点拨

选择公式所在的单元格，按【F2】键，可以查看公式中的引用单元格。

12.2.2 应用嵌套函数

有时需要将某函数作为另一函数的参数来使用，即嵌套函数。在使用嵌套函数时，嵌套函数返回值的类型一定要符合外层函数的参数类型。下面将通过实例对其进行讲解，具体操作方法如下：

	素材文件	光盘：素材文件\第12章\12.2.2 应用嵌套函数.xlsx

Step 01 选中单元格

打开"素材文件\第 12 章\12.2.2 应用嵌套函数 .xlsx"，选中单元格 H3，如下图所示。

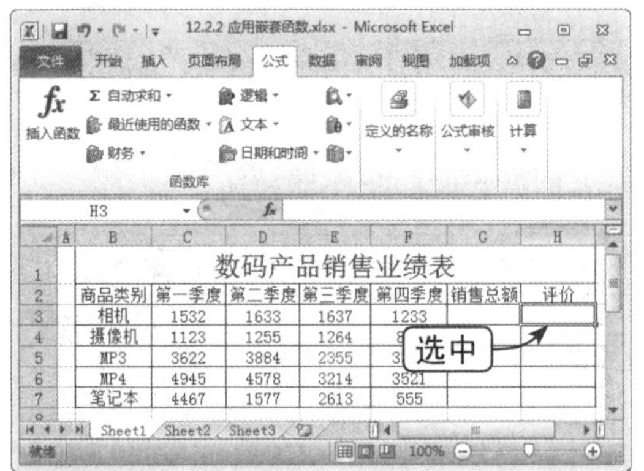

Step 02 输入嵌套函数

输入嵌套函数"=IF(SUM(C3:F3)>7000,"优秀","良好")"，该公式表示在 SUM 求和函数外围嵌套了 IF 函数，如下图所示。

Step 03 得出嵌套函数结果

按【Enter】键，即可得出嵌套函数的结果，如下图所示。

Step 04 查看运算结果

移动鼠标指针到 H3 单元格右下角，当指针变为十字形状时，向下拖动鼠标，即可得到其他单元格的运算结果，如下图所示。

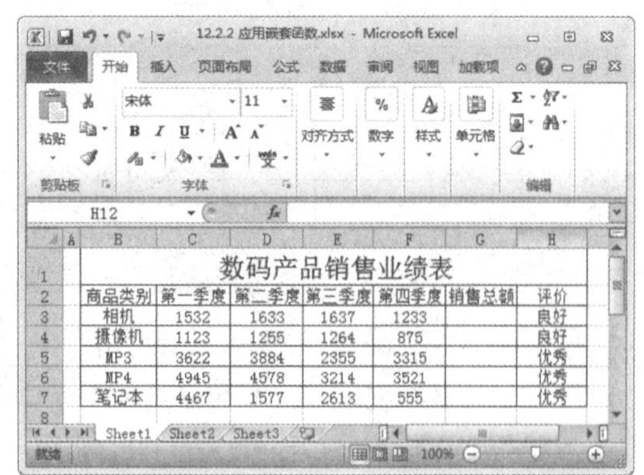

12.3 常用办公函数

在 Excel 2010 中，函数可以分为 13 个类别。每一个类别下都包含着多个具体的函数。下面将根据实际办公的需要，从财务、日期、时间、统计等方面对常用办公函数进行讲解。

12.3.1 财务函数

Excel 2010 中提供了非常丰富的财务函数，可以用来计算支付额、支付次数、计算利率、计算内部收益率、计算折旧值，以及证券和国库券的计算等，涵盖的方面非常广，应用十分广泛。下面将以 PMT 函数为例，对其用法进行讲解。

PMT 函数语法包括以下参数：

Rate（必填项）贷款利率；

Nper（必填项）该项贷款的付款期总数；

Pv（必填项）现值，也称为本金，即未来付款的累积值；

Fv（选填项）未来值，或在最后一次付款后希望得到的现金余额。如果省略 Fv，则表示贷款的未来值为 0；

Type（选填项）输入数字 0 或 1，用于表示各期付款时间是在期初还是期末。

素材文件	光盘：素材文件\第12章\12.3.1 财务函数.xlsx

Step 01 选中单元格

打开“素材文件 \ 第 12 章 \12.3.1 财务函数 .xlsx”，选中单元格 E3，如下图所示。

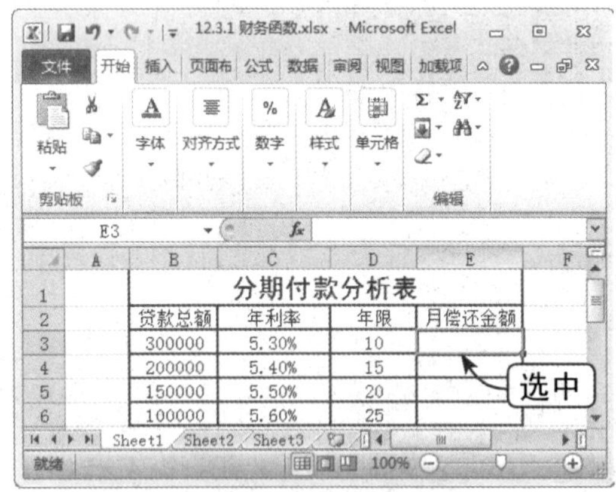

Step 02 选择 PMT 函数

选择“公式”选项卡，在“函数库”组中单击“财务”下拉按钮，在弹出的下拉列表中选择 PMT 选项，如下图所示。

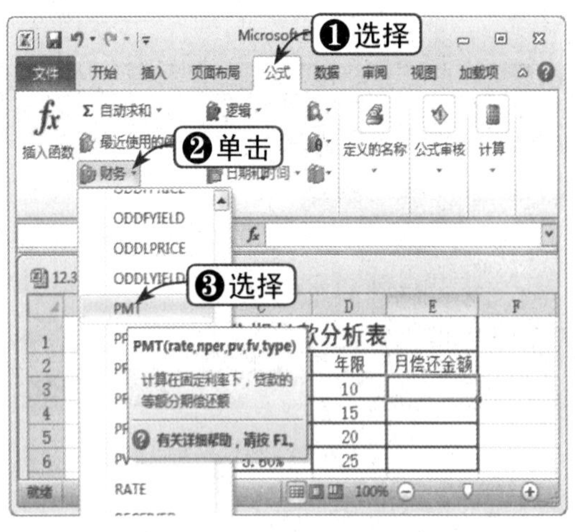

Step 03 设置参数

弹出“函数参数”对话框，分别在 Rate、Nper、Pv 文本框中输入各项参数，单击“确定”按钮，如下图所示。

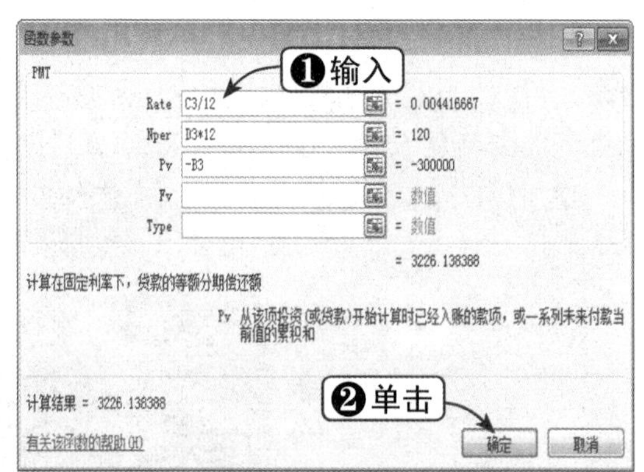

Step 04 查看运算结果

这时，即可通过 PMT 函数得出运算结果，如下图所示。

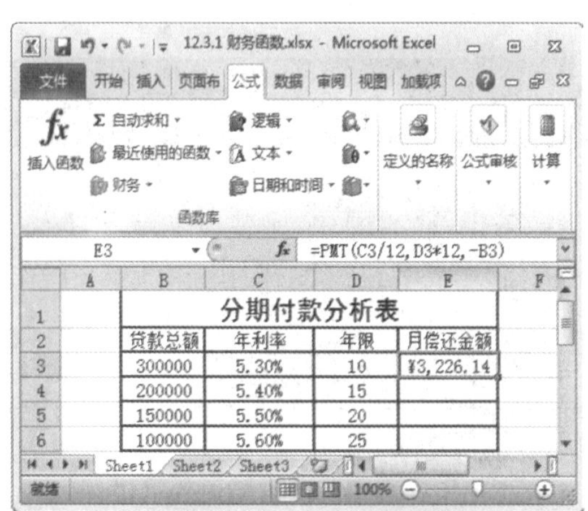

12.3.2 逻辑函数

在 Excel 2010 中，逻辑函数包括 AND 函数、FALSE 函数、IF 函数、IFERROR 函数、NOT 函数、OR 函数和 TRUE 函数等七种类型。下面将以 IF 函数的使用方法为例，对其进行讲解。

IF 函数语法包括下列参数（参数：为操作、事件、方法、属性、函数或过程提供信息的值）：

logical_test（必填项）计算结果可能为 TRUE 或 FALSE 的任意值或表达式，此参数可使用任意比较运算符；

value_if_true（选填项）logical_test 参数的计算结果为 TRUE 时所要返回的值；

value_if_false（选填项）logical_test 参数的计算结果为 FALSE 时所要返回的值。

	素材文件	光盘：素材文件\第12章\12.3.2 逻辑函数.xlsx

Step 01 选中单元格

打开“素材文件\第 12 章\12.3.2 逻辑函数.xlsx”，选中单元格 G3，如下图所示。

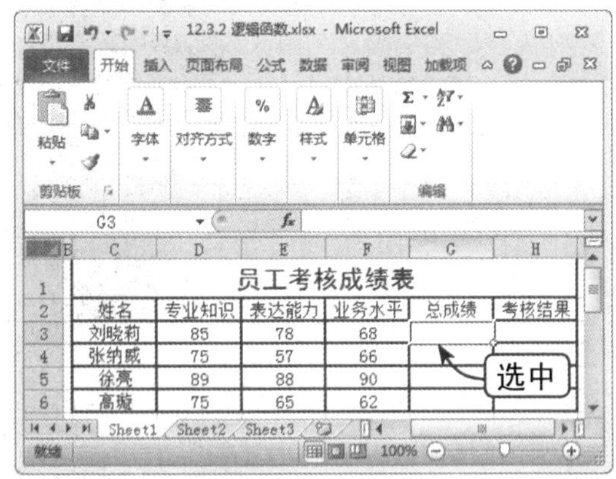

Step 02 单击“自动求和”按钮

选择“公式”选项卡，在“函数库”组中单击“自动求和”按钮，如下图所示。

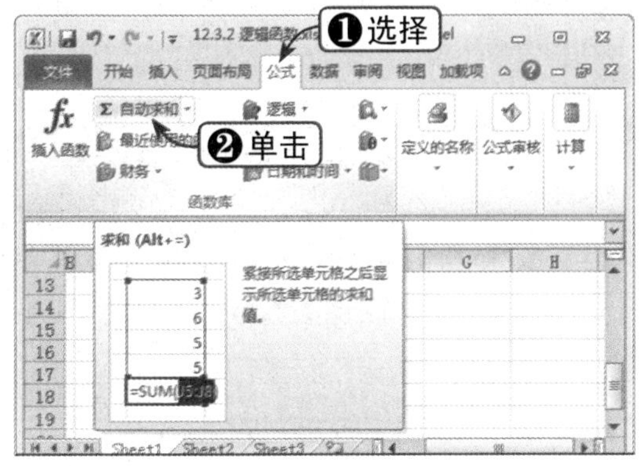

Step 03 填充到其他单元格

按【Enter】键得出结果，并将其填充到其他单元格，如下图所示。

员工考核成绩表					
姓名	专业知识	表达能力	业务水平	总成绩	考核结果
刘晓莉	85	78	68	231	
张纳威	75	57	66	198	
徐亮	89	88	90	267	
高璇	75	65	62	202	

Step 04 选择 IF 函数

选中单元格 H3，选择“公式”选项卡，在“函数库”组中单击“逻辑”下拉按钮，在弹出的下拉列表中选择 IF 选项，如下图所示。

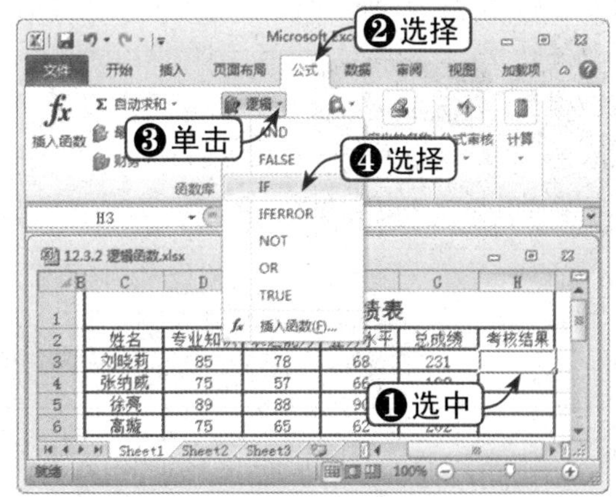

Step 05 设置函数参数

弹出“函数参数”对话框，分别在各文本框中输入所需的数据，单击“确定”按钮，如下图所示。

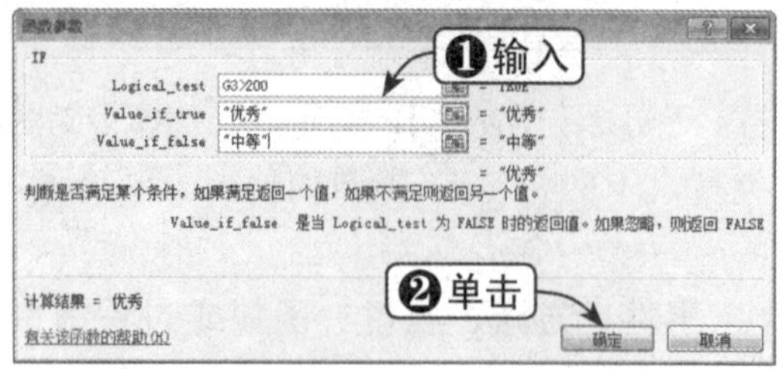

Step 06 查看运算结果

这时，即可通过逻辑函数得出所需的结果，如下图所示。

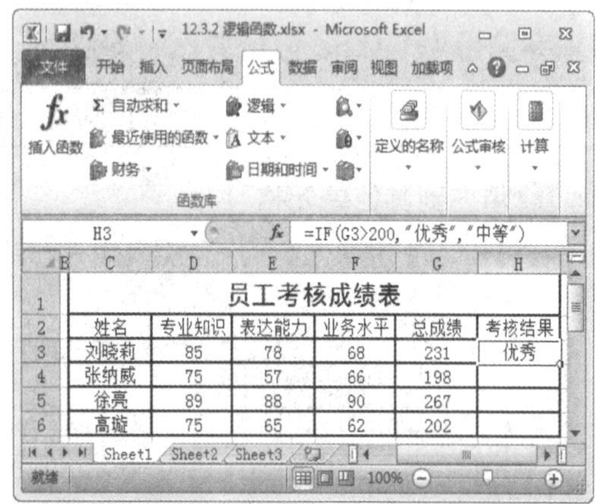

员工考核成绩表					
姓名	专业知识	表达能力	业务水平	总成绩	考核结果
刘晓莉	85	78	68	231	优秀
张纳威	75	57	66	198	
徐亮	89	88	90	267	
高璇	75	65	62	202	

Step 07 填充得到结果

通过拖动单元格 H3 右下角的填充柄，得出其他单元格的逻辑结果，如下图所示。

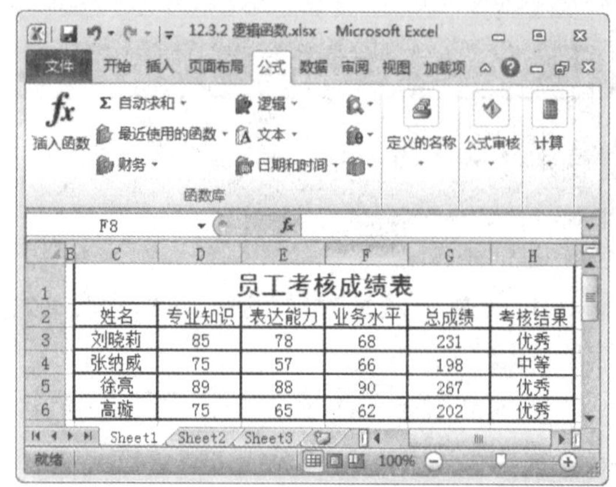

员工考核成绩表					
姓名	专业知识	表达能力	业务水平	总成绩	考核结果
刘晓莉	85	78	68	231	优秀
张纳威	75	57	66	198	中等
徐亮	89	88	90	267	优秀
高璇	75	65	62	202	优秀

Step 08 查看公式

可以双击单元格查看公式或对其进行编辑，如下图所示。

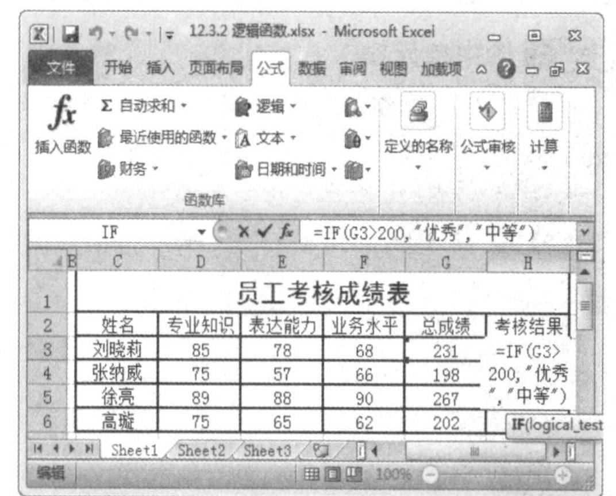

员工考核成绩表					
姓名	专业知识	表达能力	业务水平	总成绩	考核结果
刘晓莉	85	78	68	231	=IF(G3>200,"优秀","中等")
张纳威	75	57	66	198	
徐亮	89	88	90	267	
高璇	75	65	62	202	

知识点拨

一般情况下，在专业的电子表格中都会用到公式和函数进行数据分析。在 Excel 中函数有很多，使用合适的函数能够有效地进行数据分析和计算。

12.3.3 日期和时间函数

通过日期与时间函数可以非常方便地将当前时间和日期添加到工作表中，下面将通过实例对其进行讲解。

	素材文件	光盘：素材文件\第12章\12.3.3 日期和时间函数.xlsx

Step 01 选中单元格

打开"素材文件\第 12 章\12.3.3 日期和时间函数.xlsx"，选中单元格 E8，如下图所示。

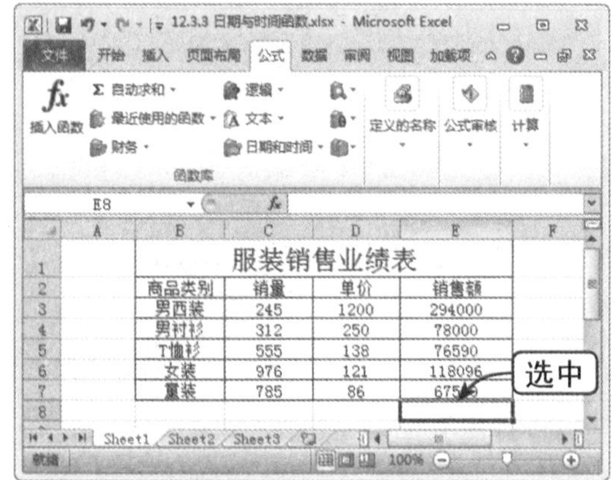

Step 02 选择 NOW 函数

选择"公式"选项卡，在"函数库"组中单击"日期和时间"下拉按钮，在弹出的下拉列表中选择 NOW 选项，如下图所示。

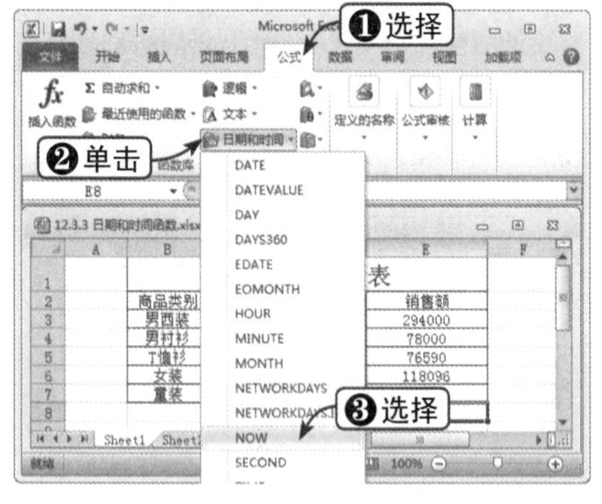

Step 03 显示函数信息

弹出"函数参数"对话框，显示该函数不需要参数等信息，单击"确定"按钮，如下图所示。

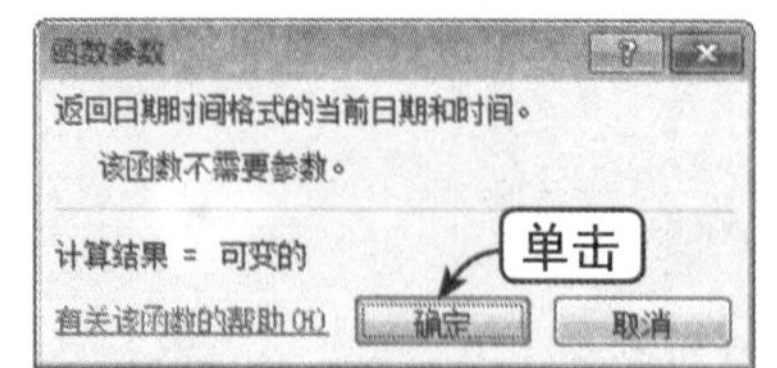

Step 04 查看运算结果

这时，即可通过日期和时间函数得出所需结果，如下图所示。

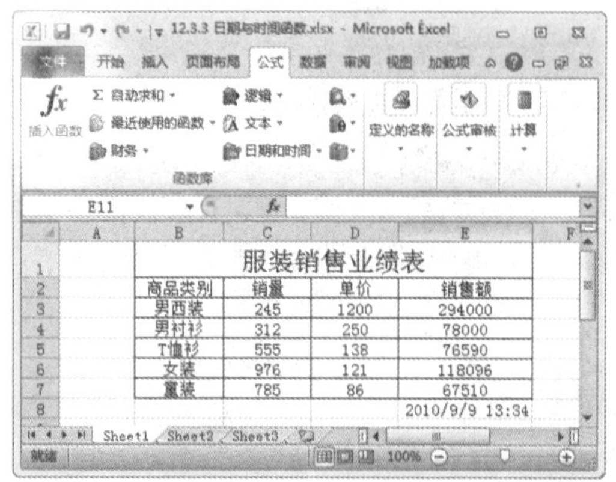

知识点拨

如果 NOW 函数未按预期更新单元格值，则需更改工作簿自动重算的相关设置。

12.3.4 统计函数

在 Excel 2010 中，统计函数包括 AVERAGE 函数、COUNT 函数、MAX 函数和 MIN 函数等多种类型。下面将以 AVERAGE 函数的使用方法为例，对其进行讲解。

AVERAGE函数语法包括下列参数（参数：为操作、事件、方法、属性、函数或过程提供信息的值）：

Number1（必填项）要计算平均值的第一个数字、单元格引用或单元格区域；

Number2（选填项）要计算平均值的其他数字、单元格引用或单元格区域。

	素材文件	光盘：素材文件\第12章\12.3.4 统计函数.xlsx

Step 01 选中单元格

打开“素材文件 \ 第 12 章 \12.3.4 统计函数 .xlsx”，选中单元格 G3，如下图所示。

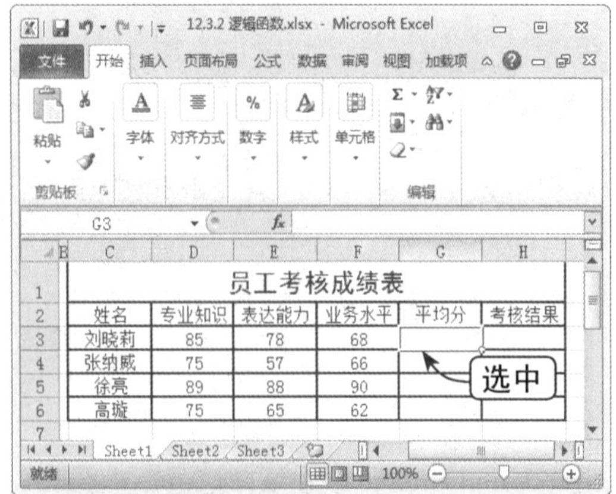

Step 02 选择 AVERAGE 函数

选择“公式”选项卡，在“函数库”组中单击“其他函数”下拉按钮，在弹出的下拉列表中选择“统计”选项，在其级联菜单中选择AVERAGE 选项，如下图所示。

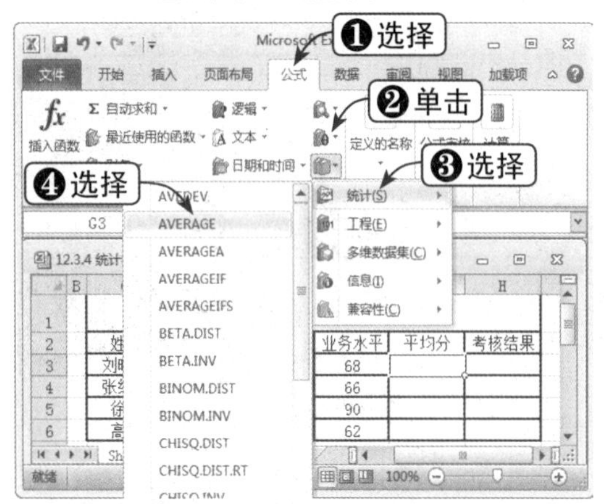

Step 03 查看参数

弹出“函数参数”对话框，查看默认给出的参数是否正确，然后单击“确定”按钮，如下图所示。

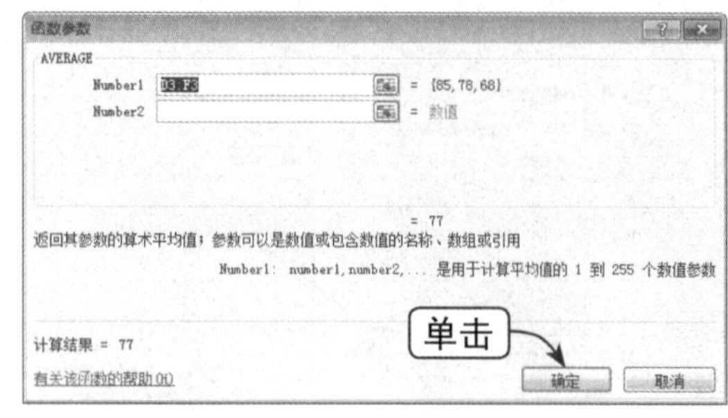

Step 04 得出其他单元格结果

这时，即可通过 AVERAGE 函数得出结果。通过拖动单元格 G3 右下角的填充柄，得出其他单元格结果，如下图所示。

12.4 实战演练——计算储蓄存款期限

NPER 函数是指每期投入相同金额，在固定利率的情形下，计算欲达到某一投资金额的期数。

下面将以储蓄存款期限的计算流程为例，巩固之前所学的公式审核、财务函数等相关知识，实例的最终结果如下图所示。

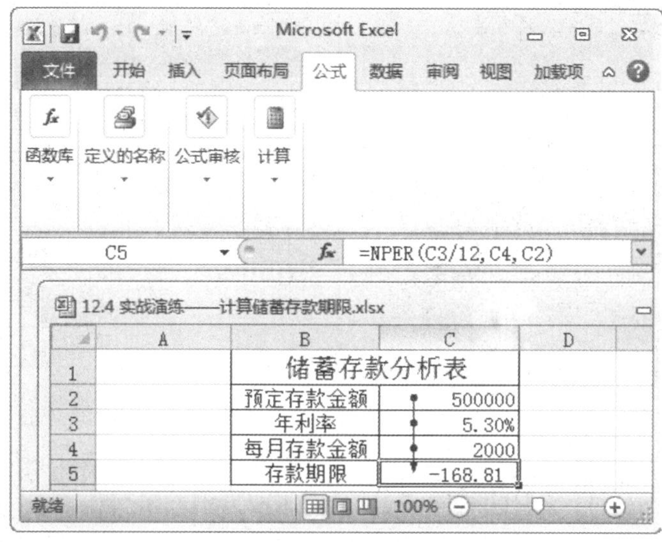

该实例将用到财务函数NPER，该函数语法包括下列参数：

Rate（必填项）各期的利率；

Pmt（必填项）各期所应支付的固定金额，其数值在整个年金期间保持不变；

Pv （必填项）未来各期年金现值的总合；

Fv （选填项）未来值，或在最后一次付款后希望得到的现金余额。如果省略 Fv，则假设其值为 0；

Type（选填项）数字 0 或 1，用于指定各期的付款时间是在期初还是期末。

	素材文件	光盘：素材文件\第12章\12.4 计算储蓄存款期限.xlsx

Step 01 选中单元格

打开“素材文件\第 12 章\12.4 实战演练——计算储蓄存款期限.xlsx”，选中单元格 C5，如下图所示。

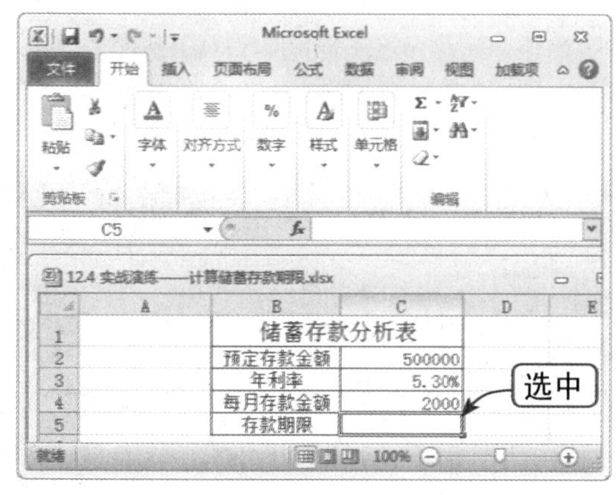

Step 02 选择 NPER 函数

选择“公式”选项卡，在“函数库”组中单击“财务”下拉按钮，在弹出的下拉列表中选择 NPER 选项，如下图所示。

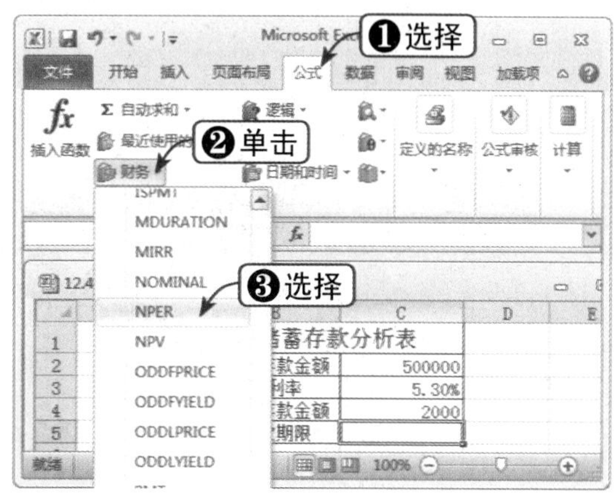

Step 03 设置函数参数

弹出“函数参数”对话框，分别在 Rate、Pmt和 Pv 文本框中输入所需的值，然后单击“确定”按钮，如下图所示。

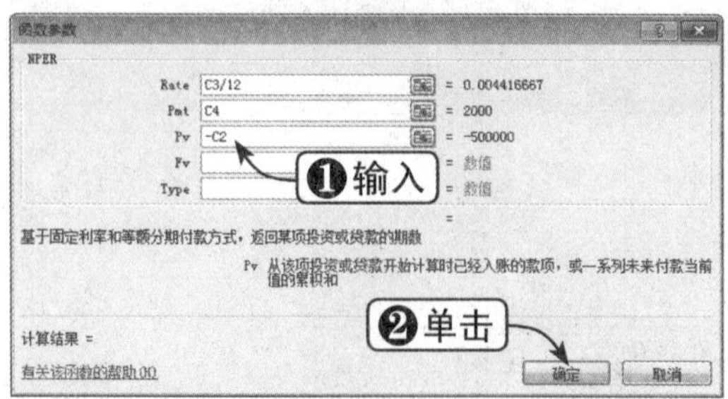

Step 04 查看错误标识

这时，在单元格 C5 中将出现错误标识，如下图所示。

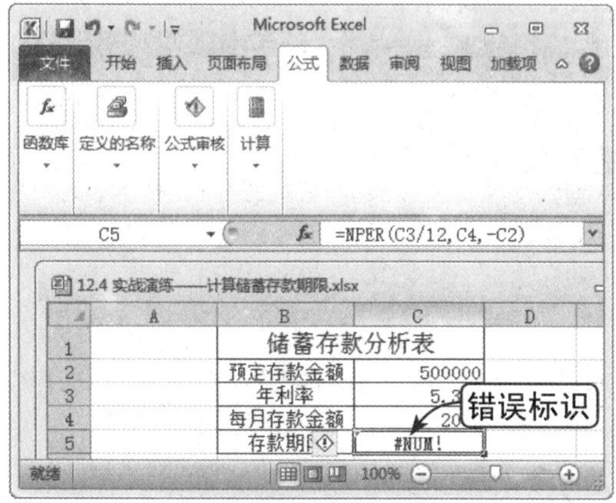

Step 05 选择“在编辑栏中编辑”选项

单击错误标识下拉按钮，在弹出的下拉列表中选择“在编辑栏中编辑”选项，如下图所示。

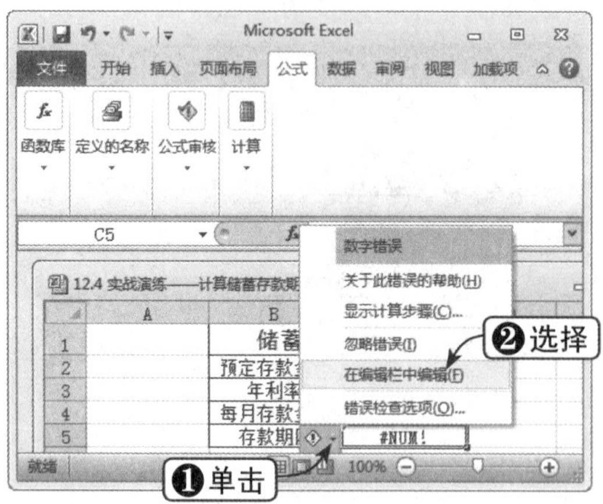

Step 06 更改公式

这时，函数将呈现编辑状态，对公式进行更改，如下图所示。

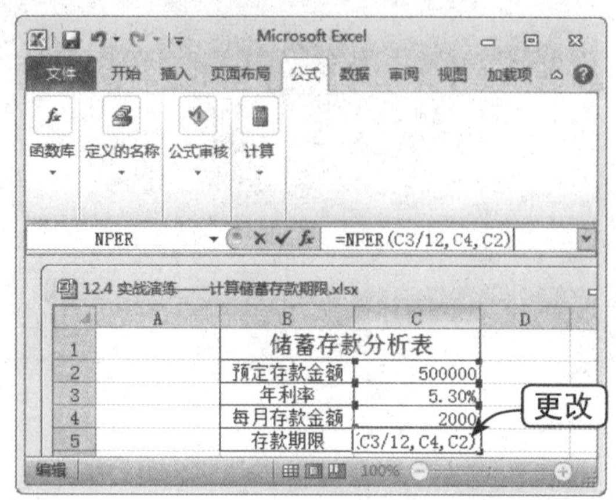

Step 07 得出运算结果

按【Enter】键执行公式，得出运算结果，如下图所示。

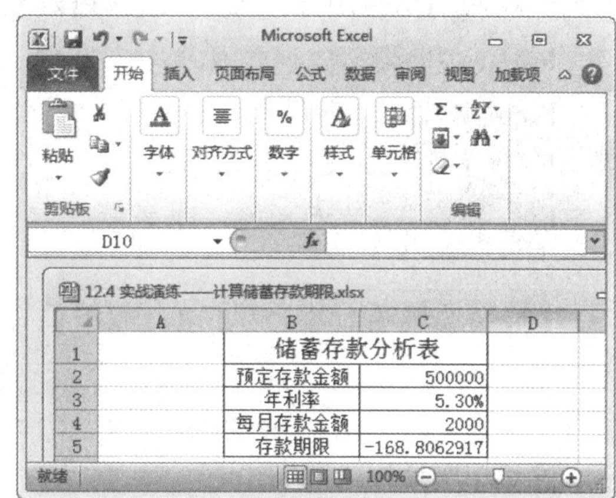

Step 08 设置单元格格式

在“开始”选项卡下单击“数字”组右下角的按钮，弹出“设置单元格格式”对话框。在“数字”选项卡的左窗格中选择“数值”选项，设置小数位数为 2，单击“确定”按钮，如下图所示。

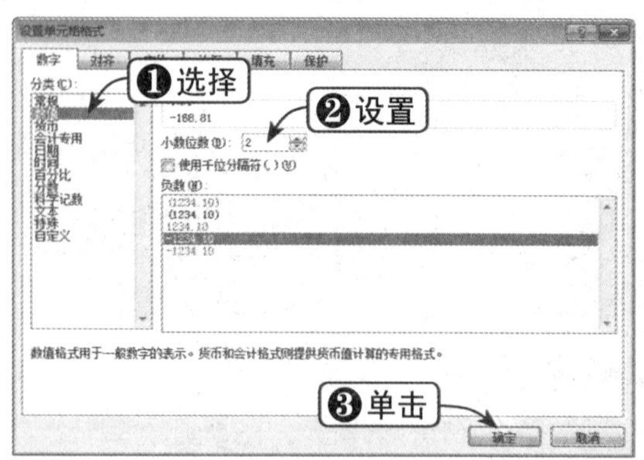

Step 09 单击"追踪引用单元格"按钮

选择"公式"选项卡，在"公式审核"组中单击"追踪引用单元格"按钮，如下图所示。

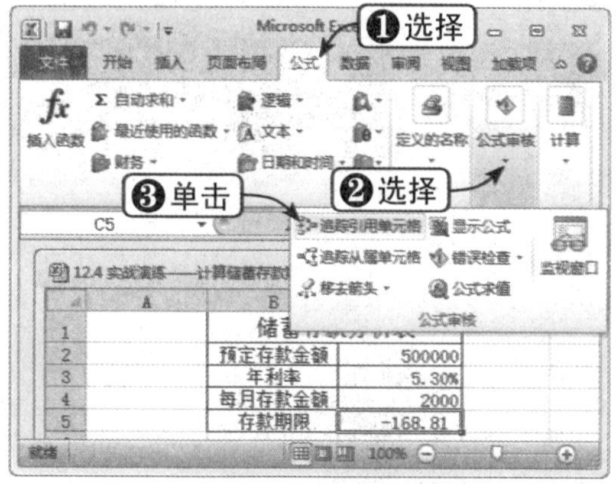

Step 10 查看更改效果

查看更改小数位数并添加引用单元格追踪后的效果，如下图所示。

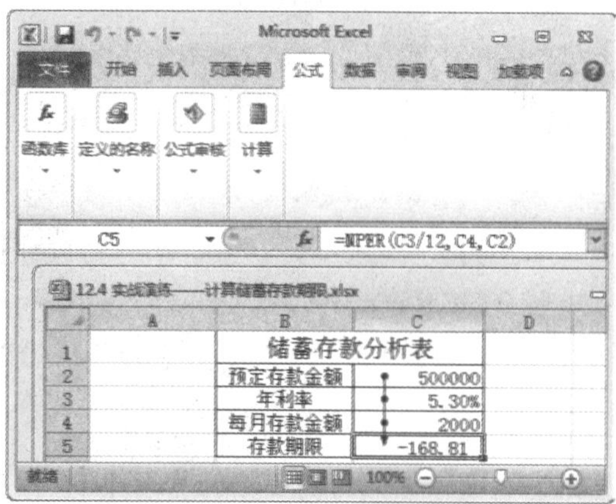

● 读书笔记

第13章 幻灯片的基本操作

本章将对 PowerPoint 2010 的基本操作进行详细介绍，其中包括 PowerPoint 2010 启动和退出、操作界面介绍、基本操作方法、视图模式等知识，读者应该熟练掌握。

本章学习重点

1. PowerPoint 2010的启动和退出
2. PowerPoint 2010的视图方式
3. 管理幻灯片
4. 设置PowerPoint 2010选项

重点实例展示

管理幻灯片

本章视频链接

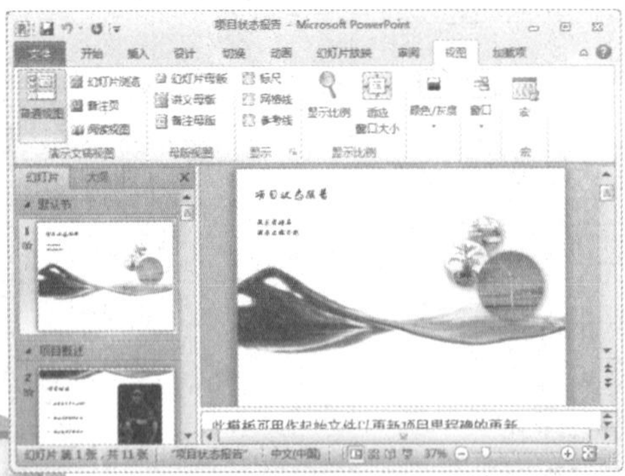

视图方式

设置选项

13.1 PowerPoint 2010的启动和退出

PowerPoint是Office 2010的重要组成部分，使用它可以制作出带有图片、图形、表格、图表以及动画效果的演示文稿，被广泛应用于公司会议、课堂演示、教育培训以及各种演示会等场合。下面将介绍PowerPoint 2010的启动和退出方法。

13.1.1 启动PowerPoint 2010

启动PowerPoint 2010的方法和启动其他软件的方法基本相同，大致可以分为以下三种方法打开软件：

方法一：

单击任务栏左侧的“开始”按钮，在弹出的菜单中单击“所有程序”| Microsoft Office | Microsoft Office PowerPoint 2010命令，如下图所示。

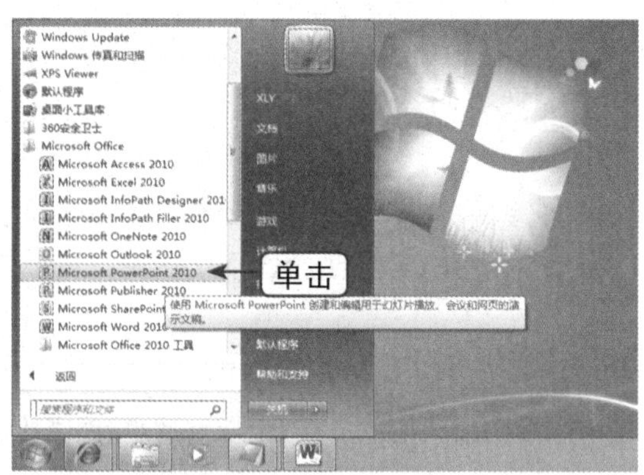

方法二：

双击桌面上的PowerPoint 2010软件的桌面快捷方式图标，即可启动应用软件，如下图所示。

方法三：

直接双击打开电脑中以前用户创建的PowerPoint文件，即可自动运行Office 2010中的PowerPoint 2010软件，并且会打开这个文件内容，如下图所示。

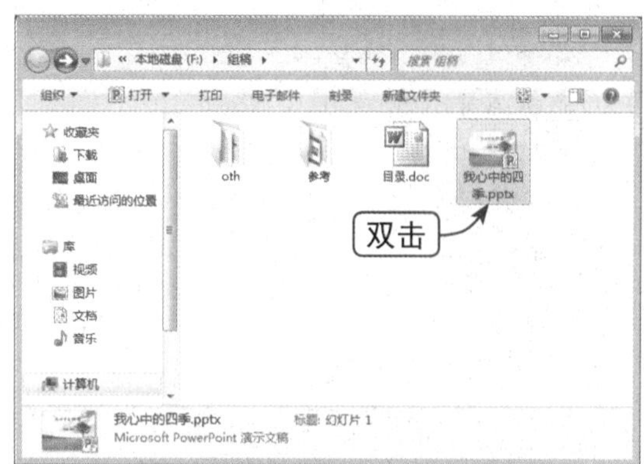

知识点拨

PowerPoint 2010具有兼容的功能，也就是说，使用PowerPoint 2010可以打开以前的PowerPoint版本所创建的各种文件。

13.1.2 认识PowerPoint 2010的界面

启动 PowerPoint 2010 后就可以看到它的操作界面，它与以前的 PowerPoint 2007 操作界面有很多相似之处，但是功能更为全面，操作简单易行，如下图所示。

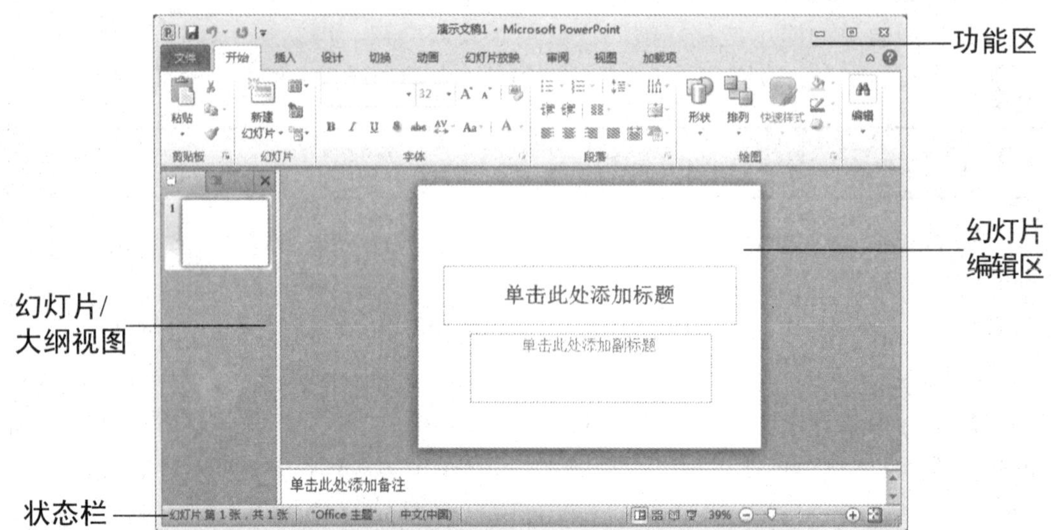

PowerPoint 2010 的操作界面可以分为四个区域，分别是功能区、幻灯片编辑区、幻灯片 / 大纲任务窗格和状态栏，下面将分别进行简要介绍。

◎ 功能区

功能区是用户对幻灯片进行编辑和查看效果而所使用的工具，根据不同的功能分为九个选项卡，分别为：文件、开始、插入、设计、转换、动画、幻灯片放映、审阅和视图。

◎ 幻灯片编辑区

这个区域主要用于显示和编辑幻灯片。演示文稿中的所有幻灯片都是在此窗格中编辑完成的。在幻灯片编辑区的最下面是备注栏，用户可以在这里根据需要对幻灯片进行注解。注意：这个注解不会显示在幻灯片上，但在打印幻灯片时会显示在打印文稿上。

◎ 幻灯片 / 大纲窗格

幻灯片 / 大纲窗格中主要包括“幻灯片”和“大纲”选项卡，其中幻灯片模式是调整和设置幻灯片的最佳模式。在这种模式下，幻灯片会以序号的形式进行排列，用户可以在此预览幻灯片的整体效果。

使用大纲模式可以很好地组织和编辑幻灯片内容。在编辑区的幻灯片中输入文本内容之后，在大纲模式的任务窗格中也会显示文本的内容，用户可以直接在此输入或修改幻灯片的文本内容。

◎ 状态栏

状态栏是显示现在正在编辑的幻灯片所在状态，主要有幻灯片的总页数和当前页数、语言状态、视图状态和幻灯片放大比例等。

13.1.3 退出PowerPoint 2010

退出 PowerPoint 2010 的方法可以分为以下三种：

方法一：

直接单击 PowerPoint 窗口右上角的“关闭”按钮，如下图所示。当用户正在编辑的 PowerPoint 文档未进行保存直接退出时，将弹出询问用户是否保存的提示信息框。

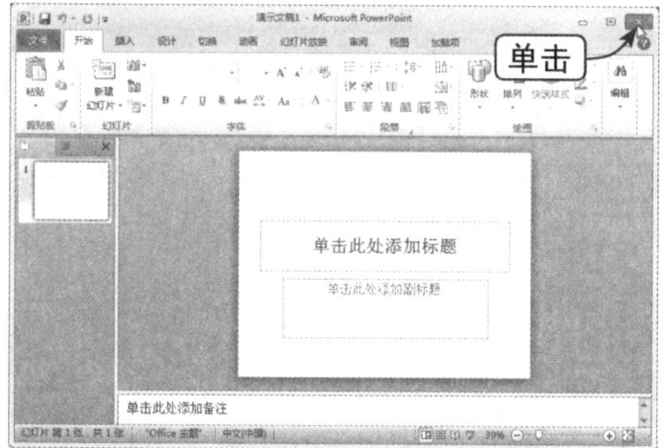

方法二：

单击 PowerPoint 窗口左上角的图标，在弹出的下拉菜单中选择“关闭”选项，如下图所示。直接按【Alt+F4】组合键，也可将其关闭。

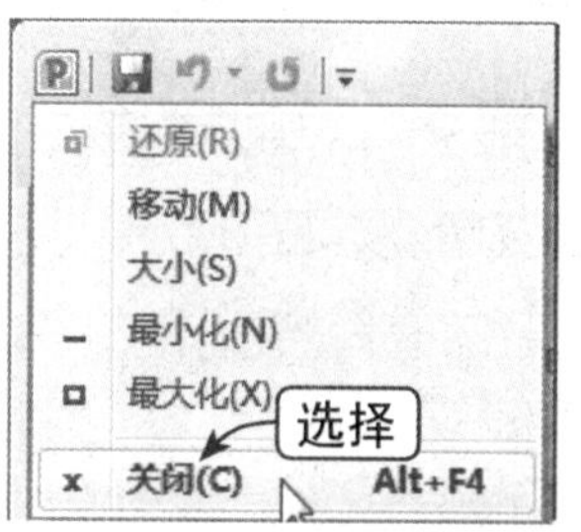

方法三：

选择“文件”选项卡，在左侧窗格中选择“退出”选项即可，如下图所示。

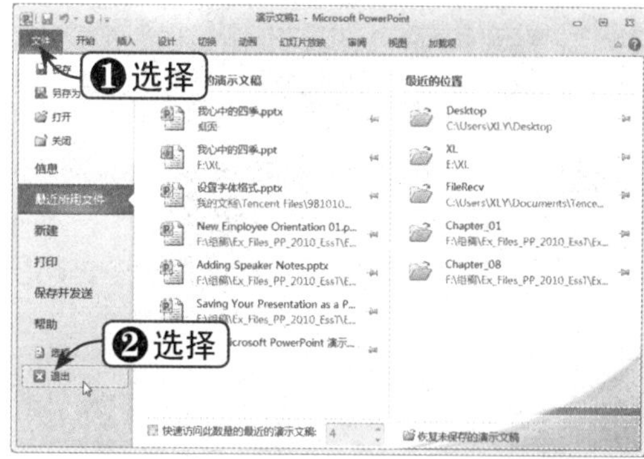

知识点拨

双击 PowerPoint 窗口左上角的图标，也可以退出 PowerPoint 2010 程序。

13.2 PowerPoint 2010的视图方式

在 PowerPoint 2010 中提供了多种视图查看方式，合理地利用它们可以更加有效地制作幻灯片。其中，主要包括普通视图、浏览视图、阅读视图和备注页视图四种方式，下面将分别进行介绍。

13.2.1 普通视图

普通模式是 PowerPoint 默认的视图模式，它由三部分构成：幻灯片栏、大纲栏和备注栏。其中，幻灯片栏主要用于显示、编辑演示文稿中幻灯片的详细内容；大纲栏主要用于显示、编辑演示文稿的文本大纲，其中列出了演示文稿中每张幻灯片的页码、主题，以及相应的要点；备注栏主要用于为对应的幻灯片添加提示信息，对使用者起备忘、提示作用，在实际播放演示文稿时看不到备注栏中的信息。

Step 01 查看普通视图模式

打开素材文件，选择“视图”选项卡，在“演示文稿视图”组中单击“普通视图”按钮，切换到普通视图，如下图所示。

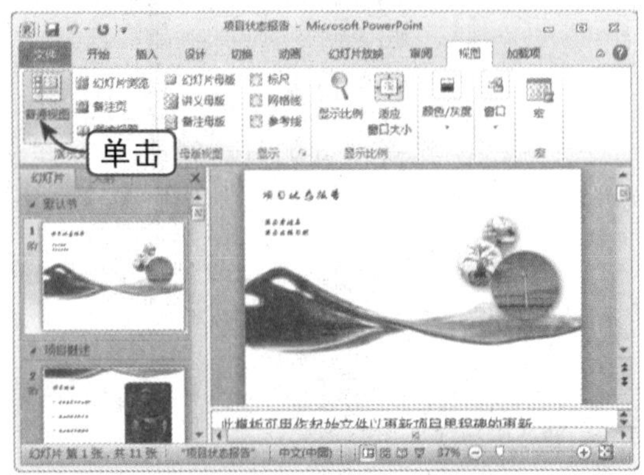

Step 02 选择“幻灯片”选项卡

在左窗格中选择“幻灯片”选项卡，将显示每张幻灯片的缩略图，单击任何一个缩略图即可切换到该幻灯片，如下图所示。

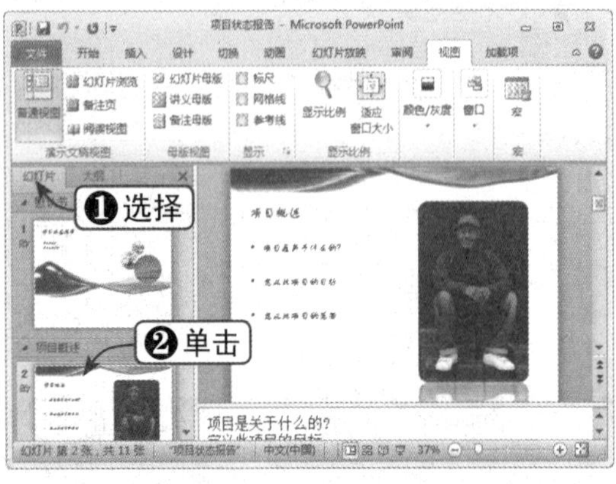

Step 03 选择“大纲”选项卡

在左窗格中选择“大纲”选项卡，此时将显示演示文稿的文本，如右上图所示。

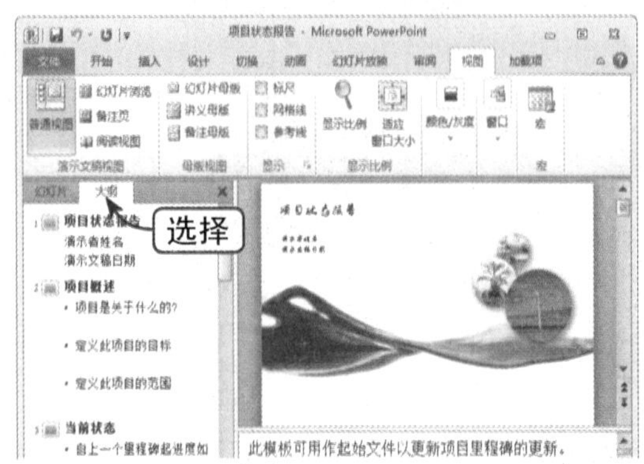

Step 04 更改幻灯片显示比例

在“视图”选项卡中单击“显示比例”按钮，弹出“显示比例”对话框，从中设置显示比例（如在“百分比”文本框中输入 80%），单击“确定”按钮，如下图所示。

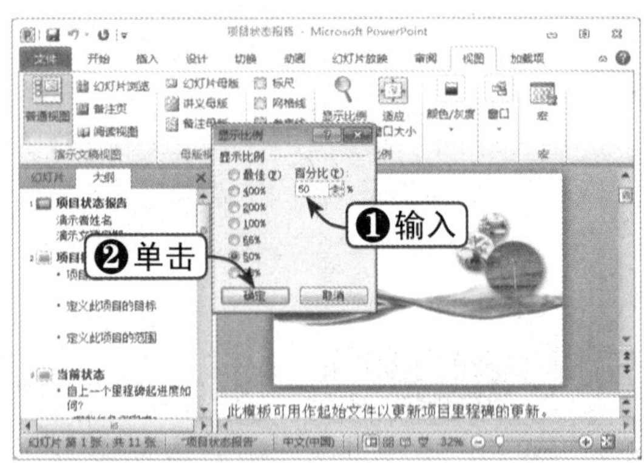

Step 05 查看更改后效果

此时查看显示效果，发现幻灯片的显示变大了，如下图所示。

Step06 拖动“显示比例”滑块

除了采用上面的方法设置显示比例外，还有一种很方便、很直观的方法，就是直接在窗口状态栏中拖动“显示比例”滑块来调整幻灯片的显示，如下图所示。

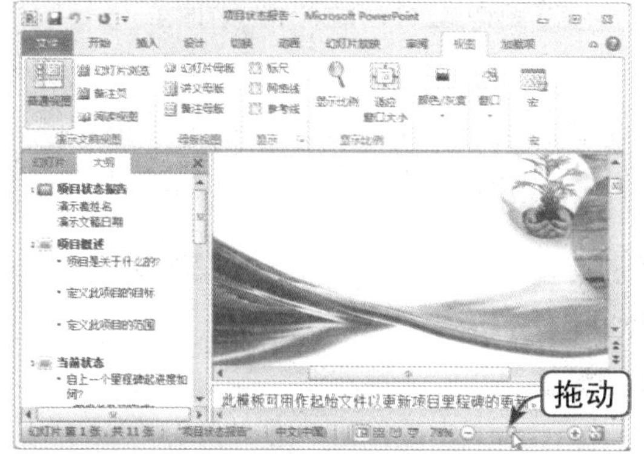

Step07 使显示比例适应窗口大小

在“显示比例”组中单击“适应窗口大小”按钮，或在状态栏中单击“适应窗口大小”按钮，使幻灯片的显示比例适应窗口的大小，如下图所示。

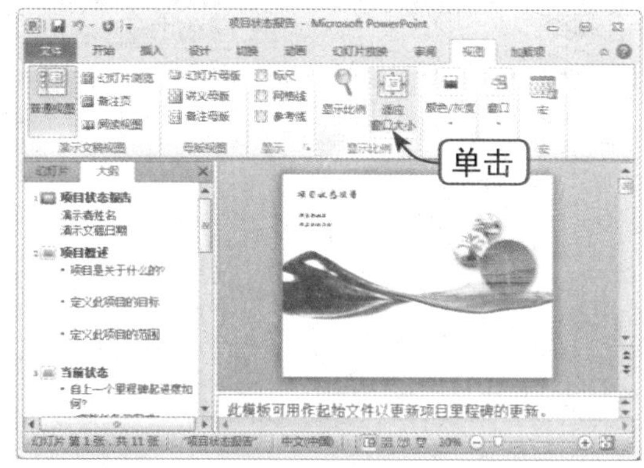

Step08 显示标尺、网格线和参考线

在“视图”选项卡的“显示”组中选中“标尺”、“网格线”和“参考线”复选框，可以在幻灯片中显示这些辅助线，如右上图所示。

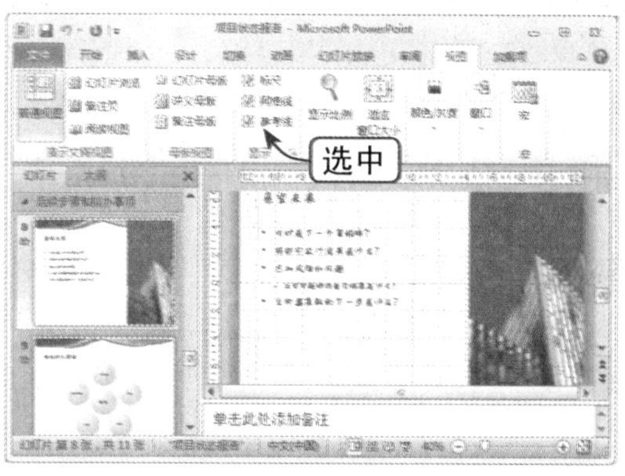

Step09 单击“灰度”按钮

在“颜色 / 灰度”组中单击“灰度”按钮，如下图所示。

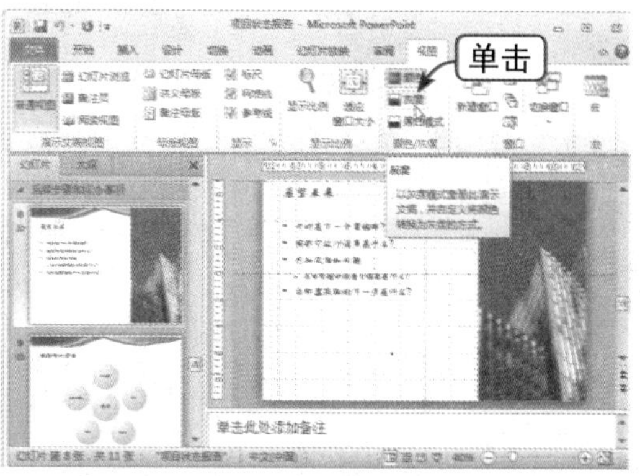

Step10 灰度显示幻灯片

此时幻灯片以灰度模式显示，如下图所示。此外，也可以使幻灯片以“黑白模式”显示，如下图所示。

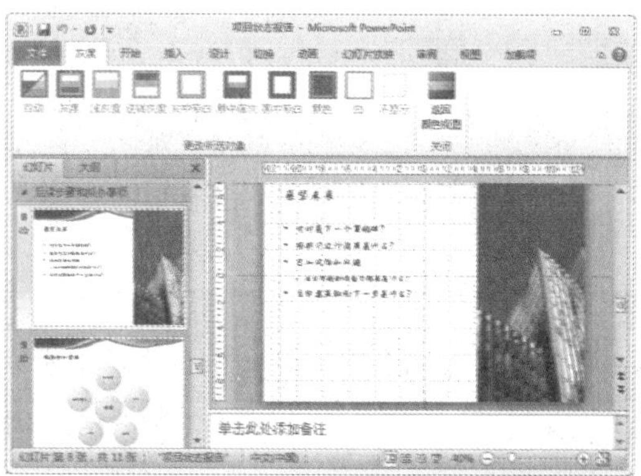

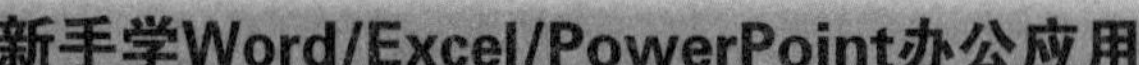

13.2.2 浏览视图

幻灯片浏览视图是以最小化的形式显示演示文稿中的所有幻灯片，在这种视图下可以进行幻灯片顺序调整、幻灯片动画设计、幻灯片放映设置和幻灯片切换设置等操作。

Step 01 切换到浏览视图

选择“视图”选项卡，在“演示文稿”组中单击“幻灯片浏览”按钮，如下图所示。

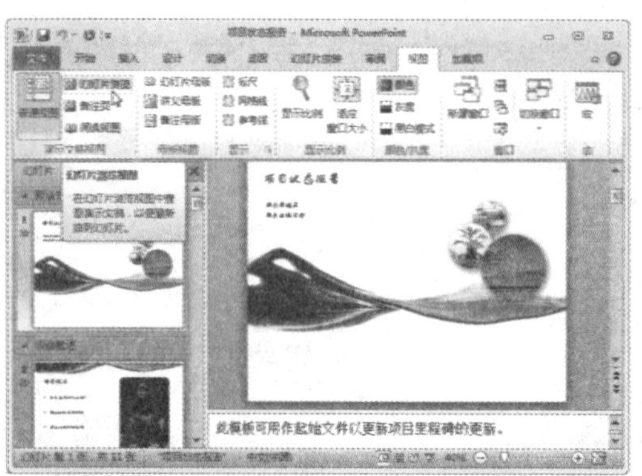

Step 02 使用浏览视图模式

切换到 PowerPoint 2010 浏览视图中，此时将隐藏普通视图下的幻灯片编辑区域，而只显示幻灯片的缩略图，如下图所示。

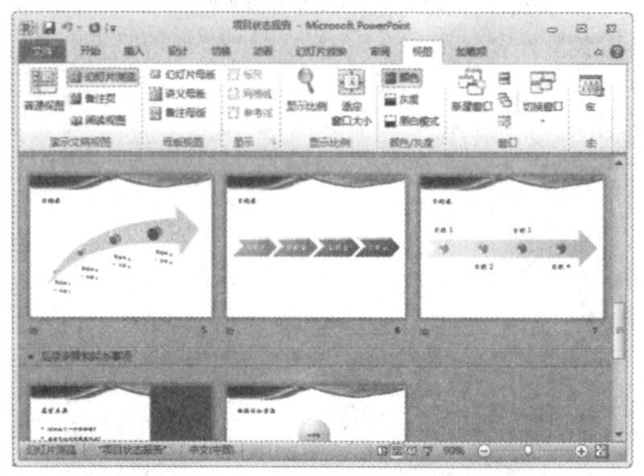

Step 03 更改幻灯片缩略图大小

在浏览视图模式下，同样可以对幻灯片缩略图的大小进行更改，更改方法和普通视图的方法一样，可以直接拖动状态栏中的“显示比例”滑块如下图所示。

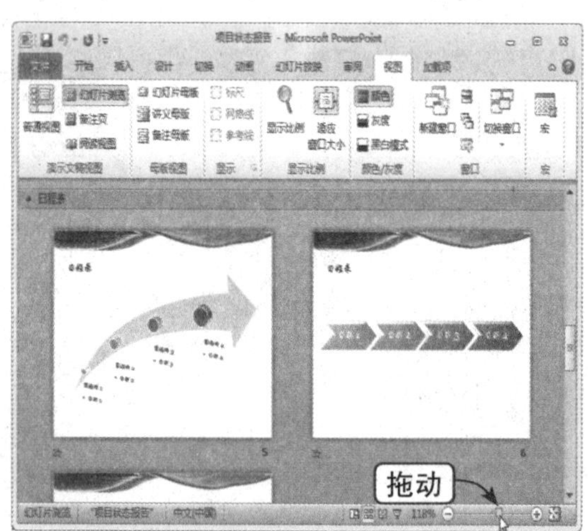

13.2.3 备注页视图

备注页视图模式是用来编辑备注页的，备注页分为两部分：上半部分是幻灯片的缩小图像，下半部分是文本预留区。用户可以一边观看幻灯片的缩小图像，一边在文本预留区内输入幻灯片的备注内容。备注页的备注部分可以有自己的方案，它与演示文稿的配色方案彼此独立，在打印演示文稿时，可以选择只打印备注页。

Step01 切换到备注页视图

选择“视图”选项卡，在“演示文稿”组中单击“备注页”按钮，如下图所示。

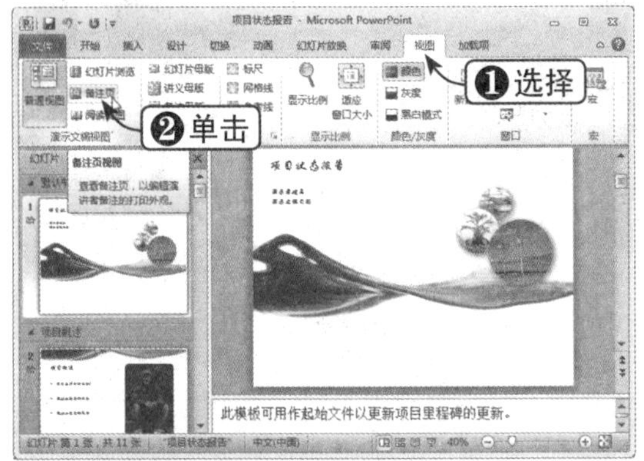

Step02 查看视图模式

切入备注页视图模式后，可以在“备注页”视图中检查并更改备注的页眉和页脚。在备注页视图中，可以用图表、图片、表格或其他插图装饰备注，如下图所示。

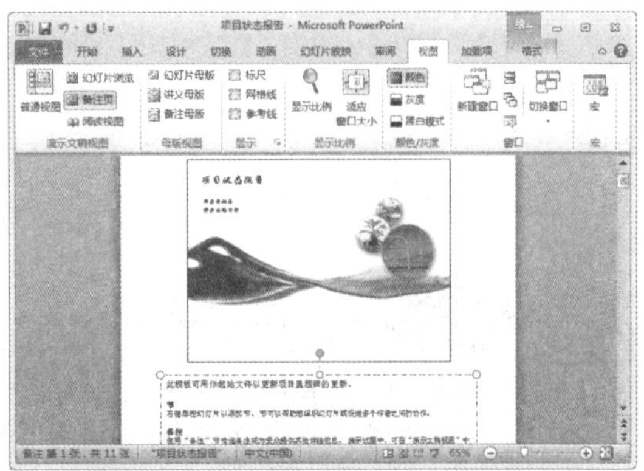

知识点拨

若要将内容或格式应用于幻灯片中的所有备注页，请更改备注母版（母版：定义演示文稿中所有幻灯片或页面格式的幻灯片视图或页面，每个演示文稿的每个关键组件都有一个母版）。例如，要将公司徽标或其他剪贴画放置在所有备注页上，可将该剪贴画添加到备注母版中。如果要更改所有备注使用的字体样式，可在备注母版上更改该样式。用户可以更改幻灯片区域、备注区域、页眉、页脚、页码和日期的外观和位置。

13.2.4 阅读视图

阅读视图用于在自己的电脑上查看演示文稿，而非受众（如通过大屏幕）放映演示文稿。如果希望在一个设有简单控件以方便审阅的窗口中查看演示文稿，而不想使用全屏的幻灯片放映视图，则也可以在自己的电脑上使用阅读

Step01 切换到阅读视图

选择“视图”选项卡，在“演示文稿”组中单击“阅读视图”按钮，如右图所示。

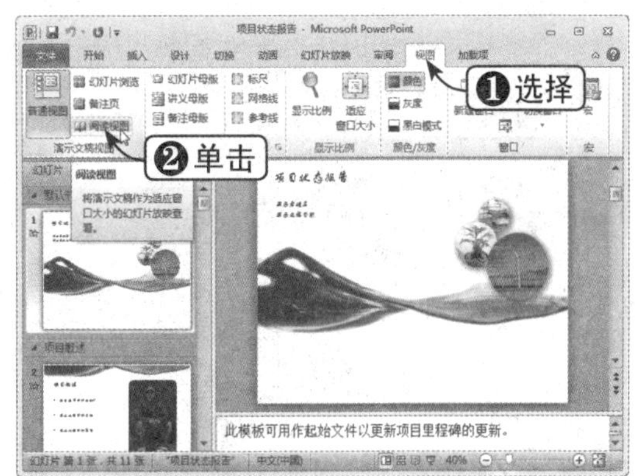

Step 02 查看视图模式

切换到阅读视图后，便可以窗口模式观看幻灯片，在任务栏右侧单击“菜单”按钮，在其子菜单中包含了很多放映时的命令选项，可以根据需要选择相应的选项，如右图所示。

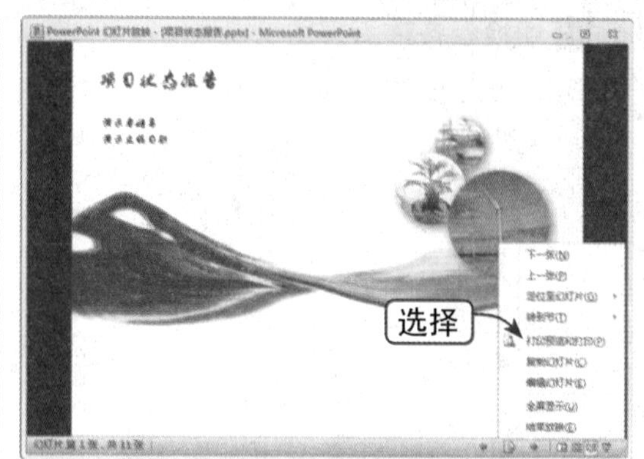

知识点拨

在阅读视图下，按【Esc】键可以退出阅读视图。另外，还有一种更快捷的方法来切换视图方式，那就是直接单击状态栏中的四个视图切换按钮。在备注母版中，如果要更改所有备注使用的字体样式，可在备注母版上更改该样式。用户可以更改幻灯片区域、备注区域、页眉、页脚、页码和日期的外观和位置。

13.3 管理幻灯片

下面将介绍如何管理幻灯片，也就是幻灯片的基本操作，包括打开和关闭幻灯片、新建幻灯片、选择幻灯片、插入和删除幻灯片、复制和移动幻灯片、保存幻灯片等。

13.3.1 打开和关闭幻灯片

下面将介绍如何打开和关闭幻灯片，具体操作方法如下：

Step 01 选择“打开”选项

选择“文件”选项卡，选择“打开”选项，如下图所示。

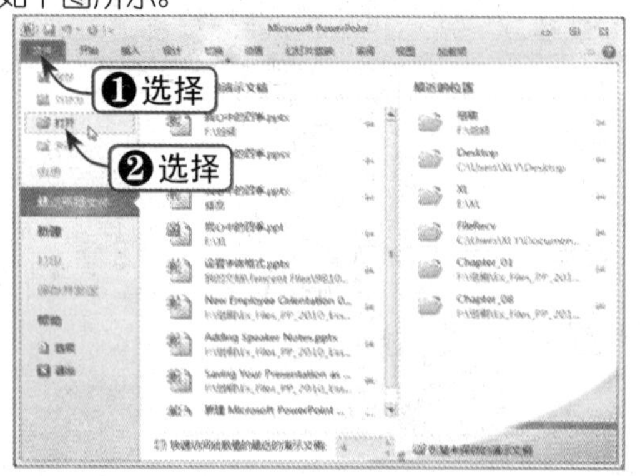

Step 02 选择要打开的文件

弹出“打开”对话框，选择要打开的幻灯片文件，单击“打开”按钮，如下图所示。

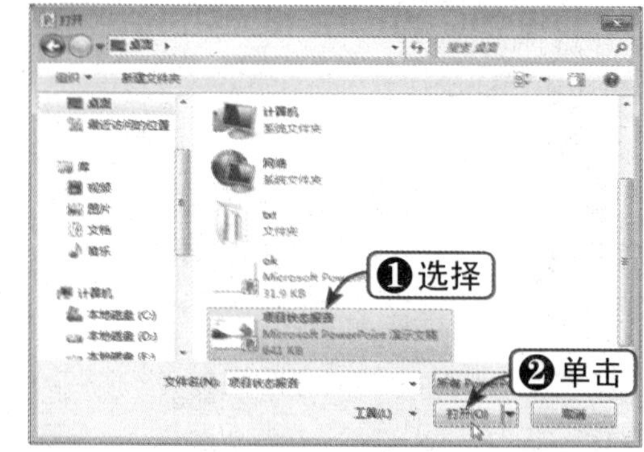

Step 03 打开幻灯片文件

此时，即可打开选中的幻灯片文件，如下图所示。

Step 04 关闭幻灯片

选择“文件”选项卡，选择“关闭”选项，即可关闭文件，如下图所示。用户也可以通过按【Ctrl+W】组合键来关闭幻灯片文件。

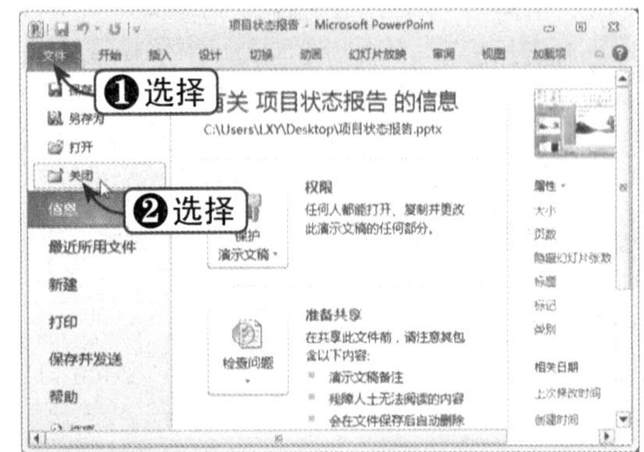

13.3.2 新建幻灯片

新建幻灯片主要有四种方法，下面将分别对其进行介绍。

1. 新建空白演示文稿

新建空白演示文稿的具体操作方法如下：

Step 01 选择“空白演示文稿”选项

选择“文件”选项卡，然后选择“新建”选项，在右侧选择“空白演示文稿”选项，并单击“创建”按钮，如下图所示。

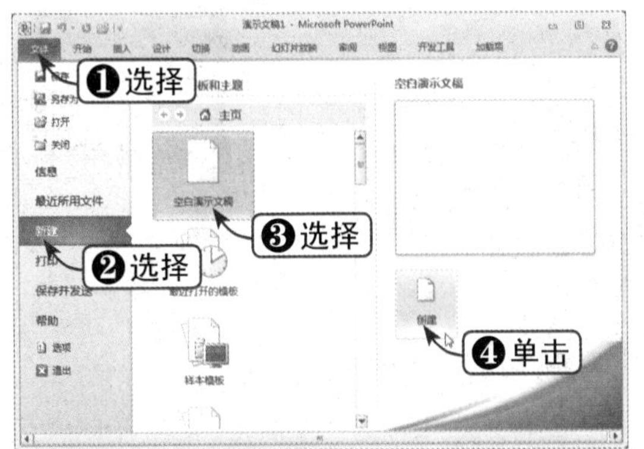

Step 02 新建空白演示文稿

此时，即可新建一个空白演示文稿，如下图所示。

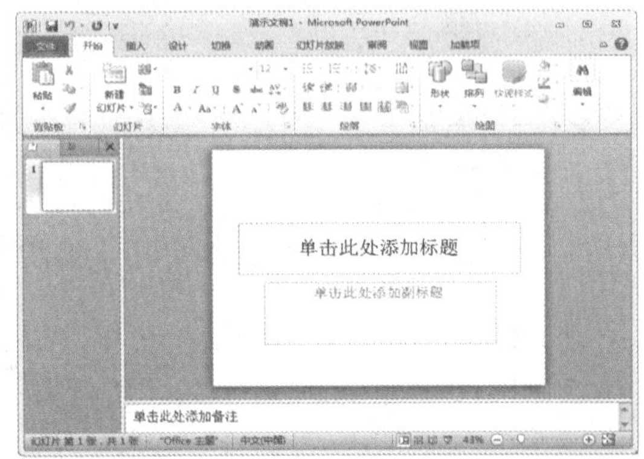

知识点拨

默认状态下，按【Ctrl+N】组合键，也可以新建空白演示文稿。

2. 根据模板新建幻灯片

根据模板新建幻灯片的具体操作方法如下：

Step 01 选择“样本模板”选项

选择“文件”选项卡，然后选择“新建”选项，在右侧选择“样本模板”选项，如下图所示。

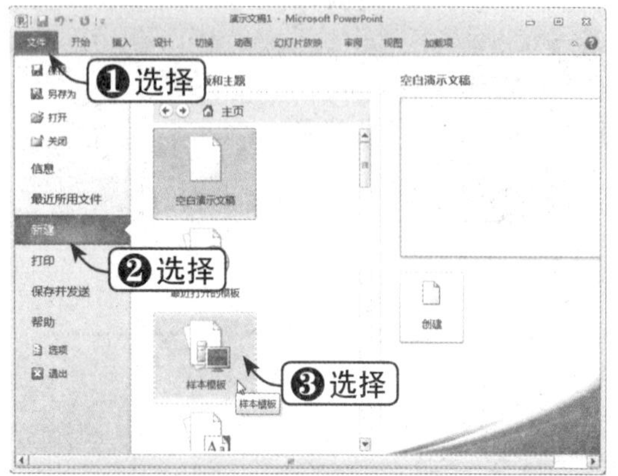

Step 02 选择所需样本模板

显示软件自带的样本模板，选择所需的模板，如选择“培训”模板，然后单击“创建”按钮，如下图所示。

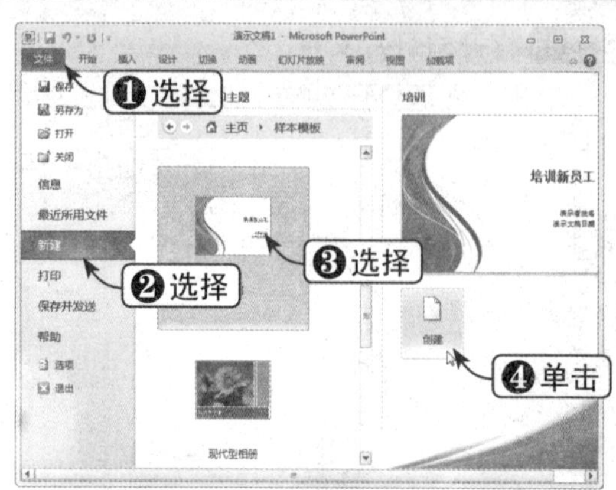

Step 03 根据所选模板创建幻灯片

此时，即可根据“培训”模板创建幻灯片，效果如下图所示。

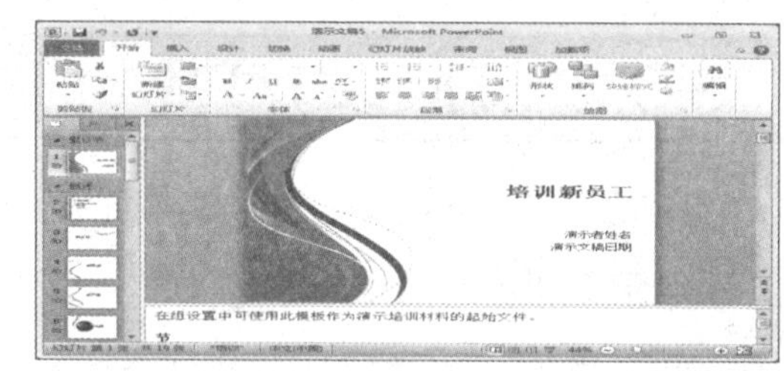

3. 根据主题新建幻灯片

根据主题新建幻灯片的具体操作方法如下：

Step 01 选择“主题”选项

选择“文件”选项卡，然后选择“新建”选项，在右侧选择“主题”选项，如下图所示。

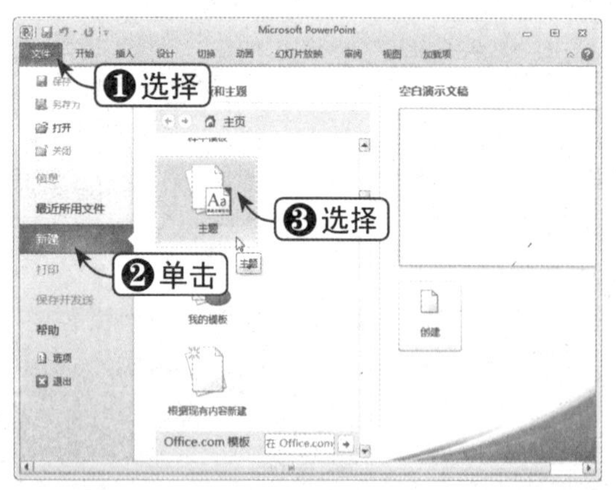

Step 02 选择所需主题

显示软件自带的主题，选择所需的主题，如选择“时装设计”主题，然后单击“创建”按钮，如下图所示。

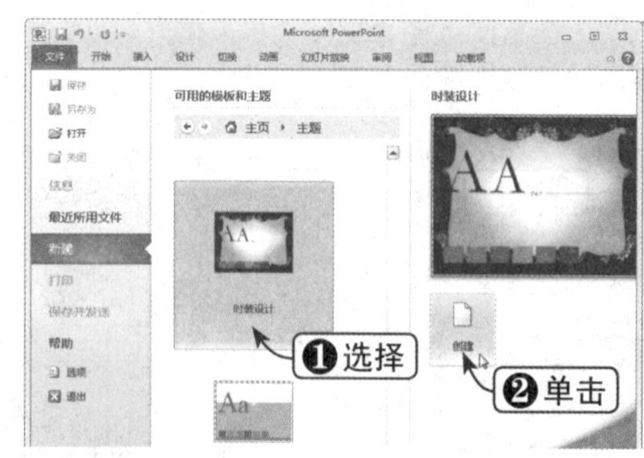

Step 03 根据所选主题创建幻灯片

此时，即可根据“时装设计”主题创建幻灯片，效果如下图所示。

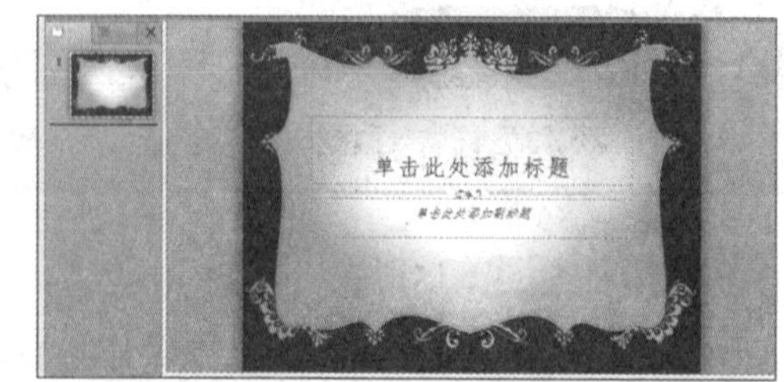

4. 根据Office模板新建幻灯片

根据 Office 模板新建幻灯片的具体操作方法如下：

Step 01 选择所需 Office 模板

选择“文件”选项卡，然后选择“新建”选项，在右侧的“可用的模板和主题”选项区中向下拖动滚动条，选择一个 Office 模板（如选择“贺卡”模板），如下图所示。

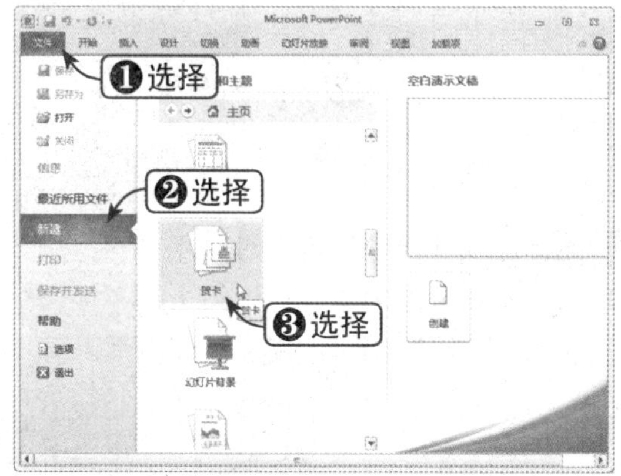

Step 02 选择分组

此时显示两个分组，选择“节日”文件夹，如下图所示。

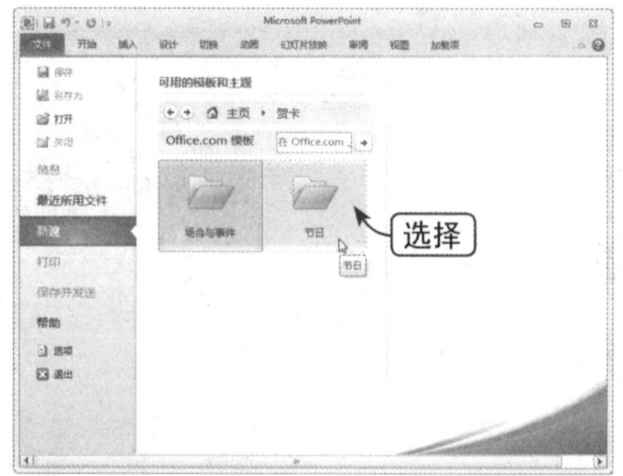

Step 03 选择所需模板

打开“节日”文件夹，从中选择所需的模板，并单击“下载”按钮，如下图所示。

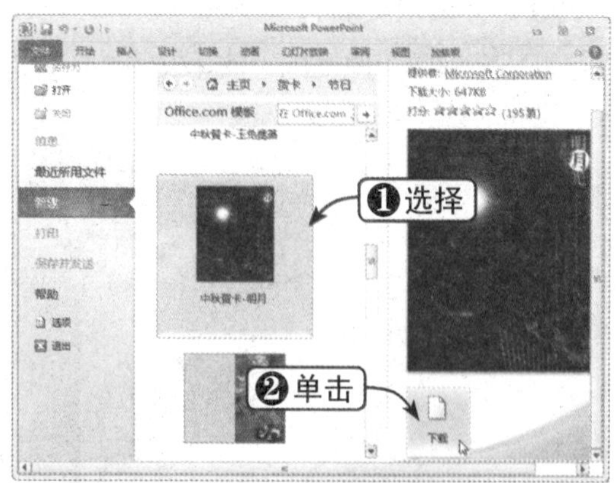

Step 04 从网上下载所选模板

此时，开始下载所选的模板，如下图所示。

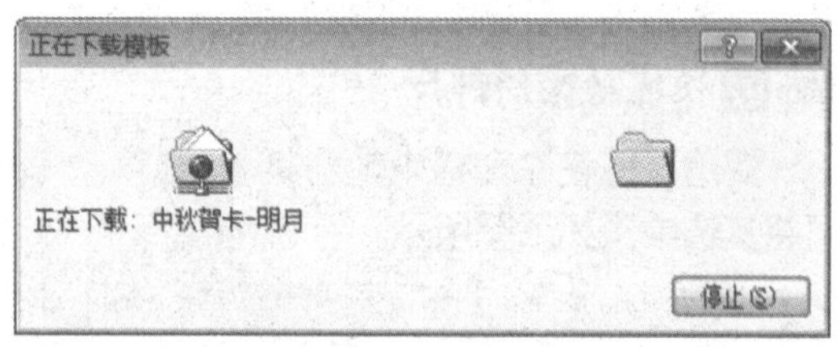

Step 05 根据所选模板创建幻灯片

模板下载完成后，即可以该模板新建幻灯片文件，如下图所示。

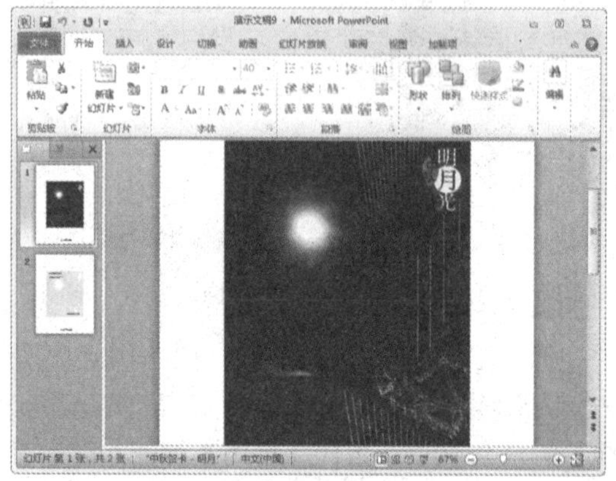

13.3.3 选择幻灯片

下面将介绍如何选择幻灯片，具体操作方法如下：

素材文件	光盘：素材文件\第13章\演示文稿14.pptx

Step 01 打开演示文稿

打开光盘中所提供的“演示文稿 14.pptx”素材文件，如下图所示。

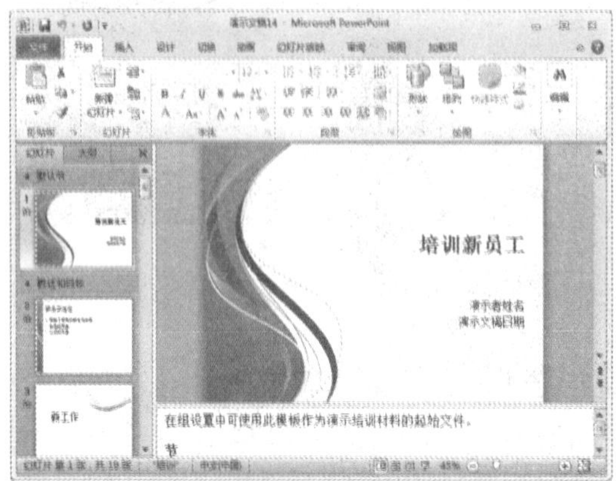

Step 02 选择单张幻灯片

使用鼠标在左窗格中单击某张幻灯片，即可将其选中，如下图所示。

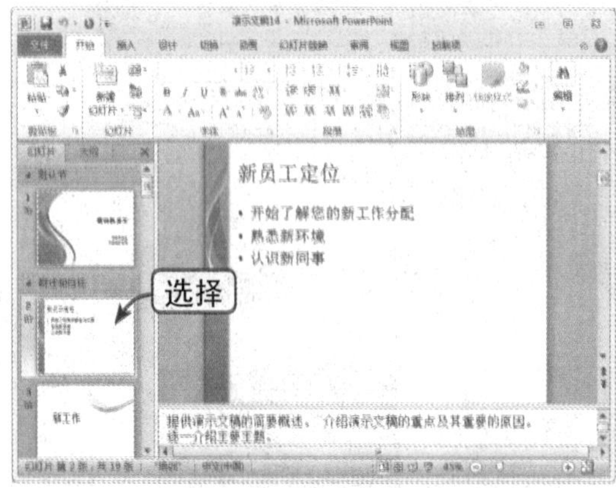

Step 03 选择连续的多张幻灯片

为了便于演示，首先将幻灯片切换到幻灯片浏览视图，并适当调整显示比例。先选择一张幻灯片，然后在按住【Shift】键的同时单击最后一张幻灯片，即可选择其间连续的多个幻灯片，如下图所示。

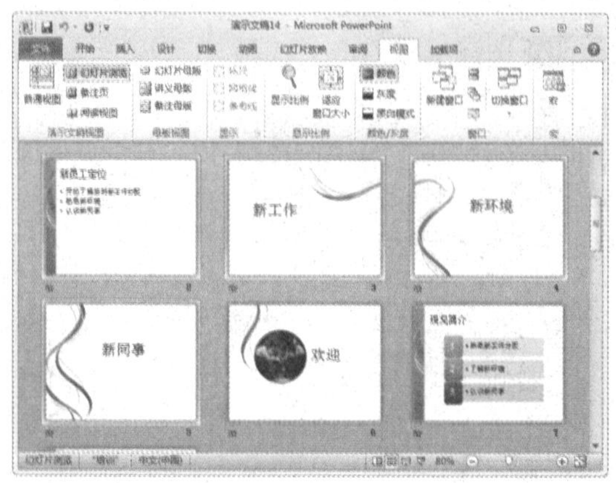

Step 04 选择不连续的多张幻灯片

按住【Ctrl】键的同时逐个单击幻灯片，即可选择不连续的多张幻灯片，如下图所示。

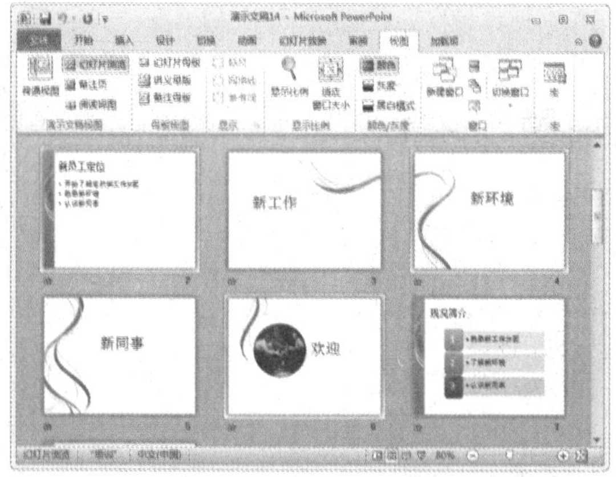

Step 05 全选幻灯片

按【Ctrl+A】组合键，即可选择全部的幻灯片，如下图所示。

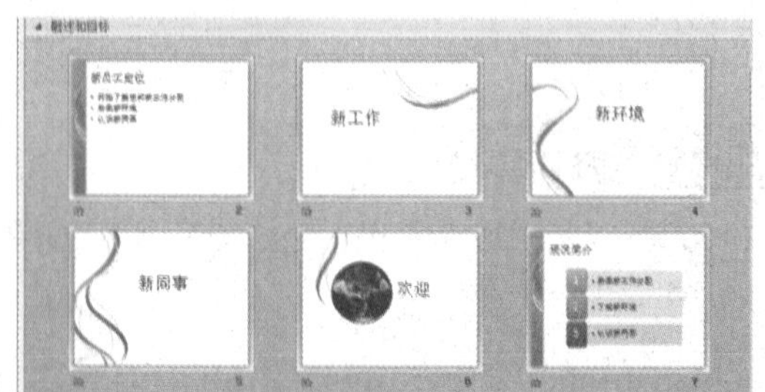

13.3.4 插入和删除幻灯片

下面将介绍如何插入和删除幻灯片，具体操作方法如下：

Step 01 选择幻灯片版式

首先定位要插入幻灯片的位置，然后选择“开始”选项卡，在“幻灯片”组中单击“新建幻灯片”下拉按钮，在弹出的列表框中选择一种幻灯片版式（如选择“两栏内容”版式），如下图所示。

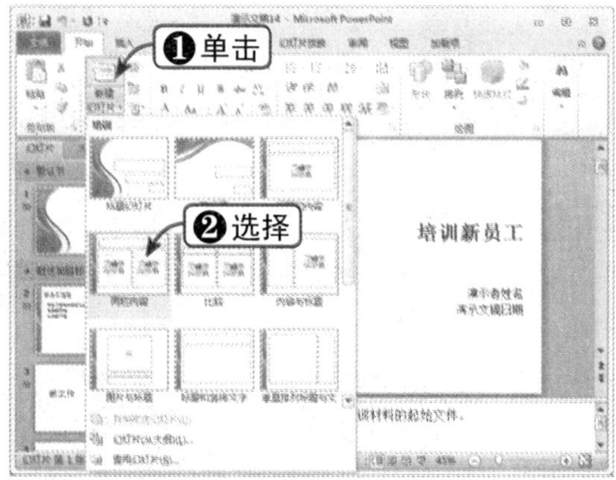

Step 02 插入幻灯片

此时，即可插入一张幻灯片，效果如下图所示。

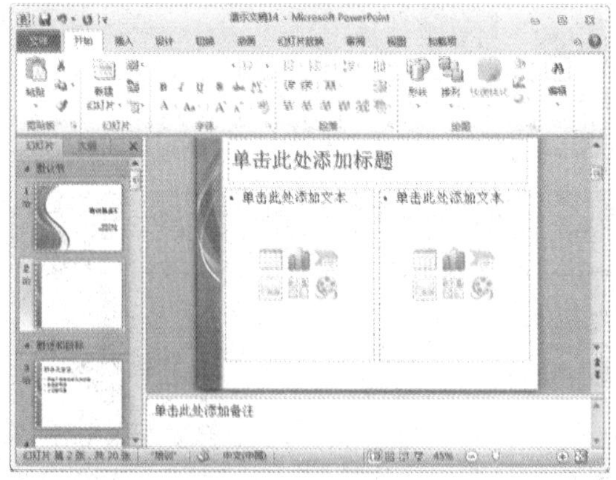

Step 03 删除幻灯片

删除幻灯片的方法很简单，只需选择要删除的幻灯片，然后按【Delete】键即可；或者右击要删除的幻灯片，在弹出的快捷菜单中选择“删除幻灯片”选项，如下图所示。

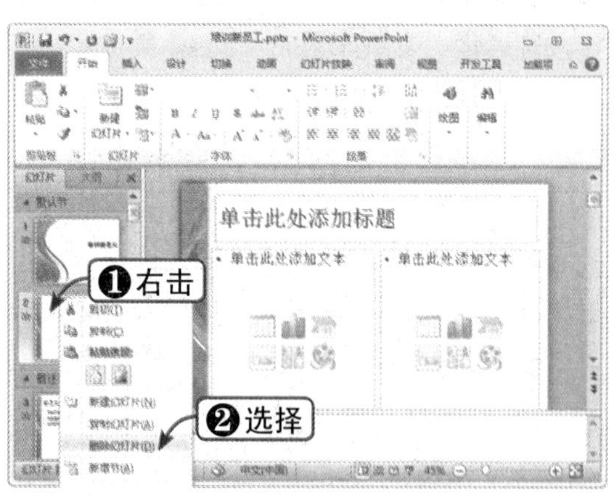

Step 04 选择幻灯片

如果需要插入与上一张相同版式的幻灯片，只需选择该幻灯片，然后按【Enter】键即可，如下图所示。

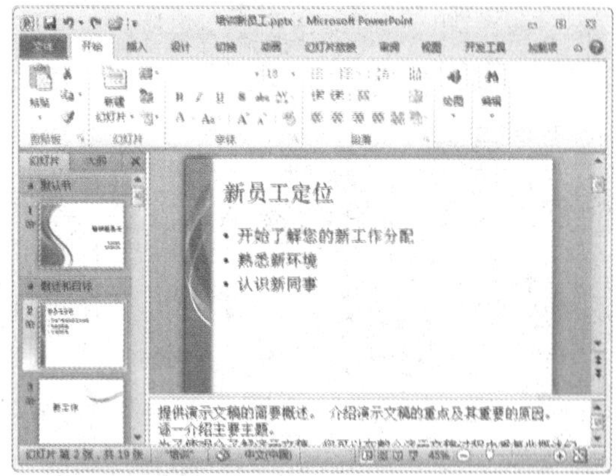

Step 05 插入相同版式的幻灯片

此时，即可插入与所选幻灯片相同版式的幻灯片，如下图所示。

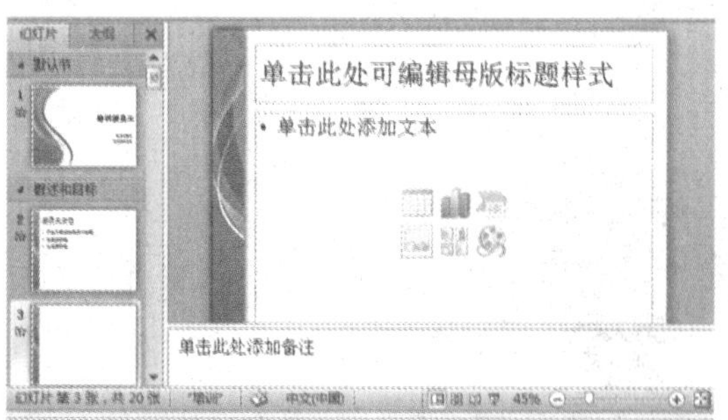

13.3.5 复制和移动幻灯片

下面将介绍如何复制和移动幻灯片，具体操作方法如下：

Step 01 选择“复制幻灯片”选项

右击要复制的幻灯片，在弹出的快捷菜单中选择“复制幻灯片”选项，如下图所示。

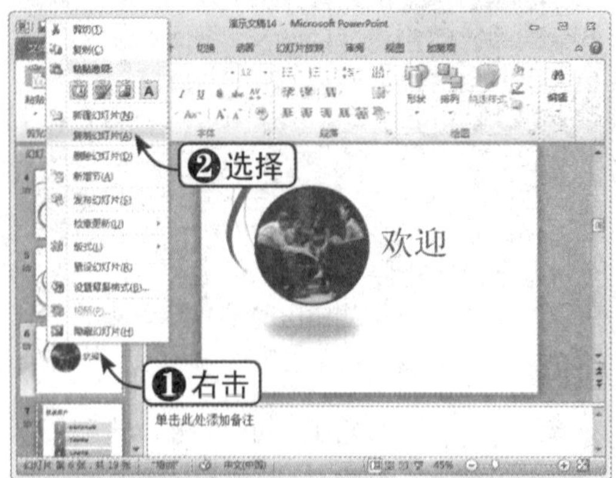

Step 02 查看复制结果

此时，即可复制所选择的幻灯片，效果如下图所示。

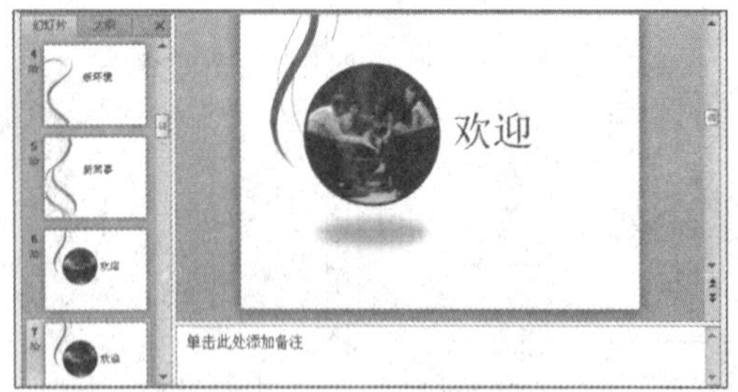

Step 03 拖动幻灯片

移动幻灯片的方法很简单，只需在要移动的幻灯片上按住鼠标左键并拖动，如下图所示。

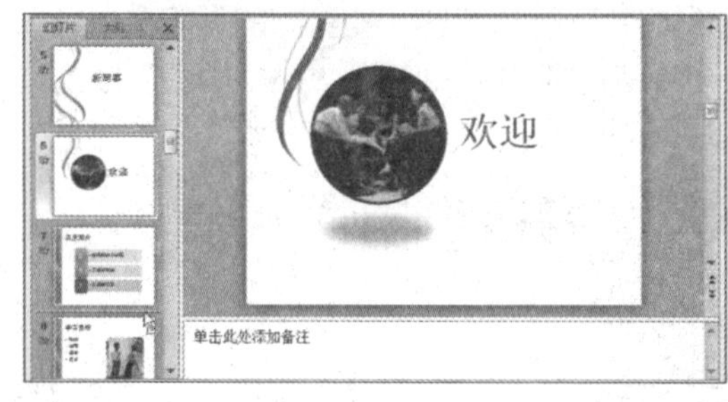

Step 04 移动幻灯片

拖动到目标位置后释放鼠标，即可移动幻灯片，如下图所示。

13.3.6 保存幻灯片

下面将介绍如何保存幻灯片，具体操作方法如下：

Step 01 选择“保存”选项

选择“文件”选项卡，然后选择“保存”选项，如下图所示。

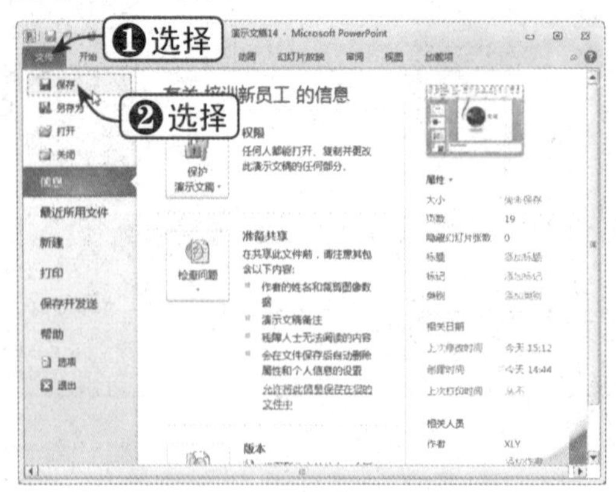

Step 02 保存幻灯片

弹出“另存为”对话框，设置保存位置并重命名文件后，单击“保存”按钮，即可保存幻灯片，如下图所示。

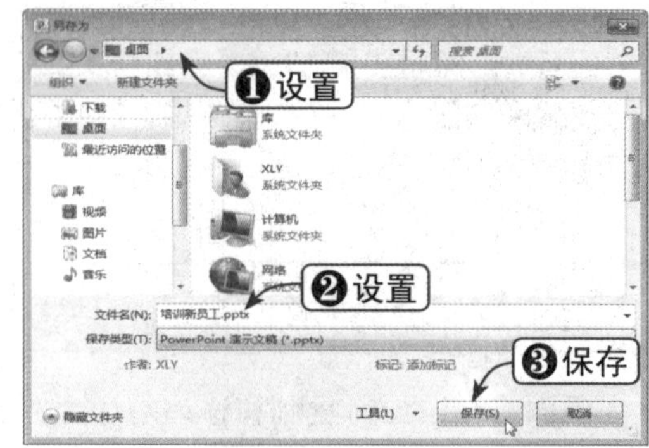

Step 03 选择“常规选项”选项

在“另存为”对话框的下方单击“工具”下拉按钮，在弹出的下拉菜单中选择“常规选项”选项，如下图所示。

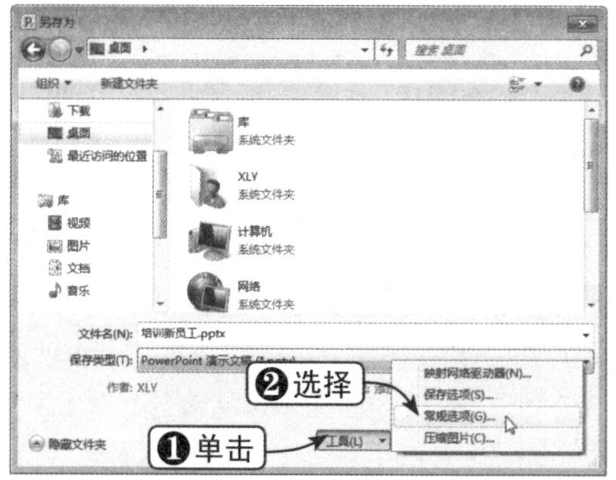

Step 04 设置权限密码

弹出“常规选项”对话框，从中可以设置“打开权限密码”和“修改权限密码”，单击“确定”按钮，如下图所示。

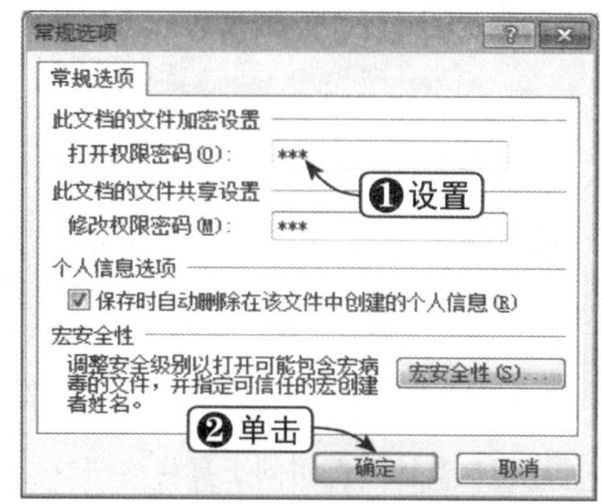

13.4 设置PowerPoint 2010选项

用户可以根据需要对 PowerPoint 2010 的操作界面或功能选项进行自定义设置，其主要是在“PowerPoint 选项”对话框中进行的。下面将介绍如何自定义快速访问工具栏、设置保存选项和自定义功能区，并可以据此设置其他选项。

13.4.1 自定义快速访问工具栏

用户可以根据需要来自定义快速访问工具栏，使操作更加便捷，具体操作方法如下：

Step 01 查看快速访问工具栏

快速访问工具栏位于 PowerPoint 窗口左上角，默认状态下显示“保存”、“撤销”和“恢复”3 个按钮，如下图所示。

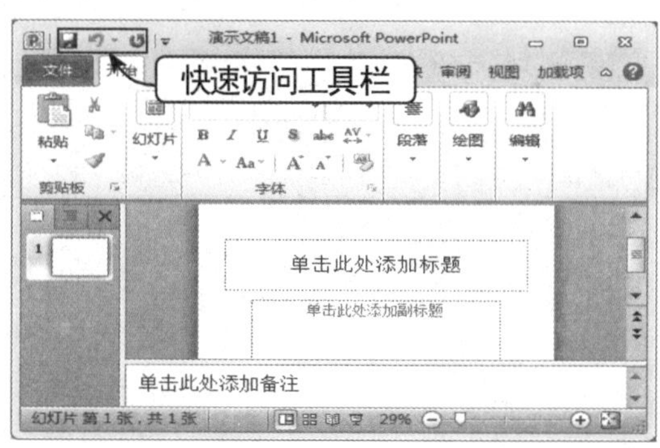

Step 02 选择“打开”选项

单击“快速访问工具栏”下拉按钮，在弹出的下拉菜单中选择“打开”选项，如下图所示。

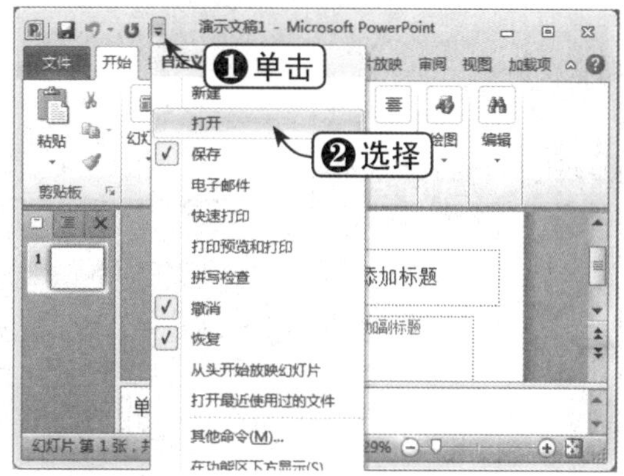

Step 03 添加“打开”按钮

此时，快速访问工具栏中就多出了一个“打开”按钮，如下图所示。

Step 04 添加其他快速访问工具栏按钮

选择“插入”选项卡，在“插图”组上右击，在弹出的快捷菜单中选择“添加到快速访问工具栏”选项，如下图所示。

Step 05 删除快速访问工具栏按钮

此时，“插图”按钮已经添加到快速访问工具栏中。右击该按钮，在弹出的快捷菜单中选择“从快速访问工具栏删除”选项，即可将该按钮删除，如下图所示。

知识点拨

快速访问工具栏可以使用户的操作更加便捷，用户不仅可以将“组”加入到快速启动栏中，同样也可以将组中的功能按钮添加到快速启动工具栏中。

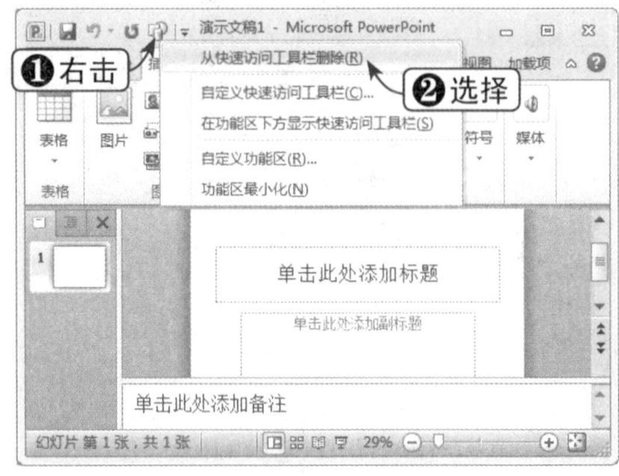

Step 06 选择“其他命令”选项

单击“快速访问工具栏”下拉按钮，弹出“快速访问工具栏”下拉菜单，从中可以添加其他按钮到快速访问工具栏中。此时，选择“其他命令”选项，如下图所示。

Step 07 自定义快速访问工具栏

弹出“选项”对话框，在“快速访问工具栏”选项卡中可以根据需要对快速访问工具栏进行添加、删除、导入|导出等操作，如下图所示。

13.4.2 个性化设置其他选项

用户可以根据需要对 PowerPoint 2010 的选项进行个性化设置，具体操作方法如下：

Step 01 选择“选项”选项

选择“文件”选项卡，从中选择“选项”选项，如下图所示。

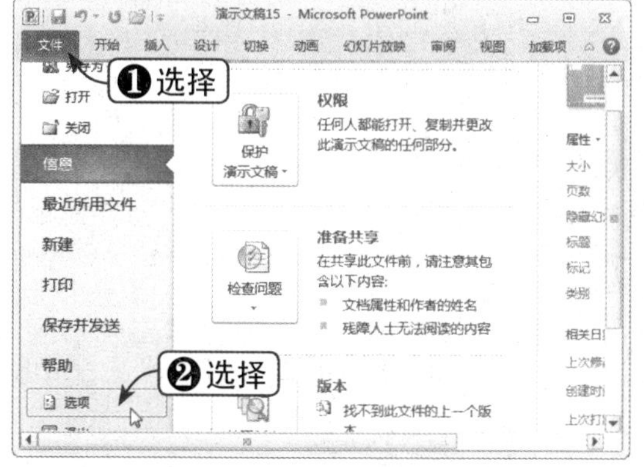

Step 02 设置“保存”选项

弹出“PowerPoint 选项”对话框，在左窗格中选择“保存”选项，在右窗格中可以对其进行相关设置，如设置自动保存时间，将字体嵌入文件等操作，如下图所示。

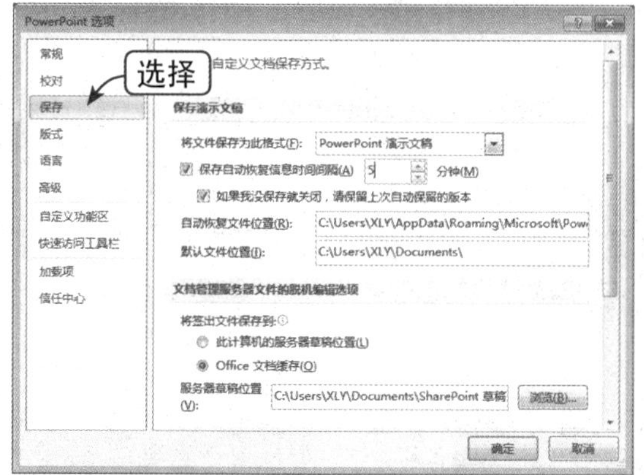

Step 03 自定义功能区

在左窗格中选择“自定义功能区”选项，在右窗格中可以对其进行增加、删除、导入/导出、重置等操作。例如，在此选中“开发工具”复选框，如下图所示。单击“确定”按钮，应用设置。

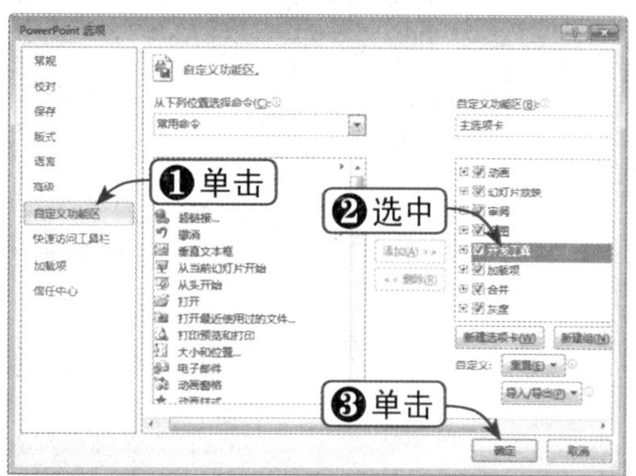

Step 04 添加“开发工具”选项卡

此时，在 PowerPoint 窗口的功能区中就添加了“开发工具”选项卡，如下图所示。

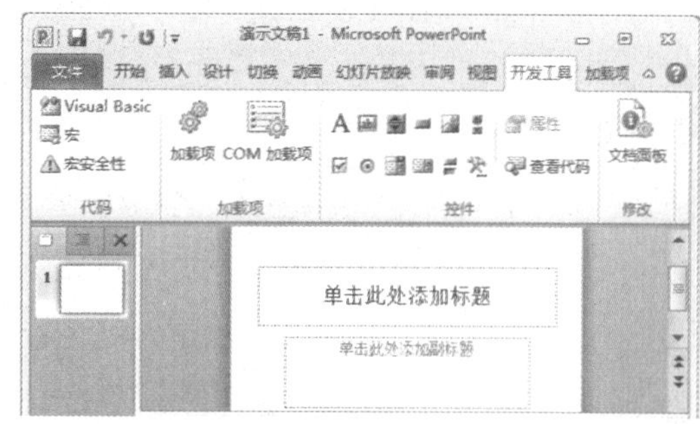

Step 05 设置高级选项

在左窗格中选择“高级”选项，从中可以对 PowerPoint 的编辑选项、剪切、复制和粘贴、图像大小和质量、显示、幻灯片放映等内容进行设置，如下图所示。

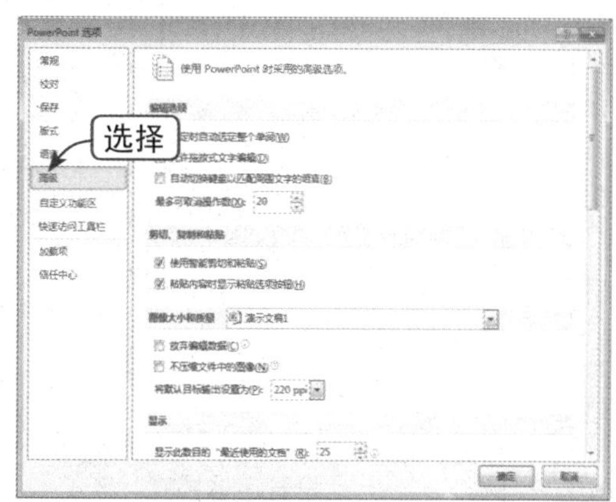

第14章 编辑幻灯片

本章将介绍如何编辑幻灯片，主要介绍幻灯片的基本操作、在节中组织幻灯片、设计幻灯片、插入图片和剪贴画以及使用幻灯片母版等。其中，每一节都是最基础也是最重要的内容，读者一定要认真学习。

本章学习重点

1. 幻灯片文本操作
2. 在节中组织幻灯片
3. 设计幻灯片
4. 插入图片和剪贴画
5. 使用幻灯片母版

重点实例展示

设置幻灯片版式

本章视频链接

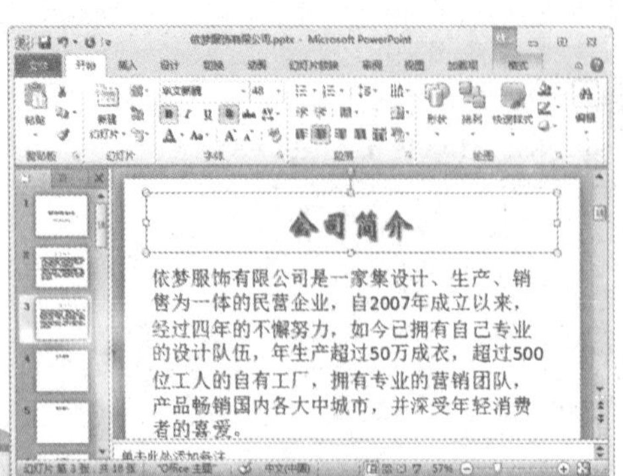

设置字体格式

设置图片

14.1 幻灯片文本操作

下面将详细介绍幻灯片制作过程中最基本的文本操作，主要包括输入幻灯片文本、更改幻灯片版式、调整文本框、使用“大纲”模式输入文本、设置字体格式、使用格式刷复制字体格式、设置文本对齐方式、设置文本方向、添加项目符号和编号等知识。

14.1.1 输入幻灯片文本

在 PowerPoint 中，用户可以在占位符、文本框和图形中输入文本，下面将介绍如何在占位符中输入文本，具体操作方法如下：

Step 01 新建演示文稿

启动 PowerPoint 2010，自动创建“演示文稿 1”，默认有一张“标题”版式的幻灯片，其中存在两个占位符，如下图所示。

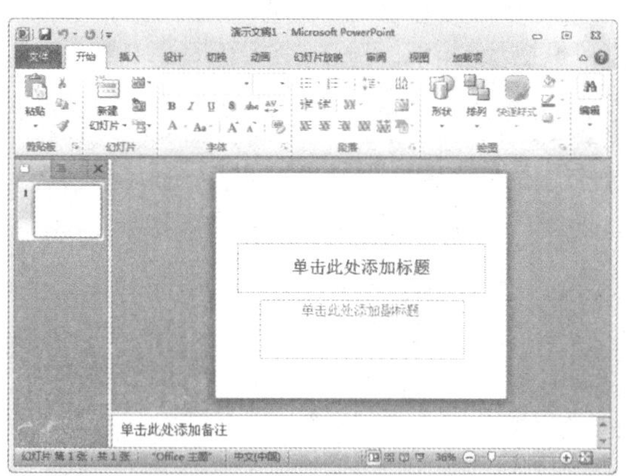

Step 02 添加标题

单击“单击此处添加标题”占位符，并在其中输入标题，如下图所示。

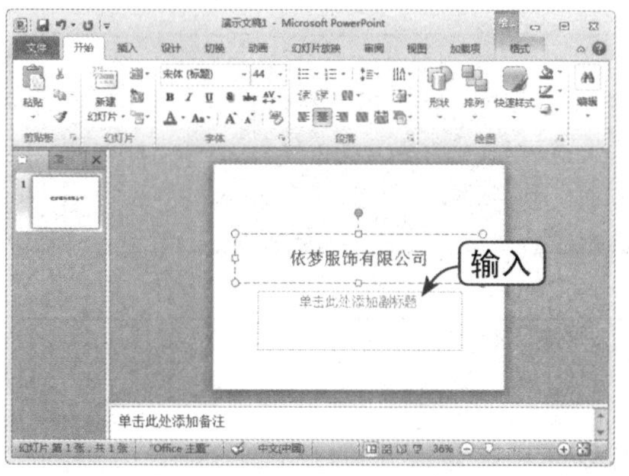

Step 03 添加副标题

单击“单击此处添加副标题”占位符，并在其中输入副标题，如下图所示。

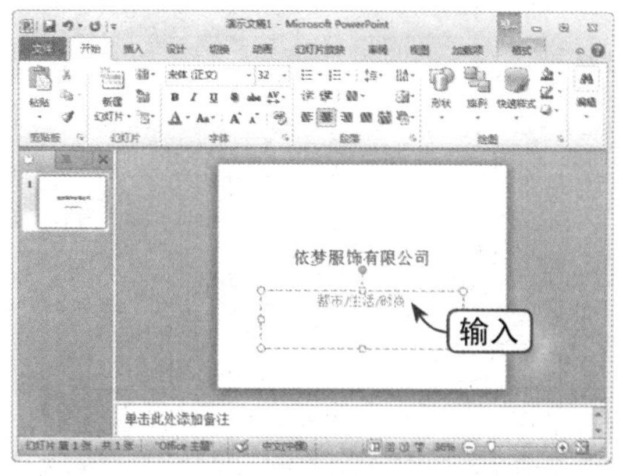

Step 04 选择幻灯片版式

选择“开始”选项卡，单击“新建幻灯片”下拉按钮，在弹出的下拉列表中选择“标题和内容”版式，如下图所示。

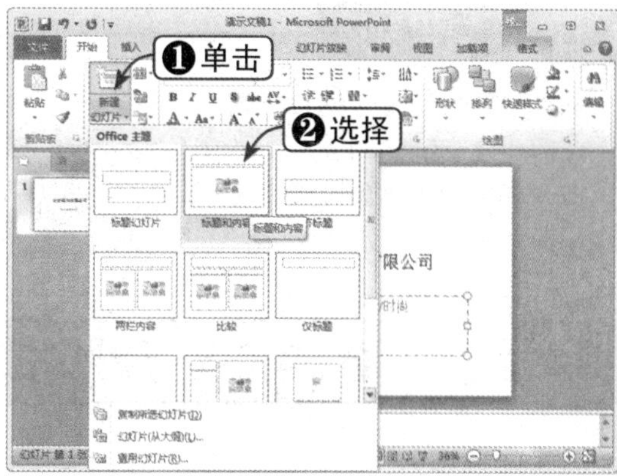

Step 05 新建幻灯片

新建幻灯片，并从中输入相关文本，如下图所示。

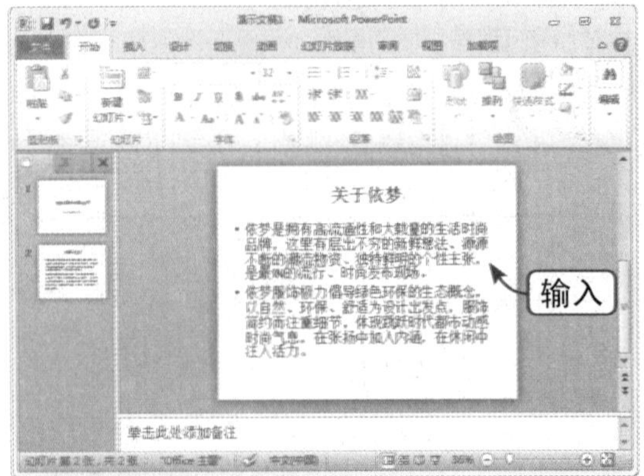

Step 06 再新建一张幻灯片

采用前面的方法再次新建幻灯片，并从中输入相应的文本，如下图所示。

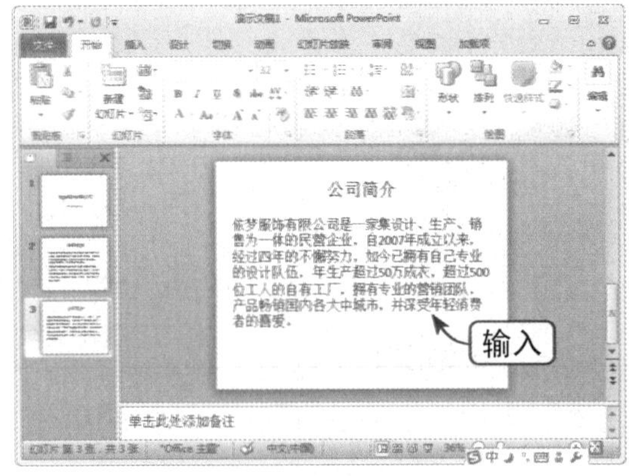

Step 07 创建其他幻灯片

采用相同的方法创建多个幻灯片并输入文本，如下图所示。

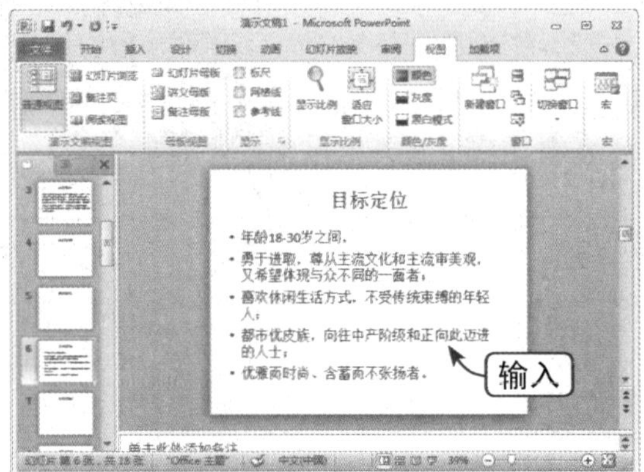

Step 08 保存幻灯片文件

文本输入完毕后，单击快速访问工具栏中的"保存"按钮，弹出"另存为"对话框，设置相关参数后单击"保存"按钮保存幻灯片，如下图所示。

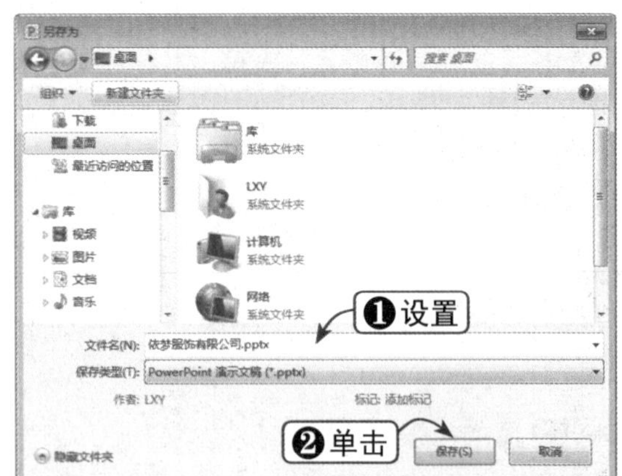

知识点拨

在每张幻灯片的占位符中已经预设了文字的字体格式，其中标题占位符的字体格式为"宋体（标题），44 号"，内容占位符的字体格式为"宋体（内容），32 号"。因此，用户所输入的文字具有相同的字体格式。

14.1.2 更改幻灯片版式

新建幻灯片后，用户可以根据需要更改其版式，具体操作方法如下：

Step 01 选择幻灯片

继上节继续进行操作，选择“产品系列”幻灯片，如下图所示。

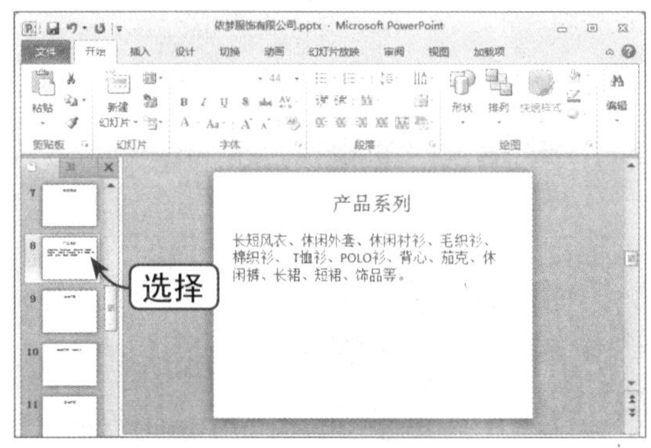

Step 02 选择“节标题”版式

单击“版式”下拉按钮，在弹出的下拉列表中选择“节标题”版式，如下图所示。

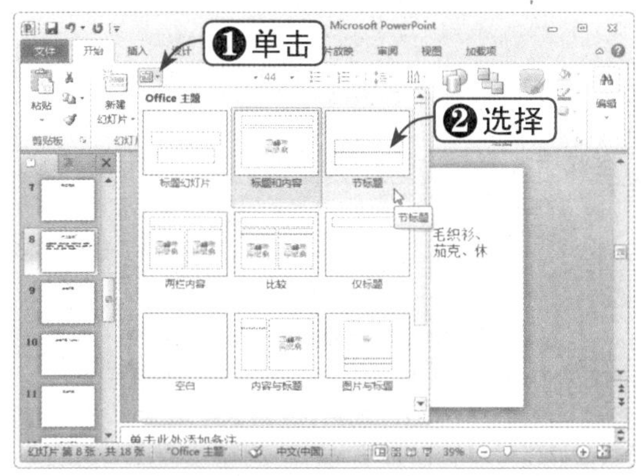

Step 03 查看“节标题”版式

查看更改版式后的效果，如下图所示。

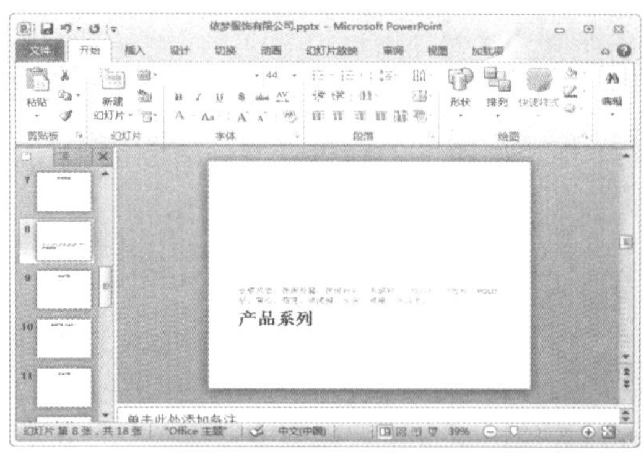

Step 04 更改其他幻灯片版式

根据需要更改其他幻灯片的版式，如下图所示。

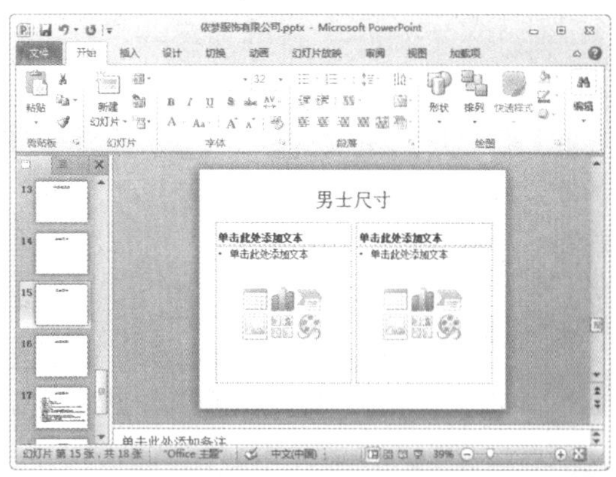

14.1.3 调整文本框

用户可以根据需要对文本框进行缩放、旋转、更改位置和更改样式等操作，具体操作方法如下：

Step 01 旋转文本框

选中文本框，可以通过其四角的控制柄调整文本框的大小，通过其上方的圆形控制柄旋转文本框，如右图所示。

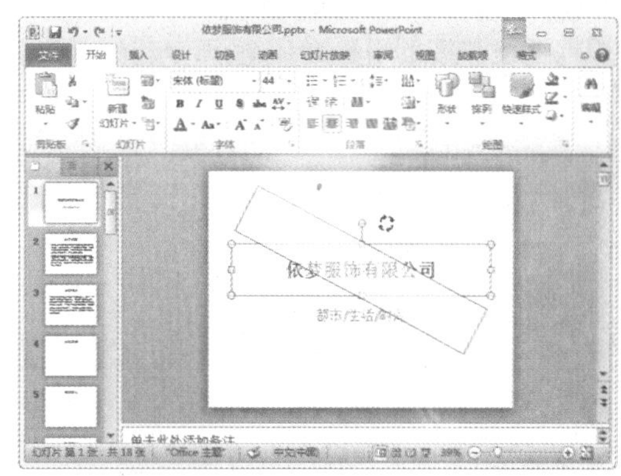

Step 02 旋转副标题文本框

采用同样的方法对副标题进行旋转操作，效果如下图所示。

Step 03 选择“格式”选项卡

选择标题文本框，然后选择“格式”选项卡，如下图所示。

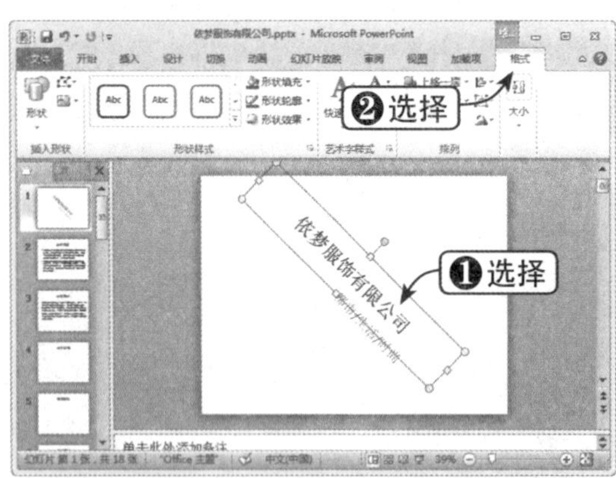

Step 04 选择形状样式

在“形状样式”组中单击“其他”按钮，在弹出的下拉列表中选择样式，如下图所示。

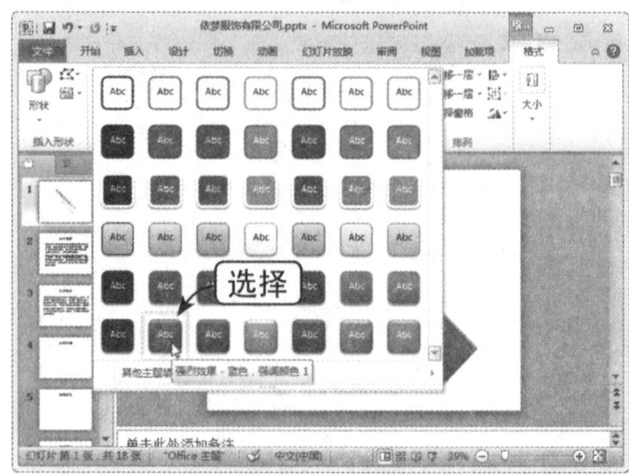

Step 05 套用形状样式

套用形状样式后，即可查看幻灯片效果，如下图所示。

14.1.4 使用“大纲”模式输入文本

“大纲”模式下是撰写内容的理想场所，在这里可以捕获灵感，计划如何表述它们，并能移动幻灯片和文本。下面将介绍如何使用“大纲”模式输入文本，具体操作方法如下：

Step 01 选择“大纲”选项卡

选择“管理团队”幻灯片，并选择“大纲”选项卡，如下图所示。

Step 02 切换到"大纲"模式

切换到"大纲"模式，默认选中标题"管理团队"，如下图所示。

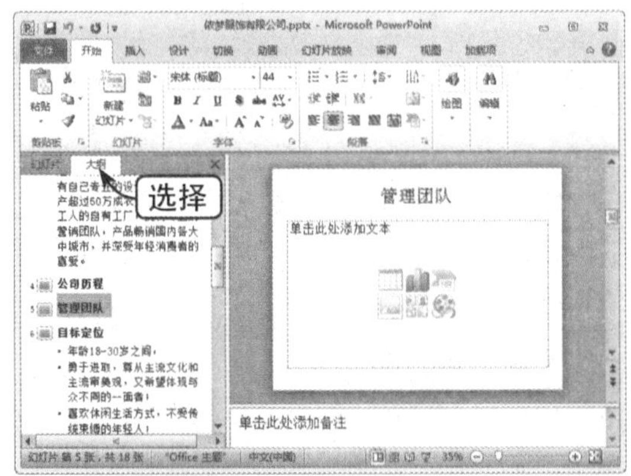

Step 03 新建一张幻灯片

将光标定位到"管理团队"后面并按【Enter】键，将新建一张幻灯片，如下图所示。

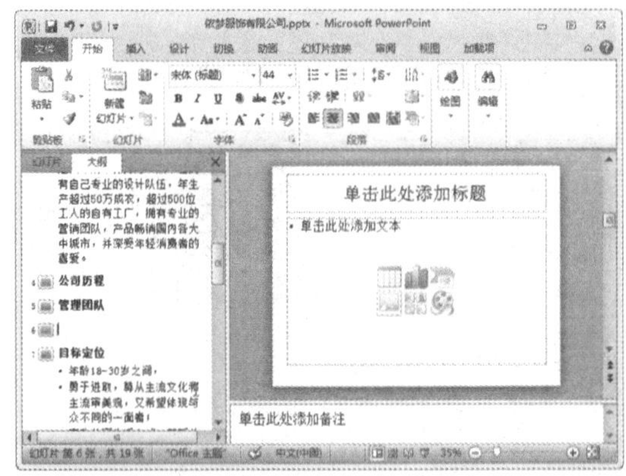

Step 04 按【Tab】键

按【Tab】键进行降级操作，此时光标定位到内容占位符中，如下图所示。

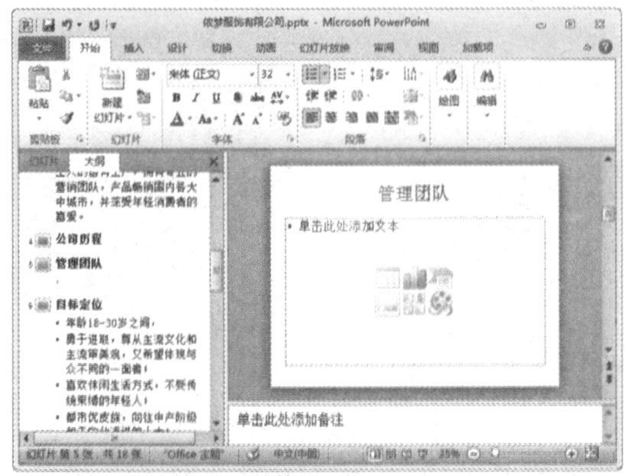

Step 05 输入文本

输入所需的文本并按【Enter】键换行，如下图所示。

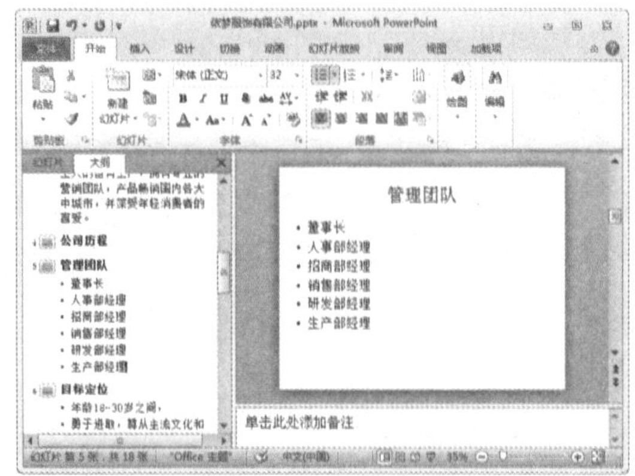

Step 06 选择文本

在上一步输入的文本中，选中除第一行之外的其他文本，如下图所示。

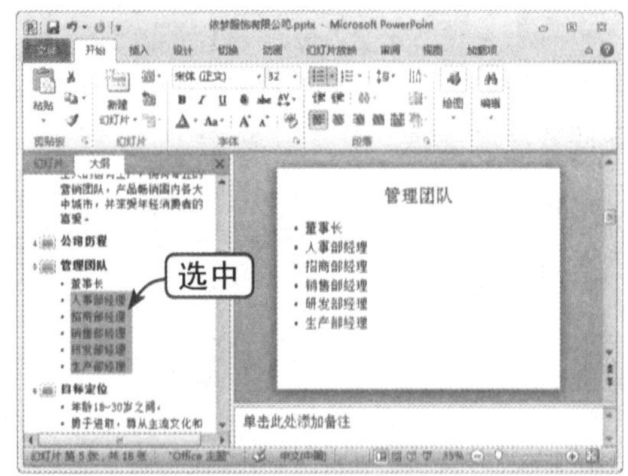

Step 07 降级操作

按【Tab】键对其进行降级处理，如下图所示。

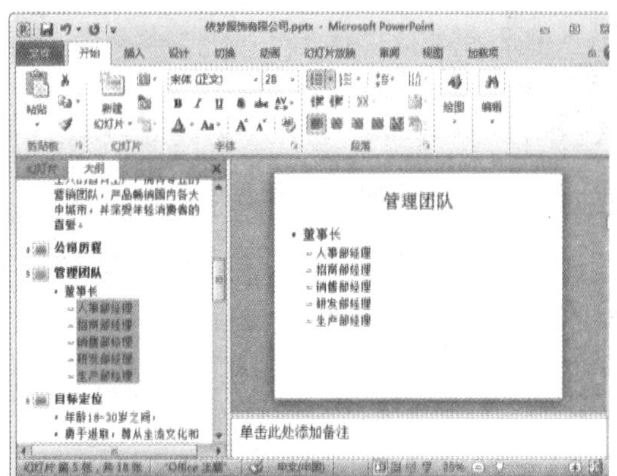

14.1.5 设置字体格式

文本输入完毕后，可以对文本的字体格式进行设置，以满足不同的需求，具体操作方法如下：

Step 01 查看"字体"组

选择"关于依梦"幻灯片，并选择标题文本，在"开始"选项卡下的"字体"组中可以设置文本的字体格式，如下图所示。

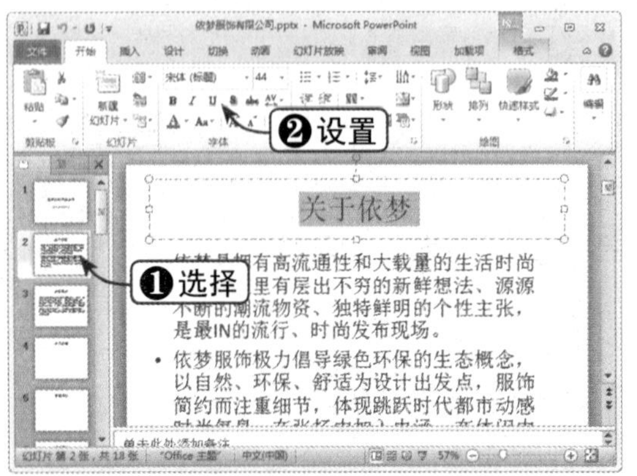

Step 02 选择字体

单击"字体"下拉按钮，在弹出的下拉列表中选择所需的字体格式（如选择"华文新魏"），如下图所示。

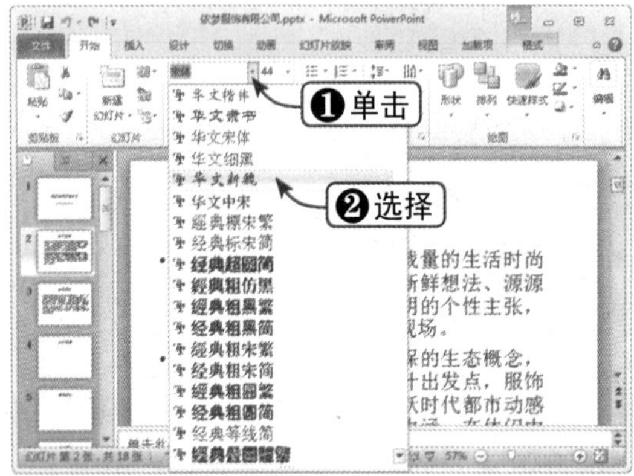

Step 03 查看字体格式效果

此时，字体格式就会发生变化，效果如下图所示。

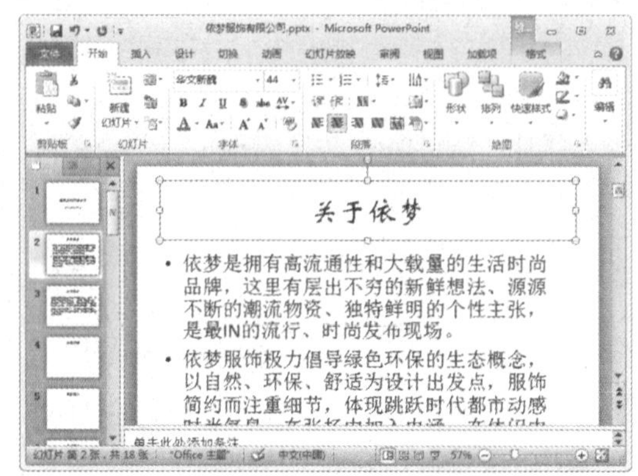

Step 04 设置字符间距

单击"字符间距"下拉按钮，在弹出的下拉列表中选择"稀疏"选项，如下图所示。

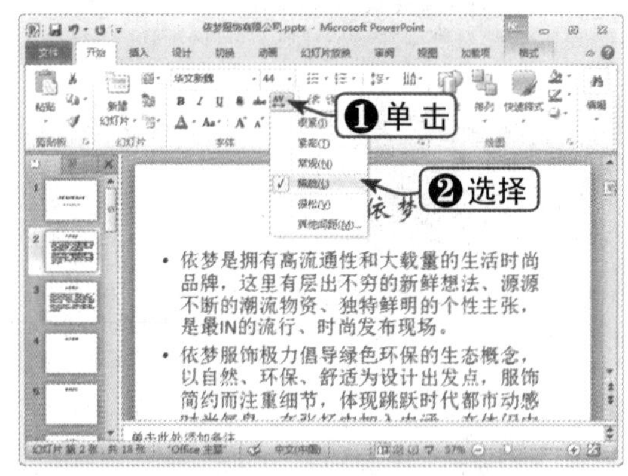

Step 05 查看字符间距效果

设置完字符间距之后，查看设置效果，如下图所示。

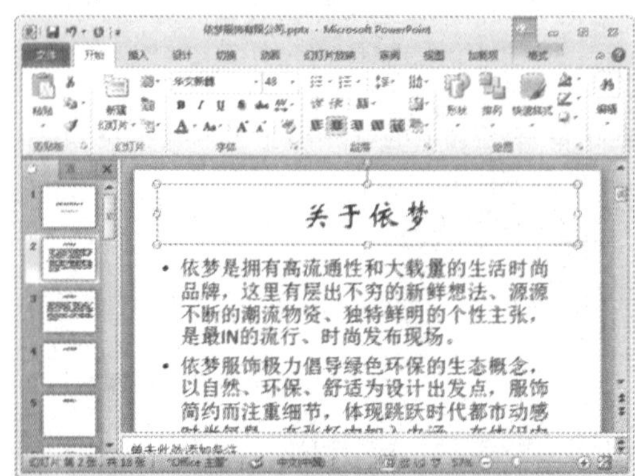

Step 06 选择艺术字样式

选择标题所在的文本框，然后选择“格式”选项卡，在“艺术字样式”组中单击“快速样式”下拉按钮，在弹出的下拉列表中选择所需艺术字样式，如下图所示。

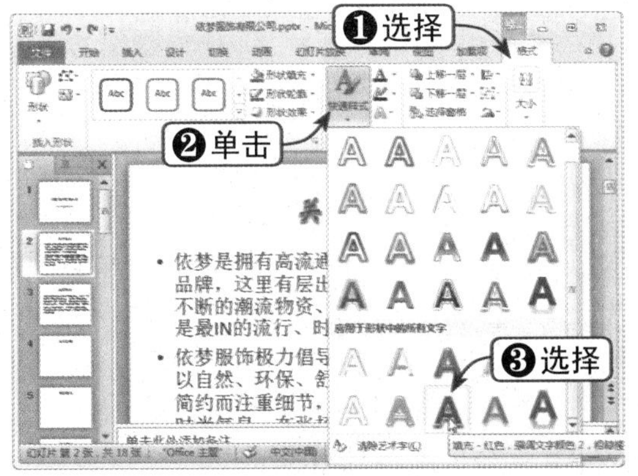

Step 07 查看艺术字效果

设置完艺术字样式之后，查看设置效果，如下图所示。

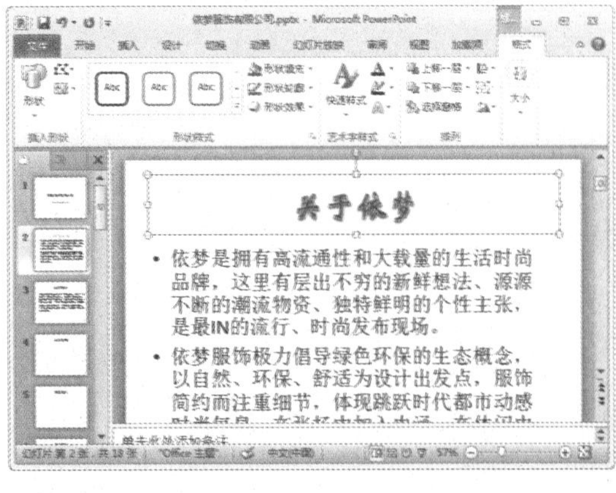

14.1.6 使用格式刷复制字体格式

使用格式刷可以很轻松地复制字体格式，具体操作方法如下：

Step 01 单击“格式刷”按钮

选择标题，然后单击“开始”选项卡下“剪贴板”组中的“格式刷”按钮，如下图所示。

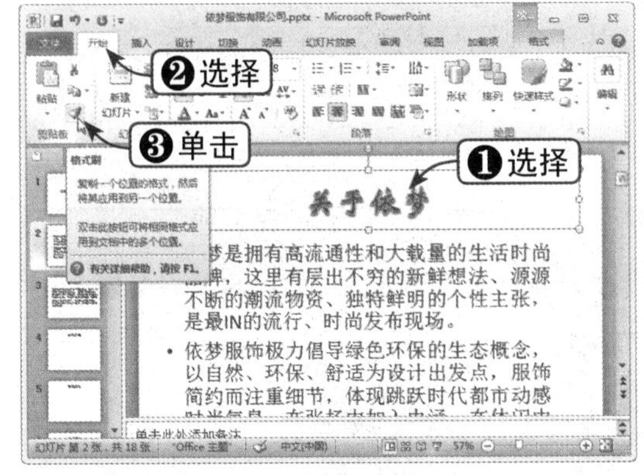

Step 02 单击鼠标左键

此时鼠标指针变为刷子形状，在要应用格式的文本上单击鼠标左键（或拖动鼠标选择文本），如下图所示。

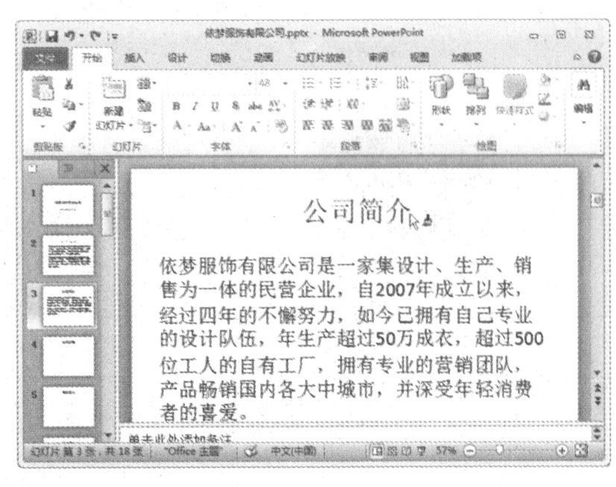

Step 03 查看复制格式效果

此时复制格式到所选文本上，效果如下图所示。

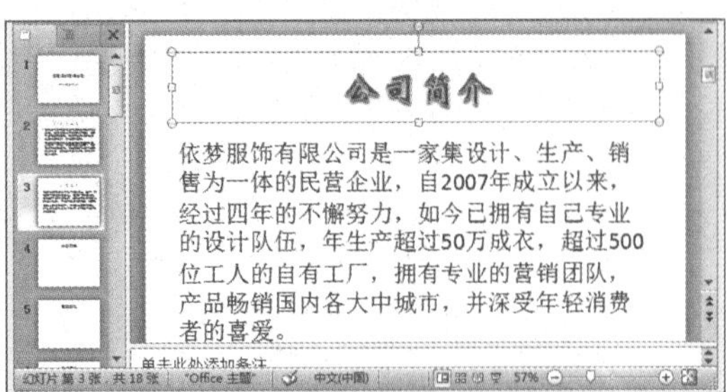

14.1.7 清除艺术字样式

清除艺术字样式的方法也很简单，具体操作方法如下：

Step 01 选择“格式”选项卡

选择艺术字，并选择“格式”选项卡，如下图所示。

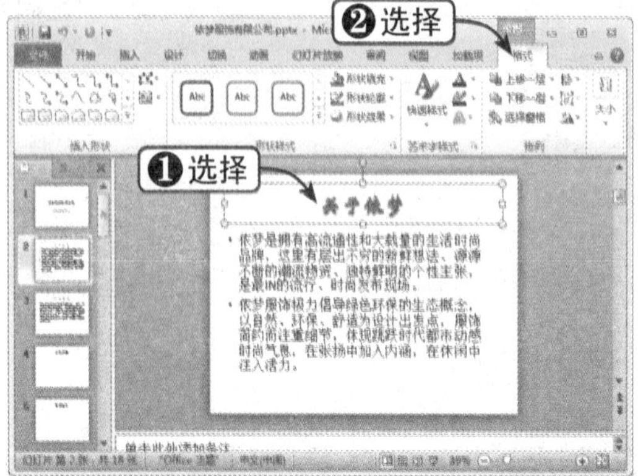

Step 02 清除艺术字

单击“快速样式”下拉按钮，在弹出的下拉列表中选择“清除艺术字”选项即可，如下图所示。

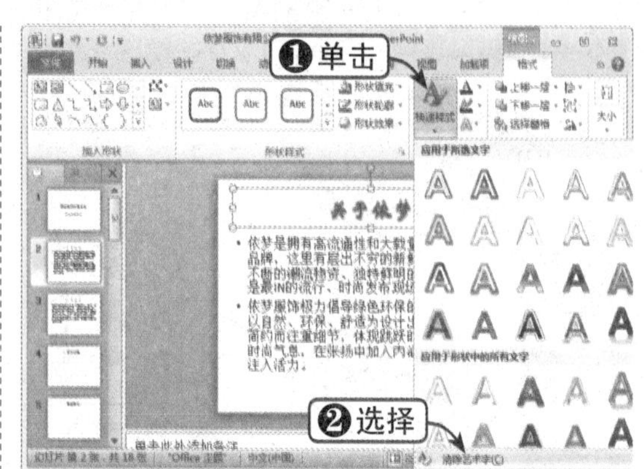

Step 03 查看清除样式效果

清除艺术字后查看效果，并用同样的方法清除其他艺术字样式，如下图所示。

知识点拨

若要删除部分文字的艺术字样式，用户可以先选中要删除其艺术字样式的文字，然后执行上述步骤。

14.1.8 设置文本对齐方式

下面将介绍如何设置文本的对齐方式，具体操作方法如下：

Step 01 查看“段落”组

选择幻灯片并选择要设置对齐的文本，在“开始”选项卡的“段落”组中可以设置文本的对齐方式，如下图所示。

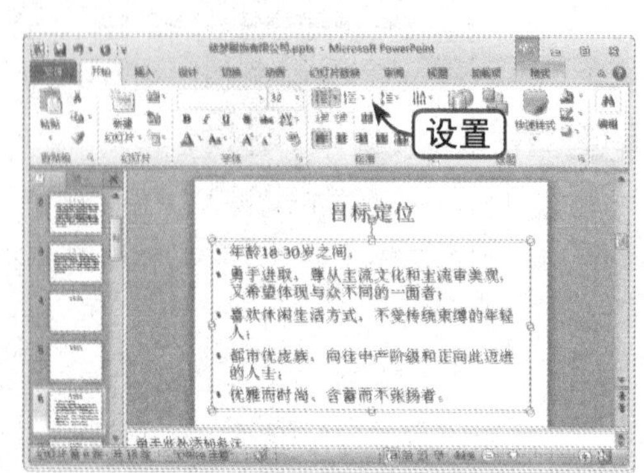

Step 02 设置文本居中对齐

单击“居中”按钮，居中对齐文本，如下图所示。

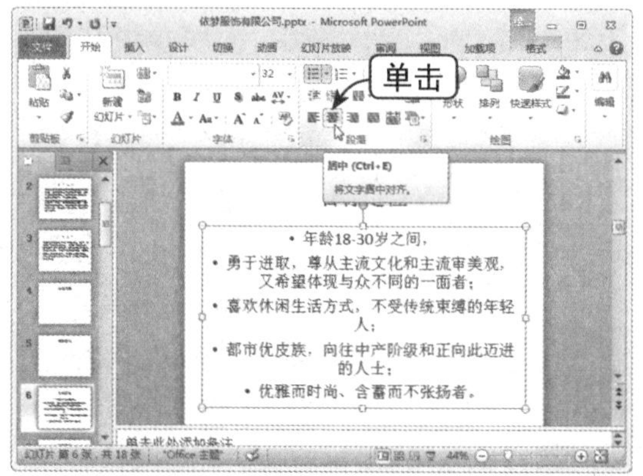

Step 03 设置文本框对齐方式

单击“对齐文本”下拉按钮，在弹出的下拉列表中选择“中部对齐”选项（此命令是相对于文本框而言的），如下图所示。

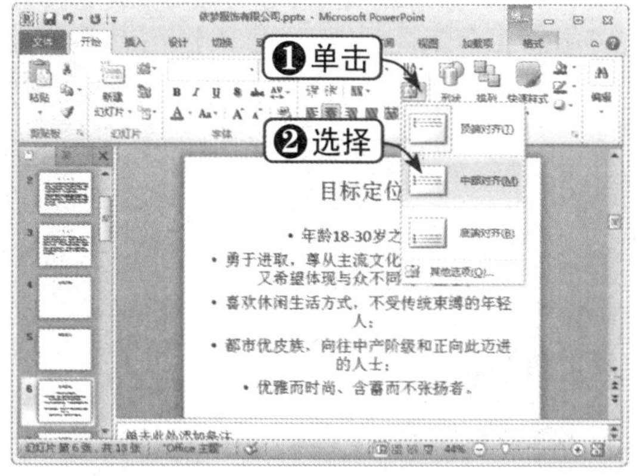

Step 04 设置其他文本框对齐方式

若在上步的“对齐文本”下拉列表中选择“其他选项”选项，将弹出“设置文本效果格式”对话框，并自动切换到“文本框”选项卡中，在右侧单击“垂直对齐方式”下拉按钮，从中可以选择更多的对齐方式，如下图所示。

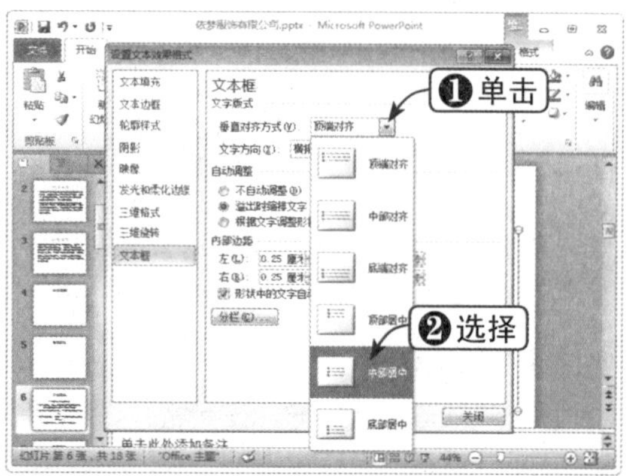

Step 05 根据占位符调整文本

如果文本过多时，用户可以通过占位符自动调整文本，单击“自动调整选项”下拉按钮，在弹出的下拉列表中选择“根据占位符自动调整文本”选项即可，如下图所示。

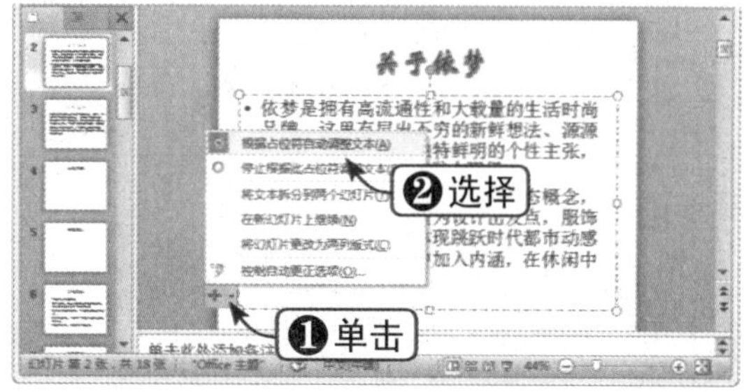

知识点拨

在文字处理过程中，左对齐快捷键为【Ctrl+L】，居中快捷键为【Ctrl+E】，右对齐快捷键为【Ctrl+R】。

14.1.9 设置文本方向和行距

用户可以根据需要设置文本方向和行距，具体操作方法如下：

Step 01 单击“段落”扩展按钮

选择文本，并单击“段落”扩展按钮，如下图所示。

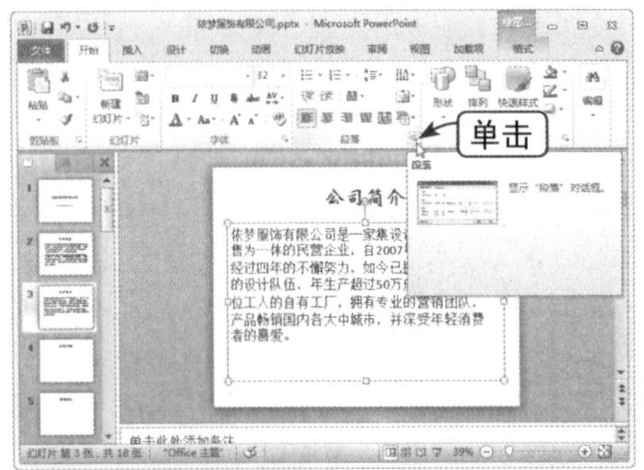

Step 02 设置缩进

弹出“段落”对话框，在“特殊格式”下拉列表框中选择“首行缩进”选项，然后单击“确定”按钮，如下图所示。

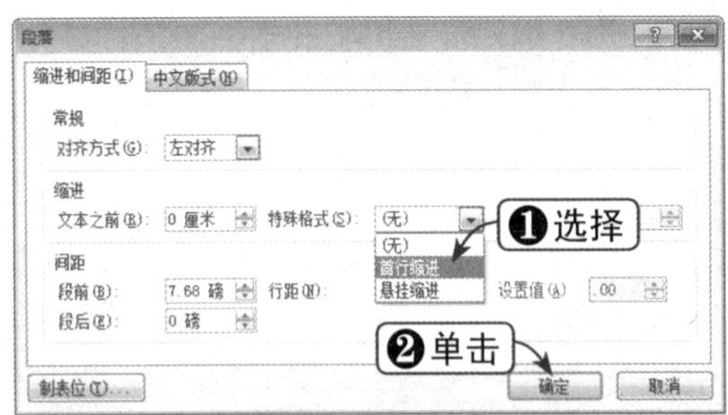

Step 03 设置文字方向

设置完文字缩进后，单击“文字方向”下拉按钮，在弹出的下拉列表中选择“竖排”选项，如下图所示。

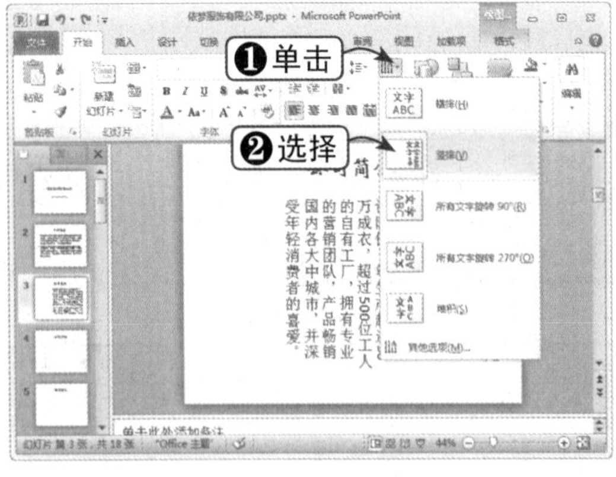

Step 04 查看竖排文字

设置文字为竖排后，效果如下图所示。

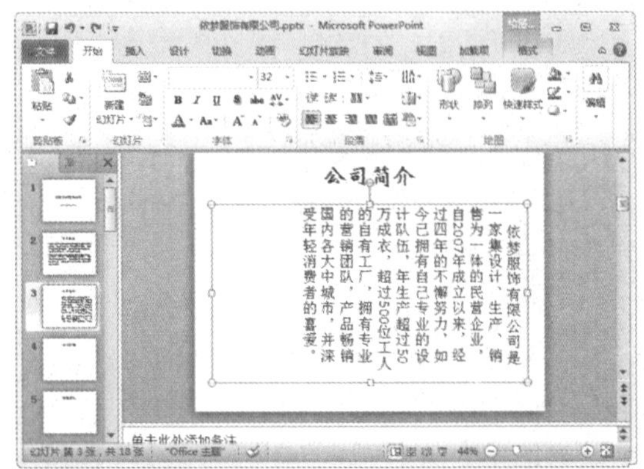

Step 05 左对齐文本

首先减小文本字号，然后在“段落”组中单击“对齐文本”下拉按钮，在弹出的下拉列表中选择“左对齐”选项，如下图所示。

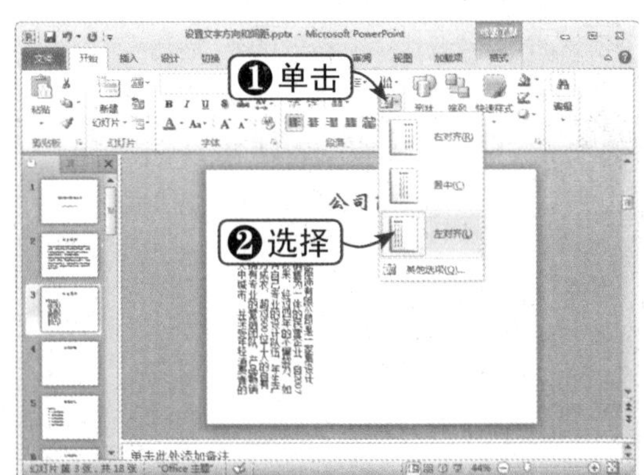

Step 06 设置行距

对齐文本完成后，单击“行距”下拉按钮，在弹出的下拉列表中选择 1.5 选项，以加大行距，效果如下图所示。

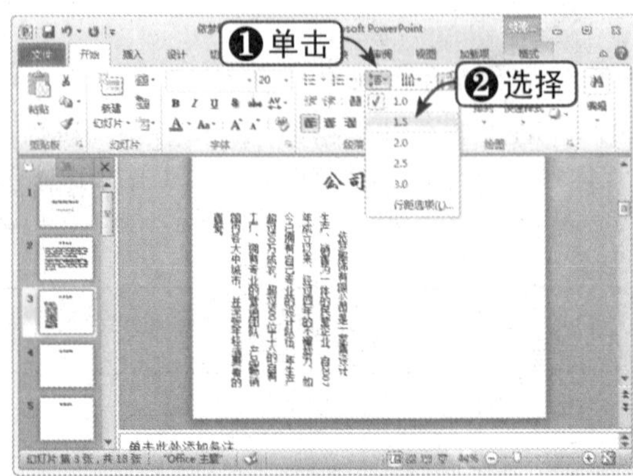

14.1.10 添加项目符号和编号

在 PowerPoint 演示文稿中，可以使用项目符号或编号来演示大量文本或顺序流程。下面将介绍如何在幻灯片中添加项目符号和编号，具体操作方法如下：

Step 01 选择内容文本

选择“目标定位”幻灯片，并选择内容文本，如下图所示。

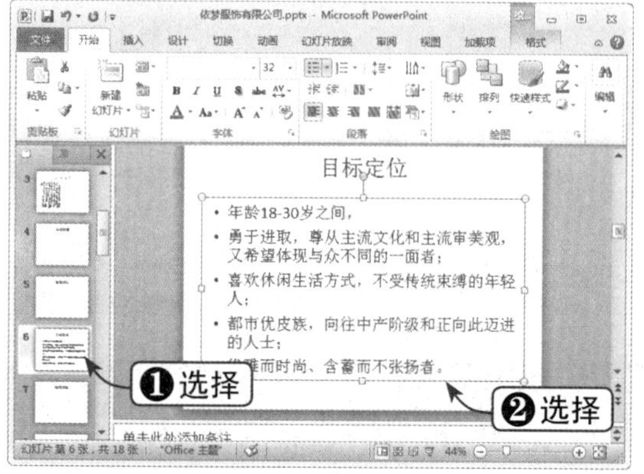

Step 02 选择项目符号

在“段落”组中单击“项目符号”下拉按钮，在弹出的下拉列表中选择合适的项目符号，如下图所示。

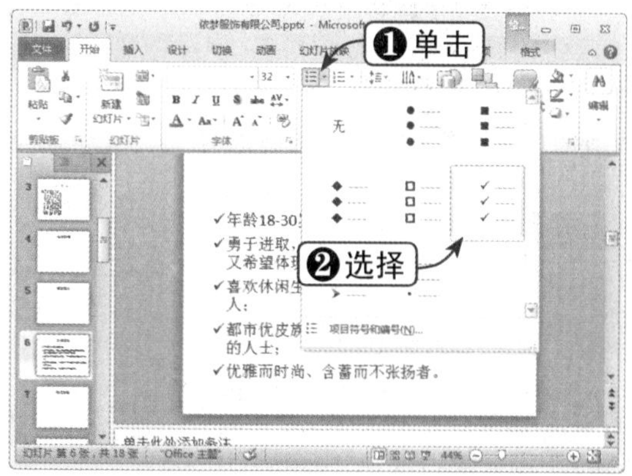

Step 03 选择“项目符号和编号”选项

单击“项目符号”下拉按钮，在弹出的下拉列表中选择“项目符号和编号”选项，如下图所示。

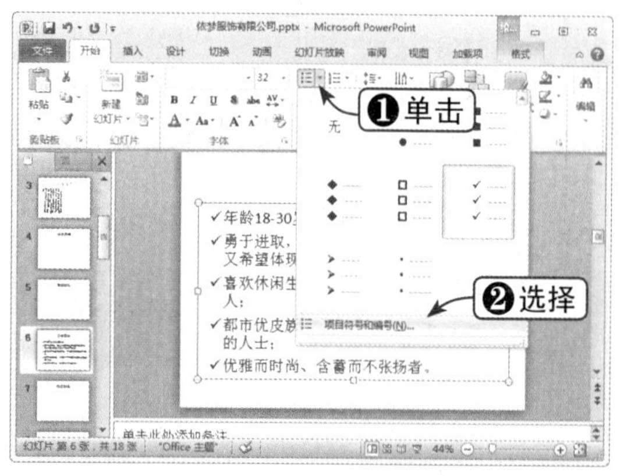

Step 04 设置项目符号

弹出“项目符号和编号”对话框，从中设置所选项目符号的大小和颜色，单击“确定”按钮，如下图所示。

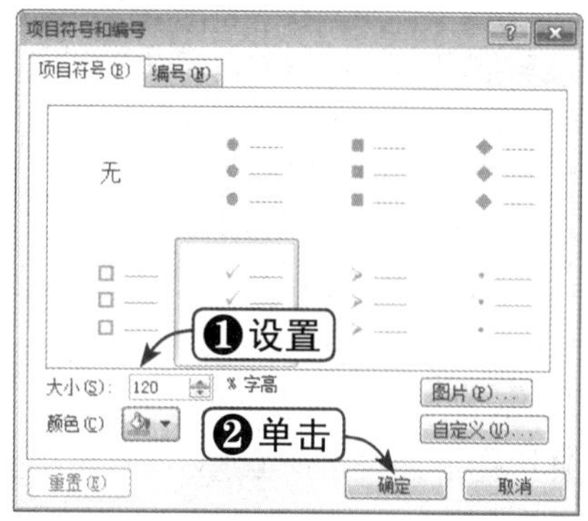

Step 05 查看项目符号效果

设置完项目符号的大小和颜色后，效果如下图所示。

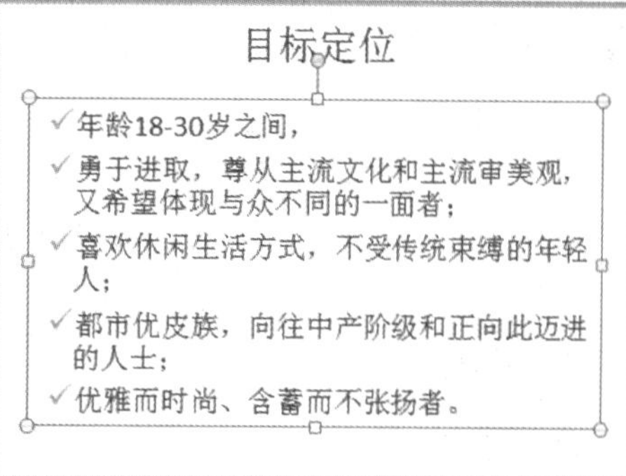

Step 06 删除标点

将每项后面的标点符号删除，效果如下图所示。

目标定位

- ✓年龄18-30岁之间
- ✓勇于进取，尊从主流文化和主流审美观，又希望体现与众不同的一面者
- ✓喜欢休闲生活方式，不受传统束缚的年轻人
- ✓都市优皮族，向往中产阶级和正向此迈进的人士
- ✓优雅而时尚、含蓄而不张扬者

Step 07 选择编号

选择“加盟条件”幻灯片，并选择内容文本，在“段落”组中单击“编号”下拉按钮，在弹出的下拉列表中选择合适的编号即可，如下图所示。

14.2 在节中组织幻灯片

如果遇到一个庞大的演示文稿，其幻灯片标题和编号混杂在一起，而又不能导航演示文稿时，用户可以使用新增的节功能组织幻灯片，就像使用文件夹组织文件一样。下面将详细介绍如何在节中组织幻灯片。

14.2.1 新增节

下面将介绍如何在幻灯片中插入节，具体操作方法如下：

Step 01 选择“新增节”选项

选择“开始”选项卡，将光标定位在第一张幻灯片的上方，在“幻灯片”组中单击“节”下拉按钮，在弹出的下拉列表中选择“新增节”选项，如下图所示。

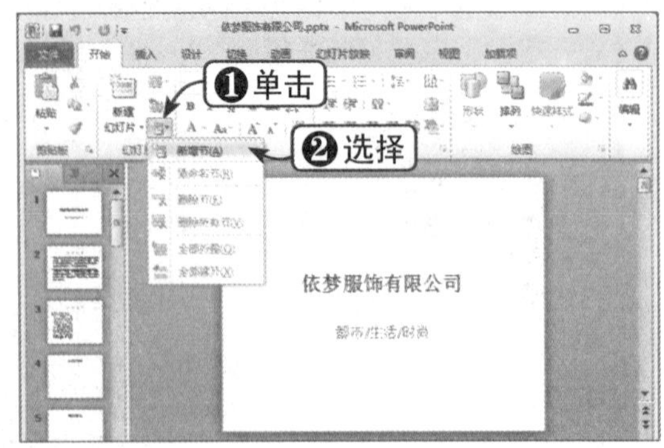

Step 02 新增节

此时，即可在幻灯片中新增一个节，效果如下图所示。

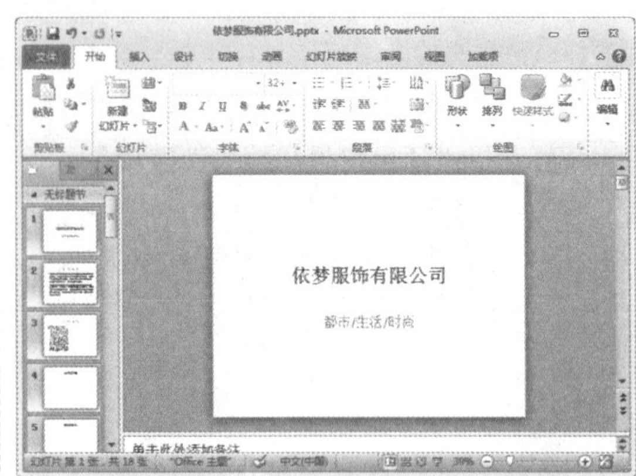

Step03 继续新增节

将光标定位在第二张幻灯片的上方，在“幻灯片”组中单击“节”下拉按钮，在弹出的下拉列表中选择“新增节”选项，添加第二个节，如下图所示。

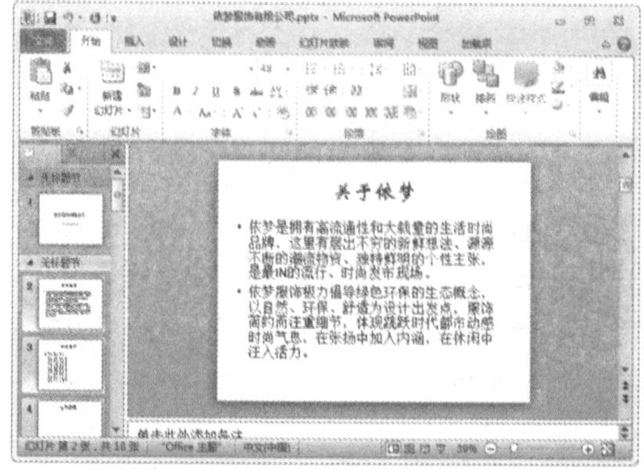

Step04 添加其他节

采用上面相同的方法添加其他节，结果如下图所示。

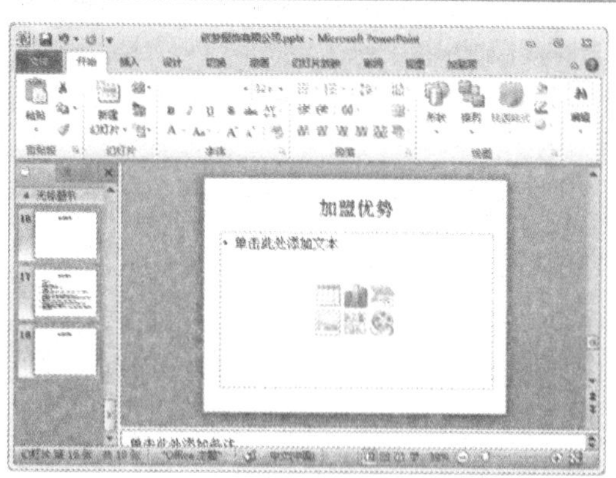

Step05 查看幻灯片浏览视图

单击任务栏中的“幻灯片浏览”按钮，切换到幻灯片浏览视图中，如下图所示，可以看到幻灯片是以节为单位进行浏览的。

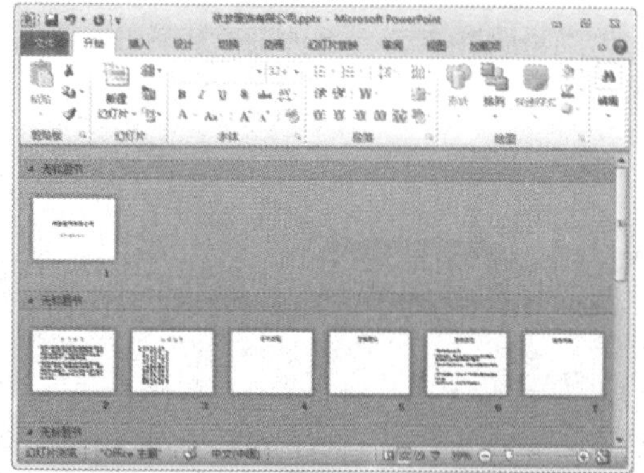

14.2.2 折叠节

下面将介绍如何折叠节，具体操作方法如下：

Step01 单击“折叠节”按钮

单击每节左侧的“折叠节”按钮，如下图所示。

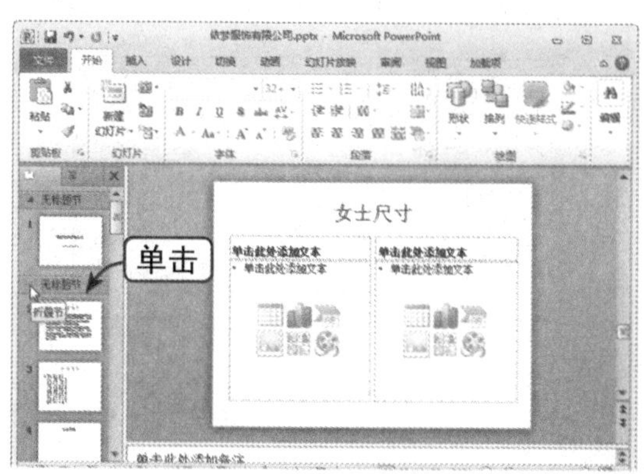

Step02 折叠节

此时节被折叠起来，效果如下图所示。

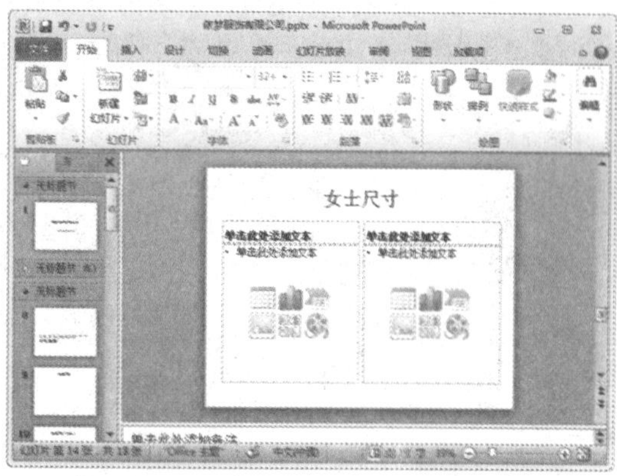

Step 03 折叠其他节

按照第一步的操作将所有节折叠起来，如下图所示。

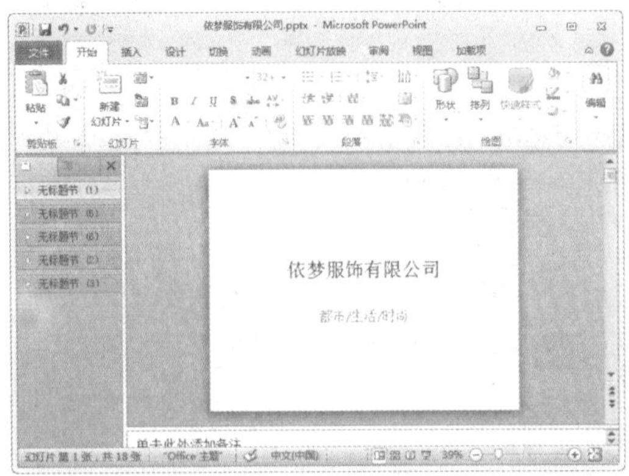

Step 04 展开节

当节被折叠后，其左侧的按钮就会变成"展开节"按钮，单击它将节展开，如下图所示。

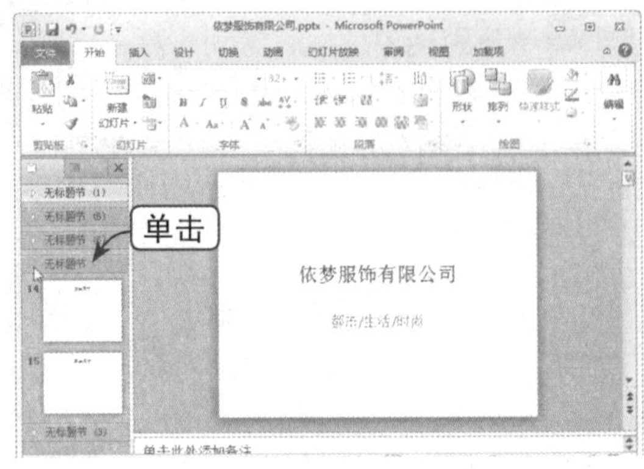

在"节"上单击鼠标右键，在弹出的快捷菜单中也可以对节进行折叠和展开操作，还可以对节进行上移和下移操作。

Step 05 展开所有节

在"幻灯片"组中单击"节"下拉按钮，在弹出的下拉列表中选择"全部展开"或"全部折叠"选项，可以将所有节同时展开或折叠，如下图所示。

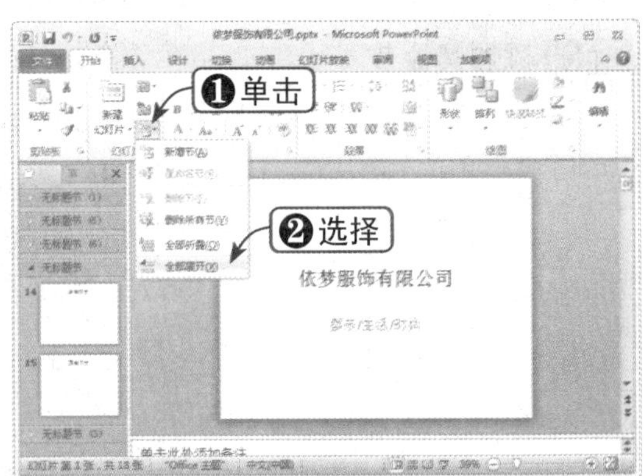

14.2.3 重命名节

用户可以对添加的节进行重命名，以标识各节，具体操作方法如下：

Step 01 选择"重命名节"选项

右击要重命名的节或按【F2】键，在弹出的快捷菜单中选择"重命名节"选项，如下图所示。

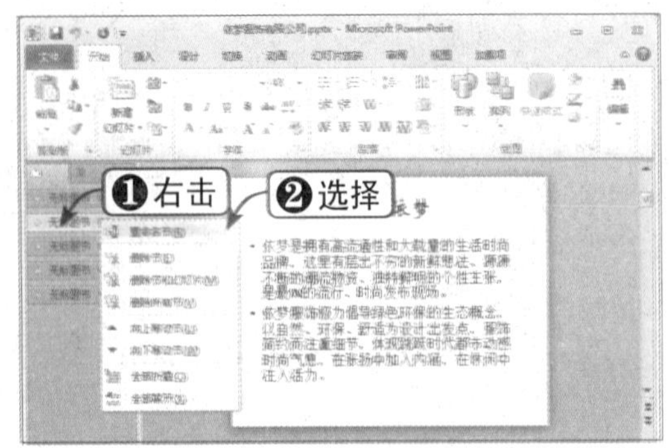

Step 02 输入节名称

弹出"重命名节"对话框，输入节名称，单击"重命名"按钮，如下图所示。

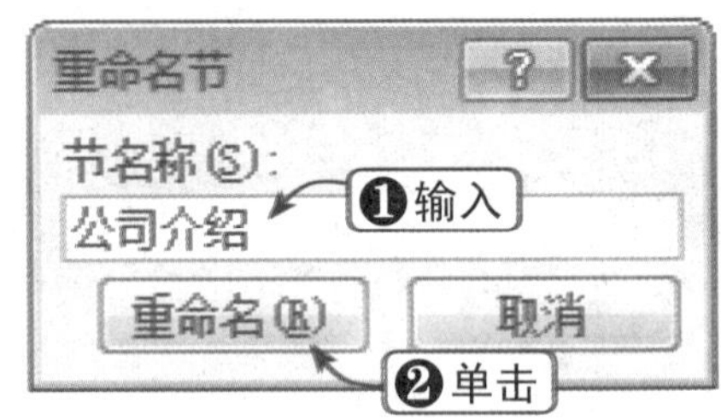

Step 03 重命名节

此时，即可完成重命名节的操作，结果如下图所示。

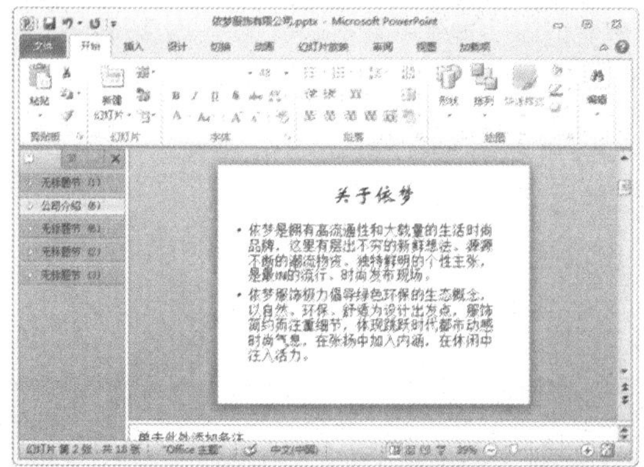

Step 04 重命名其他各节

采用前面的方法重命名其他各节，结果如下图所示。

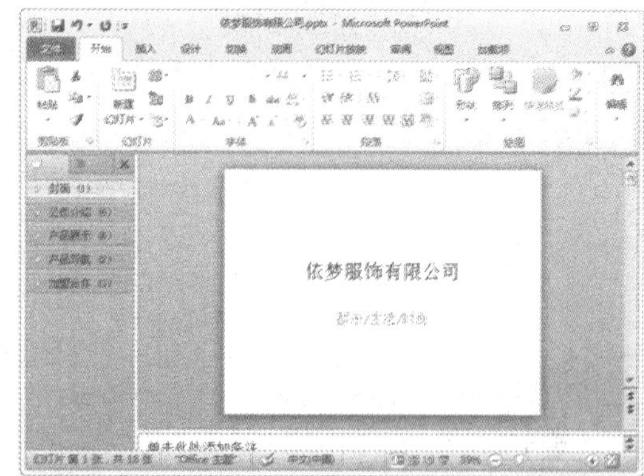

14.2.4 节的其他操作

用户还可以对节进行其他操作，如删除、移动等，具体操作方法如下：

Step 01 选择“删除节”选项

右击要删除的节，在弹出的快捷菜单中选择“删除节”选项，如下图所示。

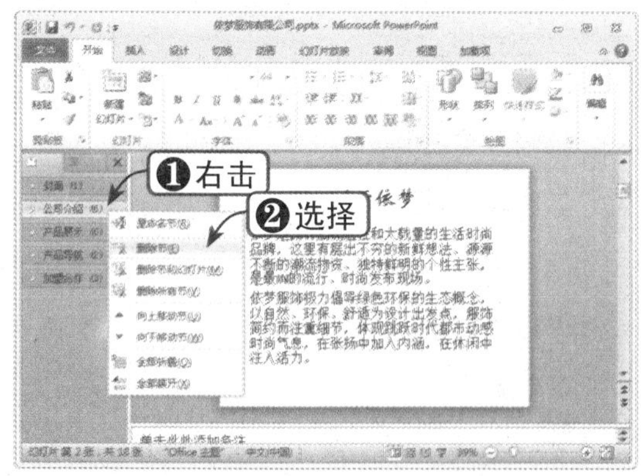

Step 02 查看删除节效果

将节删除后，得到的效果如下图所示。使用“删除节”选项不会删除节内的幻灯片，而是将它们合并到上一节中。如果选择“删除节和幻灯片”选项，将会把节中的所有幻灯片也删掉。

Step 03 上移或下移节

右击要移动位置的节，在弹出的快捷菜单中选择“向上移动节”或“向下移动节”选项，对其进行位置的移动，如下图所示。

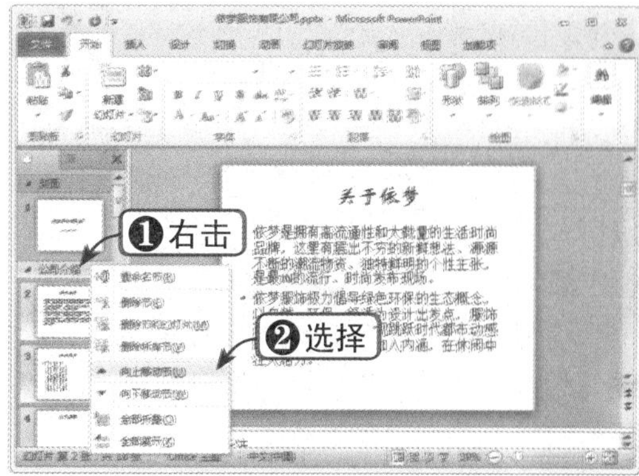

Step 04 拖动鼠标移动节

用户还可以通过拖动鼠标来移动节的位置，方法为：在要移动的节上按住鼠标左键并拖动，到目标位置后释放鼠标即可移动节，如右图所示。

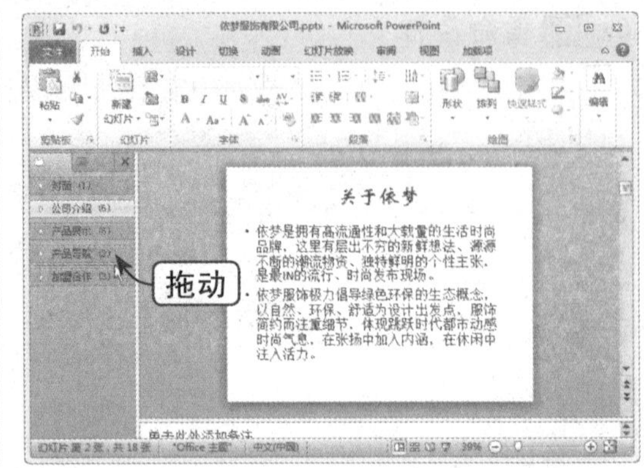

14.3 设计幻灯片

下面将介绍如何对幻灯片进行页面设置，包括设置幻灯片方向、背景及主题等内容，其操作均在“设计”选项卡中进行。

14.3.1 设置幻灯片大小和方向

下面将介绍如何设置幻灯片的大小和方向，具体操作方法如下：

Step 01 设置幻灯片方向

选择“设计”选项卡，在“页面设置”组中单击“幻灯片方向”下拉按钮，在弹出的下拉列表中根据需要选择“纵向”或“横向”选项，如下图所示。

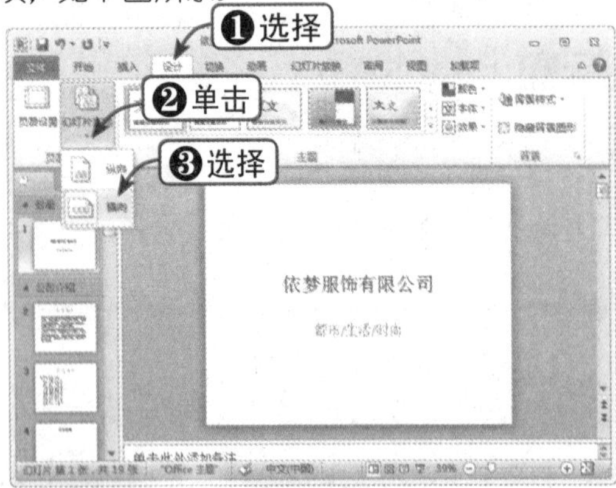

Step 02 单击“页面设置”按钮

设置好幻灯片方向后，单击同组的“页面设置”按钮，如下图所示。

Step 03 进行页面设置

弹出“页面设置”对话框，从中可以设置幻灯片大小和方向。单击“幻灯片大小”下拉按钮，在弹出的下拉列表中选择 A4，单击“确定”按钮，即可完成页面设置，如下图所示。

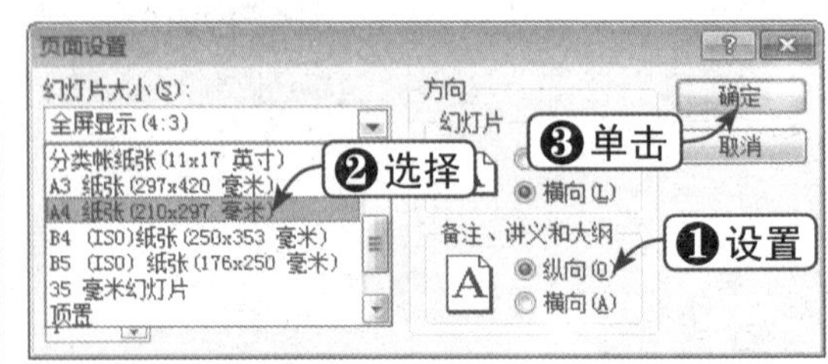

14.3.2 设置幻灯片背景

下面将介绍如何设置幻灯片背景，具体操作方法如下：

Step 01 选择背景样式

在“背景”组中单击“背景样式”下拉按钮，在弹出的下拉列表中选择所需的背景样式，如下图所示。

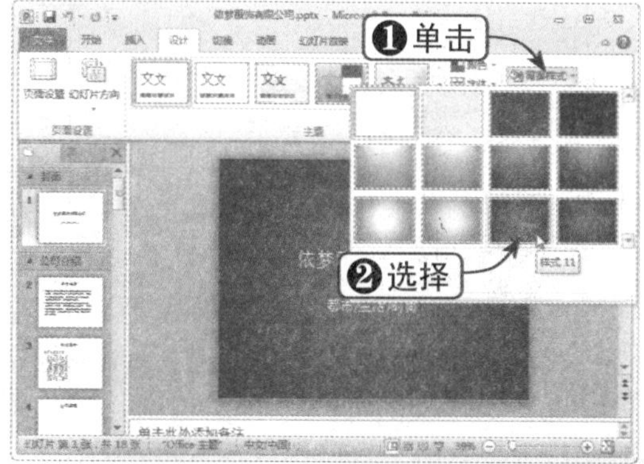

Step 02 应用背景样式效果

此时，即可查看应用背景样式后的效果，如下图所示。

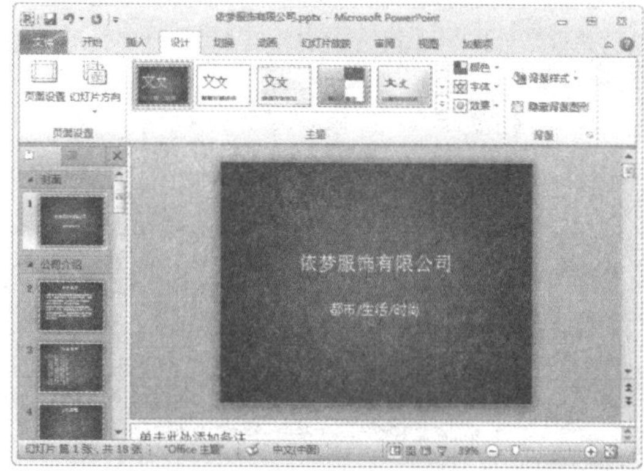

Step 03 将背景样式应用于所选幻灯片

选择背景样式后，所有的幻灯片就会应用同一个背景样式。若想为某些幻灯片应用不同的背景，可以执行以下操作：单击“背景样式”下拉按钮，在弹出的下拉列表中右击某个背景样式，在弹出的快捷菜单中选择“应用于所选幻灯片”选项，如下图所示。

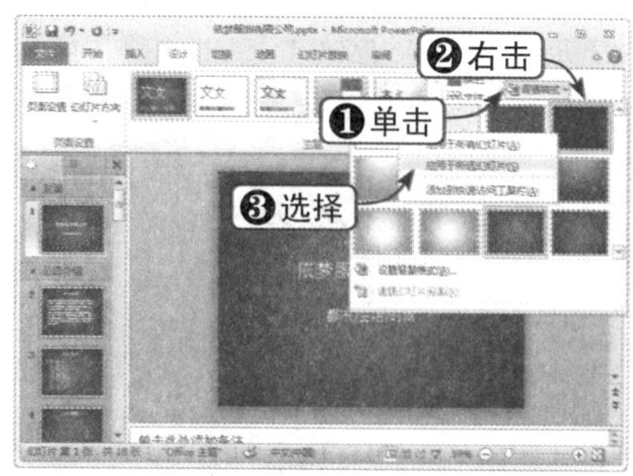

Step 04 查看所选幻灯片背景

此时查看所选的幻灯片背景，效果如下图所示。

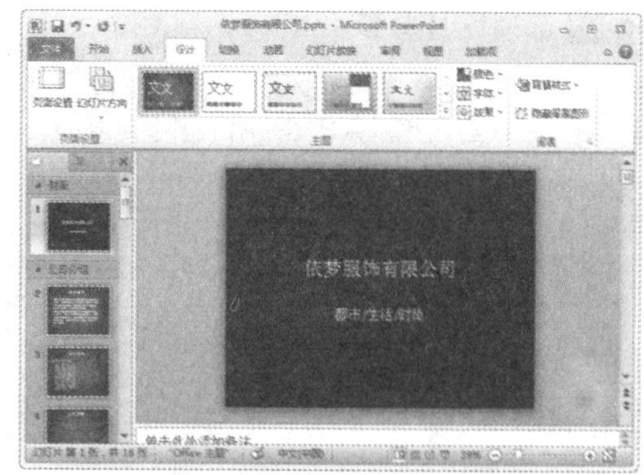

Step 05 选择“设置背景格式”选项

除了“背景样式”下拉面板中预设的几种样式外，还可以自定义背景，方法为：单击“背景样式”下拉按钮，在弹出的下拉列表中选择“设置背景格式”选项，如下图所示。

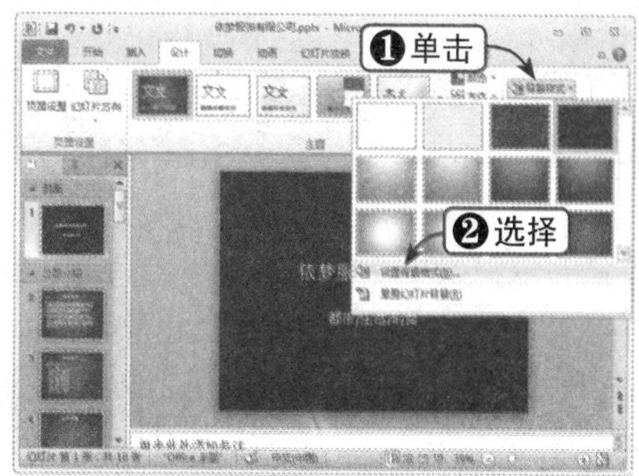

Step 06 设置填充背景格式

弹出“设置背景格式”对话框，从中可以根据需要设置填充背景选项（如纯色填充、渐变填充等）。在此选中“图片或纹理填充”单选按钮，然后单击“文件”按钮，如下图所示。

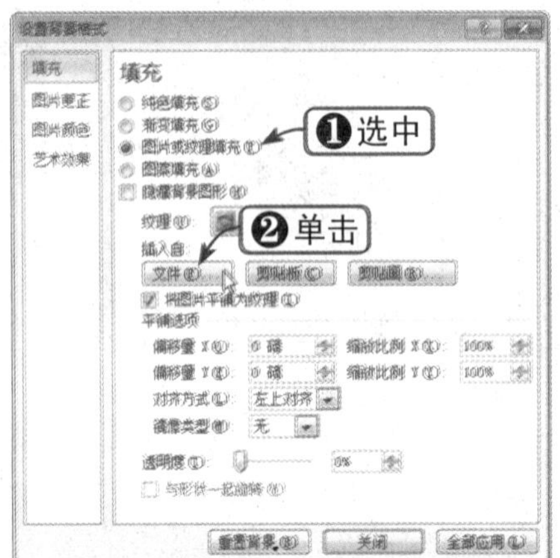

Step 07 选择图片背景

弹出“插入图片”对话框，选择要作为背景的图片，单击“插入”按钮，如下图所示。

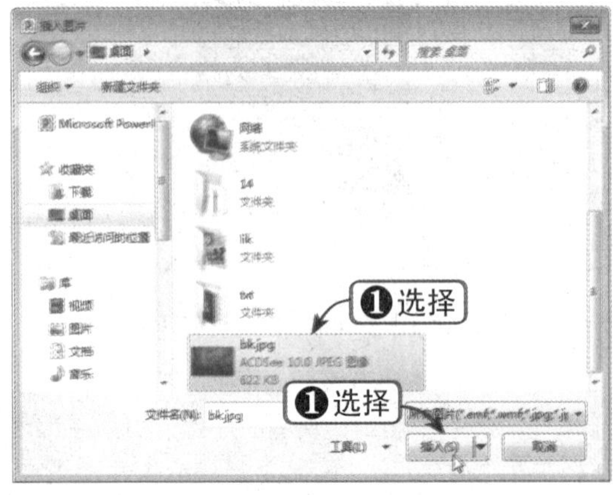

Step 08 设置图片选项

返回“设置背景格式”对话框，在“填充”选项区中可以设置图片的偏移量和透明度，在此将“偏移量”都设置为 0，如下图所示。也可以在“设置背景格式”对话框的左窗格中选择“图片更正”、“图片颜色”、“艺术效果”等选项，对背景图片进行更多的设置。

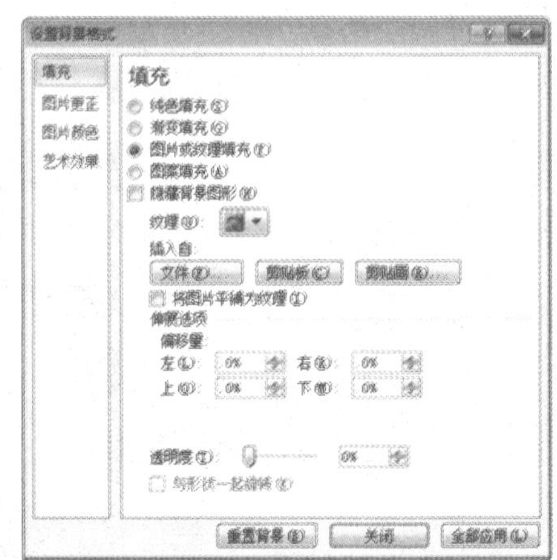

Step 09 查看图片背景效果

单击“关闭”按钮，关闭“设置背景格式”对话框，查看图片背景效果，如下图所示。

14.3.3 应用幻灯片主题

主题是由主题颜色、主题字体和主题效果三者的组合，它可以作为一套独立的选择方案应用于文件中。使用主题可以简化专业设计师水准演示文稿的创建过程，不仅可以在 PowerPoint 中使用主题颜色、字体和效果，而且还可以在 Excel、Word 和 Outlook 中使用它们。这样，演示文稿、文档、工作表和电子邮件就可以具有统一的风格。下面将介绍如何在幻灯片中应用主题，具体操作方法如下：

Step 01 还原幻灯片

通过“撤销”命令或按【Ctrl+Z】组合键将幻灯片还原到 14.2.1 节的状态，如下图所示。选择“设计”选项卡，在“主题”组中可以设置幻灯片主题。

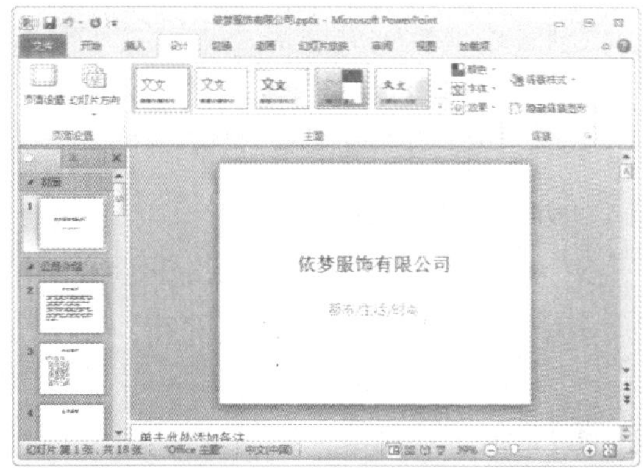

Step 02 选择主题

在“主题”组中单击“其他”按钮，在弹出的下拉列表中选择所需要的主题类型，在此选择“极目远眺”主题，如下图所示。

Step 03 应用主题

应用“极目远眺”主题样式，效果如下图所示。

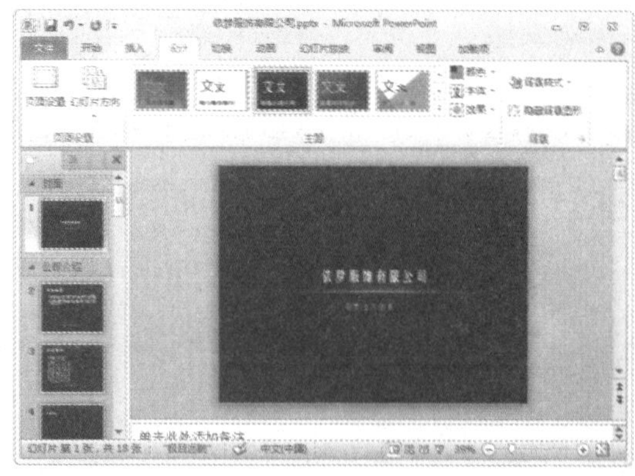

知识点拨

在“主题”组右侧单击上三角和下三角按钮，可以很方便地对其进行翻页操作。

Step 04 隐藏背景图形

选择第一张幻灯片，在“背景”组中选中“隐藏背景图形”复选框，如下图所示。

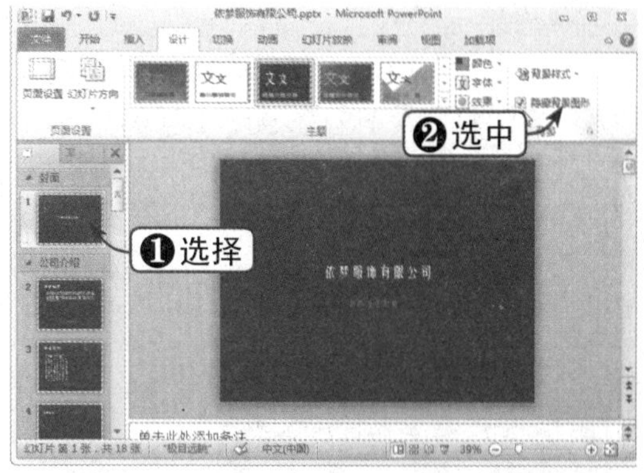

Step 05 选择主题颜色

在“主题”组中单击“颜色”下拉按钮，在弹出的下拉列表中选择所需的主题颜色，在此选择“凤舞九天”主题，如下图所示。

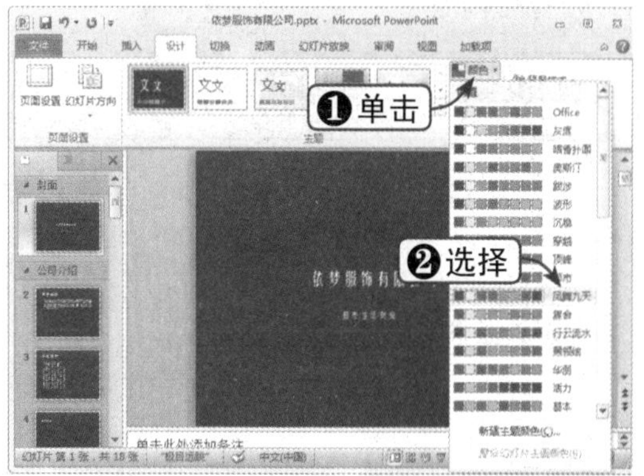

Step 06 自定义主题颜色

若在预设的主题颜色中没有所需要的，可以在“颜色”下拉列表中选择“新建主题颜色”

选项，此时将弹出“新建主题颜色”对话框，可以从中自定义主题颜色，如下图所示。

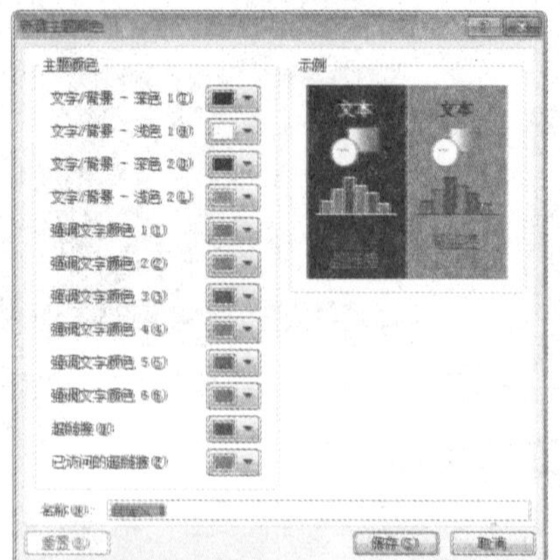

Step 07 选择主题字体

在“主题”组中单击“字体”下拉按钮，在弹出的下拉列表中选择所需的主题字体，在此选择“凤舞九天”字体，如下图所示。

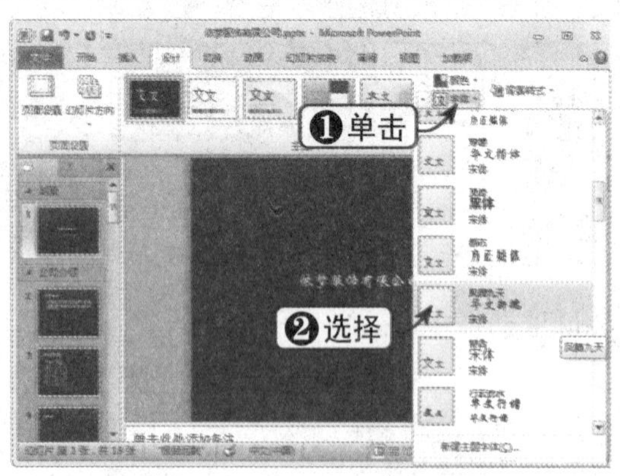

Step 08 自定义主题字体

若在预设的主题字体中没有所需要的，可以在“字体”下拉列表中选择“新建主题字体”选项，此时将弹出“新建主题字体”对话框，可以从中自定义主题字体，如下图所示。

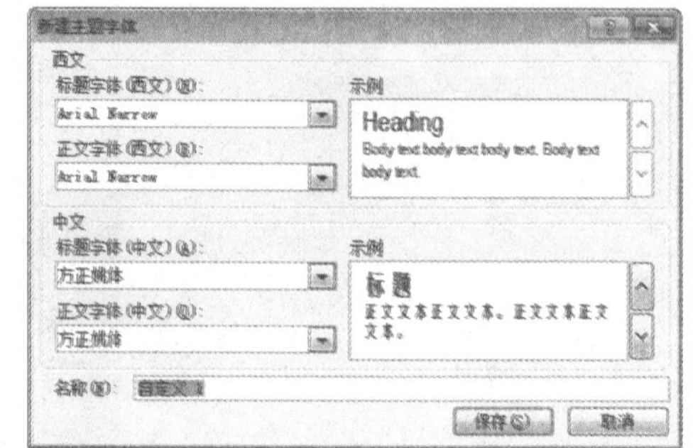

Step 09 选择主题效果

在“主题”组中单击“效果”下拉按钮，在弹出的下拉列表中选择所需的主题效果，在此选择默认的“极目远眺”效果，如下图所示。

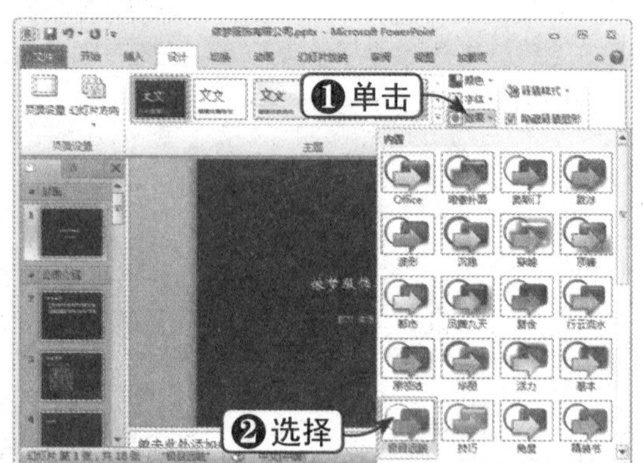

14.3.4 为所选幻灯片应用主题

应用主题后可以使整个演示文稿拥有统一的风格，用户可以根据需要为部分幻灯片应用主题，具体操作方法如下：

Step 01 选择要应用主题的幻灯片

单击“加盟合作”节，选择整节的幻灯片，如右图所示。

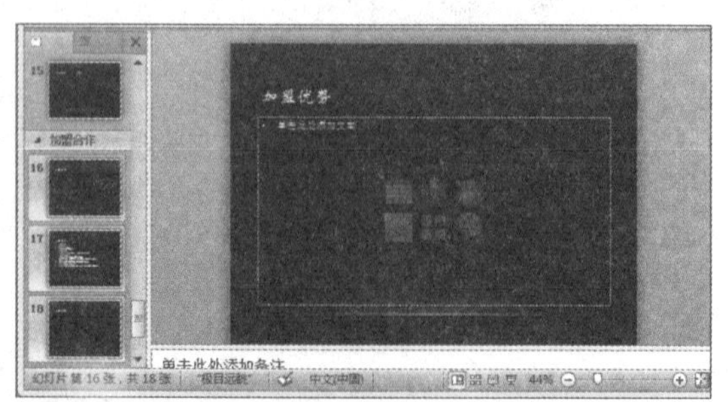

Step 02 选择“应用于所选幻灯片”选项

在“主题”组中右击主题，在弹出的快捷菜单中选择“应用于所选幻灯片”选项，如下图所示。

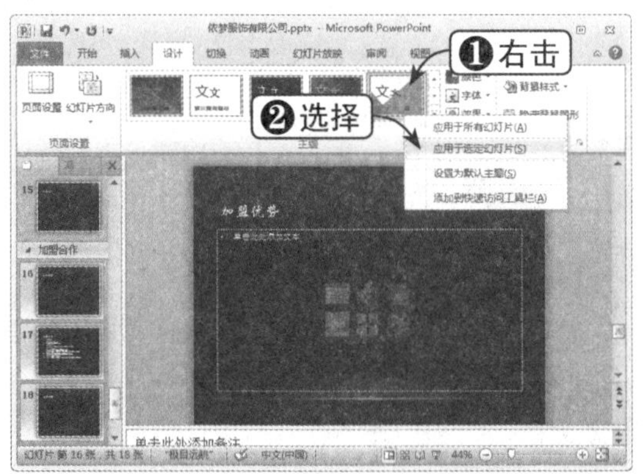

Step 03 应用主题

此时，即可将主题应用到所选幻灯片中，如下图所示。

14.3.5 保存幻灯片主题

用户可以根据需要保存自定义的幻灯片主题样式，具体操作方法如下：

Step 01 选择“保存当前主题”选项

选择幻灯片，在“主题”组中单击“其他”按钮，在弹出的下拉列表中选择“保存当前主题”选项，如下图所示。

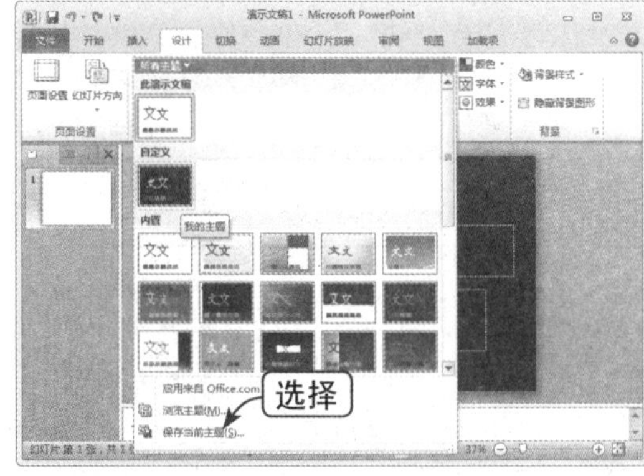

Step 02 保存当前主题

弹出“保存当前主题”对话框，输入文件名并单击“保存”按钮，如下图所示。

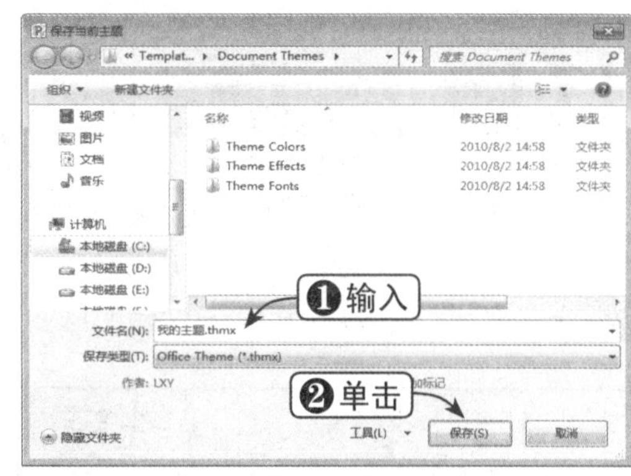

Step 03 新建幻灯片

按【Ctrl+N】组合键新建幻灯片，如下图所示。

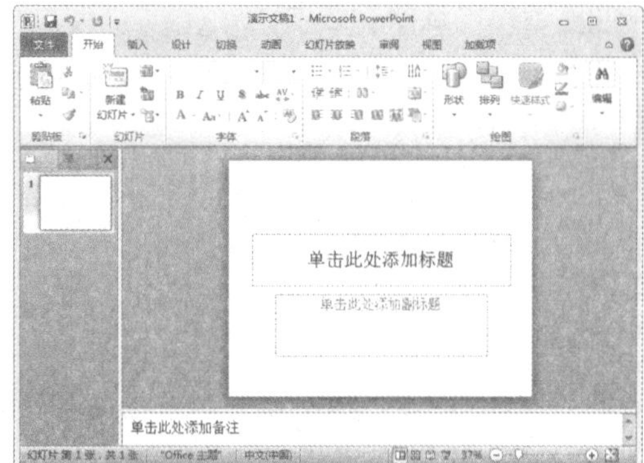

Step 04 选择自定义的主题

选择“设计”选项卡，在“主题”组中单击“其他”按钮，在弹出的下拉列表中选择自定义主题，即可应用该主题，如下图所示。

Step 05 删除自定义主题

若自定义的主题不再需要了，可以将其删除。方法为：右击自定义的主题，在弹出的快捷菜单中选择“删除”选项即可，如下图所示。

用户可以将对文档主题的颜色、字体或线条及填充效果所做的更改保存为可应用于其他文档的自定义文档主题。自定义文档主题保存在“文档主题”文件夹中，并且将自动添加到可用自定义主题列表中。

14.4 插入图片和剪贴画

用户可以将图片和剪贴画插入或复制到 PowerPoint 演示文稿中，包括从提供剪贴画的网站下载、从网页复制或从保存图片的文件夹插入等，也可以将图片和剪贴画作为幻灯片背景。下面将介绍如何插入图片、剪贴画和相册，以及设置图片效果。

14.4.1 设置图片选项

默认状态下，PowerPoint 会将插入的图片进行压缩处理，这样图片可能会比原来要小。用户可以设置图片选项，以使图片不会失真、缩小，具体操作方法如下：

Step 01 选择“选项”选项

选择“文件”选项卡，在左窗格中选择“选项”选项，如右图所示。

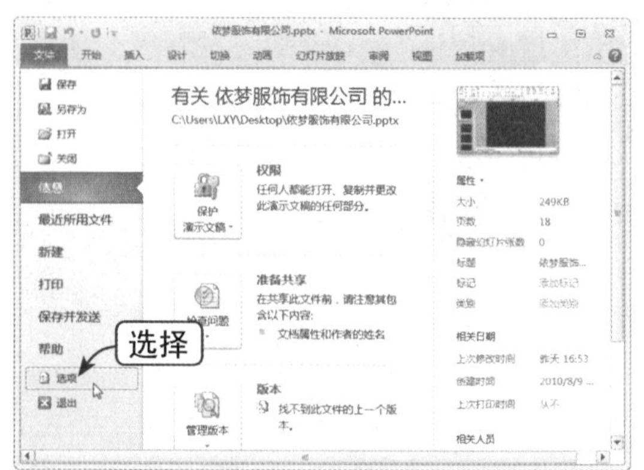

Step 02 设置图片选项

弹出“PowerPoint 选项”对话框，在左窗格中选择“高级”选项，在右侧的“图像大小和质量”选项区中选中“放弃编辑数据”和“不压缩文件中的图像”复选框，设置完毕后单击“确定”按钮，如右图所示。

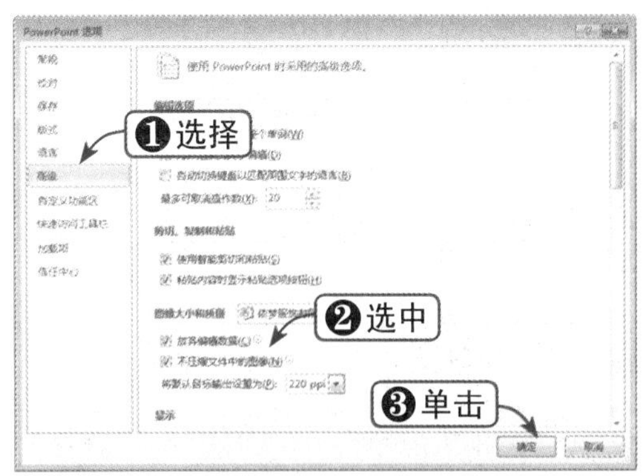

14.4.2 插入图片

下面将介绍如何向幻灯片中插入图片，具体操作方法如下：

Step 01 单击“图片”按钮

选择第一张幻灯片，然后选择“插入”选项卡，在“图像”组中单击“图片”按钮，如下图所示。

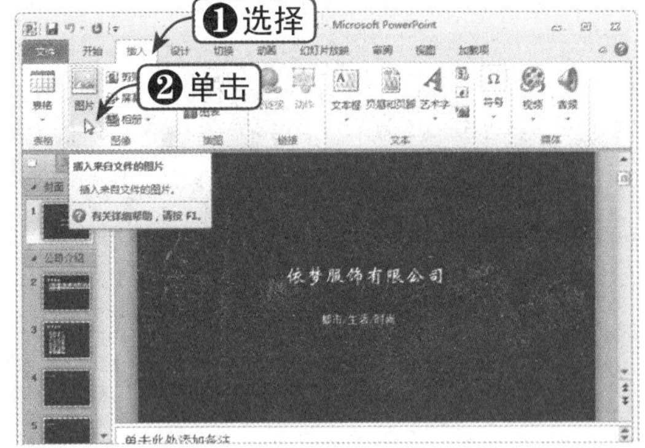

Step 02 选择要插入的图片

弹出“插入图片”对话框，选择要插入的图片，并单击“插入”按钮，如下图所示。

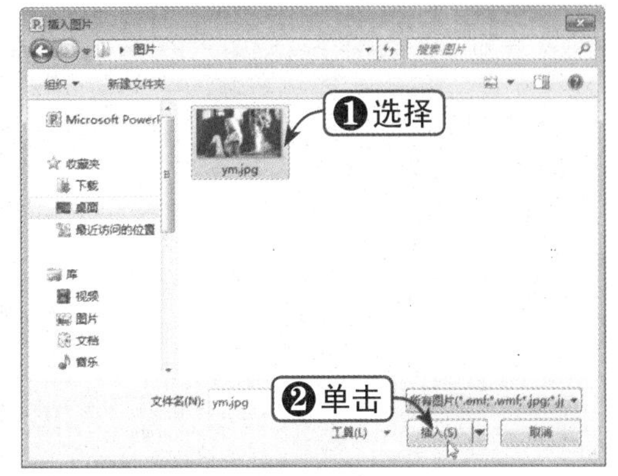

Step 03 插入图片

此时，即可将图片插入到幻灯片中，如下图所示。

Step 04 拖动控制柄

在图片上单击选择图片，此时图片四角出现控制柄，拖动控制柄，如下图所示。

Step 05 调整图片大小

释放鼠标，即可调整图片大小，效果如下图所示。

Step 06 选择“置于底层”选项

插入图片后会发现图片把原有的文字覆盖了，此时可以将图片置于底层，以显示文字。选择图片，选择“格式”选项卡，在“排列”组中单击“下移一层”下拉按钮，在弹出的下拉列表中选择“置于底层”选项，如下图所示。

Step 07 将图片置于底层

将图片置于底层后，此时文字就显示出来了，如下图所示。

Step 08 设置文本字体格式

根据需要移动文本的位置，并设置其字体格式，效果如下图所示。

知识点拨

除了通过单击“插入”选项卡中的“图片”按钮来插入图片，还可以通过复制图片，然后将图片直接粘贴到 PowerPoint 编辑窗口中。

14.4.3 设置图片

插入图片后，用户可以根据需要为图片添加各种效果和样式，具体操作方法如下：

Step 01 选择“格式”选项卡

选择图片，并选择“格式”选项卡，如下图所示。

Step 02 添加柔化边缘效果

在“图片样式”组中单击“图片效果”下拉按钮，在弹出的下拉列表中选择“柔化边缘”|“25 磅”选项，如下图所示。

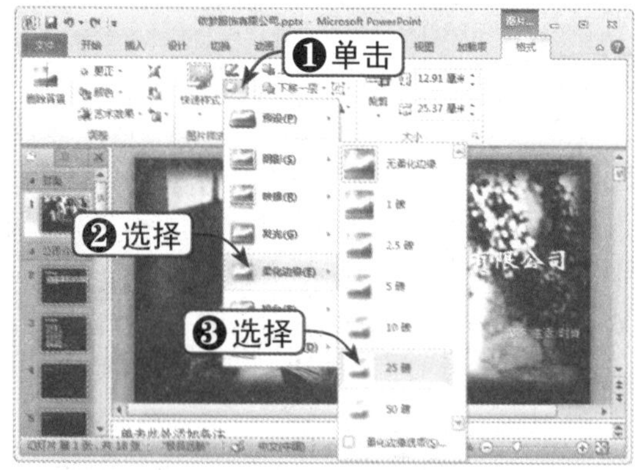

Step 03 柔化边缘效果

此时，即可查看柔化边缘后的效果，如下图所示。

Step 04 对图片重新着色

在“调整”组中单击“颜色”下拉按钮，弹出下拉列表，在“重新着色”选项区中选择“绿色，强调文字颜色 3 深色”选项，如下图所示。

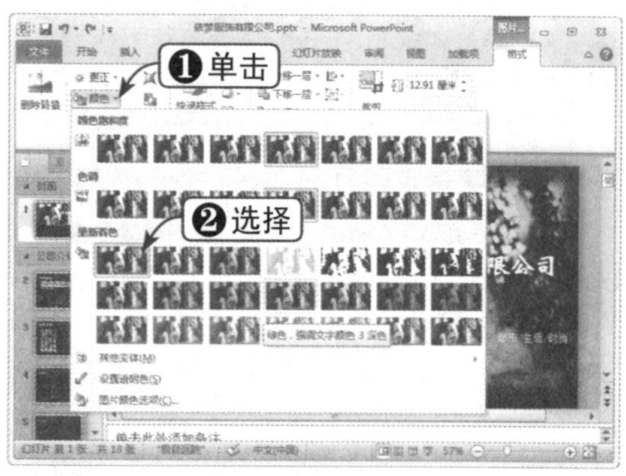

Step 05 查看重新着色效果

此时，即可查看重新着色后的效果，如下图所示。

知识点拨

除了调整图片的颜色以外，用户还可以对图片的亮度、对比度进行调整，以及对图片进行锐化或柔化、添加艺术效果、压缩等操作。

14.4.4 排列图片

下面将介绍如何对插入的多张图片进行排列，具体操作方法如下：

Step 01 单击“图片”按钮

选择第一张幻灯片，选择“插入”选项卡，在“图像”组中单击“图片”按钮，如下图所示。

Step 02 选择多张图片

弹出“插入图片”对话框，按住【Ctrl】键的同时选择要插入的多张图片，并单击“插入”按钮，如下图所示。

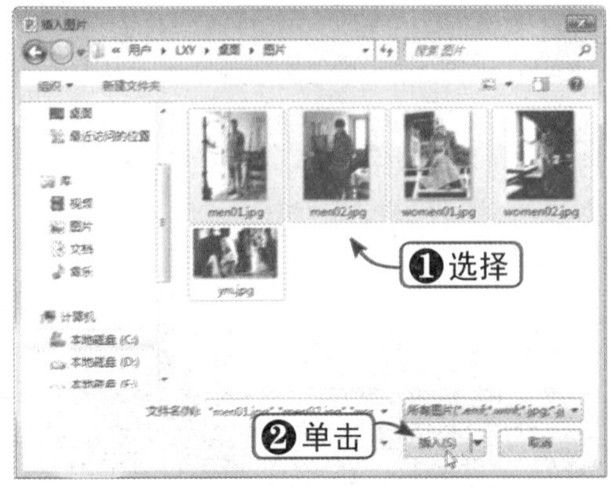

Step 03 插入多张图片

此时，即可将选择的图片插入到幻灯片中，如下图所示。

Step 04 单击“大小和位置”扩展按钮

选择插入的多张图片，然后选择“格式”选项卡，在“大小”组中单击“大小和位置”扩展按钮，如下图所示。

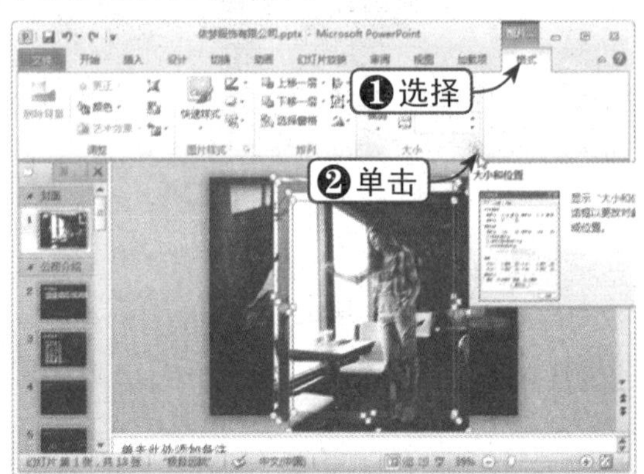

Step 05 设置图片大小

弹出“设置图片格式”对话框，从中设置图片大小，在“宽度”和“高度”文本框中输入图片大小即可，在此设置“宽度”为4.8厘米，“高度”为5.72厘米，单击“关闭”按钮，如下图所示。

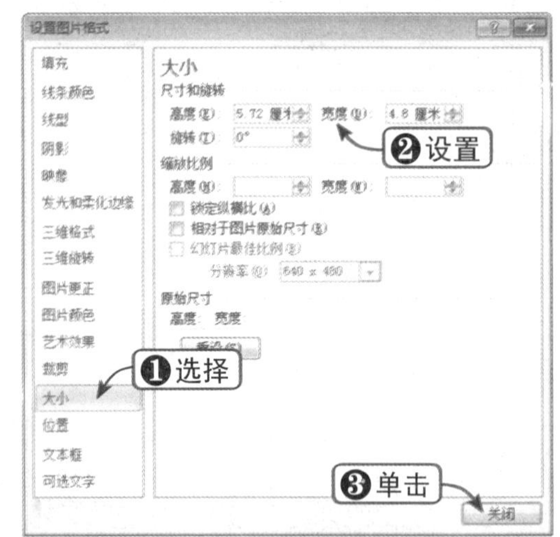

Step 06 查看图片大小

查看图片大小，此时插入的4张图片拥有相同的高度和宽度，如下图所示。

Step 07 移动图片位置

将 4 张图片分别移动到合适的位置，如下图所示。

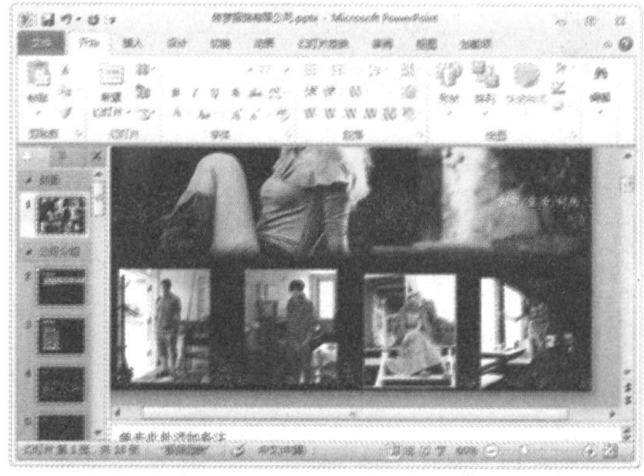

Step 08 左右居中排列图片

选中 4 张图片，然后选择“开始”选项卡，在“绘图”组中单击“排列”下拉按钮，在弹出的下拉列表中选择“排列”|“左右居中”选项，如下图所示。

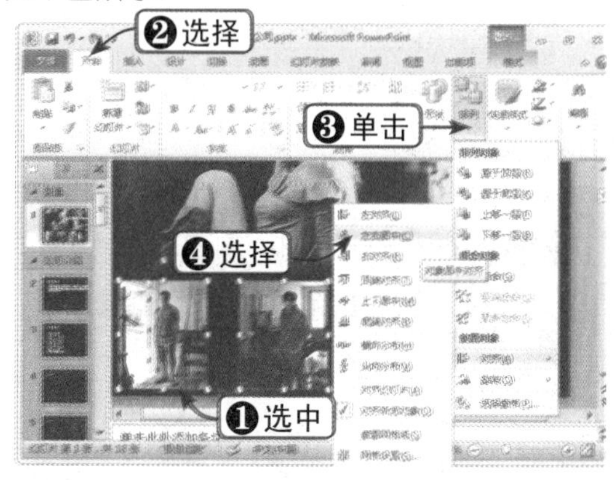

Step 09 上下居中排列图片

再次单击“排列”下拉按钮，在弹出的下拉列表中选择“排列”|“上下居中”选项，如下图所示。

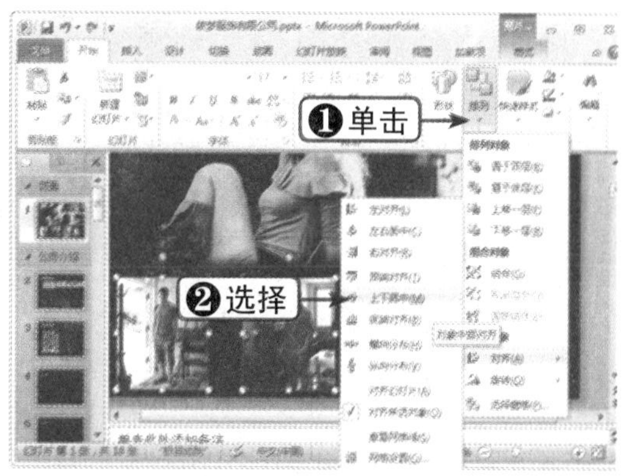

Step 10 设置图片样式

选中 4 张图片，然后选择“格式”选项卡，在“图片样式”组中单击“快速样式”下拉按钮，在弹出的下拉列表中选择合适的图片样式，在此选择“柔化边缘矩形”样式，如下图所示。

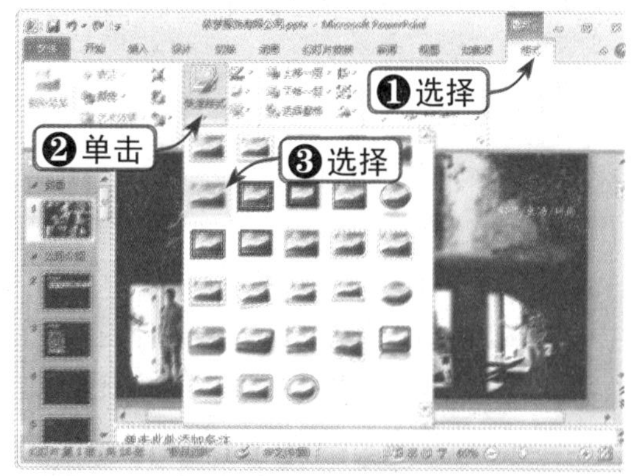

Step 11 查看图片最终效果

经过上述的操作后，4 张图片的最终效果如下图所示。

14.4.5 裁剪图片

裁剪操作通过减少垂直或水平边缘来删除或屏蔽不希望显示的图片区域。裁剪通常用来隐藏或修整部分图片，以便进行强调或删除不需要的部分。如果对插入的图片不满意，可以使用新增的裁剪工具来修整并删除图片中不需要的部分，下面将介绍如何裁剪图片，具体操作方法如下：

Step 01 单击“图片”按钮

选择第二张幻灯片，选择“插入”选项卡，在“图像”组中单击“图片”按钮，如下图所示。

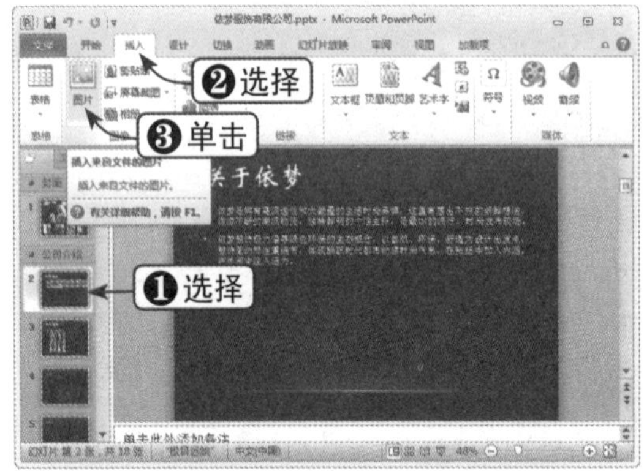

Step 02 选择要插入的图片

弹出“插入图片”对话框，选择要插入的图片，并单击“插入”按钮，如下图所示。

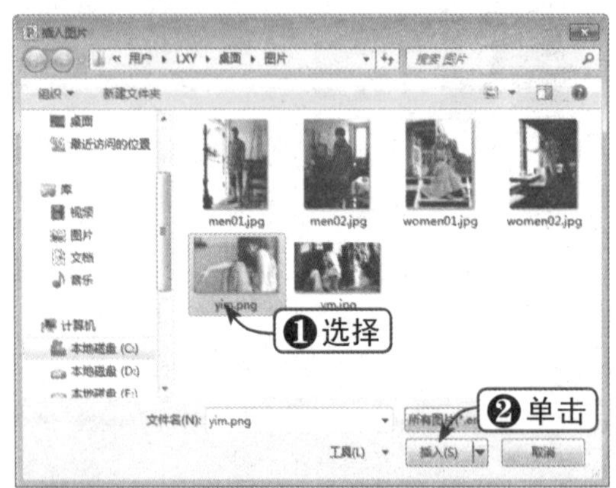

Step 03 插入图片

此时，即可将图片插入到幻灯片中，效果如下图所示。

Step 04 单击“裁剪”按钮

选中图片，然后选择“格式”选项卡，在“大小”组中单击“裁剪”下拉按钮，如下图所示。

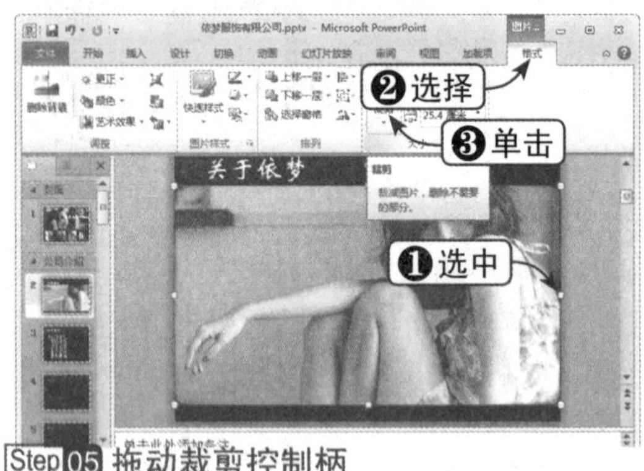

Step 05 拖动裁剪控制柄

在图片的四角和四边显现裁剪控制柄，此时将下边的控制柄向上拖动，如下图所示。

若要裁剪某一侧，将该侧的中心裁剪控制柄向里拖动；若要同时均匀地裁剪两侧，则在按住【Ctrl】键的同时将任一侧的中心裁剪控制柄向里拖动；若要同时均匀地裁剪全部四侧，则在按住【Ctrl】键的同时将一个角部裁剪控制柄向里拖动。

Step 06 拖动到目标位置释放鼠标

将裁剪控制柄拖动到目标位置后释放鼠标，查看要裁剪的图像，如下图所示。

Step 07 裁剪图片

按【Esc】键或在幻灯片的背景处单击鼠标左键，即可裁剪图片，如下图所示。

Step 08 添加图片样式

选中图片，然后选择“格式”选项卡，在“图片样式”组中单击“快速样式”下拉按钮，在弹出的下拉列表中选择“柔化边缘矩形”样式，如下图所示。

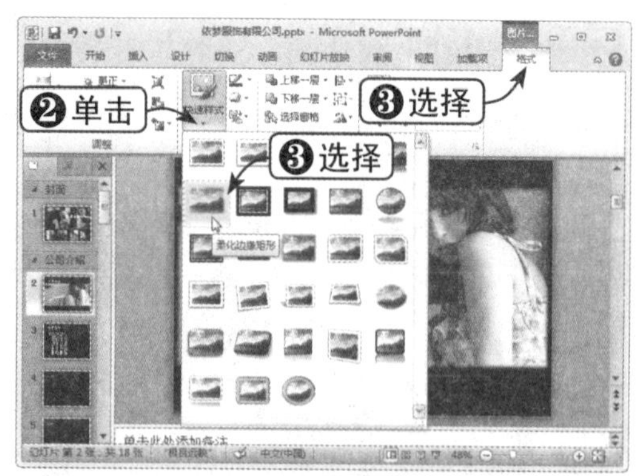

Step 09 添加图片艺术效果

在“调整”组中单击“艺术效果”下拉按钮，在弹出的下拉列表中选择“十字图案蚀刻”效果，如下图所示。

Step 10 选择“置于底层”选项

由于插入的图片把原有的文字覆盖了，这时可以将图片置于底层以显示文字。在“排列”组中单击“下移一层”下拉按钮，在弹出的下拉列表中选择“置于底层”选项，如下图所示。

Step 11 将图片置于底层

将图片置于底层后，文字就显示出来了，效果如下图所示。

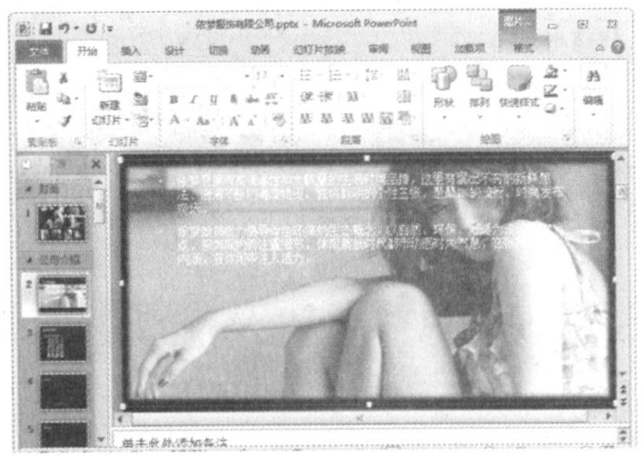

Step 12 设置字体格式

调整文本框形状，根据需要设置文本的字体颜色及大小，如下图所示。

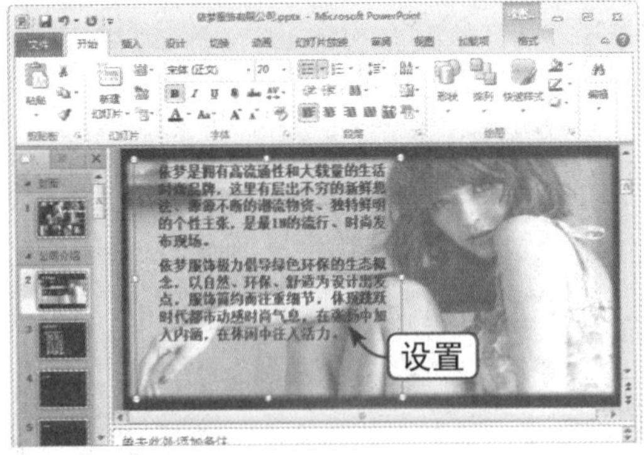

Step 13 继续调整文本

首先将光标定位在每段的第一个字前面并按【Backspace】键，删除前面的项目符号，然后将光标定位在第一段最后并按【Enter】键插入空行，接着将每段第一个字的字号变大，并设置字体颜色为红色，如下图所示。

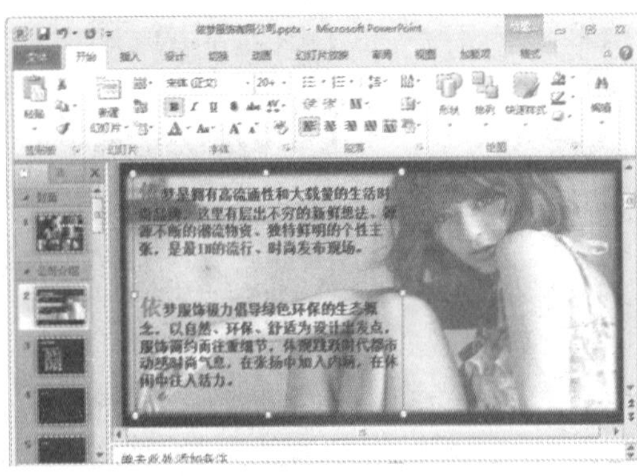

Step 14 查看幻灯片效果

设置完成后，按【Shift+F5】组合键放映当前幻灯片，查看效果，如下图所示。

Step 15 插入其他图片

采用同样的方法在“公司简介”、“产品系列”和“加盟条件”三个幻灯片中分别插入图片，并设置图片格式，最终效果如下图所示。

14.4.6 插入剪贴画

下面将介绍如何在幻灯片中插入剪贴画，具体操作方法如下：

Step 01 单击“剪贴画”按钮

选择“目标定位”幻灯片，然后选择“插入”选项卡，在“图像”组中单击“剪贴画”按钮，如下图所示。

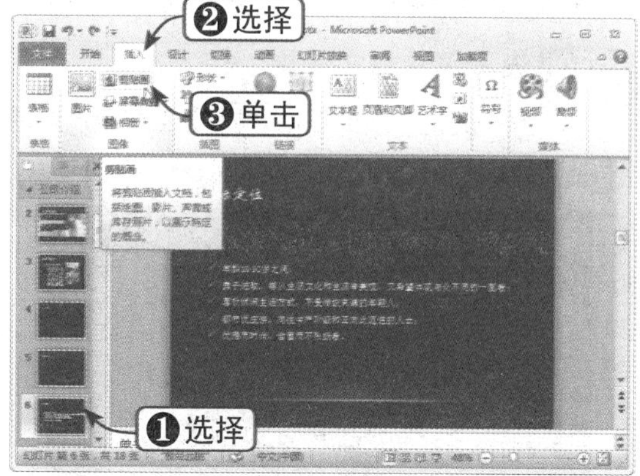

Step 02 打开“剪贴画”窗格

打开“剪贴画”窗格，在“搜索文字”文本框中输入“时尚”，并单击“搜索”按钮，如下图所示。

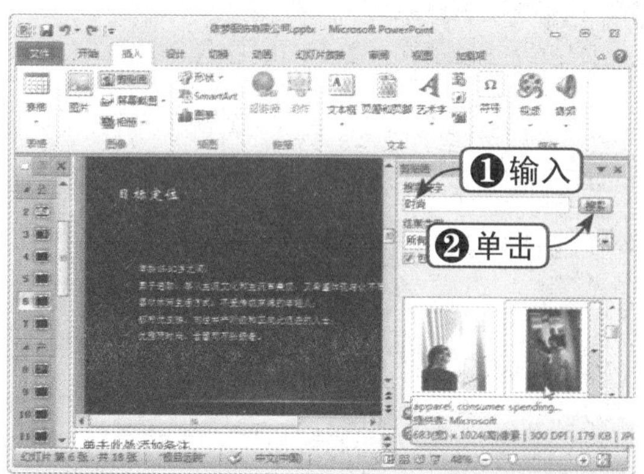

Step 03 单击剪贴画

此时搜索到的剪贴画将显示在下方的列表中，在所需的剪贴画上单击鼠标左键，如下图所示。

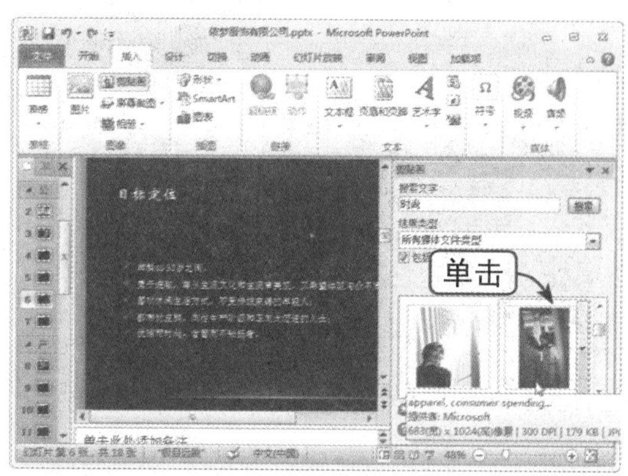

Step 04 插入剪贴画

此时，即可将剪贴画插入到幻灯片中，如下图所示。

Step 05 调整位置

分别调整剪贴画和文本框的位置，效果如下图所示。

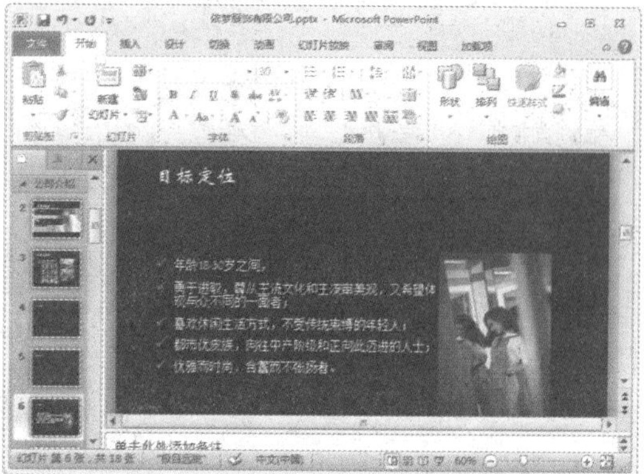

Step 06 调整文字行距

选择文本框，然后选择“开始”选项卡，在“段落”组中单击“行距”下拉按钮，在弹出的下拉列表中选择 1.5 选项，如下图所示。

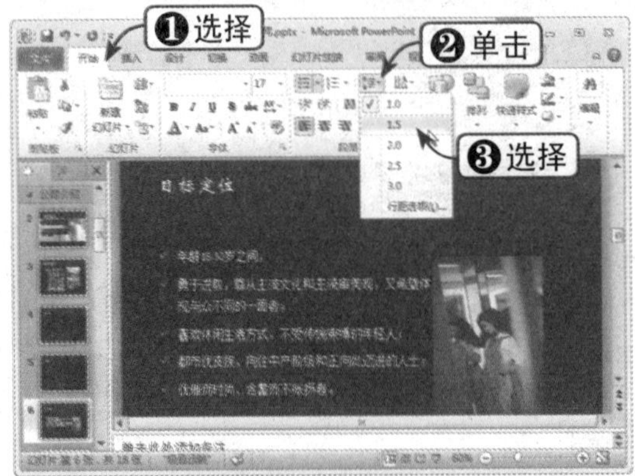

Step 07 选择“柔化边缘椭圆”样式

选中剪贴画，然后选择“格式”选项卡，在“图片样式”组中单击“快速样式”下拉按钮，在弹出的下拉列表中选择“柔化边缘椭圆”样式，如下图所示。

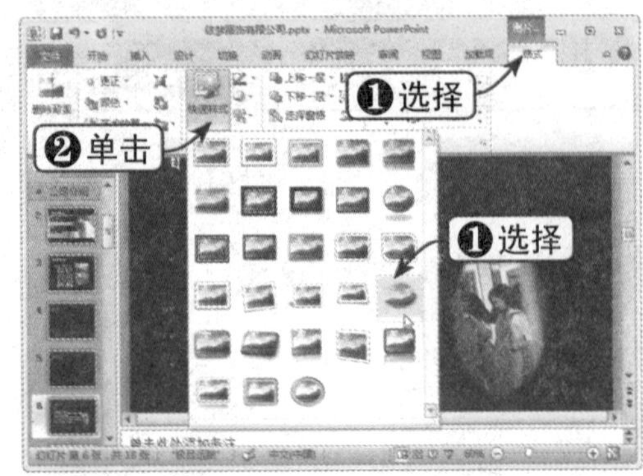

Step 08 查看图片样式效果

设置完成后，按【Shift+F5】组合键放映当前幻灯片以查看效果，如下图所示。

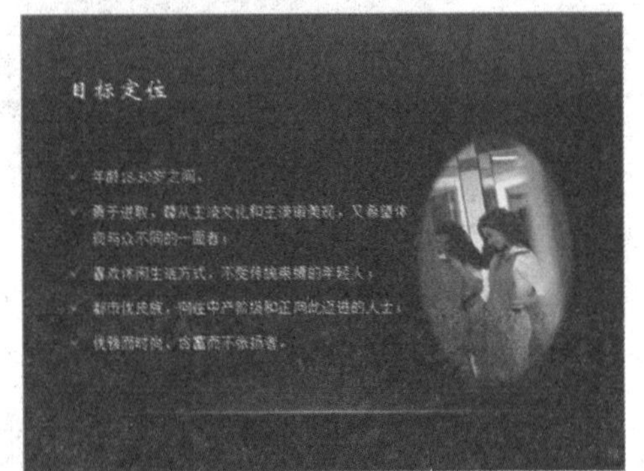

14.4.7 新建相册

使用“相册”命令可以很轻松地在 PowerPoint 中创建相册，具体操作方法如下：

Step 01 单击“相册”按钮

选择“插入”选项卡，在“图像”组中单击“相册”按钮，如下图所示。

Step 02 单击“文件 / 磁盘”按钮

弹出“相册”对话框，单击“文件 / 磁盘”按钮，如下图所示。

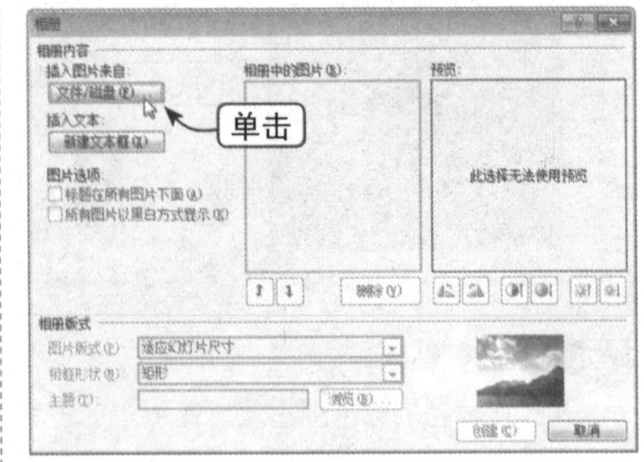

Step 03 选择插入图片

弹出“插入新图片”对话框，按住【Ctrl】键的同时选择要插入的多张图片，并单击“插入”按钮，如下图所示。

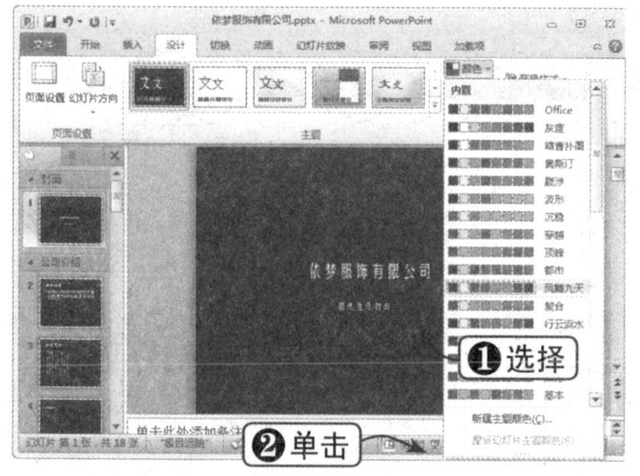

Step 04 设置相册参数

返回“相册”对话框，设置“图片版式”为“2 张图片”,“相框形状”为“柔化边缘矩形”，并单击“浏览”按钮，如下图所示。

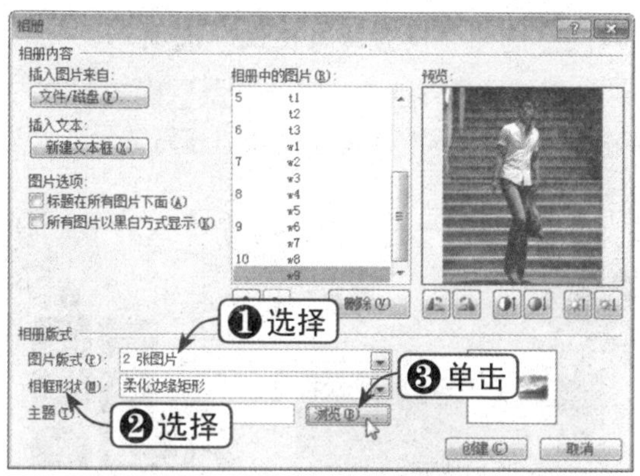

Step 05 选择主题

弹出“选择主题”对话框，从中选择“极目远眺”主题，并单击“选择”按钮，如下图所示。

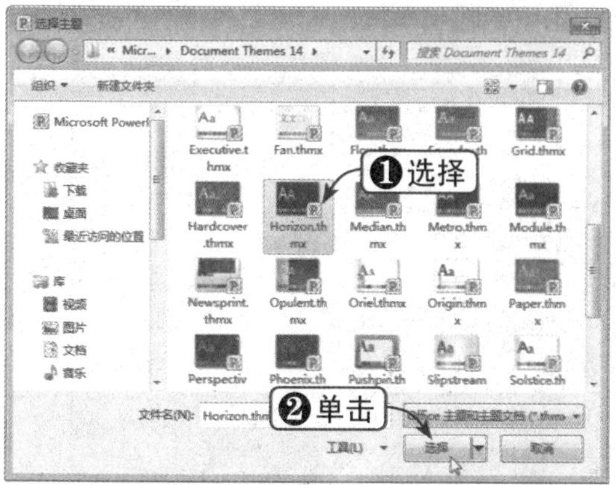

Step 06 单击“创建”按钮

返回“相册”对话框，单击“创建”按钮，如下图所示。

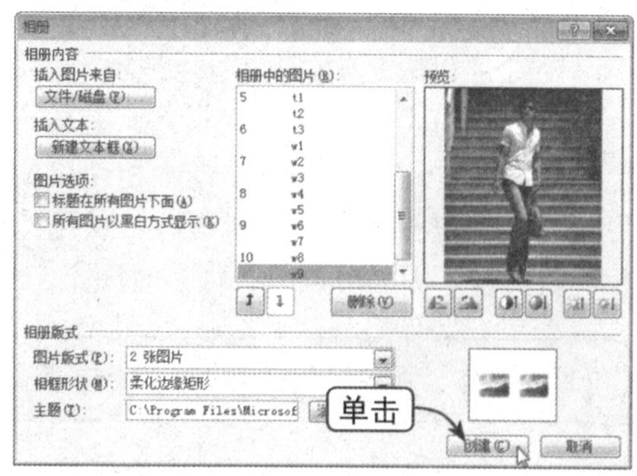

Step 07 创建相册完成

此时将自动新建一个演示文稿，创建相册完成，如下图所示。

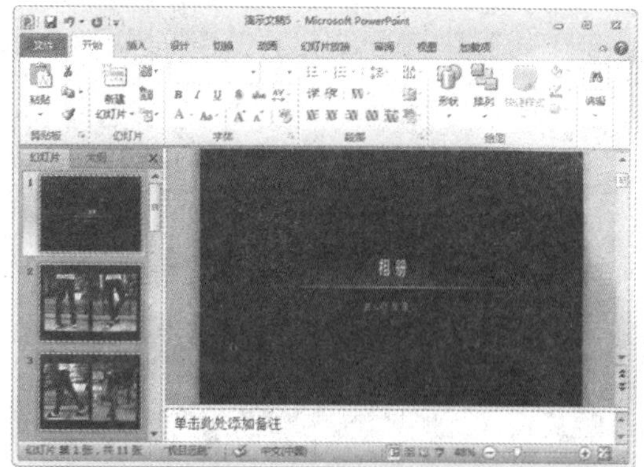

Step 08 保存相册

按【Ctrl+S】组合键或单击“保存”按钮，弹出“另存为”对话框，输入文件名并单击“保存”按钮即可，如下图所示。

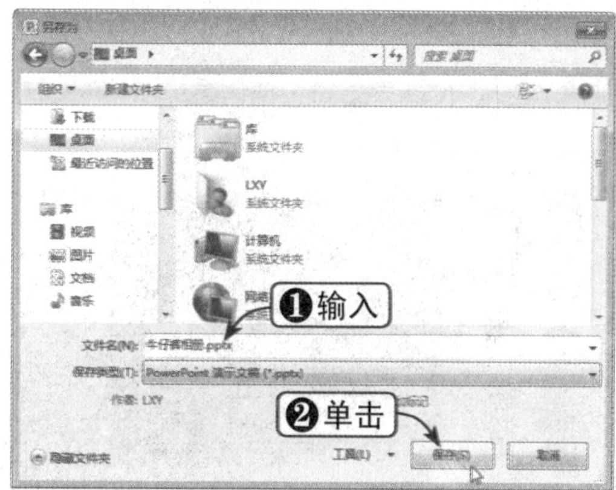

14.5 使用幻灯片母版

幻灯片母版是幻灯片层次结构中的顶层幻灯片，用于存储有关演示文稿主题和幻灯片版式信息，包括背景、颜色、字体、效果、占位符大小和位置等。每个演示文稿至少包含一个幻灯片母版。修改和使用幻灯片母版的主要优点是可以对演示文稿中的每张幻灯片进行统一的样式更改。使用幻灯片母版时，由于无需在多张幻灯片上输入相同的信息，因此可以节省很多时间。

14.5.1 设置母版背景

使用幻灯片母版可以为整个演示文稿添加统一的背景，下面将对其进行详细介绍，具体操作方法如下：

Step 01 单击“幻灯片母版”按钮

选择“视图”选项卡，在“母版视图”组中单击“幻灯片母版”按钮，如下图所示。

Step 02 切换到幻灯片母版视图

切换到幻灯片母版视图，并选择第一张幻灯片（即幻灯片母版），如下图所示。

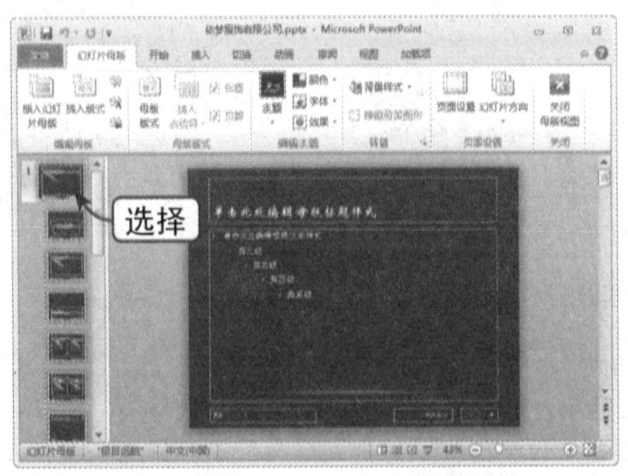

Step 03 选择“设置背景格式”选项

在“背景”组中单击“背景”样式下拉按钮，在弹出的下拉列表中选择“设置背景格式”选项，如下图所示。

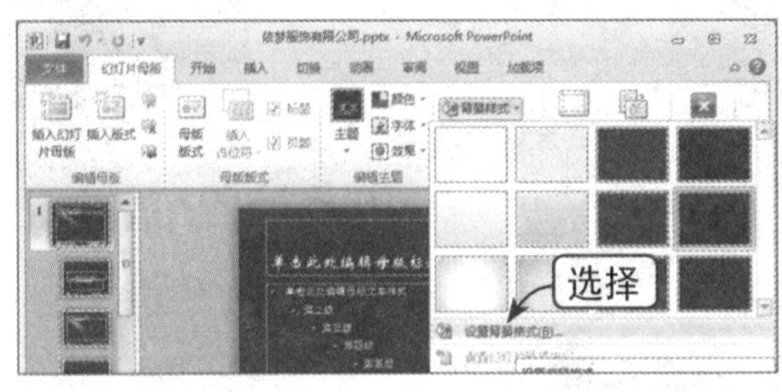

Step 04 设置背景格式

弹出“设置背景格式”对话框，选中“图片或纹理填充”单选按钮，然后单击“文件”按钮，如下图所示。

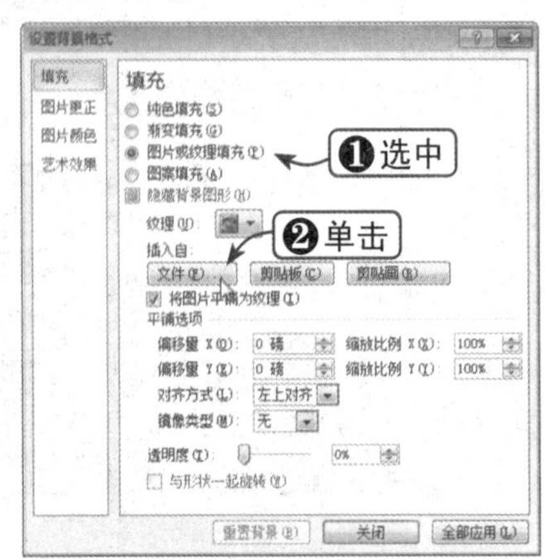

Step 05 选择背景图片

弹出“插入图片”对话框，选择要作为背景的图片，然后单击“插入”按钮，如下图所示。

Step 06 设置图片偏移量

返回“设置背景格式”对话框，从中设置图片的“偏移量”为 0%，如下图所示。设置完毕后单击“关闭”按钮，关闭对话框。

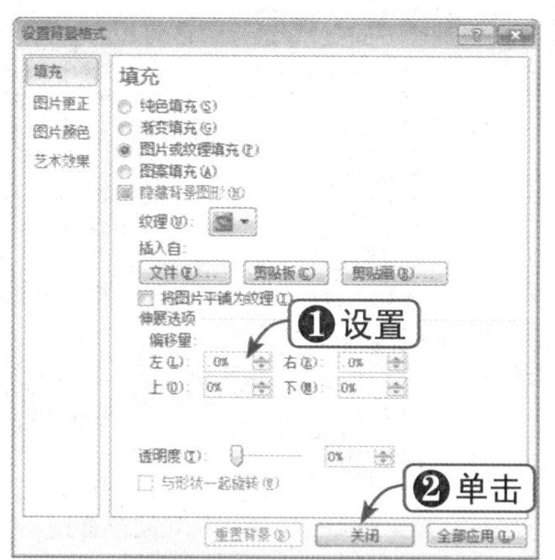

Step 07 关闭母版视图

单击“关闭母版视图”按钮，如下图所示。

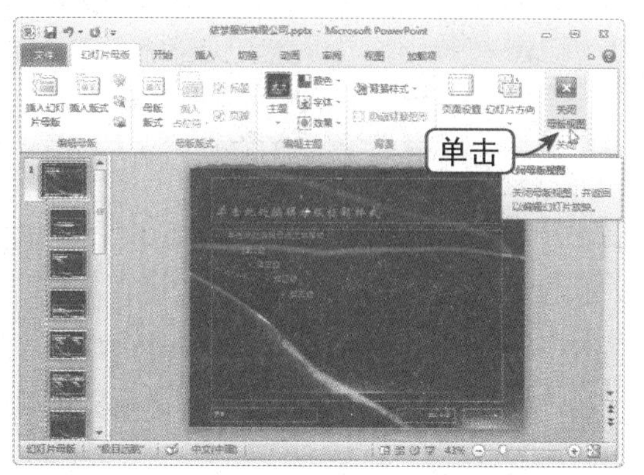

Step 08 查看普通视图

返回 PowerPoint 普通视图中，可以看到每一张幻灯片都有了统一的背景，但第一张幻灯片并不是我们想要的效果，如下图所示。

Step 09 为第一张幻灯片单独设置背景

选择第一张幻灯片，并选择“设计”选项卡，在“背景”组中单击“背景样式”下拉按钮，在弹出的下拉列表中右击“样式 4”，在弹出的快捷菜单中选择“应用于所选幻灯片”选项，如下图所示。

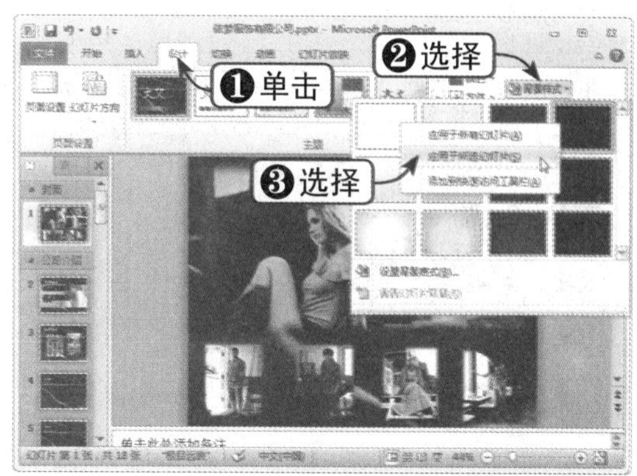

知识点拨

设置完母版背景后，不一定所有的幻灯片都适用于该背景，用户可以根据需要单独为其应用合适的背景。在“设计”选项卡中也可以对幻灯片设置背景，具体内容请参考 14.3.2 节。

Step 10 查看第一张效果

查看第一张幻灯片效果，如下图所示。

Step 11 查看幻灯片效果

任意选择一张幻灯片查看其效果，如下图所示。

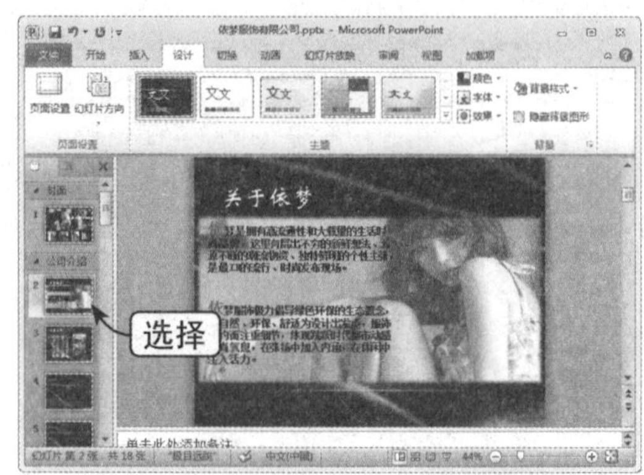

14.5.2 设置幻灯片版式

下面将介绍如何在幻灯片母版中设置幻灯片的版式，具体操作方法如下：

Step 01 切换到幻灯片母版视图

切换到幻灯片母版视图，并选择第一张幻灯片（即幻灯片母版），如下图所示。

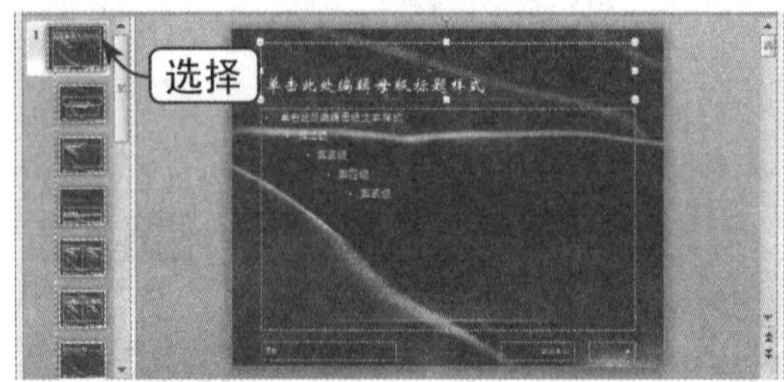

Step 02 选择“设置形状格式”选项

右击标题文本框，在弹出的快捷菜单中选择“设置形状格式”选项，如下图所示。

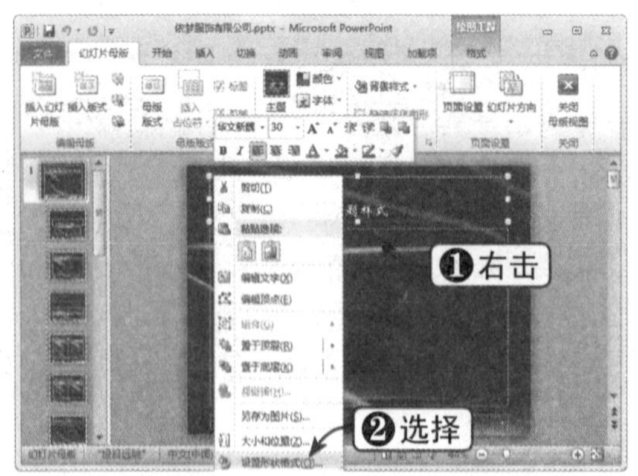

Step 03 设置文本框填充

弹出“设置形状格式”对话框，在左窗格中选择“填充”选项，在右侧选中“纯色填充”单选按钮，然后设置填充颜色为白色，“透明度”为75%，单击“关闭”按钮，如下图所示。

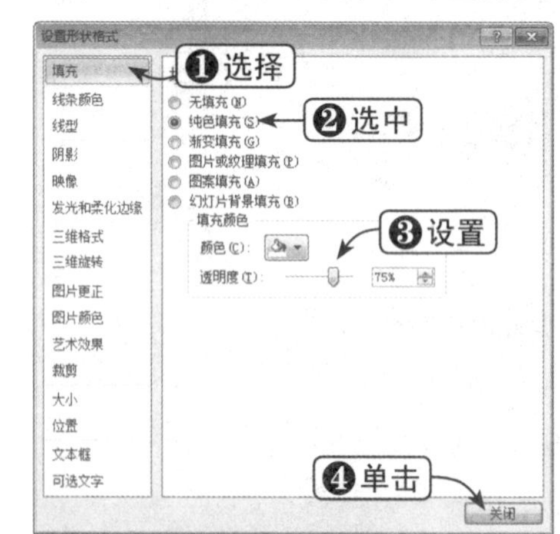

Step 04 查看文本框填充效果

此时，即可查看文本框填充效果，如下图所示。

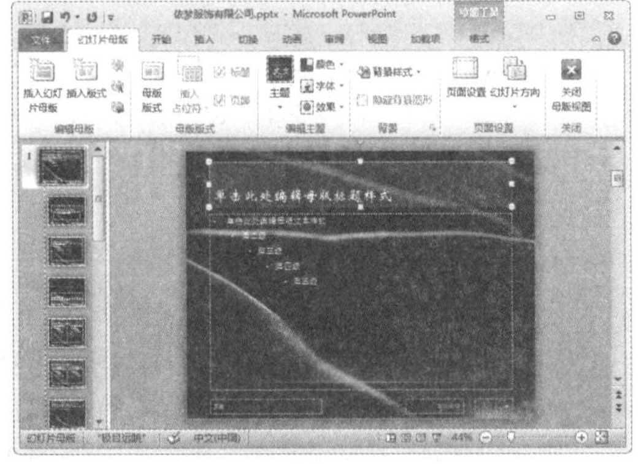

Step 05 设置字体格式

选择“开始”选项卡，设置文本的字体格式及对齐方式，如下图所示。

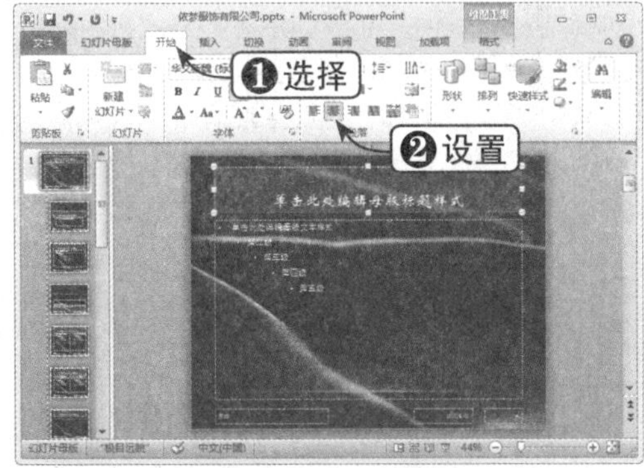

Step 06 设置文本框对齐方式

在“段落”组中单击“对齐文本”下拉按钮，在弹出的下拉列表中选择“中部对齐”选项，如下图所示。

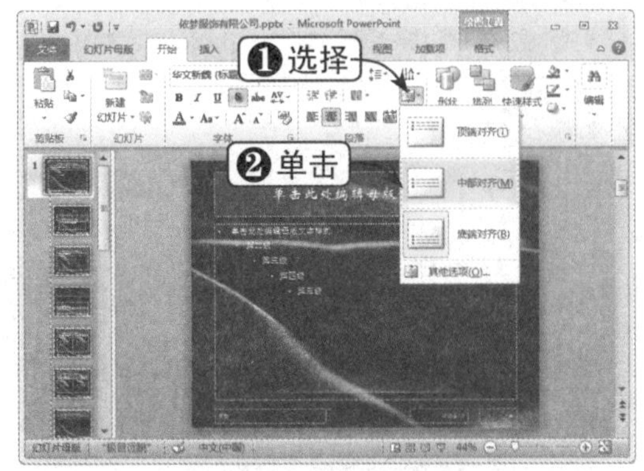

Step 07 选择“标题和内容”版式

选择“标题和内容”版式，并选中其“标题”文本框，如下图所示。

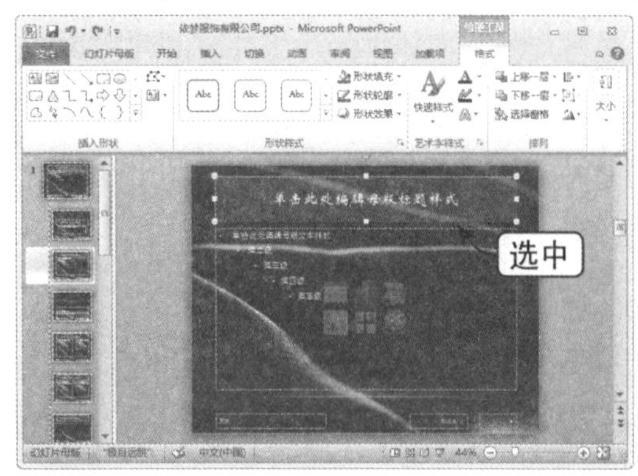

Step 08 设置文本框大小

选择“格式”选项卡，在“大小”组中设置文本框大小，如下图所示。

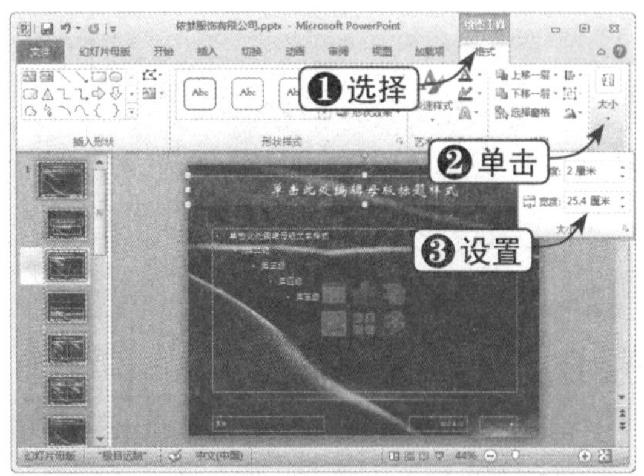

Step 09 设置“节标题”版式

采用同样的方法设置“节标题”版式，如下图所示。

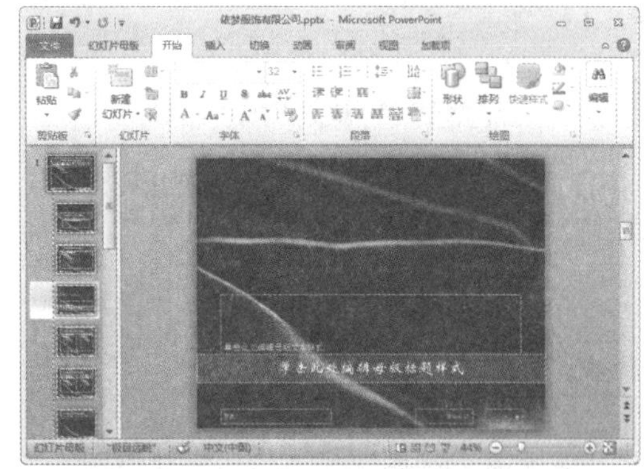

Step 10 设置“比较”版式

采用同样的方法设置“比较”版式的标题样式，如下图所示。

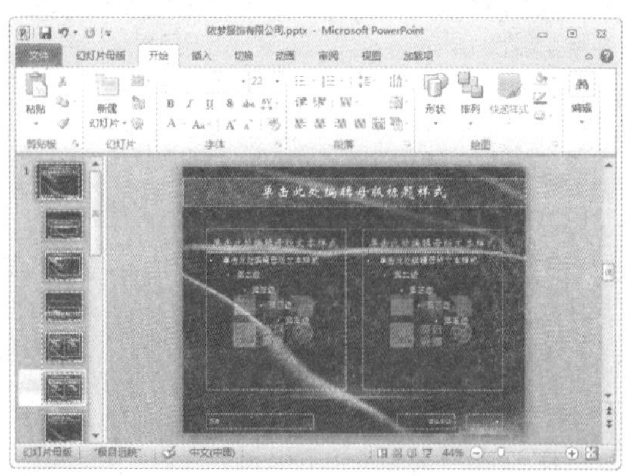

Step 11 设置“比较”版式的副标题

设置“比较”版式两个副标题的字体格式，如下图所示。

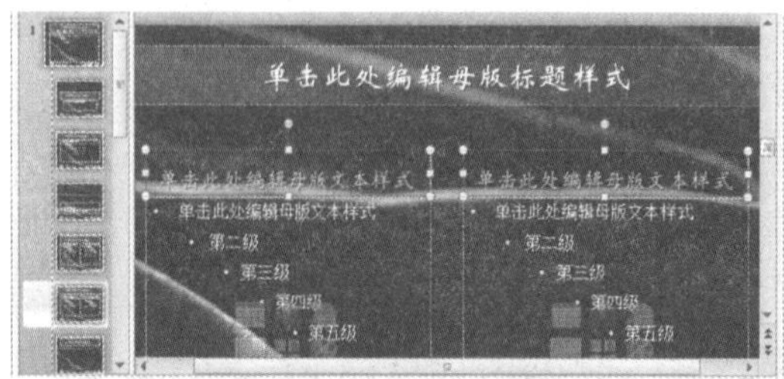

Step 12 切换到普通视图

设置完毕后关闭幻灯片母版视图，切换到普通视图并选择第一张幻灯片，这时就会发现其中的标题文本框样式并不是我们所需要的，如下图所示。

Step 13 单击“设置形状格式”扩展按钮

选中标题文本框，选择“开始”选项卡，在“绘图”组中单击“设置形状格式”扩展按钮，如下图所示。

Step 14 打开“设置形状格式”对话框

弹出“设置形状格式”对话框，在“填充”选项区中选中“无填充”单选按钮，单击“关闭”按钮，如下图所示。

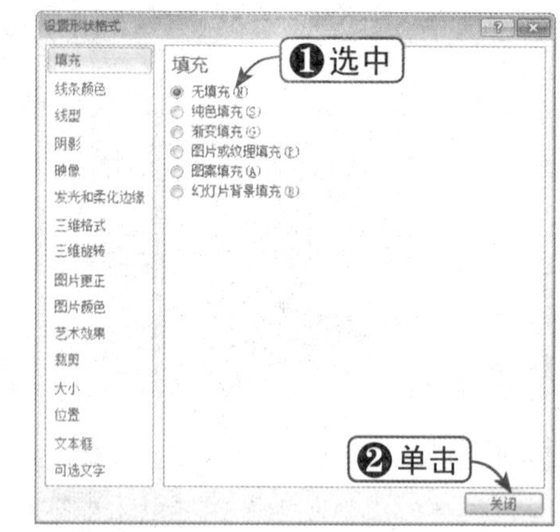

Step 15 设置字体格式

由于之前对“关于依梦”和“公司简介”这两张幻灯片的标题字体格式进行了设置，所以母版中的字体设置不会对其造成影响。在此将这两个标题的字号设置为 32，与母版统一风格。分别选择这两张幻灯片，并设置其标题字体格式，如下图所示。

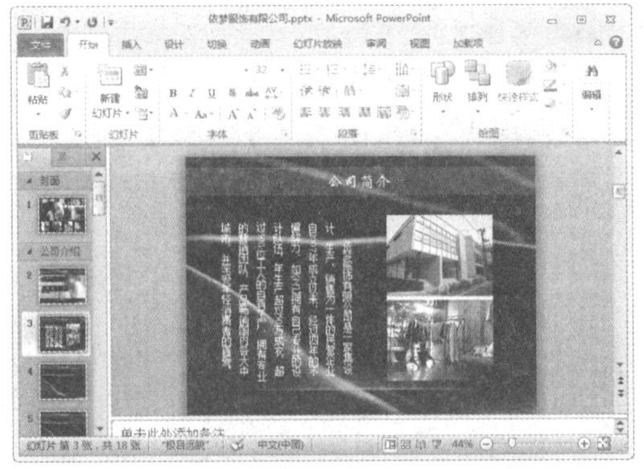

知识点拨

用户也可以根据需要为版式添加基于文本和对象的占位符，其类型包括：内容、文本、图片、SmartArt 图形、屏幕快照、图表、表格、剪贴画、影片、声音等。

14.5.3 新建版式

PowerPoint 软件预设的几种幻灯片版式有时无法满足用户的要求，这时可以根据需要创建自己的版式，下面将介绍如何新建幻灯片版式，具体操作方法如下：

Step 01 单击"幻灯片母版"按钮

选择"视图"选项卡，在"母版视图"组中单击"幻灯片母版"按钮，如下图所示。

Step 02 单击"插入版式"按钮

切换到幻灯片母版视图，在"编辑母版"组中单击"插入版式"按钮，如下图所示。

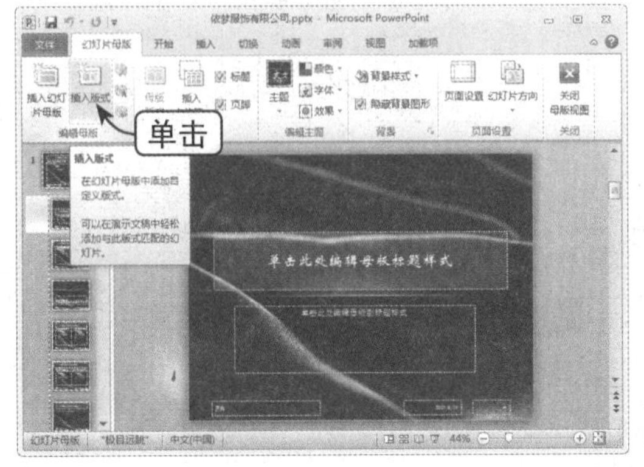

Step 03 插入版式

此时，即可插入一个版式，如下图所示。

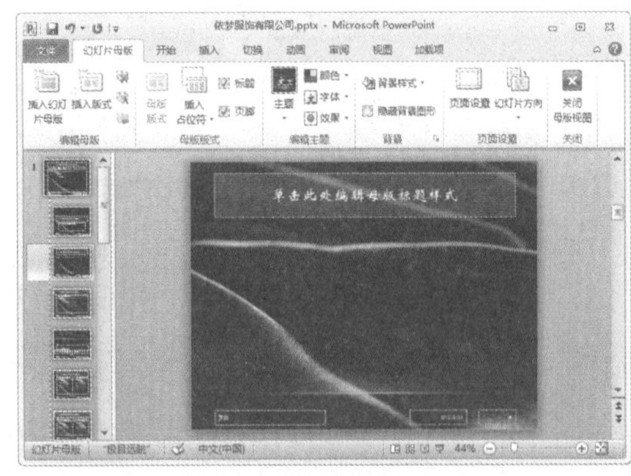

Step 04 去掉标题文本框填充

选择"标题"文本框，并将其填充去掉，如下图所示。

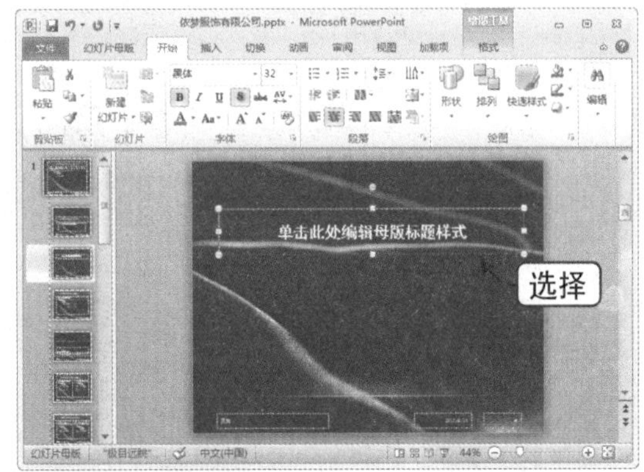

Step 05 选择“内容”选项

在“母版版式”组中单击“插入占位符”下拉按钮，在弹出的下拉列表中选择“内容”选项，如下图所示。

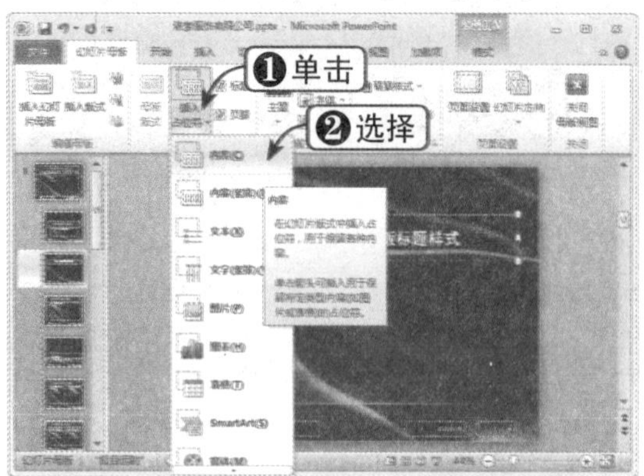

Step 06 拖动鼠标

此时鼠标指针变为十字形状，在适当的位置按住鼠标左键并拖动，如下图所示。

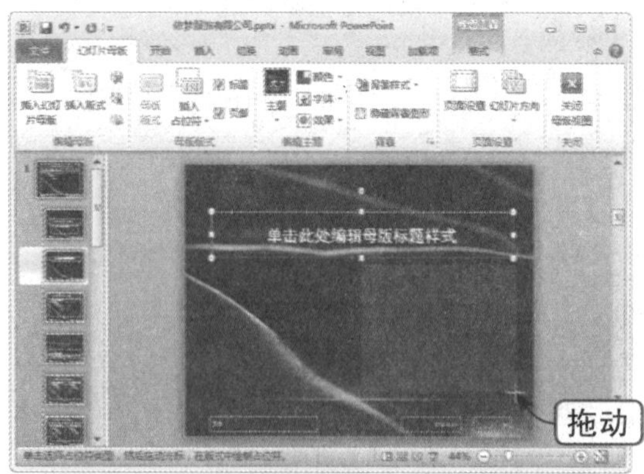

Step 07 插入内容占位符

拖动鼠标到目标位置后释放鼠标，即可插入内容占位符，如下图所示。

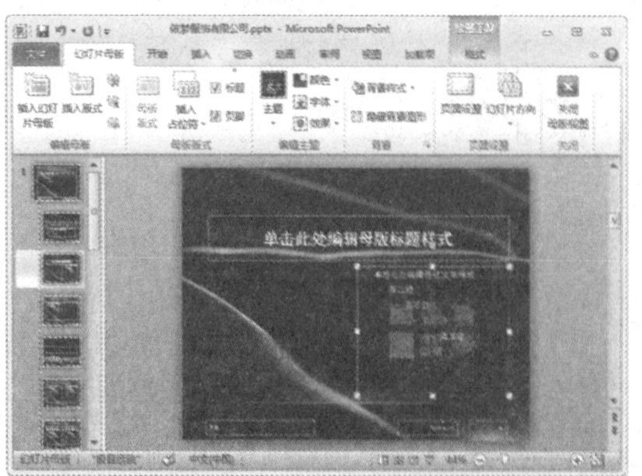

Step 08 设置字体格式等

根据需要设置内容占位符中文本的字体格式、对齐方式及项目符号，效果如下图所示。

Step 09 选择“图片”选项

在“母版版式”组中单击“插入占位符”下拉按钮，在弹出的下拉列表中选择“图片”选项，如下图所示。

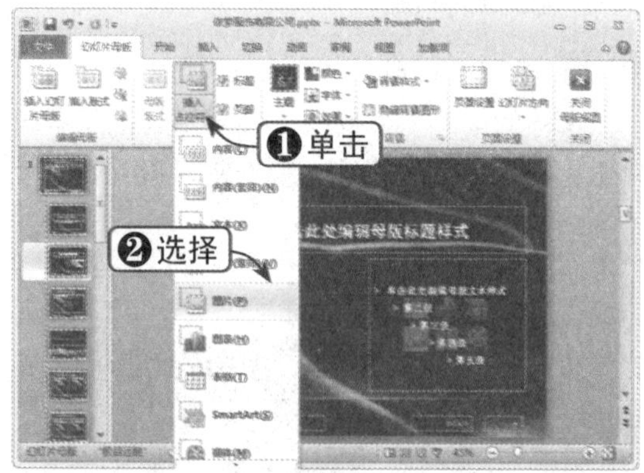

Step 10 插入图片占位符

采用与插入内容占位符同样的方法，插入图片占位符，如下图所示。

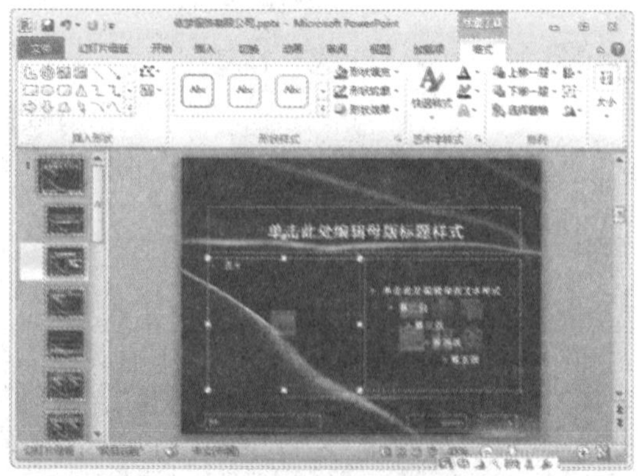

Step 11 选择“设置形状格式”选项

右击“图片”占位符，在弹出的快捷菜单中选择“设置形状格式”选项，如下图所示。

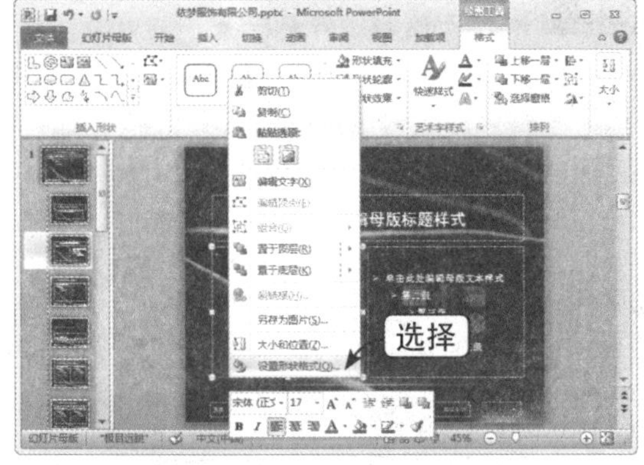

Step 12 设置线条颜色

弹出“设置形状格式”对话框，在左窗格中选择“线条颜色”选项，在右侧选中“实线”单选按钮，如下图所示。

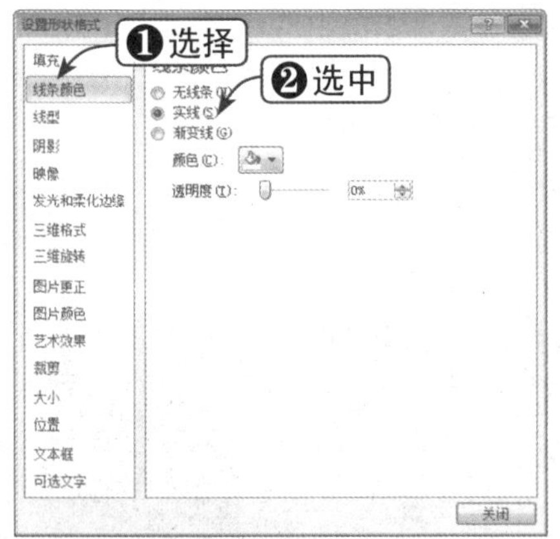

Step 13 设置发光效果

在左窗格中选择“发光和柔化边缘”选项，在右侧设置发光效果，其中“颜色”为“白色”，“大小”为“6 磅”，“透明度”为 40%，单击“关闭”按钮，如下图所示。

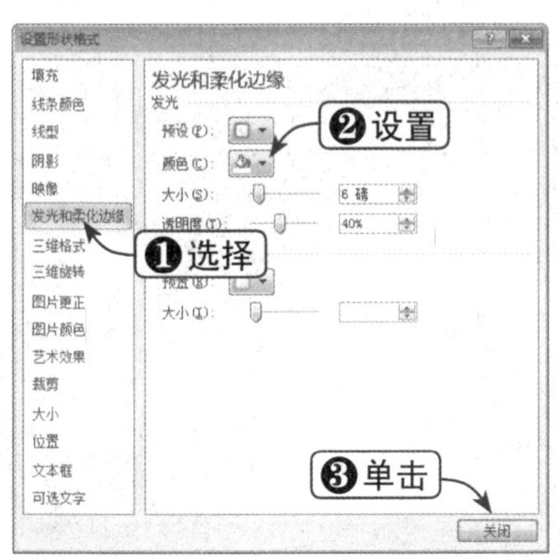

Step 14 单击“重命名”按钮

在“编辑母版”组中单击“重命名”按钮，如下图所示。

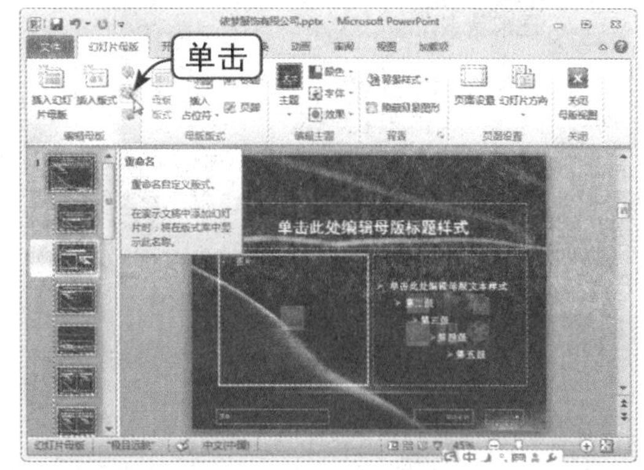

Step 15 重命名版式

弹出“重命名版式”对话框，输入版式名称并单击“重命名”按钮，如下图所示。

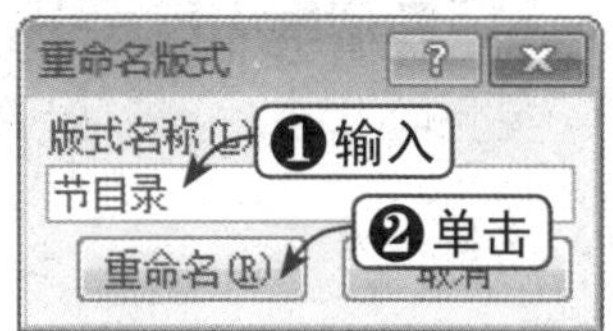

Step 16 关闭幻灯片母版视图

重命名完成后，单击“关闭母版视图”按钮，切换到普通视图，如下图所示。

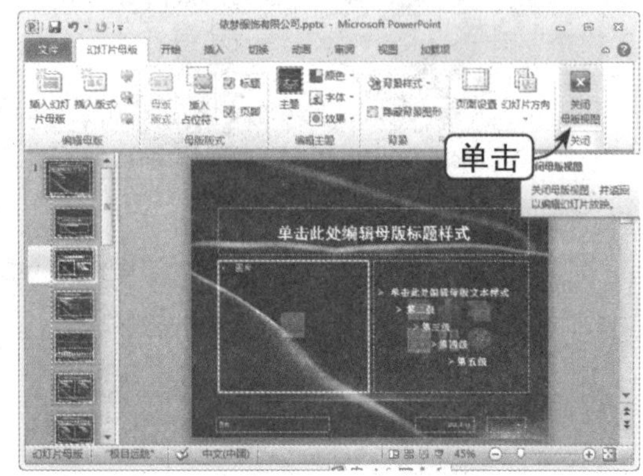

Step 17 选择“节目录”新版式

将光标定位在第 2 节第一张幻灯片的上面，选择“开始”选项卡，单击“新建幻灯片”下拉按钮，在弹出的下拉列表中选择自定义的版式（即“节目录”版式），如下图所示。

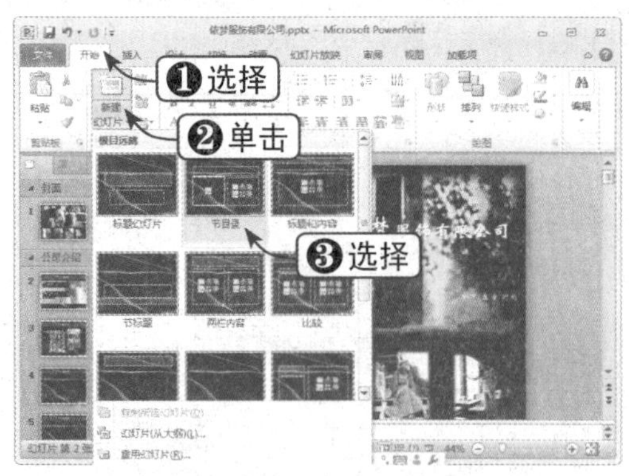

Step 18 插入新版式幻灯片

此时，即可插入新版式幻灯片，如下图所示。

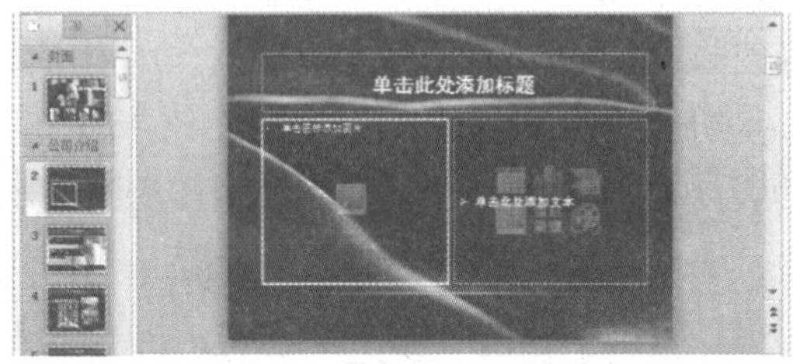

Step 19 输入标题和内容

在“标题”和“内容”占位符中分别输入文本，并单击“图片”占位符，如下图所示。

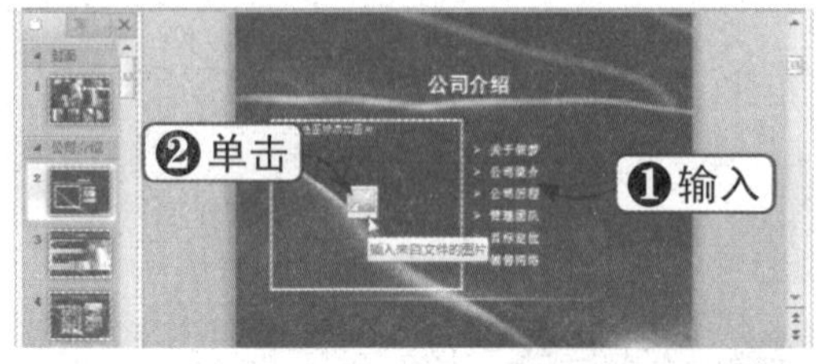

Step 20 选择要插入的图片

弹出“插入图片”对话框，选择要插入的图片，并单击“插入”按钮，如下图所示。

Step 21 单击“裁剪”按钮

将图片插入幻灯片中，发现插入的图片并不符合要求，这时选择图片，并选择“格式”选项卡，在“大小”组中单击“裁剪”按钮，如下图所示。

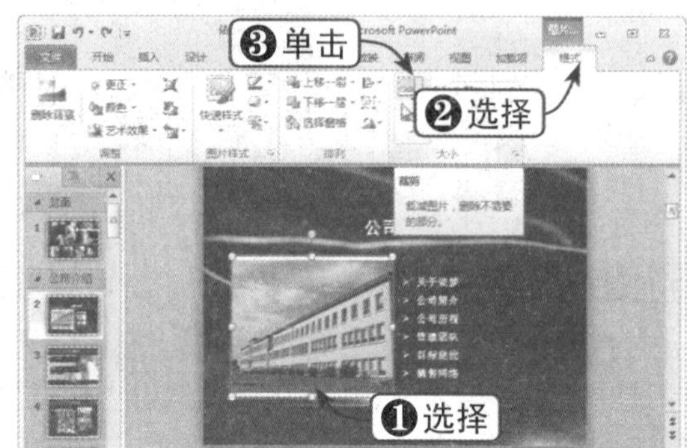

Step 22 裁剪图片

根据需要对图片进行裁剪操作，如下图所示。

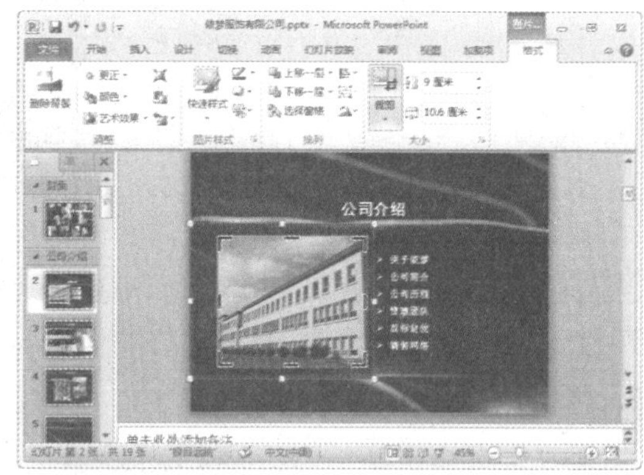

Step 23 完成裁剪

按【Esc】键完成裁剪操作，裁剪后的效果如下图所示。

Step 24 调整占位符位置

现在图片与文字之间过于紧密，说明母版设置欠妥。首先切换到幻灯片母版视图，选择“节目录”版式，对其中“图片”占位符和“内容”占位符的位置进行调整，如下图所示。

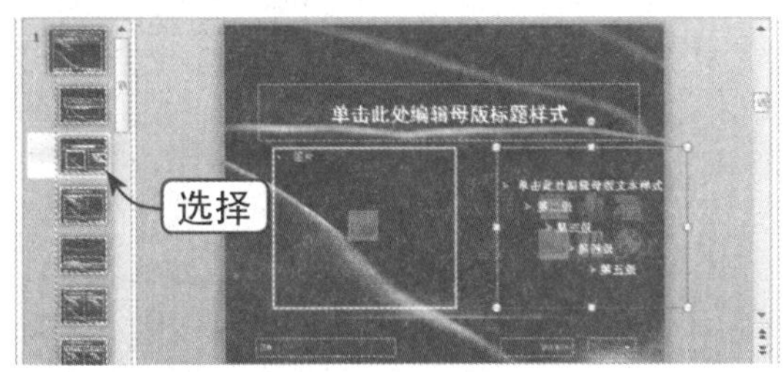

Step 25 查看幻灯片最终效果

调整好位置后关闭母版视图，切换到普通视图，并按【Shift+F5】组合键快速放映当前幻灯片，幻灯片的最终效果如下图所示。

Step 26 插入“节目录”版式幻灯片

采用前面同样的方法在其后的各节前插入“节目录”版式幻灯片，并添加文字和图片，如下图所示。

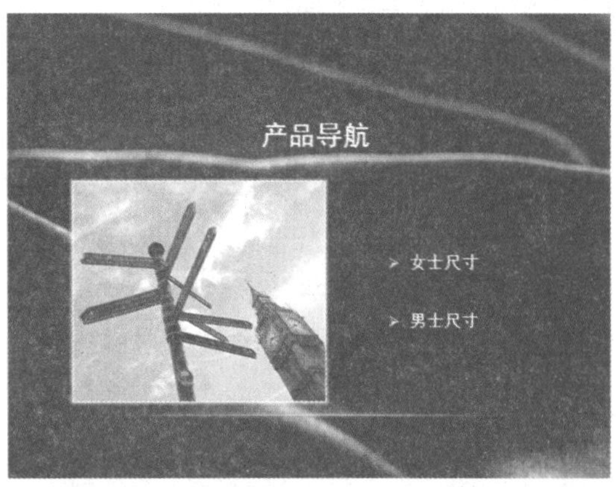

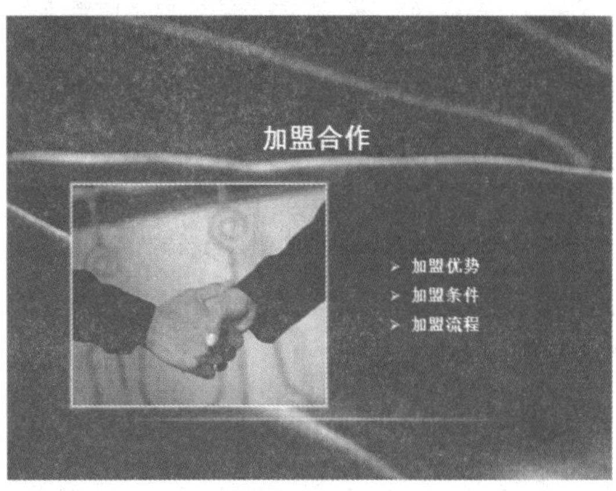

Step 27 在最后插入幻灯片

在演示文稿最后插入一张“节目录”版式的幻灯片，并添加文字和图片。用户可以根据需要调整图片和文字间的距离，并去掉内容前的项目符号，效果如下图所示。

知识点拨

对幻灯片应用新建的版式后，若有不合适的地方，用户可根据需要自由调整。

14.5.4 插入公司Logo

下面将介绍在幻灯片母版中插入公司 Logo，并删除图片背景的方法，具体操作方法如下：

Step 01 单击“幻灯片母版”按钮

选择“视图”选项卡，在“母版视图”组中单击“幻灯片母版”按钮，如下图所示。

Step 02 单击“图片”按钮

切换到幻灯片母版视图中，选择第一张幻灯片(即幻灯片母版)，然后选择“插入”选项卡，在“图像”组中单击“图片”按钮，如下图所示。

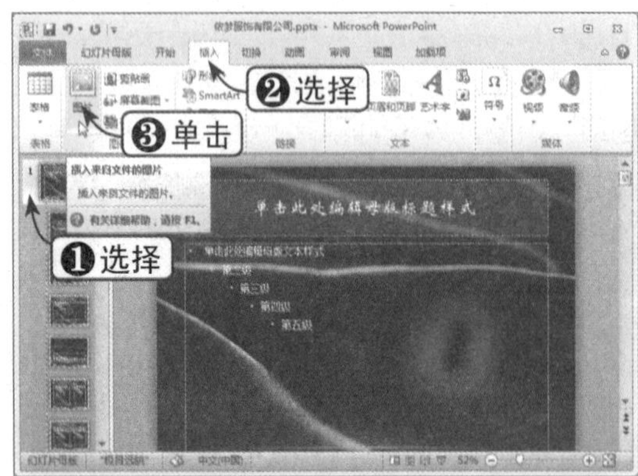

Step 03 选择要插入的图片

弹出“插入图片”对话框，选择要插入的图片，并单击“插入”按钮，如下图所示。

Step 04 单击“删除背景”按钮

选择图片，并选择“格式”选项卡，在“调整”组中单击“删除背景”按钮，如下图所示。

Step 05 拖动控制柄

在图片周围显示控制柄，此时拖动控制柄，如下图所示。

Step 06 选择图片上要保留的部分

释放鼠标，选择图片上要保留的部分，如下图所示。

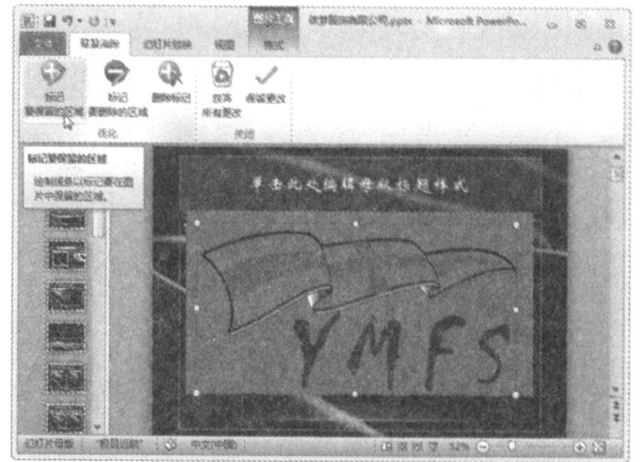

Step 07 单击“标记要保留的区域”按钮

单击“标记要保留的区域”按钮，此时指针呈铅笔形状，在要保留的区域上拖动鼠标，如下图所示。

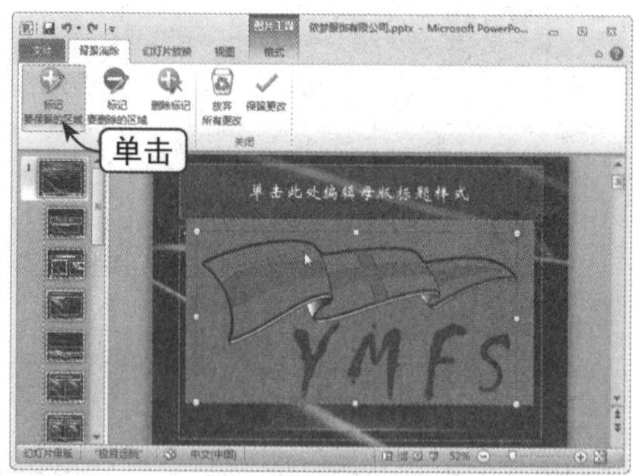

Step 08 显示要保留的图片部分

释放鼠标后，显示出要保留的图片部分，如下图所示。

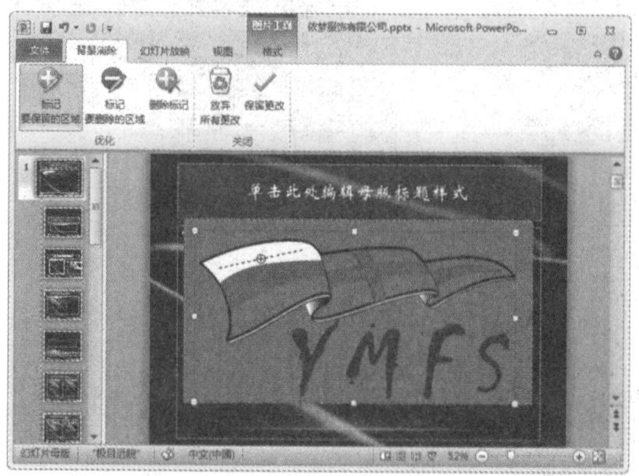

Step 09 设置其他要保留的图片部分

采用同样的方法设置其他要保留的图片部分，如下图所示。

Step 10 设置保留文字

在文字 YMFS 上单击鼠标左键，设置保留文字，如下图所示。

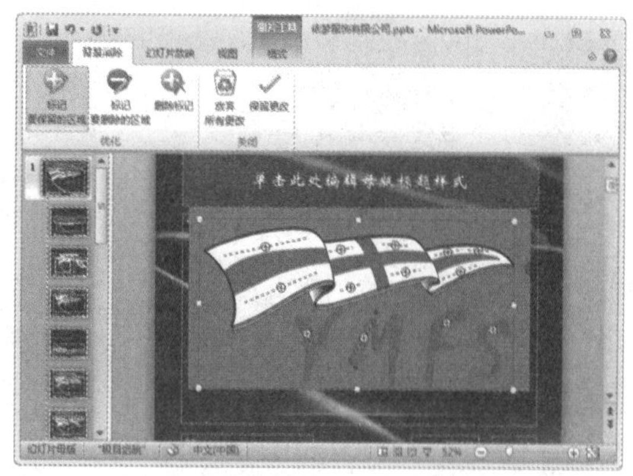

Step 11 设置保留的细节

拖动状态栏上的“显示比例”滑块放大图像，在文字 M 左侧的上下两点上单击鼠标左键，保留红点区域，如下图所示。

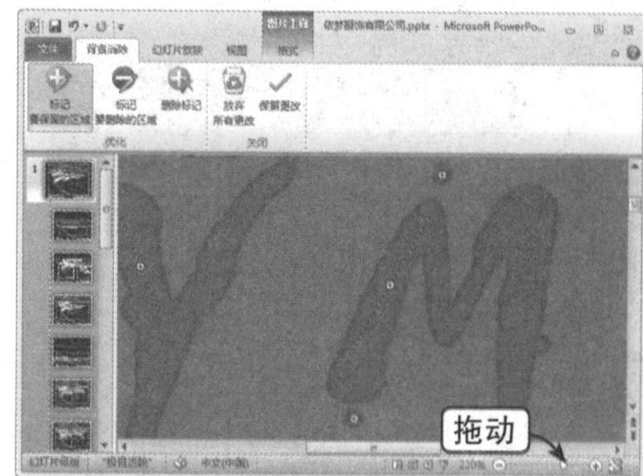

Step 12 单击“保留更改”按钮

完成删除背景操作后，单击“保留更改”按钮，如下图所示。

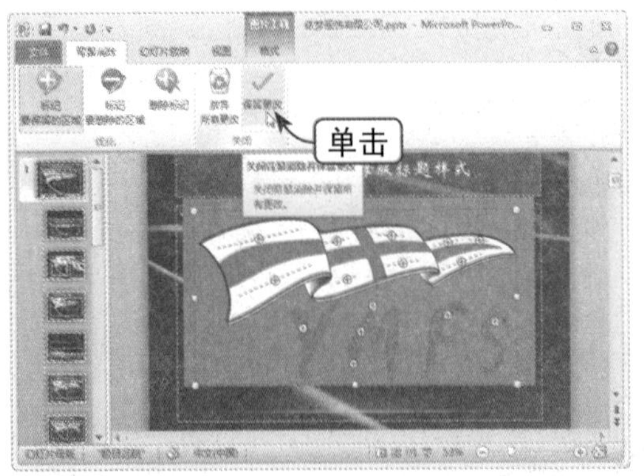

Step 13 查看图片最终效果

此时，即可查看图片的最终效果，如下图所示。

Step 14 调整图片大小与位置

缩放图片并移动其位置，如下图所示。

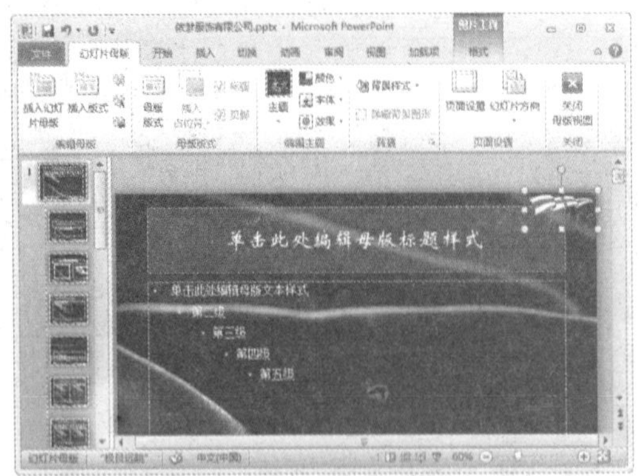

Step 15 添加发光效果

选中图片并选择“格式”选项卡，在“图片样式”组中单击“图片效果”下拉按钮，在弹出的下拉列表中选择“发光”|“绿色 5pt 发光 强调文字颜色 3”选项，如下图所示。

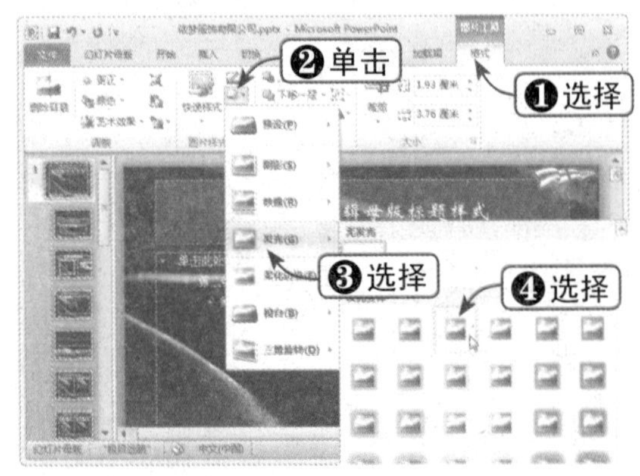

Step 16 关闭母版视图

选择“幻灯片母版”选项卡，单击“关闭母版视图”按钮，如下图所示。

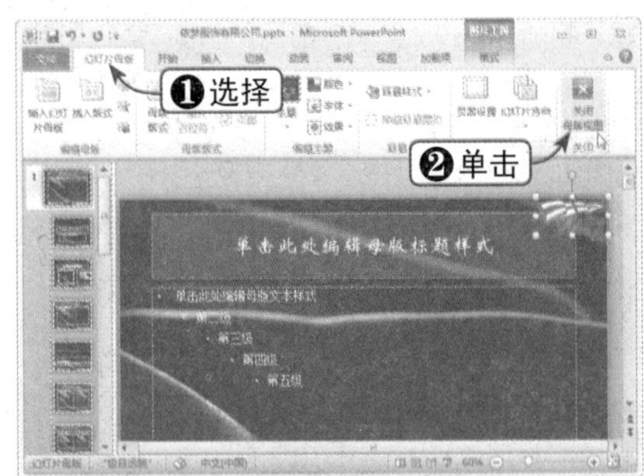

Step 17 查看最终效果

切换到普通视图，查看插入公司 Logo 之后的效果，如下图所示。

第15章 美化幻灯片

本章将介绍如何美化幻灯片，主要内容包括：插入表格、插入形状、插入文本框、插入 SmartArt 图形、插入图表、插入音频和视频、创建超链接、添加幻灯片切换效果、添加动画、添加页眉和页脚等。

本章学习重点

1. 插入表格
2. 插入形状
3. 插入文本框
4. 插入SmartArt图形
5. 插入音频和视频
6. 添加幻灯片切换效果
7. 添加页眉和页脚

重点实例展示

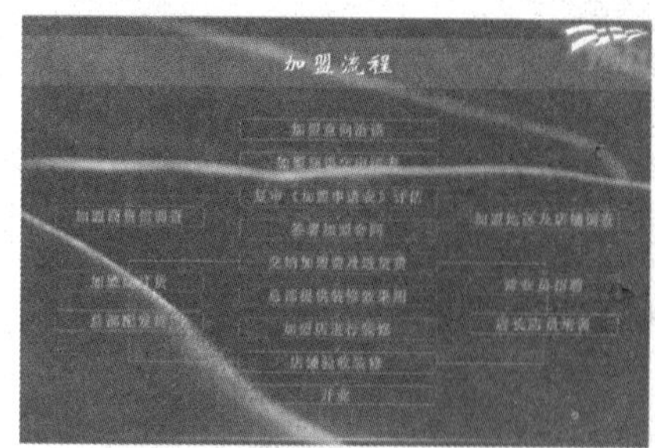

制作“加盟流程”幻灯片

本章视频链接

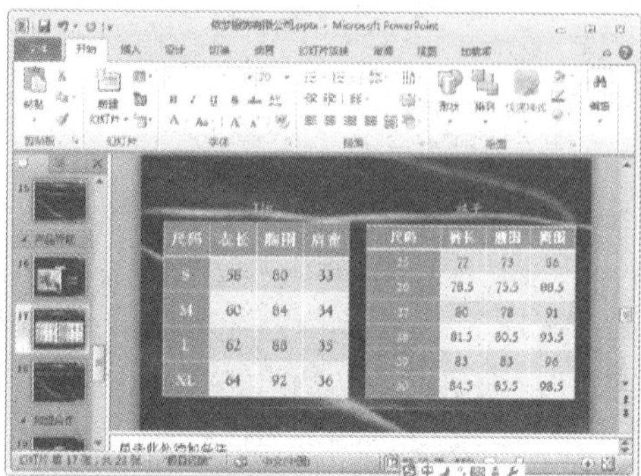

从Word中复制和粘贴表格

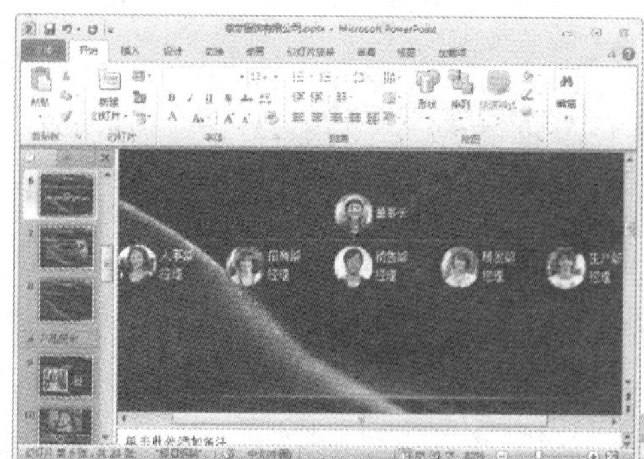

插入圆形图片层次结构图形

15.1 插入表格

下面将介绍向PowerPoint幻灯片中添加表格的四种方法：在PowerPoint中创建表格并设置表格格式；从Word中复制和粘贴表格；从Excel中复制和粘贴一组单元格；在PowerPoint中插入Excel电子表格。具体采用哪种方法，取决于用户的需求，下面将分别进行介绍。

15.1.1 在PowerPoint中创建表格

下面将介绍如何在PowerPoint中创建表格及设置表格格式，继续在上一章实例的基础上进行操作，具体操作方法如下：

Step 01 选择幻灯片

选择“女士尺寸”幻灯片，如下图所示。

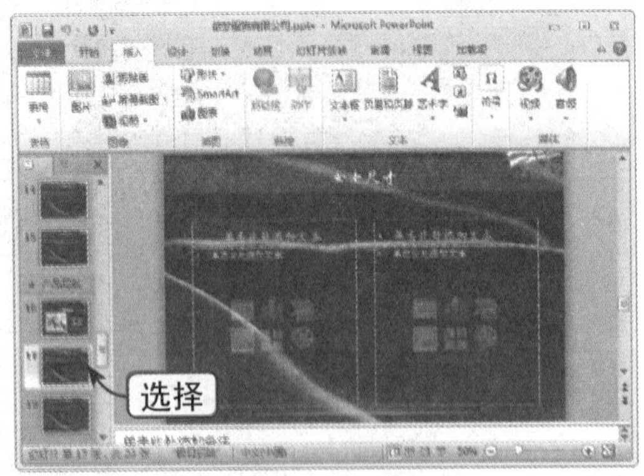

Step 02 输入副标题并设置格式

在幻灯片中输入副标题，并设置适当的字体格式，如下图所示。

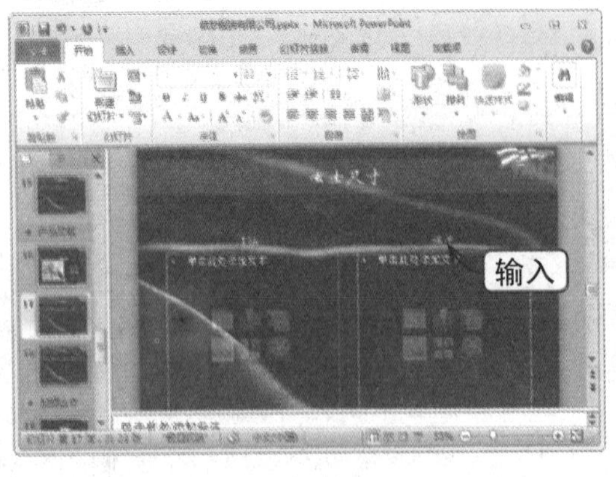

Step 03 设置“男士尺寸”幻灯片

选择“男士尺寸”幻灯片，并输入副标题，如下图所示。

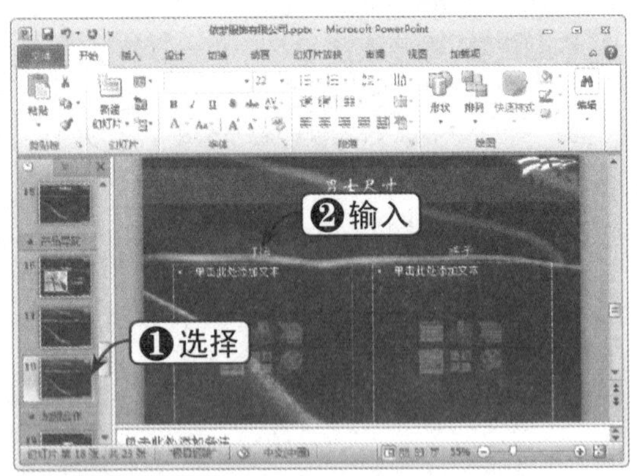

Step 04 单击“插入表格”按钮

选择“女士尺寸”幻灯片，在内容占位符中单击“插入表格”按钮，如下图所示。

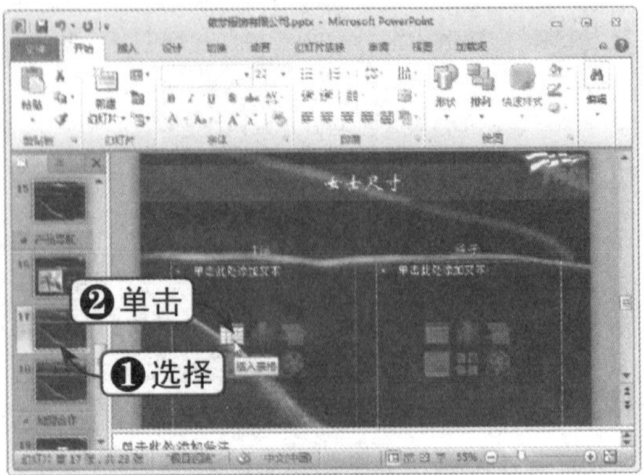

Step 05 设置表格行数和列数

弹出“插入表格”对话框，设置“行数”和“列数”，如下图所示。设置完毕后，单击“确定”按钮。

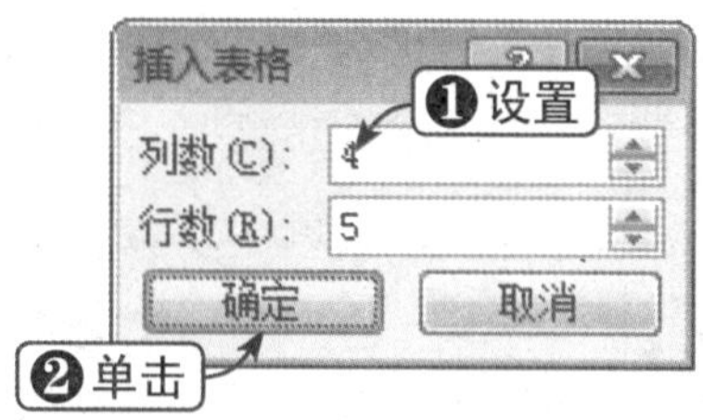

Step 06 插入表格

此时，即可在幻灯片中插入表格，效果如下图所示。

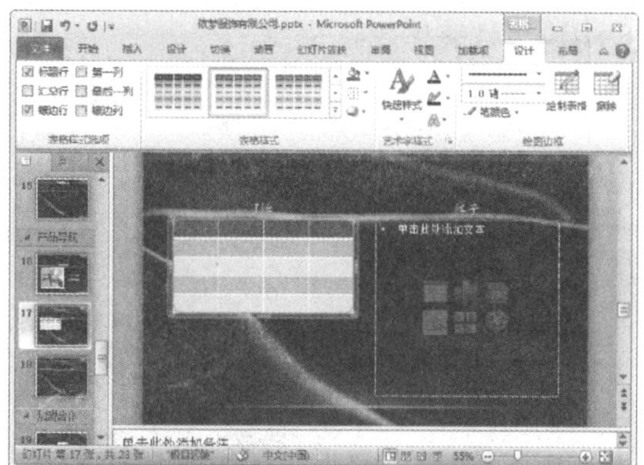

Step 07 输入表格文本

在表格中输入所需的文本，如下图所示。

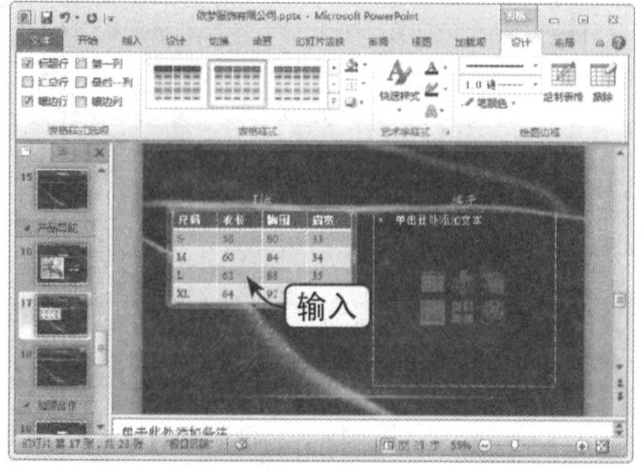

Step 08 拖动控制柄

将鼠标指针置于表格右下角，当其呈双箭头形状时向右下角拖动鼠标，如下图所示。

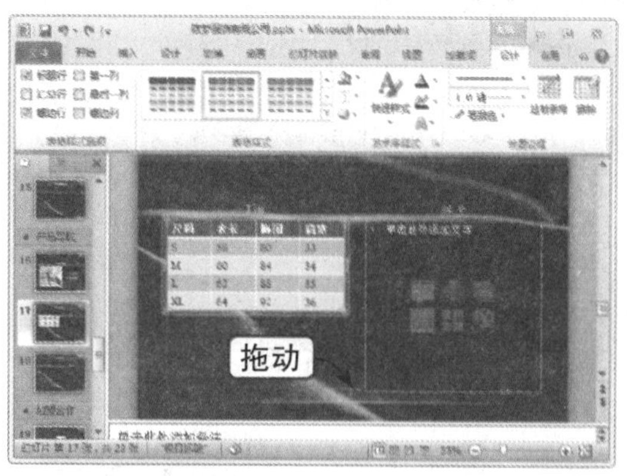

Step 09 调整表格

释放鼠标后，即可将表格调大。选择“开始”选项卡，在“字体”组中单击“增大字号”按钮，将字号变大，如下图所示。

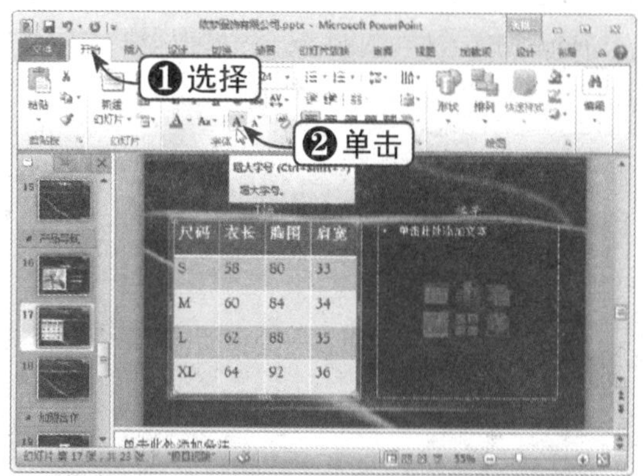

Step 10 设置垂直居中对齐

选择表格，然后选择“布局”选项卡，在“对齐方式”组中单击“对齐方式”下拉按钮，在弹出的下拉列表中单击“垂直居中”按钮，如下图所示。

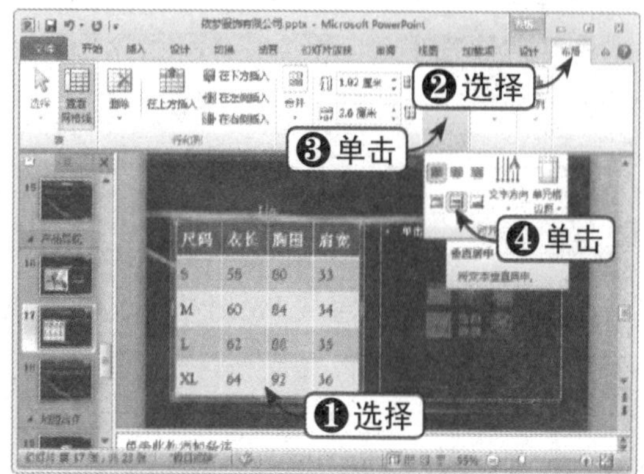

Step 11 设置居中对齐

再次单击“对齐方式”下拉按钮，在弹出的下拉列表中单击“居中”按钮，如下图所示。

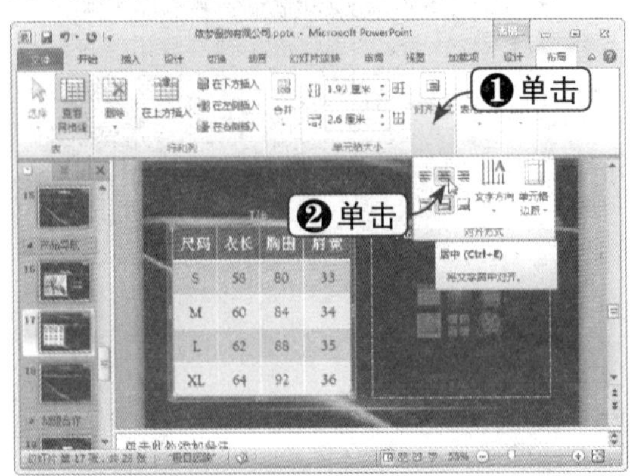

Step 12 设置表格样式选项

选择“设计”选项卡，在“表格样式选项”组中选中“标题行”、“镶边行”和“第一列”复选框，如下图所示。

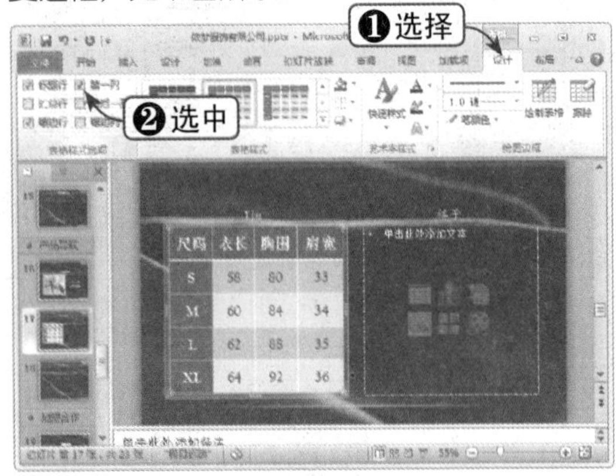

Step 13 选择表格样式

在“表格样式”组中单击“其他”下拉按钮，在弹出的下拉列表中选择“中等样式 2 - 强调 3”样式，如下图所示。

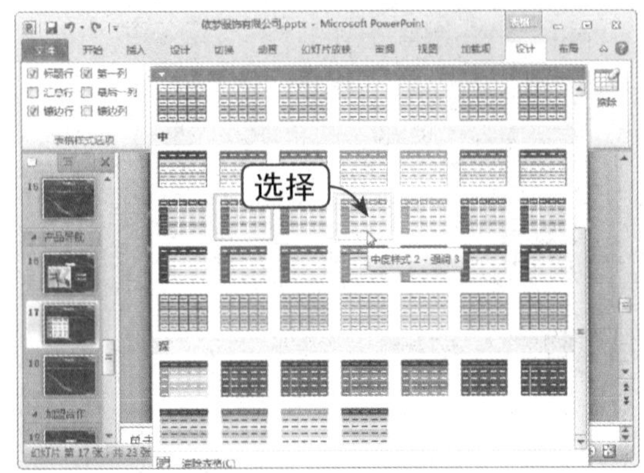

Step 14 查看表格效果

应用样式后，即可查看表格效果，如下图所示。

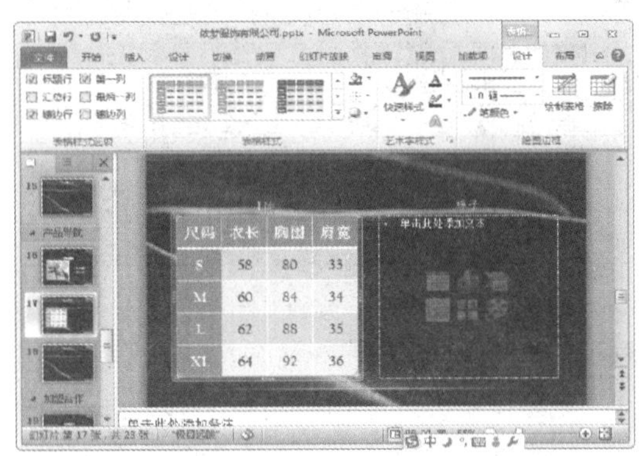

在设置表格对齐方式的时候，读者需要注意以下两点：

◎ 在“布局”选项卡的“对齐方式”组中 ，是针对文本而言的，它与“开始”选项卡“段落”组中的对齐方式所起的作用是相同的；

◎“对齐方式”组中 ，则指的是文本对于单元格的对齐方式。

15.1.2 从Word中复制和粘贴表格

下面将介绍如何从 Word 中向幻灯片复制和粘贴表格，具体操作方法如下：

	素材文件	光盘：素材文件\第15章\15.1.2 产品导航.docx

Step 01 选择整个表格

打开“素材文件 \ 第 15 章 \15.1.2 产品导航 .docx”，单击表格前的按钮选择整个表格，如下图所示。

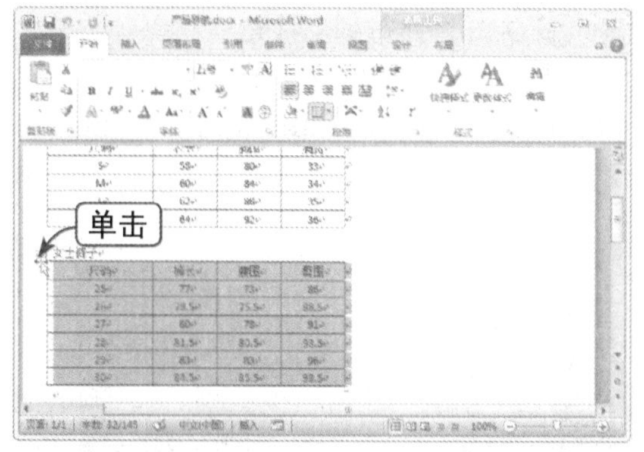

Step 02 单击“复制”按钮

在“开始”选项卡下“剪贴板”组中单击“复制”按钮复制表格，如下图所示。

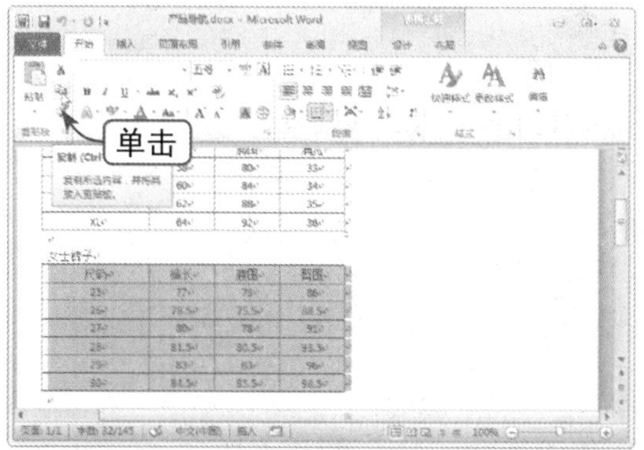

Step 03 粘贴表格

返回演示文稿中，选择“女士尺寸”幻灯片，然后选择“开始”选项卡，在“剪贴板”组中单击“粘贴”下拉按钮，在弹出的下拉列表中单击“使用目标样式”按钮，如下图所示。

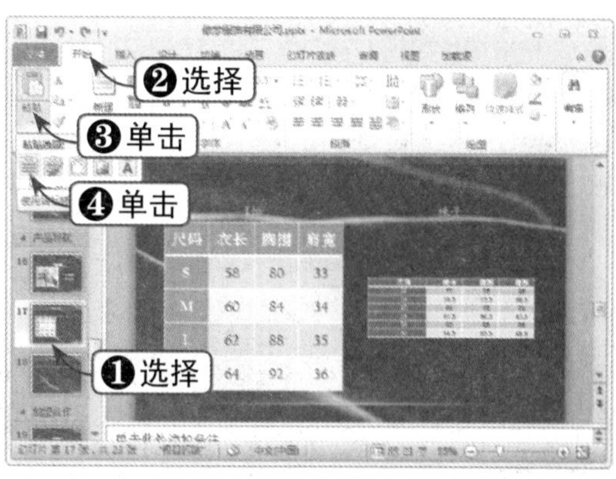

Step 04 设置表格样式

粘贴表格后设置表格格式和样式，具体操作可参见前面介绍的内容，最终效果如下图所示。

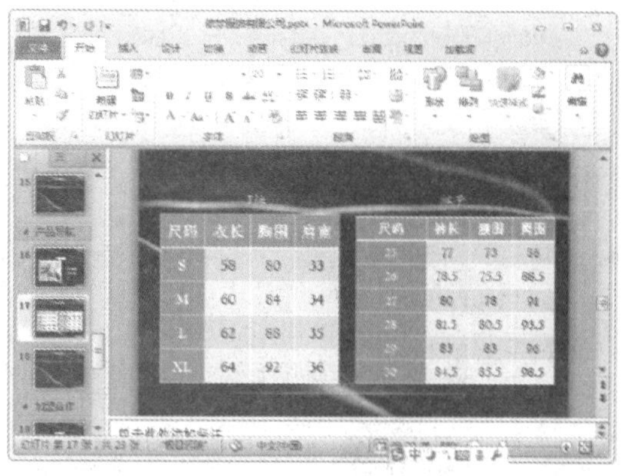

知识点拨

在本例中使用了单击“复制”和“粘贴”功能按钮的方法进行操作，若用户直接使用快捷键【Ctrl+C】和【Ctrl+V】，默认情况下是“使用目标主题”方式进行粘贴的，可以在粘贴后单击表格右下角的“粘贴选项”按钮来选择粘贴方式。

15.1.3 从Excel复制并粘贴一组单元格

除了能从 Word 中向幻灯片复制和粘贴表格外，用户还可以从 Excel 中向幻灯片中复制和粘贴表格，具体操作方法如下：

	素材文件	光盘：素材文件\第15章\15.1.3 产品导航.xlsx

Step 01 复制单元格区域

打开"素材文件\第15章\15.1.3 产品导航.xlsx"，选择单元格区域，然后在"开始"选项卡下"剪贴板"组中单击"复制"按钮，如下图所示。

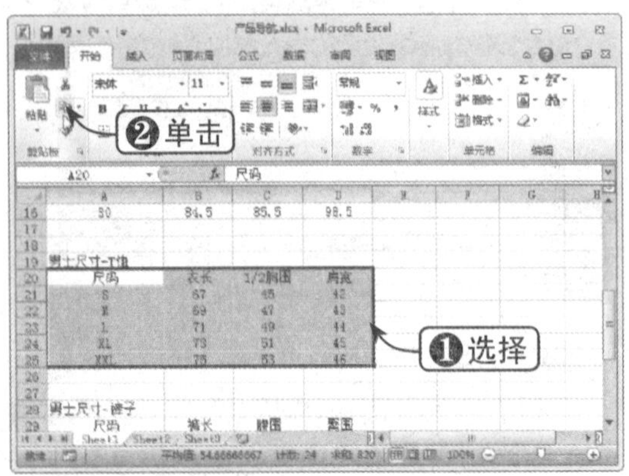

Step 02 粘贴操作

返回演示文稿中，选择"男士尺寸"幻灯片，然后选择"开始"选项卡，在"剪贴板"组中单击"粘贴"下拉按钮，在弹出的下拉列表中单击"使用目标样式"按钮，如下图所示。

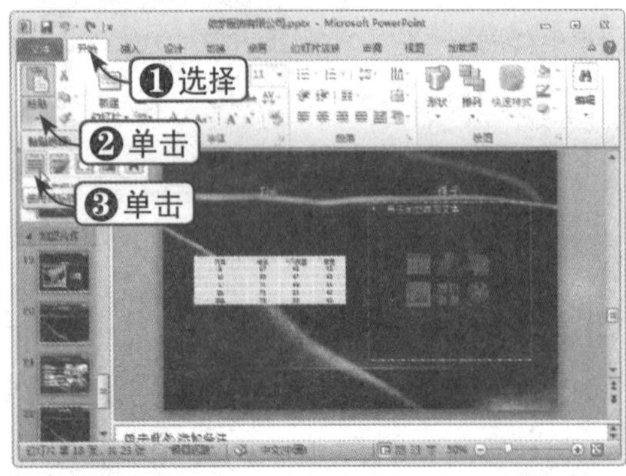

Step 03 调整表格大小和文本字号

调整表格大小以及文本字号，效果如下图所示。

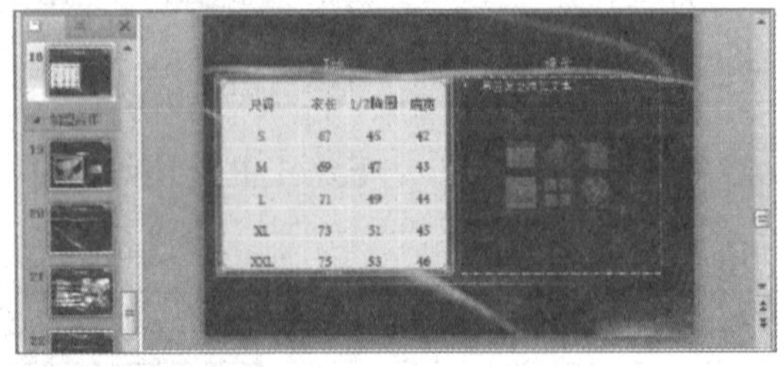

Step 04 单击"分布列"按钮

选中表格，然后选择"布局"选项卡，在"单元格大小"组中单击"分布列"按钮，如下图所示。

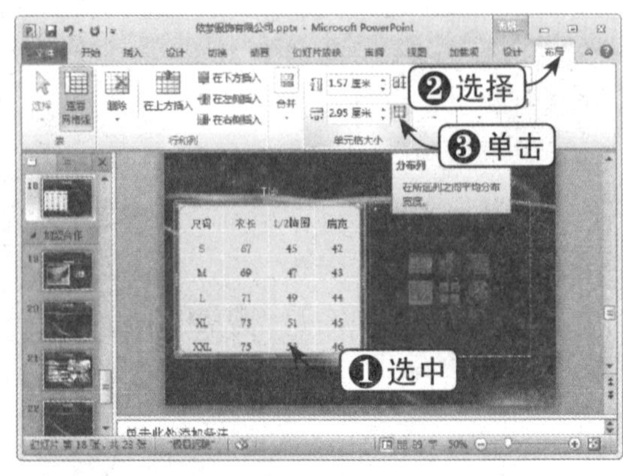

Step 05 垂直居中对齐

分布列操作完毕后，单击"对齐方式"下拉按钮，在弹出的下拉列表中单击"垂直居中"按钮，如下图所示。

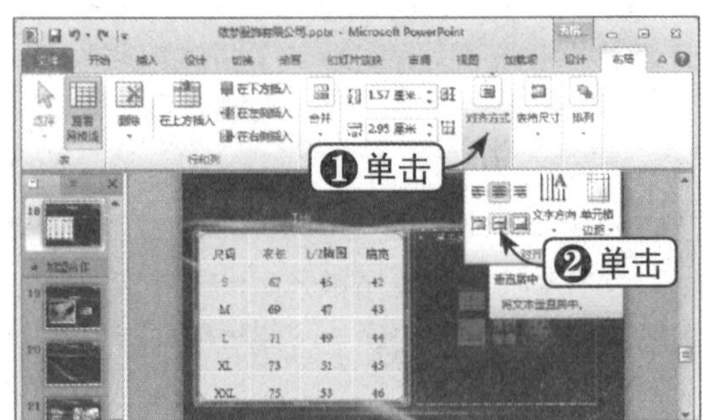

Step 06 设置表格样式选项

选择"设计"选项卡，在"表格样式选项"组中选中"标题行"、"镶边行"和"第一列"复选框，如下图所示。

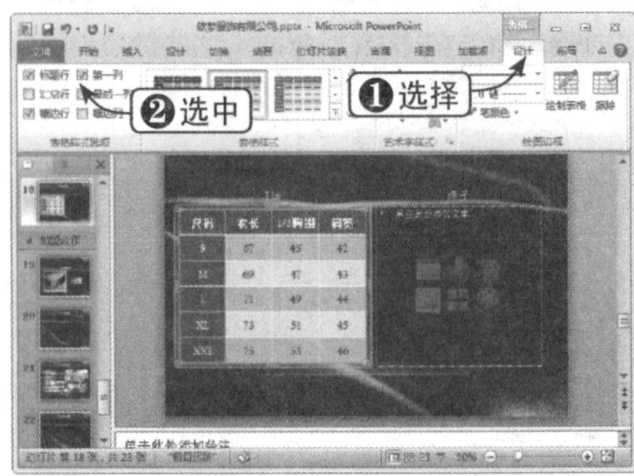

Step 07 选择表格样式

在"表格样式"组中单击"其他"下拉按钮，在弹出的下拉列表中选择"中等样式 2 - 强调 3"样式，如下图所示。

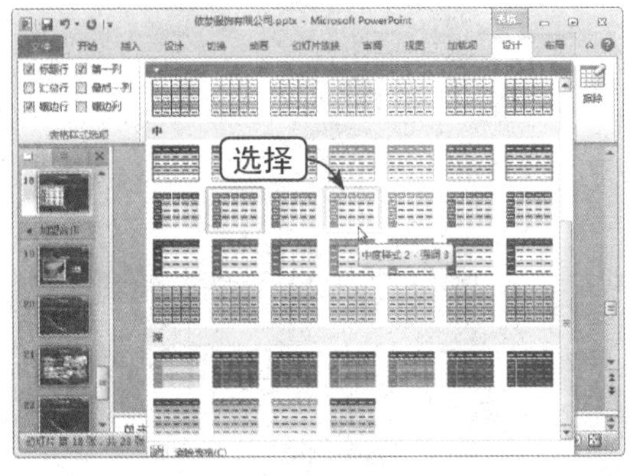

Step 08 查看表格效果

应用表格样式后，查看表格效果，如下图所示。

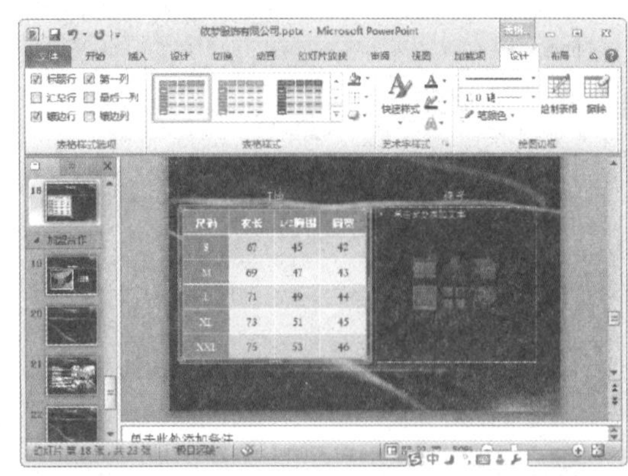

15.1.4 在PowerPoint中插入Excel表格

向演示文稿中插入 Excel 电子表格，便可以利用某些 Excel 电子表格函数。最新添加的电子表格会成为 OLE 嵌入对象，因此如果对演示文稿的主题进行更改，则应用于电子表格的主题不会更新已添加的电子表格。此外，也不能使用 PowerPoint 2010 中的选项来编辑表格。下面将介绍如何在 PowerPoint 中插入 Excel 表格，具体操作方法如下：

Step 01 选择"Excel 电子表格"选项

选择"插入"选项卡，在"表格"组中单击"表格"下拉按钮，在弹出的下拉列表中选择"Excel 电子表格"选项，如下图所示。

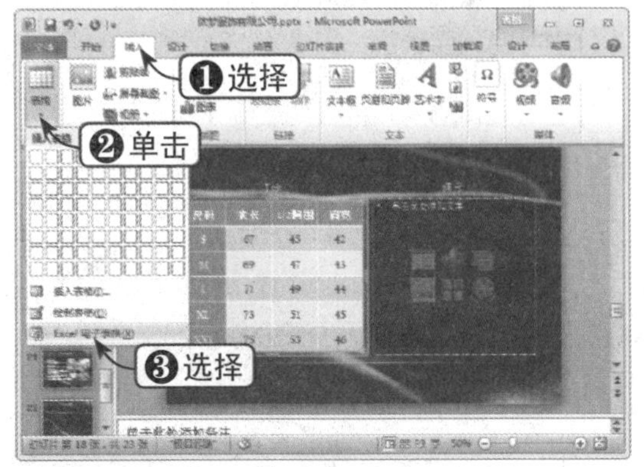

Step 02 显示 Excel 工作表

此时在 PowerPoint 窗口显示 Excel 工作表，且功能区变为 Excel 中的选项卡，如下图所示。

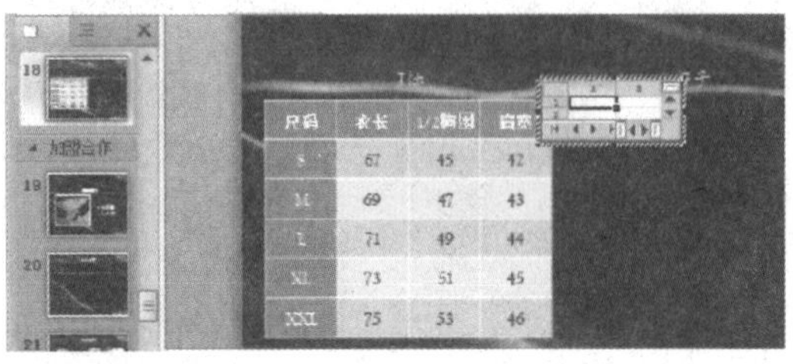

Step 03 调整 Excel 工作表大小

通过拖动工作表四角的控制柄调整其大小，如下图所示。

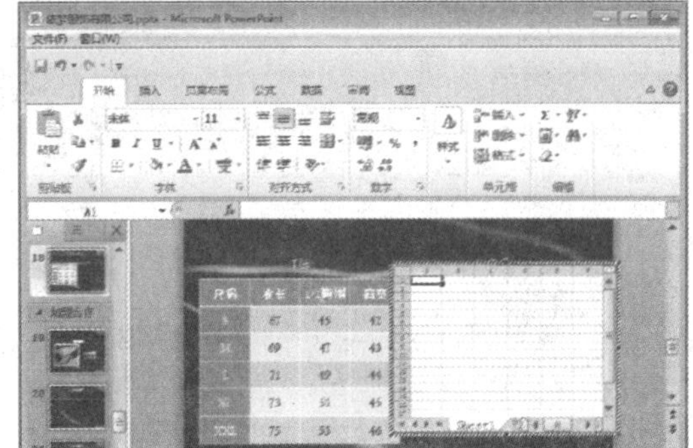

Step 04 输入表格数据

在工作表单元格中输入数据，如下图所示。

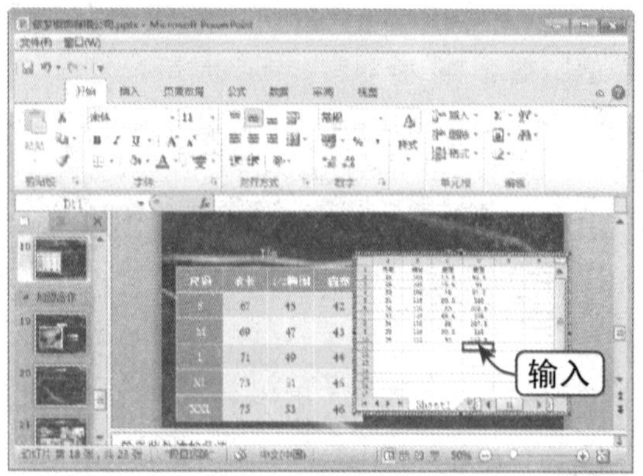

Step 05 单击“表格”按钮

选择要创建表的单元格区域，然后选择“插入”选项卡，在“表格”组中单击“表格”按钮，如下图所示。

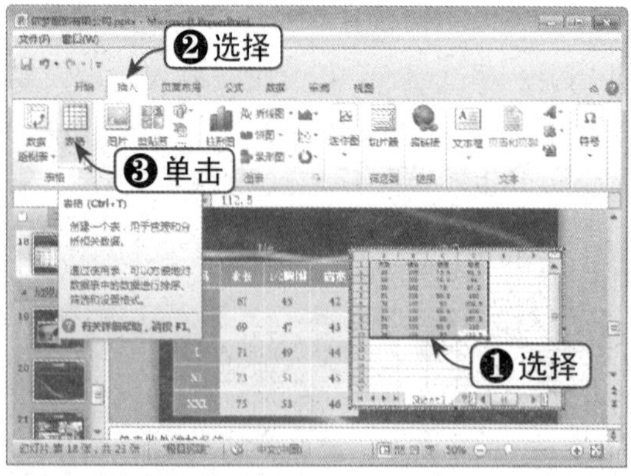

Step 06 创建表

弹出“创建表”对话框，单击“确定”按钮，如下图所示。

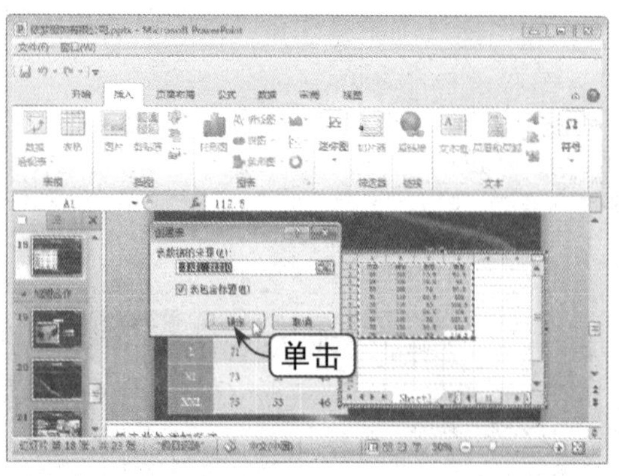

Step 07 设置表格样式选项

创建表后出现“设计”选项卡，选择该选项卡，然后在“表格样式选项”组中选中“标题行”、“镶边行”和“第一列”复选框，如下图所示。

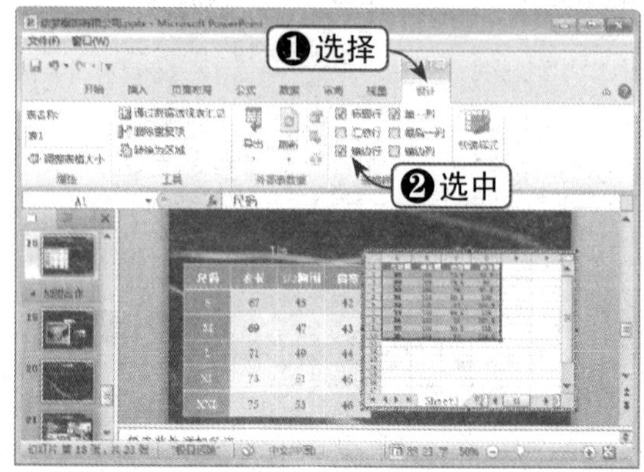

Step 08 选择表格样式

单击“快速样式”下拉按钮，在弹出的下拉列表中选择“表样式 中等深浅 11”样式，如下图所示。

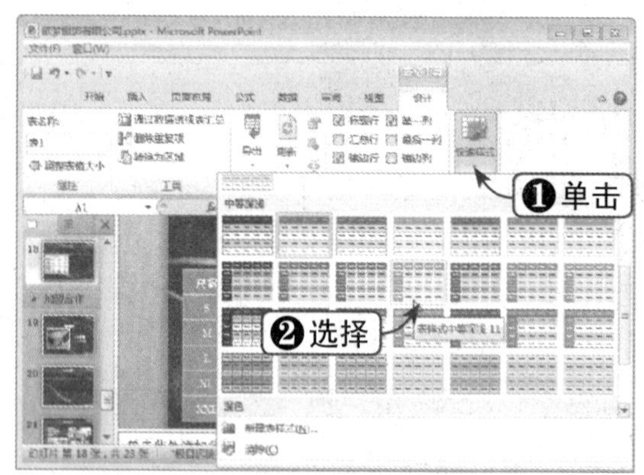

Step 09 查看表格效果

此时，即可查看应用表样式后的表格效果，如下图所示。

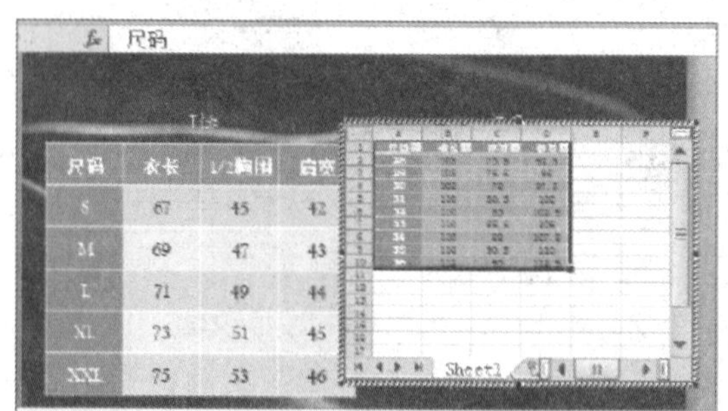

Step 10 去掉筛选按钮

默认状态下应用表样式后会在表格的第一行多出筛选按钮，可以将其隐藏，方法为：选择“数据”选项卡，在“排序和筛选”组中单击“筛选”按钮，使其呈按起状态，如下图所示。

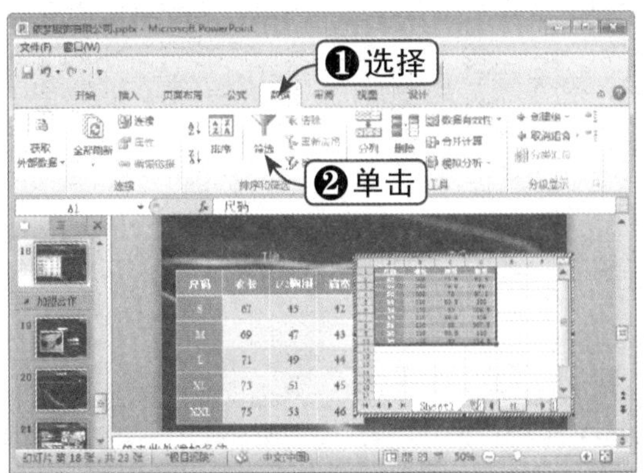

Step 11 调整 Excel 工作表大小

由于插入的 Excel 电子表格我们只需要其中的数据部分，此时可以通过拖动 Excel 工作表四角的控制柄调整其大小，使其只保留数据区域，如下图所示。

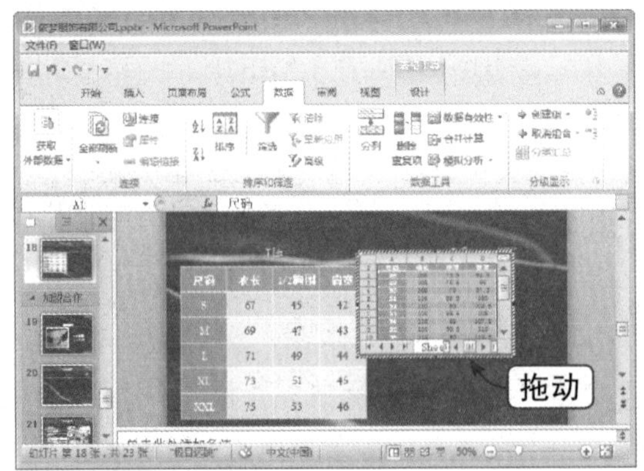

Step 12 插入 Excel 工作电子表格

调整完 Excel 工作表的大小后单击演示文稿其他区域或按【Esc】键，即可插入 Excel 工作电子表格，如下图所示。

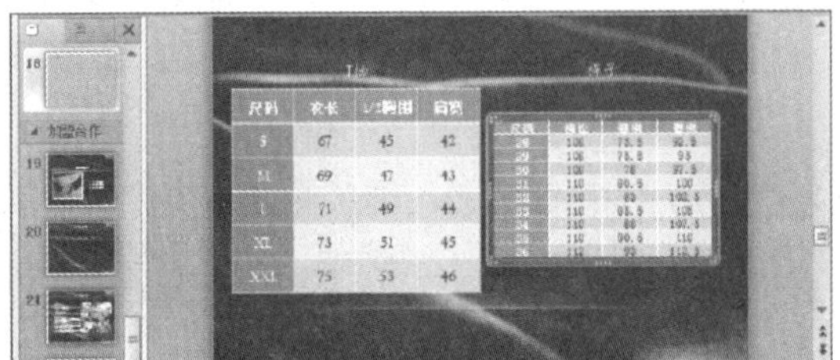

Step 13 调整表格大小

调整表格大小，尝试将高度调整和左侧的表格一样高，其宽度已经超出界，如下图所示。

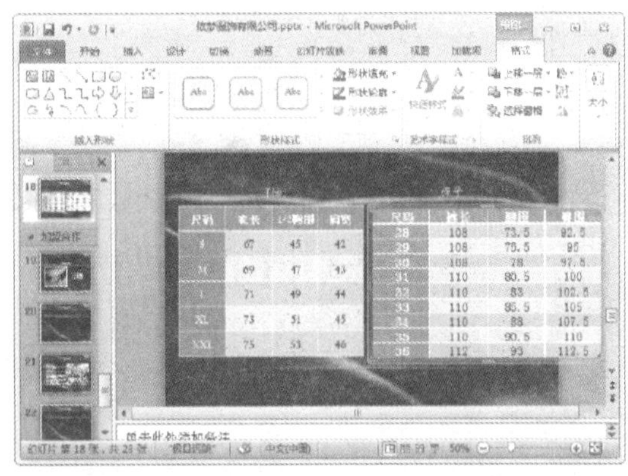

Step 14 调整列宽

双击 Excel 电子表格，此时即可激活 Excel 工作窗口，根据需要调整列宽，如下图所示。

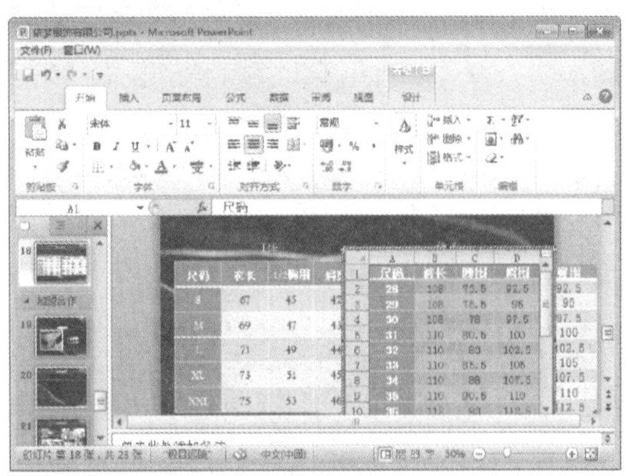

Step 15 返回演示文稿中

调整好列宽后单击演示文稿其他区域或按【Esc】键，返回演示文稿中，效果如下图所示。

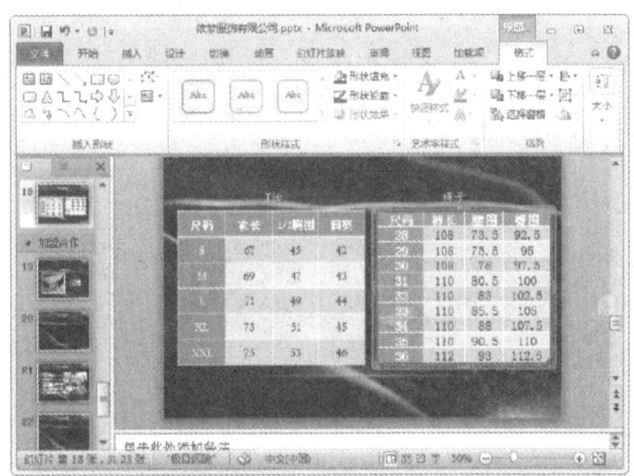

Step 16 设置形状轮廓

选择 Excel 电子表格，然后选择“格式”选项卡，在“形状样式”组中单击“形状轮廓”下拉按钮，在弹出的下拉列表中选择合适的轮廓颜色，如下图所示。

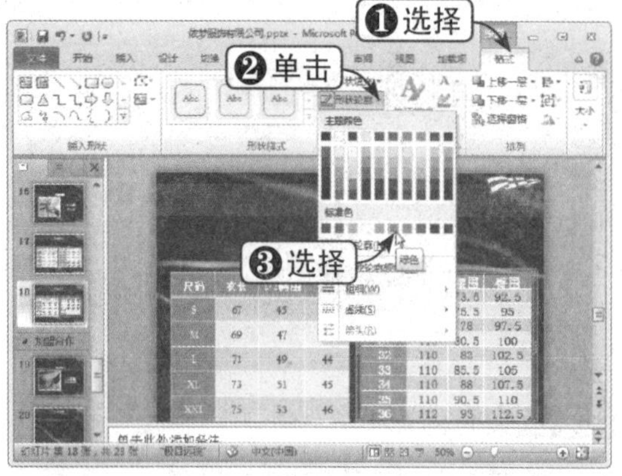

Step 17 查看最终效果

设置完“形状轮廓”后，按【Shift+F5】组合键放映当前幻灯片，查看最终效果，如下图所示。

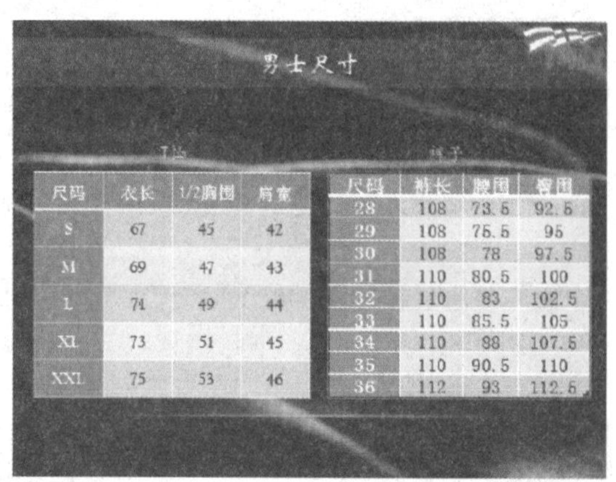

尺码	衣长	1/2胸围	肩宽
S	67	45	42
M	69	47	43
L	71	49	44
XL	73	51	45
XXL	75	53	46

尺码	裤长	腰围	臀围
28	108	73.5	92.5
29	108	75.5	95
30	108	78	97.5
31	110	80.5	100
32	110	83	102.5
33	110	85.5	105
34	110	88	107.5
35	110	90.5	110
36	112	93	112.5

15.2 插入形状

用户可以在幻灯片中添加一个形状，或者合并多个形状，以生成一个绘图或一个更为复杂的形状，可用的形状包括：线条、基本几何形状、箭头、公式形状、流程图形状、星、旗帜和标注等。添加一个或多个形状后，用户可以在其中添加文字、项目符号、编号和快速样式。

15.2.1 插入单个形状

下面将介绍如何在幻灯片中插入单个形状，具体操作方法如下：

Step 01 选择“插入”选项卡

选择“管理团队”幻灯片，然后选择“插入”选项卡，如下图所示。

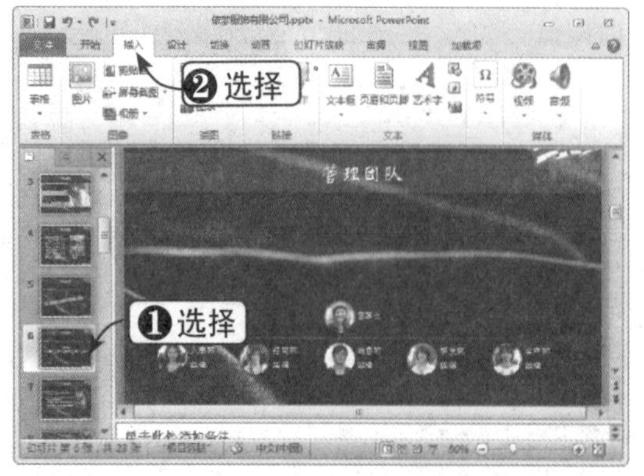

Step 02 选择“云形标注”形状

在“插入”组中单击“形状”下拉按钮，在弹出的下拉列表中选择“云形标注”形状，如下图所示。

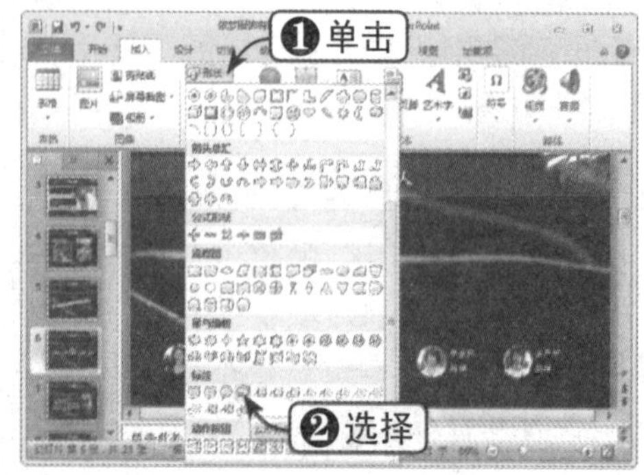

Step 03 绘制形状

这时鼠标指针变成十字形状，在幻灯片的合适位置拖动鼠标绘制形状，如下图所示。

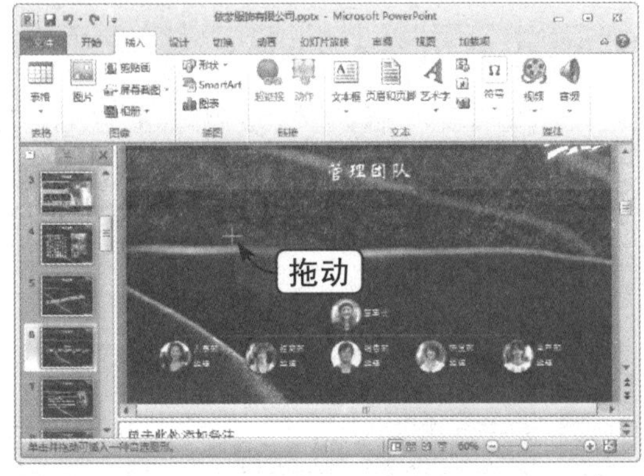

Step 04 查看绘制形状

释放鼠标后，形状绘制完成，如下图所示。

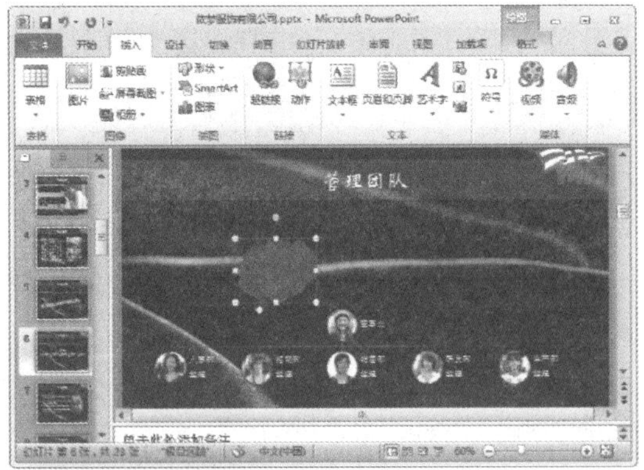

Step 05 调整形状

拖动形状四周的控制柄，对其进行适当的调整，如下图所示。

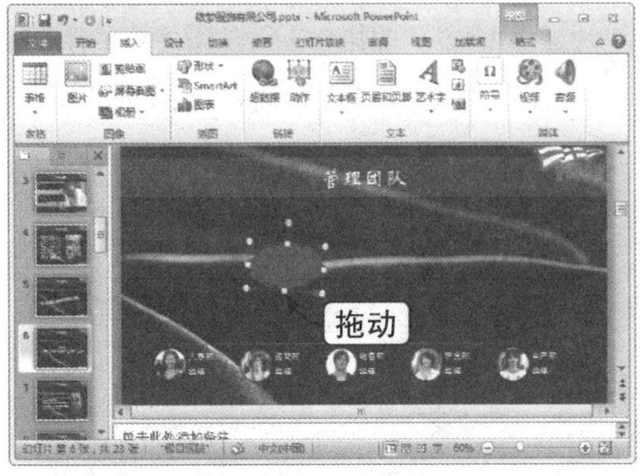

Step 06 单击“其他”下拉按钮

选中形状，然后选择“格式”选项卡，在“形状样式”组中单击“其他”下拉按钮，如下图所示。

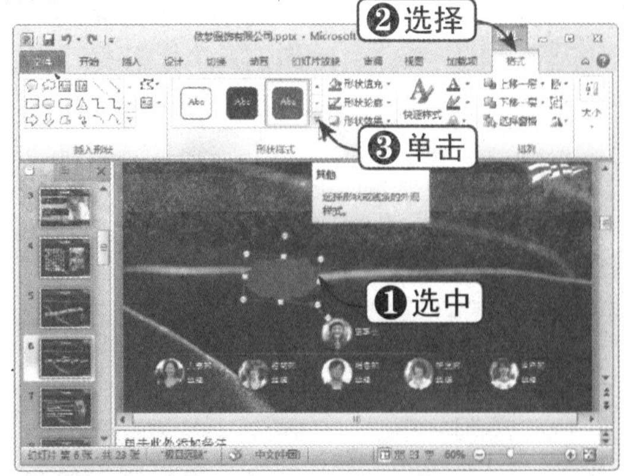

Step 07 选择形状样式

在弹出的下拉列表中选择所需的形状样式，如下图所示。

Step 08 应用形状样式

应用形状样式后，其效果如下图所示。

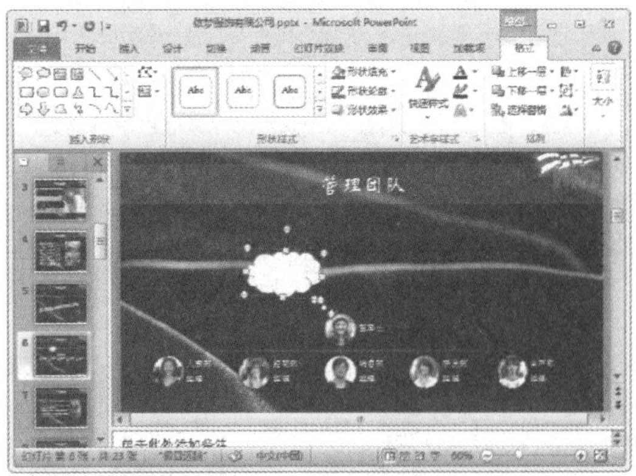

15.2.2 在形状中添加文字

下面将介绍如何在形状中添加文字，具体操作方法如下：

Step 01 选择“编辑文字”选项

右击形状，在弹出的快捷菜单中选择“编辑文字”选项，如下图所示。

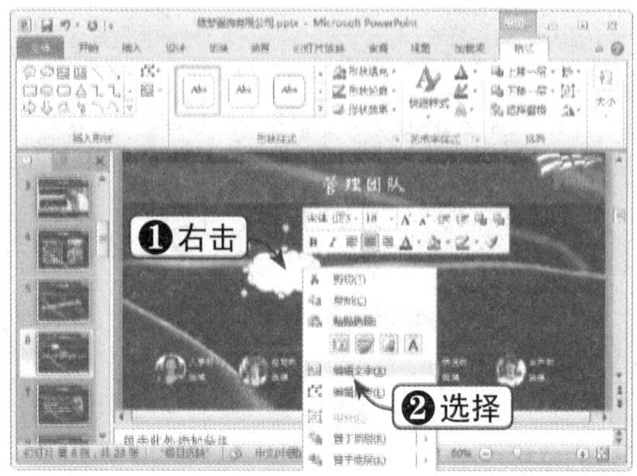

Step 02 输入文字

此时形状中出现闪烁的光标，根据需要输入文字，如下图所示。

Step 03 调整形状

给文字设置合适的字号，并调整形状大小，如下图所示。

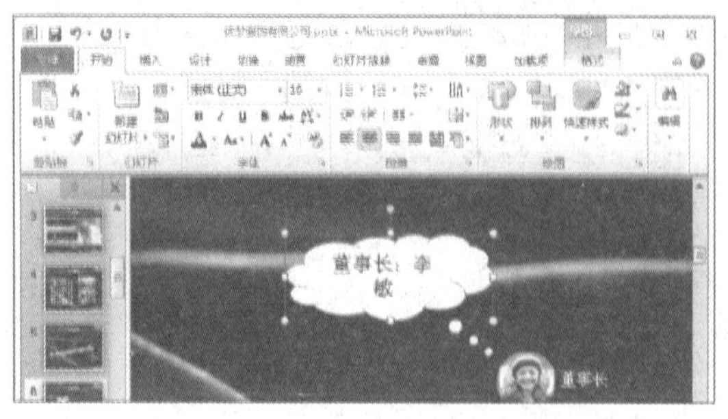

Step 04 单击“设置形状格式”扩展按钮

选择“开始”选项卡，在“绘图”组中单击“设置形状格式”扩展按钮，如下图所示。

Step 05 设置内部边缘

弹出“设置形状格式”对话框，在左窗格中选择“文本框”选项，在右侧设置“内部边距”均为“0 厘米”，单击“关闭”按钮，如下图所示。

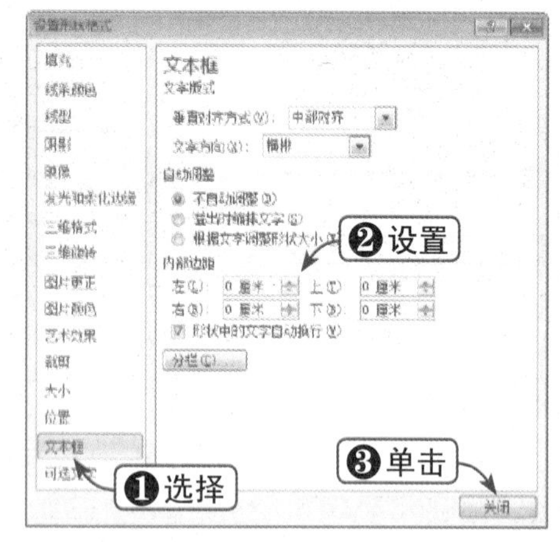

Step 06 查看文字效果

此时，即可查看文字效果，如下图所示。

Step 07 选择艺术字样式

选择形状，然后选择“格式”选项卡，在“艺术字样式”组中单击“快速样式”下拉按钮，在弹出的下拉列表中选择所需的艺术字样式，如下图所示。

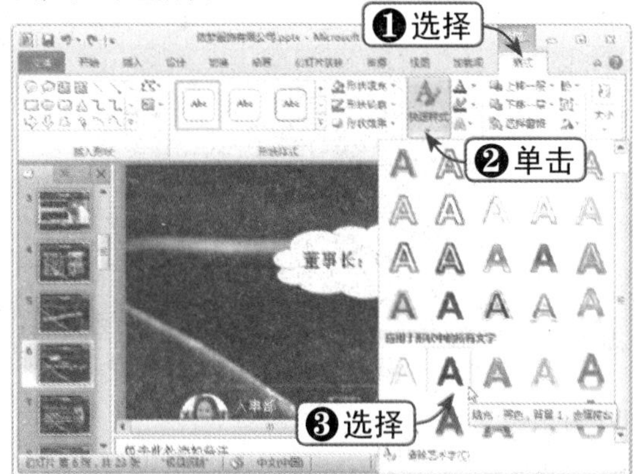

Step 08 查看最终效果

按【Shift+F5】组合键，放映当前幻灯片，查看最终效果，如下图所示。

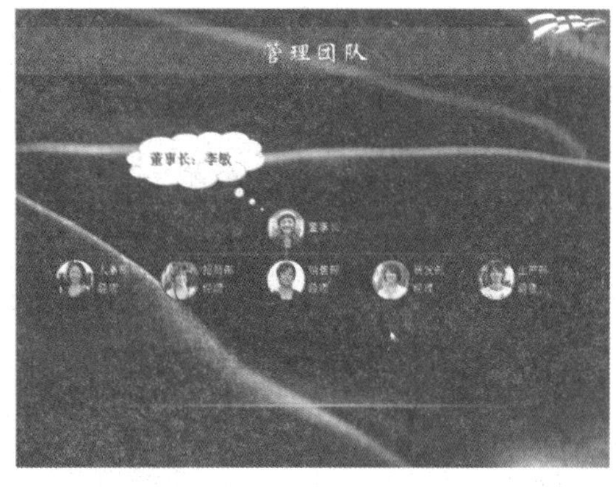

知识点拨

在选中的形状上直接输入文字，也可以为形状添加文字。

15.2.3 插入多个形状

若用户希望一次插入多个形状，可以执行以下操作：

Step 01 选择“插入”选项卡

选择“加盟优势”幻灯片，然后选择“插入”选项卡，如下图所示。

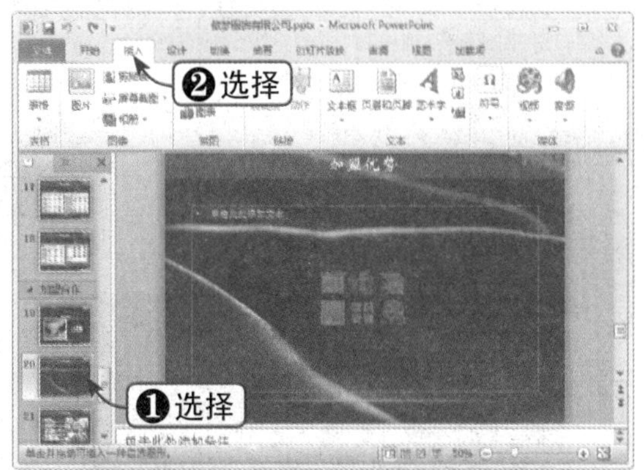

Step 02 选择“锁定绘图模式”选项

在“插入”组中单击“形状”下拉按钮，在弹出的下拉列表中右击“六边形”形状，在弹出的快捷菜单中选择“锁定绘图模式”选项，如下图所示。

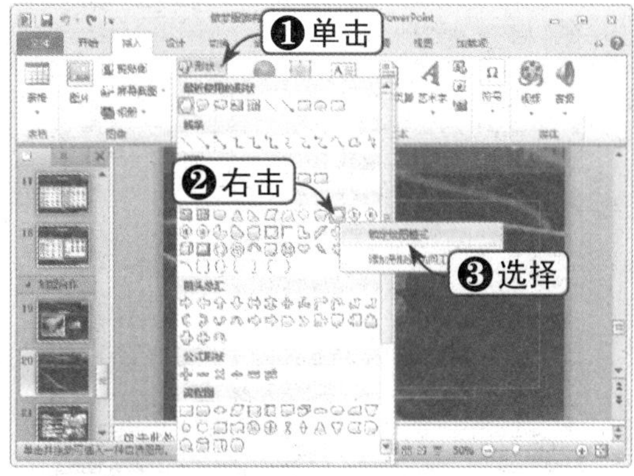

Step 03 绘制形状

在按住【Shift】键的同时拖动鼠标，即可绘制等角六边形，如下图所示。

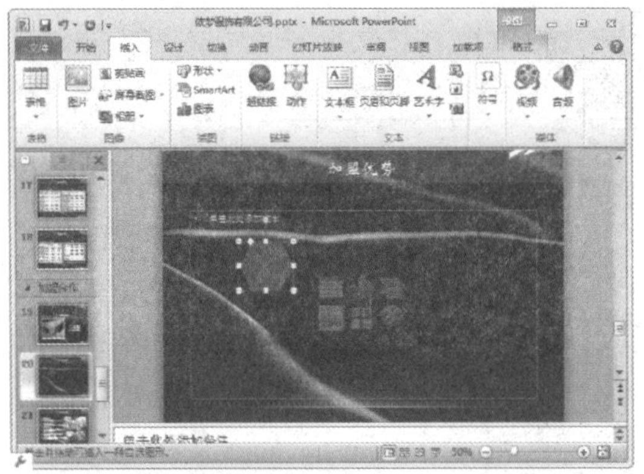

Step 04 继续绘制形状

采用上面的方法继续绘制六边形，并调整其各自的位置，如下图所示。

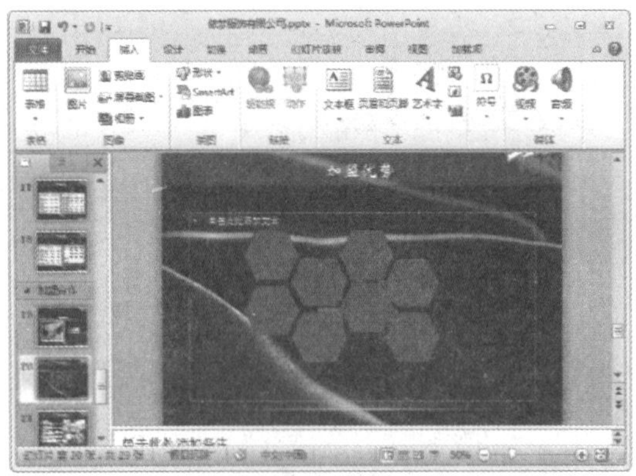

Step 05 删除内容占位符

选择“内容”占位符，并按【Delete】键将其删除，如下图所示。

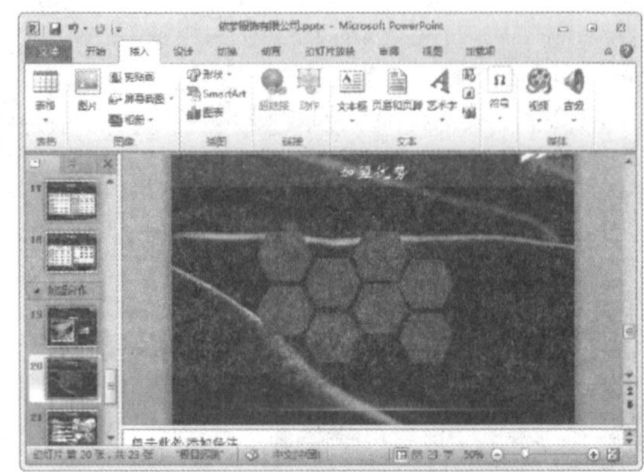

Step 06 输入文本

在每个六边形中分别输入文本，效果如下图所示。

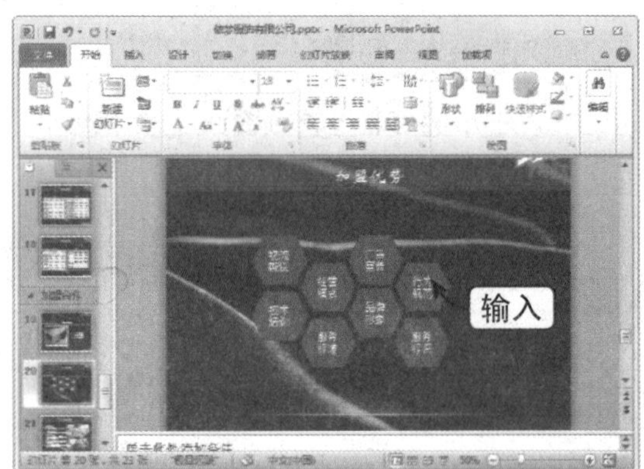

15.2.4 组合形状

下面将介绍如何将多个形状组合成一个形状，具体操作方法如下：

Step 01 框选形状

拖动鼠标，框选形状，如下图所示。

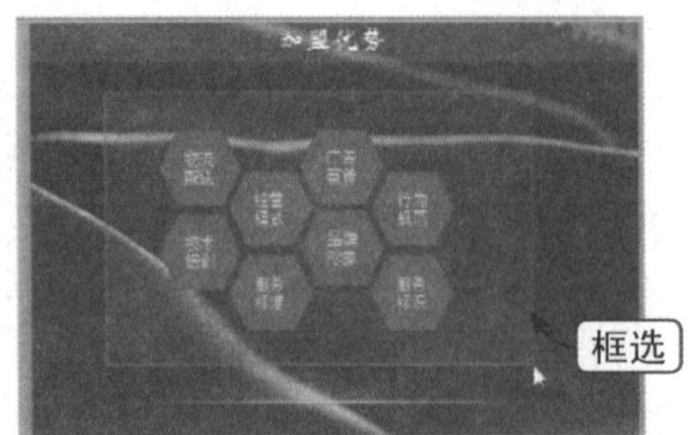

Step 02 选中多个形状

释放鼠标，即可选中多个形状，如下图所示。

Step 03 选择“组合”选项

选择“格式”选项卡，在“排列”组中单击“组合”下拉按钮，在弹出的下拉列表中选择“组合”选项，如下图所示。

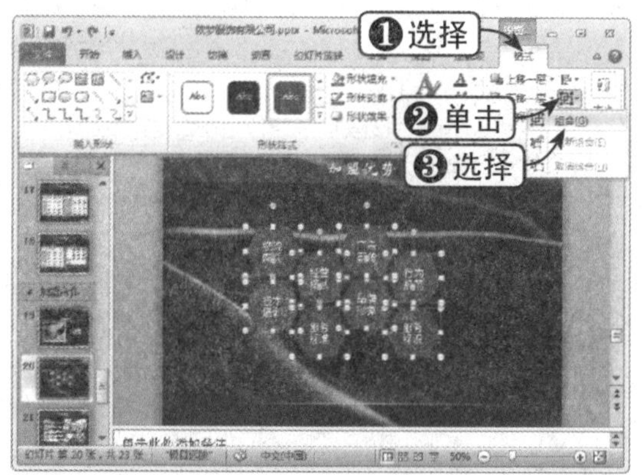

Step 04 组合形状

此时即可组合形状，得到的效果如下图所示。

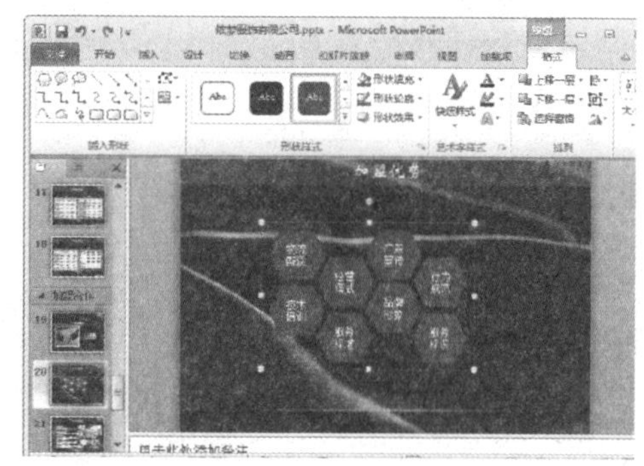

15.2.5 设置形状样式

下面将介绍如何设置形状样式，具体操作方法如下：

Step 01 单击“其他”下拉按钮

选中形状，然后选择“格式”选项卡，在“形状样式”组中单击“其他”下拉按钮，如下图所示。

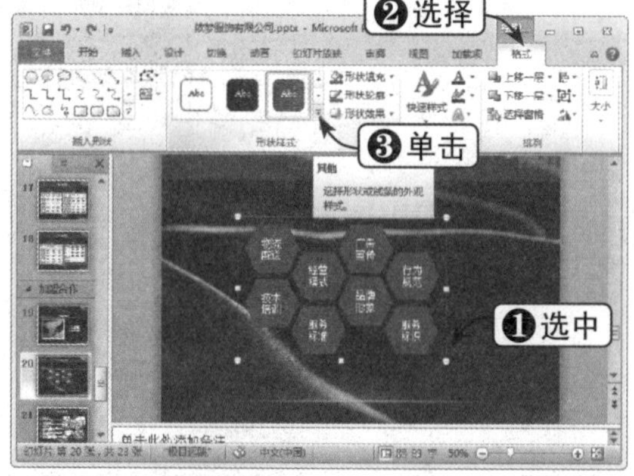

Step 02 选择形状样式

在弹出的下拉列表中选择所需的形状样式，如下图所示。

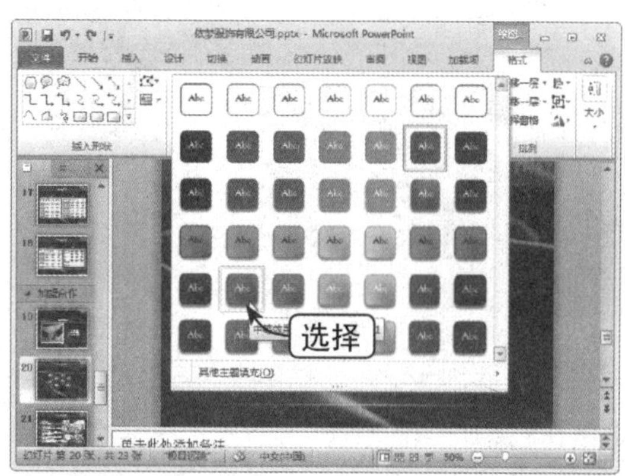

Step 03 应用形状样式

应用形状样式后，效果如下图所示。

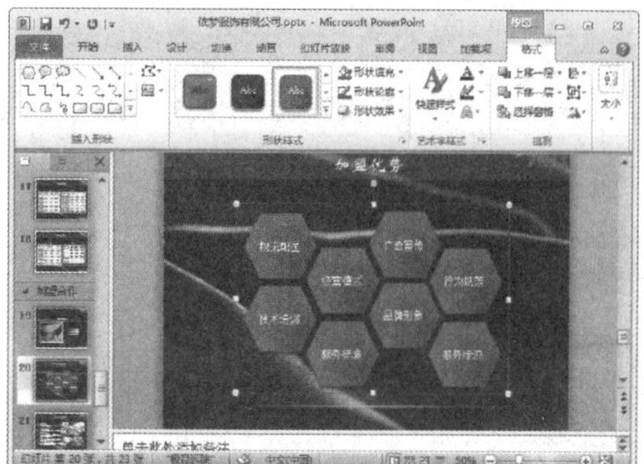

Step 04 设置字体格式

选择“开始”选项卡，在“字体”组中设置文本字体格式，效果如下图所示。

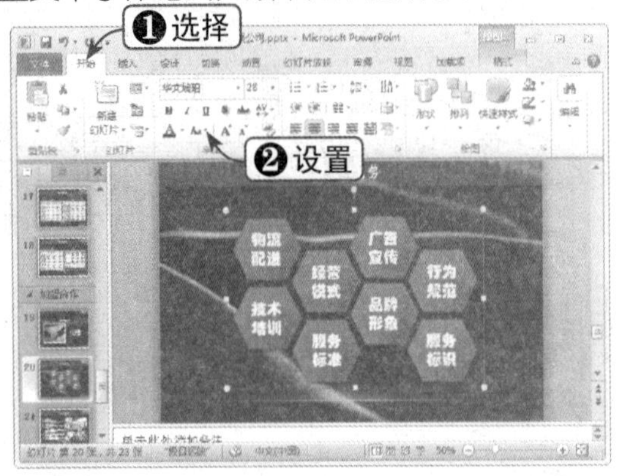

Step 05 选择艺术字样式

选择“格式”选项卡，在“艺术字样式”组中单击“快速样式”下拉按钮，在弹出的下拉列表中选择所需的艺术字样式，如下图所示。

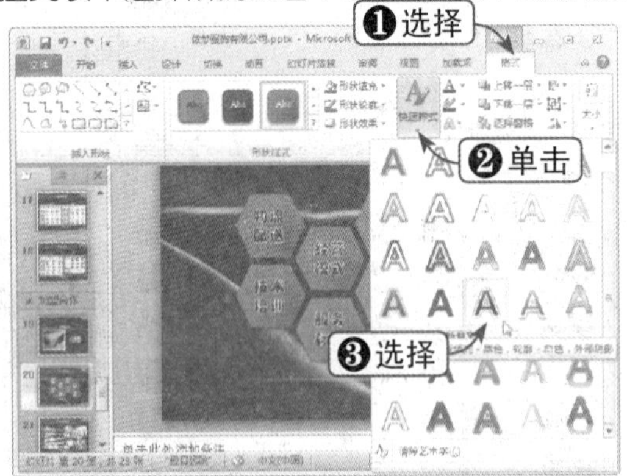

Step 06 添加映像效果

在“艺术字样式”组中单击“文字效果”下拉按钮，在弹出的下拉列表中选择一种映像效果，如下图所示。

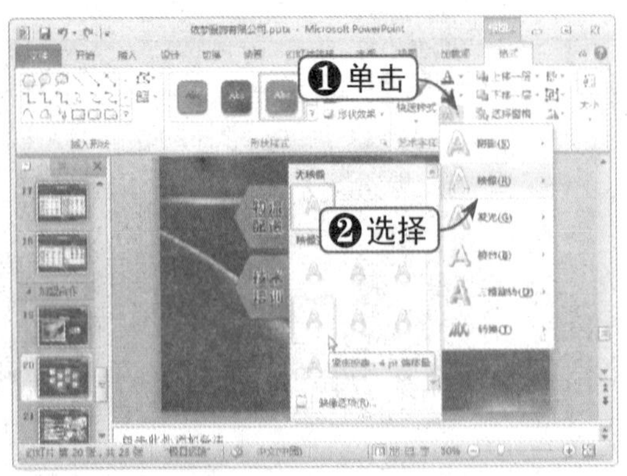

Step 07 添加形状效果

在“形状样式”组中单击“形状效果”下拉按钮，在弹出的下拉列表中选择“预设”选项，然后从其子菜单中选择“预设 4”效果，如下图所示。

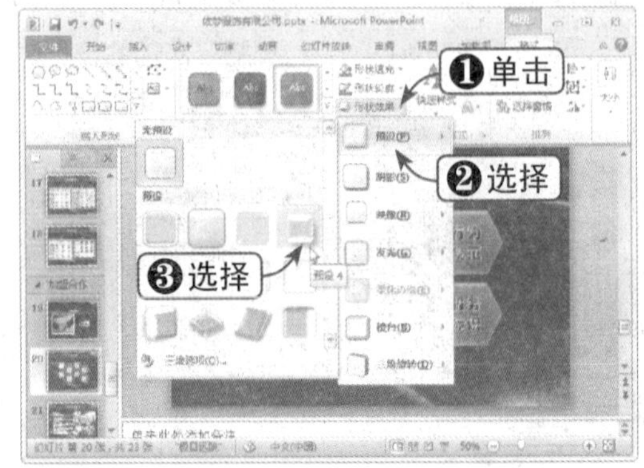

Step 08 添加三维旋转效果

单击“形状效果”下拉按钮，在弹出的下拉列表中选择一种三维旋转效果，如下图所示。

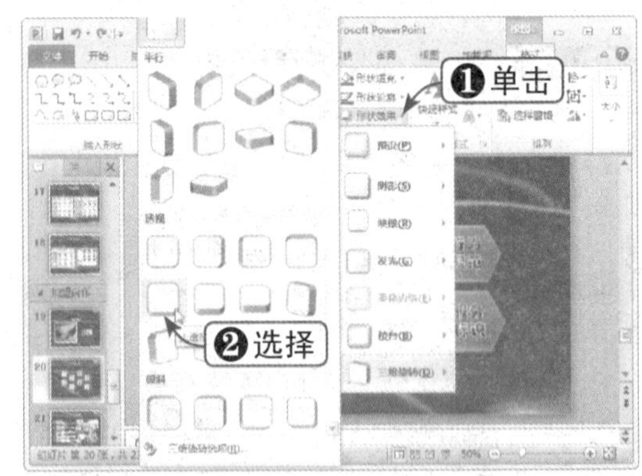

Step 09 查看设置效果

设置完毕后，按【Shift+F5】组合键放映当前幻灯片，查看设置效果，如下图所示。

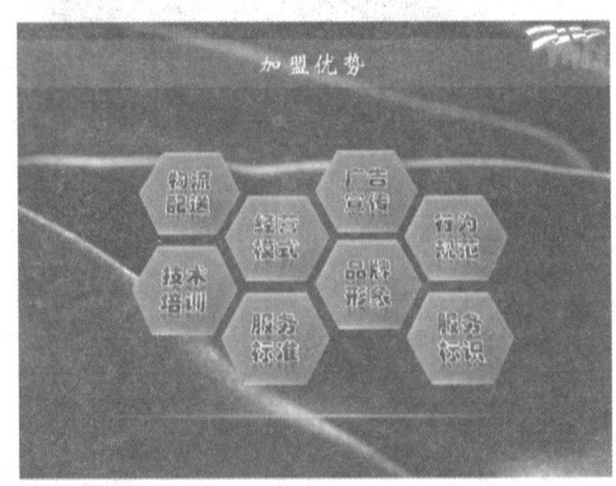

15.2.6 更改形状

下面将介绍如何进行更改形状操作，具体操作方法如下：

Step 01 单击“编辑形状”下拉按钮

选中形状，然后选择“格式”选项卡，在“插入形状”组中单击“编辑形状”下拉按钮，如下图所示。

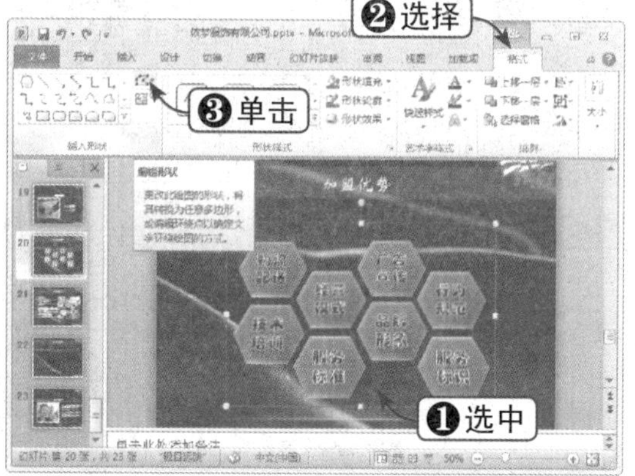

Step 02 选择形状

在弹出的下拉列表中选择“更改形状”选项，然后从其子菜单中选择“同心圆”形状，如下图所示。

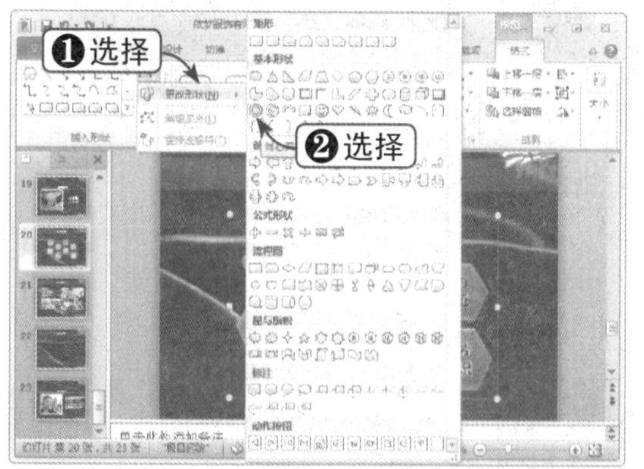

Step 03 更改形状

此时，即可更改形状，得到的“同心圆”效果如下图所示。

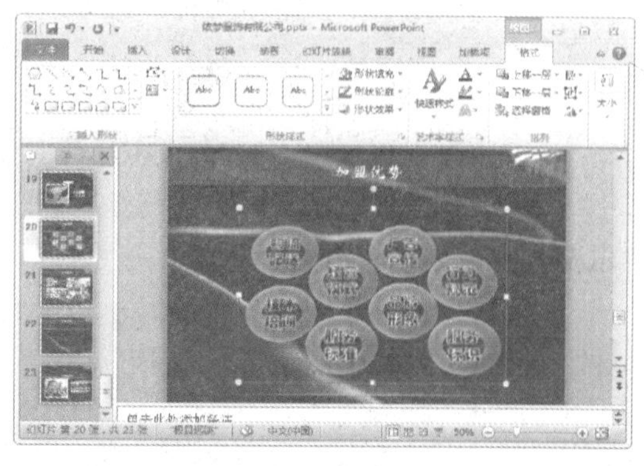

Step 04 查看设置效果

按【Shift+F5】组合键放映当前幻灯片，查看设置效果，如下图所示。

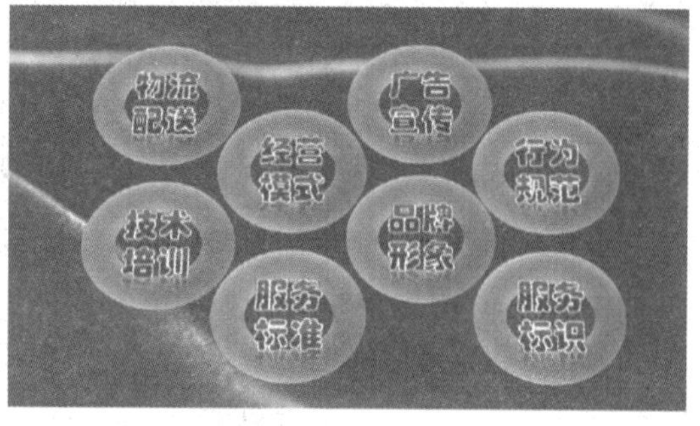

知识点拨

更改形状后不会删除原形状中的文字和样式，可以继续对其进行编辑操作。

15.2.7 制作“加盟流程”幻灯片

下面将介绍利用插入形状的方法编辑“加盟流程”幻灯片，具体操作方法如下：

Step 01 选择幻灯片

选择“加盟流程”幻灯片，如下图所示。

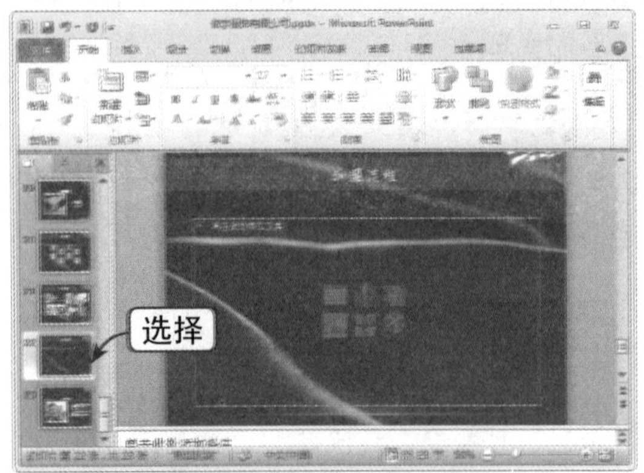

Step 02 删除内容占位符

选择内容占位符，并按【Delete】键将其删除，如下图所示。

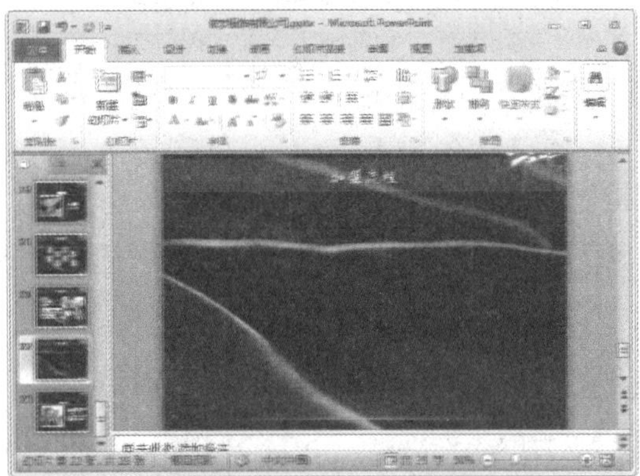

Step 03 插入形状

在幻灯片中插入形状，得到的效果如下图所示。

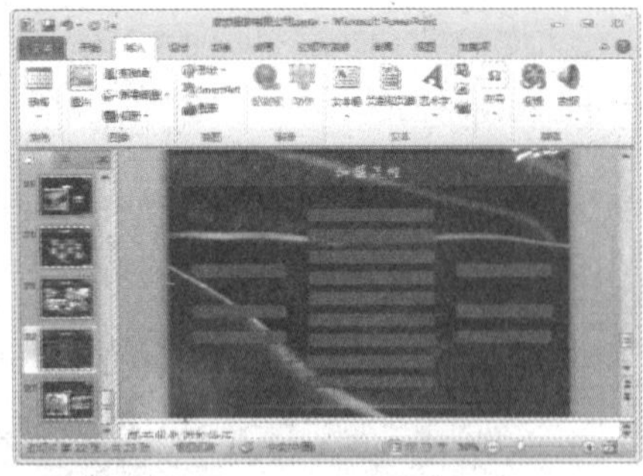

Step 04 选择形状

选择所有的形状，如下图所示。

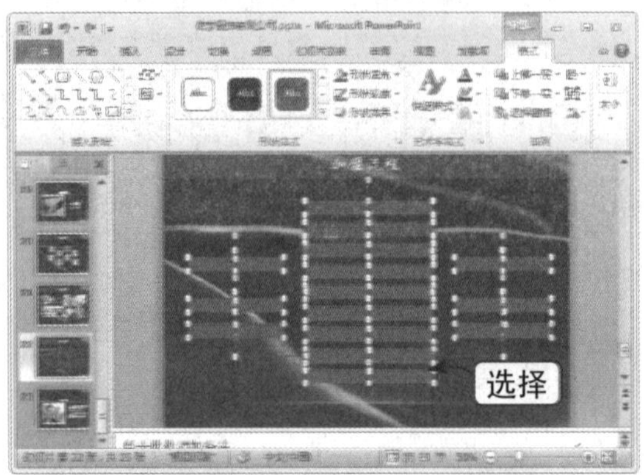

Step 05 组合形状

参照前面介绍的方法将所有形状组合成一个形状，如下图所示。

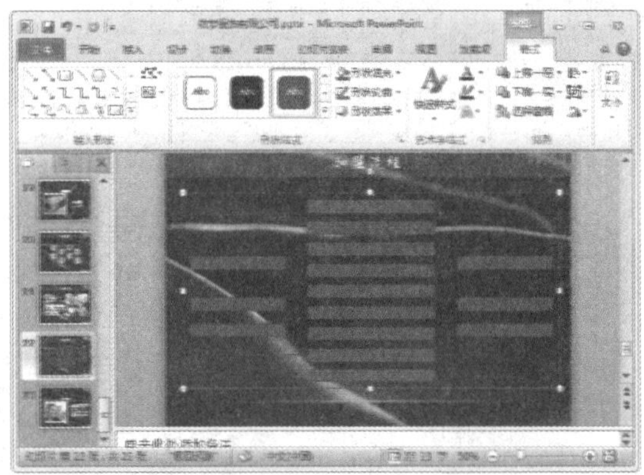

Step 06 添加形状样式

选择形状，然后选择“格式”选项卡，在“形状样式”组中为形状添加合适的形状样式，如下图所示。

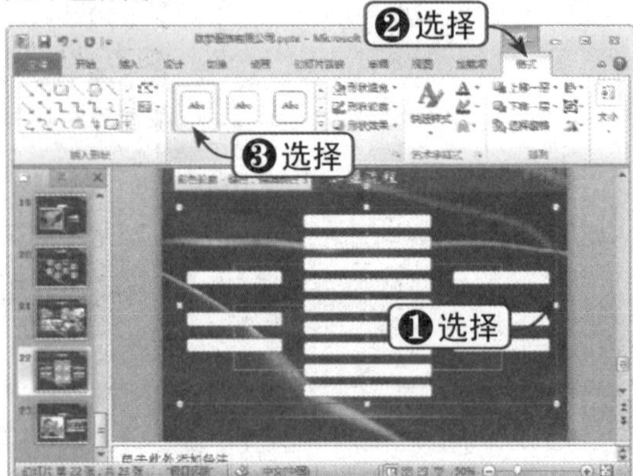

Step 07 输入文本

分别在形状中输入文本，如下图所示。

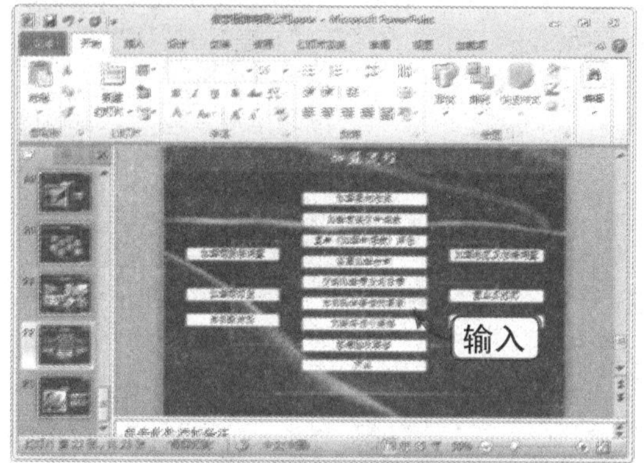

Step 08 选择“无填充颜色”选项

在“形状样式”组中单击“形状填充”下拉按钮，在弹出的下拉列表中选择“无填充颜色”选项，如下图所示。

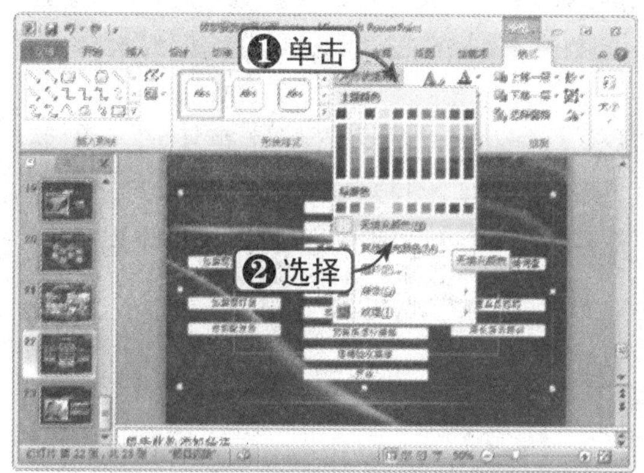

Step 09 选择艺术字样式

在“艺术字样式”组中单击“快速样式”下拉按钮，在弹出的下拉列表中选择所需的艺术字样式，如下图所示。

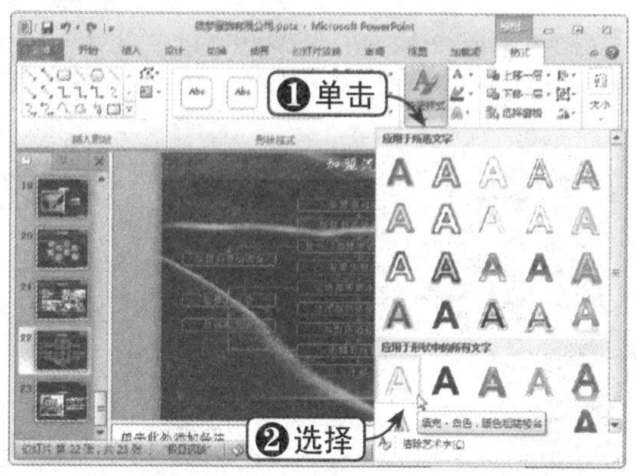

Step 10 单击“设置文本效果格式”扩展按钮

在“艺术字样式”组中单击“设置文本效果格式”扩展按钮，如下图所示。

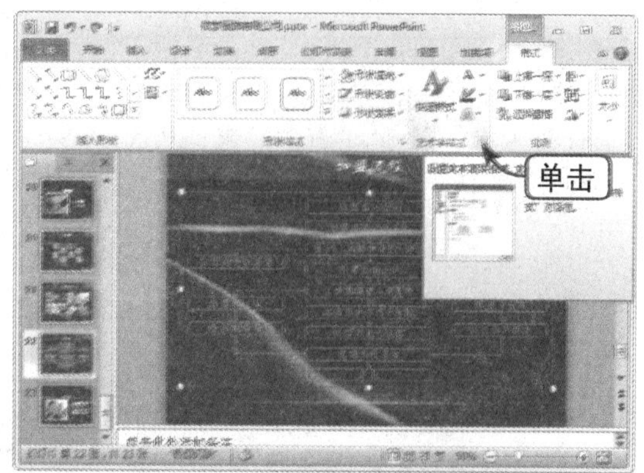

Step 11 设置文本框选项

弹出“设置文本效果格式”对话框，在左窗格中选择“文本框”选项，然后在右侧设置“内部边距”均为“0 厘米”，如下图所示。

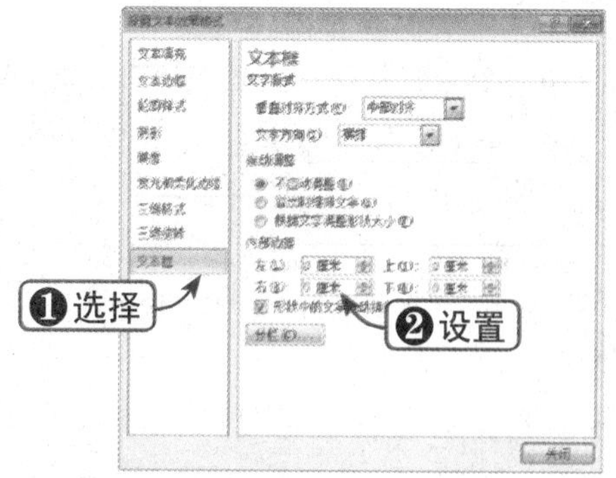

Step 12 设置发光效果

在左窗格中选择“发光和柔化边缘”选项，然后在右侧设置发光参数，其中发光颜色为白色,“大小”为 10 磅,“透明度”为 80%, 单击“关闭”按钮，如下图所示。

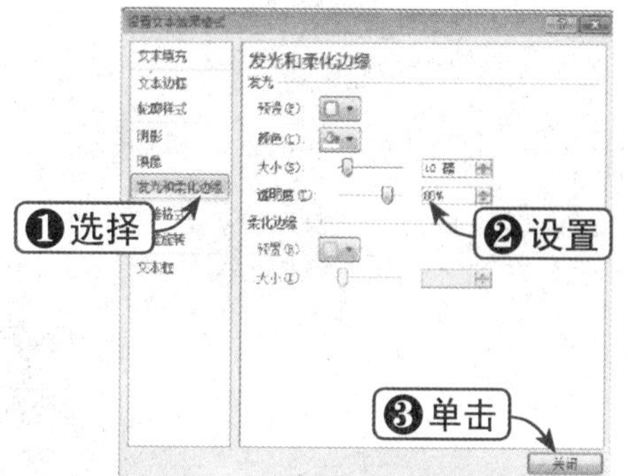

Step 13 查看设置效果

按【Shift+F5】组合键，放映当前幻灯片，查看设置效果，如右图所示。

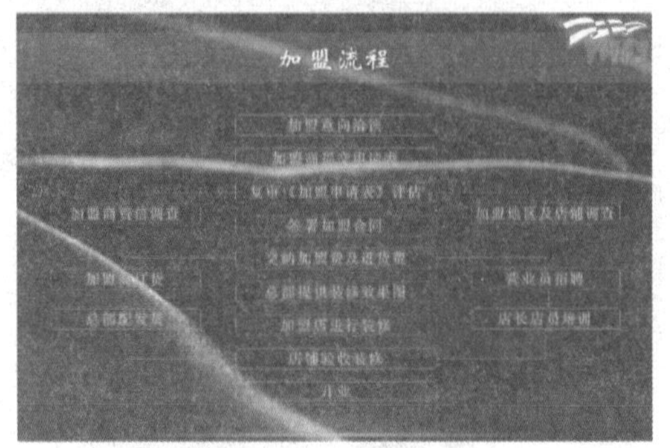

知识点拨

如果要对多个形状应用相同的样式，可以先将这些形状组合起来再设置其样式。多个形状组合后，也可以在其中每个单一的形状上添加文字。

15.3 插入文本框

在 PowerPoint 中除了能在内容占位符中输入文本外，还可以在文本框中输入文本。文本框包括横排文本框和垂直文本框两种，这两种文本框之间可以互相转换。插入文本框后，用户还可以根据需要对其样式进行相关设置，下面将详细介绍文本框的使用方法。

15.3.1 插入横排文本框

下面将介绍如何插入横排文本框，具体操作方法如下：

Step 01 选择幻灯片

选择“女士尺寸”幻灯片，并放大显示比例，如下图所示。

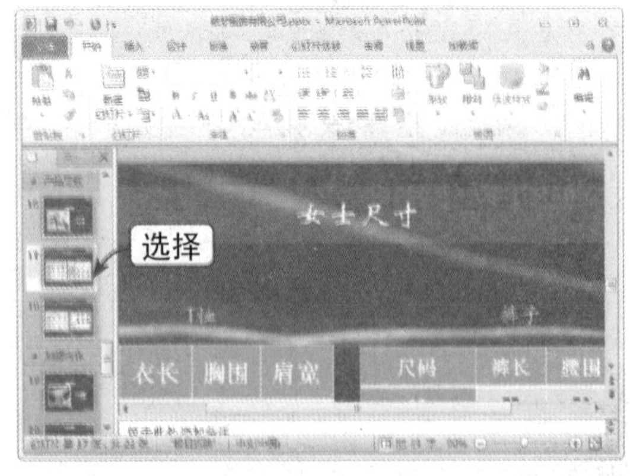

Step 02 选择“横排文本框”选项

选择“插入”选项卡，在“文本”组中单击“文本框”下拉按钮，在弹出的下拉列表中选择“横排文本框”选项，如下图所示。

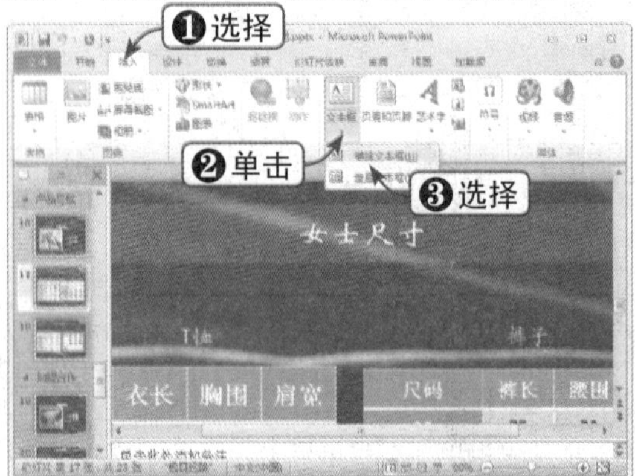

Step 03 插入横排文本框

这时鼠标指针变成 I 字形状，在幻灯片中单击鼠标左键即可插入横排文本框，如下图所示。

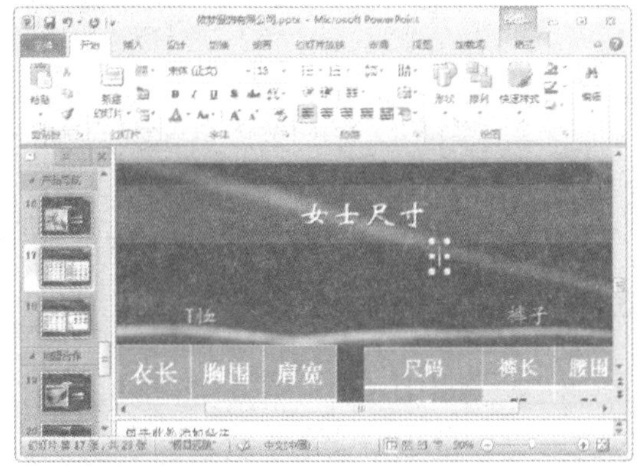

Step 04 输入文本

根据需要在文本框中输入文本，如下图所示。

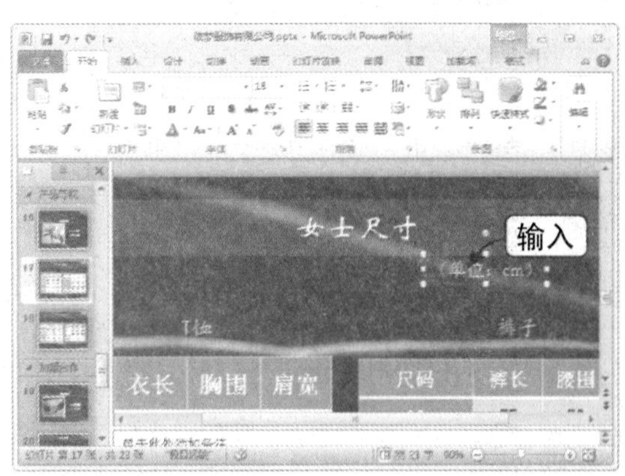

Step 05 调整文本位置和大小

移动文本框到合适的位置，并缩小文本的字号，效果如下图所示。

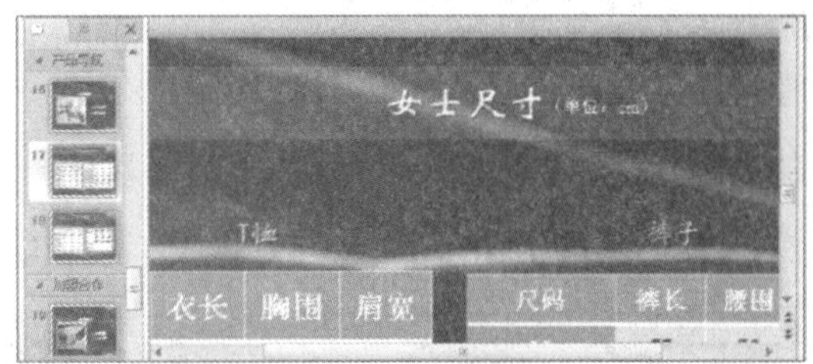

15.3.2 插入垂直文本框

下面将介绍如何插入垂直文本框，具体操作方法如下：

Step 01 选择幻灯片

选择“公司介绍”幻灯片，并放大显示比例，如下图所示。

Step 02 选择“垂直文本框”选项

选择“插入”选项卡，在“文本”组中单击“文本框”下拉按钮，在弹出的下拉列表中选择“垂直文本框”选项，如下图所示。

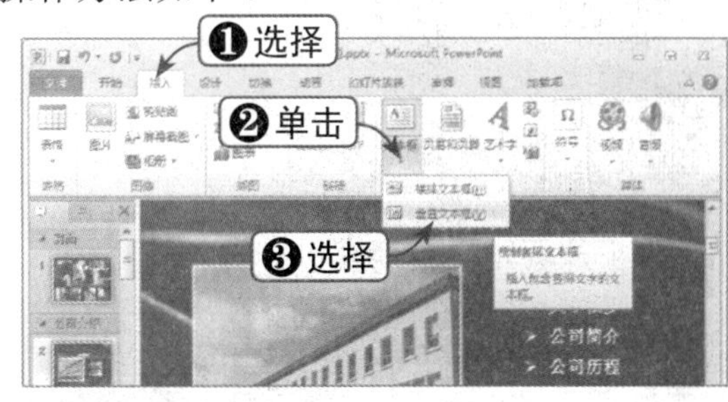

Step 03 插入垂直文本框

这时鼠标指针变成一字形状，在幻灯片合适的位置单击鼠标左键，即可插入垂直文本框，如下图所示。

Step 04 输入文本

根据需要在文本框中输入文本，如下图所示。

Step 05 设置文本字体格式

将文本颜色设置为红色并减小其字号，如下图所示。

在幻灯片中是不能直接输入文字的，若要输入文字可采用插入文本框的方法。本例中是采用单击的形式插入文本框，也可以根据需要拖动鼠标插入文本框。选择插入的文本框后，在功能区中会出现“格式”选项卡，从中可以为文本框设置样式，它的方法与设置形状样式的方法相同，在此不再赘述。

15.3.3 将垂直文本框转换为横排文本框

下面将介绍如何进行垂直文本框和横排文本框之间的相互转换，具体操作方法如下：

Step 01 选择垂直文本框

选择垂直文本框，并选择“开始”选项卡，如下图所示。

Step 02 选择“横排”选项

在“段落”组中单击“文字方向”下拉按钮，在弹出的下拉列表中选择“横排”选项即可完成转换，如下图所示。

15.3.4 设置文本框样式

下面将介绍如何设置文本框样式，具体操作方法如下：

Step 01 插入文本框

选择“女士尺寸”幻灯片，在其合适的位置插入文本框，并输入相关文本，如下图所示。

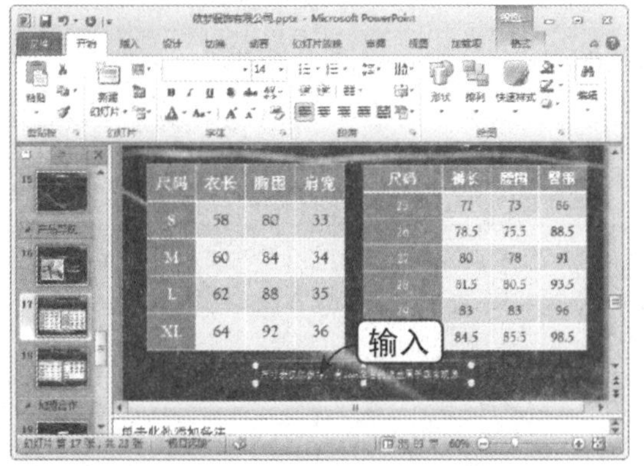

Step 02 选择形状样式

选择文本框，选择“格式”选项卡，在“形状样式”组中选择所需的样式，如下图所示。

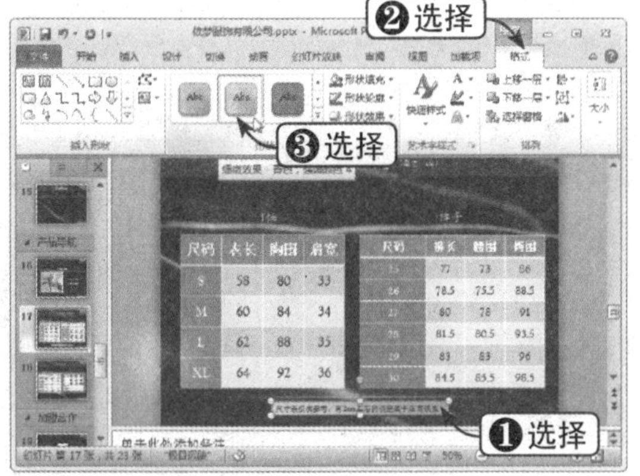

Step 03 添加形状效果

在“形状样式”组中单击“形状效果”下拉按钮，在弹出的下拉列表中选择“预设”|“预设 4”效果，如下图所示。

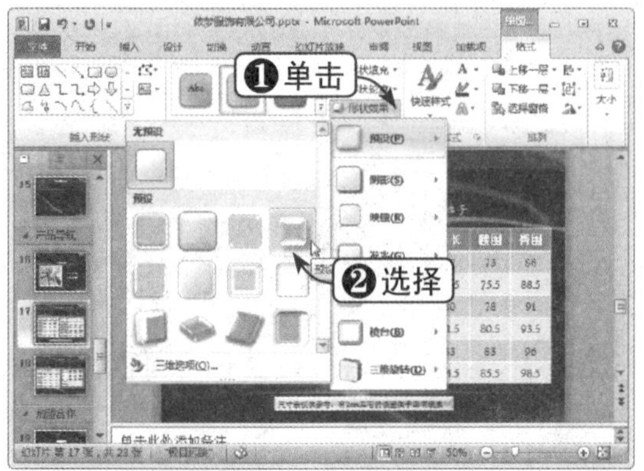

Step 04 单击“设置形状格式”扩展按钮

在“形状样式”组中单击“设置形状格式”扩展按钮，如下图所示。

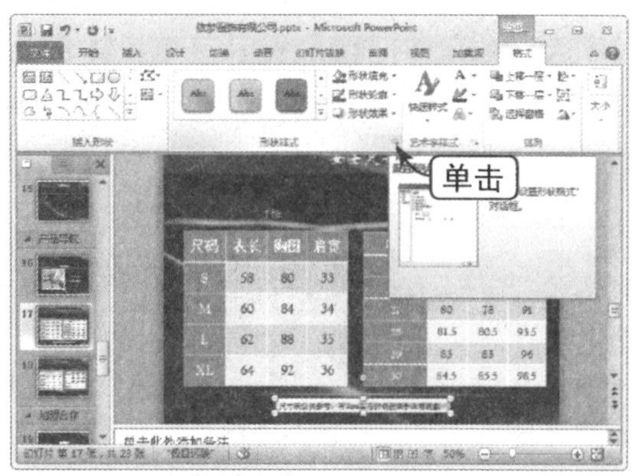

Step 05 设置透明度

弹出“设置形状格式”对话框，在“填充”选项卡中设置“透明度”为 40%，单击“关闭”按钮，如下图所示。

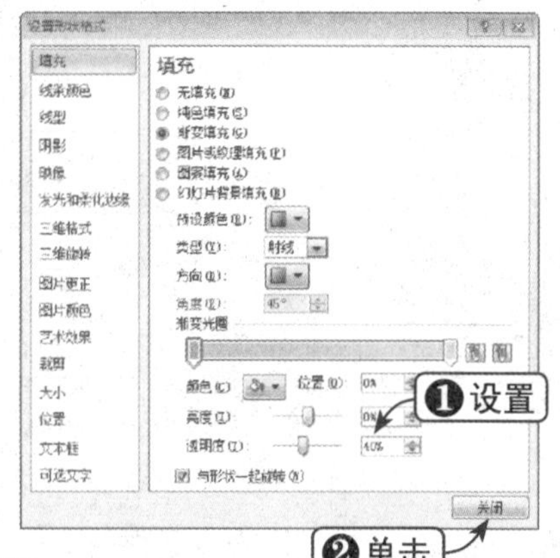

Step 06 查看设置效果

此时，即可查看设置文本框样式后的效果，如下图所示。

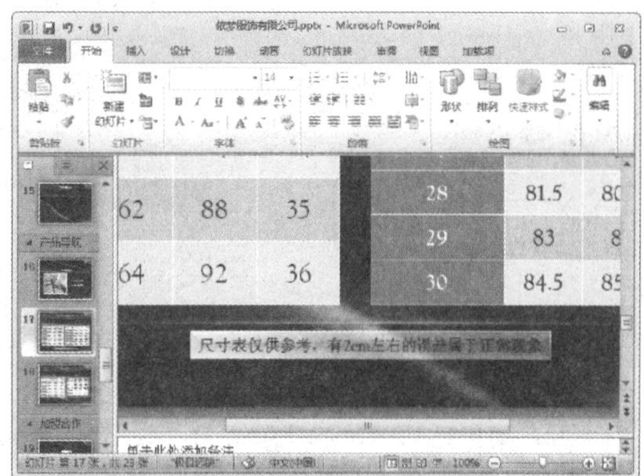

15.4 插入SmartArt图形

PowerPoint 中提供了多种类型的 SmartArt 图形，而每种类型的图形中又包括几个不同的布局，用户可以根据需要选择合适的布局。下面将介绍如何在幻灯片中插入几种不同类型的 SmartArt 图形。

15.4.1 插入基本V型流程图形

下面将通过插入基本 V 型流程图形来编辑“公司历程”这张幻灯片，具体操作方法如下：

Step 01 单击“插入SmartArt图形”按钮

选择“公司历程”幻灯片，在“内容”占位符中单击“插入 SmartArt 图形”按钮，如下图所示。

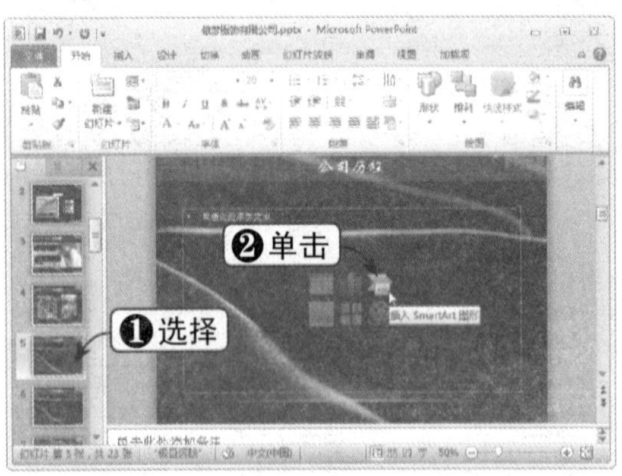

Step 02 选择 SmartArt 图形

弹出“选择 SmartArt 图形”对话框，在左窗格中选择“流程”选项，在右侧选择“基本 V 型流程”图形，单击“确定”按钮，如下图所示。

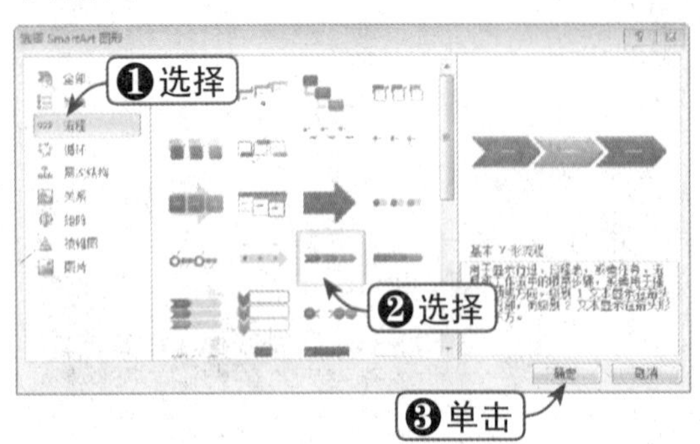

Step 03 插入 SmartArt 图形

此时，即可插入“基本 V 型流程”图形，如下图所示。

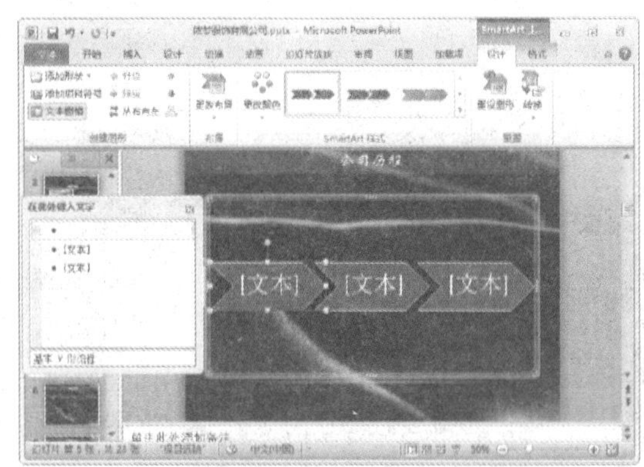

Step 04 在后面添加形状

选择“设计”选项卡，在“创建图形”组中单击“添加形状”下拉按钮，在弹出的下拉列表中选择“在后面添加形状”选项，如下图所示。

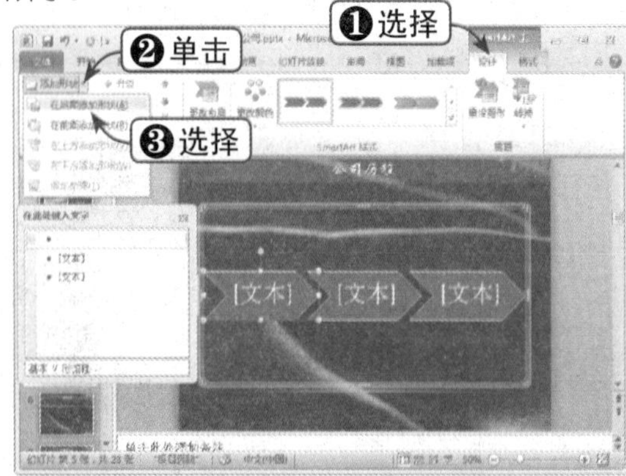

Step 05 输入文本

在后面添加形状后，通过 SmartArt 图形的文本窗格输入文本，如下图所示。

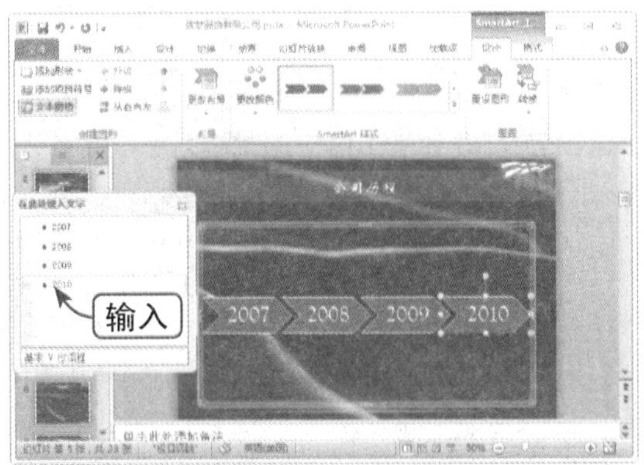

Step 06 定位光标

在文本窗格中将光标定位到文本 2007 的后面，如下图所示。

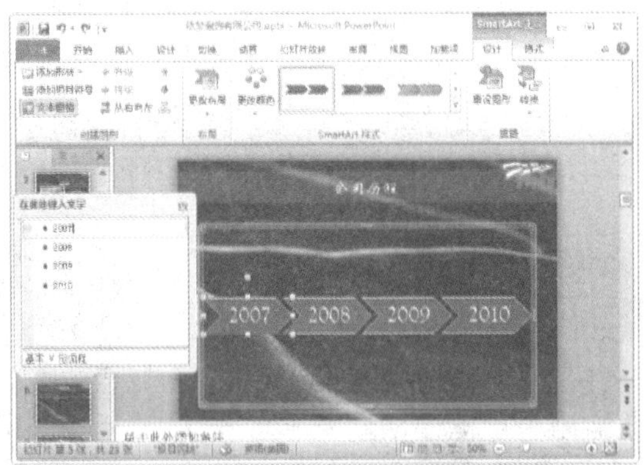

Step 07 插入形状

按【Enter】键，即可在其后面插入一个形状，如下图所示。

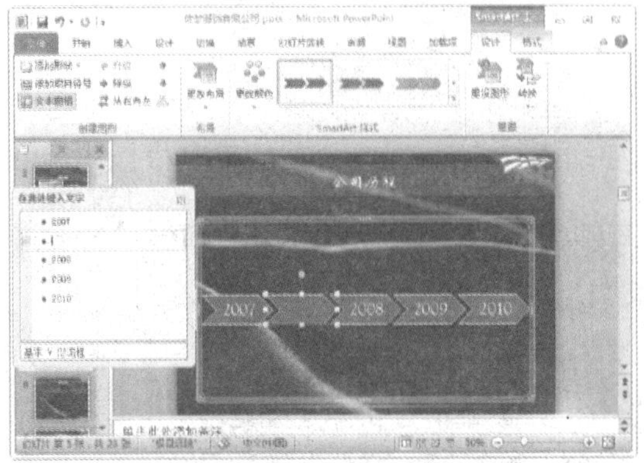

Step 08 降级操作

按【Tab】键进行降级操作（在"创建图形"组中单击"降级"按钮，也可进行降级操作），这时在 SmartArt 图形中可以发现文本 2007 的下方出现了文本框，如下图所示。

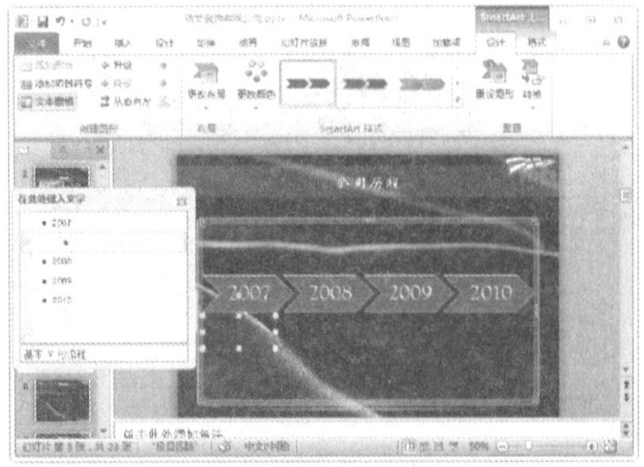

Step 09 输入文本

在文本框中输入所需的文本，如下图所示。

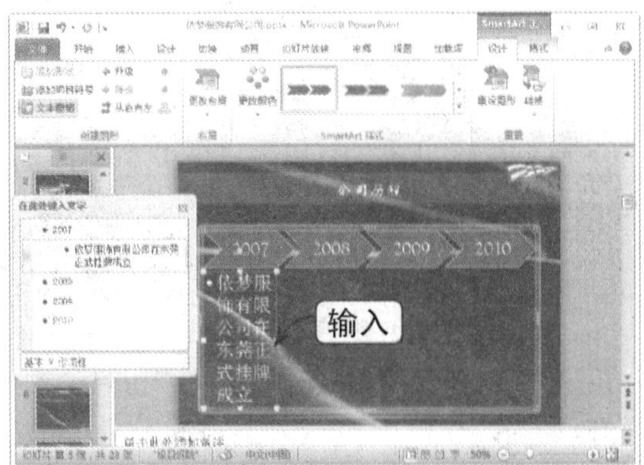

Step 10 输入其他文本

采用前面的方法输入其他文本，效果如下图所示。

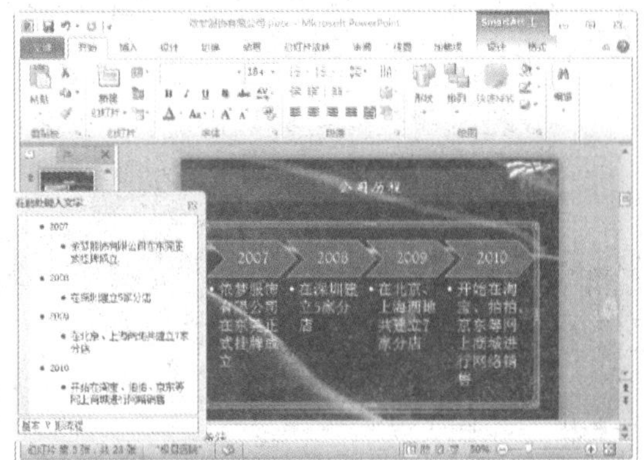

Step 11 设置字体格式

关闭文本窗格，对幻灯片中的文本设置合适的字体格式，如下图所示。

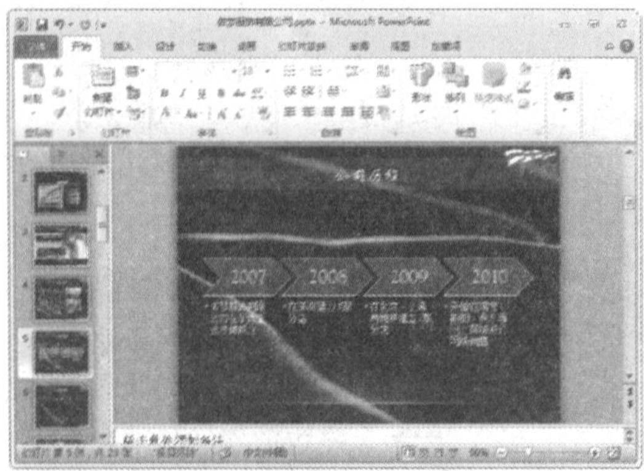

Step 12 更改图形布局

选择图形，然后选择“设计”选项卡，单击“更改布局”下拉按钮，在弹出的下拉列表中选择“基本日程表”选项，如下图所示。

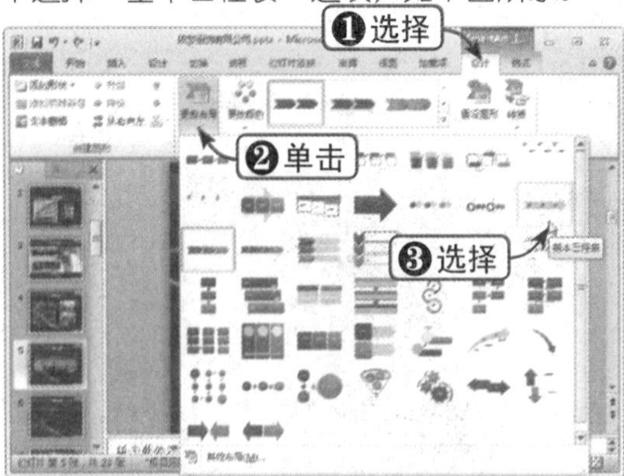

Step 13 查看图形效果

此时，即可查看更改图形布局后的效果，如下图所示。

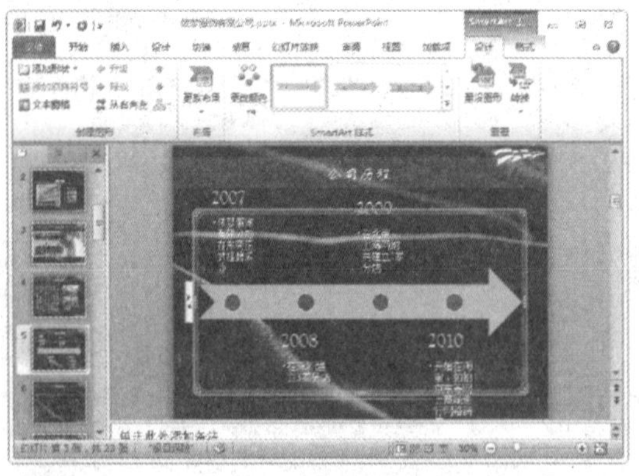

Step 14 选择 SmartArt 样式

选择“设计”选项卡，在“SmartArt 样式”组中单击“其他”下拉按钮，在弹出的下拉列表中选择“鸟瞰场景”样式，如下图所示。

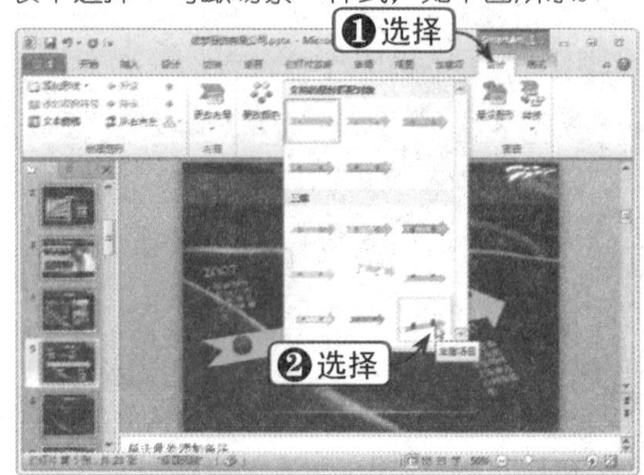

Step 15 更改颜色

单击“更改颜色”下拉按钮，在弹出的下拉列表中选择“彩色范围-强调文字颜色2至3”选项，如下图所示。

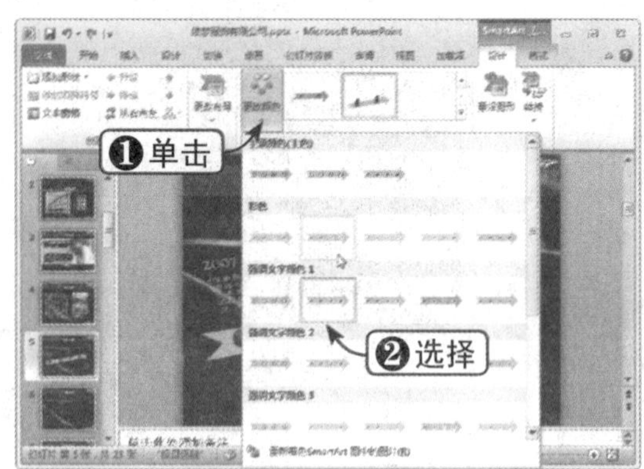

Step 16 查看最终效果

一切设置完毕后，查看最终设置效果，如下图所示。

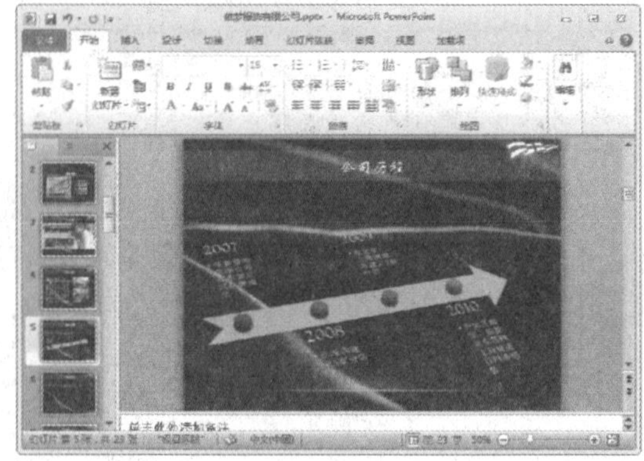

15.4.2 插入圆形图片层次结构图形

下面将通过插入圆形图片层次结构图形来编辑“公司历程”这张幻灯片，具体操作方法如下：

Step 01 选择幻灯片

选择“管理团队”幻灯片，可以看到其中已经输入文字，如下图所示。

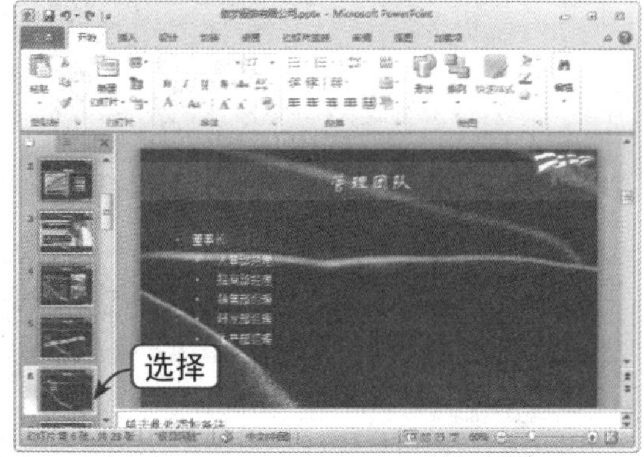

Step 02 选择“其他 SmartArt 图形”选项

选择内容文字，然后选择“开始”选项卡，在“段落”组中单击“转换为 SmartArt 图形”下拉按钮，在弹出的下拉列表中选择“其他 SmartArt 图形”选项，如下图所示。

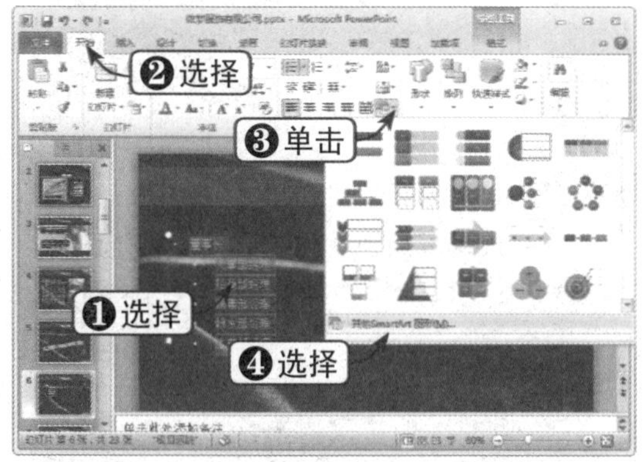

Step 03 选择 SmartArt 图形

弹出“选择 SmartArt 图形”对话框，在左窗格中选择“层次结构”选项，在右侧选择“圆形图片层次结构”图形，单击“确定”按钮，如下图所示。

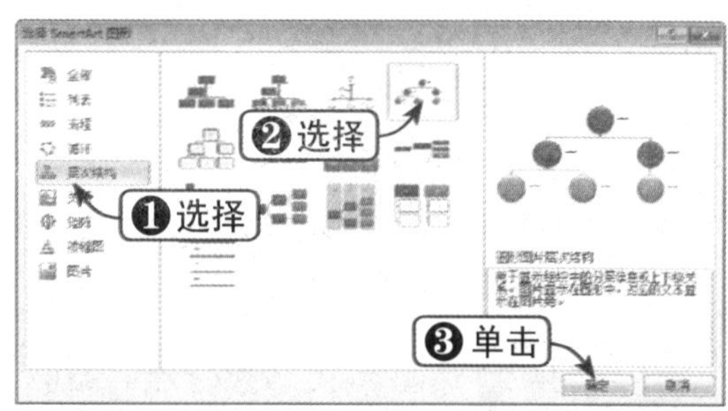

Step 04 插入 SmartArt 图形

此时，即可插入“圆形图片层次结构”图形，如下图所示。

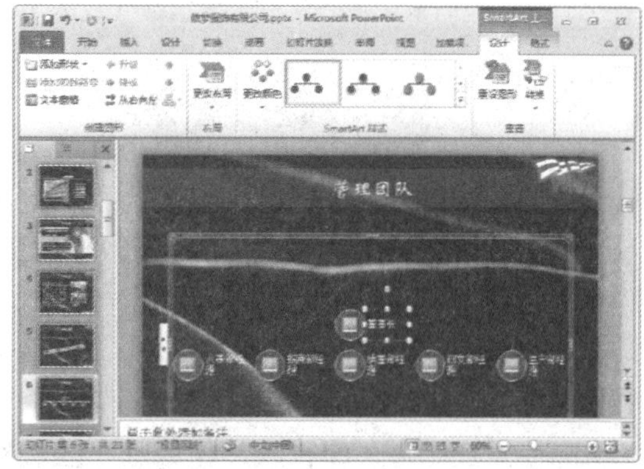

Step 05 设置文字换行

分别将光标定位在第 2 行的文字“经理”前，并按【Enter】键换行，如下图所示。

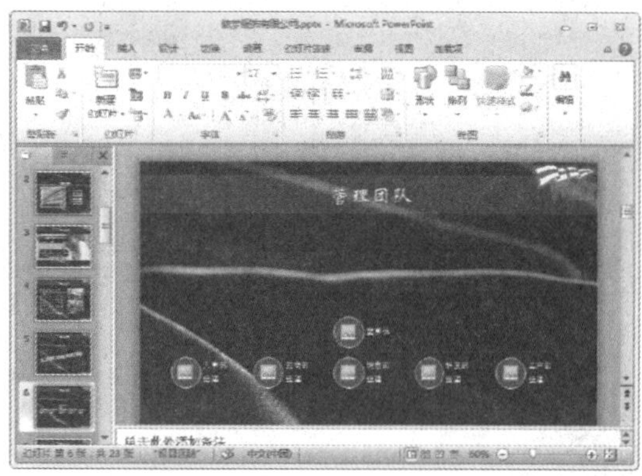

Step 06 单击图片占位符

单击“董事长”图片占位符，如下图所示。

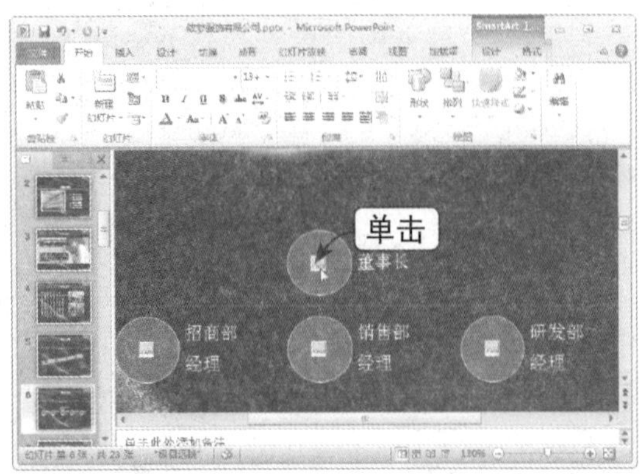

Step 07 选择要插入的图片

弹出“插入图片”对话框，从中选择要插入的图片，单击“插入”按钮，如下图所示。

Step 08 插入图片

此时，即可插入选择的图片，效果如下图所示。

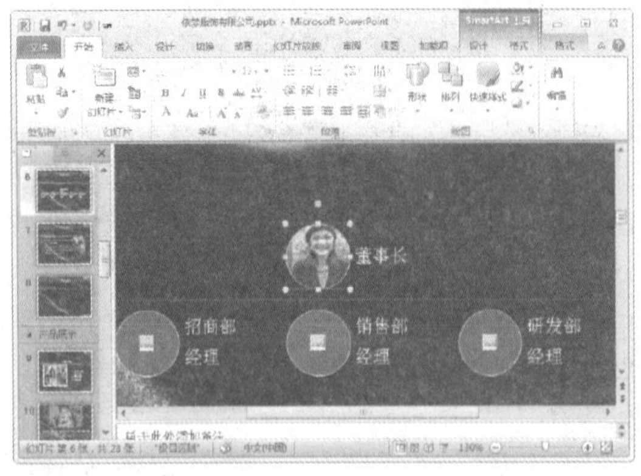

Step 09 插入其他图片

采用与上面相同的方法插入其他图片，如下图所示。

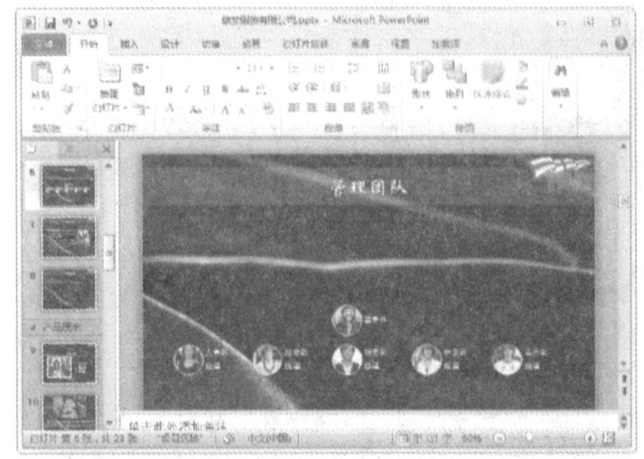

Step 10 单击“剪裁”按钮

选择“人事部经理”图片，然后选择“格式”选项卡，在“大小”组中单击“剪裁”按钮，如下图所示。

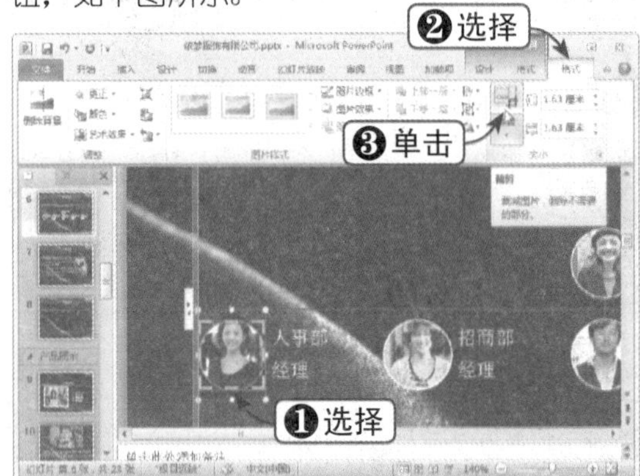

Step 11 剪裁图片

根据需要剪裁图片，效果如下图所示。

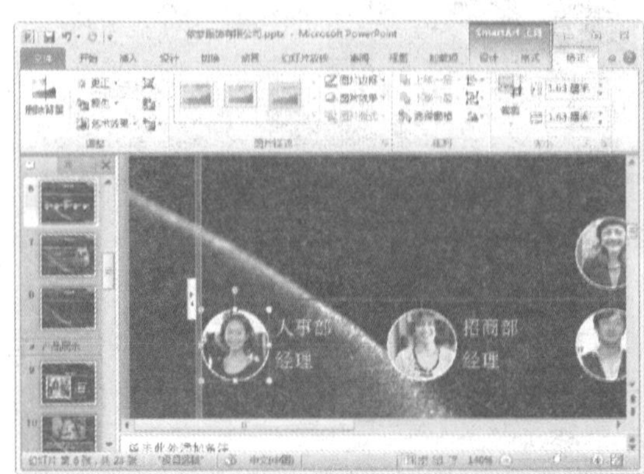

Step 12 剪裁其他图片

采用相同的方法剪裁其他图片，效果如下图所示。

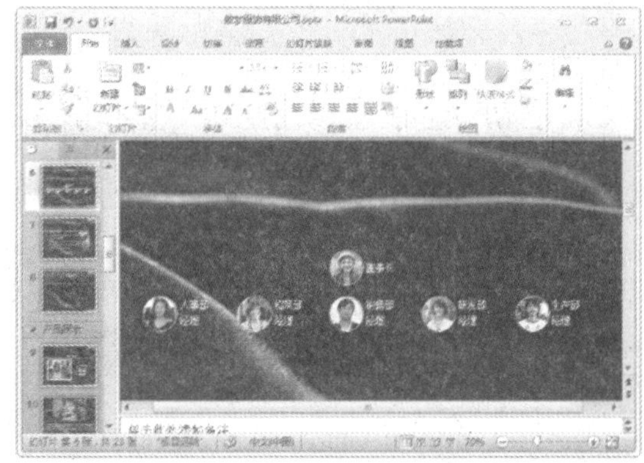

Step 13 选择 SmartArt 样式

选择图形，然后选择“设计”选项卡，在“SmartArt 样式”组中单击“其他”下拉按钮，在弹出的下拉列表中选择“卡通”样式，如下图所示。

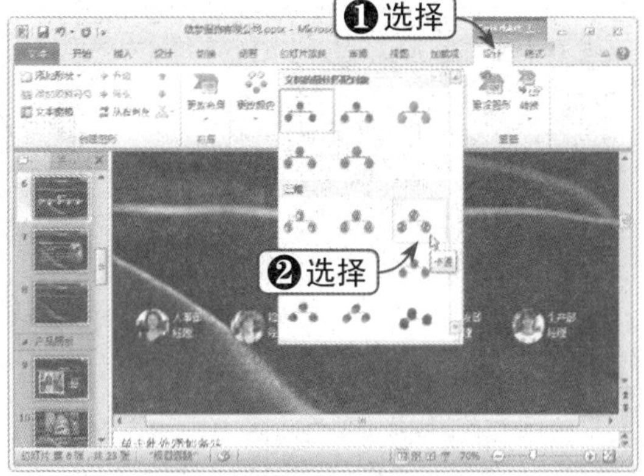

Step 14 更改颜色

单击“更改颜色”下拉按钮，在弹出的下拉列表中选择“彩色填充 - 强调文字颜色 3”选项，如下图所示。

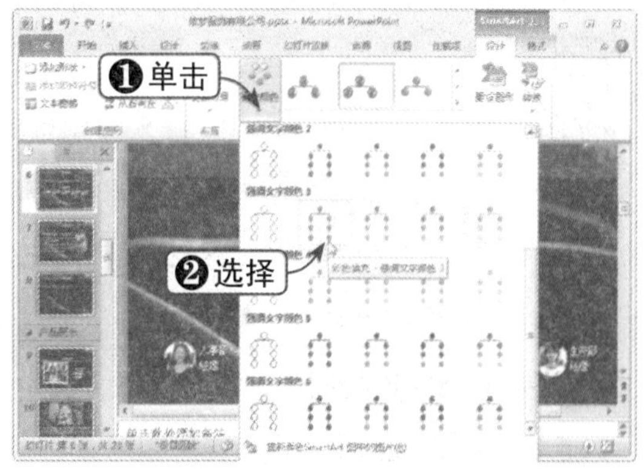

Step 15 查看最终效果

一切设置完毕后，查看最终效果，如下图所示。

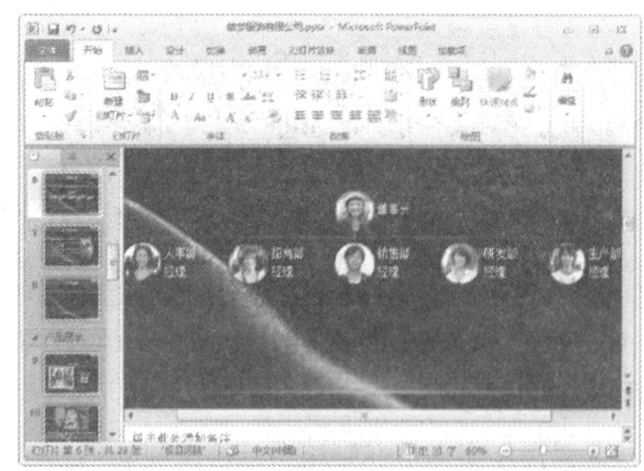

15.4.3 插入射线循环图形

下面通过插入射线循环图形来编辑“销售网络”这张幻灯片，具体操作方法如下：

Step 01 单击“插入SmartArt图形”按钮

选择“销售网络”幻灯片，在“内容”占位符中单击“插入 SmartArt 图形”按钮，如下图所示。

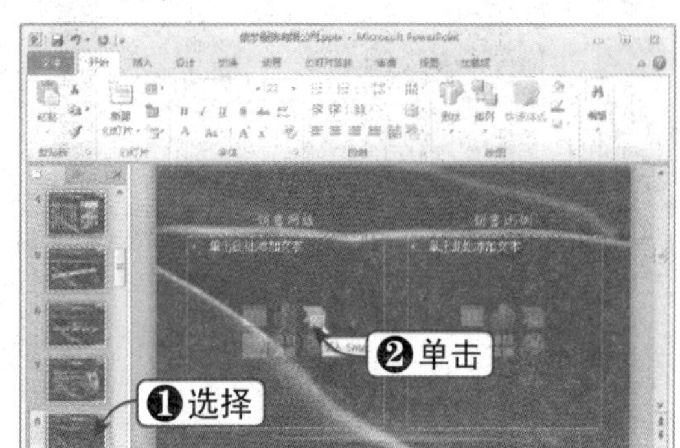

Step 02 选择 SmartArt 图形

弹出"选择 SmartArt 图形"对话框，在左窗格中选择"循环"选项，在右侧选择"射线循环"图形，单击"确定"按钮，如下图所示。

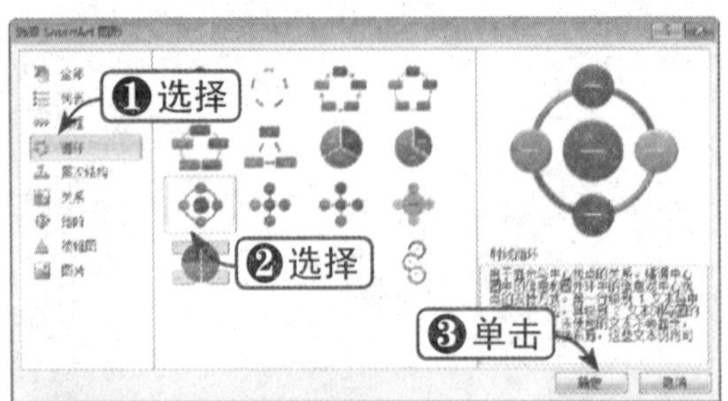

Step 03 插入 SmartArt 图形

此时，即可插入"射线循环"图形，如下图所示。

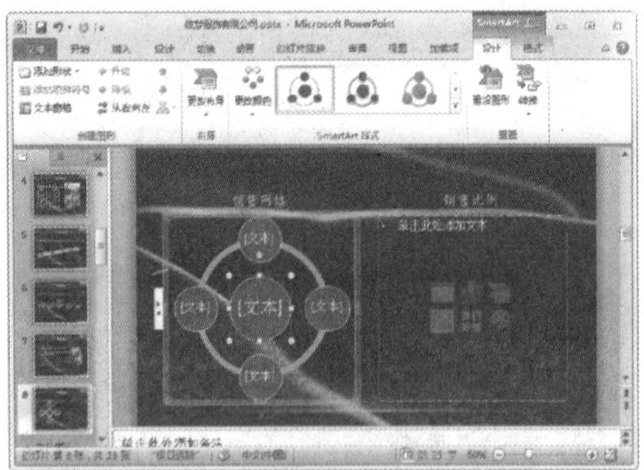

Step 04 打开文字窗格

打开文字窗格，并将光标定位到最后，如下图所示。

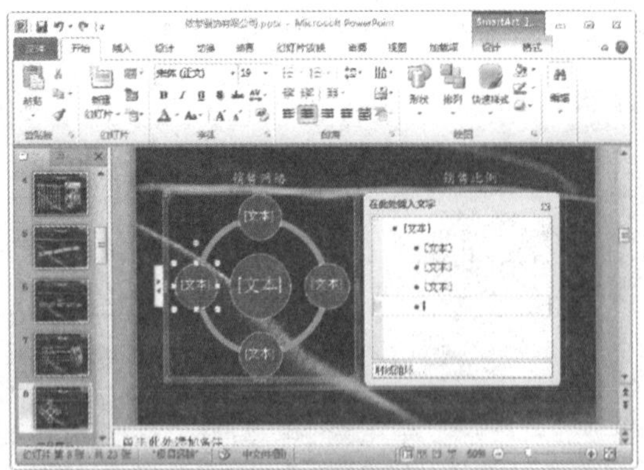

Step 05 插入形状

按【Enter】键，即可插入形状，如下图所示。

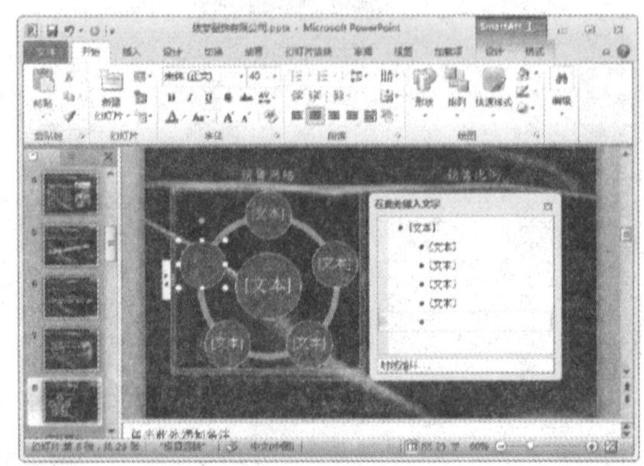

Step 06 输入文字

利用文字窗格在图形中输入文字，如下图所示。

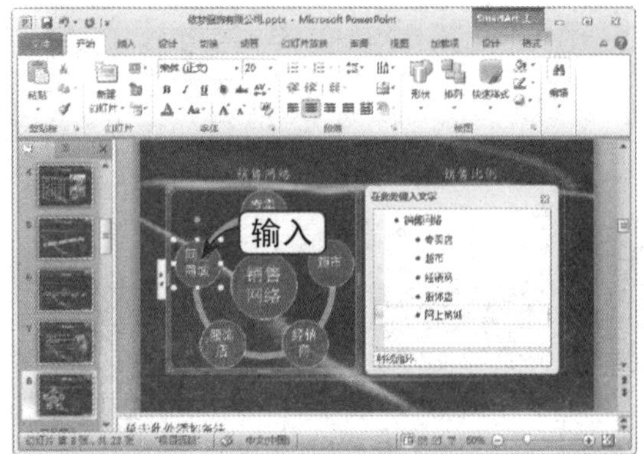

Step 07 选择 SmartArt 样式

关闭文字窗格，然后选择"设计"选项卡，在"SmartArt 样式"组中单击"其他"下拉按钮，在弹出的下拉列表中选择"鸟瞰场景"样式，如下图所示。

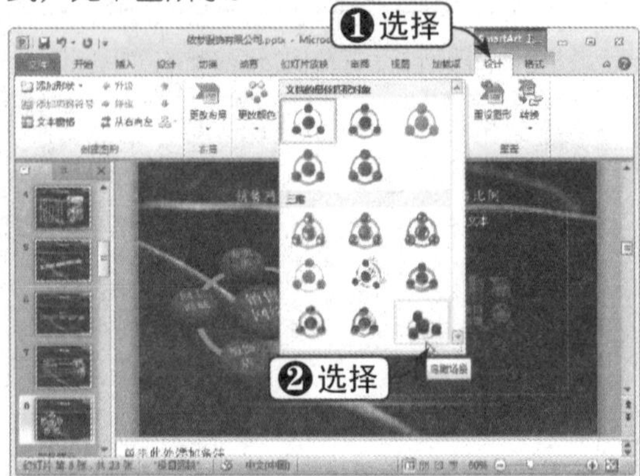

Step08 更改颜色

单击“更改颜色”下拉按钮，在弹出的下拉列表中选择“透明渐变范围 - 强调文字颜色 1”选项，如下图所示。

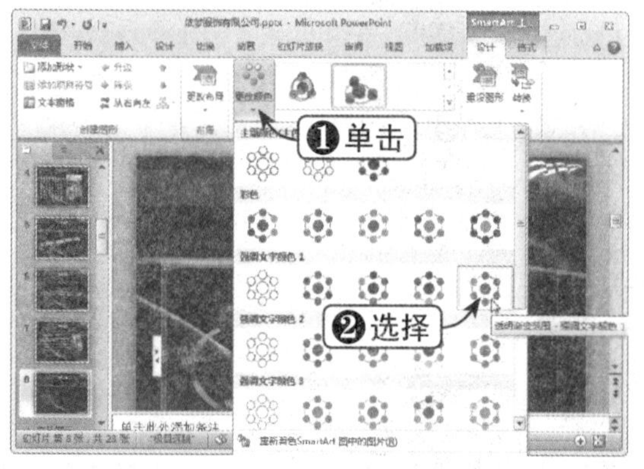

Step10 查看最终效果

一切设置完毕后，即可查看最终效果，如下图所示。

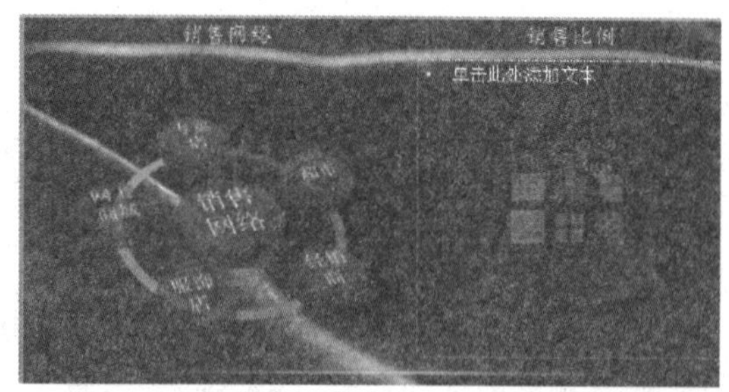

15.4.4 插入圆形图片标注图形

下面将通过插入圆形图片标注图形来编辑“女士 T 恤”这张幻灯片，具体操作方法如下：

Step01 单击“插入 SmartArt 图形”按钮

选择“女士 T 恤”幻灯片，在“内容”占位符中单击“插入 SmartArt 图形”按钮，如下图所示。

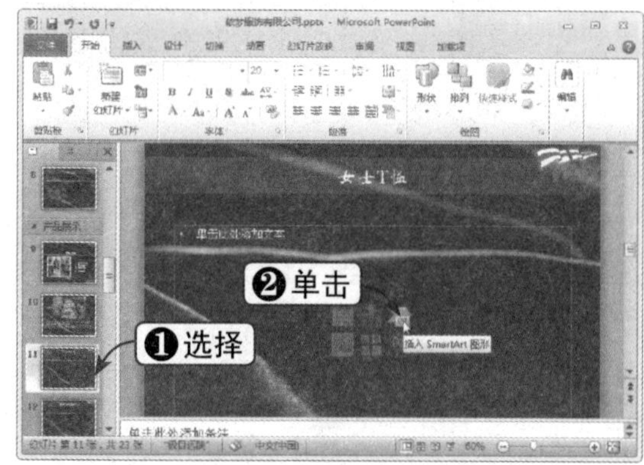

Step02 选择 SmartArt 图形

弹出“选择 SmartArt 图形”对话框，在左窗格中选择“图片”选项，在右侧选择“圆形图片标注”图形，单击“确定”按钮，如下图所示。

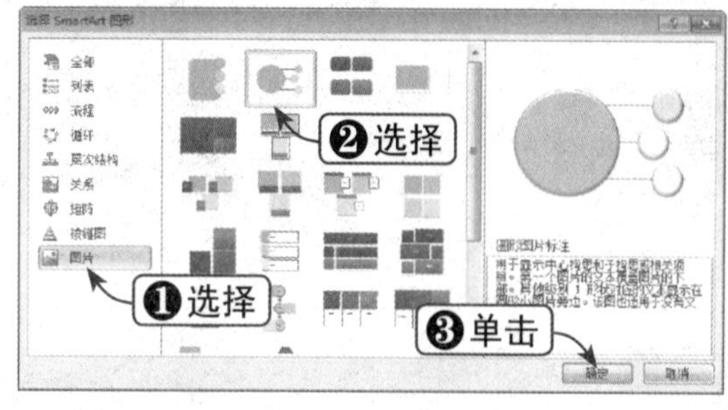

Step03 插入 SmartArt 图形

此时，即可插入“圆形图片标注”图形，如下图所示。

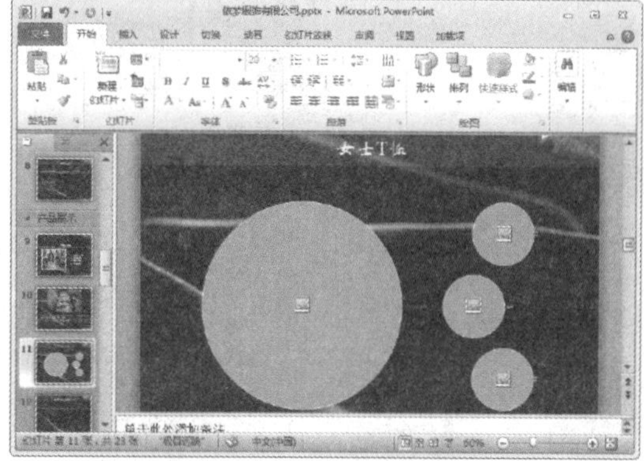

Step 04 插入图片

单击图形中不同的“图片”占位符，插入不同的图片，如下图所示。

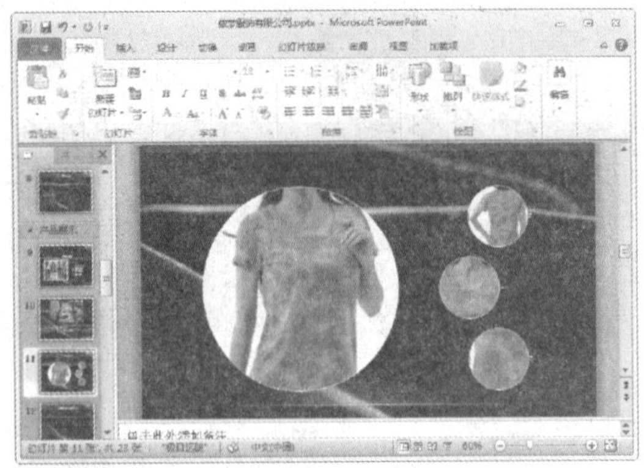

Step 05 打开文字窗格

打开文字窗格，从中输入合适的文字，如下图所示。

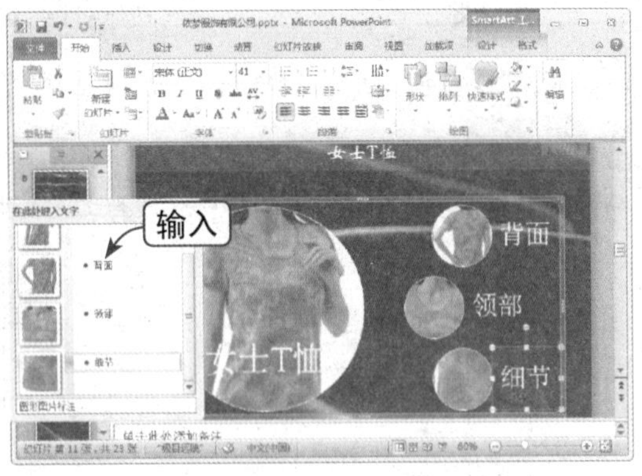

Step 06 选择 SmartArt 样式

关闭文字窗格，然后选择“设计”选项卡，在“SmartArt 样式”组中单击“其他”下拉按钮，在弹出的下拉列表中选择“鸟瞰场景”样式，如下图所示。

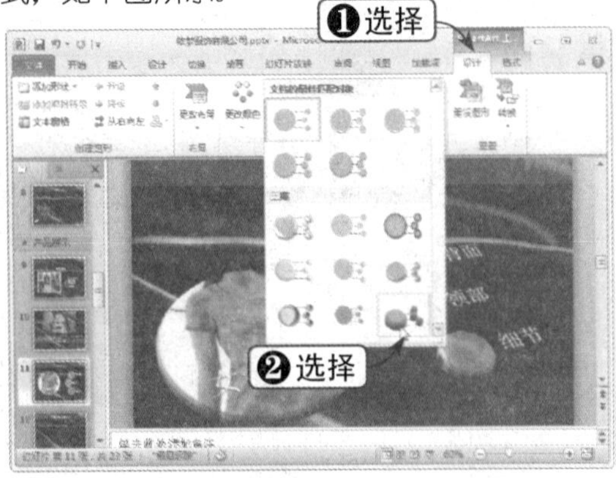

Step 07 更改颜色

单击“更改颜色”下拉按钮，在弹出的下拉列表中选择“彩色范围 - 强调文字颜色 5 至 6”选项，如下图所示。

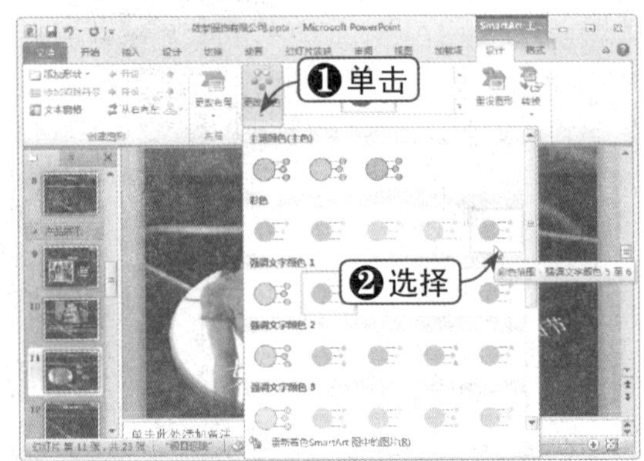

Step 08 单击“从右向左”按钮

在“创建图形”组中单击“从右向左”按钮，如下图所示。

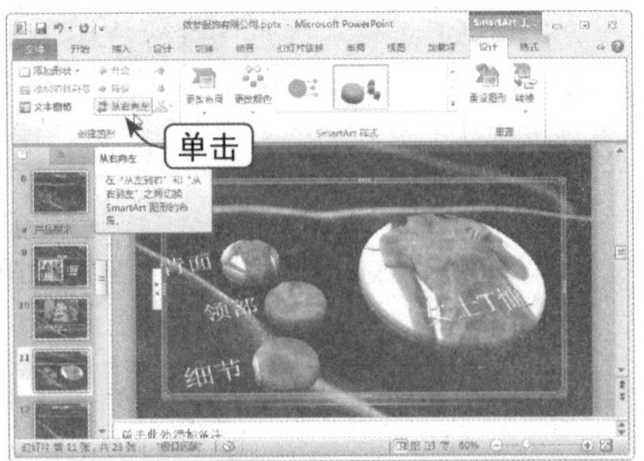

Step 09 设置艺术字样式

选择“格式”选项卡，在“艺术字样式”组中单击“其他”下拉按钮，在弹出的下拉列表中选择所需的艺术字样式，如下图所示。

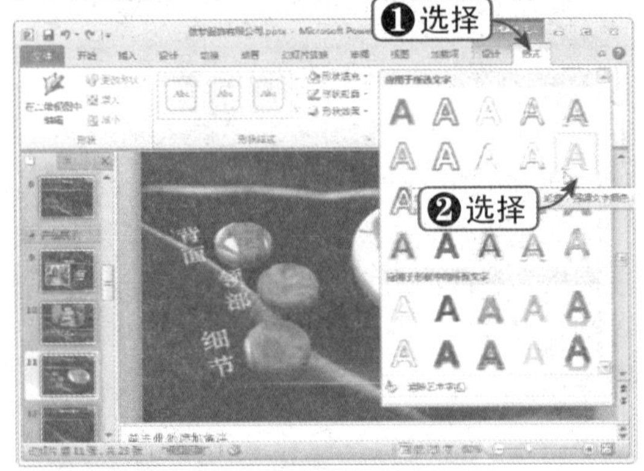

Step 10 设置填充背景

在“形状样式”组中单击“形状填充”下拉按钮，在弹出的下拉列表中选择“纹理”|“栎木”选项，如下图所示。

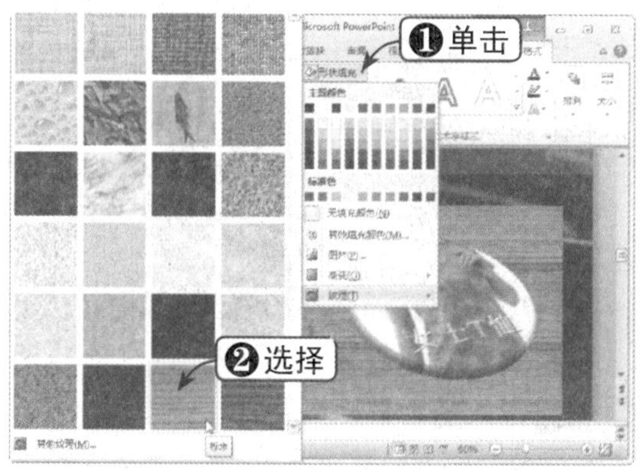

Step 11 查看填充效果

此时，即可查看使用“栎木”纹理填充后的效果，如下图所示。

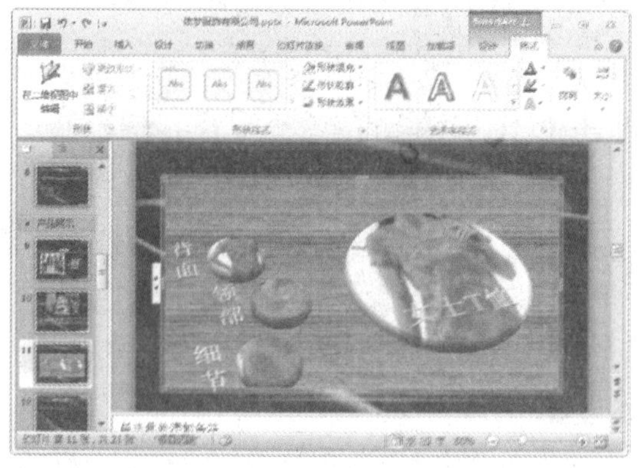

Step 12 设置轮廓粗细

使用“栎木”纹理填充后，图形之间的连线显得很模糊了，这时可以加粗连线使其看起来清晰，方法为：选中连线，然后单击“形状轮廓”下拉按钮，在弹出的下拉列表中选择“粗细”|“2.25 磅”选项，如下图所示。

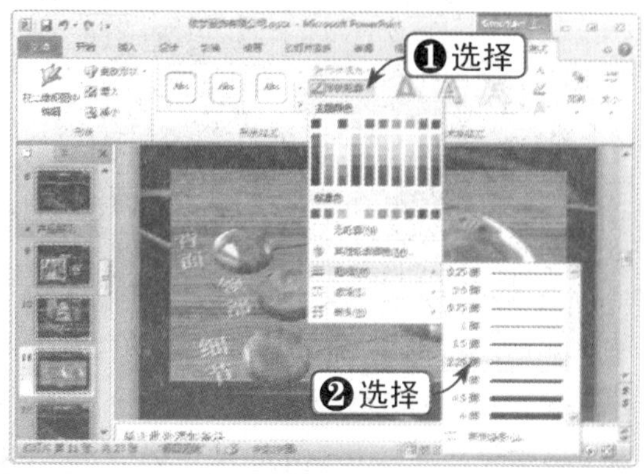

Step 13 查看图形最终效果

设置其他连线粗细，查看图形最终效果，如下图所示。

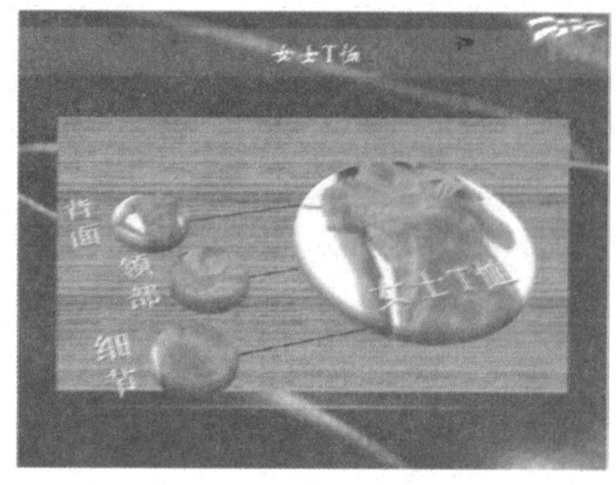

知识点拨

插入的 SmartArt 图形实际上是形状和占位符的组合，用户可以将 SmartArt 图形转换为形状来处理。

15.4.5 插入图片题注列表图形

下面将通过插入图片题注列表图形来编辑“女士 T 恤（CONT.）”这张幻灯片，具体操作方法如下：

Step 01 单击“插入SmartArt图形”按钮

选择“女士T恤（CONT.）”幻灯片，在“内容”占位符中单击“插入SmartArt图形”按钮，如下图所示。

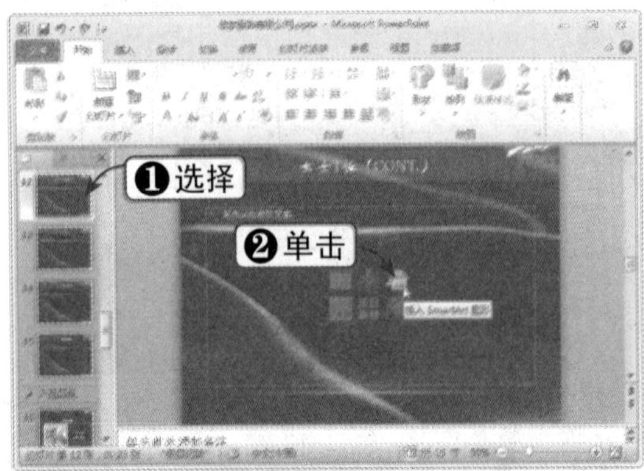

Step 02 选择SmartArt图形

弹出“选择SmartArt图形”对话框，在左窗格中选择“图片”选项，在右侧选择“图片题注列表”图形，单击“确定”按钮，如下图所示。

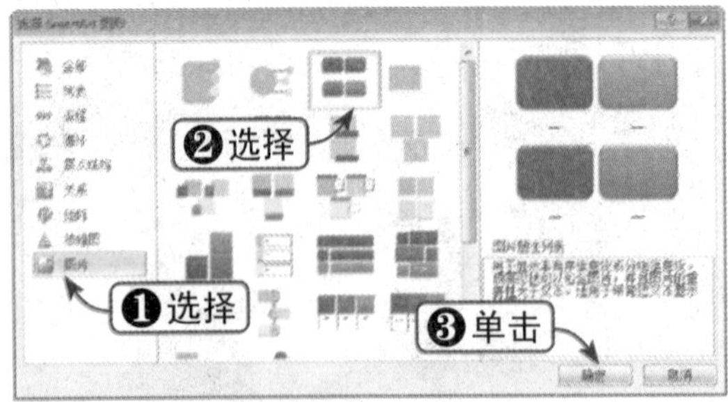

Step 03 插入SmartArt图形

此时，即可插入“图片题注列表”图形，效果如下图所示。

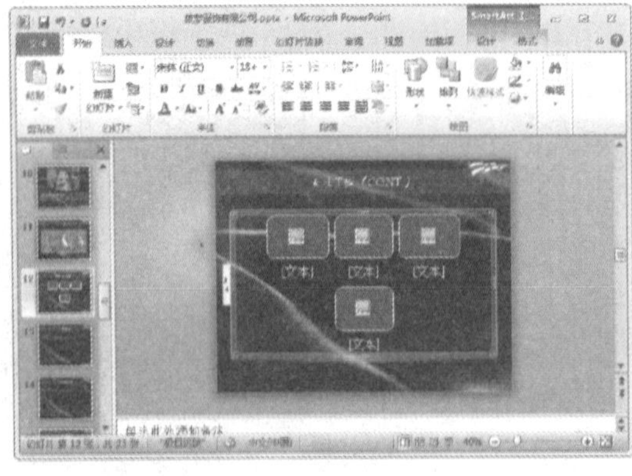

Step 04 调整图形形状

根据需要调整图形的形状，如下图所示。

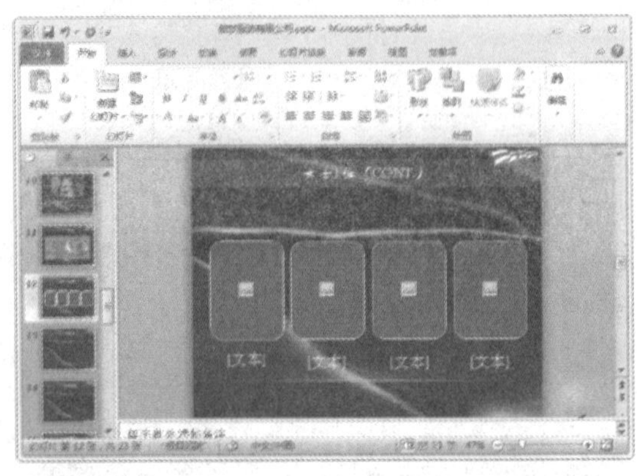

Step 05 插入图片并输入文本

在各图片占位符中插入图片，并在其下面的文本框中输入文本，如下图所示。

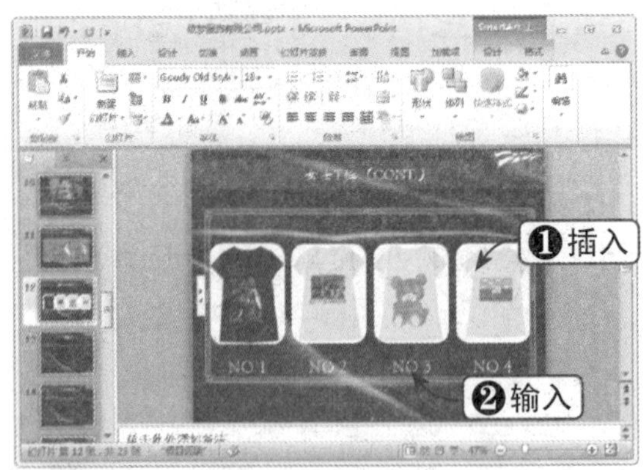

Step 06 选择SmartArt样式

选择“设计”选项卡，在“SmartArt样式”组中单击“其他”下拉按钮，在弹出的下拉列表中选择“鸟瞰场景”样式，如下图所示。

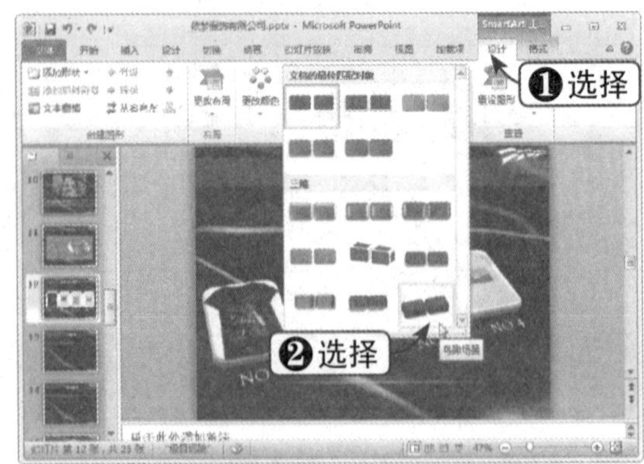

Step 07 设置艺术字样式

选择“格式”选项卡，在“艺术字样式”组中选择所需的艺术字样式，如下图所示。

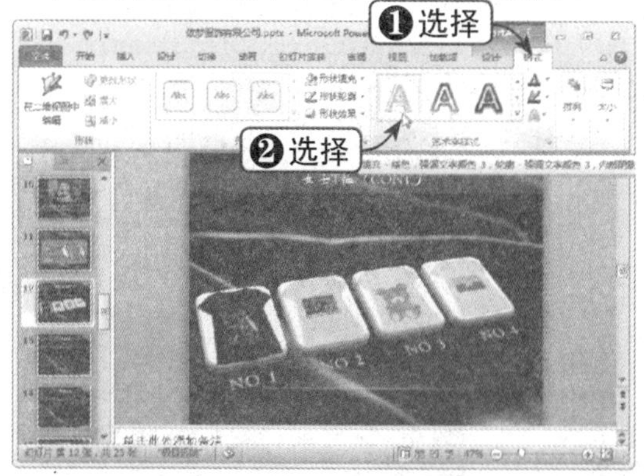

Step 08 单击“设置形状格式”扩展按钮

在“形状样式”组中单击“设置形状格式”扩展按钮，如下图所示。

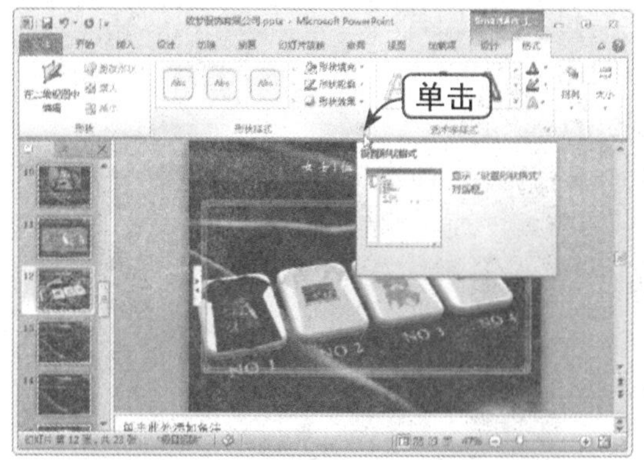

Step 09 设置填充纹理

弹出“设置形状格式”对话框，在左窗格中选择“填充”选项，在右侧选中“图片或纹理填充”单选按钮，然后设置“纹理”填充为“栎木”，如下图所示。

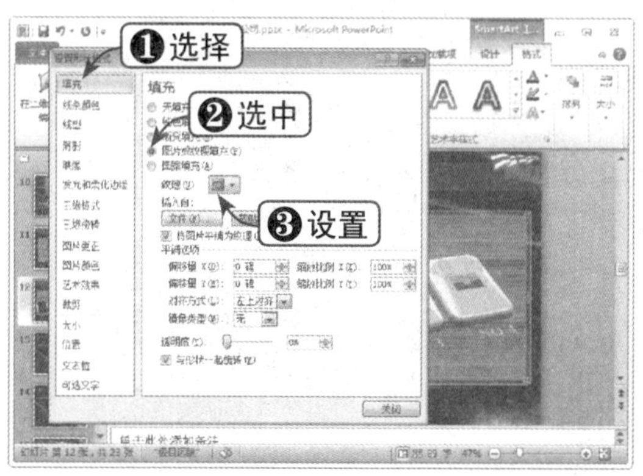

Step 10 设置三维旋转

在左窗格中选择“三维旋转”选项，在右侧单击“预设”下拉按钮，在弹出的下拉列表中选择“宽松透视”选项，如下图所示。

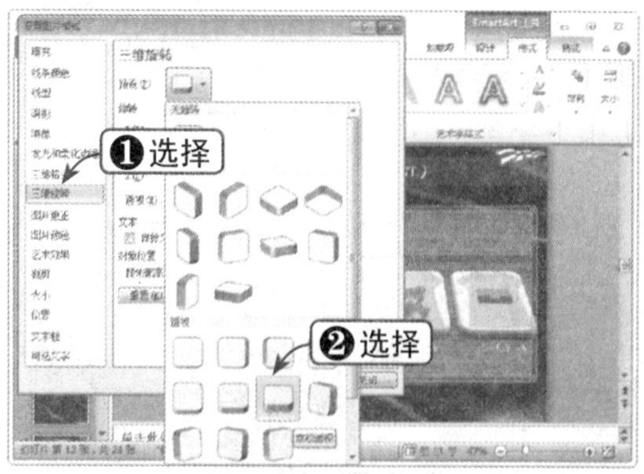

Step 11 设置旋转参数

在“旋转”选项区中单击不同的旋转按钮，设置旋转参数，效果如下图所示。

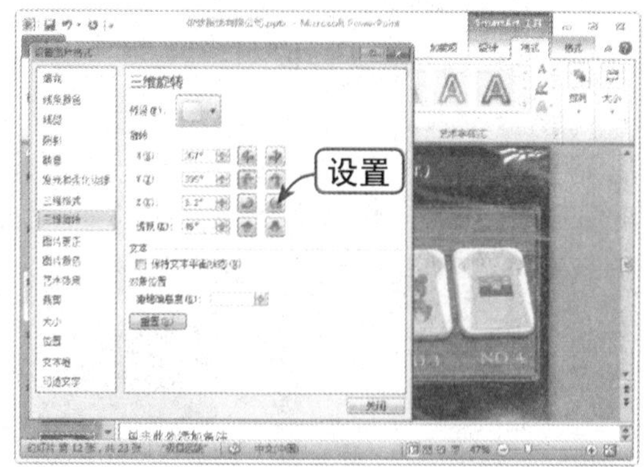

Step 12 查看最终效果

设置完毕后单击“关闭”按钮，查看最终效果，如下图所示。

15.4.6 插入螺旋图图形

下面将通过插入螺旋图图形来编辑“男士 T 恤”这张幻灯片，具体操作方法如下：

Step 01 单击“插入 SmartArt 图形”按钮

选择“男士 T 恤”幻灯片，在“内容”占位符中单击“插入 SmartArt 图形”按钮，如下图所示。

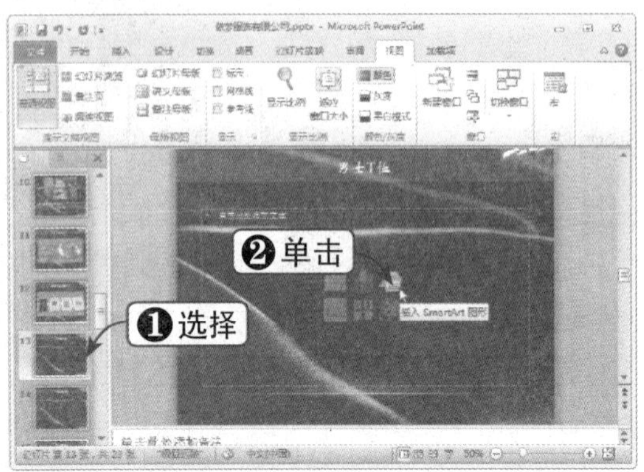

Step 02 选择 SmartArt 图形

弹出“选择 SmartArt 图形”对话框，在左窗格中选择“图片”选项，在右侧选择“螺旋图”图形，单击“确定”按钮，如下图所示。

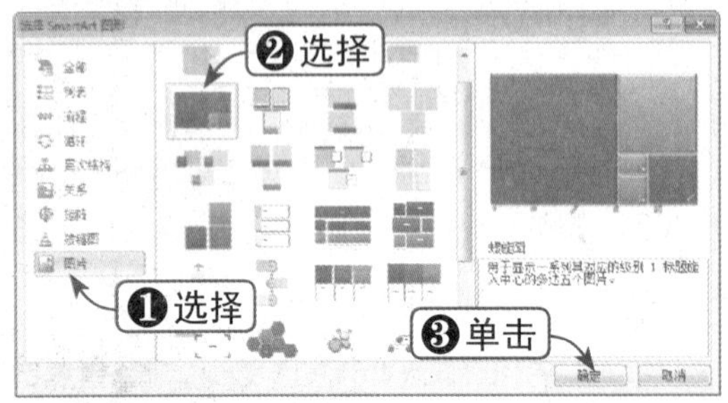

Step 03 插入 SmartArt 图形

此时，即可插入螺旋图图形，效果如下图所示。

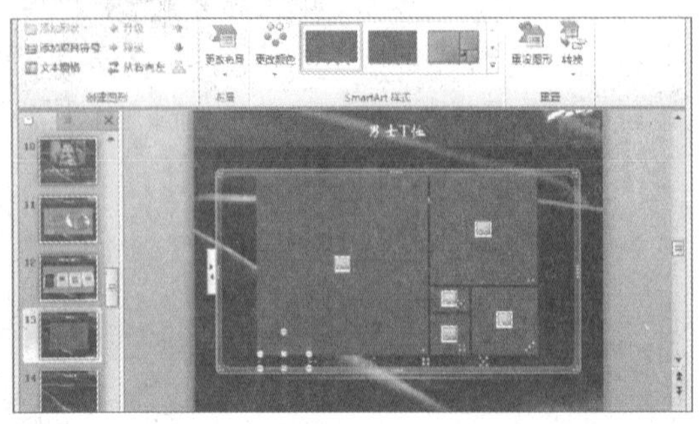

Step 04 调整图形形状

根据需要调整图形的形状，如下图所示。

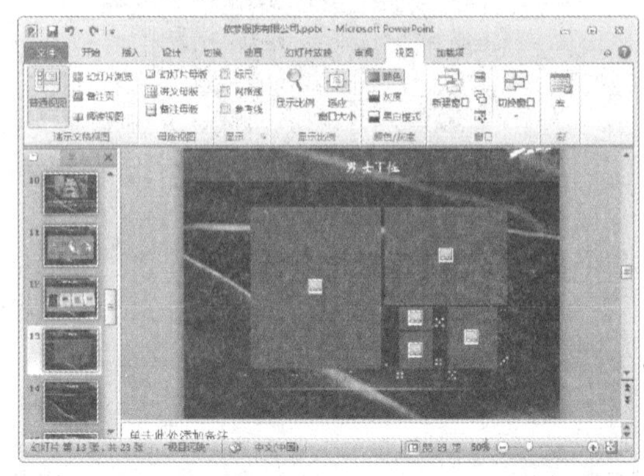

Step 05 插入图片

在各图片的占位符中插入图片，效果如下图所示。

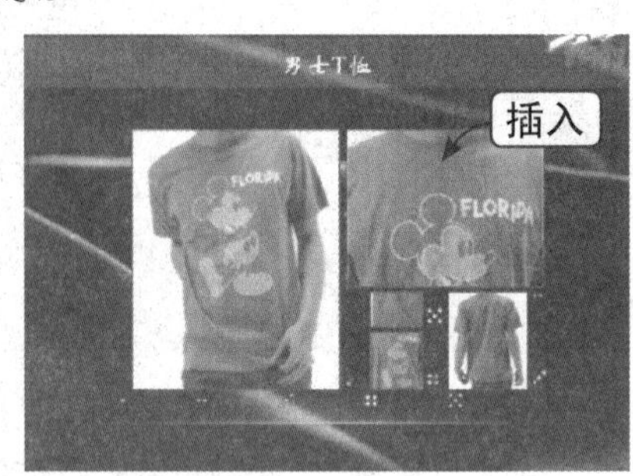

Step 06 选择 SmartArt 样式

选择“设计”选项卡，在“SmartArt 样式”组中单击“其他”下拉按钮，在弹出的下拉列表中选择“鸟瞰场景”样式，如下图所示。

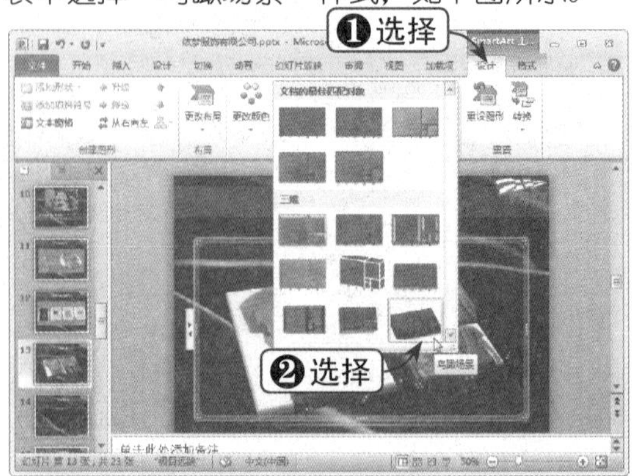

Step 07 单击“设置形状格式”扩展按钮

在“形状样式”组中单击“设置形状格式”扩展按钮，如下图所示。

Step 08 设置填充纹理

弹出“设置形状样式”对话框，在左窗格中选择“填充”选项，在右侧选中“图片或纹理填充”单选按钮，然后设置“纹理”填充为“栎木”，如下图所示。

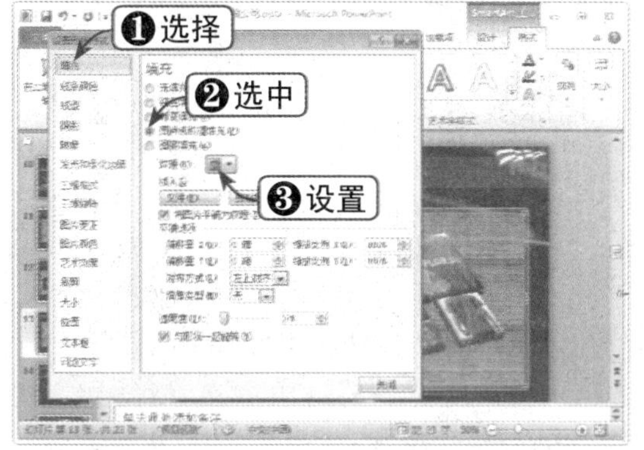

Step 09 设置三维旋转

在左窗格中选择“三维旋转”选项，在右侧单击“预设”下拉按钮，在弹出的下拉列表中选择“适度宽松透视”选项，如下图所示。

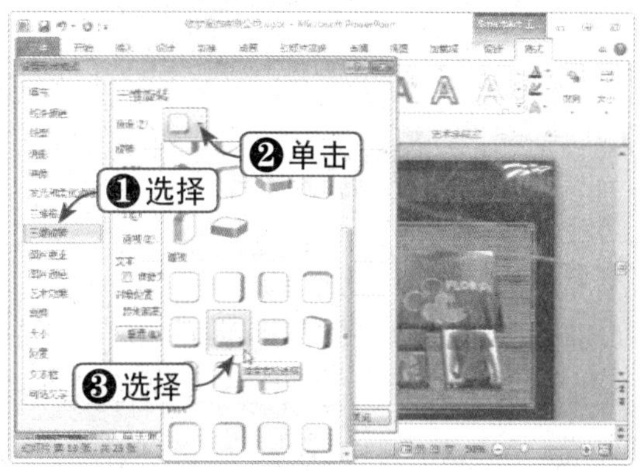

Step 10 查看最终设置效果

设置完毕后关闭对话框，查看最终设置效果，如下图所示。

15.4.7 插入蛇形图片块图形

下面通过插入蛇形图片块图形来编辑“男士牛仔裤”这张幻灯片，具体操作方法如下：

Step 01 单击“插入 SmartArt 图形”按钮

选择“男士牛仔裤”幻灯片，在“内容”占位符中单击“插入 SmartArt 图形”按钮，如右图所示。

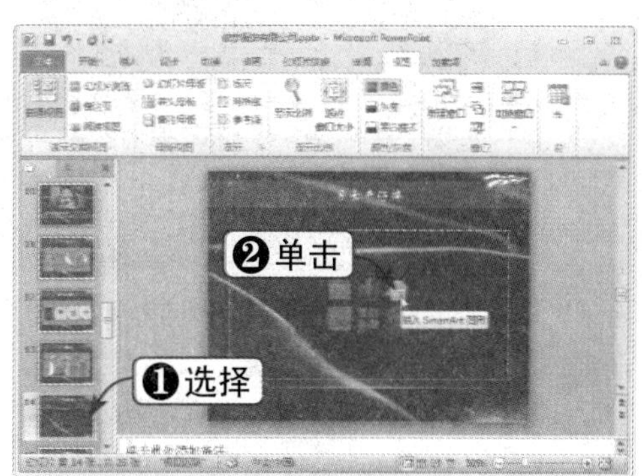

Step 02 选择 SmartArt 图形

弹出“选择SmartArt图形”对话框，在左窗格中选择“图片”选项，在右侧选择“蛇形图片块”图形，单击“确定”按钮，如下图所示。

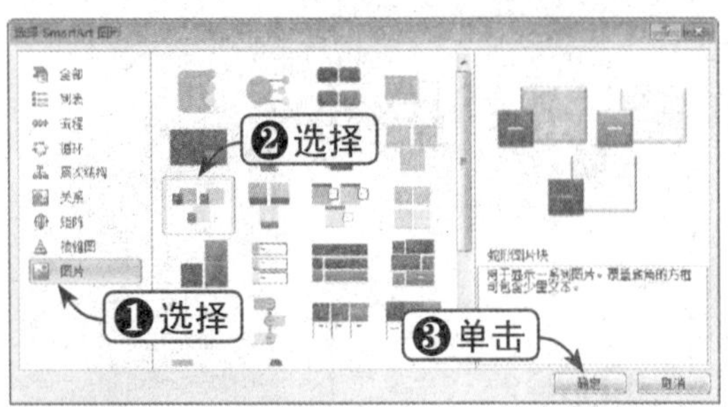

Step 03 插入 SmartArt 图形

此时，即可插入蛇形图片块图形，效果如下图所示。

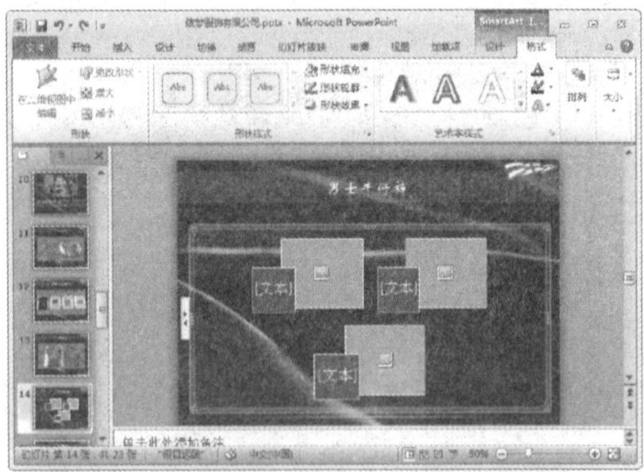

Step 04 调整图形形状

根据需要调整图形的形状，如下图所示。

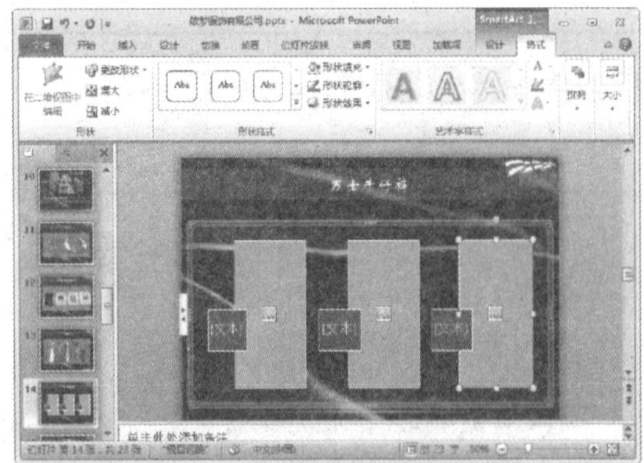

Step 05 插入图片并输入文本

在各图片占位符中插入图片，并输入合适的文本，如下图所示。

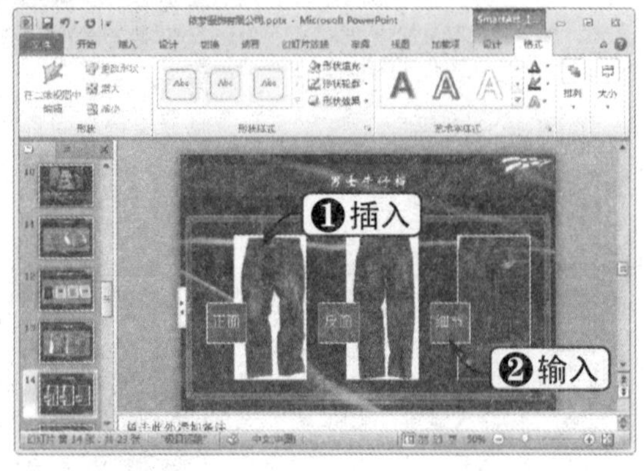

Step 06 选择 SmartArt 样式

选择“设计”选项卡，在“SmartArt样式”组中单击“其他”下拉按钮，在弹出的下拉列表中选择“鸟瞰场景”样式，如下图所示。

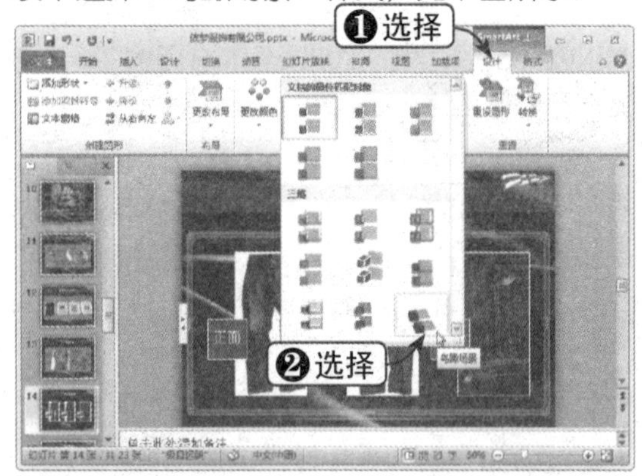

Step 07 更改颜色

单击“更改颜色”下拉按钮，在弹出的下拉列表中选择“渐变范围 - 强调文字颜色 1”选项，如下图所示。

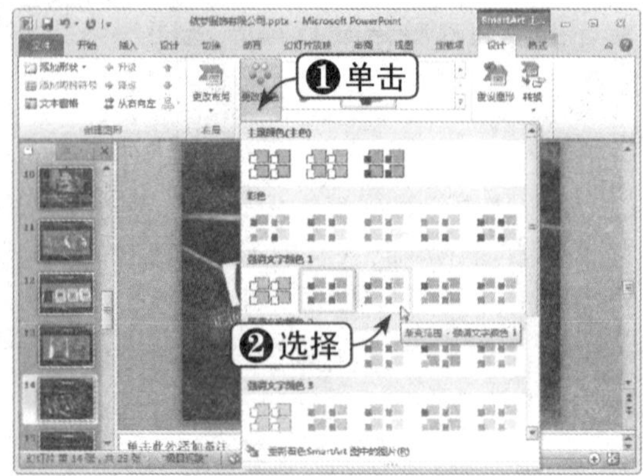

Step 08 单击“设置形状格式”扩展按钮

选择“格式”选项卡，在“形状样式”组中单击“设置形状格式”扩展按钮，如下图所示。

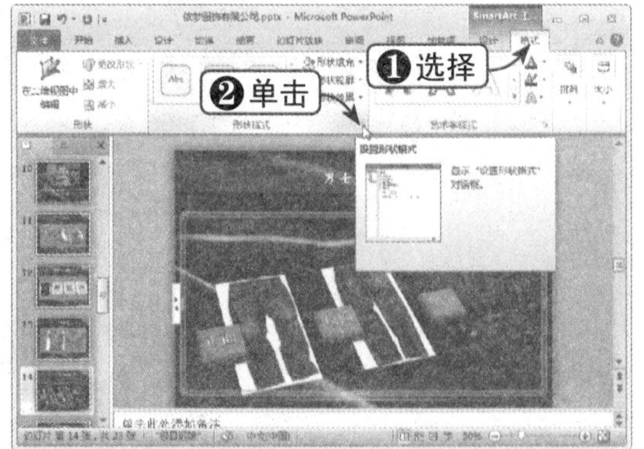

Step 09 设置填充

弹出“设置形状样式”对话框，在左窗格中选择“填充”选项，在右侧选中“图片或纹理填充”单选按钮，然后设置“纹理”填充为“栎木”，如下图所示。

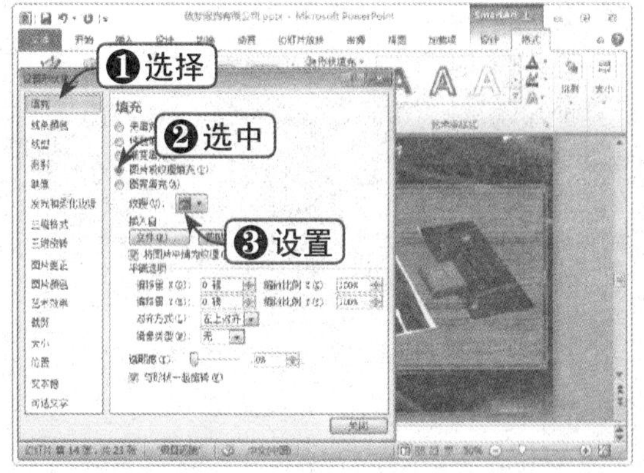

Step 10 设置三维旋转

在左窗格中选择“三维旋转”选项，在右侧单击“预设”下拉按钮，在弹出的下拉列表中选择“适度宽松透视”选项，如下图所示。

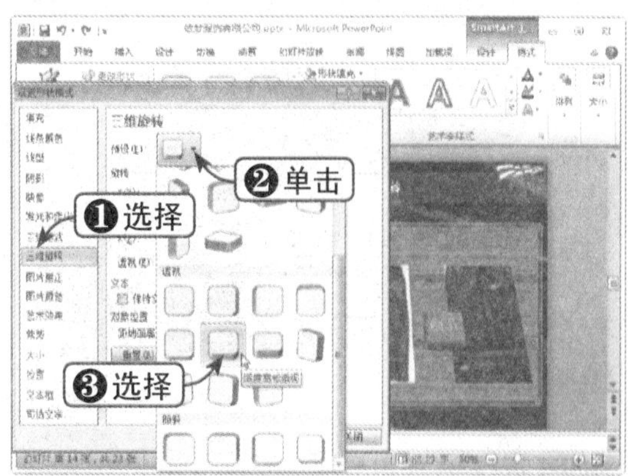

Step 11 查看最终设置效果

设置完毕后关闭对话框，查看最终设置效果，如下图所示。

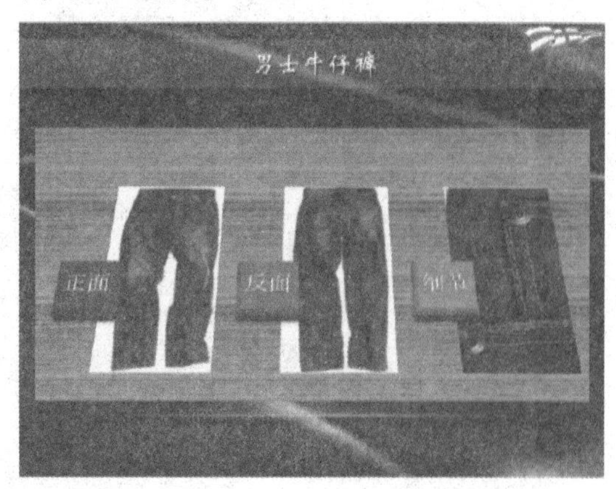

15.5 插入图表

图表可以直观地展示统计信息属性（时间性、数量性等），对知识挖掘和信息生动感受起关键作用的图形结构是一种很好地将对象属性数据直观、形象的“可视化”手段。下面将介绍在 PowerPoint 中图表的具体使用。

15.5.1 插入图表

下面将介绍如何在 PowerPoint 中插入图表，具体操作方法如下：

Step 01 单击“插入图表”按钮

选择“销售网络”幻灯片，在“内容”占位符中单击“插入图表”按钮，如下图所示。

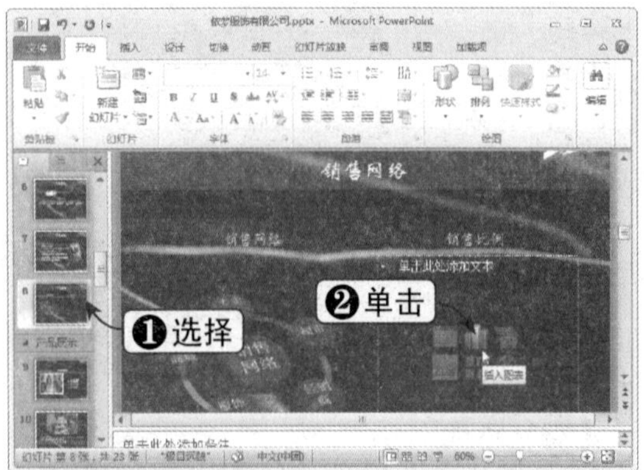

Step 02 选择插入图表类型

弹出“插入图表”对话框，在左窗格中选择“柱形图”选项，在右侧选择一个柱形图类型的图表，单击“确定”按钮，如下图所示。

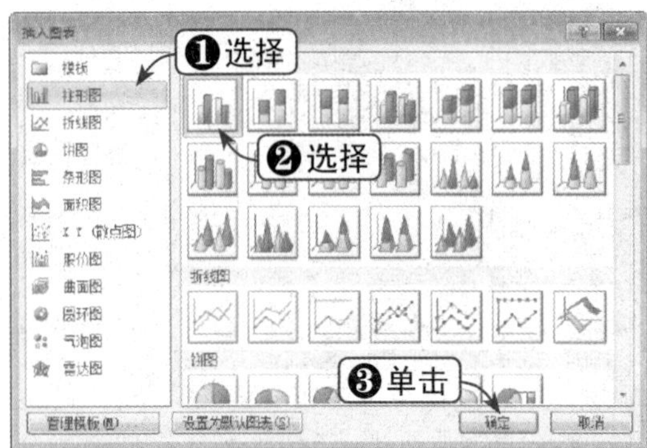

Step 03 打开 Excel 窗口

此时，即可打开 Excel 窗口，如下图所示。

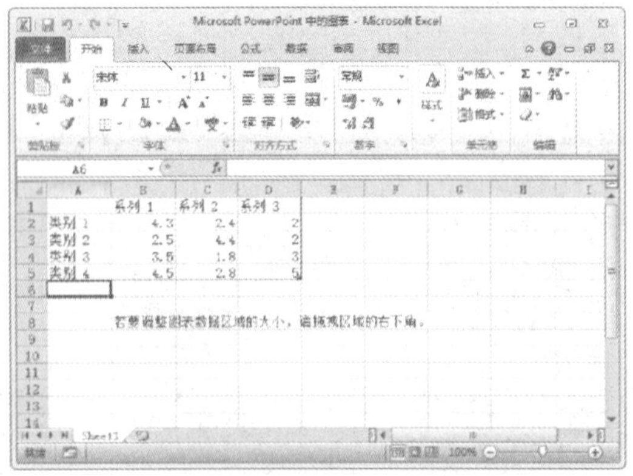

Step 04 编辑数据

调整图表数据区域的大小，并编辑数据，如下图所示。

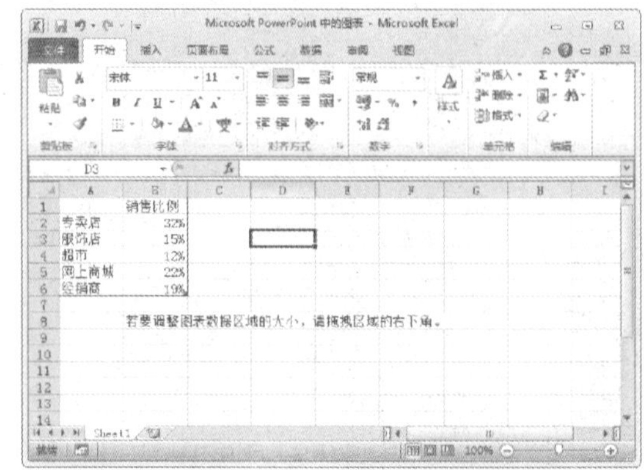

Step 05 插入图表

编辑完数据后关闭 Excel 窗口，即可插入图表，如下图所示。

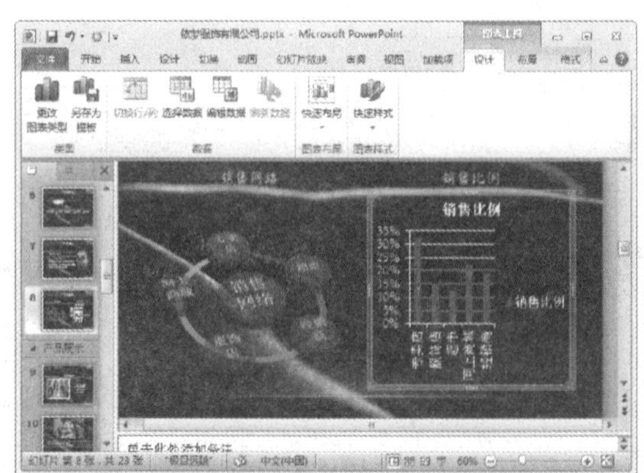

Step 06 调整图表大小

调整图表的大小，效果如下图所示。

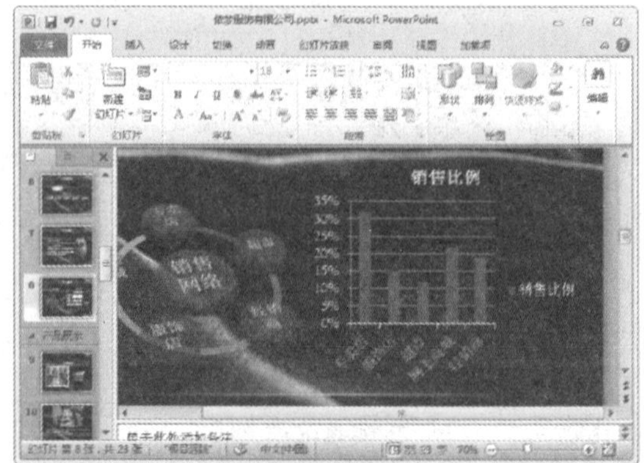

15.5.2 更改图表布局

下面将介绍如何更改图表布局，具体操作方法如下：

Step 01 选择“设计”选项卡

选择图表，然后选择“设计”选项卡，如下图所示。

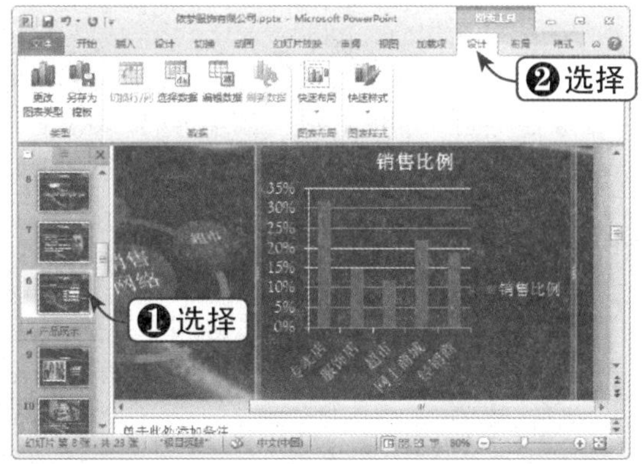

Step 02 选择图表布局

在“图表布局”组中单击“快速布局”下拉按钮，在弹出的下拉列表中选择“布局 2”选项，如下图所示。

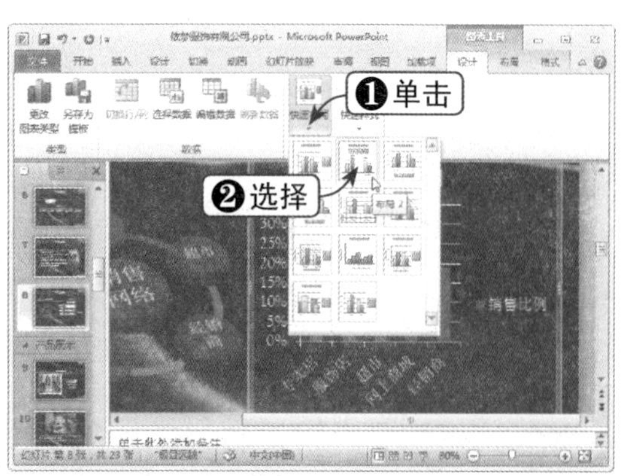

Step 03 更改图表布局

更改图表布局后，效果如下图所示。

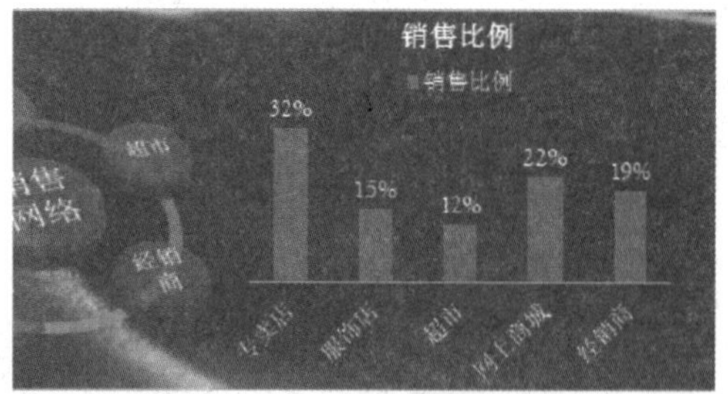

15.5.3 更改图表类型

下面将介绍如何更改图表类型，具体操作方法如下：

Step 01 单击“更改图表类型”按钮

选择图表，然后选择“设计”选项卡，在“类型”组中单击“更改图表类型”按钮，如下图所示。

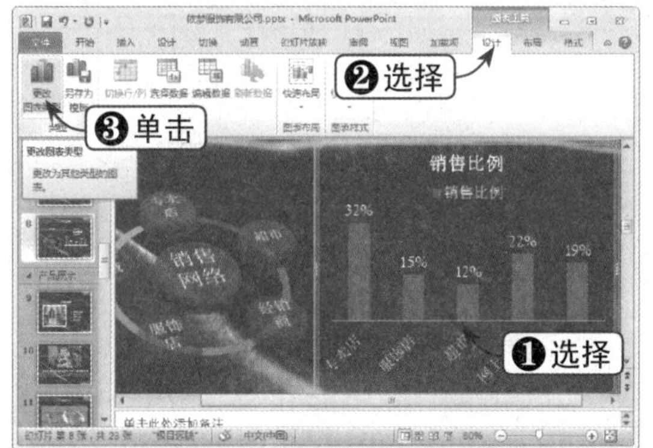

Step 02 选择更改图表类型

弹出“更改图表类型”对话框，选择“簇状圆柱图”类型，单击“确定”按钮，如下图所示。

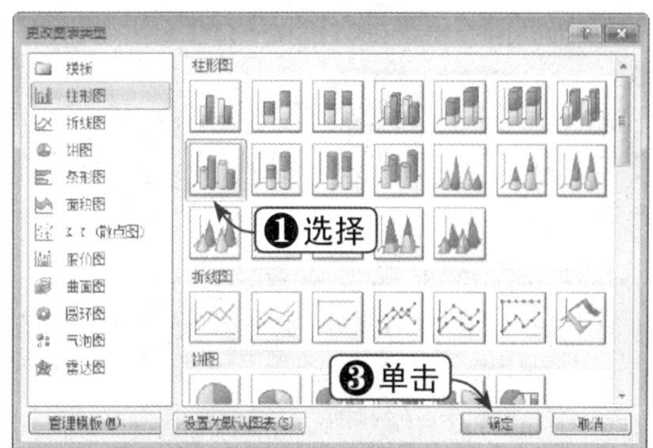

Step03 更改图表类型

此时，即可更改图表类型，效果如右图所示。

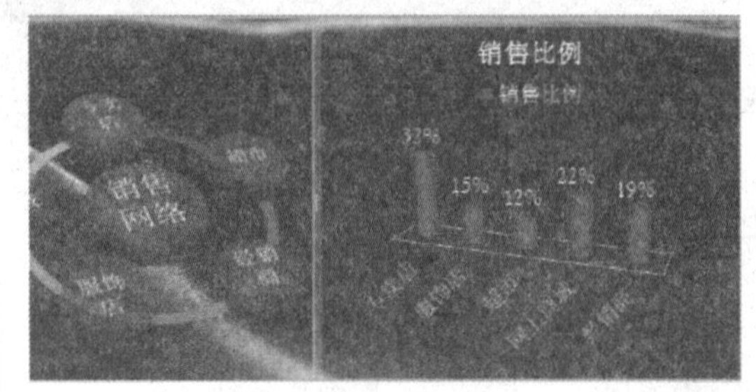

15.5.4 设置图表样式

下面将介绍如何设置图表样式，具体操作方法如下：

Step01 单击“快速样式”下拉按钮

选择图表，然后选择“设计”选项卡，在“图表样式”组中单击“快速样式”下拉按钮，如下图所示。

Step02 选择图表样式

弹出图表样式下拉列表，从中选择“样式21”选项，如下图所示。

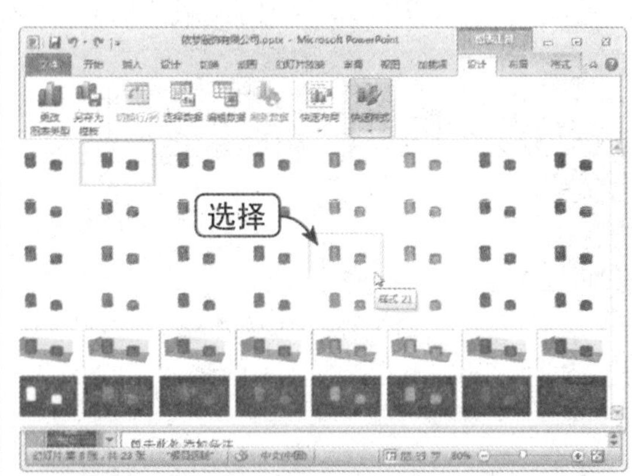

Step03 应用图表样式

此时即可应用图表样式，效果如下图所示。

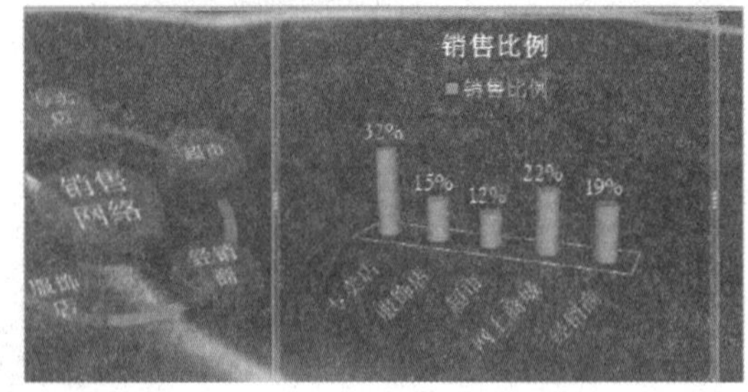

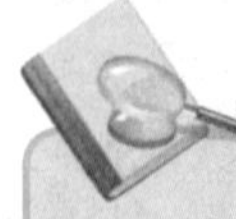

知识点拨

在“图表样式”面板中，用户可以纵向来对比每种样式的效果。

15.5.5 设置图表布局

下面将介绍如何设置图表上各元素的布局，具体操作方法如下：

Step 01 选择“布局”选项卡

选择图表，然后选择“布局”选项卡，如下图所示。

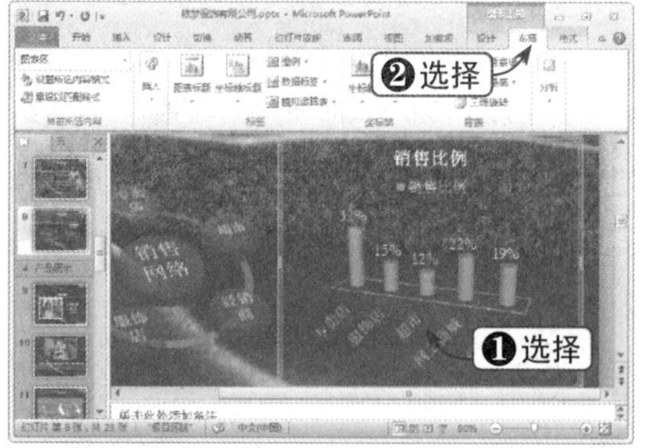

Step 02 去掉图表标题

在“标签”组中单击“图表标题”下拉按钮，在弹出的下拉列表中选择“无”选项，如下图所示。

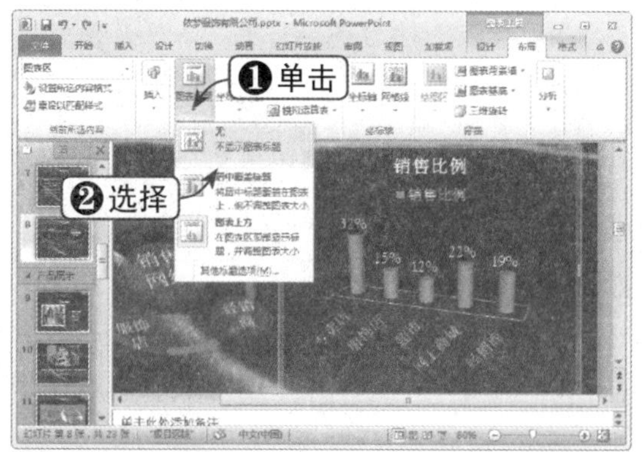

Step 03 去掉图例

在“标签”组中单击“图例”下拉按钮，在弹出的下拉列表中选择“无”选项，如下图所示。

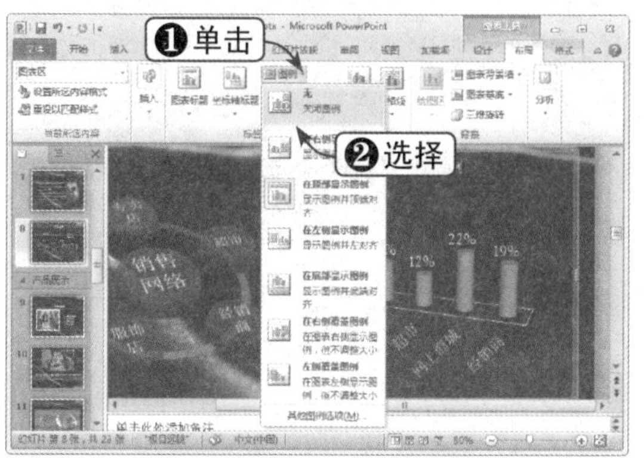

Step 04 单击“三维旋转”按钮

在“背景”组中单击“三维旋转”按钮，如下图所示。

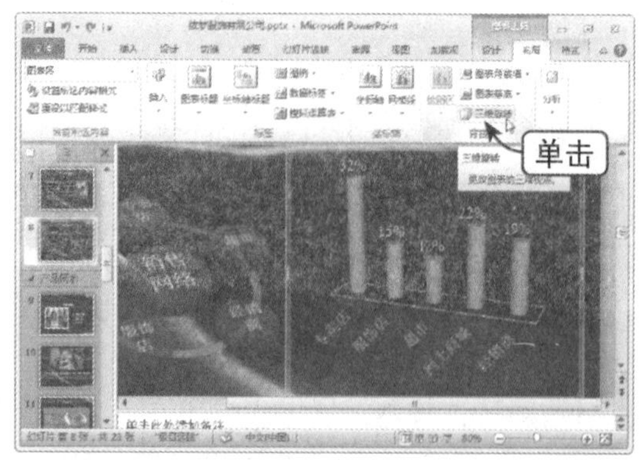

Step 05 设置三维旋转

弹出“设置图表区格式”对话框，在左侧选择“三维旋转”选项，在右侧选中“自动缩放”复选框，并设置“透视”为“.1°”，单击“关闭”按钮，如下图所示。

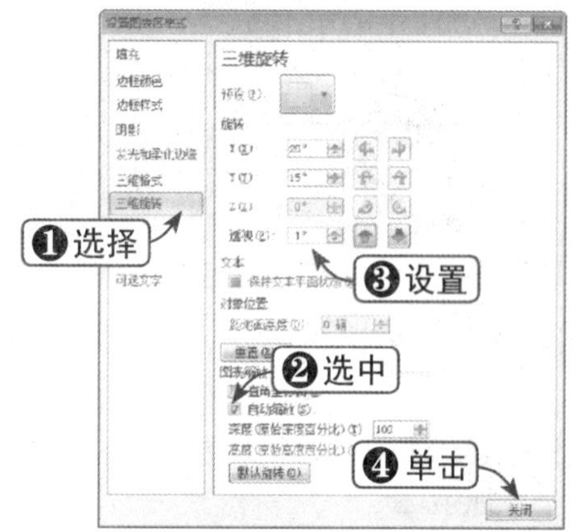

Step 06 查看最终效果

按【Shift+F5】组合键，放映当前幻灯片，查看最终效果，如下图所示。

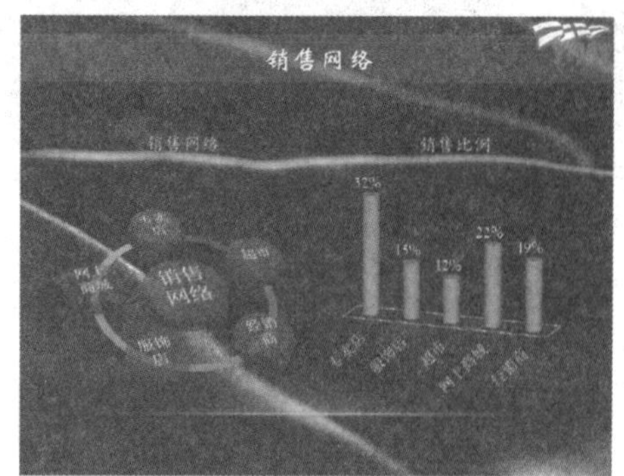

15.6 插入音频和视频

为了突出重点和加深观众的印象，可以在演示文稿中添加音频和视频等媒体元素。下面将介绍如何在幻灯片中插入音频和视频，以及在放映这些媒体元素时的相关设置。

15.6.1 插入音频

下面将介绍如何在幻灯片中插入音频，具体操作方法如下：

Step 01 选择“插入”选项卡

选择封面幻灯片，然后选择“插入”选项卡，如下图所示。

Step 02 选择“文件中的音频”选项

在“媒体”组中单击“音频”下拉按钮，在弹出的下拉列表中选择“文件中的音频”选项，如下图所示。

Step 03 选择音频文件

弹出“插入音频”对话框，选择要插入的音频文件，单击“插入”按钮，如下图所示。

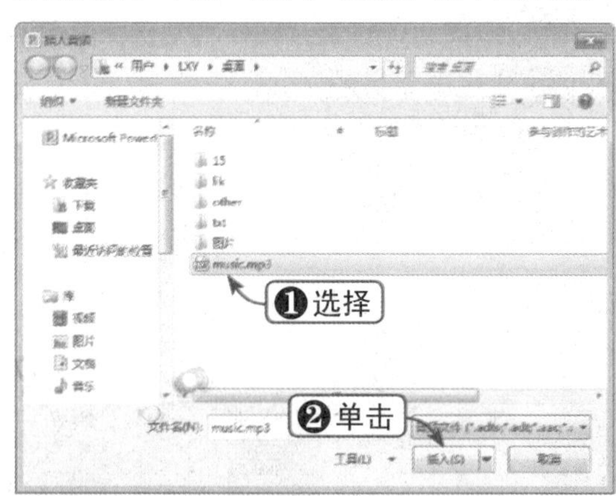

Step 04 插入音频文件

此时，即可将音频文件插入到幻灯片中，在幻灯片中显示音频文件的图标及控制条，如下图所示。

Step 05 播放音频文件

在控制条中单击“播放”按钮，即可播放音频文件，如下图所示。

Step 06 调节音量

在控制条中单击小喇叭按钮，将弹出音量调节滑块，拖动它可以调节音频文件的音量，如下图所示。

Step 07 放映幻灯片

按【Shift+F5】组合键放映当前幻灯片，当将鼠标指针置于音频图标上时，就会显示其控制条，如下图所示。

15.6.2 设置音频播放选项

下面将介绍如何设置音频播放选项，具体操作方法如下：

Step 01 选择“播放”选项卡

选择音频图标，然后选择“播放”选项卡，如下图所示。

Step 02 设置音量

在“播放选项”组中单击“音量”下拉按钮，在弹出的下拉列表中选择“高”选项，如下图所示。

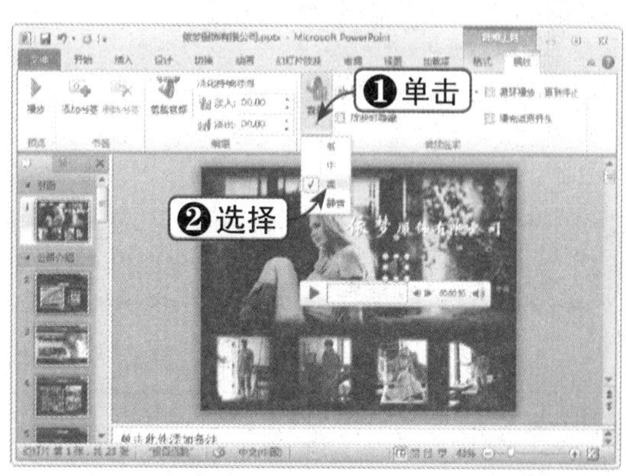

Step 03 设置跨幻灯片播放

由于在此插入的是一首背景音乐，所以不能只在一张幻灯片中播放它，这时可以设置跨幻灯片播放，方法为：在“播放选项”组中单击“开始”下拉按钮，在弹出的下拉列表中选择“跨幻灯片播放”选项，如下图所示。

Step 04 设置其他播放选项

在“播放选项”组中选中“放映时隐藏”和“循环播放，直到停止”复选框，如下图所示。

Step 05 单击“剪裁音频”按钮

在“编辑”组中单击“剪裁音频”按钮，如下图所示。

Step 06 打开“剪裁音频”对话框

弹出“剪裁音频”对话框，其中包括起点和终点两个滑块，如下图所示。

Step 07 剪裁音频

拖动起点和终点两个滑块，设置音频的开始时间和结束时间，设置完毕后单击“确定”按钮关闭对话框即可，如下图所示。

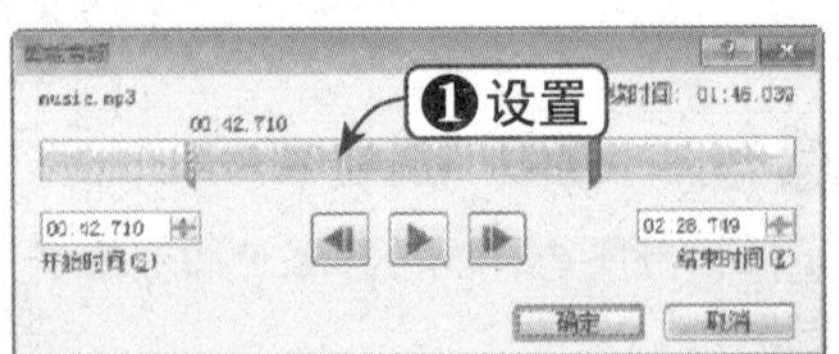

15.6.3 插入视频

下面将介绍如何在幻灯片中插入视频，具体操作方法如下：

Step 01 选择“插入”选项卡

选择“牛仔裤展示”幻灯片，然后选择“插入”选项卡，如右图所示。

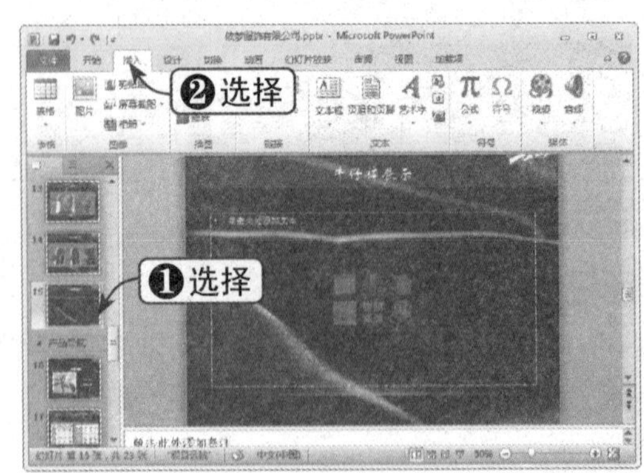

Step 02 选择“文件中的视频”选项

在“媒体”组中单击“视频”下拉按钮，在弹出的下拉列表中选择“文件中的视频”选项，如下图所示。

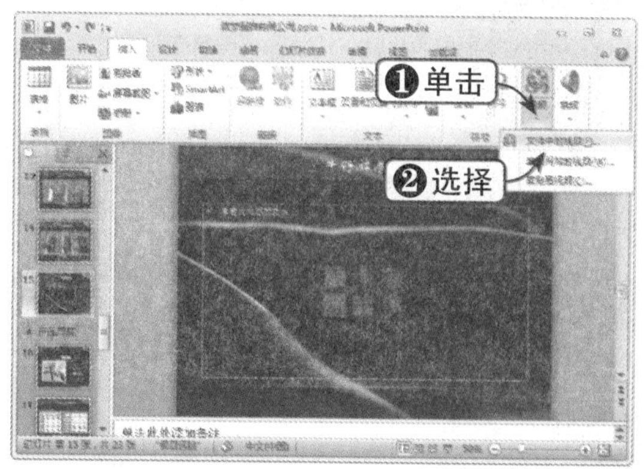

Step 03 选择视频文件

弹出“插入视频或文件”对话框，选择要插入的视频文件，单击“插入”按钮，如下图所示。

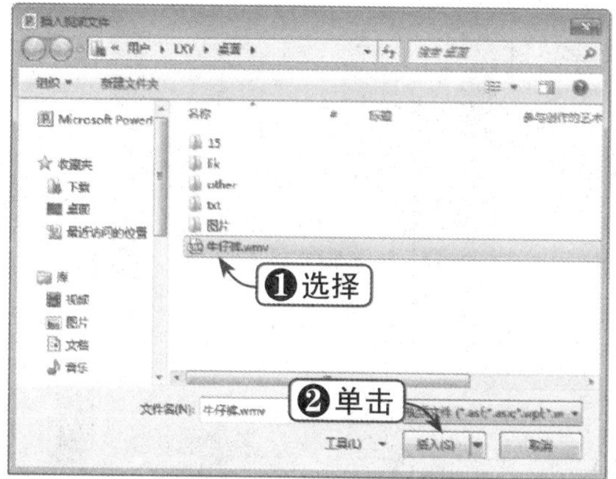

Step 04 插入视频文件

此时，即可将视频文件插入到幻灯片中，并在幻灯片中显示视频文件以及它的控制条，如下图所示。

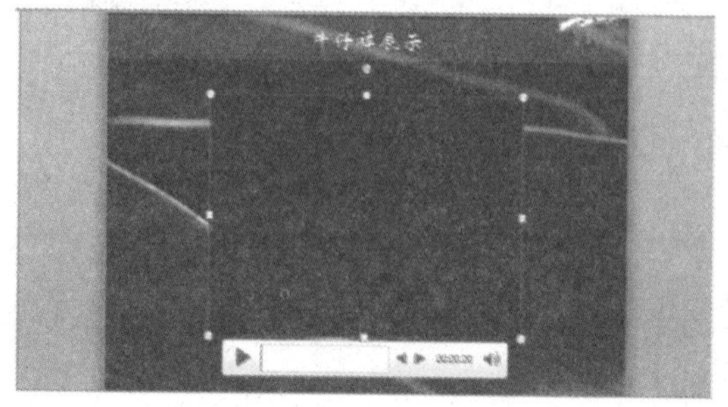

Step 05 播放视频文件

在控制条中单击“播放”按钮，即可播放视频文件，如下图所示。

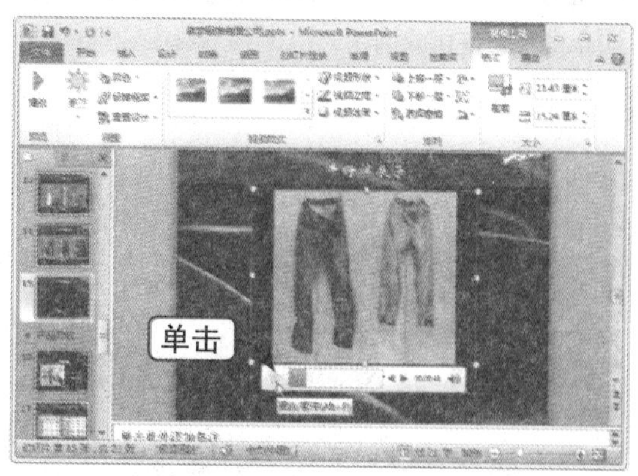

Step 06 设置标牌框架

播放视频文件到一定进度后暂停，然后选择视频文件并选择“格式”选项卡，在“调整”组中单击“标牌框架”下拉按钮，在弹出的下拉列表中选择“当前框架”选项，如下图所示。

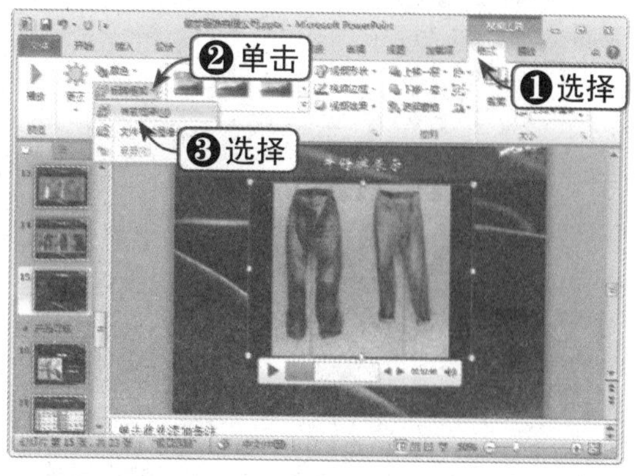

Step 07 标牌框架已设置

选择“当前框架”选项后，在视频的控制条中就会显示“标牌框架已设置”字样，如下图所示。

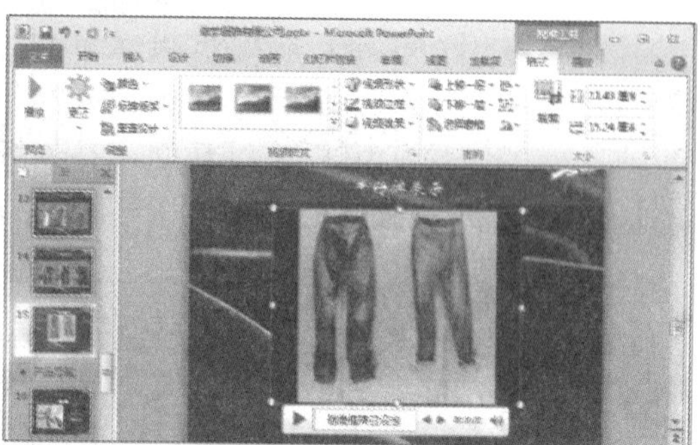

Step 08 放映幻灯片

按【Shift+F5】组合键放映当前幻灯片，将鼠标指针置于视频上时，将显示其控制条，如右图所示。

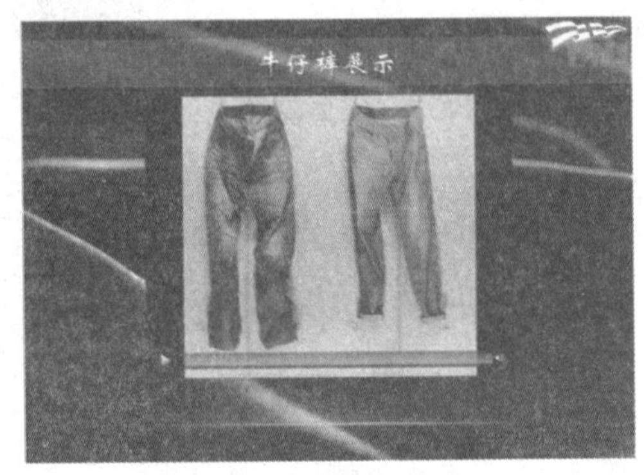

15.6.4 设置视频播放选项

下面将介绍如何设置视频播放选项，具体操作方法如下：

Step 01 选择“播放”选项卡

选择视频文件，然后选择“播放”选项卡，可以根据需要进行相关设置，在“编辑”组中单击“剪裁视频”按钮，如下图所示。

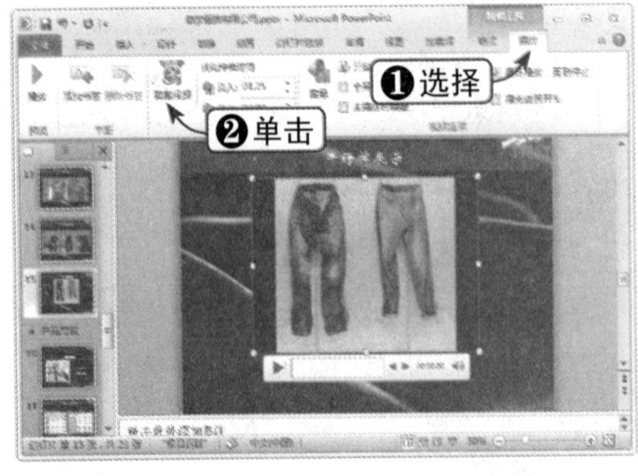

Step 02 剪裁视频

弹出“剪裁视频”对话框，从中可以对视频进行剪裁（其操作与剪裁音频相同，在此不再赘述），单击“确定”按钮，如下图所示。

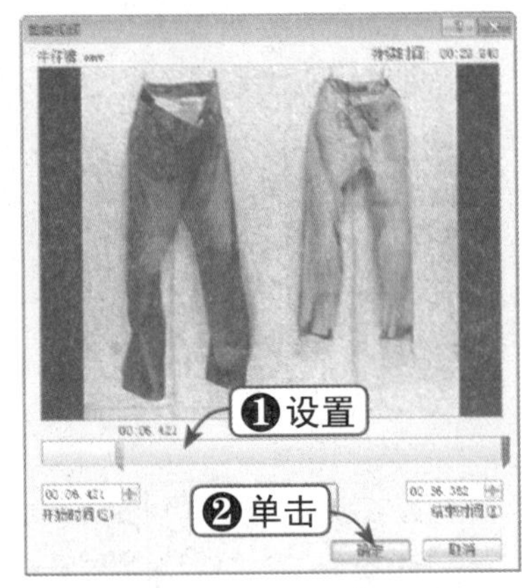

15.7 创建超链接

在 PowerPoint 中，超链接可以是从一张幻灯片到同一演示文稿中另一张幻灯片的链接，也可以是从一张幻灯片到不同演示文稿中另一张幻灯片、到电子邮件地址、网页或文件的链接。用户可以从文本或对象（如图片、图形、形状、艺术字等）创建超链接。

15.7.1 创建文本超链接

下面将介绍如何创建文本超链接，具体操作方法如下：

Step 01 单击“超链接”按钮

选择“加盟流程”这张幻灯片，选中“复审《加盟申请表》评估”文本，然后选择“插入”选项卡，在“链接”组中单击“超链接”按钮，如下图所示。

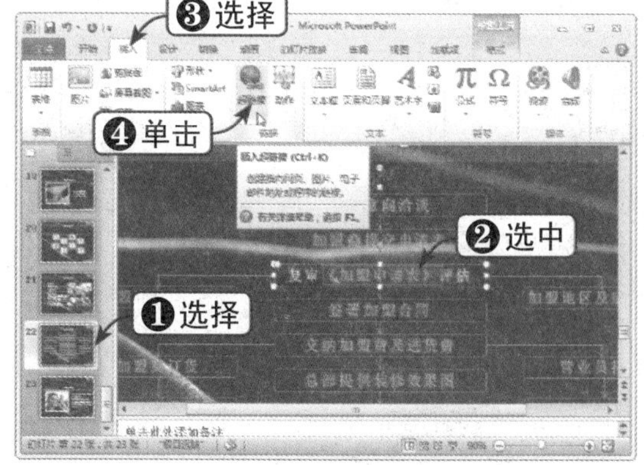

Step 02 打开“插入超链接”对话框

弹出“插入超链接”对话框，并单击“屏幕提示”按钮，如下图所示。

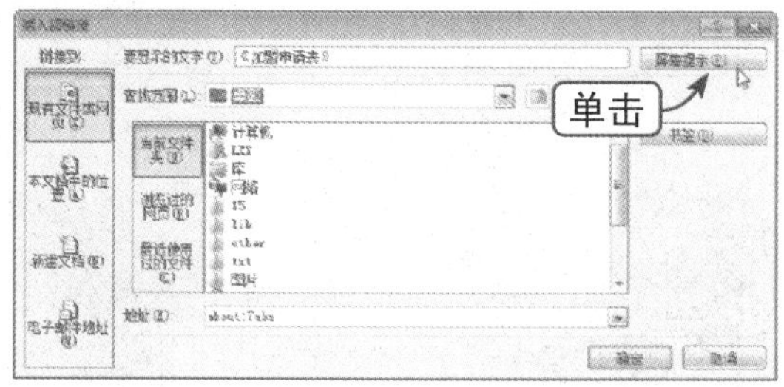

Step 03 设置屏幕提示文字

弹出“设置超链接屏幕提示”对话框，输入屏幕提示文字，单击“确定”按钮，如下图所示。

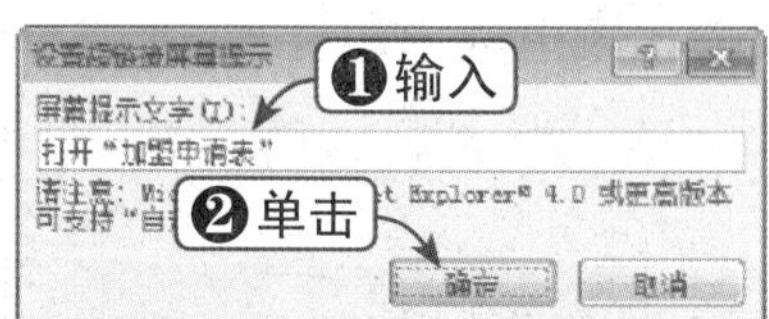

Step 04 选择链接文件

在“链接到”选项区中选择“现有文件或网页”选项，然后选择要链接的文件，单击“确定”按钮，如下图所示。

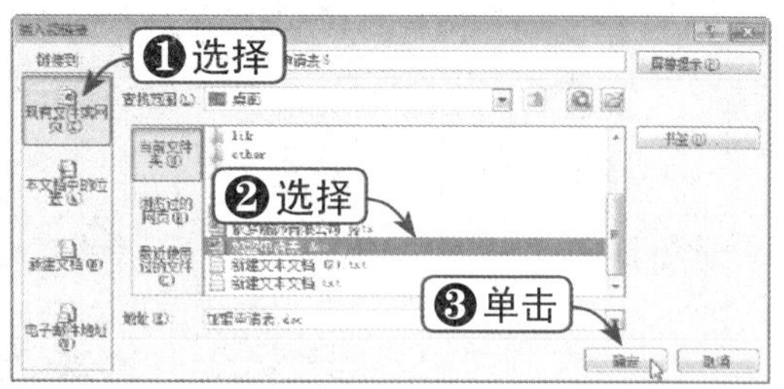

Step 05 创建超链接

创建文本超链接，可以看到超链接文本出现下划线，并且字体颜色也发生了变化，如下图所示。

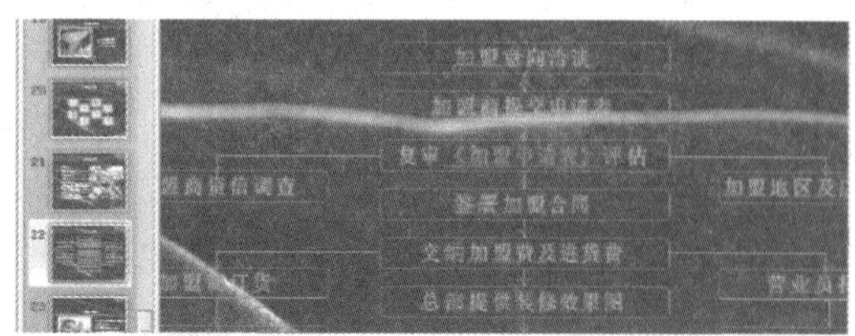

Step 06 放映当前幻灯片

按【Shift+F5】组合键放映当前幻灯片，将鼠标指针置于超链接文字上时，指针形状呈小手状，并且出现屏幕提示文字，如下图所示。

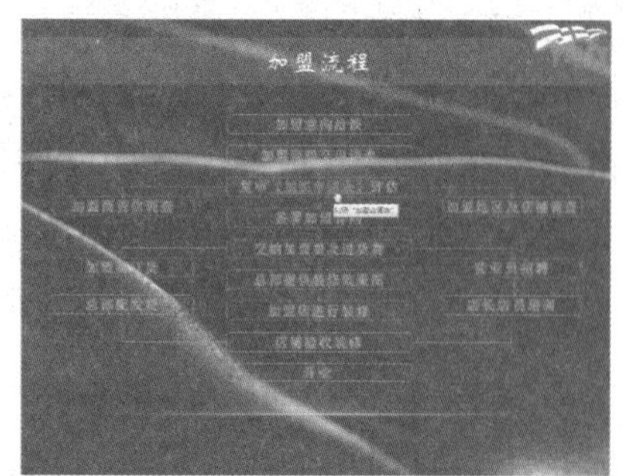

Step 07 查看超链接效果

单击此超链接，即可打开链接的文件，效果如下图所示。

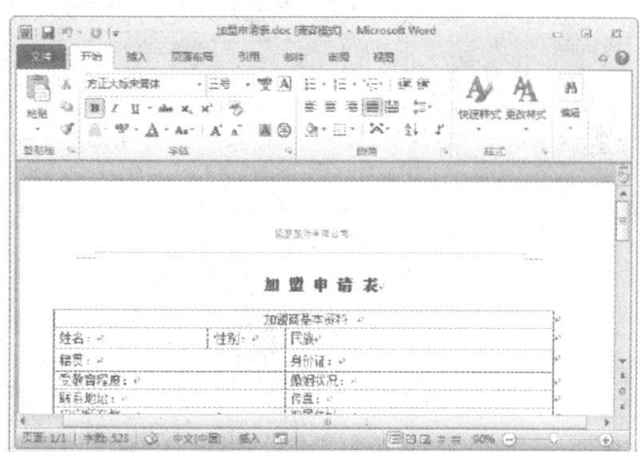

15.7.2 创建对象超链接

在文本上创建超链接后，文本上会出现下划线，而且文字颜色也会发生变化。为了避免这种情况的发生，可以把超链接创建在文本框、形状和艺术字上，具体操作方法如下：

Step 01 插入文本框

选择“牛仔裤展示”这张幻灯片，在其中插入文本框，并设置好相应的文本框样式，如下图所示。

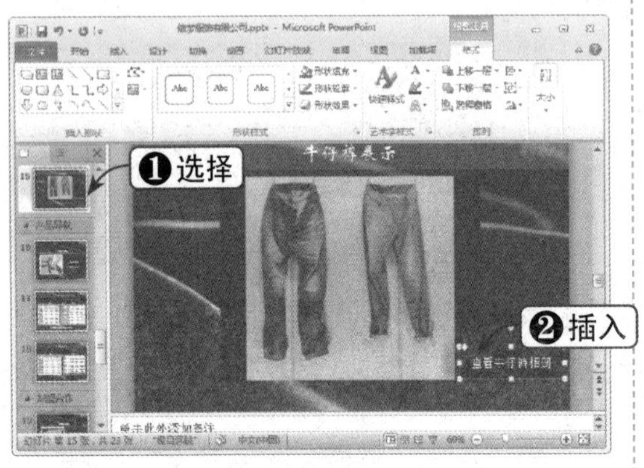

Step 02 添加形状效果

选择文本框，并选择“格式”选项卡，在“形状样式”组中单击“形状效果”下拉按钮，在弹出的下拉列表中选择一种预设效果，如下图所示。

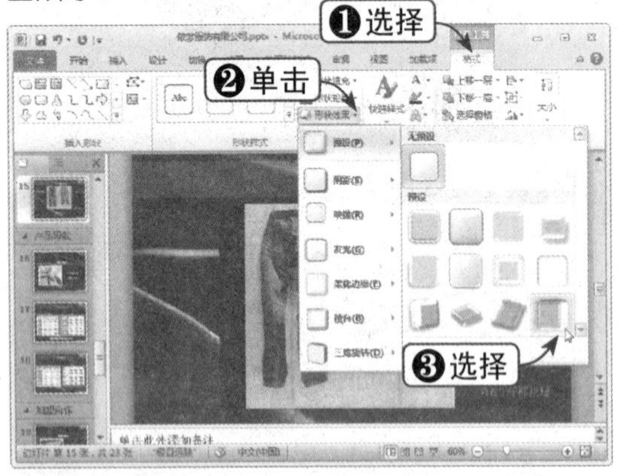

Step 03 选择“超链接”选项

设置完形状效果之后，右击文本框，在弹出的快捷菜单中选择“超链接”选项，如下图所示。

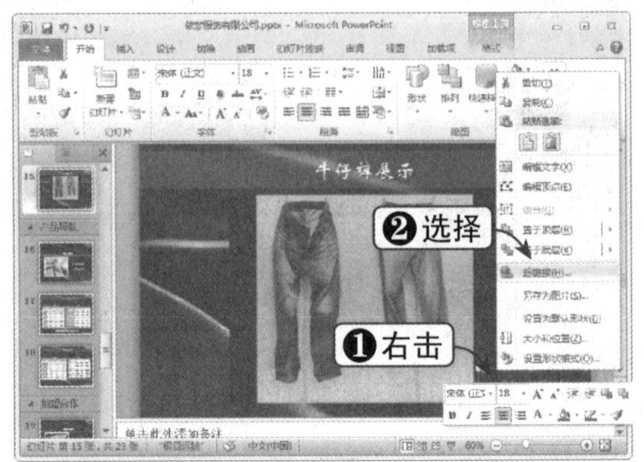

Step 04 选择链接文件

弹出“插入超链接”对话框，在“链接到”选项区中选择“现有文件或网页”选项，然后选择要链接的文件，在此选择“牛仔裤相册.pptx”，单击“确定”按钮，如下图所示。

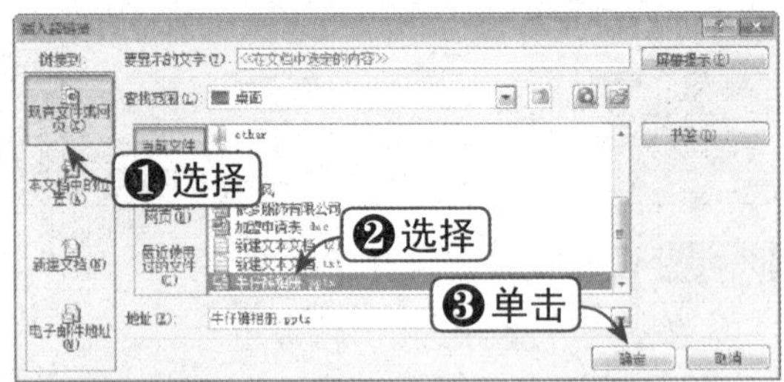

Step 05 放映当前幻灯片

此时，即可创建超链接。按【Shift+F5】组合键放映当前幻灯片，将鼠标指针置于超链接文本框上时指针形状呈小手状，如下图所示。

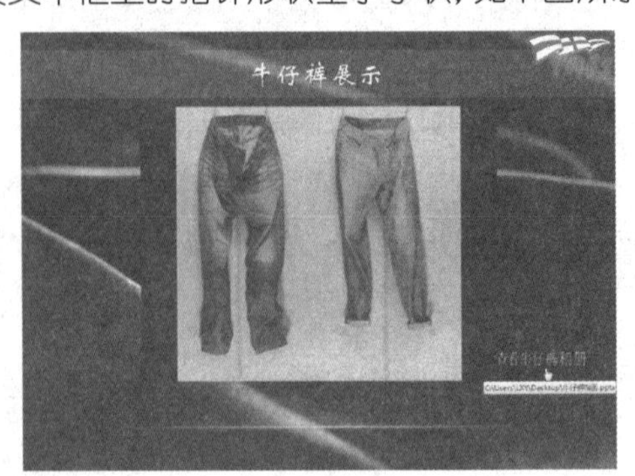

Step 06 查看超链接效果

单击此超链接，开始放映链接的演示文稿，如右图所示。

知识点拨

链接外部演示文稿时，应将链接的演示文稿复制到主演示文稿所在的文件夹中，以免导致链接失效。

15.7.3 链接同一演示文稿的幻灯片

前面介绍的超链接都是链接本演示文稿以外的文件，下面将介绍如何链接同一演示文稿中的幻灯片，具体操作方法如下：

Step 01 选择幻灯片

选择演示文稿中最后一张幻灯片，即“联系我们”这张幻灯片，如下图所示。

Step 02 选择艺术字样式

选择“插入”选项卡，在“文字”组中单击“艺术字”下拉按钮，在弹出的下拉列表中选择所需的艺术字样式，如下图所示。

知识点拨

插入艺术字时，用户也可插入一个文本框然后为其设置艺术字样式。

Step 03 插入艺术字占位符

选择艺术字样式后，即可在幻灯片中插入艺术字占位符，如下图所示。

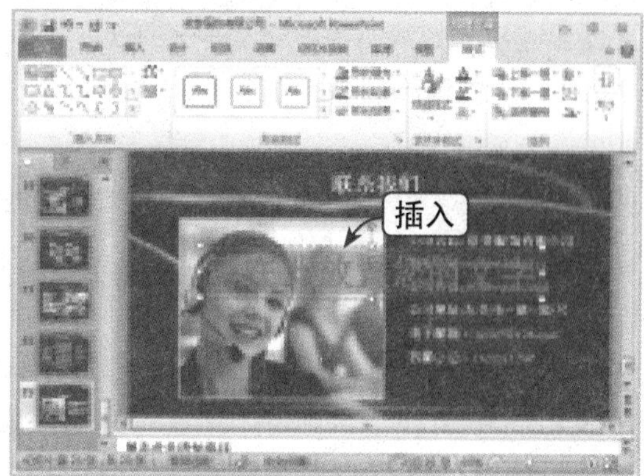

Step 04 编辑艺术字

编辑艺术字，并缩小其字号，然后将其移动到合适的位置，如下图所示。

Step 05 单击“超链接”按钮

选择艺术字，然后选择“插入”选项卡，在“链接”组中单击“超链接”按钮，如下图所示。

Step 06 设置链接位置

弹出“插入超链接”对话框，在“链接到”选项区中选择“本文档中的位置”选项，然后选择要链接幻灯片，在此选择第一张幻灯片，单击“确定”按钮，如下图所示。

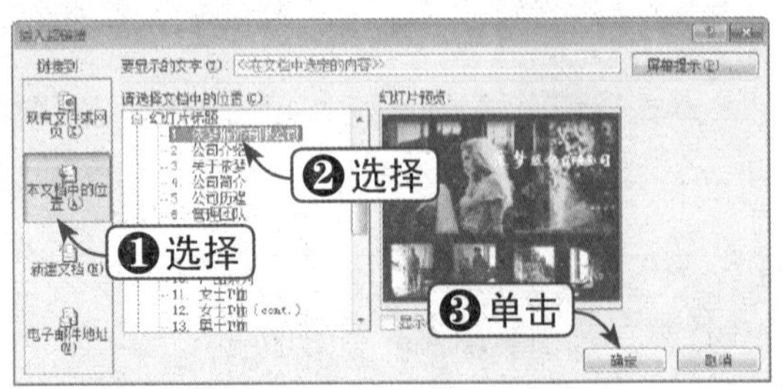

Step 07 放映当前幻灯片

此时，即可创建超链接。按【Shift+F5】组合键放映当前幻灯片，将鼠标指针置于超链接的艺术字上，这时指针呈小手形状，如下图所示。

Step 08 查看超链接效果

单击此超链接，即可转换到演示文稿的第一张幻灯片中，如下图所示。

15.8 添加幻灯片切换效果

幻灯片切换效果是在幻灯片放映时从一张幻灯片移到下一张幻灯片时，在幻灯片放映视图中出现的动画效果。用户可以控制切换效果的速度，添加声音，还可以对切换效果的属性进行自定义设置。

Step 01 选择“切换”选项卡

选择一张幻灯片，然后选择“切换”选项卡，如下图所示。

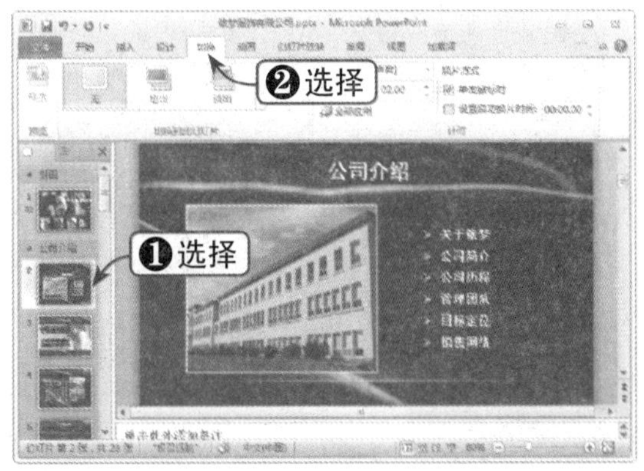

Step 02 选择一种切换效果

在“切换到幻灯片”组中单击“其他”下拉按钮，在弹出的下拉列表中选择“旋转”效果，如下图所示。

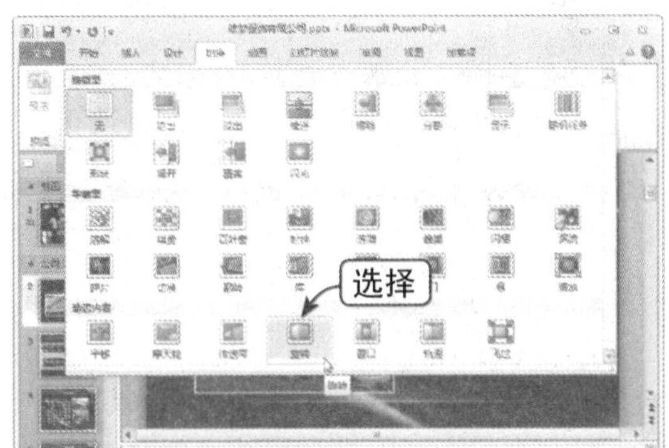

Step 03 设置效果选项

在“切换到幻灯片”组中单击“效果选项”下拉按钮，在弹出的下拉列表中选择“自右侧”选项，如下图所示。

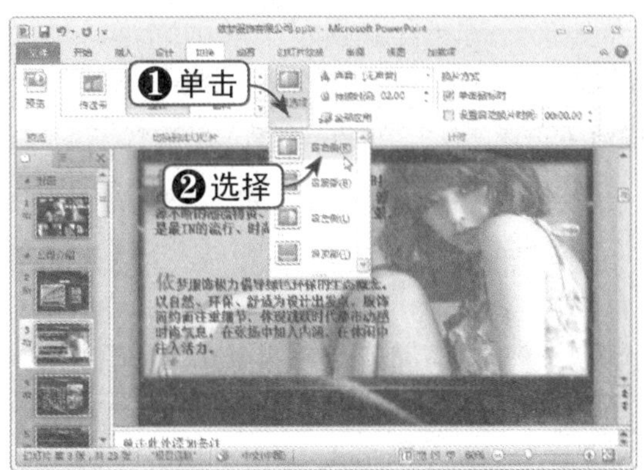

Step 04 单击“全部应用”按钮

在“计时”组中单击“全部应用”按钮，将该切换效果应用到演示文稿的所有幻灯片中，如下图所示。

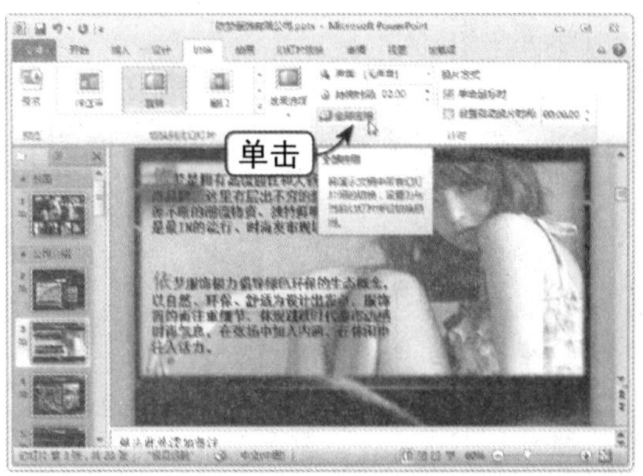

Step 05 选择幻灯片

选择第一张幻灯片，如下图所示。

Step 06 选择一种切换效果

在“切换到幻灯片”组中单击“其他”下拉按钮，在弹出的下拉列表中选择“涟漪”效果，为该幻灯片设置独立的切换效果，如下图所示。

Step 07 设置效果选项

在“切换到幻灯片”组中单击“效果选项”下拉按钮，在弹出的下拉列表中选择“自左上部”选项，如下图所示。

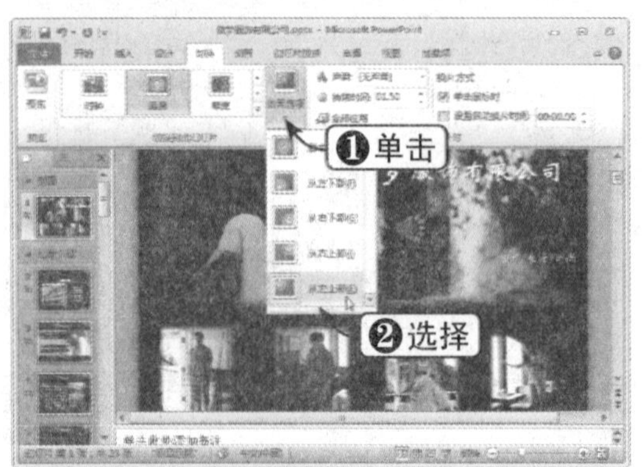

Step 08 调整持续时间

在“计时”组中单击“持续时间”微调按钮，调整持续时间至 2 秒，如下图所示。

Step 09 放映幻灯片

按【F5】键放映幻灯片，查看第一张幻灯片的切换效果，如下图所示。

Step 10 继续放映

单击鼠标左键继续放映幻灯片，查看第二张幻灯片的切换效果，如下图所示。

15.9 添加动画

若要将注意力集中在要点上，控制信息流以及提高观众对演示文稿的兴趣，使用动画是一种好方法。用户可以将动画效果应用于个别幻灯片上的文本或对象、幻灯片母版上的文本或对象，或者自定义幻灯片版式上的占位符。在 PowerPoint 2010 中，有以下四种不同类型的动画效果：“进入”效果、“退出”效果、“强调”效果及动作路径。下面将主要介绍“进入”和“强调”两种动画效果，至于“退出”动画效果和动作路径，读者可以自己去实践。

15.9.1 为对象添加进入动画效果

下面将介绍如何为对象添加进入动画效果，具体操作方法如下：

Step 01 选择“动画”选项卡

选择“关于依梦”这张幻灯片，然后选择“动画”选项卡，如下图所示。

Step 02 单击“其他”下拉按钮

选择幻灯片中的图片，然后在“动画”组中单击“其他”下拉按钮，如下图所示。

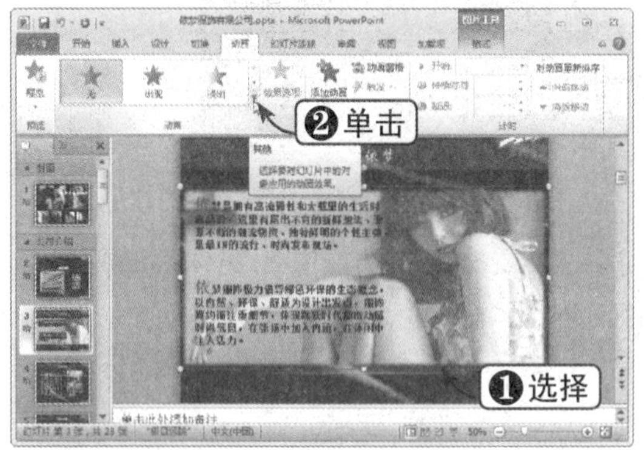

Step 03 选择“浮入”动画

在弹出的动画下拉列表中选择“浮入”动画，如下图所示。

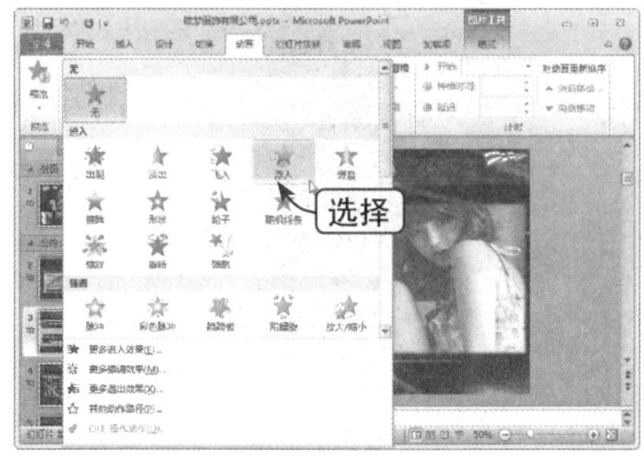

Step 04 设置效果选项

在“动画”组中单击“效果选项”下拉按钮，在弹出的下拉列表中选择“上浮”选项，如下图所示。

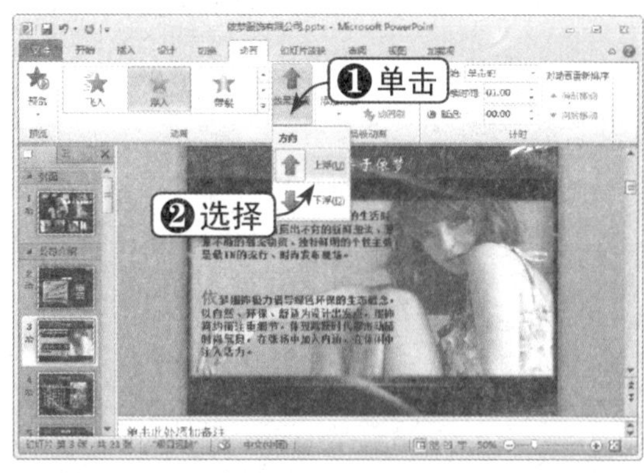

Step 05 设置开始选项

在“计时”组中单击“开始”下拉按钮，在弹出的下拉列表中选择“与上一动画同时”选项，如下图所示。

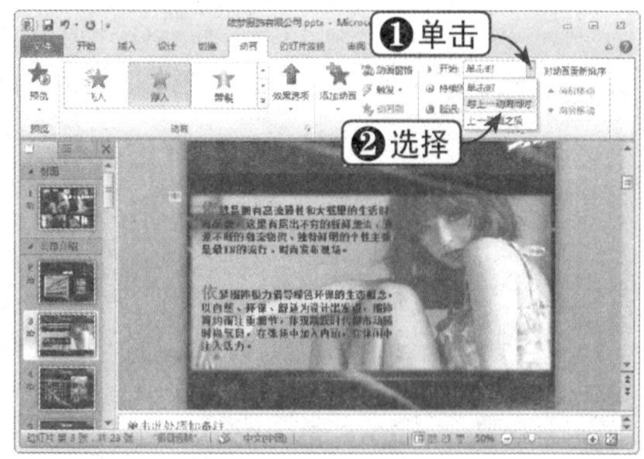

Step 06 设置计时

在“计时”组中设置持续时间，如下图所示。

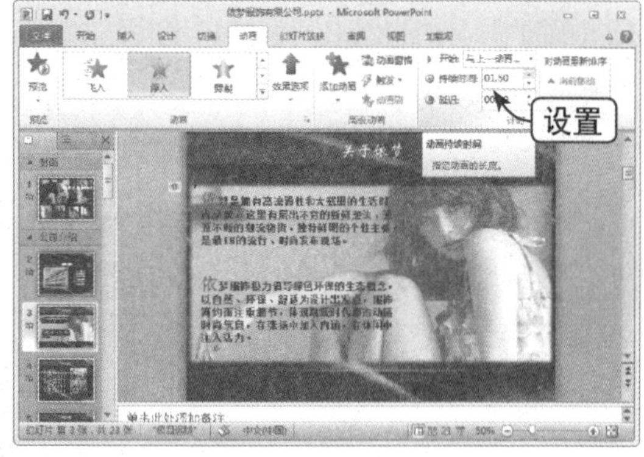

Step 07 打开动画窗格

在“高级动画”组单击“动画窗格”按钮，可以打开动画窗格，其中显示幻灯片上所有动画的列表，并且显示有关动画效果的重要信息，如效果的类型、多个动画效果之间的相对顺序、受影响对象的名称，以及效果的持续时间等，如下图所示。

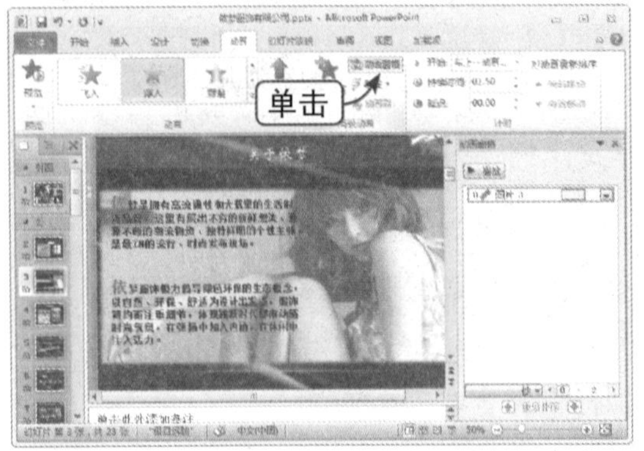

Step 08 添加“淡出”动画

采用与上面相同的方法为文本框添加“淡出”动画，并设置相关动画选项，如下图所示。

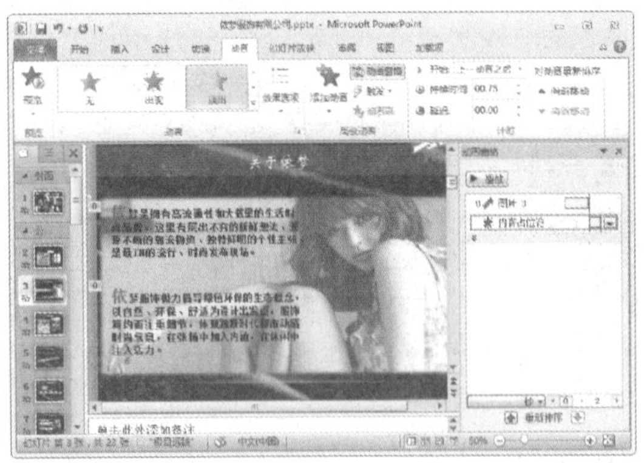

Step 09 单击“动画刷”按钮

在“高级动画”组中单击“动画刷”按钮（借助动画刷，可以复制某一对象中的动画效果到其他对象中），如下图所示。

动画刷是 PowerPoint 2010 的新增功能，它与使用格式刷复制文本格式类似。

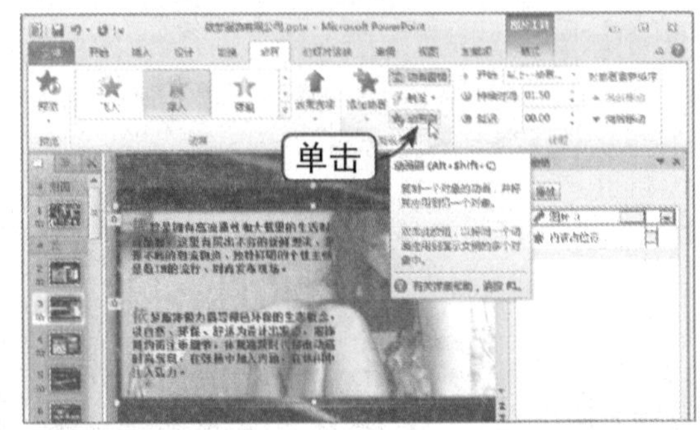

Step 10 复制动画

此时鼠标指针呈形状，选择“管理团队”幻灯片，在其中的云状图形上单击鼠标左键，将动画复制到该图形上，如下图所示。

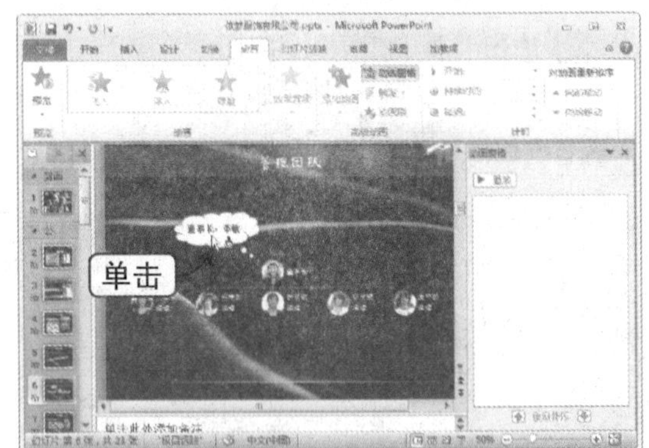

Step 11 打开动画窗格

在“高级动画”组中单击“动画窗格”按钮，可以打开动画窗格，显示动画设置，如下图所示。

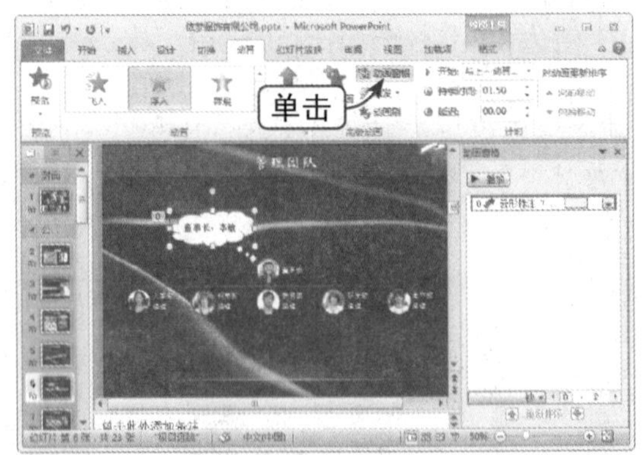

15.9.2 为对象添加强调动画效果

下面将介绍如何为对象添加强调动画效果，具体操作方法如下：

Step 01 选择幻灯片

选择“加盟优势”这张幻灯片，并选中其中的图形，然后选择“格式”选项卡，如下图所示。

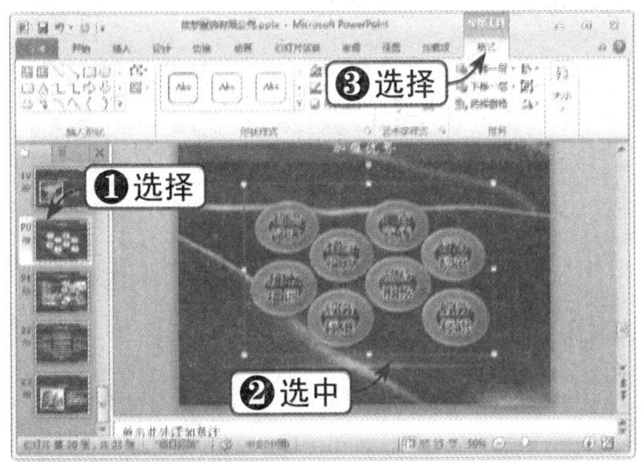

Step 02 取消形状组合

在“排列”组中单击“组合”下拉按钮，在弹出的下拉列表中选择“取消组合”选项，如下图所示。

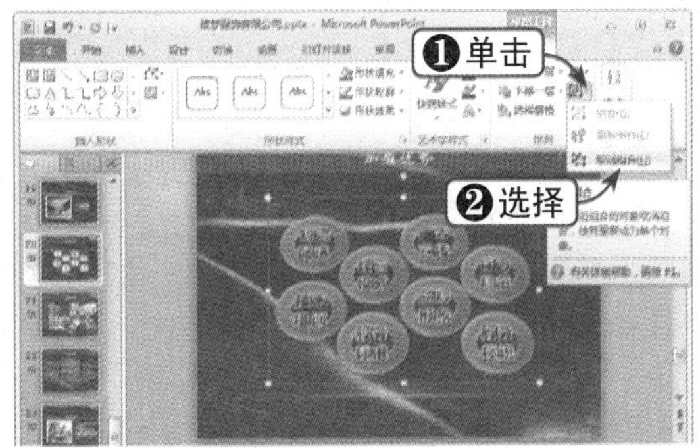

Step 03 选择动画

选择“动画”选项卡，在“动画”组中单击“其他”下拉按钮，在弹出的动画下拉列表中选择“跷跷板”动画，如下图所示。

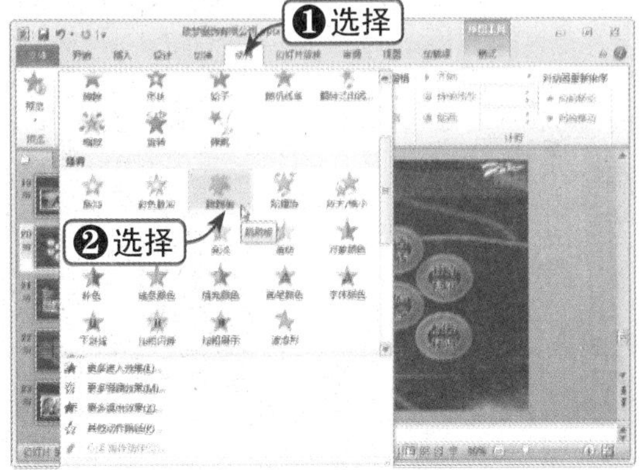

Step 04 打开动画窗格

在“高级动画”组中单击“动画窗格”按钮，打开动画窗格，如下图所示。

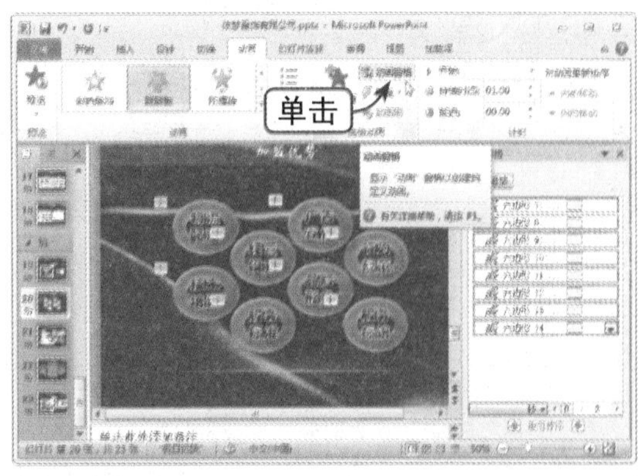

Step 05 选择“效果选项”选项

在动画窗格中全选动画，然后单击下拉按钮，在弹出的下拉列表中选择“效果选项”选项，如下图所示。

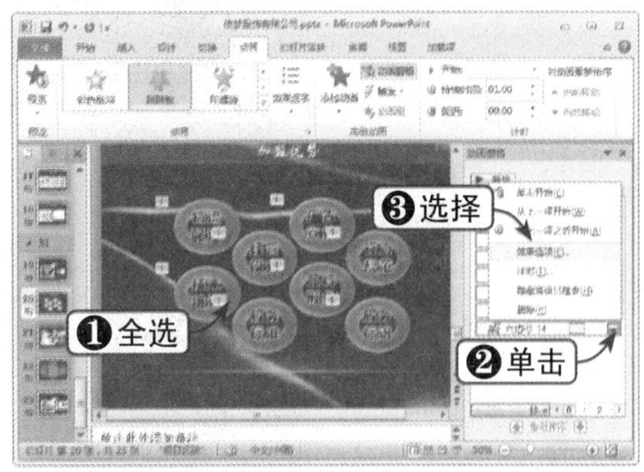

Step 06 设置效果选项

弹出动画设置对话框，选择“计时”选项卡，在“重复”下拉列表框中选择“直到下一次单击”选项，然后单击“确定”按钮，如下图所示。

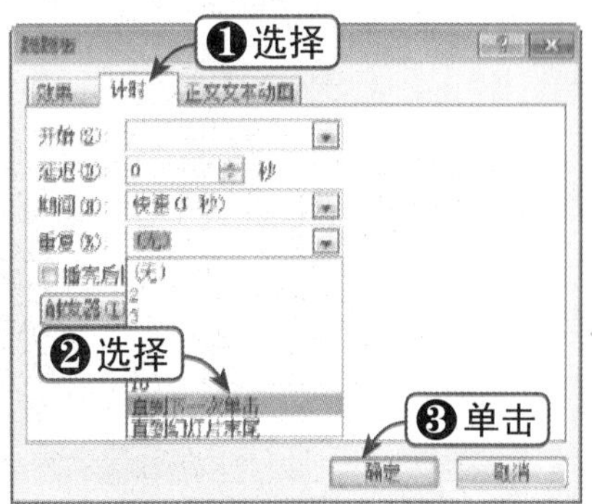

Step07 设置计时选项

在“计时”组中单击“开始”下拉按钮，在弹出的下拉列表中选择“与上一动画同时”选项，如下图所示。

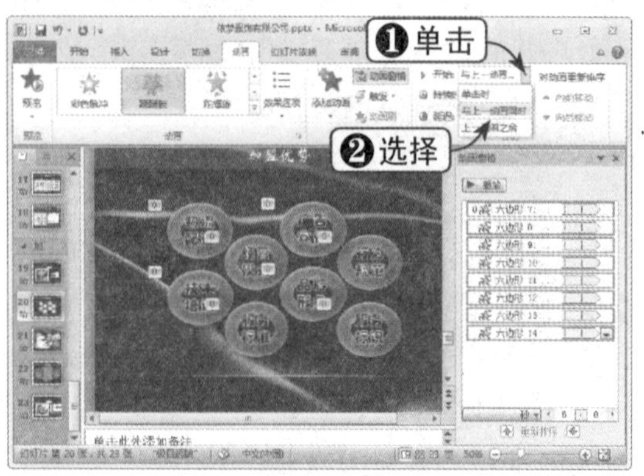

Step08 查看动画效果

按【Shift+F5】组合键放映当前幻灯片，查看动画效果，如下图所示。

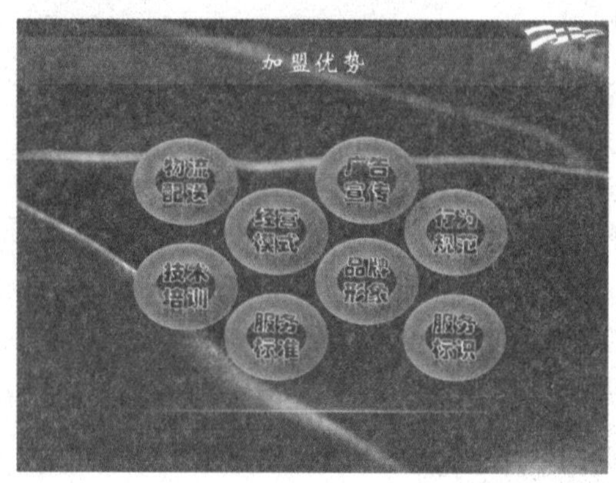

知识点拨

在动画效果中：“强调”效果包括使对象缩小或放大、更改颜色或沿着其中心旋转；“退出”效果包括包括使对象飞出幻灯片、从视图中消失或者从幻灯片旋出；“进入”效果可以使对象逐渐淡入焦点、从边缘飞入幻灯片或者跳入视图中；“动作路径”可以使对象上下移动、左右移动或者沿着星形或圆形图案移动。

15.9.3 为SmartArt图形添加动画效果

下面将介绍如何向 SmartArt 图形中添加动画，具体操作方法如下：

Step01 选择“动画”选项卡

选择“女士 T 恤”这张幻灯片，选中其中的 SmartArt 图形，然后选择“动画”选项卡，如下图所示。

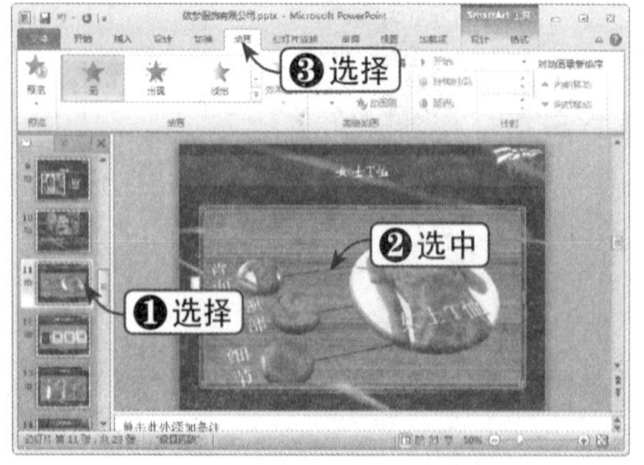

Step02 选择“飞入”动画

在“动画”组中单击“其他”下拉按钮，在弹出的动画下拉列表中选择“飞入”动画，如下图所示。

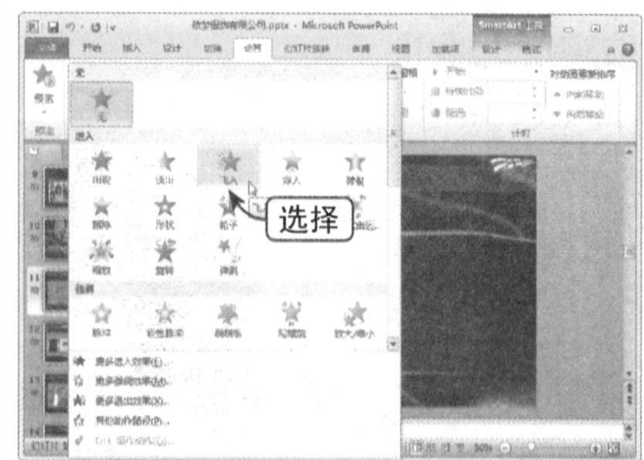

Step 03 设置效果选项

在“动画”组中单击“效果选项”下拉按钮，在弹出的下拉列表中选择“逐个”选项，如下图所示。

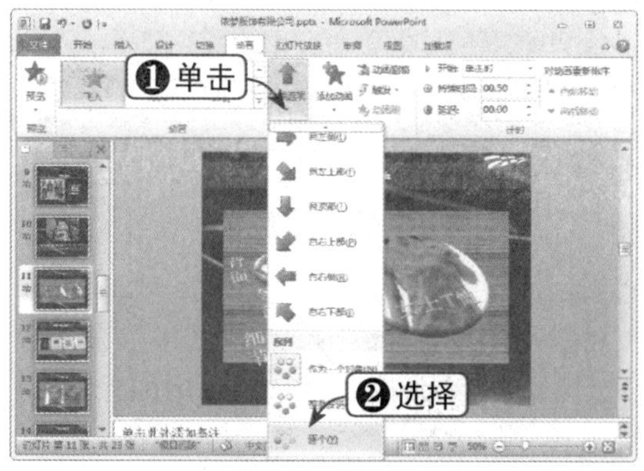

Step 04 设置计时选项

在“计时”组中单击“开始”下拉按钮，在弹出的下拉列表中选择“上一动画之后”选项，如下图所示。

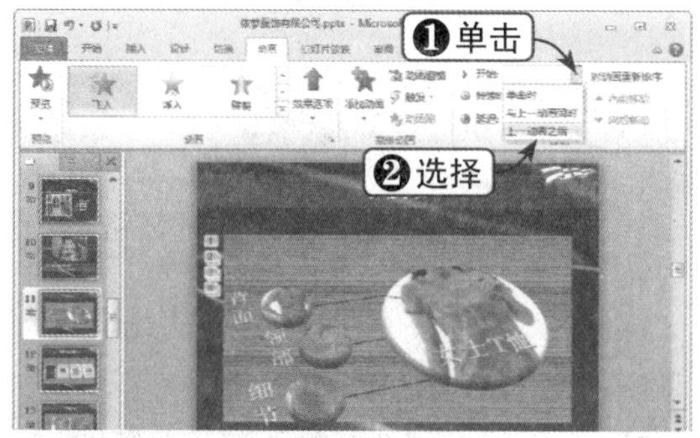

Step 05 打开动画窗格

在“高级动画”组中单击“动画窗格”按钮，打开动画窗格，在动画窗格中单击“单击展开内容”下拉按钮，如下图所示。

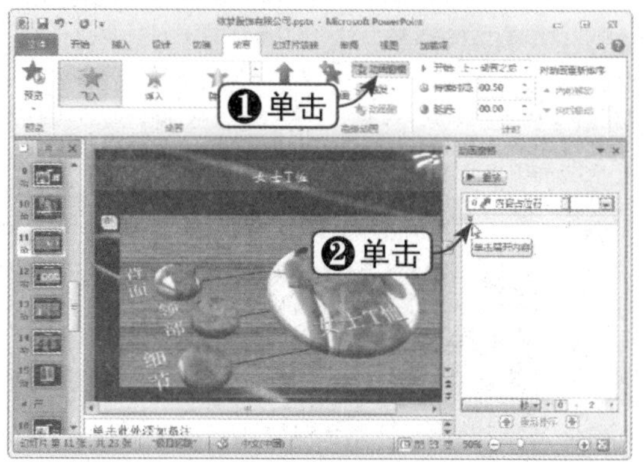

Step 06 展开所有动画

展开所有动画，如下图所示。因为在效果选项中选择了“逐个”，所以软件自动将SmartArt 图形中的所有形状制作成动画，然后再按级别进行排序。

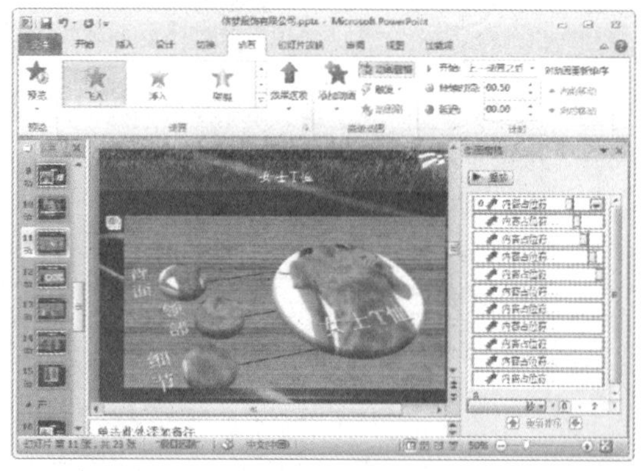

Step 07 设置第一个动画

选择第一个动画，设置其动画效果为“自右侧飞入”，“开始”为“上一动画之后”，如下图所示。

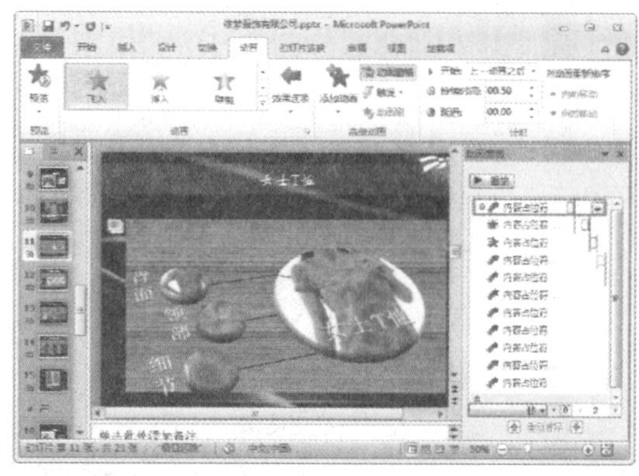

Step 08 设置第二个动画

选择第二个动画，设置其动画效果为“淡出”，“开始”为“上一动画之后”，“延迟”为0.5 秒，如下图所示。

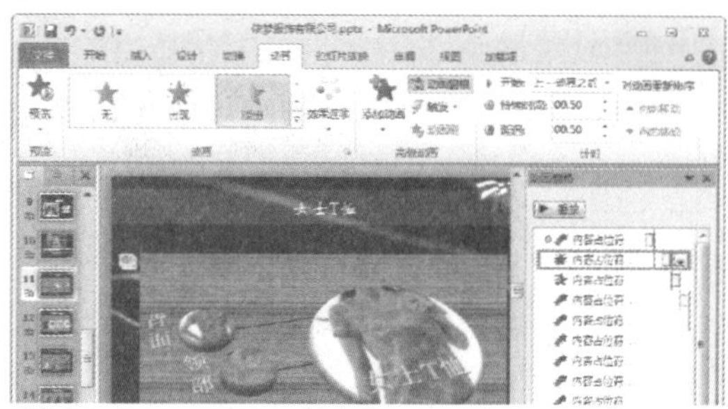

Step 09 设置第三个动画

选择第三个动画，设置其动画效果为“自右侧擦除”，“开始”为“上一动画之后”，如下图所示。

Step 10 查看动画效果

采用相同的方法设置其他动画效果，设置完毕后按【Shift+F5】组合键放映当前幻灯片，查看动画效果，如下图所示。

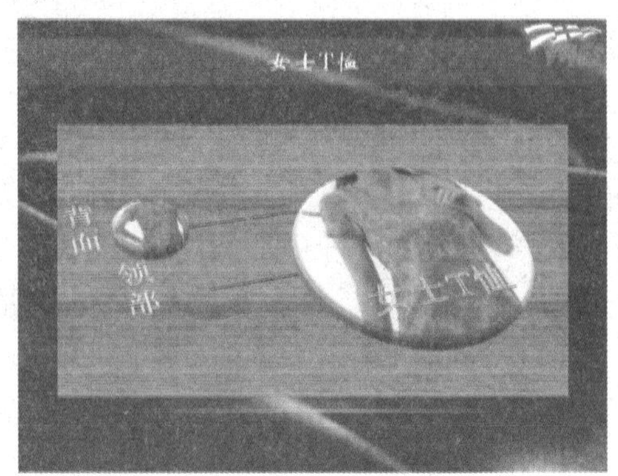

15.9.4 为幻灯片母版添加动画效果

下面将介绍如何为幻灯片母版添加动画效果，具体操作方法如下：

Step 01 选择母版版式

切换到幻灯片母版视图中，选择前面自定义的“节目录”版式，选中其中的“图片”占位符，然后选择“动画”选项卡，如下图所示。

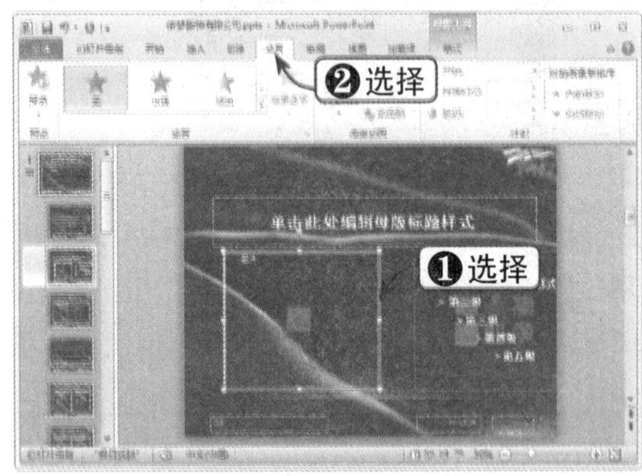

Step 02 设置动画

为“图片”占位符添加“放大/缩小”强调动画，并设置“效果选项”为“较大”，如下图所示。

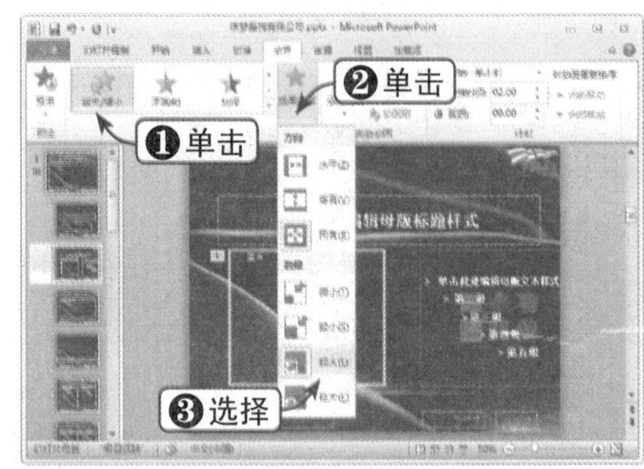

Step 03 打开动画窗格

在“高级动画”组中单击“动画窗格”按钮，打开动画窗格，如下图所示。

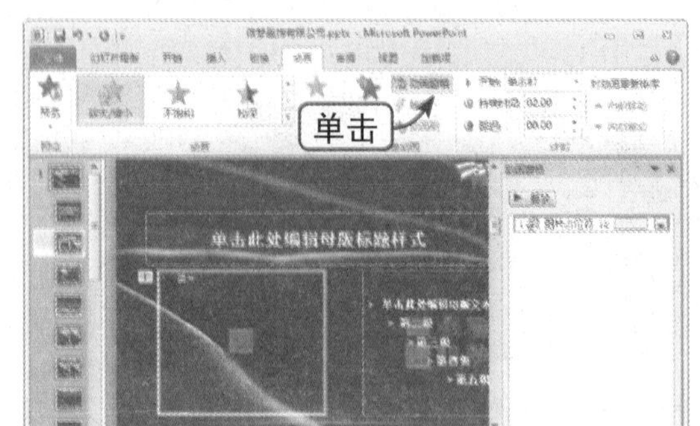

Step 04 打开动画对话框

在动画窗格中双击动画，弹出“放大 / 缩小”对话框。选择“计时”选项卡，设置“开始”为“与上一动画同时”,“延迟”为 0.25 秒，并选中“播完后快退”复选框，单击“确定”按钮，如下图所示。

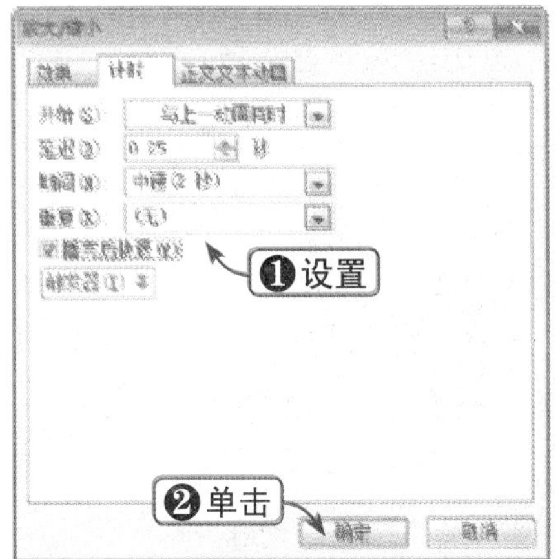

Step 05 关闭母版视图

选择“幻灯片母版”选项卡，并单击“关闭母版视图”按钮，如下图所示。

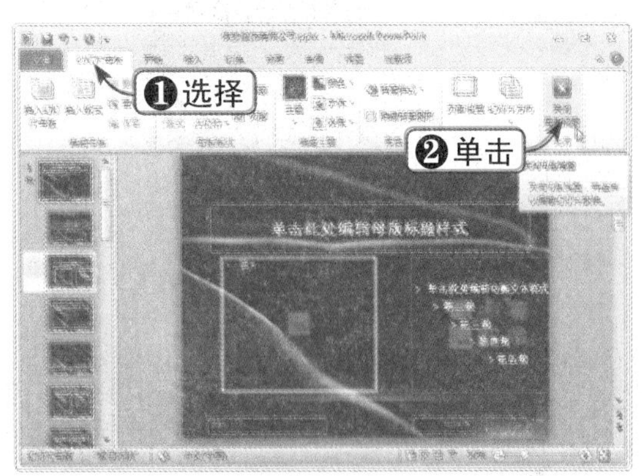

Step 06 放映节目录幻灯片

按【F5】键放映幻灯片，待切换到“节目录”版式的幻灯片时查看其动画效果，如下图所示。

15.9.5 为动画设置触发器

触发器是幻灯片上的某个元素，如图片、形状、按钮、一段文字或文本框，单击它即可引发一项操作。下面将介绍如何在动画中设置触发器，具体操作方法如下：

Step 01 选择幻灯片

选择“牛仔裤展示”这张幻灯片，如下图所示。

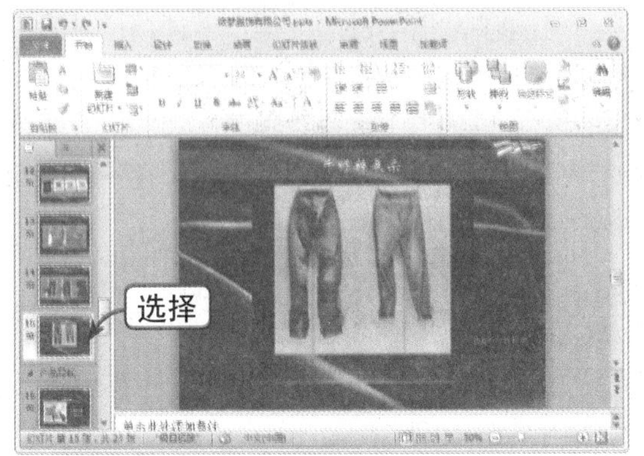

Step 02 插入形状

在幻灯片中插入形状，并将其设置为按钮的样式，如下图所示。

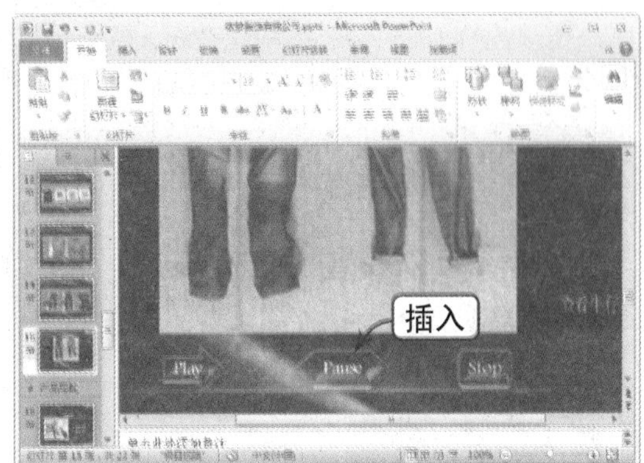

Step 03 打开动画窗格

选中幻灯片中的视频，然后选择“动画”选项卡，并打开动画窗格，可以看到其中包括一个“暂停”动画，如下图所示。

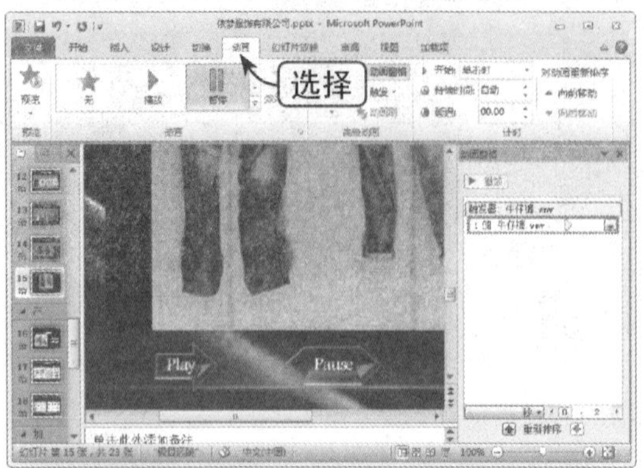

Step 04 设置“暂停”动画的触发器

在动画窗格中选中“暂停”动画，然后在“高级动画”组中单击“触发”下拉按钮，在弹出的下拉列表中选择“单击”选项，并在其子菜单中选择触发器（即本张幻灯片中的 Pause 按钮），如下图所示。

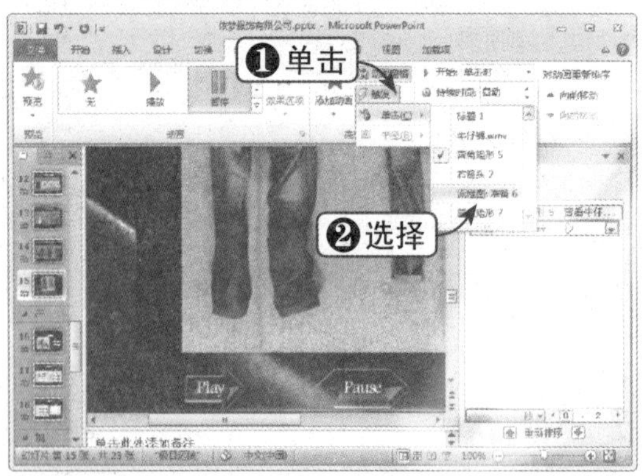

Step 05 添加“播放”动画

在“高级动画”组中单击“添加动画”下拉按钮，在弹出的下拉列表中选择“播放”动画，如下图所示。

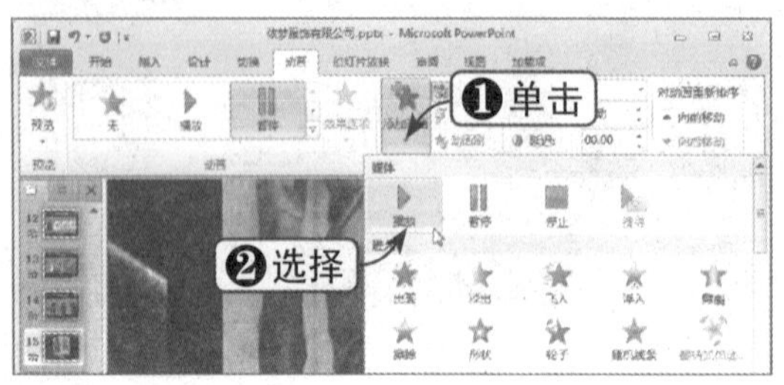

Step 06 设置“播放”动画的触发器

在动画窗格中选中“播放”动画，然后在“高级动画”组中单击“触发”下拉按钮，在弹出的下拉列表中选择“单击”选项，并在其子菜单中选择触发器（即本张幻灯片中的 Play 按钮），如下图所示。

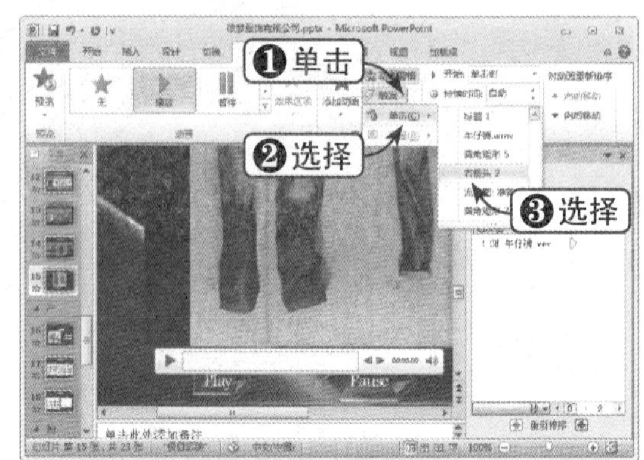

Step 07 添加“停止”动画

在“高级动画”组中单击“添加动画”下拉按钮，在弹出的下拉列表中选择“停止”动画，如下图所示。

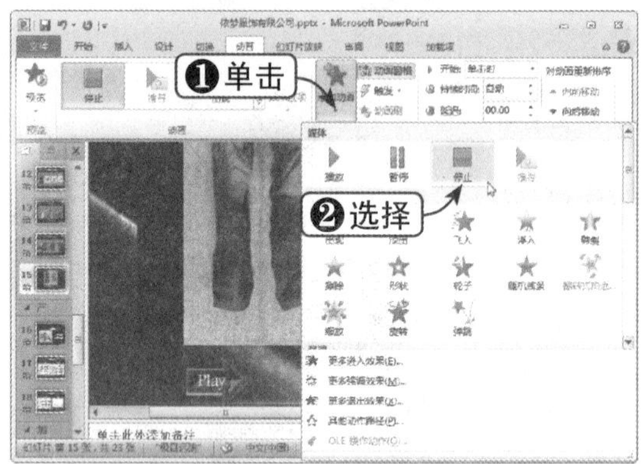

Step 08 设置“停止”动画的触发器

在动画窗格中选中“停止”动画，然后在“高级动画”组中单击“触发”下拉按钮，在弹出的下拉列表中选择“单击”选项，并在其子菜单中选择触发器（即本张幻灯片中的 Stop 按钮），如下图所示。

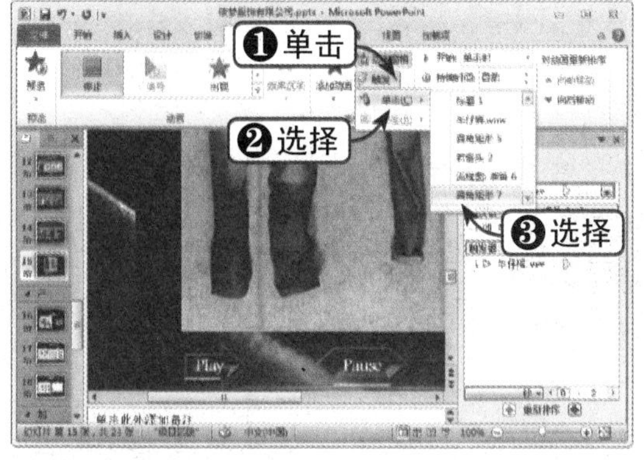

Step 09 查看动画效果

全部设置完毕后，按【Shift+F5】组合键放映当前幻灯片，查看动画效果，如下图所示。

15.10 添加页眉和页脚

用户可以在演示文稿中添加幻灯片编号、备注页编号以及日期和时间等，下面以添加页眉和页脚等为例，对其进行简要介绍。

Step 01 单击“页眉和页脚”按钮

选择一张幻灯片，然后选择“插入”选项卡，在“文本”组中单击“页眉和页脚”按钮，如下图所示。

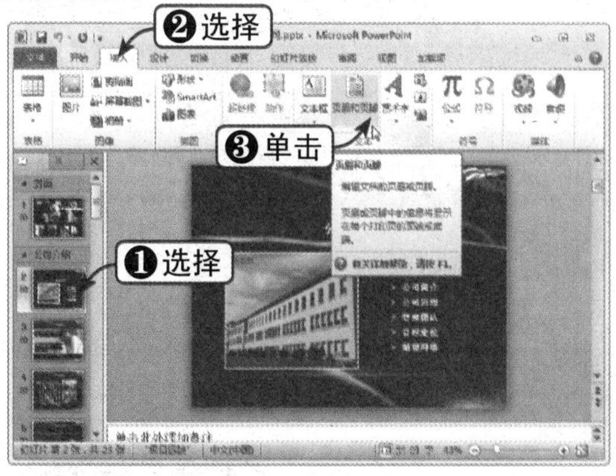

Step 02 打开“页眉和页脚”对话框

弹出“页眉和页脚”对话框，选择“幻灯片”选项卡，进行参数设置，如下图所示。其中，选中“日期和时间”复选框，并选中“自动更新”单选按钮，选中“幻灯片编号”复选框，选中“页脚”复选框，并设置页脚名称为“依梦服饰有限公司”。除此之外，还要选中“标题幻灯片中不显示”复选框，单击“全部应用”按钮，如下图所示。

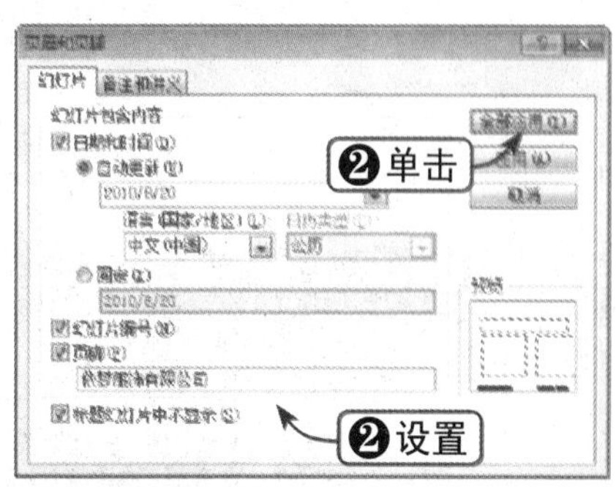

Step 03 应用设置

此时，即可查看设置的效果，如下图所示。

第16章 演示文稿放映、发送与打印

本章将讲解如何放映和发布幻灯片，如放映指定幻灯片、设置放映时间、按排列计时放映幻灯片、将幻灯片保存到 Web、创建 PDF 文档、创建视频、打包成 CD、创建讲义及打印幻灯片等。

本章学习重点

1. 设置幻灯片放映
2. 保存并发送幻灯片
3. 打印幻灯片

重点实例展示

放映幻灯片

本章视频链接

保存到Web

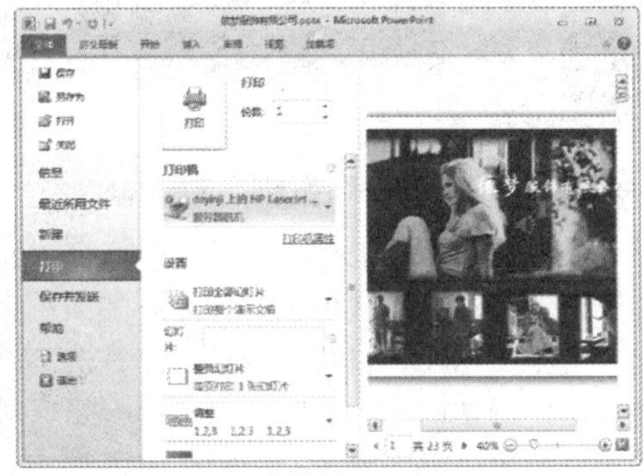

打印幻灯片

16.1 设置幻灯片放映

当演示文稿制作完成之后，可以通过幻灯片放映来查看幻灯片的整体效果，或让观众欣赏。在放映前有必要进行相关的设置，下面将对其进行详细讲解。

16.1.1 设置放映类型

在实际幻灯片放映中，演讲者可能会对放映方式有不同的需求（如循环放映），这时就需要对幻灯片的放映类型进行设置，具体操作方法如下：

Step 01 单击“设置幻灯片放映”按钮

打开前面制作好的幻灯片，选择“幻灯片放映”选项卡，在“设置”组中单击“设置幻灯片放映”按钮，如下图所示。

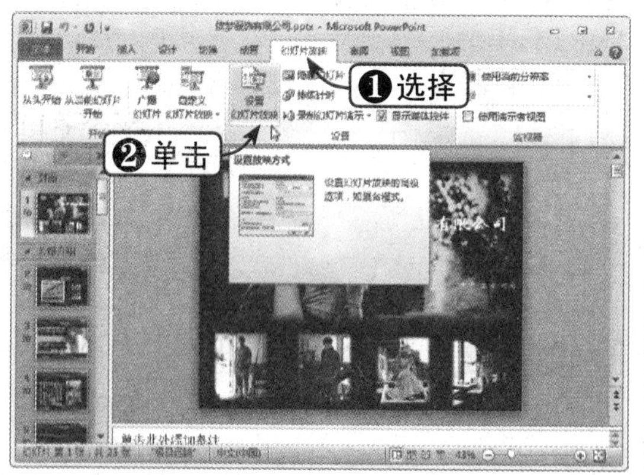

Step 02 选择放映方式

弹出“设置放映方式”对话框，在“放映类型”选项区中可以根据需要选择合适的放映类型，单击“确定”按钮，如下图所示。

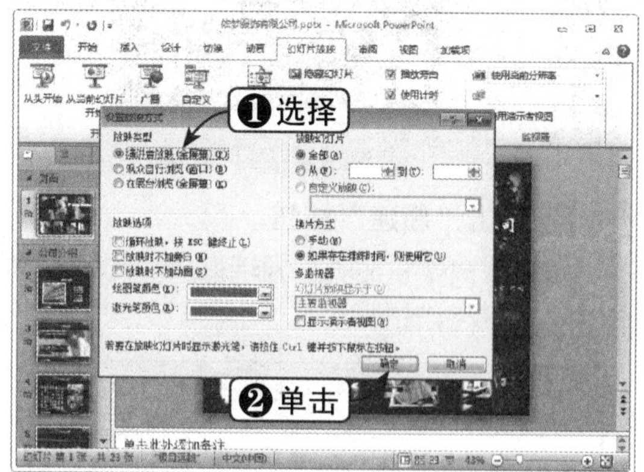

在 PowerPoint 中包括 3 种放映类型，具体说明如下：

◎ **演讲者放映（全屏幕）**

这是一种传统的全屏幕放映，主要用于演讲者亲自播放幻灯片。在这种类型下，演讲者拥有完全的控制权，可以使用鼠标逐个放映，也可以自动放映演示文稿，同时还可以进行暂停、回放、录制旁白及添加标记等操作。

◎ **观众自行浏览（窗口）**

该方式适合于小规模演示，在放映时演示文稿是在标准窗口中进行放映的，并允许用户对其放映进行操作。

◎ **在展台浏览（全屏幕）**

这是一种自动播放的全屏幕循环放映方式，在放映结束 5 分钟内，如果用户没有指令则重新放映。另外，在这种放映方式下，大多数的控制命令都不可用，而且只有按【Esc】键才能结束放映。

16.1.2 放映指定的幻灯片

在放映幻灯片时，系统默认是放映所有的幻灯片，用户可以根据需要来放映指定的幻灯片，具体操作方法如下：

Step 01 选择“自定义放映”选项

选择“幻灯片放映”选项卡，在“开始放映幻灯片”组中单击“自定义幻灯片放映”下拉按钮，在弹出的下拉列表中选择“自定义放映”选项，如下图所示。

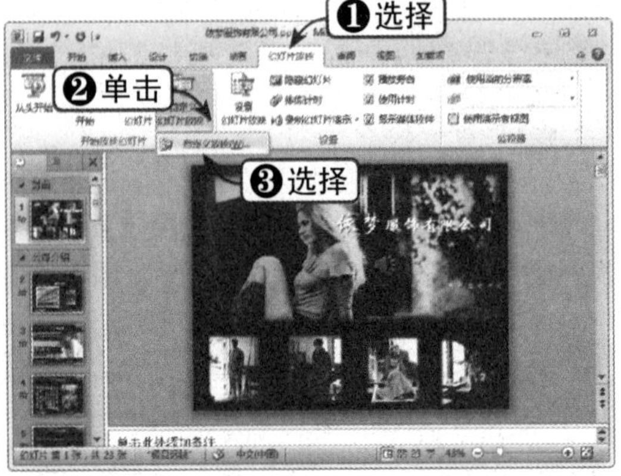

Step 02 单击“新建”按钮

弹出“自定义放映”对话框，单击“新建”按钮，如下图所示。

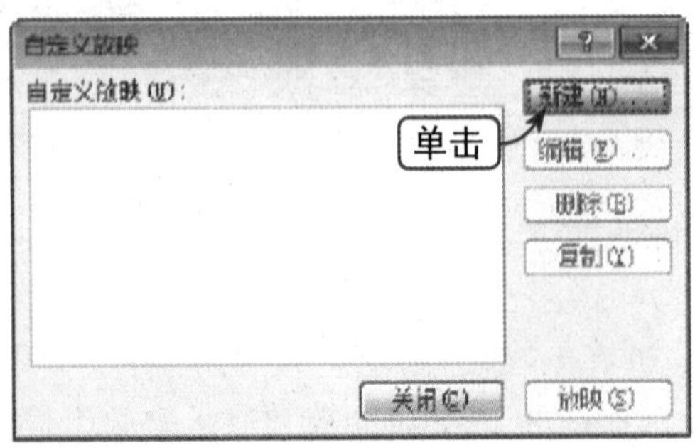

Step 03 添加要放映的幻灯片

弹出“定义自定义放映”对话框，在左侧列表框中选择要放映的幻灯片，单击“添加”按钮，将其添加到右侧列表中，如下图所示。

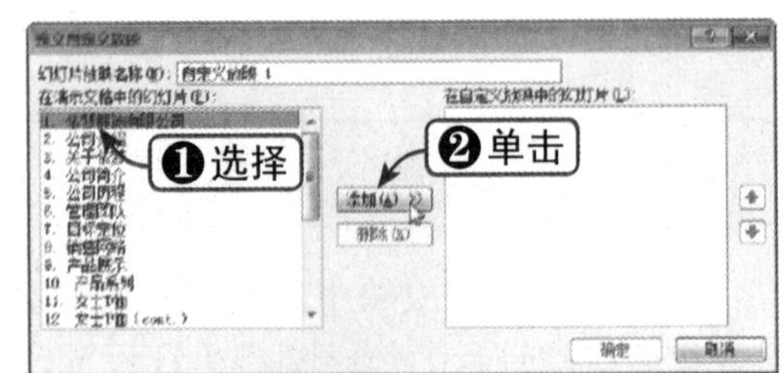

Step 04 继续添加放映幻灯片

采用上一步的方法继续在右侧列表中添加要放映的幻灯片，并设置“幻灯片放映名称”为“放映目录”，如下图所示。设置完毕后，依次单击“确定”按钮关闭对话框。

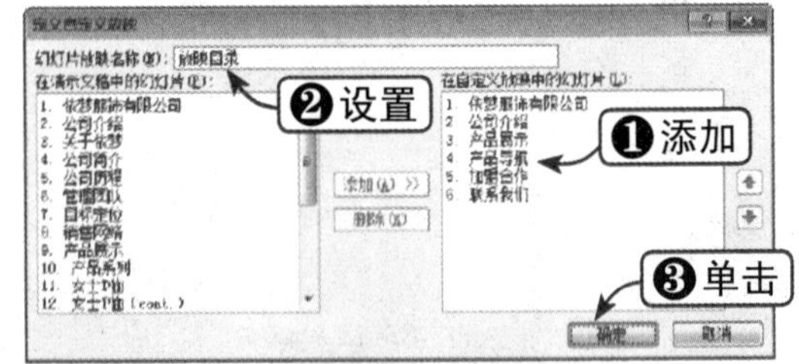

Step 05 创建自定义放映幻灯片

再次单击“自定义幻灯片放映”下拉按钮，在弹出的下拉列表中选择“放映目录”选项，即可放映自定义放映的幻灯片，如下图所示。

16.1.3 隐藏幻灯片

在放映演示文稿时，可以将不想放映的幻灯片隐藏起来，具体操作方法如下：

Step01 单击“隐藏幻灯片”按钮

选择想要隐藏的幻灯片，然后选择“幻灯片放映”选项卡，在“设置”组中单击“隐藏幻灯片”按钮，如下图所示。

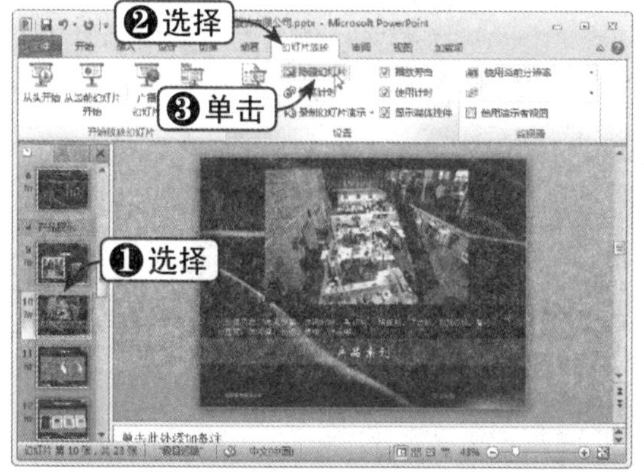

Step02 隐藏幻灯片

隐藏幻灯片后，便会在左侧幻灯片窗格中相应幻灯片前出现一个隐藏图标，如下图所示。要想显示隐藏的幻灯片，只需再次单击“隐藏幻灯片”按钮即可。

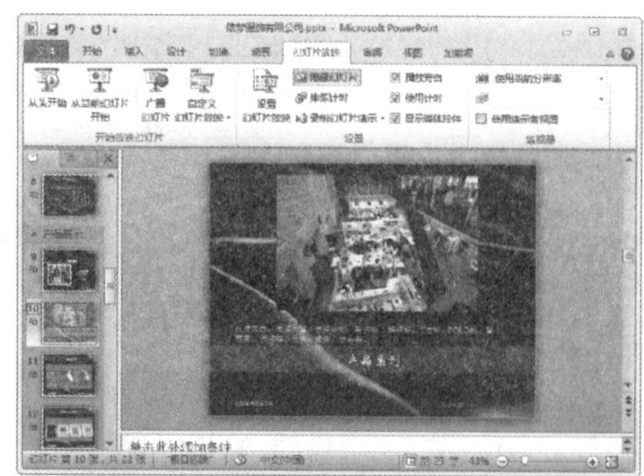

16.1.4 手动设置放映时间

在放映演示文稿的过程中，并不是每一张幻灯片都要求显示相同的时间，这时可以手动设置放映时间，具体操作方法如下：

Step01 选择“切换”选项卡

选择幻灯片，然后选择“切换”选项卡，如下图所示。

Step02 设置放映时间

在“计时”组中选中“设置自动换片时间”复选框，并使用微调按钮调整放映时间，如下图所示。

16.1.5 排练计时

对于非交互式的演示文稿而言，在放映时可以为其设置自动演示功能，即幻灯片根据预先设置的显示时间逐张自动演示。PowerPoint 中的“排练计时”功能就能实现这一点，具体操作方法如下：

Step 01 单击“排练计时”按钮

选择“幻灯片放映”选项卡，在“设置”组中单击“排练计时”按钮，如下图所示。

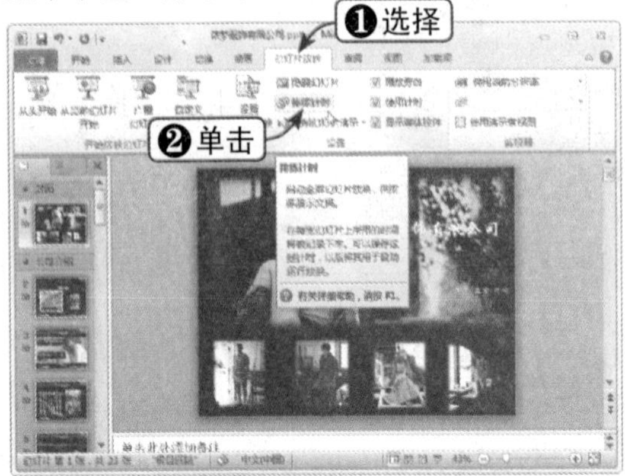

Step 02 设置排练计时

进入幻灯片放映状态，在左上角出现“录制”工具栏，在该工具栏中显示了放映时间，如下图所示。

Step 03 排练计时结束

单击鼠标左键后放映下一张幻灯片，直到排列计时结束，将弹出提示信息框，如下图所示。单击“是”按钮，结束排练计时。

Step 04 查看排练计时

此时，将自动转到幻灯片浏览视图中，其中显示出每张幻灯片的放映时间，如下图所示。

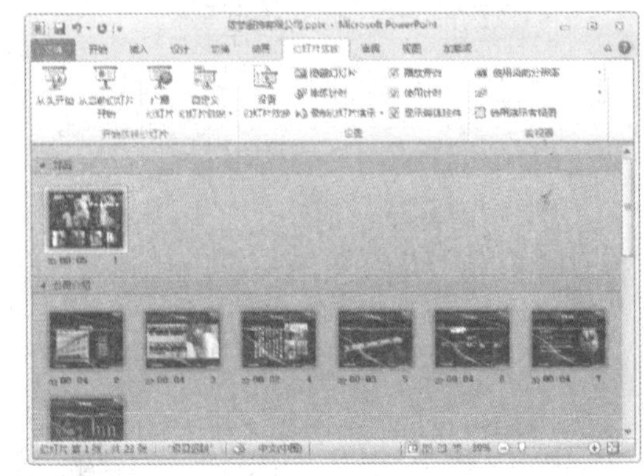

Step 05 单击“设置幻灯片放映”按钮

在“设置”组中单击“设置幻灯片放映”按钮，如下图所示。

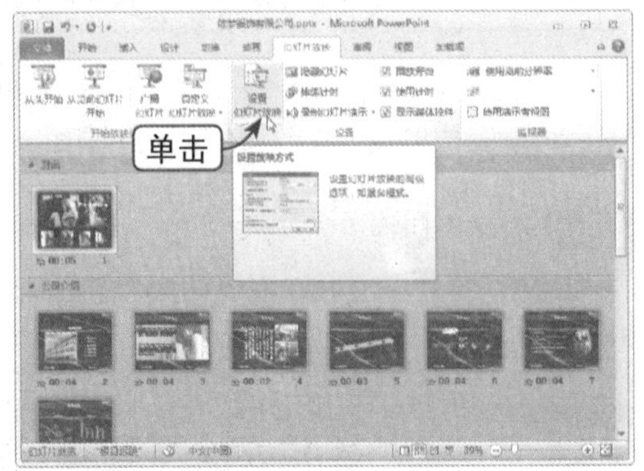

Step 06 按排练计时放映幻灯片

弹出“设置放映方式”对话框，在“换片方式”选项区中选中“如果存在排练时间，则使用它”单选按钮，即可在幻灯片放映时按排练计时自动放映，如下图所示。

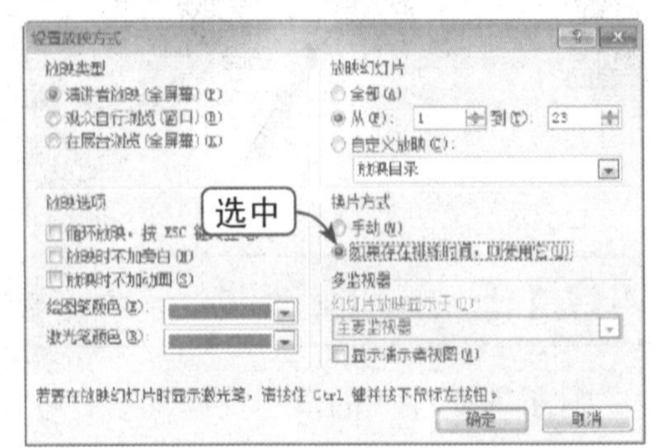

16.1.6 放映幻灯片

下面将介绍在放映幻灯片过程中的一些操作，具体操作方法如下：

Step 01 开始放映幻灯片

在“幻灯片放映”选项卡中单击“从头开始”或按【F5】键，即可开始放映幻灯片。在幻灯片的左下角有一排控制按钮，单击“下一个”按钮，即可播放下一张幻灯片，如下图所示。

Step 02 设置指针选项

单击“指针选项”按钮，可弹出其子菜单，在其子菜单中选择“荧光笔”选项，如下图所示。

Step 03 进行涂抹

这时鼠标指针变为荧光笔形状，使用鼠标在幻灯片中进行涂抹，如下图所示。

Step 04 定位幻灯片

单击按钮，在弹出的菜单中选择“定位至幻灯片”选项，在其子菜单中选择要定位到的幻灯片，如下图所示。

Step 05 查看鼠标右键快捷菜单

在幻灯片中右击，可弹出快捷菜单，其中各选项的作用与幻灯片左下角的功能按钮是相同的，如下图所示。

16.2 保存并发送幻灯片

用户可以将幻灯片保存到Web、广播幻灯片和发布幻灯片，也可以将幻灯片保存成其他类型，如创建PDF文档、创建视频、打包成CD和创建讲义等，下面将对这些知识进行详细介绍。

16.2.1 保存到Web

将演示文稿保存到Web，即可从任何电脑访问此文档或与其他人共享此文档，具体操作方法如下：

Step 01 保存到Web

选择“文件”选项卡，然后在左窗格中选择“保存并发送”选项，在右侧选择“保存到Web”选项，在右窗格中单击“登录”按钮，如下图所示。

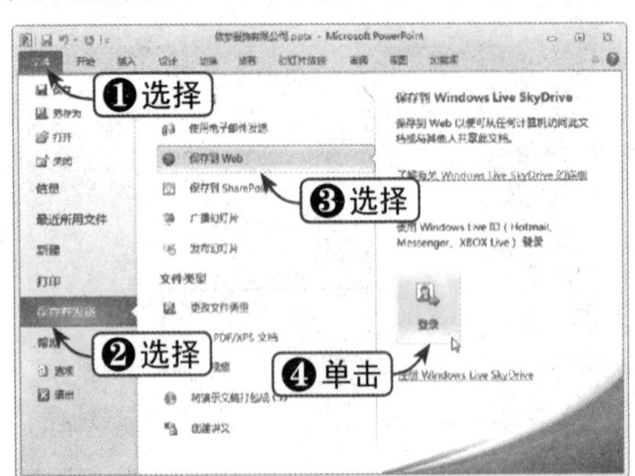

Step 02 输入电子邮件地址和密码

弹出“连接到docs.live.net”对话框，输入电子邮件地址和密码，单击“确定”按钮，如下图所示。

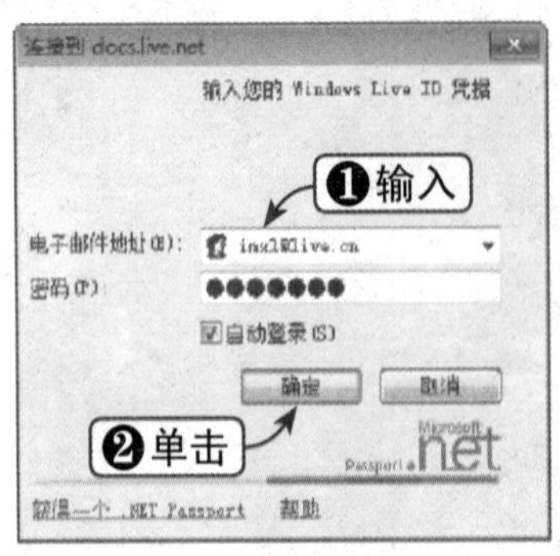

Step 03 登录邮箱

此时，即可登录邮箱，双击“我的文档”图标，如下图所示。

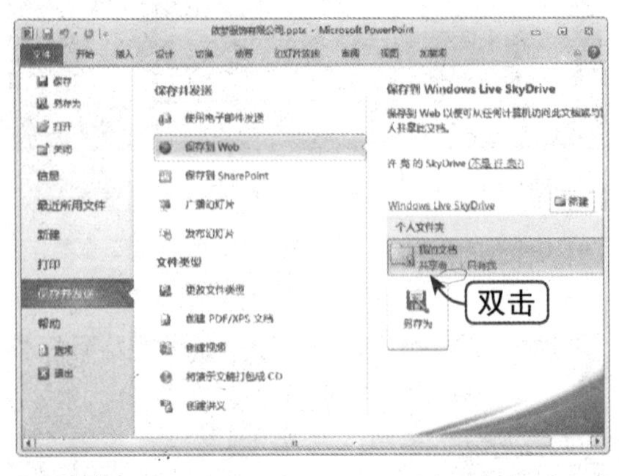

Step 04 单击“保存”按钮

弹出“另存为”对话框，单击“保存”按钮，如下图所示。

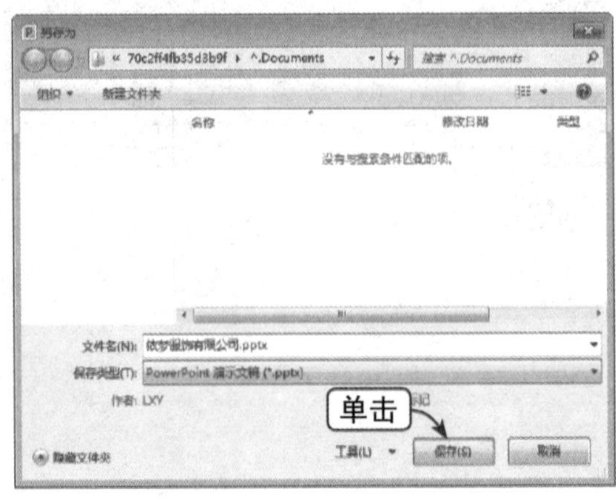

Step 05 开始上传文档

打开上载中心，并开始上传文档，如下图所示。

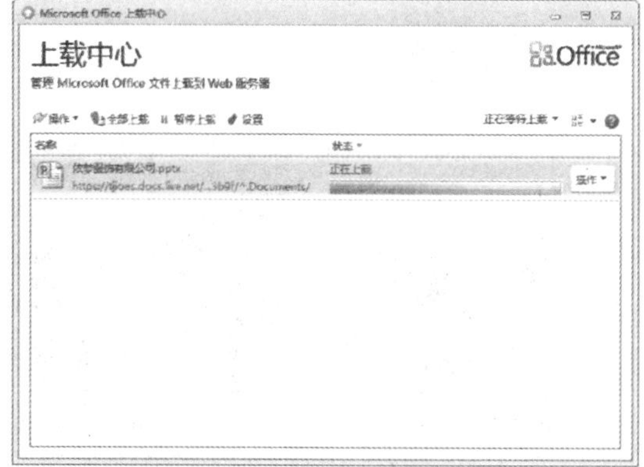

Step 06 选择“打开网站”选项

上载完毕后，单击“操作”下拉按钮，在弹出的下拉列表中选择“打开网站”选项，如下图所示。

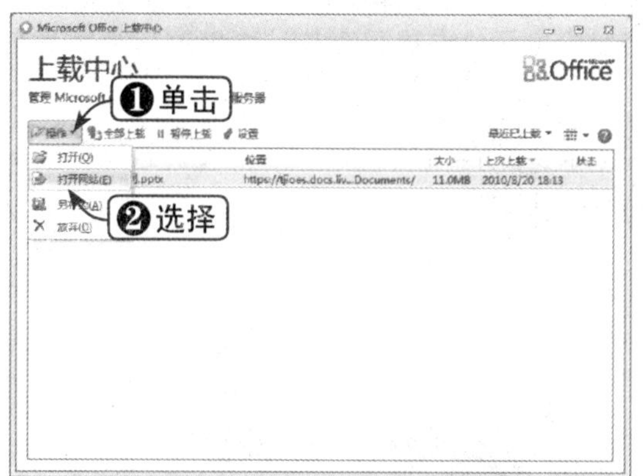

Step 07 打开网站

打开网站，此时需要输入用户 ID 和密码，单击“登录”按钮，单击“登陆按钮”，如下图所示。

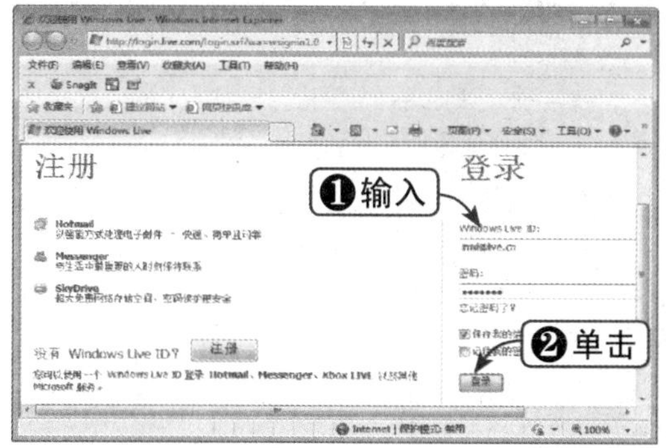

Step 08 登录 Windows Live

登录 Windows Live，单击“我的文档”右侧的“共享”下拉按钮，在弹出的下拉列表中选择“编辑权限”选项，如下图所示。

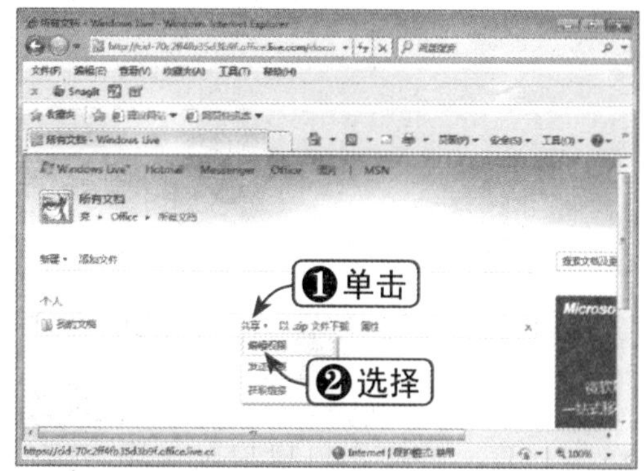

Step 09 编辑权限

在“有权访问此项的联系人”选项区中拖动滑块至“所有人”，如下图所示。

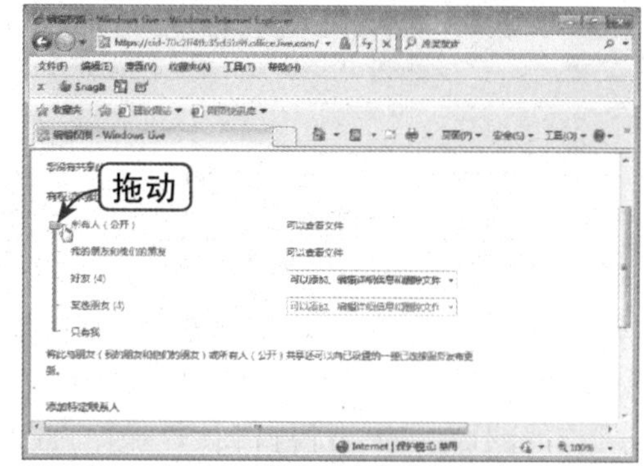

Step 10 单击“我的文档”文件夹图标

编辑权限完毕后，单击网页下方的“保存”按钮，返回上一步的页面，这时单击“我的文档”文件夹图标，如下图所示。

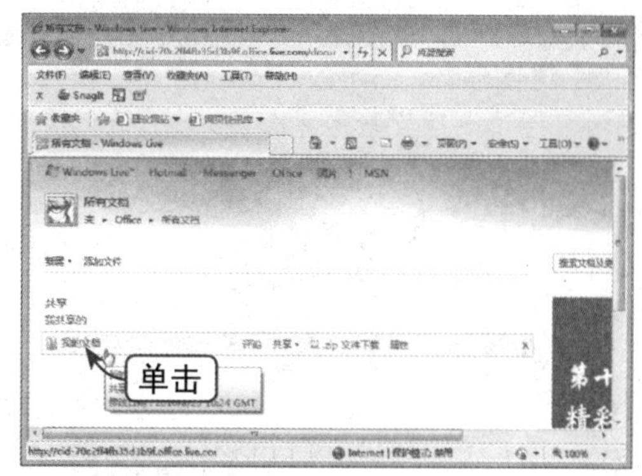

Step 11 单击演示文稿

打开“我的文档”文件夹，可以看到上传的演示文稿，这时单击此演示文稿将其打开，如下图所示。

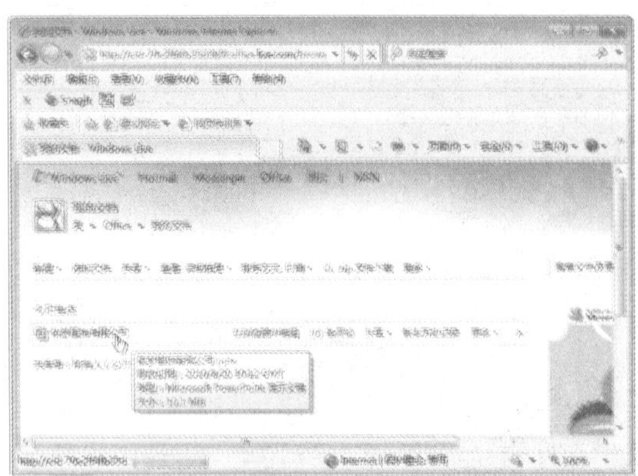

Step 12 打开演示文稿

此时，即可在网页中打开演示文稿，效果如下图所示。

知识点拨

共享某个文档后，用户可以通过电子邮件发送指向该文档的链接。在网页中打开演示文稿后，可以通过其下方的功能按钮来播放幻灯片或设置单击鼠标来进行播放幻灯片。

16.2.2 广播幻灯片

向可以在 Web 浏览器中观看的远程查看者广播幻灯片有以下优点：不需要安装程序；PowerPoint 创建一个链接与其他人共享；使用此链接的任何人都可以在广播时观看幻灯片放映。广播幻灯片的具体操作方法如下：

Step 01 单击“广播幻灯片”按钮

选择“文件”选项卡，在左窗格选择“保存并发送”选项，在右侧选择“广播幻灯片”选项，单击“广播幻灯片”按钮，如下图所示。

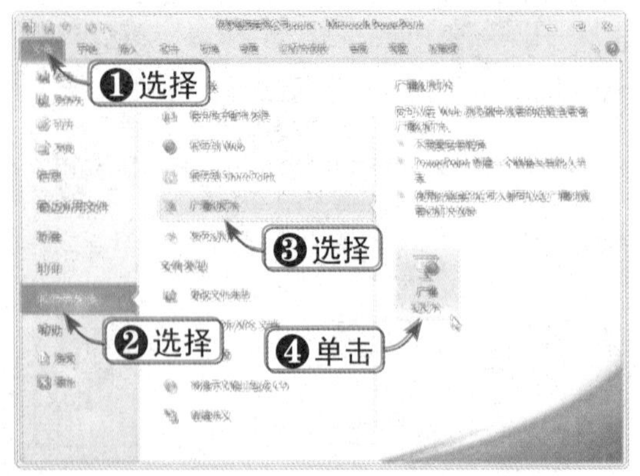

Step 02 单击“启动广播”按钮

弹出“广播幻灯片”对话框，单击“启动广播”按钮，如下图所示。

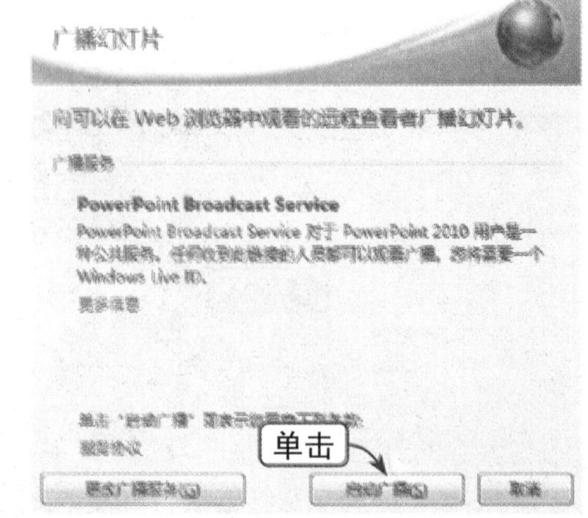

Step 03 开始连接

开始连接到 PowerPoint Broadcast Service，正在准备广播，如下图所示。

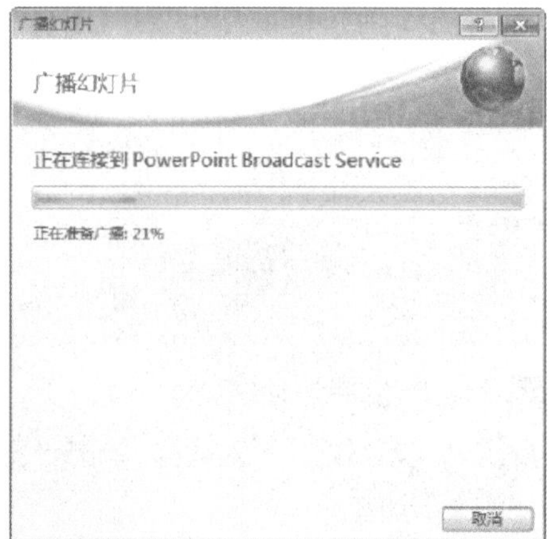

Step 04 连接完成

连接完成后，此时“广播幻灯片”对话框如下图所示。

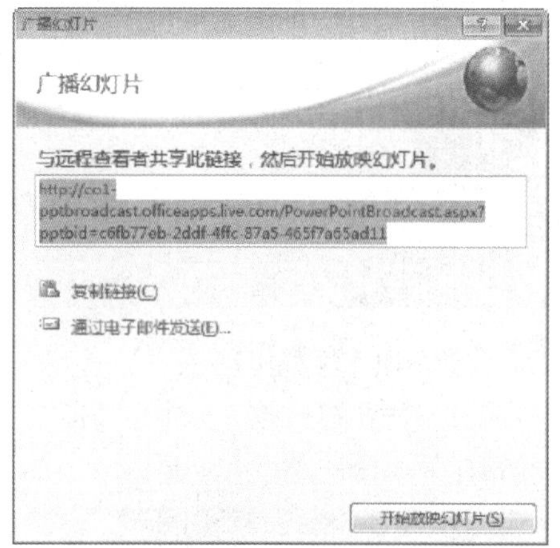

Step 05 打开幻灯片

将链接地址复制到浏览器地址栏中，即可打开幻灯片，如下图所示。

Step 06 查看“广播”选项卡

在 PowerPoint 窗口中出现“广播”选项卡，用户可以根据需要从中进行相关操作（如结束广播、发送邀请等），如下图所示。

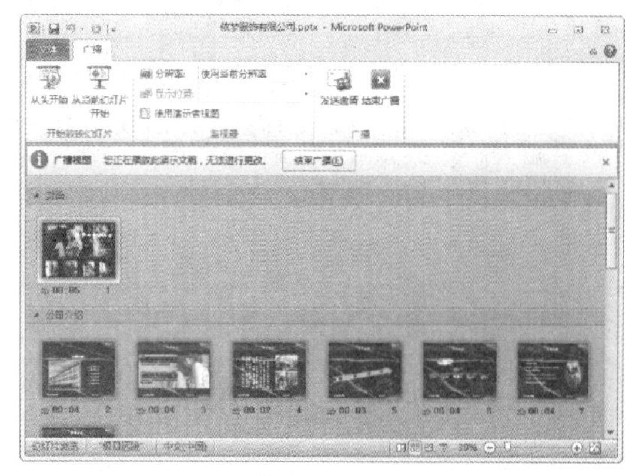

知识点拨

广播幻灯片后，PowerPoint 会为您的幻灯片放映创建唯一的 URL，结束广播后该地址便会失效。

16.2.3 发布幻灯片

将幻灯片发布到幻灯片库或 SharePoint 网站可以提供以下功能：将幻灯片存储在共享位置以供其他人使用；跟踪并审阅幻灯片的更改；查找幻灯片的最新版本；幻灯片发生更改时接受电子邮件通知。

Step 01 单击“发布幻灯片”按钮

选择“文件”选项卡，在左窗格选择“保存并发送”选项，在右侧选择“发布幻灯片”选项，单击“发布幻灯片”按钮，如下图所示。

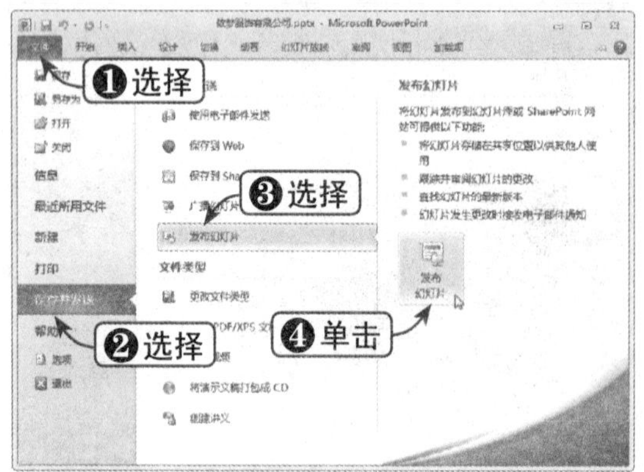

Step 02 打开“发布幻灯片”对话框

弹出“发布幻灯片”对话框，选择要发布的幻灯片，然后单击“浏览”按钮，如下图所示。

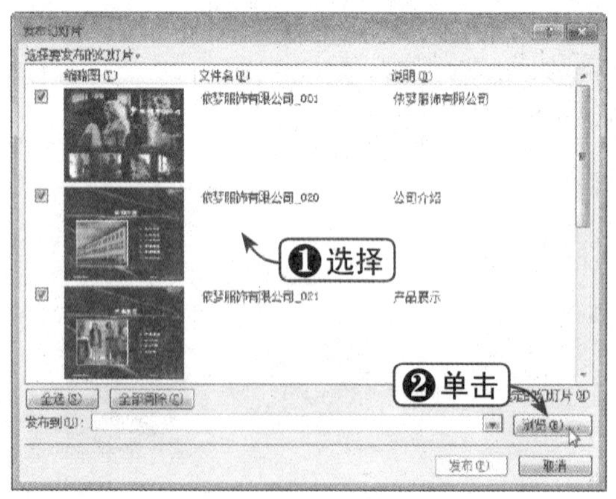

Step 03 选择幻灯片库

弹出“选择幻灯片库”对话框，选择要作为幻灯片库的文件夹，单击“选择”按钮，如下图所示。

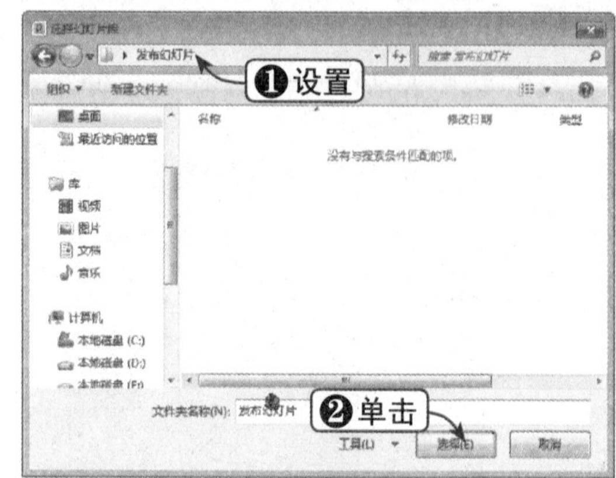

Step 04 单击“发布”按钮

返回“发布幻灯片”对话框，单击“发布”按钮，如下图所示。

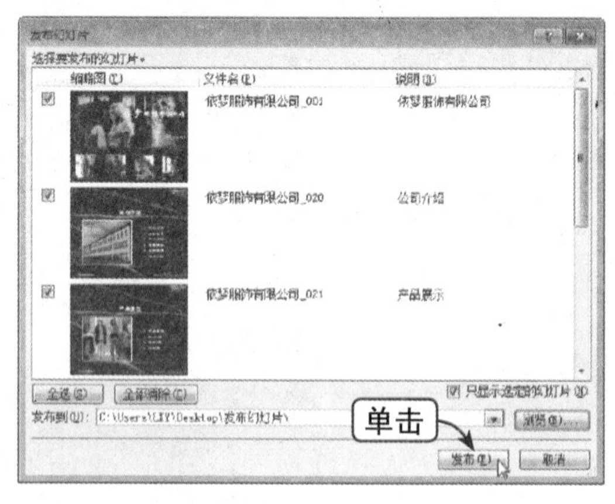

Step 05 查看发布的幻灯片

发布完毕后，打开第 3 步中选择的文件夹进行查看，如下图所示。

16.2.4 更改文件类型

在保存演示文稿时，用户可以将其保存为不同的类型，具体操作方法如下：

选择“文件”选项卡，然后在左窗格中选择“保存并发送”选项，在右侧选择“更改文件类型”选项，在右窗格中选择所需的类型即可，如下图所示。

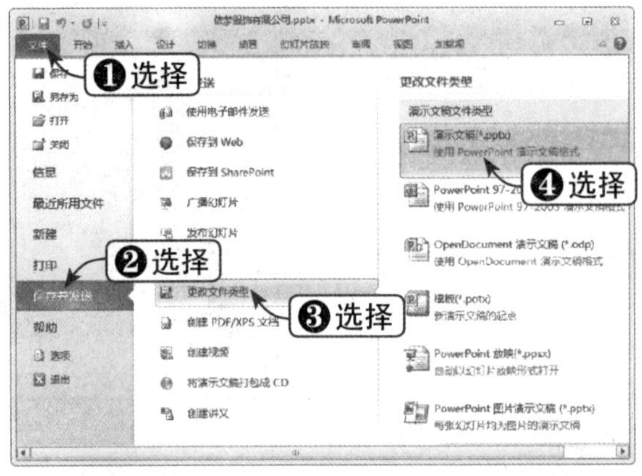

16.2.5 创建PDF文档

下面将介绍将幻灯片保存为 PDF 文档的方法，具体操作方法如下：

Step 01 单击“创建PDF/XPS”文档按钮

选择“文件”选项卡，在左窗格选择“保存并发送”选项，在右侧选择“创建 PDF/XPS 文档”选项，在右窗格中单击“创建 PDF/XPS”文档按钮，如下图所示。

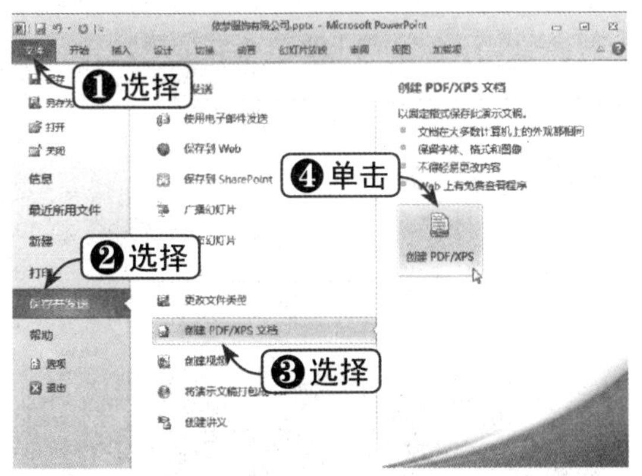

Step 02 选择保存位置

弹出“发布为 PDF 或 XPS”对话框，选择保存位置，然后单击“选项”按钮，如下图所示。

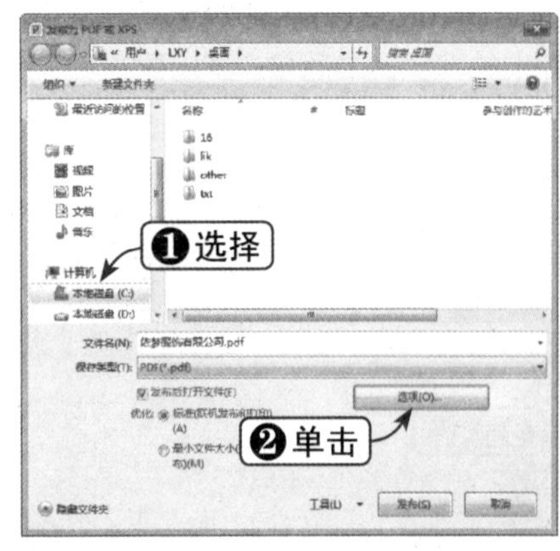

Step 03 设置发布选项

弹出“选项”对话框，根据需要设置发布选项，设置完毕后单击“确定”按钮，如下图所示。

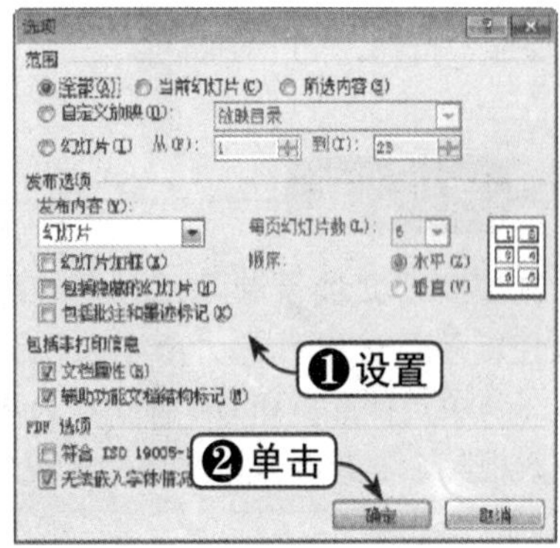

Step 04 正在发布

开始进行发布，并显示发布进度，如下图所示。

Step 05 查看PDF文档

发布完毕后，打开PDF文档进行查看，如右图所示。

16.2.6 创建视频

用户可以将演示文稿保存为一个全保真视频，具体操作方法如下：

Step 01 单击“创建视频”按钮

选择“文件”选项卡，在左窗格选择“保存并发送”选项，在右侧选择“创建视频”选项，设置完相关视频选项后单击“创建视频”按钮，如下图所示。

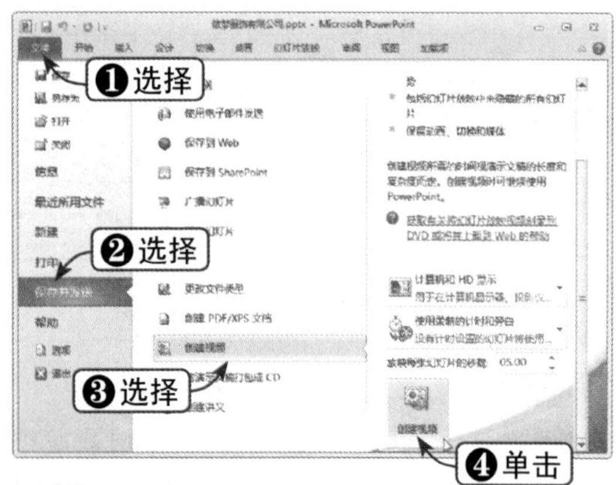

Step 02 设置保存位置

弹出“另存为”对话框，选择保存位置，单击“保存”按钮，如下图所示。

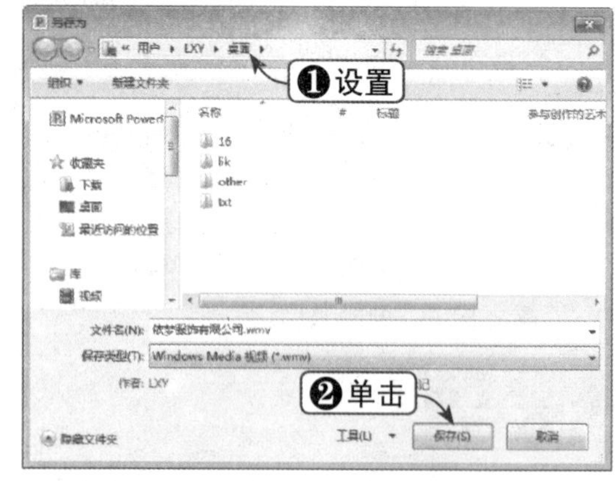

知识点拨

在将演示文稿录制为视频时，用户可以控制多媒体文件的大小以及视频的质量。其中“计算机和HD显示”为质量很高的视频，发布出来的文件会比较大。

Step 03 查看视频

开始创建视频，并在演示文稿的任务栏中显示进度，创建完毕后查看视频，效果如下图所示。

16.2.7 将演示文稿打包成CD

下面将介绍如何将演示文稿打包成 CD，具体操作方法如下：

Step 01 单击“打包成CD”按钮

选择“文件”选项卡，在左窗格选择“保存并发送”选项，在右侧选择“将演示文稿打包成 CD”选项，单击“打包成 CD”按钮，如下图所示。

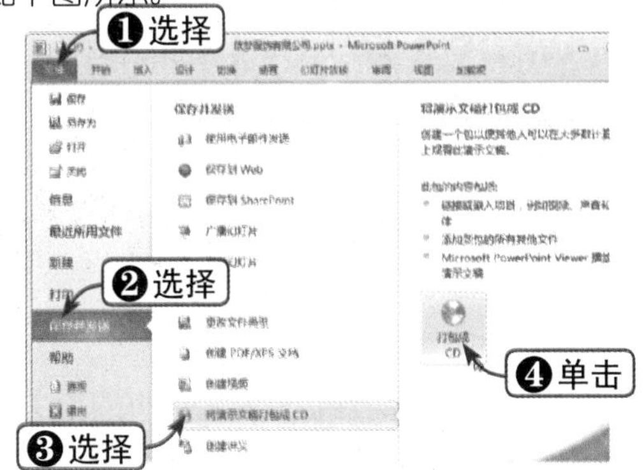

Step 02 打开“打包成 CD”对话框

弹出“打包成 CD”对话框，单击“选项”按钮，如下图所示。

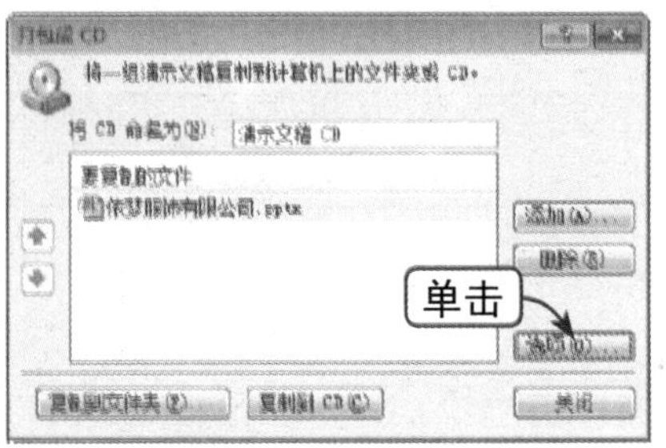

Step 03 打开“选项”对话框

弹出“选项”对话框，选中“链接的文件”和“嵌入的 TrueType 字体”复选框，并设置打开和修改时的密码，依次单击“确定”按钮，如下图所示。

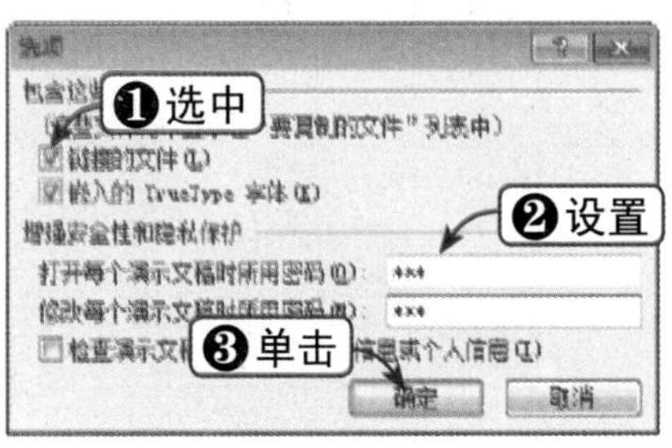

Step 04 确认密码

弹出“确认密码”对话框，重新输入上一步中的密码，单击“确定”按钮，如下图所示。

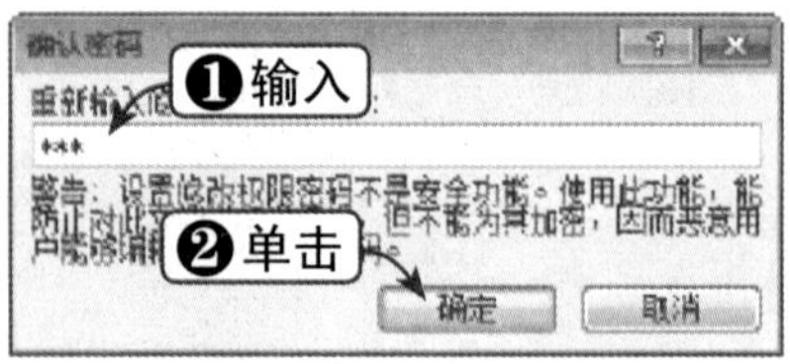

Step 05 单击“复制到文件夹”按钮

返回“打包成 CD”对话框，单击“复制到文件夹”按钮，如下图所示。

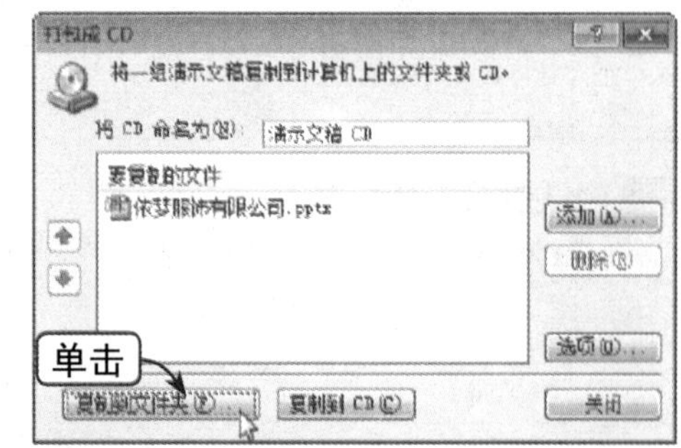

Step 06 打开“复制到文件夹”对话框

弹出“复制到文件夹”对话框，输入文件夹名称后单击“浏览”按钮，如下图所示。

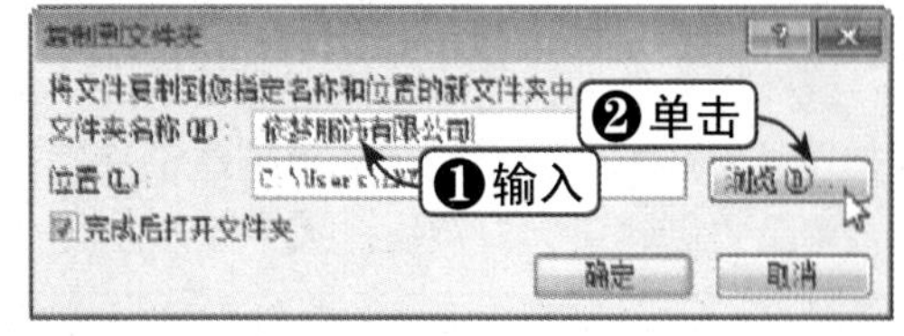

Step 07 选择打包位置

弹出“选择位置”对话框，选择打包位置并单击“选择”按钮，如下图所示。

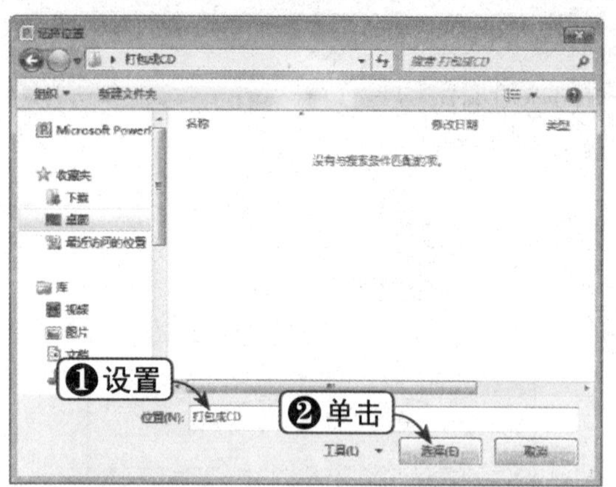

Step 08 准备打包

返回"复制到文件夹"对话框，单击"确定"按钮，如下图所示。

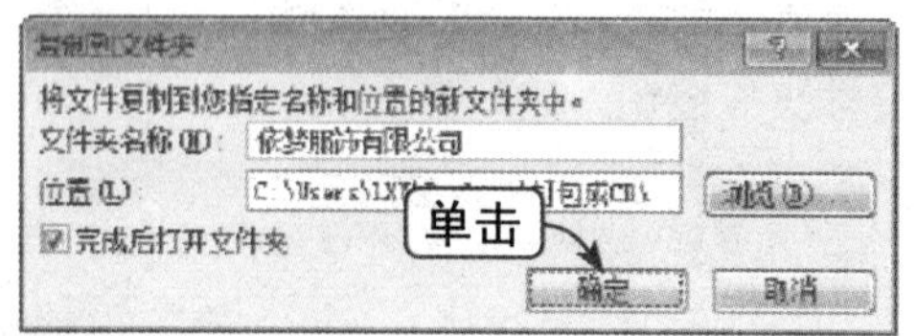

Step 09 确认进行打包

弹出提示信息框，单击"是"按钮，如下图所示。

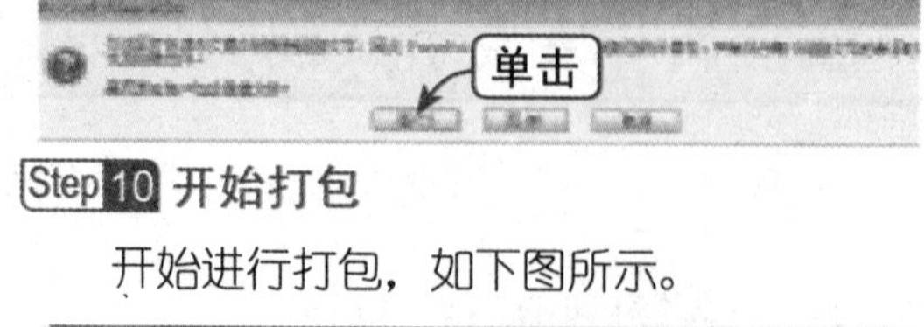

Step 10 开始打包

开始进行打包，如下图所示。

Step 11 打包完成

打包完成后自动打开文件夹，如下图所示。

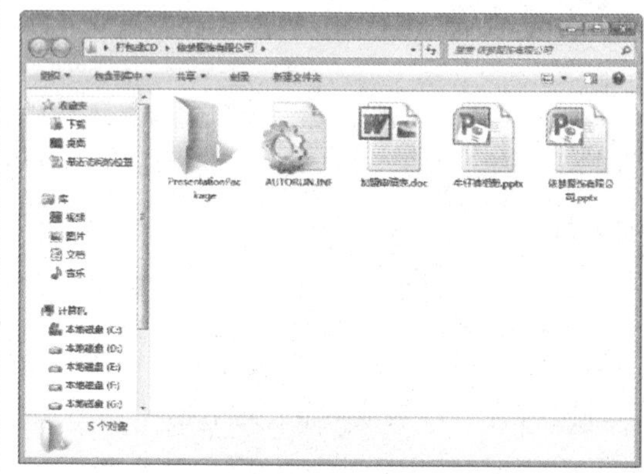

16.2.8 创建讲义

下面将介绍如何创建可在 Word 中编辑和设置格式的讲义，具体操作方法如下：

Step 01 单击"创建讲义"按钮

选择"文件"选项卡，在左窗格选择"保存并发送"选项，在右侧选择"创建讲义"选项，单击"创建讲义"按钮，如下图所示。

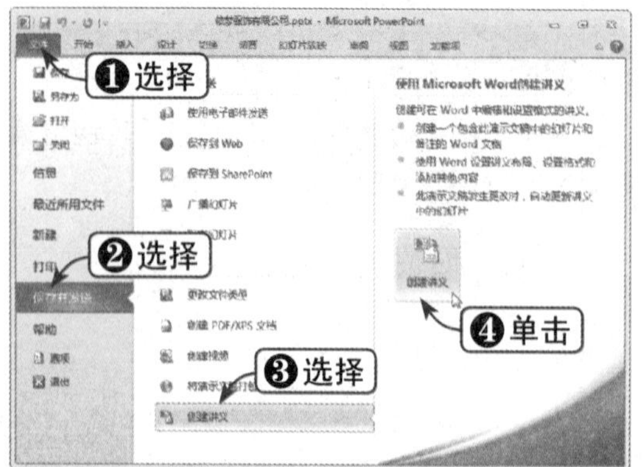

Step 02 选择版式

弹出"发送到 Microsoft Word"对话框，选择要使用的版式，单击"确定"按钮，如下图所示。

Step 03 创建讲义

此时，即可开始创建讲义，效果如下图所示。

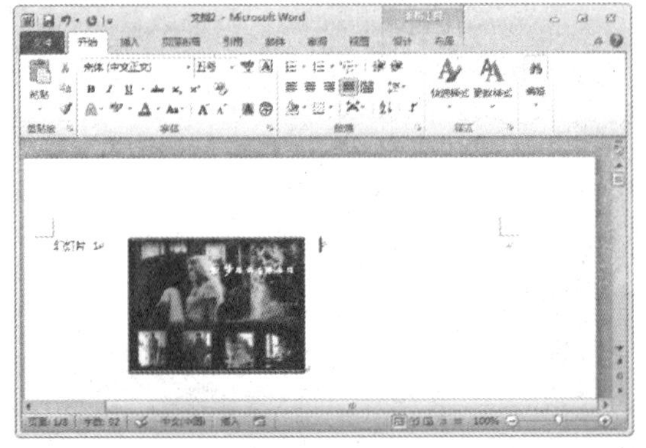

Step 04 设置讲义模板

在“视图”选项卡中单击“讲义母版”按钮，可以进入到“讲义母版”视图中，从中可以对讲义进行格式设置，如下图所示。

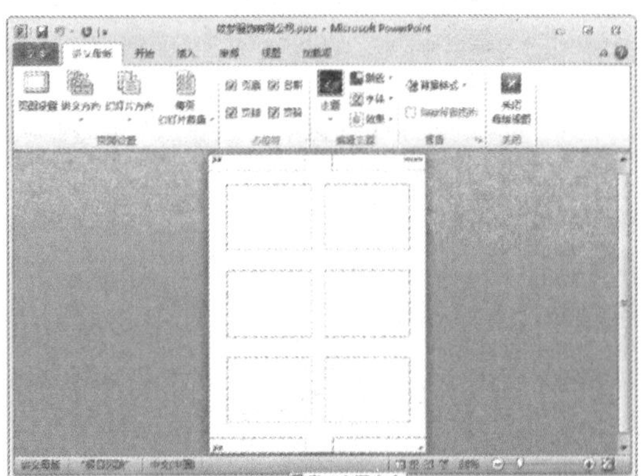

知识点拨

讲义创建完成后，用户可以使用 Word 设置讲义布局、设置格式和添加其他内容。当演示文稿发生更改时，将自动更新讲义中的幻灯片。

16.3 打印幻灯片

在打印幻灯片前除了对页面进行设置外，还应对打印选项进行相关设置，包括副本数、打印机、要打印的幻灯片、每页幻灯片数和颜色选项等，下面将对其进行介绍。

Step 01 设置打印份数

选择“文件”选项卡，在左窗格选择“打印”选项，在右侧“打印”选项区中可以设置打印份数，如下图所示。

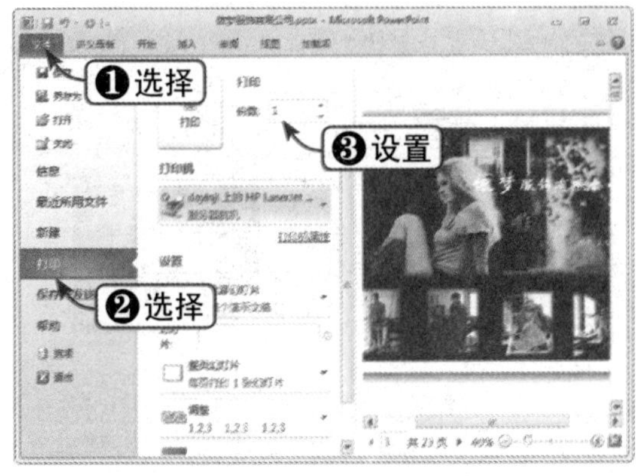

Step 02 选择打印机

单击“打印机”下拉按钮，在弹出的下拉列表中选择合适的打印机，如下图所示。

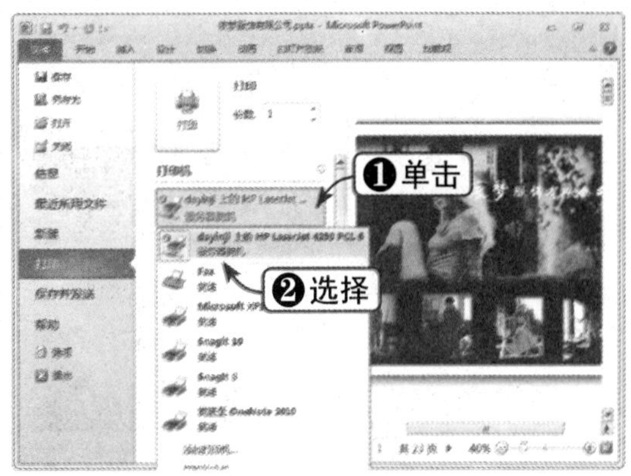

Step 03 设置打印机选项

在“打印机”选项区中单击“打印机属性”超链接，弹出相应打印机属性对话框，从中可以对打印机进行参数设置，如下图所示。

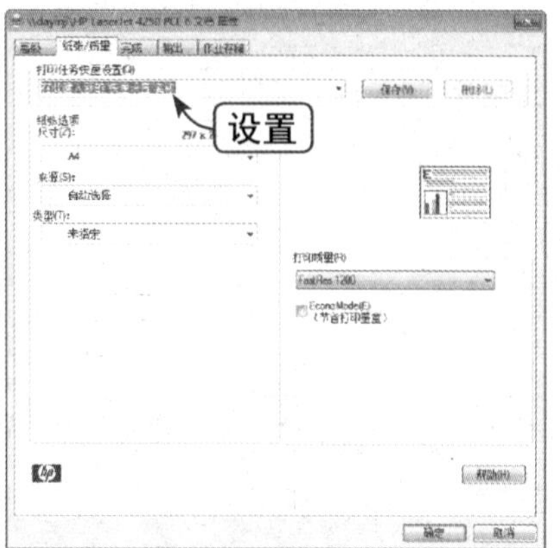

Step 04 设置打印范围

单击“打印全部幻灯片”下拉按钮，在弹出的下拉列表中选择要打印的范围，如下图所示。

Step 05 选择打印版式

单击“打印版式”下拉按钮，在弹出的下拉列表中选择所需的打印版式，如下图所示。

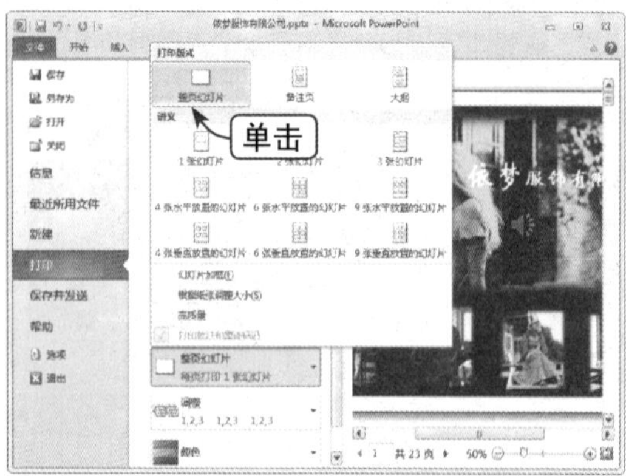

Step 06 设置打印顺序

单击“调整”下拉按钮，在弹出的下拉列表中选择所需的打印顺序(一般情况下选择“调整”选项即可)，如下图所示。

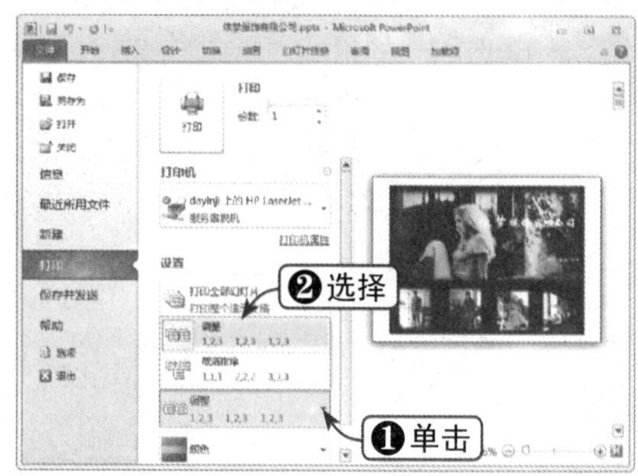

Step 07 设置打印颜色

单击“颜色”下拉按钮，在弹出的下拉列表中选择所需的打印颜色，如下图所示。

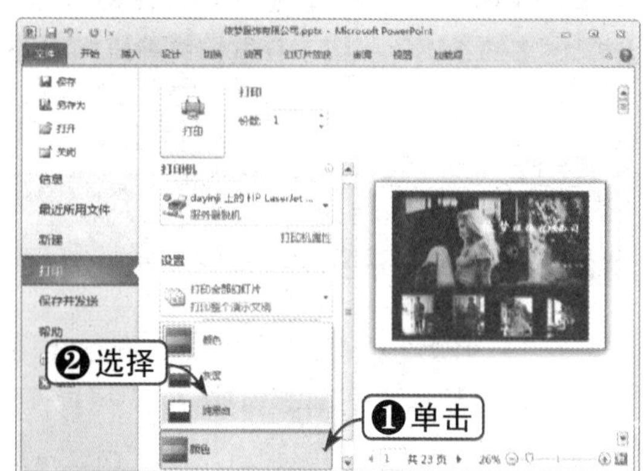

Step 08 开始打印

一切设置完毕后单击“打印”按钮，即可开始打印，如下图所示。

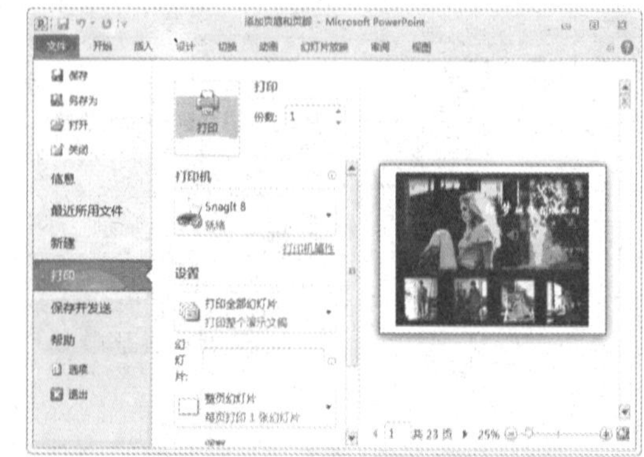